城乡生态文明评估与绿色低碳

李海东　马伟波　赵立君　王　楠　姚国慧　杜涵蓓　编著

中国环境出版集团・北京

图书在版编目（CIP）数据

城乡生态文明评估与绿色低碳 / 李海东等编著. —北京：中国环境出版集团，2023.12

ISBN 978-7-5111-5746-1

Ⅰ. ①城… Ⅱ. ①李… Ⅲ. ①城乡建设—生态环境建设—研究—中国 Ⅳ. ①X321.2

中国国家版本馆 CIP 数据核字（2023）第 250670 号

责任编辑 丁莞歆
封面设计 岳 帅

出版发行 中国环境出版集团
（100062 北京市东城区广渠门内大街 16 号）
网　　址：http://www.cesp.com.cn
电子邮箱：bjgl@cesp.com.cn
联系电话：010-67112765（编辑管理部）
发行热线：010-67125803，010-67113405（传真）
印　　刷 玖龙（天津）印刷有限公司
经　　销 各地新华书店
版　　次 2023 年 12 月第 1 版
印　　次 2023 年 12 月第 1 次印刷
开　　本 787×1092 1/16
印　　张 49.75
字　　数 1100 千字
定　　价 279.00 元

序 一

生态兴则文明兴。地球生态状况与几千年人类文明史的交织融合演进出“原始文明—农业文明—工业文明—生态文明”，我国正在引领并共谋全球生态文明建设。林学家、林业教育家梁希先生曾提出“无山不绿，有水皆清，四时花香，万壑鸟鸣，替河山装成锦绣，把国土绘成丹青”“黄河流碧水，赤地变青山”。新世纪以来，我国先后实施了天然林资源保护、三北防护林、长江流域防护林、京津风沙源治理、沿海防护林等林业生态工程，不仅筑牢了区域生态安全屏障，而且奠定了生态文明建设深厚的根基。作为长期致力于林业科学研究的学者，我有幸见证并参与了从林业生态工程到新时代生态文明建设的伟大历程。

多年来，李海东博士及其团队一直从事生态修复与绿色低碳领域的应用基础研究和管理支撑，欣闻他带领城市生态修复与碳中和创新团队编著的《城乡生态文明评估与绿色低碳》付梓，颇为感动，表示祝贺。该书选择快速城市化地区和欠发达地区作为研究对象，综合运用社会-经济-自然复合生态系统理论和野外调查、生态遥感等多源数据，试图回答城乡建设生态安全、“绿水青山就是金山银山”转化和绿色低碳转型等生态文明建设的难点和热点问题，具有前瞻性、创新性和实用性。该研究成果具有以下显著特点：一方面是需求引领、协同创新，面向城镇生态安全屏障建设，创新性地提出了城市生态韧性和村镇建设生态承载力的内涵及提升路径、城市生物多样性保护成效评价技术规范、沿江大堤两侧生态环境协同治理及岸线山水林田湖草沙生态保护修复任务、特色小镇建设生态安全与空间优化方法、茅台镇外来植物的入侵风险防控对策等，引领和提升了地方生态文明建设实践；另一方面是功能约束、赋能绿色，面向水源涵养、生物多样性保护、水土保持等主导生态功能约束，通过对湖南、陕西、贵州、江西、江苏、上海等典型地区的研究，提出“绿水青山就是金山银山”转化、特色产业与经济林发展、生态经济体系构建的路径与模式等，具有类型多样、代表性强、易于推广的特点，特别是构建的生态环保扶贫减损增益与“绿水青山就是金山银山”转化效益评估方法有力推进了生态产品价值实现和绿色富民惠民，生态与经济效益显著。

城乡建设是推动绿色发展、建设美丽中国的重要载体。从某种意义上讲，《城乡生态文明评估与绿色低碳》一书回答了生态安全约束下“绿水青山就是金山银山”转化和生态经济发展存在的长期困扰，提出了破解城乡生态文明建设的整体性缺乏、系统性不足、一体化不够等难题的新思路，弥补了面向需求引领和功能约束的城乡生态文明评估技术方法的空白，可为人与自然和谐共生的美丽城市建设和乡村生态振兴提供重要指引。看到李海东、马伟波、赵立君、王楠等年轻的科技工作者面向美丽中国建设的重大需求，深入秦岭地区、大娄山区、武陵山区、罗霄山区等重要生态功能区考察，不惧艰辛、勤于探索、善于思考，积极将著作写在祖国大地上，我深表欣慰。同时，情不自禁地想起老一辈林业科技工作者潜心科研、兴林报国的情怀，一代人有一代人的使命与责任，期待年轻的科技工作者多出高质量研究成果，为区域生态文明和美丽中国建设贡献力量。

我相信，该书的出版一定能更好地促进城乡生态文明建设、生态系统保护与修复、生态经济发展，其阐释的科学发现、技术模式和管理对策也将受到广泛欢迎，共同推进人与自然和谐共生。

曹福亮

中国工程院院士

2023 年 12 月

序　二

党的十八大以来，我国生态文明建设从理论到实践都发生了历史性、转折性、全局性变化，美丽中国建设迈出重大步伐。我们不断完善生态文明建设制度体系和顶层设计，以壮士断腕、刮骨疗伤的决心和勇气，推动实施了打好污染防治攻坚战、长江大保护、黄河流域生态保护和高质量发展、山水林田湖草沙一体化保护和修复、碳达峰与碳中和等一系列重大生态文明建设工程，我国天更蓝、地更绿、水更清，万里河山更加多姿多彩。一直以来，城乡二元结构不平衡不充分是实现中国式现代化和中国梦的深层难题，随着“五位一体”总体布局要求“把生态文明建设放在突出位置，融入经济建设、政治建设、文化建设、社会建设各方面和全过程”，涌现出一大批城乡生态文明实践创新的典型案例，有力推进了我国城乡生态文明建设和绿色高质量发展。

2023 年年底印发的《中共中央　国务院关于全面推进美丽中国建设的意见》指出，坚持要素统筹和城乡融合，一体开展“美丽系列”建设工作，重点推进美丽蓝天、美丽河湖、美丽海湾、美丽山川建设，打造美丽中国先行区、美丽城市、美丽乡村，绘就各美其美、美美与共的美丽中国新画卷。然而，如何破解城乡二元结构与生态文明建设不平衡不充分的发展难题，新时代新征程呼唤我们站在人与自然和谐共生的高度统筹发展与保护的关系，以新质生产力高位架起“绿水青山”与“金山银山”之间的桥梁，降低城乡建设的资源环境代价，以更加科学有效的方式推动城乡协调发展和美丽中国建设。

欣闻生态环境部南京环境科学研究所设立城市生态修复与碳中和创新团队并编著出版《城乡生态文明评估与绿色低碳》一书，十分欣慰和振奋。该书以破解城乡一体化生态文明建设和二元结构问题为主线，以重要战略区和生态功能区（如秦岭地区、大娄山区、武陵山区、汉江源头、南水北调水源地等）为样本，深入剖析了“生态高地”与“经济洼地”之间的生态文明建设难点和痛点问题，提出了城市生态韧性与生物多样性提升、生态环保扶贫减损增益与“绿水青山就是金山银山”转化、区域一体化碳中和的内涵、城市减污降碳与主城区碳达峰预测、工业园区碳中和路径等技术方法，视角新颖，开创了“绿水青山就是金山银山”理念与“人民城市人民建、人民城市为人民”城乡生态文明建设相融合的研究模式，具有很强的时代性、创新性和前瞻性。这些研究成果可为建设美丽中国先行区、美丽城市、美丽乡村等提供重要的科技支撑。我相信，该书提出的新观点、新技术和新模式会随着时间的推移进一步发挥社会效益和经济价值，将为打造要素统筹和城乡融合的美丽中国建设示范样板提供形式多样的实践模式和案例支撑。

当前，我国经济社会发展已进入加快绿色化、低碳化的高质量发展阶段，生态文明建设仍处于压力叠加、负重前行的关键期。该书思路明确、内容丰富、系统全面，创新了城乡生态文明评估技术方法，尤其难能可贵的是立足城乡生态文明建设的难点、痛点和热点问题，通过在上海、江苏、陕西、湖南、贵州等省（市）大量的实地调研和考察验证，研究总结了我国不同资源禀赋和不同发展阶段地区“绿水青山就是金山银山”转化模式和典型案例，具有先进性和代表性，并在各地开展广泛应用推广，取得了一定的社会效益、经济效益和生态效益，切实推动了地方生态产品价值实现和绿色低碳转型发展！

生态文明建设功在当代、利在千秋。正值该书出版之际，我谨对李海东博士等人表示衷心的祝贺，相信该书的出版不仅会受到学术界的欢迎，还会对生态环境、城乡建设、自然资源、农业农村、林业和草原等部门实施城乡生态文明建设起到一定的推动作用，共同谱写新时代生态文明建设新篇章！

是为序。

国务院发展研究中心资源与环境政策研究所

2023 年 12 月

前言

中国式现代化是人与自然和谐共生的现代化。党的二十大报告提出，“以城市群、都市圈为依托构建大中小城市协同发展格局，推进以县城为重要载体的城镇化建设。”2023 年 7 月 17—18 日，全国生态环境保护大会在北京召开，习近平总书记出席会议并发表重要讲话。他强调，“坚持以人民为中心，牢固树立和践行绿水青山就是金山银山的理念，把建设美丽中国摆在强国建设、民族复兴的突出位置，推动城乡人居环境明显改善、美丽中国建设取得显著成效，以高品质生态环境支撑高质量发展，加快推进人与自然和谐共生的现代化。”因此，围绕城市生态环境治理和乡村振兴生态产品价值实现，本书选择快速城市化地区和欠发达地区社会-经济-自然复合生态系统作为研究对象，剖析城乡生态文明建设成效和绿色低碳转型升级实现路径，对落实新型城镇化战略和将碳达峰、碳中和纳入生态文明建设整体布局具有重要的现实意义。

改革开放 40 多年来，中国城市数量由 1978 年的 193 个增至 2022 年的 695 个（地级市 302 个）①。2022 年，我国常住人口城镇化率达 65.22%。快速城镇化孕育了城市现代文明，同时加剧了以城市为中心的环境污染及其导致的健康问题和生物多样性丧失等其他问题，城镇化建设步入高风险管理阶段，生态环境安全和健康受到持续高度关注。目前，我国中西部省会城市虹吸集聚发展与中小城市城镇化“伪增长”现象突出、“大城市病”越发显著、碳排放总量和强度“双控”转变及人居生态环境健康等新问题给新时期城市生态环境治理和美丽中国建设带来新挑战。

本书分为四篇。第一篇“城乡建设与生态系统服务”包括 3 章，分别是“城市和

① 数据来源：《2022 年城市建设统计年鉴》。

城市群概况”“生态文明示范建设历程与指标”“城市生态韧性与生物多样性提升”。第二篇“快速城市化地区生态文明”包括5章，分别是“城市群生态系统服务与生态文明建设”“长三角产业合作区耦合协调度和县域生态文明示范建设”“南水北调东线水源地‘绿水青山就是金山银山’实践创新”“沿江通海地区大堤两侧生态用地变化与协同治理”“长江岸线小尺度山水林田湖草沙生态保护修复”。第三篇“欠发达地区生态文明”包括5章，分别是“生态环保扶贫减损增益与乡村振兴”“大娄山区生态系统服务和特色小镇生态安全”“秦岭地区城市生态文明建设”“汉江源头区‘绿水青山就是金山银山’实践创新”“武陵山区‘绿水青山就是金山银山’实践创新”。第四篇“绿色低碳转型与生态经济”包括3章，分别是“城市减污降碳与主城区碳达峰”“工业园区碳达峰预测与碳中和”“‘绿水青山就是金山银山’转化模式与案例”。

本书是城市生态修复与碳中和创新团队建设的部分成果，主要依托中央级公益性科研院所基本科研业务专项重点项目“韧性城市生态服务提升机制研究”（ZX2023QT006）、江苏省“333 高层次人才工程”重点行业领域人才项目“长三角生态工业园区减污降碳协同治理机制及碳中和路径研究”（20222355）、“长三角一体化高质量发展模式与碳中和路径研究”（GYZX210101）、长三角生态环境保护一体化研究院项目“‘一岭六县’产业绿色转型与高质量发展模式研究”（ZX2022QT043）、“面向‘双碳’目标的工业园区绿色低碳发展路径研究”（ZX2023SZY059）、“碳达峰、碳中和”研究院项目（ZX2023SZY088）和国家重点研发计划子课题“特色小镇建设承载力提升和可持续发展模式”（2018FYD1100104）。

值此书出版之际，感谢生态环境部自然生态保护司和科技与财务司的指导与帮助，感谢生态环境部南京环境科学研究所刘国才教授、李维新研究员、孔令辉研究员、朱凤松书记、张龙江研究员、张胜田研究员、燕守广正高级工程师、方颖正高级工程师、赵志强副研究员、刘臣炜副研究员、刘勇华高级工程师、陈梅高级工程师及吕玉娟博士、邵雅梅博士、陈逸聪硕士等在项目立项和研究过程中给予的帮助，还要感谢上海市生态环境局、湖南省生态环境厅、陕西省生态环境厅和南通市、宝鸡市、溧阳市、仁怀市、扬州市广陵区、南京市玄武区及崇义县、定结县、宁强县、靖州县、麻阳县、桂东县、城固县、西乡县、陇县、湄潭县、马桥镇、方巷镇、郑陆镇、罗泾镇人民政府与生态环境局等在资料收集、野外试验、技术成果推广等过程中给予的支持。

《城乡生态文明评估与绿色低碳》一书着眼于服务区域生态文明建设与生态环境承载力提升、绿色低碳和高质量发展，促进“绿水青山就是金山银山”转化和健康宜居美丽家园建设，结合区域生态环境特点和社会-经济-自然复合生态系统理论对研究对象进行深入剖析，涉及环境科学、生态学、产业生态学、生态经济学、生态修复学、管理学等多个学科。囿于学科理论发展和作者的有限认知，本书内容仍需要结合绿色低碳科技创新与生态经济学理论的发展予以不断完善。本书的部分研究成果已在国内外刊物发表，撰写过程中也难免存在一些谬误之处和不严谨的地方，敬请广大读者予以批评指正。

李海东

2023 年 12 月

目　录

第一篇　城乡建设与生态系统服务

第四篇 绿色低碳转型与生态经济

第一篇

城乡建设与生态系统服务

第 1 章

城市和城市群概况

目前，全球以不到陆地表面 3%的城市地域承载着 50%以上的人口（Balland et al.，2020），而到 2050 年城市居住人口将达 70%。国际上，美国四大城市（纽约、洛杉矶、芝加哥、休斯顿）的人口总量高达 1.75 亿人，占美国总人口的 53%；日本四大城市（东京、大阪、横滨和名古屋）的常住人口超过了 5 000 万人，约占总人口的 40%。改革开放 40 多年来，中国的城市数量由 1978 年的 193 个增加至 2022 年的 695 个（地级市 302 个），城镇常住总人口由 1.72 亿人增加到 9.21 亿人，占全国总人口的比重由 18.1%提高到 65.22%。2012 年以来，我国有 1.3 亿农业转移人口在城镇落户，19 个城市群集聚了全国 70%以上的人口和 80%以上的经济总量，中心城市辐射带动能力逐步增强，中小城市活力增强，县城补短板、强弱项，稳步推进。快速城市化一方面孕育了城市现代文明，提高了居民的生活水平；另一方面加剧了以城市为中心的环境污染及其导致的健康问题和生物多样性丧失等其他问题。从发展趋势来看，未来城市的规模越来越大，人口也将进一步向大城市聚集，高密度、高强度、高流动的城市发展模式加剧了疾病的传播与扩散，城市步入高风险管理阶段，生态环境安全和健康受到持续高度关注。

城乡人居环境是人类为满足聚居生活需求所营建的综合环境，是人类适应自然，改造自然的主要成果，是人类文明的核心载体，包括自然生态环境、人工建设环境和社会人文环境。过去 40 年，联合国共召开了 3 次人类住区重要会议。第一届联合国人类住区会议（人居一）于 1976 年在加拿大温哥华召开，会议通过了《温哥华人类住区宣言》，提出了“人民论坛-人类居住”的概念，为 1978 年联合国人类住区规划署（简称联合国人居署）的设立奠定了基础。第二届联合国人类住区会议（人居二）于 1996 年在土耳其伊斯坦布尔召开，提出了“城市峰会-人居议程”，会议探讨了与所有国家相关的两大主题：“人人有适当住房”和“在不断变化的世界中建设可行的人类住区并实现全面城市化”。2016 年 10 月，联合国住房和城市可持续发展大会（人居三）在厄瓜多尔首都基多召开，会议通过了重要成果《新城市议程》，主要包括 6 个领域，即社会融合与公平、城市制度、空间发展、城市经济、城市生态环境、城市住房和基本服务，这是对当前城市发展问题的一个响应。

1.1 城市

1.1.1 概念辨析

根据《城市规划基本术语标准》(GB/T 50280—1998)，居民点（settlement）是指人类按照生产和生活需要而形成的集聚定居地点，按性质和人口规模可分为城市和乡村。城市/城镇（city）是指以非农产业和非农业人口聚集为主要特征的居民点，包括国家行政建制设立的市和镇。城市行政管辖的全部地域称为市域。城市建成区（urban built-up area）是指城市行政区内实际已成片开发建设、市政公用设施和公共设施基本具备的地区，具体指一个市政区范围内经过征用的土地和实际建设发展起来的非农业生产建设的地段。市辖区（municipal district）是指中央直辖市和省辖市下设的行政区，是城市建成区的核心组成部分，居民以城镇人口为主。根据《城区范围确定规程》(TD/T 1064—2021)，城区范围是指在市辖区和不设区的市，区、市政府驻地的实际建设连接到的居民委员会所辖区域和其他区域，是实际已开发建设、市政公用设施和公共服务设施基本具备的建成区。《中华人民共和国宪法》将直辖市以外的市分为设区的市和不设区的市，设区的市即设立市辖区的市，地级市为市辖区的上级。从统计学角度来看，建成区的范围可能大于、等于或小于市辖区的范围，但肯定小于或等于市域范围（李海东等，2023）。从边界来看，建成区为统计学概念，随着城市的建设发展，其边界和范围会动态变化，而市辖区的范围明确，很少发生调整（图 1-1、图 1-2）。

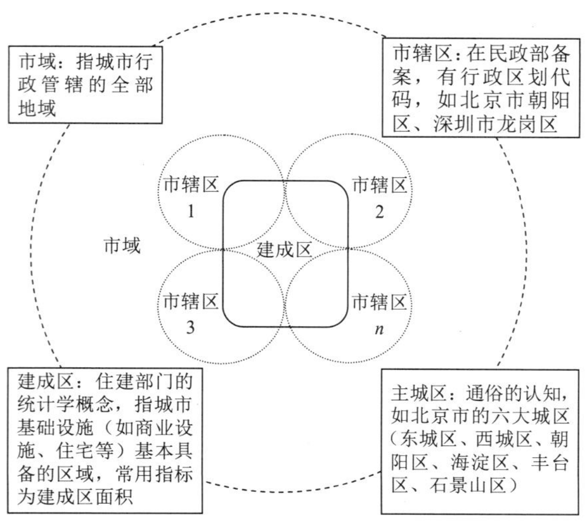

图 1-1　市域、建成区、市辖区和主城区的范围示意图

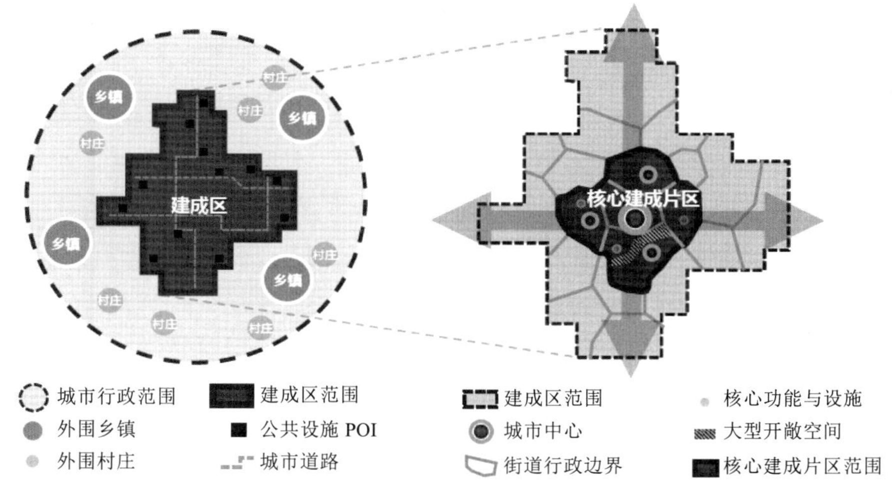

图 1-2　建成区范围和外围乡镇、村庄的分布示意图

（中国城市规划设计研究院，2023）

城市群（urban agglomeration）是指一定地域内城市分布较为密集的地区。一般来说，城市群可指以 1 个超大或特大城市为核心，3 个以上都市圈（区）或大城市为基本构成单元，依托发达的交通通信等基础设施网络形成的空间组织紧凑、经济联系紧密并最终实现同城化和高度一体化的城市群体。根据《国家发展改革委关于培育发展现代化都市圈的指导意见》（发改规划〔2019〕328 号），都市圈（metropolitan area）是指城市群内部以超大特大城市或辐射带动功能强的大城市为中心、以 1 小时通勤圈为基本范围的城镇化空间形态。从对应关系来看，都市圈属于城市群，城市群包含了都市圈；就城市发展而言，都市圈由中心大城市向外辐射带动形成，城市群则由多个都市圈组成，都市圈是城市群发展的基础。

1.1.2　数量

根据《2022 年城市建设统计年鉴》，2022 年我国共有城市 695 个，其中地级市 302 个、县级市 393 个（表 1-1）。就变化趋势而言（图 1-3），改革开放后的前 20 年，我国城市总数由 1978 年的 193 个升至 1998 年的 668 个，新增城市 475 个。1998—2017 年，城市数量总体保持平稳，2017 年有 661 个。2018—2022 年，城市数量呈增长趋势，由 661 个增至 695 个。其中，直辖市有 4 个（北京、上海、天津、重庆）；副省级市有 15 个，包括 10 个省会城市（哈尔滨、长春、沈阳、济南、南京、杭州、武汉、广州、成都、西安）和 5 个计划单列市（大连、青岛、宁波、厦门、深圳）。

表 1-1 1978—2022 年全国历年城市数量情况 单位：个

年份	城市数量			县及其他数量
	总数	地级市数量	县级市数量	
1978	193	98	92	2 153
1979	216	104	109	2 153
1980	223	107	113	2 151
1981	226	110	113	2 144
1982	245	109	133	2 140
1983	281	137	141	2 091
1984	300	148	149	2 069
1985	324	162	159	2 046
1986	353	166	184	2 017
1987	381	170	208	1 986
1988	434	183	248	1 936
1989	450	185	262	1 919
1990	467	185	279	1 903
1991	479	187	289	1 894
1992	517	191	323	1 848
1993	570	196	371	1 795
1994	622	206	413	1 735
1995	640	210	427	1 716
1996	666	218	445	1 696
1997	668	222	442	1 693
1998	668	227	437	1 689
1999	667	236	427	1 682
2000	663	259	400	1 674
2001	662	265	393	1 660
2002	660	275	381	1 649
2003	660	282	374	1 642
2004	661	283	374	1 636
2005	661	283	374	1 636
2006	656	283	369	1 635
2007	655	283	368	1 635
2008	655	283	368	1 635
2009	654	283	367	1 636
2010	657	283	370	1 633
2011	657	284	369	1 627
2012	657	285	368	1 624
2013	658	286	368	1 613
2014	653	288	361	1 596
2015	656	291	361	1 568
2016	657	293	360	1 537
2017	661	294	363	1 526

年份	城市数量			县及其他数量
	总数	地级市数量	县级市数量	
2018	673	302	371	1 518
2019	679	300	379	1 516
2020	687	300	387	1 495
2021	692	300	392	1 482
2022	695	302	393	1 481

注：统计数据未包括我国香港特别行政区、澳门特别行政区和台湾地区。

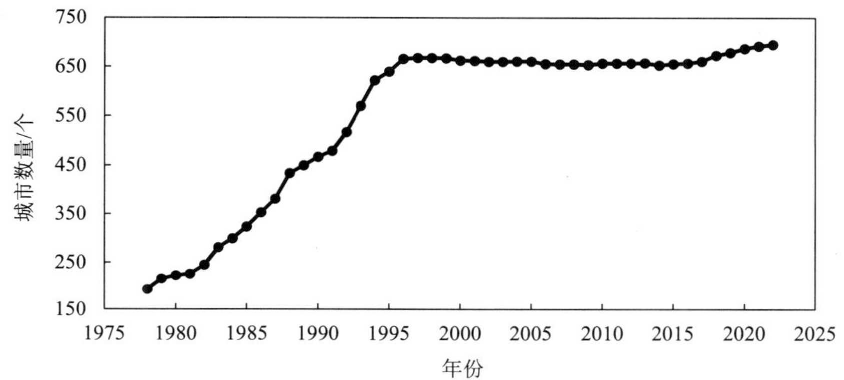

图 1-3　1978—2022 年我国城市数量变化

1.1.3　规模

根据《国务院关于调整城市规模划分标准的通知》（国发〔2014〕51 号），我国城市规模以城区常住人口（P）为统计口径，划分为五类七档（表 1-2），包括小城市（Ⅰ型小城市和Ⅱ型小城市，P＜50 万人）、中等城市（50 万人≤P＜100 万人）、大城市（Ⅰ型大城市和Ⅱ型大城市，100 万人≤P＜500 万人）、特大城市（500 万人≤P＜1 000 万人）和超大城市（P≥1 000 万人）。

表 1-2　我国城市规模划分标准

城市类别	城市档次	城区常住人口（P）/万人
小城市	Ⅱ型小城市	P＜20
	Ⅰ型小城市	20≤P＜50
中等城市	中等城市	50≤P＜100
大城市	Ⅱ型大城市	100≤P＜300
	Ⅰ型大城市	300≤P＜500
特大城市	特大城市	500≤P＜1 000
超大城市	超大城市	P≥1 000

注：常住人口包括居住在本乡镇街道且户口在本乡镇街道或户口待定的人、居住在本乡镇街道且离开户口登记地所在的乡镇街道半年以上的人、户口在本乡镇街道且外出不满半年或在境外工作学习的人。

2022 年，我国城镇化率为 65.22%。根据《2022 年城市建设统计年鉴》，我国现有超大城市（megacity）10 个，分别是上海、北京、深圳、重庆、广州、成都、天津、东莞、武汉和杭州；特大城市（super city）9 个，分别是西安、郑州、南京、济南、合肥、沈阳、青岛、长沙和苏州（表 1-3）。这些超大、特大城市的人口规模和经济体量巨大，对社会经济发展具有重要的引领作用。从人口规模来看，这 19 个城市的城区人口占全国城区人口的比例达 36%，是我国城区人口最为集中的区域。从经济规模来看，这 19 个城市的经济总量占全国经济总量的 30%以上，地区生产总值突破万亿元的城市在这 19 个城市中占 95%，说明其在经济社会发展中发挥着动力源和增长极的作用。从城市建成区面积来看，这 19 个超大、特大城市约占全国城市总建成区面积的 25%，与城区总人口占比匹配，表明这些超大、特大城市在发展的过程中没有盲目扩张，城市化过程较为有序。

表 1-3 全国超大、特大城市基本情况（2022 年）

城市	城区人口/万人	市区人口/万人	建成区面积/km^2	生产总值/亿元	城市类型
上海	2 476	2 476	1 242.00	44 652.80	超大城市
北京	1 913	2 184	—	41 610.90	超大城市
深圳	1 766	1 766	962.17	32 387.68	超大城市
重庆	1 618	3 097	1 640.80	29 129.03	超大城市
广州	1 370	1 810	1 366.02	28 839.00	超大城市
成都	1 257	1 399	1 063.68	20 817.50	超大城市
天津	1 160	1 363	1 264.46	16 311.34	超大城市
东莞	1 082	1 082	1 194.31	11 200.32	超大城市
武汉	1 081	1 488	925.97	18 866.43	超大城市
杭州	1 002	1 345	829.41	18 753.00	超大城市
西安	770	1 014	807.57	11 486.51	特大城市
郑州	767	1 002	729.12	12 934.70	特大城市
南京	699	789	885.73	16 907.85	特大城市
济南	663	856	805.82	12 027.50	特大城市
合肥	650	652	506.60	12 013.10	特大城市
沈阳	600	834	573.00	7 695.80	特大城市
青岛	584	741	761.52	14 920.75	特大城市
长沙	521	521	441.68	13 966.11	特大城市
苏州	500	767	481.33	23 958.34	特大城市
全国	56 488	98 139	63 676.40	1 210 207.00	—

注：建成区面积数据源于《2022 年城市建设统计年鉴》，2022 年北京市建成区面积未公布。生产总值数据源于全国和各市 2022 年度国民经济和社会发展统计公报。全国人口、建成区面积及经济数据均未包括我国香港特别行政区、澳门特别行政区和台湾地区。部分数据因四舍五入的原因，存在总计与分项合计不等的情况。

根据《2022 年城市建设统计年鉴》，各省（自治区、直辖市）大、中、小型城市数量如表 1-4 所示。全国共有大城市（large city）85 个，其中Ⅰ型大城市 13 个、Ⅱ型大城市 72 个；中等城市（medium city）122 个；小城市（small city）469 个，其中Ⅰ型小城市 245 个、Ⅱ型小城市 224 个。大、中、小型城市分别在全国城市总数量中占比 13%、18%、

69%，这表明我国现阶段的城市规模以中、小型城市为主，超过 2/3 的城市类型为小城市，其中Ⅰ型小城市数量达到全国城市总数量的 1/3 以上，是数量最多的城市规模档次。

表 1-4 2022 年全国各省（自治区、直辖市）大、中、小型城市数量 单位：个

省级行政区	小城市		中等城市	大城市	
	Ⅱ型小城市数量	Ⅰ型小城市数量		Ⅱ型大城市数量	Ⅰ型大城市数量
北京市	0	0	0	0	0
天津市	0	0	0	0	0
河北省	11	10	5	5	1
上海市	0	0	0	0	0
江苏省	2	16	5	9	0
浙江省	3	14	6	6	1
福建省	7	7	3	1	2
山东省	2	20	8	10	0
广东省	8	16	9	5	0
海南省	6	0	1	1	0
山西省	8	6	6	1	1
安徽省	8	5	8	3	0
江西省	7	8	6	1	1
河南省	7	15	12	4	0
湖北省	10	20	5	4	0
湖南省	10	10	9	0	0
内蒙古自治区	8	7	3	2	0
广西壮族自治区	8	10	3	2	1
重庆市	0	0	0	0	0
四川省	8	13	9	6	0
贵州省	3	9	2	2	0
云南省	10	14	1	0	1
西藏自治区	5	0	1	0	0
陕西省	6	5	4	2	0
甘肃省	7	8	1	0	1
青海省	5	1	0	1	0
宁夏回族自治区	4	3	0	1	0
新疆维吾尔自治区	22	7	2	0	1
辽宁省	12	6	8	3	1
吉林省	16	9	2	1	1
黑龙江省	21	6	3	2	1
全国	224	245	122	72	13

注：大、中、小型城市数量由《2022 年城市建设统计年鉴》整理得到，未包括我国香港特别行政区、澳门特别行政区和台湾地区。

根据民政部全国行政区划，截至 2023 年 9 月我国（不包括港澳台）共有市辖区 977 个（表 1-5），其中广东省最多，有 65 个；青海省最少，只有 7 个。在直辖市中，北京、天津和上海的市辖区数量均为 16 个，重庆有 26 个。

表 1-5 全国各省（自治区、直辖市）市辖区数量（2023 年）

省级行政区	数量/个	省级行政区	数量/个
北京市	16	湖北省	39
天津市	16	湖南省	36
河北省	49	广东省	65
山西省	26	广西壮族自治区	41
内蒙古自治区	23	海南省	10
辽宁省	59	重庆市	26
吉林省	21	四川省	55
黑龙江省	54	贵州省	16
上海市	16	云南省	17
江苏省	55	西藏自治区	8
浙江省	37	陕西省	31
安徽省	45	甘肃省	17
福建省	31	青海省	7
江西省	27	宁夏回族自治区	9
山东省	58	新疆维吾尔自治区	13
河南省	54	全国	977

注：未包括我国香港特别行政区、澳门特别行政区和台湾地区。

截至 2022 年，我国常住人口数超千万规模的城市共 17 个，分别是重庆、上海、北京、成都、广州、深圳、武汉、天津、西安、苏州、郑州、杭州、石家庄、临沂、东莞、长沙、青岛（表 1-6）。其中，重庆常住人口最多，达到 3 213.34 万人；长沙新增常住人口最多，达到 18.13 万人；上海常住人口减少最多，共减少 13.54 万人。除石家庄和临沂分别是Ⅰ型大城市和Ⅱ型大城市外，其余常住人口超千万的城市类型为超大或特大城市，这表现出石家庄和临沂较其他大型城市具有更大的发展空间和人口优势。

表 1-6 全国常住人口超千万城市基本情况

城市	常住人口数/万人	新增常住人口/万人	年度人均可支配收入/元	城市类型
重庆	3 213.34	0.91	35 666	超大城市
上海	2 475.89	−13.54	79 610	超大城市
北京	2 184.30	−4.30	77 415	超大城市
成都	2 126.80	7.60	47 948	超大城市
广州	1 873.41	−7.65	76 849	超大城市
深圳	1 766.18	−1.98	72 718	超大城市
武汉	1 373.90	9.01	58 449	超大城市
天津	1 363.00	−10.00	48 976	超大城市
西安	1 299.59	12.29	40 214	特大城市
苏州	1 291.10	6.32	70 819	特大城市
郑州	1 282.80	8.60	41 049	特大城市

城市	常住人口数/万人	新增常住人口/万人	年度人均可支配收入/元	城市类型
杭州	1 237.60	17.20	70 281	超大城市
石家庄	1 122.35	1.88	35 266	Ⅰ型大城市
临沂	1 099.31	—	33 231	Ⅱ型大城市
东莞	1 043.70	−9.98	63 833	超大城市
长沙	1 042.06	18.13	65 190	特大城市
青岛	1 034.21	8.54	53 735	特大城市

注：数据来源于各城市 2022 年度统计公报，其中广州、武汉和长沙的人均可支配收入为城镇居民数据；未包括我国香港特别行政区、澳门特别行政区和台湾地区。

1.1.4 分布

根据《2022 年城市建设统计年鉴》，各省（自治区、直辖市）的城市分布和数量（图 1-4）呈现与所处地区相关的特点。我国东部地区的城市数量较多且规模较大，全国半数的超大、特大城市都位于这个区域，且主要集中于京津冀、长三角和粤港澳大湾区三大城市群；西部地区的城市数量相对较少，规模也相对较小，但也有一些超大、特大的中心城市，如西安、成都、重庆等；中部地区的城市数量和规模介于东部沿海和西部地区之间，主要有武汉、郑州和长沙等；东北地区是我国的老工业基地，城市数量相对较多，但只有一个特大城市沈阳。

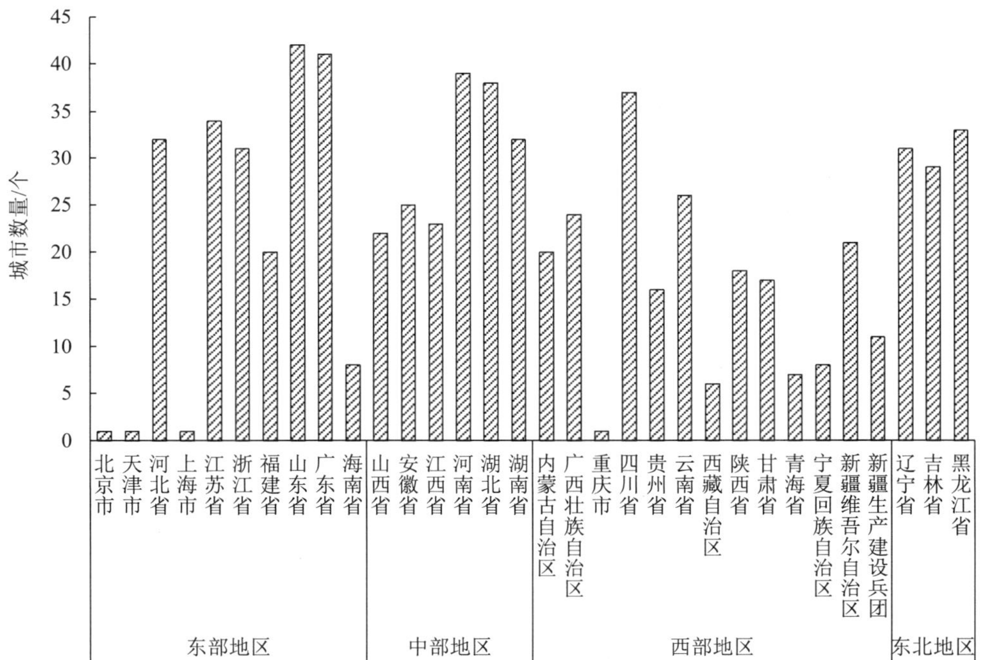

图 1-4　2022 年中国各省（自治区、直辖市）的城市数量

1.1.5 人居环境

根据《2022 年城乡建设统计年鉴》，我国城市污水处理率由 1991 年的 14.86%提高至 2022 年的 98.11%，城市污水处理能力得到显著提升，水环境得到改善；城市人均公园绿地面积由 1981 年的 1.50 m^2 提升至 2022 年的 15.29 m^2，约为原来的 10 倍；建成区绿化覆盖率由 1986 年的 16.90%提升至 2022 年的 42.96%；建成区绿地率由 1996 年的 19.05%提升至 2022 年的 39.29%（表 1-7 和图 1-5）。

表 1-7　1981—2022 年我国城市人居环境情况

年份	污水处理率/%	人均公园绿地面积/m^2	建成区绿化覆盖率/%	建成区绿地率/%
1981	—	1.50	—	—
1982	—	1.65	—	—
1983	—	1.71	—	—
1984	—	1.62	—	—
1985	—	1.57	—	—
1986	—	1.84	16.90	—
1987	—	1.90	17.10	—
1988	—	1.76	17.00	—
1989	—	1.69	17.80	—
1990	—	1.78	19.20	—
1991	14.86	2.07	20.10	—
1992	17.29	2.13	21.00	—
1993	20.02	2.16	21.30	—
1994	17.10	2.29	22.10	—
1995	19.69	2.49	23.90	—
1996	23.62	2.76	24.43	19.05
1997	25.84	2.93	25.53	20.57
1998	29.56	3.22	26.56	21.81
1999	31.93	3.51	27.58	23.03
2000	34.25	3.69	28.15	23.67
2001	36.43	4.56	28.38	24.26
2002	39.97	5.36	29.75	25.80
2003	42.39	6.49	31.15	27.26
2004	45.67	7.39	31.66	27.72
2005	51.95	7.89	32.54	28.51
2006	55.67	8.30	35.11	30.92
2007	62.87	8.98	35.29	31.30
2008	70.16	9.71	37.37	33.29
2009	75.25	10.66	38.22	34.17

年份	污水处理率/%	人均公园绿地面积/m^2	建成区绿化覆盖率/%	建成区绿地率/%
2010	82.31	11.18	38.62	34.47
2011	83.63	11.80	39.22	35.27
2012	87.30	12.26	39.59	35.72
2013	89.34	12.64	39.70	35.78
2014	90.18	13.08	40.22	36.29
2015	91.90	13.35	40.12	36.36
2016	93.44	13.70	40.30	36.43
2017	94.54	14.01	40.91	37.11
2018	95.49	14.11	41.11	37.34
2019	96.81	14.36	41.51	37.63
2020	97.53	14.78	42.06	38.24
2021	97.89	14.87	42.42	38.70
2022	98.11	15.29	42.96	39.29

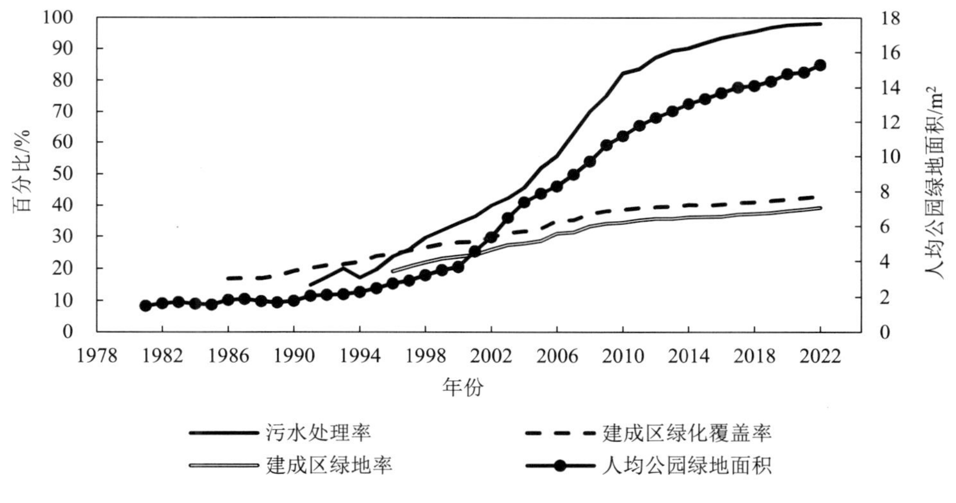

图 1-5 1981—2022 年我国城市人居环境变化

1.1.6 乡镇

根据《2022 年城乡建设统计年鉴》，我国现有建制镇 1.92 万个、乡 0.8 万个。1990—2022 年，我国乡镇整体数量呈下降趋势（表 1-8），由原有总量的 5.03 万个降至 2.72 万个。其中，乡的数量减少显著，从原有的 4.02 万个降至 0.80 万个，减少了 3.22 万个，特别是在 2000—2006 年，累计减少达 2.56 万个，超过 1990 年原有乡数量的一半；建制镇的数量小幅增长，从原有的 1.01 万个增至 1.92 万个，主要增长期集中于 1990—2000 年，新增建制镇达 0.78 万个，2000 年后相对保持稳定。

表 1-8　1990—2022 年我国乡镇数量

年份	建制镇统计个数/万个	乡统计个数/万个	年份	建制镇统计个数/万个	乡统计个数/万个
1990	1.01	4.02	2007	1.67	1.42
1991	1.03	3.90	2008	1.70	1.41
1992	1.20	3.72	2009	1.69	1.39
1993	1.29	3.64	2010	1.68	1.37
1994	1.43	3.39	2011	1.71	1.29
1995	1.50	3.42	2012	1.72	1.27
1996	1.58	3.15	2013	1.74	1.23
1997	1.65	3.03	2014	1.77	1.19
1998	1.70	2.91	2015	1.78	1.15
1999	1.73	2.87	2016	1.81	1.09
2000	1.79	2.76	2017	1.81	1.03
2001	1.81	2.35	2018	1.83	1.02
2002	1.84	2.26	2019	1.87	0.95
2003*	1.81	2.22	2020	1.88	0.89
2004	1.78	2.18	2021	1.91	0.82
2005	1.77	2.07	2022	1.92	0.80
2006	1.77	1.46			

注：* 由于 2003 年乡镇个数数据缺失，此处使用 2002 年和 2004 年的平均乡镇数量代替。

1.2　城市群和都市圈

1.2.1　城市群

目前，国外的世界级城市群有以纽约为核心的美国东北部大西洋沿岸城市群、以芝加哥为核心的北美五大湖城市群、以东京为核心的日本太平洋沿岸城市群、以伦敦为核心的英国伦敦城市群、以巴黎为核心的欧洲西北部城市群等（安树伟，2016），基本信息如表 1-9 所示。

表 1-9　国外的世界级城市群基本情况

城市群	核心城市	面积/万 km^2	人口/万人
美国东北部大西洋沿岸城市群	纽约、波士顿、华盛顿、费城	13.8	6 500
北美五大湖城市群	芝加哥、底特律、匹兹堡、多伦多	24.6	5 000
日本太平洋沿岸城市群	东京、横滨、川崎、名古屋、大阪	10.0	7 000
英国伦敦城市群	伦敦、伯明翰、利物浦、曼彻斯特	4.5	3 650
欧洲西北部城市群	巴黎、阿姆斯特丹、科隆、布鲁塞尔	14.5	4 600

注：数据源于《京津冀与世界级城市群的差距及发展策略》（安树伟，2016）。

《中华人民共和国国民经济和社会发展第十四个五年规划和 2035 年远景目标纲要》（以下简称《纲要》）强调，我国要以促进城市群发展为抓手，全面形成“两横三纵”城镇化战略格局，布局谋划 19 个城市群，分别是京津冀、长三角、粤港澳大湾区（珠三角）、成渝、长江中游、山东半岛、粤闽浙沿海、中原、关中平原、北部湾、哈长、辽中南、山西中部、黔中、滇中、呼包鄂榆、兰州—西宁、宁夏沿黄和天山北坡城市群（表 1-10）。《纲要》要求，逐步建立健全城市群一体化协调发展机制和成本共担、利益共享机制，统筹推进基础设施协调布局、产业分工协作、公共服务共享、生态共建环境共治，优化城市群内部空间结构，构筑生态和安全屏障，形成多中心、多层级、多节点的网络型城市群；同时，对不同发展阶段的各能级城市群提出了具体规划要求。

表 1-10 我国谋划布局的 19 个城市群

规划要求	19 个城市群				
优化提升	京津冀	长三角	粤港澳大湾区（珠三角）	成渝	长江中游
发展壮大	山东半岛	粤闽浙沿海	中原	关中平原	北部湾
培育发展	哈长	辽中南	山西中部	黔中	滇中
	呼包鄂榆	兰州—西宁	宁夏沿黄	天山北坡	—

目前，我国有 9 个国家中心城市（北京、天津、上海、广州、重庆、成都、武汉、郑州、西安，排名不分先后）。国家中心城市是中国城镇体系规划设置的最高层级，最早由原建设部（现住房和城乡建设部）在依据《中华人民共和国城乡规划法》编制全国城镇体系规划时提出，是所在区域城市群的核心龙头城市。

1. 京津冀城市群

京津冀城市群是以首都北京为核心的世界级城市群、区域整体协同发展改革引领区、全国创新驱动经济增长新引擎和生态修复环境改善示范区，包含北京、天津和河北 3 个省（直辖市），总面积约 21.6 万 km^2。区域内地势整体表现为西北高、东南低，西北部为山地及高原区，东南部主要为平原区，属于温带半湿润半干旱季风气候。

2. 长三角城市群

长三角城市群是我国经济发展最活跃、开放程度最高、创新能力最强的区域之一，在国家现代化建设大局和全方位开放格局中具有举足轻重的战略地位。其范围包括上海市、江苏省、浙江省和安徽省的 27 个中心城市，区域范围内地势平坦，河网水系密布，间有低丘，属于亚热带季风气候。

3. 粤港澳大湾区城市群（珠三角城市群）

粤港澳大湾区城市群是我国开放程度最高、经济活力最强的区域之一，是新时代推动形成全面开放新格局的新举措，也是推动“一国两制”事业发展的新实践。其范围包括香港特别行政区、澳门特别行政区和广东省的广州市、深圳市、珠海市、佛山市、惠州市、东莞市、中山市、江门市、肇庆市，总面积 5.6 万 km^2，区域范围内东、北、西三面丘陵台地环抱，中部平原广阔、地势低平，属于南亚热带湿润季风气候。

4. 成渝城市群

成渝城市群是西部大开发的重要平台，是长江经济带的战略支撑，也是国家推进新型城镇化的重要示范区，包括重庆市的渝中、万州、黔江、涪陵、大渡口、江北、沙坪坝、九龙坡、南岸、北碚、綦江、大足、渝北、巴南、长寿、江津、合川、永川、南川、潼南、铜梁、荣昌、璧山、梁平、丰都、垫江、忠县这 27 个区（县）及开州、云阳的部分地区，四川省的成都、自贡、泸州、德阳、绵阳（除北川县、平武县）、遂宁、内江、乐山、南充、眉山、宜宾、广安、达州（除万源市）、雅安（除天全县、宝兴县）、资阳 15 个市，总面积 18.5 万 km^2。该区域地处四川盆地，整体地形地貌特征极其丰富，属于典型的亚热带季风气候。

5. 长江中游城市群

长江中游城市群是长江经济带的重要组成部分，也是实施促进中部地区崛起战略、全方位深化改革开放和推进新型城镇化的重点区域，是以武汉都市圈、长株潭都市圈、南昌都市圈为主体形成的特大型城市群。其范围包括湖北省武汉市、黄石市、鄂州市、黄冈市、孝感市、咸宁市、仙桃市、潜江市、天门市、襄阳市、宜昌市、荆州市、荆门市，湖南省长沙市、株洲市、湘潭市、岳阳市、益阳市、常德市、衡阳市、娄底市，江西省南昌市、九江市、景德镇市、鹰潭市、新余市、宜春市、萍乡市、上饶市及抚州市、吉安市的部分县（区），总面积约 31.7 万 km^2，自身整体地貌以平原和小起伏山脉为主，河网密布，水资源和矿产资源丰富。

1.2.2 都市圈

截至 2023 年 2 月，国家发展和改革委员会陆续批准了 8 个国家级都市圈，分别是南京都市圈、福州都市圈、成都都市圈、长株潭都市圈、西安都市圈、重庆都市圈、武汉都市圈和沈阳都市圈（表 1-11）。

表 1-11　国家级都市圈基本情况

都市圈	规划范围	人口/万人	面积/km^2
南京都市圈	南京、镇江、扬州、淮安、芜湖、马鞍山、滁州、宣城市全域，常州市金坛区和溧阳市	3 500	66 000
福州都市圈	福州、莆田市全域，宁德市蕉城区、福安市、霞浦县、古田县，南平市延平区、建阳区、建瓯市部分地区，平潭综合实验区	1 300	26 000
成都都市圈	成都、德阳、眉山、资阳市全域	2 966	33 100
长株潭都市圈	长沙市全域，株洲市中心城区、醴陵市，湘潭市中心城区、韶山市、湘潭县	1 484	18 900

都市圈	规划范围	人口/万人	面积/km²
西安都市圈	西安市全域（含西咸新区），咸阳市秦都区、渭城区、兴平市、三原县、泾阳县、礼泉县、乾县、武功县，铜川市耀州区，渭南市临渭区、华州区、富平县，杨凌示范区	1 802	20 600
重庆都市圈	重庆市渝中区、大渡口区、江北区、沙坪坝区、九龙坡区、南岸区、北碚区、渝北区、巴南区、涪陵区、长寿区、江津区、合川区、永川区、南川区、綦江区—万盛经开区、大足区、璧山区、铜梁区、潼南区、荣昌区，四川省广安市	2 440	35 000
武汉都市圈	—	—	—
沈阳都市圈	沈阳、鞍山、抚顺、本溪、阜新、辽阳、铁岭、沈抚改革创新示范区	—	—

注：都市圈规划范围、人口和面积数据均源于各都市圈发展规划。

1.3 资源枯竭城市

根据《国务院关于印发全国资源型城市可持续发展规划（2013—2020 年）的通知》（国发〔2013〕45 号），资源型城市是以本地区矿产、森林等自然资源开采、加工为主导产业的城市（包括地级市、地区等地级行政区和县级市、县等县级行政区）。2007 年，国务院发布《国务院关于促进资源型城市可持续发展的若干意见》（国发〔2007〕38 号），指出要加大对资源型城市尤其是资源枯竭城市可持续发展的支持力度，尽快建立有利于资源型城市可持续发展的体制机制，同时加快资源枯竭城市经济转型，对资源已经或濒临枯竭的城市进一步加大一般性和专项转移支付力度。国家发展和改革委员会于 2008 年、2009 年和 2011 年分 3 批确定了 69 个典型资源枯竭城市（县、区）（表 1-12），主要集中于我国东北地区，其城市发展方向亟须转型。

表 1-12　2008—2011 年确定的 69 个资源枯竭城市（县、区）

省（自治区、直辖市）	第一批（12 座）	第二批（32 座）	第三批（25 座）
辽宁省	阜新市、盘锦市	抚顺市、北票市、葫芦岛市杨家杖子开发区、葫芦岛市南票区、辽阳市弓长岭区	
吉林省	辽源市、白山市	舒兰市、九台市（现为九台区）、敦化市	通化市二道江区、汪清县
黑龙江省	伊春市、大兴安岭地区	七台河市、五大连池市	鹤岗市、双鸭山市
江西省	萍乡市	景德镇市	新余市、大余县
河南省	焦作市	灵宝市	濮阳市
湖北省	大冶市	黄石市、潜江市、钟祥市	松滋市
云南省	个旧市	昆明市东川区	易门县
甘肃省	白银市	玉门市	兰州市红古区

省（自治区、直辖市）	第一批（12 座）	第二批（32 座）	第三批（25 座）
宁夏回族自治区	石嘴山市		
山东省		枣庄市	新泰市、淄博市淄川区
安徽省		淮北市、铜陵市	
重庆市		万盛区（现为万盛经济技术开发区）	南川区
陕西省		铜川市	潼关县
贵州省		铜仁地区万山特区（现为铜仁市万山区）	
广西壮族自治区		合山市	贺州市平桂管理区
湖南省		耒阳市、冷水江市、资兴市	涟源市、常宁市
四川省		华蓥市	泸州市
山西省		孝义市	霍州市
内蒙古自治区		阿尔山市	乌海市、包头市石拐区
河北省		承德市鹰手营子矿区、张家口市下花园区	石家庄市井陉矿区
广东省			韶关市
江苏省			徐州市贾汪区
海南省			昌江县

《全国资源型城市可持续发展规划（2013—2020 年）》规划的范围包括 262 个资源型城市，其中地级行政区（包括地级市、地区、自治州、盟等）126 个，县级市 62 个，县（包括自治县、林区等）58 个，市辖区（开发区、管理区）16 个，具体如表 1-13 所示。

表 1-13　全国资源型城市名单（2013 年）

省（自治区、直辖市）	地级行政区	县级市	县（自治县、林区）	市辖区（开发区、管理区）
河北省（14）	张家口市、承德市、唐山市、邢台市、邯郸市	鹿泉市（现为鹿泉区）、任丘市	青龙满族自治县、易县、涞源县、曲阳县	井陉矿区、下花园区、鹰手营子矿区
山西省（13）	大同市、朔州市、阳泉市、长治市、晋城市、忻州市、晋中市、临汾市、运城市、吕梁市	古交市、霍州市、孝义市		
内蒙古自治区（9）	包头市、乌海市、赤峰市、呼伦贝尔市、鄂尔多斯市	霍林郭勒市、阿尔山市、锡林浩特市		石拐区
辽宁省（15）	阜新市、抚顺市、本溪市、鞍山市、盘锦市、葫芦岛市	北票市、调兵山市、凤城市、大石桥市	宽甸满族自治县、义县	弓长岭区、南票区、杨家杖子开发区
吉林省（11）	松原市、吉林市、辽源市、通化市、白山市、延边朝鲜族自治州	九台市（现为九台区）、舒兰市、敦化市	汪清县	二道江区

省（自治区、直辖市）	地级行政区	县级市	县（自治县、林区）	市辖区（开发区、管理区）
黑龙江省（11）	黑河市、大庆市、伊春市、鹤岗市、双鸭山市、七台河市、鸡西市、牡丹江市、大兴安岭地区	尚志市、五大连池市		
江苏省（3）	徐州市、宿迁市			贾汪区
浙江省（3）	湖州市		武义县、青田县	
安徽省（11）	宿州市、淮北市、亳州市、淮南市、滁州市、马鞍山市、铜陵市、池州市、宣城市	巢湖市	颍上县	
福建省（6）	南平市、三明市、龙岩市	龙海市（现为龙海区）	平潭县、东山县	
江西省（11）	景德镇市、新余市、萍乡市、赣州市、宜春市	瑞昌市、贵溪市、德兴市	星子县（现为庐山市）、大余县、万年县	
山东省（14）	东营市、淄博市、临沂市、枣庄市、济宁市、泰安市、莱芜市（现为莱芜区）	龙口市、莱州市、招远市、平度市、新泰市	昌乐县	淄川区
河南省（15）	三门峡市、洛阳市、焦作市、鹤壁市、濮阳市、平顶山市、南阳市	登封市、新密市、巩义市、荥阳市、灵宝市、永城市、禹州市	安阳县	
湖北省（10）	鄂州市、黄石市	钟祥市、应城市、大冶市、松滋市、宜都市、潜江市	保康县、神农架林区	
湖南省（14）	衡阳市、郴州市、邵阳市、娄底市	浏阳市、临湘市、常宁市、耒阳市、资兴市、冷水江市、涟源市	宁乡县（现为宁乡市）、桃江县、花垣县	
广东省（4）	韶关市、云浮市	高要市（现为高要区）	连平县	
广西壮族自治区（10）	百色市、河池市、贺州市	岑溪市、合山市	隆安县、龙胜各族自治县、藤县、象州县	平桂管理区
海南省（5）		东方市	昌江黎族自治县、琼中黎族苗族自治县、陵水黎族自治县、乐东黎族自治县	
重庆市（9）			铜梁县（现为铜梁区）、荣昌县（现为荣昌区）、垫江县、城口县、奉节县、云阳县、秀山土家族苗族自治县	南川区、万盛经济开发区

省（自治区、直辖市）	地级行政区	县级市	县（自治县、林区）	市辖区（开发区、管理区）
四川省（13）	广元市、南充市、广安市、自贡市、泸州市、攀枝花市、达州市、雅安市、阿坝藏族羌族自治州、凉山彝族自治州	绵竹市、华蓥市	兴文县	
贵州省（11）	六盘水市、安顺市、毕节市、黔南布依族苗族自治州、黔西南布依族苗族自治州	清镇市	开阳县、修文县、遵义县（现为遵义市播州区）、松桃苗族自治县	万山区
云南省（17）	曲靖市、保山市、昭通市、丽江市、普洱市、临沧市、楚雄彝族自治州	安宁市、个旧市、开远市	晋宁县（现为晋宁区）、易门县、新平彝族傣族自治县、兰坪白族普米族自治县、香格里拉县（现为香格里拉市）、马关县	东川区
西藏自治区（1）			曲松县	
陕西省（9）	延安市、铜川市、渭南市、咸阳市、宝鸡市、榆林市		潼关县、略阳县、洛南县	
甘肃省（10）	金昌市、白银市、武威市、张掖市、庆阳市、平凉市、陇南市	玉门市	玛曲县	红古区
青海省（2）	海西蒙古族藏族自治州		大通回族土族自治县	
宁夏回族自治区（3）	石嘴山市	灵武市	中宁县	
新疆维吾尔自治区（8）	克拉玛依市、巴音郭楞蒙古自治州、阿勒泰地区	和田市、哈密市、阜康市	拜城县、鄯善县	

1.4 “城市双修”和城市更新行动

2016 年 2 月 6 日，《中共中央　国务院关于进一步加强城市规划建设管理工作的若干意见》指出“城市规划建设管理中还存在一些突出问题：城市规划前瞻性、严肃性、强制性和公开性不够，城市建筑贪大、媚洋、求怪等乱象丛生，特色缺失，文化传承堪忧；城市建设盲目追求规模扩张，节约集约程度不高；依法治理城市力度不够，违法建设、大拆大建问题突出，公共产品和服务供给不足，环境污染、交通拥堵等‘城市病’蔓延加重”，要求加强和改进城市规划建设管理工作，推进海绵城市建设、恢复城市自然生态、推进污水大气治理、加强垃圾综合治理等。

2017 年 3 月 6 日，《住房城乡建设部关于加强生态修复城市修补工作的指导意见》（建规〔2017〕59 号）明确了“开展生态修复、城市修补是治理‘城市病’、改善人居环境的重要行动，是推动供给侧结构性改革、补足城市短板的客观需要，是城市转变发展方式的重要标志”，要求“修复城市生态，改善生态功能”“修补城市功能，提升环境品质”（以下统称“城市双修”）。

2020 年 10 月 29 日，中国共产党第十九届中央委员会第五次全体会议审议通过了《中共中央关于制定国民经济和社会发展第十四个五年规划和二〇三五年远景目标的建议》，明确提出实施城市更新行动。根据《纲要》的名词解释，城市更新行动是指对旧城区内功能偏离需求、利用效率低下、环境品质不高的存量片区进行功能性改造，将其打造成为新型生产生活空间，以推进老旧小区、老旧厂区、老旧街区及城中村“三老一村”改造为主要内容。其中，老旧小区改造重在改善小区居住条件，完善配套公用设施和公共服务设施；老旧厂区改造重在通过转换建设用地用途、转变空间功能等方式，将“工业锈带”改造为“生活秀带”、双创空间、新型产业空间或文化旅游场地；老旧街区改造重在推动地方特色街区品质高端化、业态多元化，着力打造街区经济，使其发展成为新型文旅商业消费集聚区；城中村改造重在按照城市标准进行整体重建或修复修缮，使其成为城市社区或其他空间。

1.4.1　目标任务

1．总体目标

实施城市更新行动，其总体目标是建设宜居城市、绿色城市、韧性城市、智慧城市、人文城市，不断提升城市人居环境质量、人民生活质量、城市竞争力，走出一条中国特色城市发展道路。

2．主要任务

主要任务包括完善城市空间结构；实施城市生态修复和功能完善工程；强化历史文化保护，塑造城市风貌；加强居住社区建设；推进新型城市基础设施建设；加强城镇老旧小区改造；增强城市防洪排涝能力；推进以县城为重要载体的城镇化建设；等等（表 1-14）。

表 1-14　实施城市更新行动的主要任务

主要任务	具体内容
完善城市空间结构	健全城镇体系，构建以中心城市、都市圈、城市群为主体，大、中、小城市和小城镇协调发展的城镇格局，促进国土空间均衡开发。建立健全区域与城市群发展协调机制，充分发挥各城市比较优势，强化大城市对中小城市的辐射带动作用，有序疏解特大城市非核心功能。推进区域重大基础设施和公共服务设施共建共享，建立功能完善、衔接紧密的城市群综合立体交通等现代设施网络体系，提高城市群综合承载力

主要任务	具体内容
实施城市生态修复和功能完善工程	坚持以资源环境承载能力为刚性约束条件，以建设美好人居环境为目标，合理确定城市规模、人口密度，促进公共服务设施合理布局。建立连续完整的生态基础设施标准和政策体系，完善城市生态系统，加强绿色生态网络建设。补齐城市基础设施短板，加强各类生活服务设施建设，推动发展城市新业态，完善和提升城市功能
强化历史文化保护，塑造城市风貌	建立城市历史文化保护与传承体系，加大历史文化名胜名城名镇名村保护力度，修复山水城传统格局，保护具有历史文化价值的街区、建筑及其影响地段的传统格局和风貌。全面开展城市设计工作，加强建筑设计管理，优化城市空间和建筑布局，加强新建高层建筑管控，治理“贪大、媚洋、求怪”的建筑乱象，塑造城市时代特色风貌
加强居住社区建设	开展完整居住社区设施补短板行动，因地制宜对居住社区市政配套基础设施、公共服务设施等进行改造和建设。建立党委领导、政府组织、业主参与、企业服务的居住社区治理机制，推动城市管理进社区。开展美好环境与幸福生活共同缔造活动，共建共治共享美好家园
推进新型城市基础设施建设	加快推进基于信息化、数字化、智能化的新型城市基础设施建设和改造，以及城市信息模型（CIM）平台建设，全面提升城市建设水平和运行效率。推进智慧社区建设，实现社区智能化管理。推动智能建造与建筑工业化协同发展，建设建筑产业互联网，推广钢结构装配式等新型建造方式，加快发展“中国建造”
加强城镇老旧小区改造	摸清老旧小区底数，合理确定改造内容，科学编制改造规划和年度改造计划，有序组织实施。不断健全统筹协调、居民参与、项目推进、长效管理等机制，建立改造资金政府与居民、社会力量合理共担机制，完善项目审批、技术标准、存量资源整合利用、财税金融土地支持等配套政策，确保改造工作顺利进行
增强城市防洪排涝能力	统筹区域流域生态环境治理和城市建设，将山水林田湖草沙生态保护修复和城市开发建设有机结合，提升自然蓄水排水能力，系统化全域推进海绵城市建设，打造生态、安全、可持续的城市水循环系统。统筹城市防洪和排涝工作，科学规划和改造完善城市河道、堤防、水库、排水系统设施，加快建设和完善城市防洪排涝设施体系
推进以县城为重要载体的城镇化建设	实施强县工程，大力推动县城提质增效，加强县城基础设施和公共服务设施建设，改善县城人居环境，提高县城承载能力，更好地吸纳农业转移人口。建立健全以县为单元统筹城乡的发展体系、服务体系、治理体系，促进一二三产业融合发展，统筹布局县城、中心镇、行政村基础设施和公共服务设施，建立政府、社会、村民共建共治共享机制

1.4.2 经验做法

根据《住房和城乡建设部办公厅关于印发实施城市更新行动可复制经验做法清单（第一批）的通知》（建办科函〔2022〕393 号），各地积极探索城市更新统筹谋划机制、可持续模式和配套支持政策等，并取得了较好成效。政策机制包括建立城市更新统筹谋划机制，建立政府引导、市场运作、公众参与的可持续实施模式，创新与城市更新相配套的支持政策，主要举措包括加强工作统筹和督查考核，建立城市更新制度机制，将城市体检和城市更新紧密衔接，建立城市更新规划编制和实施工作体系；建立存量资源统筹协调机制，通过长效运营收入平衡改造投入，构建多元化资金保障机制，建立多元主体协同参与机制；完善土地政策，优化审批流程；等等（表 1-15）。

表 1-15　实施城市更新行动可复制经验做法

政策机制	主要举措	具体做法
建立城市更新统筹谋划机制	（一）加强工作统筹和督查考核	1. 北京市党委、政府主要负责同志亲自推动。在市委城市工作委员会下设城市更新专项小组，市委书记亲自谋划，市委副书记、市长任组长，小组内设有推动实施、规划政策、资金支持 3 个工作专班，负责部署年度重点工作，协调支持政策，督促工作落实。各区政府成立城市更新专项工作小组，统筹协调实施城市更新。 2. 山东省潍坊市建立城市更新工作联席会议制度。市长为召集人，分管市长为副召集人，市发改、住建、工信、教育、财政、自资、文旅等 19 个市直部门单位和各区主要负责同志为成员，负责统筹推进城市更新工作，协调解决遇到的困难问题，形成上下协同、各司其职、统筹推进的工作机制
	（二）建立城市更新制度机制	1. 辽宁省出台省级城市更新条例。《辽宁省城市更新条例》立足辽宁老工业基地城市特点，以聚焦绿色低碳、便利宜居、保护传承、提升品质为目标，加强基础设施和公共设施建设，优化调整区域功能布局和空间格局，提升城市居住品质和人居环境，加强城市历史文化保护，增强城市安全韧性。 2. 江苏省细化明确城市更新七大任务要求。印发《关于实施城市更新行动的指导意见》，聚焦当前城市发展中普遍存在的突出问题和短板，以化解“城市病”为导向，围绕 7 项重点工作任务推进城市更新
	（三）将城市体检和城市更新紧密衔接	1. 上海市开展市、区两级城市体检评估。建立由“体系构建—数据采集—计算评价—诊断建议—行动落实”5 个环节构建的城市体检闭环流程，全面查找存在的不足和问题，提出统筹城市规划、建设、管理，整体推动城市结构优化、功能完善、品质提升的工作方案、行动计划和具体项目。 2. 湖南省长沙市将城市体检作为片区更新前置要素。坚持“无体检不项目，无体检不更新”，采取“六步工作法”（开展城市体检、完善组织机制、编制规划计划、分类实施更新、实施动态监测、发布宜居指数），将城市体检作为城市更新项目实施的立项前置条件，对症下药治理“城市病”
	（四）建立城市更新规划编制和实施工作体系	1. 江苏省南京市探索全链条城市更新项目实施体系。构建“单元规划—体检评估—城市设计—特色片区—计划储备—方案设计—项目实施—监督管理—常态运营”的实施体系，整体谋划、系统推进城市更新。注重城市设计引导，划定特色更新片区，围绕城市体检评估出的问题有针对性地开展实施阶段的城市设计及更新策划。 2. 江西省建立城市更新规划编制体系。印发《江西省城市更新规划编制指南（试行）》，提出城市更新规划、城市更新行动计划、城市更新项目实施方案等的编制组织程序、主要内容、技术要点和成果要求，规范城市更新规划计划的编制和实施工作
建立政府引导、市场运作、公众参与的可持续实施模式	（一）建立存量资源统筹协调机制	1. 辽宁省沈阳市探索跨项目统筹运作模式。允许在行政区域范围内跨项目统筹、开发运营一体化的运作模式，实行统一规划、统一实施、统一运营。对改造任务重、经济无法平衡的，与储备地块组合进行综合平衡，按照土地管理权限报同级政府同意后通过统筹、联动改造实现平衡。 2. 安徽省合肥市探索片区更新“肥瘦搭配”模式。将公共服务设施配套承载力与片区开发强度进行匹配，对收益率高低不同的项目进行“肥瘦搭配”，反哺片区内安置房、学校、党群中心等公益性项目建设

政策机制	主要举措	具体做法
建立政府引导、市场运作、公众参与的可持续实施模式	（二）通过长效运营收入平衡改造投入	1. 四川省成都市探索全过程一体化推进模式。猛追湾片区按照“政府主导、市场主体、商业化逻辑”的原则，由政府收储、租赁、利用既有房屋，引入实力强、资源广、经验丰富的社会力量作为运营商，探索项目策划、规划、设计、建设、运营一体化的投资运营模式，对项目实施整体规划、分步实施、商业运作，并大力实施优质资源“收、租、引”，对收储资产实施资产管理、运营管理、项目招引、业态管控，通过经营性收益平衡改造投入。 2. 重庆市探索“政府+企业+居民”共同实施模式。戴家巷老街区更新由政府出资通过“微改造”方式开展区域环境提升，建设崖壁步道，国企平台公司征收部分房屋进行改造，引入文化创意、餐饮酒店等业态，使周边物业价值大幅提升，带动居民自发开展临街房屋装修，形成各具特色的小店
	（三）构建多元化资金保障机制	1. 安徽省铜陵市积极争取开发性金融机构支持。铜陵市政府与国家开发银行安徽省分行签订战略合作协议，获得对 6 个城市更新片区项目的一次性授信 46.18 亿元基准利率下浮贷款，贷款资金已到位 13.3 亿元，用于支持老旧城区改造提升、市政基础设施建设、生态环境治理、公共服务设施配套完善、历史风貌保护和文化传承等多个重点领域。 2. 上海市设立城市更新基金。为广泛吸引社会力量参与城市更新，上海地产集团联合招商蛇口、中交集团、万科集团、国寿投资、保利发展、中国太保、中保投资等多家房企和保险资金成立 800 亿元基金，定向投资城市更新项目，促进城市功能优化、民生保障、品质提升和风貌保护
	（四）建立多元主体协同参与机制	1. 江苏省苏州市吸引社会力量参与城市更新。引入城市“合伙人”机制，通过赋予实施主体规划参与权、混合用地模式、给予适度奖励等手段，撬动市场主体参与积极性，构建政府引导、社会参与、市场运作、多方协同的工作机制。 2. 重庆市九龙坡区开展“三师”进社区行动。以“党建引领、基层推动、群众点单、专业把关”为思路，统筹开展规划师、建筑师、工程师进社区行动，通过“居民提议—群众商议—社区复议—专业审议—最终决议”的工作机制确定城市更新方案，提升群众的参与度、支持率和获得感
创新与城市更新相配套的支持政策	（一）完善土地政策	1. 上海市完善零星用地整合利用方式。同一街坊内的地块可以在相关利益人协商一致的前提下进行地块边界调整，如将城市更新地块与周边的边角地、夹心地、插花地等无法单独使用的土地合并，以及在保证公共要素的用地面积或建筑面积不减少的前提下，对规划各级公共服务设施、公共绿地和广场用地的位置进行调整。 2. 湖北省黄石市给予存量用地用途转换过渡期政策。鼓励利用存量土地资源和房产发展文化创意、医养结合、健康养老、科技创新等新产业、新业态，由相关行业主管部门提供证明文件，可享受按原用途、原权利类型使用土地的过渡期政策。过渡期以 5 年为限，5 年期满或转让需办理用地手续的，可按新用途、新权利类型，以协议方式办理用地手续
	（二）优化审批流程	1. 北京市简化简易低风险工程建设项目审批要求。对于社会投资、符合低风险等级、地上建筑面积不大于 10 000 m^2 等条件的建设项目，纳入“一站通”系统，可“一表式”完成立项、建设工程规划许可申办等手续，精简审批事项、压缩审批时限，为社会主体参与更新改造提供便利。 2. 河北省唐山市分类制定简化审批流程方案。采取打包审批、联合审批、联合验收等方式简化房屋建筑、市政基础设施审批环节，针对更新单元中的新建工业项目和重点项目、特殊项目分类制定简化审批流程方案，逐步推进城市更新审批事项同级化

1.5　我国城市生态环境治理

1.5.1　主要成效

1．立足新发展阶段，城市生态环境治理效能初步显现

城市是国家治理体系和治理能力现代化的重要内容，近年来在生态环境治理体系和治理能力方面得到显著提升。一是“生态环境保护责任清单”“构建现代环境治理体系任务清单”等得到落实，城市生态环境治理体系逐步完善。调研表明，厦门市、青岛市等通过印发实施“生态环境保护责任清单”，划定了生态环境保护“责任田”，充分发挥地方立法权作用，出台了生态文明建设条例、环境保护条例等法规，制定了大气和水污染物排放地方标准，实行了比国家和省更严格的标准。二是“城市更新行动”首次写入政府工作报告，不断优化城市生活空间和生态空间。例如，上海市围绕 4 个“有利于”开展城市空间布局优化与功能提升、产业结构调整、生态环境质量改善、生态环境治理体系与治理能力建设，致力于建设人民满意的“宜居之城”“活力之城”“美丽之城”“共治之城”。三是“天空地一体化”生态环境监测网络逐步完善，城市“智慧生态环境”信息化系统逐渐形成，生态环境保护执法的精准性和科学性得到有效提高。例如，“杭州 • 生态智卫”管理系统横向联动 10 余个部门，纵向贯通省、市、区县、镇街 4 级应用，通过“大生态”数据建成空气卫士、秀水卫士、督察在线、环保 e 企管等应用场景；深圳市建设了覆盖全市的城市生态监测网络，在生物多样性、生态系统格局、生态胁迫、生态功能、固碳增汇等方面开展长期监测，服务于城市生态保护。

2．贯彻新发展理念，城市生态环境品质显著提升

根据《中国生态环境状况公报》，城市污染物排放持续下降，生态环境质量明显改善，生态环境风险得到有效化解。一是重点攻坚京津冀等地区城市和城市群大气污染防治，突出重点时段、重点行业和建成区。例如，北京市紧紧抓住疏解非首都功能“牛鼻子”，近 10 年退出一般制造业企业 3 000 余家，成为全国首个减量发展的城市，走出了一条坚持绿色发展、建设和谐宜居之都的路子。2021 年，北京市空气质量首次全面达标，细颗粒物（$PM_{2.5}$）年均浓度为 33 μg/m^3，创历史最低。大连市严格控制煤炭消费总量，建成区清洁取暖率达到 90%以上，推进 $PM_{2.5}$ 和臭氧（O_3）污染协同治理。二是污染减排和生态扩容两手发力，黑臭水体和水环境质量稳步提升。例如，青岛市统筹推进“美丽海湾”建设，全方位构建海湾保护与建设监管体系，建成海洋综合管控“蓝色天网”，国控点位连续 3 年达到一类海水水质标准。三是扎实做好土壤污染风险管控和修复，建设用地安全利用得到了有效保障。我国实现受污染耕地安全利用率和污染地块安全利用率“双 90%”目标，对 2 万多个地块开展了调查，将 900 多个地块列入建设用地土壤污染风险管控和修复名录。

青岛市围绕“土壤污染重点监管单位源头预防、建设用地准入管理和土壤污染状况调查质量监督检查”3 个主攻方向，通过 10 项措施形成先行区建设问题清单、措施清单、责任清单、成果清单，为全国、山东省贡献了可复制、可推广的“青岛样板”。

3．促进人与自然和谐共生，城市生态系统服务受到高度重视

根据《全国生态状况变化（2015—2020 年）调查评估报告》，2015—2020 年与 2000—2015 年相比，我国城镇生态系统面积年均增幅由 3.2%减少到 1.3%，增速减缓，部分地区生态系统稳定性有所提升，空间分异特征表现为由以往的沿海地区和超大、大城市聚集转向中西部地区的大中小城镇周边蔓延为主，京津冀生态系统结构和质量稳定性有所提升。调研表明，一是人民群众对美好生态环境的获得感、幸福感进一步增强。2022 年全国城市建成区面积 6.37 万 km^2，建成区绿地率为 39.3%，污水处理率为 98.1%，无论是新城区建设还是老城区改造，“城市双修”和城市更新都稳步实施，绿道生态连通性稳步提高，韧性城市生态系统和绿色基础设施建设稳步推进。例如，南京市着力推进幕府山、青奥公园、江北新区等长江岸线生态保护修复，“进”“退”之间绿正浓，2016 年以来长江主江生产岸线占比由 36.9%降至 25.3%。二是城市生物多样性保护得到加强。北京市作为世界上生物多样性最丰富的大都市之一，扎实推进生态保护与修复，重要生态空间得到严格保护；同时，发布了国内首个《生态环境质量评价技术规范》，在全国率先将生物多样性纳入评价工作。深圳市发布了国内首份城市生物多样性白皮书，深入挖掘城市在高速发展中平衡自然生态保护的典型做法。北京、深圳等城市开展了全域的城市生态调查工作，发现了蛙类、昆虫等若干新物种，着力促进了人与自然和谐共生。

1.5.2 存在的问题

近年来，我国城市生态环境治理取得显著成效，促进了人与自然和谐共生，但也依然存在生态环境质量持续改善压力大、生态安全格局破碎化严重、环境基础设施建设有待加强、智慧化与精细化管理水平不均衡、绿色低碳发展任务仍然较重等问题。目前，我国中西部省会城市虹吸集聚发展与中小城市城镇化“伪增长”现象突出，“大城市病”越发显著，出现了碳排放总量和强度“双控”转变及人居生态环境健康等新难题，给新时期城市生态环境治理和美丽中国建设造成新挑战。

1．生态环境协同治理滞后于城市建设，人居生态环境“大城市病”依然严峻

习近平总书记在江苏考察时强调，建设人与自然和谐共生的现代化，必须把保护城市生态环境摆在更加突出的位置。从城市建设来看，我国城市建成区面积由 2000 年的 2.24 万 km^2 增加到 2022 年的 6.37 万 km^2，增长了 184%（住房和城乡建设部，2023），城市建设成绩斐然。根据国家统计局数据，2020 年京津冀、长三角、粤港澳大湾区、成渝等城市群是城镇生态系统扩张最明显的地区，2015—2020 年粤港澳大湾区城镇持续扩张，珠三角地区城市建筑面积增长较快，港澳地区相对稳定。从城市热环境来看，有研究表明

2000—2018 年城市地表热岛效应最高增速为 1.13℃/10 a，主要发生在夏季，我国绝大多数城市热岛强度在持续增大（方迎波等，2017；周伟奇等，2020）。城市建设活动和路网建设活动改变了局部地貌特征，长期以来城市运行的生态环境安全未得到充分保障，存在“重污染防治、轻生态保护”的短板。《全国生态状况变化（2015—2020 年）调查评估报告》显示，2015—2020 年我国城市开发建设强度不断增大，2020 年城镇生态系统面积为 31.09 万 km^2，增幅达 6.3%，主要表现为侵占周边农田。大连市反映生态空间不断被产业建设用地、居住用地等侵占，“基质—廊道—节点”的宏观生态安全格局尚未完全成形。从城市健康来看，良好的生态环境质量和高效的资源利用是城市健康发展的重要基础。根据《城市蓝皮书：中国城市发展报告（2020）》，我国中等规模城市健康管理指数最高（56.61），其次是大城市（56.0）和特大城市（55.47），小城市（54.46）和超大城市（50.34）较低，这说明小城市和超大城市存在明显的健康管理短板，超大城市生态环境治理体系、小城市生态环境治理能力有待加强。调研发现，花粉致敏、植物源挥发性有机物（BVOCs）排放、生态系统碳源等城市生态建设负效应已带来一些新的生态环境问题。

2．超大城市生态环境治理体系和中小城市生态环境治理能力的区域差异性凸显，基础设施建设面临“快还旧账、不欠新账”的双重压力

城市生态环境是国家治理体系和治理能力现代化的重要内容。从治理体系来看，当前城市生态环境治理同时面临城市环境健康风险、气候变化风险适应性管理等新问题，城市生态系统和安全保障体系正在经历大考。调研表明，我国城市人口密度大，难以借鉴西方城市的建设经验，尚未建立“单体建筑—社区—城市—城市群”多尺度协同的生态保护格局，破解“大城市病”需要考虑立体空间利用。上海市反映出超大城市生态环境治理体系仍显不足，特别是建成区和城市环境健康风险暴露出的新问题，亟待提升精细化和智能化水平。杭州市反映出生态环境治理体系和治理能力不能适应工业源、点源等生产领域的生态环境监管需求，对扬尘源、餐饮油烟、城市环境健康风险期间医院废水垃圾的监管仍有不足。从治理能力来看，小城市受经济发展水平限制，生态环境监测能力、环境风险防控能力、专业技术队伍等与环境治理现代化要求存在较大差距。以贵州省为例，全省执法队伍呈倒三角形，基层人员少、业务水平不高是普遍现象，提升业务能力和执法监测能力需要一个过程，县级执法监管能力难以支撑垂改后的工作任务。从基础设施来看，《2022 年中国城市建设状况公报》指出，2022 年我国城市污水处理率为 98.11%，城市生活污水集中收集率为 70.06%，上海、北京、天津、新疆、河北、陕西、河南、宁夏、内蒙古、江苏、甘肃、浙江、吉林、广东、山东、山西 16 个省（自治区、直辖市）的城市生活污水集中收集率超过 70%。重庆、贵阳、泉州等城市反映出存在污水收集处理能力与城乡发展不匹配的问题，生活污水处理厂配套管网建设总体滞后，雨污分流、污水截污还不到位。工业园区污染治理设施建设不足，难以适应新型工业化建设发展。高质量的城市生态系统和安全系统需要加强环境基础设施投入。从管理手段来看，存在“以测代管”、手段单一、措施不力等问题，导致城市 O_3、河口溶解氧、生物入侵等问题愈演愈烈。

3．站在人与自然和谐共生的高度谋划发展的系统性不强，缺乏有针对性的城市生态环境保护举措

城市生态环境精细化管理是人与自然和谐共生现代化的客观要求。从环境质量来看，长期以来，我国快速城市化地区过度关注经济增长、强调城市的生产功能，协同推进生态环境高水平保护和经济社会高质量发展面临多重压力。城市“重高楼、轻绿色”“重地上、轻地下”的情况尚未根治，1985—2020 年我国地表不透水面增加了 13.1 万 km^2，居全球首位（Zhang et al.，2022）。O_3 污染防控工作进入瓶颈期、攻坚期，碳排放量仍在增加，水环境治理存在“重厂轻网”“微容量、重负荷”现象。东部地区资源利用率最高，但超大城市和城市群环境质量持续提升难度大；西部地区环境质量优良，但环境基础设施受经济制约强，区域之间存在生态环境本底和经济社会发展水平的差异性。从人居生态环境来看，生态文明建设有力提升了生态环境意识和法治意识，噪声污染、汽车尾气、餐饮油烟、施工扬尘等问题长期受到高度关注，特别是在老城区，严重影响和谐宜居环境建设。根据近 10 年的《中国环境噪声污染防治报告》，噪声污染投诉连续占据环境投诉总量的前 2 位（达到 38%以上），某些城市噪声投诉占比甚至达 70%以上，是百姓生活中的闹心事、烦心事。人民群众对城市良好生态环境品质的需求日益增长，但以“人在绿中，城在园中”“出门见园、开窗见绿”“十五分钟生活圈”为引领的城市生态建设尚未融入多数城市规划目标。从政策实施来看，快速城市化地区具有单体建筑—社区—城市—城市群的地上地下多维度空间特点及基质—廊道—节点的宏观生态安全格局（王楠等，2021；周伟奇等，2017）。打好污染防治攻坚战的重点在京津冀等关键区域和主要城市，生态保护修复的重点在生态脆弱区和重点生态功能区。目前，对城市建成区生态韧性提升和生物多样性保护的关注还不够（李海东等，2020；住房和城乡建设部，2023），站在人与自然和谐共生的高度谋划发展的系统性不强，同新时期生态文明建设和“打造宜居、韧性、智慧城市”的要求相比仍缺少有针对性的城市生态环境治理举措。

4．产业绿色转型和碳达峰、碳中和（简称“双碳”）目标任重道远，工业园区降碳减污扩绿增长亟待技术创新

城市是产业积聚和人口集中分布区域，是降碳、减污、扩绿、增长的“主战场”。有报道指出，城市地区的二氧化碳（CO_2）排放量约占全球碳排放总量的 75%，中国城市地区约占 80%。从产业绿色转型来看，目前战略性新兴产业、高技术产业尚未成为多数城市经济增长的主导力量，产业链、供应链还处于向中高端迈进的重要关口。青岛市反映出以煤炭和石油为主的能源结构及以公路运输为主的运输结构仍将持续较长时间，传统发展路径的惯性依然存在，污染物排放总量仍较大，仅依靠节能减碳空间有限。湖北省反映出以重化工为主的产业结构、以煤炭为主的能源消费结构短期内难以得到根本改善。从碳排放“双控”来看，能源消耗量仍呈刚性增长趋势，以降碳为重点的城市生态文明建设任重道远，特别是工业园区。2022 年，国家级和省级工业园区有 2 543 家，其经济总量占全国 GDP 的 60%以上。园区既是城市发展的主阵地和推动城市绿色低碳发展的关键，也是环保领域推动“双碳”目标落实的重要抓手。生态化改造是园区绿色低碳发展的必由之路。当前已命名和在建的国家生态工业示范园区不足 100 家，同时存在区域不平衡的现象：东部地区的建设起步早、数量多，中西部地区的建设滞后。从技术创新来看，作为城市减污降碳协同增效、绿色发展示范引领的“排头兵”，园区面临着碳排放底数不清，甚至“运动式”减碳的问题。下一步，应着眼于城市和工业园区“双碳”目标，研究构建以产业生态化和生态产业化为主体的生态经济体系，进一步加强减污降碳协同增效和绿色低碳转型发展的技术研发和实践创新研究。

第2章

生态文明示范建设历程与指标

生态文明理念的核心在于人与自然关系的和谐。“生态”一词的含义与生态学（ecology）密切相关，“生态学”这一词语由德国学者 Haecke 于 1866 年提出，是研究生物有机体与其无机环境之间相互关系的自然科学。对“生态文明”的解读一般有两个出发点，一是沿着“原始文明—农业文明—工业文明—生态文明”，二是沿着“物质文明—精神文明—政治文明—生态文明”，两种思路的含义截然不同，核心差别是对“文明”一词的理解（钱易和李金惠，2020）。生态文明是在工业文明之上及其之后，吸收工业文明优势的一种新的文明形态，是人类遵循人、自然、社会和谐发展这一客观规律而取得的物质与精神成果的总和，反映了一个社会的文明与进程。党的十二大到党的十五大均强调建设社会主义物质文明、精神文明。党的十六大提出了建设社会主义政治文明。党的十七大提出了建设生态文明。党的十八大以来，以习近平同志为核心的党中央把生态文明建设作为统筹推进“五位一体”总体布局和协调推进“四个全面”战略布局的重要内容，要求“把生态文明建设放在突出地位，融入经济建设、政治建设、文化建设、社会建设各方面和全过程，努力建设美丽中国”。党的十九大报告提出，“加快生态文明体制改革，建设美丽中国。”党的二十大报告提出了“推进以人为核心的新型城镇化，加快农业转移人口市民化”和“推进美丽中国建设，坚持山水林田湖草沙一体化保护和系统治理，统筹产业结构调整、污染治理、生态保护、应对气候变化，协同推进降碳、减污、扩绿、增长，推进生态优先、节约集约、绿色低碳发展”，系统回答了为什么建设生态文明、建设什么样的生态文明、怎样建设生态文明等重大理论和实践问题，赋予生态文明建设理论新的时代内涵。

2018 年 5 月，党中央召开全国生态环境保护大会，正式确立习近平生态文明思想。生态文明示范建设是贯彻落实习近平生态文明思想的重要举措，是各地系统推进生态文明建设的重要平台载体。目前，生态文明示范建设体系包括国家生态文明建设示范区（生态工业园区)、“绿水青山就是金山银山”实践创新基地、国家环境保护模范城市、国家有机食品生产基地 4 类示范创建项目。

2.1　习近平生态文明思想

2.1.1　科学内涵

习近平生态文明思想是习近平新时代中国特色社会主义思想的重要组成部分。2022 年 8 月，中央宣传部、生态环境部组织编写了《习近平生态文明思想学习纲要》(以下简称《学习纲要》)。习近平生态文明思想系统阐释了人与自然、保护与发展、环境与民生、国内与国际等关系，就其主要方面来讲，集中体现为“十个坚持”：坚持党对生态文明建设的全面领导，坚持生态兴则文明兴，坚持人与自然和谐共生，坚持“绿水青山就是金山银山”，坚持良好生态环境是最普惠的民生福祉，坚持绿色发展是发展观的深刻革命，坚持统筹山水林田湖草沙系统治理，坚持用最严格制度最严密法治保护生态环境，坚持把建设美丽中国转化为全体人民自觉行动，坚持共谋全球生态文明建设之路。“十个坚持”深刻回答了新时代生态文明建设的根本保证、历史依据、基本原则、核心理念、宗旨要求、战略路径、系统观念、制度保障、社会力量、全球倡议等一系列重大理论与实践问题，标志着我们党对社会主义生态文明建设的规律性认识达到新的高度。其中，“良好生态环境是最普惠的民生福祉”论述了“环境就是民生，青山就是美丽，蓝天也是幸福”“深入打好污染防治攻坚战”“着力建设健康宜居美丽家园”“有效防范生态环境风险”，包括“人民城市人民建、人民城市为人民”“乡村振兴，生态宜居是关键”。

习近平生态文明思想是马克思主义基本原理同中国生态文明建设实践相结合、同中华优秀传统生态文化相结合的重大成果，是以习近平同志为核心的党中央治国理政实践创新和理论创新在生态文明建设领域的集中体现，是人类社会实现可持续发展的共同思想财富，是新时代我国生态文明建设的根本遵循和行动指南。

习近平生态文明思想源于实践又指导实践，对新形势下生态文明建设的战略定位、目标任务、总体思路、重大原则作出系统阐释和科学谋划，凝结着对发展人类文明、建设清洁美丽世界的睿智思考和深刻洞见。生态文明建设是一项长期的战略任务，也是一个复杂的系统工程，不可能一蹴而就，必须坚持不懈、奋发有为。党的十九届五中全会清晰展望了到 2035 年基本实现社会主义现代化远景目标，对生态文明建设作出一系列重大战略安排，提出要广泛形成绿色生产生活方式，碳排放达峰后稳中有降，使生态环境根本好转，美丽中国建设目标基本实现。党的十九届六中全会通过的《中共中央关于党的百年奋斗重大成就和历史经验的决议》强调，要坚持人与自然和谐共生，协同推进人民富裕、国家强盛、中国美丽。党的二十大报告深刻阐明中国式现代化是人与自然和谐共生的现代化，对推动绿色发展、促进人与自然和谐共生作出重大安排部署，为推进美丽中国建设指明了前进方向。

2.1.2 美丽中国建设步入重要时期

2023 年 7 月 17—18 日，全国生态环境保护大会再次召开，习近平总书记出席会议并发表重要讲话，他强调今后 5 年是美丽中国建设的重要时期，要深入贯彻新时代中国特色社会主义生态文明思想，坚持以人民为中心，牢固树立和践行“绿水青山就是金山银山”的理念，把建设美丽中国摆在强国建设、民族复兴的突出位置，推动城乡人居环境明显改善、美丽中国建设取得显著成效，以高品质生态环境支撑高质量发展，加快推进人与自然和谐共生的现代化。习近平总书记全面总结了我国生态文明建设从理论到实践所发生的历史性、转折性、全局性变化和要实现的“四个重大转变”，深刻阐述了新征程上继续推进生态文明建设需要处理好的“五个重大关系”，并系统部署了全面推进美丽中国建设的“六项重大任务”和“一项重大举措”。

1. 四个重大转变

- 从解决突出生态环境问题入手，注重点面结合、标本兼治，实现由重点整治到系统治理的重大转变。
- 坚持转变观念、压实责任，不断增强全党全国推进生态文明建设的自觉性主动性，实现由被动应对到主动作为的重大转变。
- 紧跟时代、放眼世界，承担大国责任、展现大国担当，实现由全球环境治理参与者到引领者的重大转变。
- 不断深化对生态文明建设规律的认识，形成新时代中国特色社会主义生态文明思想，实现由实践探索到科学理论指导的重大转变。

2. 五个重大关系

- 高质量发展和高水平保护的关系。要站在人与自然和谐共生的高度谋划发展，通过高水平环境保护，不断塑造发展的新动能、新优势，着力构建绿色低碳循环经济体系，有效降低发展的资源环境代价，持续增强发展的潜力和后劲。
- 重点攻坚和协同治理的关系。要坚持系统观念，抓住主要矛盾和矛盾的主要方面，对突出生态环境问题采取有力措施，同时强化目标协同、多污染物控制协同、部门协同、区域协同、政策协同，不断增强各项工作的系统性、整体性、协同性。
- 自然恢复和人工修复的关系。要坚持山水林田湖草沙一体化保护和系统治理，构建从山顶到海洋的保护治理大格局，综合运用自然恢复和人工修复两种手段，因地因时制宜、分区分类施策，努力找到生态保护修复的最佳解决方案。
- 外部约束和内生动力的关系。要始终坚持用最严格制度最严密法治保护生态环境，保持常态化外部压力，同时要激发起全社会共同呵护生态环境的内生动力。

- "双碳"承诺和自主行动的关系。我们承诺的"双碳"目标是确定不移的，但达到这一目标的路径和方式、节奏和力度则应该而且必须由我们自己做主，决不受他人左右。

3. 六项重大任务

- 要持续深入打好污染防治攻坚战，坚持精准治污、科学治污、依法治污，保持力度、延伸深度、拓展广度，深入推进蓝天、碧水、净土三大保卫战，持续改善生态环境质量。
- 要加快推动发展方式绿色低碳转型，坚持把绿色低碳发展作为解决生态环境问题的治本之策，加快形成绿色生产方式和生活方式，厚植高质量发展的绿色底色。
- 要着力提升生态系统多样性、稳定性、持续性，加大生态系统保护力度，切实加强生态保护修复监管，拓宽"绿水青山就是金山银山"的转化路径，为子孙后代留下山清水秀的生态空间。
- 要积极稳妥推进碳达峰、碳中和，坚持全国统筹、节约优先、双轮驱动、内外畅通、防范风险的原则，落实好碳达峰、碳中和"1+N"政策体系，构建清洁低碳安全高效的能源体系，加快构建新型电力系统，提升国家油气安全保障能力。
- 要守牢美丽中国建设安全底线，贯彻总体国家安全观，积极有效应对各种风险挑战，切实维护生态安全、核与辐射安全等，保障我们赖以生存发展的自然环境和条件不受威胁和破坏。
- 要健全美丽中国建设保障体系，统筹各领域资源，汇聚各方面力量，打好法治、市场、科技、政策"组合拳"。

4. 一项重大举措

建设美丽中国是全面建设社会主义现代化国家的重要目标，必须坚持和加强党的全面领导。党中央、国务院近期将对全面推进美丽中国建设作出系统部署。各地区各部门要不断增强责任感、使命感，不折不扣贯彻落实党中央决策部署。地方各级党委和政府要坚决扛起美丽中国建设的政治责任，抓紧研究制定地方党政领导干部生态环境保护责任制，建立覆盖全面、权责一致、奖惩分明、环环相扣的责任体系。相关部门要认真落实生态文明建设责任清单，强化分工负责，加强协调联动，形成齐抓共管的强大合力。各级人大及其常委会要加强生态文明保护法治建设和法律实施监督，各级政协要加大生态文明建设专题协商和民主监督力度。此外，还要继续发挥中央生态环境保护督察的"利剑"作用。

2.1.3 设立全国生态日

2023 年 6 月 28 日，第十四届全国人民代表大会常务委员会第三次会议决定将 8 月 15 日设立为全国生态日，国家通过多种形式开展生态文明宣传教育活动。

首个全国生态日主场活动于 2023 年 8 月 15 日在浙江省湖州市举行。

2.2 建设历程

2.2.1 生态省

1. 主要历程

根据《生态县、生态市、生态省建设指标（试行）》（环发〔2003〕91 号），生态省是社会经济和生态环境协调发展、各个领域基本符合可持续发展要求的省级行政区域。生态省建设的具体内涵是运用可持续发展理论和生态学与生态经济学原理，以促进经济增长方式转变和改善环境质量为前提，抓住产业结构调整这一重要环节，充分发挥区域生态与资源优势，统筹规划和实施环境保护、社会发展与经济建设，基本实现区域社会经济的可持续发展。

1983 年，于光远提出“把青海省建设为生态省”。1997 年年底至 1998 年年初，九三学社成员颜家安、颜敏撰文提出建设海南生态省，得到海南省委、省政府的重视。1999 年年初，海南省二届人大二次会议作出了《关于建设生态省的决定》。1999 年 2 月，国家环境保护总局正式批准海南为我国第一个生态示范建设省。

2000 年，国家环境保护总局正式启动生态省建设试点工作。2003 年发布的《生态县、生态市、生态省建设指标（试行）》明确了生态省建设定义和建设要求，加强了对各地开展生态省示范建设工作的指导。2007 年 12 月，《生态县、生态市、生态省建设指标（修订稿）》（环发〔2007〕195 号）对生态省建设指标进行了修订，并强化了对各地差异化开展示范建设的指导。截至 2023 年，海南、吉林、黑龙江、福建、浙江、山东、安徽、江苏、河北、天津、四川、广西、辽宁、山西、河南和湖北 16 个省（自治区、直辖市）先后提出建设生态省。在保持与《生态县、生态市、生态省建设指标（修订稿）》一致的基础上，16 个省（自治区、直辖市）立足自身经济社会发展特征确定了各自的指标体系。

目前，全国 16 个试点省（自治区、直辖市）中，浙江省的生态省建设已于 2019 年通过评估，得到了习近平总书记的充分肯定；福建省于 2021 年年初通过评估论证；江苏省于 2022 年提出申请评估。山东、江西、湖北、河南四省计划在 2025 年完成规划建设目标。河北、四川、辽宁、山西、吉林五省计划在 2030 年完成规划建设目标。

2. 重要成效

一是生态文明制度建设不断健全。生态省建设以体制机制建设为抓手提升生态环境治理效能，通过建立由党政主要干部牵头的领导小组、开展生态文明绩效考核、在生态文明各领域进行地方立法等举措，不断创新生态文明体制机制。

二是生态环境质量显著改善。生态省建设试点积极推动打好污染防治攻坚战，区域环境质量明显改善。2021 年，16 个试点省（自治区、直辖市）中 7 个省级行政区的空气质量优良天数比例超过全国平均水平（87.5%），10 个省级行政区的 $PM_{2.5}$ 浓度达到国家二级标准，6 个省级行政区的地表水水质优良比例超过国家平均水平（84.9%），9 个沿海省级行政区中有 8 个近岸海域水质优良比例超过 85%，12 个省级行政区的森林覆盖率超过全国平均水平。

三是绿色发展效能不断提升。通过产业结构调整、能源结构调整、交通运输结构调整、用地结构调整和农业投入结构调整，16 个试点省（自治区、直辖市）2021 年的主要水污染物排放强度和主要大气污染物排放强度较 2020 年分别降低了 0.58%和 10.37%，第三产业增加值占比降低了 3.14%，单位建设用地地区生产总值增加 13.02%，单位地区生产总值水耗和单位农作物播种面积化肥施用量分别下降 8.68%和 2.82%。

2.2.2　生态文明建设示范区

根据《关于印发〈生态文明建设示范区（市）建设指标〉〈生态文明建设示范区（县）建设指标〉〈生态文明建设示范区管理规程〉〈“绿水青山就是金山银山”实践创新基地管理规程〉的通知》（环办生态〔2024〕4 号），生态文明建设示范区是贯彻习近平生态文明思想，以构建生态文明建设体系为重点，全面统筹推进“五位一体”总体布局，推进人与自然和谐共生美丽中国建设的示范样板。

1．建设历程

一是生态示范区阶段（1995—1999 年）。1995 年 8 月，国家环境保护局印发《关于开展全国生态示范区建设试点工作的通知》（环然〔1995〕444 号），指出生态示范区是以生态学和生态经济学原理为指导，以协调经济、社会发展和环境保护为主要对象，统一规划，综合建设，生态良性循环，社会经济全面、健康持续发展的一定行政区域。生态示范区是一个相对独立、对外开放的社会-经济-自然复合生态系统。生态示范区建设可以乡、县和市域为基本单位组织实施，重点可放在以县为单位的组织实施上。同时，发布了《全国生态示范区建设规划纲要（1996—2050 年）》，提出到 2050 年使示范区的总面积达到国土面积的 50%左右；制定印发了生态示范区建设技术规范，初步构建了生态文明示范建设体系。该阶段，原国家环境保护局（总局）批准建立了 9 批 528 个生态示范区建设试点（崔书红，2000）。

二是生态建设示范区阶段（2000—2012 年）。2000 年，经报中央批准，“生态示范区”更名为“生态建设示范区”，包括生态省、生态市、生态县、生态乡镇、生态村和生态工业园；同时，《生态县、生态市、生态省建设指标（试行）》、《国家级生态村创建标准（试行）》（环发〔2006〕192 号）、《国家级生态乡镇申报及管理规定（试行）》（环发〔2010〕75 号）、《国家生态建设示范区管理规程》（环发〔2012〕48 号）先后制定并印发。国家生态建设示范区包括生态省、生态市、生态县（市、区）、生态乡镇、生态村和生态工业园区。《国家生态建设示范区管理规程》适用于生态市、生态县（市、区）管理，生态省管理参照执行。国家生态乡镇管理按照《国家级生态乡镇申报及管理规定（试行）》执行。国家生态村管理按照《国家级生态村创建标准（试行）》执行。国家生态工业园区管理按照《国家生态工业示范园区管理办法（试行）》（环发〔2007〕188 号）执行。针对该阶段生态文明示范建设体系，全国有 1 000 多个市县正开展生态市县建设，有 266 个地区（19 个地级市，240 个县市区）获得生态市县称号。

三是生态文明建设示范区阶段（2013 年至今）。2013 年 6 月，经中央批准，“生态建设示范区”正式更名为“生态文明建设示范区”。2016 年，环境保护部印发《国家生态文明建设示范区管理规程（试行）》《国家生态文明建设示范县、市指标（试行）》（环生态〔2016〕4 号）。2019 年，生态环境部修订并发布了《国家生态文明建设示范市县建设指标》、《国家生态文明建设示范市县管理规程》和《“绿水青山就是金山银山”实践创新基地建设管理规程（试行）》（环生态〔2019〕76 号），进一步优化和提升了示范区建设指标和管理规程。2020 年 9 月，经中央批准，人力资源和社会保障部将“生态文明建设示范区”纳入第二批全国创建示范活动保留项目目录。2021 年 2 月，生态环境部印发《副省级城市创建国家生态文明建设示范区工作方案》（环办生态函〔2021〕73 号），对副省级城市开展生态文明建设示范区进行了规范。环办生态〔2024〕4 号文件明确，国家生态文明建设示范区通过目标责任、生态安全、生态经济、生态文化、生态制度建设系统推进生态文明建设，坚持将生态文明建设融入经济建设、政治建设、文化建设、社会建设各方面和全过程，加大生态环境保护力度，推动生态文明建设在重点突破中实现整体推进，为全国生态文明建设培育了一批积极践行习近平生态文明思想的先进典型（崔书红，2021）。

2．进展成效

2017—2023 年，生态环境部累计命名了 7 批 572 个生态文明建设示范区。创建地区在持续优化示范建设空间布局、改善区域生态环境质量、推动绿色转型高质量发展、推动生态文明建设各项改革任务落地和提升全社会生态文明意识等方面取得显著成效。

一是持续优化示范建设空间布局。在长江经济带、黄河流域、青藏高原地区分别累计命名了 273 个、160 个、29 个示范区，有力推进了国家重点区域生态文明建设任务的落地实施，也有力支撑了京津冀、长江经济带、黄河流域、青藏高原生态文明建设等国家重点战略区绿色转型发展。

二是带动区域生态环境质量显著改善。把生态环境质量只能变好不能变坏作为硬约束，推动形成一批空气清新、山清水秀、生态安全、人居整洁的美丽中国区域样本。通过示范建设推动解决了一批人民群众关心的突出生态环境问题。示范区的空气、水环境质量均处于所在省区前列，生态环境状况指数都达到优良以上，危险废物利用处置率为 100%，完成了污染防治攻坚战的各项目标任务。

三是显著促进各地绿色高质量发展。生态文明建设示范区的地区生产总值能耗、水耗在所在省区名列前茅并保持持续降低，在全国率先开展碳排放强度控制并逐年下降，资源能源消耗水平和绿色低碳发展水平明显提升。广东惠州、江苏无锡、浙江湖州等一批工业发达地区强力推动能耗高、污染重、效益低产业的淘汰升级与动能转换。

四是有力推动生态文明建设各项改革任务落地见效。推动实施生态环境目标责任制、自然资源资产离任审计与负债表、生态环境损害赔偿、生态保护红线等制度在市县层面落地，提供了用最严格法治最严密制度推进生态文明建设的实践案例，并创新性地把党委、政府研究部署和落实生态文明情况作为重要指标，推动生态文明考核占党政实绩考核的比例达到 20%以上，有效推动落实了党政同责、一岗双责，为完善生态文明治理体系提供重要探索。

五是显著提升全社会生态文明意识和参与水平。生态文明建设示范区党政领导干部参加生态文明培训比例、生态环境信息公开率均达 100%，政府绿色采购比例达 80%以上，公众生态文明参与度达 80%以上，在售用水器具中的节水型器具占比达 100%，新建绿色建筑比例、公共交通出行分担率、节能家电市场占有率均达 50%以上，全社会绿色消费、绿色生活水平不断提升，显著提升了政府绿色执政的意识与水平。

2.2.3 “绿水青山就是金山银山”实践创新基地

根据环办生态〔2024〕4 号，“绿水青山就是金山银山”实践创新基地是践行“绿水青山就是金山银山”理念的实践平台，旨在推动各地探索“绿水青山就是金山银山”转化路径和机制，总结推广典型经验模式。

环境保护部于 2016 年在浙江省安吉县开展“绿水青山就是金山银山”理论试点工作，并在此基础上于 2017 年启动了第一批“绿水青山就是金山银山”实践创新基地建设工作。2021 年，经中央批准，人力资源和社会保障社部将“绿水青山就是金山银山”实践创新基地纳入第三批全国创建示范活动保留项目目录。截至 2023 年，生态环境部先后命名了 7 批 240 个“绿水青山就是金山银山”实践创新基地，在生态保护修复与生态产品供给、经济转型绿色发展、创新长效保障制度等方面积极开展实践探索，在全国范围内建立了点面结合、多层次推进、东中西部有序布局的建设体系和工作格局。近年来，各地积极踊跃开展“绿水青山就是金山银山”实践创新基地建设工作，探索“绿水青山就是金山银山”转化模式与路径，示范带动生产方式绿色转型，助力生态产品价值实现，培育打造了一批践行“绿水青山就是金山银山”理念的生动实践样本。

一是打通“绿水青山就是金山银山”转化路径。各地围绕自身环境特点和资源优势，发展特色生态循环农业、生态旅游等，延伸上下游产业链条，将生态产品价值附着于农产品、工业品、服务产品价值中，促进生态产品价值实现；因地制宜构筑多渠道“绿水青山就是金山银山”转化路径，探索“生态产业化”“产业生态化”的绿色高质量发展道路，社会经济效益明显，民生福祉改善到位。

二是建立“绿水青山”向“金山银山”转化长效机制。围绕生态利民、生态为民，以及生态产品价值实现的市场化机制，通过设置生态公益岗位，开展生态购买，拓宽生态就业渠道，创新碳排放权、排污权、水权交易制度、绿色金融体系，增强生态惠民的途径和方式，改革生态产品市场，引导和激励利益相关方开展生态产品市场化交易，不断开发生态金融产品，探索形成多样化的价值实现途径。

三是形成一批转化模式和典型案例。初步形成了一批以“冰天雪地也是金山银山”、生物多样性保护与可持续利用、生态循环农业、“生态银行”等为典型特征的“守绿换金、添绿增金、点绿成金、绿色资本”的案例和模式，树立了生态文明建设的标杆与样板，代表全国不同发展阶段、不同产业发展模式、不同主体功能定位，为全国“绿水青山就是金山银山”实践提供了可借鉴、可参考的经验做法。

2.2.4 国家环境保护模范城市

1. 建设历程

1996 年 7 月 3 日，国家环境保护局在第四次全国环境保护工作会议上，授予张家港市“国家环境保护模范城市”称号，标志着创建国家环境保护模范城市工作正式起步。1997 年 5 月，《关于开展创建国家环境保护模范城市活动的通知》（环控〔1997〕349 号）发布，决定在全国各城市开展创建国家环境保护模范城市活动，全国 47 个重点城市启动了国家环境保护模范城市创建工作。1998 年，张家港等共 11 个城市被授予国家环境保护模范城市。为进一步完善和规范国家环境保护模范城市管理，原国家环境保护总局先后发布《关于对拟命名的国家环境保护模范城市实行公示制度的通知》（环发〔2001〕15 号）、《创建国家环境保护模范城市工作的若干问题的说明》（环办〔2003〕37 号）、《国家环境保护模范城市规划编制纲要》（环办〔2003〕57 号）、《“十一五”国家环境保护模范城市考核指标及其实施细则》和《国家环境保护模范城市创建与管理工作规定》（环办〔2006〕40 号），并对考核指标进行了 4 次修订。2003 年 9 月，《关于对已命名的国家环境保护模范城市进行复查的通知》（环办函〔2003〕412 号）发布，对国家环境保护模范城市的复查程序、内容、方式及结果应用提出了明确要求。至此，初步形成了从规划到复核的完整的国家环境保护模范城市创建工作管理体系。截至 2008 年，共授予和确认的国家环境保护模范城市有烟台等 72 个。2010 年 4 月，环境保护部在宜昌组织召开了“全国创建国家环境保护模范城市工作现场会”，重新启动了国家环境保护模范城市创建工作，并将重点转向解决遗留的老问题及加强对已授予的国家环境保护模范城市的复查。2010 年 9 月，《关于进一步做好创建国家环境保护模范城市复核和再评估工作的通知》（环办〔2010〕129 号）发布，要求对 2008 年以前授予的国家环境保护模范城市进行复核。2011 年 1 月，修订发布了《国家环境保护模范城市创建与管理工作办法》（环办〔2011〕11 号）和《国家环境保护模范城市考核指标及其实施细则（第六阶段）》（环办〔2011〕3 号）。截至 2012 年，共授予和确认了宜昌等 82 个城市为国家环境保护模范城市，包括对张家港等 67 个城市的重新确认。

2. 工作进展

2020 年 3 月，在创建国家环境保护模范城市纳入第一批全国创建示范活动保留项目目录后，生态环境部立即启动了新时期国家环境保护模范城市创建启动前期准备工作。

一是围绕新形势、新要求编制管理文件。按照“十四五”时期生态文明建设实现新进步和 2035 年美丽中国建设目标基本实现的远景目标，结合当前生态环境保护重点任务，笔者团队研究编制了《国家环境保护模范城市管理规程》《国家环境保护模范城市建设指标》，并通过了自然生态保护司司务会审议，以《关于征求〈国家环境保护模范城市管理规程（征求意见稿）〉〈国家环境保护模范城市考核指标（征求意见稿）〉意见的函》（环办便函〔2021〕164 号）的形式在征求地方和司局意见后上报部领导。新时期国家环境保护模范城市建设坚持“人民城市人民建、人民城市为人民”理念，以生态环境高水平保护推动经济高质量发展，打造人与自然和谐共生的现代化美丽城市典范；在生态环境治理体系与治理能力建设、生态环境高水平保护、经济高质量发展 3 个领域设置 34 项建设指标和 1 项加分项指标（城市生态环境治理创新），通过权重调控和差异化考核兼顾区域平衡；以直辖市下辖区、副省级城市和地级市为申报主体，建设范围原则上为城市建成区。

二是开展上海国家环境保护模范城市建设试点调研。为落实中央和生态环境部领导的重要批示和指示要求，笔者团队通过线上、线下方式多次开展上海国家环境保护模范城市建设试点调研，并对上海市及 5 个市辖区试点进行打分测评，将调研建议“加快推进上海市新时期国家环保模范城建设试点”“尽早谋划长三角城市群国家环保模范城建设工作”等纳入《关于城市生态环境保护工作的签报》，获得部领导重要批示。

三是根据部领导批示要求开展城市生态环境保护调研。2022 年，笔者团队通过实地和线上相结合的方式，先后调研了北京、上海、江苏等 16 个省（自治区、直辖市）城市生态环境保护工作现状、存在的主要问题和典型经验做法，开展了 23 个城市试点测评打分，听取了关于新时期国家环境保护模范城市建设的意见和建议，进一步修改完善了《国家环境保护模范城市管理规程》和《国家环境保护模范城市建设指标》。目前，经完善的两份文件反映了新时期生态环境部加强城市生态环境保护的部门职责、主攻方向和工作导向，是站在人与自然和谐共生的高度谋划发展和地方城市生态环境实践创新的最新要求。

2.2.5　生态文明建设示范区（生态工业园区）

根据《关于征求〈生态文明建设示范区（生态工业园区）管理办法（征求意见稿）〉意见的函》（环办便函〔2023〕65 号）的要求，示范园区应在践行习近平生态文明思想、推进减污降碳协同增效、推动绿色低碳技术转化应用、发展壮大环保产业、实现生态环境高水平保护与经济高质量发展等方面具有示范意义和引领作用。生态文明建设示范区（生态工业园区）的示范建设活动由生态环境部、商务部和科学技术部联合推动，建设范围为省级及以上人民政府批准成立的各类工业园区，重点鼓励国家级经济技术开发区、国家高新技术产业开发区等各类国家级工业园区和发展水平较高的省级工业园区开展示范园区创建活动。目前，示范园区的建设采用达标创建方式，包括 32 项指标，分为必选指标和可选指标。经审核达到《国家生态工业示范园区标准》（HJ 274—2015）的工业园区可以获得称号。

1．建设历程

（1）试点探索阶段（1999—2006 年）

1999 年 10 月，国家环境保护总局和联合国环境规划署决定共同实施“中国工业园区的环境管理研究项目”，并在试点工业园区中首次引入生态工业理念。2001 年，我国第一个国家生态工业示范园区示范工程——贵港国家生态工业（制糖）示范园区开始试点建设，标志着我国开始了生态工业园区规划与建设的系统性探索。该阶段共有 12 家园区获批创建国家生态工业示范园区。根据原国家环境保护总局印发的《国家生态工业示范园区申报、命名和管理规定（试行）》（环发〔2003〕208 号），生态工业园区是依据清洁生产要求和循环经济理念及工业生态学原理而设计建立的一种新型工业园区。生态工业园区是循环经济在工业领域一定区域层次的具体体现，一般分为 2 种类型：①具有行业特点的生态工业园区；②具有区域特点的生态工业园区，即对现有经济技术开发区或高新技术开发区进行改造的生态工业园区，以及新规划建设的生态工业园区。

（2）快速发展阶段（2007—2014 年）

2007 年 4 月，国家环境保护总局、商务部和科学技术部联合发布《关于开展国家生态工业示范园区建设工作的通知》（环发〔2007〕51 号）。2007 年 12 月，国家环境保护总局、商务部、科学技术部三部门组成国家生态工业示范园区建设协调领导小组，下设办公室，办公室设在国家环境保护总局科技标准司（现生态环境部科技与财务司）。根据《国家生态工业示范园区管理办法（试行）》，国家生态工业示范园区是指依据循环经济理念、工业生态学原理和清洁生产要求而设计创建的新型工业园区。通过园区的创建，可以加快实现工业园区的生态化改造，促进我国工业粗放型增长方式的转变和高新技术产业发展，从根本上缓解环境污染的压力。2011 年 12 月，三部门又发布了《关于加强国家生态工业示范园区建设的指导意见》（环发〔2011〕143 号），提出新时期生态工业园区建设的意义、总体要求、重点任务、发展方向及保障措施等。该阶段共有 70 个园区获批创建国家生态工业示范园区。

（3）有序发展阶段（2015—2020 年）

此阶段陆续出台了《国家生态工业示范园区管理办法》（环发〔2015〕167 号）、《国家生态工业示范园区标准》、《关于开展国家生态工业示范园区复查评估的通知》（环办科技函〔2016〕152 号）等政策文件，进一步建立健全了“规划编制—批准创建—验收命名—定期复查”的全过程管理体系。该阶段共有 13 个园区获批创建国家生态工业示范园区。

（4）创新发展阶段（2021 年至今）

2020 年 9 月，经中央批准，生态文明建设示范区（生态工业园区）被纳入第二批全国创建示范活动保留项目目录。2022 年，国家生态工业示范园区建设协调领导小组将国家生态工业示范园区更名为“生态文明建设示范区（生态工业园区）”，并对批准创建且不能达到验收要求的园区进行清理。2022 年 11 月，8 个园区获得生态文明建设示范区（生态工业园区）命名。2023 年，《关于征求〈生态文明建设示范区（生态工业园区）管理办法（征求意见稿）〉意见的函》中进一步明确了建设定位，优化了生态文明建设示范区（生态工业园区）创建考核方式。

2．进展成效

截至 2023 年 2 月，全国共有 73 个园区获得生态文明建设示范区（生态工业园区）命名，覆盖 19 个省（自治区、直辖市），其中东部地区有 63 个、中部地区有 5 个、西部地区有 5 个，涵盖化工、汽车制造、电子信息、静脉产业等多个行业类型，为全国不同类型工业园区的绿色低碳循环发展提供了一批形式多样、鲜活生动的先进典型。生态工业园区在促进产业转型升级、资源循环利用、污染减排等方面取得了积极成效，园区经济发展质量明显提升，资源能源消耗、污染排放显著降低，园区生态环境更加优美，表现出了更强劲的创新活力和发展动力。

一是有力支撑打好污染防治攻坚战。生态工业园区在资源消耗程度显著降低的基础上，主要污染物排放量远低于全国工业园区平均水平。2021 年，生态工业园区水和大气污染物的排放强度均比全国平均排放强度低 90%以上，固体废物综合利用率达到 90.07%，比全国平均水平高出 30 余个百分点。园区空气优良率明显提升，PM_{10}（可吸入颗粒物）、$PM_{2.5}$ 平均浓度逐年下降，水环境质量逐年优化，黑臭水体基本消除，在支撑打好污染防治攻坚战中发挥了重要作用。

二是充分践行生态环境保护与经济协调发展。目前，全国省级及以上工业园区已达 2 543 家，80%以上的工业企业进入园区，园区经济总量已占全国 GDP 的 60%以上。示范园区践行新发展理念，深入落实创新驱动发展战略，树立了高质量发展的鲜明导向。2020 年，生态工业园区在实现低污染低排放的同时，创造了全国 6%的工业增加值，成为全国经济发展的重要增长极和动力源，与此同时生态工业园区整体化学需氧量（COD）、氨氮（NH_3-N）、二氧化硫（SO_2）和氮氧化物（NO_x）排放总量仅分别为全国排放总量的 0.06%、0.05%、0.53%和 0.36%，所有示范园区都完成了“八个 100%”①。生态工业园区成为生态环境保护与经济协调发展理念的充分践行者。

① “八个 100%”指工地周边 100%围挡、各类物料堆放 100%覆盖、土方开挖及拆迁作业 100%湿法作业、出场车辆 100%清洗、施工现场主要场区及道路 100%硬化、渣土车辆 100%密闭运输、施工工地 100%安装在线视频监控、工地内非道路移动机械及使用油品 100%达标。

三是高度引领工业绿色低碳发展。通过实施绿色招商，淘汰落后产能，限制高能耗、高污染项目审批，积极发展节能环保、低碳技术等新兴产业和高新技术产业，逐步完善生态产业链网，实现了减污降碳的协同推进。《关于推进国家生态工业示范园区碳达峰碳中和相关工作的通知》（科财函〔2021〕159 号）发布后，示范园区提交的园区年度碳排放基础数据表显示，2016—2020 年，示范园区的碳排放总量仍呈增长趋势，年均增长率平均值为 2.1%；碳排放强度呈显著下降，单位工业增加值碳排放年均削减率平均值为 4.4%，其中 15 个园区实现碳排放强度年均削减 10%以上，为我国实现 2020 年碳排放强度较 2015 年降低 18.8%、较 2005 年降低 48.4%作出了贡献。

四是探索形成环境治理体制创新的示范区。通过生态工业园区建设，园区构建了绿色发展的经济体系、技术体系和能源体系，实现了生产系统和生活系统的绿色循环链接。苏州工业园区、天津经济技术开发区、合肥高新技术产业开发区、广州开发区、北京经济技术开发区等示范园区在环境治理新技术和新机制方面开展了多样化的先行先试，如建立了园区智慧化平台建设、一体化第三方治理、一企一策污染治理、绿色供应链构建、绿色信贷、环境保险、环保产业联盟、环境准入正负面清单、环保地图等多种多样的新技术和新机制，对于推进我国工业园区探索以生态优先、绿色发展为导向的高质量发展新路子具有重要的引领作用。

五是优先成为展示我国工业可持续发展模式创新的窗口。目前，生态工业园区正成为我国工业可持续发展模式向国际展示输出的主要形式。联合国工业发展组织南南合作中心在部分生态工业园区中开展了“联合国工业发展组织授予绿色丝绸之路项目”，向烟台经济技术开发区、乌鲁木齐经济技术开发区、连云港徐圩新区等示范园区授予绿色丝绸之路示范工业园区的称号，旨在发挥这些园区的绿色示范引领作用，带动整个丝绸之路经济带各国工业向绿色化、生态化方向发展。商务部积极支持和推动国家级经济技术开发区深入开展节能环保国际合作，着力建设国际合作生态园。目前，已建立青岛中德生态园等 8 个国际合作生态园，其中绝大多数是在已创建的生态工业园区基础上开展的国际合作。实践表明，我国的生态工业园区建设经验和模式在国际上具有先进性和代表性，是一种可推广、可复制的先进的工业领域可持续发展模式，并且已成为我国工业园区国际交流合作的重点方向和主要形式。

2.2.6 国家有机食品生产基地

根据国家环境保护总局 2003 年 4 月印发的《国家有机食品生产基地考核管理规定（试行）》（环发〔2003〕65 号），建设国家有机食品生产基地是推动有机食品发展、保障食品安全、保护和改善农村与农业生态环境的重要举措，也是实现发展经济和保护环境“双赢”的重要载体。2013 年，环境保护部印发《国家有机食品生产基地考核管理规定》（环发〔2013〕135 号）。2020 年，“国家有机食品生产基地”被列入全国评比达标表彰工作协调小组办公室第二批全国创建示范活动保留项目目录，生态环境部随即开展了相关重启工作。根据 2021 年 5 月生态环境部办公厅发布的《关于征求〈国家有机食品生产基地建设管理规定（征求意见稿）〉意见的函》（环办便函〔2021〕214 号），国家有机食品生产基地建设应以具有较好基础的有机生产单元为核心，形成联动区开展农业绿色生产。有机生产单元指有机产品生产者依照《有机产品生产、加工、标识与管理体系要求》（GB/T 19630—2019）实施管理的生产区域，联动区指有机生产单元所在乡（镇）级行政区域。

国家环境保护总局（环境保护部）分别于 2003 年、2005 年、2010 年、2012 年、2014 年组织开展了考核工作，共公告命名了 176 个总面积约 11.2 万 hm^2 的国家有机食品生产基地。基地的有机产品种类涵盖谷物、蔬菜、茶叶、水果、畜禽等多个有机生产大类，分布于全国 23 个省（自治区、直辖市）。实践表明，有机食品生产基地对农业污染防治、农田生物多样性保护与生态产业振兴具有积极推动作用。

一是有效遏制基地农业污染。据统计，通过考核的 176 个基地每年可减少化肥施用超过 4.5 万 t（平均每亩[①]减少 26.8 kg）、农药超过 300 t（平均每亩减少 0.2 kg）。贵州省凤冈县在国家有机基地示范带动下，全县每年至少减少化肥施用 2 600 t、农药使用 26 t。

二是显著增加农田生物多样性。对江苏省句容市戴庄村国家有机食品生产基地的调查研究发现，其有机稻田动物共 10 纲 28 目 130 种，常规稻田动物共 8 纲 13 目 27 种，有机稻田中的动物种类数是常规稻田的 4.8 倍。建德市大洋镇向阳村有机杨梅基地中的动物共 6 纲 21 目 168 种，明显高于常规杨梅种植基地的 6 纲 17 目 62 种，物种多样性明显丰富，食物链维持较好。

三是促进生态价值转化。浙江省武义县的更香有机食品基地通过产业化有机茶生产，可安排贫困农户固定岗位 300 多个，带动茶农增收 500 余万元。江苏省句容市戴庄村有机食品基地通过成立有机农业专业合作社指导有机生产和销售，村民年均纯收入从 2003 年的 3 000 元增至 2021 年的 3.75 万余元。

四是实现经济和生态环境效益共赢。杭州市淳安县千岛湖有机鱼基地积极发展有机保水渔业，探索形成“以鱼保水、以水养鱼”的有机保水渔业模式。多年来，千岛湖水质总体保持在Ⅰ～Ⅱ类，位列全国 61 个重点湖泊（水库）前列，被誉为中国大水库湖泊生态有机渔业发展的典范。同时，淳安县千岛湖实施“一湖推十湖、十湖带百湖”发展战略，带动江西阳明湖、吉林月亮湖、江西大坳水库等重点湖泊走有机保水渔业发展道路。

---

① 1 亩=1/15 hm^2。

2.3 指标

2.3.1 生态省

2007 年 12 月发布的《生态县、生态市、生态省建设指标（修订稿）》目前已经废止。

2021 年 3 月，习近平总书记在福建调研时强调：要把碳达峰、碳中和纳入生态省建设布局，科学制定时间表、路线图，建设人与自然和谐共生的现代化。现阶段，各试点省结合最新发展形势和要求，对标国家 2035 年基本建成美丽中国的目标要求，正在修编原生态省建设规划纲要，进一步明确 2025 年、2030 年、2035 年生态省建设的阶段目标和重点任务，继续推进生态省建设。

2.3.2 生态文明建设示范区

根据环办生态〔2024〕4 号文件要求，与原《国家生态文明建设示范市县建设指标》《国家生态文明建设示范市县管理规程》对比，生态文明建设示范区（市）约束性指标调整为 22 项，参考性指标为 7 项（表 2-1）；生态文明建设示范区（县）约束性指标调整为 20 项，参考性指标为 5 项（表 2-2）。

表 2-1 生态文明建设示范区（市）建设指标

<table>
<tr><th>领域</th><th>任务</th><th>序号</th><th colspan="2">指标名称</th><th>单位</th><th>指标值</th></tr>
<tr><td rowspan="3">目标责任</td><td rowspan="3">（一）目标责任落实</td><td>1</td><td colspan="2">生态文明建设工作占党政实绩考核的比例</td><td>%</td><td>≥20</td></tr>
<tr><td>2</td><td colspan="2">党政领导干部生态环境损害责任追究制度</td><td>—</td><td>建立</td></tr>
<tr><td>3</td><td colspan="2">领导干部自然资源资产离任审计</td><td>—</td><td>开展</td></tr>
<tr><td rowspan="6">生态安全</td><td rowspan="6">（二）环境质量改善</td><td rowspan="2">4</td><td rowspan="2">环境空气质量</td><td>优良天数比率</td><td>%</td><td>完成上级规定的考核任务，且≥90或持续提高</td></tr>
<tr><td>$PM_{2.5}$ 浓度</td><td>$\mu g/m^3$</td><td>完成上级规定的考核任务，且≤25或持续下降</td></tr>
<tr><td rowspan="4">5</td><td rowspan="4">水环境质量</td><td>地表水达到或好于III类水体比例</td><td rowspan="4">%</td><td>完成上级规定的考核任务，且保持稳定或有所改善</td></tr>
<tr><td>地下水国控点位V类水比例</td><td>完成上级规定的考核任务，且≤25或持续改善</td></tr>
<tr><td>集中式饮用水水源水质达到或优于III类比例</td><td>100</td></tr>
<tr><td>近岸海域水质优良（一、二类）比例*</td><td>完成上级规定的考核任务</td></tr>
</table>

<table>
<tr><th>领域</th><th>任务</th><th>序号</th><th colspan="2">指标名称</th><th>单位</th><th>指标值</th></tr>
<tr><td rowspan="16">生态安全</td><td rowspan="5">（二）环境质量改善</td><td rowspan="5">6</td><td rowspan="5">城乡环境治理</td><td>城市生活污水集中收集率</td><td rowspan="5">%</td><td>≥70</td></tr>
<tr><td>地级及以上城市建成区黑臭水体消除率</td><td>100</td></tr>
<tr><td>较大面积农村黑臭水体整治率*</td><td>100</td></tr>
<tr><td>城市生活垃圾回收利用率</td><td>≥35</td></tr>
<tr><td>声环境功能区夜间达标率</td><td>≥85</td></tr>
<tr><td rowspan="7">（三）生态质量提升</td><td rowspan="4">7</td><td rowspan="4">区域生态保护监管</td><td>生态质量指数（EQI）</td><td>—</td><td>△EQI>−1</td></tr>
<tr><td>生态保护红线</td><td>—</td><td>生态功能不降低、性质不改变</td></tr>
<tr><td>自然保护地和生态保护红线生态环境重点问题整改率</td><td>%</td><td>100</td></tr>
<tr><td>生物多样性调查</td><td>—</td><td>开展</td></tr>
<tr><td rowspan="3">8</td><td rowspan="3">生态系统保护修复</td><td>森林覆盖率*</td><td>—</td><td>保持稳定或持续改善</td></tr>
<tr><td>草原综合植被盖度*</td><td>—</td><td>保持稳定或持续改善</td></tr>
<tr><td>自然岸线保有率*</td><td>%</td><td>完成上级规定的考核任务</td></tr>
<tr><td rowspan="4">（四）生态环境风险防范</td><td>9</td><td colspan="2">受污染耕地安全利用率*</td><td>%</td><td>≥93</td></tr>
<tr><td>10</td><td colspan="2">重点建设用地安全利用</td><td>—</td><td>有效保障</td></tr>
<tr><td>11</td><td colspan="2">外来物种入侵防控</td><td>—</td><td>有效开展</td></tr>
<tr><td>12</td><td colspan="2">突发环境事件应急管理机制</td><td>—</td><td>建立</td></tr>
<tr><td rowspan="8">生态经济</td><td rowspan="5">（五）节能减排降碳增效</td><td>13</td><td colspan="2">非化石能源占能源消费总量的比重</td><td>%</td><td>≥25 或持续提高</td></tr>
<tr><td>14</td><td colspan="2">单位地区生产总值能耗降低率</td><td>%</td><td>完成上级规定的考核任务</td></tr>
<tr><td>15</td><td colspan="2">单位地区生产总值 CO_2 排放下降率</td><td>%</td><td>完成上级规定的考核任务</td></tr>
<tr><td>16</td><td colspan="2">全国碳排放权交易市场履约完成率*</td><td>%</td><td>100</td></tr>
<tr><td>17</td><td colspan="2">主要污染物排放重点工程减排量</td><td>t</td><td>完成上级规定的考核任务</td></tr>
<tr><td rowspan="3">（六）资源节约集约</td><td>18</td><td colspan="2">一般工业固体废物综合利用率</td><td>%</td><td>保持稳定或持续改善</td></tr>
<tr><td>19</td><td colspan="2">万元地区生产总值用水量下降率</td><td>%</td><td>完成上级规定的考核任务</td></tr>
<tr><td>20</td><td colspan="2">单位地区生产总值建设用地使用面积下降率</td><td>%</td><td>完成上级规定的考核任务</td></tr>
<tr><td rowspan="4">生态文化</td><td rowspan="4">（七）全民共建共享</td><td>21</td><td colspan="2">公众对生态环境质量的满意程度</td><td>%</td><td>≥90</td></tr>
<tr><td>22</td><td colspan="2">绿色出行比例</td><td>%</td><td>≥70</td></tr>
<tr><td>23</td><td colspan="2">城镇新建绿色建筑比例</td><td>%</td><td>100</td></tr>
<tr><td>24</td><td colspan="2">人均公园绿地面积</td><td>m^2</td><td>≥12</td></tr>
</table>

领域	任务	序号	指标名称	单位	指标值
生态文明制度	（八）体制机制保障	25	生态环境信息公开率	%	100
		26	生态环境分区管控体系	—	建立
		27	生态环境损害赔偿	%	案件线索启动率100，且案件结案率≥75%
参考性指标		1.	农村生活污水治理（管控）率	%	中西部地级及以上城市市辖区、东部地区≥60，中西部其他地区、东北地区≥30
		2.	河湖岸线保护率	%	完成上级规定的考核任务
		3.	危险废物填埋处置量占比	%	持续下降
		4.	绿色食品、有机农产品种植面积	亩	持续提高
		5.	生态保护补偿制度	—	建立

注：若申报地区不涉及“*”指标，则不纳入评估范围。

表 2-2　生态文明建设示范区（县）建设指标

领域	任务	序号	指标名称		单位	指标值
目标责任	（一）目标责任落实	1	生态文明建设工作占党政实绩考核的比例		%	≥20
		2	党政领导干部生态环境损害责任追究制度		—	建立
		3	领导干部自然资源资产离任审计		—	开展
生态安全	（二）环境质量改善	4	$PM_{2.5}$浓度		$\mu g/m^3$	完成上级规定的考核任务，且保持稳定或持续下降
		5	水环境质量	地表水达到或好于III类水体的比例	%	完成上级规定的考核任务，且保持稳定或持续提高
				县城污水处理率		≥95
				县级城市建成区黑臭水体消除率		100
				较大面积农村黑臭水体整治率*		100
	（三）生态质量提升	6	区域生态保护监管	生态质量指数（EQI）	—	△EQI>-1
				自然保护地和生态保护红线生态环境重点问题整改率	%	100
				生物多样性调查	—	开展
		7	生态系统保护修复	森林覆盖率*	%	保持稳定或持续改善
				草原综合植被盖度*		保持稳定或持续改善
	（四）生态环境风险防范	8	受污染耕地安全利用率*		%	≥93
		9	重点建设用地安全利用		—	有效保障
		10	外来物种入侵防控		—	有效开展
		11	突发环境事件应急管理机制		—	建立

领域	任务	序号	指标名称	单位	指标值
生态经济	（五）节能减排降碳增效	12	新增和更新公共汽电车中新能源和清洁能源车辆占比	%	≥80
	（六）资源节约集约	13	万元工业增加值用水量下降率	%	完成上级规定的考核任务
		14	农田灌溉水有效利用系数*	%	完成上级规定的考核任务
		15	农膜回收率*	%	≥85
		16	一般工业固体废物综合利用率	—	保持稳定或持续改善
生态文化	（七）全民共建共享	17	公众对生态环境质量的满意程度	%	≥90
		18	城镇新建绿色建筑比例	%	100
生态文明制度	（八）体制机制保障	19	生态环境信息公开率	%	100
参考性指标		1	农村生活污水治理（管控）率	%	中西部地级及以上城市市辖区、东部地区≥60，中西部其他地区、东北地区≥30
		2	声环境功能区夜间达标率	%	完成上级规定的考核任务，且保持稳定或持续提高
		3	危险废物填埋处置量占比	%	持续下降
		4	河湖岸线保护率	%	完成上级规定的考核任务
		5	规模以下畜禽粪污集中收运利用体系	—	建立
		6	耕地土壤有机质含量	g/kg	保持稳定或有所提高

注：若申报地区不涉及“*”指标，则不纳入评估范围。

2.3.3 “绿水青山就是金山银山”实践创新基地

根据《“绿水青山就是金山银山”实践创新基地建设管理规程（试行）》，“两山指数”是量化反映“绿水青山就是金山银山”建设水平，表征区域生态环境资产状况和“绿水青山”向“金山银山”的转化程度、保障程度，服务“绿水青山就是金山银山”实践创新基地管理的综合性指数（表2-3）。“两山指数”作为“绿水青山就是金山银山”实践创新基地后评估和动态管理的重要参考依据，主要包括构筑绿水青山、推动“绿水青山就是金山银山”转化、建立长效机制三方面，用于引导“绿水青山就是金山银山”实践创新基地明确建设目标、重点任务和建设方向。

表 2-3 “绿水青山就是金山银山”实践创新基地建设指标

目标	序号	指标	单位	参考值
构筑“绿水青山”	1	环境空气质量优良天数比例	%	＞90
	2	集中式饮用水水源水质达标率	%	100
	3	地表水水质达到或优于Ⅲ类水的比例	%	＞90
	4	地下水水质达到或优于Ⅲ类水的比例	%	稳定提高
	5	受污染耕地安全利用率	%	＞95
	6	污染地块安全利用率	%	＞95
	7	林草覆盖率	%	山区＞60
	8	物种丰富度	—	稳定提高
	9	生态保护红线面积	km^2	不减少
	10	单位国土面积生态系统生产总值	亿元/km^2	稳定提高
推动“绿水青山就是金山银山”转化	11	居民人均生态产品产值占比	%	稳定提高
	12	绿色、有机农产品产值占农业总产值比重	%	稳定提高
	13	生态加工业产值占工业总产值比重	%	稳定提高
	14	生态旅游收入占服务业总产值比重	%	稳定提高
	15	生态补偿类收入占财政总收入比重	%	稳定提高
	16	国际国内生态文化品牌	—	获得
	17	“绿水青山就是金山银山”建设成效公众满意度	%	＞95
建立长效机制	18	“绿水青山就是金山银山”实践创新基地制度建设	—	建立实施
	19	生态产品市场化机制	—	建立实施
	20	生态环保投入占地区生产总值的比重	%	＞3

2.3.4 国家环境保护模范城市

2020 年 7 月，生态环境部启动了《国家环境保护模范城市管理规程》《国家环境保护模范城市建设指标》的编制工作，对原有工作进行了系统梳理，开展了国家环境保护模范城市与文明城市、卫生城市、园林城市、森林城市、生态文明建设示范区、“绿水青山就是金山银山”实践创新基地的对比研究，明确了定位、范围、指标框架、打分制等工作要求，完成了初稿。2021 年 4 月 7 日，生态环境部自然生态保护司司务会审议通过了《国家环境保护模范城市管理规程》《国家环境保护模范城市建设指标》。按照生态环境部部领导的批示要求，2022 年 3—8 月，笔者团队通过实地和线上相结合的方式，调研了北京、上海、江苏、重庆、福建、浙江、四川、新疆、湖南、湖北、广西、山东、辽宁、安徽 14 个省（自治区、直辖市）城市的生态环境保护工作现状、存在的主要问题和典型经验做法，开展了 23 个城市试点测评打分，充分吸纳了关于新时期国家环境保护模范城市建设的意见和建议。目前，《国家环境保护模范城市管理规程》《国家环境保护模范城市建设指标》已经充分吸取地方城市生态环境治理实践经验，有效落实党的二十大精神和美丽中国、“双碳”目标、新型城镇化等国家战略及生态环境部重点任务，待进一步审议发布。

2.3.5 生态文明建设示范区（生态工业园区）

最新指标见《国家生态工业示范园区标准》。

2.3.6 国家有机食品生产基地

结合《国家有机食品生产基地建设管理规定（征求意见稿）》，国家有机食品生产基地有机生产单元申报标准、创建指标见表 2-4 和表 2-5。

表 2-4 国家有机食品生产基地有机生产单元申报标准

内容	序号	指标名称		单位	指标值
生产规模	1	谷物		亩	≥1 500
	2	蔬菜		亩	≥200
	3	食用菌和园艺作物		亩	≥300
	4	水果		亩	≥300
	5	坚果、含油果、香料（调香的植物）		亩	≥1 000
	6	饮料作物		亩	≥500
	7	豆类、油料		亩	≥2 000
	8	薯类		亩	≥500
	9	香辛料作物		亩	≥600
	10	棉、麻和糖料作物		亩	≥1 500
	11	草及割草		亩	≥1 000
	12	其他纺织用的植物		亩	≥1 000
	13	中药材		亩	≥500
	14	多品种复合种植作物		亩	≥1 000
	15	牲畜	肉牛	头	年出栏量≥200
			奶牛		存栏量≥100
			猪		年出栏量≥500
	16	家禽		只、羽	蛋禽存栏量≥15 000，肉用禽年出栏量≥5 000
	17	其他畜牧业		只、头	年出栏量≥3 000
面源污染控制	18	秸秆综合利用率		%	100
	19	畜禽粪污综合利用率		%	100
	20	农膜回收利用率		%	100
	21	作物病虫草害生物防治和物理防治面积占比		%	100
社会影响	22	获得有机产品认证证书年限		年	连续 3 年
	23	具备良好社会声誉，未发生产品质量问题年限		年	连续 3 年
	24	有机食品基地生态环境信息公开率			主动公开
	25	有机食品科普宣教或生产体验活动		次/年	≥2

表 2-5 国家有机食品生产基地联动区创建指标

内容	序号	指标名称	单位	指标值
面源污染控制	1	秸秆综合利用率	%	≥95
	2	畜禽粪污综合利用率	%	≥90
	3	农膜回收利用率	%	≥90
	4	作物病虫草害生物防治和物理防治面积占比	%	≥60
	5	创建期化学农药施用量亩均下降幅度	%	≥10
	6	创建期化学肥料施用量亩均下降幅度	%	≥20
观念意识普及	7	政府管理人员及经营主体负责人参加有机农业、农业面源污染防治知识培训的人数比例	%	100
	8	公众对国家有机食品生产基地建设和农业面源污染防治工作成效的满意度	%	≥90

第3章

城市生态韧性与生物多样性提升

韧性（resilience）最早源于物理学概念。resilience 在城市系统研究中被译为弹性或韧性，在生态系统或社会系统研究中被译为恢复力，指的是生态系统恢复平衡的速度、应对危机并恢复的能力，以及适应新环境的能力。2002 年，宜可城-地方可持续发展协会（ICLEI）首次提出“城市韧性”议题，并将其引入城市与防灾研究中，旨在增强城市系统对气候变化和灾难风险的综合应对能力。目前，韧性城市（resilient city）仍然没有统一的规定性概念。联合国防灾减灾署（UNDRR）将韧性城市定义为“面对冲击和压力，能够做好准备、恢复和适应的城市”。有学者认为，城市韧性是指城市系统及其所包含的跨越时空尺度的社会生态和社会技术网络，在面对干扰时维持或迅速恢复所需功能及适应变化的能力，并使限制当今或未来适应能力的系统快速转型。中共北京市委办公厅、北京市人民政府办公厅发布的《关于加快推进韧性城市建设的指导意见》指出，韧性城市是具备在逆变环境中承受、适应和快速恢复能力的城市，是城市安全发展的新范式。2022 年版《国际城市蓝皮书》的主题是“全球韧性城市建设”。城市包括经济、政治、社会、空间结构、生态环境及要素流动等系统，各要素相互交织重叠，共同维护城市系统的稳定与发展。韧性城市建设一般包括经济韧性、社会韧性、空间韧性、基础设施韧性和生态韧性（单菁菁等，2020），其中生态韧性是韧性城市建设的重要维度。

快速城市化引发了生态用地被挤占、生物多样性丧失、环境污染、人居环境健康受到威胁等一系列生态环境问题（赵立君等，2022）。20 世纪 70 年代以来，国际上提出了生态城市（ecological city，ecocity）的发展理念和规划建设模式。1984 年，联合国教科文组织（UNESCO）在“人与生物圈计划”的研究报告中明确了生态城市规划的 5 项原则，即生态保护战略（包括自然保护、动植物区系及资源保护和污染防治）、生态基础设施（自然景观和乡村腹地对城市的持久支持能力）、居民的生活标准、文化历史的保护和将自然融入城市。1987 年，苏联学者严尼茨基（Yanitsky）首次提出了生态城市的概念。1990 年，在美国加利福尼亚的伯克利举办了第一届国际生态城市会议（Ecocity World Summit）。之后，该会议多次举办，最新一次于 2023 年 6 月在英国伦敦召开。2002 年，在中国深圳召开的第五届国际生态城市会议通过了《生态城市建设的深圳宣言》，主要包括生态安全、生态卫生、生态产业代谢、生态景观整合和生态意识培养（钱易和温宗国，2021）。

3.1 生态城市建设

3.1.1 内涵演进

生态城市是人类对过去粗放型建设路径进行深刻反思后提出的城市发展范式，其内涵在不断深化（表 3-1）。美国生态学家雷吉斯特（Richard Register）认为，生态城市指生态健康的城市，是充满活力、节能并与自然和谐共存的聚居地，所寻求的是人与自然的健康及可持续发展。20 世纪 80 年代，随着我国社会经济发展与生态环境问题日益突出，相关研究以马世骏和王如松（1984）提出的社会-经济-自然复合生态系统理论为代表，明确生态城市是典型的社会-经济-自然复合生态系统，并且在此基础上提出了生态城市的建设标准和生态控制论原理。20 世纪 90 年代，我国已经形成了一套以社会-经济-自然复合生态理论为指导的相对完整的城市建设理论与方法体系。钱易等（2021）认为，生态城市是一个经济发达，社会公平、繁荣，自然和谐，技术与自然达到充分融合，城乡环境清洁、优美、舒适，能最大限度地发挥人的创造性，并促使城市文明程度不断提高的自然-经济-社会协同发展的复合生态系统。其后，生态城市建设理论与实践进入快速发展时期，相继出现“低碳生态城市”“生态海绵城市”“智慧生态城市”等新的生态城市建设方向。从经济学的角度来看，生态化是一种最高效的资源配置。生态城市的内涵为建设自然-社会-经济相互依赖的复合生态系统，但由于时代背景和建设目标、考察重点不同，对其诠释也在不断发生变化，目标是更好地服务于城市生态安全、人居环境健康和经济社会可持续发展，最终实现人与自然和谐共生。

表 3-1 部分代表性学者提出的生态城市概念比较

年份	代表学者	概念	理论依据
1984	马世骏、王如松	自然系统合理、经济系统有利、社会系统有效的城市复合生态系统	复合生态系统理论
1994	宋永昌	结构合理、功能高效、关系协调的生态系统	田园都市理论
2001	黄肇义等	自然和谐、社会公平和经济高效的复合系统，具有自身人文特色的自然与人工协调、人与人之间和谐的理想人居环境	可持续发展理论
2010	王如松等	体制合理、社会和谐的文化，人与自然和谐共生的生态社区	综合理论

年份	代表学者	概念	理论依据
2013	仇保兴	资源能源节约，功能混合、高度紧凑的相互之间能共生的空间结构多样化的，扁平化，组团式集群，新陈代谢，内部基因传承为主的城市	“共生城市”理论
2016	方创琳等	生态化与低碳化、社会系统与自然系统、城市空间的多样性与紧凑性、复合性与共生性融合的城市	城市生态复合理论

3.1.2 观测指标

城市是以人的行为为主导、自然环境为依托、资源流动为命脉、社会文化为经络的社会-经济-自然复合生态系统。2021 年 4 月，习近平主席在出席领导人气候峰会时发表了“共同构建人与自然生命共同体”的重要讲话。他强调：“自然遭到系统性破坏，人类生存发展就成了无源之水、无本之木。我们要像保护眼睛一样保护自然和生态环境，推动形成人与自然和谐共生新格局。”我们应坚持人与自然和谐共生的原则，结合生态城市内涵演进和城市生态系统观测现状（王效科等，2014），从城市的生态安全格局、生物多样性保护、人居环境健康、绿色转型发展 4 个方面，构建基于人与自然和谐共生的生态城市建设观测指标体系。

1．城市生态安全格局

城市生态安全格局是保障城市和城市群生态安全、保护城市生物多样性和维护人居环境健康不可或缺的自然生态空间，也是维持区域主导生态功能（水源涵养、生物多样性维护、水土保持、防风固沙、减灾防灾等）和城市“绿水青山就是金山银山”转化的生态源地。城市生态安全格局的建设内容包括格局演变监测和生态用地变化两大类，一方面反映城市景观格局特征与演变，包括城市建成区面积（S1）、区域开发强度（S2）、城市热岛效应强度（S3）3 项观测指标；另一方面反映城市生态空间保护，包括生态用地面积比指数（S4）、建成区绿地率（S5）、城市生态廊道达标率（S6）3 项观测指标。相关指标解释见《中国城市统计年鉴》《2021 年城市体检指标体系》《国家生态园林城市分级考核标准》《区域生态质量评价办法（试行）》（环监测〔2021〕99 号）。

2．城市生物多样性保护

城市生物多样性保护是人与自然和谐共生的重要内容，更是生态系统服务和生态产品再生产的主要供体（毛齐正等，2013）。然而，城市的扩张深刻地改变了生物多样性分布格局和作用。相关研究表明，快速城市化是生物多样性降低、外来种入侵和本地种灭绝的重要原因，城市物种组成的同质性也使生物多样性保护面临前所未有的挑战（王效科等，2020）。城市生物多样性保护的内容包括物种多样性保护和生态系统服务提升两大类，主要观测指标有 9 项：维管束植物物种数量的变化（S7）、鸟类物种数量的变化（S8）、蝴蝶物种数量的变化（S9）、外来物种入侵度（S10）、指示生物类群生命力指数（S11）、原生功能群种占比指数（S12）、人均公园绿地面积（S13）、公园绿地 500 m 服务半径全覆盖率

（S14）和岸线生态保护修复（含海岸线）（S15）。相关指标解释见《新加坡城市生物多样性指数手册》、《区域生态质量评价办法（试行）》、《中国城市统计年鉴》、《国家环境保护模范城市建设指标》和《区域生物多样性评价标准》（HJ 623—2011）。

3．城市人居环境健康

良好的生态环境是最普惠的民生福祉。人居环境健康是生态城市建设的基本内容，是衡量环境质量改善和环境风险管控的重要体现。城市人居环境健康的内容包括环境质量改善和环境风险管控两大类，主要观测指标有 8 项：空气质量优良天数比例（S16）、地表水达到或好于Ⅲ类水体比例（S17）、城市黑臭水体消除比例（S18）、重点建设用地安全利用（S19）、城市环境噪声达标地段覆盖率（S20）、危险废物规范化环境管理（S21）、化学物质环境风险管理（S22）和城市辐射安全管控（S23），相关指标解释见《国家生态文明建设示范区建设指标》《国家环境保护模范城市建设指标》《2021 年城市体检指标体系》。

4．城市绿色转型发展

《中国绿色生态城市指标体系研究报告》（2019）认为，未来生态城市的经济发展必须是生态化的，同时城市也是实现碳达峰和碳中和的关键和难点所在。城市绿色转型发展是在保护和高效利用资源环境的基础上，面向“双碳”目标，构建产业生态化和生态产业化为主体的生态经济体系，以期推进城市减污减碳扩绿增长协同治理。城市绿色转型发展的建设内容是推进产业生态化和生态产业化，主要观测指标包括生态产业产值占比（S24）、单位地区生产总值 CO_2 排放下降率（S25）、重点行业企业清洁生产水平（S26）、规模以上单位工业增加值用水量下降率（S27）、规模以上单位工业增加值能耗下降率（S28）5 项，相关指标解释见《中国绿色生态城市指标体系研究报告》《国家环境保护模范城市建设指标》。

3.1.3 建设路径

1．国家政策引导型

自 1989 年开始，我国以示范创建为抓手开展了一系列与生态城市相关的建设活动，通过国家政策引导与激励推进不同类型生态城市建设，包括全国爱国卫生运动委员会开展的国家卫生城市创建（1989 年），建设部开展的国家园林城市创建（1992 年），国家环境保护局（国家环境保护总局）开展的国家环境保护模范城市（1997 年）和国家生态工业示范园区（2007 年）创建，中央精神文明建设指导委员会开展的全国文明城市（1999 年）创建，全国绿化委员会、国家林业局开展的国家森林城市（2004 年）创建，国家发展和改革委员会等部门实施的低碳城市试点（2010 年）、智慧城市（2014 年）和公园城市（2022 年）创建，财政部、住房和城乡建设部、水利部实施的海绵城市（2015 年）创建，生态环境部实施的“无废城市”建设试点（2018 年）等（表 3-2）。随着生态城市理念和内涵的不断演进，其目标也不仅局限于城市生态环境和居住条件的改善，而是将生态优先的原则扩展到城市的经济、社会、交通等各个领域。经笔者不完全统计，自2000年开始国家发布关于引导城市生态建设的相关政策文件多达150份，涉及生态环境、工业和信息化、自然资源、住房和城乡建设、卫生健康、林业等相关部门，生态城市建设的功能定位不断完善，建设内容不断丰富。

表3-2 生态城市建设的相关类型和功能定位

年份	管理部门	类型	功能定位	最新管理文件
1989	全国爱国卫生运动委员会	国家卫生城市	聚焦城市卫生、市容环境，包括除直辖市外的设市城市和直辖市所辖行政区，实践中含卫生县城（乡镇）	《国家卫生城镇评审管理办法》《国家卫生城市和国家卫生县标准》《国家卫生乡镇标准》（全爱卫发〔2021〕6号）
1992	建设部	国家园林城市/国家生态园林城市	加强城市生态环境建设和城市基础设施建设，改善城市环境，促进城市可持续发展，包括城市、县城、城镇	《国家园林城市申报与评选管理办法》（建城〔2022〕2号）
1997	国家环境保护局	国家环境保护模范城市	是全国城市科学发展的杰出代表，是国际社会可持续发展城市的优秀典范，是全国在强化城市环境保护工作、推动经济发展方式转变、构建和谐社会等方面发挥积极示范作用的模范	《国家环境保护模范城市管理规程（征求意见稿）》《国家环境保护模范城市考核指标（征求意见稿）》（环办便函〔2021〕164号）
1999	中央精神文明建设指导委员会	国家文明城市	与物质文明、政治文明、精神文明建设有机结合并落实到基层，包括直辖市、副省级城市、地级市、县级市、地级及以上城市的市辖区、村镇	《全国文明城市（地级以上）测评体系》（2021年版）
2004	全国绿化委员会、国家林业局	国家森林城市	城市生态系统以森林植被为主体，促进城市生态建设实现城乡一体化发展，包括地级及以上城市	《国家森林城市管理办法（试行）》（办生字〔2022〕43号）、《国家森林城市评价指标》（GB/T 37342—2019）
2007	国家环境保护总局	国家生态工业示范园区	依据循环经济理念、工业生态学原理和清洁生产要求而设计创建的新型工业园区，可加快实现工业园区的生态化改造，促进我国工业粗放型增长方式的转变和高新技术产业发展，从根本上缓解环境污染的压力	《生态文明建设示范区（生态工业园区）管理办法（征求意见稿）》（环办便函〔2023〕65号）
2010	国家发展和改革委员会	低碳城市试点	以低碳经济为发展模式及方向、市民以低碳生活为理念和行为特征、政府公务管理层以低碳社会为建设标本和蓝图的城市	《国家低碳城市试点工作进展评估报告》（2023年）
2014	国家发展和改革委员会、工业和信息化部等	智慧城市	把新一代信息技术充分运用在城市中各行各业基于知识社会下一代创新的城市信息化高级形态，实现信息化、工业化与城镇化深度融合，有助于缓解“大城市病”，提高城镇化质量，实现精细化和动态管理，并提升城市管理成效和改善市民生活质量	《关于促进智慧城市健康发展的指导意见》（发改高技〔2014〕1770号）、《“十四五”新型城镇化实施方案》（发改规划〔2022〕960号）

年份	管理部门	类型	功能定位	最新管理文件
2015	财政部、住房和城乡建设部、水利部	海绵城市	是新一代城市雨洪管理概念，指城市能够像海绵一样，在适应环境变化和应对雨水带来的自然灾害等方面具有良好的弹性，也可称为“水弹性城市”	《住房和城乡建设部办公厅关于进一步明确海绵城市建设工作有关要求的通知》（建办城〔2022〕17号）
2017	国家发展和改革委员会	气候适应型城市	以全面提升城市适应气候变化能力为核心，通过将适应气候变化理念纳入城市规划建设管理全过程，完善相关规划建设标准，在试点城市范围内增强地区适应气候变化基础设施以及适应能力，同时提高公众意识，打造一批具有国际先进水平的典型范例城市，形成一系列可复制、可推广的试点经验	《关于深化气候适应型城市建设试点的通知》（环办气候〔2023〕13号）
2018	生态环境部	“无废城市”	通过推动形成绿色发展方式和生活方式，持续推进固体废物源头减量和资源化利用，最大限度减少填埋量，将固体废物环境影响降至最低的城市发展模式	《“十四五”时期“无废城市”建设工作方案》（环固体〔2021〕114号）
2022	国家发展和改革委员会等	公园城市	是与城市公园相对应的概念，是覆盖全城市的大系统，城市是从公园中长出来的一组一组的建筑，形成系统式的绿地，而不是孤岛式的公园	《成都建设践行新发展理念的公园城市示范区总体方案》（发改规划〔2022〕332号）

2．地方实践创新型

1986年，江西省宜春市率先在全国提出建设生态城市的发展目标，并于1988年编制了《宜春市生态市建设规划》，标志着生态城市建设试点工作正式启动（张莉华，2002）。之后，诸多城市开启了生态城市建设探索（表3-3）。中新天津生态城于2007年批准建设，2008年正式开始建设，目标为建设“资源节约型、环境友好型”的宜居示范新城，围绕智能城市、清洁水源、生态平衡、清洁环境、清洁能源和绿色建筑开展建设行动（杨保军等，2008）。2008年，唐山市曹妃甸生态城以“绿色、生态、宜居的新型城市”为目标，以生态指标体系规划为指导，构建了多层次水文生态格局。2010年，深圳市坪山新区和光明新城作为“国家低碳生态示范城市”的试验田开启了低碳城市建设探索。2022年，成都市践行新发展理念打造公园城市示范区，围绕生态产品价值实现、人民宜居宜业、城市治理现代化的定位，探索山水人城和谐相融新实践和超大特大城市转型发展新路径。

表3-3　典型生态城市建设的目标和指标

名称	年份	发展目标	指标体系
中新天津生态城	2008	探索“资源节约、环境友好型”城市在我国的建设方法和路径	生态环境健康、社会和谐进步、经济蓬勃高效和区域协调融合，下设22条控制性指标和4条引导性指标（2018年调整为生态环境健康、社会和谐发展、经济绿色低碳、区域协调共享4个目标36项指标）

名称	年份	发展目标	指标体系
唐山市曹妃甸生态城	2008	绿色、生态、宜居的新型城市	32 项管理类指标与 109 项规划类指标
无锡太湖新城	2010	国家低碳生态示范区	从城市功能、绿色交通、能源与资源、生态环境、绿色建筑和社会和谐 6 个方面设置 62 项指标
中法武汉生态城	2014	贯彻低碳和产城融合的理念，形成新时期生态文明建设的典范	创新产业之城、协调发展之城、环保低碳之城、中法合作之城、和谐共享之城 5 个发展目标 32 项具体指标
崇明世界级生态岛	2021	打造成绿色生态“桥头堡”、绿色生产“先行区”、绿色生活“示范地”，成为引领全国、影响全球的国家生态文明名片、长江绿色发展标杆、人民幸福生活典范，向世界展示“人与自然和谐共生”的建设范例	推动生态能级高标准跃升、实现绿色低碳高起点突破、促进生态产业高水平发展、共享幸福美好生活品质，规划 10 项具体指标
成都市	2022	城市践行“绿水青山就是金山银山”理念的示范区、城市人民宜居宜业的示范区、城市治理现代化的示范区	根据《成都建设践行新发展理念的公园城市示范区总体方案》，无指标体系

生态城市建设的实践经历了由城市环境污染治理到生态保护建设、从广泛性的生态城市建设到更有针对性的生态城市建设的过程，人民群众的满足感和获得感、城市生态系统服务和生态产品价值实现正成为生态城市建设的重要目标。

3．理论研究探索型

近年来，生态城市的研究文献呈持续上升趋势（吴远征等，2021；王坤等，2021）。针对生态城市建设，国内学者基于不同视角提出了有差别的代表性观点（表 3-4）。王祥荣（2001）提出，从结构建设、功能建设和城乡生态关系协调 3 个方面推进生态城市建设。王如松（2007）提出了生态城市建设的 3 个支撑点，包括区域生态安全与城镇生态管理、循环经济建设与产业生态转型、生态城市规划与和谐社会。达良俊等（2009）提出，生态城市建设需要重建“近自然型”城市生态系统。吴岩等（2018）结合“公园城市”的内涵，提出了 4 种理念和具体的实践路径。综合相关研究可以看出，生态城市建设从过去被动的城市结构形态和环境污染治理转变为主动打造生态宜居、人与自然和谐共生的生态环境综合治理，从被动适应城市发展的需要转变为积极推进城市生态环境治理体系与治理能力的现代化。

表 3-4　典型的生态城市研究与建设路径比较分析

年份	学者	建设目标	建设路径
2001	王祥荣	结构合理、功能高效和关系协调的城市生态系统	结构建设、功能建设和城乡生态关系协调措施

年份	学者	建设目标	建设路径
2003	张庆彩等	建设富裕、繁荣、文明、健康、优美、舒适、和谐、均衡的生态城市	科学确立生态城市建设目标，依法规范生态城市建设；促进城市经济持续、健康、协调发展；促进社会全面发展
2007	王如松	经济高效、社会和谐、生态安全的可持续发展社区	生态安全、循环经济与和谐社会
2007	鲁敏等	遏制生态退化、改善环境质量、减少环境污染、丰富城市景观、提高市民文化素质与生活质量	制订合理的生态城市总体规划；优化产业结构，推行清洁生产；加强环境教育，提高全民环境意识；健全生态环境法制体制，强化环境管理和城市管理
2009	达良俊等	结构合理、功能高效、关系和谐，且存在与发展状态皆优的可持续发展的现代化城市	重建“近自然型”城市生态系统
2013	陈晓晶等	通过低碳手段来减少城市发展对自然生态环境的负面影响，创造人与自然和谐共生的关系	通过具体指标引导和影响城市发展、规划建设和行政管理的各个环节
2013	那鲲鹏	低碳、和谐、高效、协调和可持续	从城市规划、低碳产业、水资源、能源、固体废物、绿色交通、生态安全、低碳社区、绿色建筑等方面进行规划建设
2018	吴岩等	“市民—公园—城市”三者关系的优化和协作，提供更多优质生态产品的新型城乡人居环境建设理念和理想城市建构模式	以人为本，共享发展；生态筑基，绿色发展；城乡并举，协调发展；美丽引领，创新发展；多元共生，开放发展

综上所述，生态城市建设观测指标体系构建是科学体现生态城市功能和建设成效评价的重点与难点，也是推进城市人与自然和谐共生的重要内容。不同建设主体采用的指标各有侧重，见表 3-5。其中，国家政策引导型侧重于对某一定时间段内生态城市建设成效的考察，以建设结果倒逼城市建设过程；地方实践创新型更关注城市发展建设的全过程，对建设目标进行逐年逐项分解，同时更加兼顾地方实际特点；理论研究探索型则从生态城市建设观测指标体系的构建方法、理论和发展思路进行学理层面的探索和实践。

表 3-5　不同提升路径的生态城市建设指标比较分析

路径	指标来源	类型划分	数量	特点
国家政策引导型	《生态县、生态市、生态省建设指标（修订稿）》(2007)	经济发展、生态环境保护、社会进步排名	19 个（约束性指标 15 个、参考性指标 4 个）	在能源、水资源消耗和污染物排放方面设置了严格的标准
	《国家生态园林城市标准》(2016 年)	综合管理、绿地建设、建设管控、生态环境、市政设施、节能减排	46 个指标	把创建生态园林城市作为建设生态城市的阶段性目标，促进城市中人与自然的和谐共生

路径	指标来源	类型划分	数量	特点
国家政策引导型	《“无废城市”建设指标体系（2021年版）》	固体废物源头减量、资源化利用、最终处置、保障能力、群众获得感	60 个指标（必选指标 24 项、可选指标 36 项）	提升城市生态环境治理体系和治理能力
地方实践创新型	中新天津生态城指标体系	生态环境健康、社会和谐进步、经济蓬勃高效、区域协调发展	22 条控制性指标和 4 条引导性指标	提出了量化的生态城市建设目标
	深圳市低碳生态城市指标体系（陈晓晶等，2013）	经济转型、环境优化、城市宜居、资源节约、示范创新	20 项指标（目标控制型指标 15 项、评价参数型指标 5 项）	分层构建，面向部门事权管理，一般性评价指标与地方特色指标相结合
理论研究探索型	基于 DPSIR 框架的生态城市建设观测指标体系构建研究（黄经南等，2021）	经济发展、资源消耗及污染物排放、生态治理、生活质量、政策及基础设施	40 项指标（驱动力指标 5 项、压力指标 5 项、状态指标 9 项、影响指标 9 项、响应指标 12 项）	引入了驱动力-压力-状态-影响-响应（DPSIR）框架进行指标体系构建
	生态城市建设评价指标体系构建的新方法——组合式动态评价法（张伟等，2014）	区域生态背景、城市演化阶段、城市综合状况	24 项可选指标	提出了一种新的生态城市评价指标体系构建方法——组合式动态评价法

由于我国的地域差异性和生态城市建设的复杂性，现行的相关指标体系仍然存在不够完善的地方（黄经南等，2021）。《中国绿色生态城市指标体系研究报告》（2019）提出了 6 项重点趋势和相关参考指标，其中重要的一项便是打造“优质生态服务圈”，重塑健康生态城市，强化城市生态系统服务。因此，下一步生态城市建设的功能提升要更加突出建成区自然生态保护和生态系统服务提升，如城市生物多样性保护、生态廊道建设、河湖岸线生态保护修复等。

3.2　城市生态韧性提升

3.2.1　概念辨析

生态韧性是城市韧性的重要维度，在概念剖析上，不同学者基于关注点的差异（城市规划、防灾减灾、人居环境健康、生态系统保护、绿色低碳等）提出了不同的见解与诠释。加拿大生态学家克劳福德·斯坦利·霍林（Crawford Stanley Holling）最先基于生态系统的动态平衡特点，将“生态韧性”定义为当生态系统受到外部干扰时的自身重组能力、适应恢复到均衡状态的能力（Holling C. S.，1996）。Pimm（1984）进一步将生态韧性定义为“生态系统在遭受扰动后恢复到原有稳定状态的速度”。Brand（2009）将生态韧性定义为生态系统抵抗干扰并保持特定状态的能力。2016 年，《新城市议程》发布，从城市规划的角度，将城市生态韧性定义为“城市内部的生态系统可以承受的多种冲击，并从冲击中恢复且能逐渐提高其功能的能力”。Chaffin 等（2018）认为，生态韧性是指系统在保持结构、功能、反馈和基本系统特性的情况下承受干扰的能力，是复杂系统一种非规范的属性。姜子璇（2022）从韧性城市特征的角度将生态韧性定义为生态系统在面对外界压迫和内在压力时，能够及时进行抵御、承受和灾后恢复的能力。城市生态韧性体现在两个方面：一是城市生态系统自身提供的韧性，指城市通过优化生态安全格局、加强城市生态建设来提高隔离、规避和消解破坏性影响的能力；二是依赖城市系统底层的多样性、相互依赖性和自组织能力形成的韧性，以自下而上的方式构成社会生态系统的稳定性和恢复重建能力，并具有一定的适应性演化能力（金瑛等，2022）。由此可见，城市生态韧性着重提升市域特别是建成区生态系统的多样性、稳定性、可持续性，发挥自然系统在水源涵养、洪水调蓄、气候调节、生物多样性维护、减污降碳等方面的生态系统服务功能，增强城市适应气候变化灾害的能力和人与自然和谐共生的现代化水平（李海东等，2023）。

3.2.2 地表热环境与冷岛效应

1. 地表热环境

城市空间格局变化是城市环境变化的主要表现形式之一。随着城市化进程的加快，城市景观在三维方向上发生急剧变化，使景观要素在三维层面上对城市热环境的影响加剧。其中，城市空间形态指数是城市空间格局与地表热环境因子之间的关联因子，普遍应用的是包括城市居民区形态、紧凑度、密度，以及一些侧重于三维空间形态的量化指标，如建筑高度、天空开阔度和街道断面等。城市建筑高度的增加对城市边界层和街道内部的湍流造成了较为复杂的影响，改变了城市风环境，从而对城市的冷/热岛效应产生一定的影响。对于不透水面覆盖度比较高的区域，高层居住用地的地表温度比低层居住用地的地表温度低。建筑高度变异较大的区域容易形成地表阴影，有助于空气流通，因此建筑高度变异较大的地区与城市冷岛显著相关。此外，天空开阔度可以有效描述城市三维形态，研究表明其与城市局部乃至整个区域的热岛现象紧密相关：天空开阔度越小，城市街道内部的热量越不容易被自然风带走，从而导致形成城市热岛效应的强度和概率变大。

2018 年 10 月，联合国政府间气候变化专门委员会（Intergovernmental Panel on Climate Change，IPCC）发布了《全球升温 1.5℃特别报告》。IPCC 提出，升温 1.5℃的界限是保证全球生活环境宜居的唯一可行方案，将全球变暖的温度限制为 1.5℃而不是 2℃能够减少 4.2 亿人免受极端热浪的影响，约 6 500 万人免受热浪的影响。有学者提出了三维城市化指数（3-D Urbanization Index，3DUI），并发现其与地表温度之间存在显著的正相关关系，即人工建筑体积较大的区域往往具有更高的地表温度。2012 年，Stewart 等提出局地气候分区（Local Climate Zone，LCZ）方案，将城市空间形态划分为 2 个大类 17 个小类，实现了对复杂城市空间的精准刻度，也架构了城市空间形态与气候研究之间的桥梁，近年来被广泛应用于空间形态与城市小气候之间的互动关系。国内关于城市空间结构与地表热环境之间关系的研究大部分集中在土地覆盖类型及其变化与城市地表热环境之间的关系上，还有一部分通过景观指数、建筑用地指数等量化不同土地覆盖类型空间结构，分析其与地表温度之间的关系，而对城市三维空间形态与地表热环境的研究相对较少。目前，大多是定量分析建筑用地景观格局与城市地表温度之间的关系，极少考虑城市三维空间形态对地表温度的影响及城市地表温度空间自相关性，采用的方法主要为统计分析和分类比较，前者是利用多元回归等统计方法来分析三维形态指标对地表温度的影响；后者是按照建筑高度或数字高程模型对研究区进行分类，比较不同高度区域的地表温度，或分类后比较各类区域内三维形态与地表温度之间的相关性（周伟奇等，2020）。

2. 生态用地冷岛效应

在全球气候变化背景下，城市“热岛效应”愈加严重，已经成为威胁城市人体健康的高风险因素，关于热岛效应的研究已经相对成熟。城市蓝绿空间（urban green and blue space）被认为是一个能够有效降温减碳并增强生态系统安全的高效体系，可以减少地表吸收太阳辐射，空间中的植被可以通过蒸腾作用进一步隔绝太阳辐射，与城市热岛效应相对，这种现象被称为城市冷岛效应（urban cooling island，UCI）。不同土地覆被类型因热容量、反射率等理化性质差异而呈现不同程度的冷/热岛效应，影响城市的冷/热岛空间分布格局，地表覆被类型与城市冷/热岛效应关系的尺度效应研究得到广泛关注（Gao et al.，2022）。相关研究表明，植被和水体能有效降低地表温度，产生一定的冷岛效应，将热岛区域分割破碎化，化解连片热岛的出现，而将建筑和不透水面在空间格局上镶嵌于冷岛斑块间，会破坏冷岛斑块的空间连续性。

城市公园作为蓝绿空间综合体，其产生的冷岛效应可以有效缓解热浪带来的危害，因而成为研究的主要对象，冷岛强度也被认为是人体舒适度的重要指标。相关研究表明，冷岛效应受到城市蓝绿空间的景观指数（面积、形状复杂程度、破碎程度、聚集程度）、植被及水体盖度、与不透水地表等土地的结合度、植被群落结构和种类等因素的共同影响，且这些因素的作用并非简单地叠加，因而城市冷岛效应的变化规律具有季节性、空间尺度差异性、城乡梯度差异性（仇宽彪等，2021；Huang et al.，2021）。多尺度研究表明，基于像元尺度的研究更能反映地表覆被类型与冷岛空间分布的相关性，而基于市、区级行政区划尺度的研究则是从数据统计的角度反映城市热环境的综合特征，这一特征造成不同尺度地表覆被类型的冷岛效应强度存在差异。除了水平尺度，城市建筑的三维结构（建筑覆盖率、平均建筑高度、平均建筑高度标准差和平均建筑投影面积）和空间格局对城市风环境的影响及对太阳辐射的捕获和遮蔽效应是城市三维紧凑形态对热环境的主要驱动机制，通过降低开发强度和建筑基底面积，同时增加建筑高度和粗糙度可以改善街区范围内的城市热力条件，而且冷岛效应的主要贡献者和相关边际效应可以不受季节变化的影响

（Yao et al.，2020）。

城市冷岛效应的研究方法已较成熟，包括气象观测、遥感及数字模拟技术（Cui et al.，2021）。其研究对象主要集中于建成区绿地及少量的水体，以蓝绿空间为研究对象的较少，对城市三维空间结构与冷岛效应的研究也较少。在驱动机制方面，建筑高度和城市形态对城市冷岛效应的作用机制不明，区域气候背景对城市冷岛效应的影响还未得到系统分析，且未考虑冷岛效应不同影响因素之间的交互作用，亟待研究通过蓝绿空间，特别是生态用地优化提升城市冷岛效应的关键技术体系。

3.2.3 生态风险与水生态韧性

1. 气候变化影响

IPCC 第五次评估报告指出，全球气候变化会导致极端事件（极端降水、极端气温等）的频率和强度持续增加。气候变化引发的极端降水事件作为城市暴雨内涝灾害的主要致灾因子，导致城市降水强度增强，成为内涝频发的主要诱因。2012 年 7 月 21 日至 22 日 8 时左右，中国大部分地区遭遇暴雨，其中北京及其周边地区遭遇 61 年来最强暴雨及洪涝灾害，导致北京市 160 万人受灾，经济损失约 116 亿元。2021 年，我国多地发生城市内涝，如 2021 年 7 月，河南省郑州、开封、鹤壁等地遭遇了持续性强降水天气。2023 年 7 月 29 日 20 时至 8 月 2 日 7 时，北京降雨天气过程记录到的降水量极值在昌平，为 744.8 mm，打破了 1891 年 7 月 23 日 609 mm 和 2012 年 7 月 21 日 519 mm 的强降水量纪录。2023 年 7 月 27 日 8 时至 8 月 2 日 8 时，河北省大部出现强降雨过程，全省平均降水量约为 146.2 mm，其中石家庄为 291.7 mm，保定市为 356.3 mm、雄安新区为 303.6 mm；截至 8 月 10 日，全省有约有 389 万人受灾，直接经济损失约为 958 亿元。根据 2006—2016 年《中国水旱灾害公报》的统计数据，2006 年以来中国每年受淹城市都在 100 个以上；在大江大河水势基本调控平稳的情况下，2010 年、2012 年和 2014 年洪灾直接经济损失均超过 1998 年特大洪灾。

气候变化下城市洪涝灾害的加剧可从致灾因子、孕灾环境及城市承载体自身对洪涝灾害承载能力的脆弱性变化等方面进行分析（徐宗学等，2019）。一是气候变化和城市化是城市洪涝灾害最主要的驱动要素，也是由致灾因子发生变化所致。二是孕灾环境的变化主要是城市区域住宅、交通、商业及工业的发展导致城市区域透水面及水域面积大范围萎缩，造成了城市区域蓄水能力严重降低、城市排水能力下降的局面，从而加剧了城市内涝的风险；城市区域下凹式立交桥等微地形在强降水条件下极易形成积水，也会加剧城市内涝的风险。三是不合理的城市区域规划和建设也会加剧城市洪涝灾害的程度。由于不合理的城市规划和建设，城市区域大量的水塘、鱼塘甚至湖泊被填平，一些河道、沟渠被填平或被改造，城市流域蓄水能力和过流能力大大降低，从而增加了城市的内涝风险。四是城市区域承载体脆弱性的变化主要体现在城市化的发展改变了江河湖库等众多地表水体的原始连通关系，也改变了地表水和地下水的转化路径，大部分天然河湖泄水通道被城市排水管网所替代，绝大多数天然水循环变成了由众多水工建筑物组成的人工水循环，这就导致城市区域水循环路径发生了巨大的改变，而排水管网和天然河湖往往不能够合理衔接，从而加剧了城市排水承载体的脆弱性。五是排水管道系统的设计标准不能满足城市的排水需求，管网系统的设计标准偏低，城市河道治理标准与城市发展衔接不到位也会加剧城市排水承载体的脆弱性（徐宗学等，2019）。综上所述，从构建韧性城市的理论框架出发开展气候变化对城市洪水调蓄和水源涵养的影响及人居环境安全性的致灾机制研究，是构筑韧性城市和海绵城市、提升气候变化适应能力的前提，亟须引起人们对全球范围内气候应对的高度关注。

2．生态系统风险

目前，相关研究主要集中在气候变化对洪水、干旱、水土环境等生态组分及生态系统的影响方面。生态风险是生态系统暴露在某种危险环境状态下的可能性，指一个种群、生态系统或整个景观的正常功能受外界胁迫，从而在目前和将来破坏或减小该系统内部某些要素或其本身的健康、生产力、遗传结构、经济价值和美学价值的可能性。生态风险评价涉及的层面相当广泛，有从个别产业角度探讨农业、矿产、旅游等开发对环境的影响，如农药使用对水系及土壤的影响范围，矿产开发产生的重金属污染对周围土壤与植被的破坏，旅游开发对社会、经济及自然生态带来的冲击；有从规划角度探讨不同情景方案带来的景观及区域土地利用结构的改变，如不同的道路网络方案对森林、灌丛、耕地产生的影响，或从城市环境角度分析发展与建设带来的环境污染，如城市交通废气产生的重金属残留。在城市群视角下，一些研究者考察了不同城市的生态风险分布，考虑了城市群的空间异质性，但忽略了城市之间的互动效应。相关研究表明，流域内城市之间存在水污染和空气污染的转移过程（Wang et al.，2018），考虑城市的规模和尺度（如建筑、社区、城市、城市群），区域生态网络面临风险挑战，如生态廊道受阻、污染物传播扩散、栖息地破坏、气候变化风险适应不足等造成生态网络韧性下降及生态系统健康和生态服务功能供给下降（Hutchins et al.，2021）。空气和水污染在城市间的传播直接损害了人类和生态系统的健康，在城市间的传播过程中构成了生态风险。除此之外，城市间的经济贸易也会导致城市间的生态风险传递。城市通过人口流动、贸易流动和产业链与周边城市进行经济合作。近年来，随着人工智能算法的迅速演变，图分析方法的概率推断特点能够调查和量化几个相互作用的变量与结果之间的因果关系，已被应用于处理生态系统响应中当前理解和可变性的不确定性，并分析受交互效应影响的生态保护项目风险特征。

3．水生态韧性

城市化生态水文效应研究偏向从城市本身的角度来解决问题，解决措施主要体现在供水、水环境净化、防灾减灾三大工程的建设上，而这些工程多数是将城市作为流域中的孤立点，考虑单个城市的利益，并非出于维系流域水循环系统的基本功能。生态系统的韧性有 3 个特征定义：①系统承受干扰、维持其基本功能的能力；②自组织的能力；③增强系统学习和适应能力的能力。针对城市水生态系统韧性评估的研究较少，相关研究多是基于韧性城市理论，从基础设施韧性、社会韧性、经济韧性和生态韧性等方面进行城市韧性评估。Ahern 等（2011）提出了生态韧性提升的原则，即多功能性、冗余度和模块化、多样性、多尺度网络和连通性、适应性规划和设计，详述了提升生态系统韧性的机制，即系统是否具有韧性及量化韧性可参考这些原则进行评估。就基础设施而言，有学者指出绿色基础设施网络是依靠生态用地的完整性（斑块作用）和连通性（廊道作用）来提供生态系统功能的，改善绿色基础设施网络的完整性和连通性，即斑块和廊道优化是绿色基础设施网络优化的核心任务（Wang et al.，2020）。就生态服务而言，为了克服传统生态系统风险评价方法的缺点，生态系统服务（ecology service，ES）被用作评估终点，近年来迅速引起众多研究者的关注。将 ES 作为一种评估终点，旨在提高风险评估对环境决策的价值，将生态风险与人类福祉联系起来。研究表明，使用生态系统服务评估终点可以加强跨多个空间尺度和决策类型的决策。就空间尺度而言，基于空间格局和生态过程相互作用的景观格局优化被视作提升水生态系统韧性的途径，景观格局同景观中的各生态过程密切相关，决定了资源和物理环境的分布形式及组合，生态系统应对扰动及恢复的能力、稳定性和生物多样性等具有重要的作用。景观格局即景观要素的形状、比例、空间分布等特征，斑块、廊道、基质的布局为提升水生态韧性提供了具体的操作途径。景观格局优化本质上是调整景观空间结构，以增强生态系统的整体性和连通性等为目标，构建维持区域生态过程的空间格局。

3.2.4 生态环境协同治理

城市是现代化的重要载体，也是人口最密集、污染排放最集中的地方。2015 年，第 4 次中央城市工作会议（前 3 次分别于 1962 年、1963 年和 1978 年召开）指出，城市工作要把创造优良人居环境作为中心目标，努力把城市建设成为人与人、人与自然和谐共处的美丽家园。习近平总书记多次就城市建设与人居生态环境发表重要讲话，强调“必须把保护城市生态环境摆在更加突出的位置”“人民城市人民建，人民城市为人民”。2016 年 2 月印发的《中共中央　国务院关于进一步加强城市规划建设管理工作的若干意见》提出的总体目标是“努力打造和谐宜居、富有活力、各具特色的现代化城市，让人民生活更美好”。近年来，国家发展和改革委员会、生态环境部等联合发布了《关于加快推进城镇环境基础设施建设的指导意见》，住房和城乡建设部制定了《“十四五”城乡人居环境建设规划》，组织开展了城市体检工作。2022 年 10 月，世界城市日全球主场活动暨第二届城市可持续发展全球大会在上海举行，国家主席习近平致贺信并指出，“希望各国城市积极参与全球发展倡议，加快落实联合国 2030 年可持续发展议程和《新城市议程》，助力经济有效复苏，改善生态环境质量，提升城市治理效能，共同推动全球可持续发展。”为提升快速城市化地区的生态文明建设水平，2022 年 3 月以来，笔者所在课题组先后开展了北京、上海、江苏、广西、福建、浙江、四川、湖北、湖南、重庆、贵州、陕西、新疆、山东、辽宁、安徽 16 个省（自治区、直辖市）23 个典型城市的生态保护与监管调研，结合地方关于城市生态环境治理的意见和建议，研究提出了基于生态韧性与协同增效的城市生态环境治理路径（图 3-1）。

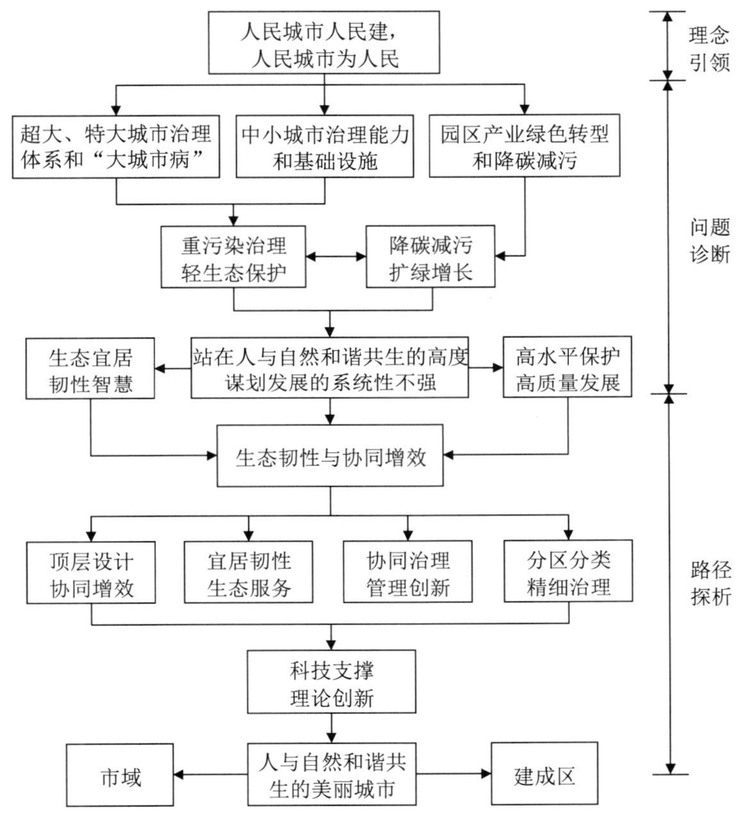

图 3-1 城市生态环境治理策略与路径探析

一是加强顶层设计，站在人与自然和谐共生的高度谋划城市生态环境治理。以习近平生态文明思想为指导，深入践行“人民城市人民建，人民城市为人民”和“绿水青山就是金山银山”重要理念，推进城市建设与生态环境治理重大战略协同增效，完善新时期协同增效的城市生态环境治理体系。打破城市建设与生态环境保护、园林绿地、自然保护地建设、生态保护红线划定、生物多样性保护、产业结构调整等要素化、条块化分割治理的局面，共同推进符合“人民城市”理念的生态环境治理新路子，协同打造宜居、韧性、智慧城市，实现城市生态环境治理的目标协同、政策协同和技术协同，全面提升城市生态文明建设水平。

二是突出生态韧性，强化超大、特大城市生态服务和中小城市环境基础设施建设。破解超大、特大城市生态环境治理体系和中小城市生态环境治理能力存在的问题，需要强化城市生态韧性建设，其中城市生态空间保护、区域/流域生态用地调控、生物多样性提升是关键任务，城市规划源头控制、城市更新与生态修复、生态基础设施建设等精细化管理是重要手段。结合《"十四五"全国城市基础设施建设规划》（建城〔2022〕57 号），从单体建筑—社区—城市—城市群等多尺度强化城市生态空间保护，科学布局与优化公园绿地、生态廊道、生态缓冲带，构建覆盖建成区和非建成区的生物多样性观测网络，提高城市生物多样性和生态系统服务。针对风险与灾害防控，构建生物安全、外来入侵物种、花粉污染、气候变化灾害等非传统安全风险的防范系统，加强中小城市环境基础设施建设，提升人居环境健康和生态安全水平。

三是锚定协同增效，聚焦城市和工业园区降碳减污扩绿增长新任务。系统谋划将碳达峰、碳中和纳入城市生态文明建设、生态环境高水平保护促进经济高质量发展新任务，基于生态环境协同治理理论，深化数字技术应用，制定城市和工业园区降碳减污扩绿增长的精准细化和智能化管理技术政策。聚焦减污降碳协同增效的控制路径和有效模式，构建以产业生态化和生态产业化为主体的城市生态经济体系，分阶段部署实施城市和工业园区生态环境协同治理目标和任务，创新城市和工业园区差异化生态环境治理模式，探索工业园区减污降碳协同治理机制及碳中和路径，赋能碳达峰、碳中和目标的实现。

四是强化分区分类，提升城市生态系统多样性、稳定性、可持续性。人与自然和谐共生的现代化是中国式现代化的重要内容。依托市域、建成区、市辖区和城区的差异性，严守城市自然生态安全边界，加强物种多样性保护和生物多样性管理，分区分类实施城市生态系统管理。围绕打造宜居、韧性、智慧城市和城市生态修复，保护重要生态系统和物种的栖息地及生态服务功能，通过生态用地优化、城市更新行动、生态廊道建设等构建生态安全格局［《城市生物多样性保护评价技术规范》（T/JSSES 30—2023）］。结合生物多样性定位观测或实地调查，优先开展建成区生物多样性本底状况调查，评价古树名木保护、外来入侵物种防控、指示生物类群物种变化等情况。针对城市复合生态系统管理和生物多样性保护的相关政策、规划、项目、工程等实施情况，评价资金投入、公众参与和地方特色，综合反映城市人与自然和谐共生情况。

五是加强科技支撑，破解新时期城市生态环境协同治理难题。研究"人民城市人民建，人民城市为人民"和"绿水青山就是金山银山"重要理念的耦合性，加强城市生态韧性与环境污染治理协同控制理论技术创新研究，研发基于人工智能、大数据的超大、特大城市生态环境治理精细化和智慧化管理技术。围绕城市生态服务提升、人居环境健康和绿色低碳转型发展，研究区域和城市生态产品"供体—受体"调控机制，建立基于城市更新和多尺度生态空间调控的城市生态韧性建设技术体系。针对城市建成区热岛效应和非建成区冷却效应，开展韧性城市生态服务提升机制研究，揭示气候变化与生物多样性的影响及反馈机制。

3.3 村镇生态承载力提升

3.3.1 概念辨析

1. 区域、聚落与村镇

区域的概念最早源于地理学，指地球表面的地域单元。区域不仅是地理的概念，随着人类社会发展和学科领域的拓展，更强调不同地域之间因某种联系而形成的共同体，如地理区域、行政区域、经济区域和生态区域（高吉喜，2013）。其中，行政区域的划分（简称行政区划）是国家为了进行分级管理而实行的区域划分，我国现行的行政区划包括省级行政区、地级行政区、县级行政区及乡级行政区 4 类；经济区域是由人的经济活动所造就的围绕经济中心而客观存在的具有特定地域构成要素且不可无限分割的经济社会综合体，如长江经济带、长三角区域；生态区域是以生态介质为纽带形成的具有相对完整生态结构、生态过程和生态功能的地域综合体，包括流域、风域和资源域（高吉喜，2018）。

聚落是指人们居住、生活、休息和进行各种社会活动的场所，是人民进行劳动生产的场所（金其铭，1984）。聚落从广义上说，包括村落与城市两种居住地；从狭义上说，则仅指村落。农村聚落是人口集聚的原生地，城市则是随着生产力发展、社会分工深化而形成的人类集聚的次生地。乡村、集镇、村庄、农村等概念是表述我国以农业经济为主的人口聚居的地域单元，其节点的内涵与外延具有一定的关联性和差异性。辨识相关概念的研究范畴与核心要点有助于正确认识和理解村镇建设过程中面临的资源、环境及发展之间的问题。

村镇是指村庄、集镇及县城以外的建制镇，是在一定区域内以建制镇等为中心，由不同层次的村庄与村庄、村庄与集镇、集镇与建制镇之间相互联系、相互作用形成的群体网络组织，是一个完整的具有特定的经济、社会和自然景观特点的地域综合体（刘冠生，2005）。村镇是由乡镇与村庄及周围区域共同组合而形成的空间，在其地域范围内由区域要素或成分（建筑物、道路、绿地、水域等）及其组合构成关系、作用过程、功能结构共同构成，是反映自然和人类活动、演变机制的空间组织形式。村镇由镇（不含城关镇）、乡（集镇）、村庄（农村）构成，而乡村是由乡（集镇）、村庄（农村）构成的。乡村与农村具有很高的重合性，农村是乡村的主体，而乡村就是由乡（集镇）与村庄两种社区构成的社会生活范围。图 3-2 给出了区域、村镇与乡村的概念范畴。

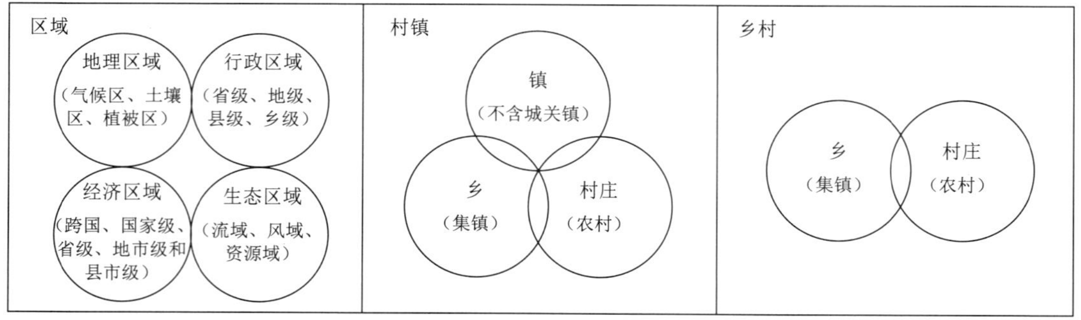

图 3-2　区域、村镇与乡村的概念范畴

2. 村镇建设生态承载力

承载力的概念源于物理力学，后被引入生态学领域，可分为 3 个发展阶段（图 3-3）：生态容纳能力、单项承载力（如资源承载力、环境承载力、生态承载力）和综合承载力。生态容纳能力是承载力概念的第一次发展，其特点是表示一种最大极限容纳量，研究对象范围是有限的。与 20 世纪 90 年代提出的可持续发展理论原则相类似，“平衡数量”和“环境平衡范围”理论为承载力选择了新的概念立足点。1985 年，联合国教科文组织首次提出资源承载力概念，根据研究对象的不同，又可分为土地、旅游、矿产等类型。高吉喜等（2018）以人类社会活动为核心提出生态承载力的概念，即在生态系统自我维持、自我调节的前提下，自然生态系统的资源与环境的供容能力、可维持的社会经济活动强度和正常生活水平下的人口数量。王开运等（2007）通过研究尺度的限定，强调复合生态系统的功能与子系统的交互作用，提出了新的承载力的概念，即在一定时期内，以资源合理开发利用和生态环境良性循环为前提，同时在保持一定物质交流规模的条件下，区域生态系统能够承载的人类数量的规模及开展相应社会经济活动的能力。现有生态承载力的计算方法主要包括生态足迹法、状态空间法、人类净初级生产力（net primary productivity，NPP）占用法、指标评价法、系统动力学模型法和生态系统服务消耗评价法等，每种方法的侧重点、适用对象和适用范围均有所不同（赵东升等，2019）。

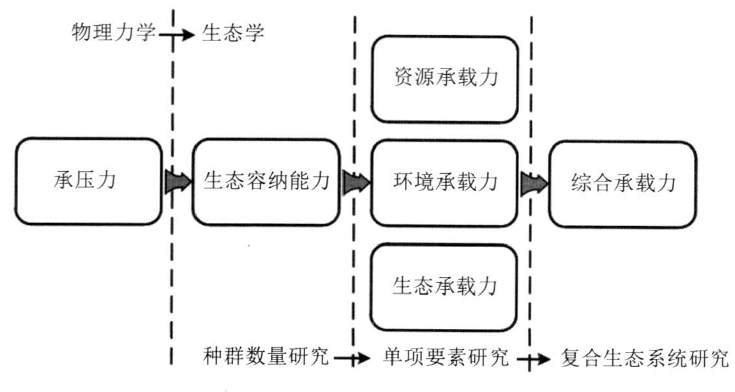

图 3-3　承载力概念的发展

随着研究对象的复杂化，承载力从单一因子转变为多因子研究，出现综合承载力的概念，指特定研究区域内两种或两种以上承载力的叠加，如资源承载力（土地、旅游、水、森林、矿产等）、环境承载力、生态承载力。从研究尺度来看，目前生态承载力的研究主要集中在省级行政区、地级市、县和县级市、区域/流域大尺度上（赵鑫霈，2011；雷勋平和邱广华，2016）。在小尺度承载力的测算上，不同学者分别在国家公园、自然保护区、森林公园、地质公园、湿地公园、风景名胜区等不同类型保护地进行了实践，丰富了生态承载力核算在保护地体系中的实证研究（刘孟浩等，2020）。目前，关于村镇承载力的研究很少，随着与村镇建设有关的新概念、新业态和新模式的不断涌现，如田园综合体、特色小镇等，村镇建设生态承载力研究面临新的要求。由于村镇空间尺度较小、数据获取难度大，同时村镇生态系统与外界环境物质循环和能力流动较为频繁，难以直接通过尺度变换进行类推，因而在村镇尺度上将生态承载力与村镇建设结合起来的研究鲜见报道。

村镇建设生态承载力的本质是以协调自然资源、生态环境和社会经济要素为主要对象的复合生态系统承载力，表征为乡村振兴战略实施和村镇建设可能影响甚至破坏生态系统健康和良性循环的某种压力、生态系统产生的防御能力、在压力消失后生态系统的恢复能力及确保优质生态产品持续达到供给目标的发展能力。其中，“复合”（complex）不是指简单地组合在一起，而是表达一种生态系统的有机联系和相互支持的意义。“承载”（carrying）同时具有携带、承受和维系、支撑的意义，承载力以“carrying capacity”描述。传统的种群承载力、资源承载力、环境承载力等将承载基体与承载对象视为两个有密切联系的不同系统，而村镇复合生态系统承载力的概念与内涵均发生了很大的变化，承载对象与承载基体的关系趋于复杂。

生态系统的自我维持、自我调节能力是生态承载力的决定因素，根源在于生态系统的健康状况。村镇复合生态系统承载力包括三层基本含义：第一层是自然资源子系统的供给能力，指本地资源和环境承载能力的大小，是村镇建设生态承载力的基础条件；第二层是生态环境子系统的自我维持与自我调节能力，指村镇建设在压力条件下的防御和恢复力（弹性力），是村镇建设生态承载力的约束条件；第三层是社会经济系统的发展能力，指生态环境子系统提高人的生活质量和加强资源环境系统承载水平的能力，为生态承载力的“压力-驱动”部分。

村镇复合生态系统承载力以自然资源子系统的持续支持为基础，以生态环境子系统的维持和调节功能为约束，以社会经济子系统的发展为驱动。村镇生态系统健康（village and town ecosystem health）指符合一定发展适宜目标的村镇自然生态系统状态，对应自然生态安全边界，其实质是判断村镇建设是否有能力达到一定目标状态，以及怎样维持这个状态。“维持自然生态系统健康、达到一定的优质生态产品持续供给目标”是村镇建设生态承载力发挥效用的现实意义。

3.3.2 承载对象测算

1. 承载力水平确定

资源承载力是生态承载力的基础条件，环境承载力是生态承载力的约束条件，生态弹性力是生态承载力的支持条件。村镇建设生态压力实质上会破坏生态系统的结构和功能，其主要表现则是资源占用和环境污染；生态弹性力是生态压力的反作用力，它不仅表现为生态系统的自我恢复和抵抗力，更重要的是表现为人的社会行为的反馈力。在村镇复合生态系统承载力测算中，以生态压力与生态弹性力的相互作用机制为基础构建评价指标体系（燕守广等，2010）。结合《乡村振兴战略规划（2018—2022 年）》、《美丽乡村建设指南》（GB/T 32000—2015）和《国家级生态乡镇申报及管理规定（试行）》等，依据科学性、代表性、层次性和可操作性原则构建村镇建设复合生态系统承载力评价指标体系（表 3-6），共包括四层：第一层为目标层，即生态承载力水平指数（S）；第二层为约束层，包括生态压力指数（A1）和生态弹性力指数（A2）；第三层为准则层，生态压力指数评价由资源占用（B1）和环境污染（B2）两部分要素构成，生态弹性力指数评价由生态宜居（B3）、生态经济（B4）、系统开放（B5）和管理政策（B6）四部分要素构成；第四层为指标层，由表征准则层的具体指标构成（C1～C27）。

表 3-6 村镇建设复合生态系统承载力评价指标体系

<table>
<tr><th>目标层</th><th>约束层</th><th>准则层</th><th>指标层</th><th>编号</th><th>单位</th></tr>
<tr><td rowspan="17">生态承载力水平指数（S）</td><td rowspan="12">生态压力指数（A1）</td><td rowspan="4">资源占用（B1）</td><td>人口密度</td><td>C1</td><td>人/km^2</td></tr>
<tr><td>人均耕地面积</td><td>C2</td><td>hm^2</td></tr>
<tr><td>集中式饮用水水源地水质达标率</td><td>C3</td><td>%</td></tr>
<tr><td>使用清洁能源的居民户数比例</td><td>C4</td><td>%</td></tr>
<tr><td rowspan="8">环境污染（B2）</td><td>农用化肥施用强度</td><td>C5</td><td>折纯，kg/hm^2</td></tr>
<tr><td>农药施用强度</td><td>C6</td><td>折纯，kg/hm^2</td></tr>
<tr><td>农膜回收率</td><td>C7</td><td>%</td></tr>
<tr><td>禽畜养殖场（小区）粪便综合利用率</td><td>C8</td><td>%</td></tr>
<tr><td>受污染耕地安全利用率</td><td>C9</td><td>%</td></tr>
<tr><td>生活污水处理农户覆盖率</td><td>C10</td><td>%</td></tr>
<tr><td>农作物秸秆综合利用率</td><td>C11</td><td>%</td></tr>
<tr><td>工业企业污染物排放达标率</td><td>C12</td><td>%</td></tr>
<tr><td rowspan="5">生态弹性力指数（A2）</td><td rowspan="5">生态宜居（B3）</td><td>林草覆盖率</td><td>C13</td><td>%</td></tr>
<tr><td>河塘沟渠整治率</td><td>C14</td><td>%</td></tr>
<tr><td>土地生产力</td><td>C15</td><td>万元/hm^2</td></tr>
<tr><td>生活垃圾无害化处理率</td><td>C16</td><td>%</td></tr>
<tr><td>农村卫生厕所普及率</td><td>C17</td><td>%</td></tr>
</table>

目标层	约束层	准则层	指标层	编号	单位
生态承载力水平指数（S）	生态弹性力指数（A2）	生态经济（B4）	农民人均纯收入	C18	元/a
			绿色、有机农产品产值	C19	万元/a
			生态加工业产值	C20	万元/a
			生态旅游收入	C21	万元/a
			单位工业用地地区生产总值增加值	C22	万元/a
		系统开放（B5）	互联网普及率	C23	%
			农产品网络零售额	C24	万元
			具备条件的建制村硬化路比例	C25	%
		管理政策（B6）	生态环保投入占地区生产总值的比重	C26	%
			农村居民教育文化娱乐支出占比	C27	%

村镇建设复合生态系统承载力的水平是生态压力与生态弹性力相互作用的表现。生态压力是复合生态系统所承受的压力水平；生态弹性力是复合生态系统抵抗外界压力的能力水平。生态压力若在生态弹性力的可控范围内，则生态系统是安全的；生态压力若超过了生态弹性力的作用范围，则生态系统面临崩溃。

生态压力模型评价公式如下：

$$\mathrm{EPI}=\sum_{i=1}^{n}\mathrm{EPI}_i\times W_i \tag{3-1}$$

生态弹性力模型评价公式如下：

$$\mathrm{ERI}=\sum_{i=1}^{n}\mathrm{ERI}_i\times W_i \tag{3-2}$$

生态承载力模型评价公式如下：

$$\mathrm{ECC}=(\mathrm{ERI}-\mathrm{EPI})/\mathrm{ERI} \tag{3-3}$$

式中：EPI 为生态压力指数；EPI_i 为生态压力指数第 i 类指标；ERI 为生态弹性力指数；ERI_i 为生态弹性力指数第 i 类指标；ECC 为村镇建设复合生态系统承载力指数；W_i 为生态承载力第 i 类指数所选取因素的权重，采用层次分析法进行赋值确定；n 为指标总数。

由于对评价指标值进行了标准化和相应的处理，每个指标的数值均介于 0～1，生态压力指数和生态弹性力指数的评价结果也介于 0～1。评价结果的值越大，说明生态压力越大或生态弹性力越大；值越小，生态压力越小或生态弹性力越小。根据复合生态系统承载力的大小，表 3-7 将村镇建设复合生态系统承载力水平以“红、黄、蓝、绿”4 个等级表示。

表 3-7 村镇建设复合生态系统承载力水平的结果等级

等级	生态承载力指数（ECC）	状态	生态系统发展趋势
红色	$-\infty$＜ECC＜0	失衡	濒临崩溃
黄色	0≤ECC＜0.1	高压	向不利方向发展
蓝色	0.1≤ECC＜0.5	中压	处于良好的平衡状态
绿色	0.5≤ECC≤1	低压	生态系统迅速发展

2. 测算思路

有关生态承载力概念的定义均认为其载体是生态系统，其支持对象则是从种群到社会经济系统。村镇建设涉及一个复杂系统，由自然、生态、社会、经济等各子系统构成（张富刚和刘彦随，2008），人口、土地和产业分别是社会系统、资源系统与经济系统的重要内容之一。人口对村镇发展至关重要，人口规模变化可影响到粮食安全、乡村贫困趋势等（Liu et al.，2017），也会通过自身行为影响到其他要素。土地是村镇人口和产业要素的空间载体，体现为其所能承担的人口数量和粮食生产规模，描述的是人类活动和自然环境的动态协调与平衡关系（Liu，2018）。产业是村镇地区发展的内生动力，也是一个地区能够实现可持续发展的重要保障（Zhu et al.，2018）。根据村镇建设生态承载力的内涵和构建的村镇建设复合生态系统承载力评价指标体系和模型，村镇建设承载对象包括人口数量、主导生态功能和产业规模。生态安全约束下村镇建设承载对象测算思路见图 3-4。

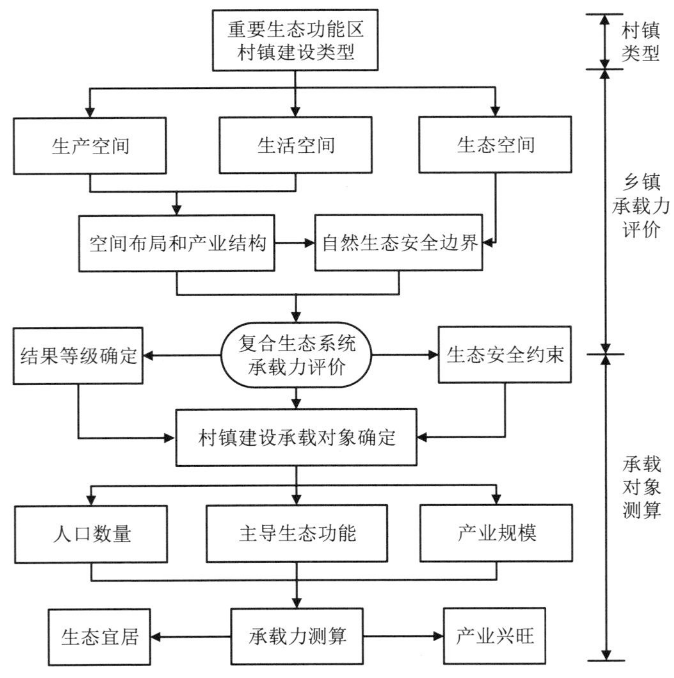

图 3-4 村镇建设复合生态系统承载力评价与生态安全约束下承载对象测算思路

3.3.3 提升路径

相关研究表明，一定时空尺度和经济技术条件下的资源环境承载能力是一定的，有固定的生态承载力阈值（燕守广等，2010；马伟波等，2020）。开展重要生态功能区村镇承载力提升方案研究，其目的是通过一定的环境管理和经济技术手段使村镇不断接近生态承载力阈值，以达到理想的状态。

1. 减轻村镇建设的生态压力

村镇建设的生态压力主要源于资源占用和环境污染两个方面，村镇地域系统和人地关系的协调发展是实现村镇建设过程中人与自然和谐共生的基础，减轻生态压力是生态安全约束下村镇承载力提升的“核心内容”（Liu，2018）。其主要路径如下：

一是实现水土资源高效集约利用。村镇无序建设容易占用大量耕地资源，“空心村”“老人村”现象普遍，亟待优化村镇人口布局，合理确定人口数量，并将农田生态系统嵌入村庄绿地系统。实施迁村并居、退宅还田等工程，通过“空心村”整治、中心村建设和中心镇转移的地域模式，加强乡村聚落的空间集聚，改善群众的居住环境和生活环境。

二是加强农村环境综合整治和环境污染防治。通过发展绿色有机农业，实现生产与农用化学品脱钩，用绿肥和商品有机肥替代化肥，推广绿色防控，解决化学农药过量使用问题。大力发展种养融合的生态产业体系，解决规模化畜禽养殖污染问题。弘扬生态文化，开展教育、培训和交流活动，增强农村居民的绿色发展理念，引导村民主动参与村镇绿色生态建设和环境保护。

2. 提高村镇建设的生态弹性力

村镇建设生态弹性力包括生态宜居、生态经济、系统开发和管理政策4个方面，提高生态弹性力是生态安全约束下村镇承载力的“重要支撑”。其主要路径如下：

一是实施村镇建设生态保护修复工程。开展农村河塘、沟渠清淤整治，实施河湖水系连通工程，提高山水林田湖草沙系统的完整性。扩大绿色生态空间，做好山区宜林荒山造林、矿区生态修复、平原绿色廊道建设，构建以景观绿带为支撑、绿色廊道为骨架的互联互通的绿色生态体系，提升生态景观。加强森林、湿地、草原保护与恢复，荒漠化土地治理，提升生态系统的灾害防控能力。实施造林绿化与退耕还林、森林质量提升、湿地保护与恢复、生物多样性保护等工程措施。

二是构建村镇生态经济体系。推进村镇生态产业化和产业生态化发展，立足村镇资源基础，发展特色和优势农业，实现“绿水青山”向“金山银山”的转化（李海东等，2020）。以生态优先、绿色发展为导向，推动农业向生产清洁化、废弃物资源化、产业模式生态化发展。推动乡村旅游、休闲观光农业、民宿经济等旅游业向资源节约型、环境友好型的生态旅游转化。

三是完善村镇基础设施建设和公共服务供给。提高农村卫生厕所及互联网普及率、建制村硬化路比例、农村居民教育文化娱乐支出占比，增强村镇居民的获得感、幸福感、安全感。

3．增强村镇复合生态系统的承载力

做好污染减排和生态扩容两手发力是村镇承载力提升的“关键补充”。在减轻村镇建设的生态压力、提高村镇建设生态弹性力的基础上，其他路径如下：

一是做好村镇空间布局和产业发展规划引领。立足村镇建设的水土资源赋存条件和生态约束，把“绿水青山就是金山银山”“冰天雪地也是金山银山”等绿色发展理念融入乡村振兴的生态产业化和产业生态化过程中，建立与主导生态功能保护相适应的生态产业体系。根据村镇建设自然生态安全边界，合理确定生态保护红线、基本农田保护控制线、城镇开发边界控制线，防止出现以牺牲“绿水青山”为代价的村镇建设活动。

二是实施自然生态保护与污染协同治理。统筹山水林田湖草沙一体化生态保护修复，建立健全自然生态安全边界预警体系，提高村镇复合生态系统的服务能力、自我调控能力和自我修复能力。聚焦村镇水源地保护、农业面源污染、村镇工业企业污染、农业废弃物处置、村镇生活垃圾及污水无害化等，加大污染治理力度，多措并举，切实提升村镇承载力。

3.4 城市生物多样性提升

3.4.1 概念辨析

根据《城市生物多样性保护评价技术规范》，城市生物多样性（urban biodiversity）是指市域或市辖区内除人以外的各种活的生物体，在有规律地结合在一起的前提下，所体现出来的生态系统、物种和基因的多样性及分异程度。城市生态空间（city ecological space）是指市域或者市辖区内对保护生态系统要素、物种多样性及其生境具有重要作用的区域，与生产空间、生活空间相对应，以提供生物多样性维护、风景游憩、气候调节等生态服务为主导功能。结合《区域生态质量评价办法（试行）》，生态用地（urban ecological land）是指市域或者市辖区内林地、草地、湿地、农田、沙地、近海等具有生态属性的土地利用类型。

相较于自然生态系统，城市生态系统作为自然-社会-经济相互依赖的复合生态系统的属性决定了其更易受到人为干扰。同时，良好生态环境和城市生态系统服务直接影响人居环境健康及生态产品价值实现水平。生态系统观测是指通过遥感观测、长期样地观测、定位观测和社会经济调查相结合的技术方法进行的长期连续观测，以阐明生态系统发生、发展和演替的内在机制，为生态系统管理和决策提供依据。遥感观测是通过对遥感数据的解译，观测城市生态空间格局的现状与动态。定位观测是在城市典型地域设置长期或短期的定位观测站点。长期样地观测是通过布设典型的样地和样方，进行长期的生物多样性、土壤、水体等的样地调查。社会经济调查是调查和收集社会经济资料，从而获得人类社会的变化情况。

城市生态系统观测是掌握城市生态系统状态、结构及演化趋势，开展复合生态系统研究的前提和基础。为此，城市生态系统观测可理解为研究城市生态系统长期演变规律和城市生态要素（自然环境要素、生物要素和社会经济要素）特征，反映城市生态系统状态、结构、功能及质量的长期连续的综合观测（王效科等，2009），其特点和主要内容见表 3-8 和图 3-5。

表 3-8　城市生态系统及其观测的概念、特点和主要内容

名称	概念	特点	主要内容
城市生态系统	城市区域内所有生物与环境构成的复杂系统	开放性、依赖性、敏感性、复合性等	自然系统、经济系统和社会系统
城市生态系统观测	研究城市生态系统长期演变规律和城市生态要素特征，反映城市生态系统状态、结构、功能及质量的长期连续的综合观测方法	系统性、连续性、精准性、技术性	人居环境健康、生物多样性保护、生态安全、低碳发展

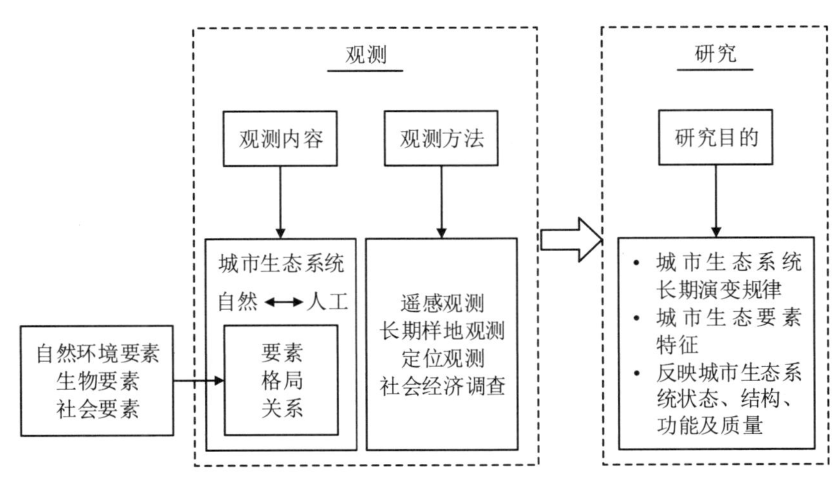

图 3-5　城市生态系统观测与研究架构

城市生态观测是针对城市生态系统的观测。城市生态系统是一个复杂的社会-经济-自然复合生态系统（马世骏等，1984；王如松等，2012），是人类社会、经济和文化发展的产物，具有复杂性和空间异质性的特征。社会经济构成的人工系统影响着自然系统，自然系统提供的城市生态系统服务支持着社会经济的人工系统。城市生态系统包括生物和环境两个部分，生态系统中的基本要素和环境构成不同的生态空间格局，并实现物质传递和能量的流动，从而提供多种生态系统服务功能。城市生态观测最初主要是针对城市范围内的

部分生态要素，如生物变化的调查和研究，随着城市生态环境问题不断凸显并受到关注，城市生态系统的概念被提出，对城市生态的观测研究也逐渐扩展到完整的城市生态系统。现在城市生态观测主要指对城市生态系统要素、格局和物质、能量流动的过程及功能采取相应的方法进行观测（图 3-6），进而探讨和解释城市生态系统结构、质量与功能的时空变化规律。目前，对城市生态系统要素的观测已拓展到“水、气、土、生”及人类社会全要素，由仅观测数量拓展到数量、质量和生态三位一体。相较其他生态系统观测，城市生态观测的是自然和人类社会的综合内容，关注与社会经济发展和人类生活相关的生态要素、结构和功能，具有变化快、受外部因素影响剧烈的特点。

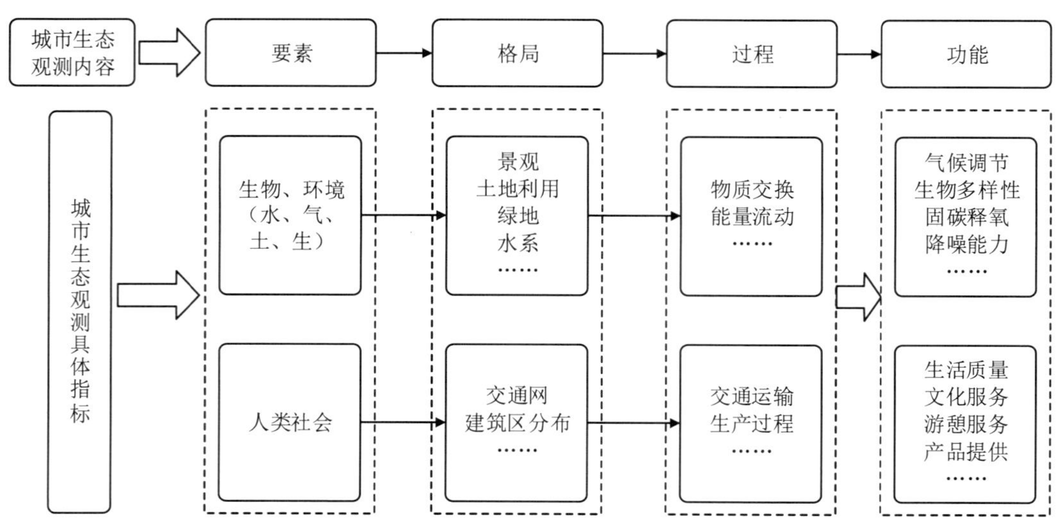

图 3-6　城市生态观测的主要内容

目前，北京、深圳等城市通过建立城市生态系统定位观测研究站，已连续开展多年城市生态系统结构、功能、干扰等方面的研究。其中，北京城市生态系统研究站是中国城市系统研究网络（CERN）中首家以城市生态系统为研究对象的生态站点；国家环境保护快速城市化地区生态环境科学观测研究站依托深圳生态环境监测中心站运行。从观测技术标准来看，原环境保护部先后发布了《区域生物多样性评价标准》（HJ 623—2011）、《生物多样性观测技术导则》（2014—2016 年发布，包括陆生维管植物、水生维管植物、蜜蜂类、地衣和苔藓、陆生哺乳动物、鸟类、爬行动物、两栖动物、内陆水域鱼类、淡水底栖大型无脊椎动物、蝴蝶、大中型土壤动物、大型真菌 13 类）、《区域生态质量评价办法（试行）》等标准和文件。住房和城乡建设部先后发布了《城市水系规划规范》（GB 50513—2009）、《城市园林绿化评价标准》（GB/T 50563—2010）、《城市绿地分类标准》（CJJ/T 85—2017）等，规定了城市水体和绿地建设标准。国家林业和草原局先后发布了《城市生态系统定位观测指标体系》（LY/T 2990—2018）、《国家森林城市评价指标》，围绕城区及周边森林、湿地等自然生态系统，规定城市生态系统定位观测需要包括城市森林资源、气象、大气环境、游憩康养环境、水文与水质、土壤、植物群落等内容。据统计，现有与城市生态系统观测相关的国家标准/规范 18 则、生态环境保护标准 36 则、林业标准 24 则、其他部门标准 16 则及地方标准 9 则，共计 103 则。研究发现，我国缺乏明确的生态城市建设观测指标体系，相关指标分散在生态环境、林业和草原、住房和城乡建设等部门的标准体系中，较难在生态城市建设观测与成效评价中得到应用。同时，由于城市生态系统的空间异质性，观测技术标准在指标、内容和方法上存在较大的差异性。

3.4.2　自然度与生物多样性

自然度（naturalness）由德国学者 Hornstein 于 1950 年首次提出，源于德语“naturnähe”，意为生态系统的当前状态与其自然状态之间的差异程度。不同学者对自然度概念有不同的理解。赵常明等（2002）表示，自然度是生态系统保持自身原生状态的程度，强调以从未受到干扰破坏的系统为参照系。Stienen 等（2007）将自然度定义为一个地区生态系统现状与原始状态的差异，并认为本土物种是衡量这种差异的重要特征。Winter（2012）认为，自然度是生态系统现实状态和潜在自然状态之间的距离，并强调植被状况和物种数量是关键的度量指标。现实生态系统状态是当前生态系统在人类干扰作用下偏离自然状态的结果，因而可以将生态干扰度（包括干扰强度、持续时间和涉及范围等）作为生态系统自然度的度量标准。生态干扰度（hemeroby）最初由 Jalas 于 1955 年提出，当时主要反映人类对植物区系和植被的影响，用于量化当前植被状态与无人类干扰情况下的植被自我演替所形成的最终状态（潜在自然植被）之间的距离。直到 1999 年，生态干扰度（也称人为干扰度）被用于各种生态系统中，衡量人为干扰对生态组分或生态系统的综合影响程度。广义的人为干扰包括对生态环境起积极作用的正面干扰，如基于“近自然”理念的森林经营、生态修复、生物工程等措施，使退化生境得以恢复与重建，并有可能提高生态系统的自然度。自然度评价是基于生态过程的评估，其评估重点是生态系统状态；而生态干扰度评价是基于人类影响强度，将人为干扰作为生态系统扰动变化的驱动力。综合生态过程和人为干扰评估，依据不同的研究对象和目的，可将生态系统自然度评价方法分为三类，分别为指示生物法、自然距离法和多指标综合评价法。指示生物法是指依据单一物种或群落的生物特征对人类干扰作出的反应，指示生态系统的自然属性或受干扰程度，并依此评估生物多样性状态和变化。自然距离法是指所评估的生态系统当前状态与参照系状态之间的距离（Winter，2012）。参照系是在极少的人为活动条件下，由反映自然度的指标数值所构成的参照系统，其状态表明生态系统变化过程中受到的人类改造痕迹最少（何念鹏等，2020）。多指标综合评价法是将反映生态系统自然属性和受干扰程度的各种指标用一定的方法和模型对所评价的生态系统整体状态作出综合评价的方法。

在以人为本的城市建设背景下，城市生境或景观自然度大幅降低，栖息地破碎化严重，从根本上改变了生物多样性状态，其评价可结合生境质量评估、景观动态监测、生态空间规划，以揭示导致生物多样性变化的驱动力。

从生境质量评估来看，自然度评价作为判断生境质量的重要途径，主要是诊断城市生境退化程度。森林和河流是城市绿地的重要组成部分，也是维持生态系统健康的关键因素。Toni 等（2015）运用自然度评价对受不同人为干扰的城市绿地特征进行了分析，发现城市灰色基础设施、过度管理、环境污染是减少乡土植物种类和影响动物繁殖的主要原因。燕琳等（2020）以北京市永定河自然度评价为例，进一步提出了加强旅游管理及营造多样化生境、引入生物物种等生态保护措施，为城市河流管理和利用提供了目标依据。大多数城市生境自然度研究以指示生物法和多指标综合评价法为主要评估手段，通过自然度评价不仅可以准确评判城市生境的自然属性或受人为干扰的程度，还能够明确生境质量与物种多样性之间的相互作用关系，其研究结果对城市生物多样性保护和生态恢复决策具有参考价值。

从景观动态监测来看，城市建设用地逐渐占领了自然生境，改变了自然景观的生物和非生物环境，导致生物多样性发生相应变化（Antrop，2004）。国内外学者从不同人为干扰度下景观动态变化的视角，监测和评估城市化进程中物种的生境条件和丰富度变化。YI 等（2020）基于人为干扰对景观的影响，利用景观人为干扰度分析出深圳沿海城市化是造成湿地植被、林地、草原等自然和半自然生境减少的主要驱动因素。Almeida 等（2018）运用 D2N 研究了巴西伊拉蒂市（Irati）自然保护区土地利用活动对生物多样性的影响，找出了人为影响植物种类、数量及自然栖息地最为严重的区域，对维持生物多样性的功能具有重要意义。Wellmann 等（2018）以德国莱比锡市（Leipzig）为例，利用归一化植被指数（normalized difference vegetation index，NDVI）数据，结合光谱植被香农-威纳指数和景观人为干扰度，进行了植被多样性布局制图，并通过共生矩阵（GLCM）分析得到了影响城市植被多样性的显著因素是管理强度和土地利用。在城市景观监测中，最初直接以景观自然度（人为干扰度）模型量化城市化进程下人为干扰对景观组成的影响，随着景观格局对人为干扰度的响应机制研究的不断深入，遥感光谱数据和定量分析成为城市生物多样性监测与评价的发展方向，从而有效地揭示了城市生物多样性的驱动力。

从生态空间规划来看，重点在于明确城市关键性保护区域，特别是生物多样性丰富的自然区域，对维护生态系统功能服务具有关键作用。现有研究主要集中在物种保护空间识别、生态空间辨识、生态系统服务供给的空间分布等方面（李锋等，2011；谢花林等，2018）。在物种方面，Schmiedel 等（2015）通过分析植物物种数量及不同物种对栖息地的偏好沿景观人为干扰梯度（从高度破碎化的城市到森林景观）的变化，确定了德国萨克森州（Saxony）城市中物种高度丰富并需要保护的区域。相较于城市等人工生态系统，处于自然或近自然状态的健康生态系统提供了更多的生物多样性，具有更高的生态系统服务供给潜力。Arnold 等（2018）采用伯克哈德矩阵（Burkhard Matrix）评估了德国哈雷市（Halle）不同区域人为干扰对生态系统服务供给能力的影响，研究发现城市物种多样性高的自然空间所提供的生态系统服务更多。在传统的景观自然度基础上，建立基于遥感和地理信息统（GIS）技术的决策系统，是城市人为干扰度（自然度）下生物多样性评价方法的发展趋势，可为城市生态空间规划提供依据。

3.4.3 生物多样性保护评价

1. 评价范围与内容

城市生物多样性保护评价范围是市域或市辖区，重点为城市建成区。评价内容包括城市生态空间保护、物种多样性保护和生物多样性保护 3 个类别。

城市生态空间保护：围绕打造宜居、韧性、智慧城市和建设人与自然和谐共生的现代化，保护重要生态系统和物种的栖息地及生态服务功能，通过生态用地优化、生态保护红线划定、城市更新行动、生态廊道建设等构建生态安全格局，提升城市生态系统多样性、稳定性、可持续性。

物种多样性保护：结合生物多样性定位观测或实地调查，优先评价陆生维管植物、两栖动物、鸟类、蝴蝶等动植物的物种保护状况。结合城市生态管理，优先评价古树名木保护、外来入侵物种防控、指示生物类群的物种变化情况，突出城市建成区的物种多样性保护。

生物多样性管理：结合城市生物多样性保护的相关政策、规划、项目、工程等实施情况，评价资金投入、公众参与和地方特色，综合反映城市人与自然和谐共生情况。

2. 评价指标与获取方法

城市生物多样性保护评价指标体系包括 3 个类别 17 项指标，其中城市生态空间保护包括 5 项指标，物种多样性保护包括 8 项指标，生物多样性管理包括 4 项指标（表 3-9）。

表 3-9 城市生物多样性保护评价指标

指标类别	序号	指标名称	单位	获取方法
城市生态空间保护	1	重要生态系统面积	km^2	遥感监测
	2	生态用地面积比指数	—	遥感监测
	3	建成区绿地率	%	资料收集
	4	人均公园绿地面积	m^2	资料收集
	5	重要生态空间连通度指数	—	遥感监测
物种多样性保护	6	生物多样性本底状况掌握程度	—	调查观测
	7	陆生维管植物丰富度	种	调查观测
	8	两栖动物丰富度	种	调查观测
	9	鸟类丰富度	种	调查观测
	10	蝴蝶丰富度	种	调查观测
	11	古树名木保护率	%	资料收集
	12	外来物种入侵度	—	调查观测
	13	指示生物类群生命力指数	—	调查观测

指标类别	序号	指标名称	单位	获取方法
生物多样性管理	14	生物多样性保护预算增长率	%	资料收集
	15	城市每年举办推广生物多样性保护或提高公众意识活动的数目	个	资料收集
	16	公众对生物多样性保护的参与度	%	公众评价
	17	生物多样性保护模式与典型案例	个	资料收集

上述指标的数据获取方法有 4 个：①遥感监测，获取重要生态系统面积、生态用地面积比指数、重要生态空间连接度指数等数据；②调查观测，获取生物多样性本底状况掌握程度、陆生维管植物丰富度、鸟类丰富度、蝴蝶丰富度、两栖动物丰富度、外来物种入侵度、指示生物类群生命力指数等数据；③资料收集，获取建成区绿地率、人均公园绿地面积、古树名木保护率、生物多样性保护预算增长率、城市每年举办推广生物多样性保护或提高公众意识活动的数目、生物多样性保护模式与典型案例等数据；④公众评价，获取公众对生物多样性保护的参与度数据。城市生物多样性保护评价流程见图 3-7。

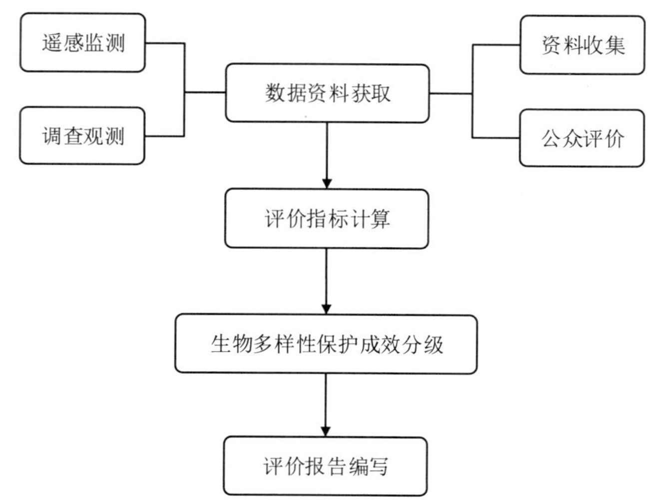

图 3-7 城市生物多样性保护评价流程

17 项指标的指标解释、计算方法和数据来源如下。

（1）重要生态系统面积

指标解释：重要生态系统面积指市域或者市辖区内森林、灌丛、草地、湿地、农田（非生态用地转化）、典型海洋生态系统（红树林、盐沼、海草床、海藻场、珊瑚礁、牡蛎礁）等面积在评价期的变化情况。评价期可根据城市生物多样性保护的相关政策、规划、项目、工程等实施情况适时开展。评价基期为相关政策、规划、项目、工程等实施的前一年或基准年，是与评价期的各项评价指标进行对比的初始时间。

计算方法：参考《生态保护修复成效评估技术指南（试行）》（HJ 1272—2022）的规

定，重要生态系统面积变化率=（评价当年的重要生态系统面积－评价基期的重要生态系统面积）÷评价基期的重要生态系统面积×100%。

数据来源：自然资源、生态环境等部门或评估单位的遥感监测。

（2）生态用地面积比指数

指标解释：生态用地面积比指数指市域或者市辖区内林地、草地、湿地、农田、沙地、近海等具有生态属性的用地面积占比情况。

计算方法：按照《区域生态质量评价办法（试行）》的规定，生态用地面积比指数=生态用地面积比指数的归一化系数×［有林地面积+灌木林地面积+疏林地面积+草地面积+河流面积+湖泊（近海）面积+滩涂面积+永久性冰川雪地面积+沼泽面积+沙地面积+其他林地面积×0.7+水库面积×0.7+水田面积×0.7+旱地面积×0.5］÷区域总面积，生态用地面积比指数的归一化系数的参考值为100.502 2。

数据来源：生态环境部门。

（3）建成区绿地率

指标解释：建成区绿地率指建成区内各类绿地面积占建成区面积的百分比。

计算方法：建成区绿地率=各类绿地面积÷城市建成区面积×100%。

数据来源：城市统计年鉴。

（4）人均公园绿地面积

指标解释：人均公园绿地面积指城市建成区内的人均公园绿地面积，以 m^2 表示。

计算方法：人均公园绿地面积=公园绿地面积÷建成区内的城区人口数量×100%。

数据来源：城市统计年鉴。

（5）重要生态空间连通度指数

指标解释：重要生态空间连通度指数指市域或者市辖区内重要生态空间斑块之间的整体连通程度，用于表征城市建成区范围内物种在空间上迁移的便利程度。重要生态空间指林地、草地、水域、湿地进行合并后，面积大于 0.1 km^2 的斑块。

计算方法：按照《区域生态质量评价办法（试行）》的规定，计算公式如下：

$$\mathrm{PC} = A_{pc} \times \frac{\sum_{i=1}^{n}\sum_{j=1}^{n} a_i \cdot a_j \cdot P_{ij}^{*}}{\mathrm{LA}^2} \tag{3-4}$$

$$P_{ij} = \mathrm{e}^{-k \cdot d_{ij}} \tag{3-5}$$

式中：PC 为重要生态空间连通度指数；A_{pc} 为重要生态空间连通度指数的归一化系数，参考值为 103.7；n 为重要生态空间斑块的总数量，个；a_i 为斑块 i 的面积，km^2；a_j 为斑块 j 的面积，km^2；LA 为区域总面积，km^2；P_{ij}^{*} 为斑块 i 和斑块 j 之间所有路径最终连通性的最大值，即斑块 i 和 j 之间所有可能路径 P_{ij} 的最大乘积概率；P_{ij} 为斑块 i 与 j 之间的直接扩散概率；d_{ij}为斑块 i 与 j 之间的最低成本距离，在此指最短距离，km；k 为常数项，通过物种平均扩散距离和设置的概率值确定，推荐平均距离为5 km，概率设置为0.5。

数据来源：生态环境部门。

（6）生物多样性本底状况掌握程度

指标解释：生物多样性本底状况掌握程度指市域或市辖区内开展生物多样性本底状况调查，包括陆生维管植物、陆生脊椎动物调查、陆生昆虫、淡水水生生物调查，服务于物种多样性保护。

计算方法：每完成一项得分为1/4。

数据来源：调查观测获取的数据资料。

（7）陆生维管植物丰富度

指标解释：陆生维管植物丰富度指市域或者市辖区内记录的陆生维管植物的种类（含亚种、变种或变型），用于表征植物的多样性。

计算方法：按照《区域生物多样性评价标准》和《生物多样性观测技术导则　陆生维管植物》（HJ 710.1—2014）的规定。

数据来源：调查观测获取的数据资料。

（8）两栖动物丰富度

指标解释：两栖动物丰富度指市域或市辖区内记录的两栖动物种类，用于表征两栖动物的多样性。

计算方法：按照《生物多样性观测技术导则　两栖动物》（HJ 710.6—2014）的规定。

数据来源：调查观测获取的数据资料。

（9）鸟类丰富度

指标解释：鸟类丰富度指市域或市辖区内记录的鸟的种类，用于表征鸟类的多样性。

计算方法：按照《生物多样性观测技术导则　鸟类》（HJ 710.4—2014）的规定。

数据来源：调查观测获取的数据资料。

（10）蝴蝶丰富度

指标解释：蝴蝶丰富度指城市建成区范围内已记录的蝴蝶种类，用于表征蝴蝶的多样性。

计算方法：按照《生物多样性观测技术导则　蝴蝶》（HJ 710.9—2014）的规定。

数据来源：城市园林绿化主管部门。

（11）古树名木保护率

指标解释：古树名木受保护的比例。

计算方法：古树名木保护率=建档并存活的古树名木数量÷古树名木总数×100%。

数据来源：园林绿化主管部门。

（12）外来物种入侵度

指标解释：外来入侵物种包括市域或者市辖区内的外来入侵动物和外来入侵植物。

计算方法：按照《区域生物多样性评价标准》的规定，外来物种入侵度=外来入侵物种数÷（野生动物的种数+野生维管植物的种数）×100%。

数据来源：调查观测获取的数据资料。

（13）指示生物类群生命力指数

指标解释：指示生物类群生命力指数指市域或市辖区内记录的野生哺乳类、鸟类、两栖类和蝶类等生态环境指示生物类群的物种多样性的变化状况。

计算方法：按照《区域生态质量评价办法（试行）》的规定，计算公式如下：

$$Q_t = A_Q \times \frac{10^{-\sum_{i=1}^{S} P_{it} + \frac{1}{s}\sum_{i=1}^{s} \log N_{it}}}{10^{\frac{1}{s}\sum_{i=1}^{s} \log P_{i0} + \log_{N_0}}} \tag{3-6}$$

式中：Q_t 为指示生物类群生命力指数；A_Q 为指示生物类群生命力指数的归一化系数，参考值为 13.528 8；N_{it} 为第 i 个物种第 t 年的个体数量，个；N_0 为初始年特定类群所有物种的个体数量总和，个；S 为第 t 年的物种数，种；P_{it} 为第 t 年特定物种的个体数量占所评价区域内实际监测到的指示生物总个体数的比例，%；P_{i0} 为初始年特定物种的个体数量占所评价区域内实际监测到的指示生物个体总数的比例，%。

数据来源：生态环境部门。

（14）生物多样性保护预算增长率

指标解释：生物多样性保护预算增长率指市域或者市辖区内用于生物多样性保护的行政管理方面的资金预算在评价期的增长情况。

计算方法：生物多样性保护预算增长率=（评价当年用于生物多样性保护的资金－评价基期用于生物多样性保护的资金）÷评价基期用于生物多样性保护的资金×100%。

数据来源：财政、生态环境、住房和城乡建设、园林绿化等部门。

（15）城市每年举办推广生物多样性保护或提高公众意识活动的数目

指标解释：该指标指市域或者市辖区内每年举办推广生物多样性保护或提高公众生物多样性保护意识活动的数目。

数据来源：生态环境、园林绿化部门。

（16）公众对生物多样性保护的参与度

指标解释：该指标指公众对城市生物多样性保护的参与程度。通过统计部门或者独立调查机构以抽样问卷调查等方式获取，调查公众对市域或者市辖区内生物多样性保护、生物多样性宣传等活动的参与程度。

计算方法：依据国家统计局的抽样调查方案，抽样调查在 95%的置信度、方差为 0.4、抽样误差控制在3%以内的情况下，小城市、大城市、特大城市、超大城市的抽样样本量分别为600人、1 000人、1 500人、2 000人、2 500人。城市规模划分标准参照《关于调整城市规模划分标准的通知》（国发〔2014〕51号）执行。

数据来源：统计部门或独立调查机构。

（17）生物多样性保护模式与典型案例

指标解释：根据城市生物多样性保护成效，凝练形成可复制、可推广的生物多样性保护模式与典型案例。

数据来源：生态环境、住房和城乡建设、园林绿化等部门。

3. 评价等级与提升

（1）评价等级

通过归一化处理，将市域或市辖区的各项指标取值归一化到0～1，以便于比较及赋分。计算公式如下：

$$\text{CBCI}' = \frac{\text{CBCI} - \min(\text{CBCI}_d)}{\max(\text{CBCI}_d) - \min(\text{CBCI}_d)} \times 100\% \tag{3-7}$$

式中：CBCI′为归一化后的评价指标值；CBCI为归一化前的评价指标值；CBCI_d为市域或市辖区的评价指标值。

《城市生物多样性保护评价技术规范》共包括17项指标，总计100分。其中，城市生态空间保护指标5项，共30分；物种多样性保护指标8项，共45分；生物多样性管理指标4项，共25分。

基于各指标的评价得分，按照式（3-8）计算城市生物多样性保护成效总得分（CBCS）：

$$\text{CBCS} = \sum_{i=1}^{n} \text{CBCS}_i \tag{3-8}$$

式中：CBCS为城市生物多样性保护成效总得分；CBCS_i为城市生物多样性保护成效第i项指标得分；i为指标序号；n为指标数量。

根据生物多样性保护评价计算结果，确定成效等级，即Ⅰ级、Ⅱ级、Ⅲ级、Ⅳ级（表3-10）。

表3-10 城市生物多样性保护成效分级

评价得分	成效等级
CBCS ≥85分	Ⅰ
70分≤CBCS＜85分	Ⅱ
55分≤CBCS＜70分	Ⅲ
CBCS＜55分	Ⅳ

（2）提升率和降低率

根据表 3-11，城市生物多样性保护评价的具体要求包括定量指标和定性指标，其中定量指标有提升率和降低率，目的是提升城市生物多样性，共有 14 个；定性指标有 3 个（重要生态系统面积、生物多样性本底状况掌握程度、城市生物多样性保护模式与典型案例）。

表 3-11　城市生物多样性保护评价打分标准

指标类别	序号	指标名称	具体要求	计分方式
城市生态空间保护（30 分）	1	重要生态系统面积（5 分）	①掌握市域或市辖区重要生态系统面积增长情况和基础数据； ②要求生态保护红线面积不减少，性质不改变，功能不降低	满足： ①两项记 5 分； ②一项记 3 分
	2	生态用地面积比指数（5 分）	提升率： ①≥0.35； ②≥0.15； ③≥0.05； ④<0.05	满足： ①记 5 分； ②记 4 分； ③记 3 分； ④记 1.5 分
	3	建成区绿地率（5 分）	提升率： ①≥0.35； ②≥0.15； ③≥0.05； ④<0.05	满足： ①记 5 分； ②记 4 分； ③记 3 分； ④记 1.5 分
	4	人均公园绿地面积（5 分）	提升率： ①≥0.35； ②≥0.15； ③≥0.05； ④<0.05	满足： ①记 5 分； ②记 4 分； ③记 3 分； ④记 1.5 分
	5	重要生态空间连通度指数（10 分）	提升率： ①≥0.75； ②≥0.50； ③≥0.25； ④<0.25	满足： ①记 10 分； ②记 7.5 分； ③记 5 分； ④记 2.5 分
物种多样性保护（45 分）	6	生物多样性本底状况掌握程度（10 分）	①陆生维管植物调查； ②陆生脊椎动物调查； ③陆生昆虫调查； ④淡水水生生物调查	完成： ①4 项记 10 分； ②3 项记 7.5 分； ③2 项记 5 分； ④1 项记 2.5 分
	7	陆生维管植物丰富度（5 分）	提升率： ①≥0.35； ②≥0.15； ③≥0.05； ④<0.05	满足： ①记 5 分； ②记 4 分； ③记 3 分； ④记 1.5 分

指标类别	序号	指标名称	具体要求	计分方式
物种多样性保护（45 分）	8	两栖动物丰富度(5 分)	提升率： ①≥0.35； ②≥0.15； ③≥0.05； ④<0.05	满足： ①记 5 分； ②记 4 分； ③记 3 分； ④记 1.5 分
	9	鸟类丰富度（5 分）	提升率： ①≥0.35； ②≥0.15； ③≥0.05； ④<0.05	满足： ①记 5 分； ②记 4 分； ③记 3 分； ④记 1.5 分
	10	蝴蝶丰富度（5 分）	提升率： ①≥0.35； ②≥0.15； ③≥0.05； ④<0.05	满足： ①记 5 分； ②记 4 分； ③记 3 分； ④记 1.5 分
	11	古树名木保护率(5 分)	提升率： ①≥0.35； ②≥0.15； ③≥0.05； ④<0.05	满足： ①记 5 分； ②记 4 分； ③记 3 分； ④记 1.5 分
	12	外来物种入侵度(5 分)	降低率： ①≥0.75； ②≥0.50； ③≥0.25； ④<0.25	满足： ①记 5 分； ②记 4 分； ③记 3 分； ④记 1.5 分
	13	指示生物类群生命力指数（5 分）	提升率： ①≥0.35； ②≥0.15； ③≥0.05； ④<0.05	满足： ①记 5 分； ②记 4 分； ③记 3 分； ④记 1.5 分
生物多样性管理（25 分）	14	生物多样性保护预算增长率（10 分）	提升率： ①≥0.75； ②≥0.50； ③≥0.25； ④<0.25	满足： ①记 10 分； ②记 7.5 分； ③记 5 分； ④记 2.5 分
	15	城市每年举办推广生物多样性保护或提高公众意识活动的数目（5 分）	提升率： ①≥0.75； ②≥0.50； ③≥0.25； ④<0.25	满足： ①记 5 分； ②记 4 分； ③记 3 分； ④记 1.5 分

指标类别	序号	指标名称	具体要求	计分方式
生物多样性管理（25 分）	16	公众对生物多样性保护的参与度（5 分）	提升率： ①≥0.75； ②≥0.50； ③≥0.25； ④<0.25	满足： ①记 5 分； ②记 4 分； ③记 3 分； ④记 1.5 分
	17	城市生物多样性保护模式与典型案例（5 分）	①提供 2 个及以上省部级的表彰或媒体报道； ②提供 1 个省部级的表彰或媒体报道	满足： ①记 5 分； ②记 3 分

3.4.4 生物多样性主流化

生物多样性主流化是指将生物多样性纳入国家或地方政府的政治、经济、社会、军事、文化及环境保护等经济社会发展建设主流的过程，同时纳入企业、社区和公众生产与生活的过程，其在国际上被认为是最有效的生物多样性保护与可持续利用措施之一。自 1993 年《生物多样性公约》生效以来（国务院新闻办公室，2021），生物多样性主流化工作一直受到国际组织、各国政府和科学界的重视。我国在推进生物多样性主流化方面开展了大量的实践与相关研究，近 10 年来颁布和修订了《森林法》《草原法》《渔业法》《野生动物保护法》《环境保护法》《海洋环境保护法》《种子法》《湿地保护法》《长江保护法》《生物安全法》等 20 多部与生物多样性有关的法律法规，同时将生物多样性保护纳入国家重大发展规划纲要、生态文明建设、国家公园体制试点等（唐小平，2021），以实现生物多样性保护由行政命令向综合运用法律、经济、技术和必要的行政办法的转变。

2021 年 10 月 13 日，联合国《生物多样性公约》缔约方大会第十五次会议（CBD-COP15）第一阶段会议发布《昆明宣言》，承诺各国政府继续合作推动将保护和可持续利用生物多样性纳入或“主流化”决策之中，包括将生物多样性的多元价值纳入政策、法规、规划进程、减贫战略和经济核算中，并加强生物多样性跨部门协调机制。生态文明理念是生物多样性治理的理念根基。生物多样性主流化可以从根本上解决生物多样性的保护与可持续利用问题。目前，生物多样性主流化已成为我国生态文明建设的重要内容，国家和地方政府通过开展生态文明示范建设，在生物多样性保护工作上取得了显著成效（崔书红，2021）。

1．我国将生物多样性保护上升为国家战略

2015 年，中共中央、国务院印发的《关于加快推进生态文明建设的意见》《生态文明体制改革总体方案》等文件都将生物多样性作为生态文明建设的重要内容。我国划定生态保护红线，正式设立第一批国家公园，启动国家植物园建设，切实推动碳达峰、碳中和，组织编制《生物多样性保护重大工程十年规划（2021—2030 年）》，更新发布《中国生物多样性保护战略与行动计划（2023—2030 年）》等，均在生态文明建设的总体方案、工作机制、重大政策、重大规划工程等顶层设计中不断推进生物多样性主流化。2021 年，中共中央办公厅、国务院办公厅印发的《关于进一步加强生物多样性保护的意见》围绕生物多样性主流化从 9 个方面提出明确要求，包括加快完善生物多样性保护政策法规、持续优化生物多样性保护空间格局、构建完备的生物多样性保护监测体系、着力提升生物安全管理水平、创新生物多样性可持续利用机制、加大执法和监督检查力度、深化国际合作与交流、全面推动生物多样性保护公众参与、完善生物多样性保护保障措施。

2．生态文明示范建设为生物多样性主流化注入强大动力

生态环境部以生态文明示范建设为重要抓手，致力于在国家政策制定、地方生态治理等方面推动生物多样性保护，积极引导生物多样性主流化，并取得了积极成效。在国家生态文明建设示范区中，将划定生态保护红线、自然保护地、国家重点保护野生动植物保护率、外来物种入侵等指标纳入约束性考核，实行一票否决。在“绿水青山就是金山银山”实践创新基地建设方面，聚焦林草覆盖率、物种丰富度等指标考核，同时更注重绿色有机农产品、生态加工业、生态旅游、生态文化品牌等生态产品价值实现机制的转变。此外，生态环境部正在研究将生物多样性保护、生态系统服务提升等纳入新时期国家环境保护模范城市建设，致力于同步加强城市建成区和非建成区的生物多样性保护，努力实现人与自然和谐共生。

在省级层面，各省（自治区、直辖市）以生态文明建设示范区创建为抓手，积极推动生物多样性主流化，推进生物多样性本底调查与有效治理。四川、安徽、山东等省份给予获得国家生态文明建设示范区和“绿水青山就是金山银山”实践创新基地称号的地区奖励资金，将资金作为生态文明建设提升奖补，要求地方开展自然生态修复与保护、生物多样性物种调查、生态系统保护成效评估等工作。江苏省在全国率先启动县域生物多样性调查，目前已基本完成《江苏省生物多样性保护战略与行动计划》近期目标；在 2021 年 4 月发布《关于加强江苏生物多样性保护工作的意见》，进一步促进辖区生物多样性保护。云南、贵州、四川三省人大常委会分别审议通过关于加强赤水河流域共同保护的决定及各自省份的赤水河流域保护条例，共同立法保护赤水河流域，共筑长江上游生态安全屏障。各地以生态文明建设推进生物多样性保护，努力开创生物多样性保护促进绿色发展的新路子，促进了省级层面的生物多样性主流化。

在市、县级层面，截至 2023 年年底，已经获得命名的 572 个国家生态文明建设示范区和 240 个“绿水青山就是金山银山”实践创新基地均将生物多样性保护作为重要内容，结合地方实际推动生物多样性主流化。江苏扬州广陵区的长江和大运河岸线保护修复、浙江宁海的海洋生态自然特别保护区、安徽金寨县的天堂寨成为“华东最后一片原始森林”阐释了“绿水青山就是金山银山”生态经济发展的实践创新。河北塞罕坝林场持续 50 多年造林护林，使荒原沙地变成绿水青山，每年可吸收 CO_2 80 余万 t。江苏南通、浙江丽水等城市开展生物多样性本底调查，编制生物多样性保护规划，出台生物多样性保护工作行动计划，使生物多样性保护和利用走上制度化、规范化轨道。深圳市在城市生物多样性保护方面走在全国前列，是全国第一个获得生态文明建设示范市称号的副省级城市，2021 年 5 月，深圳市发布国内首份城市生物多样性白皮书，全面总结了深圳市生物多样性保护成效和工作举措，深入挖掘城市在高速发展中平衡自然生态保护的典型做法，对推进国际城市生物多样性保护具有实践和理论参考价值。

3. 推进生物多样性主流化

目前，我国已形成以习近平生态文明思想为指导，以生态文明示范建设为抓手，地方政府积极参与的生物多样性主流化机制与实践模式。国家主席习近平出席 CBD-COP15 领导人峰会并发表主旨讲话时强调“以生态文明建设为引领，协调人与自然关系”“以绿色转型为驱动，助力全球可持续发展”。但是，地方政府对生物多样性主流化重要性的认识仍存在不足，未能将生物多样性主流化工作纳入生态文明建设全过程。同时，地方政府不知道如何推动生物多样性主流化及哪些任务才是生物多样性主流化的关键。不同层级地方政府推动生物多样性主流化的工作机制和能力建设尚不完备，跨部门推动生物多样性主流化的工作机制尚需完善，因而造成地方政府主流化工作进展参差不齐，制约我国生物多样性主流化工作的整体进展与实施成效。因此，结合国内外最新形势，建议紧抓 COP15 机遇，强化生态文明示范建设的引领作用，大力推动地方政府层面（特别是市、县）生物多样性主流化工作。

一是锚定生物多样性保护与恢复，将其作为城市生态文明建设的重要内容。围绕新时期国家环境保护模范城市建设、公园城市建设、生态城市建设、城市更新等工作，鼓励各地创新工作方式，加强城市建成区和非建成区生物多样性保护能力建设，构筑并优化城市三维空间生态廊道。建立生物多样性主流化跨部门协调机制，不断完善不同层级政府生物多样性保护工作机制和目标责任考核机制，摸清城市生物多样性本底状况，探索实施资源型城市“生态环境导向的开发（EOD）+生物多样性恢复”试点模式，强化生物多样性主流化在资源型城市生态文明建设和重大生态保护修复工程中的突出地位。

二是提升生态文明建设示范区生物多样性主流化水平。围绕生态环境高水平保护推动经济社会绿色转型发展、生态产品价值实现、生物多样性保护与可持续利用等问题，结合国家生态文明建设示范区复核工作，有针对性地开展生物多样性主流化成效专题评估，分析重大机遇与面临的挑战；结合地方自然资源和生态本底调查情况，查明影响生物多样性主流化和治理效能提升的主要因素，总结提炼生物多样性主流化的实践模式和典型案例经验，深入挖掘生物多样性主流化多元价值，并做好宣传推广。

三是推进“绿水青山就是金山银山”实践创新基地生态经济体系构建试点示范。建设人与自然和谐共生的美丽中国，需要推动生物多样性保护和可持续利用，建议选择 6～8 个“绿水青山就是金山银山”实践创新基地，开展以生态产业化和产业生态化为主体的生态经济体系构建试点示范，探索“生态农业+林业经济+生态修复+碳汇交易”的多元有机联动新模式，研究以村镇或小流域为单元的生物多样性主流化与乡村振兴、区域生态经济发展、碳达峰与碳中和等国家战略相衔接的新路子，提炼出生物多样性主流化过程中“绿水青山”和“金山银山”双向转化模式，推进生态产品价值的实现。

3.5 景观格局对生物多样性的影响

严守自然生态安全边界、加强物种多样性保护和生物多样性管理是城市生物多样性保护的关注重点（李海东等，2023）。国际上，美国生态学家雷吉斯特（Richard Register）认为，生态城市指生态健康的城市，是充满活力、节能并与自然和谐共处的聚居地，注重人与自然的健康及可持续发展。国内普遍认为，生态城市是自然-经济-社会协同发展的复合生态系统，追求城市生态安全、人居环境健康和经济社会可持续发展，最终实现人与自然和谐共生（钱易和温宗国，2021）。21 世纪以来，我国经历了世界历史上规模最大、速度最快的城镇化进程，截至 2022 年年底，全国常住人口城镇化率达到 65.22%。快速城市化导致大量森林、湿地及农田等自然或半自然景观转变为道路和建筑等不透水面，残留的自然生境也呈破碎化状态（Haase & Nuissl，2007；刘淼，2021），进而引起重点保护物种受威胁、本地物种退化、外来物种入侵等诸多问题（毛齐正等，2013）。生物多样性是生态系统服务和生态产品再生产的主要供体，维系人类福祉、经济繁荣和环境健康，是城市的血脉和根基。

党的二十大报告提出，要“实施城市更新行动”和“打造宜居、韧性、智慧城市”。相关研究表明，城市生态韧性提升的目标是人与自然和谐共生，在建成区应强化以人为本的理念，协同推进生态廊道建设、生物多样性提升和韧性城市建设；在非建成区必须强化以自然为本的理念，加大自然保护地、生态保护红线等生态空间保护力度，推进自然生态安全屏障建设和生态产品价值实现（李海东等，2023）。随着生态城市建设快速发展，实施大量生态保护修复工程往往引起空间范围大、时间跨度长的生态空间和景观格局改变，如公园城市建设，其特征是以大尺度生态廊道区隔城市组群，以高标准生态绿道串联城市公园。这样不仅改变了景观类型和组成，引起了空间形态变化与自然生境连接度的降低（史芳宁等，2020），也导致城市小微湿地大量消失（袁艺和周立志，2022），深刻影响城市生态系统服务功能（秦艳丽等，2020），使城市的人口和建筑逐渐向高密度化方向发展，生产和生活空间挤占生态空间，导致城市公园绿地、农田、林地、湿地、草地等绿色空间的稀缺（苏荣菲等，2023），城市中成片且大面积的土地通常难以作为生物多样性栖息地而被保护起来。城市绿色空间是城市生物多样性的核心载体，目前城市生物多样性各个研究方向聚焦于生态廊道、城市公园和大型绿地等（Wong et al.，2023）。如何为生物保留适宜的生态空间，控制外来物种的入侵，保护乡土植物等，是生态城市发展面临的生态困境（苏荣菲等，2023）。

营造植物多样性景观格局是生态城市发展面临生态困境的可能解决途径。景观格局是不同土地覆被类型形成的景观斑块和基质的配置和组合形式，是指示植物多样性指数的有力指标，不仅通过边缘效应、破碎化、栖息地变化等过程直接影响植物多样性，还影响生态学过程，如通过物质流动、媒介传播、分解者活动等间接影响植物多样性。此外，景观格局存在时空尺度效应，景观格局及内部相互关系的变化是一个动态过程。不同空间尺度下的景观格局与植物多样性关系不同（Fan et al.，2017），同一空间尺度下景观格局对植物多样性的影响往往不能外推至其他尺度下的结果；不能单纯地分析景观破碎度和连接度，更重要的是要结合具体的时间和空间变化（史芳宁等，2020）。因此，探究维护高等植物多样性景观格局及其时空尺度效应机制，能够为解决城市生态困境提供新视角。本节依托扬州市广陵区“绿水青山就是金山银山”实践创新基地建设和植物多样性本底调查成果，旨在探究生态城市景观格局变化在不同尺度上实现植物多样性保护的机制，为建立基于城市更新和多尺度绿色空间调控的城市植物多样性精细化保护与管理体系提供科学决策，最终实现协调韧性生态城市与可持续发展的目标。

3.5.1　材料与方法

1．研究区概况

研究区位于扬州市广陵区（119°25′～119°43′E、32°13′～32°18′N）。广陵区地处江苏省中部，京杭大运河与长江交汇处，下辖 5 个街道 4 个乡镇 6 个园区，行政区域面积 265.36 km^2。扬州市曾荣获“联合国人居奖”，广陵区是扬州市的中心原点。2020 年 11 月 13 日，习近平总书记在广陵区运河三湾生态文化公园考察时指出，“扬州是个好地方，依水而建、缘水而兴、因水而美，是国家重要历史文化名城。”广陵区不仅是淮河入江核心区，也是南水北调东线水源地，每年约有 7 亿 m^3 的水量由此北送。辖区内的“七河八岛”地形特殊，由 7 条不同源河流及由其分割而成的 8 个岛屿组成，拥有国家级湿地公园和国家级水利风景区，是南水北调东线工程和淮河入江水道整治工程的输水通道，又是扬州城市饮用水水源保护地，保持扬州市生态自然环境最完好的湖泊、平原类型湿地景观，生态禀赋优越，生物多样性丰富。近 20 年来，开展了大量生态保护修复工程，建设三江营省级“生态岛”试验区、三湾生态文化公园、环洲一号公路、廖家沟城市中央公园、凤凰岛国家湿地公园等，重点构建物种保护空间格局，促进物种迁徙和基因交流，同时绿地空间及景观格局发生较大变化，生态城市发展面临生态困境。因此，该区域是探究景观格局影响植物多样性的理想地点。

2．植物群落调查及数据采集

2022 年 4—11 月，研究团队分别在春、夏、秋三季进行了植物群落实地调查，将广陵区分成 5 km×5 km 共 19 个网格，覆盖农田、湿地、森林及建成区绿地（公园、道路及河岸绿化带）等绿色空间，在每个网格内随机布设 1～5 条样线，进行 GPS 轨迹定位，每条样线长度 0.6～7.3 km，共调查 58 条样线，总长度为 132.59 km。统计每条样线维管束植物的种类、数量等数据，计算植物多样性指数。

α 多样性指数：α 多样性为生境内的多样性。物种丰富度是生物多样性最主要的结构和功能单位，是衡量区域植物资源丰富程度的重要客观指标。计算每条样线不同植物类群的物种丰富度，公式如下：

$$R=S \tag{3-9}$$

式中：R 为物种丰富度指数；S 为物种的数量。

β 多样性指数：β 多样性为生境间的多样性，可以指示物种被生境隔离的程度。选取传统的 Whittaker（1972）方法，计算公式如下：

$$\beta_w=S/ma-1 \tag{3-10}$$

式中：S 为研究样地中物种总数；ma 为各样线中物种数。考虑到多个群落之间物种的共存格局，使用多点相异性指数计算总体 β 多样性。

3．景观格局数据采集

基于 2009 年 7 月 Landsat 4-5 遥感影像和 2022 年 6 月 Landsat 8 遥感影像，数据处理和空间分析利用 ENVI 5.3 和 ArcGIS 10.5 软件，根据实地调研情况及研究目的，经过辐射校正、几何精校正，采用面向对象的监督分类法，提取扬州市广陵区的农田、湿地、森林（林地及建成区绿地等）及城市（城镇、村庄、道路等建设用地）4 类景观斑块类型，分类精度均达到 90%以上（图 3-8），满足下一步研究条件。分别以样线为中心，建立不同尺度（半径为 100 m、200 m、300 m、400 m、500 m、600 m、700 m、800 m、900 m、1 000 m）缓冲区，运用 Fragstats 4.2 软件计算景观格局指数。景观格局指数可以有效地表征景观格局特征，其量化方式主要有复杂性指数、破碎化程度指数、多样性指数、聚集度指数、分离度指数等。景观格局指数有很多，且存在局限性、共线性及冗余性。因此，排除共线性较强的指数，选取的景观格局指数包括斑块数量（number of patch，NumP）、斑块密度（patch density，PD）、边缘密度（edge density，ED）、斑块丰富度密度（patch richness density，PRD）、景观百分比（percentage of landscape，PLAND）、景观形状指数（landscape shape index，LSI）、香浓多样性指数（shannon’s diversity index，SHDI）和香浓均匀度指数（shannon’s evenness index，SHEI）等（表 3-12）。其中，对农田、湿地、森林和城市 4 种不同生境的 PLAND、NumP、PD、ED 和 LSI 指数分别提取分析。

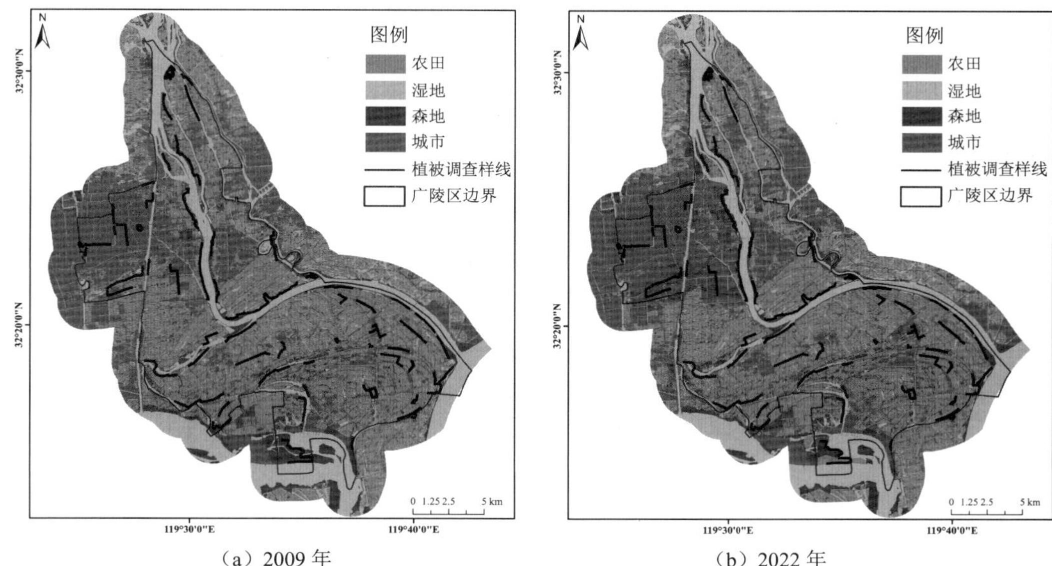

（a）2009 年　　（b）2022 年

图 3-8 植被调查样线和景观类型分布

表 3-12 常用的景观格局指数及生态学意义

景观格局指数	生态学意义	缩写
斑块数量	景观中某种斑块类型的斑块总个数	NumP*
斑块密度	描述景观破碎化的重要指标，越大表明破碎化程度越高	PD*
边缘密度	景观的总边缘长度÷景观总面积	ED*
斑块丰富度密度	单位面积的斑块数量	PRD
景观百分比	相关斑块类型组成景观所占百分比，为确定景观中优势景观类型提供直接信息依据	PLAND*
景观形状指数	反映景观中斑块的变异性	LSI*
香浓多样性指数	斑块类型越丰富，破碎化程度越高，值也就越高	SHDI
香浓均匀度指数	反映景观中各斑块类型在面积上分布的均匀程度	SHEI

注：* 表示进一步提取农田、湿地、森林和城市 4 种不同生境的景观格局指数，分别用农、湿、森、城代表该 4 种生境缩写，如 $NumP_{农}$表示农田景观斑块数量。

4. 绿色空间数据

绿色空间指生态空间及生产、生活空间中具有生态环境保护、生态系统服务功能的用地，包括建成区内的绿地系统及建成区外的城市生态空间，具体包括城市绿地、农田、林地、草地、湿地等（赵海霞等，2020；冯一凡等，2023）。结合《生态城市建设观测指标：基于人与自然和谐共生的考察》（赵立君等，2022）和《城市生物多样性保护评价技术规范》等文献，选取建成区面积、建成区绿地率、人均公园绿地面积、生态用地面积比指数 4 个指标，探析城市景观格局和绿色空间对植物多样性的影响，指标数据源于统计年鉴和遥感解译。

5. 相关性分析

将各景观格局指数与相应的植物多样性指数进行双变量相关性分析，筛选出不同尺度下与植物物种 α 多样性指数和 β 多样性指数显著相关的景观格局指数。以植物多样性指数为响应变量、景观格局指数为自变量，利用步进回归分析方法，将 46 条野外样线调查数据与不同尺度下的景观格局指数进行步进回归，筛选出最优回归模型（$P<0.01$）。最后，将 12 条未参与建模样线的景观格局指数代入最优回归模型进行植物多样性的拟合，并与实际 α 多样性指数和 β 多样性指数进行验证。参与建模及拟合的数据样线均随机分布在广陵区建成区和非建成区。数据分析在统计分析软件 SPSS 25.0 和 OriginLab Origin 2021 中完成。

3.5.2 结果

1. 绿色空间组分与植物物种组成

根据表 3-13，2009—2022 年扬州市广陵区不同生境面积变化情况如下：农田斑块面积由 91.09 km^2 降至 80.51 km^2，减少 10.58 km^2；湿地斑块面积由 60.98 km^2 降至 58.29 km^2，减少 2.69 km^2；森林斑块面积由 24.83 km^2 升至 29.13 km^2，增加 4.30 km^2；城市斑块面积由 88.46 km^2 升至 97.44 km^2，增加 8.98 km^2。2009 年和 2022 年广陵区建成区面积分别为 60.83 km^2 和 67.39 km^2，建成区绿地率分别为 33.4%和 42.07%，人均公园绿地面积分别为 12.10 m^2 和 20.19 m^2，生态用地面积比指数分别为 56.36%和 54.18%。2009—2022 年，广陵区城市斑块面积、森林斑块面积、建成区面积、建成区绿地率和人均公园绿地面积均大幅增加，而农田斑块面积、湿地斑块面积和建成区生态用地面积比指数稍降低。广陵区建成区和非建成区植物物种丰富度 R 分别为 513 和 549。香橼、枇杷、杏、构树等常见乡土树种，小飞蓬、节节草、罗藦等田间杂草及垂序商陆、三叶鬼针草、加拿大一枝黄花、喜旱莲子草等入侵植物在农田和湿地斑块分布较广，城市绿地中有大量园艺植物，如香樟、银杏、玉兰、海棠、琼花等。

扬州市广陵区共发现陆生和水生维管植物各 594 种和 41 种，隶属禾本科、菊科、蔷薇科、豆科、唇形科等 134 科 430 属，其中禾本科、菊科、蔷薇科、豆科、唇形科、蓼科、天门冬科、苋科为优势科，在各景观中分布较广。由表 3-14 可见，广陵区植物群落中包括鹅掌藤、小叶女贞、冬青卫矛、细柱五加、虾须草、重阳木等 29 种中国特有种，水杉、苏铁和银杏 3 种国家一级重点保护植物，野大豆、金荞麦、细果野菱等 8 种国家二级重点保护植物，钻叶紫菀、加拿大一枝黄花、豚草、垂序商陆、圆叶牵牛、大狼杷草等 36 种外来入侵植物。何首乌、活血丹、鹅掌楸、绶草、垂穗薹草等在广陵区中出现频率较低，这些偶见种类的出现提高了广陵区植被 β 多样性。

表 3-13 扬州市广陵区绿色空间数据统计状况

类别	2009 年	2022 年
农田斑块面积/km²	91.09	80.51
湿地斑块面积/km²	60.98	58.29
森林斑块面积/km²	24.83	29.13
城市斑块面积/km²	88.46	97.44
建成区面积/km²	60.83	67.39
建成区绿地率/%	33.40	42.07
人均公园绿地面积/km²	12.10	20.19
生态用地面积比指数/%	56.36	54.18

表 3-14 扬州市广陵区植物群落调查统计状况

类别	植物科、种
优势科	禾本科（Gramineae）、菊科（Asteraceae）、蔷薇科（Rosaceae）、豆科（Fabaceae）、唇形科（Labiatae）、蓼科（Polygonaceae）、天门冬科（Asparagaceae）、苋科（Amaranthaceae）等
中国特有种	刺柏（*Juniperus formosana*）、鹅掌藤（*Heptapleurum arboricola*）、竹叶花椒（*Zanthoxylum armatum*）、黄连木（*Pistacia chinensis*）、蜡梅（*Chimonanthus praecox*）、旱柳（*Salix matsudana*）、中山杉（*Taxodium 'Zhongshansha'*）、中华猕猴桃（*Actinidia chinensis*）、女贞（*Ligustrum lucidum*）、小叶女贞（*Ligustrum quihoui*）、白花泡桐（*Paulownia fortunei*）、湖北海棠（*Malus hupehensis*）、山葡萄（*Vitis amurensis*）、小叶葡萄（*Vitis sinocinerea*）、阔叶箬竹（*Indocalamus latifolius*）、杜鹃叶山茶（*Camellia azalea*）、石蒜（*Lycoris radiata*）、水杉（*Metasequoia glyptostroboides*）、冬青卫矛（*Euonymus japonicus*）、细柱五加（*Eleutherococcus nodiflorus*）、喜树（*Camptotheca acuminata*）、虾须草（*Sheareria nana*）、毛白杨（*Popilus tomentosa*）、银杏（*Ginkgo biloba*）、金柑（*Fortunella japonica*）、玉兰（*Magnolia denudata*）、重阳木（*Bischofia polycarpa*）、白栎（*Quercus fabri*）、刺苦草（*Vallisneria spinulosa*）
国家一级保护植物	水杉（*Metasequoia glyptostroboides*）、苏铁（*Cycas revoluta*）、银杏（*Ginkgo biloba*）
国家二级保护植物	野大豆（*Glycine soja*）、鹅掌楸（*Liriodendron chinense*）、罗汉松（*Podocarpus macrophyllus*）、金荞麦（*Fagopyrum dibotrys*）、茶（*Camellia inensis*）、杏（*Prunus armeniaca*）、樟（*Chimonanthus camphora*）、细果野菱（*Trapa incisa*）
外来入侵植物	南美天胡荽（*Hydrocotyle verticillata*）、大薸（*Pistia stratiotes*）、钻叶紫菀（*Symphyotrichum subulatu*）、紫苏（*Perilla frutescens*）、加拿大一枝黄花（*Solidago canadensis*）、野燕麦（*Avena fatua*）、反枝苋（*Amaranthus retroflexus*）、凹头苋（*Amaranthus blitum*）、合被苋（*Amaranthus polygonoides*）、苋（*Amaranthus tricolor*）、土荆芥（*Dysphania ambrosioides*）、野茼蒿（*Crassocephalum crepidioides*）、豚草（*Ambrosia artemisiifolia*）、垂序商陆（*Phytolacca americana*）、碎米莎草（*Cyperus iria*）、苘麻（*Abutilon theophrasti*）、婆婆纳（*Veronica didyma*）、牛膝（*Alternanthera bidentata*）、毛曼陀罗（*Datura innoxia*）、苦苣菜（*Sonchus oleraceus*）、桔梗（*Platycodon grandiflorus*）、牵牛（*Ipomoea nil*）圆叶牵牛（*Ipomoea purpurea*）、三裂叶薯（*Ipomoea triloba*）、鬼针草（*Bidens pilosa*）、大狼杷草（*Bidens frondosa*）、喜旱莲子草（*Alternanthera philoxeroides*）、凤仙花（*Impatiens balsamina*）、小蓬草（*Erigeron canadensis*）、一年蓬（*Erigeron annuu*）、匍匐大戟（*Euphorbia prostrata*）、韭莲（*Zephyranthes grandiflora*）、草胡椒（*Peperomia pellucida*）、草木樨（*Melilotus officinalis*）、白车轴草（*Trifolium repens*）、蓖麻（*Ricinus communis*）

2. 植物多样性指数与景观格局指数的相关性

由表 3-15 可见，不同尺度下植物物种 α 多样性指数和 β 多样性指数对景观格局指数响应的差异较大。景观格局指数与植物 α 多样性指数相关性较小，其主要对植物 β 多样性指数影响较大。在任何尺度下，景观百分比都是 β 多样性指数的重要影响因素；斑块数量和景观形状指数在 500 m 尺度以下对 α 多样性指数影响较大。2009 年，斑块丰富度密度在 300～400 m 尺度下影响 β 多样性指数，500～1 000 m 尺度下，β 多样性指数主要受景观百分比、香浓多样性指数和香浓均匀度指数影响；2022 年，400～1 000 m 尺度下，景观百分比、香浓多样性指数和香浓均匀度指数开始对 β 多样性指数产生影响。从不同斑块类型的角度来看，植物 α 多样性主要受湿地、森林斑块的数量和变异程度影响，各尺度下与 α 多样性显著相关的景观格局指数中，农田、湿地、森林和城市 4 种不同生境的景观格局指数分别出现 4 次、10 次、17 次和 7 次；植物 β 多样性主要受湿地和城市优势斑块的比例、丰富度和分布均匀程度影响，各尺度下与 β 多样性显著相关的景观格局指数中，农田、湿地、森林和城市 4 种不同生境的景观格局指数分别出现 0 次、17 次、0 次和 20 次。景观中不同斑块配置方式是影响植物繁殖体传播效率的重要因素，进而影响植物多样性，且其影响作用随着尺度的变化出现差异。

表 3-15　2009 年和 2022 年 1 km 尺度内与植物多样性指数显著相关的景观格局指数

时间尺度	空间尺度/m	与 α 多样性显著相关的景观格局指数	与 β 多样性显著相关的景观格局指数
2009 年	100	NumP、LSI、NumP$_{湿}$、NumP$_{森}$、NumP$_{城}$、LSI$_{森}$、LSI$_{城}$	PLAND$_{城}$
	200	NumP、NumP$_{湿}$、NumP$_{森}$、LSI$_{森}$、LSI$_{城}$	PLAND$_{湿}$、PLAND$_{城}$
	300	NumP、NumP$_{湿}$、NumP$_{森}$、NumP$_{城}$、LSI$_{森}$、LSI$_{城}$	PRD、SHDI、SHEI、PLAND$_{湿}$、PLAND$_{城}$
	400	NumP$_{湿}$、NumP$_{森}$、LSI$_{森}$	PRD、SHDI、SHEI、PLAND$_{湿}$、PLAND$_{城}$
	500	NumP$_{湿}$、NumP$_{森}$、LSI$_{森}$	SHDI、SHEI、PLAND$_{湿}$、PLAND$_{城}$
	600	LSI$_{森}$	SHDI、SHEI、PLAND$_{湿}$、PLAND$_{城}$
	700	LSI$_{森}$	SHDI、SHEI、PLAND$_{湿}$、PLAND$_{城}$
	800	—	SHDI、SHEI、PLAND$_{湿}$、PLAND$_{城}$
	900	—	SHDI、SHEI、PLAND$_{湿}$、PLAND$_{城}$
	1 000	—	SHDI、SHEI、PLAND$_{湿}$、PLAND$_{城}$
2022 年	100	NumP、LSI、NumP$_{农}$、NumP$_{湿}$、NumP$_{森}$、LSI$_{农}$、LSI$_{森}$、LSI$_{城}$	PLAND$_{城}$
	200	NumP、NumP$_{农}$、NumP$_{湿}$、NumP$_{森}$、LSI$_{农}$、LSI$_{城}$	SHDI、PLAND$_{城}$
	300	NumP、NumP$_{湿}$、NumP$_{森}$	SHDI、PLAND$_{湿}$、PLAND$_{城}$

时间尺度	空间尺度/m	与 α 多样性显著相关的景观格局指数	与 β 多样性显著相关的景观格局指数
2022 年	400	$NumP_{湿}$、$NumP_{森}$	SHDI、SHEI、$PLAND_{湿}$、$PLAND_{城}$
	500	$NumP_{湿}$	SHDI、SHEI、$PLAND_{湿}$、$PLAND_{城}$
	600	—	SHDI、SHEI、$PLAND_{湿}$、$PLAND_{城}$
	700	—	SHDI、SHEI、$PLAND_{湿}$、$PLAND_{城}$
	800	—	SHDI、SHEI、$PLAND_{湿}$、$PLAND_{城}$
	900	—	SHDI、SHEI、$PLAND_{湿}$、$PLAND_{城}$
	1 000	—	SHDI、SHEI、$PLAND_{湿}$、$PLAND_{城}$

3．景观格局对植物多样性的步进回归结果

由表 3-16 可见，景观格局指数对植物物种 α 多样性和 β 多样性的解释量随着尺度变化而变化。从空间尺度来看，在 100 m 尺度下，2009 年景观形状指数对 α 多样性影响显著，景观百分比对 β 多样性影响显著；2022 年森林斑块数量对 α 多样性影响显著，城市斑块数量对 β 多样性影响显著。在 200 m 尺度下，2009 年森林斑块数量对 α 多样性影响显著，2022 年湿地斑块数量对 α 多样性影响显著。当尺度达到 300～700 m 时，2009 年 α 多样性主要受森林斑块变异性及斑块密度影响。值得注意的是，在 600～1 000 m 尺度下，2022 年 α 多样性主要受斑块丰富度密度影响较大；在 800～1 000 m 尺度下，香浓多样性指数和香浓均匀度指数开始显著影响 β 多样性。从时间尺度来看，2009 年景观格局对植物多样性的解释量均大于 2022 年，而 2009 年部分景观要素对植物多样性的解释量虽然在幅度上小于 2022 年，但总体优势较大。

不同生境的景观格局对植物多样性的影响不同。2009 年，农田、湿地、森林和城市生境的景观指数分别出现 4 次、20 次、15 次和 16 次，2022 年农田、湿地、森林和城市生境的景观指数分别出现 0 次、9 次、8 次和 8 次。不同尺度下的决定系数（R^2 值）具有差异。综合来看，景观格局和 β 多样性的相关性较大，但存在尺度差异。各空间尺度下，2009 年景观格局对植物多样性的影响均明显大于 2022 年景观格局对植物多样性的影响，且随着空间尺度的增加，景观格局和 β 多样性的相关性递增。2009 年，景观格局在 800 m 尺度下与 β 多样性的相关性（R^2=0.996）较 100 m（R^2=0.721）、200 m（R^2=0.747）、300 m（R^2=0.853）、400 m（R^2=0.989）、500 m（R^2=0.984）、600 m（R^2=0.990）、700 m（R^2=0.991）、900 m（R^2=0.987）和 1 000 m（R^2=0.981）更大；2022 年，景观格局在 900 m 尺度下与 β 多样性的相关性（R^2=0.928）较 100 m（R^2=0.511）、200 m（R^2=0.427）、300 m（R^2=0.819）、400 m（R^2=0.867）、500 m（R^2=0.885）、600 m（R^2=0.880）、700 m（R^2=0.897）、800 m（R^2=0.902）和 1 000 m（R^2=0.926）更为密切。

表 3-16 2009 年和 2022 年 1 km 尺度内植物多样性与景观格局关系最优回归模型

植物多样性指数	时间尺度	空间尺度/m	步进回归模型	R^2	调整后 R^2
α 多样性	2009 年	100	$y=27.366+15.255\mathrm{LSI}_{\text{城}}-0.074\mathrm{ED}-11.568\mathrm{LSI}+0.521\mathrm{PLAND}_{\text{农}}+4.127\mathrm{LSI}_{\text{森}}$	0.544	0.468
		200	$y=46.874+1.193\mathrm{NP}_{\text{森}}-0.152\mathrm{ED}_{\text{森}}$	0.293	0.253
		300	$y=43.899+5.628\mathrm{LSI}_{\text{森}}-0.22\mathrm{ED}_{\text{森}}-0.491\mathrm{PD}_{\text{农}}$	0.353	0.298
		400	$y=42.672+5.222\mathrm{LSI}_{\text{森}}-0.248\mathrm{PD}-0.191\mathrm{ED}_{\text{森}}$	0.332	0.275
		500	$y=34.571+4.574\mathrm{LSI}_{\text{森}}-1.71\mathrm{PD}_{\text{森}}$	0.295	0.256
		600	$y=77.489-18.997\mathrm{PRD}$	0.129	0.105
		700	$y=47.739+3.173\mathrm{LSI}_{\text{城}}-0.133\mathrm{ED}-0.633\mathrm{PLAND}_{\text{森}}$	0.322	0.266
		800	$y=53.254+2.967\mathrm{LSI}_{\text{城}}-0.15\mathrm{ED}-0.777\mathrm{PLAND}_{\text{森}}$	0.327	0.274
		900	$y=56.181-1.015\mathrm{PLAND}_{\text{森}}+1.048\mathrm{PLAND}_{\text{湿}}+2.794\mathrm{LSI}_{\text{森}}-64.023\mathrm{SHEI}$	0.386	0.319
		1 000	$y=0.601\mathrm{PLAND}_{\text{城}}+6.023\mathrm{LSI}_{\text{城}}-7.354\mathrm{LSI}+0.434\mathrm{NP}_{\text{城}}+1.934\mathrm{LSI}_{\text{森}}$	0.91	0.898
	2022 年	100	$y=35.936+1.303\mathrm{NP}_{\text{森}}$	0.305	0.284
		200	$y=37.533+0.564\mathrm{NP}_{\text{湿}}$	0.226	0.202
		300	$y=56.593+1.546\mathrm{NP}_{\text{森}}-5.532\mathrm{LSI}_{\text{森}}$	0.283	0.238
		400	$y=52.185+0.558\mathrm{NP}_{\text{森}}-0.224\mathrm{PD}$	0.192	0.143
		500	$y=27.83+0.25\mathrm{NP}_{\text{湿}}+0.904\mathrm{PLAND}_{\text{森}}$	0.213	0.166
		600	$y=73.758-16.251\mathrm{PRD}$	0.096	0.071
		700	$y=75.101-21.472\mathrm{PRD}$	0.096	0.071
		800	$y=76.426-27.56\mathrm{PRD}$	0.096	0.071
		900	$y=77.732-34.567\mathrm{PRD}$	0.096	0.071
		1 000	$y=79.951-43.97\mathrm{PRD}$	0.099	0.074
β 多样性	2009 年	100	$y=1.385+0.048\mathrm{PLAND}_{\text{城}}$	0.721	0.696
		200	$y=1.593+0.044\mathrm{PLAND}_{\text{城}}$	0.747	0.723
		300	$y=2.762+0.034\mathrm{PLAND}_{\text{城}}-0.033\mathrm{PLAND}_{\text{湿}}$	0.853	0.823
		400	$y=2.155+0.033\mathrm{PLAND}_{\text{城}}-0.027\mathrm{PD}_{\text{湿}}+0.068\mathrm{LSI}_{\text{湿}}-0.035\mathrm{LSI}_{\text{城}}-0.003\mathrm{ED}_{\text{湿}}$	0.989	0.981
		500	$y=1.834+0.038\mathrm{PLAND}_{\text{城}}-0.039\mathrm{PD}_{\text{湿}}+0.049\mathrm{LSI}_{\text{湿}}-0.028\mathrm{LSI}_{\text{城}}$	0.984	0.977
		600	$y=1.749+0.04\mathrm{PLAND}_{\text{城}}-0.046\mathrm{PD}_{\text{湿}}+0.058\mathrm{LSI}_{\text{湿}}-0.038\mathrm{LSI}$	0.990	0.985
		700	$y=2.824+0.036\mathrm{PLAND}_{\text{城}}-0.038\mathrm{PLAND}_{\text{湿}}-0.087\mathrm{PD}_{\text{湿}}+0.006\mathrm{ED}_{\text{湿}}+0.038\mathrm{PD}_{\text{森}}$	0.991	0.984
		800	$y=11.334-0.014\mathrm{PLAND}_{\text{湿}}-0.088\mathrm{PD}_{\text{湿}}-43.569\mathrm{SHDI}+0.136\mathrm{LSI}+51.425\mathrm{SHEI}-0.113\mathrm{LSI}_{\text{农}}+0.002\mathrm{NP}_{\text{农}}$	0.996	0.991

植物多样性指数	时间尺度	空间尺度/m	步进回归模型	R^2	调整后 R^2
β 多样性	2009 年	900	y=6.358−3.554SHEI−0.027PLAND$_{湿}$ −0.047PD$_{湿}$+ 0.022LSI$_{湿}$+0.013PLAND$_{城}$	0.987	0.978
		1 000	y=8.484−3.427SHDI−0.035PLAND$_{湿}$ −0.041PD$_{湿}$+ 0.016LSI$_{湿}$ −1.74PRD	0.981	0.968
	2022 年	100	y=1.629+0.035NP$_{城}$	0.511	0.462
		200	y=1.629+0.022NP$_{城}$	0.427	0.37
		300	y=2.617+0.051PLAND$_{城}$ −0.07PLAND$_{森}$	0.819	0.783
		400	y=2.714+0.034PLAND$_{城}$ −0.036PLAND$_{湿}$	0.867	0.841
		500	y=2.720+0.034PLAND$_{城}$ −0.035PLAND$_{湿}$	0.885	0.862
		600	y=2.763+0.032PLAND$_{城}$ −0.035PLAND$_{湿}$	0.88	0.855
		700	y=2.946+0.034PLAND$_{城}$ −0.026PLAND$_{湿}$ − 0.035PLAND$_{森}$	0.897	0.863
		800	y=3.103+0.033PLAND$_{城}$ −0.028PLAND$_{湿}$ − 0.043PLAND$_{森}$	0.902	0.87
		900	y=7.988−5.167SHEI−0.025PLAND$_{湿}$	0.928	0.913
		1 000	y=7.964−5.031SHEI−0.026PLAND$_{湿}$	0.926	0.912

4．植物多样性实测值与预测值拟合效果检验

由图 3-9 和图 3-10 可知，植物多样性实测值与预测值拟合效果随着尺度的变化差异显著。除 800 m 尺度以外的所有空间尺度，植物 α 多样性指数实测值与回归模型预测值在 2009 年的拟合效果均大于 2022 年的拟合效果；α 多样性实测值与预测值在 100 m、200 m、300 m、400 m、1 000 m 尺度下的拟合效果较好，总体上随着尺度的增加拟合效果显著性呈降低趋势。100～300 m 尺度下，植物 β 多样性指数实测值与回归模型预测值在 2022 年的拟合效果均大于 2009 年的拟合效果；相反，400～1 000 m 尺度下，植物 β 多样性指数实测值与回归模型预测值在 2009 年的拟合效果均大于 2022 年的拟合效果。2009 年 β 多样性实测值与预测值在 800 m 尺度下的拟合效果较好，2022 年 β 多样性实测值与预测值在 100 m 和 200 m 尺度下的拟合效果较好。

运用步进回归建立的景观模型能较好地预测植物多样性状况，2009 年景观格局对植物 α 多样性的影响作用较大，主要景观格局指数是景观形状指数、斑块数量、斑块丰富度密度；2022 年景观格局对植物 β 多样性的影响在小尺度下作用较大，而 2009 年景观格局对植物 β 多样性的影响在大尺度下作用较大，主要景观格局指数是香浓多样性指数、香浓均匀度指数、景观百分比。研究还发现，总体上，在任何空间尺度下景观格局对植物 α 多样性的显著影响都具有时间滞后现象，而在 400 m 尺度以上景观格局对植物 β 多样性的显著影响才开始出现时间滞后现象。

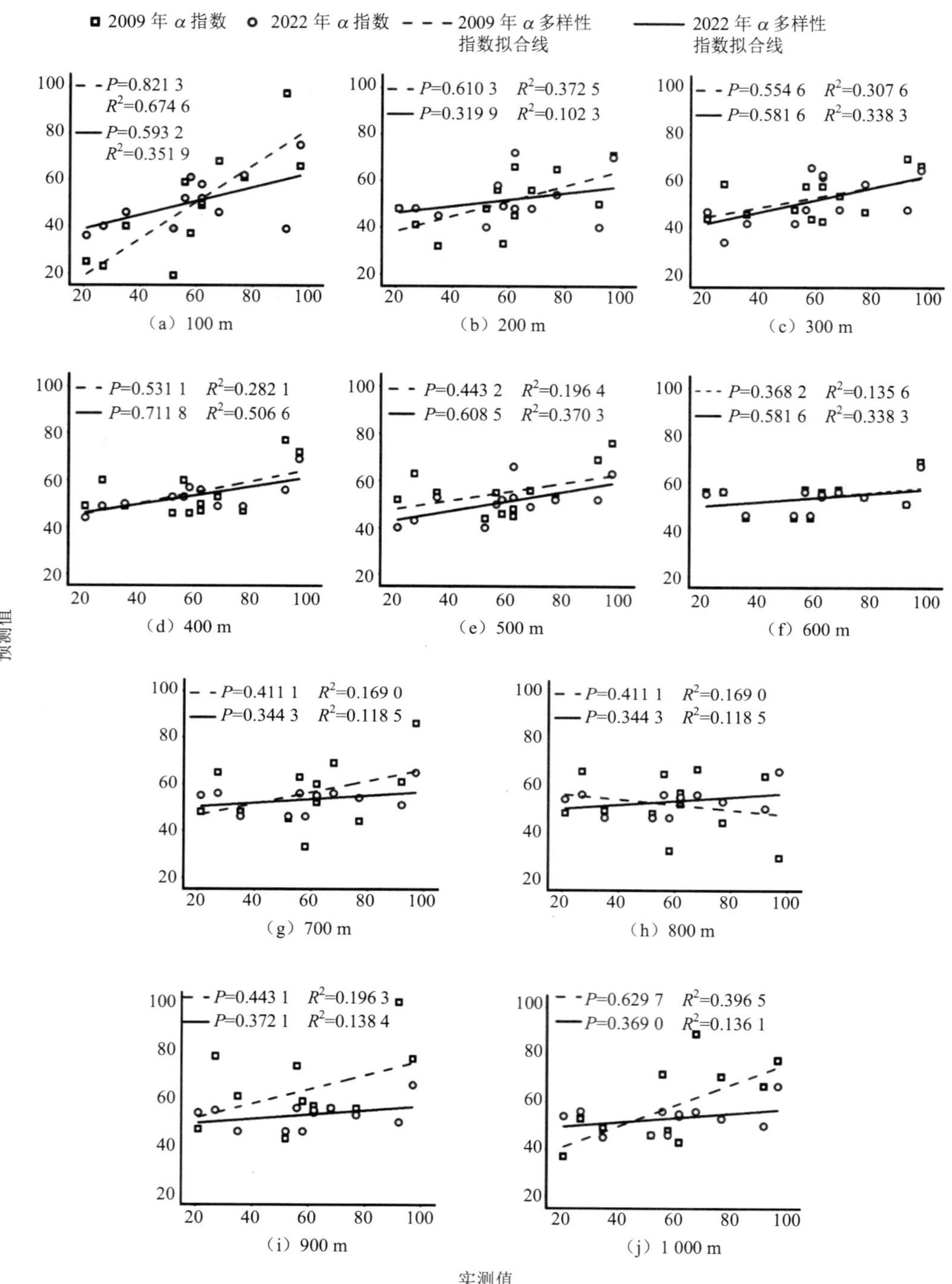

图 3-9 植物 α 多样性实测值与预测值回归模型

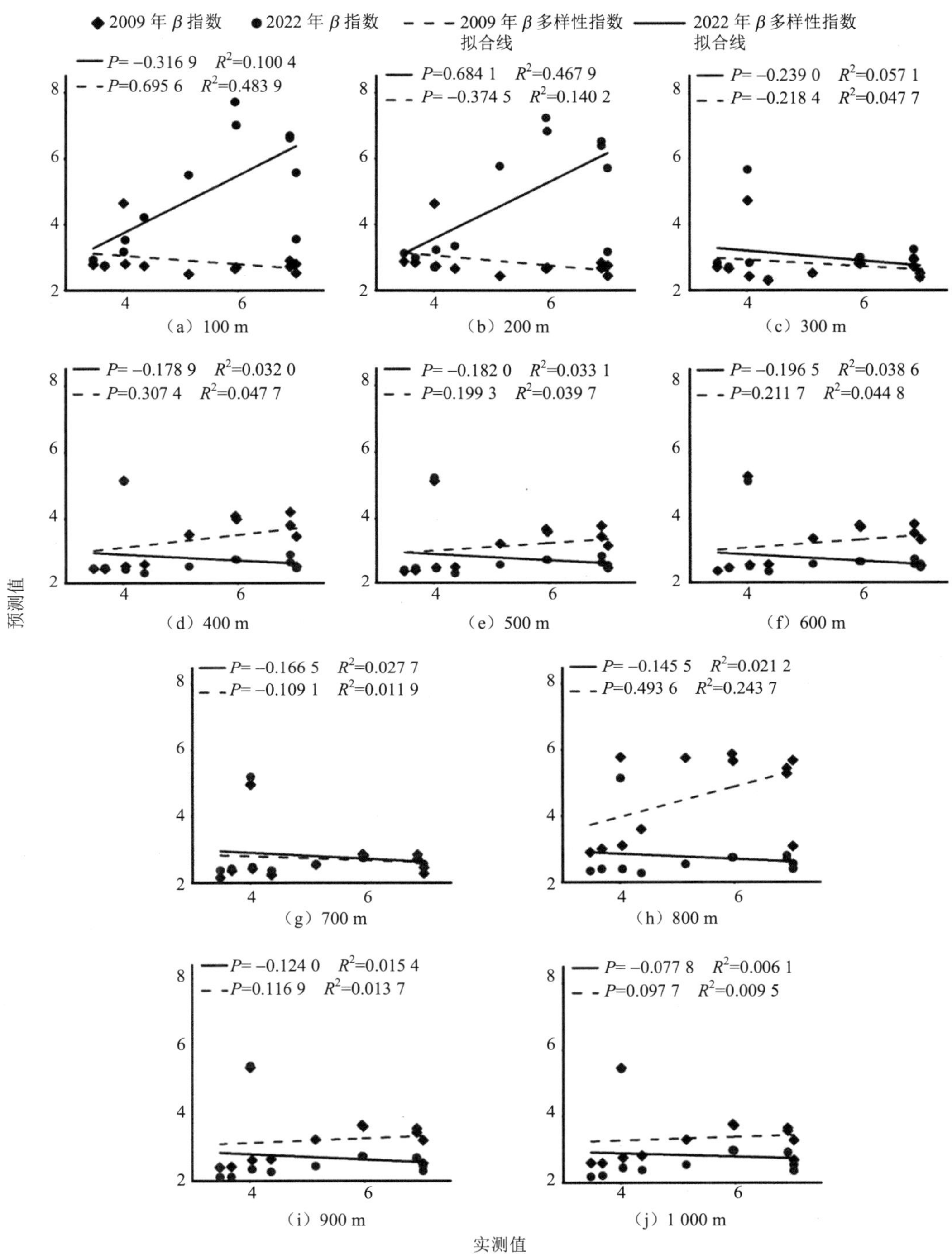

图 3-10　植物 β 多样性实测值与预测值回归模型

3.5.3 讨论

1. 生态保护修复对植物多样性提升的影响

物种组成及分布格局是决定群落性质和区分不同群落类型的关键因素，能够在一定程度上揭示生物多样性维持机制。扬州市广陵区在南水北调东线工程输水通道和淮河入江水道整治工程背景下开展了大量生态保护修复工程，三江营省级“生态岛”试验区、三湾生态文化公园、环洲一号公路、廖家沟城市中央公园、凤凰岛国家湿地公园等一系列大型生态城市项目的建设引起城市生态空间及景观格局发生较大变化。结果显示，2009—2022 年扬州市广陵区建成区面积、建成区绿地率和人均公园绿地面积均大幅增加，而建成区生态用地面积比指数稍降低，与非建成区相比，建成区的植物物种丰富度稍低，景观格局变化相对明显；植被调查发现，非建成区分布有大量的乡土树种，建成区的绿地系统种植较多的园艺植物；外来入侵植物沿河岸及道路防护带分布较多；一些偶见种常出现在非建成区的森林生态系统中，尤其在“七河八岛”区域出现较多。在生态城市建设中，应以建成区更新为重点，依托市域、建成区和城区的差异性，分区分类系统化推进城市更新，加强植物多样性保护和生物多样性管理，通过城市更新行动、生态用地优化、生态廊道建设等构建城市生态安全格局（李海东等，2023），构建物种迁徙和基因交流的生态通道，提升自然地理单元的系统性和连通性，建设完整的植物多样性保护网络空间，促进人与自然和谐共生。

2. 景观格局对植物多样性的影响

根据岛屿生物地理学理论，区域物种数目随斑块面积的增加呈幂函数增长趋势，对城市生态系统、半干旱草原生态系统的研究显示，较大的斑块面积具有较高的植物多样性。形状复杂的斑块边缘生境多样性较高，能量流动和物质循环较频繁，生物多样性也较高。对日本针叶林的研究显示，斑块形状与内部物种呈负相关关系，与边缘物种多样性呈正相关关系。近期的研究显示，增加耕地多样化和缩小耕地面积，即增加较小田块的数量，提高田块边缘密度，可以在维持作物高产量的同时增加生物多样性（Tscharntke et al.，2021）；测算保护重要生物多样性区域、生态完整区域的最小陆地面积将大大有助于保护生物多样性（Allan et al.，2022）。景观形状是植物多样性的重要影响因素，但随着研究对象和尺度的不同，结果差异显著。本节研究结果显示，景观斑块数量和形状影响植物 α 多样性，不同景观类型为植物生存提供了重要的生境，在 700 m 尺度以下，斑块数量的增加及复杂的变异性有助于提高植物多样性；步进回归分析显示，在 100 m、300 m、400 m、500 m、800 m 尺度下，景观形状指数均与植物 α 多样性指数呈显著正相关关系，表明景观中斑块的较高变异性有助于提高植物丰富度。

土地利用变化仍在持续，但是陆地生物多样性如何响应及其机制仍不清晰。景观多样性及配置方式影响植物 β 多样性，不同生境的景观格局对植物多样性的影响不同。景观多样性（PRD，PLAND，SHEI，SHDI）能够提高区域景观异质性，进而有助于提高植物多样性（董翠芳等，2014）。景观多样性和生物多样性的研究较为丰富，得出的较为一致的结论是，景观异质性与物种 β 多样性呈显著正相关。景观斑块隔离度影响植物种子库分布及种子传播效率，较高连接度的斑块能够提升植物迁移成功概率及种子传播效果，进而降低物种灭绝率。故较近距离的景观斑块有助于提高 β 多样性。在植物群落实地调研中发现，三叶鬼针草、喜旱莲子草、加拿大一枝黄花等危害较大的外来入侵植物多分布于河岸及附近田埂，建成区绿地具有较高的维管植物多样性。研究结果显示，虽然在中等尺度（300～1 000 m）与植物多样性相关性显著的景观格局指数较多，但通过步进回归发现，不同生境的景观格局对植物多样性的影响不同，湿地及城市斑块占比对植物 β 多样性影响较大，且优势景观斑块类型、丰富程度及分布均匀程度对植物 β 多样性影响较大，这可能是因为在大尺度下景观斑块间距离的生态效应更加显著。

研究区水系密布，分布较多“江心洲”岛屿，围绕“七河八岛”特殊地形建设生态绿道串联区域城市绿地，建设廖家沟城市中央公园、环洲一号公路等大型生态廊道。由于当前人类土地开发利用与生物多样性保护之间的矛盾，城市人口和建筑不断向高密度化方向发展，国内超大特大城市国土空间和生态空间被高强度开发，成片且大面积的土地通常难以作为生物多样性栖息用地而被保护起来，因此应探究能够保持较高生物多样性的最小土地面积的景观格局，建设特殊保护小区或保护点实施就地保护，如江苏省建设“生态岛”试验区（http://sthjt.jiangsu.gov.cn/art/2023/8/2/art_84025_10970391.html），上海市打造口袋公园、公园城市示范点、绿色生态城区、生境花园等基本生态单元（https://www.shanghai.gov.cn/nw12344/20230419/0525317031c54e86bde6fdf0cabbe1f4.html），进一步研究生态城市景观格局的优化和规划建设及其对植物多样性的影响，道路防护林带、农田林网、河流等线性景观格局对外来生物入侵的控制等，对完善多尺度生态空间调控的城市植物多样性精细化管理体系具有重要意义。

3．生态韧性提升下绿色空间优化策略

生态韧性指城市生态系统面对外部干扰时的抗压和恢复能力（Ahern，2011）。城市化与生态韧性间存在相互作用，不合理的城市化进程不但损害了生态韧性，还打破了生态系统平衡（汪东川等，2023）。城市公园绿地、农田、林地、湿地、草地等绿色空间是生态韧性的重要载体，随着城镇化与气候变化导致的生态风险不断加剧，生态韧性成为国内外绿色空间研究的热点之一，但是缺乏对空间尺度上城市生态韧性与绿色空间相结合的研究（冯一凡等，2023）。本节基于生态建设背景下景观格局对植物多样性的多时空尺度影响，深化了绿色空间的生态韧性研究。研究结果显示，景观的时间异质性与植物多样性的关系具有明显的尺度效应，随着周围生境的消失，经过一段时间缓冲后，植物才会面临从该区域消失的风险，这与大量研究结果一致（Tilman et al.，1994；Alofs et al.，2014；李祖政等，2018）。景观格局变化和植物响应之间存在时间滞后现象（Tilman et al.，1994），即当

前和未来的植物群落配置与植物多样性受到早期景观格局的影响。当植物生境遭到破坏后，植物成株会在短期内消失，但是当幼苗由于干扰而无法生长或者经过长时间土壤种子库耗尽后，该物种才可能局部消失。此外，景观破碎化及景观连通性的降低进一步阻碍了植物间传粉及种子传播效率，植物需要更长的时间才能重新扩散到该区域。2009—2022 年，研究区植物 α 多样性对景观格局变化的响应在除 800 m 外的任何空间尺度下均有明显的时间滞后现象，而植物 β 多样性对景观格局变化的响应在 400 m 尺度以上才存在时间滞后现象，这预示着空间尺度越大，植物多样性对景观格局变化的响应可以有越长的缓冲时间。这种现象可能与不同植物的生活史策略有关。有研究表明，植物物种寿命很长或有持久的种子库，生境破碎化的不利影响可能在一段时间内不明显（Alofs et al.，2014）。可见，研究区植物多样性现状是早期土地利用变化及历史绿色空间格局导致的结果；城市公园绿地、农田、森林、湿地等绿色空间可以在一定程度上缓冲快速城市化进程对植物多样性带来的不利影响；绿色空间具有生态韧性，这种韧性存在多尺度的时空异质性。因此，增加高质量的生境斑块数量及变异性，提升优势斑块占比、丰富程度及分布均匀程度，构建多层次的生态廊道连接，有助于协调韧性生态城市与可持续发展。

3.5.4 结论与展望

在扬州市广陵区生态城市建设中，城市绿色空间及景观格局发生了较大变化，建成区和非建成区植物多样性组成具有差异性。景观格局是影响植物多样性的重要因素，具有很强的尺度依赖性，不同景观类型为植物生存提供了重要的生境，优化绿色空间有助于提升城市生态韧性。

2023 年 8 月 15 日，习近平总书记在首个全国生态日作出重要指示，强调要加快推进人与自然和谐共生的现代化，全面推进美丽中国建设。生态城市站在人与自然和谐共生高度谋发展，是美丽中国城市未来形态。协调韧性生态城市与可持续发展目标时，应强化对各尺度绿色空间的生态韧性精准评估及分区治理研究，以生态城市规划为手段，优先进行建成区及非建成区的植物多样性本底调查，深入探究生态韧性的时空分布特征及发展趋势，综合市域、市辖区、建成区、街区及社区多尺度绿色空间的分析方法，构建多层级、跨尺度的生态韧性评价体系，科学布局与优化建成区绿地系统及市域绿地空间，将生态风险较大区域纳入生态保育型绿地中并设置生态控制线，建设特殊保护小区或保护点实施就地保护，使各尺度生态韧性级联协同，在保护与开发中寻求适宜的绿色空间生态韧性水平区间，进而有助于提升城市植物多样性精细化保护与管理能力。

第二篇

快速城市化地区生态文明

第 4 章

城市群生态系统服务与生态文明建设

生态系统服务代表了人类从生态系统中获得的利益（Costanza et al.，1997；Daily et al.，2000），通过其生态特征、功能、过程、产品直接或间接促进人类福祉（Millennium Ecosystem Assessment，2005）。城市是一个社会-经济-自然复合生态系统，由于快速工业化和经济扩张，城市生态服务供需严重失衡（Deng et al.，2021），城市潜在生态风险不断增加，城市生态福祉问题日益受到关注。城市化与生态系统服务之间存在复杂关系（欧阳晓等，2019；朱治州和钟业喜，2019；Yu et al.，2021），通过核算生态系统服务价值（ecosystem service value，ESV），剖析 ESV 空间特征可提升对城市生态系统服务的认识（陈万旭等，2019；税伟等，2019），但对更深层次城市生态问题的解决仍缺乏有效支撑（Sun et al.，2019；Kang et al.，2022）。因此，探索城市群 ESV 驱动效应对于更好地理解城市生态环境问题的空间模式、过程和机制是必要的（Luo et al.，2020；Yang et al.，2022），对提升城市群尺度生态福祉和人居环境健康具有重要借鉴意义（Pires et al.，2021）。

在城市尺度上，人类活动对陆地生态系统固碳能力的影响是复杂的。一方面，城市化过程中城市建成区急剧扩张导致城市生态用地不断被侵蚀占用，生态空间破碎化现象严重，土地结构的改变直接导致生态系统退化、固碳能力下降（徐耀阳等，2018）；另一方面，近年来我国大力推动生态文明建设，在城市化部分地区开展了植树造林、退耕还林、天然林保护等生态保护修复项目，这在改善城市生态系统多样性、稳定性、持续性和提升植被碳储量方面发挥了积极作用（Mitchard，2018；Tong et al.，2020；邓元杰等，2020；Yue et al.，2020）。因此，城市生态空间急剧减少和植树造林等生态修复工程对固碳能力平衡效果和驱动贡献还有待进一步认识和讨论；同时，城市人造夜间灯光会对植被物候及生态生理过程产生作用，进而影响其固碳能力（Lian et al.，2021）。此外，气候变化改变了生态系统的水热光照条件，快速城市化地区的热岛效应叠加气候升温可以促进光合作用，从而增加固碳量，但气温升高使水分蒸发加快、土壤湿度下降，也会降低植物生长和固碳能力（Dong et al.，2023）。在一定条件下，CO_2浓度升高可以加速光合速率，从而提高植被生产力（Walker et al.，2021），但在CO_2高密度排放的快速城市化地区，CO_2浓度升高也可能抑制光合作用，从而导致固碳能力下降（Wang et al.，2020），这需要进一步验证。虽然全球尺度氮沉降对碳汇的驱动得到了一定认识（Gurmesa et al.，2022；Yu et al.，2019；Reay et al.，2008），但氮沉降对快速城市化地区的陆地生态系统固碳量驱动贡献仍然缺乏足够的讨论。因此，快速城市化地区陆地生态系统固碳量影响因素驱动贡献和主导因素没有得到充分辨识，限制了对城市生态系统的科学认识和对城市更新、新型城镇化等城市生态保护政策措施的科学实施。

4.1 生态系统服务的驱动机制

ESV 影响因素一般包括自然因素和人为因素。自然因素来自生态系统内部，对 ESV 有最直接的影响。例如，气候通过调节地表水热条件进而影响植被生长，生物生长和栖息地的空间特征演变也至关重要（Qiu et al.，2019；Yu et al.，2021），地形可以影响多种生态系统服务，包括土壤保持力、供水能力和作物产量。同时，随着人类对地球生态环境的影响和破坏，人为因素变得越来越重要（Luo et al.，2020）。土地利用变化反映了人类的资源足迹，是人类影响生态系统最直接的表现形式，也是 ESV 变化的关键影响因素，人口密度、经济发展水平和城市化等因素在不同程度上均有影响（Li et al.，2022）。在驱动方法研究方面，Pearson 相关系数能够确定变量间的相关性，但不能指明变量间的明确因果方向；传统回归分析方法不能厘清变量之间的相互作用关系，以至于各变量对被解释变量的重要性无法精确测度。因此，尽管之前的研究范围很广，但仍不能阐明 ESV 各影响因素之间的相互作用关系，各影响因素对 ESV 的直接、间接效应并没有在统一框架下定量测度，这种直接、间接效应的演变特征没有被深入探讨。

长江三角洲城市群（Yangtze river delta urban agglomerations，YRDUA，以下简称长三角城市群）是中国现代化发展和城市化水平最高的地区之一，然而密集的经济发展和城市扩张对其生态系统服务构成了巨大威胁。鉴于此，本节以长三角城市群为研究对象，基于修订的当量价值系数和土地利用等数据分析长三角城市群 ESV 时空演化特征，并运用随机森林（random forest，RF）和结构方程模型（structural equation model，SEM）探究人为活动和自然条件共 10 项指标对 ESV 的驱动特征及驱动路径，以期为区域生态保护修复和城市群生态福祉提升提供参考。

4.1.1 材料与方法

1. 研究区概况

长三角城市群位于长江入海之前的冲积平原，根据《长江三角洲区域一体化发展规划纲要》《长江三角洲城市群发展规划》，包括上海市，江苏省的南京、无锡、常州、苏州、南通、盐城、扬州、镇江、泰州，浙江省的杭州、宁波、温州、嘉兴、湖州、绍兴、金华、舟山、台州，安徽省的合肥、芜湖、马鞍山、铜陵、安庆、滁州、池州、宣城 27 个中心城市，陆域土地利用面积 22.24 万 km^2。长三角城市群是长三角一体化发展的中心区，是中国最发达的城市群之一，快速城市化导致其生态服务功能面临威胁。

2. 数据来源

ESV 核算数据：选择当量因子法核算 ESV，需结合长三角区域土地利用、社会经济、农作物产值、生态指标等作为模型参数修订依据。采用 NPP 产品数据（MOD17A3H）和降水产品数据（https://crudata.uea.ac.uk/cru/ data/hrg/cru_ts_4.04/）对长三角区域生态服务价值系数进行修正。粮食产值、播种面积等主要源于上海市、江苏省、浙江省、安徽省统计年鉴。长三角城市群陆域土地利用数据（https://www.globallandcover.com）显示，2000—2020 年，长三角城市群呈耕地、林地、湿地持续下降，水体和人造地表逐步上升的基本趋势（表 4-1）。

表 4-1 长三角城市群土地利用数据 单位：万 km^2

年份	耕地	林地	草地	灌木地	湿地	水体	人造地表	裸地	合计
2000	12.14	6.23	0.59	0.02	0.18	1.77	1.30	0	22.24
2010	11.60	6.20	0.61	0.02	0.13	1.78	1.91	0	22.24
2020	10.42	6.17	0.60	0.02	0.11	1.96	2.95	0	22.24

ESV 驱动数据：为揭示长三角城市群 ESV 驱动效应，选择人为活动和自然条件 2 个方面共 10 项具体指标作为解释变量。人为活动驱动类型包括人口密度、夜间灯光指数、土地利用结构、河网密度和 $PM_{2.5}$ 浓度，自然条件包括高程、坡度、NDVI、降水、地表温度和河网密度。夜间灯光指数与经济发展水平有较大的关联性且空间分辨率较高，采用夜间灯光指数表征经济发展水平；同时，长三角城市群北部地区是我国东部地区典型的河网密集区，河网密度对 ESV 的驱动影响被纳入分析。空气环境质量与 ESV 有着复杂的关系，$PM_{2.5}$ 被选为驱动因素。同时，由于快速城市化导致土地利用结构剧烈变化，生态用地是驱动 ESV 演变的重要影响因素，因此将土地利用的耕地、林地和水域典型生态用地纳入探究范围。人口密度、高程、坡度、降水和地表温度均是常规驱动因素。所有数据统一为 WGS_1984_UTM 投影系统，栅格数据转换为矢量数据，采用渔网方式严格对齐空间格网，并提取驱动因素特征值（表 4-2）。

表 4-2 长三角城市群生态系统服务驱动数据

类型	指标表征	精度	数据来源
人为活动	人口密度/（万人/km^2）	1 km	https://www.worldpop.org/
	夜间灯光指数/［nano-W/（cm^2·s）］	1 km	https://dataverse.harvard.edu/dataset.xhtml?persistentId=doi:10.791 0/DVN/YGIVCD
	土地利用结构（耕地，林地，水域）/m^2	30 m	https://www.globallandcover.com
	$PM_{2.5}$ 浓度/（μg/m^3）	1 km	https://modis.gsfc.nasa.gov/data/dataprod/mod13.php
自然条件	高程/m	30 m	http://srtm.csi.cgiar.org/srtmdata/
	坡度/°	30 m	http://srtm.csi.cgiar.org/srtmdata/
	NDVI	500 m	https://modis.gsfc.nasa.gov/data/dataprod/mod13.php
	降水/mm	1 km	http://data.cma.cn/
	地表温度/℃	1 km	http://data.cma.cn/
	河网密度/（km/km^2）	1 km	https://www.openstreetmap.org

3. 研究方法

ESV 核算与系数修订：采用 Costanza 等（1997）提出的当量因子法对长三角城市群 ESV 进行估算。当量因子法适合大区域尺度的 ESV 核算，计算公式为

$$\mathrm{ESV}=\sum_{j=1}^{n}\sum_{i=1}^{n}A_i\times E_{i,j}\times E_j \tag{4-1}$$

式中：ESV 为生态系统的总服务价值，元/a；$E_{i,j}$ 表示第 i 种生态系统类型第 j 生态系统服务价值系数，元/（hm^2·a）；A_i 为 i 类生态系统类型的面积，hm^2；E 代表单位面积粮食产量的经济价值，元/（hm^2·a）。同时，修订地区农作物产值面积、NPP 和降水修订价值系数（谢高地等，2015）。其中，依据无人力投资的自然生态系统输出价值为农田食物生产服务单价的 1/7 修订标准当量因子，公式为

$$E=\frac{1}{7}\times\frac{T}{X} \tag{4-2}$$

式中：E 为单位面积粮食产量的经济价值，元/hm^2；T 为研究区粮食总价值，元；X 代表研究区粮食播种面积，hm^2。进一步通过 NPP 和降水数据依据条件因子法对部分价值系数进行修订，计算公式如下：

$$\lambda=\frac{B}{B_0} \tag{4-3}$$

$$E_j=\lambda\cdot E_{0j} \tag{4-4}$$

式中：λ 为生态系统服务当量的区域修正系数；B_0 为全国平均 NPP 数值；B 为长三角城市群逐像元 NPP；E_j 为第 j 类生态系统经过区域修正后的生态系统服务当量；E_{0j} 为第 j 类

生态系统全国平均生态系统服务当量，其中 j=1，2，…，8，依次为食物生产、原料生产、气体调节、气候调节、净化环境、维持养分循环、维持生物多样性、提供美学景观服务。在 NPP 对 8 种生态服务价值系数逐像元修订的基础上，再通过降水产品数据对水资源供给和水文调节服务价值当量继续修订。2000—2020 年，长三角地区农作物种植面积为 1 047.24 万 hm^2，对应总产值为 3 465.93 亿元，由此得到单位面积粮食产量的经济价值为 4 727.96 元/hm^2。通过统计得到不同土地利用生态服务功能价值当量，见表 4-3。

表 4-3　长三角城市群单位面积生态服务价值当量　　单位：元/（m^2·a）

一级类型	二级类型	水田	针阔混交林	灌草丛	灌木	湿地	水域	裸地
供给服务	食物生产	772.91	176.18	215.96	107.98	289.84	454.66	0
	原料生产	51.15	403.51	318.26	244.38	284.16	130.71	0
	水资源供给	−2 238.22	314.88	263.82	187.23	2 204.17	7 055.06	0
调节服务	气体调节	630.83	1 335.55	1 119.59	801.33	1 079.81	437.61	11.37
	气候调节	323.94	3 995.29	2 960.95	2 403.99	2 045.95	1 301.45	0
	净化环境	96.61	1 130.96	977.51	727.45	2 045.95	3 154.17	56.83
	水文调节	2 314.81	2 987.13	3 250.95	2 850.96	20 620.52	87 009.59	25.53
支持服务	土壤保持	4.26	1 216.98	1 021.24	731.89	982.94	395.73	8.51
	维持养分循环	107.98	125.03	102.30	73.88	102.30	39.78	0
	维持生物多样性	119.35	1 477.63	1 238.94	892.26	4 472.68	1 449.22	11.37
文化服务	美学景观	51.15	647.88	545.59	392.14	2 688.15	1 074.12	5.68
合计		2 234.78	13 811.01	12 015.09	9 413.49	36 816.48	102 502.11	119.29

随机森林（RF）：RF 是一种集成学习方法，该方法对过度拟合具有鲁棒性，且能充分探测变量对解释变量的贡献程度（Breiman，2001）。训练一个 RF 的本质是训练多个分类与回归树（classification and regression trees，CART）。CART 是一个二叉树模型，其核心是切割变量和切割点的选择。在 RF 中，单棵 CART 首先遍历一部分变量和变量数据，然后根据切割后节点的不纯度，确定最佳切割变量和切割点，综合所有树的结果得到最终模型。选择 RF 回归方法，节点不纯度的计算公式为

$$G(x,y)=\frac{1}{N_s}\left(\sum_{y_i\in X_{\text{left}}}(y_i-\overline{y}_{\text{left}})^2+\sum_{y_i\in X_{\text{rigit}}}(y_i-\overline{y}_{\text{right}})^2\right) \tag{4-5}$$

式中：x 为一个分切变量；y 为 x 的分切值；N_s 为所有训练样本的数量；X_{left} 是由 y_i（$y_i<y$）组成的数据集；X_{righ} 是由 y_i（$y_i>y$）组成的数据集；$\overline{y}_{\text{left}}$ 和 $\overline{y}_{\text{right}}$ 分别是 X_{left} 和 X_{right} 的平均值。

同时，RF 通过袋外误差（out-of-bag error，OOB）样本来估计变量的重要性。公式如下：

$$\mathrm{IMp}(\mathrm{Var}_i)=\frac{\sum_{j=1}^{n}(err\mathrm{OOB2}_{ij}-err\mathrm{OOB1}_{ij})}{n} \tag{4-6}$$

式中：$\mathrm{IMp}(\mathrm{Var}_i)$是变量 i 的重要性；$err\mathrm{OOB1}_{ij}$ 是根据 CART_j 中变量 i 出袋数据计算的误差；$err\mathrm{OOB2}_{ij}$ 是根据 CART_j 中变量 i 出袋数据加上噪声干扰计算的误差；n 是 CART 数量。通过 RF 对 10 项驱动因素对 ESV 响应解释程度建模，方差 Var 解释程度%为 RF 模型的解释能力，最大为 100%；通过 IMp 测度消除驱动因素之间作用影响噪声的驱动因素对 ESV 的相对重要性。

结构方程模型：SEM 与回归分析的重要区别是在 SEM 中某个响应变量（回归分析中也叫因变量）还可以作为其他响应变量的预测变量（自变量）。换言之，SEM 包含了多个变量之间直接和间接的因果关系，并通过图示中的箭头（路径）方向展示所有的因果关系（Valdés et al.，2020）。与传统的基于方差-协方差的 SEM 相比，分段 SEM 可以做到：①将多个独立线性模型组合成一个单一的因果网络；②使用 Shipley 的分离检验来检验模型中是否缺少任何路径；③使用 Akaike 信息准则（AIC）来比较嵌套模型。分段 SEM 尚未纳入潜在或复合变量，因此通常更准确地称其为验证性路径分析。

通过将因果关系分组，使用分段 SEM 研究了人为活动和自然条件共 10 项指标对长三角城市群 ESV 的驱动路径，同时考虑了以林地和 NDVI 为中间路径间接驱动 ESV 的情形。分别通过线性模型拟合分组模型，对表 4-2 驱动因素的驱动路径做了标准化处理，最终通过 Shipley 的分离测试评估分段 SEM 的整体拟合解释度。通过 R 软件包“piecewiseSEM”中的实现分段 SEM，参考前人研究（Jing et al.，2015），使用 Chi-Squared、Chi-Squared/P-value、Fisher’s C、Fisher’s C/P-value、AIC 和 R^2 作为模型检验指标，其中 Fisher’s C 的 χ^2 值低于显著性水平（$p<0.05$），表明模型与数据不一致，应予以拒绝。

4.1.2 生态系统服务价值（ESV）

1. 时空变化

由表 4-4 可发现，2000—2020 年长三角城市群总体 ESV 呈先下降后上升的变化趋势，由 2000 年的 24 508.53 亿元降至 2010 年的 24 285.57 亿元，再升至 2020 年的 25 217.34 亿元，2000—2020 年 ESV 整体增加 708.81 亿元，增幅 2.89%。2000—2020 年，食物生产、原料生产、气体调节、气候调节、维持生物多样性、维持养分循环和美学景观类型的 ESV 均呈下降趋势，而水资源供给和水文调节类型的 ESV 呈减少损失或上升趋势，这主要是由于耕地和林地面积下降而水域面积上升驱动形成的（表 4-1）。具体来看，2000—2010 年，水文调节 ESV 下降 120.52 亿元，占比达到下降总量的 54.05%；而水资源供给 ESV 反而上升 75.81 亿元。2010—2020 年，水文调节和水资源供给 ESV 共增加 1 096.20 亿元，是整体 ESV 提升的主要贡献。

表 4-4　2000—2020 年长三角城市群 ESV 变化

生态系统服务类型	2000 年	2010 年	2020 年	2000—2010 年		2010—2020 年	
	ESV/亿元			变化/亿元	变幅/%	变化/亿元	变幅/%
食物生产	1 137.67	1 095.22	1 011.77	−42.45	19.04	−83.45	−8.96
原料生产	357.96	353.68	348.16	−4.28	1.92	−5.53	−0.59
水资源供给	−805.99	−730.19	−473.51	75.81	−34.00	256.68	27.55
气体调节	1 747.79	1 708.56	1 635.96	−39.24	17.60	−72.60	−7.79
气候调节	3 301.83	3 271.44	3 240.19	−30.40	13.63	−31.24	−3.35
净化环境	1 463.67	1 450.67	1 488.47	−12.99	5.83	37.80	4.06
水文调节	13 684.63	13 564.11	14 403.64	−120.52	54.05	839.52	90.10
土壤保持	1 208.48	1 201.63	1 202.37	−6.85	3.07	0.74	0.08
维持养分循环	222.22	215.91	203.37	−6.31	2.83	−12.54	−1.35
维持生物多样性	1 461.41	1 438.17	1 435.38	−23.24	10.42	−2.79	−0.30
美学景观	728.86	716.37	721.56	−12.49	5.60	5.19	0.56
合计	24 508.53	24 285.57	25 217.34	−222.96	100.00	931.77	100.00

从空间变化来看，长三角城市群体现出重点湖泊、湿地和水系地区 ESV 最高，南部丘陵地区 ESV 次之，北部农田地区 ESV 再次之，都市群建成区 ESV 最低的空间分布格局。2000—2020 年，合肥市巢湖北部、杭州市东部、盐城市北部、苏州市东部和北部、无锡市北部、常州市、扬州市、南京市、宁波市、金华市均出现了 ESV 下降趋势；泰州市和扬州市北部、南通滨海湿地 ESV 有所增加；苏州市城区 ESV 呈集聚态势发展，离散化程度有所降低，ESV 有所增强；太湖、巢湖、高邮湖、石臼湖、滆湖、长江干流水系及滨海湿地等地 ESV 呈稳定发展态势。

2. 空间异质性

由图 4-1 可知，长三角城市群在不同空间分辨率尺度下 ESV 空间 Moran’s *I* 均大于 0.45、*Z*-score 得分大于 1.96（P-value 均通过 1%显著性检验），这表明长三角城市群 ESV 有较强的空间聚集模式。具体来看，在 1 km 和 5 km 空间分辨率下，ESV 的 Moran’s *I* 和 *Z*-score 测度接近，2000—2020 年 Moran’s *I* 平均值分别为 0.83 和 0.78，*Z*-score 平均值分别为 553.23 和 541.76，均高于其他空间分辨率，这表明 1 km 和 5 km 是 ESV 空间异质性表现最为强烈的空间尺度。同时发现，在所有不同空间分辨率尺度下，2000 年、2010 年和 2020 年的空间异质性强度呈微弱下降趋势，这表明 ESV 的空间离散性特征随城市化剧烈演变而逐渐增强，生态空间格局逐渐破碎化、离散化。

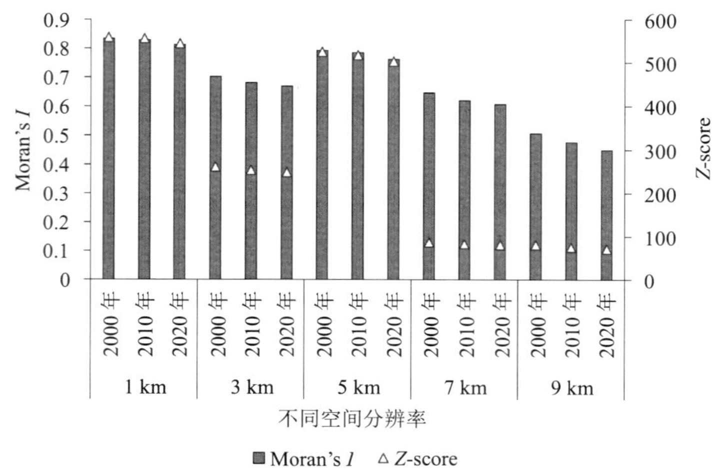

图 4-1 不同空间分辨尺度下长三角城市群 ESV 空间异质性

3. 冷热点分析

综合空间异质性表达能力和计算工作量，确定 5 km 分辨率作为 ESV 驱动分析的空间单元。2000—2010 年，安庆市南部、池州市北部、南通市与上海市接壤地区、苏州市与无锡市和上海市接壤地区、杭州市与湖州市和嘉兴市接壤地区、舟山市出现了空间冷点，表明该地区 ESV 下降呈现空间聚集效应；而常州市、无锡市和苏州市南部地区，南京市、马鞍山市、芜湖市、宣城市接壤地区，铜陵市、池州市、安庆市，泰州市北部，滁州市、合肥市接壤地区，宁波市、台州市、温州市滨海地区出现了空间热点，表明这些地区 ESV 上升呈现空间聚集效应。与 2000—2010 年相比，2010—2020 年扬州市、泰州市、盐城市接壤地区，盐城市、南通市滨海湿地的 ESV 上升空间聚集效应呈扩大趋势；而宁波市、台州市、温州市滨海地区，滁州市、合肥市接壤地区，南京市、马鞍山市、芜湖市、宣城市接壤地区则从 2000—2010 年的空间热点转换为空间冷点，杭州市与湖州市和嘉兴市接壤地区，南通市、上海市接壤地区从 2000—2010 年的空间冷点转换为空间热点，这表明 2010—2020 年这些地区 ESV 变化呈剧烈波动。整体来看，2000—2020 年扬州市、泰州市、盐城市接壤地区，盐城市、南通市滨海湿地，常州市、无锡市、苏州市、湖州市接壤地区，南京市、马鞍山市接壤地区的 ESV 上升热点效应非常显著，而上海、苏州、南通、无锡、镇江、南京 6 个城市，以及合肥、芜湖、铜陵 3 个城市建成区地区的 ESV 下降冷点效应非常显著，长三角城市群 ESV 上升和下降的空间聚集效应非常显著。

4.1.3 驱动因素

1. 相关性

Pearson 相关性分析显示，2000—2020 年土地利用结构对 ESV 的相关性整体较高，水体与 ESV 的相关性稳定在 0.8，林地从 0.5 降到 0.3，耕地从 –0.9 变化为 –0.8。$PM_{2.5}$ 与 ESV 的相关性在从 –0.7 变化为 –0.8。由于长三角城市群大部分地区是平原地区，地形因子与 ESV 相关性极低，河网密度与 ESV 的相关性在 –0.5～–0.4 间波动，降雨、人口密度、NDVI、夜间灯光与 ESV 的相关性不高。此外，耕地与林地、水域呈显著负相关，与河网密度和 $PM_{2.5}$ 呈显著正相关；温度与降雨、NDVI 呈显著正相关；夜间灯光与人口密度呈一定程度正相关。

2. 重要性

由表 4-5 可知，2000 年、2010 年和 2020 年 RF 模型的方差解释度分别为 91.53%、91.83% 和 89.97%，均超过 89%，这表明该模型通过驱动因素可以实现对 ESV 较强的解释。

表 4-5　长三角城市群 ESV RF 模型精度评价

指标	2000 年	2010 年	2020 年
Var 解释程度/%	91.53	91.83	89.97
RMSE/$\times 10^{12}$	1.05	1.18	1.72

水域、林地、耕地、$PM_{2.5}$ 和河网密度是 2000—2020 年长三角城市群 ESV 重要的驱动因素，且水域的重要程度远远高于其他影响因素，平均值达到了 1 781。2000—2020 年，水域、林地、$PM_{2.5}$、河网密度的重要性均呈上升趋势，耕地影响因素重要性呈微弱下降趋势。高程、坡度、降雨、人口密度、夜间灯光、温度和 NDVI 等影响因素重要性较低，且无明显变化趋势特征。

3. 驱动路径

由 SEM 分析结果（表 4-6）可知，所有年份的 Chi-Square 和 Fisher's C 检验的 P-value 均大于 0.05，这表明因果关系假设通过检验，且结构方程模型解释程度较好，精度和信度都可靠。总体来看（图 4-2），水域、林地、耕地、河网密度、$PM_{2.5}$、人口密度等驱动因素对 2000 年、2010 年、2020 年及 2000—2020 年的 ESV 变化的解释程度分别为 85%、84%、83%和 72%。2000—2020 年，驱动因素对林地解释程度处于 47%～55%的水平，对于 NDVI 的解释程度处于 16%～20%的水平。

表 4-6　长三角城市群 SEM 精度评价

年份	Chi-Squared	Chi/P-value	Chi-Squared/*df*	Fisher's C	Fisher's C/P-value	Fisher's C/*df*	AIC
2000	9.44	0.09	5	16.64	0.08	10	624 785.97
2010	4.65	0.31	5	13.88	0.18	10	629 118.92
2020	3.56	0.62	5	7.99	0.66	10	634 673.22
2000—2020	10.86	0.06	5	20.09	0.06	10	606 265.97

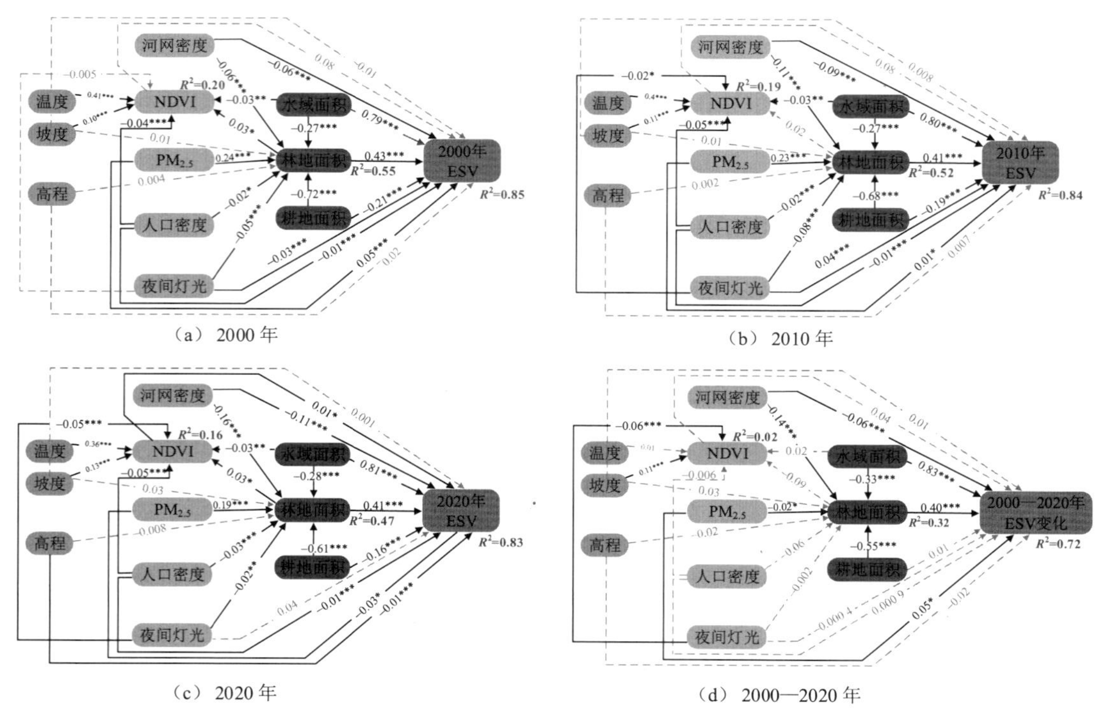

（a）2000 年　（b）2010 年

（c）2020 年　（d）2000—2020 年

图 4-2　2000—2020 年长三角城市群 ESV 结构方程建模

注：箭头表示预测因子对反应变量有显著影响（$*P<0.05$，$**P<0.01$，$***P<0.001$），而虚线表示无显著影响。箭头方向表述因果作用方向，箭头上的数字是标准化路径系数 β。

由图 4-2（a）可知，2000 年水域、林地、$PM_{2.5}$ 对长三角城市群 ESV 有直接正向驱动效应（标准化路径系数依次为 β=0.79、β=0.43 和 β=0.05），耕地、河网密度、夜间灯光、人口密度则是直接负向驱动影响（标准化路径系数依次为 β=–0.21、β=0.06、β=0.03、β=0.01）。对林地有显著直接正向驱动效应的是 $PM_{2.5}$，标准化路径系数 β 为 0.24；耕地、水域、河网密度、夜间灯光、人口密度等对林地均为负向驱动效应（标准化路径系数依次为 β=–0.72、β=–0.27、β=–0.06、β=–0.03、β=–0.02）。对 NDVI 有直接正向影响的因素包括温度、坡度和林地（标准化路径系数依次为 β=0.41、β=0.1 和 β=0.03），而人口密度和水域有负向影响，标准化路径系数 β 分别为 –0.04 和 –0.03。$PM_{2.5}$、人口密度、夜间灯光同时也通过林地间接影响 ESV。而高程、温度、坡度对长三角城市群 ESV 和林地的驱动效应并不显著。

与 2000 年相比，2010 年和 2020 年长三角城市群 ESV 驱动模型差异较小［图 4-2（b）、（c）］，水域、河网密度对 ESV 的作用强度有所增大，标准化路径系数分别从 0.79 上升到 0.81、从 –0.06 变化为 –0.11；林地标准化路径系数从 0.43 下降到 0.41，耕地从 –0.21 变化为 –0.16；$PM_{2.5}$、夜间灯光对 ESV 的直接负向驱动影响显著性下降，而高程和 NDVI 对 ESV 的正向驱动效应显著性上升。耕地和 $PM_{2.5}$ 对林地的负向驱动效应在下降，水域、河网密度对林地的驱动效应则在增强。由图 4-2（d）可知，2000—2020 年 ESV 变化通过显著性检验的正向驱动因素为水域变化、林地变化和 $PM_{2.5}$ 变化（标准化路径系数依次为 β=0.83、β=0.4 和 β=0.05），负向驱动因素为河网密度，β 为 –0.06；耕地变化、NDVI 变化、人口密度变化、夜间灯光变化对 ESV 变化的驱动因素并不显著。同时，人口密度变化和夜间灯光变化通过作用林地变化间接影响 ESV 变化的驱动效应并不显著；而 $PM_{2.5}$ 变化驱动林地变化则是负向显著。

4.1.4　讨论与结论

1．讨论

基于修订的当量价值系数和土地利用数据分析长三角城市群 ESV 时空演化特征，该研究通过 RF 和 SEM 探究人为活动和自然条件共 10 项指标对 ESV 的驱动特征及驱动影响演化特征，在统一框架下定量测度 ESV 各影响因素之间的相互作用关系及其对 ESV 直接间接驱动效应，尝试探究长三角城市群 ESV 演化模式和驱动机制。

（1）ESV 演化特征

长三角城市群地形结构影响了土地利用结构的基本格局特征，进而对长三角城市群 ESV 空间分布格局产生了主要驱动影响。东部平原河网密集，水域和湿地生态保护和土地利用结构是主导 ESV 变化的主要影响因素。2000—2010 年，长三角城市群 ESV 下降的主要原因是耕地和水域湿地等生态用地面积迅速下降，这与同时期该地区高速经济扩张和城市化建设是相吻合的，在上海市、苏州市、无锡市接壤地区，南通市、上海市接壤地区，杭州市、嘉兴市、湖州市等接壤地区的 ESV 变化冷点效应非常显著［图 4-2（a）］。2010—2020 年，南京市、镇江市、马鞍山市、芜湖市连片接壤地区，苏州市、南通市接壤地区，台州市、温州市滨海地区的 ESV 变化由 2000—2010 年的热点变为冷点或冷点效应显著［图 4-2（b）］，则侧面表征了这些地区是长三角城市群演化的后续持续高速发展城市。

（2）ESV 驱动路径

2000—2020 年各驱动因素的重要性及驱动因素对 ESV 标准化路径系数显著性和大小的差异（图 4-2）体现了在 ESV 及其影响因素演化过程中的分异特征，这种特征对于理解 ESV 演化过程具有重要启示。

在直接驱动路径方面，与 Kang 等（2022）通过岭回归解释城市群驱动因素结果相似，土地利用结构对 ESV 的驱动力非常显著，但本节研究发现水域用地是 ESV 最主要的驱动因素，这与 Wang 等（2018）的发现相似。本节进一步阐明了水域、林地、耕地对 ESV 的直接影响及水域、耕地分别通过林地对 ESV 的作用影响，剖析了完整驱动过程（图 4-2）；同时，Kang 等（2022）是按城市尺度开展试验的，不能捕捉更高分辨率 ESV 驱动的细节信息，其研究区间为 2009—2016 年，不能阐明长三角城市群 ESV 的长期演化驱动特征。本章选择河网密度和 $PM_{2.5}$ 作为长三角城市群 ESV 的驱动因素，是结合当地生态环境和社会经济条件的一种探索。长三角城市群大部分处于我国东部平原地区，降水充沛、河网密集，而传统的土地利用数据由于空间分辨率及地图综合容易将河网密度信息丢失。由图 4-2 可知，河网密度对 ESV 的驱动影响非常显著，且标准化路径系数绝对值呈上升趋势。同时，2000—2020 年长三角地区 $PM_{2.5}$ 呈下降趋势，其对 ESV 的驱动显著性下降，对林地驱动强度呈下降趋势。

在间接驱动路径方面，NDVI 和林地同时作为中间变量直接或间接作用于 ESV，其中其他驱动因素通过林地间接作用于 ESV 则更为显著；同时，水域、耕地、河网密度、$PM_{2.5}$、人口密度、夜间灯光对于林地的驱动效应均非常显著，但对于林地变化的解释程度却不是很高，处于 47%～55%。驱动因素直接、间接标准化路径系数的分异特征也体现出生态系统复杂的作用关系，本章除了耕地通过林地间接作用 ESV 的间接标准化路径系数小于耕地直接作用 ESV 的标准化路径系数，其余的驱动路径中均是间接驱动路径的显著性水平和驱动强度大于直接驱动路径的，如 $PM_{2.5}$ 和河网密度作用林地的显著性水平和标准化路径系数大于直接作用于 ESV。

该研究对 NDVI 的解释程度较弱，低于 Yang 等（2021）提出的江苏省人类活动变化（包括道路、人口密度、夜间灯光、土地利用）对 NDVI 56%的解释强度；同时，在气候变化方面，温度对 NDVI 标准化路径系数为 0.36～0.41，这可能是由于长三角城市群南部地区多为丘陵地貌，植被变化受到光热温度条件影响较大。2000—2020 年，夜间灯光对 NDVI 的作用强度从不显著到显著性不断增强，表现出经济发展水平对 NDVI 的驱动力在增强［图 4-2（a）～（c）］。

（3）局限性

在区域尺度下，不同生态功能区划的主导生态功能存在差异。主导生态功能对 ESV 提供的供给、调节、支持、文化等服务价值存在差异，因此其对 ESV 演化驱动关系网络必然存在分异特征，这是该研究未能顾及的；同时，景观格局、交通网络、空气污染物（除了 $PM_{2.5}$）、土壤类型等也均对 ESV 产生驱动作用（Luo et al.，2020；王若思等，2022），受污染水体、耕地、林地对 ESV 驱动有差异影响，在城市发展过程中城市—郊区—农村生态空间梯度演变特征对 ESV 演变也存在复杂影响，这些可以在后期的研究中进一步探索。

2．结论

一是 2000—2020 年，长三角城市群水域和湿地保护导致水文调节服务价值上升 719.01 亿元，对 ESV 变化贡献达到 101.44%；长三角 ESV 空间聚集冷热点演变过程从侧面反映了长三角城市群的城市化扩张。

二是 2000—2020 年，水域、林地、$PM_{2.5}$、河网密度对 ESV 的重要性均呈上升趋势，耕地影响因素的重要性呈微弱下降趋势；水域对 ESV 直接驱动标准化路径系数 β 是非常显著水平，稳定在 0.79～0.81。

三是除直接驱动 ESV 外，通过林地间接驱动 ESV 也是重要的驱动途径，如 $PM_{2.5}$ 和河网密度作用林地的显著性水平和标准化路径系数 β 大于直接作用于 ESV。

四是驱动因素直接、间接标准化路径系数的分异特征也体现出生态系统复杂的作用关系，城市群生态福祉提升应综合考虑各项直接、间接因素的驱动效应，从系统性、整体性角度加强城市生态保护协同治理。

4.2 植被固碳服务的主导因素

陆地生态系统的固碳能力在全球碳平衡中发挥着重要作用（Friedlingstein et al.，2022），2010—2019 年陆地生态系统净吸收了同期 31%人类活动所释放的 CO_2（杨元合等，2022）。随着中国“双碳”目标全面实施，碳排放占比超过 80%的城市化地区的陆地生态系统气候适应能力逐渐受到重视，巩固和提升城市化地区陆地生态系统固碳量对区域碳平衡具有重要意义。从全球尺度来看，陆地生态系统固碳能力长期受到气候变化、人为活动、CO_2 浓度升高和氮沉降等因素的影响（Yang et al.，2022），但在人类活动复杂的城市尺度上这些影响因素的驱动贡献和影响机制并没有得到充分的讨论和认识。快速城市化地区陆地生态系统固碳量驱动研究已经成为建立基于自然解决方案的城市尺度“双碳”目标人为调控体系的重要支撑（米志付和张浩然，2023；于贵瑞等，2022），其研究成果有助于探索协同提升城市生态韧性和气候韧性的方案和路径，支撑“宜居、韧性、智慧城市”建设。

本节以长三角城市群的 202 个县（市、区）为研究区，在分析 2001—2020 年长三角城市群县级尺度陆地植被固碳量（carbon sequestration value of terrestrial vegetation，CS）时空特征的基础上，通过一阶偏导归因分析方法探究人为活动、气候变化、CO_2 浓度升高和氮沉降 4 个方面共 12 项指标对 CS 变化趋势的驱动贡献，揭示县级尺度 CS 变化主导因素，以期为建立基于自然的解决方案城市尺度“双碳”目标人为调控体系和科学制定城市生态保护政策提供参考。

4.2.1 材料与方法

1. 研究区概况

根据《长江三角洲区域一体化发展规划纲要》（中发〔2019〕21 号），长三角一体化中心城市有 27 个，共包括 214 个县（市、区），其中上海市 16 个、江苏省 68 个、浙江省 75 个、安徽省 55 个；属于亚热带季风气候，雨热同期；南部多丘陵山区地形，北部为冲积平原。2001—2020 年长宁区等 12 个区县部分行政区划发生了重大调整，因此未纳入本节分析。长三角城市群土地开发强度大、生态系统承压较高，是中国快速城市化具有代表性的地区之一；同时，该地区长期实施了植树造林等生态修复工程及相关生态保护政策。

2. 数据来源

研究数据分为两类：NPP 数据和 CS 驱动数据（表 4-7）。NPP 数据来自 The Land Processes Distributed Active Archive Center（LP DAAC），版本为 MOD17A3 HGF.061，其空间分辨率为 500 m，主要用于核算陆地生态系统固碳量。CS 驱动数据包括气候变化、人为活动、CO_2浓度和氮沉降等方面。

表 4-7 长三角城市群 CS 及其驱动数据

数据类型	指标	单位	原始数据精度	数据来源
陆地植被固碳量	CS	$\times10^7$ t	500 m	通过 NPP 和式（4-7）、式（4-8）计算得到，NPP 来源 https://lpdaac.usgs.gov/products/mod17a3hgfv061/
人为活动	POP	万人/km^2	1 km	https://www.worldpop.org/
	NTL	W/（cm^2·s）	1 km	https://dataverse.harvard.edu/dataset.xhtml?persistentId=doi:10.7910/DVN/YGIVCD
	AAF	hm^2	统计值	《中国林业和草原统计年鉴》（2002—2021）
	POG	%	30 m	http://globeland30.org/
	POW	%	30 m	
气候变化	TP	m	0.1°	https://cds.climate.copernicus.eu/cdsapp#!/dataset/reanalysis-era5-land?tab=overview
	TEM	K	0.1°	
	SSRD	J/m^2	0.1°	
	SP	Pa	0.1°	
CO_2浓度	CO_2	mol/（m^2·s）	1°×1°	http://carbontracker.noaa.gov
氮沉降	DAN	kg/hm^2	10 km	http://www.nesdc.org.cn
	WAN	kg/hm^2	1 km	

注：CS、POP、NTL、AAF、POG、POW、TP、TEM、SSRD、SP、CO_2、DAN、WAN 依次代表陆地植被固碳量、人口密度、夜间灯光指数、植树造林累积面积、绿地面积占比、湿地面积占比、降雨量、2 m 地表气温、地表太阳向下辐射、地表气压、空气环境 CO_2浓度、大气无机氮干沉降、大气无机氮湿沉降。

人为活动：选择夜间灯光指数（nighttime lights，NTL）、人口密度（population density，POP）、植树造林累积面积（annual area of afforestation，AAF）、绿地和湿地面积占比（proportion of green space area，POG；proportion of wetland area，POW）共 5 个指标来指示人为活动。NTL 被视为反映城市扩张和电力消耗影响的指标，是检测人类经济活动的有效变量，同时 NTL 对植被生态生理也会产生一定影响。本节选择 Chen 等（2021）通过跨传感器夜间灯光数据校正方案制作的 NTL 产品数据，其能较好地捕捉城市、城镇、工业场所的亮度及城市交通和住宅的扩展特征。POP 数据来自 WorldPop 人口密度产品数据。由于植树造林的树种为多年生树木，因此选择 AAF 以指示从初始年份后逐年累积的植树造林面积值，该统计指标有效克服了连续时间年份中部分年份数据缺失的问题，且 AAF 可在一定程度上指示植树造林的累积生态效益（Yang et al.，2022）。县域尺度植树造林面积数据从《中国林业和草原统计年鉴》（2002—2021）中获取。将城市的耕地、林地、草地、灌木的面积之和与国土空间总面积相比为 POG，同样将湿地面积与国土空间总面积相比为 POW，土地利用数据来源于 GlobeLand30 数据集。

气候变化：气候变化数据来源于 European Centre for Medium-Range Weather Forecasts（ECMWF）的 ERA5-Land 数据集（Muñoz-Sabater et al.，2021）。ERA5-Land 通过使用物理定律将模型数据与来自世界各地的观测结果相结合，再分析形成一个全球完整且一致的数据集。选择 2 m 地表气温（2 m temperature，TEM）、地表太阳向下辐射（surface solar radiation downwards，SSRD）、降雨量（total precipitation，TP）和地表气压（surface pressure，SP）共 4 个指标数据。

CO_2 浓度：选择 CarbonTracker 发布的全球空间 CO_2 浓度数据指示大气 CO_2 浓度（CarbonTracker CT-NRT，http://carbontracker.noaa.gov）。通过将每月化石燃料排放、陆地生物圈（不包括火灾）、野火排放和海气交换 CO_2 浓度数据求和得到月 CO_2 浓度值，将每年 12 个月取平均值得到年度 CO_2 浓度平均值。A. Babenhauserheide 等（2015）对该数据的可靠性进行了验证分析。

氮沉降：选择贾彦龙等（2019、2021）在国家生态数据中心资源共享服务平台（http://www.nesdc.org.cn）发布的大气无机氮干沉降（dry deposition of atmospheric inorganic nitrogen，DAN）和大气无机氮湿沉降（wet deposition of atmospheric inorganic nitrogen，WAN）时空格局数据集。

本研究所用到的行政区划数据来自全国地理信息资源目录服务系统的 1∶1 000 000 公众版基础地理信息数据（2021，https://www.webmap.cn/commres.do?method=result100W）。最后，所有数据统一为 CGCS 2000 投影系统，严格对齐空间坐标并提取驱动因素特征值。

3．研究方法

（1）CS 估算

由绿色植物光合作用化学方程式（$6CO_2+6H_2O \xrightarrow{光合作用} C_6H_{12}O_6+6O_2$）可知，植被每生产 1.00 kg 的干物质能固定 1.63 kg CO_2，且 1 kg CO_2 中包含 0.27 kg 碳元素。而固定时段内植被光合作用产生的干物质与 NPP 为 2.2 倍关系，长三角城市群县级尺度 CS 可通过 NPP 估算得到：

$$W_{CO_2} = N \times 2.2 \times 1.63 \qquad (4\text{-}7)$$

$$W_C = W_{CO_2} \times 0.27 \qquad (4\text{-}8)$$

式中：W_{CO_2} 为某一时间段内单位面积植被固定的 CO_2，g/m^2；N 为某一时间段内单位面积植被 NPP，g/m^2；W_C 为某一时间段内单位面积植被固碳量，g/m^2。为验证植被固碳量估算的准确性，选择本研究区 2001—2020 年时间尺度中 2001—2017 年植被固碳量数据与中国碳核算数据库（CEADs）（Chen et al.，2020）发布的中国县级尺度陆地植被固碳量数据进行拟合检验，R^2 为 0.98，平均 RMSE 占比为 3.86%，表明本书 CS 估算结果可靠性较高。

（2）归因分析方法

为了估计人为活动（HUMAN）、气候变化（CLIMATE）、CO_2 浓度（CO_2）和氮沉降（N）对 CS 变化的影响，采用归因分析框架（Xie et al.，2020）描述 CS 和驱动变量之间的关系：

$$\mathrm{CS}=f(\mathrm{POP},\mathrm{NTL},\mathrm{AAF},\mathrm{POG},\mathrm{POW},\mathrm{TP},\mathrm{TEM},\mathrm{SSRD},\mathrm{SP},\mathrm{CO_2},\mathrm{WAN},\mathrm{DAN}) \tag{4-9}$$

式中：CS 为陆地植被固碳量；POP 为人口密度；NTL 为降水量；AAF 为累计造林面积；POG 为城市绿色空间面积占比；POW 为城市湿地面积占比；TP 为降雨量；TEM 为瞬时 2 m 地表气温；SSRD 为地表太阳向下辐射；SP 为大气压力；CO_2 为大气浓度；DAN 为大气无机氮干沉降；WAN 为大气无机氮湿沉降。假设 CS 与驱动变量之间存在线性关系，一阶偏导方程推导如下：

$$\begin{aligned}\mathrm{dCS}=&\left(\frac{\partial\mathrm{CS}}{\partial\mathrm{POP}}\mathrm{dPOP}+\frac{\partial\mathrm{CS}}{\partial\mathrm{NTL}}\mathrm{dNTL}+\frac{\partial\mathrm{CS}}{\partial\mathrm{AAF}}\mathrm{dAAF}+\frac{\partial\mathrm{CS}}{\partial\mathrm{POG}}\mathrm{dPOG}+\frac{\partial\mathrm{CS}}{\partial\mathrm{POW}}\mathrm{dPOW}\right)\\&+\left(\frac{\partial\mathrm{CS}}{\partial\mathrm{TP}}\mathrm{dTP}+\frac{\partial\mathrm{CS}}{\partial\mathrm{TEM}}\mathrm{dTEM}+\frac{\partial\mathrm{CS}}{\partial\mathrm{SSRD}}\mathrm{dSSRD}+\frac{\partial\mathrm{CS}}{\partial\mathrm{SP}}\mathrm{dSP}\right)\\&+\left(\frac{\partial\mathrm{CS}}{\partial\mathrm{CO_2}}\mathrm{dCO_2}\right)+\left(\frac{\partial\mathrm{CS}}{\partial\mathrm{WAN}}\mathrm{dWAN}+\frac{\partial\mathrm{CS}}{\partial\mathrm{DAN}}\mathrm{dDAN}\right)+\varepsilon\end{aligned} \tag{4-10}$$

$$\begin{aligned}\frac{\mathrm{dCS}}{\mathrm{d}t}=&\left(\frac{\partial\mathrm{CS}}{\partial\mathrm{POP}}\frac{\mathrm{dPOP}}{\mathrm{d}t}+\frac{\partial\mathrm{CS}}{\partial\mathrm{NTL}}\frac{\mathrm{dNTL}}{\mathrm{d}t}+\frac{\partial\mathrm{CS}}{\partial\mathrm{AAF}}\frac{\mathrm{dAAF}}{\mathrm{d}t}+\frac{\partial\mathrm{CS}}{\partial\mathrm{POG}}\frac{\mathrm{dPOG}}{\mathrm{d}t}+\frac{\partial\mathrm{CS}}{\partial\mathrm{POW}}\frac{\mathrm{dPOW}}{\mathrm{d}t}\right)\\&+\left(\frac{\partial\mathrm{CS}}{\partial\mathrm{TP}}\frac{\mathrm{dTP}}{\mathrm{d}t}+\frac{\partial\mathrm{CS}}{\partial\mathrm{TEM}}\frac{\mathrm{dTEM}}{\mathrm{d}t}+\frac{\partial\mathrm{CS}}{\partial\mathrm{SSRD}}\frac{\mathrm{dSSRD}}{\mathrm{d}t}+\frac{\partial\mathrm{CS}}{\partial\mathrm{SP}}\frac{\mathrm{dSP}}{\mathrm{d}t}\right)\\&+\left(\frac{\partial\mathrm{CS}}{\partial\mathrm{CO_2}}\frac{\mathrm{dCO_2}}{\mathrm{d}t}\right)+\left(\frac{\partial\mathrm{CS}}{\partial\mathrm{WAN}}\frac{\mathrm{dWAN}}{\mathrm{d}t}+\frac{\partial\mathrm{CS}}{\partial\mathrm{DAN}}\frac{\mathrm{dDAN}}{\mathrm{d}t}\right)+\varepsilon\end{aligned} \tag{4-11}$$

式中：$\frac{\mathrm{dCS}}{\mathrm{d}t}$、$\frac{\mathrm{dPOP}}{\mathrm{d}t}$、$\frac{\mathrm{dNTL}}{\mathrm{d}t}$、$\frac{\mathrm{dAAF}}{\mathrm{d}t}$、$\frac{\mathrm{dPOG}}{\mathrm{d}t}$、$\frac{\mathrm{dPOW}}{\mathrm{d}t}$、$\frac{\mathrm{dTP}}{\mathrm{d}t}$、$\frac{\mathrm{dTEM}}{\mathrm{d}t}$、$\frac{\mathrm{dSSRD}}{\mathrm{d}t}$、$\frac{\mathrm{dSP}}{\mathrm{d}t}$、$\frac{\mathrm{dCO_2}}{\mathrm{d}t}$、$\frac{\mathrm{dWAN}}{\mathrm{d}t}$、$\frac{\mathrm{dDAN}}{\mathrm{d}t}$分别表示 2001—2020 年长三角城市群每个县域 CS、POP、NTL、AAF、POG、POW、TP、TEM、SSRD、SP、CO_2、WAN、DAN 的年际变化斜率，本节通过计算 Sen's slope 表示斜率，其计算公式详见文献（Gocic et al.，2013）。$\frac{\partial\mathrm{CS}}{\partial\mathrm{POP}}$、$\frac{\partial\mathrm{CS}}{\partial\mathrm{NTL}}$、

$\frac{\partial CS}{\partial AAF}$、$\frac{\partial CS}{\partial POG}$、$\frac{\partial CS}{\partial POW}$、$\frac{\partial CS}{\partial TP}$、$\frac{\partial CS}{\partial TEM}$、$\frac{\partial CS}{\partial SSRD}$、$\frac{\partial CS}{\partial SP}$、$\frac{\partial CS}{\partial CO_2}$、$\frac{\partial CS}{\partial WAN}$、$\frac{\partial CS}{\partial DAN}$分别表示POP、NTL、AAF、POG、POW、TP、TEM、SSRD、SP、CO_2、WAN、DAN 岭回归系数，本节通过 R 语言 glmnet 包（Hastie et al.，2021）实现岭回归参数最优估计，包括岭回归 lambda 值的选取和模型训练验证等。CS 的绝对变化是 POP、NTL、AAF、POG、POW、TP、TEM、SSRD、SP、CO_2、WAN、DAN 绝对变化的和。则每个县域 HUMAN、CLIMATE、CO_2、N 对该县域 CS 变化的相对贡献为

$$slope\mathrm{CS} = \mathrm{HUMAN} + \mathrm{CLIMATE} + \mathrm{CO_2} + \mathrm{N} \tag{4-12}$$

$$R_{\mathrm{HUM}} = 100 \times \frac{\mathrm{HUMAN}}{|\mathrm{HUMAN}| + |\mathrm{CLIMATE}| + |\mathrm{CO_2}| + |\mathrm{N}|} \tag{4-13}$$

$$R_{\mathrm{CLI}} = 100 \times \frac{\mathrm{CLIMATE}}{|\mathrm{HUMAN}| + |\mathrm{CLIMATE}| + |\mathrm{CO_2}| + |\mathrm{N}|} \tag{4-14}$$

$$R_{\mathrm{CO_2}} = 100 \times \frac{\mathrm{CO_2}}{|\mathrm{HUMAN}| + |\mathrm{CLIMATE}| + |\mathrm{CO_2}| + |\mathrm{N}|} \tag{4-15}$$

$$R_{\mathrm{N}} = 100 \times \frac{\mathrm{N}}{|\mathrm{HUMAN}| + |\mathrm{CLIMATE}| + |\mathrm{CO_2}| + |\mathrm{N}|} \tag{4-16}$$

式中：R_{HUM}、R_{CLI}、$R_{\mathrm{CO_2}}$、R_{N} 分别为 HUMAN、CLIMATE、CO_2 和 N 对 CS 变化的相对贡献，%。

4.2.2　植被固碳量及驱动因素

1．固碳量

从空间分布来看，2001—2020 年长三角城市群县域 CS 最高值区间（5.54，9.59]×10^7 t 主要有浙江省淳安县、临安区永嘉县和安徽省东至县，次高值区间（3.37，5.54]×10^7 t 主要分布在山区及苏浙滨海县域，最低值区间（0，0.72]×10^7 t 主要分布在各城市市辖区。从时间变化来看，CS 整体呈微弱增加的趋势，在 2014 年最高曾达到 530.96×10^7 t，在 2005 年最低为 464.79×10^7 t。

由统计可知，2001—2020 年长三角城市群有 156 个县域 CS 上升占比 77.23%，46 个县域 CS 下降占比 22.77%，其中安徽省 CS 增加 13.10×10^7 t、江苏省上升 12.16×10^7 t、浙江省上升 0.58×10^7 t、上海市下降 0.26×10^7 t。而平原县域 CS 从 2001 年的 261.85×10^7 t 增加到 2020 年的 285.39×10^7 t，增加了 23.54×10^7 t；山区县域 CS 从 2001 年的 228.15×10^7 t 增加到 2020 年 230.39×10^7 t，增加微弱。

从空间变化来看，CS 变化体现出西北部平原县域显著增加而东南部县域下降的时空特征。CS 变化热点和冷点地区均有显著性聚集特征且与 Sen's slope 格局吻合，99%置信度

的热点地区主要包括江苏省滨海县、大丰区、东台市、亭湖区、射阳县、响水县，安徽省凤阳县、岳西县、太湖县、宁国市、郎溪县、广德市及浙江省长兴县、安吉县，共 14 个县（市、区）；95%置信度以上的冷点地区主要包括浙南地区的乐清市、余姚市，以及浙北苏南与上海高度城市化的连片地区，包括青浦区、乐清市等 20 个县（市、区）。

2. 驱动因素

在人为活动方面，2001—2020 年苏北和皖东地区的人口密度呈下降趋势，而上海、南京、苏州、杭州、合肥、温州、宁波等夜间灯光迅猛增加的发达城市的人口密度呈迅速增加趋势，这体现了高度城市化地区经济和人口高密度的特征。除了极个别城市空间有限的主城区，长三角城市群绝大部分县域均开展了植树造林工程，其中安徽和江苏大部分地区开展植树造林工程的累积趋势要高于上海和浙江，总体上从主城区到周边县域的 AAF 呈增加趋势。从土地利用结构来看，2001—2020 年长三角城市群绿地增加的县域为 7 个，其他县域绿地下降幅度分别呈从主城区向周边县域和从沿海向内陆递减的态势；安徽、江苏和浙北地区的湿地呈较大范围的增加趋势。

在气候变化方面，各驱动因素的空间特征差异较大。降雨在浙北和浙南地区出现了显著差异，浙南趋于干旱，而浙北相反；气温增加趋势呈沿海向内陆递减的空间格局；地表太阳向下辐射均是呈下降趋势，即长三角城市群辐射变暗，呈浙江北部向外逐渐放缓的趋势；绝大部分地区气压呈增加态势，尤其长三角城市群北部地区气压增加的趋势较高。总体而言，2001—2020 年整个长三角城市群都经历了明显的气候变化，并呈增湿、增热、变暗、升压的趋势，同时空间差异性显著。

2001—2020 年，长三角城市群的 CO_2 浓度与全球总体趋势相一致，均呈上升趋势，但在空间上呈苏浙沪毗邻地区向外递减的空间格局，这与高度城市化地区是典型碳源有关。大气无机氮干沉降和湿沉降的空间特征也非常显著，无机氮干沉降在城市主城区下降的同时向周边县域逐渐增加，而无机氮湿沉降的增加趋势则呈从长三角城市群中心区域向外递减，在皖西地区无机氮湿沉降呈减少趋势。

4.2.3 驱动贡献

1. 驱动建模

在归因分析之前，通过式（4-5）测试在拟合 CS 变化趋势方面的精度，在 lambda 为 12.51 时岭回归模型表现最优。如图 4-3 所示，12 个驱动变量的模拟 CS Sen's slope 与 202 个县的测定 CS Sen's slope 有显著的线性关系（$p<1\times10^{-4}$），R^2 为 0.67 表明建立的模型可靠性较高，该归因分析框架适用于长三角城市群县域 CS 变化分析。

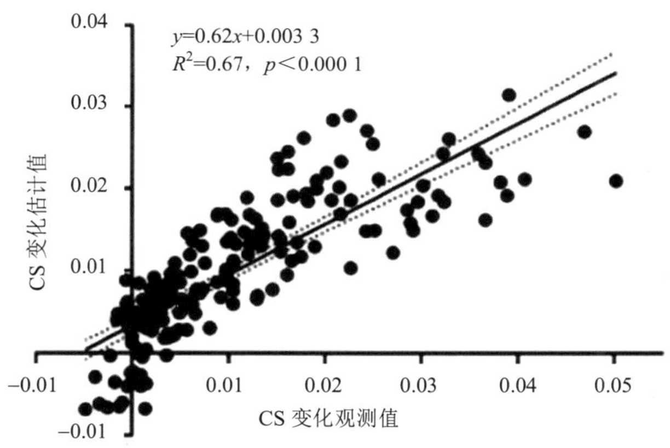

图 4-3　长三角城市群县域 CS 变化模型拟合散点

2. 贡献特征

利用式（4-6）～式（4-10）估算 12 个驱动变量对 2001—2020 年 CS 变化的相对贡献。可以看出，虽然 12 个驱动因素中没有单独某个因素对所有县域 CS 变化是全部正向或负向的，但是其在空间上的异质性效应较显著，而且部分驱动因素在部分地区驱动幅度非常大，这表明城市化地区 CS 驱动的复杂性。

人为活动驱动因素中，POP 对 CS 的负向驱动整体较为显著，在人口密度下降地区 POP 对 CS 驱动表现为正，在部分城市主城区 POP 增加显著地区存在 POP 对 CS 驱动出现正负均存在的情况。有 179 个县域 NTL 对 CS 的驱动贡献为负，占比 84.43%，即高度城市化对 CS 是负向驱动；在部分高度城市化地区也有驱动为正的情况，如鄞州区、惠山区、海陵区等，而这 3 个县域 AAF 对 CS 的驱动贡献是负向的，因此在城市主城区开展植树造林的生态效应可能并不显著；AAF 对 CS 驱动为正的县域有 192 个，占比 90.57%。POG 对长三角城市群大部分县域驱动表现为负，即绿地面积减少直接导致 CS 下降；POW 变化对 CS 的驱动在空间上差异较大，一定程度上是由于绿地面积和湿地面积存在复杂的权衡。整体来看，HUMAN 对 118 个县域 CS 的驱动表现为正，占比 55.66%，在城市建成区驱动关系主要表现为负，尤以上海、苏州、杭州、无锡、南京等地区表现较为显著。

气候变化驱动因素中，TP 增加时县域 CS 驱动为正，TP 下降时县域 CS 驱动为负，即降雨变化对 CS 是线性变化关系；TEM 增加对 192 个县域 CS 有抑制作用，但在以鄞州区、惠山区、海陵区为代表的高度城市化地区对 CS 表现为正向促进；SSRD 下降对 CS 的驱动关系并不显著，在空间上表现为东南县域驱动为正，西北县域驱动为负；SP 增加对 CS 驱动为正的县域占比达到 89.62%。整体来看，CLIMATE 对 182 个县域 CS 的驱动表现为正，占比 85.85%。

CO_2升高对长三角城市群 190 个县 CS 表现出抑制关系，尤其在经济发达地区县域这种抑制效应更为突出。氮沉降方面，DAN 和 WAN 均在长三角城市群大部分县域表现出对 CS 的正向驱动，整体上氮沉降对 197 个县域的 CS 驱动为正。

3．主导因素

绝对贡献率最大的驱动因素被确定为 CS 变化的主导因素。通过研究 CS 下降主导驱动因素发现，POG、TP、CO_2和 TEM 分别主导了研究区 33 个、15 个、3 个和 5 个县的 CS 下降，且主要集中分布在浙沪和苏东部地区；同时，山区县域 CS 下降主要是 TEM 和 TP 在主导。通过研究 CS 上升主导驱动因素发现，CS 增加主要集中在皖、苏大部分地区和浙中大部分地区，AAF、TP 和 POG 分别主导控制了研究区 55 个、47 个和 35 个县域的 CS 增加。随后，将驱动因素集成到 CLIMATE、HUMAN、CO_2和 N 发现，HUMAN 是 124 个县域中 CS 趋势变化的主导因素，其中尤以 AAF 主导贡献最多；CLIMATE、CO_2和 N 作为主导因素的县域分别有 70 个、3 个和 5 个。

4.2.4 讨论与结论

1．讨论

（1）植被固碳量变化及其原因

以往的研究中对城市化地区植被固碳能力并不重视，究其原因是城市化地区面积小、陆地生态系统不稳定性较高且影响关系较为复杂，很有可能从碳汇转变为碳源（Fang et al.，2018），这与本节发现 2001—2020 年长三角城市群固碳量线性增长趋势并不显著的结果相吻合。同时，从王锴等（2023）关于中国陆地生态系统碳汇稳定性的空间分布来看，长三角城市群碳汇稳定性的空间异质性较高，这表明城市化地区陆地生态系统碳汇提升是一项复杂的系统性工作。

有理由相信植树造林有力促进了长三角城市群植被固碳量的增加，这表明通过优化土地管理和开展生态保护修复有益于提升碳汇潜力（Sha et al.，2022）；长三角城市群植树造林主导 CS 上升县域主要分布在安徽和江苏的平原县域或滨海地区，与山区县域不同，在平原区域开展植树造林需要慎重选择和权衡，尤其需要警惕无序扩张造林面积以致破坏其他生态系统固碳潜力（Xi et al.，2022）。虽然在城市建成区 AAF 增加并不显著，但 POG 主导了大部分建成区的 CS 上升，如奉贤区、昆山市、余杭区等，这表明近年来长三角城市群在城市更新等政策实施过程中不断强化“留白增绿”以提升城市绿地面积，同时也印证了在高度城市化地区景观格局优化提升对 CS 具有一定的调节作用，与 Zhang 等结果吻合（张淑怡等，2023）。在苏北部分县域，POP 下降对 CS 是正向驱动贡献，这表明人类活动下降在一定程度上可减轻植被固碳量增加的胁迫压力，这与 Zhang 等（2022）的发现相一致。TEM 驱动因素虽然被划入气候变化影响因素，但在城市建成区人造灯光、城市热岛效应与气温相叠加为城市地区植被提供了更多的光热资源，更充足的光热改变了城市地区的物候特征（邱陈澜等，2022），加强了城市建成区植被的固碳功能。与 Chen 等（2021）研究结果在空间上相似，降雨是长三角城市群部分地区陆地生态系统碳汇年际变化的主导因素，但本节考虑了人为活动（植树造林等）、CO_2 和氮沉降等其他驱动影响，首次在长三角城市群县域尺度辨析了陆地生态系统固碳量的主导驱动因素。长三角城市群地区 CO_2 浓度升高已经表现出对植被固碳的抑制作用关系，在部分县域这种抑制关系已经成为主导因素；虽然总体上在高 CO_2 浓度的城市化地区 CO_2 施肥效应提升植被固碳能力已经很难奏效，但对于细分的植物种类，其固碳潜力仍然有可提升空间（罗勇等，2004）；同时，长期处于高 CO_2 浓度而氮、磷等营养水平不协调增加可能是制约城市化地区陆地植被固碳能力的“木桶效应”（Fang et al.，2018）。本节发现，氮沉降对绝大部分县域 CS 增加呈正向驱动作用关系，且已经成为长三角城市群 5 个县域 CS 增加的主导因素，随着未来氮沉降的进一步增加，这种驱动效应可能会进一步增强。

（2）政策启示

目前，我国正在积极推进新型城镇化建设和城市更新行动，充分认识快速城市化地区植被固碳驱动效应有利于制定超大城市绿色转型和精细化管理政策措施，提升城市生态韧性和气候韧性建设水平。然而城市复合生态系统中植被固碳量变化受到复杂的驱动影响，需要统筹人为活动和充分利用气候变化等因素制定系统性城市生态功能提升政策措施。建议：①植树造林积极考虑对降雨正向敏感、耐高温的植物树种，通过提升城市不同绿地生物多样性水平和整合破碎化城市绿地斑块，系统性提升城市景观功能和碳汇服务能力；②长三角城市群平原地区水网湿地密布，建议慎重选择植树造林位置，以有效减少植树造林土地扩张对湿地生态系统侵蚀的影响，而山区县域植被碳汇本底值较高，考虑通过改良土壤氮、磷等方式提升固碳潜力；③从统筹流域、城乡一体化，尤其是新城区和老城区的角度系统推进城市生态服务供给和城市生态韧性建设，在城市更新过程中强化城市生态基础设施建设（李锋等，2014），依据基于自然的解决方案和县域植被固碳量主导因素制定差异化政策措施，以增强城市气候适应能力（Goodwin et al.，2023；Anderegg et al.，2020）。

（3）局限性

首先，关于植树造林生态恢复工程，本节仅将植树造林面积逐年相加以分析其长期的固碳驱动潜力，对植树造林的树种、树龄、固碳速率及成活率没有充分顾及。其次，本书假设植被固碳量和驱动变量之间存在线性关系以简化模型，忽略了可能的非线性关系或模式（Huang et al.，2021）；在植被固碳量变化趋势较小的附近偏差增加（图 4-3），后期研究应考虑结合局部时空关系和非线性方法分析其驱动关系，尤其考虑引入因果推断方法以分析建成区植被固碳驱动机制（Yang et al.，2021）。最后，在后期城市固碳能力监测评价中可考虑引入光诱导叶绿素荧光（sun/solar-induced chlorophyll fluorescence，SIF）等对植被生态生理变化更易敏感的分析技术，以及研究建立基于城市复合生态系统特点的植被生态生理综合模型，以综合分析城市固碳等服务（Zhuang et al.，2022）。

2．结论

一是 2001—2020 年，人为活动是 127 个县域中植被固碳量变化的主导因素，主要归因于持续开展植树造林和建成区绿地面积增加。

二是 CO_2 对长三角城市群大部分地区植被固碳量是起抑制作用的，在部分县域这种抑制关系成为植被固碳量变化的主导因素。

三是建议在城市更新过程中强化城市生态基础设施建设，利用基于自然的解决方案和县域植被固碳量主导因素制定差异化政策措施，以提高城市气候的适应能力。

4.3 生态环境质量与城市化的耦合协调度

快速城市化不断占用大量生态空间，造成生态系统服务和生物多样性降低，并通过生态环境与城市化的协调度影响着区域可持续发展。长三角区域是我国经济发展的重要引擎，面临生态环境高水平保护和经济社会高质量发展的双重任务，以不到全国 4%的国土面积聚集了全国 16.66%的人口（第七次全国人口普查），占据了全国 24.09%的经济总量（截至 2020 年年底）。随着人类活动强度的不断增加，该区域不仅出现了大气污染、热岛效应和水生态功能退化等一系列生态环境问题（胡楠林等，2022），还出现了区域开发强度高、资源能耗大和地区间生态环境差异大的问题（郑子豪等，2021）。党的二十大报告提出“推动绿色发展，促进人与自然和谐共生”，这对长三角区域生态经济协调发展提出了更高要求。因此，厘清区域生态环境与城市发展协调水平现状，掌握两者之间存在的问题和制约因素，是实现长三角区域高水平保护促进高质量发展的紧迫需求。

生态文明建设示范区（以下简称示范区）和“绿水青山就是金山银山”实践创新基地（以下简称实践创新基地）作为践行习近平生态文明思想的重要平台和载体，是推进生态文明示范建设和绿色转型发展的重要途径。其中，示范区主要面向市、县行政单元，以全面构建生态文明体系为重点；实践创新基地旨在创新探索乡镇、村和小流域内“绿水青山”转化为“金山银山”的有效路径和模式，引导地方正确处理保护与发展的关系，实现绿色高质量发展。

目前，关于生态环境保护与经济发展耦合协调性的研究大部分集中在省、市、县和城市群（陈炳等，2019），且大多基于统计面板数据构建评价指标体系，容易受到统计口径、行政区尺度和人为主观因素的影响，同时存在时间滞后性。遥感技术的发展为进一步细化评价提供了可能。一方面，徐涵秋等（2013）基于绿度、湿度、热度和干度生态因子，采用主成分分析法提出了遥感生态指数（remote sensing ecological index，RSEI），因其可以快速、直观反映不同尺度区域生态环境质量而被广泛应用到多个领域。另一方面，随着夜间灯光数据出现及相关夜间灯光指数的提出，可以有效区分城市建成区和未开发利用区，因而被广泛应用于城市扩张、城市空间结构等方面的研究，同时夜间灯光也被验证与城市生产总值、人口和经济发展水平等指标具有较强相关性（常定坤等，2022）。社会经济发展是推动城市化的主要动力，具有非常直观的指代性，因此本节以长三角区域 2017—2021 年示范区和实践创新基地为研究区，涵盖市、区、县和乡镇等多个尺度，采用遥感技术手段，从空间布局入手，结合 RSEI 指数和综合夜间灯光指数（compounded night light index，CNLI）分析自然本底和城市化水平，并以两者耦合协调度为指标评估区域发展的协调性和可持续性，为实现长三角区域一体化高质量发展、绿色发展，提升城市的生态系统多样性、稳定性和持续性提供科学支撑。

4.3.1 材料与方法

1．研究区概况

长三角区域位于我国东部长江下游地区，东临黄海和东海，以冲积平原为主，平均海拔为 134 m，西部和南部分布有山地和丘陵，最高海拔为 1 927 m，以亚热带季风气候为主，四季分明，降水量丰沛，雨热同期。行政范围包括江苏省、安徽省、浙江省和上海市，共 41 个城市，总面积为 34.8 万 km^2，总人口为 2.35 亿人。区域内分布的水源涵养、洪水调蓄、生物多样性保护和土壤保持重要生态功能区面积共计 136 309.7 km^2，占区域总面积的 38.08%。长三角区域作为我国重要生态屏障和经济发展最活跃、开放程度最高的区域之一，在新时代中国特色社会主义生态文明建设新征程中具有举足轻重的战略地位，截至 2023 年已经被命名 109 个示范区和 37 个实践创新基地，分别占全国总数的 19.87%和 16.04%，生态文明建设成效显著。

2．数据来源

（1）土地利用产品

1980—2020 年长三角区域土地利用产品来自全国地理信息资源目录服务系统（https://www.webmap.cn/main.do?method=index）和 Esri 平台（https://livingatlas.arcgis.com/landcover/）。受遥感影像源和分类算法影响，这些产品具有不同分辨率和分类标准。其中，1980 年和 1990 年产品空间分辨率为 1 km，2000 年和 2010 年产品空间分辨率为 30 m，2020 年产品为根据 Sentinel-2 数据采用机器学习算法获得，空间分辨率为 10 m。涉及的土地类型包括水域、林地、草地、水生植被、耕地、灌木、建设用地、裸地、积雪和冰。在分析过程中，以国家土地利用分类标准为依据，将水生植被归为水域，将灌木归为林地，最终得到水域、林地、草地、耕地、建设用地、裸地、积雪和冰 7 种土地利用类型，并据此开展相关分析。

（2）NPP VIIRS 夜间灯光数据

美国新一代国家极轨卫星 Suomi-NPP 于 2011 年 10 月发射，其搭载的可见光近红外成像辐射传感器（visible infrared imaging radiometer，VIIRS）是继 AVHRR 和 MODIS 之后

新一代中等分辨率观测成像，具有 22 个辐射成像波段，其中的日夜波段（day-night band，DNB）可以实现全球夜间可见光和近红外观测，在低光照条件下以超灵敏性生成夜间灯光数据，空间分辨率为 463.83 m，可以有效监测夜间现象规模和人为光排放源。在 GEE 平台（https://earthengine.google.com/）获取定标的月平均辐射合成影像，且有效剔除杂散光，并提高了动态范围。该数据用于构建综合夜间灯光指数，并作为社会经济因子用于分析示范区和实践创新基地的城市化水平。

3．研究方法

（1）洛伦兹曲线和集中化指数

洛伦兹曲线最初是由统计学专家提出，用来反映地区收入分配均衡度，后来也在经济学领域用于表征区域资源分配的均衡性，曲线弯曲度越大，表明指标分布越不均衡。将长三角区域各省市示范区和实践创新基地数量按照从小到大的顺序排列，分别统计各省市数目及其占比，得到相应的洛伦兹曲线，可以用来表示示范区和实践创新基地在三省一市分布的均衡度。

（2）遥感生态指数（RSEI）

不同于传统生态指数，遥感生态指数是通过主成分分析方法，综合绿度、湿度、热度和干度 4 个生态要素形成的以自然因子为主的综合性生态指标，实现生态系统多维度监测，最初用来评价城市生态环境状况（徐涵秋，2013）。

$$\mathrm{RSEI} = f(\mathrm{VI}, \mathrm{Wet}, \mathrm{LST}, \mathrm{NDBI}) \tag{4-17}$$

式中：VI 为植被指数；Wet 为湿度；LST 为地表温度；NDBI 为建设指标；RSEI 为遥感生态指数。RSEI 值越大，表示区域内生态环境质量越好，反之则越差。为避免季节性差异造成的影响，通过 GEE 平台，选择植被长势较好的 7—9 月 MODIS 植被指数、地表温度和地表反射率产品计算长三角区域 2017—2021 年遥感生态指数及其变化率（郑子豪等，2021），代表各年份植被生长最优状态，并将其划分为不同等级，用于衡量区域内生态环境水平差异及变化趋势。

（3）综合夜间灯光指数（CNLI）

综合夜间灯光指数最初由卓莉（2003）提出，相较于其他夜间灯光指数，其优势在于可以通过阈值去除误差技术而无须确定权重，且具有一定物理意义，可以反映区域城市化综合水平。基于定标的月平均地表辐射产品构造各市区综合夜间灯光指数，指数主要由平均灯光强度（I）和灯光面积比（A）2 个部分构成，计算公式为

$$I = \sum_{i=1}^{N_{D,m}} (N_{D,i} \cdot n_i) / (N_{D,m} \cdot N) \tag{4-18}$$

$$A = S_N / S \tag{4-19}$$

$$\mathrm{CNLI} = I \cdot A \tag{4-20}$$

式中：$N_{D,i}$ 和 n_i 分别为行政区内像素值及其像元数量，两者乘积也被称为灯光总强度；$N_{D,m}$ 为行政区内所有非“0”像元数 99.9%处的像素值，是为了避免出现孤立的极亮像元而设立的阈值，代表区域内灯光像元最大灰度值；N 和 S_N 分别为行政区内像素值在[1，$N_{D,m}$]区间内的像元数量和面积；$N_{D,m} \cdot N$ 为最大灯光强度；S 为行政区总面积，即各市区总面积，km^2；CNLI 为综合夜间灯光指数。CNLI 指数可以代表每个区域的城市化水平，受到地区生产总值和城市空间紧凑度等因素影响，如高度城市化地区灯光总强度大，灯光面积比也很大，在同等灯光总强度条件下城市紧凑度高的区域 CNLI 就小。

（4）耦合协调度模型

耦合度一般用于度量 2 个及 2 个以上系统或子系统之间的相互作用强度，耦合协调度能体现耦合各方互动关系是否良性，常被用于评价产业、经济和区域发展协调状况（焦宇靖，2022）。耦合协调度越高，说明耦合各方存在良好、高水平的相互促进关系。采用耦合协调度评价长三角区域的示范区和实践创新基地的生态环境与城市化的协调性，其计算公式为

$$C = \sqrt{\frac{F(x) \cdot F(y)}{\left[F(x) + F(y)\right]^2}} \tag{4-21}$$

$$T = \frac{F(x) + F(y)}{2} \tag{4-22}$$

$$D = \sqrt{C \cdot T} \tag{4-23}$$

式中：$F(x)$和 $F(y)$分别为区域生态环境质量和社会经济发展综合评价水平，即 RSEI 指数和 CNLI 指数；C 为耦合度，用来表示生态环境质量与社会经济发展水平的协调指数；T 为协调度，用来表示生态环境质量与社会经济发展的综合水平；D 为耦合协调度，用来表示生态环境质量与社会经济发展水平一定的条件下两者复合效益最大化情况下的协调程度。D 值越大，生态环境质量与社会经济发展水平协调状态越好；D 值越小，两者越不协调。

4.3.2　示范区和实践创新基地空间分布

2017—2021 年，长三角区域共有 77 个示范区和 22 个实践创新基地（表 4-8），其面积（分别为 214 435 km^2 和 80 298 km^2）分别占长三角区域总面积的 36%和 16%，涵盖了地级市、县（市、区）、镇多级行政区划。江苏省、安徽省、浙江省和上海市示范区数量分别为 27 个、15 个、34 个和 1 个，实践创新基地数量分别为 6 个、5 个、10 个和 1 个。其中，11 个地区既属于示范区，又属于实践创新基地，分别为江苏省溧阳市、盐城市盐都区，安徽省芜湖县/湾沚区、金寨县、岳西县，浙江省安吉县、湖州市、宁波市北仑区、宁海县、衢州市、新昌县。由洛伦兹曲线（图 4-4）可见，示范区和实践创新基地均未达到空间均匀

分布，前者分布得较为集中，尤其在三省一市交会处形成了一个无缝链接、跨区域的天然功能区；后者除了在安徽西部和浙江东南部连片分布，在其他地区分布较为零散。在垂直空间上，示范区有69.82%的区域面积位于海拔＜200 m的平原地区，平均海拔为149 m，地表粗糙度为1～3.530；实践创新基地有60.65%的区域面积位于海拔＞200 m的低山、中山丘陵地区，平均海拔为220 m，地表粗糙度为1～2.861。

表4-8 2017—2021年示范区和实践创新基地统计

地区	示范区			实践创新基地		
	数量	占比/%	累计占比/%	数量	占比/%	累计占比/%
上海市	1	1.30	1.30	1	4.55	4.55
安徽省	15	19.48	20.78	5	22.73	27.27
江苏省	27	35.06	55.84	6	27.27	54.55
浙江省	34	44.16	100.00	10	45.45	100.00

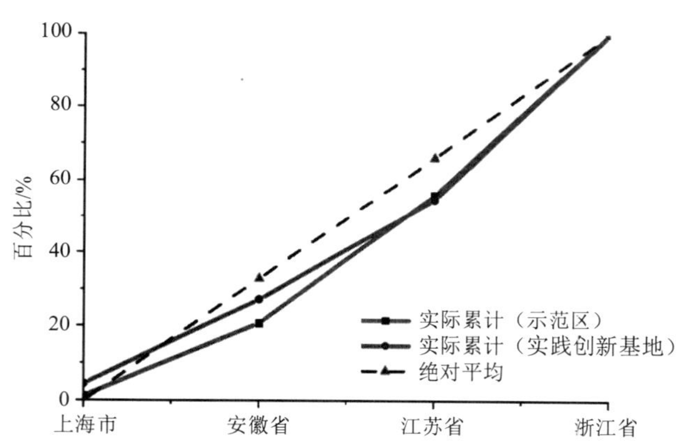

图4-4 示范区和实践创新基地空间分布的洛伦兹曲线

4.3.3 土地利用结构

根据图4-10，2020年长三角区域土地利用类型以耕地（36.16%）和林地（28.26%）为主，其次为建设用地（22.46%）和水域（10.86%）；耕地主要分布在长三角北部和西北部地区，林地主要分布在南部和西部地区。自1980年以来，建设用地、水域和林地面积占比呈增加趋势，增幅分别为267.2%、33.6%和11.7%；草地和耕地呈减少趋势，降幅分别为94.8%和34.6%。2020年，示范区和实践创新基地土地利用结构主要为林地、耕地、建设用地和水域。在示范区，林地、耕地、建设用地和水域面积占比分别为38.9%、25.6%、22.1%

和 13.1%。在实践创新基地，林地具有绝对优势（面积占比>65%），耕地、建设用地和水域面积占比分别为 12%、13.1%和 8.1%。草地和裸地在示范区和实践创新基地中的面积占比均很小（合计面积占比<0.35%）。通过比较土地利用结构的差异性可以发现，在快速城市化进程的背景下，示范区和实践创新基地保留了较多的生态用地，在长三角区域具有较好的自然环境本底优势。

示范区和实践创新基地中分别有 63 736 km² 和 47 469 km² 的面积位于重要生态功能区内，面积占比分别为 35.61%和 61.05%，去除两者重复区域后总面积为 85 861.5 km²，占长三角区域重要生态功能区面积的 63%（图 4-5）。就主导生态功能而言（表 4-9），各主导生态功能面积占比由大到小依次为水源涵养区（66.26%）、生物多样性保护区（30.18%）、洪水调蓄区（3.04%）和土壤保持区（0.52%），实践创新基地生物多样性保护区面积占比（39.44%）高于示范区（21.22%），水源涵养区面积占比（57.02%）低于示范区（76.62%）。

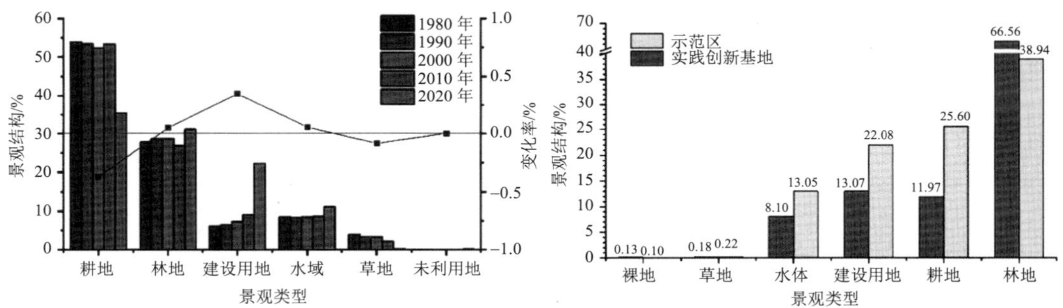

图 4-5 长三角区域土地利用结构变化及示范区和实践创新基地土地利用情况

表 4-9 示范区和实践创新基地的主导生态功能面积占比

生态文明示范区	面积占比/%			
	洪水调蓄	生物多样性	水源涵养	土壤保持
示范区	1.76	21.22	76.62	0.39
实践创新基地	3.13	39.44	57.02	0.42
去除重复区域后合计	3.04	30.18	66.26	0.52

4.3.4 遥感生态指数（RSEI）

主成分分析结果表明，2017—2021 年长三角区域 RSEI 第一主成分贡献率分别为 69.66%、76.13%、71.68%、71.75%和 71.13%，说明第一主成分集中了 RSEI 指标大部分特征。以 0.2 为间隔将 RSEI 划分为优（>0.8～1.0）、良（>0.6～0.8）、中等（>0.4～0.6）、较差（>0.2～0.4）和差（>0～0.2）5 个等级，结果表明，示范区和实践创新基地 RSEI 空间分布及变化特征具有显著差异（表 4-10）。

在 RSEI 等级占比和变化趋势方面，示范区和实践创新基地 RSEI 达到优良等级的面积占比均大于 50%，但 2017 年以来，RSEI 优良等级面积占比呈不断下降趋势，其中，实践创新基地 RSEI 优良等级面积占比相对更高，下降速率也更大，在 2020 年 RSEI 中等及中等以下面积超过优良等级面积，2020 年示范区 RSEI 等级也达到最低水平。到 2021 年，示范区 RSEI 等级以中等和良为主，实践创新基地以优良为主。

表 4-10　2017—2021 年示范区和实践创新基地不同 RSEI 等级面积占比

RSEI 等级	划分依据	示范区/%						实践创新基地/%					
		2017 年	2018 年	2019 年	2020 年	2021 年	变化率	2017 年	2018 年	2019 年	2020 年	2021 年	变化率
差	＞0～0.2	0.14	0.16	0.19	0.69	0.06	0.04	0.07	0.11	0.27	3.60	0.03	0.34
较差	＞0.2～0.4	1.81	7.97	7.39	19.88	4.04	1.64	0.84	4.35	4.35	40.63	2.40	3.94
中等	＞0.4～0.6	12.69	34.49	30.48	28.19	21.77	1.19	7.01	22.02	19.71	23.43	11.93	1.13
良	＞0.6～0.8	49.88	55.11	53.93	37.07	57.91	–0.20	37.25	67.24	60.35	18.35	54.71	–1.40
优	＞0.8～1.0	35.48	2.27	8.02	14.17	16.22	–2.66	54.84	6.28	15.31	13.99	30.92	–4.01

在空间分布方面，示范区 RSEI 变化强度较大的区域位于江苏省、浙江省和安徽省三省交界处，但在各省、市内部，RSEI 变化较小。通过降尺度空间分析结果发现，受到植被指数和湿度的影响，2020 年浙江省西部地区 RSEI 等级发生较大幅降低，造成示范区和实践创新基地 RSEI 等级也同步降低，但在 2021 年又恢复到优良等级，因此形成较大波动。

4.3.5　综合夜间灯光指数（CNLI）

根据 2020 年各城市统计年鉴（表 4-11），示范区涉及人口数量为 9 424 万人，地区生产总值为 105 636 亿元，人均地区生产总值约 11.21 万元；实践创新基地涉及人口数量为 1 939 万人，地区生产总值为 15 919 亿元，人均地区生产总值约 8.21 万元。示范区的社会经济发展水平高于实践创新基地。

表 4-11　2020 年示范区和实践创新基地人口数量和地区生产总值水平

指标	示范区				实践创新基地			
	上海市	安徽省	江苏省	浙江省	上海市	安徽省	江苏省	浙江省
人口/万人	123.31	746.65	5 721.47	2 833.13	3.37	155.67	705.69	1 074.02
地区生产总值/亿元	194.01	4 856.69	67 770.34	31 814.63	36.11	839.11	4 820.69	10 223.38
人均地区生产总值/万元	9.68	6.50	11.84	11.23	10.72	5.39	6.83	9.52

2017—2021 年，示范区和实践创新基地 CNLI 为 0～0.3，以 0.1 为间隔划分为 1 级（0～0.1）、2 级（>0.1～0.2）和 3 级（>0.2～0.3）3 个等级，分别对应社会经济发展水平低、中和高 3 个层次。在时间尺度上，2017—2021 年示范区 CNLI 处于中高层次的数量占比分别为 24.68%、25.97%、32.47%、29.87%和 31.17%，均高于实践创新基地，其数量占比分别为 18.18%、13.64%、18.18%、18.18%和 13.64%。2017—2021 年，53 个（68.83%）示范区和 15 个（68.18%）实践创新基地 CNLI 保持增长趋势，平均增幅分别为 0.32%和 0.27%，示范区经济发展速度高于实践创新基地。在空间分布方面，江苏省南部和浙江省中北部地区 CNLI 等级较高，而江苏省南部、浙江省东南部和三省交界处呈增长趋势，2017—2021 年 CNLI 平均增幅为 0.39%，最高涨幅达 1.46%（苏州市惠山区）。

4.3.6　耦合协调度

基于 RSEI 和 CNLI 数据，计算得到 2017—2021 年示范区和实践创新基地生态环境质量与社会经济发展的耦合协调度。如图 4-6 所示，示范区和实践创新基地的平均耦合协调度分别为 0.31～0.35 和 0.27～0.30，且均呈整体上升趋势，表明生态文明建设取得了一定成效。采用自然断点法对耦合协调度进行等级划分（表 4-12），三省一市的生态环境质量和社会经济发展水平耦合协调度从高到低依次为上海市、浙江省、江苏省和安徽省。三省一市间示范区耦合协调度差别较小，取值分布在 0.24～0.44，其中低耦合协调度主要表现为低生态环境质量-高社会经济发展水平（江苏省无锡市惠山区）和高生态环境质量-低社会经济发展水平（安徽省石台县和黟县）。三省一市间实践创新基地耦合协调度差别较大，取值为 0.18～0.50，其中低耦合协调度主要表现为低生态环境质量-高社会经济发展水平（江苏省徐州市贾汪区）和高生态环境质量-低社会经济发展水平（安徽省旌德县和岳西县）。

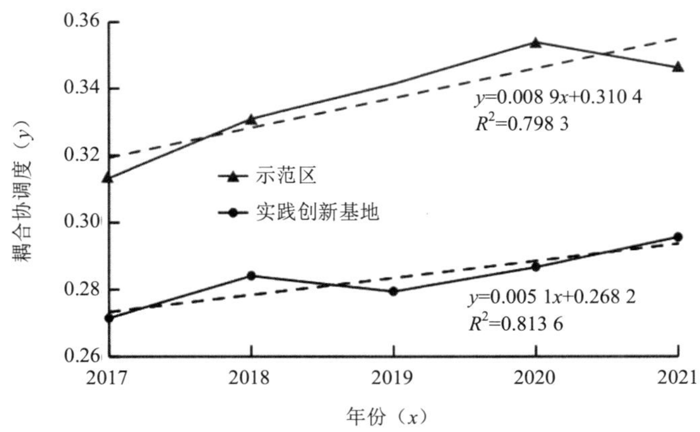

图 4-6　2017—2021 年 RSEI 与 CNLI 耦合度变化

表 4-12 不同耦合协调度等级的示范区和实践创新基地

协调度及等级	省域	示范区		实践创新基地	
		2017 年	2021 年	2017 年	2021 年
低度协调（>0～0.21）	江苏省	苏州市、高淳区	惠山区	崇川区	贾汪区
	浙江省	遂昌县		淳安县	淳安县
	安徽省	石台县、黟县、岳西县、绩溪县、太湖县	石台县、黟县、岳西县、绩溪县	旌德县、岳西县、金寨县	旌德县、岳西县、霍山县
中度协调（>0.21～0.41）	江苏省	惠山区、昆山市、泗阳县、沛县、海盐县、溧水区、盐城市、溧阳市、赣榆区、滨湖区、吴江区、泰州市、建湖县、海陵区、宜兴市、姜堰区、常熟市、无锡市、太仓市、盐都区、通州区、江宁区	高淳区、沛县、赣榆区、泗阳县、盐城市、溧水区、海盐县、建湖县、溧阳市、无锡市、泰州市、通州区、姜堰区、江宁区、昆山市、宜兴市、滨湖区、太仓市、苏州市、常熟市	泗洪县、贾汪区、溧阳市、盐都区	崇川区、泗洪县、溧阳市、盐都区
	浙江省	岱山县、开化县、泰顺县、金湖县、磐安县、仙居县、临安区、衢州市、嵊泗县、缙云县、湖州市、嘉善县、诸暨市、安吉县、新昌县、天台县、永嘉县、德清县、宁海县、象山县、浦江县、长兴县、富阳区、上虞区、镇海区、吴兴区、嘉兴市	遂昌县、太湖县、磐安县、仙居县、泰顺县、缙云县、金湖县、衢州市、临安区、镇海区、新昌县、天台县、永嘉县、宁海县、诸暨市、象山县、湖州市、长兴县、海陵区、安吉县、浦江县、嘉善县、德清县、富阳区、上虞区	文成县、丽水市、洞头区、衢州市、新昌县、宁海县、安吉县、湖州市	文成县、丽水市、洞头区、衢州市、新昌县、宁海县、安吉县、湖州市
	安徽省	金寨县、潜山市、宣城市、当涂县、宁国市、桐城市、宣州区、含山县、舒城县、芜湖县（湾沚区）	金寨县、潜山市、宁国市、桐城市、宣城市、含山县、当涂县、宣州区、舒城县、芜湖县（湾沚区）、	霍山县、芜湖县（湾沚区）	金寨县、芜湖县（湾沚区）
	上海市	普陀区	普陀区	漕泾镇	—
高度协调（>0.41～0.59）	江苏省	锡山区、邗江区、浦口区	盐都区、锡山区、浦口区、吴江区、邗江区	广陵区	广陵区
	浙江省	西湖区、北仑区、余杭区、义乌市、鹿城区	吴兴区、嘉兴市、嵊泗县、北仑区、岱山县、鹿城区、余杭区、义乌市、西湖区	北仑区	北仑区
	上海市	青浦区	青浦区		漕泾镇

2017—2021 年，在示范区中，低耦合协调度数量减少 3 个（37.5%），中耦合协调度数量减少 3 个（5%），高耦合协调度数量增加 6 个（88.89%）；在实践创新基地中，低耦合协调度数量保持稳定，中耦合协调度数量减少 1 个（6.67%），高耦合协调度数量增加 1 个（50%）。杭州市西湖区和上海市漕泾镇分别为耦合协调度最高的示范区和实践创新基地，苏州市和南通市崇川区分别为耦合协调度提升幅度最大的示范区和实践创新基地。在空间

尺度方面，安徽南部和浙江西南部地区耦合协调度相对较低，江苏东北部及江苏南部与浙江北部连片区域为耦合协调度较高且呈增长趋势的典型区域（表 4-13、表 4-14）。

表 4-13 2017—2021 年长三角区域生态文明建设示范区综合夜间灯光指数等级及变化

省/批次		名称	2017 年	2018 年	2019 年	2020 年	2021 年	CNLI 变化斜率
安徽省	1	金寨县	1	1	1	1	1	0.001 3
		绩溪县	1	1	1	1	1	−0.001 0
		宣城市	1	1	1	1	1	0.000 5
	2	岳西县	1	1	1	1	1	−0.000 3
		芜湖县（湾沚区）	1	1	1	1	1	0.002 3
	3	宣州区	1	1	1	1	1	0.001 5
		当涂县	1	1	1	1	1	−0.002 8
		潜山市	1	1	1	1	1	0.000 0
	4	太湖县	1	1	1	1	1	−0.000 7
		宁国市	1	1	1	1	1	0.000 5
		石台县	1	1	1	1	1	−0.000 9
	5	含山县	1	1	1	1	1	0.001 4
		桐城市	1	1	1	1	1	0.001 5
		黟县	1	1	1	1	1	−0.000 5
		舒城县	1	1	1	1	1	−0.000 6
江苏省	1	苏州市	2	2	2	2	2	0.001 7
		姜堰区	1	1	1	1	1	−0.000 7
		无锡市	2	2	2	2	2	−0.002 2
		江宁区	1	1	1	1	1	0.000 5
		金湖县	1	1	1	1	1	0.000 3
	2	建湖县	1	1	1	1	1	0.009 3
		高淳区	1	1	2	2	2	0.011 1
		溧阳市	1	1	1	1	1	0.005 1
		泗阳县	1	1	1	1	1	0.000 5
	3	盐都区	1	1	1	1	1	−0.002 0
		锡山区	3	3	3	3	3	0.001 5
		沛县	1	1	1	1	1	−0.001 2
		赣榆区	1	1	1	1	1	0.000 2
		海陵区	3	3	3	3	3	0.000 9
		溧水区	1	1	1	1	1	0.002 1
		邗江区	2	2	2	2	2	0.003 0
	4	昆山市	3	2	3	3	3	0.001 5
		太仓市	1	1	2	2	2	0.007 2
		惠山区	3	3	3	3	3	0.014 6
		滨湖区	2	2	2	2	2	−0.003 2
		宜兴市	1	1	2	2	2	0.005 4
		泰州市	1	1	1	1	1	0.000 2

省/批次		名称	2017 年	2018 年	2019 年	2020 年	2021 年	CNLI 变化斜率
江苏省	5	吴江区	2	2	2	2	2	–0.005 1
		常熟市	2	2	2	2	2	–0.001 5
		盐城市	1	1	1	1	1	–0.000 1
		通州区	1	1	1	1	1	–0.001 7
		浦口区	2	2	2	2	2	0.001 1
上海市	5	青浦区	3	2	2	2	2	–0.006 5
浙江省	1	象山县	1	1	1	1	1	0.002 6
		湖州市	1	1	1	1	1	0.002 9
		临安区	1	1	1	1	1	–0.000 5
		新昌县	1	1	1	1	1	0.002 3
		浦江县	1	1	1	1	1	0.004 8
	2	嘉善县	2	2	2	2	2	0.002 5
		开化县	1	1	1	1	1	0.003 4
		遂昌县	1	1	1	1	1	0.000 7
		安吉县	1	1	1	1	1	–0.000 6
		嵊泗县	1	1	1	1	1	–0.000 3
		仙居县	1	1	1	1	1	0.001 3
	3	北仑区	1	1	2	1	1	0.001 7
		泰顺县	1	1	1	1	1	0.002 9
		德清县	1	1	1	1	1	0.005 9
		普陀区	1	1	1	1	1	0.005 7
		西湖区	3	3	3	3	3	0.010 8
		磐安县	1	1	1	1	1	–0.000 1
		义乌市	2	2	2	2	2	0.007 2
		天台县	1	1	1	1	1	0.000 5
	4	海盐县	1	1	1	1	1	0.007 6
		镇海区	1	3	3	1	2	0.003 3
		吴兴区	2	2	2	2	2	0.005 9
		富阳区	1	1	1	1	1	0.004 1
		永嘉县	1	1	1	1	1	0.002 6
		诸暨市	1	1	1	1	1	0.002 3
	5	缙云县	1	1	1	1	1	–0.000 9
		嘉兴市	2	2	2	2	2	0.004 1
		衢州市	1	1	1	1	1	0.001 1
		宁海县	1	1	1	1	1	0.001 1
		长兴县	1	1	1	1	1	0.000 4
		上虞区	1	1	2	2	2	0.003 1
		岱山县	1	1	1	1	1	–0.015 1
		余杭区	2	2	2	2	2	0.002 9
		鹿城区	2	2	2	3	2	–0.009 6

表 4-14　2017—2021 年长三角区域“两山”实践创新基地综合夜间灯光指数等级及变化

省/批次		名称	2017 年	2018 年	2019 年	2020 年	2021 年	CNLI 变化斜率
安徽省	1	旌德县	1	1	1	1	1	0.004 3
	3	岳西县	1	1	1	1	1	–0.000 3
	4	霍山县	1	1	1	1	1	0.001 5
		湾沚区	1	1	1	1	1	0.002 3
	5	金寨县	1	1	1	1	1	0.001 3
江苏省	1	泗洪县	1	1	1	1	1	0.001 3
	3	贾汪区	1	1	2	2	2	0.012 9
	4	盐都区	1	1	1	1	1	–0.002 0
		溧阳市	1	1	1	1	1	0.005 1
	5	崇川区	3	3	2	2	2	–0.032 2
		广陵区	2	3	3	2	2	–0.006 6
上海市	5	漕泾镇	2	2	1	2	1	–0.019 0
浙江省	1	衢州市	1	1	1	1	1	0.001 1
		安吉县	1	1	1	1	1	–0.000 6
		湖州市	1	1	1	1	1	0.002 9
	2	丽水市	1	1	1	1	1	0.000 4
		洞头区	2	1	1	1	1	–0.003 2
	3	宁海县	1	1	1	1	1	0.001 1
		新昌县	1	1	1	1	1	0.002 3
	4	淳安县	1	1	1	1	1	0.001 3
	5	北仑区	1	1	2	1	1	0.001 7
		文成县	1	1	1	1	1	0.000 8

4.3.7　讨论与结论

1．讨论

区域生态环境质量与社会经济发展是相互促进、相互制约的关系，作为一个综合性指标，两者之间的耦合协调度受到多方面因素影响，主要取决于社会经济发展是否与生态环境承载力相匹配、是否对生态环境造成破坏（刘晏冰等，2021）。

在低耦合协调度示范区中，惠山区自 2017 年以来 RSEI 不断减小，CNLI 不断增加，两者的变化斜率分别为 –0.01 和 0.68，快速增长的经济水平给当地生态环境带来一定压力，造成地区耦合协调度进一步降低。这类城市在未来发展中建议参考苏州市发展路径，通过实施一系列生态环境治理措施，在提高生态环境质量水平的同时实现社会经济稳定发展，从而由低耦合协调度向中耦合协调度转变，成为耦合协调度增速最大的示范区。安徽省石台县和黟县位于水源涵养生态功能区内，虽然 RSEI 常年处于 0.5 以上的高水平状态，但是 CNLI 却常年保持在示范区平均水平的 10%左右，虽然自 2017 年以来社会经济发展水平有所提高，但是在有限的增速条件下对区域耦合协调度的贡献较小，这类示范区大量优质的生态产品未能实现价值转换，从而造成耦合协调度低。而安徽省太湖县和浙江省遂昌县同样位于重点生态功能区内，具有明显生态环境本底优势，虽然自 2017 年以来 RSEI 有轻微下降（斜率分别为 –0.008 和 –0.067），但是 CNLI 增长了 32%～87%，生态环境质量和社会经济综合发展水平不断增加，因此耦合协调度也显著增加。对于高耦合协调度示范区，保证稳定且优质的生态环境质量（RSEI＞0.45）是其基本原则，同时进一步促进自然资源向生态产品转化，实现自然资源保值增值，是实现城市可持续协调发展的重要途径。这类区域最为典型的是浙江省岱山县，该县有丰富的航道、深水港和岛屿资源，通过内外兼修的方式，一方面高标准编制县域总体规划及双峰新城、美丽渔港等规划，提升城市品质和人居环境舒适度；另一方面聚焦民生福祉，通过精准帮扶，帮助低收入渔农户同步迈向高水平小康社会，将最低生活保障标准提高到年均 10 920 元。自 2017 年以来，该县 RSEI 提高了 3.51%，达到 0.59，CNLI 提高了 417.59%，耦合协调度由 2017 年的 0.21 增至 2021 年的 0.49，增长斜率达 0.08，增速仅次于苏州市。

在低耦合协调度的实践创新基地中，江苏省徐州市贾汪区属于采矿修复区，受发展历程影响，矿区生态环境在短期内难以恢复到自然状态，且容易受到修复措施和植被物种的影响，因此相对于其他实践创新基地，其生态环境本底不具备优势。旌德县和岳西县位于水源涵养生态功能区内，虽然 RSEI 均保持在 0.57 以上，但是自 2017 年以来减少了 4.7%～7.6%，同时 CNLI 增幅甚微，只有实践创新基地 CNLI 增幅平均水平的 5%左右。因此，相对于同等生态环境条件的实践创新基地，贾汪区受到社会经济发展水平的制约，耦合协调度较低。上海市金山区漕泾镇通过修复水生态环境和建设生态养殖基地，活化水生态经济，自 2017 年以来 RSEI 稳定保持在 0.55 左右，CNLI 增幅达 41.67%，在保持生态环境质量稳定的同时，实现了社会经济显著发展，成为长三角区域耦合协调度最高的实践创新基地。

基于耦合协调度分析，虽然示范区通过高水平生态环境保护提升了经济社会高质量发展水平，但是发展不平衡、不充分的问题给长三角区域一体化高质量发展带来严峻挑战，同时也使其面临新形势、新要求、新策略。对于上海市，虽然生态环境与城市发展之间已经形成了较好的耦合协调度，但受限于有限的土地空间和生态空间，未来发展时需要不断提高生态环境质量，进一步探索生态产品价值实现路径，促进生态资源资产协同发展。对于浙江省，受到山地面积较多的影响，其城市分布集中连片，拥有较多的生态空间，有着得天独厚的环境资源和生态优势，但是省内发展不平衡，城市化进程的推进将会占用生态用地，因此需要通过科学合理的国土空间规划和产业布局，在保证生态环境功能与承载力提升的同时将生态效益转化为经济效益，实现区域高质量发展。江苏省以平原为主，城市化水平整体较高，且呈集中连片的趋势，生态用地也以耕地和水域为主，同时经济基础条件能够支撑生态文明建设，提高生态文明建设成效，因此优质的生态空间建设需要立足不断拓展的生态空间功能内涵，促进生态资源向生态产品服务转变，提升生态功能水平。安徽省由北向南逐渐以连片的农田生态系统向丘陵和山区过渡，虽然生态环境质量介于江苏省和浙江省之间，但是经济发展水平远不及两者，生态空间和生态产品价值尚未能充分挖掘，在以后的发展中一方面要将生态文明建设融入工业化推动和城镇化建设中，走绿色发展道路；另一方面要积极探索生态产品价值转换路径，依靠皖南山区生态优势打造生态韧性城市，实现人与自然协调可持续发展。

对于实践创新基地，其社会经济增长主要通过生态产业化和生态产品价值实现，而这部分经济增益并不能直接反映在夜间灯光强度上，且研究表明（厉芳婷等，2023）夜间灯光数据主要反映城镇用地范围内的区域经济，且与第一产业无显著相关性，因此本节中可能低估了实践创新基地的耦合协调度，在今后的研究中，需围绕“两山指数”，进一步细化评价指标，准确分析实践创新基地生态环境保护与经济发展的协调性。此外，本节研究发现示范区和实践创新基地 RSEI 具有不断降低趋势。RSEI 作为一个综合评价指标，其变化受到研究区湿度、绿度、干度和热度等多方面要素的综合影响，且长三角区域内气温、降水等自然条件具有空间差异性，造成示范区和实践创新基地 RSEI 降低的具体原因还需要在以后的工作中进一步探究。

2. 结论

本节从三维空间角度分析了长三角区域的示范区和实践创新基地的空间分布格局和土地利用结构特征，并基于生态环境指数和综合夜间灯光指数，采用耦合协调度模型进行区域生态环境质量和社会经济发展水平耦合协调性测度和分析，结论如下：

一是示范区和实践创新基地分布具有不均衡性，示范区集中分布在江、浙、皖三省交界处，69.82%的区域位于海拔＜200 m 的平原地区，实践创新基地空间分布较分散，60.65%的区域位于海拔＞200 m 的低山、中山丘陵地区。

二是示范区和实践创新基地生态用地面积超过 70%，RSEI 优良等级面积占比超过 50%，生态环境质量以优良等级为主。虽然长三角区域具有较好的生态环境本底优势，但 RSEI 值呈不断降低趋势，其中实践创新基地生态环境质量水平更高，下降速率也更大，更具有脆弱性。

三是 2017—2021 年，53 个（68.83%）示范区和 15 个（68.18%）实践创新基地的 CNLI 值保持增长趋势，平均增幅分别为 0.32%和 0.27%，示范区经济发展速度高于实践创新基地。

四是 2017—2021 年，示范区和实践创新基地的 RSEI 和 CNLI 耦合协调度为 0.27～0.35，且呈不断增加趋势，平均增幅分别为 10.55%和 8.90%，生态文明建设取得一定成效；江浙交界处耦合协调度最高，且自 2017 年以来增幅也最大，达 18%。

第5章

长三角产业合作区耦合协调度和县域生态文明示范建设

长三角是我国经济最具活力、开放程度最高、创新能力最强的区域之一，始终保持高品质生态环境和经济高质量发展的区域协同推进。《长江三角洲区域一体化发展规划纲要》明确要求“推进跨界区域共建共享，推动省际毗邻区域协同发展”和“共建省际产业合作园区，加强省际产业合作，有序推动产业跨区域转移和生产要素双向流动”。浙苏皖交界地区包括浙江省长兴县、安吉县，江苏省宜兴市、溧阳市，安徽省广德县和郎溪县，其中郎溪县包括上海飞地白茅岭农场（以下简称“一岭六县”）。2020年6月，长三角一体化发展论坛指出要在“一岭六县”省际毗邻区域共建长三角产业合作区，推进三省一市交界处区域融合发展。2023年7月17—18日，全国生态环境保护大会指出，正确处理好高质量发展和高水平保护的关系，要站在人与自然和谐共生的高度谋划发展，以高品质生态环境支撑高质量发展。长三角产业合作区（“一岭六县”）作为长三角区域一体化发展无缝对接的天然功能区块，存在区域内发展不平衡不充分，部分区域高质量发展与生态环境保护矛盾突出等问题。目前，关于耦合协调性的研究热点集中在城市化、经济与生态环境的耦合协调方面（Wang，et al.，2014；王少剑等，2015；杨亮洁等，2021），研究区域主要集中在县域和典型省份，关于“一岭六县”产业发展与生态环境耦合协调关系及发展预测的关注度较低，亟待加强产业发展和生态环境耦合协调的时空变化研究。因此，为探究跨区域产业合作与生态环境保护的协同机制，本章选取“一岭六县”作为研究对象，分析长三角产业合作区生态环境与产业发展的耦合协调关系，识别关键影响因子，进而以江苏省溧阳市为例，剖析典型县域生态文明示范建设的主要任务和措施，以期为推动省际毗邻区域协同发展和生态环境共保联治提供参考。

5.1　长三角产业合作区耦合协调度研究

5.1.1　材料与方法

1. 研究区概况

“一岭六县”是上海、南京、杭州、合肥四大核心城市的地理中心，东靠太湖和京杭大运河，北通长江，水系发达，黄山、天目山、茅山余脉贯穿南北，生态系统完整多样，面积约 1 万 km^2，其中森林面积 4 479.3 km^2，森林覆盖率 44.3%。随着长三角一体化发展上升为国家战略，“一岭六县”也加快了产业转型升级的脚步，向着更高质量的协同发展加快迈进。2022 年，“一岭六县”人口总数约为 418 万人，地区生产总值为 5 707.78 亿元，地区生产总值和规上工业总产值排名最高的是宜兴市，在 2022 年县域经济排名中位列第八（表 5-1）。

表 5-1　长三角产业合作区的基本情况

省份	区域	地区生产总值/亿元	面积/km^2	人口/万人	产业结构	主导产业	规上工业总产值/亿元	2022 年县域经济排名
江苏省	宜兴市（J1）	2 236.72	1 996.6	128.80	2.5∶52.6∶44.9	集成电路、电线电缆、节能环保、陶瓷耐材、化纤纺织	5 004.76	8
江苏省	溧阳市（J2）	1 416.22	1 535.87	80.6	4.1∶54.2∶41.7	动力电池、智能电网、汽车及零部件	2 905.49	41
浙江省	长兴县（Z1）	853.37	1 430	67.98	5.2∶51.1∶43.7	新型电池、新能源汽车、现代纺织、电子信息、生物医药	1 474.34	62
浙江省	安吉县（Z2）	582.37	1 886	59.6	5.2∶46.8∶48.0	竹业、纺织、通用航空、健康医药、装备制造	733.61	—
安徽省	广德市（A1）	404.3	2 165	50.3	7.4∶50.2∶42.4	电子电路、汽车零部件、智能装备、新材料	571.1	95
安徽省	郎溪县（A2）	214.8	1 105	34.51	9.8∶54.4∶35.8	汽车部件、成套设备、新材料、大健康	244.9	—

2. 研究方法

（1）指标体系构建

参照“国家生态文明建设试验区评估指标体系”、“美丽中国建设评估指标体系”和《国家生态文明建设示范区建设指标（修订版）》，结合长三角产业合作区生态环境和产业发展特点，基于代表性、可操作性的指标选取原则，构建了生态环境压力、生态环境禀赋、生态环境保护、经济发展、产业结构及增长质量共 6 个方面 26 项评价指标，其中 *A*11～*A*34 属于生态环境（*A*）子系统，*B*11～*B*35 属于产业发展（*B*）子系统，以此评价生态环境与产业发展的耦合协调发展情况（表 5-2）。

表 5-2　生态环境与产业发展耦合协调度评价指标体系

一级指标	二级指标	序号	三级指标	单位	指标属性
生态环境（*A*）	生态环境压力（*A*1）	1	废气 SO_2 排放量强度（*A*11）	kg/万元	–
		2	单位地区生产总值能耗（*A*12）	t 标准煤/万元	–
		3	单位地区生产总值水耗（*A*13）	m^3/万元	–
		4	废水 COD 排放强度（*A*14）	kg/万元	–
		5	$PM_{2.5}$ 年均浓度（*A*15）	$\mu g/m^3$	–
	生态环境禀赋（*A*2）	6	城市空气质量优良天数比例（*A*21）	%	+
		7	地表水Ⅰ～Ⅲ类占比（*A*22）	%	+
		8	人均公园绿地面积（*A*23）	m^2	+
		9	林木覆盖率（*A*24）	%	+
		10	生态环境状况指数（*A*25）	—	+
	生态环境保护（*A*3）	11	城市生活垃圾无害化处理率（*A*31）	%	+
		12	城镇污水处理率（*A*32）	%	+
		13	一般工业固体废物综合利用率（*A*33）	%	+
		14	危险废物安全处置率（*A*34）	%	+
产业发展（*B*）	经济发展（*B*1）	15	人均地区生产总值（*B*11）	万元	+
		16	城镇居民人均可支配收入（*B*12）	元	+
		17	农民人均可支配收入（*B*13）	元	+
		18	一般公共预算收入占地区生产总值的比重（*B*14）	%	+
	产业结构（*B*2）	19	第一产业产值占地区生产总值的比重（*B*21）	%	+
		20	第三产业产值占地区生产总值的比重（*B*22）	%	+
		21	第三产业就业人口比重（*B*23）	%	+
	增长质量（*B*3）	22	地区生产总值年增长率（*B*31）	%	+
		23	固定资产投资占地区生产总值比重（*B*32）	%	–
		24	生态旅游收入占服务业总产值的比重（*B*33）	%	+
		25	规模以上工业增加值增长率（*B*34）	%	+
		26	茶叶产量（*B*35）	t	+

注：“+”表示正向指标，“–”表示负向指标。

（2）数据的标准化及权重确定

考虑到指标具有不同的数量级和量纲，结合指标的具体性质，将指标分为正向指标和负向指标 2 个属性。正向指标用“+”表示，负向指标用“–”表示。采用极差变换法对生态环境与产业发展评价指标体系的原始数据进行量化极差标准化处理。

正向指标时，采用如下公式：

$$x_{ij}=\frac{(X_{ij}-\min X_{ij})}{(\max X_{ij}-\min X_{ij})} \tag{5-1}$$

负向指标时，采用如下公式：

$$x_{ij}=\frac{(\max X_{ij}-X_{ij})}{(\max X_{ij}-\min X_{ij})} \tag{5-2}$$

式中：X_{ij}为第 i 年第 j 个指标的原始值；$\max X_{ij}$和 $\min X_{ij}$分别为第 i 年第 j 个指标的最大值和最小值；x_{ij}为第 i 年第 j 个指标的标准化值，介于 0～1。各指标权重（w_j）采用熵权法确定，其中指标比重（P_{ij}）的计算公式为

$$P_{ij}=\frac{x_i}{\sum_{i=1}^{6}x_{ij}} \tag{5-3}$$

式中：X_i为第 i 年的值。熵权（e_j）的计算公式为

$$e_j=-\frac{1}{\ln 6}\sum_{i=1}^{6}P_{ij}\ln P_{ij} \tag{5-4}$$

差异性指数（d_j）的计算公式为

$$d_j=1-e_j \tag{5-5}$$

w_j的计算公式为

$$w_j=\frac{d_j}{\sum_{j=1}^{n}d_j} \tag{5-6}$$

式中：n 为指标个数，本章产业发展子系统指标为 12 个，生态环境子系统指标为 14 个。

（3）耦合协调度模型

根据 6 个县（市）产业发展与生态环境的特点，参考纪荣婷等（2020）关于耦合协调度的模型，建立了产业与环境耦合协调度评价模型。设 x_{i1}、x_{i2}、…、x_{i5}为第 i 年生态环境子系统的 14 个指标标准化值；y_{i1}、y_{i2}、…、y_{i6}为第 i 年产业发展子系统的 12 个指标标准化值，则生态环境指数［$F(x)$］和产业发展指数［$F(y)$］分别为

$$F(x)=\sum_{j=1}^{14}w_jx_{ij} \tag{5-7}$$

$$F(y)=\sum_{j=1}^{12}w_jy_{ij} \tag{5-8}$$

引入耦合度（C）以反映生态环境与产业发展子系统间的耦合程度，以及子系统间相互影响的强弱，但无法反映出子系统间的协调发展水平。耦合度模型计算公式为

$$C=\sqrt{\frac{F(x)\cdot F(y)}{[F(x)+F(y)]^2}} \tag{5-9}$$

引入综合协调指数（T）以反映子系统间相互影响的协调程度，进一步判断子系统间

是否和谐发展；引入耦合协调度（D）以进一步评价生态环境与产业发展间的耦合程度。T 和 D 的计算公式为

$$D=\sqrt{C\cdot T} \tag{5-10}$$

$$T=gF(x)+hF(y) \tag{5-11}$$

式中：g、h 为待定权数，鉴于生态环境与产业发展同等重要，本章取 $g=h=0.5$；T 为经济增长与生态环境保护的综合水平；D 为在产业发展和生态环境水平一定的条件下，为使产业发展和生态环境复合效益最大，二者进行组合协调的程度。D 越小，系统越不协调；D 越大，协调状态越理想。

测算出耦合度后，将生态环境与产业发展子系统耦合水平从低到高划分为低水平耦合、较低水平耦合、中度耦合、较高水平耦合和高水平耦合 5 个等级，将耦合协调度水平从低到高划分为低水平协调、较低水平协调、中度协调、较高水平协调和高水平协调 5 个等级。耦合协调度的等级分类如表 5-3 所示。

表 5-3　生态环境与产业发展协调发展的分级及其判别标准

耦合度	耦合度等级	耦合协调度	耦合协调度等级
[0～0.5）	低水平耦合	[0～0.5）	低水平协调
[0.5～0.8）	较低水平耦合	[0.5～0.6）	较低水平协调
[0.8～0.9）	中度耦合	[0.6～0.7）	中度协调
[0.9～0.95）	较高水平耦合	[0.7～0.8）	较高水平协调
[0.95～1]	高水平耦合	[0.8～1]	高水平协调

（4）趋势预测

采用 GM（1.1）灰色预测法对耦合协调度进行预测，按预测对象特征可分为数列预测、灾变预测、季节变灾预测、拓扑预测及系统综合预测等类型。本章采用数列预测，即对某一指标的发展变化情况进行定量预测，其预测结果是该指标在未来各时刻的具体数值。步骤如下：

①设时间序列 $X_0=\{x_0(1),x_0(2),\cdots,x_0(n)\}$ 有 n 个观测值，通过对原始序列进行累加生成新序列 $X_1=\{x_1(1),x_1(2),\cdots,x_1(n)\}$，则 GM（1.1）模型相应的微分方程为

$$\frac{\mathrm{d}X_1}{\mathrm{d}t}+aX_1=\mu \tag{5-12}$$

式中：a 为发展灰数；μ 为内生控制灰数。

②设 $\hat{a}$ 为待估参数向量；$\hat{a}=\begin{pmatrix}a\\ \mu\end{pmatrix}$，可利用最小二乘法求解，解得 $\hat{a}=(B^{\mathrm{T}}B-1)B^{\mathrm{T}}Y_n$，求解微分方程，即可得到预测模型：

$$x_1^{\mathrm{T}}\boldsymbol{X}_1(k+1)=\left[x_0(1)-\frac{u}{a}\right]\mathrm{e}^{-ak}+\frac{u}{a}\quad (k=1,\ 2,\ \cdots,\ n) \tag{5-13}$$

③对灰色预测公式进行精确度检验，一般由表 5-4 给出，如果 P 和 C 都在允许范围之内，则可计算出该项指标的预测值；否则需要通过分析残差序列，对公式进行重新修正。

表 5-4　灰色预测精确度检验等级标准

精度等级	P	C	精度等级	P	C
好	＞0.95	＜0.35	勉强	＞0.70	＜0.65
合格	＞0.80	＜0.50	不合格	≤0.70	≥0.65

（5）数据来源

以 2015—2022 年为研究时段，研究总年限为 8 年。数据来源于 6 个县（市）的《统计年鉴》《国民经济和社会发展统计公报》《中国城市统计年鉴》《生态环境质量公报》等。对于其中仍无法直接获取的数据，采取加权平均法对缺失指标赋值补缺。

5.1.2　生态环境和产业发展指数

由图 5-1（a）～（c）可知，生态环境（A）子系统整体发展水平介于 0.1～0.7。各县（市）的生态环境（A）子系统的发展水平均呈明显增长的趋势，增幅最大的是安吉县（$Z2$）、其次为宜兴市（$J1$），两地 2022 年的生态环境指数 $F(x)$分别较 2015 年增加了 6.13 倍、5.51 倍；最小的是广德市（$A1$），其 2022 年的生态环境指数 $F(x)$较 2015 年增加了 1.02 倍。2022 年，各县（市）的生态环境指数 $F(x)$均较 2021 年降低，总体呈江苏省＞浙江省＞安徽省的趋势，$F(x)$最高的为宜兴市（$J1$），为 0.618，最低的为郎溪县（$A2$），为 0.490，这说明长三角产业合作区的生态环境子系统发展水平近年来增速较快，但分布不均衡。

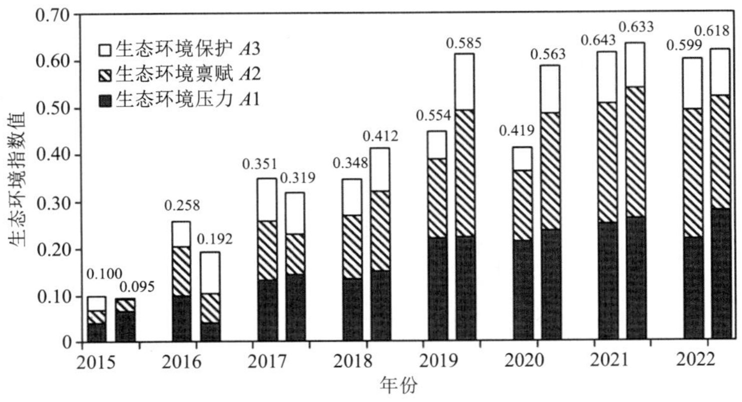

（a）溧阳市（左）和宜兴市（右）生态环境指数

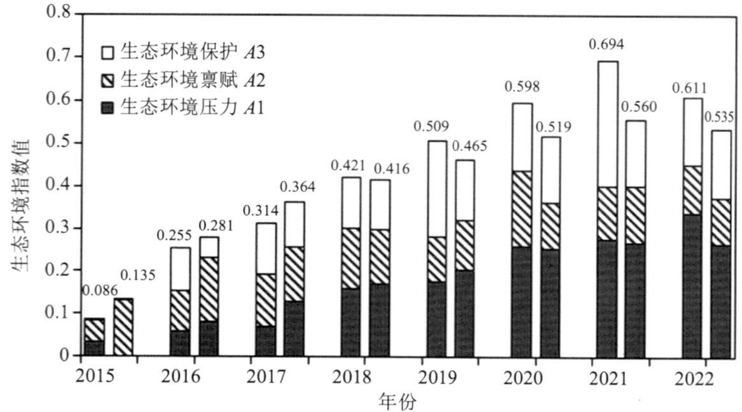

（b）安吉县（左）和长兴县（右）生态环境指数

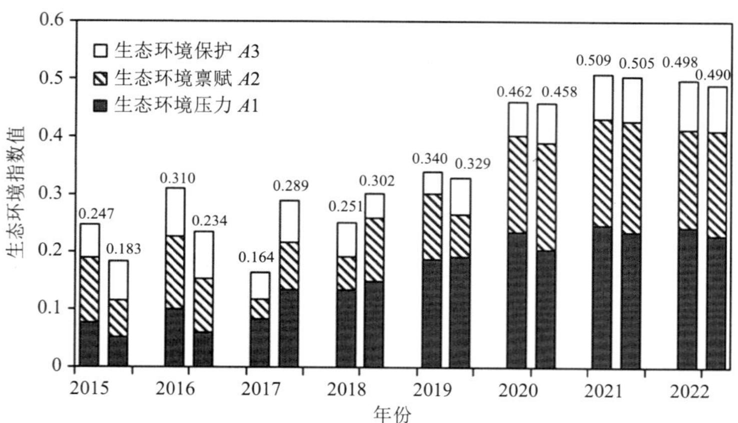

（c）广德市（左）和郎溪县（右）生态环境指数

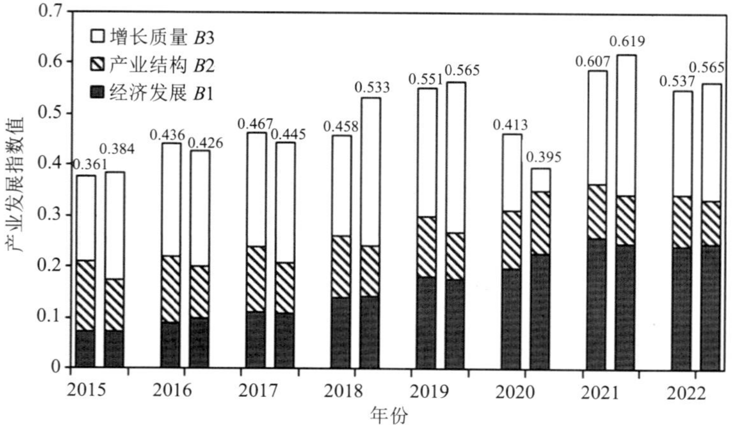

（d）溧阳市（左）和宜兴市（右）产业发展指数

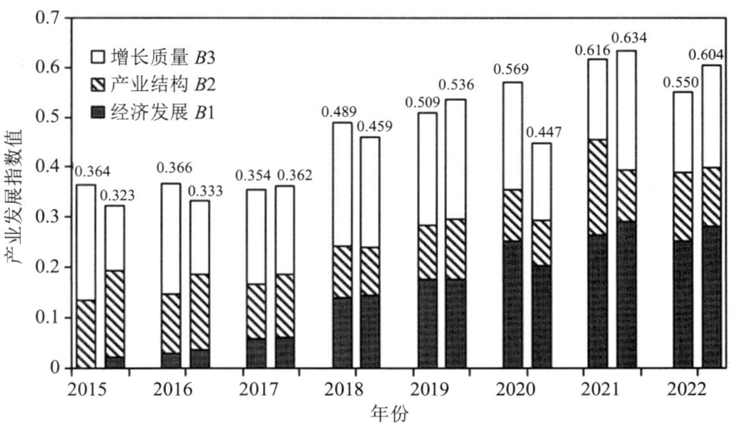

（e）安吉县（左）和长兴县（右）产业发展指数

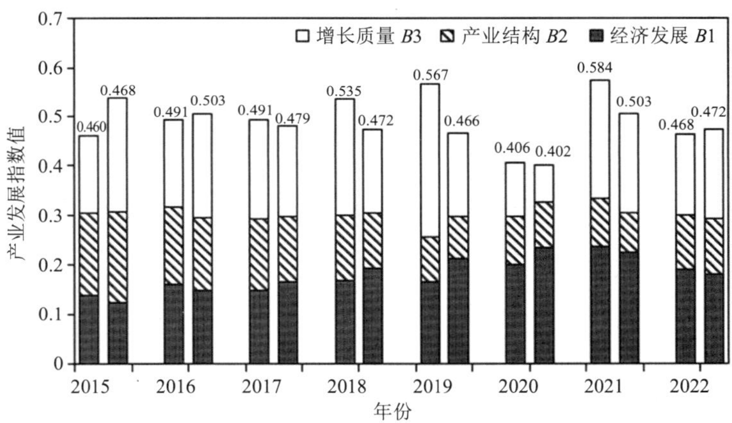

（f）广德市（左）和郎溪县（右）产业发展指数

图 5-1　2015—2022 年生态环境指数和产业发展指数变化

由图 5-1（d）～（f）可知，产业发展（*B*）子系统的整体发展水平介于 0.3～0.7。各县（市）的产业发展（*B*）子系统的发展水平均呈稳步增长的趋势，增幅最大的是长兴县（*Z*1），其 2022 年的产业发展指数 $F(y)$较 2015 年增加了 86.98%；最小的是郎溪县（*A*2），其 2022 年的产业发展指数 $F(y)$较 2015 年仅增加了 8.57%。2022 年，6 个县（市）的产业发展指数 $F(y)$均较 2021 年低，呈浙江省＞江苏省＞安徽省的趋势，$F(y)$最高的为长兴县（*Z*1），为 0.604，最低的为广德市（*A*1），为 0.468，这说明“一岭六县”产业发展水平近年来平稳增长，同时与生态环境质量有一定的关联性，经济发展对生态环境保护起支撑与促进作用，而生态环境质量的提升又反哺产业发展。

5.1.3 耦合协调度及关键影响因子

通过耦合协调度模型测算出生态环境和产业发展耦合度（*C*）和耦合协调度（*D*）。研究发现，6 个县（市）的耦合度和耦合协调度平均值皆为波动上升的态势，耦合度的均值为 0.55～1.00，增幅为 79.71%；而耦合协调度的均值为 0.38～0.73，增幅为 86.59%。2015—2022 年，耦合度和耦合协调度增幅最大的是安吉县（*Z*2），分别是 2015 年的 1.49 倍、1.32 倍，其耦合度由 2015 年的倒数第 1 位上升到 2022 年的并列第 1 位，耦合协调度由 2015 年的倒数第 1 位上升到 2022 年的第 1 位；增幅最小的均是广德市（*A*1），增幅分别为 0.17、0.14，分别是 2015 年的 71.22%、45.57%。由此可见，长三角产业合作区的耦合度与耦合协调度有相关性，但增速不均匀，且省际差异明显。

由表 5-5 可知，2022 年 6 个县（市）的耦合度整体水平较高，均为高水平耦合。其中，耦合协调度最高的省份为浙江省，其次是江苏省，最后为安徽省，江苏省和浙江省 3 个县（市）的协调水平均为较高水平协调，而安徽省 2 个县（市）的协调水平为中度协调。

表 5-5　生态环境-产业发展 2022 年耦合协调度比较

市县	耦合度 *C*	耦合类型	耦合协调度 *D*	协调类型
宜兴市（*J*1）	0.952	高水平耦合	0.721	较高水平协调
溧阳市（*J*2）	0.994	高水平耦合	0.751	较高水平协调
长兴县（*Z*1）	0.988	高水平耦合	0.757	较高水平协调
安吉县（*Z*2）	0.994	高水平耦合	0.760	较高水平协调
广德市（*A*1）	0.993	高水平耦合	0.684	中度协调
郎溪县（*A*2）	0.981	高水平耦合	0.661	中度协调

由表 5-6 可知，人均地区生产总值（*B*11）、农民人均可支配收入（*B*13）对 6 个县（市）的耦合协调度均呈显著正相关关系，其中人均地区生产总值（*B*11）对长兴县（*Z*1）的正向影响系数最大，相关性系数达 0.946；农民人均可支配收入（*B*13）对安吉县（*Z*2）的正向影响系数最大，相关性系数达 0.972。对于宜兴市（*J*1）来说，第一产业占地区生产总值的比重（*B*21）对耦合协调度的负向影响最大，相关性系数为 –0.995。对于溧阳市（*J*2）来说，$PM_{2.5}$ 年均浓度（*A*15）对耦合协调度的负向影响最大，相关性系数为 –0.920。对于长兴县（*Z*1）来说，废气 SO_2 排放量强度（*A*11）对耦合协调度的负向影响最大，相关性系数为 –0.981。对于安吉县（*Z*2）来说，废气 SO_2 排放量强度（*A*11）的负向影响最大，相关性系数为 –0.984。对于广德市（*A*1）来说，$PM_{2.5}$ 年均浓度（*A*15）对耦合协调度的负向影响最大，相关性系数为 –0.925；对于郎溪县（*A*1）来说，生态旅游收入占服务业总产值的比重（*B*33）对耦合协调度的负向影响最大，相关性系数为 –0.902。

表 5-6　生态环境与产业发展耦合协调度的影响因素分析

影响因素	宜兴市（J1）	溧阳市（J2）	长兴县（Z1）	安吉县（Z2）	广德市（A1）	郎溪县（A1）
废气 SO_2 排放量强度（A11）	−0.947**	−0.859*	−0.981**	−0.984**	−0.654	0.039
单位地区生产总值能耗（A12）	−0.498	−0.713	−0.918**	−0.708	−0.561	−0.63
单位地区生产总值水耗（A13）	−0.972**	−0.868*	−0.980**	−0.951**	−0.711	−0.678
废水 COD 排放强度（A14）	−0.414	−0.055	−0.936**	−0.978**	−0.379	−0.498
$PM_{2.5}$ 年均浓度（A15）	−0.816*	−0.920**	−0.883**	−0.677	−0.925**	−0.834*
城市空气质量优良天数比例（A21）	0.768*	0.62	0.891**	0.818*	0.503	0.454
地表水Ⅰ～Ⅲ类占比（A22）	0.899**	0.858*	.b	.c	.b	0.742
人均公园绿地面积（A23）	0.724	0.867*	−0.653	0.927**	0.7	0.421
林木覆盖率（A24）	0.847*	0.802*	−0.852*	−0.649	0.723	0.585
生态环境状况指数（A25）	0.485	0.382	0.905**	0.985**	0.929**	0.714
城市生活垃圾无害化处理率（A31）	.c	.b	.b	.c	.b	.a
城镇污水处理率（A32）	0.875**	0.14	0.928**	0.950**	0.17	0.259
一般工业固体废物综合利用率（A33）	0.719	0.945**	0.975**	0.802*	0.18	0.113
危险废物安全处置率（A34）	.c	.b	0.927**	0.775*	.b	.a
人均地区生产总值（B11）	0.833*	0.854*	0.946**	0.926**	0.771*	0.809*
城镇居民人均可支配收入（B12）	0.916**	0.885**	0.949**	0.972**	0.753	0.784*
农民人均可支配收入（B13）	0.894**	0.872*	0.934**	0.966**	0.755*	0.792*
一般公共预算收入占地区生产总值的比重（B14）	−0.941**	−0.724	0.677	0.792*	−0.583	−0.895**
第一产业占地区生产总值的比重（B22）	−0.995**	−0.859*	−0.927**	−0.977**	−0.663	−0.53
第三产业占地区生产总值的比重（B22）	0.616	0.398	−0.207	0.24	−0.471	−0.586
第三产业就业人口比重（B23）	0.383	0.119	0.770*	0.571	0.65	0.608
地区生产总值年增长率（B31）	0.068	0.774*	−0.027	0.029	0.008	0.018
固定资产投资占地区生产总值的比重（B32）	−0.947**	−0.382	−0.457	−0.795*	0.195	−0.44
生态旅游收入占服务业总产值的比重（B33）	−0.342	−0.115	0.185	−0.502	0.077	−0.902**
规模以上工业增加值增长率（B34）	0.672	0.454	0.501	0.687	0.183	0.863*
茶叶产量（B35）	−0.469	−0.423	0.802*	−0.419	0.782*	−0.183

5.1.4　耦合协调度预测

基于灰色 GM（1.1）预测模型，取“一岭六县”2015—2022 年两大子系统耦合协调度为分析数据，预测时间长度为 8，进而得到耦合协调度（D）预测结果。由表 5-7 可知，“一岭六县”生态环境和产业发展耦合协调度未来几年的发展将大致延续 2015—2022 年的变化特征，呈小幅上升发展趋势，到 2030 年，“一岭六县”均上升为高水平协调。预测结果显示，“一岭六县”生态环境-产业发展未来几年内的协调发展情况虽总体上有所改善，宜兴市、长兴县和安吉县均已经达到了基本完全协调的水平，而郎溪县仍需在未来发展中突破自身主导限制性因素，实现经济结构调整和生态环境保护的协调可持续。

表 5-7 生态环境-产业发展耦合协调发展预测

预测年份	宜兴（*J*1）	溧阳（*J*2）	长兴（*Z*1）	安吉（*Z*2）	广德市（*A*1）	郎溪县（*A*1）
2023 年	0.833	0.811	0.827	0.873	0.769	0.738
2024 年	0.881	0.853	0.871	0.928	0.815	0.769
2025 年	0.932	0.898	0.917	0.986	0.864	0.801
2026 年	0.985	0.945	0.966	1.000	0.916	0.835
2027 年	1.000	0.995	1.000	1.000	0.971	0.870
2028 年	1.000	1.000	1.000	1.000	1.000	0.906
2029 年	1.000	1.000	1.000	1.000	1.000	0.944
2030 年	1.000	1.000	1.000	1.000	1.000	0.983
协调水平	高水平	高水平	高水平	高水平	高水平	高水平

5.1.5 讨论与结论

1．讨论

随着区域一体化进程的推进，地区间相互作用关系对生态环境、产业发展的时空变化呈现多样性、动态性、复杂性作用特征，“一岭六县”的生态环境与产业发展指数表现出更为显著的空间异质性（杨亮洁等，2023）。研究表明，2022 年的生态环境指数 $F(x)$和产业发展指数 $F(y)$变化特征基本呈浙江省＞江苏省＞安徽省的趋势，这与邓建高等（2023）的研究结果具有一致性。安吉县、溧阳市被命名为国家“绿水青山就是金山银山”实践创新基地，宜兴市和长兴县被命名为国家生态文明建设示范区，促进了生态优势与产业发展优势间的转换。长三角一体化作为国家战略，生态绿色一体化是重要内容，为实现社会经济发展与生态环境保护利益协同，保护生态绿色本底、提升生态系统服务功能是前提条件，而广德市和郎溪县的生态环境指数相对较低，应强化跨界区域环境污染联防联控，通过《长江三角洲区域生态环境共同保护规划》《溧阳市—郎溪县—广德市跨界区域生态环境共保联治工作制度》等推进跨界共治。

本研究发现，生态环境和产业发展耦合度（*C*）与耦合协调度（*D*）均呈稳定增长的趋势，表明随着生态文明建设的不断推进，长三角产业合作区呈良性可持续发展的局面。但是从空间格局上看，地区之间仍存在较大的差距，空间结构的依赖特征明显。因此，在制定生态文明建设和产业绿色发展相关政策时应将其空间依赖特性纳入考虑范畴，构建无障碍区域协调机制，加强生态文明建设和绿色发展在区域内及地区间的合作与交流，推动区域资源要素有序自由流动。而通过预测，到 2030 年，郎溪县的耦合协调度（*D*）没有达到完全协调，需通过合理规划区域一体化过程中工业发展、产业布局等平衡发展与保护之间的关系，持续做强现代产业体系，发挥“一岭六县”产能联动优势，提升产业链韧性。

受化石燃料燃烧和挥发性有机物（VOCs）排放等人为活动及区域地形、地表覆盖、气候等自然条件的综合影响（陕永杰等，2022），溧阳市和广德市耦合协调度（*D*）均与 $PM_{2.5}$ 年均浓度呈负相关关系，安吉县和长兴县耦合协调度度（*D*）均与废气 SO_2 排放量强度呈负相关关系，需以工业园区为重点聚焦 $PM_{2.5}$ 治理和污染物减排，提升大气环境质量。而宜兴市和郎溪县的耦合协调度（*D*）影响因素主要为产业结构，应依托长三角城市群优势加快产业结构化调整，注重区域产业发展朝着高质量可持续化方向迈进。广德市和郎溪县可通过生态用地优化、城市更新行动、生态廊道建设等提升城市生态韧性（李海东等，2023），创新城市生态产品价值实现机制，拓展自然生态资源价值转化渠道，打造生态文旅、全域旅游模式。6 个县（市）要打破低耦合聚集区，加快融入长三角区域一体化发展战略，以集成电路、生物医药、人工智能三大先导产业为依托做强科技创新，实现经济高质量发展（孔凡斌等，2023；马伟波等，2022）。

2．结论

一是 2015—2022 年，“一岭六县”的生态环境指数 $F(x)$和产业发展指数 $F(y)$均为持续增长的趋势，生态环境指数 $F(x)$增幅最大的是安吉县，最小的是广德市；产业发展指数 $F(y)$最高的为长兴县（0.767）、最低的为广德市（0.468）。

二是从时间演进来看，6 个县（市）的耦合度（*C*）和耦合协调度（*D*）平均值皆为波动上升的态势，2015—2022 年，耦合度（*C*）和耦合协调度（*D*）增幅最大的均是安吉县，增幅分别为 0.61、0.48；增幅最小的均是广德市，增幅分别为 0.17、0.14。

三是 $PM_{2.5}$ 年均浓度对溧阳市和广德市存在负向影响，废气 SO_2 排放量强度对安吉县和长兴县存在负向影响，而宜兴市和郎溪县的耦合协调度影响因素主要为产业结构，应依托长三角区域一体化优势加快产业结构化调整。这表明，影响长三角产业合作区各县（市）耦合协调度的主要因素及其影响方向和影响程度存在明显的空间异质性特征。

四是“一岭六县”生态环境和产业发展耦合协调度未来几年的发展将大致延续 2015—2022 年变化特征，均将呈小幅上升的发展趋势，到 2030 年 6 个县（市）的耦合协调度均达到高水平协调。

本章研究结果可以为探索区域协同发展机制、实现更高水平一体化提供一定的参考，当前中国正处于快速城市化进程中，在保持经济快速增长的同时，如何维持生态环境高品质仍是一个重大挑战。长三角产业合作区生态环境与产业发展耦合协调度存在空间异质性，在未来一体化发展过程中应考虑不同城市形态模式对保护与发展交互作用的响应程度，形成良好的协同发展格局。然而，本章重点关注长三角产业合作区生态环境与产业发展耦合协调水平及动态变化趋势，而长三角未来的发展不仅局限在推动区域社会经济和生态保护协调可持续，还试图运用多种组合政策达到区域一体化发展及共同富裕的目标。党的二十大提出“要统筹产业结构调整、污染治理、生态保护、应对气候变化，协同推进降碳、减污、扩绿、增长，推进生态优先、节约集约、绿色低碳发展”“站在人与自然和谐共生的高度谋划发展”。因此，以后的研究还需在“一盘棋”的协同背景下进一步考虑构建基于服务与福祉的复合评价体系，考察长周期下不同空间尺度的动态变化特征，深入揭示耦合过程与传导机制，为长三角可持续发展、全面推进人与自然和谐共生的现代化提供可靠的理论支撑。

5.2 县域生态文明示范建设——以溧阳为例

5.2.1 区域概况

1. 社会经济

人口：2020 年，溧阳市户籍人口 78.85 万人，较 2019 年减少了 0.15 万人，人口自然增长率为 –0.96‰。2016—2020 年，溧阳市总人口呈逐年下降趋势，城市化率呈逐渐上升趋势，2018 年后显著提升，至 2020 年达到 64.1%，较 2016 年提高了 4.09%（图 5-2）。

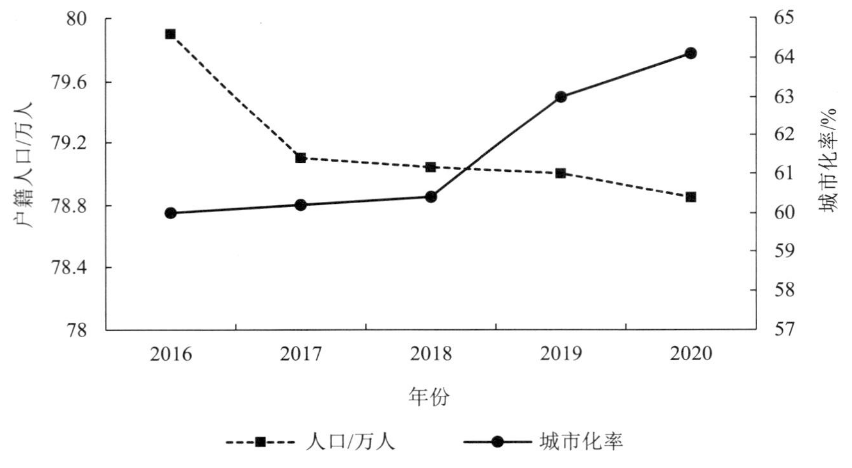

图 5-2 溧阳市 2016—2020 年人口状况

居民收入：2016—2020 年，溧阳市居民人均可支配收入持续增加，2020 年较 2016 年增长了 41.8%，城乡居民收入差距比值逐渐缩小，2020 年较 2016 年减小了 0.08（图 5-3）。2020 年，溧阳市全体居民人均可支配收入为 45 140 元，增长了 5.0%。其中，城镇居民人均可支配收入为 55 478 元，增长 3.7%；农村居民人均可支配收入为 30 083 元，增长 6.3%。全体居民收入增速高于地区生产总值增速 0.4 个百分点。农村居民收入增长快于城镇居民收入增长，城乡居民收入比为 1.84，较上年同期缩小 0.05。

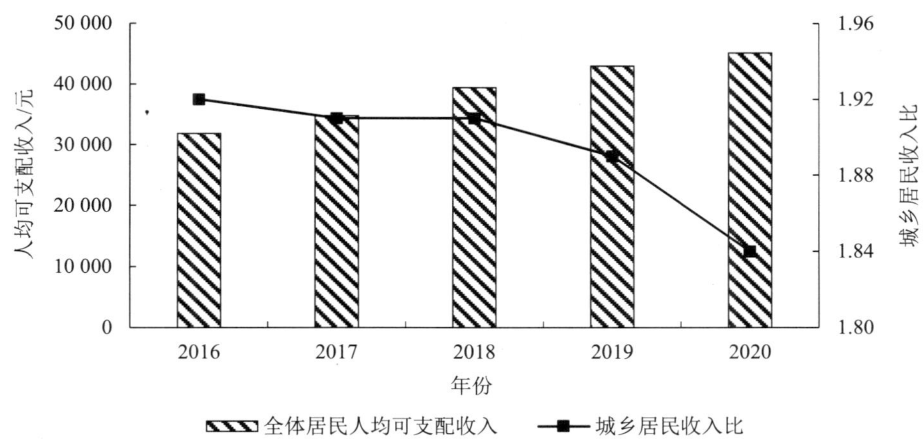

图 5-3　溧阳市 2016—2020 年居民收入情况

地区生产总值：2020 年，溧阳市地区生产总值为 1 086.36 亿元，按可比价计算增长 4.6%，全市生产总值占常州市生产总值的 13.92%。2020 年，全市人均地区生产总值为 137 775.5 元，高于江苏省人均地区生产总值（121 231 元）。2016—2020 年，溧阳市地区生产总值、人均地区生产总值均呈持续增长趋势，2020 年较 2016 年分别增长了 35.58%、37.39%（图 5-4）。

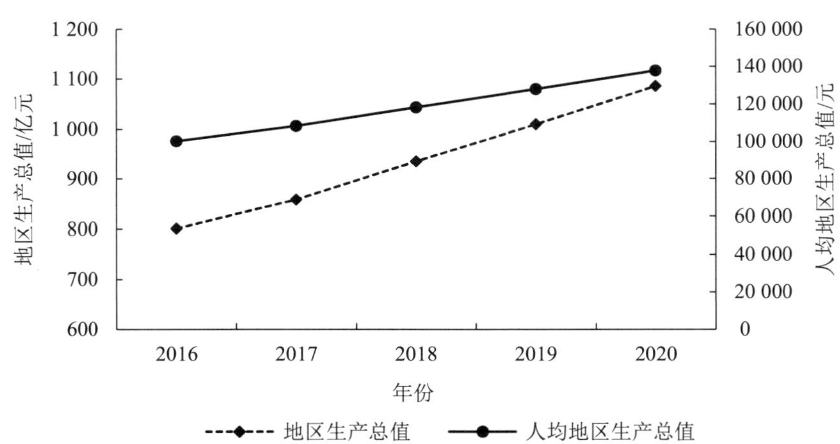

图 5-4　溧阳市 2016—2020 年地区生产总值、人均地区生产总值变化趋势

三产结构：从三次产业来看，2020 年，溧阳市第一产业增加值为 54.44 亿元，增长 1.9%；第二产业增加值为 539.98 亿元，增长 4.6%；第三产业增加值为 491.94 亿元，增长 4.8%。三次产业增加值比例为 5.0∶49.7∶45.3。相较于 2016 年，第一产业增加了 16.74%，第二产业增加了 37.65%，第三产业增加了 36.39%（图 5-5）。整体呈“二三一”的产业结构形式，产业发展仍由工业主导，但第三产业的比重逐年增加，产业结构进一步优化。

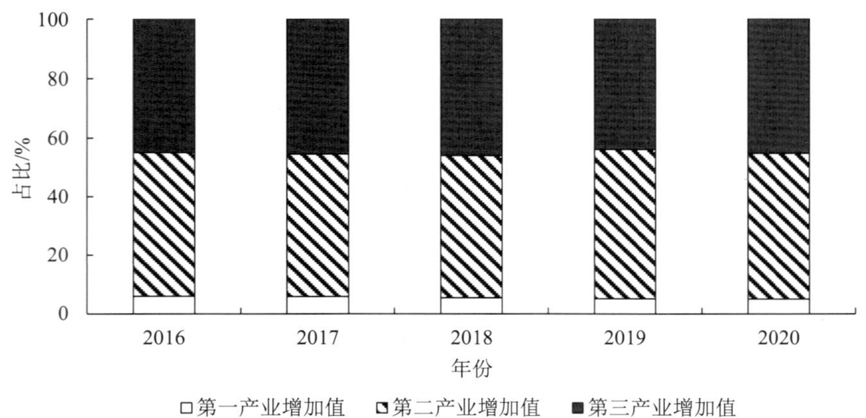

图 5-5 溧阳市 2016—2020 年三产结构变化趋势

2. 生态环境质量状况

（1）大气环境

2020 年，溧阳市空气质量达到Ⅰ级（优）的天数为 101 天，达到Ⅱ级（良）的天数为 198 天，整体优良率为 81.7%，较 2019 年提高了 4.8 个百分点。2016—2020 年，溧阳市空气质量优良率呈先增长再下降再增长的趋势，2018—2020 年空气质量优良率持续提升。

2020 年，溧阳市环境空气中 $PM_{2.5}$、PM_{10}、SO_2、二氧化氮（NO_2）年均浓度分别为 35 μg/m^3、56 μg/m^3、10 μg/m^3 和 29 μg/m^3；一氧化碳（CO）日均值的第 95 百分位数和 O_3 日最大 8 h 滑动平均值的第 90 百分位数浓度分别为 1.2 mg/m^3 和 168 μg/m^3。2016—2020 年，$PM_{2.5}$、PM_{10}、SO_2 和 NO_2 浓度均呈持续下降趋势，O_3、SO_2 分指数的占比均有上升，O_3 和 CO 浓度均在 2017—2018 年有所上升，在 2018—2020 年持续下降（图 5-6）。溧阳市首要污染物是 O_3，其次是 $PM_{2.5}$。

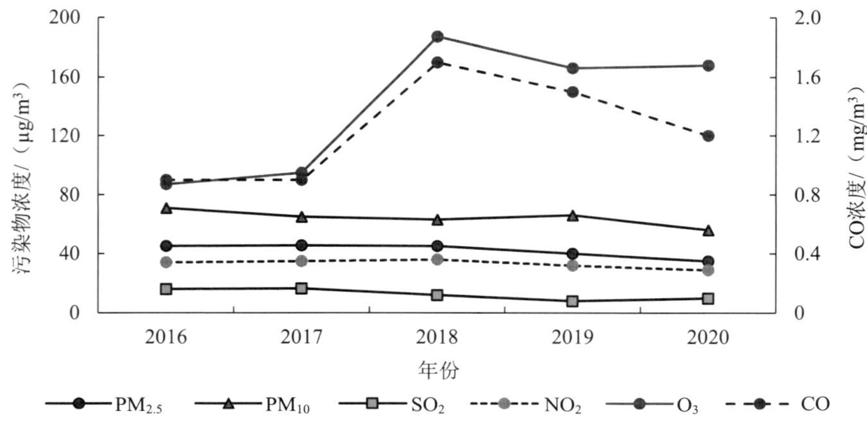

图 5-6 溧阳市“十三五”期间污染物浓度变化情况

（2）水环境

2020 年，溧阳市主要河流水质整体状况为优。监测的 10 条河流（丹金溧漕河、南溪河、北溪河、邮芳河、大溪河、常溧河、南河、胥河、芜太运河和中干河）11 个断面均符合地表水Ⅲ类标准，水质优良率达 100%。2017—2020 年，溧阳市达到或优于Ⅲ类水质的比例逐年上升，并稳定在 100%（表 5-8）。2020 年，溧阳市 6 个“水十条”考核断面优于Ⅲ类水质的比例为 100%，达标率为 83.3%。其中，潘家坝、杨巷桥、塘东桥、前留桥、沙河水库库中 5 个断面达到考核目标；大溪水库湖心超标因子为总磷（TP）。

表 5-8　全市 2017—2020 年“水十条”国考、省考断面达标情况统计

类别	2017 年	2018 年	2019 年	2020 年
监测断面数/个	6	6	6	6
达到或优于Ⅲ类水质断面数/个	5	6	6	5
达到或优于Ⅲ类水质比例/%	83.3	100	100	83.3

2016—2020 年，溧阳市 2 个城市集中式饮用水水源地——沙河水库和大溪水库的水质达标率均保持在 100%。2020 年，溧阳市取水总量为 4 982 万 t，水质达标率持续保持在 100%；5 个乡镇饮用水水源地水质均符合地表水Ⅲ类水质标准，水质状况保持良好。

（3）土壤环境

“十三五”期间，溧阳市土壤背景点、饮用水水源地周边土壤点位均达到清洁水平，总体上土壤环境较为安全；基础点土地类型中水田、旱地、其他土地均达到清洁水平。基础点土地类型中，林地绝大部分点位达到清洁水平；仅林地土壤 1 个点位为轻度污染水平。

3．污染物排放概况

（1）水污染物

工业污染排放：溧阳市内主要工业企业污水基本已经完成接管，企业员工生活污水和生产废水经市政污水管网收集处理后方可外排周边环境。根据 2020 年环境统计数据可知，溧阳市共有 10 家企业未接管到位，纳污河流有南河、丹金溧漕河、中河等。2020 年，溧阳市企业生活污水中有 693.75 万 t 污水外排量，主要污染物排放量为 COD 212.75 t、NH_3-N 9.34 t、总氮（TN）22.74 t、TP 1.30 t。溧阳市污水处理厂排放总量为 384.9 万 t，主要污染物入河量为 COD 111.196 t、NH_3-N 6.351 t、TN 20.868 t、TP 0.721 t。

表 5-9　2020 年溧阳市企业生活污水外排情况

企业编号	行业类别	乡（镇）	受纳水体名称	排放量/t			
				COD	NH_3-N	TN	TP
M1	有机化学原料制造	南渡	南河—南溪河	58.50	2.73	6.50	0.39
M2	化纤织物染整精加工	社渚	前宋水库	8.29	0.23	0.69	0.02
M3	缫丝加工	戴埠	丹金溧漕河	1.08	0.02	0.05	0

企业编号	行业类别	乡（镇）	受纳水体名称	排放量/t			
				COD	NH_3-N	TN	TP
M4	非金属废料和碎屑加工处理	社渚	南河—南溪河	0.06	0	0.01	0
M5	有机化学原料制造	南渡	南河—南溪河	1.71	0.07	0.14	0.01
M6	稀土金属冶炼	溧城街道	丹金溧漕河	19.89	0.55	1.66	0.06
M7	水泥制造	社渚	中河—北溪河	22.95	1.07	2.55	0.15
M8	炼铁	溧城	丹金溧漕河	98.10	4.58	10.90	0.65
M9	淀粉及淀粉制品制造	上黄	赵村河	0.76	0.01	0.09	0
M10	其他专用设备制造	社渚镇	丹金溧漕河	1.41	0.07	0.16	0.01
合计				212.75	9.34	22.74	1.30

生活污水排放：溧阳市现有城镇常住人口 48.82 万人，城镇居民生活污水接管率为 98%，溧阳市农村（自然村）生活污水治理率为 43.8%。溧阳市下辖的埭头镇、戴埠镇、天目湖镇等乡镇共有农村污水处理设施 593 座，污水处理设施尾水排放执行《城镇污水厂污染物排放标准》（GB 18918—2002）一级 B 标准（表 5-10）。2020 年，溧阳市生活废水排放总量为 3 932.2 万 t，生活源主要污染排放量 COD 为 2 245.0 t、NH_3-N 为 443.8 t。

表 5-10　污染物排放标准　　单位：mg/L

项目	pH	COD	BOD_5	SS	NH_3-N	TN	TP
一级 A	6～9	50	10	10	5（8）	15	0.5
一级 B	6～9	60	20	20	8（15）	20	1

注：括号外数值为水温＞12℃时的控制指标。

农业种植污染排放：依据统计年鉴资料，溧阳市耕地种植面积为 59 200 hm^2（592 km^2）。根据表 5-11 进行核算可知，溧阳市农业种植污染最终外排量分别为 COD 1 006.992 t/d、NH_3-N 157.176 t/a、TN 881.784 t/a、TP 68.376 t/a，污染物入河量分别为 COD 302.098 t/a、NH_3-N 47.153 t/a、TN 264.535 t/a、TP 20.513 t/a。

表 5-11　农田污染物排污系数

	COD	NH_3-N	TN	TP
排放系数/［kg/（亩·a）］	1.134	0.177	0.933	0.077
入河系数	0.3			

资料来源：《太湖流域主要入湖河流水环境综合整治规划编制技术规范》，江苏省环境科学研究院，2008 年。

水产养殖污染排放：2020 年，溧阳市水产养殖面积为 15 402 hm^2，以河蟹和青虾养殖为主，集中分布在上黄、别桥、社渚和南渡等乡镇。其中，河蟹养殖面积为 6 253 hm^2，青虾养殖面积为 5 153 hm^2。2020 年，溧阳境内河蟹养殖年产约为 6 585 t，青虾年产约为 8 984 t。根据表 5-12 核算可知，溧阳市水产养殖污染总排放量分别为 COD 396.29 t/d、

NH_3-N 34.31 t/a、TN 42.01 t/a、TP 8.29 t/a；入河系数取 0.6，水产养殖污染入河量分别为 COD 237.77 t/a、NH_3-N 20.48 t/a、TN 25.21 t/a、TP 4.98 t/a（表 5-13）。

表 5-12 水产养殖排污系数

排放系数/（g/kg）	COD	NH_3-N	TN	TP
河蟹养殖	56.715	2.628	2.679	0.472
青虾	2.54	1.873	2.713	0.577
入河系数	0.4			

注：《全国水环境容量核定技术指南》，生态环境部南京环境科学研究所。

表 5-13 水产养殖排污总量统计

养殖种类	排放量/（t/a）				入河量/（t/a）			
	COD	NH_3-N	TN	TP	COD	NH_3-N	TN	TP
河蟹	373.47	17.31	17.64	3.11	224.08	10.38	10.58	1.86
青虾	22.82	16.83	24.37	5.18	13.69	10.10	14.62	3.11
合计	396.29	34.13	42.01	8.29	237.77	20.48	25.21	4.98

畜禽养殖污染排放：2020 年，溧阳市共有规模化养殖场 34 家，共养殖有生猪 9 445 只、肉鸡 507 500 羽、蛋鸡 182 000 羽、牛 98 头和羊 1 500 头。畜禽量换算关系为 30 只蛋鸡=1 头猪，60 只肉鸡=1 头猪，3 只羊=1 头猪，5 头猪=1 头牛，50 只鸭=1 头猪，40 只鹅=1 头猪，60 只鸽=1 头猪，均换算成猪的量进行测算，溧阳市规模畜禽养殖场生猪量为 19 515 头。根据表 5-14 计算可知，规模畜禽养殖排放量分别为 COD 952.342 t/a、NH_3-N 76.928 t/a、TN 161.692 t/a、TP 39.176 t/a。此外，溧阳市农村地区仍普遍存在畜禽散养活动，主要养殖类型以鸡鸭为主，总计养殖数量约为 30 万只，畜禽散养污染排放量分别为 COD 266.185 t/a、NH_3-N 21.502 t/a、TN 45.194 t/a、TP 10.95 t/a。溧阳市畜禽养殖污染排放总量分别为 COD 1 218.527 t/a、NH_3-N 98.430 t/a、TN 206.886 t/a、TP 50.126 t/a。市内畜禽养殖污染均在得到有效处置后外排周边环境或回用，入河系数取值为 0.2，畜禽养殖污染入河量为 COD 243.705 t/a、NH_3-N 19.686 t/a、TN 41.377 t/a、TP 10.025 t/a。

表 5-14 畜禽养殖排污系数 单位：g/（头·d）

项目	COD	NH_3-N	TN	TP
排污系数	133.7	10.8	22.7	5.5

（2）大气污染物

2020 年，溧阳市废气排放总量为 37 164.5 t，SO_2、NO_x 和 VOCs 排放量分别为 6 770.32 t、20 481.07 t 和 9 913.11 t，其中主要源于工业源（图 5-7）。

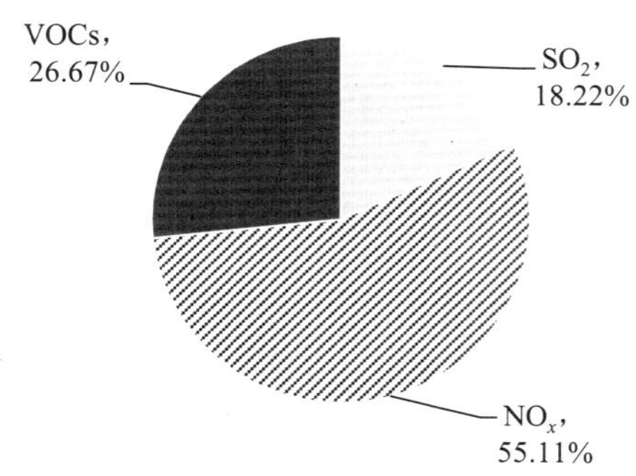

图 5-7 2020 年溧阳市各类大气污染物排放量占比

“十三五”期间，溧阳市 SO_2、NO_x 总体均呈递减趋势，大气污染在一定程度上得到了有效控制，且 2019 年下降趋势最为明显，在大气减排方面所做的工作成效显著，“十三五”期间分别减排 27.31%、28.15%。总体来看，工业源废气污染物排放量对全市废气污染物排放量贡献较大。2020 年，全市工业废气排放量为 1 735.3 亿 m^3，其中 SO_2 排放量为 3 878.1 t，NO_x 排放量为 6 712.7 t，颗粒物排放量为 11 334.0 t，其他 VOCs 排放量为 823.5 t（图 5-8）。

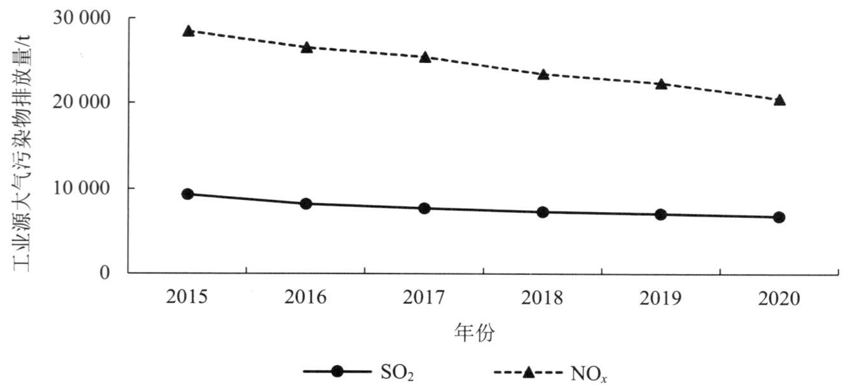

图 5-8 2015—2020 年溧阳市大气污染物排放量变化趋势

2020 年，VOCs 排放总量相较于 2015 年下降了 41.5%，其中工业源排放量下降了 81.0%，生活源排放量下降了 0.6%，交通源和农业源排放量保持不变（表 5-15）。

表 5-15 2015 年和 2020 年 VOCs 排放量　　单位：t

年份	工业源	交通源	生活源	农业源	总量
2015	8 635.63	3 935.87	3 287.08	1 073.15	16 931.73
2020	1 637.015	3 935.87	3 267.08	1 073.15	9 913.115

（3）固体废物

2020 年，一般工业固体废物产生量为 1 415 426 t，其中综合利用量为 1 408 349 t，综合利用率为 99.5%，处置量为 7 077 t，贮存量为 0 t；无工业固体废物排放，一般工业固体废物处置利用率为 100%。一般工业固体废物产生及利用情况见表 5-16。

表 5-16 一般工业固体废物产生及利用情况 单位：t

一般工业固体废物	数量
产生量	1 415 426
综合利用量	1 408 349
处置量	7 077
贮存量	0
排放量	0

在一般工业固体废物构成中，以冶炼废渣居首，达 1 181 881 t，占总量的 83.5%；其次是其他废物，为 199 575 t，占总量的 14.1%；其他依次是炉渣和粉煤灰，产生量依次为 23 326 t、10 644 t。主要工业固体废物产生种类及综合利用情况见表 5-17。

表 5-17 主要工业固体废弃物种类及综合利用情况（2020 年）

指标	冶炼废渣	其他废物	炉渣	粉煤灰
产生量/t	1 181 881	199 575	199 575	10 644
占总量比例/%	83.5	14.1	1.65	0.75
综合利用量/t	1 181 881	192 498	23 326	10 644
综合利用率/%	100	96.5	100	100

2020 年，溧阳市工业危险废物产生量为 41 201.1 t，综合利用处置量为 38 911.63 t，自行处置量为 1 794.1 t，贮存量为 495.37 t。“十三五”期间，全市工业危险废物产生量整体呈增加趋势，但处理处置能力不断提升，工业危险废物处置利用率为 100%，工业危险废物均呈零排放（图 5-9）。

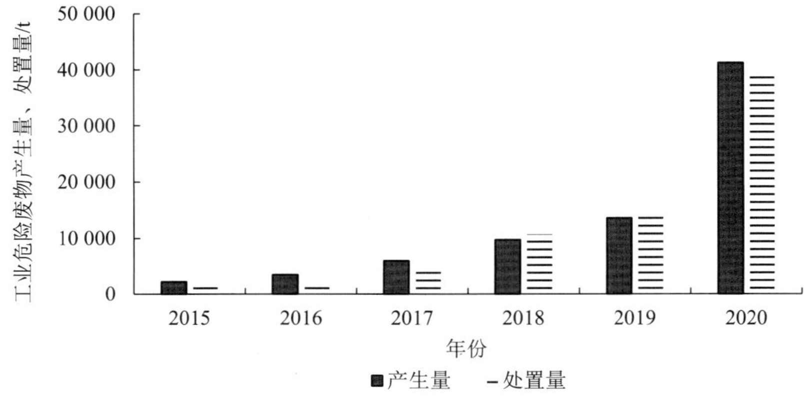

图 5-9 溧阳市 2015—2020 年工业危险废物产生及处置情况

2020 年，溧阳市生活垃圾产生量约为 25.95 万 t，其中城区 12.35 万 t，农村 13.59 万 t；生活垃圾无害化处理总量约为 25.95 万 t，其中卫生填埋 4.47 万 t，焚烧处理 21.48 万 t，生活垃圾无害化处理率达 100%（表 5-18）。2018—2020 年，随着城市人口的逐年增加，溧阳市生活垃圾产生量逐渐增加，通过稳步推进生活垃圾无害化处理进程，“十三五”期间生活垃圾无害化处理率持续保持在 100%。

表 5-18 2018—2020 年溧阳市生活垃圾变化情况

年份	人均生活垃圾日产生量/kg	生活垃圾产生量/（t/a）	垃圾清运量/（t/a）	生活垃圾无害化处理量/（t/a）		城镇生活垃圾无害化处理率/%
				填埋	焚烧	
2018	0.80	232 033	232 033	81 410	150 623	100
2019	0.86	247 337	247 337	97 162	150 176	100
2020	0.90	259 486	259 486	44 660	214 826	100

4．生态环境状况指数

2016—2020 年，全市生态环境状况指数呈波动变化趋势，总体生态环境状况良好。2020 年较 2016 年上升了 1.65%，2020 年全市生态环境状况指数为 67.6，属于“良”等级（图 5-10）。

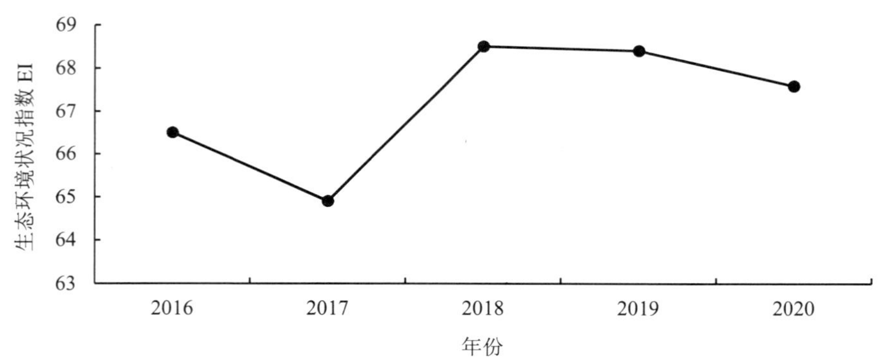

图 5-10 溧阳市 2016—2020 年生态环境状况指数变化情况

5.2.2 建设基础

1．生态空间保护区域

溧阳市地处苏南地区，河网密集，水资源丰富，密集的人口与大规模发展的农业产业从面上给当地水环境带来了不容忽视的生态压力。根据《江苏省生态空间管控区域规划》（苏政发〔2020〕1 号），溧阳市生态空间保护区域包含国家级生态保护红线和生态空间管控区域 2 个方面。其中，国家级生态保护红线包括自然与人文景观保护、湿地生态系统保护、生物多样性保护、地质遗迹保护 4 个类别，总面积 86.31 km^2（表 5-19）；生态空间管控区域包括自然与人文景观保护、水源涵养、洪水调蓄、湿地生态系统保护、生物多样性保护、地质遗迹保护 6 个类别，总面积 523.72 km^2（表 5-20）。溧阳市共有省级生态保护红线区域 16 个，面积为 405.11 km^2（含国家级红线区域 9 个）。

表 5-19　溧阳市国家级生态保护红线一览

类别	名称	面积/km^2
自然与人文景观保护	溧阳市天目湖国家级森林公园	40.11
	溧阳市瓦屋山省级森林公园	16.67
	西郊省级森林公园	1.07
湿地生态系统保护	长荡湖（溧阳市）重要湿地	8.71
	江苏省溧阳市长荡湖国家湿地公园（试点）	2.6
	溧阳市天目湖国家湿地公园（试点）	9.92
生物多样性保护	溧阳市上黄水母山省级自然保护区	0.4
	溧阳市天目湖湿地县级自然保护区	6.43
地质遗迹保护	溧阳市水母山中华曙猿地质遗迹保护区	0.4
合计		86.31

表 5-20　溧阳市生态空间管控区域一览

类别	名称	面积/km^2
自然与人文景观保护	溧阳市瓦屋山省级森林公园	57.61
	西郊省级森林公园	6.82
	天目湖风景名胜区	75.58
	大溪水库洪水调蓄区	8.57
	溧阳市城东生态公益林	4.73
	溧阳市燕山县级森林公园	0.64
	溧阳市宁杭生态公益林	9.11
水源涵养	溧阳市南山水源涵养区	194.79
	沙河水库水源涵养区	70.80
	大溪水库水源涵养区	64.98
洪水调蓄	溧阳市中河洪水调蓄区	3.08
	溧阳市芜申运河洪水调蓄区	8.49
	丹金溧漕河（溧阳市）洪水调蓄区	4.28
湿地生态系统保护	长荡湖（溧阳市）重要湿地	11.97
生物多样性保护	溧阳市天目湖湿地县级自然保护区	1.80
地质遗迹保护	溧阳市水母山中华曙猿地质遗迹保护区	0.47
合计		523.72

2．建设成效

近年来，溧阳市始终紧紧围绕中央把生态文明建设作为统筹推进“五位一体”总体布局的要求，抓住江苏省委建设宁杭生态经济带的重要机遇，提出了建设“宁杭生态经济带最美副中心城市”的目标愿景。溧阳市持续聚焦“最美”，着力构建系统的生态文明制度体系，促进资源节约集约利用，加大生态环境保护力度，提升生态品质，释放生态优势，走“发展幸福经济，实现生态崛起”的路子，努力推动经济发展与生态提升的协调、融合与统一。溧阳市牢固树立“绿水青山就是金山银山”理念，以打好污染防治攻坚战为主线，深化治水治气治土治废，加大环境执法力度，生态环境质量改善取得历史性成就，生态环境保护工作取得明显成效，人民群众生态环境获得感不断增强。全市生态文明建设取得突破性进展，先后成功创建国家生态文明建设示范市、全国“绿水青山就是金山银山”实践创新基地。其推动生产、生活、生态“三生共融”，打造“溧阳样本”的做法被生态环境部列入绿色发展示范案例，“生态创新”的经验做法在第十八届中国经济论坛上荣膺“2019 中国创新榜样”。

溧阳市自然禀赋优越、生态环境优美，是国家生态市、全国文明城市、国家环保模范城市、全国湿地保护先进县（市），拥有南部山区大片富硒土壤及天目湖优良的弱碱性水质，天目湖、南山竹海周边森林覆盖率达 80%以上。全市百岁以上老年人占总人口的 17‰。溧阳市先后被授予中国长寿之乡、世界长寿之乡称号。2019 年，溧阳市被确定为江苏省社会主义现代化建设试点。未来，溧阳市将以推进产业美好、生态美丽、人民生活美满为着重点，不断提升生态文明高度，致力于在高质量推进宁杭生态经济带最美副中心城市建设中走出一条生态崛起的新路子。

（1）保护发展格局更加优化

严格守护生态空间。自 2013 年开展生态保护红线划定工作以来，溧阳市先后出台《溧阳市生态红线区域保护规划》《溧阳市生态红线区域保护监督管理考核暂行办法》《溧阳市生态红线区域监督管理评估考核细则》，确保生态保护红线面积不减少、性质不改变、主导生态功能不降低。2020 年 1 月，江苏省人民政府发布《江苏省生态空间管控区域规划》，溧阳市生态空间管控区域共 16 个，面积为 405.11 km^2（不计重复），占国土面积的 26.4%。溧阳市把规划引领作为生态文明建设的前提条件，完成全市生态空间管控区域“一区一策”编制工作，从严把好生态红线区域范围内及周边新建、改建、扩建项目的环境影响评价关，配套出台了《溧阳市生态补偿转移支付暂行办法》，逐步完善生态补偿机制，提升生态红线监管能力。

持续优化城乡空间布局。溧阳市按照人口资源环境相均衡、经济社会生态效益相统一的原则，完成新一轮城市总体规划修编，形成了“三片、三带、多廊”的生态安全格局。勾勒“公园城市”的总体轮廓，以公园城市理念为引领，完成国土空间规划编制，制订实施建设公园城市三年行动计划，通过城乡无界均衡空间布局、城乡同质丰富空间生态、城乡接轨推动空间改造。坚持产业培育与深度城镇化协同互动，聚力产城融合发展，“一中心两副城”县域空间格局、“一核两区多基地”产业发展格局、“三山两湖一团城”全域旅游格局初步形成。

构建生态安全体系。溧阳市作为太湖流域重要的水源涵养地，不断加强湿地生态修复，筑牢生态安全屏障。建成湿地保护小区 7 个，小微湿地试点 1 处。截至 2020 年年底，全市湿地保有量 2.01 万 hm^2，自然保护率为 56.4%。溧阳市内有自然保护地 7 个，是全国唯一拥有 2 个国家湿地公园（天目湖、长荡湖）的县（市），其中国家级自然保护区 3 个，即溧阳天目湖国家湿地公园、溧阳长荡湖国家湿地公园、江苏天目湖国家森林公园；省级自然保护区 3 个；县级自然保护区 1 个。严格完成“绿盾”行动整改任务，扎实推进自然保护区生态建设。大力实施植树造林，2020 年森林覆盖率达 26.17%，天目湖、南山竹海周边森林覆盖率达 80%以上，被誉为“中国天然氧吧”。

（2）生态环境质量显著改善

从“治”入手，整治大气环境突出问题。溧阳市坚持把扮靓生态作为生态文明建设的底色，通过开展“263”专项行动，全力补齐生态短板，提升生态品质，大力推进重点行业、工业炉窑、燃煤锅炉、扬尘污染整治和面源污染控制，实行大气“点位长制”，开展夏季 O_3 污染管控和秋冬季治气攻坚，“蓝天工程”加快建设。制定《溧阳市大气污染防治行动实施方案》，完成“气十条”考核任务，环境空气质量明显改善；全面推进清洁能源替代，364 台燃煤锅炉完成淘汰，97 家重点行业企业完成强制性清洁生产审核，83 家工业企业完成 VOCs 治理。“十三五”期间，溧阳市环境空气质量呈逐步改善趋势，各污染物浓度较 2015 年有明显下降，空气质量优良天数大幅增加，$PM_{2.5}$ 年均浓度由 2015 年的 57 $\mu g/m^3$ 降至 2020 年的 35.2 $\mu g/m^3$，空气质量优良率由 2015 年的 72.3%上升为 2020 年的 82%。

从“清”着眼，持续供给优质生态产品。溧阳市“清水工程”全面提升，全面贯彻落实“河长制”；“十三五”期间完成水污染物减排工程 135 个，完成 133 个黑臭河塘治理，关闭太湖二级保护区内 5 家化工和 2 家印染企业，区域治污一体化工程加快推进；开展新一轮天目湖水源地保护工作，沙河水库、大溪水库两个集中式饮用水水源地达标率持续保持 100%。水环境质量明显改善，全市未发现Ⅴ类及劣Ⅴ类水体，6 个“水十条”考核断面中 5 个断面达到考核要求，达标率为 83.3%。饮用水水源地水质达标率 100%，完成了全市 29 个黑臭水体整治、10 个规模以上和 2 个规模以下排污口整治。扎实推进天目湖的系统保护与治理，综合治理流域内 200 个自然村生活污水，水质常年保持在地表水Ⅱ类标准，天目湖成为长三角一块闪亮的生态名片。

先行先试，土壤综合治理成效显著。“净土工程”先行先试，溧阳市在江苏省内率先出台污染场地土壤环境调查与修复系列规范性文件，初步建立污染场地全过程管理体系；开展涉重企业、典型区域农用地和饮用水水源地土壤环境监测，加油站、工业园区、危险废物处置场、垃圾填埋场土壤环境调查，以及工业遗留场地土壤和地下水环境调查与风险评估工作；初步建成溧阳市土壤污染防治环境管理信息系统，建立全市土壤环境管理信息数据库，实现污染场地备案全过程电子化办理，实现土壤环境可视化查询。持续深化土壤环境管理，“十三五”期间完成了全市 375 家重点行业企业基础信息采集上报，受污染耕地、污染地块安全利用率超额完成“双 90%”的目标。

放大生态优势，生态保护修复工程扎实推进。天目湖国家湿地公园于 2018 年 6 月通过国家林业和草原局考核验收；溧阳市长荡湖国家湿地公园于 2020 年 12 月通过国家林业和草原局验收；完成全市生物多样性本底野外调查，构建生物多样性保护监管体系；完成天目湖退耕还林面积 35 170 亩、林茶收储面积 20 858 亩，区域森林覆盖率达 80%以上；建成溧阳市天目湖国家森林公园、溧阳市天目湖和溧阳市长荡湖国家湿地公园；开展茶园种植、村落面源等拦截及河道水库、塘坝湿地生态修复工程 100 余项，天目湖罗家湾湿地、金宝山湿地和红石岕湿地建设项目已完成，芜申运河两侧景观提升改造已完成。关停畜禽养殖场（户）457 家，全市规模化畜禽养殖场治理率达到 100%，完成上兴镇退养面积 42 亩，有序推进上黄镇 656.75 亩养殖面积退出工程。推进水产健康养殖，完成 5 070 亩池塘标准化改造，建成 12 个常州市级水产养殖尾水净化生态示范点。持续推进全市 27 个关闭矿山环境综合整治，废弃矿山变身生态空间。

（3）生态经济助力转型升级

积极淘汰落后产能。溧阳市以践行高质量发展为理念，通过深化供给侧结构性改革，关停和淘汰影响环境的落后产能，加大对违法违规建设项目的清理力度，坚持产业结构持续调优调轻。充分发挥环境准入、环评服务等方面的作用，倒逼落后和过剩产能淘汰，为新增优质产能腾出环境容量。关停南方水泥和东方水泥熟料生产线，减少熟料产能 210 万 t，关闭“废钢炼钢”中频炉 18 套，减少钢铁产能 30 多万 t；针对全市所有工业园区开展区域环境评估，加大违法违规建设项目清理力度，淘汰关闭落后产能项目 64 个。截至 2020 年年底，关闭了低端落后、安全、环保不达标、风险突出且无法有效控制的生产型化工企业 84 家，化工企业数压减了 77.7%。

倒逼企业绿色高效发展。以企业综合评价结果为基础，积极探索土地使用税、水价、用地、信贷资源等要素差别化配置，通过正向激励和反向倒逼，促进产业转型升级；在全省率先出台工业企业精准扶持实施意见，围绕本土企业上市、做大做强、技术成果转化及其他技术含量高、成长性好、附加值高的优质项目给予精准扶持。2020 年，溧阳市获评工业和信息化部“绿色工业园区”1 个，工业和信息化部“绿色工厂”1 家，省级“绿色工厂”2 家。

促进资源节约集约。统筹推进耕地占补平衡、城乡建设用地增减挂钩、高标准基本农田建设、工矿废弃地复垦等土地综合整治项目建设。2017 年，实施占补平衡、增减挂钩、工矿复垦项目总规模 1.62 万亩，新增耕地 9 239 亩，新增面积连续两年位居全省第一。以制造业绿色改造升级为重点，加快构建绿色制造体系。制定出台“电动溧阳”实施方案。组织江苏省溧阳高新区和金源、钢锐、翔能等一大批骨干企业参加绿色制造体系培训。2020 年，全市规模以上工业企业综合能源消费量 443.42 万 t 标准煤，在规模以上工业产值增长 10.4%的情况下，规模以上工业总能耗同比下降 4.0%。“十三五”期间，单位地区生产总值能耗累计降幅为 28.98%。

大力发展“四大经济”。溧阳市坚持以绿色发展为导向，在加快传统产业转型升级的同时，围绕“四大经济”全力实施项目带动战略，以优质增量推动产业升级。先进制造加快发展。成功引进时代新能源锂离子电池长三角基地、上汽时代新能源动力电池生产基地、赛得利集团莱赛尔纤维等超百亿项目，动力电池、智能电网、农牧与饲料机械、汽车及零部件四大重点产业产值占规模以上工业产值的比重达 38%。现代服务业稳步提升。“三山两湖宋团城”全域旅游格局初步形成，成功入选第二批国家全域旅游示范区创建名单。曹山创建成为省级旅游度假区，“溧阳 1 号公路”获评江苏省首批旅游风景道、“全国美丽乡村路”、“清风朗月·溧阳茶舍”成为溧阳旅游休闲新名片，总投资 280 亿元的曹山未来城项目开工建设；现代商贸平稳运行，获评国家级电子商务进农村示范县，物流产业支撑加强。现代农业提质增效。以溧阳市现代农业产业园为核心的农业产业协同发展平台建设顺利推进，与常州整体创建国家农产品质量安全市，获评省粮油绿色高质高效创建示范片，拥有省级农业产业化龙头企业 11 家。建筑业稳中向好。全市施工产值超千亿元，其中超百亿的企业有 3 家，拥有龙海、天目 2 家特级资质企业。

创新农旅融合，生态价值不断释放。溧阳市将沙河、大溪两座水库打造成了“江南明珠”天目湖，成为全省景区类上市“第一股”，每年吸引近 2 100 万游客来这里度假休闲。全市冠以“天目湖”品牌的农副和旅游产品超过 100 个，近 10 万人捧上了旅游的“金饭碗”，年人均增收 1 万余元。近年来，依托“四好农村路”建设，建成了 365 km“溧阳 1 号公路”，串起了溧阳市最美的风景，联结了大大小小 200 多个村庄，一批高端精品民宿和溧阳茶舍加快在沿线布局，“溧阳 1 号公路”不仅成为网红打卡地，更开辟了富裕乡民的新路径，溧阳旅游业作为承载“绿水青山就是金山银山”理念的地标性产业，已经从“天目湖一枝独秀”向“三山两湖一团城”的全域旅游格局迈进。

（4）乡村振兴战略成效显著

提升生态宜居乡村品质。溧阳市把共建美好家园作为生态文明建设的重要内容，制订了“建设美好家园”三年行动计划，重点推进一批生态文明建设工程。投资约 9 亿元，实施了生态源保护、郊野公园、城镇公园绿地、生态廊道、生态绿道和生态细胞建设。通过提升生态品质，开展美丽乡村建设，成为全省首批特色田园乡村建设试点地区。溧阳市成为江苏省唯一入选全国乡村振兴县级案例，紧紧围绕“绿水青山就是金山银山”理念，念好“山水经”、唱响“生态戏”，关停矿山、修复环境，发展休闲农业与乡村旅游，实现产业生态化和生态产业化的统一，成功走出了一条生态保护、绿色发展与强村富农共赢的路子。

农村人居环境整治再升级。围绕《溧阳市农村人居环境整治提升三年行动方案》，从新农村建设到村庄环境整治，再到美丽乡村建设、特色田园乡村建设、美意田园行动，溧阳市对农村环境进行了一轮又一轮的提档升级，全市农村面貌发生了翻天覆地的变化，村庄变得越来越美，越来越干净，越来越有气质。通过农村环境综合整治，在所有行政村实现了生活污水处理设施全覆盖。截至目前，全市 175 个行政村、2 400 个自然村全部完成村庄环境整治工作，并创建省级村庄建设与环境整治试点村 13 个、三星级康居村庄 24 个、二星级康居村庄 242 个、省级美丽乡村示范村 21 个、省特色田园乡村建设试点村 6 个，形成了南山片、天目湖片、北山片、长荡湖片、曹山片五大美丽乡村示范片区，李家园、塘马、牛马塘等一大批村庄脱颖而出，成为乡村旅游目的地。2017 年，溧阳市成功获得“江苏人居环境奖”，2018 年进一步获得“江苏人居环境范例奖”。

现代农业健康发展。溧阳市将生态优势转化为经济优势，把环境资本转化为发展资本，切实带动了农民增收。持续突出现代农业提质增效，强化绿色兴农、科技兴农、品牌兴农。庆丰大米被评为“江苏好大米”十大品牌，溧阳青虾入选 2020 年首届江苏省区域公用品牌目录、溧湖牌大米和龙峰天目牌蓝莓入选 2020 年首届江苏省农业品牌目录，“香山白云”6 个农产品入选第二十二届常州市名优农产品名单。天目湖白茶入选江苏省首届特色农产品优势区，埭头镇被评为江苏省“味稻小镇”。与常州整体创建国家农产品质量安全市，推行食用农产品合格证制度，保障上市农产品来源可溯、流向可追。加强农产品“二品一基地”基地建设，指导上兴镇、别桥镇创建省级绿色优质农产品基地，全市绿色优质农产品比重超 60%。

（5）生态文明制度更加完善

溧阳市为保障生态文明建设，立足机制体制创新，相继构建全域一体保障机制、创新全民参与机制、完善绿色考核评价体系，出台生态文明建设工作问责办法。机制体制的创新守住了绿色底线，保障了绿色发展。

构建全域一体保障机制。构建跨区域生态共护机制，加快推进苏皖合作示范区建设，在区域污染防治、生态资源保护等重点领域强化区域合作。强化环境监管机制，制定网格化环境监管实施方案，把监管职责落实到镇区和部门，着力织密织牢“环境监管网”。进一步完善“双随机”抽查机制，健全环境保护行政执法与刑事司法信息共享、案情通报、案件移送制度。

完善绿色考核评价体系。落实环境保护“党政同责、一岗双责”的主体责任，制定《溧阳市创建国家生态文明建设示范市工作实施方案》，全面推进生态文明建设和环境保护工作。确立绿色发展考核导向，更加突出对生态文明建设、资源节约集约利用等指标的考核。出台《溧阳市生态文明建设工作问责办法》，进一步强化党政领导干部生态资源和环境保护职责。建立生态文明建设常态化点评机制，推动绿色发展理念入脑入心、付诸行动。

创新管理模式，强化法治化管理。为加强天目湖的保护和管理，保障饮用水水源安全，改善流域生态环境，由常州市人大组织，溧阳市法制办、常州市溧阳生态环境局和中国科学院南京地理与湖泊研究所参与完成编制的《常州市天目湖保护条例》由江苏省第十二届人民代表大会常务委员会第三十三次会议于 2017 年 12 月 2 日批准，自 2018 年 3 月 1 日起施行。该条例从水质目标与生态保护的需求出发，划定生态环境保护分区，促进生态缓冲区与水源涵养区生态恢复，加强面源污染控制，促进流域开发的生态引导。溧阳市设立了“市饮用水水源地保护治理工作领导小组办公室” 和“天目湖水源地生态环境保护工作领导小组”两个专门的机构，前者统筹溧阳市水源地保护的信息综合与统一监管，后者依托天目湖镇地方政府统筹山水林田湖草沙综合治理的实施。

探索生态资源交易市场化机制。溧阳市在天目湖流域率先探索生态保护市场化与生态产品增值化的“1+4+4”模式，建立以生态产品价值实现为载体的多元化生态治理体系，打通生态优势向经济优势转化的路径，绿色转型发展取得积极成效。溧阳市同步进行生态容量交易制度建立的探索，依托生态环境监测大数据，科学估价生态容量产品，建立以“总量控制、分区设限”的生态容量指标交易制度，通过平台进行交易打通了从农业面源污染退出到服务业生态受益购买之间的交易环节。在将天目湖流域生态容量提升近 10%的同时，完成水产养殖污染退出、康养服务生态容量购买及上游退茶还林补偿。通过对生态保护工程的效益评估，推动生态保护治理项目对接绿色金融及资本市场，完成了“金山银山”向“绿水青山”的反哺，构成了双向转化、相互促进的升级版“绿水青山就是金山银山”转化机制。生态产品交易机制开拓“绿水青山就是金山银山”相互转化的新路径。

（6）生态文化氛围更加浓厚

绿色生活方式逐步形成。按照以制度促管理规范化、以数据促管理精细化、以督查促管理常态化的思路，大力度、宽领域地开展节能、节水，把低碳、节能、环保的要求落到实处。通过完善城区交通网络、优化公交线路，大力发展城市公共交通。推广使用公共自行车，提升公众的绿色出行率，使绿色出行率达到 62.96%。建立完善绿色产品采购清单目录，对节能环保项目实行优先备案、优先安排采购资金，政府绿色采购比例达 99%。

全民生态文明意识不断提高。溧阳市不断夯实工作基础、不断强化“答卷”意识，文明实践活动丰富多彩，被人民日报、央视等媒体多次报道，60 余批省内外城市团队到溧阳市学习考察。让生态文明理念渗入生产与生活的各个角落，不断推进生态文明建设的永续发展。

大力打造生态文化产业。编制溧阳市历史文化保护规划，结合溧阳市文化遗产和历史传承特征，深度挖掘文化遗产的特色和优势，实现全域文化遗产的可持续保护和合理利用，增强文化发展活力。征集评选出凝聚城市特质的溧阳市市民精神，让忠勇、诚信、慈孝、明慧的溧阳文化基因得以传承。采用高铁冠名、自媒推广、拍摄影视等方式加大城市宣传力度，提升城市知名度。通过多种方式适时建设山水中心、大剧院、体育中心、广法寺等设施，为文化传承提供载体。同时，以生态创建为抓手，打造生态文化品牌，依托茶文化、民俗文化，打造一批以农业非物质文化遗产保护、农耕文化、休闲观光农业等为内容的生态文化品牌。

5.2.3 形势分析

1. 趋势预测与压力

(1) 经济社会发展

根据图 5-11，溧阳市的经济发展水平不断提升，其中 2020 年地区生产总值达到 1 086.36 亿元，2015—2020 年地区生产总值年均增长率达 8.04%。根据溧阳市近年来地区生产总值变化趋势，以及溧阳市地区发展相关规划，结合《溧阳市国民经济和社会发展第十四个五年规划和二〇三五年远景目标纲要》，预测到 2025 年，溧阳市地区生产总值可达 1 596.22 亿元，2020—2025 年溧阳市地区生产总值年均增长率达 8%。

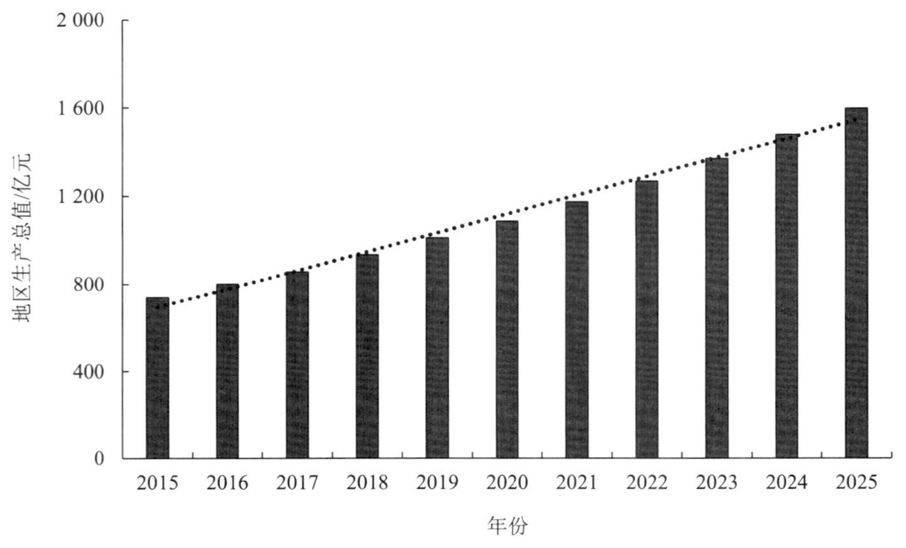

图 5-11 溧阳市经济发展预测（2015—2025 年）

随着经济结构的调整，溧阳市三次产业结构比例由 2015 年的 6.3∶49.7∶44 调整为 2020 年的 5∶49.7∶45.3。溧阳市近年来第一产业占比基本保持缓慢下降的趋势，第二产业占比在原有基础上先有明显降低后又有些许增加，体现了溧阳市以先进制造业为主体、“四大经济”为支撑的现代产业体系的快速发展，第三产业则呈先增加后又有些许降低的趋势。总体来看，溧阳市三次产业结构占比变化不大，呈第一产业相对较少，二、三产业并驾齐驱的态势。图 5-12 是 2015—2020 年溧阳市一、二、三产业占比变化趋势及预测的“十四五”期间变化趋势，预计“十四五”期间三产比例将持续优化。

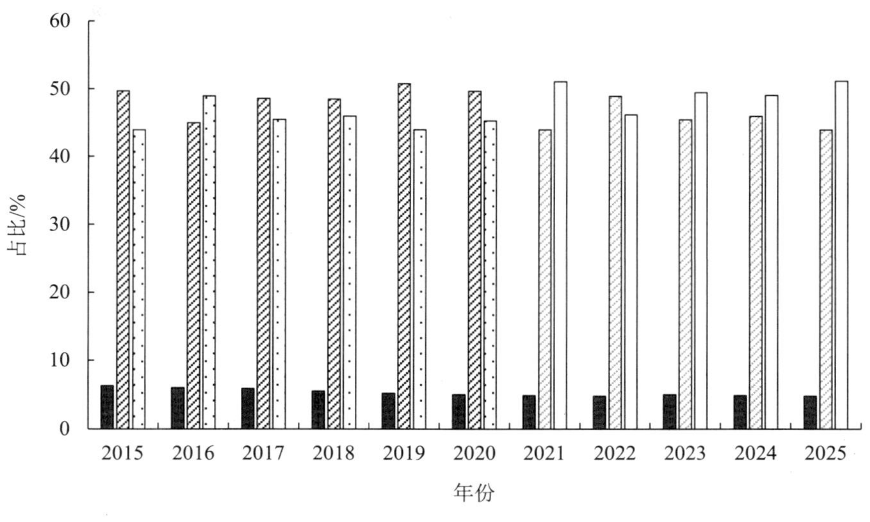

图 5-12　溧阳市三产占比预测（2015—2025 年）

溧阳市持续做强先进制造、高端休闲、现代健康和新型智慧“四大经济”，推动经济结构转型升级。2015—2020 年，“四大经济”增加值占地区生产总值的比重逐年增加，“十三五”期间共提高 17.2 个百分点，结合《溧阳市国民经济和社会发展第十四个五年规划和二〇三五年远景目标纲要》中“十四五”期间共提高 8.2 个百分点，2025 年将突破 60%的经济增长目标，到 2025 年，溧阳市“四大经济”增加值占比将达 60%（图 5-13）。

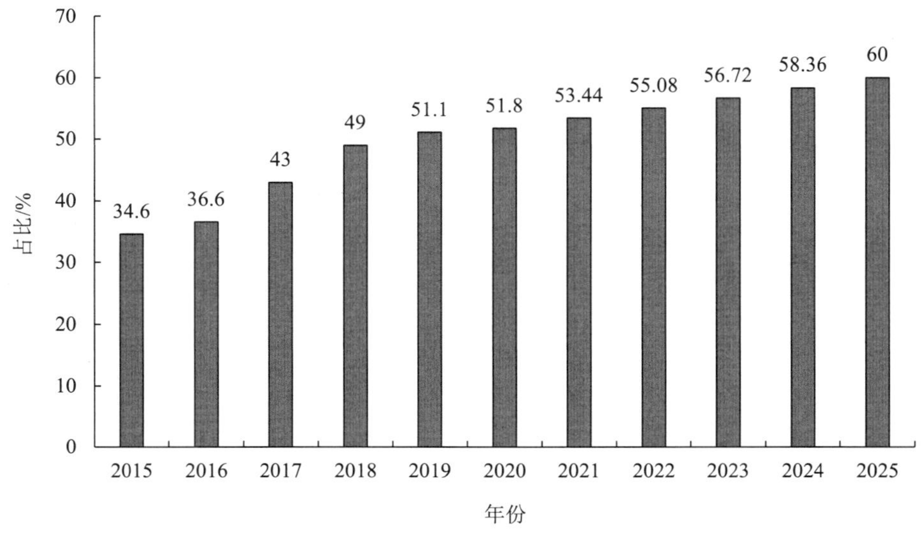

图 5-13　溧阳市“四大经济”增加值占比预测（2015—2025 年）

溧阳市 2015—2020 年户籍人口呈逐年平稳递减的趋势，常住人口呈逐年递增趋势，2020 年显著增加。其中，2020 年户籍人口 78.85 万人，常住人口 78.55 万人。根据近几年来溧阳市人口发展趋势、人口发展的环境承载力，以及未来城市的快速发展，预测规划实施期间溧阳市将呈机械增长为主、自然增长为辅的人口增长特征，到 2025 年溧阳市户籍人口将达到 79.5 万人。结合近年来外来人口、外出人口规模变化，到 2025 年溧阳市常住人口将达到 83 万人（图 5-14）。

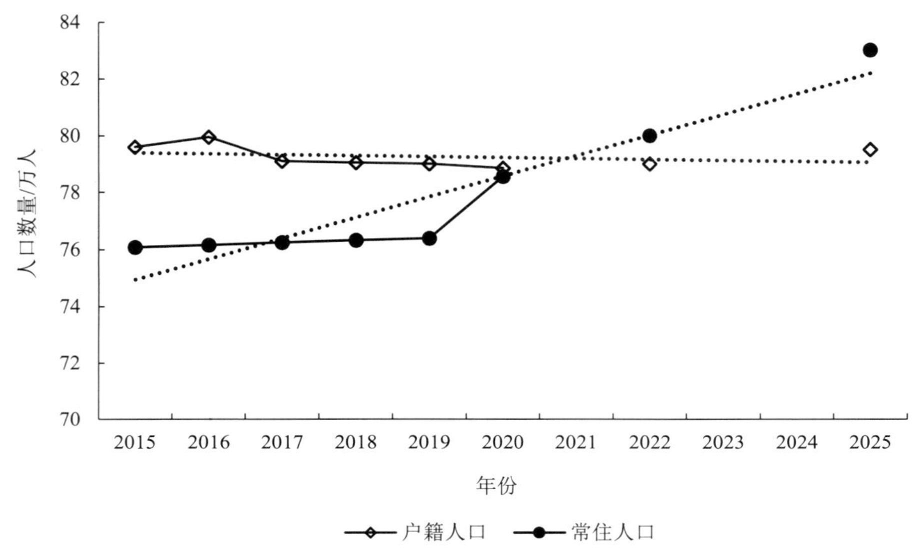

图 5-14　溧阳市人口变化趋势（2015—2020 年）

（2）资源能源消耗

根据统计数据，溧阳市近年来单位地区生产总值能源消耗逐年降低，2020 年折算溧阳市全社会综合能源消耗量为 643.67 万 t 标准煤，单位地区生产总值能耗为 0.59 万 t 标准煤/万元，较 2015 年累计降低 39.2%。根据溧阳市近年来全社会能源消耗发展趋势，规划实施期间，能源消耗呈低幅度降低趋势，到 2025 年能源消耗量将达到 830.03 万 t 标准煤，结合经济发展预测，到 2025 年万元地区生产总值能耗将达到 0.52 t 标准煤/万元（表 5-21）。

表 5-21　“十四五”期间溧阳市能源消耗预测结果对照

年份	名称	值
2018	能源消耗量/万 t 标准煤	633.05
	万元地区生产总值能耗/（t 标准煤/万元）	0.676 4
2019	能源消耗量/万 t 标准煤	631.49
	万元地区生产总值能耗/（t 标准煤/万元）	0.624 9

年份	名称	值
2020	能源消耗量/万t标准煤	643.67
	万元地区生产总值能耗/（t标准煤/万元）	0.592 5
2022	能源消耗量/万t标准煤	684.25
	万元地区生产总值能耗/（t标准煤/万元）	0.54
2025	能源消耗量/万t标准煤	830.03
	万元地区生产总值能耗/（t标准煤/万元）	0.52

2018—2020年，溧阳市用水量和万元地区生产总值水耗均呈递减的趋势。规划实施期内，采用城市单位人口综合用水量预测指标法进行用水量预测，溧阳市2025年用水量将达到4.6亿m^3，结合地区生产总值预测结果，溧阳市2025年万元地区生产总值水耗将达到28.82 m^3/万元（表5-22）。

表5-22 “十四五”期间溧阳市总用水量预测结果对照

年份	名称	值
2018	总用水量/亿m^3	4.26
	万元地区生产总值水耗/（m^3/万元）	44.83
2019	总用水量/亿m^3	4.26
	万元地区生产总值水耗/（m^3/万元）	41.52
2020	总用水量/亿m^3	4.19
	万元地区生产总值水耗/（m^3/万元）	41.49
2022	总用水量/亿m^3	4.4
	万元地区生产总值水耗/（m^3/万元）	34.72
2025	总用水量/亿m^3	4.6
	万元地区生产总值水耗/（m^3/万元）	28.82

（3）污染物排放强度

根据溧阳市2015—2019年环境质量公报，溧阳市近年来主要污染物排放量逐年减少，单位地区生产总值污染物排放强度也逐年降低。2020年，溧阳市废水COD、NH_3-N排放强度分别为0.25 kg/万元、0.04 kg/万元，废气SO_2、NO_x、烟（粉）尘排放强度分别为0.36 kg/万元、0.62 kg/万元、1.04 kg/万元。根据溧阳市近几年污染物排放趋势，结合地区生产总值预测，规划期间各污染物的排放强度如图5-15所示。根据预测，溧阳市2025年废水COD、NH_3-N排放强度分别为0.24 kg/万元、0.07 kg/万元，废气SO_2、NO_x、烟（粉）尘排放强度分别为0.10 kg/万元、0.14 kg/万元、0.29 kg/万元。

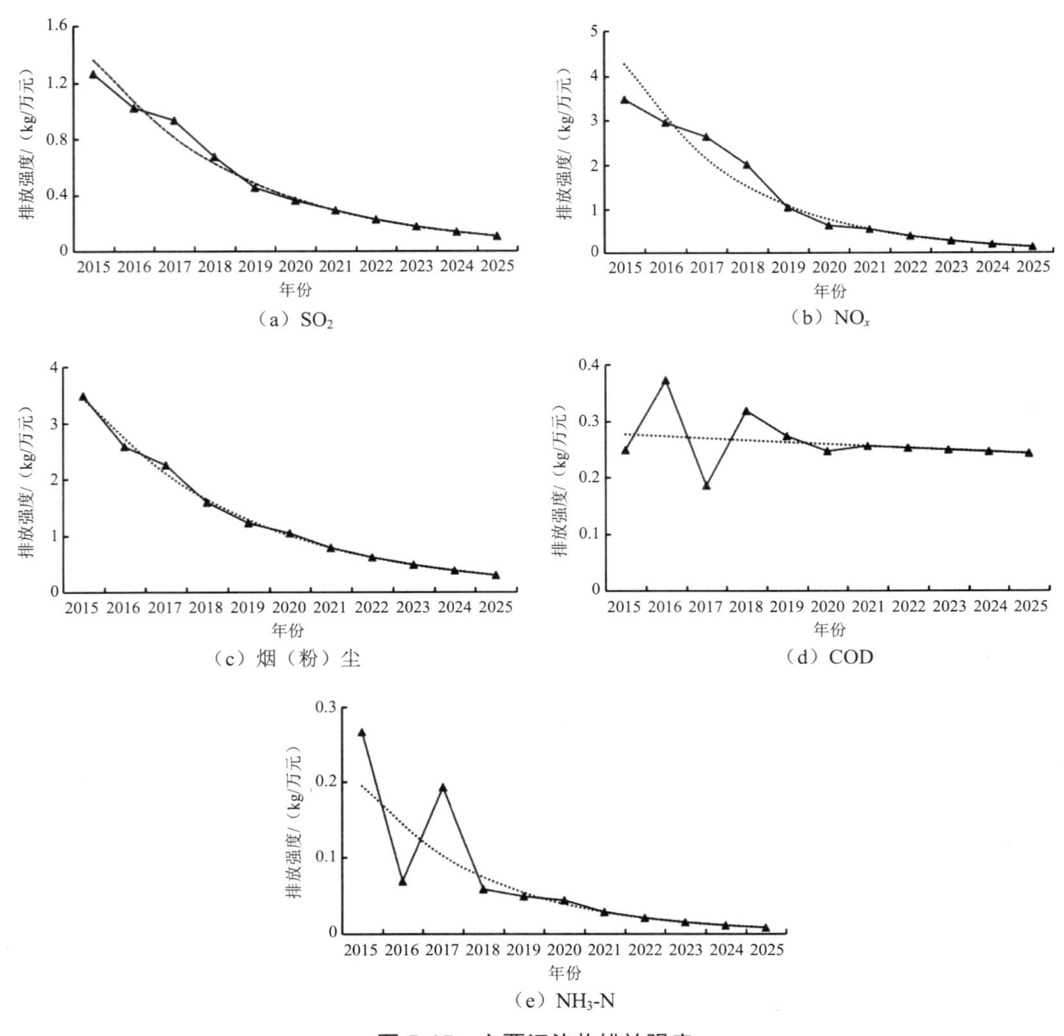

（a）SO_2 （b）NO_x

（c）烟（粉）尘 （d）COD

（e）NH_3-N

图 5-15 主要污染物排放强度

2. 机遇与挑战

（1）重要机遇

一是绿色发展理念深入人心，为生态文明建设提供了良好的外部环境。党的十九大报告明确提出大力推进生态文明建设，“绿水青山就是金山银山”理念深入人心，建设美丽中国成为我国建设社会主义现代化强国的奋斗目标与重要任务，优美生态环境成为人民群众的普遍追求。随着国家对生态环境保护的越发重视，生态环境高水平保护和经济高质量发展成为“十四五”乃至更长一段时期内的聚焦点。2019 年 3 月 15 日，江苏省成为全国唯一与生态环境部共建生态环境治理体系和治理能力现代化试点省。2021 年 3 月 15 日，习近平总书记主持召开中央财经委员会第九次会议并发表重要讲话强调，要把碳达峰、碳中和纳入生态文明建设整体布局。2021 年 4 月 27 日，中共中央办公厅、国务院办公厅印发《关于建立健全生态产品价值实现机制的意见》，推动走出一条生态优先、绿色发展的新路子，优质生态产品和生态价值的功能越发凸显，为溧阳市生态文明建设提供了良好的外部环境。

二是国家战略释放政策红利，为生态文明建设提供方向指引。“一带一路”、长江经济带、长三角一体化、上海自贸试验区、苏南现代化建设示范区、苏南国家自主创新示范区等一批国家战略及江苏省“1+3”重点功能区战略全面实施推进，溧阳市正处于各类战略规划叠加实施区域，将会直接受到各项利好政策的有效辐射，有利于其加快融入区域一体化，在更大范围、更宽领域、更高层次上集聚生态经济发展的要素资源，为绿色产业、生态产品提供更广阔的市场空间。苏皖（溧阳—郎溪—广德）合作示范区建设成为苏皖两省的重要战略合作内容，宁杭生态经济带即将上升为国家战略，溧阳市必须深入挖掘自身特色禀赋，放大自身优势，在宁杭生态经济带建设上先行先试，积极探索生态经济发展新路径，大力推进生态文明建设。在市级层面，常州市明确提出了全域打造成绿色发展高地的转型发展目标，推动绿色产业增量发展、推进生态环境保护与修复、构建现代化环境治理体系和治理能力、提升城市宜居环境品质将成为全市未来的主要工作方向，也将为“十四五”时期溧阳市生态文明建设工作提供有力支撑。

三是经济环境发展协同向好，为生态文明建设创造良好局面。溧阳市贯彻落实习近平生态文明思想，坚持“绿水青山就是金山银山”理念，全面加强生态环境保护，扎实打好污染防治攻坚战，全市生态环境质量持续向好。2020 年，全市 $PM_{2.5}$ 均值为 32 μg/m，同比下降 19%，空气质量优良天数为 268 天，优良率为 81.7%，全市 6 个地表水国考/省考断面优于Ⅲ类水质的比例均为 100%，均达到考核目标。与此同时，溧阳市积极探索“绿水青山就是金山银山”的有效转化路径，深入贯彻习近平生态文明思想和全国生态环境保护大会精神，成功创成全国第四批“绿水青山就是金山银山”实践创新基地，大力提升生态经济和绿色发展水平，生态产业蓬勃发展。“十三五”期间，溧阳市地区生产总值突破亿元大关，“四大经济”占比过半，协同推进经济发展和生态环境保护成效显著，走出了一条经济增长和环境改善的“双赢”之路，为推动全市生态文明建设再上台阶创造了良好局面。

四是生态环境治理体系与治理能力现代化建设不断推进。党的十九届四中全会通过《中共中央关于坚持和完善中国特色社会主义制度、推进国家治理体系和治理能力现代化若干重大问题的决定》，第一次系统描绘了中国特色社会主义制度的“图谱”，并将坚持和完善生态文明制度体系列为其重要组成部分。为全国探路是中央对江苏省的一贯要求，2019 年 3 月 15 日生态环境部与江苏省人民政府共同签署了《共建生态环境治理体系和治理能力现代化试点省合作框架协议》，江苏省成为全国唯一部省共建生态环境治理体系和治理能力现代化试点省，这于全省生态环境保护工作而言将是一次重大的历史机遇，对探索经济发达地区生态环境与社会经济效益共赢新路径、保持加强生态文明建设的战略定力、打开“强富美高”新江苏建设新局面具有重要意义。对照党的十九大提出的新时代、新使命、新担当，以及争当江苏“强富美高”先行军排头兵的自我要求，溧阳市积极把握此次试点机遇，立足“生态创新”的目标，努力推进思路创新、技术创新、管理创新，全面提升生态环境治理能力。

（2）主要挑战

一是碳达峰、碳中和纳入生态文明建设整体布局的路径有待创新。碳达峰、碳中和明确了我国经济社会发展全面绿色转型的战略方向和目标要求，将成为生态文明建设的重要抓手。国家对东部沿海省份有率先达峰的要求，溧阳市作为长三角几何中心的城市，承担着推动长三角绿色高质量发展和促进区域碳中和实现的责任与义务。而控制温室气体排放具有长期性、综合性、复杂性的特征，其目标的实现受众多因素影响，存在不确定性。落后产能淘汰和节能技术改造等的空间逐步收窄、成本逐渐提升，站在新的起点上能耗强度持续快速下降的难度越来越大。同时，受制于资源禀赋，可再生能源比重又难大幅提高，能源结构调整空间有限。“十四五”期间，溧阳市需立足生态资源优势，从产业、能源、运输结构及生态创新方面推进源头治理，实现碳减排、碳达峰目标。

二是资源环境压力日益严峻，资源利用效率有待提升。大气 O_3 污染和地表水 TP 超标的机制仍不清晰，环境质量持续改善任务将异常艰巨，污染减排压力增大。资源环境压力日益严峻，生态环境容量进一步缩减，生态空间管控和绿色发展的刚性约束有待全面强化，生态、文化、旅游资源尚未得到深度挖掘和整合，传统发展路径依赖较强。需持续推进“绿水青山就是金山银山”转化，进一步探索生态产品价值实现路径，促进资源有效利用。

三是全社会生态文明意识树立任重道远。溧阳市生态文明示范城市的宣传教育工作已在全社会形成积极影响效应，社会公众对环境质量的要求和期待不断提高，但全市生态文化体系建设尚待加强，全社会生态文明素养需要长期培育，尊重自然、顺应自然、保护自然的生态文明理念还未牢固形成，生态文明意识尚未内化于心、外化于行。在社区、学校乃至企业范围内需建立更广泛的群体生态文明意识和社会责任感，树立环境伦理观，改变传统的决策方式、生产方式、生活方式及消费模式。

四是外部经济发展形势严峻，生态文明建设压力增大。当前国内经济下行压力增大，中美贸易摩擦、新冠疫情等全球性事件导致国际经济发展不确定性因素增加，单边主义、保护主义、逆全球化违背历史潮流，不利于资源高效配置，影响全球经济发展，可能会对生态环境保护造成负面影响。在新冠疫情和经济下行的重压之下，产业结构调整力度有可能减弱；企业为降低生产经营成本、减少疫情带来的损失会铤而走险外化环境成本；财政收入降低、刚性支出的增加势必会影响政府环保投入，尤其是对环保基础设施建设的投入，导致生态环境治理能力不足。

3. 存在的问题

一是环境质量改善趋势渐缓，环境质量持续改善难度加大。溧阳市的生态环境保护和打好污染防治攻坚战工作取得了显著成效，但对照高质量发展领跑者的目标定位仍然存在一些问题与短板。溧阳市位于宁镇山脉东南侧、天目山余脉北侧，受该“兜形”特殊地理特征影响，风速较周边区域明显偏小，导致本地与外来污染气团不易快速扩散、过境。同时，由于城市开发建设方兴未艾，机动车保有量仍以每年 10 000 辆以上的速度增加，经济结构未得到根本性改善，污染物排放量的削减已十分困难；近年来气象条件整体偏差，不利于大气污染物扩散。这些不利因素的叠加，导致溧阳市空气质量持续改善难度很大，“十三五”期间 O_3 浓度出现波动，且相较于 2015 年未发生明显改善，O_3 作为首要污染物出现的频率越来越高。对照“水十条”考核目标，部分“水十条”考核断面不能稳定达标，受水文、航运、农业水产等影响存在季节性波动。生态环境指数有所下降，生态系统有所退化，景观生态格局向离散、不连续、破碎的趋势变化。

二是以产业生态化和生态产业化为主体的生态经济体系待进一步完善。2020 年，溧阳市被正式授牌为第四批“绿水青山就是金山银山”实践创新基地。目前，溧阳市已走出了一些相对成熟的“绿水青山就是金山银山”的转化路径，但与周边安吉、宜兴存在同质化、共性化的特点，面对强劲的竞争对手，要吸引并留住游客，需要更多的个性化、地域性的转化路径，需进一步健全以产业生态化和生态产业化为主体的生态经济体系。同时，溧阳市“绿水青山就是金山银山”转化的主要区域为南部山区，受益的村庄和人口总体占比还不算高，中北部由于自然资源特色不明显，“绿水青山就是金山银山”转化红利在该区域不明显，生态环境及致富成效出现二元分化。

三是生态环境治理体系与治理能力现代化水平需进一步提升。目前，溧阳市与生态文明建设相适应的体制制度尚不健全，治理体系与治理能力现代化进程仍需加快，生态管理责任体系尚未理顺，资源与生态环境评价指标体系有待进一步建立完善。污染防治和生态环境治理的生态文化体系、监管体系、法治体系和经济政策体系需加快构建。环境管理体制方面需进一步加强和完善，公众参与的渠道需进一步拓宽；生态环境监测网络和预警系统建设滞后，工作机制和硬件能力尚不健全；传统生产生活方式和消费观念尚未得到根本转变，绿色消费理念尚未全面建立，环境宣教工作需要加强。

四是开启减污降碳协同治理新阶段，绿色发展水平亟待提升。溧阳市位于长三角城市群、扬子江城市群的弱势地带，受区位因素影响，高端资源难以集聚，导致产业发展层次较低、产业结构偏重，污染排放压力仍将处于较高水平，现阶段溧阳市第二产业仍占主导地位。目前，全市“重工型”产业结构、“煤炭型”能源结构、“开发密集型”空间结构尚未改变，环境容量“超载”的局面尚未根本扭转。溧阳市地处长三角经济发达地区，经济总量大，人口密度高，土地开发强度大，生态环境容量“超载”，如何立足生态资源优势，从产业、能源、运输结构及生态创新方面推进源头治理、实现碳减排、碳达峰目标是溧阳市实现高质量发展需要解决的重点问题。

5.2.4 完善生态文明制度

1. 健全生态环境市场经济政策体系

探索用能权和碳排放权交易的协同机制。考虑碳排放权配额和用能权指标以一定的形式进行互换互认，以达到更好的减排效果。制定碳配额分配方法、免费分配比例、机构准入要求、减排量抵消政策等，发挥碳市场支持实体经济低碳转型的作用，提升溧阳市碳市场流动性和活跃度，使溧阳市碳市场更好地为江苏省碳达峰目标的早日实现服务。加强碳市场相关能力建设，强化碳市场需求与学科建设间的联系，培养低碳行业专业人才，同时需对碳市场参与主体进行能力培训，为碳市场的顺利运行和碳达峰目标的尽早实现提供人才保障和专业支撑。

健全生态保护补偿机制。优先推进水资源保护区的生态补偿工作，在已设置的镇级水环境资源区域补偿点位的基础上，增加补偿断面，全面覆盖各镇、开发区区间的主要入境河流。完善跨地区生态补偿制度，与金坛、宜兴、广德、郎溪等地共同建立横向生态补偿机制。创新溧阳市生态补偿办法，逐步完善资金、技术、智力、实物等多元化生态补偿手段，加大对沙河水库水源涵养区等生态空间管控区域的转移支付力度，推进丹金溧漕河、芜太运河等河流双向补偿常态化、制度化，推进全市范围内湿地、河湖、耕地、森林等重要生态资源生态保护补偿全覆盖。此外，健全生态补偿配套机制，形成生态补偿稳定投入机制，完善生态补偿考核评价制度。

探索生态环境损害赔偿制度改革。明确在全市范围内试行生态环境损害赔偿制度，并对生态环境损害赔偿范围、责任主体、索赔主体和损害赔偿解决途径等逐一进行明确。力争到 2025 年，初步构建责任明确、途径畅通、技术规范、保障有力、赔偿到位、修复有效、公开透明的生态环境损害赔偿制度。对生态环境损害赔偿案件进行严格落实；强化行刑联动，加强对生态环境的司法保护，积极探索建立检察公益诉讼与生态环境损害赔偿制度改革工作的有效衔接机制。

完善绿色金融政策体系。积极推进溧阳市建设绿色金融改革创新试验区，探索实行绿色信贷、绿色电力、绿色采购等激励性政策，支持企业申报“环保贷”，落实绿色债券贴息、绿色产业企业发行上市奖励、绿色担保奖补、环境污染责任保险保费补贴等政策。鼓励银行业金融机构制定绿色评级制度，加大投资项目的环境风险管理。加强绿色金融组织管理，完善绿色金融工作流程，并结合溧阳市实际实施差异化的绿色金融政策，确保认识到位、措施到位、成效到位，共同建立“守信激励、失信惩戒”的绿色金融工作机制。

建立健全生态产品价值实现机制。依托溧阳市生态环境监测大数据，科学估价生态容量产品，建立以“总量控制、分区设限”的生态容量指标交易制度，建立健全生态产品价值实现机制，开展生态资源交易试点，探索建立资源价格形成机制。探索包含生态环境质量维护与提升、生态系统生物多样性维护的生态环境生态产品价值核算指标与方法，因地制宜开展行政区域单元生态产品总值、天目湖等特定地域单元生态产品价值核算。有序推进山水林田湖草沙自然资源统一确权登记，明确生态产品权责归属。

2. 完善资源高效利用制度

健全自然资源资产管理制度。建立健全自然资源产权制度。明确全部国土空间各类自然资源资产的产权主体，对水流、森林、山岭、荒地等自然生态空间进行统一确权登记。区分全民所有和集体所有，明确国家对全民所有的自然资源的所有者权益。完善自然资源资产有偿使用制度。推进自然资源资产负债表编制。

推行资源集约利用综合评价体系。扩大综合评价覆盖面，逐步实现资源集约利用评价体系全覆盖。评价结果应用范围拓展至资金扶持、土地供应、人才保障等各方面，引导各类要素向集约型、生态型企业集中。建立企业资源集约利用综合评价机制，结合本地产业结构和企业规模特点，从质量效益、绿色发展、科技创新等维度，科学合理地确定评价指标体系，以资源要素差别化价格和分类指导精准服务，激励企业降本增效。

建立最严格的水资源管理制度。严格落实用水总量控制、用水效率控制、纳污总量控制“三条红线”。建立水资源管理责任考核制度，各镇（街道）主要负责人对本行政区域水资源管理和保护工作负总责，市水利局会同相关部门对各镇（街道）水资源节约、保护等指标落实情况进行考核，考核结果纳入各镇（街道）政府领导干部综合考核内容。进一步加强水资源费、水利工程水费的征收，出台超定额累进加价的标准及实施管理办法，研究和制定相关节水奖励政策。

完善最严格的土地节约集利用制度。实施建设用地总量控制和减量化管理，建立节约集约用地激励和约束机制，合理安排土地利用年度计划。健全和落实耕地保护共同责任机制，强化耕地数量和质量一体化考核。加强耕地后备资源开发利用，严格落实“占优补优”要求，实现全市耕地数量不减少、质量有提高、粮食产能不降低。

完善资源循环利用制度。建立健全溧阳市资源产出率统计体系。实行生产者责任延伸制度，推动生产者落实废弃产品回收处理等责任。建立种养业废弃物资源化利用制度，实现种养业有机结合、循环发展。加快建立垃圾强制分类制度。制定再生资源回收目录，对农膜等低值废弃物实行强制回收。建立资源再生产品和原料推广使用制度。完善限制一次性用品使用制度。落实并完善资源综合利用和促进循环经济发展的税收政策。

3. 健全生态保护和修复制度

建立生态保护修复区域联动机制。基于《溧阳市—郎溪县—广德市跨界区域生态环境共保联治工作制度》，与郎溪、广德以环保“标准一致”作为协同保护与治理的重要抓手，建立“大生态”区域共保联治机制，促进重点区域生态保护修复的跨界合作。严守生态保护红线，加大区域联合执法力度，对突出违法行为进行联合查处；构建生态保护信息共享平台，做到信息互换互通。

落实严格的环境执法监管制度。强化部门联动执法，严厉打击环境污染、破坏生态行为。推动环保司法创新，实现环保行政执法与司法的有效衔接，建立生态环境局、法院、检察院、公安局联系会商和联合查办案件制度。完善环境问责及纠错、生态环境矛盾定期排查、重点环境问题后督察等制度，对违法行为严肃追究责任。

严格落实国土空间分区管控机制。严格落实“三线一单”等空间管控要求，通过对国土空间环境属性进行系统评价，结合溧阳市自然禀赋、经济发展、产业布局特征，深入开展环境承载力研究，将环境准入、生态环境保护、资源开发利用等要求与区域开发紧密衔接，细化到可操作的具体管控单元，建立健全覆盖全市的分区域环境管控体系。

完善饮用水水源地保护和主要水体生态管控制度。明确管控范围、管控标准和管控措施，协调统一天目湖、长荡湖等主要水体的环境要素功能目标、污染防治机制及评估考核制度。制定方案，完善规范化治理，加强饮用水水源地保护区和主要水体的日常巡查及监督管理。

建立健全环评管理制度。强化建设项目环评与规划环评、现有项目环境管理、区域环境质量联动的“三挂钩”机制，严格落实《常州市“三线一单”生态环境分区管控实施方案》要求，建立生态环境分区管控体系。在区域开发建设、重大项目推进中，切实落实环境管控单元差别化环境准入清单。

4．完善生态环境保护责任制度

健全绿色政绩评价考核机制。完善绿色发展评估制度，全面推行绿色 GDP 考核评价体系，把资源消耗、环境损害、生态效益等指标纳入经济社会发展评价体系。根据不同区域主体功能定位，实行差异化绩效评价考核，对天目湖镇、戴埠镇等旅游主导型乡镇弱化工业指标。建立健全领导干部自然资源资产离任审计和生态环境损害责任终身追究制度。强化人大生态环境法律执法检查监督作用，完善政协生态环境治理监督，健全检察机关提起公益诉讼制度。

完善领导干部自然资源资产离任审计制度。针对不同类别自然资源资产和重要生态环境保护事项，建立健全溧阳市领导干部自然资源资产离任审计体系，对审计内容、评价指标体系、数据获取、审计结果分析等进行规范，提升审计项目组织实施的规范性、深入性和系统性。

落实生态环境损害责任追究制度。贯彻落实《党政领导干部生态环境损害责任追究办法（试行）》和《江苏省党政领导干部生态环境损害责任追究实施细则》，坚持“属地管理、分级负责”“谁决策、谁负责”“谁主管、谁负责”原则，对党政人员职责履行不到位、任务推进不到位、问题整改不到位的，实施追责机制，对违背可持续要求、造成资源环境生态严重破坏的，要记录在案，实行终身追责。

健全基层执法监管制度。推进生态环境保护综合行政执法改革，整合自然资源和规划局、农业、水利等相关部门污染防治和生态保护执法职责、队伍，统一实行生态环境保护综合执法。推行长三角区域协作机制，推行跨区域、流域环境污染联防联控，加强联合监测、联合执法、交叉执法。完善联动执法机制，建立生态环境保护综合行政执法机关、公安机关、检察机关、审判机关信息共享、案情互通、案件移送制度，强化对破坏生态环境违法犯罪行为的查处侦办。

5．建立健全现代化环境治理体系

提升环境监测监控能力。加强大气、水、土壤监测能力建设，依托“感知环境、智慧环保”物联网应用平台，构建天地一体，省、市、县三级联网共享的生态环境监测监控网络，以及生态环境风险预警与防控体系。整合环境质量、污染源、生态状况、应对气候变化、核与辐射安全等基础数据库，建设覆盖全市的生态环境监测信息平台，推动环境信息统一发布。

夯实政府主导责任体系。各级党委和政府要切实落实本地区环境治理主体责任，全面做好监管执法、市场规范、资金安排和宣传教育工作。市各有关部门要各司其职，密切配合，制定专项实施方案和配套政策，协同推进各项任务落实。

提高城镇污水处理设施运行监管能力。积极推行“厂-网-河（湖）”一体化运行维护机制，探索同一污水处理厂服务片区内的管网由一个单位实施专业化养护的机制，保障生活污水收集处理设施的系统性和完整性。加强污水处理设施信息化监管，综合运用物联网、人工智能等手段，对设施运行维护情况进行在线跟踪、远程视频等自动化、智能化管理，做到所有城镇污水处理厂进出水水量和水质等监管内容实时监测、实时管理。

健全生态文明全民参与机制。在政府、公民、企业及非政府组织之间建立有效的伙伴合作关系，扩大民众参与，并建立使非政府组织作用得到充分发挥的机制，包括健全法律体系和加强政策鼓励，为非政府组织创造足够的发展空间。通过发挥资金支持方面的作用，直接扶持和培育非政府组织等。到 2025 年，公众对生态文明建设的参与度不低于 80%。

5.2.5　提升生态安全水平

1．积极应对气候变化

（1）夯实碳排放控制管理基础，力争率先实现碳达峰

落实碳排放总量核算和考核制度。强化碳排放控制目标约束作用，全面落实碳排放总量与强度“双控双降”的目标考核制度。对标江苏省和常州市控制目标和要求，统筹行业发展阶段，深化推进工业、建筑、交通等重点行业碳排放控制工作；结合辖区功能定位和减碳潜力，全力实现碳总量和碳强度控制目标，形成横向到底、纵向到边的碳排放总量控制体系。

推进碳交易市场建设。全市要按照方向部署和路径规划稳健起步，循序渐进地组织开展碳市场工作，配合江苏省完善碳排放配额管理机制，统筹发挥减碳的激励和约束作用。进一步推进配额分配方法改进和行业范围扩展，严格开展核查，督促排放单位履约。

加强重点单位低碳管理。全面落实重点排放单位碳排放控制管理办法，明确重点排放

单位碳排放管理责任，促进碳排放精细化管理。按照市级统一安排部署，推进重点碳排放单位加强碳排放数据监测分析和报送，倡导公开碳排放信息。

推动重点领域温室气体减排。深入推进工业、建筑、交通等领域低碳转型，采取综合措施有效推动高耗能行业尽早达峰，合理控制建筑、交通领域碳排放增长。完善碳排放“双控”目标管理，将碳排放“双控”目标纳入溧阳市经济社会发展年度计划和政府工作报告。建立健全碳排放“双控”目标完成情况评价制度，将碳排放强度降低目标纳入高质量发展考核。

加强低碳化建设。开展绿色低碳系列创建，凝聚全社会共同推动生产体系、生活方式、生态环境绿色化的强大合力。其中，绿色生产领域包括以绿色工厂、绿色产品、绿色园区、绿色供应链管理示范企业为对象的绿色制造创建；绿色生活领域包括节约型机关、绿色家庭、绿色学校、绿色社区、绿色出行、绿色建筑、绿色商超、绿色餐饮、绿色饭店、绿色景区创建及绿色展会打造；生态建设领域包括湿地公园、森林康养基地创建，以及精品绿道和精品林盘打造。

（2）强化碳汇和路径谋划，努力实现碳中和

大力提升碳汇能力。坚持全域多层次增绿固碳，提高森林碳汇，推进园林绿地增汇。继续加大植树造林力度，提升养护水平，增加林业碳汇。加强湿地的总量管控和用途管制，维护湿地生态系统碳平衡，增加湿地面积、恢复湿地功能、增强湿地储碳能力。继续推进天目湖国家森林公园、天目湖国家湿地公园、长荡湖国家湿地公园等生态核心区建设，到2025年，森林覆盖率达到26.3%，林木覆盖率达到31.8%，自然湿地保护率不低于57%。

提早谋划碳中和工作路径。在国家及江苏省目标的指引下，与研究机构或大专院校合作，研究谋划符合溧阳市实际的区域碳中和工作路径和方案，解析 CO_2 排放现状，明确碳中和总体思路、目标路径、重点任务及保障措施，有效指导溧阳市碳中和工作，为在江苏省率先实现碳中和夯实基础。

建立碳中和管理信息化系统。实施网格化管理，结合“三线一单”环境管控单元环境准入清单中产业聚集区边界类、乡镇街道边界类及优先保护单元的划分，将 CO_2 排放量分别按照乡镇街道边界及产业聚集区边界进行分配，同时将碳排放量大的重点碳排放工业企业或单位落图、落点，并有针对性地采取节能、节油、节电、限产、退出等具体减排措施减少管控单元内 CO_2 排放量，由原来的宏观数据控制转变为微观工程治理，使碳减排与污染防治工作的协同效果得到有效发挥。

2. 全面提升水环境质量

（1）强化水资源保护

切实保障饮用水水源安全。一是加强饮用水水源保护地管理。积极探索水源地保护的新方法、新机制，严格落实《天目湖流域污染控制与水质提升三年行动方案（2020—2022年）》，加强大溪水库水生态保护修复，切实保障前宋水库农村“千吨万人”饮用水水

源地水质，推进有条件的乡镇、农村区域统筹供水，保障饮用水安全。严格落实《常州市天目湖保护条例》，强化天目湖饮用水水源地保护，推进实施天目湖上游生态改造修复工程。二是加大饮用水水源保护区安全监测监控力度。防治饮用水水源地环境风险隐患。重点加强天目湖饮用水水源地等环境敏感点周围环境风险源排查和档案建立，便于事故发生时能及时排查风险源，实施有效处置。利用重点流域沿线视频监控实时掌握和排除饮用水水源地环境安全隐患，巩固饮用水水源地专项整治成果，全面加强天目湖饮用水水源地的信息化管控，预防环境风险事件发生。

推进水资源节约集约利用。以农业节水增效、工业节水减排、城镇节水降损为抓手，调节用水结构，改进用水工艺，提高用水效率，全面促进水资源节约集约利用。全力加快高标准农田建设，加快推广节水灌溉技术，实现农业由“大水漫灌”到“精打细算”的全面转型；严格控制高耗水新建、改建、扩建项目，认真执行节水“三同时”制度，鼓励引导企业实施节水改造、完善计量体系，推进再生水使用；加快海绵型城市建设，积极实施城市供水管道更新计划，大力推进城镇供水管网改造。加大力度实施《溧阳市水权交易实施方案》，多措并举推进水权交易管理。

加强地下水保护。严格地下水取水许可审批，强化地下水总量和水位管控，建立辖区内地下水机井台账，构建地下水一体化监测预警网络，开展地下水监督监测，开展矿泉水、特殊行业用水地下水资源定期勘查。严格地下水水量和水位“双控”制度，强化地下水资源开发利用管理。加大对非法开采地下水行为的打击力度，杜绝非法凿井行为，定期对地下水位进行监测。进一步加强地下水保护和涵养，提高地下水战略储备能力。

（2）推进水污染治理

强化工业污染源的管理和治理。开展工业集聚区水污染治理设施排查，全面推行工业集聚区企业废水、水污染物纳管总量“双控”制度，集聚区内企业废水应当经预处理达到集中处理要求，进入污水集中处理设施。开展各级各类工业园区水污染治理设施排查，提升市二污厂、埭头污水厂污水处理能力，全面推行工业园区企业废水、水污染物纳管总量“双控”制度。

强化农业面源污染防治。开展化肥施用量和农药使用量“零增长”行动，完善畜禽养殖污染治理。对沙河水库、大溪水库临湖面已收储的 20 858 亩林茶（其中茶叶 3 860 亩）加强管理，根据实际情况对其余林茶做到应收尽收。全面开展重点地区农田退水水质监测。

加强船舶和港口管理。强化船舶水污染防治，加快船舶生活污水处理设施改造，完成内河、港口和船舶污染物接收转运及处置设施建设方案中所有建设内容，并将污染物纳入城市生活污染治理体系。严格运输船舶准入门槛，控制水路运输规模，实施船舶环境风险过程管控，强化内河水上危险化学品运输环境风险防范。

加强城镇水污染防治。推进污水处理提质增效，继续推进“小散乱”排水整治、阳台和单位庭院排水整治。全面排查居民小区和公共建筑整体排水情况，对有明显污水排口的小区和公共建筑重点开展内部雨污水管网和检查井错混接调查，摸清每栋楼宇雨污水去向，明确问题和任务清单，研究并落实整治措施。

提升城镇污水处理综合能力。深入开展城镇污水处理提质增效，由城镇污水处理厂制定并实施“一厂一策”系统整治方案，使进水浓度得到有效提升。重点工业企业、县级以上工业园区、城市污水处理厂进出水全部实现水质水量在线监控。继续推进“小散乱”排水整治、阳台和单位庭院排水整治，着力提升污水收集处理水平。到 2025 年年底，基本消除污水直排口，全面消除农村黑臭水体，建成区重要水体达到“清水绿岸、鱼翔浅底”的目标，建成区 80%以上面积建成“污水处理提质增效达标区”，力争创成“污水处理提质增效达标城市”。

（3）加强水生态修复

统筹推进水生态环境系统治理。统筹水生态环境系统治理，实施小流域综合整治，构建“从源头到入湖口”的小流域综合治理体系，提升小流域河网水体自净功能。优化水环境功能区划，建立健全污染物排放总量控制约束性指标体系，执行更加严格的水污染物排放标准，稳步提高河湖水质级别。到 2022 年，基本消除劣Ⅴ类水体和城市建成区黑臭水体，Ⅱ类和Ⅲ类水质水体明显增多，地表水优于Ⅲ类水质比例 100%。

巩固黑臭水体治理成效。建立长效管理机制，夯实“河长制”责任，进一步压紧压实基层河长职责。组织开展已完成整治水体“回头看”，进一步查漏补缺，对新发现的黑臭水体全面开展整治。系统化推进海绵城市建设，建成区结合城中村、老旧小区改造同步进行海绵化改造，全面实现海绵城市建设的全过程管控。

开展湖泊和河道生态修复。深入推进生态河湖行动计划，结合“一村一策”治理原则，继续实施河道水体改善工程，完善小微水体河长制体系。以小流域为单元开展系统治理、精准治理，构建“从源头到入湖口”的小流域综合治理体系，提升小流域河网水体自净功能。做好重点河湖生态水位保障工作，促进水系连通，逐步打通断头河，提高自净能力。

推进太湖水环境综合整治。高质量实现“两个确保”（确保饮用水安全、确保不发生大面积湖泛）。以改善水环境质量为主线，实施环境质量和污染物排放总量“双控”制度。完成太湖流域入河（湖）排污口排查、监测、溯源等工作，制定整治方案，推进整治工作。继续推进太湖清淤、疏浚工程，继续开展蓝藻及时打捞及综合利用示范工程建设，恢复太湖岸边湿地，建设生态防护林。开展涉磷污染排查整治。开展入河（湖）排污口排查整治专项行动。

推进实施尾水净化工程。以小流域为单元开展系统治理、精准治理，构建“从源头到入湖口”的小流域综合治理体系，提升小流域河网水体自净功能。做好重点河湖生态水位保障工作，促进水系连通，逐步打通断头河，提高自净能力。建设再生水循环利用体系和再生水处理设施。根据水生态环境质量改善需要，结合当地实际条件，大力推进城镇、工业污水集中处理厂尾水人工湿地净化工程建成，培育建设一批试点，到 2025 年尾水人工湿地净化处理能力达到生活污水集中处理能力的 100%。

3．持续改善大气环境质量

（1）加强 $PM_{2.5}$ 与 O_3 协同治理

严格 $PM_{2.5}$ 和 O_3 浓度“双控双减”，以重点行业为管控对象、夏季及秋冬季为重点时段、$PM_{2.5}$ 及 O_3 为主要因子，以产业结构、能源结构、运输结构和用地结构调整为突破口，进一步改善大气环境质量。打好柴油货车污染防治攻坚战。建立新建涉 VOCs 单位信息共享机制，持续动态调整更新源清单。按照区域污染源排放特征及大气污染特征科学施策，加强 O_3 分区、分时、分类差异化和精细化协同管控。

（2）推动重点行业治理

深度治理工业大气污染。加强重点行业治理改造，实施生物质锅炉综合整治及天然气锅炉低氮改造，加强散煤和“散乱污”企业整治。深化重点企业、油品储运销行业、表面涂装行业 VOCs 专项整治。加强重污染天气防范应对。

推进重点行业污染治理升级改造。狠抓“散乱污”企业综合整治。推进城市主导风向上风向的大气重污染企业搬迁、改造。积极推行区域、规划环境影响评价，满足区域、规划环评要求，并符合江苏省化工钢铁煤电行业环境准入和排放标准。强化工业企业无组织排放管控，全市火电、水泥、砖瓦建材、钢铁、燃煤锅炉、船舶运输等重点行业及其他行业中无组织排放较为严重的重点企业应加快完成颗粒物无组织排放深度整治任务。

（3）持续推动面源污染治理

加强扬尘综合治理。加强扬尘违法行为闭环管理，将扬尘管理工作不到位的不良信息纳入建筑市场信用管理体系，情节严重的，列入建筑市场主体“黑名单”。全面推行绿色施工，实施扬尘精细化管控，将绿色施工纳入企业资质，扬尘防治检查评定不合格的建筑工地一律停工整治，限期整改达到合格。加强城市道路清扫保洁和洒水抑尘，全面推行主次干路高压冲洗作业，推行“以克论净”工作，建设“智慧道路”扬尘在线监控系统。

强化餐饮油烟整治。实现重点单位在线监控。强化餐饮油烟监管，重点单位安装在线监控。对重点管控区域烧烤店及面积 100 m^2 以上的餐饮店（无油烟排放餐饮店除外）安装在线监控。建设餐饮服务业“绿道”，建设公共烟道，实现餐饮油烟集中治理。建立城管、市场监管和生态环境等部门联合执法体系及“镇街吹哨、部门报到”餐饮监管制度。

减少农业面源大气污染。全面禁止秸秆露天焚烧，广泛宣传焚烧秸秆危害，示范应用秸秆还田技术、保护性耕作新技术，提高禁烧秸秆自觉性。建立健全禁止露天焚烧秸秆的长效管理机制，将秸秆禁烧落实情况与农业各类补贴政策和环保工作考核挂钩。进一步加大政策扶持和引导力度，推广秸秆综合利用技术。到 2025 年，全市秸秆综合利用率达到 96%。

加强交通运输大气污染防治。实施机动车精细化管理，完善一车一档。落实重型车辆绕城方案，严格落实国三及以下柴油货车限制通行区。加快推行清洁能源车辆使用，推进机动车清洁燃料替换工程建设，完善天然气加气网络布点，加快推进电动汽车充电基础设施建设，调整优化新能源汽车补贴政策。到 2022 年，清洁能源及新能源公交车占比达到 57%，清洁能源及新能源出租车占比达到 85%。

（4）加强区域联防联控

建立预警和联防联控措施。加强重污染天气预警，实现“省级预警，市县响应”，科学实施污染“削峰”管理。及时制定并实施 O_3 和秋冬季大气污染综合治理攻坚行动方案，定期更新工业企业、工地应急管控清单，并向社会公开。到 2025 年，空气质量优良天数比例达到 83%。

加强区域协作和污染应对。完善城市间协作机制，积极推动探索实施外源责任追究补偿制度，以及建立外源传输责任认定、核算体系和跨界空气质量补偿机制。坚持属地管理与区域共治相结合，加强环境协同监管和重污染天气联合应对，探索法制、机制和手段创新，在重污染应对、执法督察、环评会商等方面做好大气污染联防联控工作的纵向和横向联动。

加强重污染天气防范应对和预警。优化预警流程，实现“分级预警，及时响应”。严格按照《重污染天气重点行业应急减排措施制定技术指南》《江苏省重污染天气应急预案》的有关要求开展绩效分级，评定豁免企业，实施差异化管控。夯实应急减排清单，确保涉气企业“全覆盖”。

4．保障土壤环境安全

（1）摸清土壤环境现状

加强土壤环境质量监控。将土壤环境质量监测纳入常规监测项目，构建全方位覆盖的土壤环境质量监测体系，掌握全市土壤污染状况、污染地块分布及其环境风险情况，逐步建立污染地块名录及其开发利用的负面清单。开展农地污染分区分类管理，确立土壤污染防治与修复的“污染者付费”制度。

建立土壤环境质量监测网络。结合土壤详查情况，在土壤重点监管企业周边补充设置监测点位，逐步完善溧阳市土壤环境监测网络，实现土壤环境质量监测点位全覆盖。加强土壤环境质量监测点位动态优化管理，充分结合土地利用规划和用途变化情况定期对点位进行动态优化调整。

（2）推进土壤污染管控修复

有重点地开展土壤污染管控修复。落实土壤污染治理与修复规划，以耕地和拟开发建设居住、商业、学校、医疗和养老机构等项目的污染地块为重点，开展土壤污染治理修复及风险管控。全面提升重金属污染防治水平，推进落实重金属重点防控区专项整治工作，开展涉镉等重金属重点行业企业排查整治工作。

分类实施耕地土壤风险管控。根据前期耕地污染调查结果，建立全市优先保护类耕地保护措施清单，积极推进特定农产品严格管控区划定。依据耕地土壤环境质量类别划分成果，组织开展优先保护类耕地管理试点，高标准农田建设向优先保护类耕地集中的地区倾斜。按上级要求定期开展土壤与农产品协同监测，根据监测结果构建并更新“农用地污染防治图”，同时加强农业投入品使用监管。

加强治理与修复工程监管。健全污染地块修复工程环境监理和工程验收制度，严格落实修复工程业主单位与施工单位污染防治责任。规范土壤污染治理与修复从业机构管理，探索建立土壤污染治理与修复工程有关责任方终身责任制。到 2025 年，受污染地块安全利用率持续保持 100%。

提升耕地安全利用水平。严格贯彻落实《关于切实抓好受污染耕地安全利用的通知》（苏政电发〔2019〕85 号）要求，对于安全利用类耕地，推广安全利用措施，确保受污染耕地安全利用。根据耕地土壤环境质量类别划定结果，实施分类管理，建立分类管理清单并动态更新。按照受污染耕地污染物种类、分布、程度，建立受污染耕地分类利用管理措施。选取典型区，开展受污染耕地安全利用试点示范。

（3）提升固体废物综合利用水平

提升生活垃圾收集处置水平。提高生活垃圾收运能力。开展“无废城市”试点建设，打造固体废物管理“区域样板”。将农村生活垃圾处理纳入城乡生活垃圾一体化处理体系，实现农村生活垃圾日产日清和无害化处理的目标。到 2025 年，溧阳市基本建成生活垃圾分类投放、收集、运输、处理体系，城镇生活垃圾无害化处理率持续保持 100%。

建成生活垃圾分类全链条管理体系。积极推行农村生活垃圾就地分类和资源化利用，加大农村垃圾分类宣传力度，全面推进农村生活垃圾“四分类”体系建设，实施“户分类、村收集、镇转运、市处置、有机易腐垃圾就地生态处理”的农村生活垃圾治理模式；深入推进城镇生活垃圾分类工作，推进城区生活垃圾由“三分类”向“四分类”转变，全面开展垃圾分类达标小区创建，加强宣传教育，引导居民垃圾分类、正确投放。到 2025 年，全市垃圾分类集中处理率达 95%以上。

（4）强化危险废物和医疗废物安全处置

在疫情防控期间做好医疗废物管理工作。在全市医疗机构开展医疗废物专项整治，重点对医疗废物的分类管理、贮存管理、转运监管等工作的规范性进行问题排查和整治。在疫情防控期间，市人民医院等定点医院指定专人每日定时定点收集新冠医疗废物。

加强危险废物处置及监管水平。对全市危险废物产生单位进行调查摸底，完善危险废物监管重点源清单，推行危险废物规范化管理考核机制。严格落实危险废物经营许可、转移等管理制度。落实不同等级危险废物分级分类差别化管理措施、手续不全的危险废物贮存场所规范管理制度，推广使用危险废物全生命周期监控系统。将清洁生产作为源头削减危险废物产生的重要措施，推进危险废物产生企业的清洁生产审核。

加强工业固体废物处置能力。将垃圾、污泥、一般工业固体废物、危险废物等集中处置设施纳入当地公共基础设施范畴，加快补齐工业固体废物收储、处置能力建设短板，实现工业园区一般工业固体废物和危险废物利用处置和贮存规范化。推进生态工业园建设，搭建资源共享、废物处理公共平台，提高能源资源综合利用效率。推进资源循环利用，完善再生资源回收利用体系，扩大生产者责任延伸制范围，培育一批资源综合利用产业骨干企业。力争到2025年，一般工业固体废物综合利用率达到99.5%。

加快建设污泥永久性处理处置或综合利用设施。全面开展城镇污水处理设施污泥的产量、泥质、运输和处理处置现状排查，取缔非法污泥堆放点。全市实现永久性污泥处理处置设施全覆盖，无害化处理处置率达到100%。严格执行污泥转运“联单制”，强化污泥处理处置全过程监管。

5. 优化区域声环境质量

加强交通噪声污染防治。道路两侧超标区域采取绿化隔离、隔声屏障或隔声窗等工程治理措施。治理大型货车噪声污染，禁止不符合噪声标准的车辆上路行驶，适当优化划分城区货车禁行区。开展低噪声路面材料及技术研究，积极推进低噪声轮胎的应用。完善公共交通网络，减轻道路交通负荷，降低公共交通噪声污染。

落实社会生活噪声污染防治。强化社会噪声源的监督管理，严格控制服务业噪声污染，有效治理冷却塔、水泵房等配套服务设施造成的噪声污染，确保场界环境噪声达到国家规定标准限值；加大生活噪声社会化管理力度，有效解决广场舞噪声扰民问题，对室内装修进行严格规范，加大执法和处罚力度，提高生活噪声监测和监管的次数。

推进工业噪声污染防治。建立噪声污染源登记管理制度，对重点噪声污染源企业开展定期跟踪监督性监测，限期治理噪声超标企业，确保厂界噪声达标率 100%；实施“闹静分离”，严禁在居民密集区、学校、医院等附近新改扩建有噪声或振动危害的企业、车间和其他设备装置。

重视建筑施工噪声污染防治。严格建筑施工噪声申报审批制度，加强施工噪声排放申报管理，严格实施建筑施工环保公告制度；加强建筑工地管理，建设噪声自动监测系统，对建筑施工进行实时监督，鼓励使用低噪声施工设备和工艺；以噪声环境敏感区域与敏感时段为重点，加强市政建设、建筑工地、道路施工等噪声污染防控。

6. 加强生态系统保护与修复

（1）加强生态保护与修复

推进山水林田湖草沙系统保护与修复。以山水林田湖草沙综合保护修复为载体，推进林地、绿地、湿地、自然保护地“四地”共建，构筑绿色生态屏障。以天目湖、长荡湖2 个国家湿地公园为主要抓手，构架全域智慧湿地保护与管理体系，加强保护地之间的交流与沟通，打造长三角湿地保护的生态样板。加强湿地保护和修复，有序实施长荡湖等湿地修复治理工程，完善湿地生态功能，全市自然湿地保护率保持在57%以上。

加强生物多样性保护。加强生物多样性保育，落实生物多样性全过程监管制度。建立生物多样性保护体系，补充开展生物多样性本底调查，基本摸清家底。开展生物多样性保护区建设。筑牢生物多样性网络，加强生物多样性保护。重点加强对银缕梅、蛇类、龟鳖类极小物种和濒危物种的就地保护和生境恢复。到 2025 年，全市生物多样性保护得到有效落实。

加大矿山环境恢复治理力度。统筹开展矿山规划、开采、修复，强化矿产开发准入管理，实施地质环境恢复治理保证金制度，按照“谁使用、谁修复”的原则，推动矿山企业边开采、边整治、边复绿，提升绿色矿山建设水平。

推进生态安全缓冲区和自然生态修复试验区试点建设。坚持系统化思维，以自然生态保护和修复为核心，以小流域和小区域为单元，在天目湖、长荡湖周边区域，因地制宜考虑城乡发展本底和自然生态环境现状，先行打造生态安全缓冲区和自然生态修复试验区示范工程，构建生态安全屏障，实现人类生产空间与自然空间的有机结合。推进生态安全缓冲区建设的生态环境导向开发（EOD）模式项目试点建设。

（2）建设绿色和谐溧阳

持续开展国土绿化行动。大幅增加城市绿色空间和生态屏障，高标准创建成国家森林城市。注重自然景观形态、风格、色彩设计，丰富南山、曹山、瓦屋山等重点区域生态景观效果，推进乡村绿化及农田林网工程，促进人与自然和谐共生。实施“精品景观廊道”建设工程，围绕重要河道、重要干道沿线和高速道口、重点旅游通道、旅游景区等开展大面积植绿种林补色，形成更多绿色走廊和色彩板块。

加大“生态绿城”建设力度。大力实施建设公园城市三年行动计划，力争通过三年努力形成公园城市雏形。以绿道织网串联全域优势资源，构建以自然公园、郊野公园、城镇公园为主体的全域公园体系。聚焦“山水融城”，完善“溧阳 1 号公路”功能配套、建设溧阳市琴廊和森林长廊，以“一路两廊”为骨架打造集生态景观、慢行交通、休闲游览、文化创意等功能于一体，交融山水、连接城乡的城市“绿脉”。

7. 强化生态环境风险防范

（1）加强危险废物和危险化学品环境风险管控

完善危险废物环境管理体系，强化危险废物日常环境监管，加强危险废物创建、收集贮存、转移管理，坚决打击和遏制危险废物非法转移倾倒等环境违法犯罪行为，确保危险废物收集处置率 100%。全面排查危险化学品生产、运输、使用及存储全过程风险隐患，健全安全监管及风险防范制度，严厉查处违法行为，强化危险化学品重大危险源的安全监测监控。

（2）提升环境应急处置能力

严格预案管理，完善环境风险企业、化工园区应急处置救援队伍，高标准配备物资装备，加快建设环境应急预案电子备案系统、区域环境应急物资储备库等，积极举办、参与多层级、多类别突发环境事件应急演练，加强跨部门、跨区域环境应急协调联动和信息共享，提高处置突发事件和应对环境危机的能力。

（3）加强重金属污染综合防治

做好全市重金属重点行业减排评估，制订重金属年度减排计划，完成重金属重点防控区专项整治。持续开展钢铁、印染、制革、铅蓄电池及涉铊、涉锑等行业隐患排查和整治。全面推进涉重产业园区规范化建设。

（4）保障核与辐射环境安全

健全辐射安全监管和应急体系，完善辐射环境监测网络，确保废弃放射源安全处置率达到 100%，保障辐射环境安全。加强电磁辐射安全监管，合理安排电视发射塔、广播台（站）等大型电磁辐射设施建设布局，对主城区影响居民和环境安全的大型电磁辐射设施逐步实施改造或搬迁。

（5）开展企业环境安全达标建设

组织开展突发环境事件风险评估。对生产、使用、存储或释放涉及突发环境事件风险物质的企业，开展突发环境事件风险评估，建立全省重点环境风险企业数据库。2022 年，全省重点环境风险企业实现全部入库。

推进企业环境安全达标建设。以“风险隐患整治、应急能力提升”为核心，对较大及以上等级的重点环境风险企业，从企业环境应急管理机构、突发环境事件风险等级识别、突发环境事件隐患、监测预警机制建设、环境应急防控措施、环境应急预案备案、环境应急演练、环境应急保障体系建设 8 个方面开展查改工作。

5.2.6 优化生态空间布局

1. 加强全域生态空间用途管制

落实国土空间管控体系。统筹划定落实生态保护红线、永久基本农田、城镇开发边界 3 条控制线，实行分级分类管理，对不同类型和保护对象实行共同与差别化的管控措施，强化生态空间管控区域监督管理和执法工作。

严守城市开发边界。合理确定城市规模、开发强度和保护性空间，按照城市总体规划确定的空间布局加强城市空间开发利用管制，严禁突破城市开发边界红线，倒逼城镇发展模式转型升级，集约、紧凑用地。

强化生态空间管控区域保护长效管理。明确生态空间管控区域划定，完成溧阳市内生态空间管控区域标牌、界桩设置，生态空间管控区域边界设置。建立生态空间管控区域常态化巡查制度，不定期开展生态空间管控区域联合检查，完善生态红线区域保护责任制度。在涉及生态空间管控区域的行政村创新设立环保村长助理岗位，以及时发现和反馈生态问题，加强生态空间保护和监管。

建立生态空间动态管理数据库。完成溧阳市境内主要河道和湖泊名录调查岸线登记工作，形成矢量数据库。围绕不同功能定位，优化河湖水生态空间分区，规范涉河建设项目审批、全过程监管和防洪影响补偿制度。分级开展河湖水域岸线遥感监测，建立地理信息动态数据库。

2．强化自然保护地体系建设

加快整合自然保护地。遵从保护面积不减少、保护强度不降低、保护性质不改变的总体要求，整合各类自然保护地，解决自然保护地区域交叉、空间重叠的问题。开展自然保护地勘界定标并建立矢量数据库。

加大生态空间保护力度。及时掌握各类自然保护地管理和保护成效情况，发布评估结果。适时将评价考核结果纳入生态文明建设目标评价考核体系，作为党政领导班子和领导干部综合评价及责任追究、离任审计的重要参考。强化监督检查，定期开展“绿盾”自然保护地监督检查专项行动，对造成自然保护地生态系统和资源环境受到损害的部门、地方、单位和有关责任人员，按照有关法律法规严肃追究责任。

3．优化国土空间布局

构建国土空间安全格局。根据溧阳市“三山一水六分田”的禀赋特征，以科学布局生产、生活和生态三类空间为重点，创新国土空间规划编制方法，优化国土空间规划体系，形成全市国土空间开发保护“一张图”。统筹安排城乡建设、基本农田、产业集聚、生产居住、生态保护等空间布局。

打造市域“X”形生态保育走廊。构造贯穿市域东西的森林走廊、南北向的山水入城大走廊，打造南部生态保育片区、西北部生态保育片区和东北部生态保育片区，三片生态保育区通过“X”形生态骨架形成有机互联的整体。

全面融入长三角一体化发展。加快推进苏锡常一体化发展，推动邻界地区协同发展试验区建设，促进产业创新分工协作，共同打造具有国际影响力的城市群。协同联动宁杭生态经济带建设，积极参与“一岭六县”长三角产业合作发展区建设。

推动区域基础设施网络建设。推进城乡交通运输一体化建设，建设“内畅外联、安全高效、绿色智能、民生幸福”的现代综合交通运输体系，打造“开放畅达、一体衔接”的苏西南交通枢纽。打通由高速铁路和高速公路构成的南北向通道，引导和促进与周边城市的一体化发展。实现中心城区骑行系统与重点景区骑行系统的贯穿成链。积极谋划城际轨道交通，融入“轨道上的长三角”。

优化市域发展空间结构。稳妥有序地推进国土空间规划编制。加强基于环境承载力的产业布局优化调整研究，推进产业向园区集中、居住向新型社区集中、土地向适度规模经营集中，形成布局合理、分工有序、开放互通的城市空间结构。大力发展溧阳高新区、溧阳经济开发区（上兴镇）、苏皖合作示范区先导区（社渚镇），以长荡湖退圩还湖工程为纽带，加速别桥、埭头、上黄三镇联动崛起。

5.2.7 构建生态经济体系

1. 推动生态产业发展

(1) 构建生态经济空间格局

结合全市资源禀赋、发展基础与生态经济发展导向，优化全市产业布局，深入实施高层次生态经济功能区建设，构建“一核一环三区四片”的生态经济空间格局。“一核”即以主城区为中心打造生态经济发展的核心。“一环”即绿色外环，以溧阳“1 号公路”为依托，形成市域大交通环线，串联各个生态经济发展片区、外围各镇及“三山两湖”等特色资源，带动“农旅融合”“文旅融合”等“绿水青山就是金山银山”转化路径大发展。“三区”即江苏省溧阳市高新技术产业开发区、溧阳市经济开发区、苏皖合作示范区社渚先导区 3 个产业园区，形成了溧阳市绿色智造和智慧经济发展的核心载体。“四片”即南部天目湖康养度假片区、西北部山地休闲体验片区、北部生态湿地休闲片区、中部生态农业观光片区，重点发展旅游、健康养生、高效生态农业等特色生态产业。

(2) 提升壮大特色生态产业

以大力发展“先进制造经济、高端休闲经济、现代健康经济和新型智慧经济”四大经济作为新时期推动溧阳市经济结构转型升级的根本举措，作为培育发展新动能的关键抓手。把发展“四大经济”作为溧阳市践行“绿水青山就是金山银山”理念的重要路径。到 2022 年，“四大经济”增加值占地区生产总值的比重逐年提升，创造税收在一般公共预算收入中的比重达 30%以上。以动力电池、智能电网、汽车及零部件、农牧与饲料机械四大产业为重点，持续向先进制造经济进发。

(3) 争创产业集群示范

以江苏省溧阳市高新区、江苏省中关村科技产业城、苏皖合作先导区为主阵地，推动产业链、创新链、生态链、人才链、政策链有机衔接，加快培育形成以先进制造为主，现代农业和现代服务业融会贯通的现代化产业集群，到 2025 年，产业集群全面嵌入全球价值链和供应链，形成“2+2+X”的产业集群。把江苏省中关村科技产业城作为产业集群发展的主要承载点，把产业集群发展作为区域经济突破的关键推动力。

(4) 积极发展生态农业

优化农业产业发展布局。因地制宜发展优质粮油、绿色蔬果、特种水产、生态畜禽等优质特色农产品，进一步调优种养结构、品质结构、经营结构、产业结构。积极推广自然农耕、生物防治、有机施肥、生态健康养殖等生产方式，全面提升绿色有机优质农产品品质和比重水平。

全面推进现代化农业高质量发展。大力提升农产品附加值，积极推进农产品深度加工业，提高农产品附加值，大力发展经济林果产业。推进曹山、天目湖、瓦屋山等精品农业园区建设。提升发展高效水产业，建设前马荡现代渔业示范区、三塔荡青虾高效养殖示范区等渔业板块。

构建绿色循环农业体系。推广共生系统，大力推广稻（藕）虾共作、蟹鱼（虾）套养、林下经济、农牧结合、稻经轮作等新模式，探索“一田双收、一地双业、一水双用”增收新模式。从源头把控农产品质量安全关，实施化肥、农药“零增长”行动，加强农产品质量认证和质量安全检测体系建设，建立农产品从“田头到餐桌”全程管理体系，积极创建全国绿色食品原料标准化生产基地。

积极延伸农业产业链。加快农业由生产环节向产前产后拓展，科学布局农业科技、社会化服务、农产品加工、仓储、市场、物流等项目，有效串联农业各个环节，打造特色农业全产业链。推动农业生产、生活和生态功能综合开发，充分发挥处于苏浙皖交界中心的区位优势，结合“国家全域旅游示范区”创建，推动传统农业向旅游休闲农业转型。制订和完善休闲农业发展规划，依托山水资源、民俗文化、农业特色，打造一批以农业非物质文化遗产保护、农耕文化、农家乐、休闲观光农业等为内容的农旅融合示范区。

（5）构建绿色服务业体系

发展高端休闲经济。以打造全国知名的休闲度假目的地和长三角最具吸引力的休闲度假城市为目标，着力实现“三个全”。一是全空间优化拓展旅游布局。深化“1 号公路”品牌内涵，加快完善沿线服务驿站、茶舍、农民集市等配套，增强各景区的串联性，推出“1 号公路+”旅行标准化和定制化菜单。二是全序列开发旅游产品。适应体验式、定制化等旅游发展趋势，大力开发特色文化旅游、休闲农业旅游、体育旅游、会展旅游、研学旅游、工业旅游等产品。三是全要素提升旅游配套服务。持续夯实“吃住行游购娱厕导智”等基础配套，包括打造快旅慢游旅游交通系统，完善高端品牌酒店、民宿、亲子酒店等住宿设施，打造全域旅游大数据中心、线上线下融合等智慧旅游平台等。

打造现代健康经济。以打造长三角健康养生高地和健康产业集聚区为目标，着力推动“三个结合”。一是事业产业结合。以提升医疗卫生供给为目标，深化“院府合作”；依托医疗服务，构建以健康服务业为重点、以健康制造和健康农业为支撑的一二三产业融合发展的大健康产业发展格局。二是中西结合。挖掘中医药资源，深化与江苏省中医院、南京中医药大学的合作，加快南京中医药大学护理学院康复护理教学基地、中医养老康复培训基地和中医适宜技术培训基地项目落地。三是医养结合。鼓励社会力量开办医养结合型养老机构，健全加强医疗机构与养老机构合作机制，完善医养结合医保政策。

发展新型智慧经济。着力推动“三个化”。一是城市数字化。加快启动 5G、物联网等新基础设施建设，结合溧阳市大数据库和智慧云服务平台，构建统筹各行业各领域数字化建设的“城市大脑”。二是数字产业化。推动溧阳市公共基础库（人口、法人、宏观经济）、时空信息库等大数据库数据开放共享，探索政企数据融合创新应用，打破“数据孤岛”，切实发挥数据价值。三是产业数字化。依托中国科学院物理研究所长三角研究中心、天目湖先进储能技术研究院、中英电动汽车联合创新中心等高端科研平台，加速储能技术、清洁能源、新材料、高端装备等科研成果的转化；依托天目湖国际数据中心，建设面向长三角地区的云数据服务高地；强化溧阳市无人机产业园招大引强，建设中国工业级无人机产业集聚区；以通用机场为载体规划建设通航装备制造中心。

2．推进产业结构调整

打造一批新兴产业集群和龙头企业。坚持“砸笼换绿”“腾笼换鸟”“开笼引凤”，坚决化解过剩产能、淘汰落后产能和压减低端低效产能，积极发展节能环保、资源循环利用、清洁能源等绿色产业。加快推进化工、电力、纺织印染、建材、金属制品等传统产业节能环保、低碳绿色高新技术改造。按照转型发展、产业升级的要求，加快构建“3+3+N”产业体系，优先培育新兴产业。发展壮大新动能，突出重点领域创新突破，培育发展具有发展优势的临空产业、生物医药、机器人等，全力引进一批科技含量足、产业档次高、发展前景好的大项目、好项目，打造一批新兴产业集群和龙头企业。

促进产业转型升级。深化供给侧结构性改革，重点化解、淘汰钢铁水泥行业过剩和落后产能。积极与上汽集团、CATL 等行业龙头企业及中国科学院物理研究所等国家级科研机构深入合作，推进从创新端向生产端的产业布局，促进先进储能产业，形成完整产业链。进一步打响天目湖、南山竹海等“金字招牌”，加快发展“溧阳茶舍”等一批高端休闲健康项目，建设香云小筑等一批溧阳旅游新亮点。

加快绿色创新载体建设。深入开展绿色发展示范试点，大力推进智能车间（工厂）、绿色工厂升级改造。依托江苏省溧阳高新区、溧阳经开区、苏皖合作示范区社渚先导区、别桥无人机特色小镇、天目湖国际云数据中心等发展载体，发挥中国科学院物理研究所长三角研究中心、天目湖先进储能技术研究院、中英电动汽车联合创新中心等创新平台的带动效应，打造中国储能技术、清洁能源、高端装备等技术研发和产业转化基地，形成具有一定竞争力的绿色产业集群。

3．持续优化能源结构

大力发展可再生能源。建设太阳能光伏系统，推动可再生能源规模化利用；落实推广氢能利用，推广氢燃料电池汽车使用，有序推进氢能源汽车加氢站规划建设；发展乡镇太阳能、储能蓄热等清洁供热，到 2025 年，可再生能源供热面积达到市级要求。加快发展清洁能源和新能源。坚持集中开发与分散并举，调整优化开发布局，优化风能、太阳能开发布局，因地制宜发展生物质能、地热能等。推进建筑陶瓷行业清洁能源改造。

加快传统产业绿色低碳转型。加快传统产业智能化改造，推进制造过程、装备、产品智能化升级，鼓励企业开展智能工厂、数字车间升级改造，探索建立智能制造示范区。推动化工产业向集中化、大型化、特色化、基地化转变，支持符合条件的化工园区创建国家新型工业化示范基地。深化工业清洁生产，持续推进石化、化工、钢铁、建材、印染、电力等重点行业清洁生产，确保应当实施清洁生产审核的企业 100%完成审核。

强化目标责任监管。将能源消费总量控制和节能工作目标任务纳入全市国民经济和社会发展规划及年度计划，加强节能降耗总量控制和强度“双控”目标责任考核，加强对重点用能企业监督指导。加强监督检查和监测预警，将执行产品能耗限额标准、淘汰电机使用情况、固定资产投资项目能评执行情况作为重点，强化执法监察，完善节能联合执法和失信惩戒制度。强化行政对节能减排工程的引导，加强对重点用能企业能源管理人员的常态化培训，提高业务能力。

4．加快优化运输结构

优化调整货物运输结构。构建现代货物运输新格局，大力推进货物运输“公转铁、公转水”，构建现代货物运输新格局。完善货运铁路网络布局，重点提升年货运量 150 万 t 以上的钢铁、建材、化工、汽车制造等大型工矿企业和大型物流园区铁路专用线接入比例，打造轨道上的溧阳市。推动大宗货物集疏港运输向铁路和水路转移。继续推进国家、省级多式联运示范工程建设。

加快机动车结构升级。鼓励清洁能源车辆的推广使用，加快推进城市建成区新增和更新的公交、环卫、邮政、出租、通勤、轻型物流配送车辆使用新能源或清洁能源汽车。淘汰国三及以下排放标准营运中型和重型柴油货车。加快新能源非道路移动机械推广使用，推动老旧农业机械淘汰报废，推进排放不达标机械清洁化改造和淘汰，港口新增和更换的作业机械主要采用清洁能源或新能源。

完善交通基本公共服务体系。深化跨界公共交通组织合作，推动溧阳市与周边城市公交化。整合溧阳市公共客运资源，逐步开通城际公交线路，实现区域客运公交化。扩大出租车服务范围，积极推进在溧阳站、长途汽车站等综合客运枢纽互设回程出租车载客点，尝试在指定区域范围内允许各地出租车共同运营。更加惠民富民的交通基本公共服务实现全覆盖，公众对交通的幸福获得感大幅提升。推进城乡交通运输一体化建设，提高公交吸引力与服务满意度，城乡公交 IC 卡刷卡终端安装率达到 100%，全市实现城乡公共交通一卡通互联互通。

5．实现行业清洁化生产

推进工业清洁生产。加大重点行业循环利用共性技术开发与应用示范，开展清洁生产对标创先活动，引导中小企业自愿开展清洁生产审核、自主实施清洁生产方案、争创“两型”企业，逐步降低行业能耗。已完成清洁生产审核的企业依法实施新一轮审核，重点行业企业对标清洁生产 I 级水平实施技改，持续推进减排挖潜。

推广农业清洁生产。建立连片绿色农业污染控制区，推动无公害农产品、绿色食品、有机食品规模化发展。实施测土配方，开展农药使用量“零增长”行动，推广使用高标准农膜，开展残留农膜回收试点。加快循环型和节水型农业建设，鼓励使用有机肥或有机无机复（混）合肥，实施农药化肥减施工程，推广可降解农膜。

6．高效推动园区循环化改造

以创建生态工业园区为载体，推进生产、流通、消费各环节循环经济发展，加快构建企业、园区、产业3个层次的资源循环利用体系。全面开展国家级、省级园区循环化改造工作，推动企业循环式生产、产业循环式组合，搭建资源共享、服务高效的公共服务平台，促进废物交换利用、能量梯级利用、水资源分类利用和循环使用。对各个环节及终端产生的废物进行资源化回收，资源化产品再返回生产企业作为生产原料，构建形成循环经济产业链，对难以回收利用的废物进行安全处置。推行垃圾分类和减量化、资源化。

5.2.8 大力倡导生态生活

1. 推进城乡环境一体化建设

完善垃圾处理基础设施。完善生活垃圾转运设施，推进环卫综合体建设。建设生活垃圾、建筑垃圾、餐厨废弃物水泥窑协同处置系统，按照“规范化、标准化、智能化、长效化”要求，聚焦垃圾分类处理高质量发展中心工作，进一步健全完善垃圾分类治理机制，完善垃圾分类收运处理体系，加强生活垃圾收集—转运—处理全过程运行监管。因地制宜配齐、配足生活垃圾分类收集容器与暂存空间。继续完善与分类品种相配套的收运体系、与再生资源利用相协调的回收体系、与垃圾分类相衔接的终端处理设施，确保分类收运、回收、利用和处理设施有效衔接，加快形成“分类投放—分类收集—分类运输—分类处理”的闭环链条。

开展海绵城市建设。综合采用渗、滞、蓄、净、用、排等措施，实现城区排水防涝能力综合提升、径流污染有效削减、雨水资源高效利用，构建健康的城市水生态系统。推进城市地下综合管廊建设，新建城区硬化地面可渗透面积达到40%以上。推进海绵城市示范区、公园和绿地、建筑与小区、道路与广场、小城镇、村庄等示范建设。

大力推广绿色建筑。积极采用绿色、环保型建筑材料和建筑节能技术，鼓励使用地热、太阳能、工业余热等新能源，鼓励配套建设中水回用系统和雨水收集系统。大力推广开发区企业使用分散式光伏光电设施。加强建筑节能技术管理与服务体系建设，培育发展建筑节能与绿色建筑示范工程，全面推进全市机关办公建筑和大型公共建筑节能监管体系建设工作，培育扶持建筑节能和绿色建筑研究、设计、咨询等专业服务机构。

优化公共服务设施。建立全民覆盖、普惠共享、城乡同质的基本公共服务体系，重点提升医疗、交通、文化、救助、产业等领域城乡均等化水平。突破行政区域制约，提升建设标准，扩大服务半径，统筹布局学校、医疗、敬老院等公共服务设施。实施“健康溧阳”战略，开展中医院、妇保院异地新建工程；推进市级特困群体集中供养中心、区域性养老服务中心等建设；加快构建租购并举的住房体系，探索“未来社区”建设模式。

2. 发展绿色城镇化及生态城区

（1）开展城镇环境综合整治

加快城镇污水处理基础设施建设。高标准开展污水处理厂提标改造。推进城镇污水处理厂提标改造，支持有条件地区提标至Ⅲ类排放标准，推动城镇污水处理厂因地制宜增加末端人工湿地等生态净化措施。深入推进污水系统提质增效。完善雨污分流系统，全面纠正管网错接乱接，重点健全监管体制和机制，加强管网养护，保障养护经费，实现专业化养护、规范化作业、全过程监管，积极推行污水管网低水位运行和“厂网一体化”运行维护。

（2）推动园林绿化增量提质

以绿道织网串联全域优势资源，构建以自然公园、郊野公园、城镇公园为主体的全域公园体系；推进人工建设与自然环境有机渗透、融合，塑造模糊的有机过渡边界和城绿相融的公园城市整体形态；结合公园布局，定制多元化、高品质的生活、产业、科创、文旅公园社区，建设一体化沉浸式的公园街道，构建绿色交通体系；以“公园+”体育设施、文化博览、城市社区中心功能、公园场景等形式完善公园城市服务功能，彰显公园城市特色魅力，推进“人城境业”和谐统一。

（3）打造绿色交通生态廊道

实施城市交通畅通工程。完成溧宁市高速、宁杭高速水西互通、焦尾琴公园隧道、燕山南路、宁杭与溧高高速连接线、码头街至天目湖大道段，加快建设焦尾琴大道北段、龙山大道南延北拓、104 国道规划改线段、市域交界通道整治等工程。

完善城市路网体系。继续完善城区路网建设，打通“断头路”、拓宽“瓶颈路”，有效提升道路畅通能力。结合地块开发、路网规划，通过南村路、罗湾西路、惠民路等道路建设，完善城东片区路网，打通城中断头路，建设产城融合道路，缓解交通压力。依据生命康原规划，逐步按计划实施基础设施及配套建设。

改善城区道路通行条件。对城区老旧道路进行升级改造，包括道路白改黑、路灯、景观等提升改造，优化交通环境，提升城市品位。加快 5G 多功能智能杆建设，充分发挥多功能智能杆的综合作用；对老城区破损严重的背街小巷进行基础加固或拆除处理，重新铺设沥青路面，同时配以人行道、排水管网、路灯及交通安全设施的配套建设，全面疏通“盲肠路”，打通各个支路，缓解主干路压力，方便市民出行。对南大街、燕山中路、清溪路等道路进行改造，全面优化交通组织。

提升城市空间资源利用率。加快编制停车及新能源充电设施规划，充分利用城市现有条件，开放城区空间资源共享，加快推进停车场及新能源充电设施建设，以优化城区道路使用功能。利用老城区危旧房改造，拆除后的景观提升及停车场改造，缓解停车矛盾。推进地下空间综合利用，在重要的商业集中区综合利用地下空间资源，缓解交通拥堵和停车难，提高地面的交通安全。

推进智慧型城市建设。完善公共服务设施，保障便捷生活。健全完善“精细化、智慧化、网格化、一体化”的城市管理机制，强化数字化城管应用及智慧城市建设，加快实现“数字城管”城乡全覆盖，为市民创造整洁优美的市容环境。改造提升路灯智能化管理系统，逐步实现智能感应，远程抄表，调光调色，让简单的照明演变成城市夜景。探索在封闭小区全部推行智能垃圾分类，建立公厕智能化监管平台。新建完善城区公共停车场智能化管理系统，试点停车收费，盘活停车资源，实现车位最大化利用。

3. 推进乡村振兴和美丽乡村建设

切实加强农业面源污染治理。推进化肥农药减量行动，在充分尊重农民意愿的基础上，鼓励因地制宜开展耕地轮作休耕，调整优化种植结构。合理利用坡地，对陡坡和缓坡种植不同的植物，并采取不同的水土保持措施。对沙河水库临湖面 2 023 亩、大溪水库临湖面 1 526 亩茶园进行土地流转和附属物收购；对沙河水库 18 150 亩、大溪水库 12 150 亩临河面林地（含附属物），根据轻重缓急进行流转。强化畜禽养殖监管，严格落实畜禽养殖“属地化管理”主体责任，严格禁止禁养区畜禽养殖死灰复燃，强化对非禁养区畜禽场养殖污染治理长效监管，确保养殖粪污资源化利用，不影响周边环境。

全面推进农村人居环境整治。建立并完善生活垃圾、建筑垃圾和餐厨垃圾收运处置体系，逐步实现对可回收垃圾、建筑垃圾和餐厨废弃物的资源化利用。推进乡镇环卫综合体建设，开展全域垃圾分类、收运、处置的试点示范，有效落实有机垃圾就地生态处理，确保工业固体废物等合理合规妥善处置，不可回收垃圾 100%无害化处置。推动城镇污水管网向周边村庄延伸覆盖，加强生活污水源头减量和尾水回收利用。加快完成四类重点对象危房改造任务，加大农村厕所革命力度。推进农村生态河道建设，持续开展河道“三清”、“三乱”及“两违”整治行动，不断修复河道自然生态功能。实施固体废物减量化、无害化、资源化工程，推进“无废城市”试点建设，全面实行垃圾分类和资源化利用。

推动特色田园乡村建设。“试点深化”和“面上创建”并举，优化乡村山水、田园、村落等空间要素，保护自然肌理和传统建筑，彰显乡村地域特色，高水平建设具有乡土风情、富有江南特色、承载乡愁记忆、展现现代文明的未来农村现实模样。坚持典型引路，以培育乡村振兴示范村、先进村为抓手，促进乡村全面振兴，加快农业农村现代化步伐。围绕高标准农田、新型合作农场、特色产业、人居环境整治、乡村旅游、农村住房、新型农村社区、乡村治理、乡风文明、农民增收致富等重点工作，实行片区化打造。突出乡村自然风貌和文化特色，推动形成农业绿色生产方式，建设生活环境整洁优美、生态系统稳定健康、人与自然和谐共生的美丽田园乡村。

4. 推进绿色生活方式

倡导理性绿色的消费模式。制定绿色补贴政策，推广绿色产品。对能效标识产品、节能节水认证产品、环境标志产品和无公害标志食品等绿色标识产品的生产、销售和消费适当采取财政补贴，引导公众选择新能源、节能产品。倡导理性消费，遏制铺张浪费，对过度消费和浪费实行抑制性收费。发挥政府在绿色消费中的导向和示范作用，禁止超标消费，提升绿色采购在政府采购中的比重。

倡导低碳文明的生活方式。倡导简约适度、绿色低碳生活方式。试行“行为碳积分”交易办法，引导群众养成节水节电节气、绿色出行等良好生活习惯，推广节约健康的绿色消费。积极倡导低碳文明的绿色生活理念，引导公众形成资源节约、环境友好的生活方式。弘扬勤俭节约的优良传统，引导机关、企事业单位及广大群众争做低碳、环保生活的倡导者和践行者。积极开展节水、节能宣传，推进垃圾分类，推广社区“跳蚤市场”和“换物超市”。政府机关带头开展“反食品浪费行动”和“文明餐桌行动”，在全社会积极倡导厉行节约的生活方式。推进政府机关全面使用节水、节能等设备，进一步推行“无纸化办公”、视频会议等绿色办公方式。

优选绿色低碳的出行方式。以绿色出行城市创建为契机，通过政府主导、规划先导、政策引导，扩大绿色出行路权、优化绿色出行设施设备、提升公共交通服务品质、加强绿色出行方式无缝衔接，进一步推动溧阳市城市交通结构转型，建立起品质、高效、智能的城市绿色出行系统，倡导公众优先选择节能环保、有益健康、兼顾效率的出行方式。采取财政补贴公交车票等方式，鼓励市民优先乘坐公共汽车等公共交通工具，设定专门的无车日和公交周。

推行绿色低碳的办公方式。政府机关率先推动办公建筑节能监管体系建设，实行能耗统计与能源审计制度，开展党政机关建筑能耗定额管理试点，逐年降低人均综合能耗。提倡办公人员日常办公方式的“绿色化”。尽量减少一次性纸杯、烘手机、电梯、饮水机的使用，营造节能办公环境。鼓励建立中水回用和雨水收集系统，办公场所全面禁烟。推行绿色办公方式，开展办公耗材的回收利用，减少一次性办公耗材用量，进一步推行“无纸化办公”“互联网+”模式，建立完善统一的政府网上办公服务系统，推广视频会议等电子政务，提倡节约使用、重复利用纸张、文具等办公用品。

5.2.9　弘扬特色生态文化

1. 完善生态文化载体

（1）挖掘梳理历史文化脉络

开展“文化创新发展”行动，积极创建省级历史文化名城。着力梳理历史文脉，组织溧阳通史、溧阳专门史、名人口述史、镇村志等地方史志编纂工作。传承发扬蒋塘马灯、泓口丝弦、太平锣鼓等非物质文化遗产，完善落实非遗名录制度、传承人制度，鼓励国家和省级非遗名录申报，加快建设溧阳非遗馆、溧阳非遗体验街区。深入挖掘跳幡神、傩文化、祠山庙会等地方民俗和传统节日文化内涵，利用“文化和自然遗产日”和民族传统节日开展形式多样的民间文化艺术展示宣传活动，让民间艺术在基层焕发新活力。

（2）深入挖掘溧阳文化内涵

加强对实物、民间艺术和文字记载研究，明确《淳化阁帖》对帖学研究的重大意义，以《淳化阁帖》为主题开办特色展览，加大对其展示宣传力度。对历史遗迹及时开展抢救、修缮、保护工作，开展专题学术研讨活动，深入挖掘其内涵和价值，吸引社会力量参与开发利用，组织地方文史专家和相关单位设立保护研究课题组，对古县城址、秦堂山遗址、梅岭玉矿遗址、平陵城址等开展考古勘探和保护性研究工作。成立考古文物专家库，加强考古研究成果展示和宣传。通过市、镇、村三级层层发动，抽调业务技术骨干深入各行政村和自然村开展普查整理，加以详细登记备案，为研究探索和保护历史文化提供更多的佐证和依据。

（3）加强物质文化遗产保护利用

统筹历史遗存保护与开发，开展历史建筑、景观要素、文化遗存的调查整理工作，严格保护重要历史文化遗存要素和景观风貌。加强贞女祠、蔡邕读书台、欧冶子铸剑台、岳飞练兵场等历史遗存的综合开发利用。深入挖掘秦堂山遗址、神墩遗址、梅岭玉矿遗址、古县遗址的历史文化价值，建设一批集展览展示、文化教育等于一体的专题博物馆、陈列馆或文创工作室。融入情怀改造团城，改造团城书院巷、费家巷历史街区，打造宝塔湾团城古街，重现老城市井生活场景，修复古城墙遗址，复建文昌阁和跃龙桥，打造宋团城历史文化街区示范段。适时启动码头水街建设。

（4）弘扬开掘红色文化特色

以新四军江南指挥部纪念馆成功创建国家 4A 级景区为契机，加强水西村整体开发宣传，建设红色文化特色街区，发展红色研学等新业态，打造红色教育培训实践体验中心，力争建成长三角红色旅游第一村。将江南铁军教育学院打造为长三角地区红色教育培训重点阵地，构建集革命传统教育、红色旅游参观、军事文化博览于一体的红色教育阵地。加强红色资源同其他旅游资源的整合，将红色文化遗产与自然遗产、历史文化遗产有机结合，实现优势互补、资源共享，增强红色文化遗产的吸引力和竞争力。鼓励高校将红色文化宣传与志愿活动相结合，引导更多社会群体继承革命先烈精神。

（5）推进文化与旅游融合发展

构建地方历史人文风情体验带。串联长荡湖、中关村、焦尾琴公园、天目湖、十里长山、南山等，打造以“美音文化”为特色、贯穿南北向的“溧阳琴廊”。联动近廊两侧上黄镇状元故里、上黄老街美食文化集聚区、埭头镇姓氏文化集聚区、南渡镇游子文化高地和信义文化典故出处、社渚镇傩文化高地等重要文化载体区域，形成具有溧阳市地方特色的历史人文风情体验带。

激发“溧阳琴廊”城区文旅休闲活力。推动“溧阳琴廊”与中心城区形成旅游服务文化展示带，增强具有文化内涵的景观品质、场景体验和旅游服务功能，近廊两侧依托码头水街等公共空间植入人文展示、文旅商业功能，临廊两侧利用建设用地增加文体娱设施服务功能，激活“溧阳琴廊”城区地带休闲文化活力。

打响宗族历史文化研学品牌。依托史侯祠的姓氏文化、宗谱文化，成立全国史姓企业家俱乐部，为企业在企业文化创建、销售渠道拓展、税务法务咨询等方面提供资源共享平台。打造以家风文化、廉政文化、水乡文化为主题的史侯祠民俗文化村，改造提升渡头老街，开发研学体验课程和系列文创产品，建设历史人文研学旅游基地。

拓展宋团城休闲商旅组团。打造团城历史文化休闲综合体。深入挖掘宋团城文化，实施渐进式有机更新，高标准推进宋团城文化特色街区建设，加强高静园景区修缮升级，改造团城书院巷—费家巷、体育巷—宝塔湾等历史街区，活化利用原盐库遗址、原红旗水厂等历史建筑，推进护城河、城中河滨河休闲带景观风貌改造提升，导入文化体验、休闲餐饮、夜间演艺等多元休闲业态，激活水岸经济。

2. 加强生态文明宣传教育

强化党政领导干部培训。将生态文明教育列入各级党政机关干部培训教育的主要内容，设置生态文明建设相关课程，定期开展生态文明建设研修班。与各高校环境相关学院联合开展生态环境与生态文明建设专题培训学习。以免费形式向各党政机关部门发放《党政领导干部生态文明建设读本》等材料，并组织专题学习，提高各级领导的生态文明建设理论知识。到 2025 年，党政领导干部参加生态文明培训的人数比例保持在 100%。

广泛开展学校生态文明教育。加强对教师的生态文明培训，把“生态文明理念与常识”纳入教师继续教育体系。编制各级各类学校生态文明教材或读本，将生态文明建设内容纳入教学计划，作为实施素质教育的重要内容，深入开展生态文明主题教育实践活动。

强化企业生态文明责任意识。积极宣传新修订的《中华人民共和国环境保护法》《中华人民共和国土壤污染防治法》等法律法规，强化企业环境主体责任，提高企业生态意识、责任意识和自律意识。环境重点监控企业负责人每年至少接受一次环境教育培训。开展企业员工环境教育，加强企业环保从业人员业务培训，探索建立企业环保从业人员资格化管理制度。加强企业的清洁生产技术培训，重点培训与企业节能减排、清洁生产有关的绿色环保技术和管理方法，鼓励企业进行技术改造和创新，推动企业积极向“环保模范企业”的目标努力。

推进社区、农村生态文明教育。开发和建设一批满足社区居民学习需求的环境教育课程资源。组织编写居民喜闻乐见且符合居民工作、生活需要的社区环境教育读本，组织开发一批能满足居民学习需求、居民乐意接受的社区环境教育培训资料和远程网络教育课程。遴选一批热心公益的居民作为生态文明宣传志愿者，借助“4·22”世界地球日和“6·5”世界环境日等环保节日，宣讲《江苏生态文明 20 条》及相关环保相关政策、常识，引导公民践行绿色低碳生活方式，从日常生活点滴做起，履行和承担生态文明建责任，节约资源能源、保护生态环境，主动、自觉参与生态文明建设，逐步提高居民生态文明意识，推动构建生态文明建设全民参与的社会氛围。

3. 强化生态文明共建共享

创新社会治理。完善党委领导、政府负责、民主协商、社会协同、公众参与、法治保障、科技支撑的共建共治共享的社会治理体系。进一步健全立体化、信息化社会治安防控体系、健全公共安全监管体系、健全社会矛盾预防化解体系，建设水平更高的平安溧阳。完善网格化治理体系，最大限度地把涉及基层社会治理的事项纳入网格。深入推进法治溧阳建设，让法治成为溧阳市核心竞争力的重要内容和标志。开展全国乡村治理体系建设试点工作，打造好百姓议事堂、如意小食堂、文化小礼堂、幼童小学堂、道德讲堂、心愿树爱心工作站“五堂一站”品牌，使其成为溧阳社会治理特色 IP。

加大公众参与力度。建立公众参与环境管理决策的有效渠道和社会监督员制度，鼓励公众对政府环保工作、企业排污行为进行监督。建立健全环境保护公众参与制度，通过圆桌对话、陪审听证、巡访调查、有奖举报等制度建设，推进公众在环境法规和政策制定、环境决策、环境监督、环境影响评价、环境宣传教育五大领域的参与力度。结合法治政府、责任政府、阳光政府、服务政府等一系列制度的实施，对生态文明建设的重大决策事项实行公示和听证，充分听取群众意见，确保公众的知情权、参与权和监督权。

强化社会舆情处置。引导群众理性表达诉求、依法维护权益。强化网络舆情的监测与引导，将网络投诉纳入环境信访范畴，建立完善网络舆情工作平台，及时化解社会矛盾。在环境污染信访诉求问题解决过程中“污染企业的主体责任、当地政府的网格监管责任和承诺的卫生防护距离内敏感目标的拆迁责任、政法系统的诉访分离责任和环保部门依照法定途径清单依法分类处理环境信访诉求问题的责任”五个责任的落实到位，确保问题解决到位，提高就地化解率和群众满意度，确保合理合法有效的环境信访诉求受理率、答复率达 100%，重点环境信访办结率达 100%，合理合法有效的环境信访诉求群众满意率达 80% 以上。推行信访复查复核制度。通过信访形势分析，从民情民意中寻找环境管理的不足，指向监管执法重点，从根本上解决群众环境信访诉求问题。

鼓励社会组织参与。充分发挥工会、共青团、妇联、科协等群团组织及新闻媒体的作用，广泛开展生态文明公益活动，积极引导、培育和扶持环保社会组织健康有序发展。充分发挥政风行风热线、局长接待日、12369 环保举报热线等途径的作用，确保群众举报投诉渠道畅通。完善群众信访接待制度，及时解决群众关心的环境问题。自觉接受并保障新闻媒体的舆论监督。推动企业开展和参与环保公益活动。健全重大行政决策风险评估制度。实行重大行政决策听证制度，建立和完善专家论证、公众参与、专业组织评测等相结合的社会风险评估机制。

推进生态示范共建。将生态文明宣传工作纳入各相关职能部门的考核内容，制定完善的激励机制，积极开展“生态文明机关”“绿色学校”“绿色社区”“生态文明建设示范乡镇”“生态文明建设示范村”等系列创建活动，倡导其他行业生态文明创建，使创建活动成为广泛动员全社会重视环保、节约资源、保护环境的有效载体，形成上下联动、合力推进的机制。由民政、妇联、环保和当地政府等部门每年组织一次生态文明建设先进评选活动，在普通市民、家庭中评选出生态文明建设的先进典型，授予“生态文明建设先进个人”和“生态文明建设先进家庭”等称号。

第6章

南水北调东线水源地“绿水青山就是金山银山”实践创新

党的十九大把“必须树立和践行绿水青山就是金山银山的理念”写入报告、载入党章和进入宪法，党的十九届五中全会再次强调，要坚持“绿水青山就是金山银山”理念，推动绿色发展，促进人与自然和谐共生。“绿水青山就是金山银山”理念是习近平生态文明思想的重要组成部分，已成为新时代推进生态文明建设、统筹生态环境保护与经济发展关系的战略思维和价值遵循。扬州市是国家环境保护模范城市和“联合国人居奖”获奖城市。2020年11月13日，习近平总书记在扬州运河三湾生态文化公园考察时指出，“扬州是个好地方，依水而建、缘水而兴、因水而美，是国家重要历史文化名城”。2023年12月，扬州市被联合国环境规划署授予“全球城市生态修复模范城市”。

生态文明建设在推动长三角一体化发展中占有重要地位，直接关系到人民群众的生活幸福，是广大人民群众的共识和呼声。扬州市广陵区作为南水北调东线源头和大运河的重要生态节点，自然资源得天独厚，城市乡村各美其美，古街名园誉满天下。近年来，广陵区坚持“绿水青山就是金山银山”理念，重点围绕长江保护修复、江淮生态大走廊和南水北调东线源头，以“绿水”和生态产品价值实现为主线，积极开展“绿水青山就是金山银山”实践探索，全面擦亮水绿交融的生态底色。一是深入打好污染防治攻坚战，坚定不移推进长江大保护和大运河文化带建设，强化空气质量监管，推进黑臭水体整治，筑牢生态安全屏障，构筑生态经济体系。二是打好环境整治提升仗，推进美丽田园乡村建设和农村人居环境整治，打造出一批示范村镇，展现出沿江全域美丽大花园的现实图景。三是打好生态文化品牌创建牌，以三江营省级湿地公园争创国家级水利风景区为引领，推进沿江沿河沿路绿化提升，以亲水绿道全面串联公园、驿站等休闲节点，以环洲一号公路有效链接美丽乡村、特色小镇，重点把握“色彩”“高度”“基因”“留白”等关键词，让都市和乡村的主色调充分展现“最扬州”的底蕴。目前，扬州市广陵区以创建“绿水青山就是金山银山”实践创新基地为契机，强化南水北调东线水源地和长江岸线保护修复，探索生态保护修复和“绿水青山就是金山银山”实践创新的双赢模式，构建以产业生态化和生态产业化为主体的生态经济体系，全力打造天蓝、地绿、水秀的美丽宜居新广陵，努力将其建设成为一个“令人向往的好地方”。

6.1 区域概况

6.1.1 地理位置

广陵，就是历史上的扬州，也是现代扬州的中心（图 6-1），位于北纬 32°13′～32°27′、东经 119°19′～119°34′，地处江苏省中部、长江北岸、江淮平原南部，东依廖家沟—夹江一线，与江都区及扬州市生态科技新城交界，南与镇江市隔江相望，西至老城区二道河，北濒邵伯湖与邗江区交界，是扬州市“生态轴”与“文化轴”的交会点。广陵区下辖 4 个街道（曲江、文峰、东关、汶河）、5 个乡镇（头桥、沙头、李典、湾头、汤汪）和 6 个园区（广陵经济开发区、广陵新城、东南新城、现代农业科技产业园、食品产业园、广陵古城），有 57 个社区和 62 个村，辖区面积为 255 km^2。

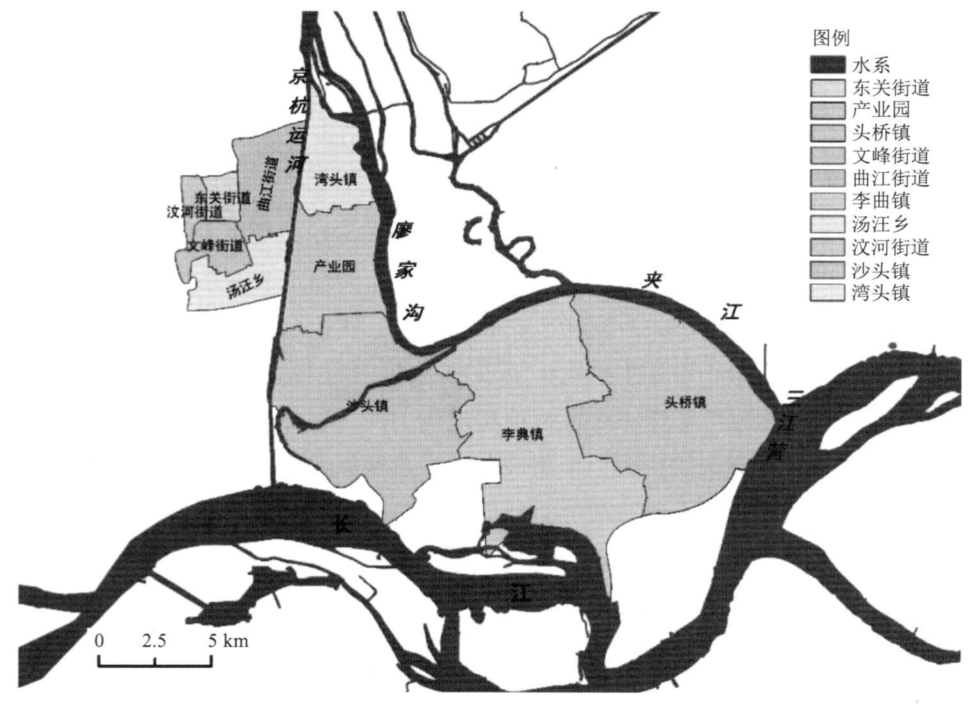

图 6-1 扬州市广陵区行政区划及水系分布

6.1.2 自然资源状况

1．地形地貌

广陵区属于江淮冲积平原，地势较平坦，一般高程为 2.4～4.5 m，区内地形总体呈北高南低、西高东低的微倾水网平原地貌，河流纵横。片区地层属第四纪地层，成土母质以长江冲积物为主。广陵区地形以平原圩区为主，其中以宁通公路为界，路北为平原区，路南为圩区。全区地势宽阔而平坦，微向下游倾斜，大部分为长江河漫滩，土质肥沃。

2．水文水系

广陵区地处江淮交汇处，北抵邵伯湖，南临长江，东依淮河入江水道廖家沟、夹江，京杭运河穿区而过。区内河道纵横、水网密布，水域面积占总面积的 22%，镇级以上骨干河道有 186 条 532.81 km，其中流域性和区域性河道有长江、淮河入江水道（壁虎河、廖家沟、夹江）、京杭运河、古运河、北洲主排河，总长 101.31 km。

3．水资源

广陵区水资源丰富，地跨江淮两大水域。全区多年平均水资源总量为 1.34 亿 m^3，主要由区内年降水、地下水组成，年平均降水量为 1 280.38 mm。2020 年，全区生活、生产、农业用水量为 9 625 万 t。其中，农业用水量最多，为 5 194 万 m^3，占总水量的 53.96%；居民生活用水量为 2 726 万 m^3，占总水量的 28.32%；工业用水量为 2 024 万 m^3。

4．土地资源

广陵区总面积为 25 500 hm^2，城镇及工矿用地面积占总土地面积的比例最大，其次为耕地，草地面积最小。2015 年，广陵区城镇及工矿用地面积、耕地面积分别为 8 410.51 hm^2、8 232.46 hm^2，分别占总土地面积的 32.98%、32.28%，2019 年城镇及工矿用地面积、耕地面积分别为 6 830.51 hm^2、8 567.94 hm^2，分别占总土地面积的 26.79%、33.60%。2015—2019 年，广陵区耕地、森林、水域面积和交通运输用地呈增加的趋势。森林面积增加的最多，为 2 060.45 hm^2；其次为水域面积，增加了 1 470.23 hm^2；城镇和工矿用地面积减少了 6.2%（图 6-2）。

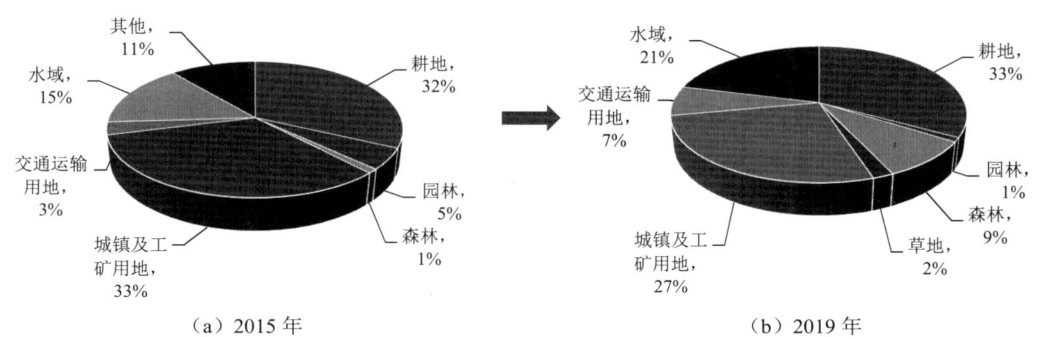

图 6-2 2015—2019 年土地利用变化

6.1.3 旅游文化资源状况

1．旅游资源

广陵区旅游资源丰富，文化底蕴深厚，拥有中国历史文化名街——东关街、中国家风文化展示区——南河下街区、世界文化遗产——京杭大运河。现有国家 A 级景区 8 家、省级工业旅游区 1 个、国家风景名胜区 1 家、省级水利风景区 1 家、省星级乡村旅游区 7 个（其中四星级乡村旅游区 2 个、三星级乡村旅游区 5 个）。东关街内留下了丰厚的历史遗存和人文古迹，堪称中国大运河沿线城市中保存最为完好的商业古街。形成于明代中后期的南河下街区是扬州保存最完好、最有特色的历史文化街区之一，获得中国“历史文化名街”“历史文化街区”称号。广陵区坚持把旅游业作为永久性基本产业，全力打造国际文化旅游名城。2018 年，扬州市被国家旅游局确定为全国旅游标准化试点城市。

2018—2020 年，广陵区生态旅游总收入分别为 30 992.6 万元、44 984.32 万元和 46 772.79 万元，实现稳步提高。2020 年，旅游景区营业收入 22 772.79 万元，接待 1 135.35 万人次（表 6-1）。

表 6-1　2020 年国家 A 级旅游景区营业收入和接待人数

景区名称	营业收入/万元	接待人数/万人
东关街	17 094	837.40
个园	2 068.07	77.37
何园	1 737.49	49.95
茱萸湾风景区	1 865.39	46.71
荷花池景区	—	104
吴道台宅第	7.74	1.21
扬州科技馆	—	15.58
朱自清故居	—	3.03
合计	22 772.79	1 135.35

2．文化资源

广陵区历史文化悠久，拥有国家、省、市级非物质文化遗产项目 11 个（其中国家级 1 个、省级 2 个、市级 8 个），是国内历史风貌保存比较完好的古城之一，也是体现扬州古代文明的核心区域。东关街是扬州近代工商业起步的发祥地，街内尚存三和四美酱园、谢馥春香粉店、绿杨春茶叶等众多商业老字号，有熊成基故居、李长乐故居、曹起溍故居等 50 多处名人故居，有保存完好的盐商宅第街南书屋、道教建筑武当行宫及冬荣园等历史遗存。南河下历史文化街区位于扬州古城区南部、古运河畔，是中国首批 30 个历史文化街区之一。区内现存花园巷、南河下、丁家湾等老街古巷近 30 条，拥有市级以上文物保护单位 32 家，历史建筑 109 座。广陵区也是大运河的中心城市之一，扬州古运河（广陵段）是世界文化遗产“中国古运河”的重要遗产段，全长 18 km，北至茱萸湾，向南进入广陵城区。古运河沿线有个园、汪鲁门盐商住宅、盐宗庙、卢氏盐商住宅，另有众多的国家级、省级、市级文物保护单位。

6.1.4　生态环境状况

1. 水环境

广陵区有县级以上集中式饮用水水源地 2 个，省级以上地表水监测断面 2 个。2015—2020 年，广陵区 2 个县级以上集中式饮用水水源水质全部达到或优于Ⅲ类，达标率为 100%（表 6-2）；2 个国考、省考断面地表水环境质量优良（达到或优于Ⅲ类）比例均达到考核要求，达标率为 100%。2015—2020 年，廖家沟饮用水水源地和三江营国考断面水质持续向好，2019 年、2020 年均达到Ⅱ类，三江营饮用水水源地水质持续保持在Ⅱ类，京杭运河施桥船闸省考断面水质持续保持在Ⅲ类，水环境质量较好。2020 年，南水北调干线东线广陵段、长江广陵段、京杭运河广陵段等的水质均达到Ⅲ类及以上。

表 6-2　2015—2020 年水环境质量变化

名称	类别	控制级别	年份					
			2015	2016	2017	2018	2019	2020
入江水道廖家沟水源地	饮用水水源	县级以上	Ⅱ	Ⅱ～Ⅲ	Ⅱ～Ⅲ	Ⅱ～Ⅲ	Ⅱ	Ⅱ
长江三江营夹江水源地	饮用水水源	县级以上	Ⅱ	Ⅱ	Ⅱ	Ⅱ	Ⅱ	Ⅱ
三江营（长江夹江）	地表水	国控	Ⅲ	Ⅲ	Ⅱ	Ⅱ	Ⅱ	Ⅱ
施桥船闸（京杭运河）	地表水	省控	Ⅲ	Ⅲ	Ⅲ	Ⅲ	Ⅲ	Ⅲ

注：表中水质评价执行标准为《地表水环境质量标准》（GB 3838—2002）。2019 年 7 月，广陵区入江水道廖家沟新城水源地因淮河泄洪，受上游来水影响，万福闸开闸泄洪，致使溶解氧指标受到影响。

2. 大气环境

2015—2020 年，广陵区大气环境质量总体稳定向好。2018 年以后，优良天数比例呈持续上升趋势，分别为 66.6%、69.6%、80.9%。SO_2、NO_2 在 2016 年之后均达到国家环境空气质量标准的Ⅱ级标准（图 6-3）。2020 年，广陵区 SO_2 含量为 8 μg/m^3，同比下降 20%；$PM_{2.5}$ 平均浓度为 36 μg/m^3，同比提高 17.1%；优良天数比率为 80.9%，同比提高 11.3 个百分点；平均降尘量为 4.3 t/（月·km^2），同比下降 44.2%，大气环境质量达到近年来最高水平。

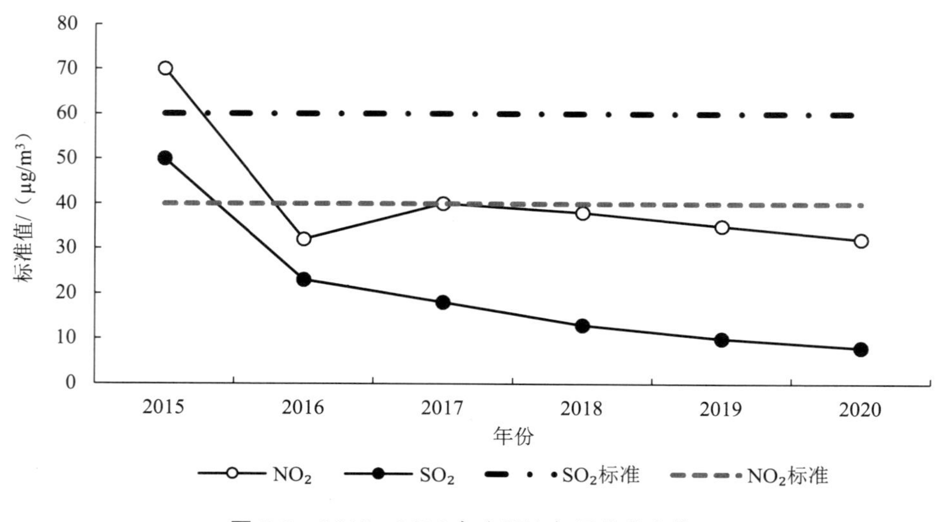

图 6-3 2015—2020 年主要大气污染物变化

3. 土壤环境

广陵区大力推进土壤污染综合防治先行区建设。2018 年，广陵区编制完成了《扬州市广陵区土壤污染综合防治先行区建设方案》，并编制了《扬州市广陵区土壤污染治理与修复规划》，持续开展涉重企业专项整治，加强土壤污染防治重点监管单位管理工作，全面推动土壤污染各项工作任务落到实处。2018 年以来，共对 152 家重点行业企业的土壤用地污染状况开展调查，建立污染源档案，为加强土壤污染防治、改善环境质量、防控环境风险提供依据。2020 年，全区深入贯彻落实《中华人民共和国土壤污染防治法》，以保障农产品质量和人居环境安全为目标，全面推进土壤污染状况详查工作，强化建设用地准入风险管控，持之以恒抓好源头防控，圆满完成土壤污染综合防治先行区建设，全区土壤污染防治工作成效明显。

6.2 必要性与存在的问题

6.2.1 必要性

一是贯彻落实习近平总书记扬州考察大运河文化传承和“扬州是个好地方”讲话精神的重要举措。2019 年 2 月，中共中央办公厅、国务院办公厅印发了《大运河文化保护传承利用规划纲要》，充分挖掘大运河丰富的历史文化资源，保护好、传承好、利用好大运河这一祖先留给我们的宝贵遗产，打造大运河文化带，是新时代党中央、国务院作出的一项重大决策部署。2020 年 11 月，习近平总书记来到扬州考察调研，指出“要共同保护好大运河，使运河永远造福人民，要把大运河文化遗产保护同生态环境保护提升、沿线名城名镇保护修复、文化旅游融合发展、运河航运转型提升统一起来”。扬州市广陵区积极推进大运河文化带建设，加强生态绿化，打造生态廊道，借鉴“公园体系”建设成功经验，规划建设一批湿地公园、城市公园、森林公园等生态中心，有效涵养和保护大运河水体，同时围绕清水活水做文章，坚决打赢打好碧水保卫战、河湖保护战，把水体保护好、修复好、利用好，实现“人与水和谐共处、水与城和谐相应、城与人和谐共生”。通过弘扬大运河文化、保护生态环境，推进了大运河文化带建设，把大运河塑造成广陵乃至国家“运河文化”名片。广陵区“绿水青山就是金山银山”实践创新基地的建设有助于高标准对标绿色高质量发展，推进大运河保护、传承与利用，打造运河长廊，发掘运河沿线空间的生态、文化、生活价值，做好文化、产业和生态的“化合文章”，打造绿色化、循环化产业体系，让好风景和新经济比翼齐飞。

二是南水北调东线水源地和长江岸线保护修复的客观要求。扬州市广陵区位于万里长江和千年运河交会点，是南水北调东线水源地及长江经济带、大运河文化带、长三角一体化发展 3 个国家战略叠加区，区位优势明显。近年来，广陵区始终坚持“生态立区”定位，严守生态保护红线，向红线内的一切水污染违法行为宣战，坚决打好环境整治、生态修复、产业转型攻坚战，巩固提升沿江岸线整治成果，系统推动沿江沿河地区联动发展，保护“一江清水向北流”。在这样一个区域，加强生态环境保护、创建“绿水青山就是金山银山”实践创新基地，以三江营湿地保护与建设为引领，加强南水北调东线水源地保护和长江岸线的保护修复，推动区域高质量发展，形成生产空间集约高效、生活空间宜居适度、生态空间地绿水秀的空间格局，对于贯彻落实习近平总书记长江经济带“共抓大保护、不搞大开发”的要求、服从服务于国家南水北调大局、深度融入长三角一体化、实现长江（扬州广陵段）经济带绿色高质量发展具有极其重要意义。

三是探索生态保护修复和“绿水青山就是金山银山”实践创新基地建设双赢模式的现实需求。《中共中央　国务院关于全面加强生态环境保护　坚决打好污染防治攻坚战的意见》明确要求，推动“绿水青山就是金山银山”实践创新基地建设，发挥创建工作的引领示范作用。广陵区结合打好污染防治攻坚战，以三江营湿地保护与修复、饮用水水源地保护为目标，建设生态安全缓冲区，实现治水保水理念从“化学手段”向“生态手段”的转变，全力打造长江经济带绿色发展示范区，为促进“绿水青山”扩容提质打下坚实基础。根据江苏省生态环境厅《关于推进江苏省生态安全缓冲区建设的通知》（苏环办〔2020〕121 号）精神，扬州市加快推进生态安全缓冲区建设工作，发挥示范引领作用，优选出位于三江营湿地周边的“江苏省江都经济开发区污水处理厂尾水净化生态缓冲区建设项目”和“廖家沟（广陵段）生态安全缓冲区建设项目”两个优势项目，目前这两个项目已列入省生态环境厅生态安全缓冲区建设示范项目库。广陵区建设“绿水青山就是金山银山”实践创新基地是立足生态环境优势，在守护“绿水青山”的同时不断拓宽“绿水青山就是金山银山”双向转化的实现路径、高标准建设生态安全缓冲区的现实需求，实现生态优势转化为绿色发展优势，以高水平保护促高质量发展，让“绿水青山”源源不断地带来“金山银山”。

四是构建以产业生态化和生态产业化为主体的生态经济体系的重要举措。2018 年，习近平总书记在全国生态环境保护大会上提出“要加快建立健全以产业生态化和生态产业化为主体的生态经济体系”，并指出“这是建设生态文明的根本出路”。多年来，在习近平生态文明思想的指引下，广陵区通过大力发展生态农业、生态旅游，促进产业绿色转型升级，努力向“产业生态化、生态产业化”迈进，使“绿水青山”越来越美，“金山银山”越来越大，走出一条生态优先、绿色发展的新路。广陵区努力打造公园城市，大力发展“先天优势”，将历史文化传承、人居环境改善、生态环境保护、生态产业发展有机结合起来，打造宜居宜创宜游的公园城市，形成了独特的“广陵经验”。广陵区先后获得“全国和谐社区建设示范区”“国家农业综合开发县”，广陵区沙头镇被授予“全国文明村镇”称号，李典镇田桥村被授予“全国文明村”称号。2018 年 6 月，广陵区沙头镇、头桥镇获首批江苏省生态文明建设示范镇，李典镇小乾村获江苏省生态文明建设示范村。2019 年 1 月，广陵区李典镇沿江村、头桥镇九圣村获江苏省生态文明建设示范村。2020 年 12 月，广陵区湾头镇、李典镇获第三批江苏省生态文明建设示范镇，沙头镇沙头村、头桥镇庆丰村获批第三批江苏省生态文明建设示范村；广陵区沙头镇沙头村、人民滩村获“江苏省特色田园乡村”。2021 年 3 月，广陵区获第三批江苏省生态文明建设示范区称号。广陵区积极推动“绿水青山就是金山银山”实践创新基地建设，是在高密度建成区、历史文化与现代文明交融的中心城区探索“绿水青山就是金山银山”高水平转化的重要实践，有助于加快形成节约资源和保护环境的空间格局、产业结构、生产方式和生活方式，提升产业生态化和生态产业化水平，是建立健全以产业生态化和生态产业化为主体的生态经济体系的重要举措。

6.2.2 存在的问题

一是生态环境高水平保护促绿色转型发展有待增强。广陵区虽能够达到年度减排序时进度要求，但多年来的工业发展和城市化进程导致区域污染负荷较重，现有重点工程持续减排的空间不断缩小，农业源、机动车等新领域的减排进展滞后，主要污染物新增排放量消化难度持续加大。2020 年，广陵区 $PM_{2.5}$ 浓度为 36 μg/m^3，同比下降 17.1%；空气质量优良天数比率为 80.9%，同比提高 11.3 个百分点，环境空气质量达到近年来最高水平。但是，空气质量优良天数比率距离“绿水青山就是金山银山”实践创新基地建设指标目标（>90%）仍有不小的差距。同时，广陵区地跨江淮两大水系下游，是南水北调东线工程的源头，区域水环境敏感度高。当前，广陵区水环境质量整体较为稳定，但部分清水通道的平交河道仍为纳污水体，水质较差。部分地区水生态功能呈下降趋势，受围垦种植、挖塘养鱼等人为活动影响，天然湿地面积不断减少，自然生态空间受到挤压，生态系统服务功能有所退化。由于广陵区地处生态环境关键区位，要保证所有控制断面水质达标，治理和保护任务繁重，经济发展与水源保护的矛盾日益突出。产业上，广陵区总体上已进入工业化中后期，但大而不强的特征仍很明显，尤其是战略性新兴产业和现代服务业比重仍然不够高，重点产业产品多数处于技术链、价值链低端，高新技术产业有待进一步加强；服务业仍以商贸、旅游等传统服务业为主，特色生产性服务业、高端消费性服务业、新兴服务业发展比较滞后，服务业在总体壮大的同时，自身结构还需要进一步优化，生态环境高水平保护与绿色转型发展的协同效应有待增强。

二是“绿水青山就是金山银山”转化通道和生态经济全链条尚未形成。广陵区农产品以优质稻麦、品质果蔬、养殖为主，但各类用地布局散乱，农业产业化程度仍然较低，与规模化、集约化、产业化农业要求存在较大差距，且大部分农产品科技含量不高，附加值较低，制约了农业资源的综合利用和农业效益的进一步提高；同时，农业旅游特色不足，仅以休闲农业为主，发展缓慢。广陵区具备深厚的两古（古城、古运河）历史文化、生态水城等资源特色，但生态、文化、旅游资源仍未得到深度挖掘和整合，尚未形成内涵独特、个性鲜明、品质优异、知名度高、竞争力强、难以模仿的旅游品牌，缺少对长江渔文化、南水北调源头和淮河入江水道的水文化、红色文化等价值的延伸；同时，对运河文化内涵挖掘不深，大运河文化带广陵段沿线文化历来兼容并蓄、多元交融，但目前运河承载的文化价值和精神内涵挖掘还不够，部分文化脉络和历史内涵尚未厘清，遗产活态传承载体和传播渠道有限，不利于大运河文化的创造性转化和创新性发展。

三是生态人居环境与高质量发展协同推进合力尚未形成。城乡人居环境需要持续性改善。虽然广陵区近年来在城乡统筹方面做了诸多工作，也取得了显著成效，生态人居属于扬州市域内较好的区域之一，但城乡环境基础设施、生活环境等方面的差距依然存在。同快速推进的工业化、城镇化的城区相比，广陵区农村发展步伐还跟不上，“一条腿长、一条腿短”的问题还比较突出，推动高质量发展走在前列的最大短板就在农村。农村“收入”“居住”“出行”等方面存在诸多短板，优质公共服务和公共产品向农村延伸不足，农村集体产权制度改革红利有待进一步释放，农村富民产业有待进一步增强。同时，在农村人居环境整治方面，如农村污水、垃圾等问题没有得到很好的解决，缺少将人居环境整治的目标导向、问题导向和结果导向紧密结合，前期整治成效缺乏巩固。如何进一步减小城乡环境差距，不断提高农村居民生活环境质量，让美丽宜居乡村成为“人们心目中的广陵”的最美底色，是广陵区在创建“绿水青山就是金山银山”实践创新基地期间的压力与挑战。

6.2.3 机遇

一是习近平生态文明思想为“绿水青山就是金山银山”实践创新基地建设指引方向。党的十九大报告和十九届四中全会均要求在我国生态文明建设中必须践行“绿水青山就是金山银山”的理念。通过大力发展生态农业、生态旅游、促进产业绿色转型升级，实现“产业生态化、生态产业化”，使“绿水青山”越来越美，“金山银山”越来越大，走出一条生态优先、绿色发展的新路。在习近平生态文明思想的指引下，广陵区在发展过程中努力打造公园城市，大力发展“先天优势”，将历史文化传承、人居环境改善、生态环境保护、生态产业发展有机结合起来，打造宜居宜创宜游的公园城市，形成了独特的“广陵经验”。广陵区积极推动“绿水青山就是金山银山”实践创新基地建设，是在高密度建成区、历史文化与现代文明交融的中心城区探索“绿水青山就是金山银山”高水平转化的重要实践，有助于加快形成区域节约资源和保护环境的空间格局、优化产业结构、生产方式和生活方式。

二是长江经济带、长三角一体化等国家战略为广陵区注入发展新动能。当前，长江经济带、大运河文化带、长三角区域一体化等重大战略在广陵区叠加，特别是随着连淮扬镇高铁全线通车和北沿江高铁即将开工，广陵区正加速融入长三角。这既是推动高质量发展的重大机遇，也是从全局谋划一域、以一域服务全局的重要抓手。广陵区要主动对接和深度融入国家战略机遇，找准广陵定位、展现广陵作为、提升广陵地位。一方面是深度融入长三角核心区，积极参与区域政策协同创新，加快构建现代综合交通运输体系，全力推动跨省重大合作项目建设，不断加大对创新资源富集地区的对接力度，切实做到借势发展、借船出海；另一方面是全面提升城市国际化水平，持续打响“三都”品牌，进一步彰显古今辉映城市特质。充分利用淮扬菜、旅游、重大赛事展览等平台，让扬州“走出去”，也让世界“走进来”，切实提升广陵发展的“质量”与“速度”。

三是习近平总书记考察江苏时的重要讲话精神对广陵区高质量发展提出新要求。2020 年 11 月，习近平总书记先后来到南通、扬州等地考察调研，并在南京主持召开全面推动长江经济带发展座谈会，发表重要讲话。广陵区贯彻落实习近平总书记视察江苏重要讲话指示精神，对照“争当表率、争做示范、走在前列”的要求，砥砺奋进再出发，争先进位创一流，努力把广陵建设成为令人向往的好地方，奋力开创“强富美高”新广陵的现代化篇章：致力打造万里长江的最美岸线，努力让广陵区成为“绿水青山”和“金山银山”和谐共生的好地方；致力传承千年运河的开放基因，努力让广陵区成为产业人才和粮田都市互动并进的好地方；致力赓续历史古城的深厚文脉，努力让广陵区成为文化发展和文明实践相融合的好地方；致力践行造福百姓的不变初心，努力让广陵区成为本地市民和外来居民真心点赞的好地方。同时，围绕“323+1”优势产业集群，推动经济按照产业基础高级化、产业链现代化的要求加快发展：进一步优化提升传统优势产业、布局发展新兴产业、培育区域性标志产业；大力推进园区“二次创业”，推动园区产业集群化、特色化发展，着力构建现代化产业体系；围绕长江大保护和江淮生态大走廊建设，常态化抓好化工、船舶行业安全生产及专项整治，促进绿色低碳循环发展。

6.3 转化模式与案例

6.3.1 “一源”生态屏障建设——守护南水北调东线水源区

1. 案例背景

三江营湿地公园，位于广陵区头桥镇九圣村南端，是长江、夹江、太平江三水交汇处，是扬州市第五水厂取水口，更是南水北调东线工程的源头。同时，三江营湿地公园项目建设是呼应国家长江大保护、建设江淮生态大走廊战略的重要举措，是广陵区“绿水青山就是金山银山”转化的现实路径。

2. 具体做法

一是大力开展环境整治工作。近年来，广陵区秉着“保护优先、科学修复、合理利用、持续发展”的原则，大力推进三江营省级湿地公园（4 400 亩）建设。前后投入 6 000 多万元完成东昇船厂、金三角船厂关闭工作；关停了非法码头 2 个，完成建国码头设备拆除、复垦、复绿工作；关闭畜禽养殖场 4 家，整改 6 家，关闭水源地保护区水上餐厅 1 家，关闭化工企业 1 家（蓝光精细化工）。目前，三江营水源地长江岸线无一污染源。对近 900 条河道疏浚整治全覆盖，基本保证了河道“水清、岸绿、流畅”，减少农业面源污染，保证内河入江水质安全。新建成片造林 1 650 亩，清理湿地公园内各种污染源，修复湿地面积 500 多亩。

二是加强生态空间管控。划定长江三江营取水口水源地等国家级生态保护红线和夹江清水通道维护区、廖家沟清水通道维护区等省级生态空间 27.38 km^2。其中，三江营饮用水水源保护区被纳入国家级生态保护红线，面积 1.84 km^2；长江（三江营）重要湿地纳入省级生态空间管控区域，面积 2.27 km^2。在三江营湿地公园现有规划的基础上，重点推进长江大保护、江淮生态大走廊、南水北调清水廊道建设，整合湿地、水网、林草等自然要素，避免过度人工雕琢痕迹，开展“原生态”的恢复，开展三江营湿地生态保护修复工程，实现水秀、林美、田良、草绿。

三是实行三江营湿地公园分区利用。三江营湿地公园包括生态保育区、恢复重建区、宣教展示区、合理利用区、管理服务区五大功能分区，实行分区建设与管理。其中，湿地公园生态保育区和恢复重建区面积约为 248.2 hm^2，占湿地公园总面积的比例为 84.6%。建设后湿地总面积为 293.4 hm^2。

3. 主要成效

一是构建了南水北调东线水源地的生态屏障，生态效益显著。作为南水北调东线取水口，每年约 7 亿 m^3 水量由此输送北上。三江营湿地公园的建设是在长江水系与外围农业生产区之间构建了一道“拦截净化网”，发挥了巨大的湿地净化作用，形成了长江滨岸带面源污染拦截与净化系统，保障了长江水质的安全，更保障了“一江清水向北流”。同时，三江营湿地的建设对生物多样性保护具有重要意义，三江营湿地公园拥有天然分布及人工修复的湿地草本植物共 107 种，所在水域鱼类共 7 目 17 科 81 种，其中国家级保护鱼类 7 种、鸟类 37 科 142 种。湿地公园建设为物种提供适宜的生境，加快长江沿线生物类多样性的恢复。

二是与区域旅游片区互为补充，增加了生态旅游收入，经济效益显现。三江营湿地公园的建设与九圣村美丽乡村的发展互为补充，充分发挥了滨江风光带自然景观的资源优势，提升了滨江的生态旅游魅力，从而吸引了更多的游客旅游观光。2020 年，头桥镇域旅游接待人数达 15 万人次，旅游总收入约为 7 500 万元，有效带动了片区生态旅游业的发展，形成了以“观大江风情、赏银杏美景、尝特色羊肉、逛农家小院、品乡贤文化”为主、具有头桥特色的旅游主题。促进区域经济转型，提高农民收入。三江营湿地公园的规划与建设为周边居民提供就业机会的同时带来了全新的环保生活方式。在湿地保护与恢复的基础上，生态旅游服务业则为当地社区居民提供了一种全新的经济转型方式。经济的转型可以增加农民收入，拓宽农村就业渠道，发展农村经济，促进当地新农村建设，2020 年农民人均纯收入为 33 504 元，人均纯收入增幅为 6.3%。

三是作为国家战略工程的科普宣教基地，社会效益凸显。江苏广陵三江营湿地公园的规划与建设、滨江湿地修复与重建的开展直接影响到长江（夹江）取水口的水环境，是南水北调东线工程清水廊道构建的重要保障，也是宣传与展示南水北调东线国家战略工程的科普基地和宣教平台，还是扬州地区湿地科普宣教“大讲堂”。三江营湿地公园通过构造湿地水净化处理系统的展示，一方面营造了丰富水域生态景观，另一方面为人们提供了亲身了解湿地生态系统、水净化系统的展示和体验的场所。随着湿地保护和宣传力度的增加，湿地逐渐为人们所认知，提供综合湿地科普教育、生态旅游、科学研究及教学实习的良好基地，在满足人们日益增长的回归自然的精神需求的同时，弘扬了湿地生态文化。三江营湿地公园濒临长江，湿地风光优美，是各种鸟类迁徙、停歇和栖息的天堂。在日益紧张的工作压力和环境压力下，人们崇尚自然、回归自然的精神需求日益强烈，三江营湿地公园正好提供了这样一个极具区域特点的返璞归真、回归自然的理想游憩场所。开阔视野的滨江风光、天然森林氧吧的水上森林及慢行道、运动场所等，独特魅力的旅游资源将吸引越来越多的人参观游憩，成为周边居民良好的休闲场所。

6.3.2 “一江”岸线功能修复——生态修复铺就绿色发展底色

1. 案例背景

广陵区在“共抓大保护，不搞大开发”政策的指引下，在遵照《长江三角洲区域一体化发展规划纲要》《扬州江淮生态大走廊环境保护规划》的基础上，对接省市长江大保护、江淮生态经济区建设、大运河文化带建设等重大战略部署，全力打造长江经济带绿色发展示范区，努力在全市江淮生态大走廊建设中打造样板、争创示范，满足人民日益增长的优美生态环境需要。

江淮生态大走廊位于南水北调东线长江与淮河流域之间，以京杭运河为主干线，包括扬州、泰州、淮安、宿迁、徐州五市。江淮生态大走廊建设有着明确的近期和远期目标：到 2020 年，南水北调东线区域生态环境显著改善，基本形成空间利用集聚高效、生态环境良好、产业结构优化、区域互联互通的生态经济走廊；到 2030 年，沿线区域社会经济与环境保护协调发展的格局全面形成，成为南水北调工程生态环境治理的样本区。

“在南水北调沿线高起点规划建设江淮生态大走廊，以此为主轴构筑起江淮大地的安全屏障”是江苏省第十三次党代会报告和省政府工作报告的明确要求。2017 年开始，江苏省以生态保护倒逼经济社会转型发展，致力于让五市找到一条生态优先、绿色发展的新路，确保“清水北送”长期稳定。

2．具体做法

一是“加法”治水保湿建景，构筑生态屏障。首先，深化公园体系和生态中心建设，将生态治理、生态修复工程实施与民生工程建设有机融合，持续加大廖家沟生态中心等“城市绿肺”的“建、管、维”力度，先后建成人才公园、七里河公园、壁虎河公园等“群众身边的”生态休闲公园 73 个，让更多的老百姓能够“开门入园、随处见绿”。其次，加快推进生态廊道和生态屏障建设。大力开展国土绿化行动，加强沿江沿河防护林带建设，实施村庄绿化达标工程，扎实推进廖家沟和长江生态修复工程，修复湿地 882 亩。着力打造独具韵味的长江生态风光带，围绕生态廊道和生态屏障打造，划定长江三江营取水口、廖家沟水源地等国家级生态保护红线 3 个，夹江清水通道维护区、廖家沟清水通道维护区等省级生态空间 8 个，生态红线总面积 27.38 km^2，严格保护重要水体、湿地、林木等自然生态资源，严禁无关项目建设。高强度实施沿湖、沿河、沿路绿化，务实打造“九纵十横”生态网格。2017 年以来，新增成片林面积 9 083 亩，林木覆盖率达 23.67%。最后，继续开展农村环境综合治理工程。先后完成省级农村环境连片整治项目 6 批 33 个，创成省级绿美村庄 10 个、美丽宜居乡村 5 个、美丽乡村示范点 4 个、省级特色田园乡村 1 个。域内 32 个禁养区畜禽养殖场全部实施关停，非禁养区养殖场已治理完成。

二是“减法”壮士断腕、抓铁有痕推进减排治污。围绕产业转型升级，2017 年以来先后开展化工、电镀、纺织印染等十大行业性专项整治，完成市、区两级水、气污染防治任务。累计关闭位于敏感水体周边、审批手续不全、排放不达标、损害群众环境权益的化工企业 5 家，船舶、建材等其他企业 7 家；持续加大“散乱污”企业整治力度，完成整治 119 家。围绕清水活水，全面落实河长制、断面长制等既有制度，细化实施各类入河排污口调查摸底和规范化整治。先后对丁家河、老沙河、朱家河、七里河等 18 条城区黑臭河道实施专项整治，城乡水体黑臭现象明显改观。动态清理 2 个国省控断面及 2 个集中式饮用水水源地周边环境隐患，年均水质达标率 100%。围绕长江大保护，持续加大长江岸线项目清理及通江水系治理力度，累计在长江、夹江、大运河沿线关停拆除小船厂、砂石码头及混凝土搅拌站、其他工业企业 22 家。

三是践行“绿水青山就是金山银山”理念，走绿色发展道路。良好的生态、优美的环境、丰富的资源是广陵区最富竞争力的独特优势。生态文明建设不仅是简单地开展污染防治，还要调整产业结构，转变经济发展方式，发展生态产业和生态经济。作为南水北调的输水“源头”，广陵区系统治理、优化提升“三江”水域至关重要，通过“拆整搬建”组合拳，取缔“三江”内的污染产业，开展生态修复，先后整治完成了 24 km 岸线，恢复 300 多亩滨水空间，并引进实施一批生态旅游项目，加快形成了“城在绿中、绿在水中、水绿交融”的生态格局。

3. 主要成效

广陵区国考断面（三江营）和省考断面（施桥船闸）2019—2020 年水质优良（达到或优于Ⅲ类），达标率均为 100%。县级以上集中式饮用水水源地水质达标率为 100%。目前，三江营水源地的水质已达到Ⅱ类，“十三五”的目标已实现。截至 2020 年 4 月底，通过高分辨率遥感观测显示，扬州长江主岸线 68 个小船厂、小码头、小企业已全部关停、拆除完毕，并进行了生态修复。广陵区成功入选 2019 年江苏省十佳生态环境保护改革创新案例。如今，广陵区长江岸线生态复绿，长江堤岸逐渐转变为新的长江景观带，焕发古城新活力，形成自然生态优美的新地标，岸线整治不仅提高了河道的排涝、引水能力，改善了河道水质、保护了水生态环境，投资和人居环境现状也有了明显提升，为社会经济可持续发展奠定了“绿色”基础。

6.3.3 “一河”生态文化涵养——京杭大运河（广陵段）文化带建设

1. 案例背景

大运河广陵段以大运河与古运河交汇处为起始，以长江为终点，自北向南全长 15.39 km，是整个大运河扬州段文化发展基础最好的区域。广陵区积极响应京杭大运河（广陵段）文化带建设。大力推进大运河文化带建设，将其塑造成广陵乃至国家“运河文化”名片。大运河（广陵段）一期工程北起古运河、京杭大运河交会点，南至施桥船闸，全长约 10.6 km，总投资规模约 16 亿元，已基本竣工。建设过程中，重点围绕“宜居水廊，还河于城”“生态水廊，还河于绿”等五大理念进行建设，一条高颜值的生态长廊、高品位的文化长廊、高效益的经济长廊正展现在世人面前。

2. 具体做法

宜居水廊，还河于城。通过区域协调，落实广陵整体空间结构。用地整合提升，腾退运河两侧零碎，有污染的产业用地；融入文化休闲、生活服务、创新创意等公共功能，从而缝合运河两岸空间，将运河内化为城市功能的一部分。增加横纵过河通道，提高便捷性；打造水上游线，重点衔接原古运河及瘦西湖游船线路；加强公园体系建设，打造一批如运河春天疗养院西侧公园、古运四期东侧公园、SM 东北侧公园、水机厂宿舍区东侧公园、湾头镇区西侧公园（长安路—江扬大桥段）、壁虎河公园等特色主题公园。

生态水廊，还河于绿。扬州城区内古运河段、京杭运河段、廖家沟段分别承载“国家文化公园、水上运输服务、国家生态公园”三大功能。多元的绿道串联，以河道路网为脉络，串联公园及景观节点，形成城市、片区、组团三级绿道。根据江苏省关于大运河航道整治要求，广陵区积极作为，拆除沿河砂石码头，拆违拆破整治提升两岸环境；贯通两岸绿化景观，栽植乔灌木 1.3 万余棵、地被草坪约 33 万 m^2，形成运河沿线 20 km 绿色防护带；高标准规划建设江扬大桥、文昌大桥、扬州大桥等桥头公园，全面提升大运河沿线的生态绿化水平。

文化水廊，还河于文。通过传统文化与现代文化叠加，打造古今交融的文化氛围。在中心城区一些重要节点进行传统物质空间的创新活用。同时，强调文化的可读性，打造可识可赏的文化路径，加强文化特色。对沿线湾头古镇老渡口、老船厂遗址项目，丝绸博物馆等重要节点进行提升和活化利用。建设位于湾头古镇东侧、壁虎河西岸的小镇民宿一期项目，对壁虎河岸滨水区域进行滨河绿地和民宅改造。

活力水廊，还河于民。通过全龄友好关怀，社区类型多元，营造 10 分钟运河生活圈。同时，让外来游客也能共享公共服务的便利，讲究设施景点化，景点服务化。空间共游，多种游览方式，让交通出行本身也能成为一种体验和享受。多时段、多地段的情景策划丰富了游客和市民的活动空间。

除此之外，围绕三湾湿地建设，谱写出一幅“千年运河”的新篇章。运河三湾段地处大运河支流古运河下游，该片区曾是扬州最早的工业区，聚集了农药厂、皮革厂、水泥厂、化工厂等，污染严重，环境脏乱差。2014 年起，按照扬州市委、市政府“生态修复、城市修补”的要求，开始推进三湾片区整治，陆续完成拆迁国有企业 25 家、集体企业 64 家，开展河道清淤、绿化建设、推进三湾湿地保护修复。2017 年 9 月，三湾生态文化公园正式建成并对外开放，2018 年 12 月被评为国家 4A 级旅游景区。以前的脏乱差地块成了“城市之肾”，成为市民和游客休闲、游玩的好去处，如同一颗“绿色明珠”镶嵌于运河之上，熠熠生辉（图 6-4）。

图 6-4　运河三湾生态文化公园（建设前后）

2021 年 6 月 16 日，位于运河三湾生态文化公园内的中国大运河博物馆正式建成开放。该博物馆是全流域、全时段、全方位展示大运河世界文化遗产价值及大运河带来美好生活的专题博物馆。博物馆新唐风建筑融合传统与现代之美，总面积约为 7.9 万 m^2，作为大运河国家文化公园建设的标志性项目，是新时代文旅融合在大运河文化展示的创新尝试，堪称中国大运河的“百科全书”。全馆共有 14 个独具特色的展示空间，观众在馆内可以了解运河的前世今生，领略运河上的水工智慧、舟船式样、漕运盐利、贸易商业、戏曲艺术、民间信仰、饮食风物、市井生活，以及运河沿线的自然生态，是人们感受运河魅力、享受文化休闲的优选之地，年接待量约 300 万人次。

3. 主要成效

在文化建设方面，东关街创成国家 4A 级旅游风景区和中国十大历史文化名街，城区古运河水上游线路开通，中国大运河博物馆建成开放，更好地发挥了区域文化中心的凝聚荟萃、辐射带动、创新引领、展示交流和服务保障功能作用，大运河文化带承载的古都文化、创新文化与美食文化日益彰显。

在促进城市功能组织优化方面，大运河沿线线性廊道、重要节点建设加快推进，“以线串珠、以珠带面”的发展格局初见成效。湾头古镇、广陵古城、广陵新城、开发区工业旅游和沙头蔬艺体验小镇等以运河为链接，全面提升了大运河与古城、古镇、古运河的串联度。

在增强民生福祉方面，大运河沿线绿化全面提升，打造成了生态环境优美城市绿化带；更新改造了两岸厂房及工业遗存，建设了市民休憩场所及配套设施，植入休闲娱乐、运动健康、儿童游乐等功能，服务周边市民。

在推动区域协同发展方面，地处扬州城市地理中心的大运河广陵段的运河建设，不仅助力了江淮生态大走廊沿线区域社会经济与环境保护协调发展的格局全面形成，同时也促进了扬子江城市群、宁镇扬一体化等国家和全省战略的实施进展，形成了区域互联互通的生态经济走廊。

6.3.4 “一湾”生态旅游打造——湾头玉文化，生态茱萸湾

1. 案例背景

“山中动泉脉，渡口发梅花。芜城春草生，君作扬州客。半逻莺满树，新年人独还。落花逐流水，共到茱萸湾。”素有扬州“城市绿肺”之称的茱萸湾风景区坐落在湾头镇北侧，面积约 50 hm^2，三面环水，环境优雅，主要开展苗圃培植、花木培育、盆栽制作等工作，是扬州市绿化苗木基地。同时，湾头镇也是扬州最大的玉器生产加工基地，“天下玉、扬州工、源湾头”，琢玉历史源远流长，玉工技艺闻名遐迩，玉雕品种门类齐全、地方特色鲜明。

2. 具体做法

一是加强资源的保护利用，优化生态环境。湾头镇不断提升茱萸湾风景区的管理和服务水平，建立和完善旅游服务体系，全力打造融动植物为一体的生态景区。茱萸湾景区生态环境经过历年的倾心打造已形成六大观景林（千萸林、雪松林、卫矛林、水杉林、柿子林和香樟林）、五大专类花卉园（芍药园、桂花园、琼花园、紫薇园、梅花园）、五大生态动物展区（啸峰园、灵峪、草食谷、鹤鸣湖及珍稀动物展区）。每个展区均采用生态展示法，模仿动物原生态的森林湿地环境，让动物融于自然环境之中，充分满足动物的生产、栖息、繁殖的功能，同时让人与动物近距离地接触，彰显人、动物、植物之间的和谐，体现出“欢乐动物园，生态茱萸湾”。啸峰园和鹤苑两个展区还被中国动物园协会评为示范展区，向全国推广。

二是打造天然氧吧与科普教育基地。为更好普及教育，茱萸湾公园设立了数千块解说牌，详细标明了各类植物、动物的名称、产地、特性，为自然爱好者提供了一种亲切、互动的学习形式。另外，茱萸湾公园还不定期开展园林科普教育、知识讲座、节能减排、环境保护群众性互动及文艺演出等丰富文化活动，传播了大量绿化、自然、植被方面的知识，进一步唤醒人民“绿水青山就是金山银山”，热爱自然保护自然的意识。

三是打造“玉文化+”模式，建设玉文化展示体验场所。湾头镇以原江扬造船厂办公区及宿舍区遗址为基础，打造以船运和玉器文化为主题的“双创”园区，招引大师工作室入驻，为玉雕工艺搭建创意空间。建设隋苑“丝路玉成”文化体验中心，整合玉文化博览园、演绎中心、玉主题体验中心、隋街、花苑等形成一体的玉文化展示体验区。①搭建玉器文化宣传平台。借助各类旅游推介平台做好玉雕产品的营销工作，把玉雕工艺、产品在各地旅游推介会上进行展示，如全国工艺品交易会、中国玉石雕博览会、大运河文化旅游博览会等节庆活动，提升湾头玉在全国的地位和影响力；同时充分利用本地旅游宣传平台，如旅游公众号、旅游志愿服务宣传等进行宣传。②打造工业旅游示范点。指导有条件的玉器企业以博物馆、展示馆、体验馆等开发工业旅游线。对符合条件的企业、生产基地进行改造，并对规划新建工厂设计进行引导，增加旅游元素和配套功能，提供生产参观、修学教育、产品制造体验等各种旅游服务，打造集科普教育、工艺体验、经验销售于一体的玉雕工业旅游线路，增强湾头“玉文化”+“工业旅游”的吸引力。③融合古镇历史。充分挖掘湾头深厚文化内涵，拓展旅游项目的文化吸引力，增强旅游特色和市场竞争力。实施重点景区、重点游线的文化活化工程，推进非物质文化遗产与旅游要素的深度渗透，推进文化创意在旅游要素中的全面运用，实现“厚重文化，轻松表达”，全面增强了湾头旅游的文化魅力。依托湾头古镇深厚的历史文化气息，对原古镇街区进行现状风貌改造，并将原有的陈氏老宅、戏台、东岳庙、宝塔、重檐阁楼等多处历史古建景点进行修复。

3. 主要成效

一是形成了“产、城、人、文”发展新格局。扬州湾头镇将依据当地玉器产业，结合生态景观、地域人文历史而形成“生产、生态、生活”三生融合，以发展玉器产业为特色，以文化旅游为配套。目前，全镇有玉器商户 800 多家，经营面积 10 万 m^2，每年能培训玉雕人才 1 000 余人，产出作品 6 万件，创造产值近 8 亿元，有效带动居民收入。2020 年，湾头镇通过中国轻工业联合会、中国工艺美术协会专家评审，荣获“中国玉雕之乡·湾头”称号。

二是产业集聚更加有力。湾头镇连续 3 年与扬州市广陵区玉器商会共同承办中国（扬州）运河文化产业博览会暨中国玉石雕精品博览会，仅 2019 年就获得金奖 9 个、银奖 15 个、铜奖 9 个、优秀奖 5 个，现场成交包括意向成交玉器近百万元。2019 年，与扬州工艺美术集团合作，成功举办广陵区工艺美术暨特色小镇文旅产业发展论坛。下一步，将继续探索打造全国有知名度的专业性评比赛事，吸引名匠大师集聚湾头，进一步擦亮“天下玉、扬州工、源湾头”的金字招牌。

三是生态效益愈加凸显。重点打造古邗沟一河两岸景观带、古街保护工程，构建优良生态、优秀文化、悠久历史交相辉映的绿色廊道。深入推进“263”水环境综合整治，对老街避风塘、主镇区的薛家河、新中沟河进行全面疏浚，进一步巩固廖家沟禁渔整治成果。全面推行河长制，以河为带、以水为媒，打造水美景观，勾勒出“一湾河水绕城过，两头风光入画来”的美好轮廓。2020 年，湾头镇荣获第三批江苏省生态文明建设示范乡镇称号。

6.3.5 “一城”古城保护发展——东关街道古城展新貌

1. 案例背景

广陵区文旅资源丰富，拥有中国历史文化名街东关街、中国历史文化街区南河下，国家级文保单位 11 处、省级 12 处、市级 124 处；积聚汪鲁门宅、盐宗庙、卢绍绪宅等 4 处大运河文化遗产点，何园、个园、双东历史街区等 4 个 4A 级景区；汇集 1912、教场、双东等 4 个商业街区及国庆路老字号一条街。东关街道地处扬州明清古城核心区，东至泰州路古运河一线，西傍小秦淮河，南抵古运河，北临护城河，辖区面积 3.4 km^2，总人口约 6 万人。

2. 具体做法

一是整体保护。2017 年，《扬州古城保护条例》正式实施。同时，完善了古城保护的规划体系和技术规范，编制了《扬州历史文化名城保护规划》《南河下历史街区保护规划》等，厘清古城保护的思路，提高规划质量，增强古城保护规划工作的科学性。完善和提升双东历史街区，推进彩衣街、杨总门地区的街景整治和民居修缮，启动南河下历史街区保护整治，统筹做好仁丰里、湾子街历史街区和老城区五大传统建筑群的保护，全面展示了古城精致形象。同时，对文昌路、泰州路、广陵路、徐凝门、国庆路、渡江路等 10 多条古城主干道进行街景整治和美化亮化，搬迁改造近 50 万 m^2 的乱搭乱建、不协调建筑和棚户区，有效保持了老城区传统风貌的协调统一，从而让千年古城进一步“古起来”“美起来”。

二是文化打造。将历史与家风相融合，37 处家风展示点，集中展示了历史街区厚重的文化内涵，同时让市民和游客体会到了家风文化的传承。东关街道还全新打造了廉字巷、家风园及四维八德廊，通过平民文化的挖掘，让古城充满了浓浓的文化味。建设“文化博览城”是扬州的一项创新之举、特色之举。经过多年接续发展，市区已建成文博场馆 100 多处，各类博物馆、纪念馆、名人故居、文化广场遍地开花，市民出门仅几百米即可就近参观游览，浸润在浓厚城市文脉里。文化打造，让千年古城“文起来”“特起来”。

三是产业兴城。在全面保护古城整体风貌的前提下，合理利用文保建筑和历史建筑资源，传承古城历史文化，繁荣古城旅游业和特色服务业。目前，在古城已经涌现出三大特色和亮点产业，包括古城旅游、会馆经济、文化创意产业。目前，双东历史街区正在争创 5A 级旅游景区，古运河、个园和双东片区、南河下片区等一批古城旅游线路正在兴起；超前谋划修缮建筑的使用功能，一批古宅名居正在形成“会馆经济”，产生综合效益；利用历史建筑因地制宜发展各类文化创意产业，一批精品商店、茶吧书吧、创意工作室等文化产业正在兴起，千年古城正在“兴起来”“富起来”。

四是百姓为先。在政府政策的引导下，老城区 570 多户传统民居按照“自主参与，政府补贴”原则进行了整治修缮，提高了老城区居民的居住条件和生活质量。城市是居民生活的空间，近年来东关街道不断改善城市环境，完善城市功能，提升城市品质，提高居民生活质量；同时，调动老百姓的积极性，鼓励公众参与保护古城，努力使古城保护与可持续发展的成果惠及民众。扬州市在古城保护利用工作中，始终把民生改善作为古城保护的重点，造福百姓，让千年古城“活起来”“乐起来”。

3. 主要成效

一是形成了宜居宜游新古城。古城市容市貌明显提升，取缔违章占道、出店经营 150 余处，流动摊贩 328 处，处置数字化案件 18 036 件，对滨河苑、723 所等 3 个老旧小区进行管网改造、雨污分流、景观提升等适老化改造；对辖区内 126 座公厕制定景区级、星级公厕管理标准，提升了扬州古城东关历史文化旅游区（含个园、汪氏小苑等景点）国家 5A 级景区创建硬件提升改造工作。

二是促进了历史文化保护。开展了正谊书院广场综合修复、建设工程。实施大运河盐商文化旅游街区项目，启动贾氏庭院、二分明月楼等重点文保建筑修复。国庆路新华书店升级改造为“有浪·扬州慢”阅读空间，原海事局办公点建成“城市书房”等。

三是提升了产业融合发展。成功举办第四届“徐凝中秋赏月节”“游古巷品家风”等系列活动。周末剧场、戏曲剧场常态开展活动。修缮酱业会馆，建成汪鲁门盐商博物馆。《东关街志》列入中国名街志样板。建成“双东”统战文化街区，被中共中央统战部授予“统战工作实践创新基地”称号。

6.3.6 “一镇”绿色发展链条——沿江绿色蔬果基地

1．案例背景

沙头镇面积约 56 km^2，是南水北调东线源头、长江四大家鱼原种场和扬州市备用水源地，有 12 km^2 夹江生态中心。近年来，沙头镇充分依托其夹江资源禀赋，紧扣民生福祉和经济发展，尝试以农富农、农旅结合的生态发展模式，以乡村旅游、特色产业带动全镇经济，走出了一条特色鲜明的产业转型升级之路，取得了显著成效。

2．具体做法

一是大力发展生态农业。①科技助力现代高效农业，打造沿江地区绿色蔬果基地。与扬州大学、扬州市农科院等科研院所开展产学研合作，先后建成研究生工作站、博士后科研工作站、扬州大学现代园艺科技创新中心、张洪程院士水稻创新基地，开展农业科技研发、推广等工作，为入园企业、家庭农场、种植户提供全程科技支撑。②完善标准体系，促进产品供给。园区积极参与相关标准的制定，现已制定草莓莲藕水旱轮作地方标准（DB3210/T 1603—2016），西瓜慈姑水旱轮作地方标准（DB3210/T 1504—2015），西瓜高产优质栽培技术规程（DB3210/T 1723—2017）等标准和技术规程 8 项。确保了农产品生产有标可依、按标管控。③强化品牌管理，培育优质产品。园区积极开展“三品一标”工作，强化品牌管理，现已认证三品种植面积 1.2 万亩，获得国家地理标志 2 个，目前正积极开展沙头草莓农产品的国家地理标志认证。联合广陵农业园开展沙头西瓜“身份认证”工作，强化品牌管理，建立防伪二维码标识。④健全安全体系，加强质量监管。积极开展农产品质量安全全程追溯体系建设工作，成立了农产品质量安全检测中心，聘请专业检测人员。通过产前投入品控制，保证园区种子、农药、肥料的质量与技术服务；通过产后销售准出，对园区内上市的蔬菜进行抽检，年检测 1 200 余次，检测蔬菜品种 30 多种，检测合格率达 98%，并将检测结果通过互联网传送到扬州市农产品质量安全检测中心，合格产品贴标上市，不合格的一律就地销毁，确保园区农产品安全上市。⑤绿色助农，共享科技成果。园区示范种植了彩虹西瓜、翠蜜、美蜜甜瓜等近 20 个优质、高产蔬菜新品种，保证了农产品的品种多样性。同时，园区从农产品生产源头控制，建立了工厂化育苗中心和脱毒种苗中心，每年向周边农户优惠提供优良品种 200 万株，有效保证了扬州地区农产品生产的需求。草莓生产采用草莓架式栽培技术，被列为全省农业重大技术目录，不仅可节约劳动力，降低劳动强度，降低土传病害影响，减少化肥、农药的施用量，而且能提升草莓品质和提高生产效益。应用新技术后 20 亩仅需 3 人管理，每亩节省劳工 85%，草莓平均年产量 2 500 kg/亩，有效增产达 60%，平均年效益由 3 万元/亩提升到 4.2 万元/亩，每亩增效达 1.2 万元，且种植、采摘环境洁净，具有可复制、可推广性。

二是大力发展“生态旅游+”模式。①通过特色田园乡村建设，实施旅游景观设计和景点包装，提升功能区旅游要素。增加 19 个休闲节点，完成格桑花海提升、“草垛子”乡村书房、西江南路口提升改造、西江主路面提升等节点建设、改造工程。将乡村土文化融入现有乡村景观中，做到了处处有文化、处处有亮点。②拓宽特色种植业，做强农业旅游品牌，提升乡村旅游效益。以产业发展为导向，在乡村旅游已有的行之有效的实践经验基础上，以开发农业多功能性、探索农业新业态融合为重点，结合“立体草莓”“一米菜园”“盆栽蔬菜”等新型种植模式，整理现有农民院落，建设精品新民居、蔬艺学院，鼓励发展一批农旅小微业态。③拓展旅游发展空间，以活动促推广，打响“乐活”品牌。沙头镇通过举办形式多样、内容丰富的活动，推广沙头乡村旅游品牌。以“政府搭台，企业主导”的方式开展各项活动。目前形成“5+X”的活动形式：“5”为五大常设活动，即妇女节活动、西瓜游乐节活动、植树节活动、秋收美食节活动、学生实践活动，贯穿全年；“X”为创新活动，如草莓节、垂钓活动、骑行活动等。为更好地将沙头蔬果推向市场，树立沙头西瓜、草莓的品牌形象，特别发起了“沙头蔬果 Logo 及西瓜草莓卡通形象”征集大赛活动，意在通过直观的卡通形象，进一步推广沙头乡村旅游品牌，使沙头乡村游产品深入人心。

3．主要成效

绿色品牌持续推进，形成沿江绿色蔬果基地。经过多年的努力，沙头无公害蔬菜产业园区总面积已近 2 万亩，年产蔬菜 7.4 万 t，拥有规模农业 15 家，建成全省首例农产品质量安全可追溯体系。目前，沙头镇已有 9 100 亩蔬菜基地通过省级无公害产地认定，“绿杨”“益鲜”等 20 个蔬菜产品获得农业部无公害农产品品牌，玉米、番茄、甘蓝等 10 个蔬菜产品被认证为绿色品牌。2019 年，沙头镇国家级农业园区产业和空间规划方案通过区委会和区人大常委会批准。中国工程院院士张洪程创新基地落户沙头，200 多亩综合示范基地初具效益。

现代农业成效凸显，绿色发展惠民共享。完成农业结构调优面积 1 505 亩（其中高效设施农业 603 亩），新增设施渔业 185 亩。发放耕地地力保护等惠农补助资金 243 万元。培训新型职业农民 120 人次，认定新型职业农民 30 余人。创成水稻和蔬菜绿色防控示范片 2 个，市级农民合作社示范经营主体 1 个。鑫茂葡萄专业合作社创成省级园艺标准园，小虹桥、人民滩村创成省级“一村一品一店”示范村被“学习强国”平台报道。

6.3.7　“一村”美丽乡村创建——江苏最美乡村田桥村

1．案例背景

田桥村位于李典镇北部，村域面积 4.93 km²，现有耕地 2 860 亩，28 个村民小组，农户 970 户，总人口 3 231 人。村内共有大小企业 26 家，个体工商户 116 户。田桥村是园林式的现代新型农村，既有风光旖旎的夹江风光、错落有致的现代村庄、精致秀美的农民公园，也有康熙年间的当铺遗址、乾隆年间的田家桥传说、文化遗产的古琴工厂、图文并茂的百米文化长廊。

2. 具体做法

一是党建引领乡村治理。在乡村治理上，田桥村着力培育“三强”型和“双带”型干部队伍，大力倡导创业致富才是硬道理的观念，搭建党员干部引领群众共同致富平台。为让民主法治深入人心，该村利用墙头文化制作一些喜闻乐见的画面，编辑幽默漫画形式，潜移默化开展法治教育。为实现治理有效，充分发挥出村党委及各支部核心领导作用，田桥村全面开展“三化”服务型党组织建设，即服务体系全面化、服务平台便捷化、服务资源集约化，乡村发展充满活力，民生事业蓬勃向上。2020 年，广陵区田桥村入选全国乡村治理示范村。

二是全面提升村容村貌。在美丽乡村建设方面，连续投入近 3 500 万元用于基础设施建设，全村新建道路 42 条，近 31 km，道路硬质化率达 100%；28 个村民小组共装路灯 610 盏，路灯投入 350 万元，亮化率达 100%；栽植香樟树近 3 000 株，主干道两侧建设绿化带达 15 km，绿化投入达 250 万元；投入 120 万元改造户厕 970 所，户厕改造率达 100%；村连续投入 800 多万元新建田桥、蔡州、西九、村部 4 个农民公园；每年投入 10 万元整治全村 54 条河道。通过多年来对全村硬件投入建设，村容面貌得到了全面提升，村庄道路“硬化”、夜晚“亮化”、环境“美化”、河道“净化”的小“四化”建设卓有成效。

三是努力发展乡风文化。建设墙头文化，宣传党的政策。先后投入 15 万元建立三马、宏润文化墙，全村共有墙头文化匾幅 150 多块，涉及生态环保、法律、计生等多方面知识。同时，在村主干道两侧设立文化长廊，宣传优秀家风故事、田桥好人、五好文明户、好媳妇等村民身边的故事。举办演出，丰富村民文化生活。

3. 主要成效

田桥村的实践是乡村振兴与“绿水青山就是金山银山”的有效衔接。田桥村利用得天独厚的资源优势，大力推进乡村旅游，在田桥村可以品尝到新鲜的鱼虾，收获到“素三头”、农家春笋等土特产。同时，美丽乡村建设带来的良好生态环境也促使产业发展。目前，田桥村拥有 3 家千万级村级企业，有效带动村民 400 余人就业。三产总产值 3 亿～4 亿元，集体收入 300 万元左右，其中经营性收入 230 万元，村民人均纯收入达 4 万元。先后获得江苏省三星级“康居乡村”、江苏省首届“最美乡村”、江苏省省级文明标兵村、扬州市“强富美高”优美乡村，在文明建设上获得了“全国文明村”最高荣誉，连续多年被评为扬州市文明村。

田桥村仅是广陵区美丽乡村建设征程中诸多优秀村庄的一个缩影，其中人民滩村、九圣村的典型经验做法被“学习强国”App 和中国江苏网报道。美丽乡村建设一直在路上，自实施农村人居环境整治行动以来，广陵农村基础设施、公共服务和环境治理得到了极大改善。农村生活垃圾收运处理体系基本实现全覆盖，农村生活污水治理率明显提高，农村无害化卫生户厕基本实现全覆盖，农药、化肥施用量实现负增长，秸秆综合利用率达到

95%，全区畜禽粪污综合利用率达到90%以上。

2020年，广陵区启动了沿江三镇新一轮基础设施建设，开工建设环洲一号公路等重点工程，全力实施农村人居环境整治三年行动，大力开展拆违、拆破、拆烂攻坚，重点实施道路、水系、村容等项目46个，完成投入超15亿元，完成“三拆”9.9万 m^2，实施3条省道绿化提升工程。此外，民生福祉持续改善，公共财政用于民生支出达70%，城镇、农村居民人均可支配收入分别达5.06万元、3.35万元，建档立卡低收入农户劳动力全部实现就业，达到人均7 000元脱贫标准，农村“五保”供养和城市“三无”供养实现全覆盖。

6.3.8 “一园”立足美食之都——打造现代食品产业园

1. 案例背景

广陵区现代食品产业园位于扬州市区东南部，总体规划为10 km^2，现有园区企业166家，是江苏省目前唯一的集食品加工、制造、流通、研发、冷链物流、工业旅游于一体的现代食品产业集聚区，拥有三和四美、维扬豆食等“中华老字号”企业，先后荣获“海峡两岸农业合作试验区”“全国农产品加工示范基地”“中国食品物流示范基地”“中国中小企业创新服务先进园区”“省级农产品加工集中区”等称号。

2. 具体做法

一是提升食品产业园功能与品牌效应。政府加大在财政、政策、要素、资源等方面的扶持力度，并将其发展列入城市旅游、文化发展规划。做大做强本土品牌企业。充分发挥三和四美、扬大乳业等产品的品牌效应（表6-3），扩大企业规模，提高市场占有率，进一步增强品牌企业对本地农副产品的带动力，提升了农副产品价值提升，促进了农民增收致富。

表6-3 食品加工龙头企业

序号	企业名称	主营业务	销售额/亿元
1	扬州东园食品有限公司	中央厨房，三文鱼、包子生产	3.4
2	扬州三和四美酱菜有限公司	主要生产“三和”“四美”牌酱菜、酱油、花生酱、腐乳、醋等系列调味品	2.1
3	青岛啤酒（扬州）有限公司	啤酒制造	2.1
4	扬州市扬大康源乳业有限公司	饲料种植、奶牛饲养、乳品加工、乳品销售	1.5
5	扬州五丰冷食有限公司	“五丰”牌冷冻饮品及速冻食品	1.4
6	扬州欣欣食品有限公司	“亲亲”牌八宝粥生产和销售	0.9

二是推动园区企业提质升级。充分利用江南大学（扬州）食品生物技术研究所、扬州大学食品工程学院和省食品高端协同发展平台等科研院所的优质资源，加大产学研合作力度，建立健全把研发植入产业的良性机制，精心打造科技产业化的“桥头堡”；根据区外市场习惯，着力开发适应不同口味需求和风俗习惯的“外土化”食；紧跟健康饮食潮流，加强功能性营养食品、绿色有机食品的开发，提升产品档次，改善企业效益；加大对食品

安全监测能力建设的支持力度，健全食品质量安全监管体系，完善食品质量追溯制度，加强食品标准体系建设。

三是推进园区工业旅游。以“大运河文化带建设”为机遇，以扬州获批世界美食之都为契机，讲好工业旅游故事，打响亮丽新名片。加快推进中国冷库博物馆、包子博物馆、豆制品博物馆等重点旅游项目建设的七星食品“工业”观光游，将中福生物、万吨冷链、维扬乳业等一批质态好的企业申报省级工业旅游点，打响园区工业旅游招牌，全力以赴推动工业旅游向纵深发展。

3. 主要成效

2020 年，园区 5 家企业纳税金额超过 500 万元；实现全社会固定资产投资 10.39 亿元，新增私营企业数 95 家，新发展个体工商户 400 个；规上企业研发投入完成 2 380 万元，申报市级重点研发计划项目 1 项、产学研合作项目 4 项，获批高企入库培育 1 家；东园食品获江苏首批省级四星级上云企业，三和四美、日顿食品、皓宇图文获江苏首批省级三星级上云企业，维扬豆制品获江苏省“老字号”。2019 年 10 月，扬州成功入选世界美食之都。

6.3.9 “一路”公路交通建设——链起乡村振兴“新纽带”

1. 案例背景

广陵区头桥、李典、沙头三镇因地处北洲而被当地人统称为“北洲三镇”。长久以来，北洲三镇之间只有一条沿江高等级公路贯穿东西，非沿线村民从一个乡镇到另一个乡镇常常要“绕圈子”。为改善村民出行条件、加速地区融合发展，广陵区于 2018 年全面启动了“四好农村路”示范县创建工作，2020 年启动建设环洲一号公路，全长 51.2 km。环洲一号公路定位为旅游观光道路，道路两侧将结合大江风光、人文历史、产业发展，以“百里三江，乡野环道”为主题，通过生态保护、产业融合、原乡发展，同步规划以农家场景、观景平台、民俗餐饮为特色的驿站，打造“一环十驿”，展现“车行图画里，人在水云间”的意境，达到城乡联动、三镇互动、产业带动的目的。

2. 具体做法

一是融合发展，建设畅通便捷、安全优质的农村公路网络体系。围绕乡村振兴战略实施，以服务镇村布局规划、农村扶贫脱贫任务、美丽乡村建设、旅游业发展规划、农业现代化建设规划为主要目标，区政府编制出台了《广陵区“四好农村路”建设实施意见》。近年来，广陵区新改建农村公路 51.4 km，其中县道提档升级工程 22.3 km，乡村道新改建工程 39 km，完成投资约 6.4 亿元。全区行政村双车道四级公路覆盖率、规划发展村庄等级公路通达率、农村公路安全隐患治理率均达到 100%，镇村公交配套道路全面通车，农村公路三类及以上桥梁比重为 100%。新改建农村公路同步完善安全生命防护工程，提升绿化景观，打造优美出行环境。

二是聚焦惠民，构筑客货并举、便民惠民的农村公路运输体系。早在 2012 年，广陵区利用全区公交运营一体化优势，不断优化公交线网、增加出行班次和延长服务时间，在省内率先全面开通镇村公交。目前，镇村公交运行路线已达 10 条，线路总长为 101.55 km，镇村公交开通率达 100%，实现了“村村通”公交。建立财政补贴机制和服务质量评价制度，实行 60 周岁以上老人、残疾人、革命军人免费乘坐城市公交和镇村公交。在县道及重要乡村道设置港湾式停靠公交站台及辅助安全标线，保障群众安全出行。根据江苏省交通运输厅《2018 年度城乡道路客运一体化发展水平评价结果公示》，广陵区城乡道路客运一体化水平持续多年保持在 5A 级水平。

三是挖掘资源，做好“农路+”文章。结合广陵区现有的人文、历史、乡村旅游等诸多资源，围绕“一县一特色，一区一品牌”建设理念，充分挖掘生态资源、城镇产业、乡土文化等优势，打造特色路，突出“农路+”核心内涵，构建传播广泛、社会认可度高的农路品牌，支撑产业，传承文化，实现旅游富民、共建共享；“农路+现代农业”让北洲三镇农产品的交通运输更加便利，为全区农业发展增添了强劲动能；而“农路+文化休闲”则为各镇村做好“路文章”、打好“文化牌”、建设特色小镇、推动新型城镇化发展提供了有利条件。“农路+”助力“行韵广陵，路美、水美、人居美”，再现广陵独特风光。

3．主要成效

一是以路为引，推进北洲全域深度融合。截至“十三五”期末，广陵区农村道路列养里程为县道 30.897 km、乡道 165.5 km、村道 133.079 km，全区行政村通畅率达到 100%，县道优良率达到 91%以上，乡、村道好路率分别达到 83%以上，成功创建“四好农村路”省级示范县，“行韵广陵”品牌入选全省第三批农村公路品牌创建成果名单。环洲一号公路于 2020 年 7 月正式进场施工，建成后将融合“交通、文化、旅游、防洪”等多重功能，大幅改善北洲三镇的交通状况、人居环境，带动旅游产业发展，促进农民致富增收。

二是以路为媒，架起乡村振兴“新纽带”。广陵区结合乡村肌理风貌和文化特色，以“四好农村路”、环洲一号公路为纽带，做好沿线绿化美化亮化工作，打造一批特色示范村庄。以农村产业实际发展“公路+产业”“公路+生态旅游”，大力发展休闲观光产业，结合大江风光、人文历史、产业发展，打造以农家场景、观景平台及民宿餐饮为特色的驿站节点，不仅大大改善了沿线居民的出行条件，更带动了沿江产业发展，拉近了乡村与城市的距离，实现了城乡互动。

6.3.10　“一田”稻田综合养殖——探索生态循环新农业

1．案例背景

广陵区大力推广稻田综合种养模式，已经探索实践形成稻田养鱼、养虾、养蟹、养鸭等多种模式的“稻田+N”综合种养技术，走上“种养结合”的生态循环之路，为农业绿色发展注入了新动力。稻田综合种养是一种以水稻为主、兼顾养殖的互利共生的稻田生态养殖模式，该模式在提升粮食产量、提高粮食品质的同时减少了化肥农药的使用，不但出售养殖动物可增加收益，而且由于品质的提高，水稻的产出效益也明显增加。

2．具体做法

一是“稻田+N”组合模式。稻鸭共作：将鸭子放入稻田，利用鸭子旺盛的杂食性，吃掉稻田内的杂草和害虫；同时，用鸭子不间断的活动刺激水稻生长，产生中耕浑水增氧的效果，促进养分物质循环，增强植株的抗性。稻田养虾：在水稻田里通过一定的田间工程改造合理套养一定数量的小龙虾，发挥小龙虾除草和排泄物增肥等功效，实行水稻小龙虾共生，实现“田面种稻，水体饲养小龙虾，虾粪肥田，稻虾共生”的效果。除此之外，“稻田+”有多种种养模式，如稻田可以养殖养鱼、养蟹、养泥鳅、养蛙、种植蔬菜等，“这些模式在稻田有限的生态空间里生产出无公害、安全、优质的生态产品，是一项种养相结合、降本增效的生态农业模式。

二是科技助力。为提高种养户生产技术和管理水平，广陵区积极对接高校科研机构专家开展技术指导和培训，并组织种养户现场观摩示范点，互相交流探讨，有效提高稻田综合种养技术水平。在生产过程中，通过秸秆全量还田、粪污还田，应用杀虫灯、生物农药、性诱剂等绿色防控技术，比常规种植少用农药次数少 1.5 次以上，实现化肥农药使用量零增长。

三是政府扶持。广陵区出台了《关于全区农业结构优化调整的实施意见》《2018 年度广陵区农业结构调整优化奖补办法》等文件，对新增 100 亩以上的稻田综合种养基地给予资金补助，鼓励农户开展稻田综合种养。

3．主要成效

一是示范带动作用凸显。2017—2019 年，连续 3 年创成省级稻田综合种养试点县，同时连续 4 年实施扬州市“粮食绿色增产 1120 工程”项目，形成了以头桥镇为中心，规模化、高质量的稻虾、稻鸭种养基地。至 2020 年，推广稻虾、稻鳖、稻鸭等 5 000 多亩，建成省级稻田综合种养示范基地 10 个，建成市级稻田综合种养示范片 8 个，发挥出良好的示范带动作用。

二是综合效益提升。农民致富增收，相较于单纯种稻模式（每亩纯收益约 1 010 元），综合种养模式的纯收益是其 3 倍以上；改善农业生态农村卫生，除了经济效益，稻田+”种养模式，还能减少化学农药、化肥的使用量，有利于农村的环境卫生。

三是打响了生态品牌。头桥镇以省级稻田综合种养示范点建设、江苏省粮食绿色高质高效创建等项目为抓手，发展稻田综合种养面积 1 700 亩，建成有机稻米基地 192 亩、绿色优质水稻基地面积 17 490 亩，无公害稻米基地全镇覆盖，水稻绿色防控产品覆盖率达 80%以上，获 2019 年度江苏“味稻小镇”荣誉称号；同时，“翠京元”“源沁新”品牌稻米获 2019 年江苏好大米品介推荐会“江苏好大米”银奖。

6.4　重点任务

6.4.1　实施生态环境高水平保护，夯实转化基础

1. 融入“五大板块”，合理优化国土空间格局

带动沿江乡镇全面振兴。全力实施沿江乡村全域和 3 个特色小镇的乡村振兴“1+3”战略，以现代农业科技产业园争创国家级农业园区为引领，带动沿江板块全面振兴。加快环洲一号路、景观驿站、污水处理厂及配套管网、农村公厕、垃圾处理厂等基础设施建设，实施好农村人居环境三年提升行动，全力将 160 km^2 的沿江乡村板块打造成大江风情与运河风光深度交融、良田美景与小镇景观和谐共生、农耕文化和工业文明交相辉映的全域美丽大花园。李典镇基本建成宜居宜业的滨江产业新城。头桥镇加快打造形成“产、城、人、文”四位一体的医械小镇。沙头镇加快建成智能制造产业高地、沿江现代农业科技产业园核心区。

推动明清古城打造复兴样板。以争创国家 5A 级景区为抓手，以大运河文化带建设为契机，加快提升古城管理机构运行质态，实现统一规划、建设运营，全面提速古城保护复兴步伐。围绕休闲文旅、都市度假的定位，突出“家”文化主题提炼，深入挖掘馆、街、园、巷等空间文化内涵，推进古城业态与文化旅游深度融合，打造一批美食打卡地、非遗体验区等文旅新亮点，努力将古城建设成为扬州市“活”的历史博物馆，打造成为全国文旅特色街区。在充分尊重百姓意愿、保持“原貌、原住、原味”的基础上，进一步盘活优质资源，持续实施一批古城改造提升工程，推动古城不断焕发新活力、展现新形象。东关街道以修缮古城、完善配套、复兴文化为宗旨，加快建设“设计瑰谷”新地标。汶河街道以文化传承、繁荣商圈为重点，加快推动仁丰里三期等文旅项目建设。加快完善彩衣街、皮市街、汶河路、文昌路、国庆路、广陵路、徐凝门等各具特色的展示场所。推进街道道路交通改善，引导沿街商业的业态转换，提升小秦淮河沿河整体风貌环境。形成以市井风情、餐饮娱乐为主题的双东文旅区，时尚购物、现代生活为主题的文昌文旅区，以慢生活为主题的南河下文旅区。

建设东南新城成为高质量发展新引擎。以产城融合、形象再造为导向，围绕建设“一核心两基地两中心”加速产业集聚，重点发展文化旅游先导产业，商业服务、总部研发、现代商贸物流等支撑产业，健康养老、教育培训、工业设计、食品服务等培育产业，打造扬州城市高质量发展新引擎、广陵产城融合新样板。区域内重点布局一个以总部研发、健康养老、工业设计等为主体的核心产业集群，在文峰寺及三湾公园周边着力打造两个古运河文化产业高地，在南区大润发和东区大润发打造建设两个现代商业中心，加快培育新的发展增长极。加快城市功能完善，精心规划建设沿河、沿路公共空间和设施，把更多空间

还给市民，把更多“工业锈带”变成“生活秀带”和创新空间，建设提升“人与城相融、园与城一体”的公园绿地与休憩休闲系统，真正将东南新城打造成为既传承历史记忆又彰显时代活力的城市新名片。

聚力广陵新城打造科创名城“前沿阵地”。以创新驱动为主线，重点发展数字经济、现代金融、影视视听等产业，持续加强商业综合体、学校、医院、公园等功能配套建设，聚力打造科创名城的“前沿阵地”、产城融合的“示范样板”。主攻“小精尖”科创企业，不断擦亮湾头“中国玉雕之乡”的金色名片，拉长增粗“器”产业链，力争一批龙头型、前沿型、科技型项目，加快推动“新产业、新城市、新人才”互动并进发展，积极争创国家“十四五”服务业综合改革试点，探索建设国际人才试验区。加快建成展现扬州都市经济、智慧社区、现代时尚的新型城市形象展示区、江广融合发展的关键枢纽区。

全面提升开发园区综合竞争力。推动开发园区“二次创业”提升经济质效。以经济开发区、食品产业园、新材料产业园、健康医疗产业园等作为产业项目推进的主阵地，以园区“二次创业”为抓手，强化“亩均论英雄”导向，引导各开发园区走创新集约、产城融合的高质量发展之路，全面提升经济贡献度和综合竞争力。经济开发区瞄准争创国家级开发区目标，以提质增效、北优南拓、产城融合为导向，大力推进产业社区建设，重点发展高端装备、新能源、新一代信息技术等产业，全力形成全区智能制造的“示范高地”，力争在全省排名中年均进位 1 名以上，工业开票销售达到 500 亿元。食品产业园瞄准争创省级开发园区目标，聚焦食品加工制造、冷链物流、食品安全、食品产业基金、工业旅游等产业，打造华东中央厨房。

2．深入打好污染防治攻坚战，持续改善环境质量

打赢蓝天保卫战。坚持控煤、治企、管车、抑尘、禁燃“五气”同治，认真落实大气年度行动计划各项任务，突出加强 VOCs 治理，实施锅炉综合整治，强化移动源污染防治，加强扬尘污染管控。深化大气管控科技合作项目，加快实施《空气环境质量监测体系建设方案》。建立市、县、乡三级点位长制，落实《大气污染防治量化考核问责办法（试行）》。加强 $PM_{2.5}$ 和 O_3 协同控制，基本消除重污染天气；强化多污染物协同控制和区域协同治理，以 $PM_{2.5}$ 和 O_3 协同控制为主线，把产业结构、能源结构、运输结构整摆到更加突出位置，突出抓好 VOCs 和 NO_x 协同治理。加强重点区域、重点时段、重点领域治理。

打好碧水保卫战。全面制定实施国省考断面达标提升攻坚方案，确保完成断面达标任务。加强廖家沟与三江营水源地综合治理，推动建立联防联治机制。开展区域供水和饮水安全工程，持续实施入江水道廖家沟水源地、长江淮河交汇区域水生态综合治理，加强入江支流整治，开展城镇污水处理提质增效精准攻坚“333”行动，推进沿河建筑拆迁拆违，加快农村黑臭水体综合整治，实现基本消除城市、农村黑臭水体的目标。推进水系连通综合整治，保持扬州长江三江营（国考）断面、京杭运河施桥船闸（省考）断面水质达标。2023年前，完成北洲污水处理厂工程、汤汪污水处理厂三期工程及村庄生活污水处理设施全覆盖工程。

推进净土保卫战。拆除沿江三镇垃圾池、垃圾房，建设东南片区中转站，在美丽宜居村庄试点垃圾分类回收，提高农村生活垃圾无害化治理率。推进土壤污染防治先行区建设，加快推进头桥镇蓝光地块土壤污染管控修复、建设北洲一般工业固废收集分拣处置中心，完善医疗废物收集网点建设。加强危险废物管理，全市危险废物贮存量在目标任务基础上再降低20%。加强危险废物医疗废物收集处理，重视新污染物治理。要着力提升危险废物环境监管、利用处置和环境风险防范能力。

3．以三江营省级湿地公园建设为抓手，全面推进生态保护修复

推进三江营省级湿地公园建设。以广陵区“绿水青山就是金山银山”实践创新基地创建为机遇，加快推进建设进程，构筑生态安全屏障，统筹划定落实生态保护红线、永久基本农田、城镇开发边界3条控制线，严格落实耕地保护制度和“三线一单”生态环境分区管控体系，探索规划“留白”制度。

重点实施南水北调东线源头水环境综合治理工程，进一步完善公园生态保育区、恢复重建区、宣教展示区、合理利用区、管理服务区五大功能区建设，强化生态保护修复，持续提升长江、大运河、廖家沟3条生态廊道，建设长江珍稀动植物栖息地，“点线面”结合推进生态文明建设，充分发挥三江营湿地公园的生态、社会和经济效益。同时，按水利风景区标准全面打造北洲三镇，以三江营湿地公园为龙头、夹江省级水利风景区为基础，创建国家级水利风景区。加快打造沿江全域美丽大花园，促进生产空间集约高效、生活空间宜居适度、生态空间水清岸绿。

打造长江大保护践行示范区。按照《广陵区头桥镇三江营湿地公园及九圣片区总体建设方案》，围绕涵养林保护、芦苇滩涂保育、动植物多样性保护、水源地保护等功能片区，持续实施长江三江营夹江水源地周边区域的生态防护工程和围栏隔离防护工程。2021年，完成一期工程实施；2023年，完成二期工程实施。

4．“共抓大保护，不搞大开发”，争当长江经济带发展表率

争当全市长江生态保护示范。严格贯彻“共抓大保护，不搞大开发”的战略导向，打好长江生态修复攻坚战。合理安排沿江产业岸线、港口岸线、过江通道岸线、取排水口岸线，逐步恢复增加生态岸线。实施长江沿岸生态绿化和生态廊道工程，打造沿江特色示范段。严格控制入江排污口数量和污染物排放总量，全力推进入江干支流综合整治，确保入江支流全面达到Ⅲ类以上水体。加强长江江滩及通江河流湿地保护，加速推进长江淮河交汇区域水生态综合治理项目。全面落实长江十年禁渔任务，建设长江珍稀动物栖息地。

创建绿色转型先行示范区。坚持“降黑增绿”为生态减负、“腾笼换鸟”为发展扩容、

“破旧立新”为产业赋能，全力打造沿江绿色产业带。推进沿江三镇工业园区的金属新材料、船舶及配套、机电设备、海工装备、钢梁钢结构、医疗器械、特种线缆等产业转型升级。大力发展节能环保、清洁生产、静脉产业、绿色服务等产业，支持新材料产业园（李典）、健康医疗产业园（头桥）、电气电缆产业园（沙头）引进绿色设计企业、组建绿色设计公共服务中心，引导园区内企业建设绿色示范工厂。

做好区域协同发展示范。加强与长江中上游地区推进水运等基础设施建设，共建产业园区、物流信息平台、资金平台。联合镇江开展长江（扬州—镇江段）岸线的“水岸同治”，开展联防联控联治，构建水质协作平台和生物多样性保护监测平台，参与镇江长江豚类自然保护区综合治理工程，逐步构建生态资源环境协同保护机制和区域生态补偿机制，形成长江生态保护两岸一体管控的示范样板。

6.4.2 推动 EOD 项目落地，融合生态环境治理与文旅产业发展

积极探索以生态环境为导向的开发模式，以“治水”“治土”“产业导入”三步走的思路，落实试点项目内容，使片区范围内生态环境更加优美、土地等要素保障更加充分、生态经济体系更加完善、综合实力整体提升、区域发展特色更为鲜明、生态和产业的融合更为紧密。

到 2025 年，EOD 试点项目完成建设任务，区域生态环境质量持续改善，地表水达到或优于Ⅲ类水体比例达 100%，河道水体实现“两绿”（岸绿、水草绿）、“两活”（水活、鱼虾活）、“一透”（水体透明度）。土壤和地下水污染造成的人体健康风险得到消除，污染地块移出国家、省、市名录。文化、旅游、艺术等服务业经济总量持续增加，区域范围内生态环境、经济效益、可持续发展水平得到提升，人民获得感和幸福感不断提升。开展 EOD 模式经验总结，形成一套可参观、可学习、可复制的运行机制。

1. EOD 发展思路

明确广陵区生态文明建设的战略目标。以习近平同志为核心的党中央提出，建设生态文明是中华民族永续发展的千年大计，要像对待生命一样对待生态环境，统筹山水林田湖草沙系统治理，坚定走生产发展、生活富裕、生态良好的文明发展道路，必须牢固树立和践行“绿水青山就是金山银山”的理念，站在人与自然和谐共生的高度谋划发展。扬州市广陵区政府以创建“绿水青山就是金山银山”实践创新基地为契机，构筑生态安全屏障，强化生态保护修复，持续提升大运河生态廊道，“点线面”结合推进生态文明建设，加快打造全域美丽大花园。

提升生态环境质量，筑牢美丽广陵生态基底。广陵区古运河（宝塔湾）片区以治水为先导，全面提升“水系、水面、水质、水岸”整体水资源利用、水环境质量和水生态健康，筑牢绿色生态基底（图 6-5）。七里河、小运河及古运河的“净”“清”“美”华丽升级、七里河生态公园的“工业”至“花园”颠覆改造、扬农化工地块“污土”到“净土”

的蜕变共同构筑了片区“治水有型、污水入管、节水入心、嬉水有地、治土有力”的新环境、新形态，为广陵区生态环境增添美丽底色，为广陵区大运河文化建设筑牢扎实基底。

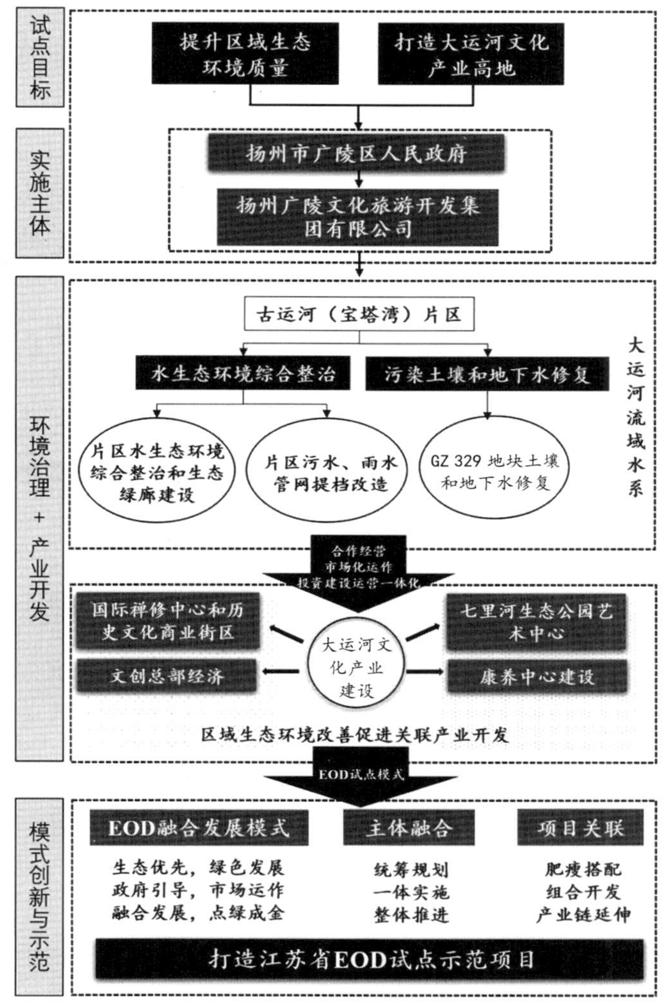

图 6-5　古运河（宝塔湾）生态环境保护与产业融合发展思路

依托绿水净土，培育产业经济新业态。在区域基础雨污管网建设和土壤生态修复的基础上，以区域打造的良好水环境、水生态为依托，将生态资产运营纳入生态文明建设大局之中，从单纯的生态优化向利用生态来引导区域开发转化。围绕生态资产、生态产业进行空间布局。在古运河、七里河、小运河生态绿廊建设的核心位置引入国际禅修中心和历史文化商业街区项目；在土壤和地下水修复的区域引入文创总部经济项目，淘汰旧工业，建设新产业。在七里河生态公园引入艺术中心和健康产业；用环境治理擦亮扬州市广陵区运河文化、鉴真东渡文化、宗教文化的新名片。

建立 EOD 反哺长效机制，实现生态价值转换。广陵区古运河（宝塔湾）片区将水环境综合整治和绿廊建设、污染修复、雨污管网建设的生态环境治理项目与文旅、文创总部经济、艺术中心、银发产业建设有机融合。产业收益可对前期生态环境治理成本进行补贴。打通前期投入与后期收益之间的反哺机制，减轻政府生态治理负担，提高社会资本参与建设积极性，实现生态治理、基础设施完善到产业发展闭环过程中各主体责任和效益清晰、路径明确、共建共享。

2．项目建设内容之间的关联性

融合广陵区发展理念，推动“生态产业化，产业生态化”，形成以大运河历史文化为核心，发展文旅商业、文化创意、生命健康、艺术展览为支撑的高端绿色经济产业发展格局，打造文化旅游业集群发展的新载体和创新发展的新标杆。

良好的生态环境是产业开发的前提。以古运河、七里河、小运河、生态公园的打造为依托，延续历史脉络、塑造文旅先导产业，包括文旅商业、文创经济、康养医疗等，作为生态产业化的重要抓手，其发展直接与生态环境治理成效关联（图 6-6）。生态环境治理成效影响着文化、旅游、艺术、康养产业的品质。片区以打造良好生态环境为契机开展新旧产业有序传承、科学更替，逐步建成产城融合高质量发展示范城区。

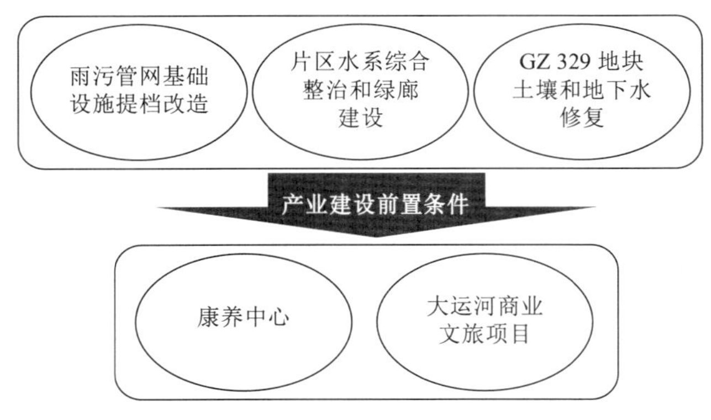

图 6-6　环境治理项目和产业项目之间的关系

产业开发价值源于生态环境打造。产业导入是 EOD 理念中的重要一环，产业生态化也是古运河（宝塔湾）片区致力发展的目标。按照“绿色、循环、低碳”产业发展要求，引入与生态环境治理成效关联度高的产业、生态效益好产业，以契合片区发展战略目标。古运河（宝塔湾）片区确定以文旅商业、文化创意、生命健康、艺术展览产业为主要引入目标。其中，大运河文旅产业项目中的国际禅修中心和历史文化商业街区项目价值依托片区水系综合整治和绿廊建设，文创总部经济项目建设则以 GZ 329 地块土壤和地下水修复完成为前置条件（土壤法规定），七里河生态公园艺术中心建设地点在七里河生态公园内，银发产业建设地点周边围绕七里河生态公园、七里河及小运河。本次 EOD 项目中的产业项目对生态环境类项目依赖度高，其经济价值很大程度由生态环境类项目的打造成果来决定，区域自然生态环境良好与否所蕴含的各种绿色、美学特征是其历史、文化、健康、艺术价值的直接激发因素（图 6-7）。

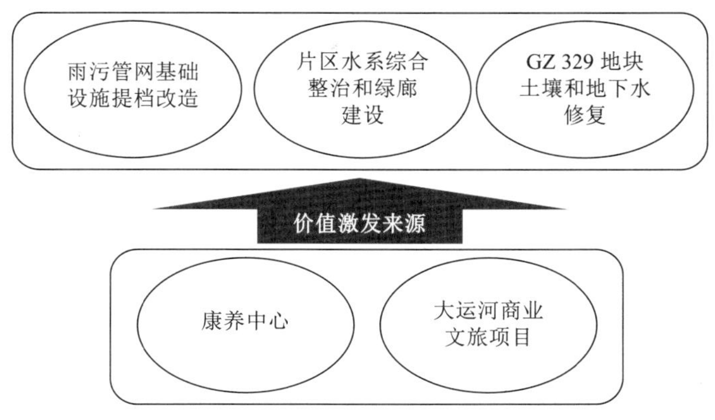

图 6-7　环境治理项目和产业开发项目关系

3．项目主要建设内容

扬州市广陵区古运河（宝塔湾）生态环境导向的开发（EOD）模式依托项目包括生态环境治理和关联产业开发 2 类共 5 个项目，总投资 290 163.93 万元。生态环境治理类项目包括片区水生态环境综合整治和生态绿廊建设项目，片区污水、雨水管网提档改造项目，污染土壤和地下水修复项目，共 3 个项目，总投资 94 894.91 万元；产业开发类项目为大运河文旅产业项目；银发产业项目总投资 195 269.02 万元。

4．项目还本付息情况

据测算，项目运营期可实现利润总额 437 407.10 万元，净利润 328 055.32 万元。项目总投资 290 163.93 万元，融资贷款 217 500.00 万元，贷款期限 26 年，借款利率为 4.3%，利息逐年支付，运营期第一年开始分期还本，26 年累计还本付息 344 694.00 万元，其中还本 217 500.00 万元，付息 127 194.00 万元。通过计算，项目偿债备付率平均为 219%，说明该项目每年通过自身正常收入完全能够覆盖项目贷款本息，具有较好的偿债能力，可保障项目还款。

6.4.3　提高生态产品供给能力，增值自然资本

1．增强农业可持续发展能力，提升生态产品质量

发展生态循环农业，实现源头控污。以创建国家现代农业产业园为抓手，积极探索高效生态循环农业模式，构建现代生态循环农业技术体系、标准化生产体系和社会化服务体系。以种植业减量化利用、畜禽养殖废弃物循环利用、秸秆高值利用、水产养殖污染减排、农田残膜回收利用、农村生活污染处理等为重点，扶持和引导以市场化运作为主的生态循环农业建设，探索形成产业相互整合、物质多级循环的产业结构和生态布局。鼓励养殖与

种植结合，稳步推广以农业废弃物资源利用为核心的循环农业发展模式。推进种养一体化，构建畜禽养殖、农作物秸秆综合利用循环产业链。稳步推进农业绿色发展，控制农业投入品使用，推广应用高效低毒低残留的新型药剂、测土配方施肥技术及果菜有机肥替代化肥技术。

全面加快高标准农田建设。全面落实粮食安全责任制，加快建设和完善粮食生产功能区、重要农产品生产保护区。统筹整合资金推进高标准农田建设，助力设施农业升级扩面，加快农机高质量发展步伐，实施第十批水利重点县项目。深入推进农业基础设施建设，扶持新型农业经营主体，优化农业产业结构，提高农业综合生产能力和农产品市场竞争力，实现农业可持续发展。到2022年，完成高标准农田建设项目2.635万亩，突出扶持蔬菜生产基地及优质稻麦生产基地建设，为农业龙头企业农产品精深加工提供优质的原料。

实施耕地质量保护与提升行动。通过“改、培、保、控”，优化提升广陵区耕地质量；通过增施有机肥、开展测土配方施肥，提高土壤有机质含量、平衡土壤养分；通过粮豆轮作套作、固氮肥田，实现用地与养地结合；通过推广保护性耕作，改善耕地理化性状，增强耕地保水保肥能力；通过控施化肥农药，减少不合理投入数量，阻控重金属和有机物污染。推广使用可降解地膜和符合《聚乙烯吹塑农用地面覆盖薄膜》（GB 13735—2017）的地膜，禁止未达标的农用地膜产品生产和销售，控制农膜残留。

2．推进美丽宜居乡村建设，增值生态产品价值

以沙头镇沙头村、头桥镇九圣村、头桥镇西城村等省、市级特色田园乡村、美丽乡村建设为引领，推进全区各乡村宜居乡村建设。结合“特色小镇”、“特色田园乡村”和北洲主排河漫道建设，鼓励沿线村集体因地制宜引进互动体验项目，发展乡村旅游，优先选择在江淮生态大走廊周边、高速和国省干道沿线及生态中心等周边，每年申报新设“生态优、村庄美，产业特、农民富、集体强，乡风好”的省级或市级宜居乡村试点村庄1～2个。

推进美丽宜居村庄建设。坚持高起点谋划、高标准推进，完成新建20个美丽宜居村庄。在打造过程中，注重指导各村庄精心保护好村内的老房、古树等有形村庄文化，传承非物质文化遗产，充分引导和发动群众发掘本地特色文化和乡风民俗，并加以保护和利用，组织各地对照美丽宜居村庄建设标准，组织专业规划设计并征求村民意见，确保方案科学合理、符合农民需求。

加大建设特色田园乡村的力度。围绕“特色”“田园”“乡村”三大要素，细化工作标准和奖补办法，扎实推进特色田园乡村建设。全面总结推广特色田园乡村建设经验和做法，采取专家下沉和“一村一策”的方式，指导创建村庄细化实施方案、完善配套措施、推动项目落实，同时积极引导村级集体经济组织和村民参与项目建设与后期管护。

3．加快环洲一号公路、“四好农村路”建设，促进生态产品价值转化

推进环洲一号公路建设，改善居民出行环境，助力美丽乡村建设。充分发挥环洲一号公路防汛和观光的双重功能，注重结合当地人文历史和产业发展等特点，打造以农家场景、民宿餐饮为特色的 10 座驿站，形成“一环十驿”的家门口小康路，助力北洲三镇良好的生态产品价值实现。2021 年完成 2 座驿站建设，2023 年完成 6 座以上驿站建设。

开发农村公路运营效能。积极推进镇村公交信息纳入“扬州掌上公交”运行平台，实时发布镇村公交运行路线、运行时刻表、车辆实时位置、投诉方式等信息，以便于群众更加便捷地等待、换乘镇村公交。加快落实物流业发展实施意见，全方位提高农村公路交通运输效率，结合沿江农业板块、林安冷链物流项目建设，打通广陵区优势互补的发展空间。发展农村公路“互联网+物流”、城乡共同配送、冷链货运等新兴业态，打造货运升级新模式，提升广陵区农村投资环境，实现农村特色产业良性发展。

4．构建农村产业融合发展体系，增效生态产品价值实现

推动农业产业链延伸融合。推动不同类型农业产业延伸整合、上中下游各个环节有机衔接，提升农业产业链整体竞争力。推进农产品多层次、多环节转化增值，提升农业价值链。以打造区域“中央厨房”为目标，以食品产业园为基地，大力发展农产品精深加工、食品加工产业。充分发挥农业龙头企业在促进农村一二三产业融合发展中的引领和示范作用，加快推进省级现代化农业产业园科技中心与一二三产业融合的进程。

大力发展乡村旅游。培育具有浓郁地方特色的乡村旅游产品和品牌，制定完善的乡村旅游规划。以农业、农村、农民作为乡村旅游发展的基本依托，围绕长江、夹江、沿江路 3 条轴线打造贯通南北、横穿东西，集休闲观光、采摘体验、认种认养于一体的特色乡村旅游带，以乡村旅游为核心带动餐饮、住宿、娱乐、观光、购物、种养、手工业等相关产业的发展。积极改善乡村环境。参照国家旅游景区的标准推进基础设施建设，重点进行生态修复与保护，加强交通、信息、能源、公共休闲等基础设施配套建设，创造良好的硬件发展环境。加强乡村旅游市场营销。加强与影视媒体、热点城市、旅行社合作，创新旅游产品宣传推介，不断扩大广陵“风情湾头”“田园夹江”等特色小镇的知晓度和美誉度。

深化农业与互联网融合。推进“互联网+现代农业”，整合广陵农业信息网、广陵现代农业产业园区网、农产品电商平台、农民网店等网络平台资源，采取政府与社会资本共同投入的方式，建立本地农业信息采集、加工和整理，集文字、数据、图像、视频等内容的广陵（农业）大数据库，通过多部门联动、一站式服务，用农业云数据服务平台促进农业生产决策指挥调度、农业专家技术指导、农业金融服务、农业生产加工销售、农业创意周边产业共同发展，成为有特色的互联网农业发展基地。实现江苏信息服务产业基地与沿江三镇、广陵现代农业产业园区、扬州食品工业园进行对接，通过信息企业+农业生产基地、信息企业+新型农业经营主体、互联网企业+农业企业+生产基地+新型农业经营主体的对接模式，促进农产品生产加工销售、农业信息技术服务、农业机械软件研发、休闲农业发展等方面实现互利双赢，实现农业产业资源、信息产业资源的合理配置与高效利用。

6.4.4 推进绿色高质量发展，拓展转化路径

1. 大力发展生态农业

发展特色果蔬产业。特色果蔬产业主要分布在头桥镇和沙头镇，兼顾李典镇。以生产智慧化、服务专业化、产业链条化、产品中高端化、业态多元化为目标，加强全区特色果蔬产业的整合集聚和链条拓展，继续引进果蔬新品种，加强与扬州大学等科研院所的合作，在推广新品种的基础上，不断开发立体种植等新的种植模式，进一步做大、做强、做亮草莓、西瓜、无花果、百香果等特色产业，逐步实现草莓产业由农产品生产向高端种苗生产、由单一品牌向全域品牌、由单一业态向多元业态、新型业态的转型升级。大力发展高效果蔬产业、实现果蔬产业高效、优质、安全、标准化生产。认真抓好市政府“菜篮子工程”建设，实现“生产布局合理、总量满足需求、品种更加丰富、调控保障有力、周年供应均衡”的要求。到 2023 年，培育特色果蔬产业新业态 1～2 种，开发特色果蔬产业新品牌 2～3 个，建设特色果蔬产业集群 2～3 个，新创“二品”品牌 8～10 个。

发展生态养殖产业。生态养殖产业主要分布在沙头镇、李典镇和头桥镇，主要包括国家级四大家鱼原种场、李典千亩高效渔业示范园、头桥千亩高效渔业示范园和 4 个百亩高效渔业示范方。通过产业化项目加强对家庭农场、合作经济组织和种养大户的扶持，扩大稻田综合种养面积 1 万亩以上。加大沙塘鳢、翘嘴红鲌、细鳞斜颌鲴等水产新品种的引进力度，突出长江特色水产品和主导产业培育，调整水产养殖结构。加强长江渔业资源增殖放流，科学规划与建设增殖放流区、水产种质资源保护区，完善增殖放流技术，建立增殖苗种种质资源数据库，构建效果监测与评价体系，控制养殖密度。到 2023 年，高效渔业建设面积达到 1.3 万亩，实现渔业经济总产值 4 亿元以上。

建设智慧农业。利用物联网技术、3S 技术、云平台、大数据等技术，建立覆盖农业生产与经营领域全程的信息化管理体系。建立覆盖农业企业、农民专业合作社等的集特色产业、业务经营、产业经营于一身的综合监管和信息服务体系。推广适宜农业生产、方便农民使用的“傻瓜型”技术装备。推进农业物联网示范与管理平台项目，建设若干农业物联网示范基地，推动精准农业云服务应用，实现数字化、精准化和智能化，鼓励种养大户和企业对大田种植、畜禽养殖、渔业生产等进行物联网改造。建设动物卫生远程视频监控系统项目，实现全天候、全覆盖、高精度、高效率监管定点屠宰和流通环节动物卫生的远程视频监控。利用 RFID 电子标签技术搭建农产品安全溯源系统，加强农业生产、加工、流通等流程数据共享与透明管理，实现农产品全流程可追溯，提高农业生产管理效率，提升农产品附加值。依托扬州市农业物流网平台，大力引进和培育智慧农业生产和开发企业，围绕农业物联网、大数据、云平台、农业人工智能等领域贯通智慧农业产业链条，做大做强智慧农业产业，抢占智慧农业产业制高点。到 2023 年，引进和培育智慧农业产业企业 2～3 家，开发智慧农业新产品 3～5 个，智慧农业总产值达到 1.5 亿元以上。

2. 大力发展生态工业

发展食品加工产业。一是扩大产业规模。一方面，瞄准食品行业国际前五强、国内前十强企业，引入 5～10 个“航母”级食品加工制造、科技研发项目，做大产业规模，发挥集聚效应；另一方面，支持企业加大投入，推动数字化、智能化改造，梳理学习北上广深等地区的先进经验，深化开展产学研对接、示范交流等活动，鼓励三和四美、东园食品等重点企业做大做强，打造成具有国内外竞争力的标杆企业。二是振兴传统品牌。鼓励传统企业开发创新性、时尚性和高价值的新产品，推动行业自主品牌知名度、美誉度提升。支持企业扩大自主品牌市场占有率，支持自主品牌出口。支持企业参加相关行业协会优秀品牌企业评选，发挥龙头作用和示范效应。三是提升价值品质。强化企业在自主创新中的主体地位，加快新一代信息技术与先进食品制造技术的集成应用、融合创新，引导传统食品企业加快实现生产全流程的互联网化转型。推进企业研发设计互联网化，引导三和四美、五亭食品等老字号企业基于互联网发展众创、众包、用户参与设计、云设计等新型研发模式，通过绿色制造、创新制造提升产品品质和价值。

发展软件和信息服务产业。一是发展地理信息产业。地理信息产业是广陵区特色产业，2018 年发布的中国地理信息产业百强企业榜中，广陵区江苏易图地理信息科技股份有限公司（66 位）和江苏智途科技股份有限公司（74 位）2 家企业入榜，占全市数量的 2/3。推进以易图地信、智途科技为龙头的地理信息产业园建设，招引地理信息行业领军企业，鼓励企业由数据处理向数据服务转型并通过品牌集聚效应吸引关联上下游企业，带动智慧交通、智慧水利、智慧导航、智慧旅游等相关地理信息上下游产业发展。二是发展大数据产业。依托广陵区现有的京东、美团、饿了么等互联网百强企业及交通银行金融服务中心客服数据沉淀优势，建立以客户数据为基础的大数据资源池，充分挖掘数据价值。通过政策引导，吸引现有的互联网百强企业把数据挖掘、数据应用等核心业务转移到广陵区。围绕大数据资源池向产业链中下游延伸，招引 4 个方向企业：数据管理（包括数据抽取、清洗、转换、存储）、数据分析与计算（包括提供分布式计算、数据挖掘、统计分析等服务）、融合应用（包括智慧城市、金融、医疗、旅游等多方面）、信息安全（包括网络安全、数据安全、应用安全）。三是发展工业互联网供给侧产业。发展工业互联网是推动工业经济高质量发展的重要途径。要加大工业互联网供给侧产业的发展，要引导区内重点软件企业（万方电子、南开之星、鸿鹄智能等）转型提供面向金属新材料、液压装备、电子电器线缆、食品加工、医疗器械等重点行业和重点应用场景的工业互联网服务。鼓励本地软件企业自主或与需求侧联合开发涉及制造业研发、生产、管理、销售、服务等环节相关的工业互联网应用服务。同时，积极围绕工业互联网供给侧，招引平台服务、网络建设、数据采集、工控安全等相关企业。

发展医疗器械产业。一是聚焦发展高性能医疗器械。依托现有医疗器械制造基础，推进医疗器械创新成果转化，以新材料、新功能、新设计、新人才为突破口，充实拓展医疗器械耗材产业链，逐步实现从传统低值医疗器械耗材、医用卫生材料和普通手术器械向高值医疗器械耗材转型。重点发展高附加值医疗器械。二是聚焦发展智能健康装备。大力发展高科技、高品质、高附加值的家庭医疗保健器材和康复与健身设备。重点以便携式、小型化、智能化、数字化为方向，加快家用治疗、家用检测、家用康复等医疗器械关键技术的研发，重点发展家用便携式健康监控仪器设备，探索推进可穿戴设备、智能健康电子产品等。顺应普惠化、智能化、个性化发展趋势，重点推进结构替代、功能代偿、技能训练、环境改造等新产品的开发。三是聚焦发展“互联网+”医疗器械。着力提升“互联网+”与医疗器械行业结合度，通过政策激励、市场导向，推进全行业的信息化水平，实现产品的信息可追溯，用信息化手段对医疗器械生产、流通进行全过程监管。重点建设全国医疗器械耗材（电子）交易平台，打造全国知名医疗用品博览交易流通中心，为国内外医疗器械产品交易、销售提供平台服务，为全国医疗器械集中招标采购提供信息支持。

3．大力发展生态服务业

推动古城文化游。强化古城核心区文化旅游功能，以 5.09 km^2 的扬州古城为载体，围绕明清古城创 5A 级景区目标，打造双东、皮市街、教场、南河下、仁丰里五大街区既互通互动又各具特色的古城旅游新格局；重点发展地方品牌餐饮和地方特产销售，加强民宿客栈建设，重点提升彩衣街南通路沿线环境和景观，加快实施何园北广场、贾氏庭园、四岸公所、三和四美地块整治修复及丁氏、马氏老宅利用项目，翻建老街巷，新增特色文化会馆、老字号企业，创建省级老字号集聚示范区。

推进食品工业游。深入挖掘工业旅游资源，将旅游发展与新型工业进行深度融合。充分借鉴国内外优秀工业园区旅游开发成功经验，全力打造“中华食品工业旅游体验区”，追寻“舌尖上的后工业艺术景观”，将绿色生态、科普养生、休闲娱乐、生产体验功能相结合，以青岛啤酒、扬大乳业、维扬乳业等 7 家企业为主体，建设食品科技园、食品博物馆、绿道长廊、欢乐谷等，形成接待中心、生产参观、产品体验、展销中心等游览体系。

发展都市乡村游。挖掘广陵都市乡村生态资源禀赋，突出民宿、餐饮、文创、游乐、研习等旅游业态，做好旅游“水”“绿”文章，以 12 km^2 的广陵夹江生态中心为基础，推进《夹江国际乡村生态度假区总体规划》的实施，以沙头镇沙头村创建省特色田园乡村示范点为契机，将“蔬艺”作为主导业态，从单一大田生产衍生“园艺农业”“蔬艺文化”产业，建设综合服务中心、乡村书屋、蔬艺体验中心、村史馆、自然学校、有机餐厅、渔业展示馆、民宿、茶馆、水上餐厅等商旅项目，建设苏中城市近郊乡村旅游创新发展的示范。

加强工艺设计。深度挖掘传统工艺品特征价值，采取合作、授权、独立开发等方式，推动文化创意产品开发，如扬州木偶、美术及扬州玉雕、漆器、剪纸、雕版印刷等，加强以信息技术为支撑、以文化为引领、以创意设计为先导要素，以创意转化带动产业产品价值链提升；利用数字视听、网络学习、新电子商务、在线视频等数字技术激活传统文化资源禀赋，完善要素市场建设，以要素市场建设驱动文化艺术市场扩容，体现行业标准、商业模式的创新示范作用。

促进演艺文娱。打造一批有特色的主题场馆，如广陵公共文化中心剧场、科技馆青麦坊剧场（市直管）、馥园“千秋粉黛”扬州清曲展示传承基地等；打磨一批有内涵的文化演出项目，如推广大型古筝协奏曲《广陵曲》等大作力作。积极引进国内外演出团体，促进演艺娱乐业发展。借鉴外地实景演出“印象系列”成功经验，整合利用区内江、河、湖知名生态优势，充分挖掘名城文化元素，吸引名人大家策划导演，努力打造“印象扬州”“印象广陵”大型实景演出。

4．构建“城在园中”的城乡公园体系

根据《扬州市公园体系发展与保护专项规划》，打造以综合公园、社区公园、口袋公园、专类公园为主的广陵区城乡公园体系。

构建布局合理的空间体系。通过水绿廊道将各综合公园及较大规模的专类公园串联起来并延伸连接生态廊道，形成内外一体、有机互通的大公园空间体系，保持其连续性和整体性。根据人口分布情况，进一步优化社区公园空间布局规划，把社区公园设置到居民最需要、使用最便利的地方去，做到社区公园布局合理、均衡覆盖，确保居民步行 10 分钟就能到达最近的社区公园。

营造多样化的功能体系。实现不同类别公园多样化与差异性的功能价值，如生态保护、应急避难、休闲游憩、文教科普、健身运动、保护历史遗迹、预留用地等。通过合理科学的规划，不断优化公园的功能价值，确定规划公园发展的类别和特色，明确综合公园、社区公园、口袋公园（游园）和专类公园的不同功能，适应不同的人群需求和活动要求。

形成科学有力的管理体系。公园实行名录管理，明确公园名录纳入标准，强化公园纳入名录前的审批管理；结合公园名录推动数据平台建设，实现公园的数字化管理。根据城市发展及公园建设实际情况，定期对公园建设进行评估；滚动修编公园保护及发展专项规划。2023 年前，完成七里河公园、宝塔湾公园、荷塘月色公园等乡公园建设。

6.4.5 打造绿色生态文化品牌，提升转化效能

1．推进广陵现代农业产业园建设，打造现代生态农业高质量发展的“广陵样板”

加强要素资源集聚。依托院士工作站，加快蔬果产业研究院建设，建设蔬果科技综合示范基地。依托三江农业发展公司成立土地银行。培育职业农民，园区持专业证书的农业劳动力占比 35%以上，园区农村劳动力职业技能培训 300 人次/年以上。建成园区现代农业信息云平台，互联网+覆盖率 80%以上，建设智慧农业园区。

提高科技兴农水平。积极加大与扬州大学、南京农业大学、省农科院、里下河农科所、

大连理工大学、东北农业大学等科研院所合作力度，推动种苗研发、淡水鱼研究，提升菜篮子基地、院士水稻创新基地建设水平。积极对接江苏省农业大数据、江苏省稻麦种植等科研院所，健全农业社会化服务体系。建设标准化种植基地，加强智能生产设施的配套建设。到 2023 年，创成国家级农业园区、全国农业示范园。

深化品牌强农战略。以头桥水稻、头桥稻鸭、头桥稻虾、沙头西瓜、沙头草莓等农产品为培育重点，构建“广陵农品”品牌。推动省级绿色优质农产品基地建设，支持和引导农产品生产经营主体发展绿色、有机、地理标志农产品。到 2023 年，有效使用绿色优质农产品标志的企业总数达到 10 个，产品总数达到 20 个。

推动产业融合发展。创新“新农村建设+生态农业+旅游业”三位一体的农旅融合发展模式，预期年接待游客 30 万人次以上。培育高端绿色食品产业，推进农工融合发展；创新园区农产品流通业，推动农商融合发展；强化园区品牌营销服务，促进农品融合发展；拓展园区旅游休闲功能，促进农旅融合发展；集聚园区农业科技资源，促进农技融合发展。

推进农民增收致富。地区生产总值年平均增长速度保持在 10%以上。农民年人均可支配收入高于全区 30%以上。推广土地股份合作、资源资金股份合作、完善订单协作、推动产销联动，推行“园区+村集体+农户”“园区+企业+农户”组合模式。

2. 强化广陵古城保护利用，彰显历史文化名城底蕴

以习近平总书记关于文化遗产保护的指示精神为指引，围绕扬州古城的转型升级，进一步强化《扬州古城保护条例》的贯彻落实。编制好古城保护相关规划，统筹古城资源，盘活闲置资产，推进民居整治修缮，将古城保护利用、更新复兴、环境整治、文化旅游、公园体系、产业发展、居民收入等充分融合，焕发古城生机活力。

推动古城复兴。坚持“保护为主、抢救第一、合理利用、加强管理”的工作方针，通过“护其貌、扬其韵、传其神、铸其魂”，全面梳理古城历史、名人旧居、宗教场所、盐商会馆、古籍诗词、非遗资源等文化元素，推进优秀传统文化创造性转化、创新性发展，全力打造古城历史文化体验区。

推进扬州明清古城保护暨文旅示范区项目建设，对小秦淮河区域更新提升，主要对片区内小秦淮河河道及两侧进行整治提升、道路亮化、部分节点建设公园等亲水休憩空间。对区域内重点文保建筑、体量较大的闲置资产及历史风貌较好的民居通过收储、改造、利用等方式，打造旅游文创产业和精品民宿；重点打造广陵路、仁丰里、南河下等重要街区。形成广陵区古城全域旅游文化会客厅，实现古城保护经济价值和文化价值的统一。

3. 加快特色小镇建设，形成区域特色生态文化品牌

打造沙头蔬艺乐活小镇。依托交通环线一路十驿规划，结合广陵区北洲长江生态公路发展模式，配套建设滨江环线，长度约 2 300 m，路宽 3～5 m，融合观光农业、体验农业、乡村度假休闲等多种功能，打造沙头渔味驿站，引入专业投资运营公司，紧扣四大家鱼保护与繁殖主题，延伸生态旅游和文化创意两端。

打造头桥医械小镇。立足三江营省级湿地公园建设，以医械产业为驱动，构建产城人文、三生融合发展的绿色、宜居、宜旅的创新型小镇。推动头桥医械博展中心，医疗创谷项目集中产业园项目建设，打造华东地区首家医疗器械交易中心。

打造湾头玉器小镇。按照“一核”（“江南隋风”文化体验核）、“一镇”（湾头古镇）、“一岛”（茱萸湾亲子休闲度假岛）、“一轴”（古运河发展轴）、“四区”（“扬州工”玉雕体验商业区、生态宜居生活区、商业办公区、壁虎河滨河生态休闲区）、“三带”（大运河景观带、壁虎河生态休闲景观带、韩家河—赵家沟景观带）进行建设。把扬州湾头玉器特色小镇建设成水系纵横、绿意满目、生态颐养的人间清境，使其成为具有国际影响力的玉器文化中心及享誉海内外的玉器艺术与购玉天堂小镇，同时将让扬州湾头玉器特色小镇成为游客如织的旅游度假胜地。

4．传承中发展，打造世界运河文化品牌

以谱写好大运河文化保护传承利用的扬州篇章为己任，以广陵区明清古城历史文化片区为核心，携手邗江区、江都区、宝应县、高邮市、仪征市凝心聚力，协同形成运河文化旅游线路。做好后申遗时代保护传承，建立并推行遗产河道及遗产点周边环境风貌保护监控清单，为诗歌文化、学术文化等建立非物质文化遗产档案及相关数据库。协同梳理建设大运河扬州段公共文化空间，重点建设三湾核心展示园，积极融入“六园”，做好湾头—施桥集中展示带，积极接轨“三带”。建设京杭会议中心、沙头村特色田园乡村，将运河文化渗透进居民日常生活中的重要节点。

传承历史文脉，打造文化走廊。保护好运河历史文化遗迹，实施大运河扬州段遗产保护；同时，做好大运河沿线古巷、古遗址、古建筑的修缮整治和历史文化名城名镇名村的整体性保护工作。保护好运河非物质遗产资源，通过健全非遗立档、保护、研究、传承、复兴等多环节保护体系，充分利用好各级文化馆及非遗基地等场馆资源，提升非遗展示空间。保护好运河历史风貌，分类确定水工遗产、运河聚落遗产区划总体要求，因地制宜、分类指导。对大运河国家文化公园划定的管控保护区进行严格保护，科学确定大运河遗产重点保护区、一般保护区、建设控制地带，实行分级管理。严格落实《大运河扬州广陵段文化保护传承利用实施方案（2021—2025 年）》，明确专项措施。

修复岸线环境，打造生态走廊。一是保护和改善运河水环境。优化调整空间结构，强化“三线一单”约束，坚持生态岸线、保护岸线只增不减。加强环境基础设施建设，补齐城镇污水收集和处理设施短板，综合整治入河排污口，防控环境风险。建立水资源管理制度，全面提高水资源利用效率，大力推进节水型社会建设，将扬州广陵段运河打造成城市的绿肺和生态走廊。二是保护和改善水生态。结合江淮生态大走廊建设，实施“一湖一策”保护计划，全面实施“三退三还”。要加大湿地保护力度，积极推进湿地公园、湿地保护区提档升级。加强运河生态修复，按照“山水林田湖草沙”系统保护要求，加强自然保护区和生态系统养护，以保护和恢复河道水生态环境为核心，实施区域主要河道岸线改造工程，构建河道生态廊道、景观绿化带。以建设中国大运河博物馆、大运河国家文化公园、扬州三湾核心展示园为抓手，实施大运河文化带景观工程，推动运河春天疗养院西侧公园、古运四期东侧公园等特色主题公园建设，形成扬州大运河文化地标。

发展绿色经济，打造旅游走廊。根据扬州运河文化遗产廊道的特点整体规划运河旅游，注重让运河物质遗产和非遗交相辉映，妥善处理好旅游开发与遗产保护的关系、旅游开发与文化传承的关系、旅游开发与航道管理的关系、旅游开发与水利设施管理的关系。以文旅融合建设为载体，打造精品文化项目，推动文旅融合发展成为经济转型升级的新动能。鼓励发展体育休闲产业，充分利用大运河沿线绿化、生态体育公园等绿道资源，大力发展运河绿道体育项目。推进“公园+体育+书房”的建设模式，让大运河沿线成为群众的休闲区和生活乐园，实现还河于民、共建共享，增强人民群众的获得感、幸福感。

6.4.6 探索长效常态保障机制，推动持续转化

1．建立常态化“绿水青山就是金山银山”实践创新基地工作制度

制订“绿水青山就是金山银山”实践创新基地建设年度工作计划，将目标和任务进行分解，明确责任部门。各项目责任单位组织实施具体项目，并对项目的实施效果负责。开展年度“绿水青山就是金山银山”基地建设评估，根据年度评估情况及时发现创建过程中的问题与不足，及时研究解决。完善年度绩效考核制，把目标责任的完成情况纳入年度绩效考核体系中，借以推动重点项目及任务的落实。同时，建立完善重大问题集体决策机制和决策责任制，落实行政执法责任制，完善政府问责制。

2．建立健全生态产品价值实现机制

开展生态产品信息普查。开展广陵区生态产品基础信息调查，摸清生态产品数量、质量等底数，形成生态产品目录清单。建立生态产品动态监测制度，及时掌握生态产品数量分布、质量等级、功能特点、保护和开发利用情况等信息。

建立生态产品价值评价机制。建立广陵区生态产品价值评价体系。针对生态产品价值实现的不同路径，探索构建广陵区生态产品总值和沿江三镇为单元的生态产品价值评价体系。

健全碳排放权交易机制，探索碳汇权益交易试点。健全排污权有偿使用制度，拓展排污权交易的污染物交易种类和交易地区。

建立横向生态保护补偿机制。鼓励生态产品供给地和受益地按照自愿协商原则，综合考虑生态产品价值核算结果、生态产品实物量及质量等因素，开展横向生态保护补偿。支持在三江营水源地等重点流域依据出入境断面水量和水质监测结果等开展横向生态保护补偿。探索异地开发补偿模式，在生态产品供给地和受益地之间相互建立合作园区，健全利益分配和风险分担机制。

3．完善广陵区生态环境监管体系

落实“三线一单”分区管控方案，推动生态环境保护精细化管理。实施生态环境监测监控能力提升工程，完善陆江统筹、天地一体的生态环境监测网络，实现重点区域、重要水域监测点位全覆盖，完善不同产业污染治理方案，促进治理到位、监管到位。构建生态环境保护新型执法体系。完善环境公益诉讼制度，提高生态环境司法保护水平。完善环保信用评价制度，开展绿色等级评定。完善公众监督、舆论监督等环境治理社会监督机制。

4．构建广陵区生态环境治理体系

打造碳达峰示范区。聚焦重点领域和重点行业，推动主要污染物与温室气体的协同减排；实施碳排放总量和强度“双控”制度；健全碳排放权交易制度，实施碳排放配额管控试点；组织一批低碳排放试点示范工程；加大以三江营为代表的沿江湿地保护和修复力度，增强生态系统碳汇能力。

建立生态环境承载力约束机制。聚焦生态环境承载力超载和临界地区，建立空间布局、项目准入的约束机制；对高耗能与高排放项目集中、环境容量不足的地区，提高重污染项目排放标准，促进产业转型和发展路径优化。推广“绿岛”工程、生态安全缓冲区建设，进一步减少外环境污染负荷。

实施绿色发展领军企业计划。围绕推动传统产业绿色转型升级，在钢铁、船舶等重点行业培育一批绿色龙头企业，精准投放政府补贴、税收优惠、绿色金融等激励政策，推动企业从末端治理向前端延伸，达到清洁生产国际领先水平。推动龙头企业率先落实生产者责任延伸制度，将资源环境责任从生产环节延伸到产品设计、流通消费、回收利用、废物处置等全生命周期，带动上下游产业链绿色协同发展。

推进农村生态环境建设。以乡村振兴为统领，加大农业农村生态环境建设力度，推动农业农村的清洁生产、清洁生活，在农村生活污水治理、消除黑臭水体和乡村风貌提升上取得更大进展。建设生态型高标准农田，系统研究农田退水污染的解决方案，推广畜禽养殖污染的生态化治理技术，形成一批农业农村环境治理现代化的实践成果。

建设自然生态修复试验区。探索创新生态保护制度机制，提升生态产品供给水平和保障能力，形成一批可推广、可复制的治理经验。以北洲三镇为主体建设自然生态修复试验区，建立自然生态修复保护的负面清单，实施加强河道水系连通畅流、河道护岸生态化改造等科学、合理、适度的干预措施，促进生态系统的自我调节和有序演化，推动生态系统修复完善。

第7章

沿江通海地区大堤两侧生态用地变化与协同治理

沿江岸线是生态交错带的重要组成部分，水陆交互作用使其具有脆弱性、变动性和综合性的特征（段学军等，2019；廖迎娣等，2021）。生态用地是区域生态功能的主要供给源（文博等，2017），而土地利用变化是造成生态质量降低的重要因素，对维护区域生态安全具有重要作用。2018 年 12 月，生态环境部、国家发展和改革委员会联合发布《长江保护修复攻坚战行动计划》（环水体〔2018〕181 号），强调严格岸线保护修复，推进长江干流两岸城市生态缓冲带建设，恢复岸线生态功能。江苏省南通市处于我国沿海经济带和长江经济带交汇点，面临海外和内陆两大经济辐射扇面，经济发展迅速。近几十年来，随着沿江开发和经济快速发展，部分岸线存在布局不合理、使用效率低等问题，尤其是工业生产用地造成的污染直接威胁干流的生态环境（韩博等，2020），迫切需要强化沿江岸线生态系统保护与恢复，提升区域生态安全屏障建设水平。岸线作为区域经济带发展的核心要素，不仅是有效落实长江大保护战略的关键，也是开发与保护矛盾突出的区域。因此，长江岸线生态修复对跑好长江大保护的“最后一棒”至关重要。2016 年以来，南通市采取了一系列生态环境治理措施，实现了生态环境向好转变。2020 年 11 月 12 日，习近平总书记来到南通市察看滨江生态环境保护情况时给出了“沧桑巨变”的好评。本章拟综合利用 1980—2020 年土地利用产品，结合实地调研和部门座谈，以南通市沿江生态环境修复为例，系统分析长江大堤两侧的生态用地变化及其驱动因素，提出沿江生态环境协同治理路径及重点任务，以期为长江保护修复和沿江生态文明建设提供决策参考。

7.1　区域概况

7.1.1　地理位置

南通市地处东经 120°11′51″～121°59′29″、北纬 31°25′51″～32°42′47″，位于江苏省东南沿海，长江入海口北翼。江海交汇造就其区域内以河相、海相沉积平原为主，地势低平，海拔 0～115 m，属于北亚热带湿润性气候区，受季风影响显著，四季分明，光照充足，雨水丰沛，年平均气温 16～17℃，年平均降水量 1 000～1 200 mm。

本章选取南通市沿长江分布的如皋市、南通市区（通州区、崇川区、开发区、海门区）、启东市为研究区，总面积约 8 975.17 km^2，常住人口 597.22 万人（第七次全国人口普查），地区生产总值达 7 659.17 亿元（2020 年）。由于行政区划多次变更，研究涉及的相关县（市、区）均以 2020 年为准。

7.1.2　岸线开发状况

南通市长江干流长约 166 km，流经如皋市、通州区、港闸区、崇川区、开发区、海门区、启东市，为长江下游入海河口段。南通市内的长江流域面积为 1 766 km^2。

根据 2016 年 8 月经水利部、国土资源部批复的《长江岸线保护和开发利用总体规划》（水建管〔2016〕329 号），长江岸线可划分为岸线保护区、岸线保留区、岸线控制利用区和岸线开发利用区四类功能区，各功能区有相应的管理要求。该规划划定南通市长江岸线保护区长度为 23.60 km，保留区长度为 57.80 km，控制利用区长度为 125.60 km，开发利用区长度为 9.00 km（表 7-1）。

表 7-1　南通市长江岸线功能区统计

县（区）	岸线长度/km	其中			
		保护区/km	保留区/km	控制利用区/km	开发利用区/km
港闸区	7.70	0.80	0.70	2.80	3.40
崇川区	12.40	4.00	0	2.80	5.60
开发区	22.20	1.00	0	21.20	0
通州区	26.80	1.70	6.90	18.20	0
启东市	60.30	0	22.40	37.90	0
如皋市	36.40	14.60	8.80	13.00	0
海门区	50.20	1.50	19.00	29.70	0
合计	216.00	23.60	57.80	125.60	9.00

长江岸线按资源用途可划分为生产岸线、生活岸线、生态岸线（以下简称“三生”岸线）。生产岸线主要指跨（穿）江设施、港口码头、造（修、拆）船、工业企业（工业取排水口）等利用岸线；生活岸线主要指自来水厂取水口、观光码头、生活用房等利用岸线；生态岸线主要指湿地、生态修复及原生态岸线等。根据水利部长江水利委员会核查岸线利用项目成果分析，截至 2018 年 6 月，南通市长江涉河项目总计 256 项，含码头工程 116 项、造（修、拆）船项目 24 项、取排水设施 64 项。如皋市项目数最多，有 57 个，占全市的 22.3%；其次是启东市和海门区，分别为 51 个和 44 个，分别占全市的 19.9%和 17.2%；项目最少的是港闸区，有 17 个，占全市的 6.6%。南通市长江岸线总利用长度为 85.30 km，岸线利用率为 39.5%（表 7-2），其中主江岸线利用率为 47.7%。南通市长江岸线的生产、生活、生态岸线比例为 37∶3∶60（表 7-3）；其中主江岸线的生产、生活、生态岸线比例为 45∶3∶52。

表 7-2　南通市沿江岸线利用统计

县（区）	岸线长度/km	岸线利用现状		利用率		
		已利用岸线/km	其中：生产型岸线/km	已利用岸线占岸线总长度的百分比/%	生产型岸线占岸线总长度的百分比/%	生产型岸线占已利用岸线长度的百分比/%
港闸区	7.70	5.40	3.20	70.13	41.56	59.26
崇川区	12.40	10.40	8.80	83.87	70.97	84.62
开发区	22.20	15.54	15.20	70.00	68.47	97.81
通州区	26.80	7.20	7.20	26.87	26.87	100.00
启东市	60.30	21.57	21.20	35.77	35.16	98.28
如皋市	36.40	20.40	19.90	56.04	54.67	97.55
海门区	50.20	4.75	4.20	9.46	8.37	88.42
合计	216.00	85.30	79.70	39.49	36.90	93.43

表 7-3　南通市沿江“三生”岸线利用情况

县（区）	岸线长度/km	生产岸线		生活岸线		生态岸线	
		长度/km	占比/%	长度/km	占比/%	长度/km	占比/%
港闸区	7.70	3.20	41.56	2.20	28.57	2.30	29.87
崇川区	12.40	8.80	70.97	1.60	12.90	2.00	16.13
开发区	22.20	15.20	68.47	0.34	1.53	6.66	30.00
通州区	26.80	7.20	26.87	0	0	19.60	73.13
启东市	60.30	21.20	35.16	0.37	0.61	38.73	64.23
如皋市	36.40	19.90	54.67	0.50	1.37	16.00	43.96
海门区	50.20	4.20	8.37	0.55	1.10	45.45	90.54
主江岸	157.20	70.10	44.59	4.90	3.12	82.20	52.29
洲岛	58.80	9.60	16.33	0.60	1.02	48.60	82.65
合计	216.00	79.70	36.90	5.60	2.59	130.70	60.51

南通港东濒黄海、南临长江，是长江下游处于苏中、苏北地区的大型港口，为中国国家一类对外开放口岸、国家主枢纽港，也是上海国际航运中心组合港的主要成员，由如皋、天生、南通、任港、狼山、富民、江海、通海、启海 9 个港区组成。南通港（沿江）共规划港口岸线 99.8 km，其中深水岸线 49.2 km；已利用岸线 66.9 km，其中深水岸线 33.9 km；未利用岸线 32.9 km，主要分布在如皋和通海等港区。2006 年至今，沿江港区新建码头 60 个，通过能力 6 278 万 t。其中，沿江狼山、如皋、天生、江海、富民新增能力均在 1 000 万 t 以上，是沿江港口的建设主体。2018 年，南通港吞吐量 2.67 亿 t，在长江下游八港中所占比重为 15.0%，2000 年以来南通港货物吞吐量年均增速为 12.7%，增速较快。2018 年，南通港吞吐量服务对象中为长江三角洲及沿线地区中转运输货物 1.87 亿 t，占全港货物总吞吐量的比重为 70.0%，中转比例较高，在煤炭、矿石、粮食等大宗散货的中转中发挥了重要作用。

7.1.3　生态保护成效

一是制订长江保护系列规划。近年来，南通市坚持“共抓大保护、不搞大开发”的重要思想，把修复长江生态环境摆在压倒性位置，坚持生态优先、绿色发展。先后印发实施了《南通沿江生态带发展规划（2017—2030 年）》《南通市长江经济带生态环境保护实施规划》《长江流域（南通段）生态环境保护工作方案》《南通市长江保护修复攻坚战行动计划实施方案》《长江生态环境保护修复南通驻点跟踪研究实施方案》《南通港港口岸线整合利用规划》《长江（南通段）沿岸造林绿化规划方案》，通过规划引领、明确目标和重点任务，按照“山水林田湖草沙是一个生命共同体”的理念，合理布局生产、生活、生态空间，积极开展长江生态保护与修复、环境整治，着力提升长江修复整治水平。

二是加大自然岸线保护。以长江岸线修复为抓手，调减生产岸线，强化沿江生态红线刚性管控和边界控制，设置沿江前沿地区生态红线保护区，策应崇明世界级生态岛建设，构建跨区域的生态共保共治格局。把提升沿江环境品质与放大生态带动效应有机结合，完成五山地区 7 km 沿江岸线生态修复，率先完成长江退捕安置、干流岸线清理整治，实施沿江造林绿化工程，五山及沿江地区成为全国生态修复保护典范。

三是持续加强通江河道整治。为提高通江河道水环境质量，积极探索“一控三自然”治水新实践。“一控”即控源截污。通过实施雨污管网高质量养护、沿河排口高标准截污、污水管网低水位运行，着力解决污水溢流、直排入河等污染问题。目前，基本达到了“晴天污水零入河，雨天溢流污染得到高效控制”的治理目标。“三自然”包括自然活水、自然做功、自然净化。通过实施全面活水、持续活水、按需活水、两利活水、高效活水、连片活水 6 项工程，实现河道与河道之间、水系与水系之间的互联互通。因势利导，通过水利工程的跨区联动，形成“西引东排、北引南排”的活水畅流格局，高效利用水资源，最大限度地满足河道的生态流量和生态水位需求。同时，采用“生态水利工程+湿地公园”

的方式，通过恢复水域植被、建设生态河岸和湿地，对五山及新城片区实施湿地化、海绵化、森林化改造，让河流水体重现自然风貌，提高水体的自然净化能力。

四是推进港口整合与环境整治。积极开展沿江港区港口资源整合，只做减法、不做加法。退出主城区港口功能，主城区狼山港区集装箱码头往通海港区转移，狼山港区、南通港区散货码头往横港沙转移，退出后用于五山片区生态综合开发。清理沿江非法码头，推进长江水上过驳整治。不断完善港口自身环保设施和船舶污染物接收设施建设，实现沿江沿海、内河干线航道沿线全覆盖。通过自建船舶污染物接收设施或委托有资质的第三方接收等方式，全部具备了船舶污染物接收能力。

五是开展长江入河排口排查。2019 年 2 月，生态环境部印发《长江入河排污口排查整治专项行动工作方案》，在全国组织开展长江入河排污口专项排查整治工作。南通市印发实施了《南通市长江入河排污口排查整治工作方案》，成立长江入河排污口专项行动推进工作组，明确排查范围、对象及责任分工，按照“查、测、溯、治”要求，有序推进排查整治工作，并印发《南通市长江入河排污口排查整治专项行动核查监测溯源实施方案》，专题召开长江入河排污口监测溯源会议，邀请专家辅导培训，全面启动监测溯源工作。

六是协同推进“共抓大保护”。强化南通—崇明接壤区域环境保护联防联治，策应崇明世界级生态岛建设。与上海共同编制实施《东平—海永—启隆城镇圈协同发展规划》，在面向崇明岛的沿江区域划定 150 km^2 的生态带，共建长江口生态保护战略协同区。提出与《崇明世界级生态岛发展“十三五”规划》相呼应的工作目标与任务，加快建立与崇明世界级生态岛规划一体、环保共治、生态协同的共建机制，积极融入崇明世界级生态岛建设。建立区域联合防治机制。协同应急处置，完善跨界环境风险源数据库，定期排查区域环境风险，强化环境信息监测预警。加大区域产业发展协作力度。探索建立项目合作开发机制，加强环境影响评价对区域的整体产业规划、布局、能源结构调整等的指导作用，定期梳理通报项目审批、投资情况。

典型案例

案例一：五山片区生态环境综合整治工程

统筹推进“产业退、港口移、城市进、生态保”，努力将五山片区建成面向长江、鸟语花香的“城市客厅”。关停“散乱污”企业 203 家，拆迁民居和非居 2 508 户、面积 150 万 m^2，修复腾出沿江岸线 5.5 km，新增森林面积 6 km^2，狼山国家森林公园获批南通首个国家级森林公园，实现“山畔嬉江水、江上揽五山”的生态修复效果。一是生产退出与生态修复有机结合。五山及沿江地区修复实现“三进三退”，即滨江片区港口企业全面拆除退出，对沿江岸线进行生态化改造，绿化植被进入；试点区域内产业人口退出，修复本地物种和珍稀濒危物种适生生境，提高生物多样性，野生生物进入；人工化的沿江岸线退出，自然岸线进入。

二是系统整治与分片实施统筹兼顾。坚持“整体保护、系统修复、综合治理”，开展水土流失治理、植被恢复、水系连通、沿江岸线环境整治等工作，分片推进南通植物园、军山片区、狼山中心片区、滨江片区等生态建设，涵养修复五山地区生态环境，拓展沿江生态空间。三是生态优先与绿色发展协同推进。五山及沿江地区生态修复保护充分体现生态、生活、生产“三生融合”，既打造绿色走廊、彰显大江风光，提升该区域生态功能，又催生文旅等新产业发展，提升周边区域地块价值，改善当地居民生产生活，提升居民幸福感，充分践行“绿水青山就是金山银山”的理念，对提升生态文明建设水平具有示范意义。

案例二：沿江造林绿化和湿地保护工程

开展长江干流两岸绿化调查，编制完成《长江（南通段）沿岸造林绿化规划方案》，出台《长江两岸（南通段）造林绿化规划设计导则》，开展宜绿造绿、整治补绿、拆违还绿、见缝插绿等“四绿行动”，宜林则林，宜湿则湿，打造层次分明、色彩优美、功能完备、效益多元的生态防护林带。2019—2020年，完成长江沿线造林绿化8 800亩。认真贯彻《江苏省湿地保护条例》，扎实开展湿地名录管理，将6万hm^2长江湿地纳入省级重要湿地，设立标识标牌、界桩，引导全社会积极参与、有效保护自然生态系统、自然景观和生物多样性。2019年，全市自然湿地保护率达49.2%。

案例三：长江镇沿江非法码头整治

为全面贯彻落实国家、省、市各级人民政府关于开展沿江非法码头专项整治工作精神，切实做好长江水域非法码头综合整治工作，严厉打击违法违规建设经营行为，推进沿江港口岸线资源有效利用和集约开发，保障生态、供水、防洪、航运安全和河势稳定，2016年依据江苏省政府办公厅《关于开展沿江非法码头专项整治的通知》(苏政传发〔2016〕55号)、《南通市沿江非法码头专项整治行动方案》(通政传发〔2016〕19号)及《如皋市沿江非法码头专项整治行动方案》(皋政办发〔2016〕97号)通知精神，长江镇人民政府根据如皋市人民政府要求协助市农委对沿江非法码头进行全面整治，并于2018年3月底全面完成了31家码头（堆场）的场地、设施拆除、清理及复垦、复绿任务。

7.1.4　存在的问题

一是生态—生产—生活空间布局不完善。沿江企业布局缺乏科学、有序的规划指引，造成目前沿江工业居住交错，土地利用率不高。沿江岸线开发利用强度大，岸线利用布局不尽合理，生态岸线、生活岸线比例偏低。

二是生态保护修复缺乏统一规划。长江江滩湿地和河湖湿地面临产业发展和城镇建设的蚕食威胁，自然湿地面积减少，生态系统服务功能下降。沿江岸线生态环境敏感，滨江生态廊道与网架未能整体贯通，生态隔离带建设相对滞后。生物多样性面临威胁，野生动植物生境分布区日益缩小，珍稀特有、经济鱼类产卵繁育场和适宜栖息生境受到破坏和干扰。生态环境保护措施缺乏统一规划保护。

三是生态环境质量面临较大压力。沿江开发强度高，沿岸工业企业和码头数量较多，工业废水排放量大，排放强度高。沿岸人口集聚度高、基数大，生活污水产生量不断增加。水系上游地区带来的跨区域污染问题突出。港口、码头、船舶等产生的各类污染物对长江水质安全造成一定威胁。生态保护修复与污染防治缺乏协同保护与治理。

四是长江协同保护机制有待加强。跨部门、跨区域的联合防治协调机制尚须强化，多部门、陆岸水的联动机制和大保护格局需进一步提效。水资源保护、水污染防治和水生态修复的协同管理有待进一步融合，水生态环境精细化管理有待加强。

五是生态环境治理体系和治理能力有待完善。自然资产管理、生态补偿、绿色金融体系、排污权交易、政绩考核等制度亟待确立并推向实践。

六是影响生态功能提升的产业生态化和绿色转型发展能力有待提升。

7.2 生态用地变化及驱动因子

7.2.1 材料与方法

1. 数据来源

（1）土地利用数据

采用 4 期土地利用产品，其中 1980 年数据来自中国科学院资源环境科学与数据中心（https://www.resdc.cn/），空间分辨率为 1 km；2000 年、2010 年数据是国家地球系统科学数据中心（http://nnu.geodata.cn：8008/）提供的 1∶10 万土地利用产品，定性准确率达 80%～90%；2020 年数据为 ESRI 公司根据 Sentinel-2 影像制作的全球土地利用产品（https://livingatlas.arcgis.com/landcover/），空间分辨率为 10 m，总体精度达 85%。

由于以上土地利用产品采用了不同的数据源、处理算法，并且对土地类型的分类也不一致，为了保证不同时期数据的延续性和可比性，按照《土地利用现状分类》（GB/T 21010—2017）将用地类型统一为不透水面、草地、耕地、林地、裸地、水域几类，其中除不透水面外，其他均属生态用地（生态环境部，2021）。

（2）县域、乡镇统计年鉴

分别使用了国家统计局发布的《中国县域统计年鉴》及其乡镇卷，其中县域统计年鉴收集了南通市区、启东市、如皋市的人口、社会经济相关指标（表 7-4），时间为 1983—2020 年。考虑到除了崇川区和开发区，其他市、区的沿江面积占比较小，有大块的腹地面积，统计信息对沿江地区的指示性不强，因此选择如皋市、通州区和启东市的沿江重点乡镇（表 7-5），使用乡镇统计年鉴收集人口、社会经济相关指标，时间为 2014—2020 年。

表 7-4 统计年鉴指标信息

参考来源	适用范围	时间范围	社会经济指标
县域统计年鉴	如皋市、南通市区、海门区、启东市	1983—2020 年	年末总人口、城市化水平、年末在岗职工人数、地区生产总值、第一产业占比、第二产业占比、工业占比、第三产业占比、乡村劳动力、预算内财政收入、预算内财政支出、工业用电量
县域统计年鉴乡镇卷	表 7-5	2014—2020 年	常住人口、建城区常住人口、城镇化率、工业总产值、工业企业个数、企业从业人员、二三产业从业人员

表 7-5 沿江大堤经过的重点乡镇

名称	面积/km^2
如皋市长江镇	201.92
通州区五接镇	73.82
通州区平潮镇	68.71
启东市汇龙镇	112.83
启东市惠萍镇	153.89
启东市寅阳镇	205.18

2. 研究方法

（1）空间分区

为突出沿江生态用地的变化特征，基于 Google Earth 遥感影像，采用人工目视解译的方式提取了长江大堤南通段，总计长 227.60 km。大堤将南通沿江地区划分为内、外两部分，大堤内部区域为大堤至长江的水陆交汇地带，总面积约为 810.64 km^2，超过 60%的区域分布在启东市、开发区和崇川区，其中沿江重点乡镇和崇川区、开发区的大堤内部区域总面积达 657.83 km^2，占沿江大堤内部区域总面积的 81%，具有一定的代表性。大堤内部区域属于主要的生态功能区，对人为活动造成的环境变化较敏感。大堤外部区域是指长江大堤向北延伸至各市、区行政边界的范围，总面积约为 8 164.53 km^2，超过 70%的区域分布在如皋市、启东市和通州区，这里是主要的生产、生活区，人口密度、交通密度均大于岸线内部区域。基于长江大堤的空间分区可以与行政分区相互补，从生态功能与结构的角度解释南通沿江地区的用地类型变化特征。

（2）土地利用动态度

土地利用动态度包括单一土地利用动态度、综合土地利用动态度，公式如下：

$$C=\frac{A_j-A_i}{A_i\times T}\times 100\% \tag{7-1}$$

$$CC=\frac{\sum_{i=1}^{n}\Delta LC_{i-j}}{\sum_{i=1}^{n}LC_{i-j}T}\times 100\% \tag{7-2}$$

式中：C 为某一类土地利用动态度；A_i 为研究初期某一土地利用类型面积，km^2；A_j 为研究末期某一土地利用类型面积；T 为研究时间间隔，a；C 为某种土地利用类型的年变化率，包含与其他地类之间的转入、转出；CC 为综合土地利用动态度；LC_i 为研究初期第 i 类土地利用类型的面积，km^2；ΔLC_{i-j} 为研究期间 i 类土地利用类型转变为其他土地利用类型面积的绝对值，km^2；T 为研究时间间隔，a。

（3）地理探测器

地理探测器是一种探测空间分异性并揭示其驱动力的统计学方法，其核心在于通过空间异质性获取自变量和因变量的空间分布格局的相似性，基于此判定自变量对因变量的解释程度，其优势在于不仅适用于不同类型变量之间的解释，如土地利用类型、地理分区等类型量，以及人口密度、地区生产总值等数值型变量，还可以对多个因子之间的交互作用作不同方向的展开。地理探测器包括 4 个不同的探测器，即分异及因子探测、交互作用探测、风险区探测、生态探测，详细的计算公式及意义可以参考相关文献。在本章中，土地利用变化矩阵为因变量 Y。根据表 7-6，在市、区尺度，探测因子 X 为县域统计年鉴社会经济指标，其中 $X1$ 表示自然因子，$X2$、$X3$、$X4$、$X10$ 表示社会因子，$X5$、$X6$、$X7$、$X8$、$X9$、$X13$ 表示经济因子，$X11$、$X12$ 表示政策因子；在乡镇尺度，探测因子 X 为县域统计年鉴县镇卷社会经济指标，其中 $X1$ 表示自然因子，$X2$、$X3$、$X4$ 表示社会因子，$X5$、$X6$、$X7$、$X8$ 表示经济因子。通过对不同时期的土地利用变化转移矩阵做不同尺度的地理探测，试分析沿江生态用地变化的驱动力。

表 7-6　评价指标

市、区尺度		乡镇尺度	
探测因子	指标	探测因子	指标
$X1$	到长江距离	$X1$	到长江距离
$X2$	年末总人口	$X2$	常住人口
$X3$	城市化水平	$X3$	建城区常住人口
$X4$	年末在岗职工人数	$X4$	城镇化率
$X5$	地区生产总值	$X5$	工业总产值
$X6$	地区生产总值第一产业占比	$X6$	工业企业个数
$X7$	地区生产总值第二产业占比	$X7$	企业从业人员
$X8$	地区生产总值工业占比	$X8$	二三产业从业人员
$X9$	地区生产总值第三产业占比		
$X10$	乡村劳动力		
$X11$	预算内财政收入		
$X12$	预算内财政支出		
$X13$	工业用电量		

7.2.2　结果与分析

1．生态用地面积

1980 年，南通市沿江生态用地面积为 8 516.53 km²，占沿江地区总面积的 94.88%；2000 年，生态用地面积为 8 390.67 km²，占比 93.48%；2010 年，生态用地面积为 7 904.09 km²，占比 88.06%；2020 年，生态用地面积为 4 425.17 km²，占比 49.31%（表 7-7）。1980—2020 年，沿江生态用地面积减少了约 4 091.36 km²，其中 98%来自大堤外部区域，大堤内部生态用地面积减少了约 78 km²，占大堤内部总面积的 9.62%。

表 7-7　南通市沿江地区各用地类型面积及比例变化

类型	1980 年		2000 年		2010 年		2020 年	
	面积/km²	比例/%	面积/km²	比例/%	面积/km²	比例/%	面积/km²	比例/%
不透水面	458.66	5.11	584.51	6.51	1 071.08	11.93	4 550.00	50.709
草地	58.76	0.65	65.81	0.73	38.75	0.43	19.53	0.221
耕地	6 989.94	77.88	6 930.54	77.22	6 514.50	72.58	3 102.34	34.57
林地	3.61	0.04	3.89	0.04	3.02	0.03	99.75	1.11
裸地	—	0	—	0	1.67	0.02	9.50	0.11
水域	1 464.22	16.31	1 390.43	15.49	1 346.15	15.00	1 194.05	13.30
生态用地	8 516.53	94.88	8 390.67	93.48	7 904.09	88.06	4 425.17	49.31

2．土地利用结构

根据图 7-1，1980 年，南通沿江地区主要用地类型依次为耕地、水域、不透水面、草地和林地，面积占比分别为 77.88%、16.31%、5.11%、0.65%和 0.04%。1980—2010 年土地利用结构顺序没有发生变化，但各用地类型所占比例持续改变，自 2010 年主要用地类型开始发生变化，在 2020 年依次为不透水面、耕地、水域、林地、草地、裸地。

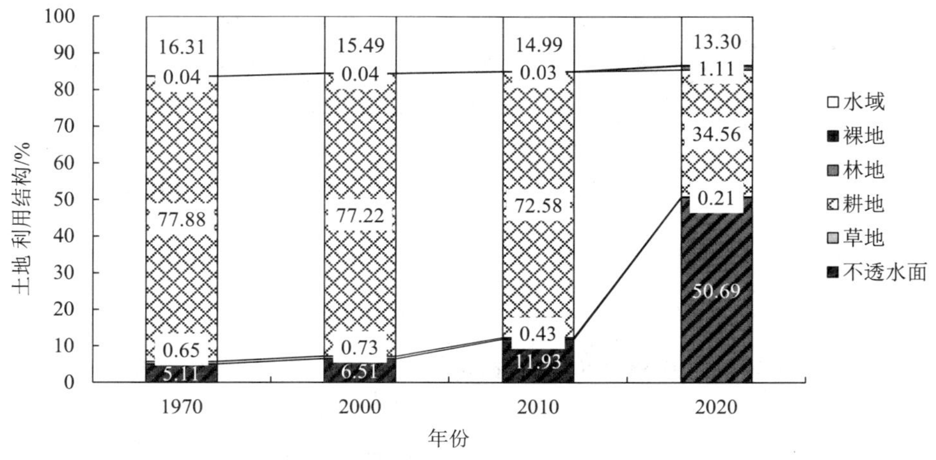

图 7-1　1980—2020 年南通市沿江地区土地利用结构直方图

由图 7-2 可知，在大堤内部区域，水域占有绝对面积优势，多年平均面积占比为 81.29%，其次是耕地（10.50%）和不透水面（5.21%），草地、林地和裸地的面积占比甚微，累计不超过 3%。在结构变化方面，1980 年以来主要表现为水域面积的减少和不透水面面积的增加，其中水域和草地面积占比分别减少 11.45%和 2.82%，而不透水面、耕地和林地则均保持不断上升，面积占比分别增加 9.59%、2.79%和 1.66%，同时由于近年来江边围填造地活动，裸地面积也增加了 0.24%。在大堤外部区域，主要用地类型为耕地和不透水面，多年平均面积占比分别为 71.03%和 19.89%，其次是水域（8.45%），林地、草地和裸地的面积占比非常小，累计不超过 2%。在结构变化方面，主要表现为耕地和水域向不透水面的转变，1980—2020 年两者面积占比分别持续减少 47.89%和 2.17%，而不透水面的面积占比增加 49.16%，并在 2010 年以后超过耕地，成为大堤外部区域主要用地类型。林地在 2010 年前处于较为稳定的状态，2010 年以后面积大幅度增加，面积占比从 0.04%上升到 1.06%。草地在 2010 年以前处于不断减少的趋势，2010—2020 年则变得较为稳定。

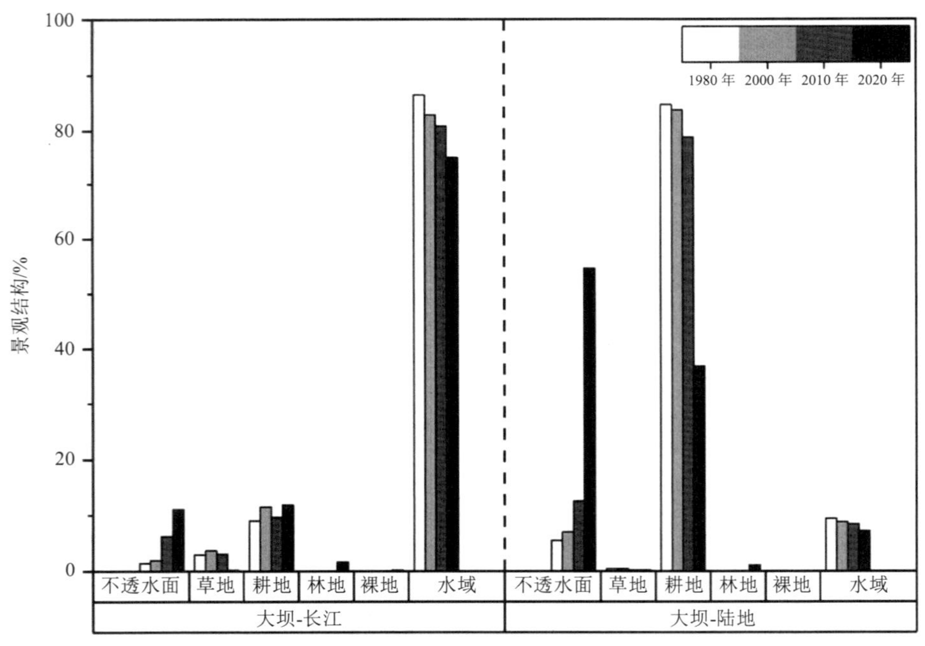

图 7-2　1980—2020 年大堤两侧土地利用结构直方图及变化趋势

3．土地利用动态度

根据表 7-8，南通沿江地区的土地利用综合动态度具有逐渐增大的趋势：1980—2000 年为 0.57，2000—2010 年为 0.58，2010—2020 年为 4.66。在单一地类动态度中，不透水面和裸地的动态度为正值且呈持续增加趋势，而耕地和水域的动态度为负值且绝对值不断增加，说明不透水面和裸地在 1980 年以来面积不断扩大，耕地和水域面积在持续收缩，而且发生变化的面积不断增加。林地和草地的变化则有所不同，在 1980—2000 年均表现为面积增加，2000—2010 年均表现为面积减少，2010 年以后草地面积持续减少，而林地面积发生数倍的增长，成为区域内变化动态度最大的土地利用类型。

表 7-8　1980—2020 年南通市沿江地区土地利用动态度

土地利用类型	不同时段土地利用动态度/%		
	1980—2000 年	2000—2010 年	2010—2020 年
不透水面	1.37	8.32	32.48
草地	0.60	−4.11	−4.96
耕地	−0.04	−0.60	−5.24
林地	0.40	−2.25	320.57
裸地	0	0	46.78
水域	−0.25	−0.32	−1.13
综合动态度	0.57	0.58	4.66

在大堤内部区域和外部区域，土地利用综合动态度均经历了先降后增的过程，但发生变化的绝对面积和相对比例有所不同。在大堤内部区域，3 个时段（1980—2000 年、2000—2010 年、2010—2020 年）土地利用变化总面积分别为 115.22 km^2、45 km^2 和 167 km^2，分别占大堤内部区域总面积的 14.21%、5.52%和 20.55%；在大堤外部区域，3 个时段土地利用变化总面积分别为 908 km^2、479 km^2 和 4 017 km^2，分别占大堤外部区域总面积的 11.13%、5.87%和 49.21%。

4．土地利用转移矩阵及空间分布

在 1980—2000 年，沿江地区有 1 024 km^2 的国土面积发生了用地类型变化，以耕地向不透水面的转换（39.12%）和不透水面向耕地的转换（27.60%）为主，其次是水域向耕地的转换（13.85%）和耕地向水域的转换（8.47%）。2000—2010 年，沿江地区有 524 km^2 的国土面积发生土地利用类型改变，主要集中在耕地（81.08%）、水域（8.69%）和草地（3.83%）向不透水面的转换。2010—2020 年，沿江地区有 4 184 km^2 的国土面积发生了土地利用类型改变，主要为耕地（83.92%）和水域（2.98%）向不透水面的转变。

在大堤内部区域，1980—2000 年水域对新增不透水面的贡献率达 73.16%，此外还有向耕地（31.61%）和草地（17.75%）的转变；2000—2010 年，水域与耕地共同成为新增不透水面的主要来源，分别占区域内土地利用变化总面积的 38.92%和 32.32%；2010—2020 年，以水域向耕地的转变（25.34%）及耕地（15.97%）和水域（15.93%）向不透水面的转变为主。在大堤外部区域，土地利用转换均以耕地向不透水面转变为主，3 个时段的转换面积分别占同时期区域内土地利用变化总面积的 43.79%、85.02%、86.73%，呈逐渐增加但趋于稳定的趋势。详见表 7-9 至表 7-12。

表 7-9　1980—2000 年土地利用变化矩阵　　单位：km^2

1980 年	2000 年								
	大坝外部区域					大坝内部区域			
	a	b	c	d	f	a	b	c	f
a*	158		279	1	8	5		3	3
b		20	7		8		5	5	14
c	398	4	6 444	2	68	3	4	48	18
d			3						
f	12	12	105		634	8	20	36	636

注：*a、b、c、d、e、f 分别表示不透水面、草地、耕地、林地、裸地、水域。

表 7-10　2000—2010 年土地利用变化矩阵　　单位：km^2

2000 年	2010 年											
	大坝外部区域						大坝内部区域					
	a	b	c	d	e	f	a	b	c	d	e	f
a	563		6				16					
b	17	14	5				3	25	1			1
c	408		6 422	1	1	6	17		72		1	2
d	2			2								
f	31		3			684	14		4			653

表 7-11　2010—2020 年土地利用变化矩阵　　单位：km^2

2010 年	2020 年											
	大坝外部区域						大坝内部区域					
	a	b	c	d	e	f	a	b	c	d	e	f
a	869	5	111	7		28	32		4	1	1	13
b	7		3	2		2	5		15	1		4
c	3 484	10	2 822	19	1	100	27		35	2		14
d	2			1								
e	1											
f	98	3	69	58	7	456	27	1	42	8	1	577

表 7-12　1980—2020 年土地利用变化矩阵　　单位：km^2

1980 年	2020 年											
	大坝外部区域						大坝内部区域					
	a	b	c	d	e	f	a	b	c	d	e	f
a	341	2	92	2		10	7		1			4
b	17		9	3		4	5		8	1		10
c	3 951	13	2 799	24	2	127	26		24	2		21
d	4											
f	148	3	105	57	6	445	52	1	63	11	2	573

对比分析，沿江地区不同时期的土地利用类型转换存在一个共同特点，即耕地向不透水面的转换一直为主要的转换方式，并且占同时期土地利用变化总面积的比例越来越高。不同之处在于，2000 年以前，虽然不同用地类型之间的转换面积较多，但是对土地利用结构的影响并不大，耕地转换为不透水面后还会从其他用地类型中转移一部分过来补充耕地，而且不透水面和耕地均为主要的增长类型；2000—2010 年，耕地、水域和草地成为不透水面面积扩张的主要来源，累计转移面积占同时期土地利用变化总面积的 94%，在此期间的土地利用变化比较简单，即不透水面的增加和耕地的减少，造成土地利用结构的内部差异性较大；2010 年以后，其他用地类型向不透水面和耕地的转换比例有所降低，而且再次出现了多种用地类型之间的相互转换，更重要的是较大面积的不透水面和耕地转换为水域和林地，此时区域内的土地利用结构差异性变小。

将土地利用类型转换投影到水平空间，1980—2000 年的土地利用变化呈零星点状分布的特点，到 2000—2010 年具有多处团状分布的特点，而且这两个时期的土地利用变化都集中发生在长江沿岸，直到 2010—2020 年出现全区域的土地利用变化，但是在行政区内部以耕地向不透水面的转变为主，而在沿江、沿海区域土地利用类型的变化更丰富。出现以上空间分布特征的原因有以下 3 点：①在 1980 年的土地利用产品中，受到空间分辨率的限制，大面积农田中的村庄建筑未能被识别，农田多为大面积完整的多边形，而在 2000 年 1∶25 万比例尺的产品中，这些建筑被有效识别出来，因此在空间分析时这些建筑所在的像元被判定为发生土地利用变化的区域，实际发生土地利用改变的面积小于监测结果；②2000—2010 年，基于原本已经形成的村镇，通过占用耕地、林地和草地实现城市的扩张，因此出现了从多点向多团分布转变的特征；③2010—2020 年，随着城市化进程的推进及生产、生活规模的扩大，越来越多的耕地被占用，而在沿江、沿海地区通过围填造地，获取更多的建设用地，这种现象在原本的沿海、沿江滩涂地区最为明显。

5. 驱动因子

在市、区尺度，根据单因子探测结果［图 7-3（a）］，1980—2000 年对土地利用类型变化的解释程度最高的探测因子为到长江距离（*X*1），且显著高于其他所有因子，说明在此期间自然环境对土地利用变化的影响占主导地位；2000—2010 年各探测因子 *q* 值从大到小依次为 *X*2、*X*4、*X*9、*X*7、*X*10、*X*5、*X*3、*X*8、*X*13、*X*6、*X*1、*X*11、*X*12，即到长江的距离不再是影响土地利用类型变化的主要因素，而是与人口相关的指标（*X*2、*X*4）及地区生产总值相关指标（*X*7、*X*5），说明常住人口增加对用地需求的改变造成土地利用类型发生变化；2010—2020 年各指标 *q* 值从大到小依次为 *X*7、*X*10、*X*5、*X*8、*X*13、*X*6、*X*12、*X*3、*X*2、*X*4、*X*9、*X*11、*X*1，在此期间地区生产总值相关指标是影响土地利用变化的主要因素，尤其是工业相关的生产总值（*X*7）和用电量（*X*13），其次是人口相关指标（*X*2、*X*4），而 *X*1 成为对土地利用变化影响最弱的指标，说明在此期间人口增加对用地的需求趋于稳定，而工业生产对土地的需求是造成生态用地发生变化的主要原因。在乡镇尺度，2014—2020 年探测因子的 q 值依次为 $X3$、$X8$、$X4$、$X7$、$X2$、$X5$、$X1$、$X6$，即人口相关的指标超越企业数量和产值指标，成为影响沿江乡镇土地利用变化的主要因素[图 7-3（b）]。

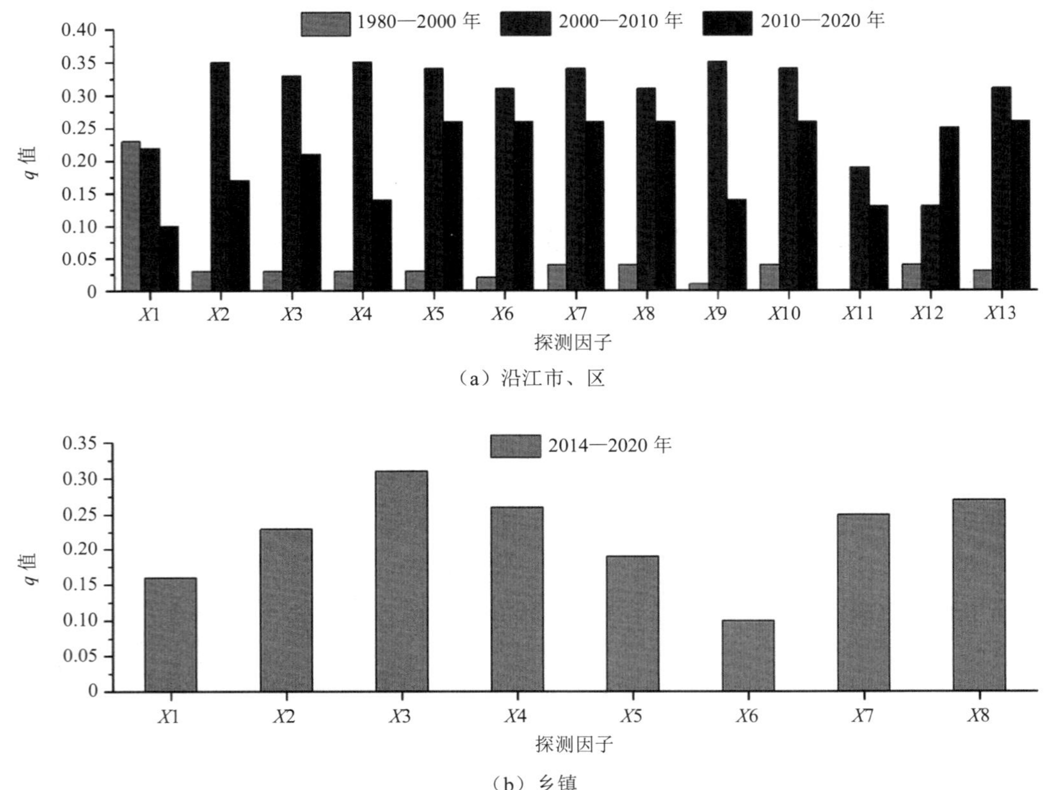

（a）沿江市、区

（b）乡镇

图 7-3 南通市沿江市、区和乡镇尺度各探测因子 q 值

交互作用探测的是两个指标之间的交互作用，可用于评价两个指标对土地利用变化的共同作用。根据交互作用探测，发现在不同时期各因子之间均存在交互作用（图 7-4）。其中，1980—2000 年，财政收入与 $X1$、$X2$、$X4$、$X5$、$X6$、$X9$ 组合对沿江生态用地变化影响起到增强作用，与 $X7$、$X8$ 组合则起到减弱的效果；2000—2010 年，$X12$ 与 $X11$ 组合起到增强作用；2010—2020 年，$X13$ 与 $X8$ 组合对沿江用地变化影响减弱。在乡镇尺度，$X6$ 和 $X2$、$X5$、$X7$ 的组合对沿江用地变化起到增强作用，而到长江距离（$X1$）在不同时期、不同尺度下与其他因子组合都起到增强的作用，说明即便自然环境不再是直接主导因素，还是会通过对社会经济活动的影响间接作用于土地利用类型的变化。

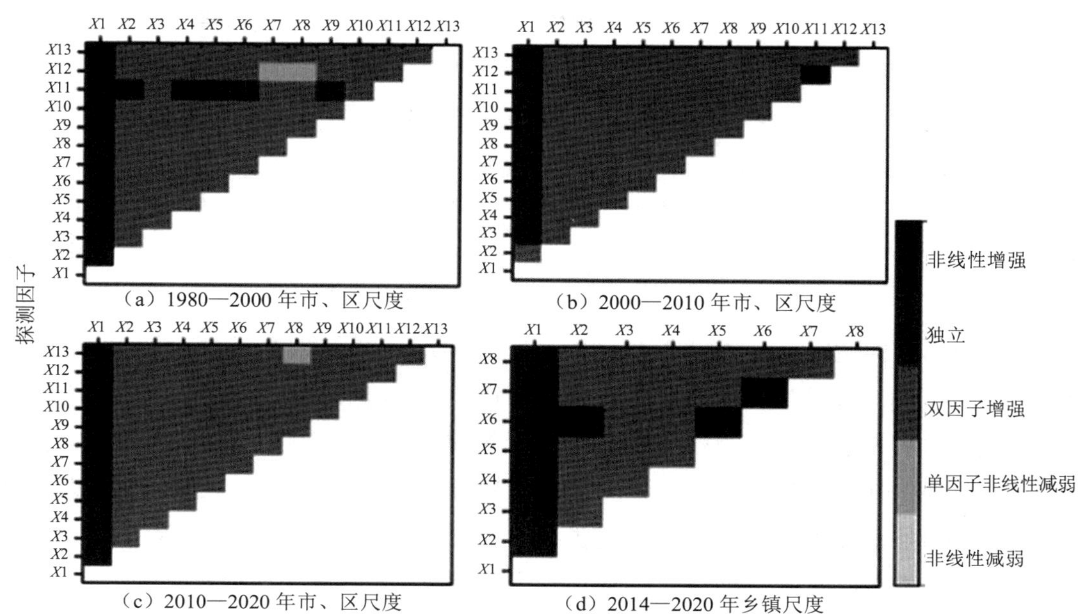

图 7-4　地理探测器各因子交互作用示意图

在乡镇尺度，各指标之间的交互作用主要为双因子增强和非线性增强。除了到长江的距离，*X*6 和 *X*2、*X*5、*X*7 之间具有显著的非线性增强效应，以上组合说明工业聚集发展带来的产值增加，尤其是大型工业企业布局对沿江用地类型改变起到重要作用。

7.2.3　讨论与结论

1．讨论

（1）大堤两侧土地利用变化差异性

南通沿江地区土地利用类型及变化在大堤两侧都有较为显著的差异性。由于两个区域的地理位置和绝对面积不同，造成大堤内部以水域、耕地等生态用地为主，而在大堤外部区域人类活动造成生态用地面积不断减少，目前以不透水面为代表的生产、生活用地为主。

在土地利用变化特征方面，大堤内部区域主要表现为水域面积的减少，通过人工围填的方式转化为耕地和不透水面，补偿了一些耕地转化为不透水面，使区域内耕地依旧可以保持在稳定状态；而在大堤外部区域，耕地与水域一起贡献了大量的新增不透水面，造成耕地大面积持续减少。

根据土地利用变化动态度，2000 年前大堤内部区域的开发是优先于大堤外部区域的，2010 年后大堤内部区域的土地利用变化动态度明显降低，即人类活动强度被限制，重心转移到大堤外部区域，说明大堤内部区域在南通沿江地区的发展初期起到主要的承载作用，而在近年来受到政策等因素的制约，城市的发展重心向大堤外部区域转移。

（2）基于行政区的土地利用动态变化差异性

行政区之间除了具有地理空间相关性，还多一层社会属性，区域之间的差异主要受到人为因素的影响，具有不同的用地特征及变化特征。

根据各市、区 1980 年以来的用地类型空间分布及变化特征，1980—2000 年，所有市、区的主要用地类型均为耕地，但是 2000 年以后各市、区之间土地利用类型的变化出现差异性。其中，崇川区在 2000 年后最早实现不透水面成为主要用地类型，并继续保持耕地面积不断减少、不透水面面积不断增加的趋势；开发区、通州区、海门区和启东市在 2000 年主要用地类型依旧为耕地，在 2010 年后实现了不透水面超越耕地成为主要用地类型，其中开发区因地理位置靠近崇川区及受到政策的影响，在 2000—2010 年虽然主要用地类型为耕地，但是不透水面的面积占比上升幅度较大，可能在此期间已经开始了大面积的城市扩张；如皋市 45 年来的主要用地类型均为耕地，没有发生变化，但处于不断减少的趋势，不透水面作为排名第二的土地利用类型，面积占比也在不断上升。

（3）土地利用时空异质性的影响因素

土地利用变化受到多方面因素的共同作用，在不同时期、不同尺度空间都有所不同。根据地理探测器分析，已知在市、区尺度，不同阶段的主要影响因素依次是自然环境指标、人口相关的社会指标、GDP 等相关经济指标和政策指标。

关于自然环境对南通市土地利用时空异质性的影响，在许多研究中都被弱化，更强调社会经济因子的作用（娄彩荣等，2013）。但是本章发现，空间尺度之所以出现“点—团—面”的变化特征，恰恰是因为该区域地势平坦，没有地形限制城市的扩张方向。而且 1980 年以来南通的土地利用类型变化“热点”始终围绕长江大堤附近，这里不仅土地利用变化类型众多，而且大面积的水域给城市扩张提供了新思路，还可以同时发展陆运和水运，通过建设跨江大桥进一步扩大经济辐射范围，这些都是地理区位带来的影响，如果将长江换作一座山，可能就会出现另外一种土地利用变化特征。这一点也在地理探测器分析中得到了很好的印证，到长江距离这一因子在城市发展初期是影响土地利用变化的绝对主导因素，且在不同时期与其他因子都可以形成交互增强的效应，说明南通城市化发展离不开长江的辐射效应。

社会经济因素在 2000 年后开始对沿江土地利用格局起主导作用，但是在城市化进程的不同阶段，以及不同地区之间的表现形式有所不同。首先，社会经济发展水平/产业结构是造成不同行政区之间用地类型时空差异性的主要原因。根据各市、区多年土地利用动态度与人口、地区生产总值、三大产业比例等社会经济因子的相关分析，在满足显著性检验的条件下，如皋市土地利用变化主要受到人口（0.98）和地区生产总值（–0.99）的影响，海门区和通州区主要受第二产业占比不断增加的影响，启东市和市区则受地区生产总值增长及第三产业占比不断增加的共同影响。其次，地区发展政策决定了区域在相当长一段时间内的土地利用格局及变化特征。对比不同时期探测因子的 q 值发现，2010—2020 年大部分 q 值都发生下降，只有 $X12$（财政支出）的解释力是增加的，说明在 2010 年后政策引导对土地利用变化的影响超越历史时期。结合不同时期土地利用结构和动态度也可以发现 2010 年是一个分水岭。1980—2010 年，土地利用变化主要以耕地面积减少、不透水面面积增加为主，在此期间南通市出台了相关政策，1987 年新增沿江组团式城镇规划，1995 年将沿江地带作为工业用地的重点区域，2004 年城市总体规划再次强调沿江大堤利用，加速了城市化进程，这些不仅很好地解释了土地利用变化特征，还进一步证实了长江大堤是发生土地利用变化的热点区域。2010—2020 年，沿长江地区动态度大幅度提升，不透水面的面积进一步增加，但林地面积不减反增，这主要是因为 2010 年前后江苏省“江海联动”政策的实施，进一步扩大了沿江工业园区的开发和沿江港口的建设，使沿岸地区的土地利用变化极为活跃。2009 年，成立了通州区，此后承接了当时的崇川区和港闸区的外迁人口，先后经历了多次城市急速扩张，大量耕地被占用发展城市建设与经济发展。而林地面积的增加主要得益于“十三五”期间的一系列生态文明建设举措，合理布局沿江生态、生产、生活空间，如自 2016 年起为了贯彻落实长江经济带“共抓大保护、不搞大开发”的重要举措，南通提出将五山及沿江地区整体打造为“城市课题”，2017 年开始启动实施生态修复保护工程，清退重污染企业，整体搬迁港口，建设沿江生态廊道，实施沿江大规模增绿、高品质植绿、抢救性复绿，在打造沿江生态廊道的同时逐步恢复了长江大堤的生态功能，提升了环境承载力。这些政策及相关举措是南通沿长江地区在经济快速发展的情况下林地面积不减反增的主要原因。

2．结论

一是沿江生态用地变化方面，1980—2020 年沿江生态用地面积减少了 4 091.36 km^2，98%发生在沿江大堤外部区域。在此期间，不透水面面积的增加征用了大量的耕地和水域，在空间上具有“点—团—面”过渡的特征。

二是沿江大堤两侧土地利用差异性方面，在沿江大堤内部区域，水域占有绝对优势，但 1980 年以来面积占比不断减少，分别转变为耕地和不透水面，三者为大堤内部区域主要用地类型。在沿江大堤外部区域，耕地和不透水面为主要用地类型，其他土地利用类型面积占比较小，1980 年以来耕地不断转变为不透水面，其间还出现了较大比例的水域和林地、草地被占用为不透水面。

三是不同行政区之间也存在土地利用结构差异。崇川区在 2000 年最早出现不透水面超越耕地成为主要用地类型，其次是通州区、开发区、海门区和启东市，在 2010 年不透水面成为主要用地类型，而如皋市的主要用地类型一直为耕地，但是有不断减少的趋势。

四是土地利用变化主要驱动因素方面，不同时期的用地结构差异主要受社会发展政策的影响，而同一时期不同区域之间的土地利用空间分布差异主要受社会经济发展模式及水平的影响。在市、区尺度，1980—2000 年到长江距离是影响土地利用变化的主导因素，2000—2010 年人口相关社会因子是影响沿江用地变化的主要因素，2010—2020 年工业生产和政策因子是影响用地变化的主导因子。在乡镇尺度，人口聚集规模超越工业企业规模是影响沿江大堤附近用地变化的主导因素。

7.3 协同治理路径

7.3.1 空间管控与格局优化

空间管控与格局优化思路见图 7-5。

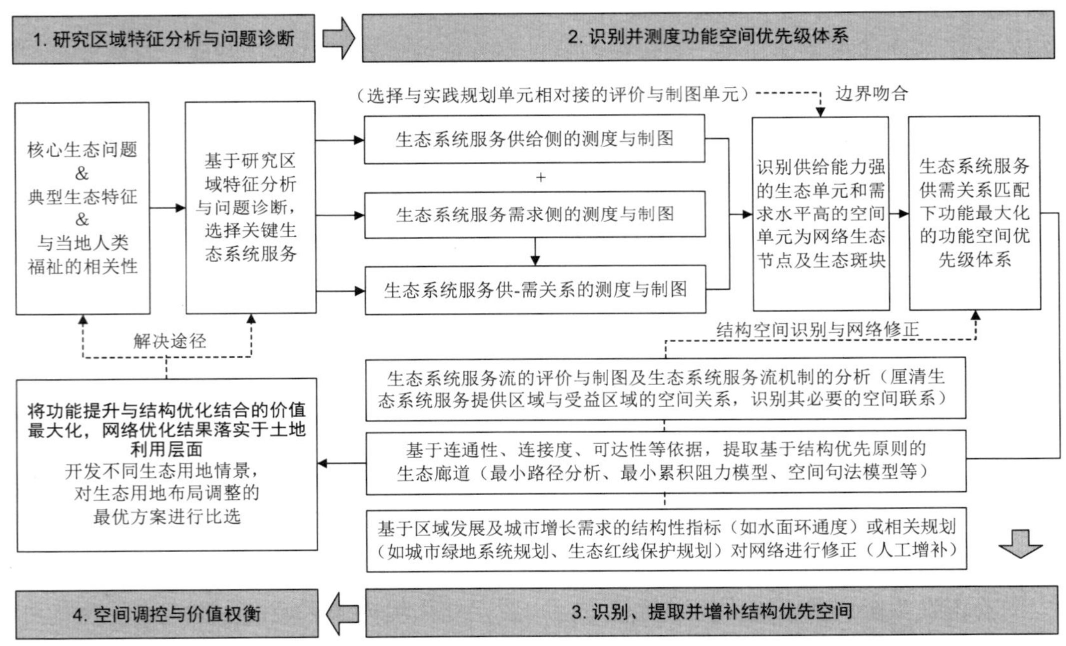

图 7-5 空间管控与格局优化思路

1. 目标

根据长江岸线河道自然条件、岸线资源开发利用现状和保护需求，构建南通市沿江生态空间格局，划分为生态保育区、开发保护区和绿色发展区。构建生态廊道，建设生态缓冲带，保护生态节点。针对不同空间布局特点和功能分区，提出生态保护与合理利用的规划与措施。构建“一带两廊，三区多点”的长江岸线生态空间保护格局，做到严格保护、科学开发和合理利用，形成长江大保护“一张图”。其中，“一带”为“长江生态环境修复带”；“两廊”为滨水生态廊道和沿路生态廊道，即沿长江岸线、主要入江河流构建滨水生态廊道，沿公路主干道、农田林网构建绿色生态廊道；“三区”为生态保育区、生态缓冲区和生态建设区；“多点”为由国家级生态保护红线、生态空间管控区和沿江自然与人文景观构成的生态节点。

2.“一带”打造

严格控制沿岸开发强度，加强沿江生态湿地资源保护，保持沿江生态风貌，维持岸线自然属性；积极修复受损生态系统，提升生态系统多样性、稳定性和可持续性；营造防护林体系和生态廊道，建设生态缓冲带，构建沿江生态屏障，打造具有南通特色的长江生态环境修复带，引领长江三角洲区域沿江岸线保护修复。

3.“两廊”构建

依托沿江堤防、入江河流和沿江主干道路建设滨水生态廊道和沿路生态廊道，为生物多样性提供联络通道和栖息空间。根据滨水植被及道路林带的环境特性和生态功能，建设各具特色的生态廊道，构建合理的生态网络，完善生态防护功能，打造沿江生态屏障。

遵循自然规律，因地制宜，注重地带性植物群落营造，以乡土适生树种、草种构建“复层、异龄、混交、多功能”的生态廊道和防护体系。针对不同地区特色，合理规划种植植物，保障水网和道路林网生态健康。

加强长江沿岸防护林带建设，在地形改造、驳岸整理的基础上，营建由乔木、灌木、多年生地被和水生植物组成的湿地植被带。

4.“三区”布局

“三区”布局示意图见图 7-6。

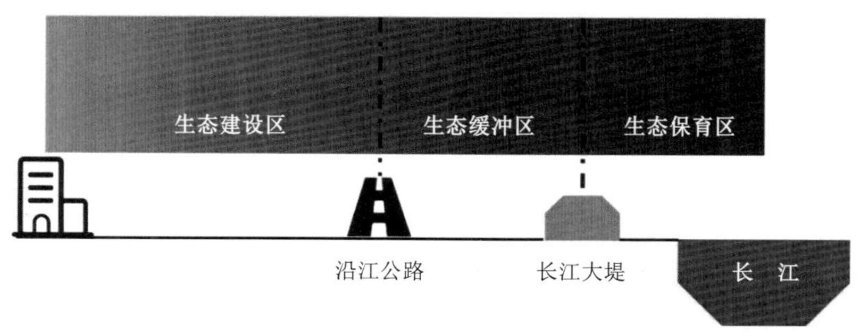

图 7-6　“三区”布局示意图

（1）生态保育区

生态保育区包括两部分，一是长江大堤内水域和滩地及长江堤防管理范围，即堤防迎水侧的水域、沙洲、滩地，堤防及其背水坡堤脚外 10～15 m，背水坡有顺堤河的，以顺堤河为界，主要为自然生态岸线内暂未被开发利用或开发利用程度较低、保持自然生态风貌、需加强生态保育的岸段；二是《江苏省生态空间管控区域规划》中明确划定的生态空间保护区，包括国家级生态保护红线和生态空间管控区。生态保育区对维持长江岸线生态系统功能、维护生物多样性、保障长江岸线的生态安全具有重要作用，必须严格保护。

一是要加强自然生态系统封禁保育。按照禁止开发区的要求严格管控，守住自然生态系统边界，保护良好生态系统和重要物种栖息地。采取以封禁为主的自然恢复措施，辅以人工修复，改善和提升生态功能。逐步提高长江沿岸植被覆盖率和湿地生态系统面积，恢复和增加野生动植物物种，着力提高生态系统自我修复能力，切实增强生态系统稳定性。

二是要积极开展受损生态系统修复。严格生态空间准入，实行负面清单准入管理制度。按照生态系统类型及其生态功能或分类要求开展受损生态系统修复。开展生态系统格局、生态系统质量和生态系统功能的监测和评估。做到生态保育区面积不减少，水源涵养、水土保持、洪水调蓄、生物多样性维护等生态功能逐步提高。

三是要提升生态环境质量。统筹考虑自然地理单元的完整性、生态系统的关联性、自然生态要素的综合性，开展山水林田湖草沙等自然要素整体保护、系统修复、综合治理。重点实施河湖和湿地保护修复、退耕还林、退田（圩）还湖还湿、防护林体系建设、矿山生态修复、水土流失综合治理、土地综合整治等重要生态系统保护修复工程，打造规模相对集中连片的耕地、湿地、绿地、林地生态系统复合格局，维护自然生态系统的完整性、原真性。

（2）生态缓冲区

生态缓冲区指对长江生态环境保护具有重要缓冲作用的区域，主要为大堤背水坡堤脚外 10～15 m 至沿江公路之间的区域。重点建设防护林体系、滨水生态廊道和湿地缓冲带，提高生态缓冲功能。严格控制各类开发建设活动，建立建设用地退出机制，逐步退出对生态环境有明显影响的开发建设活动。

一是要严守城市开发边界。基于资源环境承载能力和国土空间开发格局，合理确定城市规模、开发强度和保护性空间。加强城市空间开发利用管制，严禁突破城市开发边界红线。严格落实城市内部组团间、城市内部与外部自然环境的沟通联系，构筑以长江为脉、生态空间为核、生态廊道为网的多位一体的城市生态环境。

二是要积极发展生态农业。优化农业产业结构，构建现代生态循环农业技术体系、标准化生产体系和社会化服务体系，形成“产出高效、产品安全、资源节约、环境友好”的现代农业发展方式。积极发展沿江休闲观光农业和特色花木桑果发展区，以休闲观光农业和特色花木桑果生产为依托发展农业特色产业。

三是要构筑生态安全屏障。一方面，通过修筑生态岸线、建设浅滩湿地、退渔（田）还湿、种植耐污植物等途径，建设沿江生态安全缓冲带，减少入江污染物，改善长江水环境质量；另一方面，加强沿江生态防护林体系建设，建立和完善生态廊道，提高生态系统完整性和连通性，构筑长江生态安全屏障。

（3）生态建设区

生态建设区是指在生态缓冲区外围（主要为沿江公路以外的区域）需要积极进行生态建设的区域，重点为长江流域涉及的区域。严格控制水环境污染，开展山水林田湖草沙生态保护与修复，提高生态环境质量。

一是要加大水环境综合整治。坚持"三水统筹"，优化实施以控制断面和水功能区相结合为基础的地表水环境质量目标管理，加快推进水功能区与水环境控制单元区划体系和管控手段的有机融合，建立统一的水生态环境管理区划体系、监测体系和考核体系。加快城镇污水处理设施建设与改造，实施农村清洁工程，开展河道清淤疏浚，推进农村环境连片整治。

二是要推进农业面源污染防治。严格畜禽禁养区管理，加快规模畜禽养殖场治理，配套建设畜禽粪便综合利用和无害化处理设施并正常运转。推进化肥、农药施用量减量化和替代利用，加大测土配方施肥推广力度。推进有机肥替代化肥和废弃农膜回收，完善废旧地膜和包装废弃物等回收处理机制。在敏感区域和大中型灌区，利用现有沟、渠、塘等配置水生植物群落、格栅和透水坝，建设生态沟渠、净化塘、地表径流积蓄池等设施，净化农田排水及地表径流。

三是要加强土壤污染治理与修复。强化"退二进三"污染土地监管和治理修复。结合城市环境质量提升和发展布局调整，开展建设用地污染治理与修复。开展涉重、化工企业污染场地和重点河段底泥重金属污染治理。实施污染土壤原位稳定剂、异位固定剂、生物修复、安全处理处置和资源化利用等技术产业化示范，加快推广应用。

5."多点"保护

根据《江苏省生态空间管控区域规划》，南通市沿江（距离长江 5 km 范围内）生态空间保护区域共 34 块，其中 11 块区域涉及国家级生态保护红线，其余 23 块区域均为生态空间管控区域，总面积为 789.64 km^2，其中国家级生态保护红线 121.62 km^2，生态空间管控区域 668.02 km^2。

南通市沿江生态空间保护区域涉及自然保护区、森林公园、风景名胜区、湿地公园、饮用水水源保护区、清水通道维护区、水产种质资源保护区、重要湿地、生态公益林等，发挥着水源水质保护、渔业资源保护、湿地生态系统保护、自然与人文景观保护、水土保持、生物多样性保护等生态功能。

（1）落实生态保护红线严格保护要求

落实生态保护红线刚性保护，按照禁止开发区保护的原则，严格执行国家级生态保护红线和生态空间管控区规划和管控要求。严禁不符合主体功能定位的各类开发活动，严禁任意改变用途。生态保护红线和生态空间管控区要依据主导生态功能类型实施分类分区管理。按照国家生态保护红线勘界定标技术规范要求和有关规定，开展生态保护红线和生态空间管控区勘界定标工作，加快推进生态保护红线和生态空间管控区勘界定标。编制实施国家级生态保护红线和生态空间管控区保护与修复方案，重点强化五大长江饮用水水源地、重要湿地、长江如皋段刀鲚国家级水产种质资源保护区、狼山省级森林公园、长江口（北支）湿地省级自然保护区的保护和修复，按照山水林田湖草沙系统保护的要求，严守生态保护红线和生态空间管控区，实现一条红线管控重要生态空间，确保生态功能不降低、面积不减少、性质不改变，切实维护长江生态安全。落实长江生态红线区域管控措施，强化刚性约束，加强对生态红线区域的监督管理，强化生态红线区域监管考核评估。

（2）实施“一区一策”保护政策

针对不同类型和区域的生态保护红线，开展生态环境本底调查，科学评估资源禀赋、环境容量和生态状况，根据评估结果，制定“一区一策”保护政策。建立环境准入制度，明确禁止建设和限制建设的空间区域及行业，对开发建设活动设置准入“门槛”，细化不同分区的产业准入门类，从源头严防，建立科学合理、切实可行的产业准入环境负面清单，禁止或限制开发建设对自然资源与生态环境的破坏。准入“门槛”主要依据生态保护红线主导生态功能类型的差别，分区管控，分类制定，增强针对性和可操作性。

（3）提高生态空间保护区监督管理水平

制订日常监管计划，开展国家生态保护红线、生态空间管控区和自然保护地执法检查和专项行动，及时发现和依法查处破坏生态环境的违法行为。将生态空间保护区目标任务完成情况、管控措施执行和保护修复情况、生态保护成效等纳入年度环境保护目标责任书和生态文明建设目标考核体系。优化生态空间保护区补偿政策，落实生态空间保护区补偿措施，完善生态空间保护区监管平台。

7.3.2 生态修复与功能提升

1. 目标

遵循“山水林田湖草沙生命共同体”和“绿水青山就是金山银山”重要理念，坚持尊重自然、顺应自然、保护自然的原则，强化长江沿线原真性保护，构建生态廊道，完善生态安全格局，实施生态修复，提高生态系统服务功能和生态产品供给能力，维护长江生态平衡，保障生态安全。一方面，加强生态空间保护，实施生态修复。基于长江沿江空间布局规划，明确生态空间保护区刚性保护措施，严禁不符合主体功能定位的各类开发活动，严禁任意改变用途。加大生态保护与修复治理力度，结合生态状况遥感调查评估和南通市《生态红线及生态管控空间生态状况调查》成果，加强生态空间保护和修复，重点开展长江湿地保护与修复治理。另一方面，构建生态廊道，建立生态屏障。基于南通市自然环境本底和生态安全保障的需要，构建安全、稳定的区域生态网络格局。在保护河流及其沿岸地带的自然或近自然性的前提下，合理规划建设滨水廊道和绿色廊道。营建由水系林网、农田林网和道路林网相互贯通的绿色生态屏障，实施水系堤岸防护林网建设，水绿一体化修复河网生态系统。

2. 自然岸线保护

（1）优化生活、生态岸线比例

优化沿江岸线利用，共抓大保护。以“共抓大保护，不搞大开发”为导向，优化沿江岸线功能。提升生活、生态岸线比重，有序推进滨江生产岸线功能调整，缩减占比，腾退与生态保护红线相冲突的功能。沿江岸线西至南通市界，东至启东连兴港。

（2）保护沿江重要湿地

以沿江自然湿地和洲岛为重点，加强湿地保护，改善湿地生态系统结构，提高生态系统服务功能，维护生物栖息地环境。严格保护沿岸重要湿地、河流生态、防护林和自然植被等。编制长江沿线湿地保护规划，加强江滩及通江河流等重要湿地保护。通过河岸带水生态保护与修复、湿地植被恢复、有害生物防控等措施，实施湿地综合治理，提高湿地生态功能。以湿地为特色，以生态岸线为载体，沿长江和主要通江河流建设串状湿地保护区域。在自然条件良好、生态承载能力较高的地段，可适度发展生态旅游，使沿江湿地同时发挥生态保护和文化旅游、休闲观光和环境教育的功能。

（3）全面推进岸线整治

全面彻底清理沿江各类不符合规划要求的建设项目，完成长江岸线违法违规占用建设项目专项整治，积极推进岸线整合与利用。港口工业生产岸线腾退转移，生活、生态岸线空间稳步增加，实现“三生”空间有序发展，统筹重要过江通道岸线的控制预留。严控新增港口岸线利用，取消或调整与水源保护、生态红线区域等有冲突的港口码头。建立健全长江岸线保护和开发利用协调机制，统筹岸线与后方土地的使用和管理。

（4）加大非法采砂管制力度

在长江干流实施非法采砂会严重影响河道水文、水势稳定，影响水生态系统结构和功能，对长江水生生物物种多样性和水生生物资源造成损害。为此，要严格落实禁采区、可采区、保留区和禁采期管理措施，建立完善长效监管打击机制和区域联动执法机制，加大对河道非法采砂的巡查和管控力度。

3. 生态系统修复

（1）修复退化湿地

对长江（通州区）、长江（海门区）、启东长江口（北支）等沿江重要湿地实施严格保护，重点开展受损湿地保护与修复，大力推进退渔还湿工程，逐步完成围网拆除、水下梗坝平整等工作，恢复扩大湿地面积，因地制宜建设湿地植被带，提升湿地生物多样性。在江堤临水侧至江水滩面选择耐水湿树种，营造生态防浪林带，稳固防洪堤坝。江堤堤干选择彩色化树种，营造生态景观廊道。江堤背水侧堤脚外 100 m 应因地制宜、能宽则宽，选择彩色化、珍贵化、效益化树种，营造生态防护林带，构建大型长江生态走廊。江堤背水侧堤脚外 1 000 m 范围内积极推进沿线镇村、企业、单位、道路、河道等绿化美化，打造多层次、多功能的长江沿线生态景观。建设标准、树种选择和苗木规格等具体要求参照《长江两岸（南通段）造林绿化规划设计导则》。

对长江沿岸厂区闲置场地、现有林地“天窗”、裸露地、主要道路两侧建设防护绿地、风景林地，宜绿造绿、见缝插绿、见空补绿、拆违还绿，实现绿化全覆盖。

（2）提升生态流量

加大沿江引水排水频次，强化沿江涵闸、九圩港提水泵站、焦港泵站与沿海涵闸科学联动运行，增加骨干河道生态流量。全面改善河道的连通性，满足河道沿线地区工农业用水和生态用水需求，确保生态用水比例只增不减。

（3）修复退化生境

推进河湖水系连通工程建设，实施水生生物洄游通道恢复、水工程生态调度、重要生物栖息地修复、岸边带生态修复等措施，保护和修复重要水生生境。

（4）建设生态安全缓冲区

根据《江苏省生态安全缓冲区建设管理办法（试行）》及建设技术指南建设生态安全缓冲区。强化系统治水思维，树立柔性治水理念，坚持工程治污与生态修复并重，守住生态底线，充分发挥自然生态系统净化降解功能。以自然生态保护和生态修复为核心，以小流域和小区域为单元，在长江、城市近郊、工业集聚区周边等区域因地制宜建设生态安全缓冲区。以城镇污水处理厂尾水生态净化型工程为重点，推进“生态净化型”生态安全缓冲区，实现减污扩容、生态修复有机融合，有效降低治污成本。结合五山及沿江地区生态修复工作，建设沿江“生态涵养型”“生态修复型”生态安全缓冲区。在重要河流入江处，通过修筑生态岸线、建设浅滩湿地、种植耐污植物等途径构建生态安全缓冲带。

（5）保护和巩固生态建设成果

调查与评估已有的生态保护修复成效及问题，统筹考虑自然地理单元的完整性、生态系统的关联性、自然生态要素的综合性，基于“山水林田湖草沙”整体保护、系统修复、综合治理的理念，遵循生态修复与环境治理协同增效的原则，从生态系统稳定、生态功能提升、生物多样性增加、环境质量改善等方面实施生态环境修复和提升。推进五山森林公园建设，建成国家级森林公园，争创国家 5A 级旅游景区。以县（市、区）为行政单位，组织编制本区域长江沿岸生态环境修复提升方案。

4. 生态廊道建设

（1）水生动植物的滨水生态廊道

滨水生态廊道主要连接各个水网，分为三级：Ⅰ级为长江干流；Ⅱ级为主要入江支流，清水通道；Ⅲ级为长江主要二级支流、城区主要河道等。建设要求：①根据河流宽度及水位确定水系廊道宽度，建议Ⅰ级水系生态廊道宽度大于 100 m，Ⅱ级水系生态廊道宽度大于 30 m，Ⅲ级水系生态廊道宽度大于 15 m；②合理搭配水生、湿生、陆生植物品种，部分地段种植鸟类食源植物，以利于鸟类栖息繁衍；③把“三面光”河堤硬质护岸恢复成自然式原型护岸；④贯通水系，使断头河自然连通成为活水水系；⑤最低程度地影响河道自然形态和河流水生态功能；⑥符合水利部关于河道堤防绿化与经营管理的规定。功能定位：生物多样性联络通道和栖息空间，水源涵养和环境净化带，生态防护带。重点建设内容：①将水利防洪安全、城市市政使用功能与河流湿地生态功能相结合，把“三面光”河堤硬质护岸恢复成自然式原型护岸，通过自然河流的形态修复、动物栖息地的营造、植物群落构建和水环境治理等方式构建可持续的“库塘—长江支流—滨江沿岸”生态廊道；②在重要通江河流两侧根据水环境区划方案和河流承载的功能划定河道缓冲区，建设生态型河流廊道，尽可能不破坏原有的自然属性和生物多样的生境组合，保护河流滩涂湿地，整治河道，保持和发挥河流廊道在水源供给、物质运输、城市风廊、动物迁移等方面的生态功能；③在河道两侧建设 30～50 m 的绿色植被，尽量保留自然河道、坑塘、湿地、湖荡的自然形态，对重点河道逐步进行生态护岸和河流绿带的建设，水系两岸除主要航运需要人工驳岸外，其他均采用自然式原型护岸，按生态学的要求对沿河的绿化廊道进行系统配置，强调生态群落的合理配置，积极选用乡土树种、水生植物，重视湿地环境的营造，建立完善的滨水生态廊道。

（2）陆生动植物的沿路生态廊道

沿路生态廊道主要连接七星湖、农林村、水绘园、龙游湖、桂花园、开沙岛、古港花都、文峰公园、世纪绿地、狼山森林公园、南通老洪港湿地公园、江海风景区、长江海门重要湿地、圆陀角风景区、如东沿海重要湿地、浅水湾公园、南山公园。分为三级：Ⅰ级为高速公路、国道、沿江公路等；Ⅱ级为省道、城际快速通道、城市组团间连接道路、旅游道路等；Ⅲ级为长江堤顶公路、城市干道、县乡公路。Ⅰ级道路生态廊道建设要求：①高速公路生态廊道的临路一侧以生态隔离为主，结合当地特色种植用材林或经济林，选择适宜生长的高大乔木为基调树种，规模化种植，形成路域生态屏障，每隔 3 km 左右间植其他树种，进行生物隔离，收费站、匝道区、隧道口等重要地段可种植常绿树、观花树种等，以增强景观效果，引导视线；②沿江公路、国道生态廊道的生态隔离应与绿化美化结合，临路 30～50 m 范围内乔灌结合，复层式种植，形成绿色屏障，外侧因地制宜种植用材林或经济林，重点加强道路交叉口、河流交叉口、大桥两侧、隧道口、城镇周边及入市口、旅游景区附近等处的绿化，将绿化与美化结合，距道路交叉口 100 m 以内种植枝下高大于 3.0 m 的乔木或低于 0.9 m 的灌木和地被。Ⅱ级道路生态廊道建设要求：①城际快速通道、城市组团间连接道路、旅游道路等道路类型生态廊道的绿化以景观美化和生态防护为主，注意色彩、季相和层次的变化；②省道等道路类型生态廊道建设以生态防护为主，临路 20～30 m 范围内复层式种植，加强道路和河流交叉口、道路交叉口、城镇入市口、旅游景区附近等处的绿化，距道路交叉口 80 m 以内种枝下高大于 3 m 的乔木或低于 0.9 m 的灌木和地被。Ⅲ级道路生态廊道建设要求：①城市干道生态廊道的绿化设计应符合《城市绿地设计规范》（GB 50420—2007）第 5 章和《城市道路绿化规划与设计规范》（CJJ 75—1997）的规定；②县乡公路生态廊道以生态防护为主，与当地防护林体系相结合，并结合当地特色在临路 10～20 m 范围内种植用材林或经济林，距道路交叉口 50 m 以内应种植枝下高大于 3 m 的乔木或低于 0.9 m 的灌木和地被。功能定位：生物多样性联络通道和栖息空间，生态防护带，环境净化带。重点建设内容：在沿江主干道两侧，根据现状条件和自然环境基础建设 10～100 m 的生态廊道，建设乔、灌、草多层次的植被，提高道路绿化廊道生态系统的多样性，既满足生态防护、环境净化的功能，又作为生物的联络通道和栖息空间，更加有效地发挥生态廊道的生态功能；发挥生态廊道的联结作用，增强区域生态空间的系统性和连续性，降低局部地域的景观破碎度，增加生物迁徙跳板，提高区域的生态安全水平；营建由水系林网、农田林网和道路林网交织而成的绿色生态屏障；实施水系堤岸防护林网建设，水绿一体化修复河网生态系统。

5. 生态功能提升

（1）优化长江岸线生态格局

编制沿江共抓大保护“一张图”，严格落实产业指导目录和市化工行业负面清单要求，加强岸线、河段、区域、产业的衔接，优化长江南通段生态格局。九圩港以西至小李港岸线（沪通大桥保护区除外）以临港产业岸线为主，有效控制如皋港区和天生港区工业岸线规模；市区沿江段退出货运功能，以城市生活岸线为主，兼顾邮轮运输；富民港区、江海港区主要为开发区服务，同时兼顾公共货物运输；通海港区以集装箱运输为主；海门城区段及以东以生活、生态岸线为主，限制工业发展；启东沿江岸线崇启通道和北沿江通道之间以生活和生态为主，崇启通道以东以生活、生态岸线为主，控制船舶工业园发展规模，保障湿地保护区生态安全，注入生活功能。实施岸线利用总量控制，长江干线及洲岛岸线开发利用率保持在 50%以下。

（2）提升生态系统服务功能

根据生态系统服务功能重要性评价，南通市沿江地区水源涵养价值为 84 247.2 万元、水土保持价值为 34 230.9 万元、洪水调蓄价值为 605 084.4 万元、生物多样性维护价值为 595 446.04 万元。其中，洪水调蓄功能价值最高，其次为生物多样性维护价值，但水源涵养价值相对较小，这与沿江地区生态功能不相匹配，也进一步说明沿江地区森林、草地、湿地等具有重要水源涵养功能的生态系统面积分布较小，生态系统质量有待进一步提升。为此，应加大沿江地区森林、草地、湿地等生态系统保育和修复，在扩大面积的同时提升生态系统质量，改善生态系统格局，按照生态系统的格局-质量-功能体系建设要求，提升沿江地区生态系统功能。

6. 生态价值转换

（1）推进生态产业发展

坚持生态优先、绿色发展，把生态修复保护摆在首要位置，逐步将生产型用地和岸线转变为市民健身、休闲、观光、旅游的公共空间和生活型岸线，统筹推进经济生态化与生态经济化，以保护好“绿水青山”为前提，着力提升经济社会发展的“绿色含量”。

（2）积极发展生态农业

全面推进“一村一品”的生态农业，致力打造一批沿江生态农业专业村，增强特色产业、主导产业的示范带动作用。深入实施化肥减量增效、农药使用零增长、池塘生态化改造工程，高质量建设绿色优质农产品基地，打造一批优质稻米、绿色蔬菜产业化基地，推进沿江现代生态循环农业试点村建设。

（3）打造沿江风貌城镇

提高空间规划编制水平，加强通派建筑研究和传承，留住特有的地域环境、文化特色、建筑风格。对改造提升城镇风貌分类施策，科学评估片区改造规模，实施“一镇一策”，对承载时代记忆的小镇进行保护性修复，对其他城镇根据实际情况进行局部微改造，实施一批美丽街区、景观亮化、公共艺术、绿色改造、博览展示等工程，打造与周边景观相协调的整体外观形象，提升城镇颜值。

（4）构筑诗意田园乡村

围绕土地利用、产业发展、居民点布局等实际需要，高标准编制“多规合一”的实用性村庄规划。抓住高标准农田建设、城乡建设用地增减挂钩等契机，引导乡村有序适度集中建设，不断优化镇村布局。整合闲置土地，打造成方连片、错落有致的大片农田景观。在沿江前沿区域打造一批乡村振兴示范。

（5）充分挖掘旅游资源

推进沿江沿海生态修复保护工程，扩大生态环境容量，提升生态功能，注重与腹地城市功能衔接，加快推进任港湾、五龙汇等重点功能片区建设，提升全线亲水性、畅达性、舒适性的贯通体验，打造集生态、绿色、活力于一体的城市客厅和美丽舞台。充分利用沿线文化元素，挖掘历史文化底蕴，在青龙港、通海垦牧公司挡潮墙遗址等地打造独具张謇文化记忆、高识别度的魅力空间。推动沿江沿海重点旅游板块建设，规划不同类型和尺度的活动空间和场所，策划一批精彩纷呈的项目和活动，大力发展水上运动。聚力打造南通苏通长江生态文化旅游园、长青沙旅游度假区、謇公湖旅游度假区，形成具有区域影响力的主题乐园和旅游集散服务中心。打造一批体现江海渔情、农事体验等特色的农业体验园、农庄渔村、采摘果园、特色民宿等高品质乡村旅游点，通过垂江垂海道路串珠成线。

7.3.3 生物多样性保护与恢复

1. 目标

开展长江流域（南通段）生物多样性本底调查，根据生物资源调查结果，结合生态保护红线，确定重点保护对象和地域，加大国家重点保护和珍稀濒危物种及本地特有生物种类的保护力度；开展水岸并进，依托生态缓冲带建设工程，加强生态廊道建设，构建长江沿线生物多样性保护体系；通过长江和内河河道整治，保护水生湿地植物和淡水鱼类，促进水质净化和水体安全，改善生物多样性生境。一是开展生物多样性调查与编目，优化物种空间布局，扩大乡土植物利用比例，加大本地重点物种保护力度，加强物种多样性建设，在生态建设过程中积极推广本地物种，严防过度使用外来植物、过度强调“奇花异草”。加大外来物种管理力度，严防外来物种，有效遏制入侵物种蔓延扩散趋势，保证本地物种的生态安全。二是进行生物资源保护基地建设，开展遗传多样性研究，加强长江水域生态系统恢复与保护，重点维护动物生物多样性和保护鸟类栖息地，恢复沿江生物多样性。三是开展生物多样性监测网络建设，建立沿江生态系统、生物多样性动态监测网络，明确重点保护对象和指示性物种清单，构建本地生物多样性数据库。防范外来物种入侵。

2．编制专项规划

（1）编制生物多样性保护专项规划

在已开展的生物多样性本底调查及《南通市生物多样性保护规划（2017—2030）》的基础上，进一步评估生物多样性受威胁状况和保护成效，加强生物资源监测和水域生态监控，编制《长江生态环境修复区生物多样性保护专项规划》，明确生物多样性保护目标、优先行动、重点项目和关键区域，建立水陆统筹的生物多样性保护网络体系，加强对沿江重要湿地及珍稀濒危水生生物的保护。围绕长江干流、主要入江支流和生态空间保护区，提出长江水域及陆域生物多样性恢复方案、途径和措施。

（2）实施生物多样性保育措施

南通沿江地区开发程度大、人类活动强烈、自然生态系统面积小且易受人为干扰，生物多样性保护首先要加强保育，减少人为干扰。加强乡土物种保护，多选用乡土物种修复受损严重的生态系统，保持重点保护区域生态系统及生物多样性稳定。加强重点保护的野生动植物的救助与扩繁，加大候鸟栖息地原生境保护力度，加强启东长江口（北支）湿地省级自然保护区的生态系统保护，推进规范化建设。加强水生生物及栖息地保护，针对长江刀鲚国家级水产种质资源保护区等，重点开展长江珍稀濒危及特有鱼类资源产卵场、索饵场、越冬场、洄游通道等重要生境的保护。根据相关法规和文件，对江豚、刀鲚、中华绒螯蟹、松江鲈鱼等重点保护水生野生动物建立专项保护和保育工作方案。严格执行长江十年禁渔计划。认真贯彻实施长江水域禁捕政策，大力推进渔民退捕，严厉打击非法捕捞、非法运输、非法经营长江水生生物的违法行为，让生态得到涵养，改善水域生态环境；开展水生生物资源增殖放流活动，加大水生生物资源养护力度，促进渔业种群资源恢复，使种群数量与生物多样性得到增强。

3．建立监测网络

（1）建立生物多样性监测体系

加快建立生态系统和物种资源的监测标准体系，推进生物多样性监测工作的标准化和规范化。加强物种定位研究站、鸟类环志站点、野生动植物资源监测站点建设，构建生物多样性监测网络体系和监测信息共享机制。加强对珍稀濒危特有物种及其栖息地、极小种群物种、野生动物疫源疫病等重点领域的监测。建立一批生物多样性社区监测示范村，探索以社区居民为主体的生物多样性社区监测管理和研究。定期开展生物多样性热点区域高等植物、鸟类、鱼类多样性调查，动态监测其种群变化规律，并开展生物多样性保护效果评价，从而为政府适时调整生物多样性保护规划与布局，完善保护策略提供依据。

（2）加强重点保护物种和特有物种监测

加强重点区域和长江河口特有物种保护区的调查、监测和研究，开展保护区的渔业资源的综合调查和评价，为保护特有物种和水生生物的种质资源提供重要基础。围绕自然保护区、种质资源保护区等建立特有物种和水生生物资源动态监测网络，掌握重点保护物种和特有水生生物种质资源的分布和种群状况。

（3）建设沿江生物多样性观测站点

生物多样性观测是在一定区域对生物多样性的定期测量，是生物多样性保护的重要基础性工作。鉴于南通长江入海口的特殊区域位置，其生物多样性十分丰富，建议建立长江湿地生态系统和生物多样性观测站点，进行定期、连续的动态监测，掌握重要生态系统和生物多样性动态变化。

4．实施恢复措施

（1）制定生物多样性恢复措施

根据生物多样性分布特点和受损状况，科学制定并实施生物多样性恢复措施，统筹处理好开发建设与生物多样性保护的关系。利用生态系统的自我恢复能力，并辅以必要的人工措施，促进受损生态系统逐步恢复，最终恢复气候带控制的植物群落、动物群落和微生物群落。针对长江不同河段自然环境状况和湿地特征，因地制宜配置湿地植物种类，根据以自然修复为主、人工种植为辅的植物恢复模式，利用自然修复能力，修复滨江植被缓冲带，完成生态系统自我修复，增加植物多样性，增强湿地生态系统稳定性。

（2）构建生物多样性高的复层群落结构

在生态修复和城市绿地建设过程中，应通过乔、灌、藤和草本植物在空间的合理配置，增加群落物种种类和生态系统多样性，减少建植大面积草坪，提高叶面积指数和绿视率。南通市园林绿化植物（行道树）主要有 30 余种，其中合欢、榉树等为乡土树种。应遵循“因地制宜，适地适树”“生态优先，效益最优”“乡土为主，适当引进”“乔木为主，多层结合”“物种多样，系统稳定”等原则，适当增加乡土树种作为绿化物种，尊重植物生态生活习性。减少城市生物生存、迁移和分布的阻力面，以形成城市大绿化的有机网络，使城市绿地系统成为开放系统，给生物提供更多的栖息地和更大的生境空间，使城外自然环境中的动植物能经过“廊道”向城区迁移，增加各生境斑块的连接度和连通性，维持生物群体自身的生态习性和遗传交换能力。

（3）开展重要物种的极小种群保护恢复

南通市极小种群主要有中华鲟、达氏鲟、江豚、鳗鱼及胭脂鱼等。对重要物种极小种群的保护和监测为制定科学有效的保护管理模式提供了依据，通过开展相关的保护和恢复工作，达到恢复南通生物多样性和保护国家珍稀濒危物种的双重目的。开展重要物种的极小种群调查，掌握其现状、分布、种群结构、栖息地基本特征及人类干扰等情况，分析极小种群形成的自然和人为原因，探索有效保护途径和技术方法。收集和储存极小种群的野生生物遗传资源，开展保护和研究。

5. 管控外来物种

（1）强化长江岸线生物资源的引进和管理

强化长江沿线水生生物资源的引进与开发利用管理。提升水运口岸查验能力，加大进口货物和运输工具的检验检疫力度，防范外来有害生物随货物、运输工具、压舱水传入。构建外来入侵物种监测、预警和防控管理体系，组织开展外来入侵物种分布情况监测，定期发布外来入侵物种分布情况。加强重点外来入侵物种防控与治理。

（2）建立外来物种风险预评估，加强防范能力

预防和评估是开展外来物种风险管理的前提，应建立符合南通市的外来入侵物种综合管理机制，构建防控外来入侵物种的综合性预防、控制体系。采取及时的预警和应急措施，利用有效的防治手段，强化外来入侵物种防治。加大林业有害生物检疫监管力度，防范外来有害生物的人为传播。不断提升南通口岸防控外来生物及有毒有害物质传入的能力。调查入侵物种种类、数量及分布情况，重点开展加拿大一枝黄花、美国白蛾等外来入侵物种的防控，开展检疫性实蝇、舞毒蛾、外来杂草、重要农产品疫情及突发疫情等监测及调查。开展外来物种生态破坏程度评估，对破坏程度高、扩散速度快的入侵物种制定专项防治措施（表 7-13、表 7-14）。

表 7-13　南通市主要外来入侵植物

物种	来源地	生态类群	种群建立情况	分布范围
空心莲子草（*Alternanthera philoxeroides*）	南美洲	多年生草本	已建立	广泛分布于河道、湖泊等湿地
凤眼蓝（*Eichhornia crassipes*）	巴西	浮水草本	已建立	分布于河道、湖泊的个别地方，尚未见大面积分布
加拿大一枝黄花（*Solidago canadensis*）	北美洲	多年生草本	已建立	生于城镇庭园、郊野、荒地、河岸高速公路和铁路沿线等处
钻形紫菀（*Aster subulatus*）	北美洲	一年生草本	已建立	路边、河边等处偶见
三叶鬼针草（*Bidens pilosa*）	热带美洲	一年生草本	已建立	田边、路边、荒地处常见
小蓬草（*Conyza canadensis*）	北美洲	一年生或二年生草本	已建立	田边、路边、荒地处常见
一年蓬（*Erigeron annuus*）	北美洲	一年生或二年生草本	已建立	田边、路边、荒地处常见

物种	来源地	生态类群	种群建立情况	分布范围
圆叶牵牛（*Ipomoea purpurea*）	热带美洲	一年生草本	已建立	田、路边、河边处常见
互花米草（*Spatina alterniflora*）	美国	多年生草本	已建立	潮间带
藿香蓟（*Ageratum conyzoides* L.）	热带美洲	一年生草本	已建立	山谷、河边、农田、草地和荒地
野燕麦（*Avena fatua* L.）	欧洲南部	一年生草本	已建立	农田
大藻（*Pistia stratiotes* L.）	巴西	多年生草本	已建立	池塘、沟渠
刺苋（*Amaranthus spinosus* L.）	热带美洲	一年生草本	已建立	旷地、园圃、农耕地

表 7-14　南通市主要外来入侵动物

物种	来源地	生态类群	种群建立情况	分布范围
福寿螺（*Pomacea canaliculata*）	南美亚马孙河流域	淡水水生螺类	已建立	淡水水域
牛蛙（*Rana catesbeiana*）	北美落基山脉以东地区，北到加拿大，南达佛罗里达州北部	无尾两栖类	部分地区建立	淡水水域
克氏原螯虾（*Procambarus clarkii*）	中、南美洲和墨西哥东北部地区	淡水水生甲壳动物	已建立	淡水水域
巴西龟（*Trachemyss cripta elegans*）	美国中南部，沿密西西比河至墨西哥湾周围地区	爬行动物龟类	未建立	城市周边水域
食蚊鱼（*Gambusia affinis*）	美国南方	鳉形目	未建立	淡水水域
美洲大蠊（*Periplaneta Americana* L.）	非洲北部	蜚蠊目	已建立	建筑物内部
德国小蠊（*Blattella germanica* L.）	南亚	蜚蠊目	已建立	建筑物内部

7.3.4　水土治理与协同增效

1．目标

根据长江南通段产业发展、主要污染物排放总量的时空分布特征，以及区域工业产业空间集聚和污染程度，提升污染治理水平和治理能力，切实提高水环境质量。实施岸线保护与开发利用整治计划，对岸线内的违法违规建设项目进行清退，逐步调整与长江生态保护不符的开发功能。一是按照重要水功能区水质达标要求，落实污染物达标排放措施，严格控制入河排污总量。建立流域—控制单元—控制断面的治理体系，以控制单元治理保障断面水质达标，以断面水质达标确保流域控制目标完成，实施水环境保护精细化管理。二是控制船舶港口污染，提高含油污水、化学品洗舱水等船舶污染物接收处置能力，所有港口均应具备船舶污染物接收能力，以满足到港船舶污染物接收处置需求。三是强化土壤重金属污染源头控制。提高铅酸蓄电池等行业落后产能淘汰标准，逐步退出落后产能。加强电镀、铅酸蓄电池、钢丝绳、印染、制革等行业重金属污染治理，推动电镀、钢丝绳等行业园区化发展，将涉重金属行业的重金属排放纳入排污许可证管理。四是提出循环农业发展规划和农业清洁生产方案。严格控制长江沿线及入江河道的农业污染，全面整治违法违规养殖行为。开展化肥、农药减量利用和有机肥替代利用，加大测土配方施肥推广力度，引导科学合理施肥施药。推动建立农村有机废弃物收集、转化、利用三级网络体系，探索规模化、专业化、社会化运营机制。五是严格落实产业指导目录和市化工行业负面清单要求，落实环保能耗要求、能耗总量及强度“双控”目标。

2．水污染防治

（1）实施水环境污染源头防控

大力加强污水处理设施建设与改造，沿江重点规划区内县级以上城市污水处理厂及重点规划区内乡镇污水处理厂全面实施提标改造，达到一级 A 标准。建设污水处理信息县级平台，统一构建污水处理智能信息化系统，配套建设污水提升泵站。推行生活污水处理设施污泥稳定化、无害化和资源化处理处置，提升污水处理厂污泥无害化处置能力，实现污泥处理处置设施全覆盖，城市污泥无害化安全处置。从严控制污染物排放，将水质达标作为环境质量的底线要求，解决突出水环境问题，落实国家和省控制单元管理要求，建立主要河流断面水质控制单元体系，切实维护和改善长江水质。

（2）整治入江支流水体

开展长江干流及通江河流入河排口、集中式污水处理设施排口、雨洪排口、农田退水排口和混合废水排口全面排查。综合利用卫星遥感、无人机航拍、无人船和智能机器人探测等先进技术，全面查清各类排污口情况和存在的问题，实施分类管理，落实整治措施。建立水功能区、长江干流及通江支流断面实时监测数据档案，查清长江水质和通江支流水质变化情况。加强河道排口规范化整治和精细化管理，严防河水倒灌。强化入江入河排污口审批和监管，从严核定水域的纳污能力，减少入江入河排污量。以“水陆统筹、以水定岸”为原则，以有效管控入河排污量为目标，对入河排口、集中式污水处理设施排口、雨洪排口、农田退水排口和混合废水排口等进行综合整治，制定专项整治方案，着力完成长江入河排污口“排查、监测、溯源、整治”四项重点任务，建立权责清晰监控到位、管理规范的长江入河排污口监管体系。设立带有二维码的排放口标识牌。严格监管城市各类排水行为。

以长江干流及主要支流两侧现状岸线为基准，综合利用卫星遥感、无人机航拍、智能机器人探测等先进技术，排查所有通过管道、沟、渠、涵闸、隧洞等直接向长江干流及主要支流排放废水的排污口。实施“查、测、溯、治”四项重点工作步骤，开展长江南通段入江排口排查、监测和溯源分析，建立档案。“一口一策”分类整治，实现精准治污；同时，通过清淤疏浚、排口改造、生态修复、引流补水等综合措施，确保入江河流水质达到Ⅲ类水质标准。加强主要支流入江断面水质自动监测，提高水质监控预警和应急处理能力。

（3）开展企业排污整治

制定沿江化工行业专项整治方案，开展减化行动“回头看”，巩固减化行动成果。开展化工企业整治，推行清洁生产，进行循环化改造；建立绿色安全发展评估体系，督促企业提质增效转型升级；评估淘汰退出落后低端产能，核查解决企业突出环境问题。督促企业落实安全生产与污染防治主体责任，迅速开展自查自纠，制定整改方案，采取有效措施，确保整改到位。开展常态化联合监管检查工作，监督违法拆解单位，严格妥善处置船舶污染物。

（4）加强港口船舶污染防治

推进港口船舶污染物接收、转运、处置能力建设，对达不到环保要求的港口码头全部限期整改；大型煤炭矿石码头堆场应根据建设条件合理建设防风抑尘设施或实现封闭储存；沿江港口具备船舶生活污水、油污水、化学品洗舱水、垃圾接收能力，建立接收、转运、处置公共运行机制。强化船舶污水垃圾处置监管，落实“联单制度”，加强船舶服务企业备案管理。完善港口码头环境基础设施建设，推动制定港口码头环保设施建设相关标准和要求，建立健全化学品洗舱工作制度。

（5）实施农村人居环境整治

以村庄小型污水处理设施的建设为重点，依据农村村庄生活污水治理专项规划，做好设施建设与运行管护工作。建立健全农村环境长效管理体制机制，在完善“组保洁、村收集、镇转运、县处理”城乡统筹生活垃圾处理体系的基础上，进一步推进农村生活垃圾分类试点工作。开展村庄绿化行动，推进村旁、宅旁、水旁、路旁、庭院及公共活动空间的绿化。积极开展生态文明示范村镇建设、特色田园乡村创建。

（6）加强饮用水水源地保护

开展长江干流水源地保护工程，完成集中式饮用水水源地达标建设和隐患问题整治。加强饮用水水源地信息化管控，明确保护区界定、设立电子化管理标牌、建设管护体系，从源头保护饮用水水源地水质安全。开展水质自动监测监控和预警能力建设，规范饮用水水源地水质污染预警预报和应急处置程序。构建形成完善的水源地属地管理与部门联动机制。

3．土壤污染防治

（1）加强固体废物污染整治

建立固体废物长效检查巡查机制，加大区域监管力度，落实长效管理机制，杜绝垃圾乱堆放情况。建立固体废物综合处置中心，推进项目环评编制与审批、项目设计与施工招标、项目工程建设与验收、项目试运行环保验收及正式投产等工作。

（2）防控土壤重金属污染

严格涉重金属项目环境准入，禁止在生态空间保护区、饮用水水源保护区、人口聚集区等重点管控区内新建、改建、扩建涉及重金属污染物排放的项目。继续开展涉重金属企业强制性清洁生产审核，推进先进生产技术和集中治污技术的运用。在重金属重点防控区开展专项整治。持续开展重金属污染治理工作，将重金属排放纳入排污许可证管理。

（3）实施土壤污染治理与修复试点

加强未污染和轻微污染农用地保护。结合基本农田补划工作，将符合条件的优先保护类耕地优先补划为永久基本农田，实行严格保护。对优先保护类耕地面积减少或土壤环境质量下降的区进行预警并依法采取限批等措施。启动土壤污染治理与修复试点区建设。以防控土壤污染风险为核心，有针对性地采取土壤污染风险管控措施，实施土壤修复工程，有计划、分步骤地开展试点区土壤污染治理与修复。

4．农业面源污染防治

（1）加强农业面源污染全排查

开展长江干流缓冲区 5 km 及主要入江河流 2 km 内农业面源污染防治全排查。一是排查畜禽养殖情况，按照畜禽养殖的禁养区、限养区和非禁养区分类，查清养殖企业的分布、种类、数量和污染排放情况。二是排查水产养殖情况，查清沿江水产养殖场的分布和污水排放情况。三是排查重点种植业情况，查清重点断面所在区域农田范围、施肥量、施药量和同比变化趋势。

（2）加大农业面源污染控制

积极开展农业面源污染综合防治示范区和有机食品认证示范区建设，加快发展生态循环农业，推进农业清洁生产，提高秸秆、废弃农膜、畜禽养殖粪便等农业废弃物资源利用水平。推动建立农村有机废弃物收集、转化、利用三级网络体系，探索规模化、专业化、社会化运营机制。加强农村污水垃圾综合治理，培育发展农村环境治理市场主体。加强农作物病虫害绿色防控和专业化统防统治。实施化肥、农药使用量零增长行动，开展化肥、农药减量利用和有机肥替代利用，加大测土配方施肥推广力度，引导科学合理施肥施药。

（3）科学合理调整水产养殖空间

因地制宜确定水产养殖宜养区、限养区、禁养区。推进网箱养殖标准化改造，加快标准化鱼池建设，研发集成示范稻渔综合种养、池塘工业化生态养殖等健康养殖技术与模式。积极推广人工配合饲料，加强养殖投入品管理。

（4）严格畜禽养殖禁养区划定和管理

优化养殖业布局，实现规模养殖场畜禽粪污全收集、全处置；加快生态化改造，优化提升养殖环境，全面推进池塘养殖尾水生态净化和循环利用工程，规范养殖池塘清塘行为，全面实现达标排放和循环利用；减少化肥农药使用量，严格执行化肥农药等农业投入品质量标准，严格控制高毒高风险农药使用，推进有机肥替代化肥、生物物理防控替代化学防治，加强废弃农膜回收，完善废旧地膜和包装废弃物等回收处理制度。

7.3.5　绿色转型与负面清单

1．目标

依托长三角一体化发展战略，坚持高质量发展和生态环境高水平保护，贯彻落实“绿水青山就是金山银山”理念，推进沿江产业转型升级，突出沿江发展的含“绿”量和低“碳”化，实施基于产业绿色转型的外源修复和负面清单的生态保护制度，打造江海联运的枢纽港城，使南通成为江苏省率先绿色转型发展的示范区。一是贯彻“以港兴市，港城相依”主体战略，将绿色发展贯穿港口规划、建设和运营的全过程，构建资源节约集约、港城环境友好、服务优质高效的港口绿色发展体系，从更深层次、更广范围、更高要求建设绿色港口，全面提升港口基础设施、装备和运输组织的绿色发展水平，为水运绿色发展和高质量发展提供有力支撑，实现港口与生态环境的和谐统一。二是合理保护和利用稀缺长江岸线资源，完善岸线利用准入机制，建立岸线资源有偿使用制度和有效退出机制，控制长江及洲岛岸线开发总量，逐步降低岸线开发利用率。三是加快港口岸线整合，提升岸线利用的规模化、集约化、专业化和绿色安全发展水平，通过整合优化，加快结构调整，提升岸线利用效率和效益，并做好与港口总规、城市总规、环保规划等相关规划的衔接。四是基于江苏省绿色循环低碳交通运输示范建设，提出港区绿化美化、港容港貌提升等环境综合整治方案，提升港口生态文明水平，改善港口生产生活环境，提高港口环境质量，有效化解港口环境矛盾，实现港、产、城生态融合与良性互动发展。五是开展区域一体化高质量发展与高水平保护目标路径研究，探索生态保护优先、可持续绿色发展的新路径，打造沿江特色的生态风光带和绿色转型发展先行示范区。六是选取沿江部分县或乡镇开展自然生态修复试验区建设，实施加强河道水系连通畅流、河道护岸生态化改造等科学、合理、适度的干预措施，通过探索创新生态保护制度机制，提升生态产品供给水平和保障能力，形成可推广、可复制的治理经验。

2．绿色转型发展

（1）推进产业转型升级，促进产业结构调整优化

按照绿色低碳发展理念，推动落后产业转型升级，促进产业结构调整优化。加快传统企业改造提升生产方式，实施清洁生产，推行循环再生，扎实推进减煤减化和化工生产企业关停并转、改造升级。加快发展能耗低、污染少的先进制造业和战略性新兴产业，促进生产型制造向服务型制造转变，增强高新技术产业、现代服务业、先进制造业对经济增长的带动作用。大力调整产品结构，积极开发高附加值、低消耗、低排放产品。在做强船舶、能源、电力等传统制造产业集群的同时，以质量和效益为中心，推动产业发展由中低端向中高端迈进，逐步发展精密制造、电子元器件等高端制造业集群。构建以先进制造为主体、现代服务为支撑、新兴产业为先导的现代产业体系。

（2）扎实推进清洁生产，大幅减少污染排放

围绕重点污染物开展清洁生产技术改造，推广绿色基础制造工艺，降低污染物排放强度，促进大气、水、土壤污染防治行动计划落实。积极引导重点行业企业实施清洁生产技术改造，减少 CO_2、SO_2、NO_x、烟（粉）尘、NH_3-N 等污染物排放。推动工业园区生产过程清洁化工艺技术改造，削减重金属、VOCs、持久性有机污染物（POPs）等非常规污染物排放量。大力推进节水技术改造，推广工业节水工艺、技术和装备。强化高耗水行业企业生产过程和工序用水管理，严格执行取水定额国家标准，围绕高耗水行业开展工业节水专项行动，提高工业用水效率。推进水资源循环利用和工业废水处理回用，推广特许经营、委托营运等专业化节水模式，推动工业园区集约利用水资源，实行水资源梯级优化利用和废水集中处理回用。

（3）加强资源综合利用，持续推动绿色循环发展

按照减量化、再利用、资源化原则，加快建立循环型工业体系，促进企业、园区、行业、区域间链接共生和协同利用，大幅提高资源利用效率。加快推动再生资源高效利用及产业规范发展。围绕废钢铁、废有色金属、废油、废弃电器电子产品等主要再生资源，加快先进适用回收利用技术和装备推广应用。全面推行循环生产方式。推进船舶、钢构、能源、电力、木材加工等行业拓展产品制造、能源转换、废弃物处理-消纳及再资源化等行业功能，强化行业间横向耦合、生态链接、原料互供、资源共享。推进各园区进行循环化改造，实现生产过程耦合和多联产，提高园区资源产出率和综合竞争力。以创新、协调、绿色、开放、共享的新发展理念为引领，开展“无废城市”建设，持续推进固体废物源头减量和资源化利用，最大限度减少填埋量，将固体废物环境影响降至最低。

（4）积极促进低碳发展，削减温室气体排放

推进重点行业低碳转型。结合碳排放重点行业特点，制定重大低碳技术推广实施方案，促进先进适用低碳新技术、新工艺、新设备和新材料的推广应用。研究制定船舶、钢构、能源、电力、木材加工等重点行业碳排放控制目标和行动方案，提升重点行业碳生产力水平。在重点行业，选择一批减排潜力大、成熟度高、先进适用的重大低碳技术示范推广，促进工业行业碳排放强度下降。开展工业低碳发展试点示范。开展低碳园区试点示范，推进园区碳排放清单编制工作，推动园区企业参与碳排放权交易。开展低碳企业试点示范，引导企业实施低碳发展战略，逐步建立低碳企业评价标准、指标体系和激励约束机制，培育低碳标杆企业，增强企业低碳竞争力。

（5）提升科技支撑能力，促进绿色创新发展

加快传统产业绿色化改造关键技术研发。围绕船舶、钢构、能源、电力、木材加工等行业，以新一代清洁高效可循环生产工艺装备为重点，结合国家和省级重大科技专项等，突破一批工业绿色转型关键核心技术，研制一批重大装备，支持传统产业技术改造升级。支持绿色制造产业核心技术研发。面向节能环保、新能源装备、新材料等绿色制造产业的

技术需求，加强核心关键技术研发，构建支持绿色制造产业发展的技术体系。

（6）加快构建绿色制造体系，发展壮大绿色制造产业

支持企业按照产品全生命周期绿色管理理念，遵循能源资源消耗最低化、生态环境影响最小化、可再生率最大化原则，大力开展绿色设计示范试点，加快开发具有无害化、节能、环保、低耗、高可靠性、长寿命和易回收等特性的绿色产品。建设绿色工厂。按照厂房集约化、原料无害化、生产洁净化、废物资源化、能源低碳化的原则分类创建绿色工厂。引导企业按照绿色工厂建设标准建造、改造和管理厂房，集约利用厂区。提高工厂清洁和可再生能源的使用比例，建设厂区光伏电站、储能系统、智能微电网和能管中心。以企业集聚化发展、产业生态链接、服务平台建设为重点，推进绿色工业园区建设。优化工业用地布局和结构，提高土地节约集约利用水平。积极利用余热余压废热资源，推行热电联产、分布式能源及光伏储能一体化系统应用，建设园区智能微电网，提高可再生能源使用比例，实现整个园区能源梯级利用。加强水资源循环利用，推动供水、污水等基础设施绿色化改造，加强污水处理和循环再利用。促进园区内企业之间废物资源的交换利用，在企业、园区之间通过链接共生、原料互供和资源共享，提高资源利用效率。推进资源环境统计监测基础能力建设，发展园区信息、技术、商贸等公共服务平台。

3. 绿色港口建设

（1）提升水污染治理能力

推进港口码头水污染防治设施建设，加快升级港口排水系统和污水处理系统，推进生产生活污水、雨污水循环利用，加快改善水环境质量。推进港口船舶污染物接收转运及处置设施建设，全面完成全市港口船舶污染物接收、转运及处置能力建设，并确保设施正常运转。

（2）规范整治危险化学品码头

根据国家、部省最新规定，严格危化品码头建设运行标准，不符合标准的一律依法关停整治；严格执行《港口危险货物安全管理规定》和落实上级有关文件规定，规范危化品码头运行。从严控制危险货物港口岸线审批，严禁在长江干流及主要支流岸线 1 km 范围内新建危险化学品码头。

（3）积极推进港口节能减排

推进港口岸电设施建设。新建码头同步规划、设计、建设岸基供电设施，有序改造已建港口的岸基供电设施。大力推动船舶靠港使用岸电，逐年提高岸电设施的使用率。推进港口能源消费结构优化，构建清洁低碳的港口能源体系；深化港口节能技术应用，加快绿色照明、电网动态无功补偿及谐波抑制等基础设施节能技术的推广应用。

（4）创新绿色运输方式

积极推进运输结构调整，大力发展铁水联运、水水联运等多式联运，以及江海联运、江海直达、水水中转等运输组织方式。建设完善港口物流信息系统，逐步推广集装箱码头智能化生产作业，提升作业和物流效率。推进能源消耗排放统计和监测制度的建立，编制港口大

气污染物排放清单，完善港口能源环保体系，鼓励通过信息化手段加强节能环保管理。

（5）加强港口岸线资源保护

坚持以“共抓大保护、不搞大开发”为导向，优先将港口岸线用于专业化公用码头建设，实现港口岸线利用集约高效。加强已有港口岸线资源整合，对多占少用、占而不用等不合理使用的港口岸线资源整合，鼓励和支持通过产权重组等方式对利用效率达不到港口岸线利用监管指标的码头进行整合，提升已有港口岸线效率效能。

（6）积极推动港区环境综合整治

开展港容港貌提升工程，开展港口作业区内“见缝插绿”工程，着力提升港区内绿化质量，改善港区生态环境。

4．负面清单制定

结合《长江经济带发展负面清单指南（试行）》和江苏省重点流域生态环境准入管控要求，以及生态保护修复成效评估，提出南通市长江流域生态环境准入管控要求和沿江重要生态空间负面清单（表 7-15、表 7-16）。

表 7-15　南通市长江流域生态环境准入管控要求

序号	维度	管控措施及要求
1	空间布局约束	• 禁止建设不符合全国和省级港口布局规划以及港口总体规划的码头项目，禁止建设不符合《长江干线过江通道布局规划》的过江通道项目； • 禁止在《长江岸线保护和开发利用总体规划》划定的岸线保护区内投资建设除保障防洪安全、河势稳定、供水安全以及保护生态环境、已建重要枢纽工程以外的项目，禁止在岸线保留区内投资建设除保障防洪安全、河势稳定、供水安全、航道稳定以及保护生态环境以外的项目； • 禁止在《全国重要江河湖泊水功能区划》划定的河段保护区、保留区内投资建设不利于水资源及自然生态保护的项目； • 不得在沿江地区新设或扩建化学工业园区，沿江清水通道岸线 1～3 km 范围内禁止新建基础化工原料企业； • 沿江地区严格限制新建中重度污染化工项目； • 不得在沿江地区新建和扩建以大宗进口油气资源为原料的石油加工、石油化工、基础有机无机化工、煤化工项目； • 不得在长江干流和主要支流岸线 1 km 范围内新建危化品码头； • 禁止在距离长江干流岸线 3 km 范围内新建、改建、扩建尾矿库； • 禁止在沿江县、市、区、开发区、新区（不包括沿海区域）新建、扩建除热电联产外的燃煤发电项目； • 禁止在沿江地区新建钢铁、燃煤火电等高能耗项目
2	污染物排放管控	• 积极推进岸电设施建设和油气回收工作，2016 年 4 月 1 日起苏州、南通沿江靠泊船舶，2018 年 1 月 1 日起沿江八市靠泊船舶使用含硫量小于 0.5%的低硫油或使用岸电系统等与排放控制区要求等效的替代措施； • 在长江流域进行氮、磷污染控制，推动建立单项指标与水生态安全综合指标相结合的评估模式，评估指标包括 COD、BOD、NH_3-N、TP、亚硝酸盐氮、硝酸盐氮、溶解氧、POPs 和重金属

序号	维度	管控措施及要求
3	环境风险防控	• 清理长江沿岸危险化学品码头和储罐，规范沿江危险化学品码头运行管理，强化水上运输安全监督管理，推进危险化学品运输船舶定位识别设备安装使用，完善应急响应机制； • 建设长江生态安全带，全力保障长江饮用水水源，彻底清理整顿沿江水源地违法违规设施，逐步转移沿江重污染企业，开展入江支流专项整治，关闭违法排污口，全面消除劣Ⅴ类水体； • 加快推进纳入“四个一批”升级名单的危化品码头、仓储企业改造提升，完成石油化工码头和港口危险化学品储罐视频监控覆盖率 100%
4	资源利用效率要求	• 优先保护岸线原则上禁止一切影响及妨碍生态环境保护与河道安全的开发利用行为； • 重点管控岸线严格限制污染企业的进驻及排污口的设置； • 一般管控岸线的开发利用需以岸线及河势的稳定为先决条件，尤其是各项重大工程的建设，同时应重视沿岸取水口及排污口监管，保障沿岸城镇及居民生命财产及用水安全，确保社会稳定

表 7-16　沿江重要生态空间负面清单

序号	市场准入类别	适用范围	管控类别	管控措施及要求
1	自然保护区	涉及长江干流河段、岸线的自然保护区：启东长江口（北支）湿地省级自然保护区	岸线开发	在自然保护区的核心保护区的岸线，禁止建设任何生产设施
			河段利用	• 在自然保护区核心保护区的河段，禁止新建、改建和扩大入河排污口； • 在自然保护区核心保护区的河段，禁止新建、改建和扩大生产设施及其取水口
			区域活动	• 除经主管部门批准的科学研究观测和调查活动外，核心保护区只准进入从事科学研究观测活动，禁止开展旅游和生产经营活动，除经批准的参观考察、科普宣教及珍稀濒危野生动物的驯化和繁衍、取水等活动外，禁止在一般控制区建设污染环境、破坏环境以及景观的生产设施； • 保护区禁止猎捕野生动物，禁止破坏国家重点保护野生植物和地方重点保护野生植物的保护点的保护设施和保护标志，未经批准，禁止任何单位和个人在保护区擅自引入外来物种
		涉及长江干流河段、岸线的自然保护区：启东长江口（北支）湿地省级自然保护区	产业发展	• 禁止进行砍伐、放牧、狩猎、捕捞、采药、开垦、烧荒、开矿、采石、挖沙等活动，法律、行政法规另有规定的除外； • 禁止高尔夫球场建设、索道建设、会所建设、以社会资金进行商业性矿产勘查，以及不属于国家重大战略资源的勘查、野生动物驯养繁殖、展览基地建设等项目建设； • 禁止建设各类对生态环境造成负面影响的营利性生产项目
2	风景名胜区	涉及长江干流河段、岸线的风景名胜区：狼山风景名胜区、濠河风景名胜区、江海风景名胜区	岸线开发	• 禁止建设工业固体废物集中贮存、处置的设施、场所和生活垃圾填埋场
			河段利用	• 禁止新建入河排污口
			区域活动	• 禁止超过允许容量接纳游客和在没有安全保障的区域开展游览活动； • 除经批准确需引进以外，禁止向风景名胜区引进外来生物物种和转基因物种； • 禁止进行影响和破坏文物安全及其环境的活动；

<table>
<tr><th>序号</th><th>市场准入类别</th><th>适用范围</th><th>管控类别</th><th>管控措施及要求</th></tr>
<tr><td rowspan="2">2</td><td rowspan="2">风景名胜区</td><td rowspan="2">涉及长江干流河段、岸线的风景名胜区：狼山风景名胜区、濠河风景名胜区、江海风景名胜区</td><td>区域活动</td><td>• 禁止违反风景名胜区规划，设立各类开发区和在核心景区内建设宾馆、招待所、培训中心、疗养院及与风景名胜资源保护无关的其他建筑物；
• 禁止修建储存爆炸性、易燃性、放射性、毒害性、腐蚀性物品的设施</td></tr>
<tr><td>产业发展</td><td>• 禁止进行开山、采石、开矿、开荒、非抚育和更新性的采伐、修坟立碑等破坏景观、植被和地形地貌的活动；
• 允许开展的游览项目建设，禁止对周围景物、水体、林草植被、野生动物资源和地形地貌造成破坏；
• 禁止建设各类破坏景观、污染环境、妨碍游览的营利性生产项目</td></tr>
<tr><td rowspan="4">3</td><td rowspan="4">饮用水水源保护区</td><td rowspan="4">涉及长江干流河段、岸线的饮用水水源保护区：长江李港饮用水水源保护区、长江狼山饮用水水源保护区、长江长青沙饮用水水源保护区、长青沙水库应急水源地饮用水水源保护区、长江洪港饮用水水源保护区、老洪港应急水库饮用水水源保护区、海门长江饮用水水源保护区</td><td>岸线开发</td><td>• 禁止在饮用水水源一级保护区岸线新建、改建、扩建与供水设施和保护水源无关的建设项目；
• 禁止在饮用水水源二级保护区岸线新建、改建、扩建排放污染物的建设项目；
• 禁止在饮用水水源准保护区岸线新建、扩建对水体污染严重的建设项目，改建建设项目禁止增加排污量</td></tr>
<tr><td>河段利用</td><td>• 禁止在饮用水水源一级保护区、二级保护区新建、改建和扩大入河排污口，已建成的入河排污口由县级以上人民政府责令拆除或者关闭；
• 禁止在饮用水水源准保护区新建、扩建对水体污染严重的建设项目入河排污口，改建入河排污口禁止增加排污量</td></tr>
<tr><td>区域活动</td><td>• 在饮用水水源一级保护区，禁止从事网箱养殖、建设畜禽养殖场、种植及旅游、游泳、垂钓等可能污染饮用水水源的行为，禁止堆放工业废渣、生活垃圾和其他废弃物，禁止建设输送污水的渠道、管道，禁止输油管道通过保护区，禁止建设油库，禁止建设墓地，禁止设置与供水需要无关的码头、停靠与保护水源无关的机动船舶；
• 在饮用水水源二级保护区，禁止未采取水体污染防控措施从事网箱养殖、规模化畜禽养殖和旅游等活动，禁止堆放化工原料、危险化学品、矿物油类及有毒有害矿产品，禁止设置易溶性、有毒有害废弃物暂存和转运站，禁止设立装卸垃圾、粪便、油类和有毒物品的码头；
• 在饮用水水源准保护区，禁止施用高毒、高残留农药，禁止滥用化肥，使用炸药、毒品捕杀鱼类，禁止毁林开荒，禁止非抚育和更新性的采伐，禁止网箱养殖，禁止法律、法规禁止的其他行为</td></tr>
<tr><td>产业发展</td><td>• 在饮用水水源一级保护区，禁止新建、改建、扩建与供水设施和保护水源无关的建设项目，文物与历史建筑修缮除外；
• 在饮用水水源二级保护区，禁止新建、改建、扩建排放污染物的建设项目，禁止建设有污染物排放的畜禽养殖场，禁止从事经营性取土和采石（砂）等产业活动；
• 在饮用水水源准保护区，禁止新建扩建制药、化工、造纸、制革、印染、染料、炼焦、炼硫、炼砷、炼油、电镀、农药等对水体污染严重的产业项目，禁止改建增加排污量的产业项目</td></tr>
</table>

序号	市场准入类别	适用范围	管控类别	管控措施及要求
4	重要湿地和湿地公园	涉及长江干流河段、岸线的重要湿地和湿地公园：长江友谊沙重要湿地保护区、圆陀角湿地公园、老洪港湿地公园	区域活动	• 湿地保育区除开展保护、监测等必需的保护管理活动外，禁止进行任何与湿地生态系统保护和管理无关的其他活动；恢复重建区除开展培育和恢复湿地的相关活动外，禁止其他无关活动；宣教展示区除开展以生态展示、科普教育为主的活动外，禁止其他无关活动；合理利用区除开展不损害湿地生态系统功能的生态旅游等活动，禁止其他无关活动；管理服务区除开展管理、接待和服务等活动外，禁止其他无关活动。 • 禁止开（围）垦、填埋、占用湿地，擅自改变湿地用途；禁止倾倒、堆置废弃物、排放有毒有害物质或者超标废水；除国家另有规定外，禁止开矿、采石、取土、修坟及生产性放牧等行为；禁止投放、种植不符合生态要求的生物物种；禁止破坏湿地保护设施、设备；禁止乱扔垃圾；禁止制造噪声影响野生动物栖息环境；禁止擅自猎捕野生动物，禁止违规捡拾鸟类；禁止非法捕捞鱼类及其他水生生物。 • 禁止湿地自然保护区核心区人口定居。 • 严格限制滩涂养殖区域和养殖密度，严格限制滩涂水域捕捞区域和作业网具
			产业发展	• 禁止开展经营性畜禽养殖活动，禁止商品性采伐林木； • 禁止从事房地产、度假村、高尔夫球场等任何不符合主体功能定位的建设项目和生产活动
5	水产种质资源保护区	国家级水产种质资源保护区：长江如皋段刀鲚国家级水产种质资源保护区	区域活动	• 在国家级和省级水产种质资源保护区规定的特别保护期内，以及主要保护对象的繁殖期、幼体生长期等生长繁育关键阶段，禁止进行捕捞、爆破作业及其他可能对保护区内生物资源和生态环境造成损害的活动； • 禁止从事围湖造田、造地、围海造地或围填海等工程
			产业发展	• 禁止在水产种质资源保护区核心区建设污染环境、破坏水产种质资源的生产设施

7.4　重点任务

7.4.1　如皋市

1.“一带”打造

如皋市长江岸线长度为 36.40 km，已利用岸线 20.40 km，其中生产、生活、生态岸线比例为 55∶1∶44。主要针对沿江港口和工业用地，涉及国家级水产种质资源保护区核心区和饮用水水源地保护区等重要生态空间的开发建设用地，进行清退与调整，尽可能地保留更多的自然岸线，开展岸线清退后的生态修复工作。完善生态廊道网络。严格保护生态空间保护区域，提升沿江生态系统稳定性。严控船舶及港口污水排放，进行固体废物的收集与处理，开展生态航道、绿色港口建设。

2．“两廊”构建

如皋市有如海运河、四号港、如皋港、中心河（如皋）、新跃河、周圩港 6 条入江河流，沿江主要道路有 G204 国道、S356 省道、S603 省道、如港公路、环岛路、堤顶公路等。

重点推进长江如皋段岸线清退调整，贯通沿江岸线，提升江堤标准，拓宽堤顶道路。依托反修沙、长青沙、滨江大堤建设沿江生态防护林。对长江堤防迎水侧的水域、沙洲、滩地进行生境保护及湿地生态系统修复，合理配置湿生、陆生植物群落，提升沿江生态系统质量和稳定性。推进河道岸线“退港还城还林”，依托如海运河、如皋港、周圩港和焦港河等建设滨水生态廊道，依托 G204 国道、S356 省道、S603 省道、如港公路、环岛路、堤顶公路等建设沿路生态廊道（表 7-17）。

表 7-17　如皋市生态廊道建设名录

主要河流和道路		生态廊道级别及宽度	生态廊道主要功能
滨水生态廊道	长江	Ⅰ级水系生态廊道，100 m 以上	生物多样性保护、生态防护、水土保持、水源涵养
	如海运河	Ⅱ级水系生态廊道，50 m 以上	水源水质保护、生态防护、生物多样性保护
	焦港河	Ⅱ级水系生态廊道，50 m 以上	
	如皋港	Ⅱ级水系生态廊道，30 m 以上	生态防护、生物多样性保护
	周圩港	Ⅱ级水系生态廊道，30 m 以上	
沿路生态廊道	G204 国道	Ⅰ级沿路生态廊道，30～50 m	生态防护、景观美化、绿色出行
	S356 省道	Ⅰ级沿路生态廊道，30～50 m	
	S603 省道	Ⅰ级沿路生态廊道，30～50 m	
	环岛路	Ⅰ级沿路生态廊道，30～50 m	
	如港公路	Ⅱ级沿路生态廊道，20～30 m	生态防护、绿色出行
	堤顶公路	Ⅲ级沿路生态廊道，10～20 m	生物多样性保护、生态防护、水土保持、休闲观光
	沿江 5 km 内城市主干道、县乡公路	Ⅲ级沿路生态廊道，10～20 m	生态防护、景观美化、绿色出行

3．“三区”布局

如皋市的生态保育区面积为 202.24 km^2，其中国家级生态保护红线和生态空间管控区域面积分别为 10.07 km^2、193.26 km^2；生态缓冲区面积为 48.00 km^2，其中沿江地区和岛屿面积分别为 21.42 km^2、26.58 km^2；生态建设区面积为 1 318.77 km^2。“三区”面积占如皋市总面积的比例依次为 12.89%、3.06%和 84.05%。

根据土地利用现状数据统计，沿江保育区内主要用地类型依次为耕地、水域及水利设施用地、住宅用地，这 3 种地类占保育区面积的 91.87%。生态缓冲区内土地利用现状主要为住宅用地、耕地、水域及水利设施用地，岛屿主要用地类型为耕地、住宅用地。就整个生态缓冲区而言，居民建设用地及农业用地为主要的土地利用类型。生态建设区内主要的土地利用类型依次为耕地、住宅用地、水域及水利设施用地。

综合如皋市的“三区”面积占比及土地利用现状，如皋市生态缓冲区的面积较小，造成生态建设区对生态保育区的影响更为直接。因此，当前生态环境修复的重点在于保证稳步提高生态保育区的生态功能，治理沿江工业可能带来的水环境污染，同时在生态建设区加强农业面源污染防治，提高生态系统服务功能。

（1）生态保育区重点任务

一是强化生态修复和生态功能提升。除防洪、重要航道所必需的护岸外，禁止非生态型江堤岸改造，实施水生生物洄游通道重要生物栖息地修复。加强长江江滩、友谊沙、反修沙、通江河流等重要湿地保护，通过河岸带水生态保护与修复、湿地植被恢复、有害生物防控等措施，提高湿地生态功能。构建生物多样性保护网。强化生态保育区生物多样性保护，构建生态廊道和生物多样性保护网络。二是加快推进长江如皋段生态防护林建设。推进长江如皋段刀鲚国家级水产种质资源保护区内实施全面禁捕，严格执行长江禁渔期制度，严厉打击非法捕捞，加大长江干支流河漫滩、洲滩、岸线、河口滩涂、长青沙等生物多样性保护与恢复。

（2）生态缓冲区重点任务

一是港口岸线清退与调整。长江岸线如皋段处于生态空间保护区极重要区域内的现状港口岸线长度为 0.89 km，主要涉及刀鲚国家级水产种质资源保护区核心区、如皋市长江长青沙七匡水源地保护区，为大型港口占用，建议将以上区段作为优先清退岸线区段，退出或置换该段港口岸线；处于生态空间保护区重要区域内的现状港口岸线共 12.72 km，主要涉及刀鲚国家级水产种质资源保护区实验区，其中大型港口占用 8.73 km，仓储物流码头占用 0.37 km，砂石及小散乱码头占用 3.61 km，建议将该类区段作为重点调整岸线区段，优化配置港区布局，对小散乱码头进行清除与复绿，严控船舶及港口污水及固体废物的收集与处理。二是工业岸线清退及调整。长江岸线如皋段处于生态空间保护区内的现状工业岸线共 8.58 km，主要包括两大区段：①涉及刀鲚国家级水产种质资源保护区核心区、如皋市长江长青沙七匡水源地保护区，为其他工业企业与船舶企业，共计占用优先保护区—极重要保护区段 3.72 km；②涉及刀鲚国家级水产种质资源保护区实验区，为化工、船舶与其他工业企业，共计占用岸线区段 4.86 km。建议将前者作为优先清退岸线区段，逐步迁出或关闭区域内工业企业，并禁止在区内设置排污口，原有排污口应进行拆除；对处于后者的现状工业岸线，应作为重点调整岸线区段，严格限制具有污染风险产业的发展，不得新建或扩建可能引发环境风险的危险源项目，严格控制污染物排放总量，并加强园区与企业的环境风险防范管理、环境风险预警与应急能力建设。在有条件的情况下，完成企业的逐步调整与搬迁。三是城镇生活岸线清退与调整。长江岸线如皋段现状城镇生活岸线与生态空间保护区的冲突主要涉及刀鲚国家级水产种质资源保护区实验区，现状类型为城镇与其他城镇生活利用，共 2.38 km。建议区域内不新增建设用地斑块，并优化现有用地格局；禁止在区内新增与扩建排污口，加强城镇及农村污水管网与集中处理设施建设；规范沿岸种植及养殖业发展，控制畜禽养殖源污染物排放入江。

4．“多点”保护

如皋市长江沿岸生态空间保护区域有焦港河（如皋市）清水通道维护区、长江如皋段刀鲚国家级水产种质资源保护区、长江友谊沙重要湿地保护区、长江长青沙饮用水水源保护区、长青沙水库应急水源地饮用水水源保护区、长青沙特殊物种保护区、如海运河（如皋市）清水通道维护区等生态空间保护区，涉及水源水质保护、渔业资源保护、湿地生态系统保护、水源水质保护和种质资源保护等生态功能（表 7-18）。

表 7-18　如皋市生态空间保护区域名录

生态空间保护区域名称	主导生态功能	国家级生态保护红线面积/km^2	生态空间管控区域面积/km^2	总面积/km^2
焦港河（如皋市）清水通道维护区	水源水质保护	—	72.48	72.48
长江如皋段刀鲚国家级水产种质资源保护区	渔业资源保护	5.48	16.64	22.12
长江友谊沙重要湿地保护区	湿地生态系统保护	—	4.66	4.66
长江长青沙饮用水水源保护区	水源水质保护	3.89	—	3.89
长青沙水库应急水源地饮用水水源保护区	水源水质保护	1.01	—	1.01
长青沙特殊物种保护区	种质资源保护	—	6.00	6.00
如海运河（如皋市）清水通道维护区	水源水质保护	—	96.43	96.43
总计		10.38	196.21	206.59

一是加强长江水域及滩地保护和管控。长江如皋段刀鲚国家级水产种质资源保护区、长青沙特殊物种保护区及长江友谊沙重要湿地保护区等长江水域湿地是需要开展生物多样性保护和管理的重点地区，对保护刀鲚等水生生物、湿地水鸟及潜在的长江江豚等有重要意义。该区域禁止新建、扩建对土壤、水体造成污染的项目；严格控制外界污染物和污染水源的流入；开发建设活动不得对种质资源造成损害；严格控制外来物种的引入，积极治理外来入侵物种；禁止破坏野生动物栖息地及鱼类洄游通道；禁止猎捕野生动物、捡拾鸟卵或采集野生植物，采用灭绝性方式捕捞鱼类或者其他水生生物等。

二是严格保护饮用水水源地水质。长江长青沙饮用水水源保护区、长青沙水库应急水源地饮用水水源保护区、焦港河（如皋市）清水通道维护区、如海运河（如皋市）清水通道维护区对水源水质保护具有重要意义，应加强对饮用水水环境质量的保护，严格执行《饮用水水源保护区污染防治管理规定》《江苏省河道管理条例》等有关规定。

三是推动建立跨县域的生物多样性保护长期监测和管理网络。如皋沿江地区分布有众多的生物多样的热点地区（如长青沙、反修沙、长江水域等），水生生物资源十分丰富。这些热点地区与靖江市、张家港市、通州区等行政区毗邻，建议推动建立跨县域的生物多样性保护监测和管理网络，有利于生物多样性信息的共享，提高生物多样性保护效果。

7.4.2 通州区

1．“一带”打造

通州区长江岸线长度为 26.8 km，已利用岸线 7.2 km，其中生产、生活、生态岸线比例为 27∶0∶73。长江岸线通州段东部区域分布有大量码头和工业，西部区域主要分布村庄和农田，沿江有开沙岛长江（通州区）重要湿地和九圩港（通州区）清水通道维护区等生态空间保护区域。重点对长江岸线通州段的港口岸线、工业岸线进行优化调整，尽可能地保留更多的自然岸线。加强开沙岛等长江（通州区）重要湿地保护。建设滨水生态廊道沿路生态廊道，完善生态廊道网络。严格保护生态空间保护区域，提升沿江生态系统稳定性。严控船舶及港口污水排放，进行固体废物的收集与处理，开展生态航道、绿色港口建设。

2．“两廊”构建

通州区有公字河、小李港、大李港、新捕河、通吕运河和九圩港 6 条入江河流，沿江主要道路有沪陕高速、通锡高速、南通支线高速、G204 国道、S356 省道、东沙大道、江海大道、通宁大道等。

贯通沿江岸线，提升江堤标准，拓宽堤顶道路。依托通州区沿长江生态走廊、开沙岛旅游度假区、沪苏通大桥生态公园、南通苏通长江生态文化旅游园等，实施沿江重要生态系统保护和修复，提升沿江生态系统质量和稳定性。推进河道岸线“退港还城还林”，依托通启运河、通吕运河、九圩港、小李港和通扬运河等建设滨水生态廊道。贯通通甲河水系、完善沿江圩区水系，结合通扬线改线，进行团结河二期整治，实现区域活水畅流。依托沪陕高速、通锡高速、南通支线高速、G204 国道、S356 省道、东沙大道、江海大道、通宁大道等建设沿路生态廊道（表 7-19）。

表 7-19 通州区生态廊道建设名录

<table>
<tr><th colspan="2">主要河流和道路</th><th>生态廊道级别及宽度</th><th>生态廊道主要功能</th></tr>
<tr><td rowspan="5">滨水生态廊道</td><td>长江</td><td>Ⅰ级水系生态廊道，100 m 以上</td><td>生物多样性保护、生态防护、水土保持、水源涵养</td></tr>
<tr><td>通吕运河</td><td>Ⅱ级水系生态廊道，50 m 以上</td><td rowspan="2">水源水质保护、生态防护、生物多样性保护</td></tr>
<tr><td>九圩港</td><td>Ⅱ级水系生态廊道，50 m 以上</td></tr>
<tr><td>小李港</td><td>Ⅱ级水系生态廊道，30 m 以上</td><td>生态防护、生物多样性保护</td></tr>
<tr><td>城区主要河流</td><td>Ⅲ级水系生态廊道，20 m 以上</td><td>景观美化、绿色出行</td></tr>
</table>

主要河流和道路		生态廊道级别及宽度	生态廊道主要功能
沿路生态廊道	沪陕高速	Ⅰ级沿路生态廊道，30～50 m	生态防护、景观美化、绿色出行
	通锡高速	Ⅰ级沿路生态廊道，30～50 m	
	南通支线高速	Ⅰ级沿路生态廊道，30～50 m	
	G204 国道	Ⅰ级沿路生态廊道，30～50 m	
	S356 省道	Ⅰ级沿路生态廊道，30～50 m	
	东沙大道	Ⅱ级沿路生态廊道，20～30 m	生态防护、绿色出行
	江海大道	Ⅱ级沿路生态廊道，20～30 m	
	通宁大道	Ⅱ级沿路生态廊道，20～30 m	
	堤顶公路	Ⅲ级沿路生态廊道，10～20 m	生物多样性保护、生态防护、水土保持、休闲观光
	沿江 5 km 内城市主干道、县乡公路	Ⅲ级沿路生态廊道，10～20 m	生态防护、景观美化、绿色出行

3．“三区”布局

通州区的生态保育区面积为 68.32 km^2，其中国家级生态保护红线和生态空间管控区域面积分别为 11.76 km^2、65.60 km^2；生态缓冲区面积为 28.84 km^2，其中沿江地区和岛屿面积分别为 10.74 km^2、18.10 km^2；生态建设区面积为 1 309.04 km^2。“三区”面积占通州区总面积的比例依次为 4.86%、2.05%和 93.09%。

生态保育区主要用地类型依次为水域及水利设施用地、耕地、住宅用地。生态缓冲区主要土地利用类型依次为水域及水利设施用地、住宅用地、耕地，岛屿主要的土地利用类型依次为水域及水利设施用地以及耕地。就整个生态缓冲区而言，以农业用地及居民生活用地为主。生态建设区内耕地的面积占比超过 53%，其次是住宅用地、水域及水利设施用地。

结合通州区的“三区”面积占比及土地利用现状，该区内当前生态环境修复工作重点是加强生态保育区的生态保育，提高生态缓冲区的生态系统服务功能和防护功能，生态建设区重点加强农业面源污染防治，实施生态保护修复与环境污染协同治理。

生态保育区重点任务是积极推进沿长江岸线通州段防护林建设，提升森林生态功能；加强长江江滩、开沙岛、通江河流等重要湿地保护与修复，提高湿地生态功能。建设通州区沿长江生态走廊，优化沿江生态安全屏障体系。

生态缓冲区重点任务是长江岸线通州段西部以生活、生态岸线为主，限制工业发展。强化长江干流及洲岛岸线规划管控，保障自然岸线比例。统筹重要过江通道岸线的控制预留。

4．“多点”保护

通州区长江沿岸生态空间保护区域有长江（通州区）重要湿地、长江李港饮用水水源保护区、九圩港（通州区）清水通道维护区和通启运河（通州区）清水通道维护区等，涉及水源水质保护和湿地生态系统保护等生态功能（表 7-20）。

表 7-20　通州区生态空间保护区域名录

生态空间保护区域名称	主导生态功能	国家级生态保护红线面积/km²	生态空间管控区域面积/km²	总面积/km²
长江（通州区）重要湿地	湿地生态系统保护	—	21.21	21.21
长江李港饮用水水源保护区	水源水质保护	18.02	—	18.02
九圩港（通州区）清水通道维护区	水源水质保护	—	33.33	33.33
通启运河（通州区）清水通道维护区	水源水质保护	—	8.30	8.30
总计		18.02	62.84	80.86

一是加强开沙岛等长江（通州区）重要湿地保护。开沙岛-长江湿地以开沙岛周边区域及通州区的长江岸线区域为主，其中开沙岛周边为典型的淡水岛屿湿地。开沙岛-长江湿地是许多水鸟和鱼类栖息的地方，对保护和维持长江（通州段）湿地生态系统平衡具有非常重要的意义。开沙岛最重要的保护地为开沙岛的通江大湖及东沙大桥以东的沿江滩涂湿地、农田和吹填沙区域。建议对上述生态敏感区制定专项规划以加强保护，限制旅游和工业开发活动。建议将开沙岛水鸟及水鸟栖息地保护纳入森林公园的建设目标中，以最小的代价最大限度地保护开沙岛生物多样性。

二是严格保护饮用水水源地水质。长江李港饮用水水源保护区、九圩港（通州区）清水通道维护区和通启运河（通州区）清水通道维护区对水源水质保护具有重要意义，应加强对饮用水水环境质量的保护，严格执行《饮用水水源保护区污染防治管理规定》《江苏省河道管理条例》等有关规定。

7.4.3　崇川区

1．“一带”打造

崇川区长江岸线长度为 42.3 km，已利用岸线 31.34 km，其中生产、生活、生态岸线比例为 74∶10∶16。崇川区是南通主城区，沿江岸线开发程度高，同时分布有狼山省级森林公园、老洪港湿地公园等重要生态空间保护区域。重点对长江岸线崇川段的港口岸线、工业岸线进行优化调整，尽可能保留更多的自然岸线；加强狼山省级森林公园、老洪港湿地保护；建设滨水生态廊道和沿路生态廊道，贯通城区断头河水系；严格保护生态空间保护区域，提升沿江生态系统稳定性。

2．“两廊”构建

崇川区有中心河（港闸）、芦泾河、东港河、姚港河、西山河、永红河、裤子港、长洪河、中心河（经开区）和团结河 10 条入江河流，沿江主要道路有沪陕高速、沈海高速、G204 国道、S356 省道、江海大道、城港路、永兴大道、永和路、跃龙路、濠西路、通盛大道、通沪大道等。

贯通沿江岸线，提升江堤标准，拓宽堤顶道路。依托南通苏通长江生态文化旅游园、狼山国家森林公园和能达滨江生态公园等，构建长江崇川段生态防护林体系，优化沿江生态安全屏障体系。崇川区是南通主城区，入江河流较多，城区存在一些断头河，沿江公路密布，贯通城区断头河水系，实现区域活水畅流，积极推进沿江水系生态系统修复，提升水环境质量，重点在任港湾、五龙汇等重点功能片区建设滨水生态廊道、沿路生态廊道（表 7-21）。

表 7-21 崇川区生态廊道建设名录

<table>
<tr><th colspan="2">主要河流和道路</th><th>生态廊道级别及宽度</th><th>生态廊道主要功能</th></tr>
<tr><td rowspan="9">滨水生态廊道</td><td>长江</td><td>Ⅰ级水系生态廊道，100 m 以上</td><td>生物多样性保护、生态防护、水土保持、水源涵养</td></tr>
<tr><td>九圩港</td><td>Ⅱ级水系生态廊道，50 m 以上</td><td rowspan="3">水源水质保护、生态防护、生物多样性保护</td></tr>
<tr><td>通吕运河</td><td>Ⅱ级水系生态廊道，50 m 以上</td></tr>
<tr><td>通启运河</td><td>Ⅱ级水系生态廊道，50 m 以上</td></tr>
<tr><td>濠河</td><td>Ⅲ级水系生态廊道，20 m 以上</td><td rowspan="5">景观美化、绿色出行</td></tr>
<tr><td>任港河</td><td>Ⅲ级水系生态廊道，20 m 以上</td></tr>
<tr><td>通扬运河</td><td>Ⅲ级水系生态廊道，20 m 以上</td></tr>
<tr><td>红庙子河</td><td>Ⅲ级水系生态廊道，20 m 以上</td></tr>
<tr><td>运料河</td><td>Ⅲ级水系生态廊道，20 m 以上</td></tr>
<tr><td rowspan="7">沿路生态廊道</td><td>沪陕高速</td><td>Ⅰ级沿路生态廊道，30～50 m</td><td rowspan="4">生态防护、景观美化、绿色出行</td></tr>
<tr><td>沈海高速</td><td>Ⅰ级沿路生态廊道，30～50 m</td></tr>
<tr><td>G204 国道</td><td>Ⅰ级沿路生态廊道，30～50 m</td></tr>
<tr><td>S356 省道</td><td>Ⅰ级沿路生态廊道，30～50 m</td></tr>
<tr><td>通沪大道</td><td>Ⅱ级沿路生态廊道，20～30 m</td><td>生态防护、绿色出行</td></tr>
<tr><td>堤顶公路</td><td>Ⅲ级沿路生态廊道，10～20 m</td><td>生物多样性保护、生态防护、水土保持、休闲观光</td></tr>
<tr><td>沿江 5 km 内城市主干道、县乡公路</td><td>Ⅲ级沿路生态廊道，10～20 m</td><td>生态防护、景观美化、绿色出行</td></tr>
</table>

3. “三区”布局

崇川区的生态保育区面积为 38.69 km^2（扣除重叠），其中国家级生态保护红线和生态空间管控区域面积分别为 11.97 km^2、24.16 km^2；生态缓冲区面积为 17.69 km^2，全部分布在沿江陆地区域；生态建设区面积为 192.36 km^2。“三区”面积占崇川区总面积的比例依次为 15.55%、7.11%和 77.33%。

生态保育区主要土地利用类型依次为水域及水利设施用地、住宅用地、耕地，即近一半的空间为建设用地，原始的岸线不到 40%。生态缓冲区主要用地类型分别是住宅用地和耕地，其中岛屿部分处于原始的未开发状态，而陆域部分近 60%的土地为住宅、耕地和交通运输用地。在生态建设区，主要的土地利用类型依次为住宅用地、耕地和交通运输用地。与生态缓冲带相似的土地利用比例，但是该区域更需要考虑如何保证耕地面积及农业生产安全。

生态保育区重点任务是强化长江干流及洲岛岸线规划管控，深化开展长江干流水域、沙洲、滩地、老洪港湿地受损生态系统保护和修复，提高湿地生态功能；加强军山自然生态系统封禁保育；统筹重要过江通道岸线的控制预留。

生态缓冲区重点任务是加强入江排口及入江支流环境综合整治，编制整治方案，加强断面水质自动监测，消除劣Ⅴ类入江河流；在重要河流入江处，通过修筑生态岸线、建设浅滩湿地、种植耐污植物等途径构建生态安全缓冲带。巩固和提高生态保护修复成果，推动五山地区生态修复与文旅融合齐头并进，建设山水人城和谐相融的国家森林公园。对军山南麓自然生态保留地生态保育区实行封闭管理。实施濠河河道生态修复，包括恢复水生植物、实施放流，促进河道土著鱼类、水生植物恢复。

4．“多点”保护重点任务

崇川区长江沿岸生态空间保护区域有九圩港（南通市区）清水通道维护区、通吕运河（南通市区）清水通道维护区、南通濠河风景名胜区、长江狼山饮用水水源保护区、南通狼山省级森林公园、通启运河（南通市区）清水通道维护区、长江洪港饮用水水源保护区、老洪港应急水库饮用水水源保护区和老洪港湿地公园等，涉及水源水质保护、自然与人文景观保护和湿地生态系统保护等生态功能（表 7-22）。

表 7-22　崇川区生态空间保护区域名录

生态空间保护区域名称	主导生态功能	国家级生态保护红线面积/km^2	生态空间管控区域面积/km^2	总面积/km^2
九圩港（南通市区）清水通道维护区	水源水质保护	—	7.43	7.43
通吕运河（南通市区）清水通道维护区	水源水质保护	—	14.40	14.40
南通濠河风景名胜区	自然与人文景观保护	—	2.35	2.35
长江狼山饮用水水源保护区	水源水质保护	4.6	—	4.60
南通狼山省级森林公园	自然与人文景观保护	11.61	—	11.61
通启运河（南通市区）清水通道维护区	水源水质保护	—	11.14	11.14
长江洪港饮用水水源保护区	水源水质保护	4.1	—	4.10
老洪港应急水库饮用水水源保护区	水源水质保护	1.16	—	1.16
老洪港湿地公园	湿地生态系统保护	—	6.63	6.63
总计		21.47	41.95	63.42

一是推进狼山国家森林公园建设。加快推进狼山森林公园生态建设与功能提升，完善并严格执行《江苏南通狼山国家森林公园管理条例》。推进五山地建成国家级森林公园，争创国家 5A 级旅游景区。

二是沿江湿地生态修复和保护。在老洪港取水口滩至通启运河河口之间划定区域，恢复长江自然滩地及其植物资源，为分布在感潮江段湿生植被内的动物资源提供栖息场所，为河口鱼类提供产卵场所。

三是严格保护饮用水水源地水质。九圩港（南通市区）清水通道维护区、通吕运河（南通市区）清水通道维护区、长江狼山饮用水水源保护区、通启运河（南通市区）清水通道维护区、长江洪港饮用水水源保护区和老洪港应急水库饮用水水源保护区对水源水质保护具有重要意义，应加强对饮用水水环境质量的保护，严格执行《饮用水水源保护区污染防治管理规定》《江苏省河道管理条例》等有关规定。

7.4.4 海门区

1. “一带”打造

海门区长江岸线长度为50.2 km，已利用岸线4.75 km，其中生产、生活、生态岸线比例为 8∶1∶91。长江岸线海门段涉及优先保护区-重要保护区域，重点对该区域的工业岸线和城镇生活岸线进行清退与调整，尽可能地保留更多的自然岸线；开展岸线清退后的生态修复工作，重点依托海门沿江风光带建设滨江防护林体系，完善沿江农田林网和生态廊道建设，严格保护生态空间保护区域，提升沿江生态系统稳定性；严控船舶及港口污水排放，进行固体废物的收集与处理，开展生态航道、绿色港口建设。

2. “两廊”构建

海门区有新江海河、江淤河、余丰河—浒通河、青龙河、大洪河、大新河和灵甸河7条入江河流，沿江主要道路有沪陕高速、G228国道、G345国道、S356省道、S336省道、S434省道、S222省道、广州路、上海路、张謇大道等。

重点推进长江海门段岸线清退调整，贯通沿江岸线，提升江堤标准，拓宽堤顶道路。依托海门沿江风光带工程、府南地块生态长廊、南布洲沿江旅游景区、謇公湖生态公园、青龙港生态绿地、崇明岛—海永镇国家级农业生态公园等，实施沿江重要生态系统保护和修复重大工程，优化沿江生态安全屏障体系，提升沿江生态系统质量和稳定性。重点建设长江海门段生态防护林，提升沿江防护林质量。以基本农田保护区为主要块状绿地，包括城区近郊蔬菜基地、农田林网与生态林地、苗圃等，建设沿江农田林网。以生态林业模式建设农田林网，在构建农田林网的同时，深入挖掘土地增收潜力，利用各种农作物在生长过程中的时间差和空间差，发展林下种植，形成林菜、林果等多种经济发展模式（表7-23）。

海门主城区和三厂新区靠近长江，且生态缓冲区内分布有大量农田，重点构建以沿江防护林带、滨水生态廊道和沿路生态廊道为骨架，农田林网为补充，纵横交错的沿江生物多样性保护网络。

表 7-23　海门区生态廊道建设名录

<table>
<tr><th colspan="2">主要河流和道路</th><th>生态廊道级别及宽度</th><th>生态廊道主要功能</th></tr>
<tr><td rowspan="10">滨水生态廊道</td><td>长江</td><td>Ⅰ级水系生态廊道，100 m 以上</td><td>生物多样性保护、生态防护、水土保持、水源涵养</td></tr>
<tr><td>海门河</td><td>Ⅱ级水系生态廊道，50 m 以上</td><td rowspan="5">水源水质保护、生态防护、生物多样性保护</td></tr>
<tr><td>通启运河</td><td>Ⅱ级水系生态廊道，50 m 以上</td></tr>
<tr><td>三余竖河</td><td>Ⅱ级水系生态廊道，30 m 以上</td></tr>
<tr><td>七匡河</td><td>Ⅱ级水系生态廊道，30 m 以上</td></tr>
<tr><td>二十匡</td><td>Ⅱ级水系生态廊道，30 m 以上</td></tr>
<tr><td>新江海河</td><td>Ⅱ级水系生态廊道，30 m 以上</td><td rowspan="4">生态防护、生物多样性保护</td></tr>
<tr><td>余丰河—浒通河</td><td>Ⅱ级水系生态廊道，30 m 以上</td></tr>
<tr><td>忠义竖河—圩角港</td><td>Ⅱ级水系生态廊道，30 m 以上</td></tr>
<tr><td>青龙河</td><td>Ⅱ级水系生态廊道，30 m 以上</td></tr>
<tr><td rowspan="13">沿路生态廊道</td><td>沪陕高速</td><td>Ⅰ级沿路生态廊道，30～50 m</td><td rowspan="5">生态防护、景观美化、绿色出行</td></tr>
<tr><td>启扬高速</td><td>Ⅰ级沿路生态廊道，30～50 m</td></tr>
<tr><td>G228 国道</td><td>Ⅰ级沿路生态廊道，30～50 m</td></tr>
<tr><td>G345 国道</td><td>Ⅰ级沿路生态廊道，30～50 m</td></tr>
<tr><td>S356 省道</td><td>Ⅰ级沿路生态廊道，30～50 m</td></tr>
<tr><td>S336 省道</td><td>Ⅱ级沿路生态廊道，20～30 m</td><td rowspan="6">生态防护、绿色出行</td></tr>
<tr><td>S434 省道</td><td>Ⅱ级沿路生态廊道，20～30 m</td></tr>
<tr><td>S222 省道</td><td>Ⅱ级沿路生态廊道，20～30 m</td></tr>
<tr><td>广州路</td><td>Ⅱ级沿路生态廊道，20～30 m</td></tr>
<tr><td>上海路</td><td>Ⅱ级沿路生态廊道，20～30 m</td></tr>
<tr><td>张謇大道</td><td>Ⅱ级沿路生态廊道，20～30 m</td></tr>
<tr><td>堤顶公路</td><td>Ⅲ级沿路生态廊道，10～20 m</td><td>生物多样性保护、生态防护、水土保持、休闲观光</td></tr>
<tr><td>沿江 5 km 内城市主干道、县乡公路</td><td>Ⅲ级沿路生态廊道，10～20 m</td><td>生态防护、景观美化、绿色出行</td></tr>
</table>

3．“三区”布局

海门区的生态保育区面积为 146.83 km^2，其中国家级生态保护红线和生态空间管控区域面积分别为 4.76 km^2、145.32 km^2；生态缓冲区面积为 116.47 km^2，其中沿江地区和岛屿面积分别为 103.52 km^2、12.95 km^2；生态建设区面积为 829.66 km^2。“三区”面积占海门区总面积的比例依次为 13.43%、10.66%和 75.91%。

生态保育区主要土地利用类型依次为耕地、水域及水利设施用地、住宅用地。生态缓冲区主要为耕地、水域及水利设施用地、住宅用地及交通运输用地，沿江岛屿主要用地类型依次为耕地和水域及水利设施用地，岛屿的城市开发强度明显小于陆域。生态建设区主要为耕地、住宅用地、水域及水利设施用地。

结合海门区的“三区”面积占比及土地利用现状，该区内当前生态环境修复工作重点是开展生态空间保护区内的工业岸线清退与调整，加强沿江区域的生态保育与生态修复，提高生态系统稳定性与生态系统功能，控制缓冲区内产生的生产生活带来的污染源。

（1）生态保育区重点任务

海门城区段及以东以生活、生态岸线为主，限制工业发展。实施岸线利用总量控制，控制相关企业无序占用岸线，推进公共码头建设。统筹重要过江通道岸线的控制预留。重点建设长江海门段生态防护林工程，合理规划建设海门区沿江堤防生态公益林，在沿江已建成的租地造林区域继续插空补缺，积极推进退化防护林修复、低质低效林改造和中幼龄林抚育，提升沿江防护林质量；加强永隆沙、带鱼沙等粉砂淤泥质岸线保护。

（2）生态缓冲区重点任务

一是工业岸线清退及调整。长江岸线海门段处于生态空间保护区内的现状工业岸线共1.43 km，涉及海门区长江圩角河河口水源地二级及准保护区，为其他工业企业。严格限制具有污染风险产业的发展，不得新建或扩建可能引发环境风险的危险源项目；严格控制污染物排放总量，并加强园区与企业的环境风险防范管理、环境风险预警与应急能力建设。在有条件的情况下，完成企业的逐步调整与搬迁。二是城镇生活岸线清退与调整。长江岸线海门段现状城镇生活岸线与生态空间保护区的冲突主要涉及海门区长江圩角河河口水源地准保护区，现状类型为城镇利用，共 0.79 km。建议区域内不新增建设用地斑块，并优化现有用地格局；禁止在区内新增与扩建排污口，加强城镇及农村污水管网与集中处理设施建设；规范沿岸种植及养殖业发展，控制畜禽养殖源污染物排放入江；开展滨江绿地及生态廊道系统建设。三是积极建设沿江风光带。完善文化基础和公共服务设施，重点提升沿江景观质量，打造集林地、绿地、湿地“三地”相融，绿化、美化、文化“三化”相生，自然美、林草美、景观美“三美”相映的滨江休闲岸线。建设大洋港桥的汇水区域生态安全缓冲带。

4．“多点”保护

海门区长江沿岸生态空间保护区域有海门河清水通道维护区、通启运河（海门区）清水通道维护区、海门长江饮用水水源保护区、江海风景名胜区、长江（海门区）重要湿地、海门区沿江堤防生态公益林、三余竖河清水通道维护区、七匡河清水通道维护区和二十匡河清水通道维护区等，涉及水源水质保护、自然与人文景观保护、湿地生态系统保护和水土保持等生态功能（表 7-24）。

表 7-24　海门区生态空间保护区域名录

生态空间保护区域名称	主导生态功能	国家级生态保护红线面积/ km^2	生态空间管控区域面积/ km^2	总面积/ km^2
海门河清水通道维护区	水源水质保护	—	38.92	38.92
通启运河（海门区）清水通道维护区	水源水质保护	—	44.63	44.63
海门长江饮用水水源保护区	水源水质保护	4.76	—	4.76
江海风景名胜区	自然与人文景观保护	—	7.34	7.34
长江（海门区）重要湿地	湿地生态系统保护	—	11.76	11.76

生态空间保护区域名称	主导生态功能	国家级生态保护红线面积/ km²	生态空间管控区域面积/ km²	总面积/ km²
海门区沿江堤防生态公益林	水土保持	—	3.02	3.02
三余竖河清水通道维护区	水源水质保护	—	20.87	20.87
七匡河清水通道维护区	水源水质保护	—	7.11	7.11
二十匡河清水通道维护区	水源水质保护	—	11.71	11.71
总计		4.76	145.36	150.12

一是加强沿江湿地和生态公益林保护和管理。长江（海门区）重要湿地等长江水域湿地，是需要开展生物多样性保护和管理的重点地区，应积极实施湿地生态系统保育，开展退化湿地生态系统修复，提高湿地生物多样性。海门区沿江堤防生态公益林对是长江（海门）沿岸重要的生态屏障，具有重要的水土保持功能，应加强对公益林生态系统稳定性的提升，预防病虫灾害，提高生态系统服务功能。

二是严格保护饮用水水源地水质。海门河清水通道维护区、通启运河（海门区）清水通道维护区、海门长江饮用水水源保护区、三余竖河清水通道维护区、七匡河清水通道维护区和二十匡河清水通道维护区对水源水质保护具有重要意义，应加强对饮用水水环境质量的保护，严格执行《饮用水水源保护区污染防治管理规定》《江苏省河道管理条例》等有关规定。

7.4.5　启东市

1．“一带”打造

启东市长江岸线长度为 60.3 km，已利用岸线 21.57 km，其中生产、生活、生态岸线比例为 35∶1∶64。长江岸线启东段主要分布大量村庄和农田，也是长江入海口，分布有长江口（北支）重要湿地。严格保护启东长江口（北支）湿地等生态空间保护区域，提升沿江生态系统稳定性；重点依托江海文化景观大道和启东港汇水范围建设滨江生态廊道，完善沿江农田林网；严控船舶及港口污水排放，进行固体废物的收集与处理，开展生态航道、绿色港口建设。

2．“两廊”构建

启东市有灯杆港、三和港、红阳河、头兴港、三条港、五滧河、戤郊河和连兴港 8 条入江河流，沿江主要道路有沪陕高速、G228 国道、G345 国道、S356 省道、S433 省道、S255 省道、沿江线、崇启线等。

重点依托江海文化景观大道，优化沿江生态安全屏障体系，建设长江启东段生态防护林，提升沿江生态系统质量和稳定性。以生态林业模式建设沿江农田林网。启东市生态缓冲带内分布有大量农田，重点构建以沿江防护林带、滨水生态廊道和沿路生态廊道为骨架，农田林网为补充，纵横交错的沿江生物多样性保护网络（表 7-25）。

表 7-25 启东市生态廊道建设名录

主要河流和道路		生态廊道级别及宽度	生态廊道主要功能
滨江生态廊道	长江	Ⅰ级水系生态廊道，100 m 以上	生物多样性保护、生态防护、水土保持、水源涵养
	新三和港河	Ⅱ级水系生态廊道，30 m 以上	水源水质保护、生态防护、生物多样性保护
	头兴港河	Ⅱ级水系生态廊道，30 m 以上	
	红阳河	Ⅱ级水系生态廊道，30 m 以上	生态防护、生物多样性保护
	大庙港	Ⅱ级水系生态廊道，30 m 以上	
	五滧河	Ⅱ级水系生态廊道，30 m 以上	
沿路生态廊道	沪陕高速	Ⅰ级沿路生态廊道，30～50 m	生态防护、景观美化、绿色出行
	启扬高速	Ⅰ级沿路生态廊道，30～50 m	
	G228 国道	Ⅰ级沿路生态廊道，30～50 m	
	G345 国道	Ⅰ级沿路生态廊道，30～50 m	
	S356 省道	Ⅰ级沿路生态廊道，30～50 m	
	S336 省道	Ⅱ级沿路生态廊道，20～30 m	生态防护、绿色出行
	S433 省道	Ⅱ级沿路生态廊道，20～30 m	
	S255 省道	Ⅱ级沿路生态廊道，20～30 m	
	沿江线	Ⅱ级沿路生态廊道，20～30 m	
	崇启线	Ⅱ级沿路生态廊道，20～30 m	
	堤顶公路	Ⅲ级沿路生态廊道，10～20 m	生物多样性保护、生态防护、水土保持、休闲观光
	沿江 5 km 内城市主干道、县乡公路	Ⅲ级沿路生态廊道，10～20 m	生态防护、景观美化、绿色出行

3．“三区”布局

启东市的生态保育区面积为 296.63 km^2，其中国家级生态保护红线和生态空间管控区域面积分别为 73.40 km^2、213.13 km^2；生态缓冲区面积为 160.35 km^2，其中沿江地区和岛屿面积分别为 111.68 km^2、48.67 km^2；生态建设区面积为 1 117.63 km^2。“三区”面积占启东市总面积的比例依次为 18.84%、10.18%和 70.98%。

生态保育区主要土地利用类型依次为水域及水利设施用地、耕地、住宅用地。生态缓冲区内主要的土地利用类型依次是耕地、水域及水利设施用地、住宅用地，而岛屿的用地类型主要为水域及水利设施相关用地。生态建设区土地利用类型以耕地为主，面积占比达 53.86%，其次为水域和水利设施用地。

结合启东市的“三区”面积占比及土地利用现状，该区内当前生态环境修复工作重点是在生态缓冲区内，沿江陆域需重点控制农业生产过程中产生的面源污染问题，严格控制直接进入长江的污染物类型以及数量，同时展开生态环境修复措施，增加生态缓冲区的屏障功能。

生态保育区重点任务是加强生态红线区域保护的监督管理，深入推进生态空间保护区域现状调查评估，开展生态红线内违法违规项目清理整顿；重点保护启东长江口（北支）

湿地自然保护区等生态空间保护区，提升沿江生态系统稳定性；加强永隆沙、兴隆沙、带鱼沙等粉砂淤泥质岸线保护。

生态缓冲区重点任务是在最低程度地影响河道自然形态和长江水生态（环境）功能的前提下，依托江海文化景观大道、启东港汇水范围进行沿江景观及风貌带建设，满足居民休闲娱乐和游憩需求，并对长江干流及支流沿线建设生态安全缓冲带。

4．“多点”保护重点任务

启东市长江沿岸生态空间保护区域有新三和港河清水通道维护区、头兴港河清水通道维护区、启东长江口（北支）湿地省级自然保护区和南通圆陀角省级湿地公园等，涉及水源水质保护、生物多样性保护和湿地生态系统保护等生态功能，总面积为 288.65 km^2（含海域）（表 7-26）。

表 7-26　启东市生态空间保护区域名录

生态空间保护区域名称	主导生态功能	国家级生态保护红线面积/km^2	生态空间管控区域面积/km^2	总面积/km^2
新三和港河清水通道维护区	水源水质保护	—	30.3	30.3
头兴港河清水通道维护区	水源水质保护	—	33.33	33.33
启东长江口（北支）湿地省级自然保护区	生物多样性保护	56.88	158.03（含海域）	214.91（含海域）
南通圆陀角省级湿地公园	湿地生态系统保护	10.11	—	10.11
总计		66.99	221.66（含海域）	288.65（含海域）

一是加强长江入海口湿地生态系统保护和管理。启东市有启东长江口（北支）湿地自然保护区和南通圆陀角省级湿地公园等重要长江入海口湿地，该区域存在大量珍稀的国家级保护鸟类等物种。建议建设生物多样性观测站，开展高空视频监控，进一步加强对启东长江口北支重要生态空间开展遥感监测监控；加强对自然保护区的监督管理，严格核心区、缓冲区内人类活动管控，已侵占的要限期予以恢复；通过岸线水生态保护与修复、湿地植被恢复、有害生物防控等措施，提高湿地生态功能；除防洪、重要航道所必需的护岸外，禁止非生态型江堤岸改造，推进河湖水系连通工程建设，实施水生生物洄游通道重要生物栖息地修复。

二是严格保护饮用水水源地水质。新三和港河清水通道维护区和头兴港河清水通道维护区对水源水质保护具有重要意义，应加强对饮用水水环境质量的保护，严格执行《饮用水水源保护区污染防治管理规定》《江苏省河道管理条例》等有关规定。

第 8 章

长江岸线小尺度山水林田湖草沙生态保护修复

2013 年 11 月，习近平总书记在《关于〈中共中央关于全面深化改革若干重大问题的决定〉的说明》中指出“山水林田湖是一个生命共同体，人的命脉在田，田的命脉在水，水的命脉在山，山的命脉在土，土的命脉在树。用途管制和生态修复必须遵循自然规律”，这一论述为生态环境保护作出了全新的阐述、形象的判断和科学的指导。2015 年 9 月，《生态文明体制改革总体方案》中明确要求，“树立山水林田湖是一个生命共同体的理念，按照生态系统的整体性、系统性及其内在规律，统筹考虑自然生态各要素、山上山下、地上地下、陆地海洋及流域上下游，进行整体保护、系统修复、综合治理，增强生态系统循环能力，维护生态平衡。”2016—2018 年，财政部、国土资源部、环境保护部相继联合印发了《关于推进山水林田湖生态保护修复工作的通知》（财建〔2016〕725 号）、《关于组织申报第二批山水林田湖生态保护修复工程试点的通知》（财办建〔2017〕26 号）和《关于组织申报第三批山水林田湖草生态保护修复工程试点的通知》（财办建〔2018〕139 号），决定在国家重要生态屏障区、国家公园体制试点区、重点战略水源涵养区选取具有全国性和区域性重大影响的区域，加快推进山水林田湖草生态修复工程试点工作，并鼓励各地统筹各类资金，切实推进山水林田湖草沙生态保护修复，由中央财政给予奖补。江苏省高度重视生态文明建设。2019 年 2 月 28 日，江苏省生态环境厅、财政厅、自然资源厅联合印发的《关于实施山水林田湖草生态保护修复工程试点的通知》（苏环办〔2019〕56 号）指出，“试点工程重点围绕长江经济带、江淮生态经济区、生态保护引领区和生态保护特区等影响我省生态安全格局的核心区域、关系全省持续发展的重点区域和生态系统受损严重、开展治理修复最迫切的关键区域开展。”

江苏省江阴市高度重视长江保护修复工作，自 2006 年获评首批国家级生态市后，始终坚持“生态立市”战略，为全国生态文明建设提供了宝贵的经验。近年来，长江岸线（临港段）利用布局不尽合理，经济开发与生态保护矛盾尖锐，水源保护地周边甚至存在危险化学品码头、排污口和温排口的现象，对区域生态安全和人居环境健康造成一定威胁。因此，基于生命共同体理念，统筹实施江阴（临港）山水林田湖草沙生态保护和修复，既是贯彻落实习近平生态文明思想的重要举措，也是打造长江生态安全示范区临港样本和保障快速城市化地区人居环境健康的必然要求。本章以江阴市（临港）山水林田湖草沙生态保护修复为研究对象，按照生态系统的整体性、系统性及其内在规律，统筹部署五大类工程，按“两线一面多点”（两线即长江岸线和生态红线，一面即流域水环境保护与治理，多点即土壤污染修复和生物多样性保护试点）思路，实施整体保护、系统修复、综合治理，在沿江小尺度山水林田湖草沙生态保护修复方面具有较好的辐射示范作用。

8.1　区域概况

8.1.1　地理位置

江阴市位于江苏省东南部，是自上海溯江而上的第一座现代化滨江港口城市，市辖 10 个镇、7 个街道办事处、1 个国家级开发区、2 个省级开发区，总面积 988 km^2，全市户籍人口 125 万人。江阴市临港经济开发区（以下简称开发区）成立于 2006 年 1 月，面积 221.61 km^2，东临市区，位于江阴市西北部（119°59′39.8″～120°14′16.7″E，31°48′53.5″～31°58′30.7″N），西接常州、北枕长江，户籍人口 20 万人，下辖夏港街道、申港街道、利港街道和璜土镇，占地面积 221.61 km^2，开发建成区面积 47.2 km^2，长江岸线 25.88 km，人口 20.36 万人（图 8-1）。

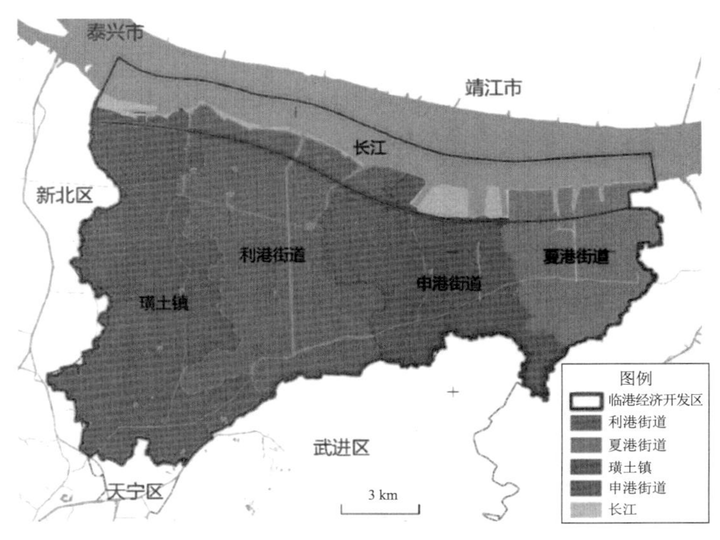

图 8-1　开发区地理位置和试点范围

8.1.2 自然资源状况

1. 地形地貌

江阴市属南京市边缘凹陷地区，在印支运动时期大部分地区断块下陷，形成白垩纪构造盆地，而后继续下降，堆积了深厚的新生界沉积物。其地表露出的地层比较简单，黄山等丘陵都是泥盆系五通组和茅山群，其他地层均被第四系沉积层所掩埋。开发区四周由断续起伏的低丘陵围绕，区内大部分地势低平，平均海拔为 3～5 m，坡度 3%以下。临港为高地，地面高程均在 6.0 m 以上；长江沿江为洼地，是由长江水挟带泥沙沉积并经围垦而形成的圩田，古称沙田，属长江三角洲的边缘部分，地貌主要为长江冲积平原。

2. 河流水系

区域内河道纵横，这些河道大部分与长江相通。临港区域内主要入江河流有 6 条，分别为桃花港河、利港河、申港河、新沟河、新夏港河、西横河（图 8-2）。

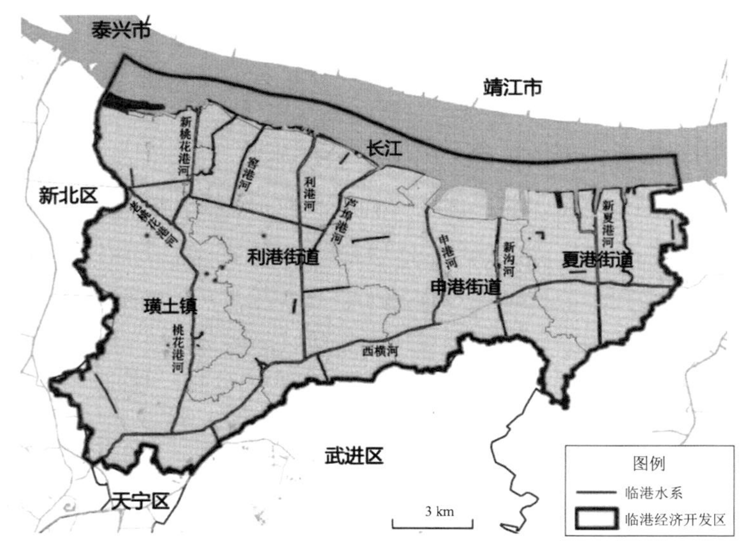

图 8-2 临港区域水系图

桃花港河：北起新河闸，南至西横河，全长 13.2 km，由北至南以团结河为界，可分为两段，北部为新桃花港河，与长江相通，可通行中小型采砂船只；南部为桃花港河，与西横河相连。水面整体宽度约为 10 m，整体深度为 3～4 m，整体流向为由北至南。桃花港河流经及沿岸涉及的行政区域主要包括芦墩村、石庄村、巨轮村等 13 个行政村和璜土镇镇区及一个石化产业园区。新桃花港河南北走向，北与长江相通，南与西横河交汇，长约 13.2 km，河底高程 1 m，河道宽度为 8～10 m，河岸坡比 1∶2，最高水位 5.32 m，最低水位 2.22 m，平均流量 0.58 m^3/s。新桃花港河在入江口设有节制闸一座，主要在汛期控制和调节河水水位，并可控制航运条件，以便往来船只通行。

利港河：南接西横河，北入长江，为 1970 年开挖的排涝河流，属长江一级支流。水流受长江影响呈双向流动，但因利港闸的调节作用，除在汛期排涝利用落潮开闸向长江排水外，一般情况下由长江引水。利港河兼有农灌、通航功能。

申港河：北起长江申港闸，南至西横河，全长 4.5 km，宽度约 30 m，水深 3 m 左右，流经申港街道滨江村、申港村、申浦村、横塘村、申兴村 5 个行政村，是申港街道主要的工农业用水取水河道。

新沟河：北通长江，南与西横河相连，全长 4.8 km，靠近长江入河口处被拓宽，拓宽部分河道宽约 80 m，未拓宽部分河道宽约 25 m，整体水深 5 m 左右。主要支浜包括 3 条，由北至南分别为申新三号河、申新二号河、朝阳河。

新夏港河：属省重点水功能区，水功能类别为工业用水和农业用水。北通长江，南与黄昌河相连，全长 9.3 km，平均河面宽约 70 m，航道等级为三级。主要支浜由北至南包括澄新河、街后河、双人河、西横河、静堂里中心河、夏南中心河、景贤中心河、支边河、工农河、跃进河和黄昌河。

西横河：自璜土南郭庄至锡澄运河，河道长度 26.6 km，河道高程 2.2 m，河道宽度 10 m，河岸坡比 1∶1.5，最高水位 5.12 m，最低水位 2.02 m。

3．生物资源

人工植被以作物栽培为主，主要粮食作物是水稻、小麦；蔬菜主要有叶菜、果菜、茎菜、根菜和花菜五大类几十个品种；经济作物主要有药材、桑和茶。道路和河道两旁、农民屋前宅后绿化种植的树木主要有槐、杉、松、桑、柳、杨等树种，竹类有燕竹、篾竹、象竹和毛竹等品种，果树有桃、梅、橘、枇杷、杨梅、杏等。野生植物主要是野生灌木和草丛植物，常见的有紫花地丁、菟丝子、车前子、蒲公英、艾蒿、马鞭草等。家养的牲畜主要有鸡、鸭、牛、羊、猪、狗等传统家畜，主要野生动物有昆虫类、鼠类、蛇类和飞禽类等。

临港区域南接江南河网密集区域，水源充足，水位稳定，水质适宜，水生植物繁茂，浮游动物众多，故鱼类种类较多。滩涂基本上为单优种草本植物群落，植被覆盖度较高。长江洄游鱼类刀鱼已被列入《国家重点保护野生动物名录》。水生植物有浮游植物（蓝藻、硅藻和绿藻等）、挺水植物（芦苇、茭草、蒲草等）、浮叶植物（荇菜、金银莲花和野菱）和漂浮植物（浮萍、槐叶萍、水花生等）。浮游动物有原生动物、轮虫、枝角类和桡足类四大类 20 多种，不同类群中的优势种如下：原生动物有表壳虫、钟形似铃壳虫等，轮虫有狭甲轮虫、单趾轮虫等，枝角类有秀体蚤、大型蚤等，桡足类有长江新镖水蚤、中华原镖水蚤等。底栖动物有环节动物（水栖寡毛类和蛭类）、节肢动物（蟹、虾等）、软体动物（田螺、河蚬和棱螺等）。野生和家养的鱼类有草鱼、青鱼、鲢鱼、鲤鱼、鲫鱼、鳊鱼、黑鱼等几十种。甲壳类有虾、蟹等，贝类有田螺、蚌等。

4. 土地资源

2018 年，临港区域土地总面积 221.61 km²，临港区域开发建成区面积为 47.2 km²，占比 21.3%。根据国土标准土地利用类型划分，其中耕地 69.42 km²，占总面积的 31%；园地 8.56 km²，占总面积的 4%；林地 0.19 km²，占总面积的比例极低；城镇村及工矿用地 77.05 km²，占总面积的 35%；交通运输用地 14.24 km²，占总面积的 6%；水域及水利设施用地 50.45 km²，占总面积的 23%；其他土地 1.70 km²，占总面积的 1%（图 8-3）。

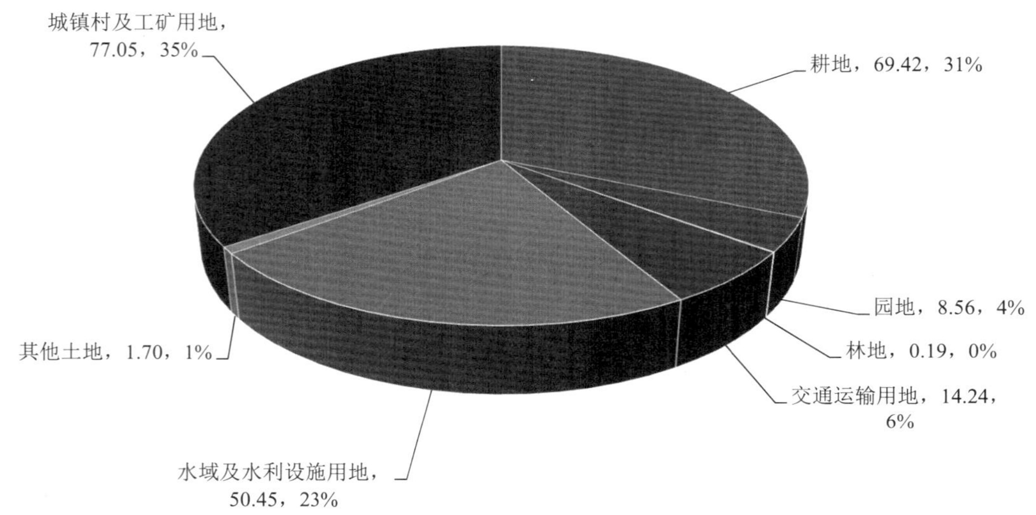

图 8-3 临港区域 2018 年一类土地利用现状（单位：km²）

临港区域土地利用二级类中，水田面积 35.78 km²，占总面积的 16.15%；其他园地面积 6.01 km²，占总面积的 2.71%；有林地面积 0.17 km²，占总面积的 0.07%；公路用地面积 9.94 km²，占总面积的 4.49%；河流水面面积 35.05 km²，占总面积的 15.82%；设施农用地面积 0.89 km²，占总面积的 0.40%；村庄面积 65.96 km²，占总面积的 29.76%（表 8-1）。临港区沿江、西部地区分布为村庄，东部、南部分布为水田。

表 8-1 临港区域土地利用类型统计

一级类	二级类	面积/km²	占比/%
耕地	水田	35.78	16.15
	水浇地	0.64	0.29
	旱地	33.00	14.89
园地	果园	2.55	1.15
	其他园地	6.01	2.71
林地	有林地	0.17	0.07
	灌木林地	0.03	0.01

一级类	二级类	面积/km²	占比/%
交通运输用地	铁路用地	0.06	0.02
	公路用地	9.94	4.49
	农村道路	2.12	0.95
	港口码头用地	2.08	0.94
	管道运输用地	0.04	0.02
水域及水利设施用地	河流水面	35.05	15.82
	湖泊水面	0	0
	水库水面	0	0
	坑塘水面	12.96	5.85
	内陆滩涂	0.74	0.33
	沟渠	0.64	0.29
	水工建筑用地	1.06	0.48
其他土地	设施农用地	0.89	0.40
	田坎	0.81	0.37
城镇村级工矿用地	城市	0.01	0.01
	建制镇	10.35	4.67
	村庄	65.96	29.76
	采矿用地	0.16	0.07
	风景名胜及特殊用地	0.57	0.26
合计		221.61	100

临港区域近 5 年土地利用变化一级中，农用地面积最大，其次是建设用地、未利用地，从土地利用变化率来看，未利用地、农用地变化率呈增长趋势，建设用地变化率呈下降趋势。临港区域二级地类土地利用变化中，耕地、园地、其他农用地、水域面积在减小，林地和水利设施用地面积基本不变，交通运输地和城镇及工矿用地面积在不断增加。详见表 8-2。

表 8-2 临港区域土地利用变化统计

一级	二级地类	2012 年	2013 年	2014 年	2015 年	2016 年	2017 年
农用地	小计	100.09	98.41	97.72	96.89	95.85	95.76
	耕地	69.91	69.26	68.99	68.39	67.67	67.25
	园地	8.80	8.63	8.56	8.48	8.37	8.41
	林地	0.19	0.19	0.19	0.19	0.19	0.19
	其他农用地	21.18	20.33	19.97	19.83	19.62	19.91
建设用地	小计	85.61	87.48	88.19	89.05	90.13	90.10
	交通运输用地	11.01	11.58	11.95	12.18	12.19	12.11
	水利设施用地	1.03	1.07	1.07	1.07	1.07	1.07
	城镇村及工矿用地	73.58	74.83	75.18	75.81	76.87	76.92
未利用地	水域	35.91	35.72	35.70	35.66	35.64	35.75
合计		221.61	221.61	221.61	221.61	221.61	221.61

8.1.3 社会经济

根据图 8-4，2018 年临港区域实现地区生产总值 775.97 亿元，按可比价格计算，比上年同期（下同）增长 8.8%。按常住人口计算人均生产总值达到 38 万元，按现行汇率折算达到 5.5 万美元。其中，第一产业增加值 7.06 亿元，下降 17.7%；第二产业增加值 447.31 亿元，增长 9.6%；第三产业增加值 321.60 亿元，增长 8.8%。三次产业比例调整为 0.91∶57.65∶41.4。财政收支保持稳定，全年实现一般公共预算收入 51.42 亿元，增长 16.4%。农民人均可支配收入 38 329 元，增长 8.3%。

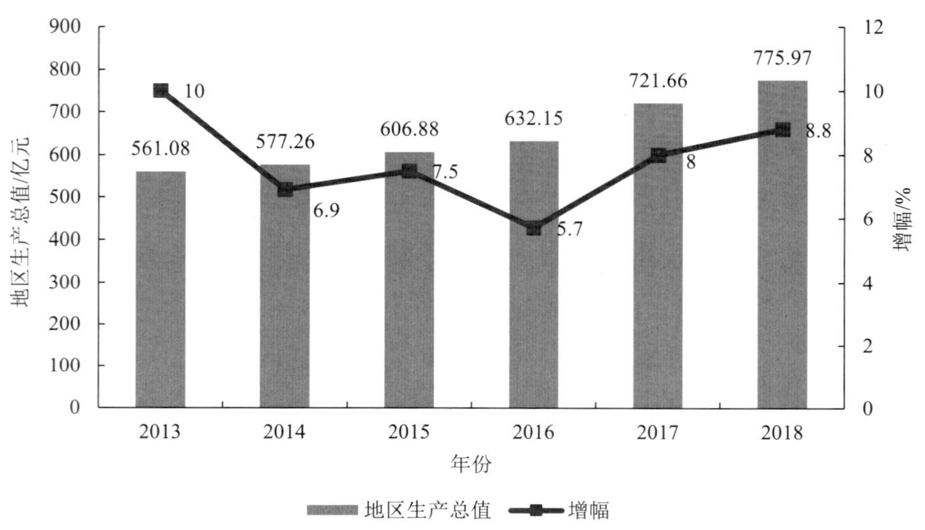

图 8-4 临港区域近年地区生产总值及年增幅

江阴 34.8 km 的长江黄金水道有 25.88 km 位于江阴临港区域辖区内，已建成万吨级以上生产性泊位 43 个、千吨级生产性泊位 30 个，对外开放泊位 23 个。集装箱年运量接近 120 万标箱，集装箱、件杂货等各类公共班轮航线 62 条，每周航班 114 班，与世界 100 多个国家和地区的 600 多个港口建立了通航关系，基本建立起了江海河联运的全方位集疏运网络体系。

8.1.4 生态环境

1. 水环境

江阴市临港区域有 6 条主要河流：西横河、桃花港河、新夏港河、申港河、利港河、新沟河。其中，西横河执行《地表水环境质量标准》（GB 3838—2002）Ⅳ类地表水标准，桃花港河、新夏港河、申港河、利港河、新沟河执行《地表水环境质量标准》（GB 3838—2002）Ⅲ类地表水标准。

2018 年，江阴市临港区域 6 条主要河流的国控、省控断面监测显示：就 COD 指标而言，西横河超出Ⅳ类标准，超标倍数为 0.3，桃花港河、新夏港河、申港河、利港河、新沟河均达到相应水质标准；就 NH_3-N 指标而言，西横河超出Ⅳ类标准，超标倍数为 0.3，桃花港河超出Ⅲ类标准，超标倍数为 0.9，新夏港河、申港河、利港河、新沟河均达到Ⅲ类标准；就 TN 指标而言，6 条主要河流全部超标，其中西横河超出Ⅳ类标准，超标倍数为 2.26，桃花港河、新夏港河、申港河、利港河、新沟河超出Ⅳ类标准，超标倍数分别为 3.192、1.308、1.793、2.008、2.413；就 TP 指标而言，西横河、桃花港河、新夏港河、申港河、利港河、新沟河均达到相应水质标准。

综上所述，西横河 COD、NH_3-N、TN 3 项指标超出Ⅳ类标准，水环境质量现状较差；入江河道桃花港河 NH_3-N、TN 2 项指标超出Ⅲ类标准；桃花港河、新夏港河、申港河、利港河、新沟河五条入江河道 TN 指标全部超标。

长江临港段现有 1 个集中式饮用水水源地，即长江西石桥饮用水水源地，主要满足常州通用自来水有限公司西石桥水厂、无锡市自来水有限公司锡澄水厂、江苏江南水务股份有限公司澄西水厂的取供水需要（表 8-3）。常州通用自来水有限公司西石桥水厂始建于 1983 年，目前水源地的日供水量为 36 万 m^3，取水口经度 120°04′17″，纬度 31°56′59″。无锡锡澄水厂始建于 2007 年，江南水务股份有限公司江阴澄西水厂始建于 2010 年，两个水厂共用一个取水口，2017 年迁建后的取水头部移至西石桥水源地取水头部上游约 100 m 处。目前，无锡市自来水有限公司锡澄水厂供水能力为 100 万 m^3/d，江苏江南水务股份有限公司澄西水厂供水能力为 10 万 m^3/d。

表 8-3　长江西石桥饮用水水源地基础状况

省份	城市	水源地类型	服务人口/万人	设计取水量/（万 t/a）	实际取水量/（万 t/a）	已服务年限/a	取水保证率/%
江苏	江阴	河流型	200	40150	4087	34	100

根据 2018 年澄西水厂水质监测结果，西石桥饮用水水源地水质基本项目均达到地表水Ⅲ类标准，水质达标率为 100%；若考虑细菌学指标，集中式饮用水水源地中粪大肠菌群均值均低于Ⅲ类标准限值（10 000 个/L），达标率为 100%；集中式生活饮用水地表水源地补充项目年均值均达标；单次监测各指标达标率均为 100%；特定项目均符合相应的评价标准，大部分指标为未检出。总体而言，西石桥饮用水水源地水环境质量现状良好。

2. 土壤环境

“十五”以来，国家和江苏省环保、国土、农业等部门相继组织开展了土壤污染状况调查、多目标区域地球化学调查、农产品产地土壤重金属污染调查等专项工作，但调查成果尚未公开，无法为各地共享。江阴临港区域尚未开展过常规、例行的土壤环境监测工作，仅开展过少数污染地块土壤环境调查评估工作。因此，至目前基本无监测数据能说清江阴临港区域土壤环境质量状况。

3．污染物排放

根据临港区域2015—2017年环境统计数据，工业废水排放量、COD、NH_3-N排放量均呈逐年下降趋势。2015—2017年，TP排放量呈先升高后下降的趋势（图8-5）。工业废水排放量从2015年的189 574万t下降到2017年的96 413万t，下降幅度为49.1%。COD排放量从2015年的924.9 t下降到2017年的492.7 t，下降幅度为46.7%。NH_3-N排放量从2015年的23.6 t下降到2017年的9 t，下降幅度为61.9%。2015年，TP排放量为2.1 t，2016年为2.3 t，上升了9.5%，2017年与2016年相比排放量下降了17.3%。

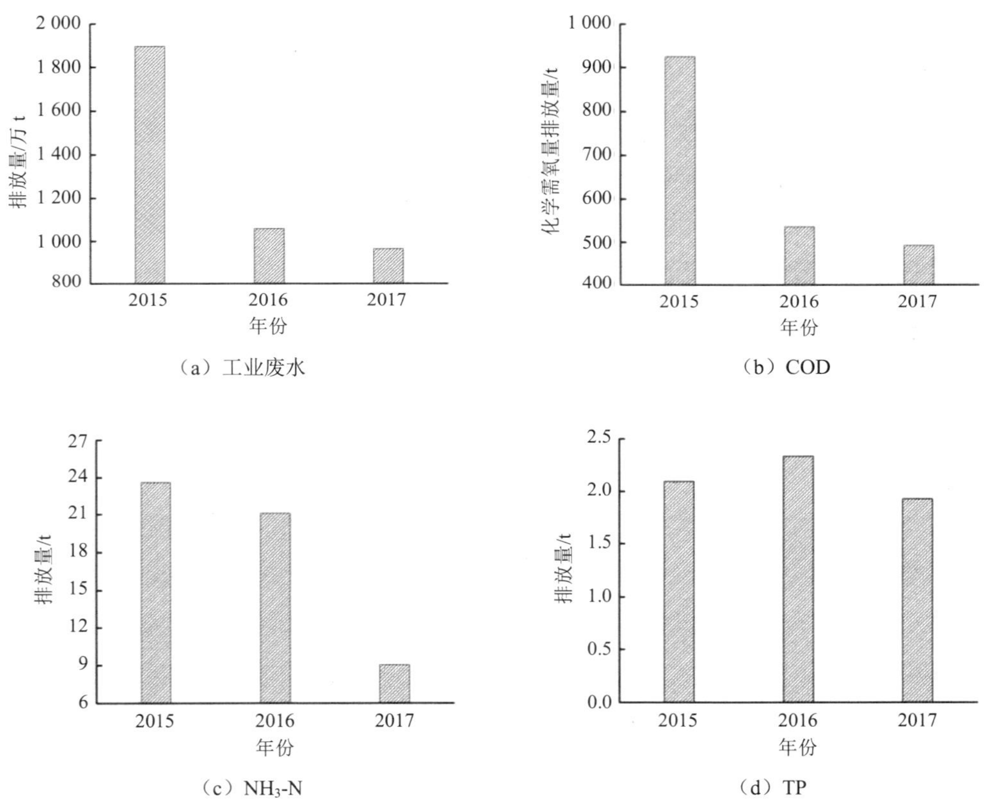

图8-5 开发区2015—2017年废水排放情况

4．生态质量

江阴市临港区域的重要山体主要是白石山，位于申港、夏港和南闸交界处，是观山北延一支脉的主峰，海拔85.2 m。白石山上开采的土、石可制陶、罐、磁，或可取作灰矿。白石山北侧的主峰已经被开采殆尽，留下了突兀的山体。白石山因20世纪采石后遗留下8处较大的宕口，积水而成石宕。这些石宕陆续被用作污泥、建筑垃圾的填埋场地，目前仅剩一处石宕。填埋固体废物后的石宕部分进行了覆土、复绿等工作。总体而言，白石山山体生态环境遭到一定程度破坏。

根据《江苏省生态红线区域保护规划》，江阴市的重要湿地主要是长江河流重要湿地。该湿地的范围主要包括江阴市内饮用水水源保护区对应的长江水域及东起中粮麦芽码头，西至老夏港河，南至长江岸线、北至靖江长江水面边界的长江水域，其主导生态功能为湿地生态系统保护和河流水质维系。区内湿地植被保存相对完好，生物资源丰富。该重要湿地部分分布在临港长江岸水域。

江阴市临港区域林地主要集中在南部的生态公益林保护区，其中山体部分划为生态红线一级管控区，各山体周边地区为生态红线二级管控区，主要生态功能为水土保持。白石山也属于生态公益林保护区的一部分，因 20 世纪采石，植被已被大量破坏。生态环境质量亟待提高。

临港区域的重要生态功能区部分被纳入江苏省生态红线和国家生态保护红线。其中，长江西石桥水源地被纳入国家和省级红线（表 8-4）。具体涉及《江苏省生态红线区域保护规划》的共 3 处，分别为长江（江阴市）重要湿地、长江窑港口饮用水水源保护区（现更名为长江西石桥水源地保护区）、江阴市低山生态公益林；涉及国家级生态红线保护区域的为长江窑港口饮用水水源地保护区（长江西石桥水源地保护区）。

表 8-4　临港区域生态红线保护区域名单

<table>
<tr><th>红线划分</th><th>名称</th><th>主导生态功能</th><th>面积/km²</th><th>管控级别</th></tr>
<tr><td rowspan="5">江苏省生态红线</td><td rowspan="2">长江窑港口饮用水水源保护区（现更名为长江西石桥水源地保护区）</td><td rowspan="2">水源地保护</td><td>1.78</td><td>一级</td></tr>
<tr><td>4.84</td><td>二级</td></tr>
<tr><td rowspan="2">江阴市低山生态公益林</td><td rowspan="2">水源涵养、水土保持</td><td>0.99</td><td>二级</td></tr>
<tr><td>0.82</td><td>一级</td></tr>
<tr><td>长江（江阴市）重要湿地</td><td>湿地生态系统维护、水质保护</td><td>2.54</td><td>一级</td></tr>
<tr><td rowspan="2">国家生态保护红线</td><td rowspan="2">长江西石桥水源地保护区</td><td rowspan="2">饮用水水源保护区</td><td rowspan="2">9.68</td><td>一级</td></tr>
<tr><td>二级</td></tr>
</table>

8.2　必要性与存在的问题

8.2.1　必要性

1. 统筹山水林田湖草沙系统治理是补齐快速城市化地区生态环境短板的迫切需要

习近平总书记指出，“山水林田湖是一个生命共同体，对山水林田湖进行统一保护、统一修复是十分必要的。”党的十九大报告进一步提出，必须树立和践行“绿水青山就是金山银山”的理念，像对待生命一样对待生态环境，统筹山水林田湖草沙系统治理。为加强重要生态系统整体保护、系统修复、综合治理，保障和维护我国生态安全，提高生态文明建设水平，财政部、国土资源、环境保护三部委于2016年、2017年、2018年启动了三批山水林田湖生态保护修复试点，第一批有5个省，即江西省赣州、祁连山（青海省、甘肃省）、陕西省黄土高原、河北省；第二批有6个省（区），即广西壮族自治区左右江流域、云南省抚仙湖、山东省泰山、吉林省长白山、福建省闽江流域、四川省广安市；第三批有14个省（自治区、直辖市），即内蒙古自治区乌梁素海流域、河北雄安新区、新疆维吾尔自治区额尔齐斯河流域、山西省汾河中上游、黑龙江省小兴安岭—三江平原、长江上游生态屏障（重庆段）、粤北南岭山区、湖北省长江三峡地区、湖南省湘江流域和洞庭湖、浙江省钱塘江源头区域、贵州省乌蒙山、河南省南太行地区、西藏自治区拉萨河流域、宁夏回族自治区贺兰山东麓，上述试点地区均进行了奖补支持，取得了良好效果。江阴市自2006年获评首批国家级生态市后，始终坚持“生态立市”战略，在生态文明建设方面作出了积极探索，为全国生态文明建设提供了宝贵的经验。基于生命共同体理念，统筹实施江阴临港山水林田湖草沙生态保护和修复并争取纳入江苏省试点，既是贯彻落实习近平生态文明思想的重要举措，也是保障快速城市化地区人居环境健康的必然要求。

2．实施山水林田湖草沙生态保护和修复是打造长江生态安全示范区临港样本的客观要求

2018年，习近平总书记在深入推进长江经济带发展座谈会中明确提出，长江经济带要“共抓大保护、不搞大开发”。江苏省作为沿江省份，在聚焦高质量发展中也把“生态环境高质量”作为新时代江苏发展的主要内容之一。江阴市作为全国县域经济社会发展的排头兵，在围绕高水平全面建成小康社会、建设“强富美高”新江阴的总目标中，长江岸线开发强度偏高、入江河道水质不稳定、生态斑块布局分散、廊道建设待加强等，亟须贯彻“山水林田湖是一个生命共同体”的理念，集中力量、集中资金对生态保护和修复作出系统性引导，改善生态环境质量，提升长江岸线生态系统服务功能，增强生态产品供给能力，打造长江生态安全示范区的临港样本，再现水净、地绿、山青、林茂，生态良好、自然宜居的和谐美景，增强人民群众的获得感、幸福感和安全感。

3．系统性和整体性是新时代生态文明典范城市建设的必然要求

《生态文明体制改革总体方案》明确提出，“树立山水林田湖是一个生命共同体的理念，按照生态系统的整体性、系统性及其内在规律，统筹考虑自然生态各要素、山上山下、地上地下、陆地海洋以及流域上下游，进行整体保护、系统修复、综合治理，增强生态系统循环能力，维护生态平衡。”江阴市适时开展山水林田湖草沙生态保护修复，进行整体保护、系统修复、综合治理，坚持生态优先、绿色发展，推进江阴临港区域山水林田湖草生态保护修复工程实施，充分体现生态文明建设的要求，探索建立具有示范意义的生态文明治理体系，形成可复制、能推广的生态保护修复成功模式，对保障和维护区域生态安全、提高生态文明建设水平具有重大意义。

8.2.2　存在的问题

1. 长江岸线生态环境问题复杂

长江岸线临港段利用布局不尽合理，经济开发与生态保护矛盾尖锐，水源保护地周边甚至存在危险化学品码头、排污口和温排口的现象，可能影响长江珍稀鱼类的洄游、繁殖等，对区域生态安全和人居环境健康造成一定威胁。

工业沿江布局，生态环保压力大。据 2018 年统计年鉴，临港已利用岸线约 19.55 km，城市生活、饮用水水源保护区、过江电缆、过江桥梁等利用岸线情况复杂。沿江工业企业散乱污集中布置，危险化学品码头存在环境风险，大型煤炭、物料堆场、沿江港口码头等存在扬尘现象，对长江及入江河流造成一定的污染。长江河流湿地原生生态环境极少，沿岸分布有 89 个码头泊位，2 个以发展化工、石化行业为主的工业园区及 6 座污水处理厂，污废水排放对饮用水安全造成威胁。

港口资源管理有待进一步加强。港口码头利用岸线中，公用码头占用岸线少、企业专用码头占用岸线多，公用码头、企业专用码头占用岸线长度分别为 10 503 m、10 232 m，而平均每千米岸线产生吞吐量分别为 12 069 t、3 320 t，差距相当巨大。在港口资源管理上，仍存在政出多门、多头管理的问题，亟须加强部门协调，形成合法有效的管理机制。通过普查，还存在使用岸线资源手续不全的情况，亟待开展专项清理整顿工作。

生态岸线遭到侵蚀，绿色廊道建设不足。长江生态湿地和水源地保护区内存在违法违规建设行为，部分威胁到供水安全。沿江非港口设施分布散乱且占用了大量的优良岸线资源。江滩及通江河流、林地、水域生态系统等亟待保护和修复。

2. 生态保护红线区矿山环境问题严重

白石山地块位于夏港、申港、南闸 3 个镇交界处，属江苏省低山生态公益林生态红线管控区。由于历史原因，白石山曾是砂石矿开采区，采矿废弃地作为特种垃圾填埋场（主要为污水处理厂污泥，同时有建筑垃圾、工业固体废物被填入地下等）。目前，该区域已不再是特种垃圾填埋场，但存在较高的生态环境风险，对邻近的新夏港河水环境安全、农田土壤环境安全及生态红线区的保护对象均造成巨大的潜在危害，亟须开展生态安全调查评估，摸清生态环境状况和存在的环境健康风险。由于历史上大面积的露天采矿活动，原有地质环境和自然生态系统被摧毁，在生态红线区形成大量的采矿废弃地，植被覆盖率低于 5%，土地损毁、水土流失、生物多样性及地质灾害问题严重，亟待开展地质灾害治理与红线区生态修复工程，以恢复生态红线区主导生态功能，维护快速城市化地区生态安全。

3. 部分入江河道水质下降

临港区域主要入江河流包括利港河、新沟河、申港河、桃花港河、新夏港河等。根据2014—2018年各河流国控、省控断面监测数据，利港河、新沟河、新夏港河水水质整体趋好，西横河、申港河、桃花港河的部分水质指标仍呈恶化趋势，亟待加强水环境保护与治理。

利港河：NH_3-N指标在2014年和2015年超过《地表水环境质量标准》（GB 3838—2002）Ⅲ类地表水标准外，2016—2018年均达标，总体而言，除2017年出现小幅上升外，其余年份呈逐年下降趋势。2014—2018年，COD指标均达标，其中2014—2016年呈下降趋势，2016—2018年趋于稳定。除2014年、2015年、2017年TP指标超过《地表水环境质量标准》（GB 3838—2002）Ⅲ类地表水标准外，2016年和2018年均达标，2014—2016年呈下降趋势，2017年出现小幅上升，2018年随之下降。

新沟河：NH_3-N指标除2017年超过《地表水环境质量标准》（GB 3838—2002）Ⅲ类地表水标准外，其余年份均达标，总体而言，2014—2017年呈上升趋势，2017—2018年呈下降趋势。2014—2018年，COD指标均达标，2014—2015年呈下降趋势，2015—2017年趋于稳定，2017—2018年呈下降趋势。2014年和2017年TP指标超过《地表水环境质量标准》（GB 3838—2002）Ⅲ类地表水标准，其余年份达标，2014—2018年呈先下降后升高继而下降的趋势。

西横河：NH_3-N指标除2014年达到《地表水环境质量标准》（GB 3838—2002）Ⅳ类地表水标准外，2015—2018年均达标，总体而言，2014—2016年浓度上升，2016—2017年下降，2017—2018年呈上升趋势。2015年、2016年、2018年COD指标超标，2014—2016年呈上升趋势，2016—2017年呈下降趋势，2017—2018年出现小幅升高。2014—2018年，TP指标均达到《地表水环境质量标准》（GB 3838—2002）Ⅳ类地表水标准，其中2014—2015年呈上升趋势，2015—2017年呈下降趋势，2017—2018年出现小幅上升。

申港河：NH_3-N指标在2014—2018年均达到《地表水环境质量标准》（GB 3838—2002）Ⅳ类地表水标准，总体而言，2014—2018年出现上下小幅波动，2017—2018年呈上升趋势。COD指标在2014—2018年均达标，2014—2017年先下降后趋于稳定，2017—2018年呈小幅上升趋势。2014—2018年TP浓度均达标，2016年后呈下降趋势。

桃花港河：2014—2018年监测数据显示，COD指标总体呈波动趋势，各年监测数据均达到《地表水环境质量标准》（GB 3838—2002）Ⅲ类标准。NH_3-N指标总体呈波动趋势，2017年、2018年超出《地表水环境质量标准》（GB 3838—2002）Ⅲ类标准，超标倍数分别为0.19、0.938。TP指标总体呈波动趋势，2014—2018年均满足《地表水环境质量标准》（GB 3838—2002）Ⅲ类标准。

4．饮用水水源地环境风险依然较大

江阴市窑港口水源地周边码头和化工企业较多，其生产和运营对水源地水质安全构成潜在威胁：一方面，降雨径流产生的面源污染直接流入长江可能对水源地产生影响；另一方面，码头装卸或生产过程中一旦出现突发性事故，极易造成长江水源污染。开发区为省级开发区，根据环境保护部 2010 年在全国范围内组织开展的石油与炼焦、化学原料及化学制品制造业、医药三大行业环境风险大检查，当地存在重大环境风险企业较多，污废水排放对饮用水安全造成威胁。

8.3 总体思路与示范特色

8.3.1 总体思路

遵循“山水林田湖草是一个生命共同体”理念，按照生态系统的整体性、系统性及其内在规律，统筹部署长江岸线环境治理、流域水环境保护与治理、生态红线区矿山环境治理与生态修复、土地整治与污染修复、生物多样性保护五大类工程；突出重点，整体推进，按“两线一面多点”思路，实现“整体保护、系统修复、综合治理”的生命共同体理念；以生态环境质量改善和人居环境健康为根本，探索完善“区域系统修复、部门密切协作、资金高效使用”的体制机制，项目推广价值极高，具有巨大的辐射示范作用（图 8-6）。

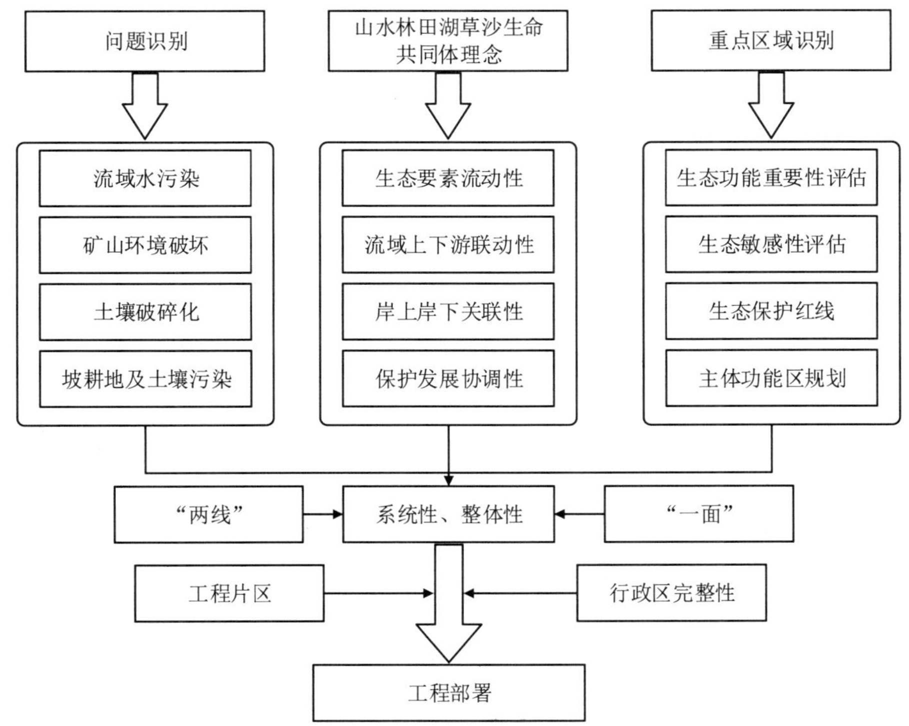

图 8-6 生态保护修复工程部署思路

江阴市（临港）生态保护和修复工程分区，贯彻“山水林田湖草是一个生命共同体”的理念，基于系统性和完整性，以“两线”和“一面”作为分区的主要依据。一是针对江阴市（临港）生态环境短板和存在问题，根据江苏省生态环境厅、财政厅和自然资源厅三部门印发的《关于实施山水林田湖草生态保护修复工程试点的通知》，确定山水林田湖草沙生态保护和修复的试点工程范围及内容。二是分析明确江阴市（临港）各生态系统要素之间的相互关系及岸上岸下、流域上下游相互关系，明晰产生生态环境问题的关键环节。三是突出长江岸线生态功能重要区域，开展生态系统服务功能重要性评估，并通过梳理国家、江苏省、江阴市相关规划，识别影响生态安全格局的核心区域。四是基于上述分析和评估，考虑行政单元相对完整性，对江阴市（临港）山水林田湖草沙生态保护和修复进行片区划分，突出"两线""一面"生态保护修复的系统性和整体性要求，确定相应的工程部署区域。

依据部署思路，结合江阴市（临港）区域生态环境问题，研究部署江阴市（临港）山水林田湖草沙生态保护与修复工程项目。具体部署分布如图 8-7 所示。

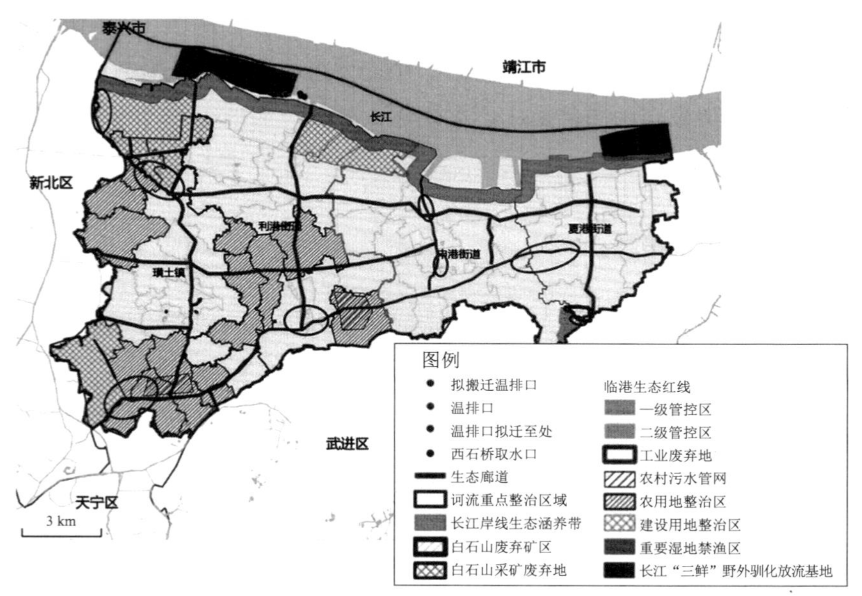

图 8-7　生态保护修复工程部署

8.3.2　示范特色

1. 紧扣长江保护修复，打造长江生态安全示范区的临港样本

长江经济带建设是国家三大战略之一。目前，"共抓大保护、不搞大开发"，走"生态优先、绿色发展"之路已成共识。习近平总书记指出，"长江病了，而且病得不轻。"当前，江阴市岸线开发强度偏高，部分入江河道水质较差，环境风险隐患突出，污染排放总量过大，污染处理基础设施相对滞后。江苏省政府要求江阴市"加强系统性规划，高水平建设城市滨水空间，高质量打造长江生态安全示范区"。临港开发区迎难而上，克难而进，统

筹推进山水林田湖草沙综合治理，铁腕治理各类污染问题，以实际行动践行习近平生态文明思想，为破解长江岸线开发与生态保护修复难题提供临港样本。

2．面向人居环境健康，形成可复制、能推广的快速城市化地区生态保护修复技术模式

党的十九大报告提出，我国社会主要矛盾已经转化为人民日益增长的美好生活需要和不平衡不充分的发展之间的矛盾。长三角作为我国快速城市化地区之一，区域生态安全和人居环境健康一直受到高度关注，统筹推进江阴临港开发区生态保护修复工作，重点解决区域生态功能退化、水环境污染、生境破碎化等问题，是最终实现一江清水、满城绿意、生产发达、生态宜居的根本途径。形成可复制、能推广的快速城市化地区山水林田湖草沙生态保护修复成功模式，不仅可以打造长江下游最靓丽、最宜居的现代化城市，而且可为我国其他快速城市化地区生态保护修复提供体制机制、政策措施、技术体系等全方位的技术经验。

3．立足生命共同体的系统性和完整性，破解山水林田湖草沙生态保护修复的小尺度难题

习近平总书记在《关于〈中共中央关于全面深化改革若干重大问题的决定〉的说明》中指出，"我们要认识到，山水林田湖是一个生命共同体，人的命脉在田，田的命脉在水，水的命脉在山，山的命脉在土，土的命脉在树。用途管制和生态修复必须遵守自然规律，如果种树的只管种树、治水的只管治水、护田的单纯护田，很容易顾此失彼，最终造成生态的系统性破坏。由一个部门负责领土范围内所有国土空间用途管制职责，对山水林田湖进行统一保护、统一修复是十分必要的。"习近平总书记用"命脉"科学描述了"人—田—水—山—土—树"之间的生态依赖和物质循环关系，用"生命共同体"科学揭示了自然要素之间、自然要素和社会要素之间通过物质变换构成的生态系统的性质和面貌。2016—2018 年，财政部、国土资源、环境保护三部委实施的 25 个省（自治区、直辖市）的 24 个山水林田湖草生态保护修复试点工程项目，选择的大都是国家重要生态安全屏障或极其脆弱区域，如祁连山、黄土高原、小兴安岭—三江平原、闽江流域等，也有中尺度的乌梁素海流域、长江上游生态屏障（重庆段）、钱塘江源头区域等，以河北雄安新区淀水林田草生态保护修复工程的尺度最小。江阴临港对立足生命共同体的理念、破解快速城市化地区生态保护修复小尺度难题的探索，可为其他地区山水林田湖草沙系统治理提供示范经验。

8.4　主要任务

8.4.1　岸线环境综合治理与修复

1．利港窑港口长江湿地保护区建设工程

主要问题：窑港口长江湿地保护区主要为天然滩涂，位于西石桥饮用水水源地（生态红线一级管控区）边缘，具有很高的生态保护价值。近年来，工业污染、城镇生活污染、水体内源污染、船舶交通和旅游污染等大量污染物进入湿地，降低了窑港口长江湿地保护区生态系统稳定性和自我净化能力，水质恶化和富营养化对西石桥饮用水水源地造成较大影响。

工程内容及规模：建设窑港口长江湿地保护隔离网 10 km，实施湿地生态系统恢复与功能提升工程、湿地保护区垃圾清除工程、野生动植物栖息地保护工程，工程实施面积为 6 km^2；建设长江湿地保护修复博物馆 1 个，作为长江湿地科普与教育基地。

2．江苏利港电厂三期温排口迁建与恢复治理工程

主要问题：江苏利港电厂紧邻西石桥饮用水水源地保护区，三期温排口产生的高温废水直排长江，高温水质对长江岸线临港段生物多样性保护和饮用水水源地环境安全造成一定影响，亟须迁移温排口和进行生态环境恢复治理。

工程内容及规模：从现状三期温排口接管，在堤外水下敷设 2×DN 3500 钢管至三期煤码头南侧、引桥西侧位置，将温排口中心下移约 387 m，移出西石桥水源地二级保护区。迁建后排水量和排水方式不变，年温排水排放量为 6.96 亿 m^3，排放方式为连续排放，入河方式为管道。实施温排口生态保护与恢复治理工程。将现有的三期温排口接管，并在大堤外水下敷设钢管至三期煤码头南侧、引桥西侧位置，将温排口中心下移约 387 m，移除西石桥水源地二级保护区。迁建后排水量和排水方式不变，年温排水排放量为 6.96 亿 m^3，排放方式为连续排放，入河方式为管道。

3．长江岸线生态涵养带建设与功能提升工程

主要问题：根据水利部和原国土资源部《长江岸线保护和开发利用总体规划》，长江临港段属于岸线保护区。近年来，由于不合理开发利用，长江岸线临港段湿地生态系统功能退化严重，水生植物种类、群落结构及分布与历史资料相比均出现较大变化，加之水体污染，破坏了河岸交错带栖息地环境，生态涵养能力下降，亟须加强长江岸线保护修复。

工程内容及规模：建设长江岸线临港段生态涵养带，宽为 500 m。具体工程措施：①生态涵养林带建设工程，按适地适树、因地制宜的原则，在饮用水水源地、化工园区等周边营造具有乔灌草立体防护功能的生态涵养林带；②生态改造与功能提升工程，结合主导生态功能保护的需求，对现有的水源涵养林、湿地芦苇荡等实施生态改造工程，提升栖息地环境质量；③湿地生态修复工程，在废弃港口遗址建设滨江湿地公园，开展湿地生态系统修复与功能提升；④实施长江渔民上岸工程，收缴捕鱼证，对渔民进行生态补偿。

8.4.2 流域水环境保护与治理

1．老桃花港河环境综合整治工程

主要问题：老桃花港河位于璜土镇，河道全长约 6.4 km，水面整体宽度约 10 m。流经花港苑村、石庄村、芦墩村共 3 个行政村（包括 41 个自然村）与 1 个石化产业园区。近年来，由于石庄污水处理厂的尾水排放总量大（10 000 t/d）和工业企业生活污水纳管不彻底，石化产业园段河道水生植物泛滥、淤塞严重、NH_3-N 指标浓度偏高。此外，老桃花港河人工硬质护岸，约占 62.5%，自然护岸仅占 37.5%，人工硬质护岸在一定程度上使河道水体的自净能力降低。

工程内容及规模：①石庄污水处理厂提升改造工程，2019 年年底前对石庄污水处理厂进行提标改造，从而有效提升尾水水质，削减入河污染物总量；②石化产业园区段清淤和疏浚工程，保证长江水能够畅通地引入老桃花港河；③硬质护岸生态化改造工程，开展石庄村段和石化产业园区段河道的硬质护岸进行生态化改造，长约 4.8 km，同时对河道蓝线范围内的违建进行清理拆除。

2．申港河环境综合整治工程

主要问题：申港河北起长江申港闸，南至西横河，全长 4.5 km，流经滨江村等 5 个村，是申港街道主要的工业、农业用水取水河道。目前，主要存在 3 个方面的环境问题：①集镇区生活污水入河量大，沿线生活垃圾对河流的污染较为严重，部分地段生活污水没有纳管，存在生活污水和生活垃圾直排现象；②申港码头工业企业接管率低，申港河沿岸一些工厂自建生活排污管；③沿岸农业面源污染大，农作物和蔬菜种植常用化肥和农药主要有尿素、复合肥等，秋季收获时大量农业废弃物进入申港河，造成水质季节性恶化。

工程内容及规模：①沿岸农业面源污染控制工程，对申港镇区及下游 2 km 范围侵占申港河河道岸线农田进行修复，建设有机农业种植示范基地 1 000 亩；②河道岸线生态化改造工程，对申港河从长江至季子文化公园段约 3.2 km 的硬质护岸实施生态化改造，合理利用岸线资源，对河道蓝线范围内的违建进行全面清理拆除；③申港河道循环引流工程，在申新三号河建双向泵站，对创新河等断头河流进行疏浚引流。

3．西横河环境综合整治工程

主要问题：西横河西起澡港，东至锡澄运河，全长 26 km，从西往东流经临港区域。目前，存在的主要环境问题有 3 个：①河道淤积严重，全河段自 2014 年以来未进行过清淤疏浚，造成河道内源污染负荷超标；②养殖废水直排入河，中游维常村水产养殖业发达，养殖废水未经任何处理直接排入西横河；③部分河段水质较差，散发恶臭，影响周边生态环境和居民健康。

工程内容及规模：①河道清淤疏浚工程，开展西横河全河段清淤疏浚工程，长度约 26 km；②螃蟹养殖废水人工湿地建设工程，对西横河维常村段沿河螃蟹养殖塘进行生态化改造，建造人工湿地，将养殖废水泵送入人工湿地处理后排入西横河；③实施璜土镇、利港街道农村生活污水管网建设工程。

4．新沟河环境综合整治工程

主要问题：新沟河北通长江，南与西横河相连，全长 4.8 km，沿岸以工业园区和居民聚集区为主，存在部分农业种植用地。目前，新沟河存在 2 个方面的主要环境问题：①沿岸工业行业类别多，污水排放量大，污水水质复杂，污水处理厂处理能力不足；②于门村、东刘村等生活污水接管率低，生活污水入河总量大，大量生活污水排入新沟河小流域。

工程内容及规模：①沿岸工业废水纳管工程，对新沟河长江口约 1 km 河段，北段申港工业园区、南段横塘村及申南村 1 km 河段沿岸的工业企业展开全面排查，对未登记接管企业进行接管；②污水处理厂提标改造及扩能工程，对申港工业园区污水处理厂进行提标改造，将排放标准从一级 B 标准提升至一级 A 标准，扩建申港工业园区污水处理厂处理能力至 25 000 t/d。

8.4.3 生态红线区矿山环境治理恢复

1. 特种垃圾填埋场生态安全调查评估项目

主要问题：白石山地块位于夏港、申港、南闸 3 个镇交界处，属江苏省生态红线管控区。由于历史原因，白石山曾是砂石矿开采区，采矿废弃地作为特种垃圾填埋场（污水处理厂污泥、建筑垃圾、部分工业固体废物等）。目前，该区域虽已不再是特种垃圾填埋场，但填埋场存在较高的生态环境风险，对邻近的新夏港河水环境安全、农田土壤环境安全及生态红线区的保护对象均造成巨大的潜在危害，亟须开展生态安全调查评估，摸清生态环境状况和存在的环境健康风险。

工程内容及规模：特种垃圾填埋场占地 32 hm^2，依据《场地环境调查技术导则》（HJ 25.1—2014）、《场地环境监测技术导则》（HJ 25.2—2014）、《污染场地风险评估技术导则》（HJ 25.3—2014）等，在生活垃圾、工业固体废物、污泥填埋点等实施污染场地环境调查；对周边 1 km 的缓冲区进行农田土壤环境、水环境、生物多样性等进行生态安全调查；综合评估白石山特种垃圾填埋场生态环境状况，识别生态环境风险，实施危险废物鉴定与污染管控；制定红线区采矿废弃地环境治理与生态修复技术方案。

2. 白石山污染场地土壤和地下水环境修复工程

主要问题：白石山特种垃圾填埋物调查鉴定完成后需搬运迁移治理。同时，部分地区废弃工矿用地曾是鑫杰化工有限公司生产用地，该公司生产制造化学原料和有机化学制品，2013 年已停止生产，工艺过程中产生的苯甲酰氯蒸馏残渣属于危险废物（危险废物代码：HW11 261-029-11），可能造成地表和地下水污染、土壤环境污染等，对白石山生态环境、附近农田及人居环境健康造成重大安全隐患，亟须开展白石山污染场地环境治理和土壤修复工程。

工程内容及规模：①地表土场地污染修复工程，场地修复地表土壤污染面积约 0.3 hm^2，修复地表 0～2 m 受污染土壤，修复土方量约为 6 000 m^3，可采用化学氧化技术和热脱附技术实现地表土修复；②地下水环境修复工程，涉及地下水修复部分面积约 0.1 hm^2，修复深度为 2～4 m，修复水方量约为 2 000 m^3，可通过原位阻隔技术和抽出处理技术修复地下水；③白石山污染物清运工程，对垃圾填埋场鉴定出的危险废物进行清除，并交由有资质单位进行集中处置。

3. 白石山环境综合治理与生态修复工程

主要问题：白石山位于江阴市低山生态公益林生态红线保护区，生态功能定位为水源涵养、水土保持。由于历史上大面积的露天采矿活动，原有地质环境和自然生态系统被摧毁，在生态红线区形成大量的采矿废弃地，植被覆盖率低于 5%，土地损毁、水土流失、生物多样性及地质灾害问题严重。亟待开展地质灾害治理与红线区生态修复工程，恢复生态红线区主导生态功能，维护快速城市化地区生态安全。

工程内容及规模：①地质灾害治理工程，采用削坡减载等工程措施对宕口 5 处地质灾害点进行山体削除、地形整治、隐患点消除，以提高边坡的稳定性，工程区面积约 20 hm^2；②采矿废弃地生态修复工程，根据主导生态功能，在整治后的矿区土地上种植生态林、修建与之相配套供水设施，通过人工促进困难立地植被恢复等技术方法，实施红线区水土保持和水源涵养功能恢复，恢复林地 18 hm^2、耕地 2 hm^2；③企业和农户拆迁综合治理工程，对影响生态红线区主导生态功能保护的化工企业和零散村农户实施拆迁，进行综合性环境治理。

8.4.4　土地整治与污染修复

1. 璜土镇土地整治与污染修复工程

主要问题：璜土镇有 89 家土壤污染重点监管企业，近 10 年来尚未详细开展过常规的例行土壤环境监测工作，仅有少数企业污染地块开展过土壤环境调查评估工作。结合《土壤环境质量　农用地土壤污染风险管控标准（试行）（GB 15618—2018）》、《土壤环境质量　建设用地土壤污染风险管控标准（试行）（GB 36600—2018）》，璜土镇亟待加强农用地和建设用地土壤污染状况详查和风险管控。

工程内容及规模：①土壤污染调查与风险管控工程，开展璜土镇土壤污染重点监管企业及周边农田土壤污染调查与风险管控工作；②农用地整治与农业面源污染治理工程，开展农田、果园、菜地等土地整治，减少尿素、农药、化肥使用，面积 600 亩；③建设用地整治与土壤污染修复工程，选择化工类、机械制造类、纺织类等污染场地 3 块实施土壤污染原位修复或异地处置，面积 150 亩；④实施璜土镇工业建筑垃圾综合利用工程，减少废弃建筑垃圾对土壤和地表水质的污染，实现资源循环利用。

2. 利港街道土地整治与污染修复工程

主要问题：利港街道有 35 家土壤污染重点监管企业，近 10 年来也未详细开展过常规的例行土壤环境监测工作，亟待加强农用地和建设用地土壤修复和风险管控。

工程内容及规模：①土壤污染调查与风险管控工程，实施土壤污染重点监管企业及周边农用地土壤污染调查、评估与风险管控；②农用地整治与农业面源污染治理工程，开展水田、旱地、苗圃等土地整治，面积 300 亩；③建设用地整治与土壤污染修复工程，选择机械制造类、有色金属冶炼类企业污染场地 2 块实施土壤污染原位修复，面积 100 亩；④利港街道工业建筑垃圾综合利用工程，减少废弃建筑垃圾对土壤和地表水质的污染，实现资源循环利用。

8.4.5 生物多样性保护

1. 生态廊道建设工程

主要问题：临港区域紧邻长江，处于长三角快速城市化关键带，改革开放以来，由于高强度、大规模的过度开发，自然生态系统结构和功能遭到严重破坏，重要生态空间破碎化，物种迁徙廊道被阻断，导致区域生物多样性降低，关键栖息地连通性不足。

工程内容及规模：①十里环水连通工程，利用申港河、西横河、利港河、创新河的自然连通，新开挖申湖、申溪，形成以申港河等围合而成的十里环水的城市生态安全格局，长度为 10 km；②生物廊道建设工程，沿十里环水的河网体系进行野生动植物栖息地改造，建成连通长江岸线的生物迁徙通道，长度 20 km。

2. 长江“三鲜”野外驯化基地建设与放养工程

主要问题：近年来，由于过度捕捞和环境污染，长江江阴段生物多样性降低，野外繁育栖息地遭到破坏，野生长江“三鲜”种群数量急剧下降。临港曾建设长江“三鲜”人工养殖基地，但资金缺口大、养殖成本高、设施老化，为恢复长江“三鲜”种群数量，亟须对现有养殖基地改造提升，建立野外驯化放养基地。

工程内容及规模：①养殖基地改造提升工程，新建露天养殖池塘 5 个，室内养殖池塘 3 个，亲本培育 60 组；②野外驯化及放养基地建设工程，开展长江“三鲜”野外放流活动，每年放流 150 万尾；③生态屏障功能提升工程，在长江（江阴）重要湿地（生态红线二级管控区）及 1 km 缓冲区建立禁渔区。

8.5 效益分析

8.5.1 生态效益

通过江阴市（临港）山水林田湖草沙生态保护修复将有效保护临港段生态环境。在生态红线区实施重点保护和修复项目能够有效改善长江岸线临港段生态环境，提升区域生态系统多样性、稳定性和可持续性，维护生态屏障功能，保障长江沿岸区域生态安全。

一是生态环境得到有效治理。通过山水林田湖草沙生态保护修复工程的实施，区域土壤理化性质得到改善，涵养水源、保持水土的功能显著提升，生物多样性也得到有效保护，区域生态环境明显改善，生态屏障功能得以稳定发挥。

二是水资源保障能力加强，自然灾害危害降低。通过开展实施江阴临港水环境保护与整治工程，可以减少人为活动对水源保护区的干扰，减低周边污染负荷对水源地水质的影响，提高了水资源保障能力和水灾应对能力，确保江阴临港区域内居民饮水安全。农村面源污染也得到控制。

三是生物多样性功能得到提升。将对临港沿江岸线的生态环境质量有较大的提升作用，对提升生态系统稳定性和维持当地生物多样性保护将有积极的促进作用，将进一步缓和临港开发强度较大的长江岸线区与长江生态环境保护之间的矛盾。

8.5.2　经济效益

江阴市（临港）山水林田湖草沙生态保护修复工程是生态型社会公益性建设，项目实施不以营利为目的，其经济效益主要通过社会效益和生态效益来体现间接经济效益及部分直接经济效益。

一是直接经济效益。通过流域水环境保护与整治工程、矿山环境修复工程，以及土地整治与土壤改良工程，临港区生态环境质量明显改善，并起到推动经济发展，拉动地区生产总值增长的作用。其直接经济效益主要体现在临港区长江段岸线水环境整治后，通过湿地公园建设，在有效改善水质环境的同时，还可以促进水产养殖业的发展，在水质优良的水域考虑发展河豚等经济价值高的水产养殖。工程实施后，长江岸线美学景观价值提高，沿河两岸环境优美、整洁，创造良好的投资环境，促进旅游发展。结合本区内现有的众多旅游资源，可以大力发展生态旅游产业，促进增收。

二是间接经济效益。通过山水林田湖草沙生态保护修复工程的实施，区域水土资源得到有效利用，不但能为当地粮食安全问题的解决和农村经济的发展提供大量有用的土地储备资源，而且也能为县域经济快速、持续、健康、稳定发展夯实基础，注入新的活力。土地资源利用率、土地产出率、劳动生产率均可大幅提高，推进当地绿色产业开发，有效地促进农业产业结构的调整和农村产业链的升级，带动农村经济发展。

8.5.3　社会效益

一是人居环境得到改善，加快新农村建设的步伐。山水林田湖草沙生态保护修复工程的实施，将实现人居环境大大改善，人居安全得到有力保障，同时也推动当地的新农村建设，促进科教、文化、卫生事业的发展，群众的文化素质和身体素质得到普遍提高，经济繁荣稳定和社会和谐发展，生态改善，农民增收，广大群众过上富裕生活，全面建成美丽幸福新临港。

二是增强民众生态意识，生态文明观念深入人心。在工程实施过程中，政府和民众对生态环境保护的重要性和价值有了更充分的认识。逐步树立生态价值意识，形成对自然生态敬畏的价值理念；树立生态责任和生态道德意识，将临港生态环境保护视为己任；树立生态知识的学习教育意识，更多了解和掌握生态治理与保护的基本常识和理念。

三是提高人民的幸福指数，利于和谐社会的发展。通过开展山水林田湖草生态保护修复工程，在改善区域生态环境、提高百姓收入水平的同时，还能提高人民的幸福指数，有利于社会安定和和谐社会的发展。

四是形成长江岸线生态保护修复的样板和典范。在长江经济带“共抓大保护、不搞大开发”的历史背景下，作为长江经济带下游岸线城市，努力解决由于高强度开发导致的生态环境问题，体现出其对习近平生态文明思想的贯彻落实，通过生态保护和修复试点工程的实施，形成一套科学可行、针对性强的山水林田湖草沙生态保护修复技术模式，生态保护修复体制机制进一步完善，可以探索并总结出长江下游沿江区域对“山水林田湖草沙生命共同体”理念贯彻落实的可借鉴、可参考的成功经验，形成了临港样板与典范。

第三篇

欠发达地区生态文明

第 9 章

生态环保扶贫减损增益与乡村振兴

贫困地区容易牺牲生态环境换经济增长。打通“绿水青山就是金山银山”转化路径是建立健全以产业生态化和生态产业化为主体的生态经济体系的重要内容，也是巩固拓展脱贫攻坚成果和推进乡村振兴的有效途径。2018 年 6 月，《中共中央　国务院关于打赢脱贫攻坚战三年行动的指导意见》指出：未来 3 年还有 3 000 万左右农村贫困人口需要脱贫。生态环境部一直高度重视扶贫与对口支援工作，自 1992 年以来，开始定点扶贫围场县和隆化县，对口支援新疆维吾尔自治区、西藏自治区和江西省崇义县。2020 年 6 月 9 日，生态环境部办公厅、农业农村部办公厅、国务院扶贫办综合司联合发布《关于以生态振兴巩固脱贫攻坚成果进一步推进乡村振兴的指导意见（2020—2022 年）》（环办科财〔2020〕13 号），切实践行“绿水青山就是金山银山”的理念被纳入指导思想。目前，如何结合生态环保扶贫项目实施，研究建立生态环境损益与“绿水青山就是金山银山”转化效益评估方法，是推进贫困地区绿色转型发展和政策优化的重要依据。

由于自然资源禀赋和尺度效应的差异性，开展生态环境损益评估的理论与技术相当复杂（孙崇洋等，2020）。有学者从国家尺度（徐嵩龄，1997；王兵等，2011）、省域和城市尺度（夏光，1998；陈乃玲等，2007）对我国生态环境破坏的经济损失进行了研究，形成了有较高学术和实用价值的环境污染损失和生态价值增量的计量方法，但不同学者建立的评估指标和技术方法之间的差异性较大，可操作性参差不齐（党晋华等，2007）。相关研究表明，已有技术方法在生态环保扶贫绩效评估中存在很大的不确定性，没有很好地解决扶贫领域生态环境损益，包括生态保护与环境污染综合治理修复产生的价值增加量和损失的减少量。因此，本章基于扶贫与对口支援地区的专题调研和专家咨询，构建了生态环境损益与“绿水青山就是金山银山”转化效益评估方法，以期为科学评估生态环保扶贫绩效、巩固拓展脱贫攻坚成果和生态环境保护政策优化提供支撑。

9.1 生态环境损益和“绿水青山就是金山银山”转化

9.1.1 评估指标体系构建

1．筛选原则

根据财政部等印发的《中央财政专项扶贫资金管理办法》（财农〔2017〕8 号）相关要求，中央财政专项扶贫资金的使用范围包括发展贫困地区的特色产业、改善贫困地区的小型公益性生产生活设施条件、增强贫困人口的自我发展能力和抵御风险能力。生态环保扶贫侧重于通过环境污染治理和生态保护修复项目的实施，提升生态环境质量，减少农林生产和人体健康损失，增加生态系统服务价值；通过“绿水青山就是金山银山”转化的经济收入，促进贫困地区绿色转型和乡村生态振兴，增强区域经济社会可持续发展能力（图 9-1）。

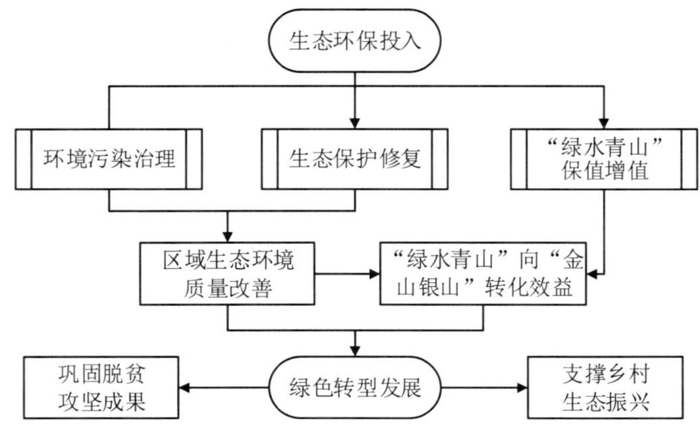

图 9-1 生态环保扶贫促进“绿水青山就是金山银山”转化和绿色发展示意图

生态环保扶贫绩效量化通常采用综合指标体系，为了使评估更具科学性与实用性，基于贫困与反贫困理论、环境经济学原理和可持续发展理论，生态环保扶贫损益与“绿水青山就是金山银山”转化效益指标筛选应遵循以下原则：

一是目标导向和层次性原则。“绿水青山就是金山银山”转化效益评估是目标，良好的生态环境是实现转化的基础和前提，指标的选择要为这一目标服务。对生态环境质量、直接经济效益、长期生态效益、可持续性影响等，应选作重要评估因子。结合环境管理需求和现有数据资料用最小的成本获取精度最高的评估结果，科学确定评估范围，有重点地选择关键评估指标。

二是可操作性和独立性原则。根据生态环境相关政策文件、技术规范/标准等，如《“绿水青山就是金山银山”实践创新基地建设管理规程（试行）》《国家生态文明建设示范市县建设指标》等，参考相关指标的解释和数据资料支撑，筛选评估指标与评估方法，增强指标的可操作性和独立性，避免不同指标之间的交叉重叠，简单直观地反映生态环保扶贫损益和“绿水青山就是金山银山”转化效益。

三是定量与定性补充原则。对于间接效益、简单效益、影响面窄的影响，根据生态环保扶贫项目的综合效益，如减少农业生产和人体健康损失，做到定量与定性相结合。对不能量化的指标，应参照相关文献，进行定性说明，确保评估指标体系具有科学性和实用性，评估结果反映近期最小的“绿水青山就是金山银山”转化效益，长期释放的生态环境和经济效益暂不做评估。

2．指标体系

结合《国家生态文明建设示范市县建设指标》和《“绿水青山就是金山银山”实践创新基地建设管理规程（试行）》的指标解释，按类型和时间顺序，生态环境损益与“绿水青山就是金山银山”转化效益评估指标体系（表 9-1）对应着生态保护修复效益（A_1）、环境污染治理效益（A_2）和“绿水青山就是金山银山”转化效益（A_3）。生态环保扶贫损益表征为贫困地区生态保护修复产生的农林生产（$A_{1\text{-}1}$）和生态服务（$A_{1\text{-}2}$）价值增加量（以下简称“增值量”）、环境污染治理产生的农业生产（$A_{2\text{-}1}$）和人体健康（$A_{2\text{-}2}$）减少损失量（以下简称“减损量”）。生态环境效益是生态环保扶贫的“直接产出”，良好生态环境实现的“绿水青山就是金山银山”转化经济收入（B_7）是“间接产出”。

表 9-1　生态环境损益与“绿水青山就是金山银山”转化效益评估指标

目标层	一级指标	二级指标	评估思路
生态保护修复效益（A_1）	林草地（B_1）	林草覆盖率（C_1）*	包括生态保护修复产生的农林生产（$A_{1\text{-}1}$）和生态服务（$A_{1\text{-}2}$）的增值量： $A_{1\text{-}1}=C_3+C_6+C_9$ $A_{1\text{-}2}=C_4+C_7+C_{10}$
		林草地面积（C_2）	
		林业和畜牧业收入（C_3）	
		生态系统服务价值（C_4）	
	耕地（B_2）	耕地面积（C_5）	
		农业收入（C_6）	
		生态系统服务价值（C_7）	
	湿地（B_3）	湿地面积（C_8）	
		渔业收入（C_9）	
		生态系统服务价值（C_{10}）	
环境污染治理效益（A_2）	水环境（B_4）	水质达标率（C_{11}）*	包括水环境、大气环境、固体废物及土壤污染造成的农业生产（$A_{2\text{-}1}$）和人体健康（$A_{2\text{-}2}$）的减损量： $A_{2\text{-}1}=C_{13}+C_{16}+C_{19}$ $A_{2\text{-}2}=C_{14}+C_{17}+C_{20}$
		集中式饮用水水源地水质优良比例（C_{12}）**	
		污灌和农业损失（C_{13}）	
		人体健康损失（C_{14}）	
	大气环境（B_5）	环境空气质量优良天数比例（C_{15}）*	
		酸雨和农业损失（C_{16}）	
		人体健康损失（C_{17}）	
	固体废物和土壤环境（B_6）	受污染耕地安全利用率（C_{18}）*	
		土地损毁和农业损失（C_{19}）	
		人体健康损失（C_{20}）	

目标层	一级指标	二级指标	评估思路
"绿水青山就是金山银山"转化效益（A_3）	经济收入（B_7）	绿色有机农产品产值（C_{21}）**	良好生态环境实现的"绿水青山就是金山银山"转化经济收入（B_7）：$B_7=C_{21}+C_{22}+C_{23}$
		生态旅游收入（C_{22}）**	
		生态补偿类收入（C_{23}）**	

注：指标解释参照《"绿水青山就是金山银山"实践创新基地建设管理规程（试行）》，*为参考指标，**为引用指标。

3. 评估方法

为减少指标的交叉重叠，增强可操作性，将上述指标归并为3个方面的5个评估项，分别为农林生产（$A_{1\text{-}1}$）和生态服务（$A_{1\text{-}2}$）的增值量评估，农业生产（$A_{2\text{-}1}$）和人体健康（$A_{2\text{-}2}$）的减损量评估、"绿水青山就是金山银山"转化的经济收入（B_7）评估，结合表9-1，公式如下：

$$A_{1\text{-}1}=C_3+C_6+C_9 \quad (9\text{-}1)$$

$$A_{1\text{-}2}=C_4+C_7+C_{10} \quad (9\text{-}2)$$

$$A_{2\text{-}1}=C_{13}+C_{16}+C_{19} \quad (9\text{-}3)$$

$$A_{2\text{-}2}=C_{14}+C_{17}+C_{20} \quad (9\text{-}4)$$

$$B_7=C_{21}+C_{22}+C_{23} \quad (9\text{-}5)$$

$A_{1\text{-}1}$和$A_{1\text{-}2}$属于生态保护修复的"增值量"。前者根据社会经济统计年鉴数据进行量化评估，后者采用遥感动态监测与修订的生态服务价值当量综合评估。$A_{2\text{-}1}$和$A_{2\text{-}2}$属于环境污染治理的"减损量"。根据环境年鉴和监测数据，先进行水、大气和土壤环境质量变化的定量评估，再结合相关文献或成果参照法开展"定性为主、定量补充"的农业生产和人体健康减损量评估。B_7为良好生态环境实现的"绿水青山就是金山银山"转化效益（A_3），反映"绿水青山"向"金山银山"转化的经济收入，表征为贫困地区从"输血"到"造血"的可持续发展能力。

9.1.2 案例研究

1. 生态环保投入

根据表9-2，2013—2018年，生态环境部对口支援崇义县扶贫专项资金4.77亿元，包括农村环境综合整治项目（P_1）7 843万元、水污染防治专项（P_2）12 615万元、土壤（重金属）污染防治专项（P_4）20 476万元、山水林田湖草沙生态保护修复工程试点项目（P_5）6 794万元；对口支援围场县扶贫专项资金3.19亿元，包括农村环境综合整治项目（P_1）6 315万元、水污染防治专项（P_2）6 404万元、大气污染防治专项（P_3）4 639万元、山水林田湖草沙生态保护修复工程试点项目（P_5）14 580万元；对口支援隆化县扶贫专项资金3.98亿元，包括农村环境综合整治项目（P_1）6 642万元、水污染防治专项（P_2）

9 868 万元、大气污染防治专项（P_3）5 468 万元、山水林田湖草沙生态保护修复工程试点项目（P_5）7 950 万元。政策帮扶主要包括“国家有机食品生产基地建设示范县（试点）”“国家生态文明建设示范市县”“崇义县绿水青山就是金山银山”实践创新基地等。

表 9-2　崇义县、围场县和隆化县生态环保扶贫资金支持情况　单位：万元

地区	类别	资金支持						
		2013 年	2014 年	2015 年	2016 年	2017 年	2018 年	小计
崇义县	P_1	1 000	—	—	843	2 000	4 000	7 843
	P_2	—	—	900	10 265	1 450	—	12 615
	P_3	—	—	—	—	—	—	—
	P_4	200	3 300	7 342	2 435	1 833	5 366	20 476
	P_5	—	—	—	—	6 794	—	6 794
	合计	1 200	3 300	8 242	13 543	12 077	9 366	47 728
围场县	P_1	45	373	—	—	3 042	2 855	6 315
	P_2	320	—	4 049	2 035	—	—	6 404
	P_3	136	621	1 871	842	514	655	4 639
	P_4	—	—	—	—	—	—	—
	P_5	—	—	—	14 580	—	—	14 580
	合计	501	994	5 920	17 457	3 556	3 510	31 938
隆化县	P_1	185	313	—	—	3 000	2 831	6 642
	P_2	1 073	—	7 375	1 420	—	—	9 868
	P_3	140	674	1 452	763	922	843	5 468
	P_4	—	—	—	—	—	—	0
	P_5	—	—	—	7 950	—	—	7 950
	合计	2 471	987	16 202	11 553	3 922	3 674	39 796

注：P_1 为农村环境综合整治项目，P_2 为水污染防治专项，P_3 为大气污染防治专项，P_4 为土壤（重金属）污染防治专项，P_5 为山水林田湖草沙生态保护修复工程试点项目。

2. 生态保护修复效益

林草地面积“量减质增”。2013—2018 年，崇义县林草覆盖率（C_1）由 81.93%减少至 81.63%，林草地面积（C_2）从 1 808 km^2 下降到 1 801 km^2，减少 6.67 km^2。围场县林草覆盖率（C_1）由 80.67%减少至 80.52%，林草地面积（C_2）从 7 291 km^2 下降到 7 277 km^2，减少 14 km^2。隆化县林草覆盖率（C_1）由 80.73%减少至 80.67%，林草地面积（C_2）从 4 438 km^2 下降到 4 435 km^2，减少 3 km^2。由表 9-3 可知，崇义县 NDVI 较高，多年平均值是同期全国的 1.9 倍，2018 年比 2013 年增加 9.2%；围场县 NDVI 的多年平均值是同期全国的 1.7 倍，2018 年比 2013 年增加 4.3%；隆化县 NDVI 的多年平均值是同期全国的 1.8 倍。崇义县、围场县和隆化县的生态质量均呈增加趋势，就 NDVI 增加比例而言，崇义县高于围场县和隆化县。

表 9-3 崇义县、围场县和隆化县的 $NDVI_{平均值}$统计

年份	崇义县	围场县	隆化县	全国
2013	0.752	0.696	0.761	0.423
2018	0.821	0.726	0.764	0.425

农林生产收入稳定提高。崇义县农林生产收入（A_{1-1}）2018 年为 15.79 亿元，较 2013 年增加 32.1%。林业和畜牧业收入（C_3）为 7.67 亿元，占农林生产收入的 48.6%，较 2013 年增加 23.8%；农业收入（C_6）为 6.62 亿元，较 2013 年增加 79.5%；渔业收入（C_9）为 1.49 亿元，较 2013 年减少 27.7%。围场县农林生产收入（A_{1-1}）2018 年为 67.87 亿元，较 2013 年增加 15.8%。林业和畜牧业收入（C_3）为 32.6 亿元，占农林生产收入的 48%，较 2013 年增加 12.6%；农业收入（C_6）为 35.2 亿元，较 2013 年增加 19.7%；渔业收入（C_9）为 676 万元，较 2013 年减少 73.1%。隆化县农林生产收入（A_{1-1}）2018 年为 66.36 亿元，较 2013 年增加 47.5%。林业和畜牧业收入（C_3）为 33.1 亿元，占农林生产收入的 49.9%，较 2013 年增加 23.5%；农业收入（C_6）为 33.2 亿元，较 2013 年增加 83.4%；渔业收入（C_9）为 597 万元，较 2013 年减少 29.5%。根据表 9-4，2018 年围场县的农林生产收入最高，是崇义县的 4.3 倍、隆化县的 1.02 倍。与 2013 年相比，隆化县农林生产收入的增幅最高，为 21.4 亿元。2018 年，围场县、隆化县和崇义县的人口分别为 42.14 万人、44.80 万人、21.67 万人，人均农林生产收入分别为 1.61 万元、1.48 万元和 0.73 万元。

表 9-4 崇义县、围场县和隆化县农林生产收入情况

指标	计算依据或方法	数据来源	崇义县/万元		围场县/万元		隆化县/万元	
			2013 年	2018 年	2013 年	2018 年	2013 年	2018 年
林业和畜牧业收入（C_3）	林业产值+牧业产值	崇义县统计局	61 937	76 676	289 500	326 000	268 000	331 000
农业收入（C_6）	农业产值	崇义县统计局	36 895	66 237	294 000	352 000	181 000	332 000
渔业收入（C_9）	渔业产值	崇义县统计局	20 668	14 937	2 513	676	847	597
合计			119 500	157 850	586 013	678 676	449 847	663 597

生态服务价值显著增加。基于修订的单位面积生态服务价值当量（ESV）（表 9-5），崇义县 2018 年的生态服务价值为 395.5 亿元，是 2013 年的 1.3 倍。其中，针阔混交林生态服务价值增加 86.1 亿元，灌草丛和耕地分别增加 5 200 万元和 1.19 亿元，湿地和水域生态服务价值分别增加 4 亿元和 4.2 亿元。2013—2018 年虽然林草地面积减少，但得益于生态质量增加，崇义县生态保护修复的增值作用显著（A_{1-2}），增加了 95.9 亿元。围场县 2018 年生态服务价值为 1 026.5 亿元，是 2013 年的 1.1 倍。针阔混交林和耕地面积增大，生态服务价值分别增加 65.6 亿元和 3.15 亿元。灌草丛、湿地和水域面积减少，得益于区域生态质量改善和单位面积生态服务价值当量增加，生态服务价值分别增加 38.56 亿元、0.68 亿

元和 5.22 亿元。隆化县 2018 年生态服务价值为 656.5 亿元，是 2013 年的 1.2 倍。虽然灌草丛和耕地面积保持不变，但生态系统服务价值分别增加 19.5 亿元和 3 100 万元。针阔混交林、湿地和水域面积减少，得益于区域生态质量改善和单位面积生态服务价值当量增加，生态服务价值分别增加 69.1 亿元、2.79 亿元和 3.78 亿元。虽然崇义县、围场县和隆化县的林草覆盖率在降低、林地或草地面积在减少，但总体生态系统服务价值呈增加趋势，围场县 2013—2018 年生态服务价值增加了 113.02 亿元，高于崇义县和隆化县。崇义县、围场县和隆化县的面积分别为 2 206 km^2、9 018 km^2 和 5 473 km^2，就单位面积的生态服务价值增加而言，崇义县、围场县和隆化县分别为 434.8 万元/km^2、125.3 万元/km^2、174.5 万元/km^2，崇义县最高，植被类型和气候条件的差异性是主要原因。

表 9-5 崇义县、围场县和隆化县生态服务价值变化

名称	类型	修订的单位面积生态服务价值当量/（万元/hm^2）		土地利用面积/hm^2		生态服务价值变化/亿元		
		2013 年	2018 年	2013 年	2018 年	2013 年	2018 年	增加值
崇义县	针阔混交林	15.41	20.28	179 237	178 633	276.2	362.3	86.06
	灌草丛	12.89	16.98	1 532	1 469	1.97	2.49	0.52
	耕地	2.94	3.83	10 667	11 287	3.14	4.32	1.19
	湿地	30.17	40.06	4 040	4 040	12.19	16.18	4
	水域	59.4	103.4	1 020	987	6.06	10.21	4.15
	合计					299.56	395.47	95.91
围场县	针阔混交林	12.22	13.76	423 778	423 886	517.86	583.27	65.41
	灌草丛	10.39	11.71	305 296	303 808	317.20	355.76	38.56
	耕地	2.12	2.39	112 986	113 405	23.95	27.10	3.15
	湿地	27.03	30.61	2 955	2 831	7.99	8.67	0.68
	水域	63.83	72.72	7 284	7 112	46.49	51.72	5.22
	合计					913.49	1 026.51	113.02
隆化县	针阔混交林	11.89	13.97	334 478	334 161	397.69	466.82	69.13
	灌草丛	10.14	11.92	109 400	109 400	110.93	130.40	19.47
	耕地	2.07	2.43	8 630	8 630	1.79	2.10	0.31
	湿地	26.79	31.48	6 023	6 012	16.14	18.93	2.79
	水域	64.70	76.02	5 323	5 028	34.44	38.22	3.78
	合计					560.99	656.47	95.49

3．环境污染治理效益

环境质量总体“稳中向好”。2013—2018 年，崇义县主要河系的水环境质量（C_{11}）基本保持在Ⅲ类以上（表 9-6），聂都河、石罗河为Ⅱ类，均达到地表水环境质量执行的标准，达标率为 100%，水质优良。值得注意的是，长河坝水库饮用水水源地监测断面虽已达到Ⅲ类标准，但在 2016 年由Ⅱ类降为Ⅲ类。围场县和隆化县的水环境质量（C_{11}）保持在Ⅲ

类，达标率为 100%。崇义县 PM_{10}、SO_2、NO_2 含量均达到国家环境空气质量Ⅱ级标准，多年平均值分别为 0.055 mg/m³、0.018 mg/m³、0.019 mg/m³。与 2013 年相比，2018 年崇义县 PM_{10}、SO_2、NO_2 含量分别下降 18.3%、73.5%、43%。除了 2013 年，围场县 SO_2、NO_2 含量均达到国家环境空气质量Ⅱ级标准。2013—2018 年，PM_{10}、SO_2、NO_2 含量的多年平均值分别为 0.087 mg/m³、0.031 mg/m³、0.024 mg/m³，均高于崇义县（占比分别为 58.2%、72.2%、26.3%）。除 2018 年外，围场县 PM_{10} 含量均高于国家环境空气质量Ⅱ级标准，2018 年为 0.071 mg/m³，较 2013 年下降 44.96%。除 2013 年外，隆化县 SO_2、NO_2 含量均达到国家环境空气质量Ⅱ级标准。2013—2018 年，PM_{10}、SO_2、NO_2 含量的多年平均值分别为 0.078 mg/m³、0.035 mg/m³、0.024 mg/m³，均高于崇义县（占比分别为 41.8%、94.4%、26.3%）。隆化县 PM_{10} 含量年变化较大，2015 年出现最大值，为 0.128 mg/m³。2018 年 PM_{10} 含量为 0.073 mg/m³，较 2013 年增加了 30.4%，较 2015 年降低了 75.3%。2018 年，崇义县、围场县和隆化县的空气质量优良天数比例（C_{15}）分别为 91.3%、87.9%和 74%，崇义县最高，隆化县最低。

表 9-6 崇义县、围场县和隆化县水环境质量变化

名称	河系	类别	控制级别	执行标准 GB 3838—2002	年份					
					2013	2014	2015	2016	2017	2018
崇义县	扬眉江	地表水	市控	Ⅲ类标准	Ⅲ	Ⅲ	Ⅲ	Ⅲ	Ⅲ	Ⅲ
	小江（茶滩）	地表水	国控	Ⅲ类标准	Ⅲ	Ⅲ	Ⅲ	Ⅲ	Ⅲ	Ⅲ
	大江（丰州）	地表水	省控	Ⅲ类标准	Ⅲ	Ⅲ	Ⅲ	Ⅲ	Ⅲ	Ⅲ
	聂都河	地表水	省控	Ⅱ类标准	Ⅱ	Ⅱ	Ⅱ	Ⅱ	Ⅱ	Ⅱ
	石罗河	地表水	省控	Ⅱ类标准	Ⅱ	Ⅱ	Ⅱ	Ⅱ	Ⅱ	Ⅱ
	小江（长河坝水库）	饮用水源	市控	Ⅲ类标准	Ⅱ	Ⅱ	Ⅱ	Ⅲ	Ⅲ	Ⅲ
围场县	伊逊河（唐三营）	地表水	国控	Ⅲ类标准	N	N	N	Ⅲ	Ⅲ	Ⅲ
	伊逊河（围场上游）	地表水	省控	Ⅲ类标准	Ⅲ	Ⅲ	Ⅲ	Ⅲ	Ⅲ	Ⅲ
隆化县	伊逊河（县水源地）	饮用水源	市控	Ⅲ类标准	Ⅲ	Ⅲ	Ⅲ	Ⅲ	Ⅲ	Ⅲ
	滦河	地表水	国控	Ⅲ类标准	Ⅲ	Ⅲ	Ⅲ	Ⅲ	Ⅲ	Ⅲ
	伊逊河（张三营断面）	地表水	国控	Ⅲ类标准	Ⅲ	Ⅲ	Ⅲ	Ⅲ	Ⅲ	Ⅲ

注：N 表示未设定国控断面。

减少农业生产损失。相关研究表明，水污染通过浇灌农田导致土壤环境受损、农产品减产或品质下降。大气污染不仅影响农业的植物生理机制，造成抗病抗虫能力下降或植物死亡，形成的酸雨由土壤进入水体时会产生毒害。崇义县、围场县和隆化县水质达标率（C_{11}）、集中式饮用水水源地水质优良比例（C_{12}）均为 100%（表 9-7），不存在污灌，污灌造成的农业损失（C_{13}）为零。2013—2018 年，环境空气质量持续好转，SO_2、NO_2 均达到了国家环境空气质量Ⅱ级标准，酸雨造成的农业损失（C_{16}）为零。受污染耕地安全利用率（C_{21}）为近年新提出的指标，2013 年无统计数据，崇义县按达标值 90%计算，2018 年为

93%；围场县和隆化县不存在污染耕地，均按 100%计算。2013 年和 2018 年崇义县耕地面积分别为 167.58 km^2 和 168.08 km^2，参考国家公布的 2018 年稻谷最低收购价格（均价 2 507 元/t），按减产率 20%、亩产 646.3 元计算，2013 年和 2018 年崇义县农业损失（C_{19}）分别约为 325 万元和 228 万元。因此，环境污染治理产生的农业生产减损量（$A_{2\text{-}1}$）按最小值计算为 97 万元。

表 9-7　崇义县、围场县和隆化县环境污染治理效益

指标	计算依据或方法	数据来源	崇义县/%		围场县/%		隆化县/%	
			2013 年	2018 年	2013 年	2018 年	2013 年	2018 年
水质达标率（C_{14}）		生态环境部门	100	100	100	100	100	100
集中式饮用水水源地水质优良比例（C_{15}）	指行政区域内集中式饮用水水源地，其地表水水质达到或优于《地表水环境质量标准》（GB 3838—2002）Ⅲ类标准、地下水水质达到或优于《地下水质量标准》（GB/T 14848—2017）Ⅲ类标准的水源地个数占水源地总个数的百分比	生态环境、水利等部门	100	100	100	100	100	100
环境空气质量优良天数比例（C_{18}）	指行政区域内空气质量达到或优于二级标准的天数占全年有效监测天数的比例	生态环境部门	N	91.3	96.7	87.9	91.8	74
受污染耕地安全利用率（C_{21}）	指行政区域内受污染耕地安全利用面积占受污染耕地面积的比例，执行《受污染耕地安全利用率核算方法（试行）》	农业农村、生态环境等部门	90	93	100	100	100	100

注：N 表示手动监测数据无参考意义。

减少人体健康的防护成本。相关研究表明，识别污染物造成健康损害的途径与暴露人群是环境污染治理产生的人体健康减损量（$A_{2\text{-}2}$）评估的前提，水污染影响消化系统，提高肝癌胃癌等恶性肿瘤的发病率，大气污染影响呼吸系统，当污染物浓度很高时，可能出现慢性支气管炎、肺气肿、哮喘等疾病，严重的会引起肺癌。崇义县、围场县和隆化县可能对人体健康影响较大的主要为饮用水水污染和大气污染，由于水环境和空气环境质量优良，可认为水污染和大气污染造成的人体健康损失为零，环境污染治理减少了人体健康的防护成本支出。

4．“绿水青山就是金山银山”转化的经济收入

根据表 9-8，崇义县 2018 年“绿水青山就是金山银山”转化的经济收入为 22.72 亿元，绿色有机农产品产值（C_{21}）和生态旅游收入（C_{22}）的占比分别为的 17.7%和 78.5%；2013—2018 年，生态旅游收入增长了 2.22 倍；2018 年，绿色有机农产品产值为 4.03 亿元，生态补偿类收入（C_{23}）为 8 498 万元。围场县 2018 年“绿水青山就是金山银山”转化的经济收入为31.66亿元，是2013年的2.65倍；2013年和2018年绿色有机农产品产值（C_{21}）的占比分别为5.7%和18.9%，由6 873万元增加至5.98亿元，2018年是2013年的8.7倍；生态旅游收入（C_{22}）的占比分别为71.1%和69.5%，呈下降趋势；生态补偿类收入（C_{23}）分别为2.77亿元和3.67亿元，增长了32.4%。隆化县2018年“绿水青山就是金山银山”转化的经济收入为28.05亿元，是2013年的2.67倍；2013年和2018年绿色有机农产品产值（C_{21}）的占比分别为62.2%和42.6%，由6.53亿元增加至11.95亿元，2018年是2013年的1.8倍；生态旅游收入（C_{22}）的占比分别为32.0%和54.2%，增长了4.52倍；生态补偿类收入（C_{23}）分别为0.61亿元和0.89亿元，增长了46.1%。总体来看，围场县2018年“绿水青山就是金山银山”转化的经济收入最高，其次为隆化县和崇义县；崇义县、围场县和隆化县的绿色有机农产品产值的占比分别为17.7%、18.9%和42.6%，隆化县最高；生态旅游收入占比分别为78.5%、69.5%和54.2%，崇义县最高。

表9-8 崇义县、围场县和隆化县“绿水青山就是金山银山”转化的经济收入

指标	计算依据或方法	数据来源	崇义县/万元		围场县/万元		隆化县/万元	
			2013年	2018年	2013年	2018年	2013年	2018年
绿色有机农产品产值（C_{21}）	指行政区域内绿色有机农产品产值。绿色有机农产品按国家有关认证规定执行，产品涵盖种植业、渔业、林下产业及畜牧业等	农业农村、林草、生态环境等部门	N	40 300	6 873	59 826	65 334	119 538
生态旅游收入（C_{22}）	指行政区域内生态旅游收入。生态旅游是指以可持续发展为理念，以保护生态环境为前提，依托良好的自然生态环境和独特的人文生态系统，开展生态体验、生态教育、生态认知并获得身心愉悦的旅游方式	文化和旅游、工业和信息化等部门	55 446	178 400	85 000	220 000	33 600	152 000
生态补偿类收入（C_{23}）	指行政区域内生态补偿类财政收入，包括重点生态功能区的财政支付转移、上下游之间的横向补偿，是反映生态环境保护成效转化的主要指标	财政、生态环境等部门	4 970	8 498	27 748	36 744	6 120	8 941
合计			60 416	227 198	119 621	316 570	105 054	280 479

注：N表示无数据，按无计算。

9.1.3 讨论与结论

1. 讨论

本节着眼于生态环境损益和“绿水青山就是金山银山”转化效益评估指标体系的构建，以崇义县、围场县和隆化县为例进行应用研究，验证了评估指标体系的科学性和实用性，基于常规统计、生态遥感动态监测与“绿水青山就是金山银山”转化的经济收入评估，开展贫困地区“绿水青山就是金山银山”转化成效试点评估，通过征求地方相关部门的意见，最大限度地基于当地生态环境、卫生健康、农业农村、统计等部门提供的数据，建立一套可业务化应用的管理办法，每年动态公布，作为县域绿色转型发展的重要指标。

案例研究发现，在应用过程中可能存在一些问题：一是数据的规范性，以统计部门提供的数据为主，以遥感数据和成果参照法为辅，获取所需要的数据；二是数据的精准性，不同统计口径和数据来源之间可能存在交叉重叠，如林业和畜牧业收入、有机绿色有机农产品产值之间，本节采用分类计算的方式予以避免；三是缺乏剂量-反应函数。崇义县和围场县生态环境质量的持续改善减少了农业生产损失、人体健康损失，但由于缺乏剂量-反应函数，只能以定性为主，估计出最小的生态环境效益。

2. 结论

一是构建的生态环境损益与“绿水青山就是金山银山”转化评估指标体系采用定性与定量相结合的方法，明晰了生态保护修复的“增值量”和环境污染治理的“减损量”评估框架，可为生态环保扶贫绩效评估与政策优化提供一种框架模型支撑。着眼于生态环保扶贫促绿色转型发展，从绿色有机农产品产值、生态旅游收入和生态补偿类收入入手，选择良好生态环境实现的“绿水青山就是金山银山”转化效益的经济指标，指标简单、可操作性强，部门责任明确。该方法具有良好的适用性，建议纳入扶贫领域生态环境长效常态管理工作。

二是生态环保扶贫可以大幅减少贫困地区生态破坏与环境污染事件的发生，确保优质生态产品得到持续供给。与其他部门扶贫不同，生态环保扶贫实施环境污染治理和生态保护修复，一方面，提高了区域生态环境质量，减少了环境污染和土地利用变化造成的农林生产、人体健康损失，节省了防护成本；另一方面，打通了“绿水青山”向“金山银山”的转化通道，增加了当地人民群众收入，间接减少了贫困人口数量，增强了贫困地区从“输血”到“造血”的可持续发展能力。

三是以崇义县、围场县和隆化县为例的研究表明，经济社会快速发展造成的林草地面积“量减质增”，三县环境质量总体“稳中向好”、单位面积的生态服务价值增加，“绿水青山就是金山银山”转化的经济效益逐步释放。2018年，崇义县、围场县和隆化县“绿水青山就是金山银山”转化的经济收入分别为22.72元、31.66亿元和28.05亿元，其中绿色有机农产品产值、生态旅游收入占比较大。建议依托良好的生态环境，大力发展绿色有机农业和生态旅游。

四是生态保护修复“增值量”和环境污染治理“减损量”评估需要定性与定量相结合，基于保守原则，本节核算的是最小生态环境效益。崇义县2018年生态服务价值为395.47亿元，是2013年的1.3倍，增加了95.9亿元。围场县和隆化县2013—2018年生态服务价值分别增加了113.02和95.49亿元，就单位面积生态服务价值增加值而言，崇义县高于围场县和隆化县，植被类型和气候条件的差异性是主要原因。环境污染治理产生的农业生产和人体健康的减损量，由于基础研究缺乏剂量-反应函数，减损量评估主要是定量的，给出的是最小减损量，实际的正面作用远大于目前的评估结果。

9.2 县域生态系统服务与乡村振兴

2020 年，我国现行标准下农村贫困人口全部实现脱贫、贫困县全部“摘帽”、区域性整体贫困得到解决。然而，脱贫地区和脱贫人口发展基础仍然较为薄弱，部分脱贫人口存在着返贫风险。如何巩固拓展脱贫攻坚成果并接续推进脱贫地区乡村振兴，是当前一项长期而艰巨的任务。2020 年 12 月 16 日，中共中央、国务院印发《关于实现巩固拓展脱贫攻坚成果同乡村振兴有效衔接的意见》，成为进一步巩固拓展脱贫攻坚成果、接续推动脱贫地区发展和乡村全面振兴的纲领性文件。贫困地区与生态脆弱区、重点生态功能区存在空间上的耦合关系（王艳慧等，2016；王昭等，2019），以牺牲环境为代价的脱贫和巩固脱贫成果的方式不符合绿色发展要求。如何协调生态环境保护和乡村地区绿色高质量发展，促进村镇建设生态承载力提升，维护区域生态安全，以生态环境保护助推全面乡村振兴，是当前脱贫地区面临的现实问题。

生态系统服务代表了人类从生态系统中获得的利益（Costanza et al.，1997），可以概括为自然生态系统及其物种所提供的能够满足和维持人类生活需要的条件和过程（Millennium Ecosystem Assessmnent，2005；马伟波等，2022）。生态系统服务对“产业兴旺、生态宜居、乡风文明、治理有效、生活富裕”的乡村振兴总要求均发挥着重要的作用。特别是在经济条件相对落后、生态系统服务价值较高的地区，打通“绿水青山就是金山银山”转化路径，推动生态产品价值实现，探索基于主导生态功能保护的村镇生态建设和可持续发展模式（张龙江等，2021），是巩固拓展脱贫攻坚成果和乡村振兴的有效途径（李海东等，2020）。

目前，生态系统服务与乡村振兴的相关研究主要集中在乡村振兴战略对生态系统服务的影响与依赖度（张超正等，2021；董嘉薇等，2022；刘迪等，2023）及生态系统服务对乡村振兴建设的反馈（周李磊等，2018）两个方面。已有研究关注易地搬迁、农地整治等政策影响下乡村振兴与区域生态系统服务价值变化的关系，乡村振兴通过产业振兴、文化振兴多种方式促进农民从生态系统服务价值，特别是供给服务价值中持续收益，从而不断提升民生福祉。国内学者从生态产品价值实现路径探索（潘丹等，2022）、乡村振兴与生态资本价值内在机制研究等方面分析两者的关系，也有研究通过生态系统服务测算生态经济协调发展及其要素相关性（Li et al.，2021），而对生态系统服务与乡村振兴耦合关系的定量化研究不足。

生态系统服务与乡村振兴的关系十分复杂（黄甘霖等，2016），尤其是在资源依赖地区。只有充分认识生态系统服务和乡村振兴建设两者之间的相互关系，才能在保护生态环境的同时助力乡村振兴。本节选取喜马拉雅东南部生物多样性保护优先区县域日喀则市定结县为研究区。作为我国典型的高寒湿地生态系统和珠穆朗玛峰国家级自然保护区的组成部分，定结县湿地的生态地位很高，具有典型意义。通过构建乡村振兴指数测算指标体系，分析生态系统服务与乡村振兴指数间的耦合关系，通过长时间序列分析，揭示生态系统服务与乡村振兴之间的时空分异规律，以期为定结县制定有针对性的乡村振兴战略提供科学参考。

9.2.1　材料与方法

1. 研究区概况

定结县位于西藏自治区西南部，喜马拉雅山北麓，南与尼泊尔和印度锡金毗邻，东连岗巴县，西临定日县，北靠萨迦县，总面积 5 834.6 km²，平均海拔 4 300 m。全县下辖 3 个镇 7 个乡村，人口约 2.17 万人，东部是以多布扎湖为中心的高原湖盆地区；中西部是以叶如藏布河和金龙河为 2 条主线的河谷地区，沿河两岸村落、人口、耕地、草场较为集中，以经营农业为主，兼营牧业；南部是喜马拉雅山支脉脊背上的高寒地区，多为冰川和雪山，属于纯牧业区；西南部是陈塘峡谷区，地处喜马拉雅山主脊南翼。2022 年，定结县生产总值 6.54 亿元，农村居民人均可支配收入达 14 595 元；经济结构以半农半牧为主，耕地面积 27.13 km²，主产青稞、油菜、土豆等作物；草场面积 3 540.93 km²；林地面积 293.33 km²，有 73.33 km² 连片湿地（表 9-9）。

表 9-9　定结县乡镇基本情况

序号	乡镇	面积/km²	人口/人	海拔/m	
				平均	乡镇政府所在地
T_1	江嘎镇	486.68	3 827	4 536	4 170
T_2	日屋镇	430.62	2 615	5 150	4 940
T_3	陈塘镇	796.30	1 296	3 923	2 779
T_4	郭加乡	344.30	1 801	5 017	4 259
T_5	萨尔乡	286.68	1 663	4 958	4 267
T_6	琼孜乡	727.92	1 750	5 116	4 343
T_7	定结乡	531.81	2 074	4 657	4 405
T_8	确布乡	1 385.02	2 919	4 450	4 222
T_9	多布扎乡	452.98	2 666	4 610	4 427
T_{10}	扎西岗乡	392.26	1 178	4 856	4 264

2. 研究方法

（1）乡村振兴指数测算方法

测算指标：《乡村振兴战略规划（2018—2022 年）》明确指出，按照“产业兴旺、生态宜居、乡风文明、治理有效、生活富裕”的总要求，科学有序地推动乡村产业、人才、文化、生态和组织振兴，实现生态美、产业兴、百姓富。基于以上对乡村振兴内涵的阐述，本节结合 2018 年中国社会科学院城乡发展一体化智库、中国社会科学院农村发展研究所发布的乡村振兴指数，以及相关研究和定结县地方特点，遵循科学性、可行性、可测性和数据可获取性等原则，从产业兴、生态美、百姓富 3 个维度设置了包括工业总产值、工业企业个数、林业产值等 18 个测算指标（表 9-10），其中正向指标 14 个，负向指标 4 个。

表 9-10　乡村振兴指数测算指标体系

维度	指标	单位	指标方向	平均权重
产业兴（A_1）	绿色有机农产品产值（B_1）	万元	+	0.069 7
	林业产值（B_2）	万元	+	0.031 3
	牧业产值（B_3）	万元	+	0.118 9
	工业总产值（B_4）	万元	+	0.058 6
	工业企业个数（B_5）	个	+	0.171 2
	人均耕地面积（B_6）①	km^2/人	+	0.027 4
生态美（A_2）	城镇建成区海拔（B_7）	m	−	0.053 3
	林草覆盖率（B_8）	%	+	0.016 3
	生态旅游收入（B_9）	万元	+	0.048 6
	单位耕地面积化肥使用量（B_{10}）	kg/hm^2	−	0.029 4
	单位耕地面积农药使用量（B_{11}）	kg/hm^2	−	0.019 0
	农业灌溉水有效利用系数（B_{12}）	—	+	0.010 0
百姓富（A_3）	人口密度（B_{13}）	人/km^2	+	0.036 4
	居民人均纯收入（B_{14}）	元/a	+	0.024 9
	综合商店或超市数量（B_{15}）	个	+	0.143 8
	与县城之间的距离（B_{16}）②	km	−	0.017 1
	城镇建成区面积（B_{17}）③	hm^2	+	0.080 4

注：①人均耕地面积=年末耕地面积总数÷年末人口总数，人均耕地数量的提高及相关农产品收成量的提升反映出农业经济和人民生活水平的提高。

②指乡镇政府所在地到县政府的距离，反映乡村振兴发展潜力。

③指行政区内实际已成片开发建设且市政公用设施和公共设施基本具备的区域，反映乡村振兴发展水平。

测算方法：为消除调查数据的量纲影响，采用正向/逆向离差最大化对指标数据进行无量纲处理，再根据各指标的标准化值和指标权重确定综合得分，求出乡村振兴指数。

$$H = \sum_{i=1}^{3}\sum_{j=1}^{18} W_{ij} I_{ij} \tag{9-6}$$

式中：H 为乡村振兴指数；W_{ij} 为第 i 维度第 j 个指标权重；I_{ij} 为第 i 维度第 j 个指标标准化值。

（2）耦合协调度分析

耦合源自物理学概念，指两个或两个以上系统或运动形式通过各种相互作用彼此影响的现象，当系统或系统内部要素间配合较好、协调发展时称为良性耦合；反之则称为恶性耦合。为科学反映生态系统服务和乡村振兴指数的空间耦合特征，采用基于离差系数的耦合协调度模型进行分析，计算公式为

$$C=\left(\frac{U_1U_2}{T^2}\right)^n \tag{9-7}$$

$$T=aU_1+\mathrm{b}U_2 \tag{9-8}$$

$$D=\sqrt{CT} \tag{9-9}$$

式中：C 为协调度；T 为要素的综合发展系数；D 为耦合协调度，用于衡量要素间相互作用影响程度；a 和 b 为权重；n 为调节系数；U_1 为乡村振兴指数标准化值；U_2 为生态系统服务价值标准化值。

本节认为乡村振兴和生态环境保护同等重要，即 $a=b=0.5$，并选定 n=3。借鉴前人（潘翔等，2020）的研究成果，并结合研究区实际情况，将耦合协调度 D 划分为衰退失调型[0，0.2]、濒临衰退失调型（0.2，0.4]、勉强协调发展型（0.4，0.6]和协调发展型（0.6，1] 4 类。为探究生态系统服务和乡村振兴两者的制约关系和制约因素，根据生态系统服务和村振兴指数的差异将其分为 4 种差异类型（表 9-11），两者差距在 0.1 以内视为同步。

表 9-11 耦合差异类型划分标准

耦合差异类型	划分依据	
	耦合差异	耦合协调度
乡村振兴后发型（DT_1）	$U_1-U_2<-0.1$	—
协调发展型（DT_2）	$-0.1\leqslant U_1-U_2\leqslant 0.1$	（0.4，1]
衰退失调型（DT_3）	$-0.1\leqslant U_1-U_2\leqslant 0.1$	[0，0.4]
生态资产提升型（DT_4）	$U_1-U_2>0.1$	—

（3）数据来源

2000 年、2010 年和 2020 年定结县各乡镇的乡村振兴评价指标数据主要源于《中国县域统计年鉴（乡镇卷）》、定结县人民政府网站及各省的《农村统计年鉴》《中国城乡统计年鉴》《中国社会统计年鉴》等。对于个别年份缺失的数据（如单位耕地面积农药使用量、生态旅游收入、人均耕地面积及居民人均纯收入），假设这些指标保持不变的变化速度，根据定结县的年均增长率来推算并补齐该数据。

2000 年、2010 年和 2020 年的生态系统服务价值为栅格数据，由中国科学院资源环境科学与数据中心（https://www.resdc.cn/default.aspx）提供，包括供给服务（E_1，含食物生产、原料生产、水资源供给）、调节服务（E_2，含气体调节、气候调节、净化环境、水文调节）、支持服务（E_3，含土壤保持、维持养分循环、生物多样性）和文化服务（E_4，含

美学景观）共4类，空间分辨率为1 km。估算过程中在考虑各生态系统类型基础当量的基础上，进一步考虑了NPP、降水和土壤保持调节的时空动态因子影响。

9.2.2 乡村振兴指数

图9-2是2000年、2010年和2020年20年间定结县10个乡镇的乡村振兴指数的变化趋势。根据测算结果，定结县的乡村振兴指数存在以下两个方面的特征。一是定结县的乡村振兴水平仍存在较大的提升空间。定结县有4个乡镇的乡村振兴指数高于全县平均水平（为0.30），大小顺序为江嘎镇（T_1）、陈塘镇（T_3）、琼孜乡（T_6）、萨尔乡（T_5），最大值为0.60。其他6个乡镇中，有3个乡镇的乡村振兴指数低于0.2，分别为郭家乡（T_4）、确布乡（T_8）和多布扎乡（T_9），以郭家乡（T_4）为最低（为0.12）。较高的江嘎镇（T_1）和陈塘镇（T_3）的乡村振兴指数分别是最低乡镇的5倍和4.5倍。二是2010—2020年的乡村振兴指数相较于2000—2010年明显增长。2000—2020年定结县的乡镇乡村振兴指数总体上呈增长趋势，以萨尔乡（T_5）的增长幅度为最大（达到59.1%）。其中，2000—2010年呈增加趋势的乡镇有3个，分别为江嘎镇（T_1）、萨尔乡（T_5）和琼孜乡（T_6），增长幅度分别为48.6%、11.9%和15.1%。2010—2020年呈增加趋势的乡镇有9个，其中萨尔乡（T_5）和扎西岗乡（T_{10}）的增长幅度较大，分别上升42.2%和56.3%；江嘎镇（T_1）呈下降趋势，幅度为9.1%。

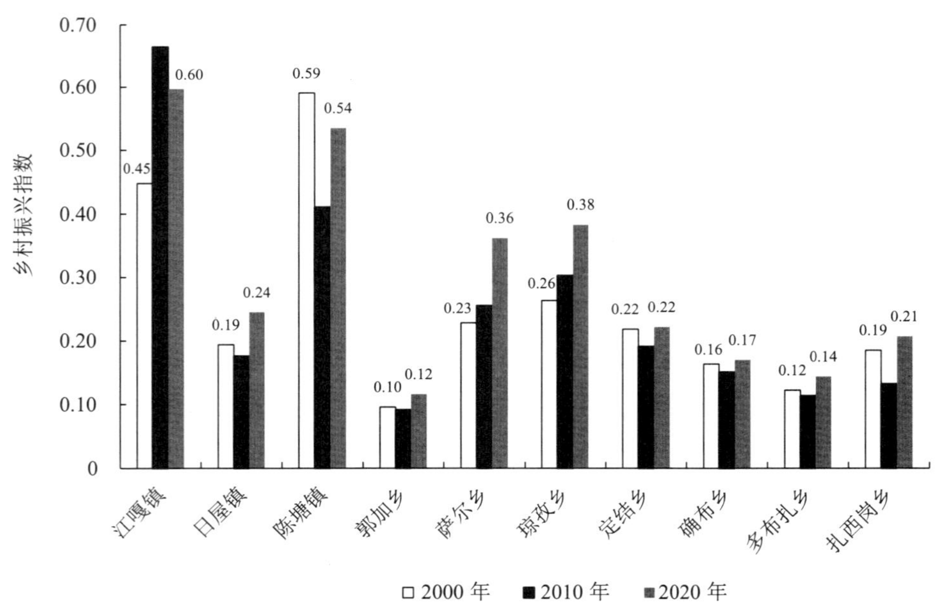

图9-2 定结县各乡镇2000—2020年乡村振兴指数年度变化情况

为分析不同时序乡镇乡村振兴指数演变动态的驱动力及各维度的差异性，可进一步利用雷达图（图 9-3）来分析。2000—2020 年，定结县在产业兴（A_1）、生态美（A_2）和百姓富（A_3）3 个维度上均呈增加趋势，分别增长了 14.9%、25.2%和 18.3%，以生态美（A_2）的增长幅度最大。定结县的 10 个乡镇在这 3 个维度上的区别不大，基本处于亟待改善和发展水平，仅江嘎镇在百姓富（A_3）维度上和陈塘镇在产业兴（A_1）维度上较为突出，明显好于其他乡镇。2010 年，随着产业经济的发展，人民生活水平也在不断改善，定结县在各个维度上均出现了明显的改善，且各个乡镇的发展也更加均衡，生态美（A_2）维度上各个乡镇的均衡程度更高，其中江嘎镇在产业兴（A_1）和百姓富（A_3）维度上均处于领先水平。2020 年，所有维度上的乡村振兴指数均得到了更加快速的发展，但多布扎乡、郭家乡、定结乡和日屋镇的产业发展水平仍处于滞后水平，主要原因是这些乡镇为定结县较偏远的地区，基础底子较薄、起点低，影响了产业发展水平。而陈塘镇在产业兴（A_1）、生态美（A_2）和百姓富（A_3）3 个维度上均处于较高的发展水平。2020 年，其产业兴（A_1）和生态美（A_2）维度的指数值分别为 0.29 和 0.11，位列第一。从具体的指标来看，陈塘镇在产业兴（A_1）维度上主要是绿色有机农产品产值（B_1）、林业产值（B_2）、牧业产值（B_3）等指标比其他乡镇高；在生态美（A_2）维度上主要是城镇建成区海拔（B_7）、林草覆盖率（B_8）、农业灌溉水有效利用系数（B_{12}）等指标明显优于其他乡镇。

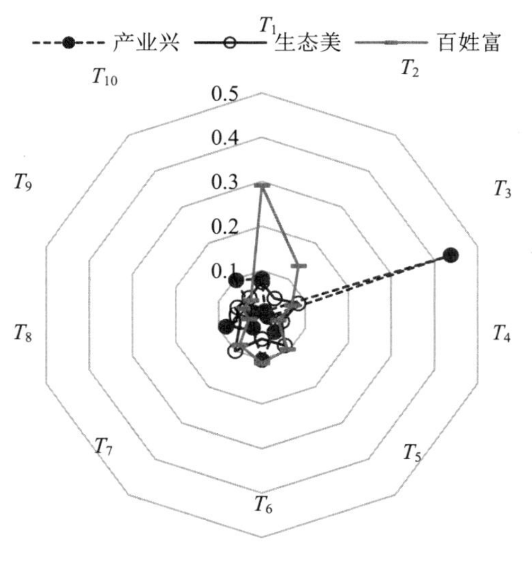

（a）2000 年

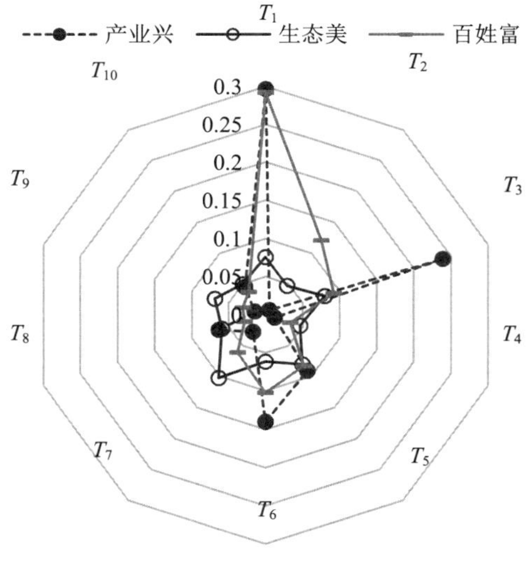

（b）2010 年

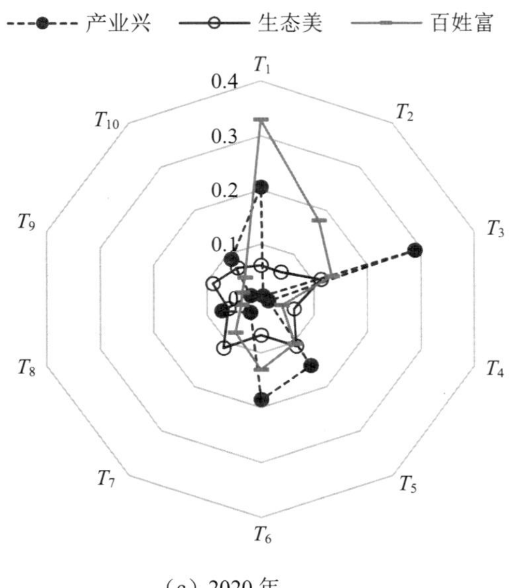

（c）2020 年

图 9-3　各乡镇乡村振兴指数的维度变化

9.2.3　生态系统服务价值

由表 9-12 可知，2020 年定结县的生态系统服务价值约为 106 亿元/km²，其中调节服务（E_2）的占比最高（为 61.8%），其他依次为支持服务（E_4）、供给服务（E_1）、文化服务（E_3），占比介于 30%～1.8%，以文化服务（E_3）占比最低。从乡镇来看，陈塘镇（T_3）的生态系统服务价值最高（为 25.81 亿元/km²，占定结县的 24.3%），其他较高的是多布扎乡（T_9）和琼孜乡（T_6），分别占定结县的 14.5%、15.5%，这可能与陈塘镇（T_3）海拔较低、分布有森林生态系统，多布扎乡（T_9）和琼孜乡（T_6）分布有大面积的湿地生态系统有关。

表 9-12　2000—2020 年生态系统服务价值（ESV）变化

生态系统服务类型		ESV/（亿元/km²）			2000—2010 年		2010—2020 年		2000—2020 年	
		2000 年	2010 年	2020 年	ESV 变化/（亿元/km²）	变幅/%	ESV 变化/（亿元/km²）	变幅/%	ESV 变化/（亿元/km²）	变幅/%
供给服务（E_1）	食物生产价值	0.70	0.62	0.59	−0.08	0.38	−0.03	0.27	−0.11	0.34
	水资源供给价值	7.79	6.82	5.23	−0.97	4.45	−1.59	14.39	−2.56	7.80
	原料生产价值	1.26	1.11	1.01	−0.15	0.67	−0.10	0.90	−0.25	0.75
	净化环境价值	4.19	3.69	3.39	−0.50	2.27	−0.30	2.71	−0.80	2.42

生态系统服务类型		ESV/（亿元/km²）			2000—2010 年		2010—2020 年		2000—2020 年	
		2000 年	2010 年	2020 年	ESV 变化/（亿元/km²）	变幅/%	ESV 变化/（亿元/km²）	变幅/%	ESV 变化/（亿元/km²）	变幅/%
调节服务（E_2）	气候调节价值	12.56	11.08	10.01	−1.48	6.79	−1.07	9.70	−2.55	7.77
	气体调节价值	4.47	3.94	3.62	−0.53	2.44	−0.32	2.91	−0.85	2.60
	水文调节价值	76.86	65.11	48.55	−11.75	53.87	−16.56	149.76	−28.31	86.14
文化服务（E_3）	美学景观价值	2.36	2.08	1.93	−0.28	1.29	−0.15	1.40	−0.44	1.32
支持服务（E_4）	生物多样性价值	5.10	4.50	4.14	−0.61	2.80	−0.35	3.20	−0.96	2.93
	土壤保持价值	23.34	17.92	27.37	−5.42	24.85	9.45	−85.47	4.03	−12.26
	维持养分循环价值	0.36	0.32	0.29	−0.04	0.18	−0.03	0.24	−0.07	0.20
合计		138.99	117.18	106.12	−21.81	100.00	−11.06	100.00	−32.87	100.00

由表 9-12 可知，2010—2020 年定结县生态系统服务价值下降趋势比 2000—2010 年明显放缓。2000—2020 年定结县生态系统服务价值呈下降趋势，整体减少 32.9 亿元/km²（降幅为 23.7%），以调节服务（E_2）减少最大（为 32.5 亿元/km²，占比 98.8%），仅支持服务（E_4）呈上升趋势（为 3 亿元/km²），这可能与全球气候变暖导致的湖泊萎缩有关。其中，2000—2010 年下降 21.8 亿元/km²，2010—2020 年下降 11.1 亿元/km²。就下降幅度而言，2000—2010 年是 2010—2020 年的 1.96 倍。2010—2020 年定结县生态系统的支持服务（E_4）呈增加趋势（为 9.1 亿元/km²），主要是由土壤保持价值上升造成的，这与 2010 年之后大力开展生态保护修复关系密切。

9.2.4 各乡镇耦合协调度

由图 9-4 可知，2020 年定结县有 5 个乡镇的耦合协调度高于全县平均水平（为 0.32）。各乡镇的耦合协调度高于全县平均水平的大小顺序为陈塘镇（T_3）、日屋镇（T_2）、琼孜乡（T_6）、多布扎乡（T_9）、扎西岗乡（T_{10}），最大值为 0.79。其他 5 个乡镇中，以萨尔乡（T_5）的耦合协调度最低（为 0.09）。陈塘镇（T_3）的耦合协调度是萨尔乡（T_5）的 8.7 倍。2010—2020 年各乡镇的耦合协调度相较于 2000—2010 年明显增长。2000—2020 年，日屋镇（T_2）、定结乡（T_7）、和多布扎乡（T_9）的耦合协调度呈增长趋势，以日屋镇（T_2）的增长幅度最大（达到 6.6%）。其他 7 个乡镇呈下降的趋势，以陈塘镇（T_3）的下降幅度最大（达到 4.1%）。其中，2000—2010 年耦合协调度呈增加趋势的乡镇有 2 个，分别为陈塘镇（T_3）和多布扎乡（T_9），增长幅度分别为 11.8%和 22.7%。2010—2020 年呈增加趋势的乡镇有 9 个，日屋镇（T_2）和定结县（T_7）增长幅度较大，分别上升 13.49%和 37.73%；陈塘镇（T_3）呈下降趋势，幅度为 4.2%。

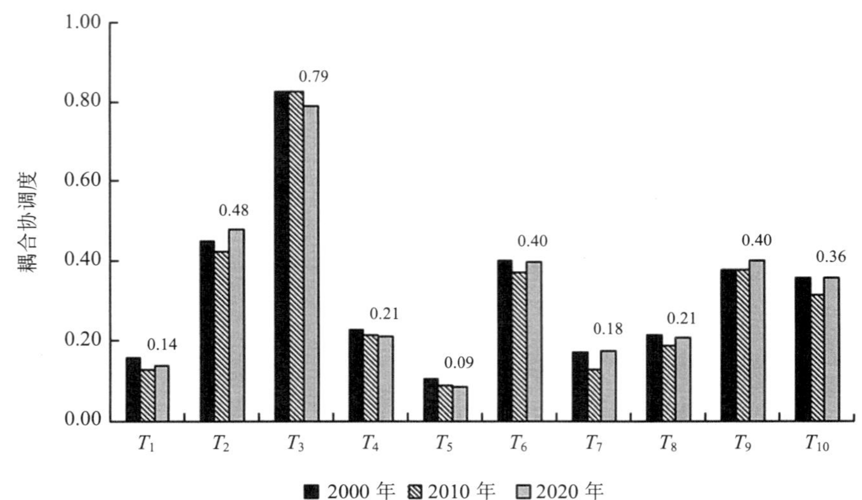

T_1—江嘎镇；T_2—日屋镇；T_3—陈塘镇；T_4—郭加乡；T_5—萨尔乡；
T_6—琼孜乡；T_7—定结乡；T_8—确布乡；T_9—多布扎乡；T_{10}—扎西岗乡。

图 9-4　2000—2020 年定结县各乡镇耦合协调度变化

定结县耦合协调度总体呈中部低、南北高的特征。由表 9-13 可知，整体上耦合协调度（D）呈现西南部和东北部高、乡村振兴和生态系统服务价值相互促进作用较大，而中部低、乡村振兴和生态系统服务价值相互限制作用较大的特征。10 个乡镇中，协调发展型片区 4 个，勉强协调发展型片区 3 个，濒临衰退失调型片区 1 个，衰退失调型片区 2 个。生态系统服务价值较高的区域和耦合协调度较高的区域存在空间上的重合，这表明生态系统服务对定结县推动乡村振兴发展的贡献较多。

表 9-13　2000—2020 年定结县各乡镇耦合协调度类型

类型	年份		
	2000	2010	2020
勉强协调发展型	日屋镇（T_2）	日屋镇（T_2）	日屋镇（T_2）
协调发展型	陈塘镇（T_3）	陈塘镇（T_3）	陈塘镇（T_3）
濒临衰退失调型	郭加乡（T_4）、琼孜乡（T_6）、确布乡（T_8）、多布扎乡（T_9）、扎西岗乡（$T10$）	郭加乡（T_4）、琼孜乡（T_6）、确布乡（T_8）、扎西岗乡（T_{10}）	郭加乡（T_4）、琼孜乡（T_6）、确布乡（T_8）、多布扎乡（T_9）、扎西岗乡（$T10$）
衰退失调型	江嘎镇（T_1）、萨尔乡（T_5）、定结乡（T_7）	确布乡（T_8）、江嘎镇（T_1）、萨尔乡（T_5）、定结乡（T_7）	江嘎镇（T_1）、萨尔乡（T_5）、定结乡（T_7）

为探究各乡镇生态系统服务和乡村振兴的制约关系与制约因素，对两者的耦合协调差异进行分析（表 9-14）可知，乡村振兴后发型是定结县的主要发展类型。2000—2020 年各乡镇的发展类型无明显变化，仅多布扎乡（T_9）由 2010 年的衰退失调型（DT_3）变为 2020 年的协调发展型（DT_2）。2020 年乡村振兴后发型（DT_1）共 5 个，包括位于定结县中部的江嘎镇（T_1）、萨尔乡（T_5）、琼孜乡（T_6）、定结乡（T_7）和确布乡（T_8），这 5 个乡镇相互毗邻。生态资产提升型（DT_4）仅陈塘镇（T_3）1 个，协调发展型（DT_2）有日屋镇（T_2）、多布扎乡（T_9）2 个，这表明其生态系统服务与乡村振兴指数均处于较高水平，且排名差距小，能相互促进。其中，日屋镇（T_2）用地类型多为草地，具有较大的土壤保持价值，2020 年单位面积生态系统服务价值为 9.45 亿元/km^2，在 10 个乡镇中排名第 4。同时，生态文明示范创建成效显著，农牧业产业发展较好，乡村振兴指数排名第 5；多布扎乡（T_9）用地类型多为草地和裸地等，单位面积生态系统服务价值排名第 2，乡村振兴指数排名第 9。衰退失调型（DT_3）有郭加乡（T_4）和扎西岗乡（T_{10}），其生态系统服务和乡村振兴建设均处于较差水平，相互制约作用大。

表 9-14 2000—2020 年定结县各年乡镇耦合差异类型

类型	2000 年	2010 年	2020 年
乡村振兴后发型（DT_1）	江嘎镇（T_1） 萨尔乡（T_5） 琼孜乡（T_6） 定结乡（T_7） 确布乡（T_8）	江嘎镇（T_1） 萨尔乡（T_5） 琼孜乡（T_6） 定结乡（T_7） 确布乡（T_8）	江嘎镇（T_1） 萨尔乡（T_5） 琼孜乡（T_6） 定结乡（T_7） 确布乡（T_8）
协调发展型（DT_2）	日屋镇（T_2）	日屋镇（T_2）	日屋镇（T_2） 多布扎乡（T_9）
衰退失调型（DT_3）	郭加乡（T_4） 多布扎乡（T_9） 扎西岗乡（T_{10}）	郭加乡（T_4） 多布扎乡（T_9） 扎西岗乡（T_{10}）	郭加乡（T_4） 扎西岗乡（T_{10}）
生态资产提升型（DT_4）	陈塘镇（T_3）	陈塘镇（T_3）	陈塘镇（T_3）

9.2.5 讨论与结论

1. 讨论

基于不同维度综合测度乡村振兴发展水平，可以有效研判定结县在产业兴旺、生态宜居、生活富裕等视域乡村振兴发展趋势及演化规律（刘惠良等，2023）。研究发现，2010 年后随着乡村振兴战略的全面部署、生态保护修复工作的强化，乡村振兴指数明显增长，特别是在生态美（A_2）维度，主要体现在林草覆盖率的提升和农村生态环境的改善。乡村振兴通过产业振兴、生态振兴多种方式促使农民从优质的生态系统服务中持续受益（王蓉等，2020），而多布扎乡（T_9）、郭家乡（T_4）、定结乡（T_7）和日屋镇（T_2）由于地理位置偏远，生态环境禀赋相对较差，影响了其产业发展水平，品牌建设、产业链布局等方面协同推进的格局尚未形成。要积极延伸和拓展农业产业链，培育发展农村新产业、新业态，健全完善定结县生态经济体系。而江嘎镇作为县城所在地，2010—2022 年的乡村振兴指数略有下降，可能是由于城镇化发展、产业结构调整导致工业企业个数和人均耕地面积略有降低。

生态系统服务利用为乡村振兴水平的提升提供了可能性（潘翔等，2020）。在定结县生态系统服务价值构成中，水文调节价值和土壤保持价值占总量的 71.54%，应更加重视水土资源保护，预防草场退化、土地沙化等问题。2000—2020 年，水文调节、水资源供给和气候调节价值的下降导致定结县的生态系统服务价值呈下降趋势，这可能是与气候变化、气温升高、干旱少雨导致蒸发量增大，出现湖泊水位下降、面积萎缩，而裸地逐渐增加（王淳一，2023）有关，需进一步重视气候变化引起的生态安全风险，提升单位土地面积生态服务价值增加值，切实筑牢生态安全屏障（李海东等，2020；金瑛等，2022）。

欠发达地区与生态脆弱区、重点生态功能区存在空间上的耦合关系（王艳慧等，2016；王昭等，2019）。研究发现，定结县的耦合协调度在空间上呈中部低、南北高的特征，中部地区由于生态系统服务价值相对较低，特色产业、人居环境受到了气候条件、资源禀赋的限制（祁新华等，2013），影响了乡村振兴水平。乡村振兴后发型是定结县的主要发展类型，这表明定结县的乡村振兴水平仍有较大的提升空间，未来继续以产业兴、生态美、百姓富为目标大力推进乡村振兴是定结县的首要任务。陈塘镇（T_3）乡村振兴与生态系统服务耦合协调度最高但呈下降趋势，可能是由于其生态系统服务价值变化和乡村振兴水平发展上出现不一致，尚未形成协同发展的有机整体（陕永杰等，2022），需通过生态振兴来提高二者之间的相互作用、影响程度，以实现协调发展（杨悦等，2021；Jianying et al.，2023）。

基于上述分析，针对不同耦合差异类型及其制约因素，定结县的乡村振兴建设可从以下 3 个方面开展：

一是突出产业引领，以生态产品价值实现赋能乡村振兴。重点关注日屋镇、多布扎乡和郭家乡等在产业兴维度上乡村振兴指数较低的乡镇，从有机产业、一二三产业融合、品牌建设、拓展销售市场等方面多措并举，加快将生态优势转化为发展优势。继续结合陈塘镇的实际特点，扩展有机认证产业，发展鸡爪谷（张丽丽等，2018）种植等特色产业，实现持续增收，同时创新生态产品价值实现机制，拓展自然生态资源价值转化渠道，尽快将资源优势转变为经济优势（张媛媛等，2019；陈万旭等，2020）。充分挖掘陈塘镇潜在的生态旅游价值，通过旅游品牌打造、风景设施建设等文化振兴方式带动示范村农户从事旅游相关服务业，延伸产业链条，推进融合发展，进一步释放“绿水青山就是金山银山”转化的效能。

二是聚焦生态安全，通过增强气候变化适应能力增值自然资本。加强气候变化生态风险管控，加强珠穆朗玛峰国家自然保护区监管，不断提升气候韧性（杨悦等，2021；Jianying et al.，2023）。强化生态保护修复，推进山水林田湖草沙一体化保护和修复项目的实施，支持定结县实施叶如藏布河及金龙河流域生态修复，推进高原湿地保护。以问题为导向，推进产业绿色发展和乡村生态振兴。在相应乡镇要发展以增加林木覆盖、种苗产业为重点的产业，同时加强生态系统保护，防止气候变化带来的生态系统退化，减轻村镇建设的生态压力，提升村镇建设生态承载力。

三是分类帮扶支援，实施差异化乡村振兴策略。对耦合协调度低或出现明显下降的区域，如萨尔乡、江嘎镇等，要及时查清导致生态系统服务与乡村振兴发展趋势不一致的原因，从源头改善生态系统服务或者乡村振兴发展现状，及时制定相关制度政策，使生态系统服务系统与乡村振兴指数系统处于最优状态，实现乡村振兴发展和生态系统服务的良性循环。对耦合协调度高的区域，如陈塘镇、日屋镇等，在保持现在发展的基础上，要时刻警惕生态系统服务与乡村振兴的均衡发展，防止二者产生冲突，影响区域的发展。同时，挖掘村镇生态建设模式，实现“三生空间”协调和生态宜居（纪荣婷等，2020）。结合耦合协调度的变化趋势，可以选取代表性的区域进行试点改革，在试点基础上再将好的经验及措施推广到其他定点帮扶与对口支援地区。

2．结论

开展生态环保定点帮扶与对口支援地区生态系统服务与乡村振兴的耦合协调分析，是统筹区域生态资产与乡村振兴建设，实现因地制宜、分类指导，实现脱贫攻坚与乡村振兴有效衔接的重要前提。在综合测度定结县生态系统服务和乡村振兴耦合协调差异的基础上，本节分析了耦合协调差异的主要影响因素，并有针对性地提出了分类指导策略。

一是定结县 10 个乡镇中，乡村振兴指数普遍较小，最高值为 2020 年江嘎镇的 0.6，说明定点帮扶与对口支援地区的乡村振兴水平处于较低水平，存在较大的上升空间。同时，2000—2020 年乡村振兴水平综合指数整体呈增长态势。

二是 2020 年定结县 10 个乡镇的生态系统服务价值为 106.12 亿元/km^2。其中，水文调节价值最高，占总生态系统服务价值的 45.75%。在空间上，生态系统服务价值呈现中部和西南部片区较充裕、东北部片区较匮乏的特征。2000—2020 年，定结县的生态系统服务价值呈逐渐减小的趋势，主要是由于气候变化导致冰川融化、裸地逐渐增加、湖面水域不断萎缩，使水文调节价值和水资源供给价值逐渐减小。

三是根据耦合协调分析结果，仅陈塘镇（T_3）为生态资产提升型，需进一步加强生态环境保护修复，筑牢生态产品价值实现基础；江嘎镇（T_1）、萨尔乡（T_5）、琼孜乡（T_6）、定结乡（T_7）和确布乡（T_8）5 个乡镇为乡村振兴后发型；日屋镇（T_2）、多布扎乡（T_9）2 个乡镇的乡村振兴建设与生态环境相协调；郭加乡（T_4）和扎西岗乡（T_{10}）为衰退失调型，其生态系统服务和乡村振兴相互制约作用大。

9.3 南疆地区生态环境承载力

9.3.1 材料与方法

1. 区域概况

新疆维吾尔自治区地处我国西北地区，以天山山脉为界，可分为南疆与北疆两个地区。南疆地域辽阔、地形复杂，有丰富的光照资源和矿产资源，目前已发现矿种占全疆矿种的70%以上，但其多沙漠戈壁、干旱少雨、自然条件恶劣，可利用土地面积远低于北疆地区。2020年，南疆地区人口占全疆人口的51%，但生产总值却只占全疆的35%，经济发展呈“北高快，南低慢”的分异格局。南疆地区生态环境脆弱，加之人类活动的过度干扰，生态承载超负荷，严峻的生态环境损耗着资源家底，经济社会高质量发展面临严峻挑战。

南疆地区包括5个地州与4个师市，分别为喀什地区、和田地区、阿克苏地区、克孜勒苏柯尔克孜自治州（以下简称克州）、巴音郭楞蒙古自治州（以下简称巴州），以及第一师阿拉尔市、第二师铁门关市、第三师图木舒克市、第十四师昆玉市。

2. 研究方法

（1）评价指标体系

南疆地区生态环境承载力评价指标体系共分四层：第一层为目标层，即生态环境承载力指数；第二层为准则层，包括生态压力指数和生态弹性力指数；第三层为要素层，生态压力指数评价由资源占用和环境污染两部分要素构成，生态弹性力指数评价由自然环境、社会经济、管理政策三部分要素构成；第四层为指标层，由表征要素层的具体指标构成（表9-15）。

表9-15 南疆地区生态环境承载力评价指标体系

目标层	准则层	要素层	序号	指标层	权重
生态环境承载力指数	生态压力指数	资源占用	1	人口密度/（人/km^2）	0.008 672
			2	人口自然增长率/‰	0.006 360
			3	人均水资源量/m^3	0.038 764
			4	人均耕地面积/m^2	0.034 935
			5	第二产业贡献率/%	0.061 929
		环境污染	6	化肥施用强度/（kg/hm^2）	0.070 461
			7	农药施用强度/（kg/hm^2）	0.017 070
			8	工业SO_2排放量/万t	0.094 038
			9	工业NO_x排放量/万t	0.094 506

目标层	准则层	要素层	序号	指标层	权重
生态环境承载力指数	生态弹性力指数	自然环境	10	空气质量优良天数比例/%	0.088 351
			11	PM_{10}年均浓度/（μg/m^3）	0.025 049
			12	综合草原植被盖度/%	0.026 674
		社会经济	13	城镇化率/%	0.011 658
			14	人均地区生产总值/元	0.025 325
			15	单位地区生产总值能耗/（t 标准煤/万元）	0.155 626
			16	单位地区生产总值水耗/（m^3/万元）	0.169 631
		管理政策	17	城镇生活污水处理率/%	0.005 777
			18	生活垃圾无害化处理率/%	0.003 929
			19	一般工业固体废物综合利用率/%	0.028 788
			20	生态保护红线占国土面积的比例/%	0.032 457

注：部分地区无指标项，权重平均分解至同评价系统其他指标。

根据南疆发展特点和现实情况，依据科学性、代表性、可操作性等原则，经过筛选和专家建议，生态压力指数选取 9 项指标，其中资源占用有 5 项指标，环境污染有 4 项指标；生态弹性力选取指数 11 项指标，其中自然环境有 3 项指标、社会经济有 4 项指标、管理政策有 4 项指标。权重采用层次分析法进行赋值。

（2）数据处理

生态环境承载力指标体系涉及大量相互关联、相互影响、相互制约的因素，各指标性质不同、单位不同，而且数量级存在明显的差异，不能直接进行比较，在度量评价前必须消除原始数据间因量纲不同造成的数量差异，因此需进行无量纲化处理，按照特定的运算方式变换为新值，以使不同指标的数据处理值处在同一数值变化范围内，从而可以进行比较。

指标一般分为正向指标和负向指标。正向指标值越高，准则层的水平就越高；负向指标值越高，准则层的水平就越低。对于两类不同性质的指标，分别采用不同的隶属函数将其标准化（表 9-16）。

表 9-16　评价指标类型及计算方法

目标层	指标类型	指标含义	条件	计算公式
生态压力指数	正向指标	指标值越高，生态压力越大	$X_i \leqslant X$	$0.9 \times X_i/X$
			$X_i > X$	$0.9+0.1\times（X_i-X）/X_i$
	负向指标	指标值越高，生态压力越小	$X_i \leqslant X$	$1-0.9\times X_i/X$
			$X_i > X$	$0.1-0.1\times（X_i-X）/X_i$
生态弹性力指数	正向指标	指标值越高，生态弹性力越大	$X_i \leqslant X$	$0.9\times X_i/X$
			$X_i > X$	$0.9+0.1\times（X_i-X）/X_i$

目标层	指标类型	指标含义	条件	计算公式
生态弹性力指数	负向指标	指标值越高，生态弹性力越小	$X_i \leq X$	$1-0.9 \times X_i/X$
			$X_i > X$	$0.1-0.1\times(X_i-X)/X_i$

注：X_i 为第 i 项评价指标值，X 为理想参比值（包括国际上通用的或公认的标准值、学术界较为统一的标准值、公认的科学研究成果、背景或本底标准、类比标准）。

（3）承载状况的判定

根据以上方法建立生态压力和生态弹性力评价指标体系，选定具体指标对其进行标准化处理，形成以下评价模型。

生态压力评价模型：

$$\mathrm{ECP} = \sum_{i=1}^{n} \mathrm{ECP}_i \cdot W_i \tag{9-10}$$

生态弹性力评价模型：

$$\mathrm{ECE} = \sum_{i=1}^{n} \mathrm{ECE}_i \cdot W_i \tag{9-11}$$

生态环境承载力评价模型：

$$\mathrm{UEC} = (\mathrm{ECE} - \mathrm{ECP}) / \mathrm{ECE} \tag{9-12}$$

式中：ECP 为生态压力指数；ECP_i 为生态压力指数第 i 类指标；ECE 为生态弹性力指数；ECE_i 为生态弹性力指数第 i 类指标；UEC 为生态环境承载力水平；W_i 为第 i 类指数所选取因素的权重，n 为评价指标总数。权重（W_i）的确定采用层次分析法。评价结果的值越大，说明生态系统的生态压力越大或生态弹性力越大；相反，值越小，生态系统的生态压力越小或生态弹性力越小（表 9-17）。

表 9-17　生态系统承载水平及发展趋势

承载力水平	状态	生态系统发展趋势
UEC＜0	失衡	濒临崩溃
0≤UEC＜0.1	高压	向不利方向发展
0.1≤UEC＜0.5	中压	处于良好的平衡状态
0.5≤UEC≤1	低压	生态系统迅速发展

9.3.2 生态压力

2016—2020 年，南疆 5 个地州与 4 个师市的生态压力指数均有所下降（图 9-5）。从 5 个地州来看，生态压力指数最大的为和田地区（0.716），其次为喀什地区（0.705）、阿克苏地区（0.634）、克州（0.611）、巴州的生态压力指数最小（0.542）。从 4 个师市来看，生态压力指数最大的为第十四师昆玉市（0.812），其次为第三师图木舒克市（0.712）、第二师铁门关市（0.631）和第一师阿拉尔市（0.555）。5 个地州的生态压力指数改善幅度分别为巴州（–29.97%）、和田地区（–26.71）、喀什地区（–16.77%）、克州（–16.42%）和阿克苏地区（15%）。4 个师市的改善幅度分别为第二师铁门关市（–36.1%）、第一师阿拉尔市（–26.6%）、第三师图木舒克市（–18.6%）和第十四师昆玉市（–10.9%）。

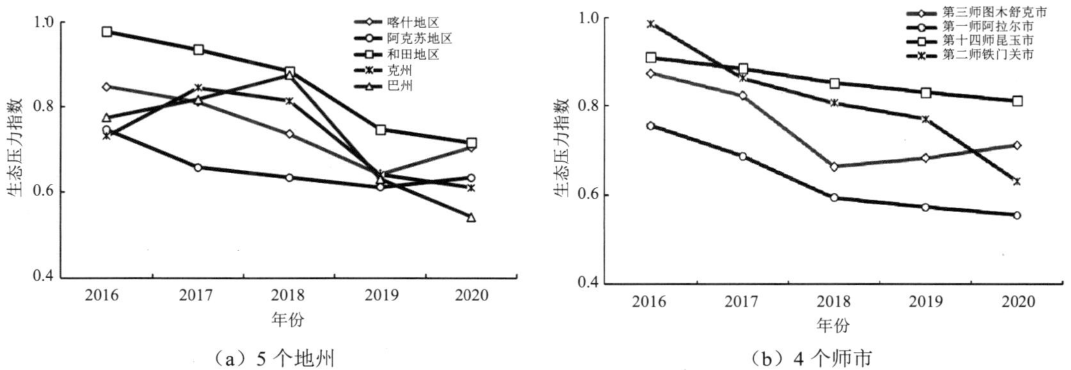

（a）5 个地州　　（b）4 个师市

图 9-5　南疆地区生态压力指数

9.3.3　生态弹性力

2016—2020 年，南疆 5 个地州与 4 个师市的生态弹性力指数均有不同程度上升（图 9-6）。其中，巴州（33.3%）与第一师阿拉尔市（68%）生态弹性力指数增幅最高。5 个地州中，生态弹性力指数依次为巴州（0.721）、阿克苏地区（0.719）、克州（0.601）、喀什地区（0.557）、和田地区（0.531）。4 个师市中依次为第三师图木舒克市（0.587）、第二师铁门关市（0.567）、第一师阿拉尔市（0.559）和第十四师昆玉市（0.464）。生态弹性力指数空间分布上总体呈东高西低。

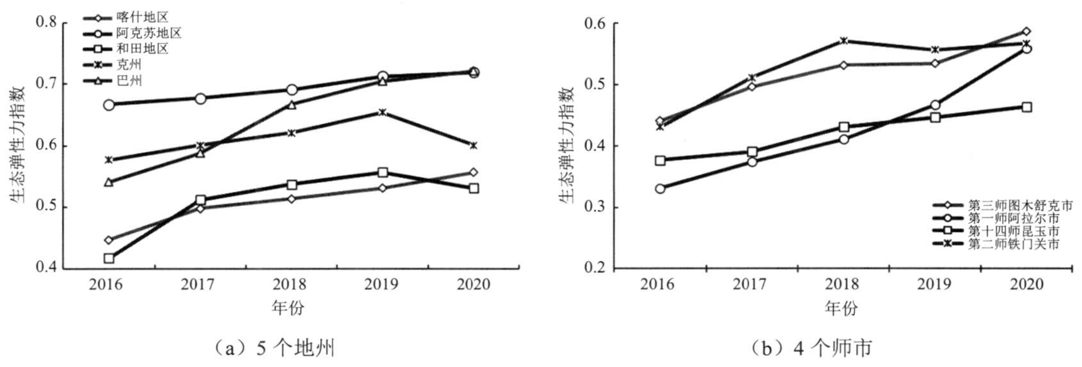

（a）5 个地州　　（b）4 个师市

图 9-6　南疆地区生态弹性力指数

9.3.4 生态环境承载力

2016—2020 年，南疆 5 个地州与 4 个师市生态环境承载力指数均呈上升趋势（图 9-7），巴州与阿克苏地区生态环境承载力水平由失衡状态提升至中压状态，生态系统处于良好的平衡状态。第一师阿拉尔市生态环境承载力指数也从失衡状态提升至高压状态，其余 3 个地州、3 个师市目前暂时处于失衡（超载）状态。从变化趋势上看，2016—2019 年 5 个地州的生态环境承载力指数提升较大，而 2019 年后除巴州外，其余 4 个地州生态环境承载力指数提升势头有所放缓，阿克苏地区与克州甚至略微有所下降。4 个师市方面，除第三师图木舒克市生态环境承载力指数增速放缓外，其余 3 个师市仍保持进一步提升态势。南疆生态承载力由南北低、东西高的分布格局逐渐转变为东高西低，生态承载力等级由全域失衡向局部平衡趋势转变。

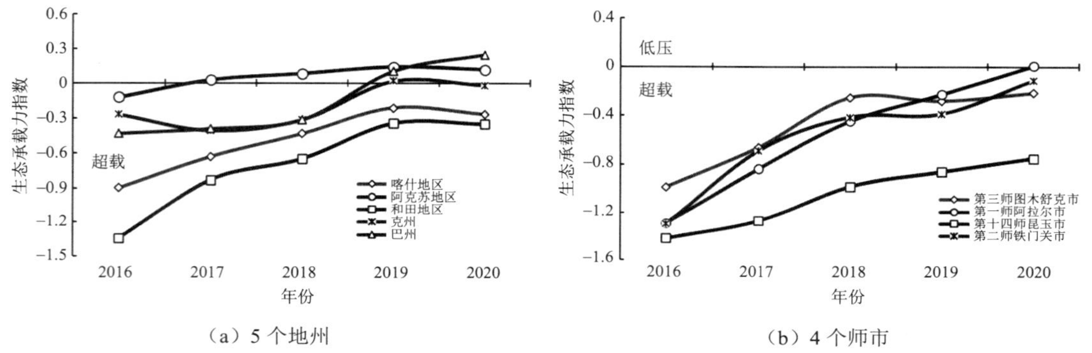

（a）5 个地州　　（b）4 个师市

图 9-7　南疆地区生态环境承载力指数

9.3.5 生态压力预测

生态压力主要体现在资源的占用水平和环境污染程度方面，而造成生态压力的动力主要源于经济的迅速增长和人口密度的不断增大。经济的增长和人口密度的增大加剧了对资源的开采利用和废物的排放数量，如果对环境保护力度重视不够，则难免使生态系统不断恶化而不可持续。因此，分析生态压力发展变化趋势、研究生态压力与地区生产总值和人口增长的变化关系可以较好地预测未来生态系统面临的生态压力水平。

选择南疆地区生态压力最大的和田地区，通过对其 2016—2020 年的人口数量、地区生产总值与生态压力指数的相关分析发现，和田地区生态压力指数与人口数量、地区生产总值存在良好的线性关系。虽然人口增加和经济的发展会导致和田地区生态压力的增大，但是随着生态环境保护能力的提升、资源利用效率的提高，和田地区的生态弹性力也在不断增强。按照《新疆维吾尔自治区国民经济和社会发展第十四个五年规划和 2035 年远景目标纲要》中的发展目标要求“地区生产总值年均增长保持在合理区间”，预计到 2025 年，和田地区人口总量将达到280万人，地区生产总值达500亿元以上，生态压力指数进一步下降，生态承载力指数达到中压状态。

9.3.6 结论

开展生态环境承载力评价是统筹区域生态安全与生态系统服务的重要举措，其结果可为生态、农业、城镇空间布局提供重要支撑。在综合测度南疆地区生态环境承载力的基础上，通过开展生态压力预测得出以下结论。一是2016—2020年，南疆5个地州与4个师市的生态压力指数均有所下降。从5个地州来看，生态压力指数最大的为和田地区(0.716)；从4个师市来看，生态压力指数最大的为第十四师昆玉市（0.812）。二是2016—2020年，南疆5个地州与4个师市的生态弹性力指数均有不同程度上升。其中，巴州（33.3%）与第一师阿拉尔市（68%）的生态弹性力指数增幅最高。生态弹性力指数空间分布上总体呈东高西低。三是2016—2020年，南疆5个地州与4个师市生态环境承载力指数均呈上升趋势，巴州与阿克苏地区生态环境承载力水平由失衡状态提升至中压状态。南疆生态承载力由南北低、东西高的分布格局逐渐转变为东高西低，生态承载力等级由全域失衡向局部平衡趋势转变。四是预计到2025年，和田地区人口总量将达到280万人，地区生产总值达500亿元以上，生态压力指数进一步下降，生态承载力指数达到中压状态。

基于以上结论，南疆地区生态环境承载力变化的原因有三个。一是南疆地区生态环境本底脆弱、承载能力较低。近年来，通过生态环境治理、资源节约利用等降低了生态压力，通过实施生态保护修复工程增强了生态弹性力。二是生态环境承载力是一个相对概念，随着生态环境质量的改善、能源利用效率的提升、国家生态环境政策的有效实施，如生态保护红线、“三线一单”等，南疆地区生态环境承载力得到一定程度的提升。三是主导生态功能约束下的生态环境承载力提升，除了受生态环境本底、生态环境治理影响，依托科技创新、经济技术水平进步等也可大幅提升承载能力。

第 10 章

大娄山区生态系统服务和特色小镇生态安全

生态系统服务价值（ESV）是区域生态福祉的重要测度指标（Ouyang et al.，2016）。20 世纪末，全球掀起了 ESV 研究高潮（Daily et al.，2000），ESV 协同权衡（戴尔阜等，2015）、驱动机制（苏常红等，2018；邵明等，2020）、与绿色经济耦合关系、多尺度特征（孙宝娣等，2018；黄木易等，2019）等不断被探索，ESV 研究成果为政府制定绿色发展政策和支撑可持续发展目标（SGDs）提供了可行性路径（Costanza et al.，2014；刘章生等，2021）。近年来，ESV 研究与应用不断融入区域绿色发展进程，在流域、区域和城市等尺度有了较多应用（李付杰等，2020），王德旺等（2021）对辽河干流宽滩型河流 ESV 开展了核算。探析 ESV 演变规律对区域生态保护政策制定和绿色发展具有重要参考意义（朱康文等，2017；刘世梁等，2019），但现有研究对跨行政边界地区生态保护政策的协同性分析不足，同时对 ESV 空间演变过程中的 ESV 空间转移规律分析不足，对区域协同发展与保护政策制定的支撑不足。

2021 年中共中央办公厅、国务院办公厅印发的《关于建立健全生态产品价值实现机制的意见》指出，“让提供生态产品的地区和提供农产品、工业产品、服务产品的地区同步基本实现现代化。”在政府绿色发展政策制定层面，我国重要生态产品提供区域被高度重视。因此，测定我国典型区域生态产品和价值提供能力、分析其时空演变规律和未来发展趋势可为区域绿色发展和生态环境保护规划等提供决策支持。为探析我国典型生态产品提供区 ESV 演变规律和未来发展趋势，笔者以大娄山区水源涵养与生物多样性保护重要区（以下简称大娄山区）为研究区，基于土地利用数据和修正系数的当量因子法，评估 2000—2018 年大娄山区 ESV 空间格局及演变特征，同时结合 10 项土地利用驱动因素和斑块生成土地利用变化模拟（patch-generating land use simulation，PLUS）模型预测大娄山区 2036 年自然演变、经济优先和生态保护 3 种情景下土地利用变化及其 ESV 演变和转移特征。在此基础上，由面到点分析了赤水河流域植被生长季 NDVI 时空变化及地形分异特征；对仁怀市可持续发展进行多角度评价，探寻影响生态承载力的关键因素。最后，以茅台镇为典型村镇，开展了“三生”空间布局优化研究、外来植物的入侵风险评估及生态安全屏障问题分析，以期为可持续发展提供支撑。

10.1　大娄山区生态系统服务价值

10.1.1　材料与方法

1. 研究区概况

大娄山区位于我国西南地区四川省、贵州省、云南省和重庆市（三省一市）接壤地带（图 10-1），涉及 17 个县（区）（或县级市），面积为 3.29 万 km^2，降雨主要集中在北部低山丘陵地区，年均降水量为 1 080 mm。大娄山区是赤水河与乌江水系、横江水系的分水岭及重要水源涵养区（环境保护部，2015），是我国重要的生态产品提供区。区域经济发展水平存在较大差异，其中赤水河流域分布有我国重要的白酒产业基地，南部则以高原农业和旅游业为主。历史上，南部地区存在大量金属矿开发，由于过度垦殖，局部地区水土流失严重，北部地区流域水环境问题较为突出。由于大娄山区覆盖三省一市，各行政区土地利用、产业结构和发展政策存在差异，一定程度上制约了大娄山区的协调发展和生态保护。由图 10-1 可知，2018 年大娄山区土地利用以林地为主，耕地次之。

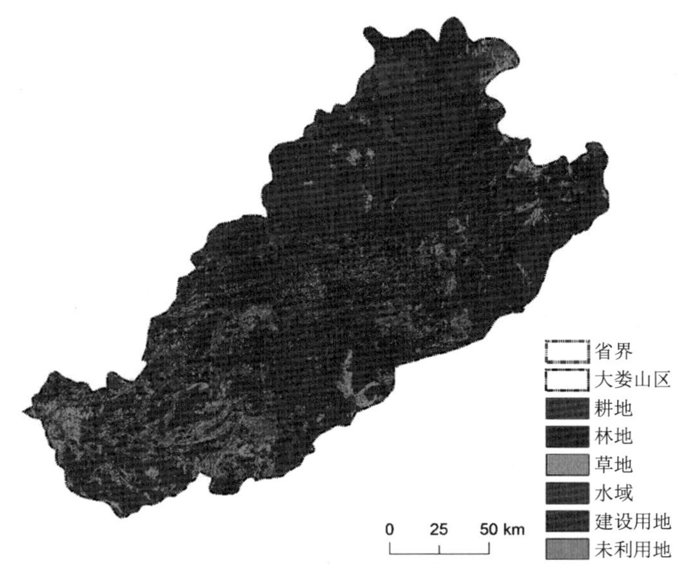

图 10-1　大娄山区 2018 年土地利用现状

2．数据获取

（1）土地利用及驱动、限制因子数据

土地利用现状数据来自中国科学院资源环境科学与数据中心，土地利用分类精度超过90%，满足研究精度需求。为预测未来土地利用变化，该研究选择了高程、坡度、坡向、到水系距离和地形湿度指数（topographic wetness index，TWI）5 个自然地形驱动因素，人口密度、夜间灯光指数、到主干道距离、到铁路距离、到城镇中心距离 5 个社会经济驱动因素，以及生态保护红线、水系及 60 m 缓冲区 2 个土地利用转化限制因素，作为 PLUS 模型输入和学习数据，见表 10-1。所有数据统一为 WGS_1984_UTM 投影系统，并重采样至 30 m 空间分辨率，严格对齐空间像元。夜间灯光指数与经济发展水平有较大的关联性，且空间分辨率较高，有利于在空间尺度分析大娄山区土地利用的经济驱动。大娄山区高山河谷纵横，地形因素对土地利用转化具有重要影响；同时，耕地、林地及草地等对降水敏感，通过 TWI 可反映水分分配特征对土地利用的驱动影响。大娄山区是水源涵养与生物多样性保护重要区，未来生态保护情景应严格保护水系及湿地用地、恪守生态保护红线。

表 10-1　土地利用及其驱动和限制因子数据

<table>
<tr><th>因子类型</th><th>说明</th><th>分辨率</th><th>数据来源</th></tr>
<tr><td>土地利用</td><td>2000 年、2018 年</td><td>30 m</td><td>https://www.resdc.cn/</td></tr>
<tr><td rowspan="5">自然地形驱动</td><td>高程</td><td>30 m</td><td rowspan="5">http://srtm.csi.cgiar.org/srtmdata/</td></tr>
<tr><td>坡度</td><td>30 m</td></tr>
<tr><td>坡向</td><td>30 m</td></tr>
<tr><td>到水系距离</td><td>30 m</td></tr>
<tr><td>地形湿度指数（TWI）</td><td>30 m</td></tr>
<tr><td rowspan="5">社会经济驱动</td><td>人口密度</td><td>1 000 m</td><td>www.worldpop.org</td></tr>
<tr><td>夜间灯光指数</td><td>500 m</td><td>https://doi.org/10.7910/DVN/YGIVCD</td></tr>
<tr><td>到主干道距离</td><td>30 m</td><td rowspan="3">https://www.openstreetmap.org</td></tr>
<tr><td>到铁路距离</td><td>30 m</td></tr>
<tr><td>到城镇中心距离</td><td>30 m</td></tr>
<tr><td rowspan="2">转化限制因素</td><td>生态保护红线</td><td>1∶10 000</td><td>《四川省生态保护红线》《贵州省生态保护红线》（征求意见稿）</td></tr>
<tr><td>水系及 60 m 缓冲区</td><td>30 m</td><td>https://www.openstreetmap.org</td></tr>
</table>

（2）ESV 评估数据

本节选择当量因子法核算 ESV（谢高地等，2015），需结合大娄山区土地利用、社会经济、农作物产值、生态指标等作为模型参数修订依据和模型输入。将土地利用原水域二级分类中的滩涂和滩地划分为湿地类型，以满足当量因子法 ESV 核算的输入要求。采用 MODIS 传感器 MOD17A3H 的 NPP 产品数据（500 m 空间分辨率）和降水产品数据（https://crudata.uea.ac.uk/cru/data/hrg/cru_ts_4.04/，0.5°空间分辨率）对区域性服务功能价值系数进行修正。粮食产量、播种面积、粮食价格等主要源于《遵义市统计年鉴》《泸州市统计年鉴》《重庆市统计年鉴》《中国农产品价格调查年鉴》。

3．研究方法

（1）PLUS 模型

相比较其他土地利用模拟模型（Liu et al.，2017），PLUS 模型能耦合土地扩张分析策略（LEAS）和多类型随机斑块种子的 CA 模型（CARS），提高对土地利用变化机制的理解，具有模拟多种土地利用类型斑块演变的能力。PLUS 模型对于模拟自然土地利用类型（如林地和草地）的动态变化具有优势（谢高地等，2015），因此更适合大娄山区土地利用格局和特点。LEAS 通过提取两期数据之间变化的部分，然后随机选取采样点，应用 RF 算法对不同土地利用类型分别进行训练，学习不同土地利用类型扩张的转化规则。这种规则具有时间属性，因而具备描述特定时间间隔内土地利用变化特征的能力。CARS 采用了基于阈值下降的多类型随机斑块种子机制，它允许新的土地利用斑块在发展概率的约束下自发生长。

本节对大娄山区未来土地利用发展设置了自然演变、经济优先和生态优先 3 种情景，并提出每种情景下的土地扩张策略，根据扩张策略设置土地利用适应概率矩阵。自然演变情景：遵循 2000—2018 年大娄山区土地利用变化特征和转移演变规律，适当保护生态用地，适当约束建设用地扩张。经济优先情景：经济建设主要依据产业发展推动，因此该情景下建设用地规模需适度扩张，即提升建设用地转化为耕地、林地和草地的概率。生态优先情景：严格实施生态保护红线和基本农田保护，以及在水系及 60 m 缓冲区范围降低土地利用转移概率，在维护优化生态空间用地的同时有限度地提升建设用地使用效率，以促进乡村振兴和产城融合。

模型的精度验证参考指标为 Kappa 系数。采用 2000—2018 年土地利用为模型训练数据，以 2018 年模拟结果测试模型精度，最后利用训练得到的模型模拟预测 2036 年大娄山区土地利用。

（2）ESV 评估

本节采用 Costanza 等（1997）和王静等（2019）提出的当量因子法对大娄山区 ESV 进行估算，当量因子法适合大区域尺度的 ESV 核算。具体计算过程如下：

$$\mathrm{ESV}=\sum_{j=1}^{n}\sum_{i=1}^{n}A_i\times E_{i,j}\times E_j \tag{10-1}$$

式中：ESV 为生态系统的总服务价值，元/a；$E_{i,j}$ 为第 i 种生态系统类型第 j 生态系统服务价值系数，元/（$\mathrm{hm}^2\cdot\mathrm{a}$）；$A_i$ 为 i 类生态系统类型的面积，hm^2；E 代表单位面积粮食产量的经济价值，元/hm^2。

ESV 系数修正：从 3 个方面修正 *ESV* 系数（谢高地等，2015），分别通过地区农作物产值面积、NPP 和降水。其中，依据无人力投资的自然生态系统输出价值为农田食物生产服务单价的 1/7 修正标准当量因子。标准当量修正公式为

$$E = \frac{1}{7} \times \frac{T}{X} \tag{10-2}$$

式中：E 为单位面积粮食产量的经济价值，元/hm²；T 为研究区粮食总价值，元；X 为研究区粮食播种面积，hm²。同时，为尽可能地提高以土地利用为主的 ESV 核算的准确性，本节将 NPP 和降水数据的空间分辨重采样至 30 m，并依据条件因子法对部分价值系数做逐像元修正。计算公式如下：

$$\lambda = \frac{B}{B_0} \tag{10-3}$$

$$E_j = \lambda \cdot E_{0j} \tag{10-4}$$

式中：λ 为生态系统服务当量的区域修正系数；B_0 为全国平均 NPP 数值；B 为大娄山区逐像元 NPP；E_j 为第 j 类生态系统经过区域修正后的生态系统服务当量；E_{0j} 为第 j 类生态系统全国平均生态系统服务当量，其中 j=1，2，…，8，依次为食物生产、原材料生产、气体调节、气候调节、净化环境、维持养分循环、维持生物多样性、提供美学景观服务。在 NPP 对 8 种生态服务价值系数逐像元修订的基础上，再通过降水产品数据对水资源供给和水文调节服务价值当量继续修订。2000—2018 年，遵义市、泸州市、毕节市和重庆市农作物种植面积为 1 543.65 万 hm²，对应总产值为 2 848.83 亿元，则得到单位面积粮食产量的经济价值为 2 577.21 元/hm²。通过统计大娄山区不同土地利用生态服务功能价值当量，最终得到生态服务价值当量表（表 10-2）。

表 10-2 大娄山区单位面积生态服务价值当量 单位：元/（hm²·a）

一级类型	二级类型	耕地	林地	草地	湿地	裸地	水域
供给服务	食物生产	3 542.25	1 291.88	1 583.59	2 125.35	0	3 333.88
	原料生产	1 666.94	2 958.82	2 333.72	2 083.67	0	958.49
	水资源供给	54.12	1 001.25	838.89	7 008.72	0	22 433.32
调节服务	气体调节	2 792.13	9 793.27	8 209.68	7 917.97	83.35	3 208.86
	气候调节	1 500.25	29 296.46	21 711.89	15 002.45	0	9 543.23
	净化环境	416.73	8 293.03	7 167.84	15 002.45	416.73	23 128.78
	水文调节	730.64	9 498.31	10 337.19	65 568.09	81.19	276 668.65
支持服务	土壤保持	2 787.26	7 739.36	6 494.57	6 251.03	54.12	2 516.65
	维持养分循环	500.08	916.82	750.12	750.12	0	291.71
	生物多样性	541.76	10 835.11	9 084.82	32 797.03	83.35	10 626.74
文化服务	美学景观	250.04	4 750.78	4 000.66	19 711.56	41.67	7 876.29

10.1.2 ESV 时空变化

2000—2018 年，大娄山区 ESV 呈微弱增加趋势（图 10-2），由 2000 年的 1 988.41 亿

元增至 2018 年的 1 994.20 亿元，增幅 0.29%。结合土地利用数据可知，这主要是因为林地、湿地面积均增加，使水文调节、气候调节等生态功能价值量增加，尤其是湿地面积增加致使水文调节 ESV 增加达到 4.75 亿元。大娄山区气候调节 ESV 占比超过总 ESV 的 30%，气候调节 ESV 从 2000 年的 620.45 亿元增至 2018 年的 621.86 亿元，这主要是因为大娄山区林地占比较高，林地提供了较大的气候调节服务，而且气候调节、气体调节、生物多样性、水文调节、净化环境和土壤保持 ESV 在 2018 年为 1 696.09 亿元，占比超过 85%。2000—2018 年，大娄山区耕地面积减少了 258.5 km^2，因此导致食物生产和原材料生产服务功能分别降低 0.92 亿元和 0.28 亿元。

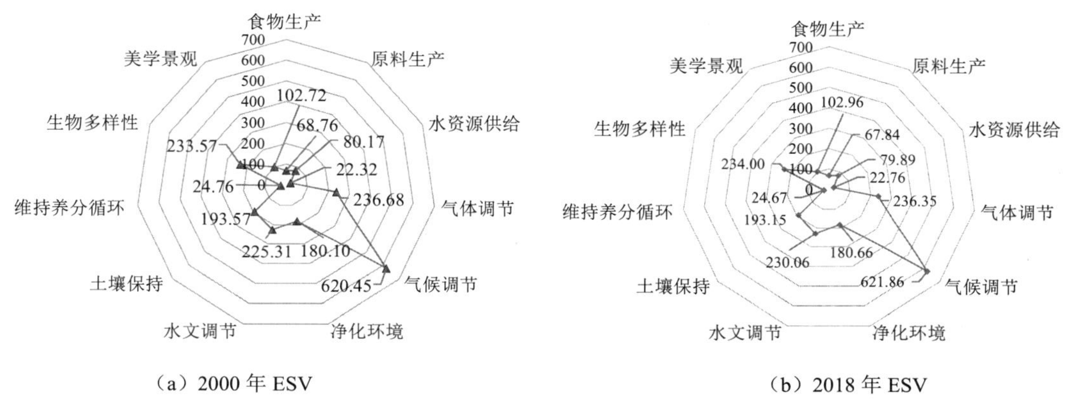

（a）2000 年 ESV　　（b）2018 年 ESV

图 10-2　2000 年和 2018 年大娄山区 ESV（单位：亿元/a）

在空间分布上 2018 年大娄山区净化环境、美学景观、气候调节、原料生产及土壤保持等整体连片较高的地区主要分布在大娄山区北部的山岭位置，这与此地区以保护较好的林地自然生态系统较为集中有关，主要涉及古蔺县、叙永县和赤水市。而食物生产功能主要分布在河谷缓坡地区，与耕地分布特征在空间上吻合。而单位像元所代表的功能价值前 5 位分别为水文调节（29 334.58 元/a）、生物多样性保护（3 722.04 元/a）、净化环境（3 268.39 元/a）、水资源供给（2 523.6 元/a）和气候调节（2 511.23 元/a）。2000—2018 年，空间 ESV 整体保持稳定，无显著变化。

10.1.3　ESV 情景预测

PLUS 模型对 5 种土地利用类型的发展潜力评估如图 10-3 所示，像元值 1 代表该像元将来转化为其他土地利用类型的概率最低，而像元值越高则该像元土地利用类型发生变化的可能性越高（最高为 255）。同时，在每种土地利用类型发展潜力的右侧给出了该土地利用类型发生转化的驱动贡献。就耕地土地发展潜力来说，以高程、夜间灯光指数、TWI 较高［图 10-3（b）］，分别为 14.41%、11.83%和 10.44%；结合土地利用空间来看［图 10-3（a）］，耕地主要分布在远离城镇经济中心和海拔较高的位置，而自然地形对土壤水分分配的影响对耕地具有驱动影响。林地驱动因素中，人口密度、夜间灯光指数、高程、到水系距离、到主干道距离和 TWI 的贡献程度依次递减［图 10-3（d）］，其中人口密度和夜间灯光指数的贡献分别是 14.26%和 12.51%。而水域驱动贡献率最大的影响因子是到水系距离驱动因素，达到了 24.79%，其次为高程。草地的驱动因素以高程、人口密度、到铁路距离、到水系距离和城镇中心距离贡献较高［图 10-3（f）］，结合图 10-3（e）可知，草地主要分布在人口密度和距离城镇发展较远的地区，随着城镇扩张，草地随之减少。水域土地利用驱动主要在低洼河谷及水系周边的湿地［图 10-3（g）（h）］。而建设用地驱动贡献率最大的是夜间灯光指数（25.38%），其次为人口密度（15.74%），主要是因为经济发展水平和人口密度在驱动建设用地发展［图 10-3（i）（j）］。总体上，耕地、林地和草地的土地转化驱动受到夜间灯光指数、人口密度、高程等驱动因素的贡献较大。

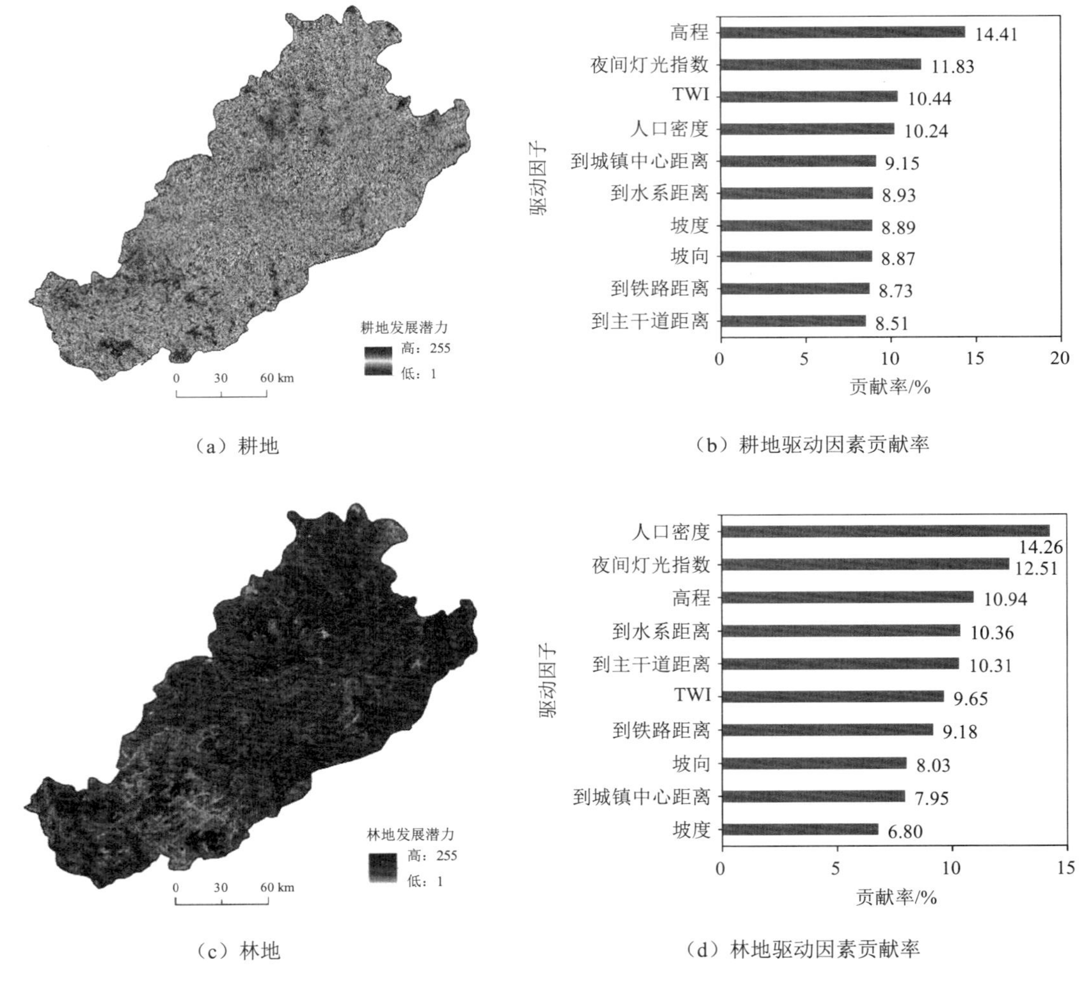

（a）耕地

（b）耕地驱动因素贡献率

（c）林地

（d）林地驱动因素贡献率

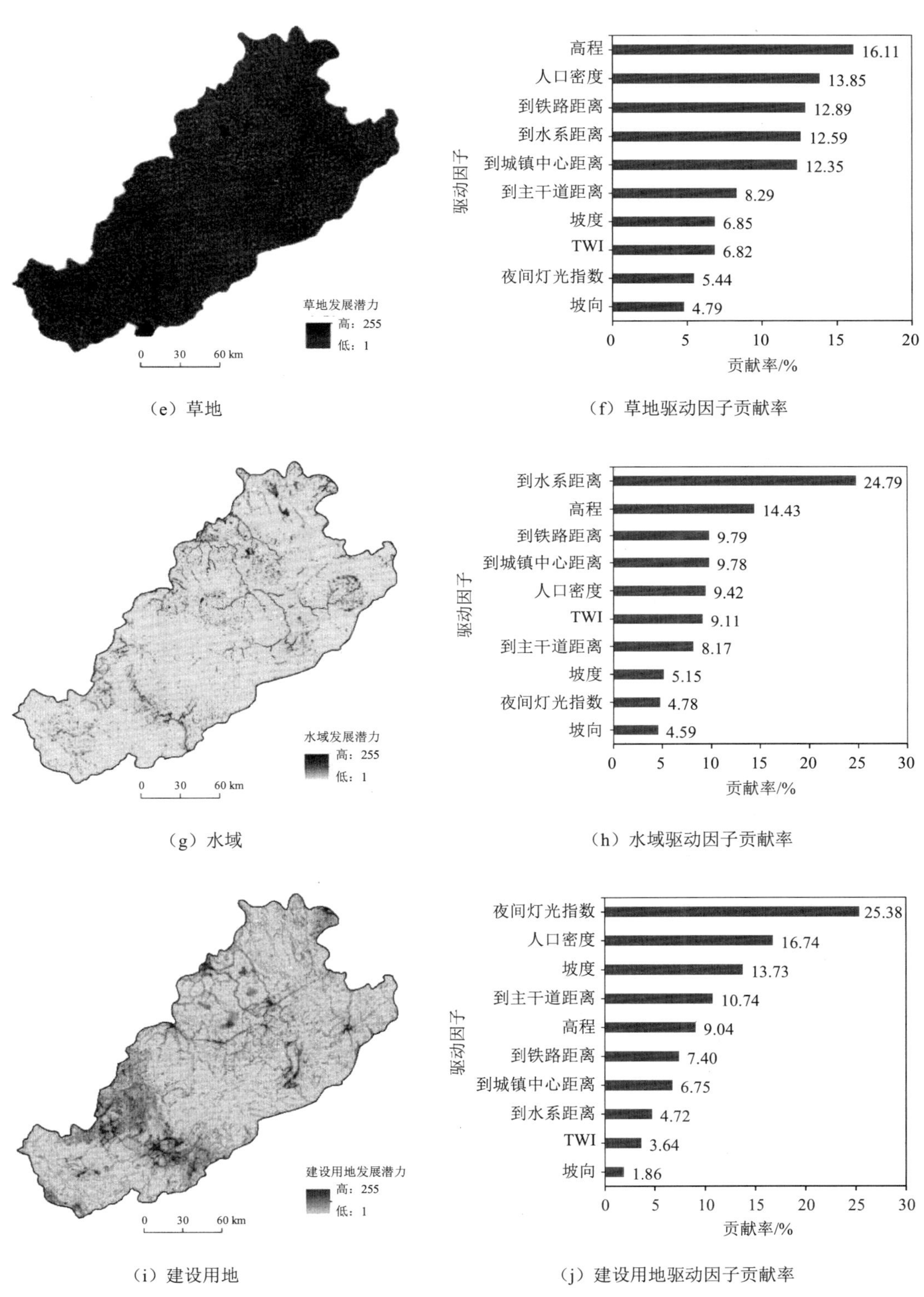

（e）草地

（f）草地驱动因子贡献率

（g）水域

（h）水域驱动因子贡献率

（i）建设用地

（j）建设用地驱动因子贡献率

图 10-3 大娄山区土地利用发展潜力及驱动因子贡献率

通过 PLUS 模型精度检验模块对模拟结果进行验证，Kappa 结果为 0.82，Kappa 结果越接近 1 说明模拟精度越高，且总体精度达到了 0.92；其中耕地、林地、草地的模拟准确率分别为 0.88、0.93 和 0.83。同时，2018 年模拟土地利用图与真实空间布局相似度较高，可以在整体上反映其空间演变轨迹并对 ESV 进行模拟预测。

由表 10-3 可知，到 2036 年，在自然演变情景下，建设用地从 289.24 km^2 增至 434.01 km^2，增幅 50.04%，是所有土地利用变化中增长最快的，结合图 10-4（a）可知，建设用地主要增加在七星关区、大方县和仁怀市；水域面积从 2018 年的 50.92 km^2 增至 61.71 km^2，变化速率为 21.2%；耕地面积下降了 227.68 km^2。在经济优先情景下，耕地和林地面积大幅下降，而建设用地面积剧烈增加，耕地和林地分别下降了 585.79 km^2 和 365.82 km^2，降幅分别为 5.47%和 2.01%；建设用地到 2036 年增加了 938.15 km^2，增幅 216.16%；水域面积增加了 7.71 km^2，增幅为 12.5%。结合图 10-4（b）可知，建设用地主要增加在镇雄县、威信县、七星关区、大方县、仁怀市和习水县，其中以威信县、镇雄县和习水县面积增加最为剧烈。在生态保护情景下，耕地面积有少量下降、林地面积有较大增幅，建设用地增长得到有效遏制，而水域面积较自然演变情景有所增加。具体来看，耕地减少了 128.3 km^2，林地增加了 592.62 km^2，而草地仍然呈大幅下降趋势，减少了 577.15 km^2，建设用地增至 391.22 km^2，增加了 8.31%。2000—2018 年，建设用地增幅达到了 518.78%，而 2036 年自然演变情景下建设用地增幅为 50.04%，增幅较小，这与模拟参数设置建设用地不易转化为其他用地类型及建设用地总规模限制有关。与建设用地类似，2036 年自然演变情景下水域面积模拟结果的增幅为 21.2%，低于 2000—2018 年 57.59%的增幅，究其原因是在地形低洼处，建设用地与水域面积是竞争态势，水域面积不能持续扩张。

表 10-3 模拟土地利用及变化率

类型	土地利用变化			土地利用变化模拟 2036 年/km^2			相比 2018 年变化率/%		
	2000 年/km^2	2018 年/km^2	2000—2018 年变化率/%	自然演变	经济优先	生态保护	自然演变	经济优先	生态保护
耕地	11 195.45	10 936.95	−2.31	10 709.27	10 351.16	10 808.65	−2.08	−5.47	−1.24
林地	17 767.44	17 987.73	1.24	18 125.44	17 622.91	18 580.35	0.77	−2.01	3.36
草地	3 814.45	3 592.03	−5.83	3 509.16	3 578.08	3 014.88	−2.31	−0.40	−16.13
水域	32.31	50.92	57.59	61.71	58.63	64.60	21.20	12.50	23.35
建设用地	46.75	289.27	518.78	434.01	1 227.42	391.22	50.04	216.16	8.31
未利用地	7.96	7.95	−0.14	7.89	7.87	4.96	−0.70	−0.98	−38.01

3 种情景相比，生态保护情景下水域和林地生态空间得到有效保护和提升，建设用地面积增加较自然演变情景呈克制有限增加趋势。土地利用转移体量变化较大的是耕地、林地和草地，而变化幅度最大的是建设用地和水域。建设用地增加均在河谷低洼地带，而森林面积增加大部分来自耕地和草地。

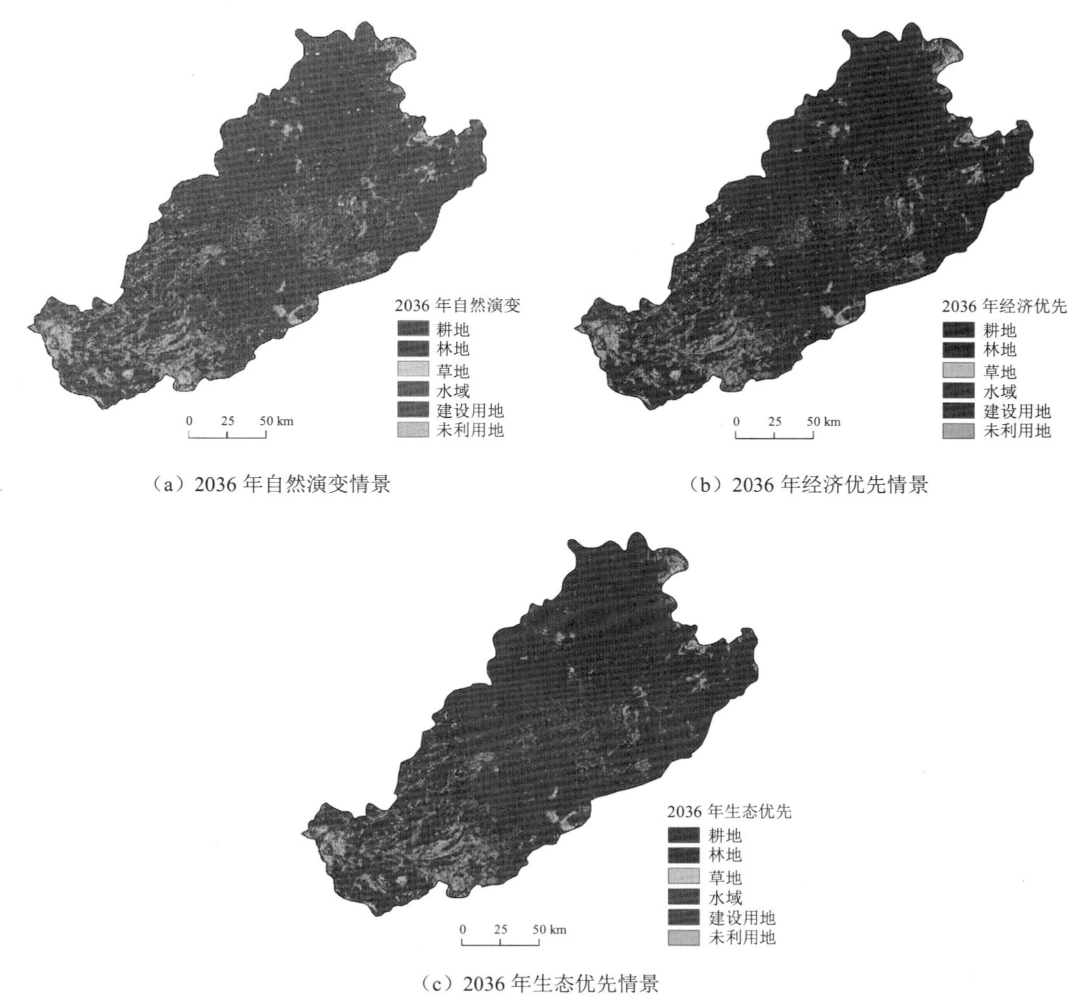

（a）2036 年自然演变情景　　（b）2036 年经济优先情景

（c）2036 年生态优先情景

图 10-4　大娄山区 2036 年模拟土地利用

1．2036 年不同情景下 ESV 模拟

从 ESV 模拟结果来看（表 10-4），到 2036 年，经济优先情景下大娄山区 ESV 为 1 955.8 亿元，相比 2018 年下降了 38.4 亿元；自然演变和生态保护情景下，模拟预测 ESV 分别为 2 000.61 亿元和 2 006.57 亿元，相比 2018 年分别增加了 6.41 亿元和 12.37 亿元。其中，自然演变情景下，气候调节和水文调节 ESV 相比 2018 年分别增加了 2.00 亿元和 3.27 亿元，这主要是水域和林地面积增大引起生态效益增加（表 10-3）。经济优先情景下，单项 ESV 均呈下降趋势，由于耕地和林地面积下降（分别下降 585.79 km^2、364.82 km^2），导致气体调节、气候调节和土壤保持服务价值下降趋势显著，分别下降了 11.8 亿元、5.30 亿元和 4.53 亿元，占到 ESV 下降量的 56.33%。由于大娄山区以林地和耕地为主，反映出气候调节、气体调节、水文调节和生物多样性功能方面有较高的正相关性。生态

保护情景下，林地、水域面积有较大增幅，草地和耕地降幅较小，导致气候调节和水文调节分别提升了 4.77 亿元和 3.35 亿元，占到 ESV 总增幅的 65.64%，较大程度提升了整体 ESV 增益。

表 10-4　2036 年大娄山区不同情景下 ESV 预测

生态系统服务		ESV/亿元			模拟 ESV/亿元			相比 2018 年 ESV 变化幅度		
		2000 年	2018 年	变化幅度	自然演变	经济优先	生态保护	自然演变	经济优先	生态保护
供给服务	食物生产	68.76	67.84	–0.92	67.11	65.29	67.28	–0.72	–2.54	–0.56
	原料生产	80.17	79.89	–0.28	79.73	77.80	80.09	–0.16	–2.08	0.21
	水资源供给	22.32	22.76	0.44	23.06	22.52	23.17	0.30	–0.24	0.41
调节服务	气体调节	236.68	236.35	–0.33	236.42	231.05	237.10	0.07	–5.30	0.75
	气候调节	620.45	621.86	1.41	623.86	610.06	626.63	2.00	–11.80	4.77
	净化环境	180.10	180.66	0.56	181.36	177.47	181.70	0.70	–3.19	1.04
	水文调节	225.31	230.06	4.75	233.33	228.16	233.42	3.27	–1.90	3.35
支持服务	土壤保持	193.57	193.15	–0.41	193.08	188.63	193.67	–0.08	–4.53	0.51
	维持养分循环	24.76	24.67	–0.09	24.62	24.03	24.72	–0.05	–0.64	0.05
	生物多样性	233.57	234.00	0.42	234.73	229.68	235.25	0.73	–4.32	1.25
文化服务	美学景观	102.72	102.96	0.24	103.31	101.09	103.54	0.35	–1.87	0.58
合计		1 988.41	1 994.20	5.79	2 000.61	1 955.80	2 006.57	6.41	–38.40	12.37

2．生态优先情景下 ESV 空间转移预测

2036 年生态保护情景下，相比 2018 年 ESV 空间上盈亏流转增加了 82.34 亿元［图 10-5（a）］，减少了 74.78 亿元，总体增益为 7.56 亿元。主要是耕地转化为林地和草地的面积大量增加引起了生态效益的增长，其中耕地转化为林地在金沙县、习水县、叙永县和大方县较为集中，耕地转化为草地主要集中在七星关区和赫章县。ESV 减少主要受耕地和建设用地持续增加，各项景观向建设用地和耕地亏损流动所致，ESV 减少的区域在大娄山区普遍分布，其中草地转化为耕地主要集中在七星关区、仁怀市、赫章县和綦江区。

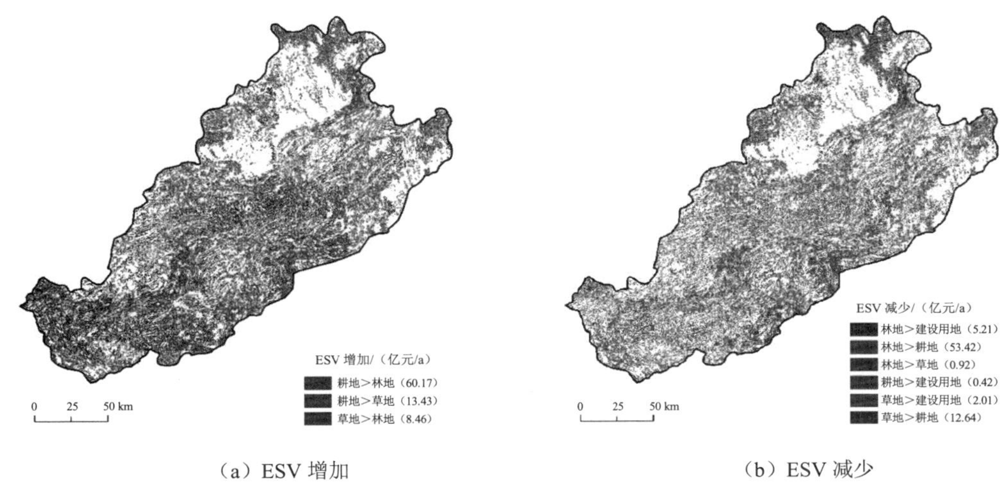

（a）ESV 增加 （b）ESV 减少

图 10-5 土地利用转移和生态系统服务价值转移

10.1.4 讨论与结论

1. 讨论

本节对大娄山区 2000—2018 年 ESV 动态演变进行了定量分析，采用 PLUS 模型预测 2036 年 ESV 格局，揭示了大娄山区过去—现在—未来 ESV 时空演化规律，对我国西南地区生物多样性保护和水源涵养重要生态功能区的生态保护规划和政策制定提供了重要参考。

但在评估方法上仍存在不够完善，较多地依赖于土地利用和当量因子 ESV 核算方法，在核算精度上需要地面观测数据的验证校准；同时，当量因子法所提供的生态系统服务不能覆盖较细分领域的功能类型，生态系统服务类型不完善则价值核算体系不够立体完整，不利于更加准确阐明 ESV 演变特征，对区域基于 ESV 的生态补偿支撑不足。本节运用 PLUS 耦合模型定量分析各类土地利用的每种驱动因素的贡献程度，对于空间布局模拟及大区域尺度的林地、耕地演变模拟有较高的准确度，使 ESV 未来空间布局可信性较高。但土地利用演变是一个非常复杂的过程，虽然考虑 10 项驱动因素，但仍然不能完整覆盖所有典型的驱动因素（刘洋等，2019），对大娄山区土地利用演化驱动机制阐释还需提升。

最后，大娄山区具有非常典型的生态涵养功能，图 10-5 模拟了未来生态保护情景下大娄山区的 ESV 增益和损失空间分布，发现大娄山区在三省一市行政区划内增益和损失存在一定差异，如云南省和四川省以草地转化为林地的 ESV 增益为主，而重庆市则以林地转化为耕地的 ESV 损失为主。这与不同行政区划地区经济发展规律和土地利用政策相关。这种增益和损失的差异，还应与地区经济社会和生态保护的政策协同，才能为实现生态产品提供区的区域绿色发展和生态环境保护规划等提供有效决策支持。因此，后期研究应该注重将地区经济收益与生态损失相结合，土地利用空间转移与ESV价值空间流转相结合、研究模拟不同发展路径下经济发展与环境变化之间在空间上的耦合变化趋势，支持地区发展做好土地利用建设的协同与权衡，与新型城镇化建设和乡村振兴相结合，为地区绿色发展和政府决策提供支持。

2. 结论

一是PLUS模型对于生态用地有较好的拟合能力，对耕地、林地和草地的拟合精度均在0.82以上。

二是湿地水域土地利用变化是影响大娄山区 ESV 增加或减少的重要因素，大娄山区应在严格保护湿度水域的前提下开展城镇建设。

三是在生态优先情景下，耕地转化为林地增益了60.17亿元，表明退耕还林是大娄山区生态保护的主要途径。

10.2 赤水河流域植被指数

地形和灾害评价是资源环境承载力和国土空间开发适宜性评价的重要内容，也是村镇建设生态安全和产业规划的约束条件之一。在山区地形条件下，地形因子对灾害危险性评估、聚落分布优化、“三生”空间协调发展、生态功能提升等村镇建设问题将产生重要影响。研究山区植被时空变化及地形分异特征对于村镇建设具有重要指导意义。地形位置指数（topographic position index，TPI）是一种测量地形位置和地形分类的方法，坡度位置方法在其基础上综合了坡度信息，通过地形地貌划分消除了绝对高程特征在区域尺度范围的影响，这两种分析方法可在微地形、中尺度及景观地貌等多个尺度表达地形特征，被应用于热带森林生物量估算、森林生态系统中植被土壤属性和地形对微生物的影响分析、野生动物保护活动范围探索、林场管理、景观异质性分析等研究。

赤水河流域地处云贵高原向四川盆地倾斜的斜坡面，是大娄山区的重要组成部分。赤水河流域地形以山地丘陵为主，长期以来由于过度垦殖、乱砍滥伐等，上游地区植被破坏、水土流失严重，生态系统退化；中下游地区小煤窑、酒作坊和城镇扩张对赤水河水环境威胁较大（《全国生态功能区划（修编版）》，2015）。地形影响着区域水、热、养分等的再分配过程，进而影响植被生长和分布格局，对区域生态系统服务价值有一定作用（Piao et al.，2019），同时也约束人类生活与生产活动，影响区域土地利用的方式和程度，是村镇建设可持续发展的重要影响因素。有学者从地形位指数等指标出发分析得到不同地形梯度下土地利用变化与植被生长的关系，揭示了地形因素对区域生态功能和生产建设的影响规律（臧玉珠等，2019）。

为阐释影响村镇建设的生态约束条件，笔者基于 SPOT_VGT NDVI 产品和高程等数据，通过Sen’s slope、M-K检验、TPI和坡度位置方法，分析了赤水河流域植被生长季NDVI

时空变化及地形分异特征，以期为赤水河流域村镇建设生态安全格局优化提供支撑。

10.2.1　材料与方法

1．研究区概况

赤水河流域位于川、滇、黔三省接壤地带（图 10-6），地理位置为 26°49′N～28°54′N，104°09′E～107°10′E，干流总长度 433.32 km；流域总面积 1.83×10^4 km^2，占大娄山区（32 854 km^2）面积的 55.7%；高程在 190～2 219 m，落差达 2 029 m。赤水河发源于云南省镇雄县，流经四川省、贵州省，最终汇入长江。赤水河流域上游属于云贵高原，中上游为喀斯特地区，下游为丹霞地区；流域降水主要集中在 6—9 月，年降水量为 700～1 100 mm；流域土地利用类型以林地为主，耕地和草地次之，2018 年林地总面积为 10 556.77 km^2。赤水河主要支流包括上游的二道河，中游的桐梓河、古蔺河，下游的大同河和习水河。

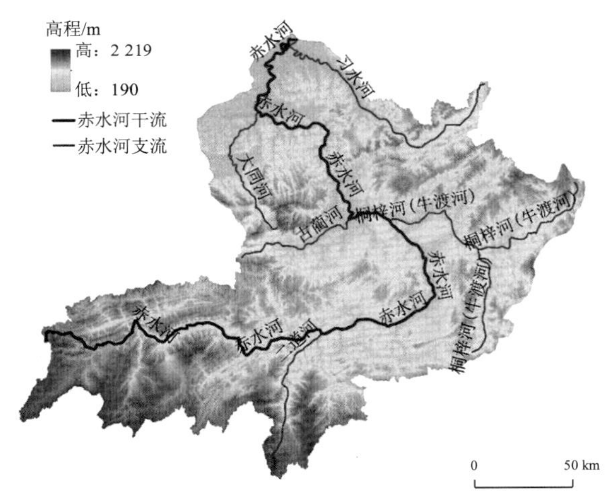

图 10-6　赤水河流域地形特征和大娄山区位置

赤水河流域分布有 4 个国家级自然保护区，分别为长江上游珍稀特有鱼类国家级自然保护区、赤水桫椤国家级自然保护区、四川画稿溪国家级自然保护区和遵义习水中亚热带常绿阔叶林国家级自然保护区，保护区总面积达 1 450 km^2，占赤水河流域总面积的 7.9%，流域水源涵养与生物多样性维护功能突出。赤水河上游地区分布有国家级贫困县和国家级开发扶贫区；中下游地区经济发展水平明显高于上游地区，仁怀市地区生产总值最高，2019 年达到 1.30 亿元；流域城镇化水平较低，产业发展以农业生产为主，酿造业尤为发达。

2．数据来源

采用时间序列 SPOT_VGT NDVI 卫星遥感数据分析赤水河流域植被生长变化情况，该数据通过中国科学院资源环境科学与数据中心（http://www.resdc.cn）下载。该数据集时间分辨率为 30 d，空间分辨率为 1 km，时间序列为 1998—2018 年。为消除云、大气和月内物候的影响，采用最大值合成法得到每月 NDVI 最大值；同时，为减少异常噪声，对时间序列 NDVI 数据进行逐像元 Savitzky-Golay 卷积平滑。高程数据来自 SRTM（shuttle radar topographic mission）90 m 的数字高程模型（digital elevation data，DEM），通过 SRTM 官网（http://srtm.csi.cgiar.org/srtmdata）下载。

3．研究方法

年际变化趋势分析：选择 Sen's slope 方法分析赤水河流域植被生长季 NDVI 年际序列变化趋势，该研究中生长季为 5—10 月。该方法是一种时间序列非参数检验检测方法，可以估算单位时间的变化幅度（β）。如果一个时间序列 $x_t=(x_1, x_2, \cdots, x_n)$ 存在线性趋势，则当 $\beta>0$ 时，序列呈上升趋势；当 $\beta=0$ 时，序列趋势不明显；$\beta<0$ 时，序列呈下降趋势。β 的计算公式为

$$\beta = \mathrm{Median}\left(\frac{x_j - x_i}{j - i}\right) \tag{10-5}$$

式中：*Median* 为取中值函数；x_j、x_i 分别为第 j 年和第 i 年生长季的 NDVI 均值，且 $j>i$。

Mann-Kendall 非参数检验：采用 Mann-Kendall 非参数检验（M-K 检验）方法对赤水河流域植被生长季 NDVI 年际序列变化做显著性检验。通过 M-K 检验的 Z 检验值判断赤水河流域植被变化趋势的显著性（Grohmann and Riccomini，2009）。对于时间序列 $x_t=\{x_1, x_2, \cdots, x_n\}$，首先计算统计值 S：

$$sgn\left(x_j - x_i\right) = \begin{cases} 1, & x_j>x_i \\ 0, & x_j = x_i \\ -1, & x_j<x_i \end{cases} \tag{10-6}$$

$$S = \sum_{i=1}^{n-1}\sum_{j=i+1}^{n} sgn(x_j - x_i) \tag{10-7}$$

Mann-Kendall 检验的 Z 检验值计算公式为

$$Z = \begin{cases} \dfrac{S-1}{\sqrt{n(n-1)(2n+5)/18}} & S>0 \\ 0 & S=0 \\ \dfrac{S+1}{\sqrt{n(n-1)(2n+5)/18}} & S<0 \end{cases} \tag{10-8}$$

式中：$Z>0$ 为植被生长呈增长趋势；$Z<0$ 为植被生长呈下降趋势。$|Z|$ 越大，说明该时间序列的变化趋势越显著；$|Z|\geqslant 1.96$ 和 $|Z|\geqslant 2.58$ 时，分别代表通过 95%和 99%的显著性检验。

TPI：TPI 测量在预定半径（R）内中心点（z_0）的高程与预定半径（R）区域内高程的平均值（$\bar{z}$）之间的差（Weiss，2001），其中 R 是移动卷积窗口的半径。测算 TPI 时，采用 DEM 栅格数据，计算公式为

$$\mathrm{TPI} = z_0 - \overline{z} \tag{10-9}$$

$$\overline{z} = \frac{1}{n}\sum_{i=1}^{n} z_i \tag{10-10}$$

式中：n 为 R 半径内 DEM 栅格的数量；z_i 为第 i 个栅格处的高程，m。TPI 越大，表示该位置处于较高区域，即可能处于山脊；TPI 越低，表示该位置处于整体较低位置，即可能处于山谷。TPI 的取值范围不仅取决于高程的差异，还取决于 R，较大的 R 可使 TPI 表达大尺度地貌单元，而较小的 R 可使 TPI 表达较小尺度地形特征。根据相关研究，结合赤水河流域山区地形的特点，通过 3～1 200 个像元单位的测试，最终选择 R 为 20 个 DEM 像元尺度，即半径为 1 800 m 的圆形卷积窗口。

坡度位置：地貌变化源于坡面变化。Weiss（2001）将 TPI 与坡度信息进行组合，将地貌划分为 6 类（表 10-5），分别是山脊、上坡、中坡、平坡、下坡和山谷。坡度位置综合了坡度（slope）和 TPI 所蕴含的地形特征信息。

表 10-5　基于 TPI 的坡度位置划分

坡度位置	划分方法
山脊	SD≤TPI
上坡	0.5SD≤TPI＜SD
中坡	–0.5SD≤TPI＜0.5SD，slope＞5°
平坡	–0.5SD≤TPI＜0.5SD，slope≤5°
下坡	–SD≤TPI＜–0.5SD
山谷	TPI＜–SD

注：SD 为 TPI 计算结果的标准差，slope 表示绝对数值坡度。

10.2.2　时空变化

由图 10-7（a）可知，1998—2018 年赤水河流域植被生长季平均 NDVI 为 0.64～0.79，多年平均 NDVI 为 0.70，2017 年最高（0.79），1998 年最低（0.64）。赤水河流域内，1998—2018 年植被生长季平均 NDVI 呈缓慢上升趋势，斜率为 0.004 7。其中，1998—2009 年呈上升趋势，2010—2012 年出现短暂连续下降，在 2012 年和 2016 年发生较大幅度的下降，但在 2017 年迅速上升并达到最高值。由图 10-7（b）可知，赤水河流域植被生长季平均 NDVI 在空间上整体处于较高水平，NDVI≥0.55 的区域面积为 1.10 万 km^2，占整个流域的 60.10%；其中 NDVI＞0.60 的集中连片区域主要分布在古蔺县北部、赤水市大部和习水县西北部，占赤水河流域总面积的 8.42%。NDVI＜0.40 的区域面积为 19.47 km^2，主要分布在仁怀市的中枢街道、茅台镇，习水县的东皇镇，桐梓县的娄山关镇及赤水市的市中街道。NDVI 在 0.40～0.55 的区域面积为 7 220.94 km^2，占流域总面积的 39.46%，主要分布在赤水河中上游地区及下游的合江县。

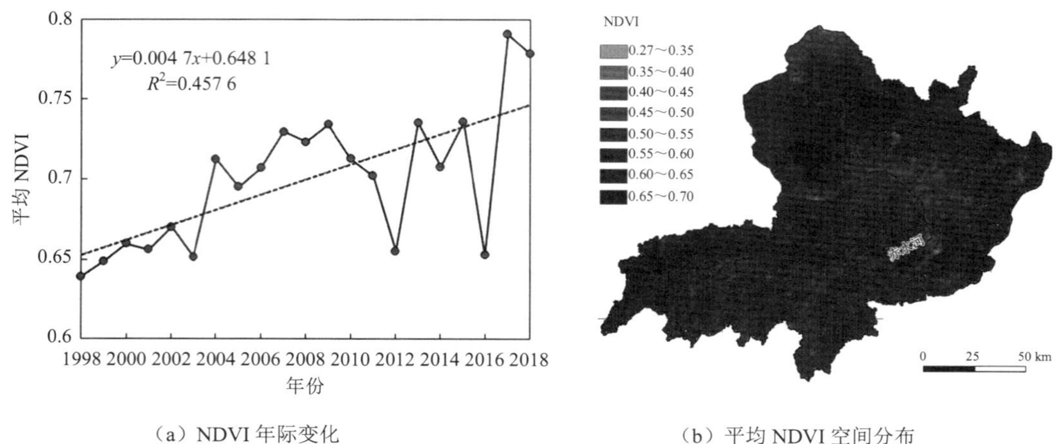

（a）NDVI 年际变化 （b）平均 NDVI 空间分布

图 10-7 1998—2018 年赤水河流域植被 NDVI 年际变化及其空间分布

就 1998—2018 年赤水河流域植被生长趋势而言［图 10-8（a）］，Sen's slope＞0 的面积为 1.81 万 km^2，占流域总面积的 99.05%，Sen's slope＜0 的区域面积为 172.78 km^2，占流域总面积的 0.95%。可见，1998—2018 年赤水河流域植被生长整体呈增强趋势。在 Sen's slope 的 6 个梯度区间中，–0.014～–0.001 植被生长呈快速下降趋势的地区主要分布在仁怀市、习水县和赤水市；Sen's slope 在 0.009～0.015 时，赤水河流域植被生长增强趋势最明显，主要集中分布在赤水河中上游、二道河及下游的大同河干流地区。结合图 10-7（a）和图 10-8（a）可知，相比简单的线性拟合，Sen's slope 分析可在空间层面展示植被生长变化趋势且具有更强的统计学意义。

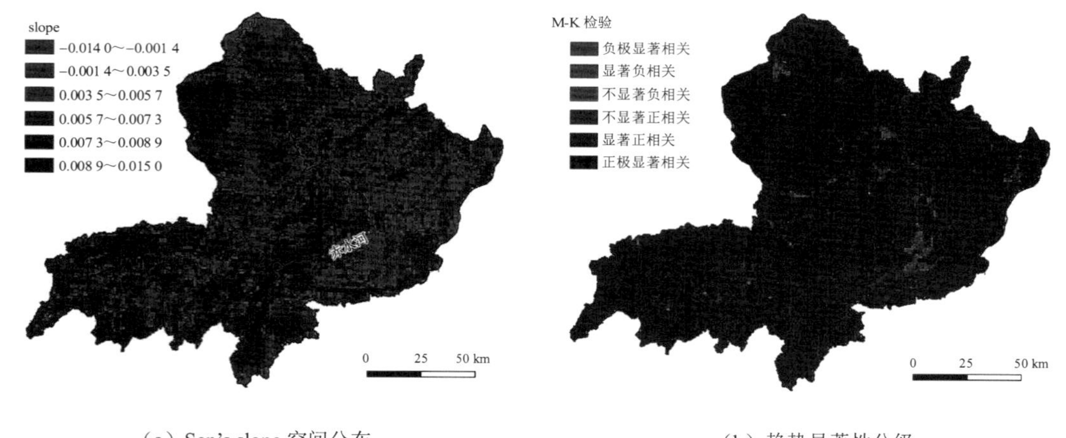

（a）Sen's slope 空间分布 （b）趋势显著性分级

图 10-8 1998—2018 年赤水河流域植被 NDVI slope 和趋势显著性分级

由 M-K 检验结果［图 10-8（b）］可知，1998—2018 年赤水河流域植被生长极显著增加的地区面积为 1.71 万 km^2，占比为 93.81%，分布在赤水河流域绝大部分地区；植被生长显著增加的地区面积为 580.18 km²，占比为 3.19%，零散分布在未通过显著性增加检验地区的外围；1998—2018 年赤水河流域植被生长极显著减少的地区面积为 34.71 km²，占比为 0.19%，主要分布在赤水市中山街道、习水县东皇镇及仁怀市茅台镇、盐津街道和中枢街道；植被生长显著下降的地区面积为 36.69 km²，占比为 0.20%，集中分布在未通过显著性降低检验地区的外围。总体而言，1998—2018 年赤水河流域植被生长季 NDVI 时间序列通过极显著性检验的地区面积占比超过 94%，通过显著性检验（含极显著性）的面积占比超过 97.28%，表明植被生长时间序列趋势显著。

10.2.3 地形分异

由图 10-9（a）可知，TPI 负值较小的区域表征信息多为河谷特征，而 TPI 正值较大的地区表征信息为山脊特征。其中，TPI 在 –39.4～34.3 的面积最多，为 6 221.63 km²，占赤水河流域总面积的 34.05%，表明 TPI 起伏较小的区域占据流域主体；而 TPI 在 –407.8～–127.1 和 118.5～486.9 的面积占比较小，分别为 8.24%和 9.46%。由图 10-9（b）可知，6 种坡度位置类别中，以中坡面积（7 792.02 km²）最大，占流域总面积的 42.64%，表明 TPI 数值较小且坡度大于 5°的区域是赤水河流域地形主体；其次为上坡和下坡，面积分别为 3 063.06 和 2 928.32 km²，占比分别为 16.76%和 16.03%；再次为山谷和山脊，面积分别为 2 006.31 和 1 932.32 km²；平坡的面积最小，为 551.12 km²，占比为 3.02%。结合表 10-5 所列提取规则可知，赤水河流域内平地分布极少。

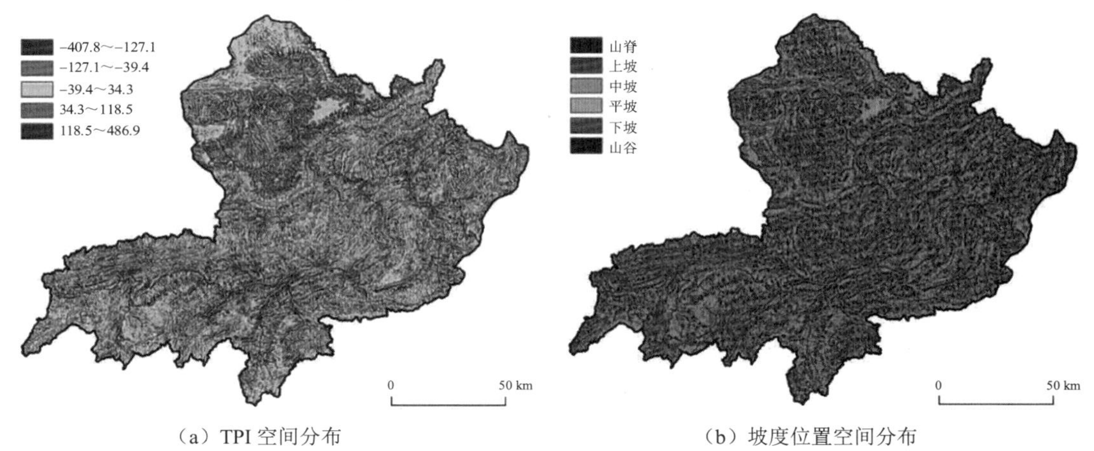

（a）TPI 空间分布　　（b）坡度位置空间分布

图 10-9 赤水河流域 TPI 和坡度位置空间分布

就 1998—2018 年赤水河流域植被生长季 NDVI 的 TPI 梯度特征而言（表 10-6），通过自然断点法划分为 5 个区间，TPI 在 118.5～486.9 的平均 NDVI 最高（0.762），而该区间的平均 Sen’s slope 也达到最大（0.007 3），即 TPI 在该区间内时植被生长状况整体较好，且增长趋势最强。TPI 在 –127.1～–39.4 区间时平均 NDVI 最低（0.715），同时该区间平均

Sen’s slope 最低，为 0.007 1。

表 10-6　基于 TPI 的赤水河流域植被生长季 NDVI 地形分异特征

TPI	面积/km^2	面积占比/%	平均 NDVI	平均 Sen’s slope
−407.8～−127.1	1 504.67	8.24	0.723	0.007 3
−127.1～−39.4	4 223.04	23.11	0.715	0.007 1
−39.4～34.3	6 221.63	34.05	0.722	0.007 1
34.3～118.5	4 593.14	25.14	0.736	0.007 2
118.5～486.9	1 728.31	9.46	0.762	0.007 3

由表 10-7 可知，赤水河流域植被在山脊的平均 NDVI 最高，为 0.747，且山脊平均 Sen’s slope 最高，为 0.007 2；而上坡和中坡的平均 NDVI 次之（分别为 0.737 和 0.725），对应的平均 Sen’s slope 均为 0.007 1。1998—2018 年，赤水河流域山脊处植被生长状况整体最好，上坡和中坡次之；同时，山脊处植被生长增加趋势最强，上坡和中坡次之。山谷平均 NDVI 最低，为 0.709；平坡处平均 Sen’s slope 最低，为 0.006 6。赤水河流域植被在山脊、上坡和中坡处植被 NDVI 较高，同时该地区植被生长增加趋势高于平坡、下坡和山谷地区。

表 10-7　基于坡度位置的赤水河流域植被生长季 NDVI 地形分异特征

坡度位置	面积/km^2	面积占比/%	平均 NDVI	平均 Sen’s slope
山脊	1 932.32	10.57	0.747	0.007 2
上坡	3 063.06	16.76	0.737	0.007 1
中坡	7 792.02	42.64	0.725	0.007 1
平坡	551.12	3.02	0.723	0.006 6
下坡	2 928.32	16.03	0.715	0.007 0
山谷	2 006.31	10.98	0.709	0.007 0

10.2.4　讨论与结论

1．讨论

赤水河流域植被生长变化趋势与文献所得结果相吻合，即赤水河流域植被生长整体呈增加趋势，且在赤水河中上游地区的增加趋势较为显著。蔡宏等（2014）对赤水河流域不同植被覆盖度与地形因子的相关强度研究指出，赤水河流域在高程超过 2 000 m 地区的植被覆盖度较高；而笔者在其基础上增加了时间序列和显著性检验分析。同时，就整个流域尺度而言，高程为 2 000 m 的地区主要集中分布在赤水河上游地区，对其他地区的植被覆盖分析存在盲区；而笔者研究的优势在于通过 TPI 区间划分和坡度位置分析，消除了绝对高程的影响，并且从坡度位置角度分析流域植被生长情况，得到的分析结果在整个流域尺度具有一定的横向对比功能，即整个流域范围的山脊和山谷可横向比较分析。相较于地形位指数和地形起伏度方法，TPI 和坡度位置分析方法省去了对数换算，简化了地形分析复杂度。

与在低山和草原地区不同，在山区地形中山脊与山谷处植被光热条件有较大差异，其生长情况和增长趋势也体现出较大差异。但受城镇扩张影响，2000—2018 年赤水河流域建设用地从 24 km^2 增至 569 km^2，面积增加了约 23 倍，主要是中坡、下坡和山谷的耕地大面积转变为建设用地，而山谷建设用地从 6.32 km^2 增至 116.34 km^2，占建设用地面积的 20.45%。实地调查发现，赤水河流域下游河谷地区粗放型小企业、小作坊无序发展问题突出，在仁怀市、习水县、桐梓县和赤水市河谷地区植被覆盖下降较明显，城镇建设扩张和国土空间开发对区域资源环境承载力能力形成较大压力，增加了区域生态风险。

赤水河流域耕地以坡耕地为主，其中山脊处的耕地面积达 390 km^2，而上坡和下坡处的耕地面积占耕地总面积的 32.64%。坡耕地本身土地肥力低，长期在坡耕地活动不仅加剧喀斯特地区的石漠化（韩逸等，2019），对该地区农业生产造成负面影响，而且山脊处地势陡峭，极易发生水土流失甚至造成山洪灾害。因此，可结合地形分异特征对赤水河流域耕地资源进行优化调整，通过对其加以引导和提升来加强产业生态化和生态产业化村镇建设，改变生产经营方式，发展生态农业、生态旅游及相关产业，优化村镇建设承载力条件，提升耕地质量，维护流域生态安全。

相较于草地和耕地，林地对流域生态服务价值的贡献更大，而赤水河流域林业类型中针叶林和阔叶林面积相对较小，且主要分布在古蔺县北部、赤水市大部和习水县西北部。虽然近年来赤水河流域林地面积整体上从 1.01 万 km^2 增至 1.09 万 km^2，但在中上游地区人工造林存在林分结构单一等问题。后期应注重对赤水河流域中上游的中坡、下坡和山谷坡地垂直生境多样性的规划和建设，以促进流域生物多样性，提升流域生态服务功能；同时，通过优化植被生境和土地利用空间格局，流域水资源供给和调节能力可进一步得到提升。

植被生长变化的影响因素极其复杂，笔者仅对赤水河流域植被生长季 NDVI 取平均值，忽视了其他时间尺度下的植被生长特征。后期可结合全年 NDVI 数据设计更加具有代表性的植被指数，同时利用土地利用格局变化和产业结构变化揭示地形因素对于村镇建设生态安全约束的影响因素。另外，对不同植被类型的物候特征、地带性植物、流域水源涵养能力、生境质量的地形分异特征后期可做进一步探索。

2. 结论

一是赤水河流域植被生长整体较好且呈增强趋势。1998—2018 年，植被生长季平均 NDVI 呈缓慢上升趋势，斜率为 0.004 7；NDVI＞0.60 的集中连片区域主要分布在古蔺县北部、赤水市大部和习水县西北部，占赤水河流域总面积的 8.42%；植被生长增强趋势最明显对应的 Sen's slope 区间为 0.009～0.015，主要集中分布在赤水河中上游沿赤水河干流、二道河干流地区及下游的大同河干流地区。

二是赤水河流域植被分布在 118.5～486.9 的 TPI 区间或山脊处时整体生长较好，且生长增强趋势最明显。

10.3 仁怀市生态足迹与可持续发展

城市是各类要素、资源聚集最集中的地区，随着城市化进程的演进，到 2050 年，城市地区将居住 68%的全球人口（《2018 年版世界城镇化展望》，2018），而城市化带来经济增长和社会进步的同时，也导致了一系列生态环境问题，如土地资源浪费、生态失调（李双成等，2009；王桂新，2013）。协调城市经济增长与生态环境保护之间的关系，使城市发展更具可持续性，对保护自然环境及人民和整个社会福祉至关重要。2015 年，联合国可持续发展峰会通过了《变革我们的世界：2030 年可持续发展议程》，其中目标 11 提出“建设包容、安全、有抵御灾害能力和可持续的城市和人类住区”。2020 年 3 月，习近平总书记在湖北考察时指出，“城市是生命体、有机体，要敬畏城市、善待城市，树立‘全周期管理意识’。”因此，科学化度量和评价城市可持续发展水平显得尤为必要。

城市可持续发展水平测度方法主要包括生态足迹分析法、环境可持续性指数法、指标体系综合评价法和能值分析法。其中，生态足迹分析法是针对可持续发展进行定量研究的一种有效测度方法，由 REE 等提出，通过比较需求面（生态足迹）与供给面（生态承载力）衡量一个地区的生态环境是否处于可持续发展状态。该方法具有所需资料获取容易、计算过程简便、结果直观等优点，在水资源、区域可持续发展和生态安全等多个领域得到广泛应用（黄林楠等，2008）。

仁怀市地处贵州省西北部、赤水河中游，以酒闻名，目前有全市白酒生产企业 352 家，销售企业 1 497 家，年产能可达 40 多万 m^3，白酒已成为仁怀的支柱产业、特色产业。目前，鲜有针对该区域可持续发展状况的评价研究。本节以白酒产业城市仁怀市为研究对象，以可持续发展为背景，利用生态足迹测度方法，对 2010—2018 年仁怀市生态足迹、生态承载力和生态盈亏进行测算，在分析仁怀市生态足迹时空特征的基础上，对仁怀市可持续发展进行多角度评价，探寻影响区域生态承载力的关键因素，为仁怀市特色产业和可持续发展提供依据。

10.3.1 材料与方法

1．研究区概况

仁怀市隶属贵州省遵义市，属云贵高原向四川盆地过渡的山地地带。全市面积为 1 788 km^2，属地少人多的喀斯特山区内陆城市，其南部、中部地区地貌类型主要为低山、中山、丘陵盆地，西北部地区主要为山地峡谷，有小型河谷盆地。全市平均海拔为 880 m，年平均气温为16.3℃，年降水量为800～1 000 mm，森林覆盖率为26.47%。2010—2018年，仁怀市人口与地区生产总值持续增长，人口从66.30万人增至73万人，地区生产总值从200.23亿元增至722.74亿元，年均增长28.99%，远超全国GDP年均增速水平（15.47%）。

2．研究方法与数据来源

（1）研究方法

①生态足迹及生态承载力模型

生态足迹（ecological footprint，EF）F_E的计算模型为

$$F_{\mathrm{E}} = N \times f_{\mathrm{e}} = N \times \sum r_i \times c_i / p_i \tag{10-11}$$

式中：F_E为总生态足迹；N为人口总数；f_e为人均生态足迹；r_i为均衡因子；c_i为第i种商品的人均消费量；p_i为第i种商品的平均生产能力。

生态承载力（ecological capacity，EC）C_E的计算模型为

$$C_{\mathrm{E}} = N \times c_{\mathrm{e}} = N \times \sum (a_i \times r_i \times j_i) \tag{10-12}$$

式中：C_E为总生态承载力；N为人口总数；c_e为人均生态承载力；a_i为实际人均占有i类生物生产土地面积；r_i为均衡因子；j_i为产量因子。

生态盈亏为生态足迹与生态承载力之差，其值<0时为生态赤字（ecological deficit，ED），表示人类负荷超过了生态容量，地区发展处于相对不可持续状态；反之，则为生态盈余（ecological surplus，ES），表示区域生态容量足以支持人类负荷，处于相对可持续状态。

②可持续发展评价指标

生态足迹指数（ecological footprint index，EFI）I_{EF}指区域为今后保留的可持续发展能力的百分比。I_{EF}可分为4种等级：$50\% < I_{EF} \leq 100\%$，表征区域发展强可持续；$0 < I_{EF} \leq 50\%$，表征区域发展弱可持续；$-100\% < I_{EF} \leq 0$，表征区域发展不可持续；$I_{EF} \leq -100\%$，表征区域发展严重不可持续。其计算公式为

$$I_{\mathrm{EF}} = \frac{c_{\mathrm{e}} - f_{\mathrm{e}}}{c_{\mathrm{e}}} \times 100\% \tag{10-13}$$

生态压力指数（ecological pressure index，EPI）I_{EP}（刘运伟等，2015；Wang et al. 2017）表示区域生态环境承压程度。生态安全评价可分为6个等级（赵先贵等，2007），当$I_{EP} < 1$时，表示该区域的发展处于安全状态；当$I_{EP} > 1$时，表示该区域的发展处于不安全状态。其计算公式为

$$I_{\mathrm{EP}} = f_{\mathrm{e}} / c_{\mathrm{e}} \tag{10-14}$$

生态协调系数（DS）S_D表示区域发展协调状态。其值越接近1则协调性越差，越接

近 1.414 则协调性越好，计算公式为

$$S_D = \frac{f_e + c_e}{\sqrt{f_e^2 + c_e^2}} \tag{10-15}$$

万元地区生产总值生态足迹（WEF）F_{WE}（Helmut et al.，2004）表示居民每生产万元地区生产总值所占用的生态足迹。其大小与资源利用效率之间呈负相关，计算公式为

$$F_{WE}=F_E/P_{GD} \tag{10-16}$$

式中：F_E 为区域总人口生态足迹；P_{GD} 为区域生产总值。

③均衡因子与产量因子

由于 6 种生态生产性土地的单位面积生态生产力不同，采用均衡因子和产量因子将各种土地面积转换为具有相同生态生产力的等量面积。均衡因子取值参照刘某承等（2010）对中国各地均衡因子的测算结果，同时借鉴向书坚等（2013）和 Costanza 等（1997）对林地和草地均衡因子的修正；产量因子参照刘某承等（2010）提出的中国各土地利用类型的产量因子（表 10-8）。

表 10-8 均衡因子与产量因子

土地类型	计算项目	均衡因子	产量因子
耕地	谷物、豆类、薯类、油料、蔬菜	2.39	1.74
林地	茶叶、水果、油桐籽、木材	5.31	0.86
草地	猪肉、牛肉、羊肉、禽肉、禽蛋	1.26	0.51
水域	水产品	0.41	0.74
建筑用地	电力	2.39	1.74
化石能源用地	原煤、天然气、汽油、柴油	1.25	0

（2）数据来源

生物资源、能源消费、土地利用、人口和地区生产总值等数据主要来自遵义市和仁怀市统计年鉴。对于无法从年鉴获取的数据，通过查找相关城市政府部门颁布的规划、报告等文件获取，如 2011—2019 年仁怀市《政府工作报告》、仁怀市人民政府官网（http://www.rh.gov.cn/）等。

10.3.2 生态足迹变化

2010—2018 年，仁怀市人均生态足迹呈先降后升的趋势（图 10-10），从 2010 年的 1.5 hm^2 升至 2018 年的 1.8 hm^2，增幅 20%。其中，2010—2014 年人均生态足迹总体呈下降趋势，由 1.5 hm^2 降至 1.29 hm^2；而在 2015 年之后，人均生态足迹开始呈上升趋势，由 1.61 hm^2 增至 1.8 hm^2，并呈进一步上升趋势。

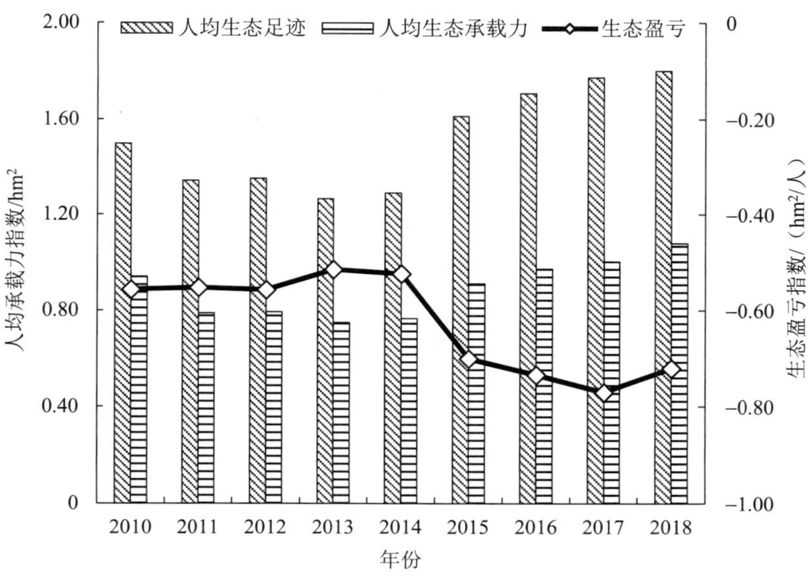

图 10-10　2010—2018 年仁怀市人均生态足迹与生态承载力

根据世界环境与发展委员会建议，在计算生态承载力时扣除 12%的生物多样性保护面积。根据图 10-10，人均生态承载力的时间变化特征与人均生态足迹相似，也呈先下降后上升趋势。其中，2010—2014 年人均生态承载力由 0.94 hm^2 降至 0.77 hm^2，2015 年之后人均生态承载力持续上升，2018 年人均生态承载力为 1.08 hm^2。2010—2018 年仁怀市均处于生态赤字状态。2010—2014 年仁怀市生态赤字相对稳定，并有所好转，由 2010 年的 −0.56 hm^2/人降至 2014 年的 −0.52 hm^2/人。而在 2015 年之后，生态赤字快速增加，至 2017 年时达到最大值（−0.77 hm^2/人），2018 年生态赤字有所缓解，为 −0.72 hm^2/人，并呈进一步好转趋势。

对仁怀市耕地、林地、草地、水域、化石能源用地和建筑用地 6 种土地利用类型的人均生态足迹和人均生态承载力分别进行测算，其结果见图 10-11。2010—2018 年仁怀市人均生态足迹以林地（55%）、耕地（26%）与化石能源用地（13%）贡献为主，三者共占比 94%，草地、建筑用地与水域占比较小。从时间变化特征上来看，耕地和水域的人均生态足迹基本保持稳定态势，而林地、草地、化石能源用地和建筑用地的人均生态足迹呈不同程度的上升趋势，且均在 2015 年之后增加幅度变大。2010—2018 年，仁怀市草地人均生态足迹增加幅度（116.22%）＞化石能源用地（102.16%）＞建筑用地（87.70%）＞林地（36.37%）。人均生态承载力以林地（40%）、耕地（39%）、化石能源用地（19%）贡献为主，草地、水域和建筑用地占比较小。其中，林地、草地和化石能源用地的人均生态承载力呈上升趋势，耕地和水域则基本保持稳定。2010—2018 年，仁怀市化石能源用地的人均生态承载力增加幅度（126.56%）＞草地（115.73%）＞林地（36.37%）。总体来看，仁怀市各种土地利用类型均处于生态赤字，但耕地和化石能源用地的生态盈亏相对稳定并有所改善。其余各类型的生态赤字仍有进一步增大的风险。

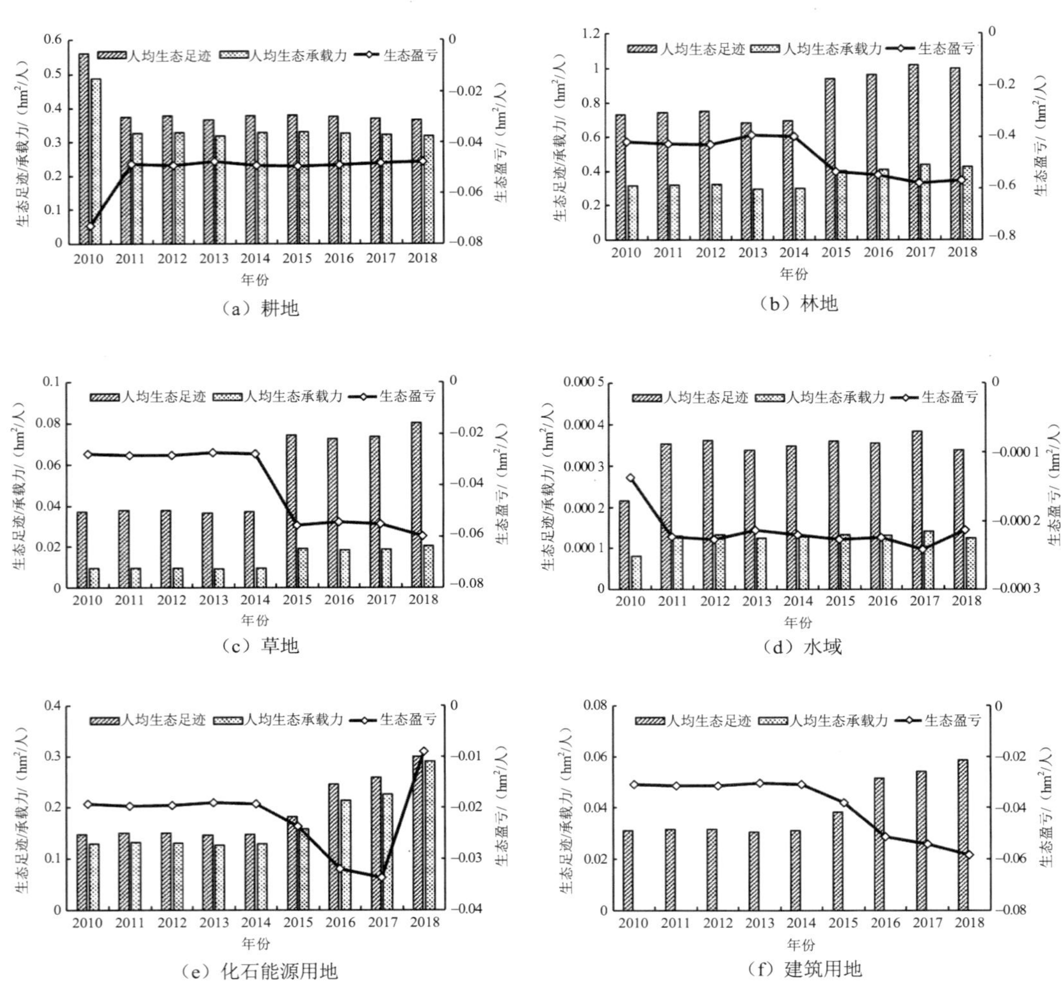

图 10-11 仁怀市不同土地利用类型生态足迹与承载力变化趋势

10.3.3 可持续发展评价

2010—2018 年，仁怀市可持续发展面临一定程度挑战。4 项可持续发展评价指标（图 10-12）计算结果表明，仁怀市生态足迹指数（I_{EF}）为 –76.96%～–59.22%，处于第 3 等级（不可持续）状态；生态压力指数（I_{EP}）为 1.59～1.77，处于第 5 等级（很不安全）状态；生态协调系数（S_D）为 1.36～1.38，接近 1.414，表明仁怀市生态供给与需求趋于平衡；万元地区生产总值生态足迹（F_{WE}）持续下降，由 2010 年的 0.42 hm² 下降至 2018 年的 0.14 hm²，说明仁怀市资源利用效率不断提高，生产方式由粗放转向集约。

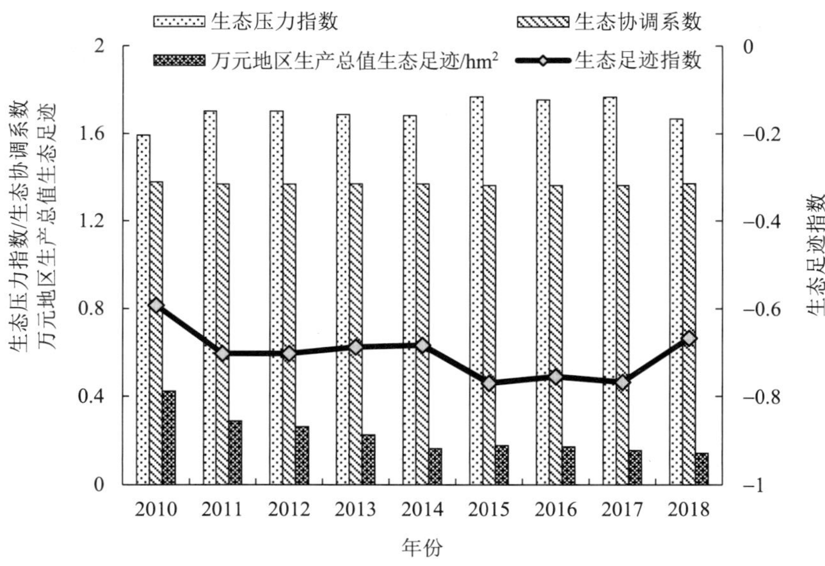

图 10-12　仁怀市可持续发展指标分析

考虑到仁怀市实际情况，结合文献（刘世梁等，2018；闻熠等，2020），选择白酒产量、常住人口数、高粱种植面积、工业能源消费、工业废水排放量和旅客周转量 6 项指标与仁怀市生态足迹、生态承载力和生态盈亏进行相关性分析（表 10-9），探究影响仁怀市可持续发展的制约因素。2010—2018 年，仁怀市 6 项指标均有不同程度的增长，其中旅客周转量和白酒产量分别增长 331%和 164%，而工业能源消费和工业废水排放量在 2014 年之后有所减少，表明仁怀市工业绿色发展有所成效。常住人口数和旅客周转量与生态足迹呈显著正相关，与生态承载力呈显著负相关，是影响仁怀市生态足迹和生态承载力的关键因素；旅客周转量、常住人口数、白酒产量和工业废水排放量是影响生态盈亏的重要因素。相关性分析发现，人口数量、产业结构和环境容量均不同程度制约仁怀市可持续发展。

表 10-9　仁怀市可持续发展影响因素相关性分析

	生态足迹	生态承载力	生态盈亏
白酒产量	0.407*	−0.375*	−0.536*
常住人口	0.628*	−0.554*	−0.668*
高粱面积	−0.331	−0.353*	0.248
工业能源消费	−0.184	−0.363	−0.044
工业废水排放	0.355*	0.195	−0.507*
旅客周转量	0.812**	−0.721*	−0.825**

注：** 在 0.01 级别（双尾），相关性显著；* 在 0.05 级别（双尾），相关性显著。

10.3.4 讨论与结论

1．讨论

2010—2018年，仁怀市人均生态足迹与生态承载力均呈先降后升的趋势，生态赤字总体上有所增大。对2009—2016年贵州省生态足迹测算发现（高鑫，2019），贵州人均生态足迹具有逐渐增长的趋势，由2009年的2.2 hm^2增加到2016年的2.61 hm^2，增长18.6%，人均生态承载力缓慢降低，生态压力不断加大。与贵州省的人均生态足迹变化路径相似，仁怀市依靠着自然资源禀赋与特色产业带动经济快速增长的同时，产生了大量的资源消耗和污染排放，导致人均生态足迹快速增长。与贵州省的人均生态承载力缓慢降低的趋势不同，“十三五”以后仁怀市先后制定并实施了《仁怀市环境容量核定与污染防治规划》《仁怀市酱香型白酒产业发展区域布局规划》《赤水河流域（仁怀段）生态环境保护规划》，保护区域生态环境、控制开发强度，保障区域与产业的可持续发展，使仁怀市生态承载力持续增加。2016年，仁怀市人均生态承载力（0.97 hm^2）高于贵州省（高鑫，2019）水平（0.83 hm^2）约16.9%。2017年后，仁怀市生态赤字呈转好趋势。

贵州省人均生态承载力主要依靠耕地和林地贡献，占比高达91%（杨廷锋，2016），仁怀市的人均生态足迹和生态承载力的分布特征与贵州省相一致，耕地和林地分别占人均生态足迹的81%和人均生态承载力的79%。与其他白酒产地区域特征相比，2006—2015年四川省宜宾市生态承载力主要来自耕地，而林地、草地、水域和建筑用地人均生态承载力都较弱。2015年，江苏省宿迁市人均生态足迹以化石能源用地、林地和耕地贡献为主，人均生态承载力以耕地为主，占比为89.6%（鹿瑶等，2018）。仁怀市人均生态承载力分布与同处于赤水河流域的宜宾市类似，主要来自耕地，但宜宾市林地的生态承载力贡献相对较弱；仁怀市人均生态足迹分布与宿迁市差异较大，宿迁市生态足迹贡献中化石能源用地占比突出，这是由于宿迁处于东部平原地区，人口规模、人均消费和单位消费的资源强度明显高于西部地区，导致了化石能源用地在人均生态足迹中占比较高。

仁怀市生态足迹指数（I_{EF}）和生态压力指数（I_{EP}）分别处于第3等级和第5等级状态，区域可持续发展面临一定挑战，但生态协调系数（S_D）和万元地区生产总值生态足迹（F_{WE}）状态良好。与其他白酒产地相比，2015年宜宾市翠屏区和宿迁市万元地区生产总值生态足迹分别为0.498 hm^2和0.396 hm^2（鹿瑶等，2018），而仁怀市万元地区生产总值生态足迹为0.178 hm^2，表明仁怀市资源利用效益最高，资源利用方式更为集中。仁怀市可持续发展影响因素分析结果表明，常住人口数和旅客周转量是影响仁怀市生态承载力的关键因素。2010—2018年，仁怀市常住人口数增长5%，旅客周转量增长331%，人口数量的增加，特别是外来旅游人口的涌入造成仁怀市环境容量的巨大压力。林地和耕地作为影响仁怀市可持续发展的基本因素，两者面积占全市面积的90%以上，生态功能明显，生态保护地位极为重要。但目前仁怀市仍存在森林总量不足、分布不均、质量不高，产业发展相对滞后，大量坡耕地和石漠化面积需要治理等问题，严重制约可持续发展空间。作为影响仁怀市可持续发展的重要因素，白酒产量与生态足迹呈正相关，与生态承载力和生态盈亏呈负相关，而仁怀市白酒生产企业数量众多，用地需求量大。同时，白酒生产产生的大量废水、废弃物也给仁怀市生态环境带来挑战。

2．结论

一是 2010—2018 年仁怀市人均生态足迹和人均生态承载力均呈先降后升趋势，人均生态足迹由 1.5 hm^2 升至 1.8 hm^2，增幅为 20%，人均生态承载力由 0.94 hm^2 升至 1.08 hm^2，增幅为 14.89%，生态赤字有所增大，由 –0.74 hm^2 增至 –0.56 hm^2。

二是仁怀市的人均生态足迹和人均生态承载力以耕地和林地贡献为主，分别占人均生态足迹的 81%和人均生态承载力的 79%。2014 年之后，林地、草地、化石能源用地和建筑用地的人均生态足迹均呈不同程度上升趋势。2010—2018 年，仁怀市化石能源用地的人均生态承载力增加幅度（126.56%）＞草地（115.73%）＞林地（36.37%）。

三是仁怀市生态足迹指数（EFI）在 –76.96%～–59.22%，处于第 3 等级（不可持续）状态；生态压力指数（EPI）在 1.59～1.77，处于第 5 等级（很不安全）状态，区域可持续发展面临挑战。影响仁怀市生态承载力的因素主要有常住人口数、旅客周转量、白酒产量和工业废水排放量等。

10.4　茅台镇“生态-生产-生活”空间布局优化

国土空间是人类活动的主要承载体，但随着我国城镇化、工业化迅速发展，建设用地扩张迅猛、耕地面积持续减少、局部地区生态环境问题突出，导致人地矛盾不断增加（樊杰，2007）。协调各个发展目标，优化国土空间开发格局，实现社会经济发展和生态环境协同发展是一个重要科学问题（Fang et al.，2018）。“生态-生产-生活”（以下简称“三生”）空间结构及布局优化研究，对实现国土空间有效管控科学治理和国土空间规划发展有重要支撑，是国土空间格局优化的重要实践探索（刘继来等，2017）。目前，相关研究主要集中在“三生”空间概念与内涵（黄金川等，2017）、用地分类体系（张红旗等，2015）、识别与优化（贾克敬等，2020）等方面。但由于“三生”空间研究开展时间较短且我国地域分异较大，不同尺度、不同地域特征下“三生”空间土地结构与布局优化研究背景和侧重点存在差异（樊杰，2018）。

目前，“三生”空间的结构布局优化研究多集中在县域、城市等较大尺度上，在乡镇尺度上多分布在聚落层面（席建超等，2016），而乡镇在城乡发展方面同样存在着优化空间结构与布局、强化地域功能、协调经济发展与环境保护的客观需求（邓伟等，2017）。2019 年，自然资源部发布的《资源环境承载能力和国土空间开发适宜性评价指南（试行）》（简称“双评价”）可支撑区域尺度“三生”空间格局优化，但不足以满足乡镇尺度“三生”

空间布局优化的管理需求。2020 年，北京市制定了《北京市乡镇地区生态要素与生态空间规划编制指引（试行）》，对快速城镇化地区生态空间规划编制有较大指导意义，对村镇建设“三生”空间布局有重要参考价值，但目前仍缺乏成熟的应用实例。特色小镇产业特色鲜明、要素集聚、宜居宜业、富有活力，是乡镇尺度发展的典型代表。立足生态优先、“三生”空间融合，实现高质量发展，是生态文明背景下特色小镇发展的历史选择。茅台镇处于大娄山区，是我国第一批特色小镇，其特色产业是酱酒和红色旅游，是我国西南地区山区型特色小镇的典型代表。近年来，茅台镇依托酱酒文化、长征文化、盐运文化大力发展旅游业，同时国内酱酒产业的高速发展促使茅台镇白酒产业呈剧烈扩张态势。旅游人口的急速增长和白酒企业扩产扩能加剧了河谷地带土地利用的竞争格局，对当地生态环境质量造成一定影响。山水林田等重要的生态要素多位于乡镇地区，在山区条件下，以茅台镇为例，随着城镇化的推进，建设用地不断侵占耕地等生态用地，乡镇尺度“三生”空间矛盾凸显。

近年来，通过土地利用模拟模型开展多尺度土地利用模拟成为一种土地利用布局优化的方法（Liu et al.，2017），其中 GeoSOS-FLUS 模型是一种在人地关系相互影响下能有效处理国土空间内部各土地利用类型相互转化的复杂性和不确定性的模拟预测模型，目前主要应用于土地利用模拟、城市扩张模拟和城市增长边界的划定等方面。元胞自动机和多智能体模型是土地利用格局和演化模拟的主流方法，该模型结合生物智能将 2 种主流方法融合，使其能以较高的精度在高分辨率和小尺度上模拟预测出未来土地利用的变化分布。

为优化山区型特色小镇的“三生”空间布局，笔者基于 10 m 分辨率 DEM、土地利用、交通区位及统计年鉴等数据，通过 GeoSOS-FLUS 模型开展了生态优先情景下茅台镇“三生”空间布局优化研究，并与无地貌约束的自然演变和经济优先 2 种情景做了对比分析，以期为村镇尺度生态安全格局优化和生态承载力提升提供技术支撑。

10.4.1 材料与方法

1. 研究区概况

茅台镇是贵州省仁怀市下辖镇，位于贵州省西北部，地处大娄山区，是赤水河在流域内径流方向的重要转折处，是川黔水陆交通的咽喉要地（图 10-13）。赤水河自南向北穿越辖区，辖区内赤水河干流是长江上游珍稀鱼类国家保护区。茅台镇（106°21′E～106°23′E、27°51′N～27°52′N）为典型的河谷地貌，海拔在 365～1 367 m，年均降水量为 926 mm。茅台镇是中国酱酒圣地，白酒产业发达，有超过 900 家白酒企业，2016 年被列为第一批中国特色小镇，2019 年入选全国综合实力千强镇前 100 名。该镇面积 212.84 km^2，土地利用以耕地为主、林地次之，2018 年耕地面积为 78.87 km^2；下辖 6 个社区 22 个行政村，2018 年人口为 10.7 万人。

但在 2000—2018 年茅台镇建设用地扩张了 7.5 倍（表 10-10），耕地和草地面积减少了

10.93 km²，生态用地下降了 1.51 km²，生态空间被严重挤压，用地结构矛盾凸显，“三生”空间布局亟待优化。

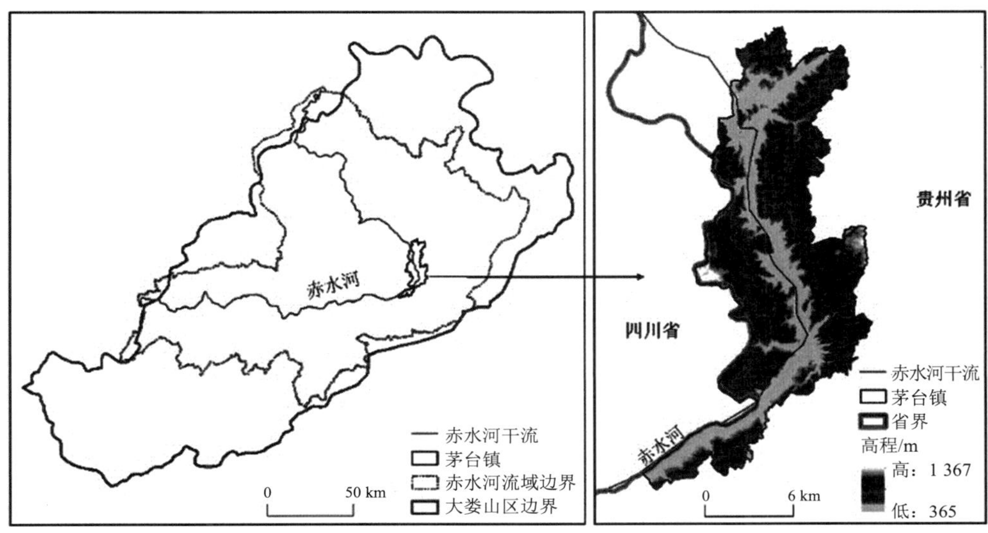

图 10-13　茅台镇地理位置及高程

表 10-10　2000—2018 年茅台镇土地利用和“三生”空间变化

土地利用划分	2000 年	2010 年	2018 年	2000—2010 年变化	2010—2018 年变化	2000—2018 年变化
耕地	84.55	84.51	78.87	−0.03	−5.64	−5.68
林地	72.45	75.74	73.63	3.30	−2.11	1.19
草地	51.42	48.11	46.17	−3.31	−1.94	−5.25
水域	3.00	3.00	3.41	0	0.41	0.41
建设用地	1.43	1.48	10.76	0.04	9.28	9.33
农业生产空间	84.55	84.51	78.87	−0.03	−5.64	−5.68
工业生产空间	2.34	3.03	7.13	0.69	4.10	4.79
生活空间	1.23	1.43	3.63	0.20	2.20	2.40
生态空间	124.72	123.87	123.21	−0.85	−0.66	−1.51

2．数据获取

获取的数据主要包括研究区 DEM、土地利用、规划资料和基础地理信息数据（表 10-11）。对于栅格数据，首先将空间参考投影统一变换至 Krasovsky_1940_Albers，然后重采样至 30 m 后计算得到各指标因子。对于交通区位数据，分别计算茅台镇到仁怀市及相邻县（市）建成区中心到高速公路、国省道、城市主干道等欧式距离，生成统一参考投影和分辨率的空间栅格。

表 10-11 数据信息说明

数据类型	数据来源	说明	用途
DEM	2017 年 6 月资源三号影像立体像对提取	分辨率为 10 m×10 m	求取坡度、坡向、TWI、TPI、微地貌等
茅台镇 2000 年、2010 年、2018 年土地利用数据	中国科学院资源环境科学数据中心	分辨率为 30 m×30 m	模型输入数据
规划资料	《全国生态功能区划（修编版）》	—	主导生态功能定位
	《贵州省生态保护红线》	—	生态约束条件
	《仁怀市土地利用总体规划（2015—2020 年）》	—	上位规划约束条件
基础地理信息数据	https://www.openstreetmap.org	比例尺为 1∶300 000	交通区位驱动因子

3．研究思路

基于上位规划和生态约束的土地利用结构优化。根据《仁怀市土地利用总体规划（2015—2020 年）》确定茅台镇基本农田和建成区面积约束，同时根据《全国生态功能区划（修编版）》《贵州省生态保护红线》等确定茅台镇主导生态功能定位和生态空间严格保护区范围，结合山区微地貌对“三生”空间的发展约束条件，确定生态优先情景模式下茅台镇土地利用转移限制权重。

基于驱动条件的土地利用布局。以地形、交通和到城市中心距离为土地利用驱动条件，以产城融合、城乡协同发展等为生态优先情景下土地利用驱动策略，将基本农田、水域、生态红线区作为生态约束条件限制土地转化；以产业扩张、建设用地适度扩张作为经济优先情景下的土地利用驱动策略；以 2000—2018 年土地利用变化特征和转移规律作为自然演变情景下的驱动参数选择；在求取各类土地适宜性概率后，将驱动、限制等因子输入土地模拟模型，求取 3 种情景下的土地利用布局。

山区型村镇建设布局优化案例分析。以贵州省茅台镇为案例，通过 GeoSOS-FLUS 模型求取 3 种情景下山区型乡镇的土地利用结构和布局优化结果，开展定性和定量分析。

4．研究方法

（1）微地貌划分

在山区微地貌直接约束“三生”空间布局与发展方向，因此该研究通过 10 m 分辨率 DEM 对茅台镇微地貌做精确划分。地貌划分依据坡度和 TPI。TPI 指数测量在预定半径（R）内中心点（z_0）的高程与周围平均值（$\overline{z}$）之间的差（Weiss，2001），半径 R 是移动卷积窗口的半径。该研究测算 TPI 采用 DEM 栅格数据，TPI 计算公式如下：

$$\text{TPI} = z_0 - \overline{z} \tag{10-17}$$

$$\overline{z} = \frac{1}{n}\sum_{i=1}^{n} z_i \tag{10-18}$$

式中：n 为 R 半径内 DEM 栅格的数量；z_i 为第 i 个栅格处高程，m。鉴于研究区山地地形复杂的特点，通过 3～100 个像元半径单位的测试最终选择 R 为 30 个像元尺度，即 R 为 2 700 m 的圆形卷积窗口，该尺度较好地兼顾了细分地貌与景观。地貌的变化源于坡面的变化，根据研究区实际情况，改进了 Dickson 等（2006）对地貌的划分方法，将大娄山区划分为山脊、陡坡、缓坡和山峡谷底。地貌划分综合了高程、slope（研究区绝对数值坡度）及 TPI 所蕴含的地形特征（表 10-12）。

表 10-12 基于 TPI 的地貌划分

坡度位置	划分方法
山脊	$z_0>8$
陡坡	$8\geqslant z_0>-8$，slope$>6°$
缓坡	$8>z_0\geqslant -8$，slope$\leqslant 6°$
峡谷底	$z_0<-8$
坡度位置	划分方法

（2）情景设定

本研究共设置 3 个情景，不同情景下土地转化成本与土地侵略强度不同。

自然演变：依据 2000—2018 年茅台镇土地利用和转移特点，不进行人为引导和管控，遵循前期土地利用变化特征和转移演变规律。

经济优先：经济建设主要依据产业发展推动，因此该情景下建设用地规模需适度扩张，降低建设用地转化为耕地、林地和草地的转化约束。

生态优先：严格实施生态保护红线和基本农田保护，在维护优化生态空间用地的同时考虑可持续发展，提升现有建设用地的利用效率，促进乡村振兴和产城融合。

（3）GeoSOS-FLUS 模型

相较其他土地利用模拟模型，GeoSOS-FLUS 能较好地应用于土地利用变化模拟与未来土地利用情景分析，可解决不同用地类型的竞争关系，能够耦合人类活动与自然环境且提供高分辨率的模拟结果。其通过自上而下系统动力学模型与自下而上元胞自动机模型，利用自适应竞争机制最终解决高分辨率条件下复杂土地利用模拟问题。

适宜性概率通过神经网络算法求得，计算公式如下：

$$\mathrm{sp}(p,k,t)=\sum_{j=1}^{h}\omega_{j,k}\times \mathrm{sigmoid}\,[\mathrm{net}_j(p,t)]$$

$$=\sum_{j}\omega_{j,k}\times\frac{1}{1+e^{\mathrm{net}_j(p,t)}} \tag{10-19}$$

式中：$\mathrm{sp}(p,k,t)$ 为第 k 类型用地在时间（ t ）、栅格（ p ）下的适宜性概率，k=5；$\omega_{j,k}$ 为输出层与隐藏层之间的权重；sigmoid 是激励函数；$\mathrm{net}_j(p,t)$ 为第 j 个隐藏层栅格（p）在时

间（t）上所接到的土地利用信息，本研究中 h 代表神经网络的深度，h=12；t 分别为 2000 年、2018 年和 2030 年。每个栅格像元所代表的各用地类型适应性概率合为 1。

土地利用转化概率受分布概率、邻域密度、惯性系数、转换成本及地类竞争等因素共同作用的影响。第 k 类型用地在 t 时刻的自适应惯性系数为 Intertia_k^t，公式如下：

$$\text{Intertia}_k^t \begin{cases} \text{Intertia}_k^{t-1} & \left|D_k^{t-2}\right| \leqslant \left|D_k^{t-1}\right| \\ \text{Intertia}_k^{t-1} \times \dfrac{D_k^{t-2}}{D_k^{t-1}} & 0 > D_k^{t-2} > D_k^{t-1} \\ \text{Intertia}_k^{t-1} \times \dfrac{D_k^{t-2}}{D_k^{t-1}} & D_k^{t-1} > D_k^{t-2} > 0 \end{cases} \tag{10-20}$$

式中：D_k^{t-1}、D_k^{t-2} 分别为第 k 种类型用地未来模拟栅格数量与模拟起始阶段栅格数量；Intertia_k^{t-1} 为在第 k 类型用地在 t–1 时刻的自适应惯性系数。通过 CA 模型迭代的方式进一步确定各用地类型。在 t 时刻，栅格 p 转化为 k 用地类型的概率 $\text{TProb}_{p,k}^t$ 可表示为

$$\text{TProb}_{p,k}^t = \text{sp}(p,k,t) \times \Omega_{p,t}^t \times \text{Intertia}_k^t \times (1 - \text{sc}_{c \to k}) \tag{10-21}$$

式中：$\text{sc}_{c \to k}$ 为 c 用地类型改变为 k 用地类型的成本；$\Omega_{p,t}^t$ 为邻域作用，计算公式如下：

$$\Omega_{p,t}^t = \frac{\sum_{N \times N} \text{con}（c_p^{t-1} = k）}{N \times N - 1} \times \omega_k \tag{10-22}$$

式中：$\sum_{N \times N} \text{con}(c_p^{t-1} = k)$ 为 $N \times N$ 的 Moore 邻域，上一次迭代结束后第 k 种地类的栅格总数，本研究中 N 为土地利用栅格 Moore 邻域的长度和宽度，设置 N=5；ω_k 为各类用地的邻域作用权重。

模型的精度验证参考指标为 OA 和 Kappa。本研究采用 2000—2018 年土地利用为模型训练数据，以 2018 年模拟结果测试模型精度，最后利用训练得到的模型模拟预测 2030 年研究区土地利用。

10.4.2 土地利用优化

1．生态优先情景下的土地利用优化策略

茅台镇是我国产城融合的典型代表，是产业和城镇化相融合发展的经验模式，白酒产业和旅游文化产业是其经济发展的根本动力。近年来，茅台镇旅游人数不断攀升，白酒产业持续繁荣，致使该镇人口增长、城市建设急剧扩张，生态环境承压较大。根据《仁怀市土地利用总体规划（2015—2020 年）》，茅台镇仍有超过 22 km^2 的可开发土地，大部分集中在赤水河谷海拔 680 m 以下的坡地河谷地区。但由于茅台镇地处大娄山区，水源涵养和生物多样性维护功能重要，城镇建设集中在赤水河河谷地带，若其生态环境功能失调对赤水河下游水质水生态将造成负面影响。因此，在生态优先情景下对茅台镇土地利用的优化策

略为优先保护生态用地，严格恪守生态保护红线，适当约束建设用地扩张，对农业生态用地依据生态涵养需求适当退耕还林。生态优先情景下的土地利用优化策略是后期基于微地貌约束的前提，是不同土地利用类型之间转化限制性条件的重要参考。

2．基于微地貌约束的优化路径

由表 10-13 可知，茅台镇 4 种地貌类型中以峡谷底、陡坡和山脊区域 3 种为主，其中，峡谷底地区面积为 75.57 km^2，缓坡地区面积较少，仅有 5.98 km^2。以茅台镇 2018 年土地利用现状数据划分“三生”空间分布，并统计其微地貌特征：茅台镇生态空间和农业生产空间在峡谷底、陡坡和山脊区域均有大量分布且面积数量差异较小，而生活空间和工业生产空间多分布在峡谷底部。生态空间分布在峡谷底、陡坡和山脊处的面积分别 41.29 km^2、39.72 km^2 和 39.89 km^2，而农业生产空间分布在峡谷底、陡坡和山脊处的面积分别为 24.29 km^2、26.54 km^2 和 24.92 km^2，生活空间和工业生产空间在峡谷底的面积分别为 3.13 km^2 和 6.86 km^2。

表 10-13　基于地形约束的茅台镇“三生”空间划分及优化策略

地貌	面积/km^2	面积占比/%	面积/km^2				优化策略
			农业生产空间	工业生产空间	生活空间	生态空间	
峡谷底	75.57	35.51	24.29	6.86	3.13	41.29	适当约束建设用地扩增
缓坡	5.98	2.81	3.12	0.19	0.36	2.31	有限开发，做好生态涵养和环境保护
陡坡	66.39	31.19	26.54	0.01	0.12	39.72	适度农业生产，退耕还林
山脊	64.90	30.49	24.92	0.07	0.02	39.89	退耕还林，恢复为草地或林地
总计	212.84	100.00	78.87	7.13	3.63	123.21	—
峡谷底	75.57	35.51	24.29	6.86	3.13	41.29	适当约束建设用地扩增

茅台镇地处喀斯特山区，耕地类型多为坡耕旱地，农作物产量较低，且受西南季风影响，每年 7—8 月降雨强烈，极易造成水土流失和滑坡。因此，在地形约束下的茅台镇“三生”空间布局优化，首先要考虑的是维护山脊、缓坡和陡坡处的林地草地类型不被变更；其次要在提升耕地质量的同时适当退耕还林，在山脊陡坡处形成连片贯通的生态空间；再次要保证峡谷底区域的赤水河干流、滩地等生态空间不被建设用地扩张侵蚀；最后要在严格保护缓坡和峡谷底生态用地的条件下，适度开发作为建设用地。

本研究结合以下两方面内容确定土地利用转化权重：一方面，GeoSOS-FLUS 的官方操作手册中对于不同用地类型之间的转移条件和激励大小作为参考；另一方面，通过分析大娄山区和赤水河流域类似地形条件下土地利用演变模拟的试验模拟，进而统计土地利用转化的权重经验值。本研究以贵州省大同古镇、元厚镇等地区为测试对象，最终得到茅台镇不同微地貌处土地利用转化权重值，其结果分别是：在峡谷底区域，其他用地转化为建设用地的权重为 0.1，水域转化为其他用地的权重为 0；在缓坡区域，其他用地转化为建设用地的权重为 0.6，林地草地转化为耕地的权重为 0.3；在陡坡区域，建设用地转化为其他用地的权重为 0.2，耕地转化为林地草地的权重为 0.7；在山脊区域，其他用地转化为林地草地的权重为 0.8。

10.4.3 空间布局优化

1. 模型训练及精度评价

各驱动指标项输入模型可得到每个像元处各类土地利用类型的适应性概率值。由图 10-14 可知，建设用地适宜性概率较高的地区主要集中在茅台镇南部，水域适宜性概率较高的地区分布在河谷平缓地带及小流域汇流区，耕地适宜性概率较高的地区主要分布在河谷两侧的较高坡地，林地主要分布在海拔 600 m 以上的地区。适宜性概率是依据土地驱动因子生成的，在现实土地利用转换过程中影响因素较多，各用地类型由不同驱动因素与其他地类相互竞争生成，因此适宜性概率与不同情景下土地利用限制和规划策略相组合即可形成具有科学合理性的土地利用布局。由图 10-14 可知，茅台镇沿赤水河峡谷底地区的土地利用竞争非常激烈，该地区水域湿地、建设用地和耕地等均有不同程度的适宜性概率。结合表 10-13 可知，峡谷底是主要的生活空间和工业生产空间，水域、林地和草地等生态空间被严重挤压。以 2000 年为基期，Kappa 系数显示基于上述驱动因子的 2018 年土地利用模拟精度可达到 0.78，总体精度达到 0.82，结果准确度和可信度可支撑该研究对土地利用的模拟。

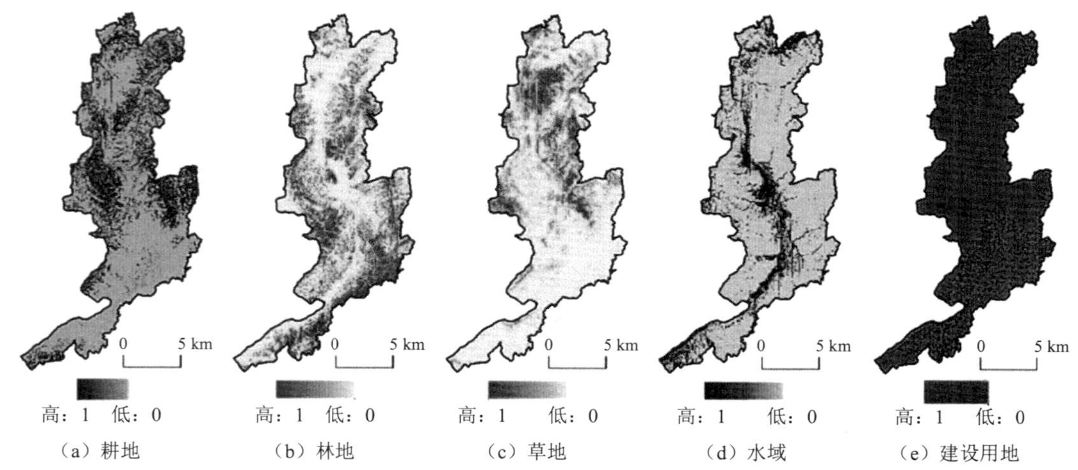

图 10-14 茅台镇土地适宜性概率

2. 土地利用布局优化结果

由图 10-15 可知，自然演变、经济优先和生态优先情景模拟均显示，在 2030 年茅台镇的草地面积将急剧减少，且很难保持增长趋势。茅台镇 2018 年土地利用模拟与实际土地利用之间的主要差异体现在 A 区域和 B 区域，即 A 区域和 B 区域在 2018 年实际土地利用类型为耕地，但却被模型模拟成为建设用地。同时，结合茅台镇土地适宜性概率和地形条件可知，A 区域和 B 区域位于湿地和耕地交错的缓坡地形，且离河谷较近，可见在自然演变情景下模型对建设用地模拟更为敏感。2030 年，在自然演变情景下，土地利用空间分布的主要特征是建设用地急剧扩张，河谷地带的缓坡和部分陡坡位置均被转换为了建设用地，如图 10-15 中 C、D、E 位置所示；在经济优先情景下，绝大部分用地分布模拟与自然演变情景相似，主要差异体现在 F 区域和河谷地区分布有较多的建设用地，可见模型对缓坡位置的耕地模拟转化为建设用地较为敏感；在生态优先情景下，与其他模拟结果相比较，林地与建设用地体现出较大差异，林地在赤水河河谷两岸的 G 区域和 H 区域实现了空间上的连通和聚集，建设用地主要在茅台镇中南部河谷地带及缓坡地区适度扩张。在微地貌约束的生态优先情景下，峡谷底的生态空间面积略有增加，从 41.29 km^2 增至 43.80 km^2，而陡坡和山脊地区的生态空间面积由原来的 79.61 km^2 增至 83.22 km^2，生活空间面积由 3.13 km^2 增至 3.88 km^2，农业生产空间面积由 24.29 km^2 降至 20.00 km^2。

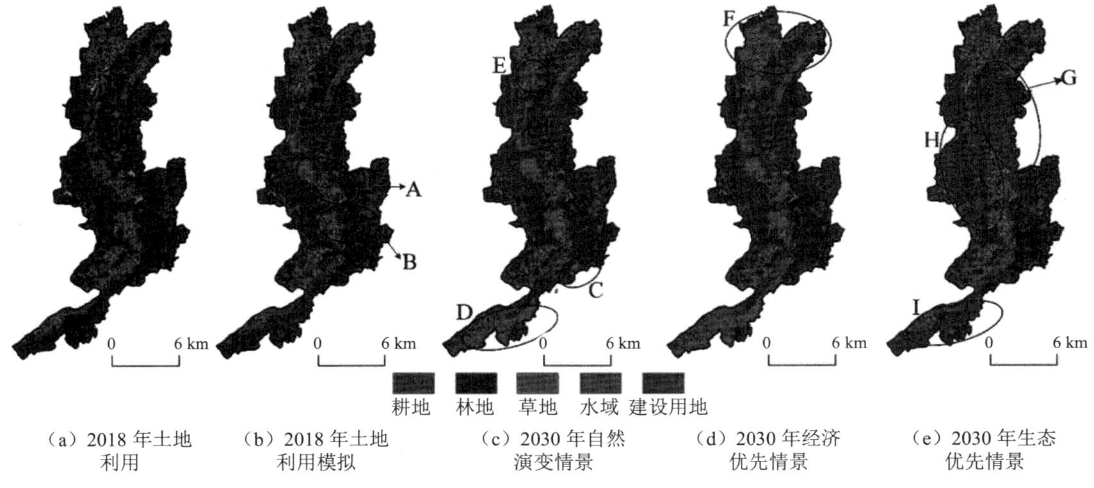

（a）2018 年土地利用　（b）2018 年土地利用模拟　（c）2030 年自然演变情景　（d）2030 年经济优先情景　（e）2030 年生态优先情景

图 10-15　不同情景下土地利用布局模拟

注：与 2018 年土地利用情况相比，模拟数据在 A 区域和 B 区域较为集中地将耕地错误模拟为建设用地。在自然演变情景下，C 区域被预测为建设用地，D 区域和 E 区域也从农田和林地被预测为建设用地（工业建设用地）。在经济优先情景下，F 区域坡耕地被预测为建设用地。在生态优先情景下，G 区域和 H 区域耕地较多被预测为林地，而 I 区域生态保护红线和基本农田区域相较于 2018 年变化很小。

由表 10-14 可知，自然演变和经济优先情景下，土地利用格局和趋势是相似的，均呈建设用地进一步扩张而耕地进一步减少的特征；同时，从“三生”空间面积演变趋势来看，工业生产空间和生活空间面积增加，而农业生产空间和生态空间面积减少。经济优先情景下，工业生产空间面积占地最多，达 17.57 km^2，生态优先情景下工业生产空间面积占地最小，为 9.87 km^2；同时生态空间面积占比最多，为 129.63 km^2。相较于 2018 年，生态优先情景下耕地和草地分别下降了 11.42 km^2 和 18.82 km^2，而林地和建设用地分别增加了 25.13 km^2 和 5.00 km^2；在“三生”空间层面，工业生产空间和生活空间集中分布在峡谷底区域，而生态空间则较多分布在缓坡和陡坡区域；生态空间面积增加了 6.42 km²，农业生产空间面积减少了 11.42 km²，而工业生产空间和生活空间仅分别增加了 2.74 km² 和 2.26 km²。相比自然演变和经济优先情景，生态优先情景下林地增幅较大而建设用地增幅较小。

表 10-14 不同情景下土地利用布局

土地利用划分	2018 年	2018 年模拟	自然演变情景	经济优先情景	生态优先情景	优化幅度/km²
耕地	78.87	76.32	74.68	70.56	67.45	−11.42
林地	73.63	77.01	85.34	82.61	98.76	25.13
草地	46.17	47.30	28.38	33.42	27.35	−18.82
水域	3.41	3.40	3.43	3.43	3.52	0.11
建设用地	10.76	8.81	21.01	22.82	15.76	5.00
农业生产空间	78.87	76.32	74.68	70.56	67.45	−11.42
工业生产空间	7.13	5.46	15.65	17.57	9.87	2.74
生活空间	3.63	3.35	5.36	5.25	5.89	2.26
生态空间	123.21	127.71	117.15	119.46	129.63	6.42

10.4.4 讨论与结论

1. 讨论

在生态优先的发展情景下，基于微地貌约束的茅台镇“三生”空间布局模拟优化显示生态空间大幅增加，农业生产空间大幅减少，而工业生产空间和生活空间少量增加；茅台镇水源涵养与生物多样性保护的主导生态功能得到一定程度的维护，但同时对生产生活空间有限度的发展没有完全遏制，最大限度地实现了“三生”空间协调布局。该优化结果可服务于茅台镇在村域尺度下“三生”空间布局优化调整政策的制定，对类似地区在村镇尺度生态安全格局优化和生态承载力提升方面可提供技术支撑。

相比大尺度城市土地利用布局优化（刘欣等，2018；曹帅等，2019），该研究区为喀斯特山区，有独特的地形特征和土地利用特征。坡耕地质量较低，且极易造成水土流失以致发生滑坡等自然灾害。因此，在生态优先策略下首先保证生态安全消除潜在地质灾害危险，即在陡坡和山脊处积极实施退耕还林，提升水源涵养能力。在此过程中，应注重林地生物多样性和景观建设（喻阳华等，2015），以增加林地生态系统稳定性。河谷地区是生产生活用地最易扩张的地区，但同时也是重要的生态空间，面临河床侵蚀、水土流失等生态问题；若河谷地区发生严重的生态环境问题，则地区的生产生活质量将严重下降。因此，应对河谷地区的生产生活空间进行合理的约束和引导，对生态空间开展主动修复。

本研究策略为通过地形、交通和到城市中心距离为土地利用驱动条件分析研究区土地适宜性概率，同时在发展策略原则下设置土地利用转化和限制条件，通过双向调节和作用实现最终在像元尺度上的土地利用模拟。这种策略在一定程度上与基于土地利用适应性双向约束的“双评价”国土空间格局优化策略是相似的（樊杰，2007；樊杰，2018），即要尊重土地使用的客观条件和规律。但《资源环境承载能力和国土空间开发适宜性评价指南（试行）》（自然资办函〔2020〕127 号）在大尺度上强调资源环境承载力约束，不完全适用于乡镇尺度，在此方面本研究面对山区型乡镇“三生”空间布局的需求，通过引入微地貌约束条件实现了典型区域的实例应用。

乡镇空间是一个较小尺度的开放空间，其生产生活受周边地区影响，若考虑区域间协同发展条件，则不能完全仅就乡镇空间内部讨论其空间布局优化。因此在后续研究中，应主动与区域生态分区、生态修复上位规划、产业发展等规划相衔接，立足生态优先原则，将一部分生产和生活功能分散疏解，实现区域协同发展。以自然地形约束、交通区位与城市建成区距离作为土地利用驱动因子部分合理，但土地利用受到生态环境和人类活动的双向作用，尤其是政府引导规划，后期研究中应针对研究地区的土地驱动条件做深入分析。另外，本研究在乡镇尺度上的“三生”空间布局优化只是从土地资源结构和布局上做了模拟，对于“三生”空间在功能与生态经济社会综合效益定量化评估方面未涉及，后期考虑引入经济社会等统计指标，通过定量化指标设置来优化情景模式，定量判定“三生”空间在结构、布局优化后所产生的综合效益。

2. 结论

一是茅台镇 4 种地貌类型中以峡谷底、陡坡和山脊区域 3 种为主，其中峡谷底地区面积为 75.57 km^2；茅台镇生态空间和农业生产空间在峡谷底、陡坡和山脊区域均有大量分布且面积数量差异较小，而生活空间和工业生产空间多分布在峡谷底部。

二是 3 种情景模拟均显示，在 2030 年茅台镇的草地面积将急剧减少，且很难保持增长趋势。自然演变情景下，河谷地带的缓坡和部分陡坡位置均被转换为了建设用地；经济优先情景下，缓坡位置的耕地较易转化为建设用地；生态优先情景下，林地实现了空间上连通和聚集，建设用地主要在茅台镇中南部河谷地带及缓坡地区适度扩张。

三是生态优先情景下，峡谷底区域“三生”空间布局得到优化，生态空间面积从 41.29 km^2 增至 43.80 km^2，工业生产空间面积由 6.86 km^2 增至 7.89 km^2，农业生产空间由 24.29 km^2 降至 20.00 km^2。

10.5　茅台镇和高粱地外来植物的入侵风险

村镇建设和国土空间生态修复的外来植物配置对区域生态安全和人居环境健康至关重要。外来入侵植物会在生态系统中占据优势地位，进而影响整个生态系统的运行过程。长江支流赤水河流域中上游是长江流域生态屏障的组成部分。2000 年以来，赤水河流域生态保护和河谷两岸林草生态工程建设在强调乡土物种的同时，城镇园林绿化也引进了大量外来植物。2018 年，贵州省林业局发布了贵州省林业有害植物的发生情况，发现林业入侵有害植物主要为紫茎泽兰和飞机草，发生面积可达 13.9 万亩，威胁着区域的生态平衡和生物安全。

目前，关于外来植物的研究主要集中在物种组成、入侵途径、植物区系和生物入侵的危害与管理等方面，关于外来植物分布的影响因子和入侵植物的危害性评估研究较少。在村镇绿色生态建设过程中，如果忽视了乡土植物的生态价值，不恰当地引进外来植物，不仅会造成生物入侵和环境危害，压缩乡土物种的分布空间，而且会导致生物多样性和主导生态功能丧失（胡亚萍等，2020），对人居环境健康产生不利影响。因此，摸清赤水河流域村镇建设外来植物的物种组成、影响因子及入侵风险等级，对村镇生态风险防控和人居环境健康具有重要意义。

10.5.1 材料与方法

1. 样地布设与调查

2019 年 7 月，结合《中国植被类型图》（1∶100 万），在对该河谷型村镇植被分布进行全面勘查的基础上，通过遥感和地理信息系统（GIS）的空间分析功能，筛选不同植被类型的调查样地，采取样方与线路相结合的方法，进行外来植物样地调查。

针对不同海拔梯度（300～500 m、500～700 m、700～900 m），在该河谷型村镇建成区和非建成区选择了 41 个样点（记为 P_1～P_{41}）和 8 条线路（记为 L_1～L_8）（图 10-16），建成区的海拔为 389～672 m，非建成区海拔为 384～810 m，其中线路均分布在建成区，长度为 300～500 m。根据地形、生境类型等实际情况布设样方：大范围样地选择布设 100 m×100 m 的样方，将其划分为 20 m×20 m 的相邻格子进行乔木调查，并在格子内划分为 10 m×10 m、1 m×1 m 的小样方进行灌木和草本调查；小范围样地则选择布设 20 m×20 m 的样方进行乔木调查，并划分为 10 m×10 m、1 m×1 m 的小样方进行灌木和草本调查（王苏铭等，2012）。

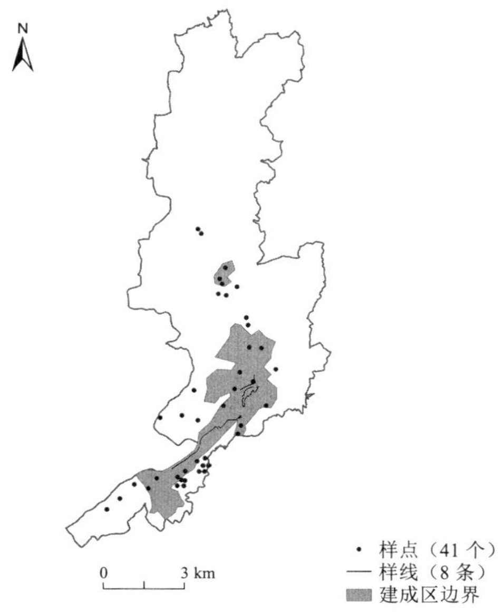

图 10-16 研究区及野外调查样点和线路分布

每个样方和线路的记录数据包括经纬度、海拔、坡向、坡度、植物名称、株数、多度和盖度，重点调查建成区和非建成区高等植物的种类和地理分布。

2．分析方法

（1）入侵强度

根据《中国外来入侵植物名录》（马金双，2018）中的外来入侵植物等级，计算各样点外来植物的入侵强度，公式如下：

$$II = \sum_{i=1}^{4}(4 - \text{GR}) \tag{10-23}$$

式中：II 为样点入侵强度，GR 为入侵等级。

（2）分布特征

选取外来植物种数、入侵强度、乡土植物种数、乡土优势植物种数、海拔、坡度和坡向 7 个因子，利用 SPSS 20.0 软件进行相关性分析。运用软件 R 3.6.0 的增强回归树（boosted regression tree，BRT）模型分析不同影响因子对外来植物种数的影响程度。生态建模参数设置：树复杂性（tree complexity）设为 5，学习速率（learning rate）为 0.001，袋分数（bag fraction）为 0.7。

（3）入侵风险等级

参考国内关于外来物种入侵风险评估方面的评估方法与真实案例，采用层次分析法（analysis hierarchy process，AHP）构建外来植物的入侵风险评估指标体系（表 10-15）。利用专家咨询法确定 5 个一级指标（总目标指标层）、13 个二级指标（分目标指标层）、39 个（操作性指标层）三级指标，根据文献资料和实际调查结果，主要从外来物种的环境适应性、入侵史、生物学特性及危害性等进行综合评估。

表 10-15　外来植物的入侵风险评估指标体系

一级指标	二级指标	三级指标
环境适应性（14 分）	原产地（3 分）	美洲（2 分）；其他地区（1 分）
	在研究区的分布范围（8 分）	较广（4 分）；局部（3 分）；稀少（1 分）
	国内分布（3 分）	全国大部分省份有分布（2 分）；1/3 以上省份有分布（1 分）；个别省份有分布（0 分）
入侵史（17 分）	传入途径（3 分）	有意引入（2 分）；无意引入（1 分）；不详（0 分）
	国内是否有入侵记录（4 分）	是（4 分）；否（0 分）
	入侵等级（10 分）	1 级（4 分）；2 级（3 分）；3 级（2 分）；4 级（1 分）；未知（0 分）
生物学特性（25 分）	适宜的生境（8 分）	多数生境（4 分）；少数生境（3 分）；特定生境（1 分）
	生活型（9 分）	草本（4 分）；灌木（3 分）；乔木（2 分）
	繁殖方式（8 分）	种子繁殖和克隆繁殖兼具（4 分）；种子繁殖（3 分）；克隆繁殖（1）

一级指标	二级指标	三级指标
危害性（25 分）	占领生境的能力（16 分）	很强（8 分）；较强（5 分）；一般（3 分）
	对人畜健康的危害（9 分）	强（4 分）；中（3 分）；弱（2 分）
防控难度（19 分）	识别难度（9 分）	难（4 分）；一般（3 分）；较低（2 分）
	防控难度（10 分）	防控难度大，成本高（5 分）；防控难度中等，成本中等（3 分）；防控难度低，成本低（2 分）

注：括号内数值为各指标的分值。

运用 AHP 计算指标权重，通过专家咨询法确定判断矩阵，并进行一致性检验，用特征向量法计算权重向量，确定外来植物入侵风险评估指标体系中的权重系数，按权重对各级指标赋予不同分值。该评估体系总分为 100 分，上层指标得分为下一层指标所得分数的总和。根据外来植物的基本特征和危害程度等实际情况确定每个外来植物在操作性指标层的得分。

根据入侵现状，结合综合评估所得分值（R）来划定风险等级：若 $R \geqslant 39$，风险等级为高级，应高度重视，加强对外来入侵植物的管控；若 $32 \leqslant R < 39$，风险等级为中级，风险在可控范围内，但需采取相应的防范措施；若 $R < 32$，风险等级为低级，风险较低，可暂时不予处理。

10.5.2 茅台镇外来植物种类与分布

1. 外来植物种类

实地调查和统计分析显示，茅台镇植物丰富，共发现植物 276 种，隶属 99 科 230 属。由表 10-16 可知，外来植物共计 37 种，隶属 18 科 32 属，占调查获取植物总数的 13.41%。外来入侵等级为 1 级的有 11 种（编号为 $S_1 \sim S_{11}$），占外来植物总数的 29.73%。外来植物中菊科种类（13 种）最多且分布广泛，主要集中在建成区，占外来植物总数的 35.14%。外来植物中有 22 种源于美洲，物种编号为 $S_1 \sim S_4$、$S_6 \sim S_{11}$、$S_{16} \sim S_{19}$ 和 $S_{24} \sim S_{32}$。外来植物中草本植物种数最多，占 64.86%，其中有害植物 17 种，占 49.95%。外来植物中灌木和藤本植物较少，无乔木。有害植物为落葵薯（S_3）、蓖麻（S_{13}）、喀西茄（S_{15}）、马缨丹（S_9）等。

表 10-16　外来植物的基本情况

物种编号	物种名称	生活型	科名	原产地	入侵等级*
S_1	反枝苋（*Amaranthus retroflexus* L.）	一年生草本	苋科	北美洲、中美洲	1
S_2	三叶鬼针草（*Bidens pilosa* L.）	一年生草本	菊科	美洲	1
S_3	落葵薯（*Anredera cordifolia*）	藤本	落葵科	热带美洲	1
S_4	土荆芥（*ysphania ambrosioides* L.）	一年生或多年生草本	藜科	热带美洲	1

物种编号	物种名称	生活型	科名	原产地	入侵等级*
S_5	喜旱莲子草［*Alternanthera philoxeroides*（Mart.）］	多年生草本	苋科	巴西	1
S_6	一年蓬（*Erigeron annuus* L. Pers.）	一年生草本	菊科	北美洲	1
S_7	小蓬草（*Conyza canadensis* L. Cronq.）	草本	菊科	北美洲	1
S_8	钻形紫菀（*Aster subulatus* Michx.）	一年生草本	菊科	美洲	1
S_9	马缨丹（*Lantana camara* L.）	直立或蔓性的灌木	马鞭草科	热带美洲	1
S_{10}	藿香蓟（*Ageratum conyzoides* L.）	一年生草本	菊科	热带美洲	1
S_{11}	紫茎泽兰［*Ageratina adenophora*（Spreng.）］	多年生草本或半灌木	菊科	美洲北部	1
S_{12}	凹头苋（*Amaranthus lividus* L.）	一年生草本	苋科	地中海地区	2
S_{13}	蓖麻（*Ricinus communis* L.）	灌木或小乔木	大戟科	东非	2
S_{14}	野胡萝卜（*Daucus carota* L.）	两年生草本	伞形科	欧洲、亚洲西南部、北非	2
S_{15}	喀西茄（*Solanum khasianum*）	草本或亚灌木	茄科	巴西	2
S_{16}	野茼蒿［*Crassocephalum crepidioides*（Benth.）］	直立草本	菊科	非洲	2
S_{17}	香丝草（*Conyza bonariensis* L. Cronq.）	一年生或二年生草本	菊科	南美洲	2
S_{18}	牵牛［*Pharbitis nil*（Linn.）Choisy］	一年生攀缘草本	旋花科	南美洲	2
S_{19}	苦味叶下珠（*Phyllanthus urinaria* L.）	一年生草本	大戟科	热带美洲	3
S_{20}	北美车前（*Plantago depressa* Willd.）	草本	车前科	北美洲	3
S_{21}	苘麻（*Abutilon theophrasti* Medicus）	一年生亚灌木草本	锦葵科	印度	3
S_{22}	苋（*Amaranthus tricolor* L.）	一年生草本	苋科	热带亚洲	4
S_{23}	花叶滇苦菜［*Sonchus asper*（L.）Hill］	一年生草本	菊科	欧洲和地中海地区	4
S_{24}	苦苣菜（*Sonchus oleraceus* L.）	一年生草本	菊科	欧洲和地中海沿岸	4
S_{25}	草木樨［*Melilotus officinalis*（L.）Pall.］	二年生草本	豆科	南美洲	4
S_{26}	红花酢浆草（*Oxalis corniculata* L.）	多年生草本	酢浆草科	热带美洲	4
S_{27}	原野菟丝子（*Cuscuta chinensis* Lam）	一年生寄生草本	旋花科	北美洲	4
S_{28}	垂序商陆（*Phytolacca acinosa* Roxb）	多年生草本	商陆科	热带美洲	4
S_{29}	土人参［*Talinum paniculatum*（Jacq.）Gaertn.］	一年或多年生草本	马齿苋科	热带美洲	4
S_{30}	紫茉莉（*Mirabilis jalapa* L.）	草本	紫茉莉科	美洲	4
S_{31}	黑心金光菊（*Rudbeckia hirta* L.）	一年或二年生草本	菊科	北美洲	待定
S_{32}	珊瑚樱（*Solanum pseudocapsicum* L.）	灌木	茄科	南美洲	待定

物种编号	物种名称	生活型	科名	原产地	入侵等级*
S_{33}	牛筋草［*Eleusine indica*（L.）Gaertn.］	一年生草本	禾本科	南亚	待定
S_{34}	棕叶狗尾草［*Setaria palmifolia*（Koen.）Stapf］	多年生草本	禾本科	非洲	待定
S_{35}	四季秋海棠（*Begonia cucullata* Willd.）	多年生常绿草本	秋海棠科	巴西和阿根廷	待定
S_{36}	稗［*Echinochloa crusgalli*（L.）Beauv.］	一年生草本	禾本科	欧洲	待定
S_{37}	茼蒿（*Chrysanthemum coronarium* L.）	一年或二年生草本	菊科	地中海地区	待定

注：*入侵等级 1～4 分别对应恶性入侵种、严重入侵种、局部入侵种和一般入侵种。

2．外来植物分布

如表 10-17 所示，外来植物种数与入侵强度呈极显著正相关（P<0.01），随着样点外来植物种数的增加，入侵强度也随之增大。外来植物种数与海拔、乡土植物种数均呈极显著负相关（P<0.01），即随着海拔的升高，外来植物种数逐渐减少，乡土植物种数逐渐增加。乡土优势植物种数与入侵强度呈显著相关（P<0.05）。外来植物种数与坡度、坡向之间的相关性不显著。植物种数的变化与海拔密切相关。

表 10-17　外来植物种数与影响因子的相关性分析

项目	外来植物种数	入侵强度	乡土优势植物种数	乡土植物种数	海拔	坡向	坡度
外来植物种数	1						
入侵强度	0.938**	1					
乡土优势植物种数	0.303	0.327*	1				
乡土植物种数	−0.794**	−0.680**	−0.302	1			
海拔	−0.877**	−0.823**	−0.337*	0.740**	1		
坡向	−0.114	−0.078	−0.017	0.171	0.022	1	
坡度	0.135	0.095	0.023	−0.226	−0.131	−0.171	1

注：*代表 $P<0.05$ 水平下存在显著差异；**代表 $P<0.01$ 水平下存在极显著差异。

如图 10-17、图 10-18 所示，对外来植物种数影响最大的是海拔，其贡献率为 68.7%：其次是入侵强度和乡土植物种数，二者产生的贡献率分别为 12.4%和 9.6%；坡向和坡度对入侵植物种数的影响相差不大，贡献率分别为 5.3%、3.0%；影响程度最小的是乡土优势植物种数，贡献率仅为 0.9%。海拔在 400～500 m 时与外来植物种数呈负相关，入侵强度在 5～15 时与外来植物种数呈显著正相关，乡土植物种数为 10～22 种时，随着乡土植物种数的不断增加，外来植物种数逐渐减小。

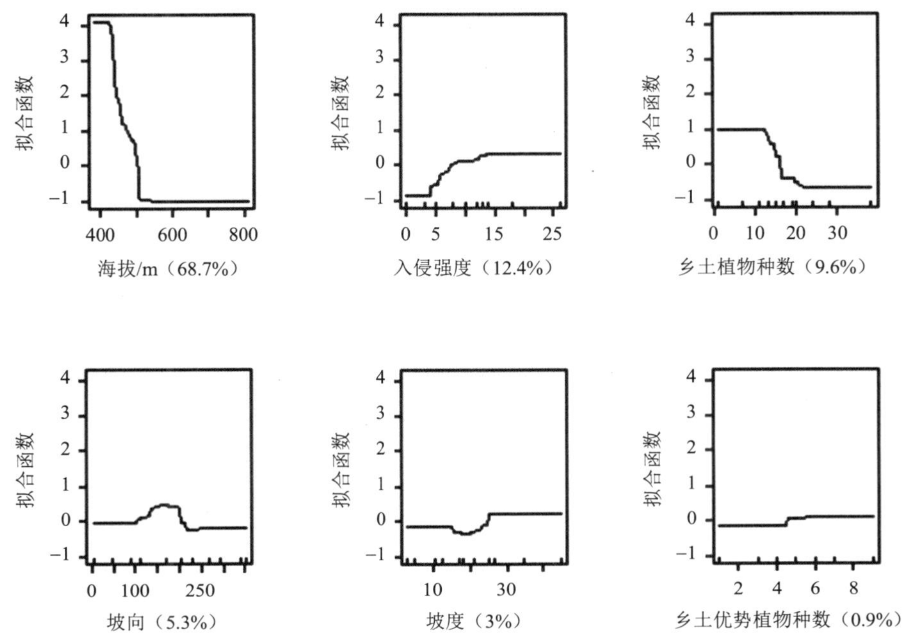

图 10-17　外来植物种数及其影响因子的增强回归树 BRT 分析

注：括号内为各影响因子的贡献率，纵轴表示经过中心化处理后的应变量，数值无具体含义，仅表示随影响因子变化的趋势。

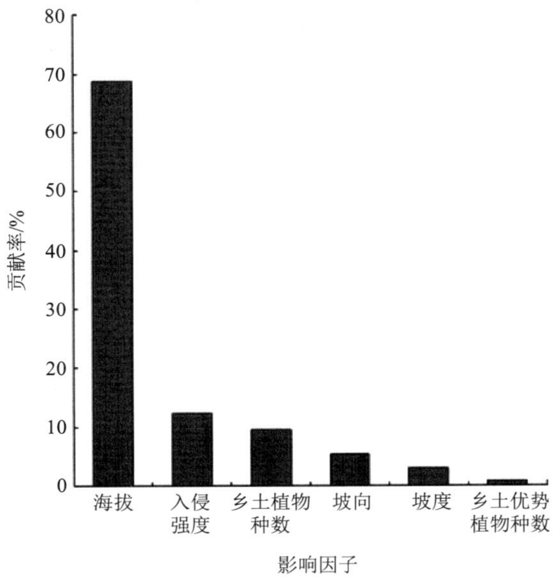

图 10-18　外来植物种数的影响因子贡献率

由图 10-19 可知，外来植物可为 3 类：A 类，分布跨度大，在海拔 400～810 m 内均有分布，包括 4 种植物，分别为土人参（S_{29}）、垂序商陆（S_{28}）、红花酢浆草（S_{26}）、苦苣菜（S_{24}）和三叶鬼针草（S_2）；B 类，分布范围较小，仅在 400～425 m 的低海拔段有分布，为蓖麻（S_{13}）和反枝苋（S_1）；C 类，分布在 400～650 m 海拔段，大部分植物均包含于 C 类，主要为藿香蓟（S_{10}）、野胡萝卜（S_{14}）和北美车前（S_{20}）等。外来植物在海拔 550 m 左右分布数量较多。

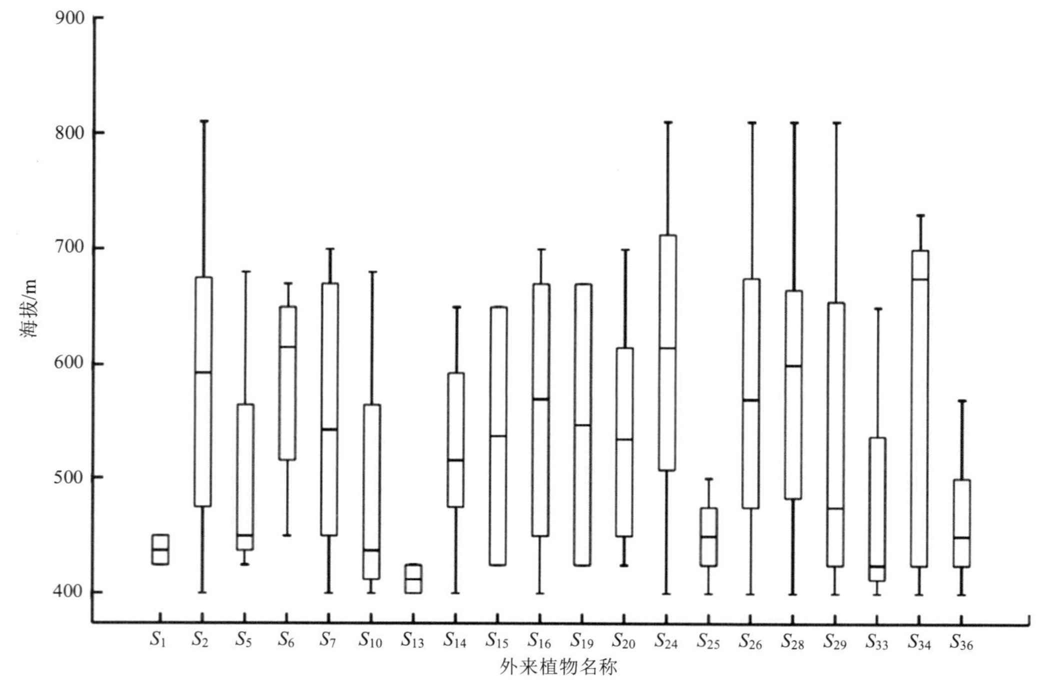

图 10-19 外来植物的海拔分布

注：物种编号对应的外来植物名称见表 10-16。

10.5.3 茅台镇外来植物的入侵风险等级

由表 10-18 可知，在 37 种外来植物中，入侵风险等级为高级的有 13 种，占 35.10%；入侵风险等级为中级的有 14 种，占 35.14%；入侵风险为低级的植物有 10 种，占 27.03%。外来入侵风险最高的是小蓬草（S_7），其次是反枝苋（S_1）、三叶鬼针草（S_2）和土荆芥（S_4）等。

13 种入侵等级为高级的外来植物中，有 11 种分布在建成区，9 种分布在非建成区。其中，在建成区和非建成区均有分布的外来植物有 8 种，分别为垂序商陆（S_{28}）、藿香蓟（S_{10}）、三叶鬼针草（S_2）、土荆芥（S_4）、喜旱莲子草（S_5）、野胡萝卜（S_{13}）、小蓬草（S_7）和一年蓬（S_6）。

表 10-18 37 种外来植物入侵风险等级评估

物种编号	物种名称	分值	风险等级	物种编号	物种名称	分值	风险等级
S_7	小蓬草	46	高	S_{24}	苦苣菜	36	中
S_2	三叶鬼针草	45	高	S_{29}	土人参	36	中
S_1	反枝苋	45	高	S_3	落葵薯	35	中
S_4	土荆芥	44	高	S_{18}	牵牛	34	中
S_{10}	藿香蓟	41	高	S_{30}	紫茉莉	34	中
S_{15}	喀西茄	41	高	S_{21}	苘麻	34	中
S_5	喜旱莲子草	41	高	S_{12}	凹头苋	32	中
S_6	一年蓬	41	高	S_{19}	苦味叶下珠	32	中
S_{13}	野胡萝卜	41	高	S_{31}	黑心金光菊	31	低
S_8	钻形紫菀	40	高	S_{34}	棕叶狗尾草	30	低
S_{11}	紫茎泽兰	40	高	S_{13}	蓖麻	30	低
S_{10}	马缨丹	40	高	S_{25}	草木樨	30	低
S_{28}	垂序商陆	40	高	S_{26}	红花酢浆草	30	低
S_{17}	香丝草	39	中	S_{32}	珊瑚樱	28	低
S_{36}	稗	37	中	S_{35}	四季秋海棠	28	低
S_{19}	北美车前	37	中	S_{37}	茼蒿	29	低
S_{16}	野茼蒿	37	中	S_{23}	花叶滇苦菜	29	低
S_{33}	牛筋草	37	中	S_{22}	苋	25	低
S_{27}	原野菟丝子	36	中				

10.5.4 高粱基地外来植物入侵

通过查阅资料与现场勘察，共设计调查样线 16 条，长度为 200～600 m，涉及高粱地田边及地里。以样线为基础进行调查，当发现外来植物时设置 1 m×1 m 样方，并统计样方内的外来植物的名称、数量，具体调查结果主要分为 3 个方面。

1．外来植物种类

调查发现外来植物共属 7 科 15 个种，均为草本植物。外来入侵等级为高级的有 7 种，分别为反枝苋、三叶鬼针草、小蓬草、一年蓬、野胡萝卜、垂序商陆和藿香蓟（表 10-19）。5 个调查点均有分布的外来植物有 7 种，分别为反枝苋、野茼蒿、三叶鬼针草、香丝草、小蓬草、苦苣菜和一年蓬。

表 10-19 高粱产地外来植物调查情况

编号	名称	原产地	科名	生活型	分布情况	入侵等级
S_1	反枝苋 *Amaranthus retroflexus* L.	北美洲、中美洲	苋科	一年生草本	A	高
S_2	野茼蒿 *Crassocephalum crepidioides* (Benth.) S. Moore	非洲	菊科	直立草本	A	中

编号	名称	原产地	科名	生活型	分布情况	入侵等级
S_3	三叶鬼针草 *Bidens pilosa* L.	美洲	菊科	一年生草本	A	高
S_4	香丝草 *Conyza bonariensis*（L.） Cronq.	南美洲	菊科	一年生或二年生草本	A	中
S_5	小蓬草 *Conyza canadensis*（L.） Cronq.	北美洲	菊科	草本	A	高
S_6	苦苣菜 *Sonchus oleraceus* L.	欧洲和地中海沿岸	菊科	一年生草本	A	中
S_7	一年蓬 *Erigeron annuus*（L.） Pers.	北美洲	菊科	一年生草本	A	高
S_8	野胡萝卜 *Daucus carota* L.	欧洲、亚洲西南部、北非	伞形科	两年生草本	B	高
S_9	垂序商陆 *Phytolacca acinosa* Roxb	热带美洲	商陆科	多年生草本	C	高
S_{10}	红花酢浆草 *Oxalis corniculata* L.	热带美洲	酢浆草科	多年生草本	C	低
S_{11}	意大利苍耳 *Xanthium italicum* Moretti	北美和南欧	菊科	一年生草本	C	低
S_{12}	草木樨 *Melilotus officinalis*（L.） Pall.	南美洲	豆科	二年生草本	C	低
S_{13}	藿香蓟 *Ageratum conyzoides* L.	热带美洲	菊科	一年生草本	D	高
S_{14}	苘麻 *Abutilon theophrasti* Medicus	印度	锦葵科	一年生亚灌木草本	D	中
S_{15}	凹头苋 *Amaranthus lividus* L.	地中海地区	苋科	一年生草本	D	中

注：A 为 5 个调查点均有分布；同理 B 为仅有 3 个，C 为仅有 2 个，D 为仅有 1 个调查点有分布。

2. 外来植物分布

表 10-20 对 5 个调查点的高粱地田边、地里均有出现的外来植物的频度和密度进行了分析。高粱地田边发现外来植物 9～10 种，均有出现的为 6 种（反枝苋、三叶鬼针草、香丝草、小蓬草、野茼蒿和一年蓬）。出现频度较高的为香丝草和反枝苋，分别分布于堰头村和枇杷村。密度最高为安良村的一年蓬和野茼蒿，分别为 26.71 棵/m^2 和 18.8 棵/m^2，红军村的野茼蒿次之，为 15.5 棵/m^2。地里外来植物种类最多为安良村（7 种），其次为茅坡村（5 种）、红军村（5 种）、枇杷村（4 种）、堰头村（3 种）。其中，反枝苋在每个调查点均有出现，但密度相对较小。出现频度最高为安良村和红军村的反枝苋，分别为 35 棵/m^2 和 32 棵/m^2；出现密度较高的为藿香蓟、红花酢浆草、三叶鬼针草，分别分布于枇杷村、堰头村、茅坡村，密度分别为 30 棵/m^2、25 棵/m^2、21.33 棵/m^2。

表 10-20 调查点高粱地田边和地里外来植物的频度和密度

基地	高粱地田边			高粱地里		
	植物名称	频度/棵	密度/（棵/m²）	植物名称	频度/棵	密度/（棵/m²）
长岗镇堰头村	凹头苋	5	9.4	反枝苋	13	7
	反枝苋	12	4.5	红花酢浆草	1	25
	红花酢浆草	1	30	三叶鬼针草	3	1.67
	苦苣菜	3	2			
	三叶鬼针草	2	1.5			
	香丝草	22	7.45			
	小蓬草	9	7.22			
	野茼蒿	14	4.57			
	一年蓬	4	3.25			
长岗镇茅坡村	反枝苋	10	1.8	反枝苋	22	4.05
	红花酢浆草	1	5	垂序商陆	2	1
	苦苣菜	1	2	三叶鬼针草	3	21.33
	三叶鬼针草	4	7	野茼蒿	1	10
	香丝草	3	1.67	意大利苍耳	1	2
	小蓬草	11	7.36			
	野胡萝卜	1	2			
	野茼蒿	7	2.57			
	一年蓬	2	5.5			
五马镇红军村	垂序商陆	2	1	反枝苋	32	1.88
	反枝苋	11	3.18	苦苣菜	5	1.6
	苦苣菜	1	1	三叶鬼针草	7	8.29
	三叶鬼针草	13	13.31	香丝草	2	2.5
	香丝草	5	4.8	野茼蒿	1	4
	小蓬草	14	10.93			
	野胡萝卜	2	5.5			
	野茼蒿	2	15.5			
	一年蓬	1	10			
茅坝镇安良村	草木樨	1	1	反枝苋	35	11.86
	反枝苋	13	12.62	苦苣菜	1	1
	三叶鬼针草	10	5.4	三叶鬼针草	21	3.48
	香丝草	5	3.2	香丝草	1	3
	小蓬草	3	5.33	小蓬草	2	1.5
	野胡萝卜	13	16.15	野胡萝卜	1	2
	野茼蒿	5	18.8	野茼蒿	1	1
	一年蓬	7	26.71			
	意大利苍耳	2	1.5			
坛厂镇枇杷村	草木樨	1	1	反枝苋	8	1.63
	反枝苋	17	6.24	藿香蓟	1	30
	苦苣菜	1	1	苦苣菜	1	2
	苘麻	1	1	野茼蒿	3	1.33

基地	高粱地田边			高粱地里		
	植物名称	频度/棵	密度/（棵/m²）	植物名称	频度/棵	密度/（棵/m²）
坛厂镇枇杷村	三叶鬼针草	1	5			
	香丝草	2	3.5			
	小蓬草	13	2.08			
	野胡萝卜	3	4.67			
	野茼蒿	7	2.43			
	一年蓬	5	3			

注：密度（D）=某样方内某种外来植物的个体数/样方面积，由于调查样方均为 1 m×1 m，所以样方内的个体数即为密度；频度=调查样线中所出现某种外来植物的样方数。

3．外来植物发生频度和发生密度之间的规律不明显

枇杷村的藿香蓟密度较大，频度不高，但是藿香蓟的入侵等级为高级，需加强防控和管理。垂序商陆、草木樨、意大利苍耳和苘麻在高粱地周围和高粱地里均有零星分布，其频度和密度均较小，造成的生态危害相对较小。野茼蒿和苦苣菜在部分调查点发生频率或密度较大，需注意防控。

10.5.5 讨论与结论

1．讨论

生物入侵可对生物多样性保护和人居环境健康造成严重影响（闫小玲等，2012；Tingley et al.，2014），是村镇绿色生态建设需要高度重视的问题之一。茅台镇 64.7%的外来植物起源于美洲，可能是因为当地的亚热带季风气候与美洲气候特征相似（Weber et al.，2008）。外来植物中，35.1%为菊科，菊科是我国入侵植物种类最多的类群之一。陈新微等（2016）研究发现，三叶鬼针草、紫茎泽兰等菊科入侵植物有着更高的光合特性指标和能量利用指标，使外来植物在入侵过程中能更有效地捕获和利用自然资源，因此具有适宜传播和扩散的生物学特征。

茅台镇建成区主要在海拔较低的赤水河谷地，呈现沿河谷上下游和左右岸延伸的空间格局。外来植物种数呈随海拔升高而减少的趋势，这与王苏铭等（2012）的研究结果一致，在海拔较低的建成区，土地利用类型的剧烈变化会导致生境破碎化，从而使一些外来植物通过边缘向内部入侵。研究表明，茅台镇外来植物主要分布在海拔 400～650 m，这是由于建成区的园林绿化和生态景观建设使该海拔段的生境破碎化程度较高，同时伴随不恰当的引种，造成了外来植物的入侵。目前茅台镇虽仅发现贵州省林业局发布的有害植物中的紫茎泽兰，但紫茎泽兰生长迅速、适应性强，化感作用强烈，对农业生产、土壤养分都可能带来影响和破坏，且在该镇的入侵风险等级已经为高级。外来植物多样性与本土植物之间的关系可能与研究尺度有关（冯建孟等，2010），在群落尺度上，乡土植物会对外来植物有“抵抗能力”，所以外来植物与乡土植物呈负相关。相关研究表明，外来植物的分布与

人类干扰强度有关，旅游开发、贸易往来和生态修复均可能加剧生态风险（Weber et al.，2008），进而从生态位上对乡土植物和区域生态安全造成危害。因此，在“产业兴旺、生态宜居”乡村振兴战略实施中，村镇建设规划和国土空间生态修复要合理开发利用乡土植物资源，应加大对乡土植物的研究和繁育（丁晖等，2006），降低城市园林绿化带来的外来植物入侵风险。

外来植物的入侵风险评估是生物入侵防控政策制定的基础和前提。茅台镇 37 种外来植物中有 35.1%的外来植物入侵风险等级为高级，这类植物生境适宜性较强，部分外来植物（如反枝苋、三叶鬼针草等）能够同时适应干、湿两种生境，具有较强的定居能力，这和任颖等（2017）的研究结果相似。茅台镇入侵风险等级为高级的 13 种外来植物中，在建成区发现 11 种，非建成区发现 9 种，在建成区和非建成区之间的差别不大，可能是由于人类活动和植物本身的易传播性已造成外来植物的充分扩散（Levine et al.，2010）。吴晓雯、塞依丁·海米提等（2006；2019）认为，人类活动强度是决定外来入侵植物种数的关键，随着赤水河流域旅游资源的开发和酿酒业的不断发展，人类活动强度将不断增加，着眼于区域生态安全和高质量发展的需求，建议做好两方面工作。一方面，严格控制已有外来植物的生态风险（Matsuda et al.，2007）。对于生长在城镇非建成区的外来植物，根据其入侵等级和分布情况进行有效防疫，可采用乡土植物的生物防治方法，播种早萌植物，提前造成郁闭条件，从而抑制其萌发。对于大面积爆发、入侵等级为高的外来植物，采用机械或化学的方法，加强生态环境治理，及时进行风险管理与利用。另一方面，积极开发和培育乡土植物，在村镇发展规划和退化生态系统修复过程中，积极引导乡土植物和地带性植物的筛选，加强外来植物检疫工作，控制外来植物的生态风险，开发与主导产业相一致的村建绿色生态建设模式。

针对高粱基地外来植物入侵，调查发现以下问题：

一是田边外来植物分布较多，有入侵高粱地里的风险。部分外来植物（三叶鬼针草、小蓬草、野茼蒿等）在田边成片分布，形成单种优势群落，且已入侵至高粱地外围，小蓬草、三叶鬼针草等植物易成为作物病害和虫害的中间寄主，影响作物的质量与产量。

二是反枝苋在高粱地里出现频度高，铲除较困难。几乎所有的高粱地里都存在反枝苋，且呈随机分布状态，虽然密度不大，但是植株较高、分布的频度较高，为高粱地最高的杂草，人工铲除的难度较大，不易完全根除。

三是乡土植物与外来植物共存，占据高粱地下层空间。高粱地里不仅存在反枝苋、野茼蒿等外来植物，也大量存在乌蔹梅、狗尾草、豨莶和藜等乡土植物。乡土植物的大量生长，虽然没有外来植物的危害大，但占据高粱地下层空间，夺取高粱生长所需的营养物质，可能影响高粱的品质。

为有效防控高粱地外来植物的入侵风险，可以采取以下措施：

一是实行分类管理，合理进行杂草防治。基于外来植物的频度和密度，对高粱地田边与地里的外来植物进行分类管理。有机高粱的种植不能使用化学除草剂来除草，对高粱地里选用人口拔除和机械铲除等方式，减少化肥和农药的损害，也可进行堆肥控草，不仅可以减少杂草的种类和数量，而且可以改善土壤结构、提高土壤肥力。高粱地田边与外围外来植物除采用人口拔除、机械铲除和套种方式，还可考虑使用化学等方式防治。

二是发展农作物套种，减少外来植物入侵风险。通过在高粱地里套种豇豆、红薯等农作物，打造立体农业，可充分利用种植空间和资源，形成高矮搭配，抑制病虫害，占据高粱地下层生态位，与外来植物形成竞争关系，减少外来植物的入侵风险。

2．结论

一是该河谷型村镇共发现外来植物 37 种，隶属 18 科 32 属，有 24 种源于美洲。外来植物中以菊科植物种数最多，有 13 种，其中草本植物种数最多，占 64.86%。

二是外来植物种数与海拔、乡土植物种数均呈极显著负相关，与入侵强度呈极显著正相关。对外来植物种数影响最大的是海拔，其贡献率为 68.7%，紧接着是入侵强度和乡土植物种数，二者贡献率分别为 12.4%和 9.6%。由于海拔较低的位置主要为建成区，人类活动和物种扩散强度较大，大部分外来植物分布在 400～650 m 的低海拔段。

三是对该河谷型村镇外来植物的入侵风险评估发现，外来植物风险等级为高级的植物种类为 13 种，占 35.1%，有 11 种分布在建成区、9 种分布在非建成区。外来入侵风险值最高的为小蓬草（S_7），其他依次为反枝苋（S_1）、三叶鬼针草（S_2）和土荆芥（S_4）等。

四是园林绿化、生态景观建设和旅游开发等不恰当地引进外来物种行为会造成生物入侵，村镇建设规划和国土空间生态修复应高度重视外来植物的引进，合理开发利用乡土植物资源，减少外来植物的入侵风险和生态危害。

第 11 章

秦岭地区城市生态文明建设

根据《全国生态功能区划》（修编版），秦岭—大巴山生物多样性保护与水源涵养主要区位于渭河南岸诸多支流的发源地和嘉陵江、汉江上游丹江水系的主要水源涵养区，是南水北调中线的水源地，行政区主要涉及陕西省的汉中、安康、西安、宝鸡、商洛、渭南，甘肃省的陇南、天水、甘南，四川省的广元、巴中、达州，重庆市的城口、巫溪，湖北省的十堰、襄阳和神农架林区，地处我国亚热带与暖温带的过渡带，发育了以北亚热带为基带（南部）和暖温带为基带（北部）的垂直自然带谱，是我国乃至东南亚地区暖温带与北亚热带地区生物多样性最丰富的地区之一。主要生态问题包括森林质量与水源涵养功能较低，资源开发的生态破坏较严重，野生动植物栖息地质量下降、破碎化加剧，生物多样性受到威胁等。

宝鸡市古称陈仓，是典故“明修栈道，暗度陈仓”的发源地，嘉陵江源，建城于公元前 762 年，公元 757 年因“石鸡啼鸣”之祥瑞改称宝鸡，誉称“炎帝故里、青铜器之乡，佛骨圣地、社火之乡，周秦文明发祥地、民间工艺美术之乡”。宝鸡市是关天经济区副中心城市、陕西省第二大城市，处于关中平原西部，横跨黄河、长江两大流域，是秦岭生态功能区的重要单元。宝鸡市是“一带一路”重要节点城市、先进制造业名城、彰显华夏文明的历史文化名城、平安便利美丽幸福之城。悠久的历史文化积淀、突出的生态区位和功能、城市产业转型升级赋予了宝鸡市生态文明建设的独特禀赋和历史道义。近年来，宝鸡市认真贯彻习近平生态文明思想和习近平总书记来陕考察时的重要讲话精神，牢固树立“绿水青山就是金山银山”的理念，牢记“国之大者”，做好秦岭卫士，积极推进生态文明建设，全力打造黄河流域生态保护和高质量发展的先行区建设，深入实施《陕西省秦岭生态环境保护条例》《陕西省黄河流域生态保护和高质量发展规划》《关于进一步加强生物多样性保护的实施意见》《宝鸡市秦岭生态环境保护规划》等，生态文明理念深入人心、绿色低碳发展加快推进、生态环境质量显著改善、生态文明制度体系进一步健全，先后获得全国文明城市、“联合国人居奖”、国家生态园林城市、国家卫生城市、中国优秀旅游城市等 20 多项殊荣。本章选择宝鸡市作为秦岭地区的典型城市进行生态文明示范建设研究，是站在人与自然和谐共生的高度谋划美丽宝鸡建设的现实需求，也是推动生态之城美丽宝鸡和“西部生态文明高地”建设的重要抓手，以期为加快建设黄河流域生态保护和高质量发展的先行区提供参考。

11.1 区域概况

11.1.1 地理位置

宝鸡市地处陕西省关中西部，东经 106°18′～108°03′和北纬 33°35′～35°06′之间，辖金台、渭滨、陈仓、凤翔 4 个区，以及岐山县、扶风县、眉县、陇县、千阳县、麟游县、凤县、太白县 8 个县。东西长 156.6 km，南北宽 160.6 km，总面积 18 117 km^2。南屏秦岭，西横关陇，渭水中流，具有南、西、北三面环山，以渭河为中轴向东拓展，呈尖角开口槽形的特点。山、川、原兼备（山地总面积占 56%，丘陵占 26.5%，川原占 17.5%），呈“六山一水三分田”之势，巍峨峻峭的秦岭群峰与平畴沃野的渭河平原互为映衬，构成了宝鸡市的地貌主体。区域内的秦岭主峰太白山海拔 3 771.2 m，是中国大陆东部的最高山峰。宝鸡市属暖温带半湿润气候区，全年的气候变化受制于季风环流，冷暖干湿四季分明。冬季干冷少雪，夏季炎热干燥和温热多雨交替出现，春季升温迅速而气候多变，秋季降温快多连阴雨。光、热、水资源较丰，年日照 1 860～2 250 h，年平均气温 7.6～12.9℃。宝鸡市年平均降水量 590～900 mm，是关中地区降水量最多的地区。

11.1.2 社会经济

1. 社会状况

人口。截至 2021 年年底，宝鸡市常住人口 328.2 万人，城镇人口比重 58.74%，人口自然增长率 0.8‰。2016—2021 年，宝鸡市常住人口呈减少趋势，2021 年较 2016 年减少了 13.06%；但城镇化率逐步提升，2021 年的城镇化率较 2016 年提升了 15.68%（图 11-1）。

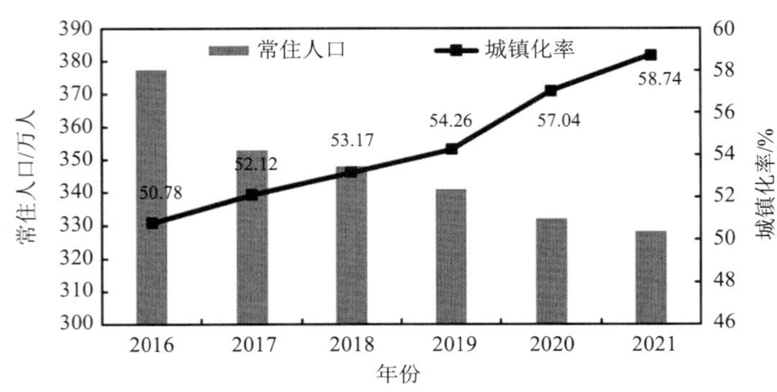

图 11-1 2016—2021 年宝鸡市常住人口及城镇化率

人均可支配收入。2016—2021 年，宝鸡市人均可支配收入总体呈增长的趋势，2021 年的城镇居民人均可支配收入为 38 741 元，较 2016 年增加了 22.10%；农村居民人均可支配收入为 15 694 元，较 2016 年增加了 52.56%。2021 年，宝鸡市城乡居民收入比为 2.47∶1（图 11-2）。

图 11-2 2016—2021 年宝鸡市人均可支配收入变化

2. 经济发展状况

经济运行稳中有进，发展质量和效益明显提升。2021 年，地区生产总值 2 548.71 亿元，较上年增长 6.0%，两年平均增长 4.6%。其中，第一产业增加值为 217.11 亿元，增长 6.7%，两年平均增长 5.0%；第二产业增加值为 1 453.95 亿元，增长 4.4%，两年平均增长 4.3%；第三产业增加值为 877.65 亿元，增长 8.2%，两年平均增长 4.9%。三次产业结构比为 8.5∶57.0∶34.5。按常住人口计算，人均地区生产总值 77 210 元。全年财政总收入为 249.20 亿元，较上年增长 9.2%（图 11-3、图 11-4）。

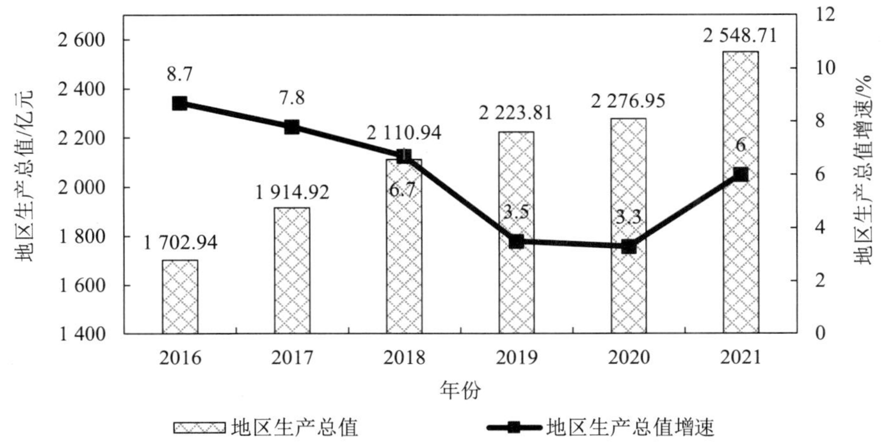

图 11-3 2016—2021 年地区生产总值及增速

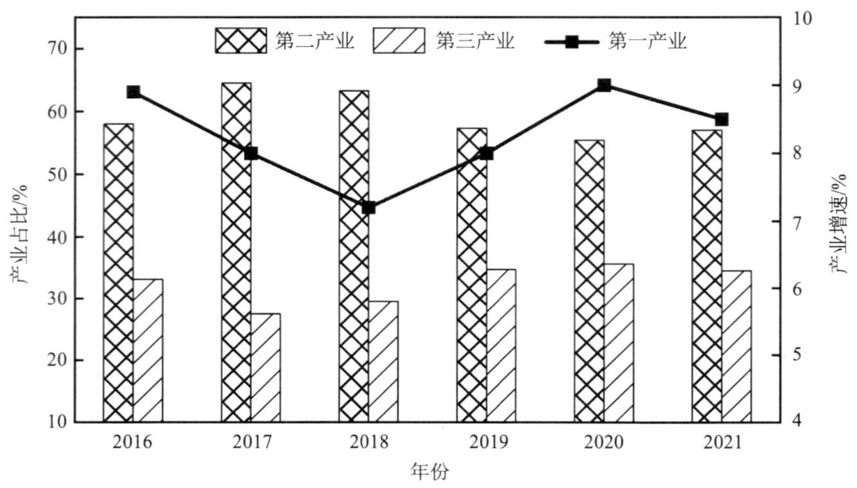

图 11-4　2016—2021 年产业占比及增速

11.1.3　生态环境质量

1. 大气环境

环境空气质量现状。2021 年，宝鸡市区空气质量全年有效监测天数 365 天，达标天数 295 天，其中一级（优）67 天、二级（良）228 天，优良达标率 80.8%；优良天数较上年增加 13 天［2020 年度优良天数 282 天，一级（优）74 天、二级（良）208 天］。2021 年，宝鸡市空气质量各评价指标排名结果显示：宝鸡市空气质量状况总体评价，在陕西省 13 个地区中位于陕南、陕北各地市之后，关中五地市第一，在汾渭平原城市中排名第一（图 11-5）。

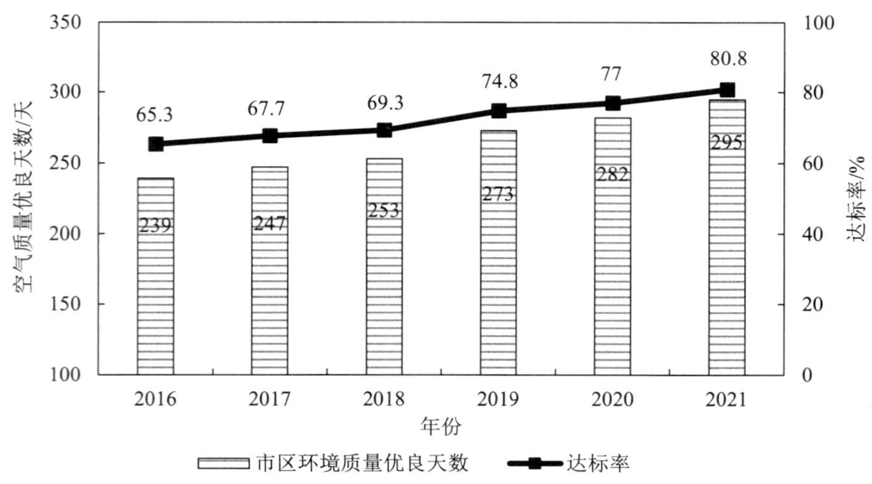

图 11-5　宝鸡市区环境空气质量优良天数及达标率

污染物浓度年变化情况。2021 年，市区空气质量 6 项污染物中，SO_2 浓度 7 μg/m³，达到国家二级标准（60 μg/m³）；NO_2 浓度 28 μg/m³，达到国家二级标准（40 μg/m³）；PM_{10} 浓度 65 μg/m³，达到国家二级标准（70 μg/m³）；$PM_{2.5}$ 浓度 40 μg/m³，超过国家二级标准（35 μg/m³）；O_3-8 h 第 90 百分位浓度 142 μg/m³，达到国家二级标准（160 μg/m³）；CO 第 95 百分位浓度 1.0 mg/m³，达到国家二级标准（4 mg/m³）。2016—2021 年，污染物浓度均总体呈现下降的趋势，2021 年市区空气质量与上年相比，O_3-8 h 第 90 百分位浓度上升 4.4%，其余指标浓度呈现不同程度的下降：PM_{10} 浓度下降 12.2%，$PM_{2.5}$ 浓度下降 14.9%，SO_2 浓度下降 12.5%，NO_2 浓度下降 6.7%，CO 第 95 百分位浓度下降 16.7%；综合指数同比下降 9.0%；优良天数增加 13 天；市区空气质量整体呈现变好趋势（图 11-6、图 11-7）。

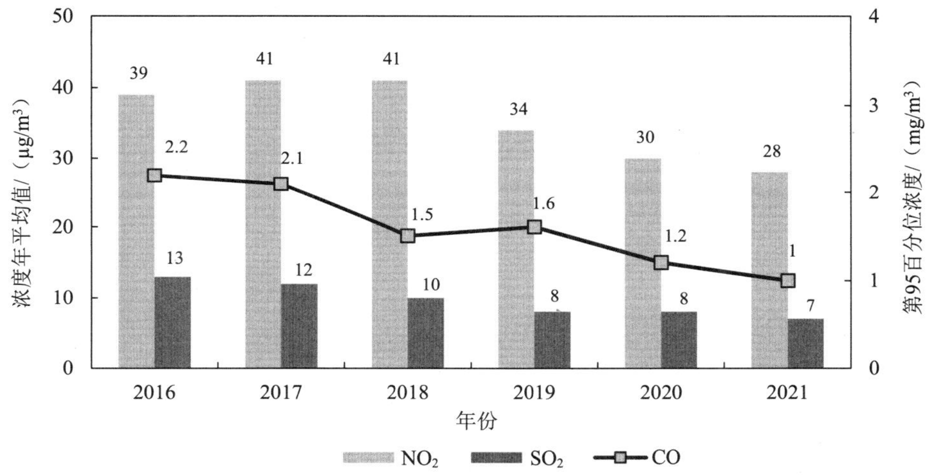

图 11-6 2016—2021 年 NO_2、SO_2 和 CO 浓度

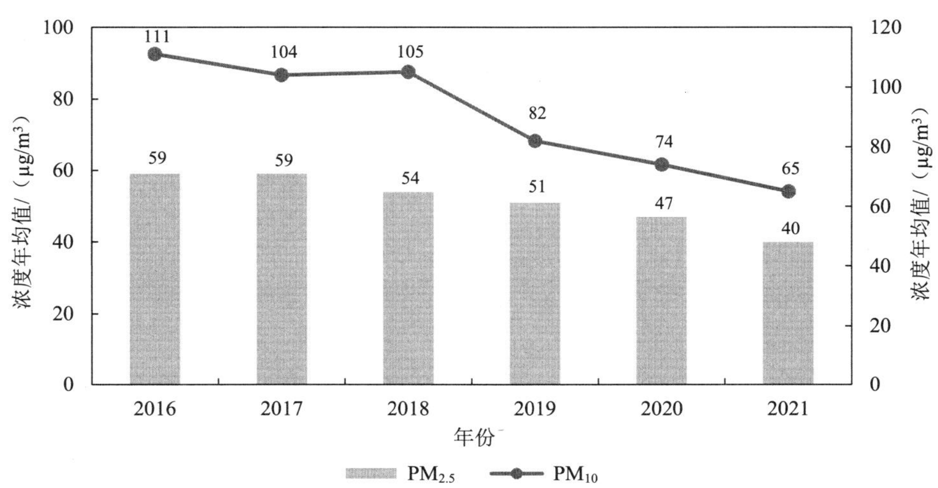

图 11-7 2016—2021 年颗粒物浓度

2. 水环境

地表水。2021 年，对渭河、嘉陵江、金陵河、清姜河、千河、石头河、宝鸡峡总干渠 16 条河流（干渠）的 14 个国控、12 个省控、5 个市控地表水断面按月开展例行监测，达到Ⅰ～Ⅱ类水质断面 28 个，Ⅲ类水质断面 3 个，Ⅰ～Ⅲ类水质占总监测断面数 100%，整体水质状况为“优”。与上年相比，宝鸡市地表水环境质量整体稳定，水质状况持续向好（表 11-1）。

表 11-1　2021 年地表水监测断面主要指标年均值统计汇总

所属河流	断面名称	水质现状	监测结果/（mg/L）						
			溶解氧	高锰酸盐指数	BOD_5	NH_3-N	COD	TP	氟化物
渭河干流	拓石镇仙龙村	Ⅱ类	9.6	2.2	2.2	0.29	11.8	0.090	0.405
	林家村	Ⅱ类	9.8	2.0	1.4	0.25	10.9	0.039	0.402
	卧龙寺桥	Ⅱ类	10.0	2.6	2.9	0.09	11.3	0.050	0.450
	虢镇桥	Ⅱ类	9.4	2.4	2.0	0.46	13.8	0.081	0.444
	魏家堡	Ⅱ类	9.2	3.0	2.0	0.27	10.8	0.093	0.534
	常兴桥	Ⅲ类	9.8	2.3	2.9	0.56	14.8	0.086	0.453
	渭河宝鸡出境	Ⅱ类	8.9	3.2	2.1	0.41	12.5	0.077	0.488
	葡萄园	Ⅲ类	8.7	3.1	1.8	0.14	9.0	0.109	0.414
渭河支流	千陇交界（水沟桥）	Ⅱ类	9.8	1.9	1.4	0.26	8.1	0.031	0.255
	千河公路桥	Ⅱ类	9.7	2.5	1.7	0.06	8.8	0.049	0.233
	千湖（冯家山水库）	Ⅱ类	8.9	1.8	0.8	0.14	8.7	0.011	0.249
	千河入渭口	Ⅱ类	9.6	1.8	1.5	0.24	11.9	0.045	0.364
	六川河	Ⅱ类	10.0	1.4	0.8	0.16	7.6	0.017	0.340
	玻璃厂前	Ⅱ类	10.0	1.9	1.5	0.36	9.2	0.019	0.351
	金陵桥	Ⅱ类	9.8	1.8	1.6	0.21	10.1	0.015	0.332
	磻溪河入渭口	Ⅱ类	9.3	2.0	1.2	0.21	11.0	0.021	0.330
	石头河新庄村	Ⅱ类	9.5	2.1	1.2	0.21	11.4	0.051	0.222
	石头河出境断面	Ⅱ类	8.6	2.1	2.0	0.16	8.8	0.021	0.257
	漆水河	Ⅱ类	9.2	2.4	2.0	0.37	10.8	0.081	0.349
	引渭渠灵护村东	Ⅱ类	7.0	1.8	0.9	0.08	8.0	0.010	0.280
	小韦河杏林	Ⅲ类	8.6	4.6	3.2	0.69	17.7	0.160	0.503
嘉陵江干流	黄牛铺	Ⅱ类	9.5	2.6	1.1	0.02	8.2	0.016	0.299
	凤州	Ⅰ类	9.3	1.5	0.8	0.12	6.6	0.018	0.201
	灶火庵	Ⅱ类	9.5	1.8	1.4	0.06	7.1	0.029	0.208
嘉陵江支流	温江河宝鸡出境	Ⅱ类	8.3	1.2	1.0	0.16	7.8	0.022	0.129
汉江支流	西河宝鸡出境	Ⅱ类	8.7	2.1	1.0	0.09	7.1	0.026	0.138
	引红济石取水口	Ⅱ类	9.0	1.6	1.5	0.26	9.4	0.030	0.148
	红岩河宝鸡出境	Ⅱ类	8.7	1.8	1.0	0.12	4.5	0.022	0.120
	太白河出境断面	Ⅱ类	8.5	1.9	1.8	0.15	9.3	0.031	0.254
	桑元	Ⅱ类	9.1	1.6	1.0	0.18	8.0	0.020	0.095
	渭水河宝鸡出境	Ⅱ类	9.1	1.9	1.35	0.17	7.0	0.025	0.130

饮用水水源地。2021 年，宝鸡市城市集中式生活饮用水水源地 3 个，其类型均为地表水，嘉清水源地为河流型，冯家山水库和石头河水库为湖库型。2021 年，对城市饮用水水源地按月进行 64 项指标、全年进行 1 次 109 项指标全分析监测，水源地达标率 100%（表 11-2）。

表 11-2　2016—2021 年饮用水水源地水质情况

水源地名称	水源类型	级别	2016 年水质情况	2017 年水质情况	2018 年水质情况	2019 年水质情况	2020 年水质情况	2021 年水质情况
嘉清水源地	地表水	市级	Ⅱ	Ⅱ	Ⅱ	Ⅱ	Ⅱ	Ⅰ
冯家山水库	地表水	市级	Ⅱ	Ⅱ	Ⅱ	Ⅱ	Ⅰ	Ⅱ
石头河水库	地表水	县级	—	—	—	—	Ⅱ	Ⅱ

宝鸡市县级城镇集中式饮用水水源地 13 个，其中地表水水源地 5 个、地下水水源地 8 个。5 个县级城镇集中式生活饮用水（地表水）水源地全年四个季度各项评价指标均达到或优于《地表水环境质量标准》（GB 3838—2002）Ⅲ类水质及相关标准限值。全年水量达标率为 100%，水源达标率为 100%。8 个县级城镇集中式生活饮用水（地下水）水源地 2021 年全年水量达标率为 91.1%，水源达标率为 93.8%。

3．声环境

功能区声环境质量。宝鸡市 4 个类别的功能区环境噪声监测点位共布设 10 个，反映城市各类功能区声环境质量随时间的变化状况。2021 年，宝鸡市功能区声环境，一、二、三、四类功能区昼、夜间等效声级值均低于《声环境质量标准》（GB 3096—2008）相应功能区标准限值，质量状况良好，与 2020 年功能区噪声基本持平。2016—2021 年，一类功能区昼间等效声级，二、三、四类功能区昼、夜等效声级持续稳定达标。一类功能区夜间等效声级在 2019 年略超出对应标准限值 0.6%，其他各年度夜等效声级均值均低于声环境一类区标准，达到标准（表 11-3）。

表 11-3　宝鸡市功能区噪声监测统计结果　　单位：Leq dB（A）

统计结果	一类区		二类区		三类区		四类区		结果评价
	Ld	Ln	Ld	Ln	Ld	Ln	Ld	Ln	
评价标准	55	45	60	50	65	55	70	55	
2016	50.5	42.5	53.8	44.6	57.4	49.8	51.03	50.4	达标
2017	48.9	41.20	55.3	46.3	61.2	52.6	66.1	52.4	达标
2018	50.2	43.5	56.0	46.3	61.2	53.6	66.2	52.9	达标
2019	50.0	45.3	55.4	47.0	61.9	52.7	67.0	52.9	一类区夜间超标
2020	45.5	41.0	52.6	48.1	58.6	53.1	62.3	56.7	达标
2021	49.1	40.8	55.3	46.5	60.5	51.6	65.9	52.8	达标

注：Ld 为昼间时段（06:00—22:00）内测的等效连续声级，Ln 为夜间时段（22:00—06:00）内测的等效连续声级。

道路交通声环境质量。2021 年，市区主要交通干道平均车流量为 445 辆/h，道路交通噪声平均等效声级均值为 68.3 dB。监测路段中低于 70 dB 的路段长度 83.652 km，占总路段的 94.1%，超标路占 5.9%，环境质量总体较好。2021 年，城市道路交通噪声昼间平均等效声级分布于 66.1～70.4 dB，连续 4 年宝鸡市区交通噪声质量等级保持为二级（较好）水平。2016—2021 年城市道路交通噪声昼间平均等效声级分布于 66.5～68.7 dB。2016—2017 年度昼间噪声强度等级为一级（好），2018—2021 年昼间噪声强度为二级（较好）；2018 年度夜间平均等效声级为 54.9 dB，为一级（好）（表 11-4）。

表 11-4　2016—2021 年宝鸡市城市道路交通噪声测量统计　　单位：Leq dB（A）

年份	昼间等效声级	夜间等效声级	噪声强度	评价
2016	66.5	—	一级	好
2017	67.4	—	一级	好
2018	68.7	54.9	昼间二级、夜间一级	昼间较好、夜间好
2019	68.1	—	二级	较好
2020	68.2	—	二级	较好
2021	68.3	—	二级	较好

4．土壤环境

重点排污企业。2021 年，对 68 家土壤及危险废物环境重点排污单位进行了监督监测，47 家单位周边已硬化或不具备采样条件，实际对 21 家单位周边土壤进行了采样，以《土壤环境质量农用地土壤污染风险管控标准》（GB 15618—2018） 评价，未发现周边土壤异常。各年度重点排污监控企业虽然对象不同，但所测企业周边土壤指标能够达到《土壤环境质量农用地土壤污染危险管控标准》（GB 15618—2018）（表 11-5）。

表 11-5　重点排污企业周边土壤监测统计　　单位：mg/kg

年份	pH（无量纲）	镉	铅	铬	汞	砷	镍	铜	锌
2018	7.08～8.10	0.12～3.4	15.0～77.0	31.0～64.0	0.020～0.580	9.20～17.1	—	—	—
2019	7.62～9.23	—	27.4～71.8	66.0～93.0	0.016～0.302	13.6～21.1	39.0～51.0	23.0～32.0	31.0～227
2020	8.34～8.96	—	25.0～99.8	58.0～89.4	0.014～0.147	11.5～24.5	21.8～42.0	21.4～38.0	56.2～186

国家网。2021 年，宝鸡市土壤风险监控点涉及 6 家企业，共 23 个点位，其中重点风险点 14 个，一般风险点 9 个。按土地利用类型分类，23 个风险监控点为农用地，其中耕

地 11 个、园地 3 个、林地 9 个，周边区域土壤环境较好，未超过《土壤环境质量农用地土壤污染风险管控标准》（GB 15618—2018）中土壤风险管制值，其中有 2 个点位镉的测定结果在风险筛选值与管制值之间，占样品总数的 8.7%（表 11-6）。

表 11-6　国家网土壤例行监测整体评价结果

元素	农用地点位数	未超筛选值		筛选值与管制值之间		超过管制值	
		点位数/个	比例/%	点位数/个	比例/%	点位数/个	比例/%
镉	23	21	91.3	2	8.7	—	—
汞	23	23	100	—	—	—	—
砷	23	23	100	—	—	—	—
铅	23	23	100	—	—	—	—
铬	23	23	100	—	—	—	—
铜	23	23	100	—	—	—	—
锌	23	23	100	—	—	—	—
镍	23	23	100	—	—	—	—
总体	—	—	—	—	—	—	—

5. 生态环境状况指数

2021 年，宝鸡市生态环境状况指数为 78.06，生态质量为“优”。2016—2021 年，宝鸡市生态环境状况指数呈逐渐好转的趋势，生态环境状况指数均大于 75，总体生态环境均为“优”。各年间的|△Ieco|均小于 1，属“无明显变化”，整体趋势稳中向好（表 11-7）。

表 11-7　2016—2021 年宝鸡市总体生态环境评价结果

年份	生物丰度指数	植被覆盖指数	水网密度指数	土地胁迫指数	污染负荷指数	生态环境状况指数/E1	评价结果
2016	76.36	90.93	21.27	7.42	0.85	76.45	优
2017	76.21	92.8	21.29	7.00	0.57	76.96	优
2018	76.18	93.39	21.25	7.07	0.47	77.09	优
2019	76.16	93.1	21.28	7.02	0.31	77.04	优
2020	76.16	95.4	21.24	6.86	0.31	77.63	优
2021	76.10	96.98	21.25	6.42	0.44	78.06	优

11.1.4　污染物排放

1. 大气污染物

总量。根据环境统计数据，2021 年宝鸡市 SO_2 排放量 4 739.92 t，NO_x 排放量 14 259.39 t，烟（粉）尘排放量 10 159.57 t，VOCs 排放量 9 382.06 t。2016—2021 年，宝鸡市大气污染物排放总体呈下降趋势，但 VOCs 排放量在 2019 年后略呈上升趋势。2021 年，SO_2 排放量较 2016 年减少 82.3%，NO_x 排放量较 2016 年减少 62.0%；颗粒物排放量较 2016 年下降 67.3%，其中 SO_2 排放总量下降最为显著（图 11-10）。

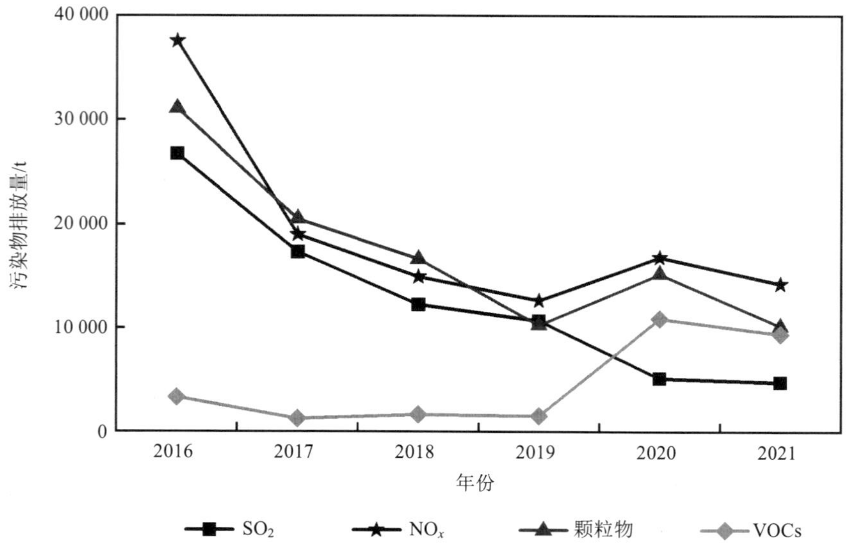

图 11-8　宝鸡市 2016—2021 年大气污染物排放总量变化情况

强度。根据环境统计数据，2021 年，宝鸡市 SO_2、NO_x、烟（粉）尘和 VOCs 排放强度分别为 0.19 kg/万元、0.56 kg/万元、0.40 kg/万元和 0.37 kg/万元。2016—2021 年宝鸡市 SO_2、NO_x、烟（粉）尘排放强度整体上呈逐年下降趋势，但 VOCs 排放强度在 2020 年和 2021 年呈上升趋势（图 11-9）。

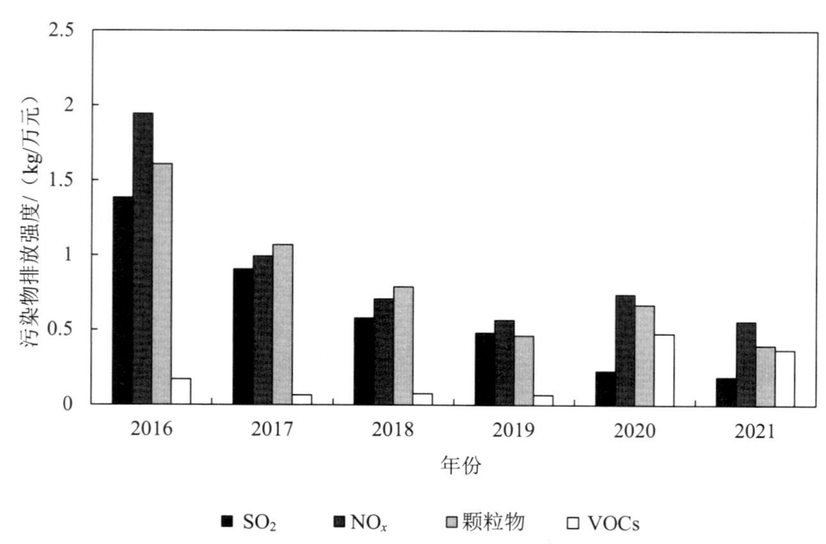

图 11-9　宝鸡市 2016—2021 年大气污染物排放强度变化情况

工业源排放。2021 年，工业重点污染源 SO_2 排放量 2 501.62 t、NO_x 排放量 7 597.01 t、颗粒物排放量 3 691.92 t。2021 年，宝鸡市大气污染物排放整体呈下降趋势。与上年相比，工业 SO_2 排放量减少 2.6%，工业 NO_x 排放量减少 12.6%，工业颗粒物排放量下降 4.1%（图 11-10）。

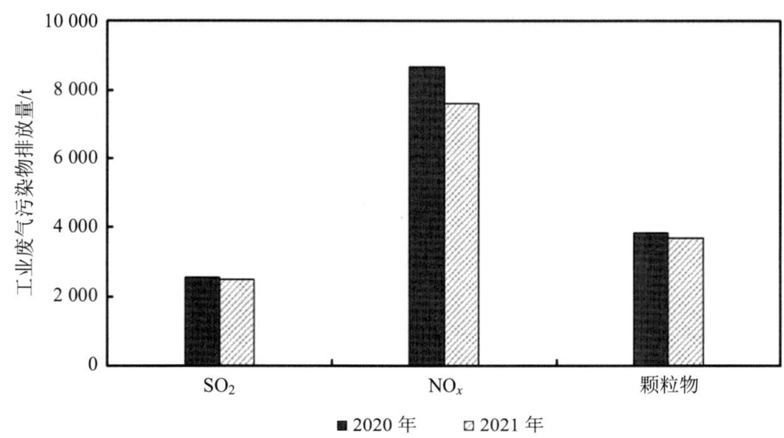

图 11-10　2020—2021 年宝鸡市工业废气污染排放统计

2. 水污染物

总量。2021 年，宝鸡市废水排放量 16 816.82 万 t，COD 排放量 35 614.44 t，NH_3-N 排放量 4 011.01 t，TN 排放量 6 924.12 t，TP 排放量 262.52 t。2016—2020 年，废水、COD、NH_3-N、TN、TP 的排放量均呈先下降再上升的趋势，2021 年废水、COD、NH_3-N 和 TN 排放量均分别较 2016 年排放量上升 4 613.78 万 t、21 993.03 t、571.02 t 和 2 178.56 t，上升比例分别为 37.81%、161.46%、16.60%和 45.91%（图 11-11）。

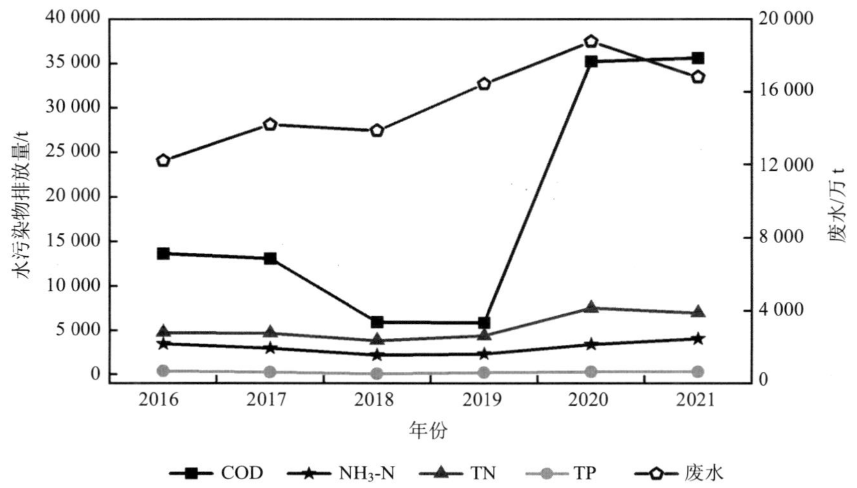

图 11-11　宝鸡市 2016—2021 年水污染物排放量变化情况

强度。2021 年，宝鸡市单位地区生产总值废水、COD、NH_3-N、TN 和 TP 排放强度分别为 6.60 t/万元、1.40 kg/万元、0.16 kg/万元、0.27 kg/万元和 0.01 kg/万元。2016—2021 年主要污染物排放强度整体上呈逐年先下降再上升的趋势（图 11-12）。

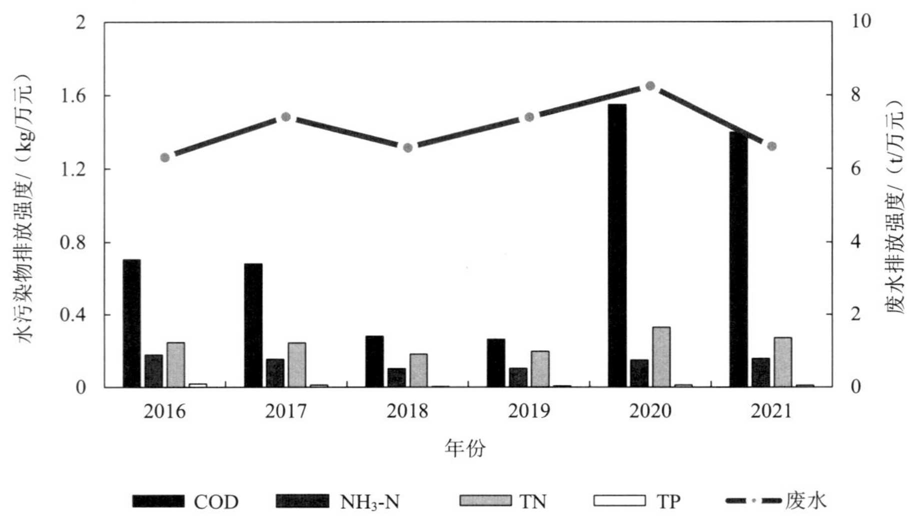

图 11-12 宝鸡市 2016—2021 年水污染物排放强度变化情况

工业源排放。2021 年，宝鸡市重点工业废水排放量 1 456.465 万 t，工业 COD 排放量 461.058 t，工业 NH_3-N 排放量 44.271 t。与上年相比，工业废水排放量减少 36.9%，工业 COD、NH_3-N 排放量大幅下降，较上一年分别减少 82.3%、67.5%（图 11-13）。

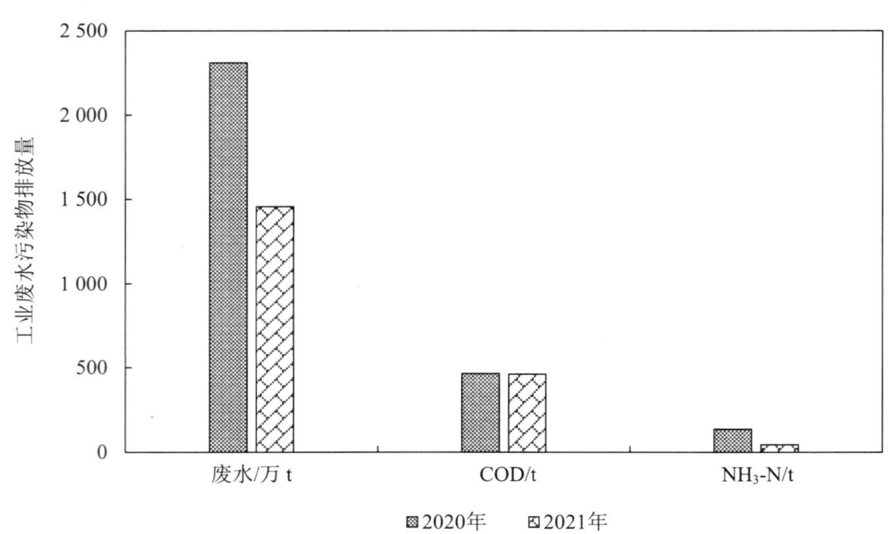

图 11-13 2020—2021 年宝鸡市工业废水污染排放统计

3. 固体废物产生及处置

工业固体废物处置利用情况。2021 年，宝鸡市工业固体废物处置量 161.52 万 t，综合利用量 455.09 万 t，其中煤矸石占 30.9%、粉煤灰占 34.9%、炉渣占 19.3%，三者综合利用量占总量的 85.1%。2021 年，工业固体废物处置量较上年增加 42.7%，综合利用量较 2020 年增加 14.7%，综合利用率增加了 3.9%。2016—2021 年，宝鸡市工业固体废物综合利用率呈先增加再减小后又增加的趋势（表 11-8）。

表 11-8 2016—2021 年宝鸡市工业固体废物处置利用情况 单位：万 t

年份	2016 年	2017 年	2018 年	2019 年	2020 年	2021 年	2021 年与 2016 年增减/%
固体废物处置量	221.48	159.76	497.94	239.36	113.15	161.52	–27.07
固体废物综合利用量	386.41	357.35	187.89	253.53	396.71	455.09	17.77
固体废物综合利用率	84.3	93.7	93.2	65.6	68.9	72.8	–13.64

生活垃圾。截至 2021 年年底，宝鸡市区共有垃圾处置场 2 座，处置能力为 1 270 t/d。全年城市生活垃圾（含县区）产生总量为 66.80 万 t，较 2020 年增加 2.50 万 t，农村生活垃圾产生总量为 41.80 万 t，较 2020 年增加 1.80 万 t，全部采用卫生填埋方式进行无害化处置，无害化处置率达到了 100%；市区厨余垃圾产生总量为 4.12 万 t，较 2020 年增加 0.62 万 t，采用厌氧发酵、资源化利用方式进行无害化处置，无害化处置率达到了 100%（表 11-9）。

表 11-9 2021 年城市生活垃圾、农村生活垃圾、厨余垃圾处置情况

类别	产生总量/万 t	处置总量/万 t	处置率/%	主要处置方式
城市生活垃圾（含县区）	66.80	66.80	100.00	卫生填埋
农村生活垃圾	41.80	41.80	100.00	卫生填埋
市区厨余垃圾	4.12	4.12	100.00	厌氧发酵、资源化利用

农业废弃物产生及处置情况。2021 年，宝鸡市农业固体废物产生量 529.91 万 t，其中秸秆处置率达到 95.93%，农用薄膜处置率达到 88.50%，农药包装废弃物处置率达到 27.69%，畜禽粪污处置率达到 91.08%（表 11-10）。

表 11-10 2021 年度建筑垃圾和农业固体废物产生、利用及处置情况

类 别	产生总量/万 t	综合利用总量/万 t	处置总量/万 t	处置率/%	主要处置方式
秸秆	172.17	142.06	136.28	95.93	利用
农用薄膜	0.635 4	0.562 0	0.562 0	88.50	回收利用
农药包装废弃物	0.005 6	0.002 4	0.001 6	27.69	回收利用
畜禽粪污	357.10	325.30	325.30	91.08	还田、加工有机肥

危险废物。2021 年，宝鸡市危险废物产生量 5.42 万 t，较 2016 年增加了 563.29%，来源以精（蒸）馏残渣、有色金属采选和冶炼废物、废酸为主，三类危险废物合计占宝鸡市总产生量的 76.9%。2021 年综合利用和处置量 5.24 万 t，其中处置往年危险废物量 0.41 万 t，贮存量 0.38 万 t，较 2016 年分别变化了 712.31%、–14.58%、31.03%（表 11-11）。

表 11-11 宝鸡市危险废物产生处置利用总体情况

单位：万 t

年份	产生量	综合利用处置量	其中处置往年危险废物量	贮存量	倾倒丢弃量
2016	0.79	0.65	0.48	0.29	0
2017	3.4	2.5	0.32	0.43	0
2018	3.63	1.94	0.41	0.63	0
2019	5.36	3.44	0.88	0.47	0
2020	5.1	5.16	0.4	0.42	0
2021	5.24	5.28	0.41	0.38	0

11.2 建设基础

11.2.1 生态空间保护

1. 重要生态功能区

生态功能区划是在系统研究区域生态因子及生态系统结构、过程和功能的空间分异规律基础上，按照一定的区划原则、方法和指标体系，进行生态功能区的划分，为生态系统资源信息的配置提供一个地理空间上的框架。其目的是以生态功能区划为基础，揭示区域生态环境问题的形成机制，为制定区域生态环境保护与建设规划、维护区域生态安全、资源合理利用和工农业生产布局提供决策依据。根据《全国生态功能区划》《陕西省主体功能区划》等，宝鸡市主要生态功能主要包括水源涵养、生物多样性保护、水土保持等（表 11-12）。2021 年发布的《宝鸡市秦岭生态环境保护规划》指出，秦岭是宝鸡重要的生态安全屏障。宝鸡秦岭范围是宝鸡市最重要的生态功能区和生态产品的供给区，要充分发挥秦岭调节气候、保持水土、涵养水源、维护生物多样性等功能，遵循自然生态原理，着力促进秦岭生态系统良性有序循环，加快构建坚实稳固、支撑有力的国家生态安全屏障，探索生态文明建设有效路径。

表 11-12 宝鸡市重要生态功能区划及其主导生态功能定位

年份	功能区划	主导功能定位
《全国生态功能区划》（2015 修编版）	凤县、太白县属于秦岭—大巴山生物多样性保护与水源涵养重要区中的秦岭山地生物多样性保护与水源涵养功能区	水源涵养、生物多样性保护和土壤保持
	陇县、千阳县和麟游县北部区域属于黄土高原土壤保持重要区	土壤保持
《陕西省主体功能区划》	凤县和太白县属于国家层面重点生态功能区中的秦巴山地生物多样性功能区	生物多样性维护、水源涵养、水土保持，提供生态产品
《陕西省生态功能区划》	凤县、太白县属于秦巴山地落叶阔叶、常绿阔叶混交林生态区的秦岭山地水源涵养与生物多样性保育生态功能区	水源涵养与生物多样性维持功能
	凤翔区、岐山县、扶风县、眉县属于渭河两侧黄土台塬农业生态功能区	—
	渭滨区、金台区、陈仓区属于关中平原城乡一体化生态功能区	—
《中国生物多样性保护优先区域范围》（环境保护部公告 2015 年第 94 号）	凤县、太白县属于国家生物多样保护优先区域中的秦岭生物多样性保护优先区域	—
《关中平原城市群发展规划》	提出要共建“两屏、一带、多廊、多点”的生态安全格局，加强黄河流域生态环境保护治理。其中，“一带”即指贯通中部的渭河沿岸生态带，“多廊”包含渭河支流水系生态廊道	渭河水系是关中水资源的重要载体，在蓄泄洪水、提供水源及调节气候等方面发挥着不可替代的作用
《宝鸡市秦岭生态环境保护规划》	宝鸡秦岭范围是宝鸡市最重要的生态功能区和生态产品的供给区	调节气候、保持水土、涵养水源、维护生物多样性等功能

2. 自然保护地

根据《宝鸡市自然保护地整合优化预案》，整合优化的自然保护地共 30 处，批准总面积 2 332.1 km^2，整合优化后自然保护地共 27 处，其中国家公园 1 个、自然保护区 6 处、湿地公园 8 个、森林公园 11 个、地质公园 1 个，总面积为 3 189.90 km^2。同时，宝鸡市另有风景名胜区 7 个、水产种质资源保护区 4 个、饮用水水源保护区 15 处。扣除重叠后，宝鸡市保护地面积为 3 308.06 km^2。宝鸡市重要自然生态系统、自然遗迹、自然景观和重要物种栖息地得到全面系统保护，具体分布情况见表 11-13。

表 11-13　重要生态保护区域

类型	保护地名称	面积/km^2
国家公园	秦岭国家公园	1 581.87
自然保护区	陕西神沙河省级自然保护区	100.16
	陕西野河省级自然保护区	109.75
	陕西陇县秦岭细鳞鲑国家级自然保护区	25.42
	陕西千湖湿地省级自然保护区	56.74
	陕西安舒庄省级自然保护区	77.80
	陕西紫柏山国家级自然保护区	174.72
水产种质资源保护区	宝鸡通关河秦岭细鳞鲑国家级水产种质保护区	44
	渭河眉县段国家级水产种质资源保护	18.27
	千河国家级水产种质资源保护区	32.72
	嘉陵江源特有鱼类国家级水产种质资源保护区	9.67
森林公园	陕西凤县紫柏山省级森林自然公园	94.55
	陕西省吴山省级森林自然公园	37.55
	陕西省雪山洞省级森林自然公园	118.44
	陕西岐山崛山省级森林自然公园	49.23
	红河谷省级森林自然公园	51.96
	太白山国家级森林自然公园	91.144
	陕西关山省级森林自然公园	81.73
	陕西龙门洞省级森林自然公园	20.09
	陕西嘉陵江源国家级森林自然公园	141.18
	陕西通天河国家级森林自然公园	93.40
	陕西青峰峡国家级森林自然公园	22.17
地质公园	陈仓区九龙山省级地质自然公园	52.98
湿地公园	陕西千渭之会国家级湿地自然公园	14.90
	陕西凤翔雍城湖国家级湿地自然公园	9.78
	陕西岐山落星湾国家级湿地自然公园	9.82
	陕西扶风七星河国家级湿地自然公园	8.58
	陕西眉县龙源国家级湿地自然公园	14.13
	陕西凤县嘉陵江国家级湿地自然公园	13.56
	陕西千阳千湖国家级湿地自然公园	3.79
	陕西太白石头河国家级湿地自然公园	7.50
风景名胜区	宝鸡天台山风景名胜区	153.34
	岐山周公庙风景名胜区	7.01
	磻溪钓鱼台风景名胜区	12.00
	陕西千湖风景名胜区	25.05
	陕西关山草原省级风景名胜区	31.45
	凤翔东湖风景名胜区	31.53
	三国遗址一五丈原风景名胜区	47.12
饮用水水源保护区	宝鸡市陈仓区地下水水源地	1.22
	凤翔区城地下水水源地	0.02
	宝鸡市嘉一清水源地	4.1
	岐山县城地下水水源地	0.152
	扶风县自来水公司地下水水源地	0.01
	眉县县城地下水水源地	0.34

类型	保护地名称	面积/km²
饮用水水源保护区	陇县自来水公 2#3#水源井	0.19
	千阳县沈家庄水厂水源地	0.04
	麟游县峡口水库水源地	1.17
	凤县白石铺饮用水水源地	0.36
	太白县石沟河水源地	2.86
	冯家山水库水源地	44.21
	宝鸡石头河水库水源地	361.24
	扶风官务水库水源地	2.98
	宝鸡市凤翔区白狄沟水库饮用水水源地	1.86

11.2.2　资源环境与经济协调性

1. 水资源与经济协调性

2016—2021 年，宝鸡市用水总量与单位地区生产总值用水量总体呈波动下降趋势，用水总量 2016—2018 年略有上浮，2019—2021 年大幅下降，单位地区生产总值用水总量 2016—2021 年呈逐年下降趋势（表 11-14、图 11-14）。

表 11-14　2016—2021 年宝鸡市用水总量

年份	用水总量/亿 m³
2016	8.024 4
2017	8.240 8
2018	8.209 8
2019	7.848 5
2020	7.187 2
2021	7.23

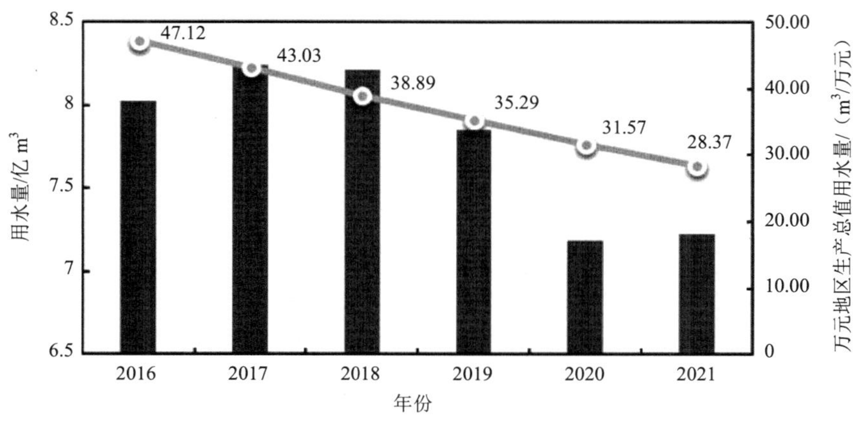

图 11-14　宝鸡市用水总量与单位地区生产总值用水量

2. 能源与经济协调性

根据 2016—2020 年宝鸡市能源消费总量、主要能源品种消费量，可以计算出过去宝鸡市能源消费结构。从表 11-15 可以看出，煤炭一直是宝鸡市能源消费的主力军，基本维持在能源消费总量的 84%以上。2016—2020 年，随着地区生产总值的增长，能源消费总量呈先降低再上升的趋势（图 11-15）。根据表 11-16，2019 年，能源消费总量 940.74 万 t 标准煤，单位地区生产总值能耗下降 2.413%；2020 年，能源消费总量 972.01 万 t 标准煤，单位地区生产总值能耗下降 2.469%；2021 年，能源消费总量 1 004.09 万 t 标准煤，单位地区生产总值能耗为 0.415 3 t 标准煤/万元，较上年下降 2.502%。2019—2021 年，宝鸡市能源消费总量逐渐增加，地区生产总值能耗逐渐减小，石油和天然气在能源消耗中的比例仍占比较低。

表 11-15 2016—2020 年宝鸡市能源消费总量

指 标	2016 年	2017 年	2018 年	2019 年	2020 年
原煤/万 t	1 057.053	996.883	940.794	993.188	1 148
洗精煤/万 t	869 233	818 177	780 484	788 021	—
焦炭/万 t	96 605	81 526	84 880	71 444	—
汽油/t	4 175	4 345	4 606	3 834	
柴油/t	10 933	11 173	9 313	11 468	
天然气/亿万 m^3	3.06	3.6	4.6	5.53	5.62
用电量/（亿 kW·h）	84.936	88.148	92.184	97.866	100.026

注：2016—2019 年数据来源于宝鸡市统计年鉴中规上企业能源消耗，天然气用量及 2020 年能源用量采用宝鸡市发展和改革委员会提供的数据。

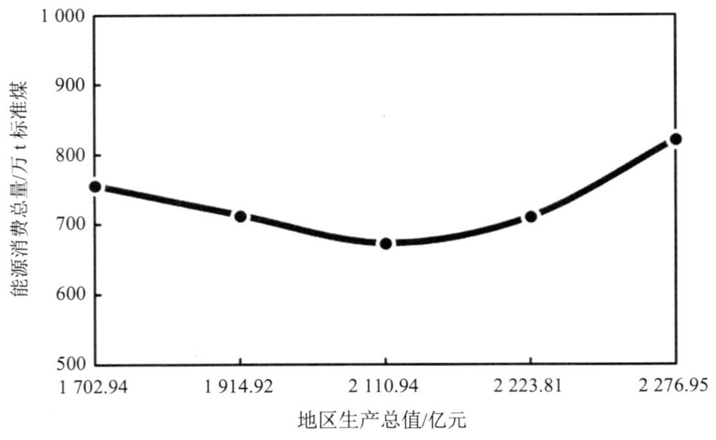

图 11-15 宝鸡市能源消费总量与地区生产总值的变化关系

表 11-16 2016—2020 年宝鸡市能源结构及比重

指标	2016 年	2017 年	2018 年	2019 年	2020 年
原煤/万 t 标准煤	755.053	712.074	672.009	709.434	820.016
原煤比重/%	83.67	81.79	79.19	78.34	80.39

指标	2016 年	2017 年	2018 年	2019 年	2020 年
油品/万 t 标准煤	2.21	2.27	2.03	2.24	2.24
油品比重/%	0.24	0.26	0.24	0.25	0.22
天然气/万 t 标准煤	40.70	47.88	61.18	73.55	74.75
天然气比重/%	4.51	5.50	7.21	8.12	7.33
电/万 t 标准煤	104.471	108.422	113.386	120.375	123.032
电力比重/%	11.58	12.45	13.36	13.29	12.06

3．水环境与经济协调性

NH_3-N 排放强度与经济发展之间的关系。2016—2021 年，NH_3-N 排放强度呈波动下降趋势。2016 年为排放峰值，当年排放强度为 2.02 t/亿元；2021 年 NH_3-N 排放强度为 1.57 t/亿元，较 2016 年下降 22.09%（表 11-17）。

表 11-17　2016—2021 年宝鸡市 NH_3-N 排放强度

年份	NH_3-N 排放强度/（t/亿元）
2016	2.02
2017	1.54
2018	1.02
2019	1.03
2020	1.49
2021	1.57

产业结构的优化调整与环境质量改善存在一定的对应关系。2016—2021 年，宝鸡市第一、第二产业比重的降低从源头上减少了污染物的排放，从而使地表水环境质量得以改善并稳定保持在 100%（图 11-16）。

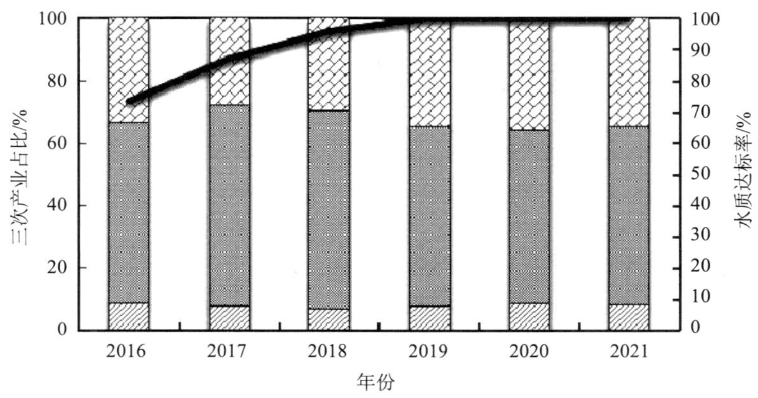

图 11-16　宝鸡市三次产业结构与水质达标率变化趋势

4．大气环境与经济协调性

“十三五”期间，宝鸡市处于经济快速发展时期，地区人均生产总值增幅达 18.0%。依据“环境库兹涅茨曲线”理论对大气环境质量与人均生产总值进行相关性分析，当 n=5，显著水平为 0.05 时，相关系数临界值为 0.755，宝鸡市环境空气质量与人均生产总值之间相关系数 r=–0.9，呈明显负相关，$|r|$ 绝对值大于 0.8，存在高度相关。宝鸡市大气环境质量与经济发展之间总体趋于良性循环，表明在经济快速发展的同时环境恶化的趋势得以有效控制，环境质量逐渐改善，经济发展与环境保护出现“双赢”局面（表 11-18、图 11-17）。

表 11-18　“十三五”大气环境质量与地区人均生产总值一览

年份	2016	2017	2018	2019	2020	2021
地区人均生产总值/元	51 262	57 697	59 988	59 050	60 500	77 657
环境空气综合指数	8.89	5.38	5.02	4.97	4.46	4.03
相关系数（r）	–0.9					

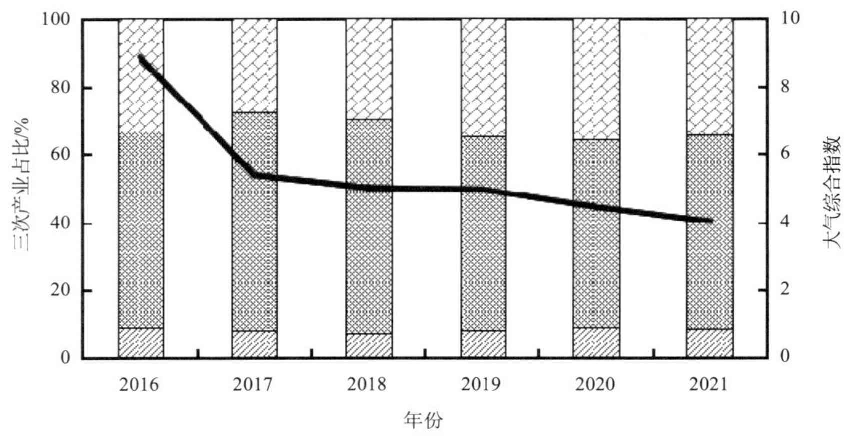

图 11-17　宝鸡市三次产业结构与大气综合指数变化趋势

11.2.3　生态文明建设成效

1．生态制度体系逐渐建立

一是健全制度保护，丰富完善生态环境保护地方法规。宝鸡市先后颁布实施了《宝鸡市黄河流域生态保护修复统筹协调会议制度》《宝鸡市秦岭生态环境保护网格化管理办法（试行）》《宝鸡市饮用水水源地保护条例》《宝鸡市市区餐厨废弃物管理条例》《宝鸡市烟花爆竹销售燃放安全管理条例》《宝鸡市大气污染防治条例》等地方性法规和制度性文件，宝鸡市四级林长制组织体系全面建立，为保护和改善国土空间开发格局与生态环境质量提供了刚性支持。二是强化规范执法，解决自然资源违法和突出生态环境问题。严格落实行政执法“三项制度”，自觉接受社会监督，不断规范执法行为。通过严格执法，有效解决了一批群众反响强烈的自然资源违法和生态环境问题，统筹推进自然资源资产产权制度改革，中央和省级生态环境保护督察及“回头看”转交的 852 件群众信访问题全部办结。三是规范行政决策，强化对行政权力的制约和监督。群众来信、来访、门户网站、“12345”举报热线及微博、微信等新媒体平台渠道受理的举报投诉均得到及时查处和回复，充分调动了参与国土空间生态修复和生态环境监管的积极性，形成了强有力的社会监督氛围。

2．生态空间布局更加完善

深入实施生态优先战略。宝鸡秦岭单元是秦岭国家公园（宝鸡）的重要组成部分，建设国家公园是当好“秦岭生态卫士”的坚定实践。划定并严守生态保护红线，确保生态功能不降低、面积不减少、性质不改变，维护生态安全。开展国土空间总体规划和国土空间生态修复规划编制、生态保护红线评估调整、自然保护地整合优化、区域空间生态环境评价，国土空间分区分类用途管控和重要生态空间监管更加精细有力。林地保护修复工作持续推进，生态价值转换成效凸显。大力实施“绿色宝鸡”九大工程，森林面积达到 1 506.3 万亩，森林覆盖率 56.04%。持续推进渭河北坡生态保护修复，累计绿化面积 230 万 m^2，植树 120 万余株，市区城市绿地率、绿化覆盖率、人均公园绿地面积分别达到 40.43%、43.37%、14.2 m^2。森林蓄积量达到 7 500 万 m^3。全域林地占比达国土面积的 70%以上，森林质量明显提升，“森林城市、绿色宝鸡”优势效应更加显现。“三北”防护林、退耕还林工作获国家表彰。以自然保护地体系为支撑，生物多样性得到有效保护。以秦岭国家公园（宝鸡）为主体的自然保护地体系建设更加完备，建成省级以上自然保护区 10 个、风景名胜区 7 个、森林公园 11 个，有效保护野生动植物 2 700 余种，野生动植物种群占全省 50%，成为陕西自然保护地聚集和生物多样性富集区。太白山海拔 2 700 m 以下首次发现国家一级重点保护植物独叶草、宝鸡市林区发现国家级濒危野生植物“绿花百合”。湿地保护与修复成效显著，湿地生态环境逐步改善。扎实推进“绿盾”自然保护区监督检查专项行动，加强湿地保护与恢复工程，建成国家湿地公园 8 处、试点建设 1 个。近年来，湿地保有量 53.8 万亩，投入资金 2 368.8 万元，恢复湿地 4 656 亩，8 个国家湿地公园保护面积 19.3 万亩，湿地保护率 35.9%；湿地保护与自然保护区建设获陕西省林业局表彰。

3．生态环境质量持续改善

强力保卫蓝天白云，坚持“减煤、控车、抑尘、治源、禁燃、增绿”六措并举。2021 年，市区 $PM_{2.5}$ 平均浓度 40 ug/m^3，同比下降 14.9%；优良天数 295 天，优良率 81%，同比增加 13 天；市区空气质量综合指数 4.04，同比下降 9.2%，位居关中和汾渭平原城市第一。凤县、陇县、陈仓 5 个县（区）荣获“中国天然氧吧”称号。倾力呵护碧水清流，把自然、生态、柔性、系统观念贯穿水生态环境治理的全过程。渭河滩区治理完成投资 20.1 亿元，整治滩区 8.94 万亩，滩区整治、河道疏浚与生态修复相结合的“宝鸡模式”是全省模范。新建堤防、加固护岸 161.23 km，渭河、清姜河相继被评为全国“最美家乡河”。治理水土流失面积 1 090 km^2，水土保持率由 67%提高到 72.78%，凤县荣获国家水土保持示范县。全力守护青山净土，建立健全土壤污染监管体制，开展涉镉重金属企业排查整治，实施土壤治理修复，土壤环境质量总体保持稳定。当好秦岭生态卫士，编制秦岭生态环境保护市级规划和县（区）实施方案，秦岭违建别墅和“五乱”问题整治扎实有效，拆除各类违建 7.45 万 m^2，秦岭区域生态环境质量明显提升。

4．生态经济水平持续提升

生态工业转型升级。制订 13 条重点产业链提升三年行动计划，推出制造业高质量发展“1+5+N”政策体系。2020 年，国家发展改革委将宝鸡产业转型升级示范区建设纳入中央预算内投资等政策支持范围。宝鸡工业已涵盖 35 个行业大类、317 个行业小类，近百种产品在全国同行业拥有话语权，目前正积极推进工业行业提标改造和加快老工业城市转型步伐，构建以先进制造业为引领的现代产业体系，不断完善生态产业化和产业生态化生态经济体系构建，推动生态产品价值增值和减污降碳协同增效。生态农业提质增效。千阳苹果“两次飞太空、供货空间站”；陇县获评全国唯一的国家奶山羊现代农业产业园，蔬菜、苹果、猕猴桃产量分别增长 4.9%、5.6%、7.4%，农业增加值增速位居全省第二。宝鸡林特产品在中国（西安）国际林业博览会上斩获 16 个金奖。生态旅游硕果累累。高水平举办啤酒音乐美食节、文化旅游节等系列活动，太白山温泉旅游度假区跻身国家级夜间文旅消费集聚区，鳌山旅游度假区获评国家级滑雪旅游度假地，长乐塬抗战工业遗址成功创建 4A 级景区，麟游县、陇县荣获国家避暑旅游目的地，眉县、扶风县、陇县列入中央财政支持的县域商业建设行动县。2022 年，获中国跨境电子商务综合试验区称号。近年来，通天河国家森林公园旅游景区着力发展生态旅游及森林康养产业，先后荣获中国森林康养林场、全国森林康养基地建设试点单位、全国生态露营基地试点建设单位 10 多项殊荣。2021 年，太白山国家森林公园等 5 个康养基地列入陕西省首批生态旅游特色线路。

5．生态生活方式愈加绿色

城市环境更加优美宜居，城市环境基础设施更加完善，城市污水处理率达到 96.89%，水环境质量居关中城市第一。2021 年，宝鸡市以“绿色低碳理念为中低收入居民建设保障性住房”的创新实践，成为当时亚洲及我国唯一获“联合国人居奖”的城市，也是中国西北地区第一个获此殊荣的城市。2022 年，宝鸡市“城市一刻钟便民生活圈”纳入全国试点。农村人居环境整治全面推开，全力做好巩固拓展脱贫攻坚成果同乡村振兴有效衔接，坚持“7+5”目标引领，围绕“十个进一步”巩固拓展脱贫成果；以美丽乡村建设为抓手，持续开展农村人居环境整治，截至 2021 年年底，宝鸡市农村户用卫生厕所普及率、农村生活污水治理率、农村生活垃圾实现有效治理的自然村占比位居全省前列。成功创建“四好农村路”省级示范市，渭滨区获评全国村庄清洁行动先进县。乡村美化成果入选《全国乡村绿化美化工作典型经验模式汇编》，实现城乡绿美协同提升。绿色生活方式正在形成，低碳出行方式更加便捷，绿色生活氛围愈加浓厚。基本建成了保障有力、绿色快捷、安全舒适的城市公交服务体系，市中心城区绿色出行分担率达到 74.7%，绿色低碳交通体系正在加快形成；宝鸡市智慧城市建设评价位列全省第一。2022 年，宝鸡市岐山县等 7 个案例入选陕西省首批乡村振兴典型案例名单。

6．生态文明意识不断增强

积极讲好宝鸡建设“宜居宜业的幸福美丽城市”的动人篇章，讲好宝鸡健全完善城市建设管理、生态环境保护和社会保障体系的美丽故事，持续推动文明城市创建融入百姓生活，提高公众关注环保、参与环保、自觉践行环保的意识。广泛开展多形式、分层次、全覆盖的学习培训和宣传普及活动。牢牢把握新闻发布会、主流媒体报道、世界环境日宣传等时机，依托微博、微信等新媒体，大力宣传打好污染防治攻坚战的经验做法和涌现出的先进典型。持续开展宝鸡市环保设施公众开放日活动，部门联动开展“六五”主题宣传活动，推动社会公众广泛参与生态环境保护。组建宝鸡市市民检查团、专家服务团、环保志愿者服务队和环境维权法律服务中心等公益组织，引导群众参与环境执法、项目审批、宣传教育、信访调解等各个环节，架起宝鸡市群众环保组织与政府沟通的桥梁。

11.3　形势分析

11.3.1　趋势预测与压力

宝鸡市作为陕西省重要的工业城市，在新的历史时期面临国家“一带一路”建设和“关天经济区副中心城市”建设的重大机遇，在未来一段时期内经济发展潜力深厚；同时，宝鸡市也面临着由于社会经济发展带来能源消耗和环境损害的严峻形势。本节对宝鸡市社会经济发展与大气污染物排放情况进行预测分析，以量化经济发展对大气环境的影响，可以为达标规划的准确制定提供重要依据。

1．经济社会发展

经济发展。2021 年，宝鸡市地区生产总值 2 548.7 亿元，位列陕西省第四。2016—2021 年，宝鸡市地区生产总值逐年增长，年均增速为 6%。根据《宝鸡市国民经济和社会发展第十四个五年规划和 2035 年远景目标纲要》，到 2025 年地区生产总值目标年均增长约 7%。近年来，面对日益复杂多变的国际、国内形势，我国经济逐渐步入新常态，从高速增长逐渐向高质量增长阶段过渡。宝鸡市面对当前错综复杂的国际形势和国内经济下行压力加大的现实，“十三五”期间地区生产总值增速也呈下降的趋势，尤其是持续的新冠疫情给经济发展带来了很大的不确定性。针对国内外的发展形势，将基准情景下宝鸡市地区生产总值设定为按照正常发展水平，再按照宝鸡市“十三五”期间的发展形势进行拟合预测，结果见表 11-19。另外，新时代西部大开发、“一带一路”倡议、长江经济带、西部陆海新通道等国家重大战略的实施，为宝鸡转变发展方式、优化产业结构带来了新机遇，宝鸡市将保持以 7%（“十四五”宝鸡市生产总值年均增速目标）的平均增长率持续增长。基准情景和规划情景下地区生产总值的发展趋势如图 11-18 所示。根据宝鸡市近 5 年的经济发展情况对未来几年的地区生产总值进行预测，在基准情景下，宝鸡市的地区生产总值呈平稳增长的趋势，2025 年、2030 年的地区生产总值分别为 2 946.28 亿元、3 283.56 亿元；在规划情景下，宝鸡市的地区生产总值呈较快增长的趋势，预测 2025 年、2030 年的地区生产总值分别为 3 340.84 亿元、4 685.70 亿元。

表 11-19　2021—2030 年宝鸡市地区生产总值增长预测　　单位：亿元

情景	2025 年	2030 年
基准情景	2 946.28	3 283.56
规划情景	3 340.84	4 685.70

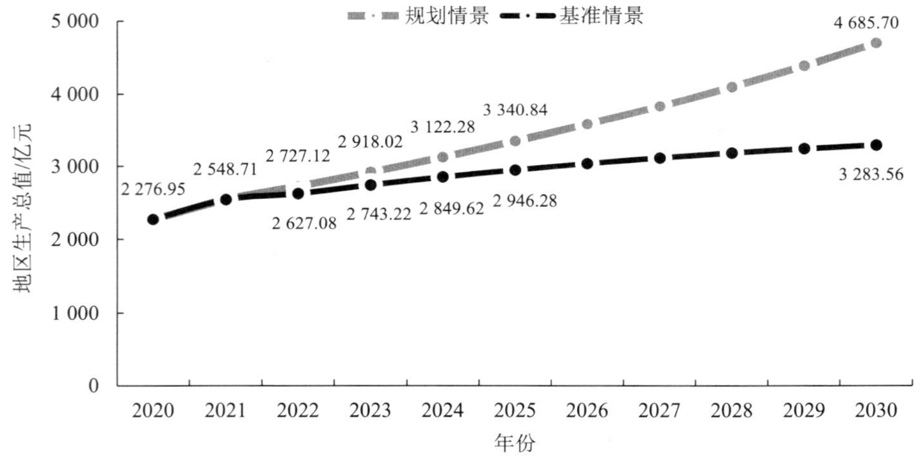

图 11-18　2021—2030 年宝鸡市地区生产总值不同情景下的发展趋势

人口总量。根据 2016—2021 年宝鸡市常住人口发展情况、人口发展的环境承载力及未来宝鸡市的城市快速发展情况，预测规划实施期间宝鸡市的常住人口发展情况。在基准情景下，假设宝鸡市 2021—2030 年常住人口总量将继续保持 2016—2021 年的趋势，则宝鸡市 2025 年常住人口为 316.50 万人，2030 年为 307.02 万人。根据宝鸡市的实际情况，就业驱动和发展机会驱动对常住人口增长的影响将大幅提高。《宝鸡市国民经济和社会发展第十四个五年规划和 2035 年远景目标纲要》提到，“地区生产总值和人均地区生产总值较 2020 年翻一番，达到中等发达国家水平。”因此，由“十四五”生产总值及人均生产总值目标可以推算出高速发展情景下，2025 年年末宝鸡市常住人口约为 334.09 万人，

2030 年年末常住人口为 341.61 万人，年均增速约 0.5%。不同情景下的常住人口发展情况如图 11-19 所示。

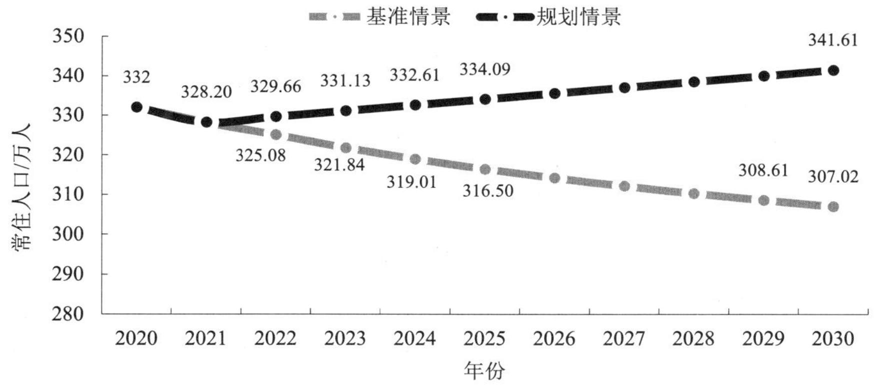

图 11-19　2021—2030 年宝鸡市常住人口不同情景下的发展趋势

2．资源能源消耗

（1）能源消耗

能源需求总量的主要因素是经济规模效应、结构效应、人口规模效应、技术进步效应等。能源消费量预测包括能源消费总量、煤炭消费量和电力煤炭消费量等指标，分别采取以下测算方法进行测算。

①能源消费总量

目标年能源消费总量测算公式如下：

$$En_{目标}=GDP_{目标}\times E_{基准}\times(1-\lambda) \tag{11-1}$$

式中：$En_{目标}$为目标年能源消费总量，万 t 标准煤；$E_{基准}$为基准年单位地区生产总值能耗，t 标准煤/万元；λ 为预测期内单位地区生产总值能耗下降比例，%，参照近 5 年单位地区生产总值能耗下降比例取值。

②煤炭消费增量

根据近 5 年能源消费总量变化趋势测算煤炭消费量和煤炭消费增量，公式如下：

$$M_{目标}=M_{基准}\times\frac{En_{目标}}{En_{基准}} \tag{11-2}$$

$$M_{增}=M_{目标}-M_{基准} \tag{11-3}$$

式中：$M_{基准}$、$M_{目标}$分别为基准年、目标年煤炭消费总量，万 t 标准煤；$En_{基准}$、$En_{目标}$分别为基准年、目标年能源消费总量，万 t 标准煤；$M_{增}$为预测期内煤炭消费增量，万 t 标准煤。

③电力煤炭消费增量

按照基准年电力煤炭消费量占煤炭消费总量的比例预测预测期内电力煤炭消费增量，

见下式：

$$M_{电增} = M_{增} \times \frac{M_{基准电}}{M_{基}} \tag{11-4}$$

式中：$M_{电增}$为电力煤炭消费增量，万 t 标准煤；$M_{基准电}$为基准年电力煤炭消费量，万 t 标准煤。其中，能源消费总量参照近 5 年单位地区生产总值能耗下降比例取值；煤炭消费增量根据近 5 年能源消费总量变化趋势，测算煤炭消费量和煤炭消费增量；电力煤炭消费增量按照基准年电力煤炭消费量占煤炭消费总量的比例预测预测期内电力煤炭消费增量。

各指标预测结果如表 11-20 所示。

表 11-20　宝鸡市能源消费量增长变化预测　　单位：万 t 标准煤

年份	2025	2030
能源消费总量	1 274.86	1 429.18
煤炭消费总量	885.50	796.35
电力煤炭消费总量	532.48	471.58

（2）水资源需求

水资源需求总量的主要影响因素有人口增长与城市化进程、产业结构变化与工业总产值、农业发展与灌溉面积增长等。针对影响宝鸡市水资源需求总量的主要因素设定基准情景和高速情景两种不同的发展情景，模拟、预测不同情景下不同阶段（2021—2030 年）宝鸡市水资源需求总量的高低线。结合社会经济发展预测，以“十三五”期间宝鸡市用水强度为基准，假设水资源需求总量维持在 2016—2021 年的水平，通过拟合得出在基准情景下宝鸡市 2025 年、2030 年的万元地区生产总值用水量分别为 17.20 m^3/万元、8.18 m^3/万元。以《宝鸡市“十四五”生态环境保护规划》中 2025 年单位地区生产总值用水量目标值达 28.40 m^3/万元、累计降低 10%为依据，得出在规划情景下宝鸡市 2025 年、2030 年的万元地区生产总值用水量分别为 28.40 m^3/万元、25.67 m^3/万元（图 11-20）。

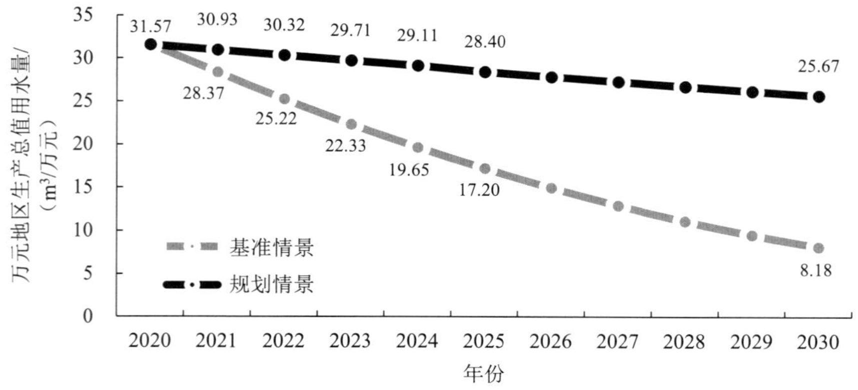

图 11-20　2021—2030 年宝鸡市水资源需求不同情景下的发展趋势

3．污染物排放变化

（1）大气污染物

根据宝鸡市经济社会发展和能源消费预期等，对宝鸡市 SO_2、NO_x、非甲烷总烃、PM_{10} 和 $PM_{2.5}$ 等污染物新增排放量进行预测。

①工业源排放量

根据宝鸡市排放源清单结果分析，SO_2、NO_x、PM_{10} 和 $PM_{2.5}$ 的排放主要集中在火力发电、水泥制造、铅锌冶炼、陶瓷制品等行业。根据宝鸡市工业行业分布情况，按主导行业、一般行业和其他行业来进行预测，其中主导行业为非金属矿物制品业、电力热力生产和供应业、有色金属冶炼及压延加工业；一般行业为有色金属采选业、煤炭开采和洗选业、金属制品业、食品制造业、造纸和纸制品业，剩余为其他行业。2025 年和 2030 年的预测结果分别如表 11-21 所示。

表 11-21　宝鸡市工业源大气污染物排放量预测　　单位：t/a

行业类型	2025 年新增量				2030 年新增量			
	SO_2	NO_x	PM_{10}	$PM_{2.5}$	SO_2	NO_x	PM_{10}	$PM_{2.5}$
非金属矿物制品业	101.00	213.12	270.59	90.20	190.52	402.03	510.43	170.14
电力、热力生产和供应业	142.50	217.70	62.43	20.81	217.32	332.00	95.20	31.73
有色金属冶炼和压延加工业	126.52	122.54	52.16	17.39	217.68	210.84	89.74	29.91
有色金属采选业	0	0.76	235.93	78.64	0	1.18	365.23	121.74
煤炭开采和洗选业	0.15	0.81	51.89	17.30	0.29	1.51	96.80	32.27
金属制品业	0.72	1.91	139.63	46.54	1.30	3.46	253.69	84.56
食品制造业	33.50	52.90	18.11	6.04	60.37	95.31	32.62	10.87
造纸和纸制品业	13.51	10.59	2.37	0.79	20.63	16.17	3.63	1.21
其他行业	211.70	101.99	287.22	95.74	343.08	165.28	465.46	155.15
合计	629.60	722.31	1 120.33	373.44	1 051.19	1 227.78	1 912.81	637.60

根据社会发展主要参数预测结果，未来宝鸡市非金属矿物制品业、电力热力生产和供应业、有色金属冶炼及压延加工业仍是主要的大气污染物贡献源，但随着污染物控制技术水平和相关政策法规的不断提高，污染物增量相对不大。因而，根据预测结果，若按现有的产业结构和发展模式，未来宝鸡市工业源 SO_2、NO_x、PM_{10} 和 $PM_{2.5}$ 排放量均有所增加。

②生活源排放量

生活源主要包括民用锅炉、民用原煤/生物质散烧源、生物质开放燃烧及其他生活源非甲烷总烃排放等。考虑到煤改气、煤改电、秸秆禁烧等政策的实施及城镇化率的继续提高，宝鸡市未来农村生活源污染物排放量不会有太大的增加，城镇生活源污染物排放量会有一定增加。通过对人口、民用锅炉、民用天然气使用量等数据的调查和预测，采用排污系数法对生活源污染物排放量进行预测，预计 2025 年 NO_x 新增排放量 27.40 t，2030 年 NO_x 新增排放量 54.80 t。

③移动源排放量

基于 2025 年和 2030 年机动车保有量新增情况、电动车替代情况等，根据机动车运行排放系数，采用单车排放因子法对宝鸡市机动车污染物排放量进行预测，2025 年 NO_x、非甲烷总烃和 $PM_{2.5}$ 分别预计排放 4 362.3 t、829.0 t 和 57.0 t；2030 年 NO_x、非甲烷总烃和 $PM_{2.5}$ 分别预计排放 3 983.0 t、785.7 t 和 44.4 t。

表 11-22　2025 年、2030 年宝鸡市大气污染物排放量预测　　单位：t/a

项目	2025 年					2030 年				
	SO_2	NO_x	PM_{10}	$PM_{2.5}$	VOCs	SO_2	NO_x	PM_{10}	$PM_{2.5}$	VOCs
电力源	142.50	217.70	62.43	20.81	—	217.32	332.00	95.20	31.73	—
工业源	487.10	504.61	1 057.90	352.63	—	833.88	895.78	1 817.61	605.87	3 044.70
生活源	—	27.40	—	—	—	—	54.80	—	—	—
移动源	—	4 362.3	—	57.0	829.00	—	3 983.0	—	44.4	785.70
合计	629.60	5 112.01	1 120.33	430.44	2 409.38	1 051.20	5 265.58	1 912.81	682.00	3 830.40

（2）水污染物

结合社会经济发展预测，以“十三五”时期宝鸡市水污染排放强度为基准，“十三五”期间 COD、NH_3-N 分别累计下降 10.88%、10.58%，假设水污染排放量维持在 2016—2020 年的平均水平，根据《宝鸡市“十四五”生态环境保护规划》，到 2025 年 COD 和 NH_3-N 的排放总量累计下降比例为 8%。取 2021—2030 年 COD 排放量、NH_3-N 排放量年均降低率为 1.6%，预测 2025 年、2030 年的 COD 排放量、NH_3-N 排放情况，结果见表 11-23。2021—2030 年宝鸡市废水污染物排放情景分析见表 11-21。

表 11-23　宝鸡市废水污染物排放预测

年份	排放强度/（t/亿元）		排放量/t	
	NH_3-N	COD	NH_3-N	COD
2025	0.13	1.14	4 273.94	37 949.05
2030	0.10	0.88	4 626.97	41 083.69

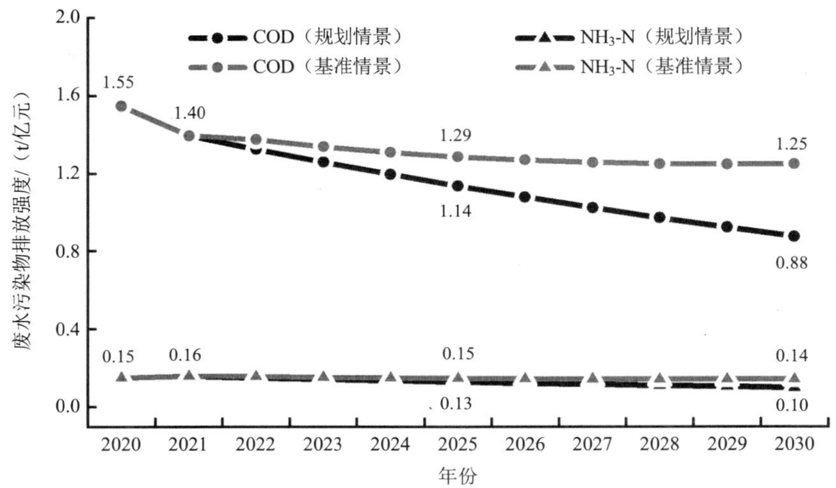

图 11-21　2021—2030 年宝鸡市废水污染物排放情景分析

11.3.2　机遇与挑战

1. 面临机遇

党的二十大给新时期宝鸡市生态文明建设注入了强大的政治动力。党的二十大强调，"站在人与自然和谐共生的高度谋划发展。"这是立足我国进入全面建设社会主义现代化国家、实现第二个百年奋斗目标的新发展阶段，对谋划经济社会发展提出的新要求。一分部署，九分落实。随着国家共建"一带一路"倡议、新时代推进西部大开发形成新格局、关中平原城市群建设、黄河流域生态保护和高质量发展、西部陆海新通道建设等重大战略的深入实施，为宝鸡市生态文明建设创造了难得的战略发展条件。将宝鸡市生态文明建设创造性地与落实党的二十大精神转化为行动方案、具体措施相结合，积极推进宝鸡市"一核三带两轴多支点"城乡发展总体布局建设，在构建现代产业体系、增强创新动力、提升开放水平、优化生态空间等 10 个方面持续发力，努力把党的二十大擘画的宏伟蓝图变成建设美丽宝鸡的生动实践。

黄河流域和秦岭生态环境保护的重要性不断突显，为宝鸡市生态环境高水平保护奠定了基石。习近平总书记高度重视黄河流域生态保护和高质量发展及秦岭生态环境保护，多次作出重要指示批示。作为秦岭生态功能区的重要单元，宝鸡市区域内包含秦岭主峰及多道秦岭主梁，市委、市政府先后成立生态环境保护委员会、秦岭生态环境保护委员会，持续推进秦岭"五乱"整治，深入实施《宝鸡市秦岭生态环境保护规划》，宝鸡市秦岭区域生态环境持续向好。同时，宝鸡市全力推进黄河流域生态保护和高质量发展的先行区建设，经济社会协调发展水平不断提高。宝鸡市将牢牢抓住黄河流域和秦岭生态保护的战略机遇，认真落实习近平总书记关于秦岭的嘱托，牢记"国之大者"，做好秦岭卫士，坚定不移走生态优先、绿色低碳发展之路，切实筑牢秦岭生态屏障。

生态环境协同高质量发展初见成效，为宝鸡市生态文明建设高速领航开好新局面。宝鸡市在环境质量改善、污染防治攻坚、环保体制改革、环境保护监管等方面均取得显著成绩，制度建设、高质量发展理念和秦岭环境保护等工作进展突出，为规划时期生态文明建设奠定了良好的基础。与此同时，生态经济体系不断完善，绿色发展实现提质增效。宝鸡市以老工业城市产业转型升级示范区建设为抓手，积极引导企业转型升级、提质增效，推动绿色高质量发展。按照“农旅结合、三产融合”的发展思路，大力发展“休闲农业+”助力培育农业新业态。积极发展生态旅游，宝鸡市 48 个 A 级旅游景区中生态景区达到 20 个，实现了经济效益和生态效益的“双赢”。宝鸡市协同推进经济发展和生态环境保护成效显著，作为“全省生态环境领跑者”，宝鸡市将推动生态文明建设再上台阶。

2．未来挑战

应对气候变化压力巨大，碳达峰、碳中和面临“多道坎”。按照国家碳达峰、碳中和总体战略部署，碳减排日程愈加紧迫，能源结构调整任务艰巨。宝鸡市能耗、环境、空间、资源的约束趋紧，制造业高质量发展迫在眉睫。一方面，落后产能淘汰和节能技术改造等的空间逐步收窄、成本逐渐提升，能耗强度持续快速下降承压增大，亟待培育高附加值等清洁发展新引擎。另一方面，宝鸡市煤炭减排空间越来越小，须依靠由化石能源向非化石能源转型，但受制于资源禀赋，可再生能源比重大幅提高较慢，能源结构调整承压较大。

经济高质量发展承压较重，经济发展与资源环境协调发展成熟度不高。通过大力推进污染防治，宝鸡市生态环境质量改善取得明显成效，但是生态环境根本好转拐点尚未来临。短期内，宝鸡市对高耗能行业仍存在路径依赖，资源能源消耗对环境保护的压力会持续较长时间。涉及秦岭区域相关产业虽有新的突破和探索，但规模体量较小；部分传统产业涉及的贫困群众致富增收、内生动力不足。同时，西安等大城市虹吸效应导致宝鸡市人力资源和金融资源等外流严重。目前，宝鸡市正大力培育航空航天、新能源、电子信息、机器人、生物医药和健康设备五大新兴产业，力促动能转换和产业升级。在有限的环境容量约束下，既要保证经济社会较快发展，又要持续改善生态环境质量，同时要兼顾碳减排，深入推进绿色低碳发展显得更加重要。

生态环境风险依然存在，生态文明意识牢固树立任重道远。尾矿库、输油管线、危化品运输通道、水源地等环境风险依然存在。秦岭区域尾矿库和过境危化品运输仍是流域水质安全的潜在威胁，尤其会影响到饮用水水源地的安全，存在国省干线公路穿越秦岭山脉中的清姜河等水源地保护区和嘉陵江等跨省界河流的现象。凤县、麟游县属矿产资源开发集中区域，环境安全隐患仍然突出。土壤环境监管重点行业企业分布范围广泛，土壤环境风险不容忽视。宝鸡市生态文化体系建设尚待加强，全社会生态文明素养需要长期培育，尊重自然、顺应自然、保护自然的生态文明理念还未牢固形成。

11.4　存在问题与总体目标

11.4.1　存在问题

1．生态文明制度建设尚需完善

近年来，宝鸡市委、市政府在落实生态文明建设重大目标任务部署和推动生态文明体制改革任务落地方面有一定成效，但在扛起生态文明建设政治责任、坚持党对生态文明建设的全面领导方面仍有差距，在学习贯彻习近平生态文明思想、谋划和发展生态文明重大工程、强化生态文明建设组织保障和统筹协调方面仍有提升空间，在将生态文明与其他“四大建设”融为一体，齐力推进西部生态文明高地建设和人与自然和谐共生现代化建设方面还不够突出，在立足新发展阶段、贯彻新发展理念、构建新发展格局、追求高质量发展方面仍然有提升空间，在创新重工业转型、资源型枯竭、历史文化深邃、生态区位和功能突出地区可持续融合发展的生态文明建设模式方面探索不足，在发挥宝鸡市特色优势主动融入“一带一路”建设、新时代推动西部大开发形成新格局、西部陆海新通道战略和推进关中—天水经济区、关中平原城市群、黄河（生态）经济带等区域协调发展生态文明体制机制建设方面仍不健全。

2．生态空间格局建设仍需巩固

宝鸡秦岭生态单元是秦岭—大巴山生物多样性保护和水源涵养重要区，凤县、太白县等 6 个县域分区保护被纳入《陕西省秦岭生态环境保护总体规划》，秦岭生态保护和修复被纳入《全国重要生态系统保护和修复重大工程总体规划（2021—2035 年）》。近年来，宝鸡市正实施“一四五十”重大战略和“十四五”黄河流域生态保护和高质量发展规划，有力促进了宝鸡市生态空间格局改善，强化了生态安全体系建设。但在黄河流域（宝鸡）山水林田湖草沙一体化保护和系统治理方面仍然存在较大资金缺口，生态廊道连通建设和优化国土空间发展格局方面存在不足，在秦岭生态单元（宝鸡）和黄河流域（宝鸡）生态系统稳定性、多样性、持续性监测监管能力建设与历史遗留矿山修复等方面存在短板，在以秦岭国家公园（宝鸡）为主体的自然保护地体系建设和生物多样性保护方面仍需加强和巩固，在创新生态保护红线监督监管、推动“三区三线”分区管控系统传导衔接、提升国土空间生态韧性和气候韧性方面探索不足。

3．生态环境质量提升任重道远

经过全方位减煤和大力度治源，宝鸡市空气环境质量显著提升，改善幅度位居关中前列。但因受到产业布局、能源结构、运输结构改善较慢及复杂地形和气象条件的影响，空气环境质量尚未达到国家二级标准，仍存在水源地 TN 持续偏高；渭河干、支流水体和出境水体无法持续稳定达标等问题。作为关中“水龙头”和重工业城市，宝鸡市在推动土壤和地下水污染源头预防、风险管控与修复方面有短板和不足，存在生态环境风险。在秦岭重要生态单元、黄河流域（宝鸡）生态环境监测网络和预警系统建设，以及构建“源头严防、过程严管、损害赔偿、责任追究”全过程生态环境监管体系和能力建设等方面有待完善，在推进生态环境治理体系和治理能力现代化方面仍有差距。宝鸡市生态环境稳中向好的基础还不稳固，从量变到质变的拐点还没有到来。宝鸡市在系统性推进产业布局优化和转型升级、推动实现“双碳”目标和美丽中国建设方面仍需努力，实现生态环境质量逐步提升仍然任重道远。

4. 生态经济体系建设尚不健全

近年来宝鸡市积极推动产业绿色转型，但在统筹秦岭、黄河流域（宝鸡）生态保护与经济高质量发展，实现经济-生态-社会效益协调统一，创新宝鸡生态经济发展模式方面探索不足。在将新型城镇化、乡村生态振兴、“双碳”目标与美丽中国战略融合探索经济高质量发展新路子方面仍有提升潜力；在推进“绿水青山就是金山银山”理念实践创新和“人民城市”建设引领方面缺乏对典型案例重点发掘培育和体制机制创新，对西部地区和关中—天水经济区、关中平原城市群、黄河（生态）经济带生态产品价值实现的理论实践贡献不足；在加快老工业城市转型、构建先进制造业为引领的现代产业体系方面仍有差距；在服务新发展格局、强化产业链供应链短板弱项、服务国内大循环、提高国际竞争力、把握未来发展主动权方面不够突出；在发展清洁能源、生态农业（农村秸秆资源化、化肥减量化等）、有机食品工业、生态旅游业、园区低碳化建设、一二三产业融合发展等方面存在不深不实不强的问题，生态产业化和产业生态化的生态经济体系尚不健全。

5. 生态生活生态文化培育不强

近年来，宝鸡市斩获多项城市生态环境方面的殊荣，体现出宝鸡市生态生活质量在不断改善。但在坚持“人民城市人民建、人民城市为人民”重要理念，建设宜居、韧性、创新、智慧、绿色、人文宝鸡方面仍有一定差距，在推动城市更新和新型城镇化方面仍缺乏高水平规划和设计，在强化污水集中收集和城市绿色交通等基础设施建设方面仍有不足，在数字城市、智慧城市助力生态文明建设方面探索不足。宝鸡市同时也是农业大市，农村人口占比达到42.96%。农村地区生活环境综合整治任务仍然较重，宝鸡市在分区分类推进农业面源污染防治和农村环境治理方面仍存在较大资金缺口，农村污水处理设施提标改造和运行维护存在短板。宝鸡市历史文化资源深厚，在发展宝鸡市特色旅游和生态文化融合发展方面缺乏创新，对历史文化资源的生态文明建设现代价值再升华探索不足。在培育生态文明意识、引导全社会牢固树立生态文明价值观念和行为准则方面存在差距，在发掘宝鸡市深厚历史文化资源、培育生态文化产业、实现文旅深度融合、打造黄河流域文化宝库和中华文化明珠方面仍有提升空间。

6. 基础设施提质增效和人才队伍建设不足

生态环境干部队伍的专业培训和人才储备亟须加强，以更好适应新时期宝鸡市生态文明建设形势的需要。宝鸡市县级生态环境、自然资源、林业、水利、住建、农业农村、经信等部门在执法和监督监管能力建设方面严重不足，缺乏专业的环境应急、辐射监管、环境科技机构、国土空间生态修复、林业建设、乡村生态振兴、绿色交通、水生生物保护等方面的人才，经费保障不够充分，在运用数字技术推动山水林田湖草沙一体化保护和系统治理，完善自然资源三维立体“一张图”和国土空间基础信息平台，构建以数字孪生流域为核心的智慧水利体系等数字生态文明基础能力建设和前沿探索方面仍有差距。

11.4.2 战略定位

作为陕西省秦岭黄河生态保护修复样板区，宝鸡市应科学实施流域国土空间总体规划和生态保护修复、水资源利用等规划，做好流域水土保持和污染治理工作，实施森林质量精准提升工程，提高森林生态系统质量、稳定性和碳汇能力，扎实开展创新生态保护监测监管智能化建设，强化“三条红线”管控，推动生态环境智慧治理，加快构建智慧高效的生态环境信息化体系，运用数字技术推动山水林田湖草沙一体化保护和系统治理，完善自然资源三维立体“一张图”和国土空间基础信息平台，构建以数字孪生流域为核心的智慧水利体系，为秦岭长青和黄河安澜贡献宝鸡智慧与力量，为全省开展秦岭黄河生态保护修复和生态文明建设提供宝鸡样板。

作为黄河流域文化传承与生态文化价值升华示范区，宝鸡市应充分发挥“姜炎文化、周风秦韵、张载关学、农耕文化、工业文明”的特色和优势，加强文物保护与利用，积极推进文旅融合发展，建设传承华夏文明的历史之城、具有周风秦韵的文化之城；不断挖掘宝鸡历史文化资源的生态文明建设现代价值，实现黄河流域文化传承和华夏文明现代价值与意义的再升华，丰富和完善以生态价值观念为准则的生态文化体系，将宝鸡打造为黄河流域生态文化明珠。

作为全国重工业转型和绿色高质量发展典范区，宝鸡市应加快老工业城市转型步伐，构建以汽车及零部件、智能制造、钛及钛合金、轨道交通等先进制造业为引领的现代产业体系，培育一批千亿级的先进制造产业集群；提升全国性综合交通枢纽建设水平，建设生产服务型国家物流枢纽承载基地，打造综合保税区、临空经济区、鹿港新区等高水平开放平台，推进城市和农村基础设施品质提升，强化绿色交通布局和建设，成为“一带一路”建设向西开放的前沿阵地，将生态文明建设深度融入宝鸡市高质量发展转型，把宝鸡市建设为全国重工业资源型城市生态文明建设和高质量发展的典范。

11.4.3 总体目标

全面贯彻落实党的二十大、二十届一中全会、二中全会精神，落实新发展理念、服务新发展格局，将生态文明建设融入宝鸡市经济建设、政治建设、文化建设、社会建设各方面和全过程，宝鸡市委、市政府对生态文明建设的全面领导更加有力，在学习贯彻习近平生态文明思想、谋划和发展生态文明重大工程、强化生态文明建设组织保障和统筹协调方面实现重大提升，形成先进文明的生态文化体系、集约节约的生态经济体系、和谐安全的生态安全体系、幸福健康的生态生活体系、高效完善的生态制度体系。站在人与自然和谐的高度谋划宝鸡市发展取得突破性进展，黄河流域生态保护和高质量发展的先行区和副中心城市基本建成，宝鸡市现代化建设和高质量发展成果更加巩固。到 2030 年，宝鸡市生态文明建设取得突破性进展，美丽宝鸡的底色和成色更加鲜明，生态环境治理体系和治理能力现代化不断完善，绿色发展水平显著提升，污染物排放总量明显下降，生态环境质量根本好转，生态文明制度体系基本完善，群众对生态文明建设的满意度和参与度显著增强，让“宝鸡蓝、秦岭绿、渭水清”成为宝鸡本色，“生态之城、美丽宝鸡”成为宝鸡名片，形成资源型城市、历史文化深邃、生态区位和功能突出的地区生态文明建设的宝鸡模式，成为西部生态文明高地建设、黄河流域生态保护和高质量发展的典范。

11.4.4 战略布局

构建“一核引领三屏维育三带协同”国土空间开发保护格局。打造一个都市功能核心区，培育关中平原城市群副中心城市，强化中心城区核心引领。培育三个屏障区——秦岭国家生态安全屏障、千山关中生态屏障、关山关中西部生态屏障，强化生态安全格局构建，形成绿色生态基底；建设三个发展带——渭河百公里现代城镇和产业聚集发展带、渭北县域经济发展带、秦岭绿色生态发展带。以秦岭国家公园（宝鸡）为主体的自然保护地体系建设更加完善，织补全市生态网络，开展山水林田路村全要素的系统修复，建设北塬绿色空间、渭河水系生态廊道、嘉陵江水系生态廊道，建设“山—水—塬—城”立体公园城市。

构建现代产业体系总体框架和强化产业链韧性建设。培育产值超过百亿元的企业 15 家，50 亿元以上的企业 30 家，不断完善“45511”现代产业体系；形成钛及新材料、汽车及零部件、优势装备智造、食品加工 4 个千亿级支柱产业群和产业链群；做大航空航天、新能源、机器人及关键零部件、电子信息、生物医药与健康设备五大新兴产业（链），全市战略性新兴产业增加值占规上工业增加值的比重超过 20%，不断加强自主知识产权研发，加强产业链韧性建设，服务新发展格局韧性建设；做优现代物流、研发设计、现代金融、商务会展、信息技术五大生产性服务业，全市生产性服务业总收入突破 400 亿元；推动高端能源化工产业发展；推动文商旅游业深度融合发展，文旅商贸服务业增加值占地区生产总值的比重超过 13%。

构建“一主八卫，四轴多点”区域高质量发展格局。推进东扩北上、产城融合、组团发展，将生态文明建设融入高质量空间发展格局，加快培育渭河川道、渭北台塬发展轴带，强化南部山区、北部山区、西部山区的生态保护和绿色发展。构建以宝鸡主城区为主，培育岐山县、眉县、扶风县、麟游县、千阳县、陇县、太白县、凤县 8 个卫星县城。突出沿渭城市发展带、蟠龙—高新发展轴、陈仓—凤翔发展轴，鼓励金渭组团、代马组团、陈仓组团、科创组团和蟠龙组团。城区突出副中心城市建设及高质量发展；平原突出产业转型升级和园区生态化建设，创新驱动发展，提升新型城镇化水平优化城镇功能，与中心城区联动发展；山区突出产业结构调整，加大民生保障，持续巩固拓展脱贫攻坚成果，深入推进乡村生态振兴，加快绿色循环发展，完善生态经济体系建设；强化区域协同发展优势。

构建“三网一港四组团”对外开放格局。巩固提升陆路交通优势，形成面向全国、辐射国际的“十字加多向放射”综合运输大通道。构建以公路—铁路—航空运输网为核心的综合交通体系。加快对外开放新平台宝鸡港务区新城、空港新城、综合保税区、会展中心等四个功能团组，持续增强辐射集散功能，建设高标准开放合作平台，提升宝鸡市对外开放设施支撑能力，着力建设生产服务型国家物流枢纽承载基地，把宝鸡市建设成为向西开放的集中承载区和先导区，积极融入“一带一路”和西部陆海新通道战略。

构建“一中心四基地三示范”文化传承格局。以黄河文化为引领，以发展关中文化为重点，深入推进炎帝文化、周秦文化、张载关学等中华传统文化的研究挖掘，丰富延伸宝鸡文化内涵，建成西部地区具有较强引领力、辐射力和示范作用的区域文化中心城市、中华优秀传统文化传承基地、革命文化弘扬基地、社会主义先进文化示范基地、培训实践和研学教育基地，更高水平国家公共文化服务示范基地，国家文物保护利用示范区、国家全域旅游示范区。

11.5　主要任务与措施

11.5.1　完善生态文明制度

1．完善生态环境保护责任制度

健全领导责任体系。宝鸡市委、市政府对生态文明建设的全面领导更加有力，在学习贯彻习近平生态文明思想、谋划和发展生态文明重大工程、强化生态文明建设组织保障和统筹协调方面实现重大提升，不断探索建立符合宝鸡市情的生态文明建设领导责任制度。认真落实各级党委政府生态环境保护责任，按照《宝鸡市生态环境保护责任清单》，细化夯实宝鸡市生态环境保护责任，增强生态环境保护合力。对相关专项考核进行精简整合，制定《宝鸡市污染防治攻坚战成效考核工作方案》，作为各级、各部门领导班子和领导干部综合考核评价、奖惩任免的重要依据，作为县（区）生态环境保护相关财政资金分配的参考依据，并逐步纳入政府目标责任考核体系，最终建立以改善生态环境质量为目标的评价考核体系。严格落实《中央生态环境保护督察工作规定》。严格落实党政领导干部自然资源资产离任审计、生态环境损害责任追究制度，继续抓紧抓实生态文明建设领域的责任追究工作。推进宝鸡市林长制高效运行。压实各级林长责任，落实林长制各项制度，建设管理平台，不断推动生态空间治理、基层社会创新治理与林长制体系深度融合。

健全企业主体责任体系。推进项目环评审批改革，严格“事前事中事后”监管流程，建立规划环评和项目环评联动机制，不断完善项目审批与污染减排相结合的管理模式。加强排污许可管理，加快排污许可证核发，制定固定污染源排污许可“一证式”管理实施细则，推动排污许可与环境执法、环境监测、总量控制、排污权交易等环境管理制度有机衔接，“倒逼”企业落实治污主体责任。落实企业环境责任，加强企业环境治理责任，加快推进企业环境信用评价、环境污染责任险等环境经济政策的实施，指导企业制定环境管理清单，通过正面引导和激励措施提高企业改进和提升污染治理设施的积极性。加大法律培训，积极宣贯生态环境保护政策，定期曝光环境违法典型案例，切实提高企业经营者自觉保护环境的社会责任感。

2. 建立健全现代环境治理体系

提升生态环境治理能力。完善生态环境监测评估体系。构建水陆统筹、天地一体、上下协同、信息共享的生态环境监测网络，严格落实《宝鸡市秦岭生态环境保护网格化管理办法（试行）》。重点提升秦岭、黄河重点生态单元和重点排污企业生态环境监测能力建设，完善监测网络整体规划和布局。构建监测数据融合平台，提升数据综合分析应用能力，加强大数据信息化技术与生态环境监管的融合，加强云计算、人工智能、物联网等新一代信息化技术在污染防治、执法监管、环境监测等领域的应用，推动生态环境管理及污染治理数据支撑和科技支撑水平。强化关键技术创新研发和集成示范，围绕污染物协同控制、汾渭平原、秦岭生态环境保护与修复、渭河流域治理等重大科技需求，协助各类高校、科研院所建设一批重点实验室等科研平台。

健全环境治理监管体系。严格环境监管，加快推进生态环境保护综合行政执法改革，整合相关部门污染防治和生态保护执法职责、队伍，统一实行生态环境保护综合执法。抓住宝鸡市建设关中平原城市群副中心城市契机，加大与关中平原城市群内其他城市的协作力度，建立健全协同发展工作机制，积极推进汾渭平原、秦岭生态保护和渭河流域治理等大气、水污染联防联控工作。加强行政执法与刑事司法衔接，提升环境污染刑事案件检测鉴定能力，形成对各类环境污染犯罪行为的有效震慑。加快推进环境公益诉讼工作，引导社会公益组织参与对企业环境违法行为的监督和追偿，协助检察机关由单一的生态环境行政公益诉讼向民事公益诉讼领域拓展。

健全环境治理市场体系。深入推进“放管服”改革，加快形成公开透明、规范有序的环境治理市场环境，规范市场秩序。充分发挥宝鸡市装备制造业优势，形成高端装备制造产业集群，着力打造环保产业新品牌，大力引进环保技术、装备与产能。依托宝鸡市生态文明建设，鼓励持续探索四大优势产业和航空航天等新兴产业创新环境治理模式。充分发挥环保协会的行业引领作用，针对环评、污染治理、在线监测等业务咨询及第三方运营领域内出现的调查失真等问题采取业内通报、媒体曝光、限制业务区域等措施，进一步净化行业风气。

健全环境治理信用体系。推进政务诚信建设，落实国家政务诚信建设要求，将地方各级政府和公职人员在生态环境保护工作中因违法违规、失信违约被司法判决、行政处罚、纪律处分、问责处理等信息纳入政务失信记录。加快企事业单位信用建设。深化公开透明的排污企事业单位环保信用评价体系，拓展生态环境第三方服务领域信用监管，建立信用信息互联共享机制。探索自然人环境信用体系建设，使恶意投诉、焚烧垃圾、燃放烟花爆竹及违反禁燃区、禁养区规定等个人环境违法行为逐步纳入环境信用体系。

健全环境治理法规政策体系。加快地方立法，推动机动车尾气污染防治、生活垃圾分类处置等领域地方立法工作。加强人大对地方立法的执法监督工作，定期组织执法检查，对前期立法效果开展后评估，适时修订完善《宝鸡市大气污染防治条例》《宝鸡市饮用水污染防治条例》等前期立法。建立支撑适用、协同配套的工作实施方案，全面落实中共中央和陕西省修订的各类环境质量及污染排放标准、环境监测方法、环境管理规范、环境工程规范。

健全环境治理全民行动体系。加大社会主体作用，强化公众参与监督，发挥“12345”群众关于环保诉求的作用，畅通环保监督渠道。开发体现时代特点、反映宝鸡特色的生态文化产品，加强环境公益宣传，提升生态文化传播力。出台《宝鸡市生态环境信访工作制度》，创新和完善生态环境信访工作机制，统筹各部门生态环境领域的执法力量，提高环境信访工作效能。积极推动《宝鸡市生态环境违法行为举报奖励暂行办法》的实施，不断规范奖励程序，逐步增加奖励资金财政预算，充分调动公众参与环境保护、抵制破坏环境行为的积极性。

3. 健全生态保护和修复制度

实施自然资源统一确权登记。建立统一的确权确责的自然资源管理体系，完成宝鸡市范围内的水流、森林、山岭等自然生态空间统一进行确权登记，实现自然资源资产登记的系统管理和信息共享。开展宝鸡市典型县域和重点生态功能区自然资源资产产权制度改革综合试点，按照所有权与使用权相分离的原则推进自然资源有偿使用改革。

健全完善自然资源资产有偿使用制度。将资源所有者权益和生态环境损害等纳入自然资源及其产品价格形成机制，将自然资源资产开发利用水平和生态保护要求作为选择使用权人的重要因素并纳入出让合同。统筹推进自然资源资产交易平台和服务体系建设，健全宝鸡市市场监测监管和调控机制，建立自然资源资产市场信用体系。

探索生态产品价值实现机制。结合宝鸡市区位条件和资源禀赋，探索建立生态产品调查监测体系和制度，跟进生态产品价值评价和宣传推介，拓展生态产品价值实现路径。建立林业碳汇评价机制，鼓励支持宝鸡市碳汇丰富县域国家核证自愿减排量交易（CCER），不断完善生态经济体系，丰富和完善多方参与的生态产品价值实现路径。

持续推进河（湖）长制管理。按照《宝鸡市全域治水三年行动方案（2022—2024 年）》，深入推进河（湖）长制，按照分级分段原则，由市级和县（区）级河长牵头抓总、组织领导、统筹协调，监督推进各类治理项目落地实施。进一步明确各河湖责任单位、管理范围、职责以及考核、奖惩制度等，健全水系运行管理体制。

4．健全生态环境经济政策体系

健全循环经济发展机制。落实循环利用产业政策，优化循环低碳发展专项资金管理，推进宝鸡市一二三产业联动发展的现代复合型循环经济产业体系构建。完善餐厨废弃物、建筑垃圾、农业废弃物、污泥等资源化利用和无害化处理监管制度。健全垃圾分类、一次性用品使用等相关管理制度。

建立和完善生态补偿制度。全面落实陕西省《健全生态保护补偿机制实施意见》重点任务，研究制定差别化绩效考核评价体系，实行生态保护成效与资金分配挂钩的奖惩制度。研究建立宝鸡秦岭、渭河等生态红线区域生态补偿制度。在企业中探索推行“把治污权交给第三方”的管理模式，重点在汽车及零部件、装备制造行业取得突破。

优化环境污染责任保险制度。发挥环境污染责任保险环境风险辅助管理功能，做好事前预防、事中服务、事后理赔；研究构建符合宝鸡市市情的生态环境损害赔偿制度。进一步发挥专家的作用，帮助宝鸡市重点排污单位提高污染事故预防能力。

创新环境保护与污染治理模式。研究出台金融支持生态环境项目政策与措施，支持环境治理整体解决方案、环保管家、区域一体化服务模式、园区污染防治第三方治理示范、小城镇环境综合治理托管服务试点、生态环境导向的开发（EOD）模式试点等创新发展。全面深化“环保管家”第三方服务模式，积极探索环境综合治理托管服务模式改革。

5．完善资源高效利用制度

构建高效低碳能源体系。坚持和完善能源消费“双控”制度，并实现向 CO_2 排放“双控”制度的过渡。加强可再生能源和低碳能源的开发利用，大力支持比亚迪新能源汽车、淮海 100 万辆钠电新能源车等重大示范项目建设及产业化示范。积极开发轻质材料、可再生能源等低碳产品，在建材、装备制造等重点行业实施低碳技术产业化示范项目。

健全土地节约集约利用和保护制度。加快编制全市国土空间规划和中心城区控制性详规。做好永久基本农田划定工作。严格执行耕地占补平衡制度，加强占补平衡指标跨县调剂的监管。实施“亩产倍增行动计划”，逐步降低工业用地比例，完善城镇低效用地再开发激励机制，建立新增建设用地计划分配与盘活存量建设用地相挂钩制度。

健全林业资源科学开发和保护机制。建立健全保护发展森林资源目标责任制，严格执行林地用途管制，完善使用林地定额管理制度。健全天然林保护和生态公益林建设机制，逐步提高生态公益林补偿标准，探索直接收购各类社会主体营造的非国有公益林。

11.5.2 夯实美丽生态环境

1．积极应对气候变化，推进减污降碳协同治理

（1）积极探索碳达峰路径

健全碳排放管理体系。贯彻落实碳达峰与碳中和的战略部署，加快形成宝鸡市碳达峰、

碳中和政策体系，加强碳排放强度控制，探索碳排放强度控制目标的部门、行业、区域分解机制，开展达峰目标分解，加快推进碳排放达峰路径研究。全面摸清能源、工业、建筑、交通、农业等行业碳排放底数，适时制定出台《宝鸡市关于全面贯彻新发展理念做好碳达峰碳中和工作的实施意见》和《宝鸡市 2030 年前碳达峰行动方案》，形成推动宝鸡市绿色转型发展的政策体系。

稳步推进 CO_2 达峰行动。积极配合国家和陕西省碳排放管理和交易机制的建立和完善。开展达峰专项行动，鼓励宝鸡市电力、水泥、建材、有色金属、煤化工、陶瓷等重点行业制定达峰目标，推动重点企业开展碳排放强度对标活动。加强温室气体排放管理，组织火电、化工等碳排放重点行业企业编制碳排放报告，做好火电行业碳排放配额清缴履约工作。加大对 CO_2 减排项目和创新技术应用扶持力度，推动重点行业开展 CO_2 捕集与利用等示范工程，积极推进陕西裕隆气体有限公司提升甲醇尾气综合利用项目利用率。

（2）严格控制温室气体排放

有效控制 CO_2 排放。加强工业、城乡建设、交通运输、农业、废弃物处理等重点领域温室气体排放控制，推进产业体系、能源体系低碳化。鼓励开展 CO_2 捕集、利用与封存技术研究，支持采取原料替代、生产工艺改善、设备改进等措施减少温室气体排放。改革完善总量控制制度，推动自主减排管理。探索建立碳排放总量和强度“双控”制度，完善重点行业碳排放监测、报送和核查机制。

控制非 CO_2 温室气体排放。探索开展煤层气甲烷、油气系统甲烷控制工作，积极争取推动建立煤矿煤层气抽采利用示范项目。加强污水处理厂和垃圾填埋场甲烷排放控制和回收利用。选育高产低排放良种，控制农田甲烷和氧化亚氮排放。支持利用畜禽粪便为原料发展沼气工程，控制畜禽养殖甲烷和氧化亚氮排放。

（3）提升气候治理综合能力

全面提升适应气候变化能力。推动国家气候适应型城市、低碳城市试点建设，完善气候变化适应性评估机制，推进气候变化适应性评估应用。加强温室气体排放重点单位和生态保护红线等重点区域的监管，并纳入生态环境监管执法体系。建立健全气候防灾减灾体系，完善气候灾害应急预案和响应工作机制，加强气候灾害的监测评估和预测预警。

持续提升生态系统碳汇能力。坚持“森林是水库、钱库、粮库，现在应该再加上一个‘碳库’”的要求，实施森林质量精准提升工程，加大森林抚育、退化林修复力度，优化森林结构和功能，提高森林生态系统质量、稳定性和碳汇能力。实施国土绿化试点示范项目，推进“双储林场”国家储备林基地、“百万亩绿色碳库”试点示范基地建设，支持太白县打造全省碳汇经济示范县。逐步提升森林蓄积量和森林碳汇储量，到 2025 年森林覆盖率达到 57.06%。加强湿地保护，通过合理开发利用等方式提升湿地碳汇能力。充分利用城市的自然山体、水体、采矿废弃地开展土地绿化，提升城市碳汇能力。疏通现有水系，使森林与各种级别的河流、沟渠、湖泊、水库等连为一体共同构建生态系统，协同提升碳汇能力。加强农田保育，优化种植结构，推广秸秆还田、精准耕作等保护性措施，增加农业土壤碳汇。

增强减污降碳协同效应。紧盯环境污染物和碳排放主要源头，突出主要领域、重点行业和关键环节，强化资源能源节约和高效利用，加快形成有利于减污降碳的产业结构、生产方式及生活方式。统筹水、大气、土壤、固体废物、温室气体等领域减排要求，优化治理目标、治理工艺和技术路线，优先采用基于自然的解决方案，强化多污染物与温室气体协同控制，增强污染防治与碳排放治理的协调性。开展宝鸡市减污降碳绩效评估，并明确减污降碳技术工艺和实施路线图。

2．始终坚持“三水统筹”，全面提升水环境质量

（1）持续深化水污染综合防治

强化入河排污口长效监管与整治。推进“受纳水体—排污口—排污通道—排污单位”全链条管理。积极探索建立入河排污口设置审批程序，并逐步制定入河排污口日常监督监测技术规范，构建入河排污口长效管理机制。分流域开展入河排污口排查整治，实施凤县入河排污口综合整治等项目。以城市建成区及重要水体为重点，摸清所有直接或间接排放的各类排污口数量和位置，掌握排放状况，形成入河排污口台账并定期更新和完善。确保城市建成区直排口全部接入市政污水管网、一般排污口达标排放。到 2025 年，完成区域内黄河长江流域所有排污口排查、渭河流域干支流及长江流域重要支流排污口整治。

持续推进工业污水治理。鼓励工业企业污水近零排放，降低污染负荷。加快工业聚集区污水集中处理设施建设和升级改造，新建、升级的污水处理设施应同步规划、同步建设污水、垃圾集中处理的污染处理设施，提高污水集中处理能力。加强工业聚集区污水集中处理设施的监督管理，实现自动在线监控装置运维与联网，确保污水集中处理设施规范运行。开展工业集聚区污水处理设施整治专项行动，排查工业集聚区内污水管网敷设和涉水企业纳管情况，开展截污管网工程建设，实现工业集聚区内污水管网全覆盖。开展造纸、焦化、有色金属等涉水重点行业专项治理。

全面提升城镇生活污水治理水平。稳步推进县城污水处理设施提质增效，扎实推进城镇生活污水收集管网建设和改造，对污水管网未全覆盖的城中村、老旧城区和城乡接合部等区域，明确现状与需求差距，提出管网建设任务。实施眉县常兴镇西片区镇区污水收集处理工程、陇县县城污水管网改造工程等项目，逐步提升城市建成区周边污水管网覆盖率。重点推进金渭两区、陈仓区、港务区、高新区及宝鸡市各县（区）雨污分流及内涝治理工程建设，持续推进县级以上建成区的雨污分流改造工作。

加强农业农村水污染防治。强化农业源污水管控。以降低氮磷负荷为重点，持续推进农业源污染控制。提出畜禽养殖场（小区）养殖废弃物资源化利用及污染治理设施建设等任务，全面推进清洁健康养殖，编制实施县域畜禽养殖污染防治规划，推动种养结合和粪污综合利用。推进病死畜禽无害化处理和畜禽粪污与农村废弃物综合利用体系建设。到

2026 年，宝鸡市畜禽粪污综合利用率达到 93%以上，规模养殖场粪污处理设施装备配套率达到 100%。提升农村生活污染治理水平。稳步推进渭滨区、凤翔区、扶风县、岐山县、眉县、凤县、陇县、高新区、千阳县农村环境生活污水治理及改造提升项目，切实提高乡镇和农村地区的污水收集及处理能力。

强化黑臭水体综合整治。全面开展县级及以上城市建成区黑臭水体整治，到 2026 年，县级及以上城市建成区黑臭水体基本消除。建立黑臭水体动态管理机制，形成城市建成区黑臭水体问题清单，采取控源截污、垃圾清理、清淤疏浚、生态修复等措施，强化长效管理做好定期排查，每季度向社会公布治理进展与水质改善情况。开展农村黑臭水体与生活污水治理综合试点示范，实施眉县、扶风县、凤翔区、陈仓区、岐山县等农村黑臭水体治理项目，到 2026 年，农村黑臭水体治理率达到 40%左右。

（2）推进水生态环境持续改善

合理划定管控范围。根据《湿地保护修复制度方案》等政策文件，结合实际情况，合理确定水源涵养区、河湖缓冲带等水域管控范围。根据河湖湿地受损情况分析结果，针对湿地面积萎缩、重要物种生境受损等问题，采取湿地封育保护、退耕还湿、湿地生态补水、生物栖息地恢复与重建等不同的保护与修复措施，制定“一河一策”和“一断一策”达标方案，实施河湖水生态环境修复与治理，加强河湖水域岸线保护，确保水域面积只增不减，维护河流湖库几何完整性。

加强小流域生态修复。推进流域水生态敏感区、脆弱区、重要生境和生态功能受损河湖的生态环境综合治理。以小流域为单元开展系统治理、精准治理，构建“从源头到入湖口”的小流域综合治理体系，提升小流域河网水体自净功能。因地制宜在污水处理厂下游、支流入干流口、河流入湖库口、河湖沿岸设计人工湿地水质净化工程建设任务，进一步改善水质，实施眉县清源污水处理人工湿地工程。

实施水域生态保护。坚持保护优先、自然恢复为主的方针，根据水生生物完整性指数及重现土著鱼类或土著水生植物的水体清单等规划目标要求，提出洄游通道保护、天然生境恢复、生境替代保护、“三场”保护与修复及增殖放流等任务要求。加强水生生物多样性调查、监测和评价。实施河湖水系连通工程，加强农村河道堰塘整治，提高水利工程的功能和使用效率，同时兼顾改善农村人居环境和河流生态。

（3）强化水资源保护和刚性约束

强化水资源统筹管理。建立水资源刚性约束制度，严格实行水资源总量和强度“双控”。科学划定水资源承载能力地区分类，对超载地区限制或暂停新增取水许可，严格限制水资源严重短缺地区城市发展规模、高耗水项目建设和大规模种植需水量高的植物。优化水资源配置，加快宝鸡市银洞峡水库、通关河水库、官村峡水库、麟游县漆水河普化水库等增强水资源调蓄能力的项目建设，实施扶风县石头河水库引水项目、麟游县天堂河水系连通工程等水资源配置工程。落实河湖生态流量实施清单式管理，制定宝鸡市河湖生态流量保障实施方案，落实管理责任，将生态流量保障目标纳入水资源调度方案、年度调度计划，加强生态流量监测预警，严格落实生态流量保障目标。

加强地下水保护。认真落实《宝鸡市地下水污染防治实施方案》，开展集中式地下水型饮用水水源补给区环境状况调查评估，深入推进地下水污染防治重点任务，保障地下水型饮用水水源环境安全，重点做好县级以上及农村“万人千吨”地下水水源地保护。积极实施渭滨区地下水污染调查、千阳县地下水污染防治分区划定等项目。到 2026 年，建立较为完善的地下水环境监测体系。

推进水资源节约与循环利用。控制用水总量。落实《宝鸡市落实国家节水行动方案实施意见》，严格实行水资源消耗总量和强度“双控”。“十四五”末万元生产总值用水量较 2020 年下降 10%。落实取水许可管理，完善取水户“一户一档”台账，形成取水许可管理信息档案库。强化用水定额管理，推进农业水价综合改革，落实节水“三同时”管理。全面推进农业节水工程。调整农业种植结构，发展节水型农业，推广节水耕作栽培和节水灌溉技术，推广农作物节水抗旱技术。

全方位保障饮用水安全。以乡镇“千吨万人”水源地为重点，全面完成饮用水水源保护区划定工作。强化城镇饮用水水源地达标治理与规范化建设，继续深入开展以县级饮用水水源地为重点的饮用水水源规范化建设，依法清理饮用水水源保护区内违法建筑和排污口，依法解决违法养殖、农业面源污染等问题。对宝鸡市县级以上水源地定期开展饮用水水源地环境状况评估工作。以县级及以上城市不达标饮用水水源地为重点，2023 年年底前完成影响水源安全的污染源排查，明确治理任务，全面开展饮用水水源达标治理。

（4）加强重要流域环境保护治理

健全流域污染联防联控机制。强化区域水环境综合治理，以流域控制单元为基础，推进水陆污染治理与生态保护修复。编制实施重点流域水生态环境保护规划，实施差异化治理。完善流域协作机制，流域上下游各级政府各部门加强协调、定期会商，实施联合监测、联合执法、应急联动、信息共享。加强重点饮用水水源地河流、重要跨界河流及其他敏感水体风险防控，编制“一河一策一图”应急处置方案。

推进渭河流域生态保护与环境治理。强化湿地湖泊保护，实施千渭之会国家湿地公园核心区景观绿化建设工程、凤翔区东湖雍城湖湿地治理项目、金台区硖石河流域人工湿地工程项目、扶风县小韦河生态湿地项目、扶风县七星河二期建设及一期提升项目等湿地保护工程项目。严格落实“河长制”“湖长制”，针对河流断面水质情况，制定“一段一策”治理措施，提升支流水环境质量及生态补水能力。开展渭河渭滨段水源涵养及生态带建设，实施渭滨区瓦峪河、塔稍河，金台区金陵河、高新区清水河、通峪河、陈仓区香泉河、金陵河、岐山县麦李河、扶风县小韦河、凤翔区小韦河、塔寺河、横水河等渭河重点支流水环境综合整治项目。

推进嘉陵江、汉江流域共抓大保护。全面推进宝鸡市境内长江流域支流综合治理，实施凤县安河、小峪河、红崖河、嘉陵江上游凤县县城过境段等重要支流水环境综合治理项目。开展长江流域生态环境综合治理，实施汉江流域水资源涵养和保护工程、嘉陵江源头及其流域天然林养护工程等生态修复措施。强化重点湖泊水质目标管理与跨界断面监测预警。落实好长江“十年禁渔”，推动水生生物多样性恢复。深化沿江重点企业环境风险评估，汉江和嘉陵江岸线 1 km 范围内不准新增化工园区。持续推进“三磷”综合整治，加强涉重金属矿产资源开发污染防治，实施凤县绿色矿业发展示范区建设项目。加强城镇生活污水处理，新建唐藏镇生活污水处理厂、太白县污水处理厂等项目，提高对生活污水的处理能力。

3．强化污染协同治理，持续改善大气环境质量

（1）实施大气质量目标管理

协同开展 $PM_{2.5}$ 和 O_3 污染控制。开展 $PM_{2.5}$ 和 O_3 污染协同防控研究，推进协同治理科技攻关。开展宝鸡市 O_3 污染成因综合分析，明确 O_3 生成潜势大的关键 VOCs 物种，确定 VOCs 和 NO_x 的协同减排比例。根据国家、省、市“十四五”发展规划及碳达峰相关工作的要求，明确 $PM_{2.5}$ 和 O_3 污染协同控制目标、路线图和时间表。从结构调整与工程减排方面推进 $PM_{2.5}$ 和 O_3 污染协同防控。统筹考虑 $PM_{2.5}$ 和 O_3 污染区域传输规律和季节性特征，加强重点区域、重点时段、重点领域、重点行业治理。编制宝鸡市大气污染源排放清单，构建宝鸡市精细化、分物种 VOCs 动态化排放清单，明确对 O_3 生成有重要贡献的涉 VOCs 重点行业，加强柴油车、非道路移动机械及成品油全链条监管。推进秋冬季 $PM_{2.5}$ 深度治理与重污染天气应对，持续开展 $PM_{2.5}$ 源解析工作，及时修订重污染天气应急预案和细化重污染天气应急减排清单。

完善大气污染综合治理体系。深化“点位长”负责制，严格落实空气质量目标责任制。完善大气污染防治协调会议制度，分别建立建筑工地扬尘、餐饮油烟、VOCs 等专项整治领导小组，明确承担主体责任的牵头及配合单位，形成齐抓共管、协同推进的工作合力。建立问题闭环机制，对发现的涉气污染问题实施动态销号工作流程，形成排查、交办、整改、反馈、督查闭环监管。研究空气质量激励奖补政策，探索实施环境空气质量生态补偿制度，鼓励实施县（区）空气质量补偿。

（2）持续加强工业污染治理

强化 VOCs 治理。开展 VOCs 排放调查及监测，编制和完善重点行业排放清单，筛选重点排放源，建立 VOCs 重点监管企业名录。综合治理石化、化工、工业园区和产业集群等六大重点行业 VOCs，全面推动企业 VOCs 治理设施升级改造。建立重点行业源头、过程和末端全过程控制体系，实施 VOCs 总量控制。将全面使用符合国家要求的低 VOCs 含量原辅材料的企业纳入正面清单和政府绿色采购清单。积极推广油气回收社会化、专业化、市场化运营。企业新建和改造治污设施，应选择合理的治理技术和设备以提高 VOCs 治理效率。加强无组织排放控制，深入实施精细化管控，提高 VOCs 治理的精准性、针对性和有效性。

持续实施重点行业提标改造。降低电力、水泥、玻璃等行业大气污染排放。实施宝鸡鸿瑞建材有限公司等 6 家工业企业污染源治理、千阳县非煤矿山无组织排放治理和工业企业扬尘源无组织排放治理等项目。严格执行重点行业主要大气污染物排放标准，“倒逼”相关企业对烟（粉）尘、SO_2、NO_x 等主要污染物治理设施进行提标改造。加强焦化、石化、水泥等行业无组织排放监督管理。

强化无组织排放控制。执行《挥发性有机物无组织排放控制标准》，加强企业全过程无组织废气的收集，强化 VOCs 物料全环节的无组织排放控制。全面实施特别排放限值，推进非电力行业 NO_x 深度减排和超低排放改造，强化工业污染全过程控制，实施全行业全要素达标排放。对大气污染排放重点行业企业及锅炉采用污染防治先进可行技术，使重点大气污染物排放浓度达到国家、省、市的超低排放要求。

（3）持续加强面源污染治理

加强移动源污染治理。加强机动车尾气污染防治，加快淘汰国三及以下排放标准的老旧车辆。逐步推广道路国六、非道路国四排放标准。推动油品配套升级，严格在用机动车环保检验管理。全面开展非道路移动源污染防治。实施非道路移动源排放调查，调查工程机械、火车机车、农业机械、工业机械等非道路移动源的污染状况，建立移动源大气污染排放清单和大气污染控制管理台账。出台完善的非道路移动机械排放管理办法，提升非道路移动新机械准入门槛。

加强扬尘综合治理。认真执行《陕西地区施工现场扬尘专项治理方案》和《建筑施工扬尘治理措施 16 条》，将扬尘污染防治纳入建筑工地开工审批条件并严格把关，将防治扬尘污染费用列入工程造价，对于落实建设项目严格实施 6 个 100%及实施视频监控和扬尘监测措施不力的企业，将其在建筑市场监管与诚信信息平台进行曝光，记入企业不良信用记录。到 2025 年，房建、市政、道路维护及大修、交通、园林绿化、水利等工程建设工地扬尘污染防治措施覆盖率达到 100%，施工现场主要道路硬化率达到 100%。继续推行高效清洁的城市道路清扫作业方式，提高机械化作业率，建立人机结合清扫保洁机制，2025 年宝鸡市建成区道路机扫率达到 80%以上。落实煤炭、商品混凝土、粉煤灰等工业企业物料堆场抑尘措施，配套建设密封物料仓库，完善场地硬化、车辆冲洗、防风墙等抑尘措施，强化涉煤堆、土堆、沙堆、料堆等重点企业的监督管理。

减少农业面源大气污染。加强秸秆焚烧监管。禁止违规露天焚烧农作物秸秆，提高农业废弃物的综合利用。完善市、区（县）、乡镇、村居四级控制秸秆焚烧责任体系。引导和鼓励农民开展秸秆还田、饲料开发、秸秆气化、果业废枝落叶科学化处理等形式的综合利用。

加强餐饮业油烟污染监管。梳理餐饮油烟类信访重难点名单，取缔一批居民反复投诉、整改无望的餐饮单位。严格新建饮食服务经营场所的审批程序。建立城管、市场监管和生态环境等部门联合执法体系及“镇街吹哨、部门报到”餐饮监管制度。加大餐饮业油烟污染、露天烧烤的执法监管力度，督促饮食服务经营场所安装高效油烟净化设施。到 2025 年，排放油烟的餐饮企业实现油烟净化设施应装尽装。

（4）持续强化燃煤污染治理

严格控制煤炭消费总量。持续扩大高污染燃料禁燃区范围，2026 年高污染燃料禁燃区范围市区建成区占比达到 100%。严格合理控制煤炭消费总量增长，优化天然气使用方向，严格落实“以气定改”政策，新增天然气气量优先用于居民生活用气和冬季取暖散煤替代。加快高新区多个热源站及供暖系统、麟游县天堂循环经济科技工业园区集中供热工程等项目的实施，实施千阳县陶瓷企业清洁能源替代、陇县城郊清洁能源供热、眉县城区清洁能源供暖系统建设、陇县城区清洁能源改造、千阳县城集中供热清洁能源替代等项目。

实行锅炉和工业炉窑全面管控。加大落后产能和不达标工业炉窑淘汰力度，加大煤气发生炉淘汰力度。实施眉县恒泰机械制造有限公司等 4 家铸造企业工业窑炉治理项目和陇县华凯、众德汇、鸿鼎等企业工业窑炉深度治理项目。加强工业锅炉烟气综合治理，实施陕西长青能源化工有限公司动力装置新增脱硫塔项目、眉县金渠机瓦厂脱硫脱硝治理项目、千阳县陶瓷行业 NO_x 治理项目，深入推进清洁能源改造或燃煤锅炉脱硫脱硝及高效除尘技术改造。推进工业炉窑全面达标排放、严格涉工业炉窑行业排污许可管理。

（5）强化大气污染区域联防联控

强化大气联防联控。加强环境协同监管和重污染天气联合应对。建立完善监测信息共享平台，加强对 NO_x、颗粒物、VOCs 等重点污染物排放的数据监控。进一步强化宝鸡市及周边地区大气污染联防联控，完善会商制度，积极推动立法、规划、标准、政策、执法等领域协同与对接，建立“以区域政府协作为主导，以市场机制为手段”的大气污染防控协作机制。强化汾渭平原大气污染联防联控，在区域同城化的框架下，统筹协调区域内大气污染防治工作。

提升重污染天气应对水平。加大大气重污染成因与治理攻关及成果应用，构建重污染天气应对技术体系，完善重污染天气应急减排清单。加快落实重点行业绩效分级、差异化管控措施，规范启动应急预案，有效应对重污染天气。深化细化大气污染源排放清单研究，强化污染治理和应急减排效果评估。实施重污染企业错峰生产，严格落实重污染应急减排措施。紧盯重点污染物、重点时段和重点领域，持续开展秋冬季大气污染综合治理攻坚行动。修订重污染天气应急预案，完善大气污染预测预报预警系统和重污染天气预警会商机制，将重污染天气应急纳入宝鸡市应急管理体系。

4．扎实推进“净土行动”，保障土壤环境质量安全

（1）完善土壤污染防治监管体系

加快构建资源整合、权责明确的土壤环境管理体系，理顺土壤保护监管机制。将净土保卫战指标任务纳入污染防治攻坚战成效考核指标体系，建立规范合理的项目储备与入库评审管理制度、绩效目标申报和评审制度。提升监管能力，完善基层监管机构，保障监管工作经费，调整充实监察执法人员，严格执法监管。

（2）加强土壤污染源头管控

加强工矿业污染源管控。严格工矿企业的环境监管，有效控制重金属、有毒化学品和POPs 进入土壤环境。动态更新土壤污染重点监管企业名录并向社会公布。将土壤污染重点监管单位纳入排污许可证统一监管，督促落实土壤污染隐患排查制度，按年度开展自行监测，监测结果向社会公开。矿产资源开发利用活动集中的眉县和凤县等县（区）严格执行重点污染物特别排放限值。

加强农业污染源管控。加强农业面源污染治理。实施化肥农药减量行动，推动精准施肥、科学用药。开展农作物病虫害绿色防控和统防统治，严控林地、草地、园地的农药使用量，禁止使用高毒、高残留农药，禁止使用含重金属、难降解有机污染物的污水灌溉，禁止使用未经检验和安全处理的污水处理厂污泥进行堆肥。加强林业有害生物防治。持续推进农膜回收行动，加快可降解农膜应用示范。

持续推进受污染耕地安全利用。实施受污染耕地利用分类管理，根据土壤污染状况和农产品超标情况，结合当地作物特征制定受污染耕地安全利用方案，应在逐步建立起安全利用技术模式的基础上逐步提升受污染耕地安全利用水平。对重度污染耕地主要选用严格管控类措施，划定特定农产品严格管控区，严禁种植食用农产品。

加强建设用地管控。强化新建项目环境准入约束，严格执行相关行业企业布局选址要求，防止在产业结构和布局调整过程中造成新的土壤污染。禁止在居民区、学校、医疗和养老机构等周边新建有色金属冶炼、焦化等行业企业。对新建排放多环芳烃、石油烃、二噁英等有机污染物或镉、汞、砷、铅、铬等重金属污染物的建设项目，按要求进行土壤环境影响评价。

加强“三废”协同治理。加强土壤与大气、水污染协同治理，推进污水与水污染治理产生的污泥同治、废气与废气治理产生的固体废物同治。加强对非正规垃圾处置场所的综合整治。完善现有固体废物处理设施防渗措施，定期对固体废物处理场所实施无害化评估。

深化土壤污染状况调查。继续完善土壤环境质量监测网络，实现土壤环境质量监测点位县（区）全覆盖。继续土壤污染状况详查工作，完成农用地土壤样品采集、转运、分析、数据上报工作，摸清宝鸡市农用地土壤污染现状。完成渭滨区土壤地块调查及风险评估项目、千阳县环保新材料工业园区土壤污染调查和凤县土壤环境现状调查评估项目。到2026 年，全面掌握重点行业企业用地中的污染地块分布及其环境风险情况。

（3）强化土壤分类管控

加强农用地分类管理。根据宝鸡市耕地土壤环境质量类别划定结果，持续推进耕地分类管理。加快优先保护类耕地集中区域的现有重点行业企业提标升级和技术改造，依法严查向未利用地非法排污等环境违法行为。通过增施有机肥，实施秸秆还田，开展测土配方施肥，提高土壤有机质含量、平衡土壤养分，通过粮豆轮作套作、固氮肥田、种植绿肥，实现用地与养地结合，持续提升土壤肥力。通过耕作层深松耕，打破犁底层，加深耕作层，推广保护性耕作，改善耕地理化性状，增强耕地保水保肥能力。控施化肥农药，减少不合理投入数量，阻控重金属和有机物污染，控制农膜残留。巩固提升受污染耕地安全利用水平，积极推进以“水肥调控、阻隔剂施用、低累积作物培育”为主要模式的安全利用措施。严格管控重度污染耕地，因地制宜调整种植业结构、进行农艺调控、加强土壤污染治理与修复，逐步降低土壤中污染物浓度，力争“十四五”期间严格管控类耕地面积不增加。

加强建设用地风险管控。加强城乡规划、供地环节的土壤环境监管，分用途明确管理措施。继续加强疑似污染地块排查，动态更新疑似污染地块名单，对纳入疑似污染地块名录的，结合再开发利用情况，及时督促土地使用权人开展土壤环境初步调查，根据调查结果建立和完善污染地块名录。定期组织开展土壤、地表水、地下水、空气等环境质量监测，发现污染扩散的，督促有关责任主体及时采取污染物隔离、阻断等环境风险管控措施。对于用途变更为住宅、公共管理与公共服务用地的地块，及时开展土壤污染状况调查。集中资源和力量分批次有重点地开展污染地块治理与修复。

5．加强噪声污染防治，优化区域声环境质量

（1）优化调整声环境功能区

扩大城市噪声达标区建设，实行多部门联动的社会管理，强化社会生活噪声控制。根据宝鸡市城市发展和环境管理的需要，依据《中华人民共和国环境噪声污染防治法》、《声环境质量标准》（GB 3096—2008）、《声环境功能区划分技术规范》（GB/T 15190—2014），开展宝鸡市声环境功能区的划定和调整工作。

（2）大力推进噪声污染防治

加强交通噪声污染防治。道路两侧超标区域采取绿化隔离、隔声屏障或隔声窗等工程治理措施。治理大型货车噪声污染，禁止不符合噪声标准的车辆上路行驶，适当优化划分城区货车禁行区。完善公共交通网络，减轻道路交通负荷，降低公共交通噪声污染。加大对违法鸣笛的查处力度。完善铁路隔声降噪减震措施及运行管理制度。

落实社会生活噪声污染防治。强化社会噪声源的监督管理，严格控制服务业噪声污染，有效治理冷却塔、水泵房等配套服务设施造成的噪声污染，确保场界环境噪声达到国家规定标准限值；加大生活噪声社会化管理力度，有效解决广场舞噪声扰民问题、对室内装修进行严格规范，加大执法和处罚力度，提高生活噪声监测和监管的次数。

推进工业噪声污染防治。建立噪声污染源创建登记管理制度，对重点噪声污染源企业开展定期跟踪监督性监测，限期治理噪声超标企业，确保厂界噪声达标率 100%；实施“闹静分离”，严禁在居民密集区、学校、医院等附近新改扩建有噪声或震动危害的企业、车间及其他设备装置；加大敏感区内噪声排放超标污染源关停力度，每年关停、搬迁和治理一批噪声污染严重的企业。

重视建筑施工噪声污染防治。严格建筑施工噪声申报审批制度，加强施工噪声排放申报管理，严格实施建筑施工环保公告制度；加强建筑工地管理，建设噪声自动监测系统，对建筑施工进行实时监督，鼓励使用低噪声施工设备和工艺；以噪声环境敏感区域与敏感时段为重点，加强市政建设、建筑工地、道路施工等噪声污染防控；严格审批夜间施工作业，在噪声敏感区和中、高考等特殊时段，禁止夜间施工，减少夜间噪声污染。

6. 创新绿色循环理念，加强固体废物污染防治

（1）加强一般固体废物污染防治

推动工业固体废物综合利用。深入推进“无废城市”高质量建设。强化涉固体废物建设项目的环境准入管理。加快推进宝鸡市 4 个省级经济开发区及 16 个市（县）级工业集中区园区循环化改造项目，对重大技术改革项目，通过税收减免、返还、配套经费优惠等措施在政策和资金上给予扶持，有效地从源头减少一般工业固体废物产生量。到 2025 年，一般工业固体废物综合利用率提高幅度持续改善。

加快推进生活垃圾源头减量化。深化市场化运作，加强对垃圾分类回收、处理企业的服务监管。着力推进垃圾分类智能化、科技化，采用先进技术、工艺和装备，加快建设以焚烧为主、其他处理方式为辅的生活垃圾处理模式。加快推进宝鸡市生活垃圾分类处理项目，实施宝鸡市生活垃圾发电项目。到 2025 年，市区基本建成生活垃圾分类处理系统。生活垃圾处置企业污染排放数据实时公开，监测、监控设备在线联网，形成社会监督机制。

（2）加强危险废物收集处理能力

加强医疗废物综合治理与应急能力建设。完善医疗废物收集处置体系，补齐医疗废物处置工作短板，及早实现宝鸡市药物性、化学性、病理性 3 类医疗废物集中收集、转运、处置。建立健全医疗机构废弃物监督执法结果通报、监管资源信息共享等部门联合监督执法机制。完善医疗废物应急预案，建立医疗废物协同应急处置设施清单，完善处置物资储备体系。

着力提升危险废物监管与利用处置能力。根据危险废物的危害特性和产生数量，实施分级分类管理。完善危险废物重点监管单位清单。加强危险废物产生单位的规范化管理。严厉打击和查处涉危险废物的环境违法行为。建立电子联单、车辆 GPS 定位系统“两位一体”的危险废物运输监管体系，力争每个县建设一个危险废物收集转运中心，对辖区危险废物实施统一监管、收集和转运。在高新区建设危险废物集中处置项目，解决高新区大量废酸和废矿物油异地处置增加转运风险和处置成本的问题。到 2025 年，危险废物利用处置率稳定保持 100%。

7. 强化风险源头防范，提升健康风险管控水平

（1）强化风险预警防控与应急管理

全面提升环境风险管控能力。统筹谋划宝鸡市全域内生态环境监测能力，提高对无人机精确调查等多种技术手段的使用，重点关注秦岭、渭河等生态保护空间与重金属、行工等相关行业，及时发现风险，实施分类管控，将防控手段前置，减小损失。编制负面清单。

加强应急管理能力建设。建立健全环境风险预警应急机制，切实提高应对和处置突发性环境事件的能力。加强重点区域环境应急监测体系建设，构建应急监测响应、数据报送、信息通报、协调联动等机制。建立健全专家库，争取建立市级环境应急与事故调查中心，加强环境应急管理能力，切实履行应对突发事件过程中的跨区域联动机制。

加强环境风险源头防控。强化区域开发和项目建设的环境风险评价，对涉及有毒有害化学品、重金属和新型污染物的项目，实行严格的环境准入把关。完善环境风险差异化动态管控体系，实施“一园一策”“一企一策”，开展饮用水水源地、重要生态功能区环境风险隐患排查。加强涉危涉重企业环境风险调查评估，加强对重金属、化学品、危险废物等相关行业的全过程环境风险监管，实施分类分级管控。

（2）推进重金属污染防控

系统规划重金属污染防治工作，禁止在重要生态红线保护区、环境敏感区和已无环境容量的流域新建排放主要重金属污染物项目。在矿产开发集中区域实施有色金属等行业污染整治提升行动，实施凤县历史遗留重金属污染源整治等项目；加强尾矿库环境风险防控，完成所有尾矿库“一库一策”安全风险管控方案编制。杜绝非不可抗力因素导致溃坝事故引发次生环境污染事件，实施凤县三合矿业有限公司尾矿库风险管控示范项目、嘉陵江流域尾矿库污染治理和生态风险防范项目。对产生和排放重金属的企业全部实行在线自动监控，加大对涉重金属企业的监督检查力度，及时向社会公布监管情况。到 2026 年，宝鸡市涉重金属产业结构进一步优化，工艺设备、污染防治和清洁生产水平明显提升，重金属环境监控能力明显提高。

（3）提升核与辐射安全监管水平

严格按照辐射建设项目审批的相关规定，进一步规范辖区内辐射建设项目的审批备案，全面落实辐射安全许可证制度，加大现场检查和执法力度，力争实现辐射工作单位全部持证经营。做好闲置废弃放射源收储工作，强化废旧金属熔炼行业监管，杜绝放射源误熔事件。加强辐射监管能力建设，保证金桥辐照中心、宝鸡桥梁厂等重点核技术利用单位的日常核安全监管。加快推进太白县钨制品厂、宇恒钨钼制品有限公司退役开放性工作场所的治理修复工作。加强电磁辐射管理，完善宝鸡市辐射环境质量监测网格，配合省辐射站开展辐射环境质量监测工作。健全核与辐射事故应急体系，开展辐射事故应急演练，不断提升宝鸡市核与辐射应急处置能力和水平。

（4）加强化学物质环境风险防控

坚持分类管理、源头预防、综合管控、公众知情的原则，严格化学品行业准入，加强新化学物质管理，开展新污染物筛查、评估与环境监测。全面落实在《产业结构调整指导目录》中有毒有害化学物质淘汰和限制措施，强化绿色替代品和替代技术推广应用。加快淘汰、限制、减少国际环境公约管控化学品的使用。加强现有化学物质风险管控，优化调整高风险化学品企业布局，严格化学品集中区风险管控。研究建立宝鸡市危险化学品全生命周期信息监管系统，实现危险化学品来源可循、去向可溯、状态可控，做到企业、监管部门、执法部门及应急救援部门之间互联互通。

（5）全面加强健康环境风险管理

探索划定环境与健康风险区，探索高风险区域重点项目健康风险评估制度，有效支撑环境与健康危害的管理决策。对环境污染问题突出或居民反应强烈的高风险区域开展环境与健康调查，采取有效措施降低环境健康损害风险，确保不发生大规模环境污染损害健康的事件。依据有毒有害污染物名录，结合环境与健康监测、调查、风险评估结果，将已对公众健康造成严重损害或具有较高环境健康风险的相关企业事业单位纳入重点排污单位名录，依据国家规范将有毒有害污染物相关管理要求纳入排污许可制度管理，并依法对排污单位安全隐患排查、风险防范措施等行为进行监督检查。

11.5.3 严格空间开发管控

1．构筑生态安全屏障

筑牢秦岭、关山、千山生态安全屏障。加快以秦岭保护和渭河流域生态治理为重点的生态屏障建设，统筹渭河、嘉陵江流域生态修复，加快渭河、千河、北坡等生态廊道建设，构建渭河平原生态林网。推进秦岭北麓生态文明示范带、沿黄防护林提质增效等工程。加大关山草地等重点区域生态保护修复力度，打造关中北山绿色重建带，推动南部山区、北部山区、西部山区生态保护和绿色发展。

连通生态廊道，提升生态网络韧性。加强市域生态节点及周边生态保护，构建区域生态保护网络体系。以渭河、嘉陵江干流及其支流清姜河、石头河、小韦河等河网绿化为重点，建设河湖自然岸线防护林体系；在市域主要高速公路、铁路、农村道路两侧建设绿化带和生态缓冲带，串联重要生态源地。建设中小型水库鱼类洄游产卵通道，构建河湖连、多层循环生态健康的水网体系；构建以自然保护地为核心生境、周边生态功能空间为缓冲区、流域和山脉为骨架的生态网络。

加快城市蓝绿空间建设，构建蓝绿生态网络体系。研究开展国家环境保护模范城市建设试点和示范建设。结合“城市双修”“水润宝鸡”建设，遏制由于城镇开发建设扩张导致的城市生态系统超载、半自然生境减少、生态空间挤占的趋势。依托现有的山水脉络，合理布局绿地水系生态空间，串联丰富多样的绿地体系，打通城市内部水系、绿地和城市外围河湖、森林、耕地，形成城镇生态系统，恢复城市生态系统的自我调节功能，强化城镇河道生态岸线保护，布设生态河堤和绿化廊道，实行河道清淤，缓解城市内涝，提高城市生态韧性。加强生态公园建设，新建城市公园和城市广场，提升城市生态系统健康。推动秦岭生态单元、黄河流域（宝鸡）生态环境智慧治理，加快构建智慧高效的宝鸡市生态环境信息化体系，运用数字技术推动秦岭生态单元、黄河流域（宝鸡）山水林田湖草沙一体化保护和系统治理，完善宝鸡市自然资源三维立体“一张图”和国土空间基础信息平台，构建以数字孪生流域为核心的智慧水利体系。

2. 优化国土空间布局

构建“三屏两水一平原”国土空间生态修复格局。衔接《宝鸡市国土空间总体规划（2021—2035 年）》的生态安全格局，统筹考虑宝鸡市生态系统质量、生态系统服务功能、经济社会发展等方面，以自然地理格局、主导生态功能和保护修复目标为基础，构建宝鸡“三屏两水一平原”国土空间生态修复格局。筑牢“三屏”，指筑牢生态安全屏障，包括秦岭生物多样性保护与水源涵养生态屏障，关山、千山水土保持与水源涵养生态屏障。秦岭生物多样性保护与水源涵养生态屏障主要任务是严格落实《陕西省秦岭生态环境保护条例》相关要求，重点保护拓展秦岭低山丘陵区域野生动物栖息地，保护天然林和国家生态公益林，增强区域生物多样性和水源涵养功能，有效保护秦岭山区生态环境。关山、千山水土保持与水源涵养生态屏障的主要任务是推进生态修复增绿，加强植被保护与修复，增强水土保持功能，提升涵养水源能力。提升“两水”，指提升两个流域，包括渭河流域和嘉陵江流域。渭河流域主要任务是着力提升渭河水系河道及其沿岸管控区域的绿色生态岸线保护，严控渭北地下水开采，加强生态补入，改善河道生态用水供需失衡，构建以渭河水系为绿色廊道，渭河平原为绿色空间的优美生态基底，加速融入黄河流域高质量发展生态安全格局。嘉陵江流域主要任务是治理水土流失、开展退耕还林还草，增强水源涵养能力。建设“一平原”，指建设关中平原宝鸡段，主要任务为实施城市更新行动，提升城市品质，完善县城重点镇功能，推动乡村全面振兴，推动现代农业高效发展。

构建“一核三带两轴多支点”城乡发展总体布局。实施中心城区“东进、南控、西优、北延、中强”战略，形成“一主两副多组团”布局，促进生产空间集约高效、生活空间宜居适度、生态空间山清水秀，建设绿色美丽宜居家园。“一核三带两轴多支点”是依托优美生态基底，坚持城区、农区、园区、景区一体发展，着力构建以主城区为核心引领，渭河百公里现代城镇和产业聚集发展带、渭北县域经济发展带、秦岭绿色生态发展带“三带协同”，银昆高速宝鸡段沿线发展轴、麟法汤高速沿线发展轴“两轴联动”，县城、重点镇、重点园区、重点景区多点支撑的城乡发展总体布局。

落实主体功能区战略。在各县（区）资源环境承载能力评价的基础上发挥各地比较优势，确定主体功能定位，逐步形成城市化发展区、农产品主产区、生态功能区三大空间格局，实现生产空间集约高效、生活空间宜居适度、生态空间山清水秀。完善国土空间开发保护政策举措，把支持经济发展和集聚人口的政策进一步向城市化发展区聚焦，把支持农业发展的政策进一步向农产品主产区聚焦，把支持生态环境保护的政策特别是生态保护修复的政策进一步向生态功能区聚焦。梳理国家重点生态功能区县域考核中存在的短板，以问题为导向，加强重点生态功能区县域生态修复和污染治理，强化过程管理和政策制定，争取更多生态功能区专项转移支付资金。

加快编制市（县）级国土空间总体规划。编制宝鸡市“三级三类”国土空间规划体系，科学确定开发规模、强度、结构、布局和时序，制定差别化资源配置和空间开发政策，推动产业向园区集中、土地向规模经营集中、人口向城镇集中，实施国土空间监测预警和绩效考核机制。

3. 加强全域生态空间用途管制

实施“三线一单”生态环境分区管控。依据《宝鸡市区域空间生态环境评价“三线一单”技术方案》，落实生态保护红线，识别生态空间。根据主导生态功能定位，实施差别化管理，确保生态保护红线生态功能不降低、面积不减少、性质不改变。统筹划定生态保护红线、永久基本农田、城镇开发边界“三条控制线”，实行最严格的管控，构建“一核引领、三屏维育、三带协同”的国土空间开发保护总体格局，形成宝鸡市国土空间开发保护“一张图”。

强化一般生态空间管制。一般生态空间原则上按照限制开发区进行管理。功能属性单一、管控要求明确的一般生态空间，按照生态功能属性的既有规定实施管理；具有多重功能属性且均有既有管理要求的一般生态空间，按照管控要求的严格程度，从严管理；尚未明确管理要求的一般生态空间，限制有损主导生态服务功能的开发建设活动。划入一般生态空间的森林公园、饮用水水源保护区、水产种质资源保护区等法定自然保护地，空间布局约束要求按现行法律法规执行。

加强高标准农田建设。按照上级下达任务，分阶段分重点有序开展高标准农田建设。开展田块整治、沟渠配套、节水灌溉、林网建设和集成推广绿色农业技术等措施，调整优化农田生态格局，增强农田生态防护能力，减少农田水土流失，提高农业生产投入品利用率，降低农业面源污染，保护农田生态环境。完善农田基础设施、提升耕地质量、改善农业生产条件，降低农业生产成本、提高产出效率、增加土地流转收入，提升农业生产综合效益。把建成的高标准农田划为永久基本农田，实行特殊保护，遏制“非农化”、防止“非粮化”。启动已建高标准农田改造提升。

扎实推进自然保护地整合优化。推进自然保护地整合优化，有序解决保护区历史遗留问题。到2025年建成以秦岭国家公园（宝鸡）为主体的自然保护地体系，形成布局合理、类型齐全、功能完善、管理规范、效益显著的自然保护地保护管理体系，自然保护地的功能更加完善。

4. 推进山水林田湖草沙一体化保护和系统治理

保护秦岭生态环境。开展“绿盾”行动和秦岭生态空间治理十大行动，推进数字秦岭建设。坚持秦岭区域全覆盖原则，重点抓好“五乱”问题专项整治。严格按照《陕西省秦岭生态环境保护条例》《陕西省秦岭生态环境保护总体规划》等省级专项规划及《宝鸡市秦岭生态环境保护规划》和县（区）实施方案，完成涉秦岭县（区）勘界立标工作。严格执行产业准入清单制度，规范乡村旅游等生产经营活动，完成小水电站等专项整治工作。全面推行林长制，开展水土流失治理、矿山地质环境治理恢复、生物多样性保护、生态保护修复等试点示范工作，重点推进凤县矿区生态环境综合治理。到2025年，秦岭区域生态功能水平不断提升，森林覆盖率稳定在72%以上，野生动物重要栖息地面积保护率超过65%，湿地保护率超过37%，饮用水水源水质达标率达到100%，嘉陵江出市境断面水质达到相应标准，历史遗留矿山地质环境治理率达到70%以上，真正还秦岭以宁静、和谐、美丽。

推进矿山生态修复建设。全面调查评价历史遗留矿山生态破坏与污染状况，重点实施矿区地质环境治理、地形地貌重塑、植被重建等生态修复和土壤、水体污染治理，探索利用市场化方式推进矿山生态修复，开展矿区污染治理和生态景观修复试点示范，实现矿产资源开发和生态环境保护的良性循环。积极实施眉县露天采石矿山综合治理项目、扶风县废弃遗留矿山生态环境恢复治理工程、凤县矿区生态恢复治理项目、凤县绿色矿山建设与工业产业循环化改造项目，逐步恢复矿区生态环境。落实绿色矿山标准和评价制度，加快凤县、太白县、麟游县等矿产资源集中开采区绿色矿山建设。

强化湿地湖泊保护。对自然湿地和具有重要生态价值的人工湿地，实行全面保护和科学修复，对受损及退化的湿地和湖泊，以自然恢复为主、人工修复为辅，通过生态驳岸建设、河岸植被修复、面源污染防控及河道疏浚等综合措施。构建重要湿地、湿地自然保护区、湿地公园等类型的湿地保护网络。建立湿地信息管理和监测系统，开展典型退化湿地生态修复试验示范。到2025年，逐步提高湿地保护管理能力和水平，湿地生态和重要湿地物种栖息地环境得到改善。鼓励市（县）相关部门积极开展国家和省级山水项目申报、国际国家双重工程项目及中央污染防治资金入库（流域系统性治理、湿地保护修复治理）。

强化水土保持。以秦岭地区和关中北山小流域建设为重点，加快渭河流域及关中水系水土保持综合治理。在水土流失严重区域开展以小流域为单元的山水田林路村综合治理，加强坡面、河沟道及村庄等重点治理区的水土流失与面源污染综合整治。推动汉丹江流域凤县段水土流失综合治理三期项目、眉县水土流失治理项目的实施。有序开展退耕还林还草，退田还湖还湿，从源头减少水土流失。

创新开展监测评价。依据宝鸡市国土空间规划“一张图”，将绿化任务和绿化成果落到实地、落到图斑、落到数据库，重点生态保护修复工程要推进作业设计编制、施工、检查验收全过程监管，全面监测宝鸡市林草资源状况变化。构建天空地一体化综合监测评价体系，运用自然资源调查、林草资源监测及年度更新成果，提升国土绿化状况监测信息化精准化水平。按照林草一体化要求因地制宜设定评价指标，制定国土绿化成效评价办法，科学评价国土绿化成效。

5. 进一步加强生物多样性保护

实施生物多样性保护重大工程。优化生物多样性观测网络布局，建立指示生物观测和综合观测相结合的观测站点。持续开展宝鸡市生物多样性本底调查、观测与评估，评估重点物种受威胁状况，识别生物多样性保护关键区域。统筹就地保护和迁地保护，建立野生动植物救护繁（培）育中心及野放（化）基地，加强国家重点保护和珍稀濒危物种拯救繁育、野化放归和增殖放流，加强重点物种栖息地、原生境的保护与修复，连通重要物种迁徙扩散生态廊道，构建生态保护网络。实施高新区林业产业生态环境提升工程，建设野生动植物监测系统保护系统和林业有害生物的监测预警系统，为秦岭生态环境监测提供物质保障。充分发挥水产种质资源保护区的作用，强化特色土著鱼类和水生植被保护管理，降低人为活动对物种繁衍生息的破坏和干扰，保持和恢复野生动植物物种种群平衡，有效提升区域物种丰富度。

加强生物安全监管。严格管控外来物种，持续开展自然生态系统外来入侵物种调查、监测和预警，加强外来入侵物种和转基因生物的安全管理，及时更新外来物种名录，秦岭地区重点防控松材线虫病等重大生态安全风险。加强对自然保护地、生物多样性保护优先区域等重点区域外来入侵物种防控工作的监督，开展自然保护地外来入侵物种防控成效评估。加强生物技术的环境安全监管，建立健全生物技术的环境风险评价、检测、监测、预警和安全控制体系。

保护珍稀物种栖息地，维护生物多样性。以秦岭国家公园（宝鸡）为重点，加强重点物种栖息地、原生境的保护与修复，构建生态保护网络，连通重要物种迁徙扩散廊道。维护秦岭生态系统多样性，全面加强大熊猫、金丝猴、羚牛、朱鹮等珍稀濒危物种栖息地保护和恢复，建设国宝朱鹮千阳繁育保护中心。因地制宜地实行生态移民搬迁工作。

11.5.4 构建生态经济体系

1. 推动生态产业发展

（1）推动工业绿色化发展

融入丝绸之路经济带，促进宝鸡市产业国际化。积极融入国家“一带一路”倡议和发挥宝鸡作为“一带一路”核心节点城市的优势，鼓励龙头企业走出去，富余产能转出去、技术标准带出去，促进引进外资和对外投资。到 2025 年，实现对外投资中方协议投资额年均增长 10%，工业出口总额占工业总产值比重达到 15%以上。

实施绿色制造，打造低碳发展模式。加快老工业城市转型步伐，构建以先进制造业为引领的现代产业体系，培育一批千亿级的先进制造业产业集群，打造成为关中先进制造业走廊上的重要产业节点。鼓励高新区等工业园区积极创建国家生态文明建设示范区（生态工业园区）。鼓励企业及省级以上开发区积极创建绿色工厂、绿色产品、绿色供应链、绿色园区等。宝鸡市 20 个单位入选国家级和省级绿色制造名单，在建材、纺织等重点行业，围绕节能环保、资源综合利用、再制造等领域组织实施能效提升、清洁生产、节水治污、循环利用、源头减量等专项技术改造，大幅削减工业烟（粉）尘、SO_2、NO_x 和 VOCs，到 2025 年实现单位工业增加值能耗降低 22%，单位工业增加值用水量降低 22%，单位地区

生产总值 CO_2 排放强度下降18%。

实施园区循环化改造。推进各工业园区按照循环经济的减量化、再利用、资源化优先原则，改造存量、构建增量，优化空间布局，调整产业结构。提升工业能效水平，推动凤翔长青工业园、麟游天堂循环经济科技工业园等工业园区循环化改造，鼓励园区企业间副产物交换利用、能源梯级利用、土地集约利用和水的循环利用，形成5个循环经济示范园区，其中1～2个省级及以上循环经济示范园区。建成20家循环经济示范园区，实现企业生产过程清洁化、废物循环资源化、能源利用高效化。按照《关于利用综合标准依法依规推动落后产能退出的指导意见》，根据能耗、环保、质量、安全、技术等综合标准科学界定落后产能，综合运用法律法规等手段推动落后产能退出。

推进再生资源回收利用。着力构建规范、高效的再生资源回收利用体系，规范回收市场秩序，加快再生资源回收利用的产业化进程，重点抓好废旧金属、废橡胶、废旧轮胎、废旧家电、废塑料、废纸、废弃油品等的回收利用。引导再生资源企业进入专业化园区集群发展，加快形成覆盖分拣、拆解、加工、资源化利用和无害化处理等环节的完整产业链。着力加强再生资源深度加工利用，提高产品附加值。

（2）大力发展现代生态农业

大力发展生态都市农业。重点发展近郊都市农业、观光农业，在中心城区周边农业区将农业与服务业嫁接，构建休闲观光农业产业链，实现宝鸡市农业在农民增收、市民生活质量提高、农村环境优美的“三赢”局面。支持凤县、太白县发展秦岭中央公园、蔬菜公园，建设省级休闲农业示范县。在保护开发传统凤翔泥塑、岐山、扶风民俗旅游、千阳刺绣、金台观光农业等基础上，坚持“农旅结合、以农促旅、以旅强农”，启动休闲农业与乡村旅游示范创建活动。

大力发展智慧农业。积极推进数字农业农村建设，加快农业生产经营数字化改造，建设数字田园、数字果园，发展智能“车间农业”，支持县（区）开展数字农业农村试点县建设，全面推进数字技术的综合应用和集成示范，建设一批数字农业试点项目，全域推进农业数字化改造，探索可复制、可推广的建设模式。加快眉县全国“互联网+”农产品出村进城工程试点县建设，支持眉县、千阳县、陇县、太白县等有条件的县（区），围绕优势主导产业，开展水肥灌溉、环境监控、质量安全、仓储物流、加工销售等全产业链数字化赋能试点。拓展乡村振兴和智慧畜牧业两个大数据平台功能，推动脱贫攻坚大数据平台对接迁移，建设宝鸡农业农村大数据平台。

发展现代农业产业园。按照“一县一园”或“一县多园”模式，启动国、省、市、县现代农业产业园“四级联创”。巩固提升眉县国家现代农业产业园功能，不断延展产业链条，建成全国农业现代化率先突破区、核心示范区和引领发展区。积极推进太白县高山蔬菜、千阳县奶山羊、凤县苹果等省级现代农业产业园接续创建国家级产业园，力争“十四五”入围国家级现代农业产业园。支持凤翔区、陈仓区、麟游县、岐山县和扶风县等县（区），大力发展首位产业，创建省级现代农业产业园，实现所有县（区）省级现代农业产业园全覆盖。加大市级产业园创建力度，命名一批市级现代农业产业园。实现所有县（区）省级现代农业产业园全覆盖。到 2030 年，建成国家级现代农业产业园 3 个以上，培育年产值过亿元农产品加工企业 50 户以上。

加快农业全产业链培育。打造一批创新能力强、产业链条全、绿色底色足、安全可控制、联农带农紧的农业全产业链，为区域优质农产品供应中心建设提供坚实支撑。围绕产业发展、农产品加工、三产融合、产品销售，以完善利益联结机制为纽带，布局产业，延长链条，从抓生产到抓链条、从抓产品到抓产业、从抓环节到抓体系转变，纵向拓展农业新业态、贯通产加销，横向拓展农业新功能、融合农文旅。力争到 2025 年，宝鸡市打造粮油、奶山羊、苹果、猕猴桃 4 条百亿产业链，生猪、蔬菜、中药材、蜂 4 条十亿级产业链。

完善秦岭林业产业发展。加大天然林保护和修复，强化森林经营，提高林分质量，增强水源涵养和水土保持功能；以陕西省打造秦岭国家公园为契机，全面保护和恢复湿地资源，整合优化自然保护地，保护野生动植物及生物多样性；预防森林火灾和林业有害生物；对陡坡耕地和山洪地质灾害易发区耕地实行退耕还林；加强秦岭北麓、关山浅山台塬区生态修复和嘉陵江两岸防护林建设，提高林草植被质量。建设优质花椒、核桃等为主的木本油料基地，林麝、中药材为主的种植养殖基地，秦岭红豆杉、云杉、油松为主的重点林木良种基地，以及森林康养基地，以生态保护促经济发展，实现区域生态系统结构的稳定和服务功能的全面提升。

（3）加快发展现代服务业

重点发展节能环保服务业。结合“互联网+”等新业态，吸引培育一批节能服务公司、环保服务公司、资源回收综合利用服务公司，为企业节能设计、节能诊断、节能量检测审核、清洁生产评价、环境影响评价等提供支撑，打造“一站式”合同能源管理综合服务平台，推进“互联网+”节能模式，鼓励发展环保服务总承包和环境污染第三方治理。

打造绿色流通行业。全力打造空、公、铁、水联运，促进多种物流运输方式的合理分工运行。构建物流信息服务平台，整合仓储、运输和配送信息，优化配送网络。加快建设绿色仓储空间，支持仓储设施利用太阳能等清洁能源。鼓励配送车辆使用节能环保和新能源汽车。推广可多次利用的包装，加强对废弃包装物的回收和再生利用。

构建大健康产业体系。依托秦岭山水、渭河湿地等生态环境优势，建设眉县西北（滨河）康养城、颐星太白康养城等项目，发展以旅居养生、山地运动为主题的森林康养、温泉疗养、漂流垂钓康养，打造生态康养产业聚集区；依托凤翔、扶风、麟游、千阳等“非遗”文化优势，实施九成宫康养公园等项目，发展民俗体验、农垦劳作、田园休闲康养，打造文化休闲康养聚集区；依托陈仓区、凤县、太白县等优质中药材及“岐伯故里”和“王焘故里”两个中医药文化传承基地，发展中医养生、健康养老、康复调养等康养项目，打造中医药康养产业聚集区，全面提升康养产业基础设施条件。鼓励有条件的地区积极创建康养旅游示范基地。推进康养与体育产业融合发展，积极推广覆盖全生命周期的运动健康服务，构建运动产业生态圈。以城市绿道、健康步道、运动公园、游泳场馆、多功能健身场地、全民健身中心等项目建设为重点，加快覆盖城乡的“15 分钟健身圈”建设。

（4）推动旅游产业高质量发展

推动文旅商体融合发展。打造精品赛事、动感城市，带动消费升级，培育新兴产业，最大限度地将人文景观和自然山水转化为产业优势、发展优势。坚持以文促旅、以旅兴商、商体联动。挖掘历史文化的时代价值，发展广播影视、演艺娱乐、数字出版等文化产业，培育一批年收入过亿元文化企业，打造一批具有区域影响力的中心商圈、特色商业街区。推进国家文化和旅游消费试点城市建设，实施“引客入宝”行动，发展红色旅游、温泉旅游、体育旅游、研学培训、冰雪运动、户外休闲、民俗体验等新产业新业态，打造千亿级文旅产业集群。

全力突破都市旅游。着眼副中心城市长远发展，抓好都市旅游 8 项重点任务落实，着力构建“一核三带、多点支撑”的空间格局。以天台山为主体，整合中华石鼓园、茵香河片区旅游资源，一体推进国家 5A 级景区和国家级旅游度假区创建。持续推进北坡生态人文观光带、渭河两岸城市景观带、南山户外运动休闲带建设，加快啤酒文化街、雍城集市等特色街区建设，创新推出一批夜游项目和精品文化演艺，建设一批文旅商体融合发展示范区。开展都市旅游线路“织网”行动，新建宝鸡南站游客集散中心，策划市区“快旅慢游”线路，增开旅游公交专线，增强城市旅游服务功能，推动都市旅游提速发展。

大力提升全域旅游。紧紧围绕文化和旅游高质量发展一条主线，通过推进观光旅游向休闲度假旅游升级的新阶段、创新门票经济向产业链条经济转化的新模式、打造点状布局向区域集聚的新格局三大路径，打造周秦文化休闲度假、秦岭山水生态度假、西府民俗乡村度假、红色工业研学度假四大旅游休闲度假品牌。以创建国家全域旅游示范市为引领，实施全域旅游“八个一”行动，推进关山草原—九龙山—大水川国家 5A 级景区和国家级旅游度假区创建，加快千湖湿地、西府老街、黄柏塬等 4A 级景区和嘉陵江源头等省级旅游度假区创建，着力打造一批高品质景区。深入挖掘资源禀赋，规划期内每年每个县（区）推出一桌特色美食、开发一套文创产品、构建一组宣传矩阵、组建一个文化旅游产业发展平台公司，着手打造一条精品街区、策划一台常态化演艺剧目、推进一批星级旅游饭店建设，推动文化旅游产业品质、效益双提升。

不断健全支撑体系。实施旅游产业高质量发展行动计划，市财政每年安排 1 亿元文旅产业发展专项资金，加快组建市文旅发展集团，带动旅游产业投入。持续加强文化旅游宣传营销，高水平办好第文化旅游节系列活动。继续实施“引客入宝”行动，推进西宝一体化大旅游圈建设，积极拓展陕甘川宁等毗邻地区客源市场，完善一体化智慧旅游平台，提升游客服务中心等配套设施，夯实旅游产业发展基础。

2．推进产业结构调整

着力构建“45511”现代产业体系。把握城市群内产业分工规律，把实体经济特别是制造业做强做优做大。做强钛及新材料、汽车及零部件、优势装备制造、食品工业四大优势产业；做优现代物流、研发设计、现代金融、商务会展、信息技术五大生产性服务业；做大航空航天、新能源、机器人及关键零部件、电子信息、生物医药与健康设备五大新兴产业；推动高端能源化工产业发展；推动文旅商体融合发展。到 2026 年，以先进制造业为引领的现代产业体系基本形成，四大优势产业产值全部突破千亿，战略性新兴产业增加值占 GDP 比重达到 15%以上，实现产业基础高级化、产业链现代化。

推进产业技术改造，提升高端化发展水平。制订企业以智能化、服务化带动传统产业生产装备与生产过程改造升级推进计划。加大对技术改造的支持力度，加强项目建设管理和后评价。围绕服务型制造、智能制造等方向，积极推进汽车产业向节能和新能源汽车产业转型，发展汽车全生命周期服务。推进石油装备、高档机床向智能化装备升级，大力发展装备定制化设计、制造及装备管理等工业服务。推动电子信息产业开发智能物联、航空航天、工业装备通信与传感器等新产品及全生命周期服务。引导高科技企业、创新创业企业积极拓展未来网络、卫星应用、智能机器人、3D 打印等前沿领域。

大力发展新能源产业。推进太阳能、风能规模化开发利用，以陇县、千阳、凤翔、麟游等宝鸡市光照资源较好地区为重点，发展基地型农光互补光伏电站项目和风电项目。鼓励园区建设综合能源及微电网项目。实施生物质资源利用工程。积极推进宝鸡市、扶风、岐山、麟游等县（区）生活垃圾焚烧发电工程建设，加快生活垃圾焚烧发电工程在宝鸡市布局建设。重点开展氢能全链条区域综合应用示范，建设制氢储氢氢燃料电池示范基地项目。开展氢能应用推广，大力推广物流车、公交车、叉车等氢燃料电池车辆使用。积极推进加氢站项目建设实施。到 2025 年年末，氢能利用物流汽车运行规模达到 50 辆以上。到 2026 年年末，新增新能源车辆占新增城市配送车辆的 55%以上。加快城市道路客运领域新能源车辆的应用，到 2026 年，宝鸡市城市建成区新增加和更新的公交、环卫、邮政、出租、通勤、轻型物流配送车辆使用新能源或清洁汽车比例不低于 80%，同步配套建设充电桩（站）。

推动工业转型升级高端化发展。大力发展智能绿色制造技术，采用先进适用节能低碳环保技术改造提升传统产业，加大纺织、轻工、建材等行业兼并重组和技术改造力度。重点发展新能源、新材料、生物技术和新医药、节能环保等战略性新兴产业，探索与现有产业融合发展。提升高耗能行业能效水平，合理压缩水泥、陶瓷产能，逐步淘汰工艺落后的铸造、有色冶炼产能，火电向热源替代方面发展。

3．应对能源改革挑战

加大能源基础设施投入。加强铁路物流基础设施建设，优化煤炭物流布局，整合麟北煤田运输通道，建设集煤炭贮存、加工、运输三位一体功能的麟游煤炭物流园区，实施宝麟铁路延伸段连接崔木煤矿、招贤煤矿工程，实现麟北煤田煤炭运输全部“公转铁”，降低煤炭外运成本，提升煤炭外运能力和效率。提升气源保障能力。实施中石油西气东输二线麟游 86 号阀室至宝鸡市区天然气管网建设，形成宝鸡市双气源保障。推进留坝至凤县天然气输气管道建设项目，解决凤县不通管道气问题。推进县城及城乡接合部等地区燃气管网铺设，扩大气化乡镇和人口数量，到“十四五”末，实现宝鸡市主要城镇地区天然气管网全覆盖。结合风力光伏发电、分布式能源微电网等开发和建设，开展综合性储能技术应用示范。

推进能源科技创新。建设一批智能化示范煤矿，加快煤矿企业技术和装备升级，推进以5G+智能综采工作面为基础的智能化技术改造。持续开展能源技术及装备科技创新，推动能源装备制造产业转型升级。加快能源科技创新体系建设，加大支持能源科技创新力度，加快科技创新平台建设，依托能源重点工程重大项目，推动重大核心技术和关键装备自主创新。推动陕西麟游经济技术开发区、凤翔长青工业园区与中国科学院、国内能化产业大型央企、高校深度合作，建立煤炭开采与转化研究重点实验室、工程中心等能源技术创新平台。

完善能源管理体制机制。建设智慧能源管理系统，推进 5G、大数据、云计算、人工智能、物联网等现代信息技术与能源管理深度融合，推动勘探开采机器人替代、生产过程智能控制、供应链条智能决策，建设智能矿山、智慧电厂、智慧新能源场站。推广终端智慧用能设备，实现能源供需的智慧互动。提升运行安全风险防范能力，加强风险防控，鼓励企业加大安全投入，加快装备升级换代，确保生产及用能安全。健全煤炭灾害防治措施，加快宝鸡市煤炭企业安全生产关键技术设备的换代升级，切实加大重大灾害防治力度。

4．推动行业清洁化生产

（1）建设循环型工业

强化重点产业节能减排。以分布式能源、热电联产、电力、天然气等设施、智能电网为重点，推动供能方式变革。以具有高耗能特征的食品、汽车、有色金属、建材、电力等传统产业为重点，加快产业改造升级，加快节能新技术、新产品和新装备的应用推广。以工业企业和交通运输企业、宾馆、饭店、商贸企业及高校等用能大户为重点，开展节能活动。持续大力削减大气污染物排放总量，按照新实施的《关中地区重点行业大气污染物排放标准》《锅炉大气污染物排放标准》，全面实施水泥、化工、陶瓷、铸造、燃煤锅炉现有治理设施提标改造。取缔“10+3”企业，全面排查装备水平低、环保设施差的小型工业企业。

全面执行排污许可管理制度。将排污许可证制度建设成为固定源环境管理核心制度，实现“一证式”管理。将企业环境信用信息纳入全国信用信息共享平台和国家企业信用信息公示系统，依法通过“信用中国”网站和国家企业信用信息公示系统向社会公示。监督上市公司等市场主体全面、及时、准确地披露环境信息。建立跨部门联合奖惩机制。完善国家核安全工作协调机制，强化对核安全工作的统筹。

全面促进清洁生产。对重点污染企业、超量和超标准排放企业、使用或排放有毒有害物质企业、单位产品能耗超限额企业，实施强制性清洁生产审核和持续清洁生产审核；引导企业开展 ISO 14000 环境管理体系、环境标志产品和其他绿色认证。分期分批实施纺织、化工、建材等行业重点企业的清洁生产审核，完成年度清洁生产审核任务。应当实施强制性清洁生产企业通过审核的比例基本稳定保持 100%。大力发展循环经济。研发工业废物再利用技术，加大再制造力度。加强工业园区循环化改造，打造循环经济产业链，实现工业园区内企业之间物料、能量梯级和循环利用。推进绿色工厂建设和循环利用改造，实现生产洁净化、废物资源化、能源低碳化。

推进县域工业园区高质量发展。按照“布局集中、主业突出、产业集聚、土地集约”的原则，形成“一县一区、一区多园”的工业园区格局，大力发展县域优势主导产业。县域工业园区主动承接老城区的新材料、装备制造等优势产业转移，主导产业优先向汽车及零部件、高端装备、新材料、新能源、烟酒食品、生物医药、信息技术、节能环保等先进制造业和新兴产业布局。加快县域工业园区转型升级、提质增效，打造协同互补、特色鲜明的县域工业产业体系和优势产业集群。

（2）建设循环型农业

发展农业资源持续利用体系。统筹谋划、抓点示范，科学选点，通过管灌、滴灌、移动喷灌、水肥一体结合的方式，建立一批千亩高效节水示范方，以点带面，为宝鸡市抗旱保粮作出示范。市（县）联动，紧密协作，建立从陈仓区虢镇北塬到凤翔区、岐山县、眉县、扶风县的高效节水示范带，彻底解决宝鸡市渭北旱腰带灌溉难题。统筹整合高标准农田建设、农机购置补贴、粮食单产提升等中省项目资金，完善井渠和末端渠系，配套节水灌溉设施，探索旱作高效节水农业技术的新途径，推进渭北旱塬粮食规模经营和生产能力提升，确保宝鸡市粮食安全。大力推广节地、节水、节肥、节药、节能、节工等节约型农业技术，着力减少农业资源消耗和物质投入，提高土地利用和产出效率。建立老旧农业机械淘汰补贴机制，加大节能高效先进适用农机具应用，促进农业节能减排。

加快推行农业清洁生产。推进种植业生产过程集约化和清洁化。强化农田生态保护，落实“耕地质量保护与提升行动”，推进土地节约集约利用，制定和实施统一的高标准农田建设规范，加大退化、污染、损毁农田改良和修复力度，加强耕地质量调查监测与评价。在现有耕地质量信息系统的基础上，进一步提高数据的现势性，提高数据进行整理和分析的能力，及时掌握宝鸡市农田土壤的变化情况，充分挖掘土、水、光、热等资源的利用潜力，因地制宜调整种植结构，支持土壤污染耕地改良修复，提高耕地、水面、林地综合产出效率。

引导农业投入品科学施用。进一步推广配方专用肥、增效氮肥、控释肥料、水肥一体化等新技术的应用。全方位推广测土配方施肥，对宝鸡市稻麦种植主要乡镇，全方位推广测土配方施肥，因地制宜优化施肥结构。大力推广绿肥种植和商品有机肥施用，进一步改善土壤肥力状况。加快推广应用物理防虫设备（杀虫灯、防虫网等）、生物农药及高效低毒环境友好型农药等病虫害绿色防控技术。积极扶持农作物病虫害防治服务组织建设，实现农作物病虫害专业化、规模化的统防统治。推广使用可降解农膜，减少农业白色污染。

加强农业生产信息化建设。通过信息技术集成大田种植、设施园艺、水产养殖、畜禽生产中的各种要素，开展过程控制，大力推进精确栽培、水肥一体、环境监测、智能监控、疫情防控等环节的智能化，推动自动化生产、精准化作业、数字化管理，改变传统农业粗放式、经验型的耕作方式，确保大田生产的高产、优质、高效、生态和安全。

5. 加快优化运输结构

优化运输结构，推进绿色交通体系建设。优化货物运输结构，发挥宝鸡市铁路枢纽的集结中转优势，充分挖掘已有铁路专用线能力，持续推动“公转铁”，提高宝麟铁路运输能力。加大全市绕城公路建设力度，减少过境交通对城市交通相互干扰，有效降低车辆怠速污染物排放。全面落实公共交通优先发展战略，构建以轨道交通为骨架、以常规公交为主体、以出租车为补充的大公交体系，改善居民步行、自行车出行条件，鼓励绿色出行，提高公共交通出行率。加强城市智能交通管理，提高机动车通行效率，减少拥堵。加快推进柴油货车治理，加强非道路移动机械污染防治，着力消减特殊车辆污染排放。积极推进危化品集中运输通道改造，最大限度地避开城市人口集中区及生态环境保护区，提升境内危化品运输通道的安全水平。

推广应用清洁能源、新能源载运工具和运输装备。完成高排放老旧机动车淘汰更新，鼓励新能源车辆在干线运输、城市配送、场站作业等领域的广泛使用，到 2026 年年末，新增新能源车辆占新增城市配送车辆的 55%以上。加快城市道路客运领域新能源车辆的应用，到 2026 年，全市城市建成区新增加和更新的公交、环卫、邮政、出租、通勤、轻型物流配送车辆使用新能源或清洁汽车比例不低于 80%，同步配套建设充电桩（站）。

11.5.5 大力倡导生态生活

1. 全面完善基础设施，推进城乡环境一体化建设

（1）完善垃圾处理基础设施

完善生活垃圾处理设施。根据城市格局拓展的实际，提早规划凤翔区、岐山县、蔡家坡、眉县等地的垃圾处理工作，合理布局焚烧发电项目，推动协同生活垃圾处理设施建设；凤县、太白县、陇县筹划推进生活垃圾热解处理项目。完善长寿沟生活垃圾填埋场环保设施。完善千阳县、陇县、麟游县生活垃圾填埋场渗滤液处理设施建设。到 2025 年，市（区）基本建成生活垃圾分类处理系统。

推进建筑垃圾资源化处理利用。完成《宝鸡市建筑垃圾资源化利用特许经营项目实施方案》审定，全面启动建筑垃圾资源化项目建设。建设建筑垃圾综合信息管理平台，将建筑垃圾产生量、点位、运输线路等基础信息，纳入监管平台，逐步实现数据共享，实行动态管理。推动各县基本建成建筑垃圾规范管理体系，到 2025 年新增建筑垃圾综合利用率达到 60%。

完善城镇生活垃圾收运处置体系。健全生活垃圾、餐厨垃圾等固体废物收运处置体系，推进垃圾收运处置系统与再生资源回收利用系统衔接。中心城区分步在福谭片区、代马片区、蟠龙片区、陈仓片区建成 4 座中型垃圾转运站，设置 10 座小型垃圾转运站。凤翔区建成 2 座中型垃圾转运站，八县县城新建垃圾收集设施 24 座，集中收集转运城镇垃圾。到 2030 年，城镇生活垃圾无害化处理率保持 100%，党政机关、企事业单位等实现定时定点垃圾分类回收 100%覆盖。

（2）完善污水处理基础设施

推进城市污水处理提质增效。建立污泥转运和处理处置全过程可追溯监管体系，完善城镇污水处理厂污泥综合利用或永久性处理处置设施。完善城镇污水处理设施，保护城市自然风貌，修复河湖水系和湿地等水体，推进城乡污水管网全覆盖，基本消除城市黑臭水体。推动污水资源化利用，推广再生水用于市政杂用、工业用水和生态补水等。到 2025 年，雨水和污水分流管网梳理改造全覆盖，污泥无害化处理率达到 90%，城市再生水利用率达到 25%。

加快农村污水处理基础设施建设。全面开展已建设施“回头看”，确保已建设施长效稳定运行。重点选取饮用水水源地、沿河区等生态敏感地区，补齐农村垃圾污水处理短板，推动农村生活污水处理设施规范化建设运行，加快城镇污水管网向村庄延伸。建立农村生活污水治理日常环境监督机制，加强污水设施出水水质监测，督促运营单位建立自行监测制度并实施信息公开，对超标排放行为进行严格查处并纳入信用体系。到 2025 年，农村生活污水治理率达 50%。

高标准开展污水厂提标改造。根据调整后《陕西省黄河流域污水综合排放标准》要求，加快现有污水处理厂的提标改造工作。应按照“一厂一策”制定系统整治方案和提标改造方案，减少污染物排放。完成陈仓区污水处理厂、十里铺污水处理厂、岐山县蔡家坡污水处理厂、岐山县凤鸣污水处理有限公司、千阳县污水处理厂、千阳县草碧镇污水处理厂等准Ⅳ类提标改造工程。对排入封闭式水域及对近岸水域水质有直接影响的污水处理厂，实施除磷脱氮工艺改造。到 2025 年，城市、县城污水处理率均稳步提升，达到省级下达的考核要求。

（3）推动城乡供水一体化

构建“城乡一体、多重保障”的水供给体系。深入实施农村供水保障工程，新（改）建农村供水设施 300 处，推进城乡供水一体化。实施冯家山水库向蟠龙塬和凤翔区、麟游县引水工程。采取改造、新建、联网、并网等措施，实施规模化供水工程建设和小型供水工程标准化改造，健全农村供水管理责任体系，不断提高信息化管理水平，持续造福农村群众。

2．加大绿色宝鸡建设，发展绿色城镇化及生态城区

（1）大力发展绿色交通

优先发展公共交通，打造“公交都市”。完善公共交通管理体制机制，加快推动公交专用道、公共交通枢纽站场等公共交通基础设施建设。积极鼓励公众使用绿色出行方式，进一步提升绿色低碳出行方式比重。推进城市公交和城乡客运融合发展，实现巩固拓展脱贫攻坚成果同乡村振兴有效衔接。到 2025 年，公交车保有量达到 1 500 辆，城市公共交通机动化出行分担率达到 50%。

推进“四好农村路”建设，打通“最后一公里”。加大农村公路改造升级力度，加快构建畅通便捷的农村公路网。以促进产业开发、服务农民增收为重点，加快建设产业路、园区路、旅游路，逐步改善乡村重要经济节点的对外交通条件。紧紧围绕中省市对建设“四好农村路”的要求，持续实施农村公路“最后一公里”项目建设。着力做好农村公路延伸联网、等级优化、安全提升，促进城乡交通一体化格局形成。积极推进县镇村三级物流体系建设和城乡交通运输一体化，让农村路发挥最大的价值。

打造“微循环系统”，打造绿色货运。深入推动构建绿色交通体系，实现绿色运输。在城市公交、出租汽车、城市物流配送等领域优先使用新能源汽车，加快更新老旧和高能耗、高排放营运车辆，推动全国城市绿色货运配送示范工程建设。推进城市绿色货运配送示范工程建设，持续推进物流降本增效。大力发展智慧交通，推进北斗、5G、区块链、大数据等技术在交通运输行业应用。

（2）积极推广绿色建筑

提高建筑节能水平，执行绿色建筑标准，认真落实《绿色建筑评价标识管理办法》，建立绿色评价体系。率先对政府投资办公建筑、学校、医院、文化等公益性公共建筑、保障性住房执行绿色建筑标准。加快推进装配式建筑和超低能耗建筑的发展，推动建筑业转型升级。全面实施绿色建筑节能示范项目，夯实城市生态底色。扩大工程项目建设规模，提升绿色生态低碳建筑技术应用水平，助力城乡建设高质量发展。到 2025 年，绿色建筑占城镇新建建筑比例达到 70%，2030 年，达到 75%。

（3）加强城市生态修补与修复

打造城市生态网络。巩固首批国家生态园林城市建设成果，推行见缝插绿、留白增绿，加快各组团间生态廊道建设，打造彰显城市特色的生态网络。依据《宝鸡市“生态修复城市修补”总体规划（2018—2035）》，组织编制城市绿地系统、水系统、海绵城市等专项规划，科学指导生态修复、城市修补工作有序开展。按照居民出行“300 m 见绿、500 m 入园”的要求，扎实开展“森林四围”建设（森林围市、围城、围镇、围村），持续优化城区绿地格局，增强绿地生态功能，加强城市公园绿地、城郊生态绿地和隔离绿带等建设。结合城市更新，采取拆违建绿、留白增绿等方式，增加城市绿地。持续打造 15 min 宜居生态圈，积极推进城市绿荫行动，拓展宝鸡市绿色空间。

打造宜居智慧韧性城市先行区。增强城市空间布局安全，深入开展宝鸡市气候变化影响研究和地下结构探测分析，统筹开展全要素、全过程、全空间的风险评估，确定风险等级与防控措施。推动生态网络和防灾网络融合发展，完善城市防灾空间格局完善城市开敞空间系统，优化城市通风廊道，预留弹性空间作为临时疏散、隔离防护和防灾避难空间，谋划灾后中长期安置空间。加快推进信息技术与城市建设技术、业务、数据融合。开展城市信息模型平台建设，推动建筑信息模型深化应用。搭建城市运行管理服务平台，加强对市政基础设施、城市环境、城市交通、城市防灾的智慧化管理，推动城市地下空间信息化、智能化管控，提升城市安全风险监测预警水平。搭建智慧物业管理服务平台，加强社区智慧化建设管理，为群众提供便捷服务。

强化大环境绿化建设管控。对城市规划区周边自然坡塬、河渠等非城市绿地但对城市生态环境具有明显影响和改善的区域进行普查、登记，纳入城市生态体系，建立城市“山水林田湖草沙”生态系统。完善渭河、金陵河、清姜河等滨河绿道和南山北坡绿道设施，结合城市慢行系统建设，连接城市公园、公共场所和居住区内部慢行系统。以宜林荒山荒地荒滩、荒废和受损山体、退化林地草地等为主开展绿化。

全面提升城市精细化管理水平。落实习近平总书记“人民城市”理念和“城市管理应该像绣花一样精细”的总要求，制定《宝鸡城市精细化管理标准》，指导各县（区）开展市容秩序、城市设施等市容精细化管理专项整治，提升精细化管理水平。按照“成效明显、亮点突出、管理精细、规范长效”的原则，结合建筑立面、门头牌匾、街头广告和城市家具整治，开展最美示范街区建设活动。研发西部典型城市生态环境保护精细化管理技术，出台相关政策体系，2022—2025年，以点带面，示范引领，实现市容精细化管理宝鸡市全覆盖。

3．推进美丽乡村建设，擦亮乡村振兴底色

（1）实施农村人居环境整治提升

整体提升村容村貌。推进农村人居环境整治提升五年行动和“百镇千村万户美丽工程”，突出抓好农村厕所、垃圾、污水“三大革命”，创建一批全国乡村治理示范村镇。以农村生活垃圾污水治理、村庄清洁行动为重点，实施河湖水系综合整治，努力建设一批生态宜居美丽乡村。提高乡村基础设施完备度，完成41个村实用性村庄规划编制，推进清洁能源、农房安全、数字乡村等工程，让农村具备更好生活条件。到2025年，基本实现村庄环境整洁优美，基础设施布局合理，绿化覆盖率稳定在30%以上。

持续推进农村“厕所革命”。持续推进农村户用厕所改造，对新建农房配套建设卫生厕所及粪污处理设施设备。合理规划建设农村公共厕所，因地制宜推进厕所粪污管网统一处理、联村联户集中处理、单户分散处理等模式，实现农业绿色发展和农村生态文明建设相协调。全面普及农村卫生厕所，对有条件的村持续推进无害化卫生厕所改造，到2025年，村庄卫生厕所普及率达到85%以上。

全面推进农村生活垃圾、生活污水治理。优化县、镇、村垃圾收运处置设施布局和服务，统筹建设县城生活垃圾处理设施。开展农村生活垃圾分类与资源化利用示范县创建，扩大农村生活垃圾就地分类、源头减量试点范围。加强农村生活污水、黑臭水体治理，打造一批县域综合治水示范样板。到 2025 年，基本实现村庄环境整洁优美，基础设施布局合理；农村生活污水治理率达到 50%以上，90%的自然村生活垃圾得到有效处理，农民环境保护和卫生健康意识明显增强。

（2）全力建设美丽乡村

推进省级“花园乡村”建设。要扎实推进村容村貌改善、农村垃圾污水治理、“厕所革命”和农业废弃物资源化利用，大力改善农村人居环境。实施“百村示范、千村整治”提升工程，开展“花园乡村”示范建设行动。建设以“新时代农民幸福家园、市民休闲乐园、都市自然公园、健康养生花园”为目标的“花园乡村”，打造宝鸡版“花园范、山水韵、乡愁味”的“新时代美丽乡村”。优先开展“花园乡村”示范村“多规合一”实用性村庄规划编制工作，制定村容村貌提升导则。到 2025 年，驻镇（街）专职规划师全部到位，有条件、有需求的集聚提升类和特色保护类村庄实用性规划编制全覆盖。

推进农村特色民居示范建设工程。将农村住房建设作为提升农村居住品质和推进农业农村现代化的重要工程，与兴产、强村、富民有机结合，按照“彰显特色、体量适度、群众自愿”原则，支持新建一批功能现代、风貌乡土、成本经济、结构安全、绿色环保的宜居型示范农房。到 2025 年，建成 10 个设施完善、见山望水的传统特色民居示范点。

4．倡导绿色发展理念，推进绿色生活方式

（1）持续推行政府绿色采购

按照“节能产品政府采购清单”标明的节能（节水）产品类别，执行强制采购和优先采购规定；对“环境标志产品政府采购清单”中的产品实行优先采购。强化绿色采购执行机制，不断提高绿色采购份额。加强节能环保产品采购等政府采购政策的宣传与指导，完善相关信息的统计分析工作机制，加强对采购活动开展情况的监督检查，逐步建立相关工作的考核机制与追责机制，持续保持政府采购中节能、环保产品等绿色采购占同类产品采购金额的 95%以上。

（2）加快普及节能节水器具

鼓励家庭使用节能节水器具。加强“一户一表”户表改造进程，引导公众形成绿色生活习惯，完善居民用电、用水阶梯价格，调动居民节约能源资源的积极性，促进家庭生活节能节水。家用电器、家庭照明多采用节能产品，引导公众选购节水龙头、节水马桶、节水洗衣机等产品。小区内楼道照明系统和沿街小道全部采用声光控节能灯具。

强制更换高耗能耗水用品。政府机关、企事业单位内部必须全部换装节能型电器，电器能耗至少达到国家低能耗二级标准。更换电器涉及空调、照明灯、打印机、复印机等日常高耗能用品，更换用水器涉及水龙头等主要耗水用品。采取第三方监督机制，定期开展能源审计和水平衡测试，梳理、分析能耗使用状况。

推动公共场所节能节水改造。普及非接触式节能型电器及节水型器具，公共用电设备、用水器具必须具有国家节能、节水标识。公共场所照明严格按照节能型民用建筑标准进行设计，采用集中管理，积极使用太阳能灯、无极灯等先进照明技术。楼道、门厅、庭院、卫生间等公共区域照明要使用声控、光控和时控等自动控制设备。建立中水回用和雨水收集系统，以供绿地用水和景观环境用水。

（3）优选绿色低碳的出行方式

以创建“公交都市”为契机，扩大绿色出行路权、优化绿色出行设施设备、提升公共交通服务品质、加强绿色出行方式无缝衔接，进一步推动宝鸡市城市交通结构转型，建立起品质、高效、智能的城市绿色出行系统。加快推动宝鸡市城市智慧交通建设，坚持综合治理、源头治理和智慧治理，坚持规划先行、公交优先、资源整合、科技驱动。努力构建集“轨道交通、常规公交、慢行交通”为一体的多元化公共交通出行模式，全面提升公共交通服务民生的综合能力，更高质量城乡公交一体化。

（4）积极引导公众绿色消费

逐步推广绿色产品。引导和鼓励企业加大对绿色产品研发、设计和制造的投入，增加绿色产品的有效供给。健全生产者责任延伸制，推动生产企业主动披露产品能效、水效、环境绩效、碳排放等信息，推动实施企业产品标准自我声明公开和监督制度。增加企业对绿色产品研发的财政补贴，落实国家对符合条件的节能、节水、环保、资源综合利用项目或产品的相关税收优惠政策。鼓励建立绿色批发市场、绿色商场、节能节水超市等绿色流动主体。

限制塑料制品使用。建立健全塑料制品长效管理机制，提升能源资源利用效率，减轻资源环境压力，保障人民群众生命健康安全，制定出台“进一步加强宝鸡市塑料污染治理的实施意见”。到 2025 年，宝鸡市一次性塑料制品消费量明显减少，替代产品得到推广，塑料废弃物资源化能源化利用比例大幅提升。到 2030 年，宝鸡市塑料制品生产、流通、消费和回收处置等环节的管理制度基本建立，替代产品开发应用水平进一步提升，塑料污染得到有效控制。

（5）全面推进生活垃圾分类

认真落实《宝鸡市城市生活垃圾分类管理办法》，按照有害垃圾、可回收物、厨余垃圾和其他垃圾的“四分类”标准全面推进生活垃圾分类工作。建立生活垃圾分类指导员制度，区城市管理执法部门指导各镇人民政府、街道办事处建立生活垃圾分类宣传员、引导员、督导员及志愿者队伍，引导社会力量参与生活垃圾分类工作。到 2025 年，市（区）基本建成生活垃圾分类处理系统。

11.5.6　弘扬特色生态文化

1．夯实生态文化载体，打造靓丽生态品牌

（1）打造宝鸡生态文化品牌

打造“红色宝鸡”品牌。实施红色资源展示计划，传承红色基因，弘扬革命文化，推出一批革命文化研究成果和影视剧、主题展览、文艺作品，让“红色宝鸡”文化标识更加鲜明。提升凤县革命纪念馆、工合旧址、国家航天精神文化园等设施配套，建设一批在区域内有规模、有影响的集群式爱国主义教育实践基地。优化提升扶眉战役纪念馆、红光沟航天六院旧址、灵官峡宝成铁路文化体验馆等红色旅游景点基础设施和服务水平，推动革命文物保护利用。

打造“历史宝鸡”品牌。推进炎帝文化、周秦文化、张载关学等中华优秀传统文化的研究阐释，深入挖掘其中蕴含的教育意义、精神力量和时代价值，塑造宝鸡市优秀文化标识符号。加强社科理论研究，挖掘“西迁”精神、工匠精神、宝成铁路精神、航天精神的思想精髓，推出一批宝鸡市文化研究书籍、影像，打造中华优秀传统文化、革命文化、社会主义先进文化的研究传播高地。积极对接国家文化公园建设，做好长征、黄河国家文化公园建设各项工作。建成西部地区具有较强引领力、辐射力和示范作用的区域文化中心城市、中华优秀传统文化传承基地、革命文化弘扬基地、社会主义先进文化示范基地、培训实践和研学教育基地，更高水平国家公共文化服务示范基地，国家文物保护利用示范区、国家全域旅游示范区，实现黄河流域文化传承和华夏文明现代价值与意义的再升华，丰富和完善以生态价值观念为准则的生态文化体系，将宝鸡市打造为黄河流域生态文化明珠。

打造“民俗宝鸡”品牌。实施“传统工艺振兴”工程，加强非物质文化遗产名录和传承体系建设。以“非遗重新进入生活”为方向，积极探索非物质文化遗产与教育、现代舞台艺术、民俗旅游资源的整合利用，普及非物质文化遗产的保护。鼓励各县（区）举办农民丰收节、民俗文化旅游节、音乐节、戏剧展演等群众性活动。

打造“水润宝鸡”品牌。全力做好“关中水龙头”，注重水与人、水与城、水与景、水与文化的和谐统一，将水利与城市建筑、交通、旅游、环保等结合起来，突出水与文化的结合、人与自然的和谐，全力打造水润宝鸡生态名城。构建“彰显底蕴、古今交融”的水文化体系。深入挖掘千河先秦、清姜河姜炎、金陵河仰韶、渭河华夏等历史文化内涵，讲好“黄河故事”，打造一批具有流域特色的水文化基地，丰富人民群众对水生态文明的认知、感悟和体验。

打造“康养宝鸡”品牌。推进“中医药+文化+旅游+养生”融合发展，定期举办以道地药材种植、加工生产及药用花卉观赏为主题的中医药文化旅游活动，打造中医药健康旅游精品线路，建设一批特色健康养生基地和景区中医馆、中医食疗馆、中医体验馆、中医健康小镇。传承弘扬岐伯医学文化。打造“岐伯故里”，弘扬岐伯医学文化，办好“宝鸡国际岐伯医学论坛”，全方位、多角度宣传岐伯医学思想精髓。优化城市绿地布局，巩固提升“联合国人居奖”、中国人居环境奖、新时代•中国最美生态宜居名城、国家生态园林城市、中国优秀旅游等创建工作成果，打造绿色健康城市品牌。

（2）加强生态文化载体建设

促进公共文化馆（站）、图书馆、博物馆、镇（街道）综合文化站、村居（社区）综合文化服务中心效能提升，统筹宝鸡市特色文化资源、优越山水环境和产业基础，打造具有宝鸡特色的“一核、一带、两区、三组团”的全域文化产业布局。加快文化产业园区建设，打造涵盖文化创意、艺术交流、教育培训等多种业态的文化产业集聚区和特色旅游街区。在周秦文化产业示范区、陈仓文化产业示范区、有机绿色农业基地等极具宝鸡特色的地方增建生态文明教育基地，凸显不同行业、不同设施的主题特色，大力推进生态文明教育基地建设。

（3）鼓励生态文明作品创作

结合宝鸡市生态文明建设的最新成果，探索建设一批生态博物馆，展示地方特色生态文化。充分发挥文艺作品在生态文化中的传播作用，通过增加资金投入和政策倾斜力度等多种方式，以文化馆（站）、文化广场、社区（村）文化活动室为基地，结合组织评奖和采风等具体措施，鼓励文学、影视等多种艺术形式创作，将生态哲学、生态美学、生态伦理渗透到文艺作品中，逐步建立广场文化、社区文化、企业文等群众文化体系，推出一批能体现宝鸡特色和生态文明理念的优秀文艺作品，以群众喜闻乐见的方式宣传生态文明理念。

2．加强生态文明宣传，增强全民生态意识

（1）加强党政领导干部生态文明培训

设置生态文明建设相关课程，对各级党政领导进行生态文明理论、知识、环保法律法规等方面的系统性的教育，特别要加强对基层村镇干部的生态教育培训，定期开展生态文明建设研修班与各高校环境相关学院联合，开展生态环境与生态文明建设专题培训学习。加强党政干部“绿水青山就是金山银山”理念宣传教育，组织宝鸡市各级党政干部，全面、系统学习生态文明相关理论及重大政策制度。到 2025 年，党政领导干部参加生态文明培训的人数比例保持 100%。

（2）开展形式多样的生态文明宣传

加大生态环境保护宣传的深度与广度，增强公众环境责任意识和环境公益精神，强化全社会生态环保价值观念，引导全社会树立绿色发展理念。加大生态文化产品的创作宣传力度，创新生态文化体验，打造生态文化活动特色品牌，引导公众自觉履行生态环境保护责任。设立“绿水青山就是金山银山”主题日，依托中小学校和生态公园等场所，建设一批“绿水青山就是金山银山”转化宣传教育示范基地或平台，充分利用生态资源、网络平台、通信和图文书籍等社会教育资源，制作“绿水青山就是金山银山”思想公益宣传片，充分发挥传统媒体与新媒体的互补优势，搭建立体、全方位的宣传平台，传播生态知识、生态技术、生态伦理及生态文明建设信息。

（3）广泛开展学校生态文明教育

加强对教师的生态文明培训，把“生态文明理念与常识”纳入教师继续教育体系。编制各级各类学校生态文明教材或读本，将生态文明建设内容纳入教学计划，作为实施素质教育的重要内容，深入开展生态文明主题教育实践活动。如 6～15 周岁九年义务教育中开设环境保护理论课程、环境保护实践课程；普通高中教育中开展主题夏令营（冬令营）活动、开展以生态文明为主题的校园征文活动、校园文艺活动、校园书法和绘画活动等；高等教育中开设环境保护选修课程、举办生态讲座、开展环保学生活动、签订生态实习协议等。

（4）强化企业生态文明责任意识

环境重点监控企业负责人每年至少接受一次环境教育培训。开展企业员工环境教育，加强企业环保从业人员业务培训，探索建立企业环保从业人员资格化管理制度。加强企业的清洁生产技术培训，重点培训与企业节能减排、清洁生产有关的绿色环保技术和管理方法，鼓励企业进行技术改造和创新，推动企业积极向“环保模范企业”的目标努力。通过清洁生产、污染控制、环保措施、生态建设等方式促使企业的生产、服务场所、生产设备与工艺、产品服务等树立良好的生态、环保形象。

（5）推进社区、农村生态文明教育

开发和建设一批满足社区居民学习需求的环境教育课程资源。在社区内积极开展学习型家庭、生态型家庭的评选活动，组织社区内部和社区之间的生态文明知识竞赛。遴选一批热心公益的居民作为生态文明宣传志愿者，借助“5·22”国际生物多样性日和“6·5”世界环境日等环保节日，宣讲生态文明及相关环保相关政策、常识，引导居民践行绿色低碳生活方式。把生态文明宣传教育纳入科技、文化、卫生“三下乡”活动内容，促进生态文明理念向农村传播。以村为单位开展生态培训，重点普及生态农业生产、生态乡村生活等主题，提高农村居民在生产生活活动中的生态文明意识。

3. 引导公众共建共享，营造生态文明氛围

（1）广泛开展生态文明社会活动

结合“5·22”国际生物多样性日、“6·5”世界环境日、“2·2”世界湿地日、“3·22”世界水日、“4·22”世界地球日、节能宣传周、“9·16”国际臭氧日、“9·22”世界无车日等重要纪念时节开展各类主题活动，例如：广场宣传、社区宣传、绿色出行、水生生物增殖放流等活动；开展一定数量的生态文明领域的知识竞赛、好新闻征集评选、优秀教案征集评比、优秀课堂评比等竞赛评比活动；创新科普工作方式方法，提升科普服务能力，积极组织建设国家生态环境科普基地，提高公众学习生态文明知识和宣教工作者做好生态文明宣教工作的积极性。

（2）加大环境信息公开力度

充分发挥社会监督作用，建立公众参与环境管理决策的有效渠道和合理机制，建立环境社会观察员制度，加强环境守护者队伍规范管理。建立健全环境保护公众参与制度，通过圆桌对话、陪审听证等制度建设，推进公众在环境法规和政策制定、环境决策、环境监督、环境影响评价、环境宣传教育五大领域的参与力度。实行生态文明建设重大决策事项公示和听证制度，保障公众的知情权、参与权和监督权。鼓励排污企业在确保安全生产前提下，通过设立企业开放日、建设教育体验场所等形式，向社会公众开放。

（3）高效处理信访问题

出台《宝鸡市生态环境信访工作制度》，创新和完善生态环境信访工作机制，提高环境信访工作效能。继续开展及时就地化解环境信访突出问题专项行动和环保局长大接访、环境信访督政约谈。强化网络舆情的监测与引导，将网络投诉纳入环境信访范畴，建立完善网络舆情工作平台，及时化解社会矛盾。完善社会监督机制，拓宽来电、来信、来访、网络等监督渠道，实施生态环境违法行为举报奖励，鼓励和支持新闻媒体对破坏生态环境行为进行曝光。

（4）积极推进生态文明示范建设

以生态文明示范建设为抓手，积极层次示范创建，将生态文明宣传工作纳入各相关职能部门的考核内容，制定完善的激励机制，鼓励县级政府（园区）积极开展国家生态文明建设示范区、陕西省生态文明建设示范区、“绿水青山就是金山银山”实践创新基地、国家生态文明建设示范区（生态工业园区）等示范建设，在多尺度多层级多领域强化生态文明建设的立体示范，形成市、县生态文明建设联动，开展生态文明机关、绿色学校、绿色社区、生态文明建设示范乡镇、生态文明建设示范村等系列创建活动，使创建活动成为广泛动员全社会重视环保、节约资源、保护环境的有效载体，形成上下联动、合力推进机制。

第 12 章

汉江源头区“绿水青山就是金山银山”实践创新

汉江又名汉水，是长江最大的支流，发源于陕西省汉中市宁强县。现代水文学认为，汉江有三源，中源漾水、北源沮水、南源玉带河，均在秦岭南麓宁强县境内，三源相汇后为汉江。宁强县地处秦巴山区的陕西省汉中市，是长江最大支流汉江的发源地、长江第二大支流嘉陵江的流经地，被誉为“汉江之源、羌族故里”，是国家级羌文化保护生态实验区，也是国家南水北调中线工程重要的水源涵养区和秦巴生物多样性保护重点生态功能区。近年来，宁强县牢记“国之大者”，坚守“绿水青山就是金山银山”理念，坚持生态优先、绿色发展，立足绿色循环、生态宜居战略定位，以巩固提升良好生态本底为基础，深入开展“蓝天、碧水、青山、净土”四大保卫战，坚决当好秦巴“生态卫士”，大力实施天然林保护、自然保护地建设等国家重点生态建设项目，生态环境质量全面提升，森林覆盖率近 80%，汉江、嘉陵江出境断面水质稳定达到Ⅱ类以上标准，空气优良率约 97%。此外，该县还积极发展绿色产业体系，生态茶园、特色菌园、道地药园、精品果园、放心菜园“3+2”五园建设成为“陕南最大集散地”，“汉江之源，羌族故里”文化旅游品牌声誉大幅提升，形成了具有宁强特色“六绿六金”的“绿水青山就是金山银山”转化模式。宁强县先后荣获“国家园林县城”“中国绿水青山最佳旅游名县”“国家生态文明建设示范区”等荣誉称号。本章选择宁强县作为汉江源头区进行“绿水青山就是金山银山”实践创新研究，以期贯通“生态高地”与“经济洼地”的壁障，为实现秦巴生物多样性保护重点生态功能区和汉江源头生态经济发展提供参考依据。

12.1 区域概况

12.1.1 地理位置

宁强县（东经 105°20′10″～106°35′18″，北纬 32°37′06″～33°12′42″）古称宁羌，1942 年元旦改用今名，取安宁强固之意，位于陕西省西南角、汉中市西部，北依秦岭、南枕巴山，地界三省、襟陇带蜀，是联结大西北与大西南的主要门户和黄金通道，也是长江最大支流汉江的发源地，素有“蜀道明珠”和“三千里汉江第一城”之美誉。全县东西长 101.65 km、南北宽 65.32 km，土地总面积 3 261 km^2。下辖 16 个镇、2 个街道办事处（汉源街道办事处、高寨子街道办事处）、13 个社区、200 个行政村，总人口约 34 万人。

12.1.2 自然资源状况

1．地形地貌

宁强县地处秦岭余脉向大巴上过渡地带，东起大安镇桑树湾、西至广坪镇金山寺的连线将全县分为南北两片，北属秦岭山系，大部分地区为海拔 1 000～1 600 m 的变质岩山地，南属大巴山系，大部分地区为海拔 1 000～1 800 m 的台阶山地。山脉多纬向、河谷切割较深，地形多呈“V”形构造，山顶较开阔，熔岩地形发育。区域内东南高、西北低，中部有五丁山隆起，形成“四山两谷”（北部秦岭南坡中山、西部低山、五丁关中山、巴山北坡高中山、玉带河谷地、嘉汉谷地）的地貌特征。最高点位于巴山主峰九垭子，海拔 2 103.7 m，最低点位于燕子砭镇嘉陵江入川处，海拔 520 m。

2．气候条件

宁强县地处秦岭南麓、巴山北坡之间，属山地暖温带湿润季风气候，雨量充沛，雨热同期。受地势地貌影响，气候复杂多样性，水平、垂直地带性显著，阴阳坡差异明显。多年平均降水量为 1 178 mm，多集中于夏秋季节，年均气温 12.4℃，1 月平均气温 1.0℃，7 月平均气温 24.0℃，全年盛行西南风和东北风，最大风速 16 m/s。日照强度处于全国最低值区，年均日照时数 1 620 小时，年均无霜期 238 天。

3．土地资源

根据第三次全国国土调查结果，宁强县主要用地类型为林地和耕地，分别占县域总面积的 84%和 11.5%，总面积分别为 27.2 万 hm^2 和 3.75 万 hm^2。其余用地类型面积较小，建设用地 5 449.26 hm^2，占比 1.68%；水域面积 4 436.53 hm^2，占比 1.37%；园地 2 127.31 hm^2，占比 0.66%；交通运输及公共设施用地 1 182.35 hm^2，占比 0.36%；草地 701.88 hm^2，占比 0.22%；湿地 12.07 hm^2；其他土地 322.21 hm^2。

4．水资源

宁强县属长江流域，区域内河流分属嘉陵江、汉江两大水系，水资源丰富。自产地表水径流多年平均为17.36亿 m^3，过境客水40.7亿 m^3，已利用量5 035万 m^3，占总量的2.9%；地下水储量2.9亿 m^3，已利用1 036万 m^3，占总量的3.57%。水资源总利用量6 890万 m^3，其中工业用水810万 m^3，生活用水1 083万 m^3，农业用水4 740万 m^3，生态环境用水131万 m^3，城镇公共用水126万 m^3。同时，宁强县内河流落差大，水利水力资源丰富，水力资源理论蕴藏量为45.44万kW，可开发利用总量27.12万kW，已开发8.3万kW，待开发18.8万kW。

5．矿产资源

宁强县为勉略宁三角区成矿带重要部分，地质构造复杂，成矿条件优越，是重要的矿产资源富集区，也是全国五大黄金出产地之一。截至2019年年底，辖区内已发现4个大类8个小类34种矿产，矿产地157处。经过不同程度勘察，已探明金属、非金属矿产8类31种200余个矿点，已探明储量6类18种，矿产地26处，总蕴藏量达3.09亿t，名列汉中市第二。矿产资源主要分布在五丁关以北的大安、代家坝、阳平关、燕子砭、广坪一带。其中，金属矿有铁、铜、锰、金、镍、铅、锌、铬、银等10种70余个矿点；非金属矿有磷、硫、重晶石、蛇纹石、花岗岩、铝土、海泡石、大理石等12种20余个矿点，太阳岭镇大理石（汉白玉）储量最大。此外，黑木林纤维水镁石矿是目前国内发现的唯一特大型矿床，已完成勘察工作。

6．生物资源

（1）动植物资源

宁强县生物资源数量丰富、品种多样，有多种国家保护野生动植物。动物类中，已查明的陆生野生动物有18目50科142属，属于国家一、二级重点保护的野生动物有50种。鸟类11目30科107种，爬行类动物2目5科8种，哺乳动物类有3目16科17种。属国家一级保护动物的有金丝猴、羚羊、黑鹿、金雕等。“宁强矮马”属国家珍稀的家畜原种。植物类中，有木本植物586种，分属85科202属；牧草62科500余种；农作物有70多种。森林植被中，列为国家重点保护的一、二类树种有连香、杜仲、银杏、鹅掌楸、厚朴、香果树等8种，列为省级保护的有粗榧、铁坚杉、白皮松、杜仲、鹅耳枥、黄杨、山楂、七叶树、樟木、楠木、红豆杉等12种。

（2）中药材资源

宁强县野生中药材资源丰富，自古素有“天然药库”之说，县内分布有天麻、细辛、杜仲、淫羊藿等常用大宗药材资源200余种，陕西省重点药材资源青牛胆、独角莲、白头翁、天南星、连翘等150余种，陕西特色药材资源蛇足石杉、阴地蕨、假百合、大血藤、菱叶红景天等60余种，珍稀濒危药材独花兰、重楼、珠子参、马牙七、独蒜兰等50余种。其中，天麻种植历史悠久，宁强县从20世纪70年代开始普及和加大天麻种植与研究，近年来天麻种植已覆盖全县所有镇办，天麻种植面积稳定在 1 333 hm^2，是我国天麻的主要产区之一。2022 年 1 月，宁强天麻、宁强淫羊藿、宁强银杏叶获生态原产地产品保护认证。宁强天麻因个头大、品质好而享誉全国，天麻产业已成为脱贫攻坚的主导产业。

12.1.3　旅游文化资源状况

1. 旅游资源

宁强县旅游资源丰富，文化底蕴丰厚，素有“三千里汉江第一城”的美誉。截至 2021 年，全县共建成 4A 级景区 2 个（青木川古镇、汉江源景区）。其中，青木川古镇 2019 年顺利通过国家 5A 级旅游景区景观质量评审。近年来，先后荣获“中国历史文化名镇”“全国特色景观旅游名镇”“全国最具潜力十大古镇”“全国十大乡村游目的地”“陕西省最美小城镇”“陕西省文化旅游名镇”“陕西省旅游特色名镇”“中国最美休闲乡村”“中国传统村落”“首批中国特色小镇”等一系列荣誉，成为宁强生态旅游的一张金字招牌。汉江源景区以国家 4A 级旅游景区创建为引领，打造以生态观光、户外运动、休身憩养、雪景冰瀑等为特色的“慢旅”胜地；羌族文化产业园致力于打造宁强文旅融合的重要示范和羌族文化的“大观园”；氐羌田园坚持以农为本，立足茶叶、中药材等特色产业，打造“三生同步、三产融合、三位一体”的田园综合体；青木川村、玉皇观茶园分别获得“最美乡村”“最美田园”称号，全县旅游景区景点线面结合、串珠成链，全面拓展旅游空间，引领全域旅游向纵深发展（图 12-1）。旅游人数和旅游收入稳定增长，截至 2021 年接待游客 636 万人，产生旅游收益 29.67 亿元。

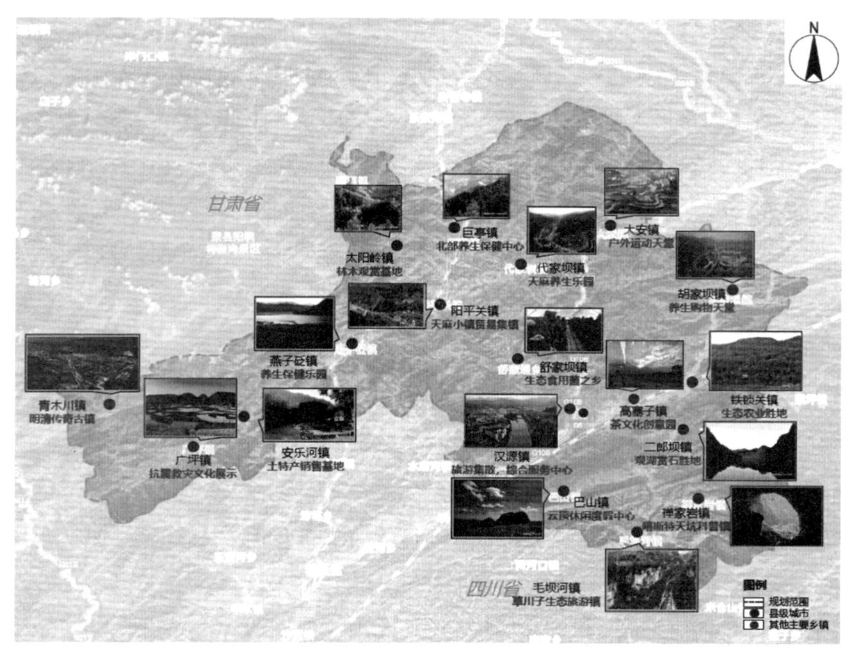

图 12-1　“一镇一品”特色旅游格局

2．文化资源

宁强县拥有 1 370 多年的历史，文化遗迹众多，积淀丰厚。秦文化、楚文化博大精深，巴蜀文化源远流长，羌氏文化神秘多彩。以炎帝神农文化、三国文化等为特色的历史文化，以汉水源、天湖、三关、祥龙洞、马家山、汉水源森林公园等为亮点的自然风光文化，以青木川古建筑、巴山民歌、傩舞傩技为特点的民俗风情文化，以刘甲三、胡肇清、陈锦章等为代表的名人文化异彩纷呈，影响广泛。第三次文物普查中新确定文物点 1 400 余处，非物质文化遗产 7 类 8 项，分布散、范围大，其中古羌人石板墓被列入第三次全国文物普查百大新发现之一，成为全省申报国家级重点文物保护单位之一。青木川魏氏庄园入选中国 20 世纪建筑遗产名录。目前，已建成建筑面积达 5 034 m^2 的陕西唯一一家宁强县羌族文化博物馆。宁强被中国民间文艺家协会命名为“中国羌族傩文化之乡”，宁强福兴老字号王家核桃馍制作技艺列入陕西省第一批非物质文化遗产名录，宁强羌族刺绣被列入陕西省第五批非物质文化遗产名录，成为宁强最具特色的生态文化名片（图 12-2）。

图 12-2 特色的文化活动

12.1.4 生态环境状况

1．水环境

宁强县有国控水质监测断面 1 个（烈金坝断面）、省控水质监测断面 1 个（燕子砭断面）、市控水质监测断面 3 个（黑水河断面、玉带河断面、燕子河断面）、县界水质监测断面 3 个、饮用水水源地 2 处（小河饮用水水源地、二郎坝饮用水水源地），无地下水监测点网。2018—2021 年，汉江、嘉陵江干支流 6 个地表水监控断面水质全部达到Ⅱ类以上标准，其中汉江源头水质（烈金坝）在 2018 年、2019 年、2021 年均达Ⅰ类标准，玉带河出境水质达到国家Ⅱ类标准，县城集中式饮用水水源地水质稳定达到地表水环境Ⅱ类标准及饮用水水源地标准。县域内无黑臭水体。

2. 大气环境

2017 年以来，宁强县优良天数稳步增加，分别为 325 天、343 天、339 天、353 天和 351 天；空气质量综合指数（综合污染程度）持续降低，分别为 3.94、3.68、3.5、3.22 和 3.05；PM_{10}、$PM_{2.5}$ 均达到国家环境空气质量标准的Ⅱ级标准，并处于不断向好的发展趋势，SO_2、NO_2 一直稳定在国家环境空气质量标准的Ⅰ级标。2021 年，环境空气质量优良天数比例为 96.2%，$PM_{2.5}$ 平均浓度为 21 μg/m³，同比提高 16%；NO_2 含量为 26 μg/m³，同比提高 7.14%。

3. 土壤环境

在土壤重金属污染防治方面，宁强县深入开展涉重金属污染源排查，督促 2 家土壤污染重点企业开展强制性清洁生产审核；在农业污染源头防控方面，积极防治畜禽养殖污染，严格农药、化肥管控，深化测土配方施肥基础性工作，全县测土配方施肥技术覆盖率达到 90%以上；在建设用地准入和农用地分类管控方面，开展了耕地土壤环境质量类别划分，细化受污染耕地安全利用、严格管控和治理修复实施方案。2019 年至今，县域内无土壤污染事件和开发利用不当行为发生，土壤环境总体安全，无辐射安全事故，未发生较大以上环境污染事故，生态环境安全得到有效保障。

4. 声环境

2019 年 5 月，《宁强县城区声环境功能区划分方案》印发，完成了城区声环境功能区首次划分。当年县城 3 处主要交通干线道路噪声均值为 64.3 dB，4 处功能区噪声均值为 55.8 dB，均达到功能区划标准。2021 年，县城城区开展功能区噪声监测，共监测 4 个点位，其中包括 2 类声环境功能区——汉中市生态环境局宁强分局、宁强县中医院，3 类声环境功能区——宁强县污水处理厂、秦川大厨有限责任公司，平均等效声级均达到对应功能区限值要求。

5. 生态保护红线

宁强县原有生态保护红线面积 502.2 km²，占行政区总面积的比例为 15.4%。2019 年开展生态保护红线评估调整工作后，生态保护红线面积为 736.06 km²，占宁强县行政区面积的 22.58%。与原生态保护红线相比，面积增加了 233.86 km²，主要分为 3 种类型：汉江两岸丘陵盆地水土流失防控生态保护红线、米仓山—大巴山水源涵养生态保护红线、秦岭山地水源涵养与生物多样性维护生态保护红线。

12.1.5 经济社会状况

1. 人口状况

2016—2021 年，宁强县总人口呈微弱持续减少趋势，但城镇人口持续增加（图 12-3）。2021 年，宁强县总人口 32.18 万人，较 2016 年减少 0.48 万人，其中男性 16.85 万人，城

镇人口 8.47 万人。

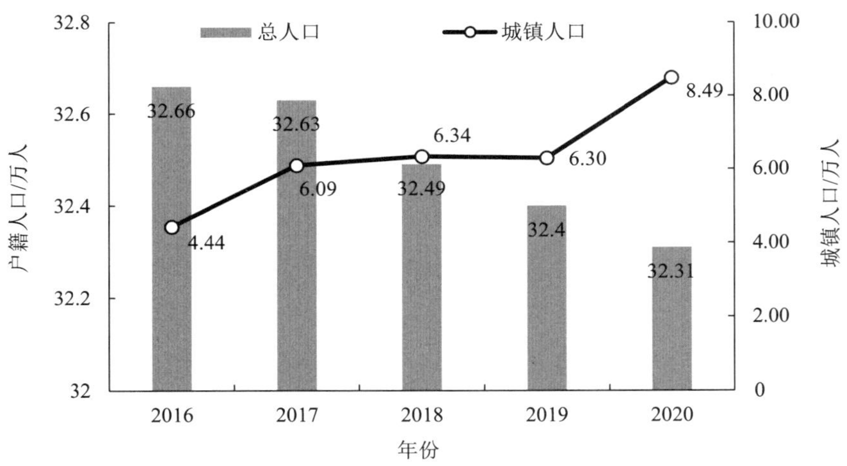

图 12-3 2016—2020 年宁强县人口变化

2．经济发展

2016—2021 年，宁强县地区生产总值逐年增加（图 12-4），三产结构日趋优化，其中第二产业比重增长迅速，第三产业发展水平相对较低，发展潜力足。2021 年，全县地区生产总值达 124.99 亿元，较上年增长 12.3%，两年平均增长 8.1%，较 2016 年增加了 74.71%。其中，第一产业增加值为 21.52 亿元，同比增长 6.4%，两年平均增长 5.5%；第二产业为 57.06 亿元，同比增长 18.6%，两年平均增长 12%；第三产业为 46.41 亿元，同比增长 8.8%，两年平均增长 5.3%（图 12-5）。

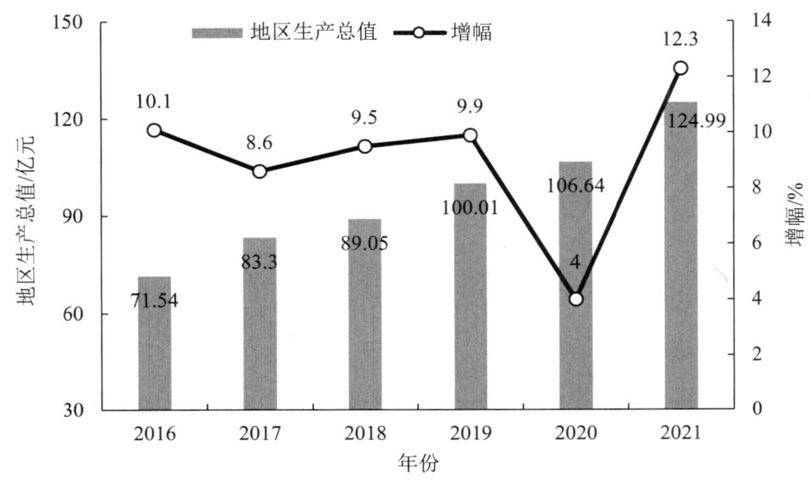

图 12-4 2016—2021 年宁强县地区生产总值变化

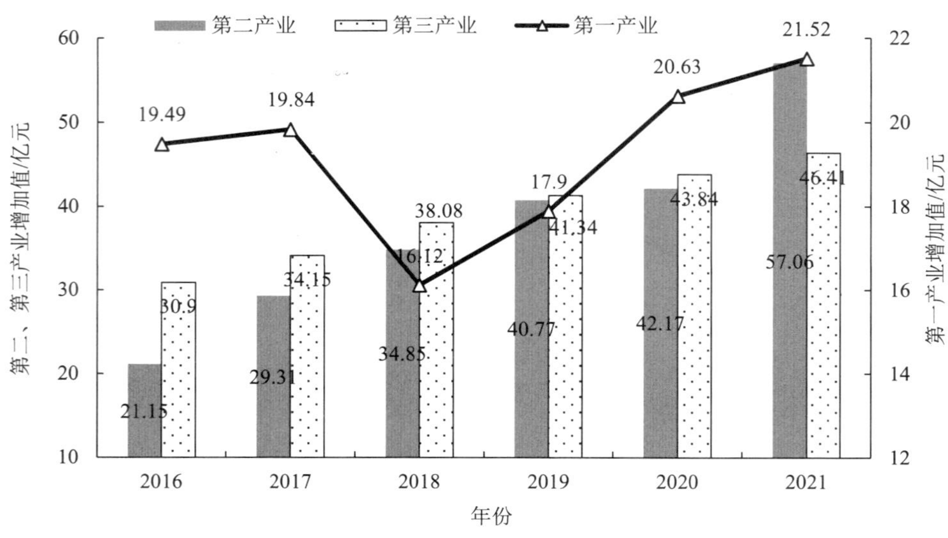

图 12-5 2016—2021 年宁强县三次产业增加值变化

3. 居民生活水平

2016—2021 年，宁强县全体居民人均可支配收入、农村常住居民人均可支配收入和城镇常住居民人均可支配收入均保持稳定增长（图 12-6），增长率分别为 49.45%、48.93%和 41.83%。2021 年，宁强全体居民人均可支配收入 2.22 万元，同比增长 9.4%，位居全市第七，增速与全市平均水平持平，较 2019 年增长 16.7%，两年平均增长 8.0%。其中，城镇常住居民人均可支配收入 3.63 万元，同比增长 7.7%；农村常住居民人均可支配收入 1.30 万元，同比增长 11.1%。

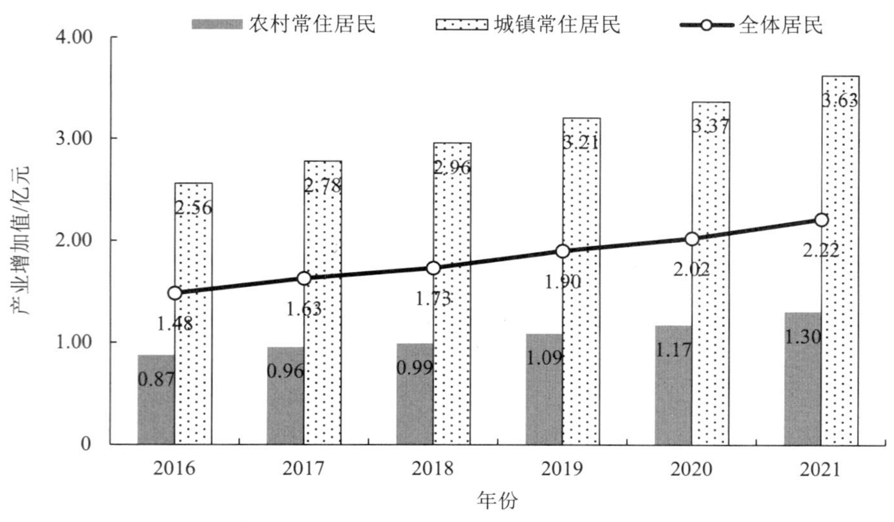

图 12-6 2016—2021 年宁强县人均可支配收入

12.2　必要性与存在的问题

12.2.1　必要性

1．推动秦巴生态环境保护与生态产品价值实现的客观要求

宁强县北依秦岭、南枕巴山，是国家重要生态安全屏障，生态区位极为重要。保护好秦巴生态环境对确保中华民族长盛不衰、实现“两个一百年”奋斗目标、实现可持续发展具有十分重大而深远的意义。以习近平同志为核心的党中央高度重视秦岭生态环境保护。2014 年 5 月以来，习近平总书记多次就秦岭生态环境保护作出重要指示批示。2020 年 4 月，习近平总书记在陕西考察时指出，对国之大者要心中有数，关注党中央在关心什么、强调什么，深刻领会什么是党和国家最重要的利益、什么是最需要坚定维护的立场。习近平总书记强调，秦岭违建别墅是一个大教训，从今往后，在陕西当干部首先要了解这个教训，切勿重蹈覆辙，切实做守护秦岭生态的卫士。宁强县建设“绿水青山就是金山银山”实践创新基地是深入贯彻习近平总书记重要指示批示和来陕考察重要讲话精神，全面落实中央、省、市有关秦岭生态环境保护决策部署，切实保护好宁强县秦岭生态环境，当好秦岭生态卫士的重要举措，也是宁强县委县政府立足新发展阶段、贯彻新发展理念、构建新发展格局，切实把“绿水青山就是金山银山”理念落实到具体行动中、建立以产业生态化和生态产业化为主体的生态经济体系、实现生态环境的经济价值的实践路径。

2．保障南水北调中线水源地生态安全的重要举措

宁强县作为汉中市唯一一个境内既有“两山”（秦岭、巴山）又有“两江”（汉江、嘉陵江）的县，地处汉江源头和南水北调中线工程重点水源地，承担着水源涵养、生态保护的重要责任。2021 年，陕西省政府工作报告提出推动生态环境质量持续好转，深化汉丹江等河湖综合治理，加强南水北调中线工程水源涵养区保护，确保“一泓清水永续北上”。宁强县建设“绿水青山就是金山银山”实践创新基地既可以有效保护南水北调中线工程水源涵养区的生态环境，维护水源区的生态功能与生态安全，也可以通过推进“绿水青山就是金山银山”基地建设，把生态环境作为最稀缺的发展要素，“倒逼”发展方式转变，进行生态环境资本运营，构建生态经济体系，努力走出一条发展与环保相得益彰、发展质量和经济效益不断提升的新发展道路，实现经济建设和生态建设和谐绿色发展。

3．建设国家级羌文化保护生态实验区的重要内容

宁强县是羌族故地。2008 年“5·12”汶川大地震使羌族文化遗产遭受严重损失，国家为抢救保护传承羌文化，于同年 11 月设立国家级羌文化保护生态实验区，宁强县被列入保护范围。羌文化作为宁强的特色生态文化资源，是建设“绿水青山就是金山银山”实践创新基地重要的生态文化基础，一方面可以通过“绿水青山就是金山银山”实践创新基地建设有效保护和传承羌族文化，提升羌文化的区域影响力，形成宁强的特色文化品牌；另一方面也可以依托羌文化生态保护试验区，加快羌博园开发建设，挖掘“羌文化+”创意旅游产品，通过羌博馆集中全面的羌文化展示向当地居民和外来游客普及羌文化知识，展示羌文化的神秘与博大精深，助推全域旅游发展，促进“绿水青山”源源不断地转化为“金山银山”。

4．破解宁强“生态高地”与“经济洼地”难题的现实需求

宁强县北依秦岭、南枕巴山，是我国生态安全要地，生态红线面积的占比为22.58%，由于生态保护要求，城镇产业发展的类型受到限制，人口长期流失，经济增长缓慢，发展活力欠缺，区域生态资源资产丰富与经济发展不相匹配，是典型的“生态高地”“经济洼地”。如何平衡生态保护与经济增长之间的关系成为发展面临的难题。建设“绿水青山就是金山银山”实践创新基地可以在守护“绿水青山”的同时加快自身绿色产业的崛起，打通“生态高地”与“经济洼地”的发展壁垒。

12.2.2 存在的问题

1．守护“绿水青山”任务重

宁强县是国家南水北调中线工程水源涵养区和国家重点生态功能区，“两江两山”纵横县境，秦岭面积 1 429.45 km^2，占全县总面积 44%，生态保护和水源涵养压力巨大。随着国家重点生态功能区产业准入负面清单深入实施，秦岭、巴山区域项目准入清单陆续出台，宁强县可发展空间和产业门类受到严格限制，招商引资项目面临诸多困难，矿产等资源依赖型、城镇开发等土地密集型产业发展受到严峻挑战，调结构、促转型压力大。同时，宁强县属勉略宁重金属开发集中片区，被列入国家重金属重点区域，土壤治理点位多且资金缺口较大，由于县域土壤污染防治工作起步晚、底子薄，彻底解决因矿产资源开发和有色冶炼等造成的重点区域重金属污染问题仍然任重道远。

2．“绿水青山就是金山银山”转化的通道尚未打通

农业供给侧结构性改革推进缓慢，第二产业转型升级难度较大，三产融合发展模式有待不断探索；农业基础设施滞后，高产农田建设、水利等基础设施落后，大型农业生产机械使用率低，“靠天吃饭”的局面没有得到根本改变；农产品品牌化程度还不够高，品牌效应薄弱，全县仅有茶叶、药材有注册商标，且知名品牌较少，市场竞争力不强；农业效益总体偏低，同质化农产品多，原料农产品多，优质农产品少，加工农产品少；乡村治理能力建设依然滞后；文化旅游发展与一二三产业融合力度依旧不够，缺少具有较大规模和影响力的文化旅游公司，特色文化资源如羌文化背后的旅游价值仍未被充分挖掘，制约了文化旅游的跨越式发展。

3．区域发展竞争日趋激烈

宁强县地处陕西边陲，是典型的省际边远山区县，自身开发不足，吸纳整合资源能力

有限。毗邻县区竞相发展态势逼人，新兴业态发展相对于平川县区滞后，周边同质化竞争和要素资源争夺加剧。同时，缺乏重大项目与资金支持。2022 年，谋划确定的重点项目从投资额度来看，除房地产项目外，投资亿元以上项目仅 13 个，缺乏投资规模大、带动力强的项目；从产业类别来看，工业类项目仅 3 个，生态环境治理体系与治理能力建设缺少资金支持，生态旅游受到国内疫情影响。

12.2.3　机遇

习近平总书记来陕考察对陕西提出的“谱写追赶超越新篇章”及“五项工作要求”为宁强做好新时代各项工作指明了前进方向、提供了思想武器、注入了强大动力，使全县坚定信心，坚持生态立县、工业强县、文旅兴县等战略，持续推进产业转型升级，打造成为连接成渝、关天两大经济圈重要的内陆开放枢纽节点，走出一条绿色循环、生态宜居、“三生融合”发展之路，更好地保障和改善民生。

国家推动新时代西部大开发形成新格局的战略机遇有利于宁强由政策凹地扭转为政策高地，加速变身开放前沿；汉江生态经济带、川陕革命老区振兴规划的进一步实施，给建项目、促投资、稳增长带来重大机遇。乡村振兴战略的深入实施必将推动资金、技术、人才等资源要素下乡，缩小城乡差距，促进乡村全面振兴。国家建立现代财税金融体制将加大对欠发达地区的财力支持，增强基层公共服务保障能力，有利于争取到更多的转移支付资金。

新一轮科技革命和产业变革为建设智慧宁强、发展数字经济提供了难得的窗口期，推动形成以国内大循环为主体、国内国际双循环相互促进的新发展格局为宁强扩大优质消费品和服务供给提供了机会。“健康中国”理念上升为国家战略、国家鼓励地方发展“康养产业”为宁强发挥生态优势，发展绿色食品、生物医药、健康养生产业带来利好机遇。

12.3　转化模式与案例

宁强县立足自身良好的自然生态禀赋，积极探索“绿水青山就是金山银山”的转化路径，做大农业优势集群，做优产旅融合，生态茶园、特色菌园、道地药园、精品果园、放心菜园“3+2”五园建设成为“陕南最大集散地”，“汉江之源，羌族故里”文化旅游品牌声誉大幅提升，景旅、文旅、农旅、产旅多向强势融合，生态“红利”不断激活转化成为生态经济、生态资本，形成了具有宁强特色的“绿水青山”保护与“金山银山”发展“六绿六金”模式。

12.3.1　“护绿保金”——保护秦巴生态，造福山乡百姓

1. 案例背景

秦岭是我国南北气候的分界线和重要的生态安全屏障，具有调节气候、保持水土、涵

养水源、维护生物多样性等诸多功能，是中华文明、中华地理的精神标识和自然标识，在我国自然生态环境中具有重要地位。宁强县委、县政府始终认真学习贯彻习近平生态文明思想和来陕考察重要讲话精神，牢固树立“绿水青山就是金山银山”理念，深刻吸取秦岭违建问题教训，全面落实中央和省市关于秦巴生态保护工作部署要求，大力实施“生态立县”战略，坚持走绿色循环、生态优先发展之路，知责于心、履责于行，坚决当好秦巴生态卫士，坚决守护秦巴生态安全。

2. 主要做法

不断健全制度体系。宁强县委常委会、县政府常务会定期研究部署秦巴生态保护重点任务，定期召开秦巴生态保护委员会会议和全体（扩大）会议，出台了《宁强县秦岭生态环境实施方案》《宁强县生态保护红线划定工作方案》，全面推进秦岭生态环境保护勘界立标和国土空间规划编制工作，科学规划生态保护空间，严格执行生态功能区域保护措施。强化“党政同责”“一岗双责”，严格执行《宁强县各级党委、政府及有关部门环境保护工作职责》《宁强县生态环境保护责任清单》，加大秦巴保护在年度目标责任考核中的权重，鲜明树立保护生态环境的导向，环境保护责任全覆盖、全落实。

持续加强生态治理。坚决打好四大保卫战，铁腕治霾扎实有效，2021 年，环境空气质量优良天数比例为 96.2%；巨亭、燕子砭污水处理厂建成投用，代家坝、阳平关、广坪等镇污水处理厂加快推进，汉江、嘉陵江出境断面水质稳定达标；推进代家坝片区工矿企业历史遗留重金属污染治理，37 家企业按时完成国家和省级固体废物申报；完成人工造林 7 513 亩、封山育林 6 000 亩，累计义务植树 70 万株。重拳整治环境问题，陕西省秦岭生态环境保护突出问题总台账涉及问题全部整改销号、备案。

积极宣传“绿水青山就是金山银山”理念。充分宣传秦岭巴山作为生态安全屏障、生物基因库、天然博物馆等方面的重要地位，利用每年植树节、世界地球日、世界环境日等重要节点广泛开展宣讲活动，累计发放各类宣传手册 2 200 余份，发放法律法规宣传册 1.3 万余本、环保购物袋 1.1 万余个，普发环境宣教彩信 19 万条，广大干部群众自觉保护秦巴生态的意识不断增强。2020 年度，宁强县被陕西省委、省政府表彰为“全省生态建设强县”，2021 年，获评国家生态文明建设示范区。

加快发展生态产业。依托秦巴生态资源，大力发展生态产业。汉江源成功创建为国家 4A 级景区，玉皇冠茶园、草川子生态康养度假区加快打造。大力建设生态茶园、精品果园、放心菜园、特色菌园、道地药园，积极培育“宁强天麻”“宁强银杏”“宁强华细辛”等品牌，全县天麻、银杏、杜仲、华细辛等中药材种植总面积 21.3 万亩，2020 年生态农业总产值达 36.88 亿元。

3. 取得成效

生态环境持续提升。汉江、嘉陵江出境断面水质稳定达到Ⅱ类以上标准，空气优良率约 97%。义务植树 295 余万株，全县森林覆盖率达 79.4%，成功创建为“国家园林县城”

“省级森林城市”“国家卫生县城”。

绿色发展成效凸显。认定国家生态原产地保护产品 4 个、国家地理标志保护产品 1 个、“二品一标”农产品 31 个；采矿业总产值在工业总产值中的比重下降 19 个百分点，荣获“中国最美县域”“国家生态文明建设示范区”“陕西省生态建设强县”等称号。

生态富民致富增收。立足林业生态资源优势，大力发展特色经济林、木本药材和林下种养殖，全县核桃、银杏、苗木花卉等经济林种植面积 56.2 万亩，2021 年林业产值达 11.39 亿元，村民户均增收 3 600 元以上，形成了“山上有生态美景，山下有田园风光”的多样化生态旅游格局，带动群众致富增收。

12.3.2　“植绿成金”——玉皇观茶文化旅游景区“茶旅融合”

1. 案例背景

茶叶作为宁强县的特色经济和绿色产业，不仅能创造经济效益，更重要的是它在生态建设方面具有重要的价值，茶树是保持水土的最佳经济作物。宁强县是西北地区最适合种植茶叶的地方，耐寒耐旱的特性注定了发展茶叶是山区县产业富民的首选。加上富含硒等多种微量元素和高山茶叶独特的清香，宁强绿茶闻名全国。玉皇观茶文化旅游景区项目以千山、咏德、凤源、至一 4 家茶企万亩茶园为本底，按照“生态优化、茶脉渗透、文脉串珠、村企联动、组团发展”思路对茶园景观进行打造提升，主要围绕“茶香集萃”“汉源茶韵”“清心茶谷”3 个主题区，建设入口服务区、茶园度假区、茶园研学区、田园观光区和乡村民宿区 5 个板块，致力打造陕甘首个茶马文化生态旅游景区、陕西乡村振兴样板区、陕西省生态旅游示范区（图 12-7）。

图 12-7　玉皇观生态茶园

2. 主要做法

改善环境基础设施。宁强县委、县政府在坚持生态立县发展战略的基础上，规划打造玉皇观生态茶园4A级景区，现已拓宽观光道路8 km，建设星空帐篷7个，观光楼亭5个，观光塘库8个，石板步道2 200 m，栽植风景树木4 200株，新建观光木板步道200 m，装点石缸、石头150处，修建茶室30 m^2，建有停车场3处。目前，千山生态茶园已成为陕西省茶叶产业发展的名片，建设成为集新产品研发、农业生产、休闲观光、农耕体验、科普教育、农技推广于一体的陕西省现代循环农业综合示范园区。

采用生态种植技术。千山茶业有限公司先后投资4 000余万元对基地进行改扩建，进行了土壤改良、园区道路硬化、灌溉、塘库改造、太阳能杀虫灯技术应用、新品种试验、技术培训等工作，并在茶叶生产过程中始终遵循自然规律和生态学原理，坚持不使用化学农药、肥料、植物生长调节剂等物质，严格按照有机茶园管理技术标准，采取土壤保护性管理、畜禽粪便制备的生物有机肥施入、病虫害物理及生物防治等技术措施。现已建成集中连片面积高产茶园3 000亩，年产名优茶叶220 t以上，产值9 500万元，带动农户1 200户，农民在公司劳务收入达460万元。

茶旅融合共享“绿水青山”成果。大力推进宁强玉皇观茶文化旅游景区项目，该项目总投资9 800万元，年度投资7 000万元，占地面积1 500亩，建设周期3年。项目位于宁强县高寨子街道肖家坝村。主要建设游客中心、茶文化研学基地、茶苑木屋、星空茶宿，并配套星级旅游厕所、生态停车场、车位，建设附属道路、水电管网等工程，总建筑面积20万 m^2。项目建成后，采取“基地+农户+公司”的运行模式，通过土地流转、劳务用工、农产品研发销售进一步增加农户受益，预计实现旅游收入1.2亿元，解决就业岗位60余个。

3. 取得成效

形成茶产业发展名片。千山茶园被认定为“国家有机茶标准化种植基地”，通过了“有机茶”产品认证，并先后获得“中国30座最美茶园”“全国生态茶园示范基地”“陕西省（千山）现代农业园区”等荣誉。玉皇观茶园被陕西省农业农村厅认定为“陕西省现代农业科技实训基地”，被陕西省科技厅认定为“陕西省现代农业科技示范基地”，被西北农业科技大学茶叶研究所认定为“教学试验示范基地”，并通过有机茶认证。千山公司被评为“全国茶叶百强企业”“陕西省十强茶叶企业”。

有效打通“绿水青山”转化为“金山银山”的价值转换通道，推动乡村颜值发生“四变”:“泥土路”变成“柏油路”，“绿叶子”变成“金叶子”，“小农民”变成“产业工”，“小乡村”变成“迎客厅”。茶园流转管护和鲜叶采摘为当地农户提供了重要的增收来源，直接解决就业100人以上，人均年增收1.8万元以上，间接解决就业2 000余人，人均年增收3 500元以上。此外，茶园先后举办各类茶事活动68次，每年吸引国内外游客约5.2万人次，有效促进了全县生态循环现代农业和全域旅游产业经济发展。

12.3.3 “借绿生金”——小天麻成农民致富“金疙瘩”

1. 案例背景

秦巴地区是我国天麻最佳适生区，宁强县拥有天麻菌材林 11 万 hm^2，储蓄量 371 万 m^3，有适合种植生态天麻的林地 50 万亩以上，同时宁强县种植天麻已有 40 多年的历史。宁强天麻个头大，表面皱纹紧密，皮细肉厚，质地坚实，断面白色，半透明，无空心，天麻素等药用有效成分含量平均达到 3.5%，是天麻中的上品。宁强天麻种植基地一直稳定在 2 000 余亩，天麻产业已覆盖全县 18 个镇办，拥有天麻种植专业合作社 26 家，商品麻种植基地维持在 1.5 万亩左右，鲜天麻产量占汉中地区的 50%以上，天麻产业已成为宁强县脱贫攻坚的主导产业和支柱性特色产业。

2. 主要做法

聚焦“宁强天麻”产业优势，深入谋划、精准招引、强力保障、全力支持，建成多个野生天麻保育区、野生天麻种质资源普和天麻科研基地，引入天麻研究所，建立专家工作站，成功招商引资国药天麻基地、天麻食药产品冻干粉加工基地、天麻酵素生产线等项目，不断延链、补链、强链，推进天麻产业集群发展，初步形成集天麻研发、种植、生产、加工、销售于一体的全产业链发展势态，产品覆盖天麻片、天麻酒、天麻粉、天麻酵素、天麻面皮、天麻面条、天麻凉粉等系列，持续提升产品附加值。

引导天麻产业生态化。为不断做大做强天麻产业，持续增加农民收入，宁强县科学制定了天麻产地适宜性区划，先后投资 500 多万元采购优质天麻蜜环菌、萌发菌 20 万套无偿补助给种植农户。2016 年 11 月和 2020 年 11 月，宁强县主办了首届天麻贸易洽谈会、全国第六届天麻大会暨第二届宁强天麻贸易洽谈会、全国第三届天麻贸易洽谈会暨天麻产业发展论坛，邀请了北京、浙江、四川、云南、西安等 10 多个省份的中药材客商前来洽谈，41 家外省（市）食药企业参展，多名国内知名食药用菌、天麻科研院所的专家学者到会传授技术，引导全县天麻向优质生态天麻方向发展。

科技助力天麻产业发展（图 12-8）。为进一步强化天麻产业的科技支撑，宁强县成立了天麻研究所，又与北京中医药大学合作成立了宁强天麻复壮技术开发研究专家工作站，开展天麻优良品种选育、优质天麻两菌选育，对全县 20 余家天麻两菌生产企业进行整合，统一生产技术规范，统一菌种标准，提高菌种的质量。以宁强天麻研究所为指导，在二道河建成了优质乌天麻种苗繁育基地，在大安、阳平关、燕子砭、二郎坝等镇建立了一批种麻、商品麻示范种植基地，起到了好的辐射带动作用。同时，启动了阳平关“天麻小镇”建设，打造一个集科研、产品和技术集散、文化康养旅游、生产加工为一体的特色小镇。

图 12-8　天麻产业链示意图

3．取得成效

天麻种植经济效益约为 7 万元/亩，目前全县种植天麻收入 10 万元以上的户在 400 户以上。每增加 1 万亩种植面积，可直接带动 2 000 人就业致富，助推乡村振兴，有效解决农村劳动力外流的情况，同时可以带动加工、物流运输、餐饮服务、旅游等行业发展，也可以有效拉动宁强县地区生产总值，每年为县财政创收千万余元，反哺于天麻产业和生态环境保护。目前，宁强县天麻种植面积 1.8 万余亩，覆盖全县 18 个镇（街道），建成天麻两菌生产企业 23 家、种植企业 115 家、加工企业近 60 家、经销商 160 余家，形成了集天麻研发、种植、加工、销售于一体的全产业链发展态势，天麻综合产值超过 9.8 亿元，使小小天麻真正成为群众增收致富的“良方”。

位于嘉陵江畔的宁强县燕子砭镇是天麻种植的重点镇，连续多年为农民无偿提供优质菌种 5 万余套，免费培训技术骨干 160 余场 1 000 多人次，投放贷款 800 余万元，发放以奖代补资金 200 多万元，成功注册了燕子砭天麻商标，建成县镇级天麻示范园区 7 个。目前，全镇共有天麻种植大户 1 500 余户，规范化种植天麻 5 200 亩，实现年产值达 8 000 余万元。该镇还涌现出一批会经营、懂销售的农民经销商，将产品销往四川、重庆、云南、山东、湖北、辽宁、广州等省（市），部分产品还出口韩国、日本。目前，燕子砭镇已成为陕南最大的天麻种植、购销集散地，天麻种植技术被推广到周边 3 个省，带动了 1.24 万种植户脱贫致富。

12.3.4　“守绿换金”——守好“源头活水”换来“金山银山”

1．案例背景

汉江又称汉水，是长江的最大支流，发源于宁强县汉源街道办汉水源村箭竹岭水池垭。

约 1 500 km 长的汉江从这里发源，穿过崇山峻岭一路东去，在丹江口水库经南水北调中线工程引水输往京津等地，汉水源村也因此而得名。汉水源头原始生态资源保存完好，动植物资源丰富，物种繁多，列入国家保护的珍稀植物有香樟、红豆等 10 余种，珍稀动物有果子狸、黄鹿、白鹤等 20 余种。近年来，常有专家学者来源头进行科研考察，汉水源旅游观光客流量逐年增加，生态资源丰富。

2．主要做法

退耕还林：让“浑汤水”清澈。为解决雨天河水泛浑的问题，汉水源村于 2009—2015 年退耕还林 1 809 亩，到 2018 年汉水源村人一年四季都能喝上干净水。同时，通过禁伐、禁牧、禁污染企业落户，改造饮水设施、农村厕所，禁止污水直排，开展环境卫生整治，制定环境卫生公约，修建垃圾池，配备垃圾桶，落实环卫工，实施“绿水、蓝天、青山、宁静”四大工程等一系列措施，让汉水源村人居环境发生了翻天覆地的变化，汉水源生态环境得到了有效保护，真正确保了“一江清水”供北京。

生态“生财”：让“养生菌”富民。汉水源村把河道两岸千余亩可耕地进行了流转，改种茶树、果树等，打造出一条四季常绿、花团锦簇的观景长廊，既维持住了汉江源头的水土资源，又促进了当地农民增收。通过对比“生态账”和“经济账”，汉水源村从食用菌种植（由于要用木屑做菌棒，山上大量的原生木材被耗费）改为市场前景更好且对环境损伤较小的羊肚菌，目前该菌种已经在汉水源村种了 60 多亩，成为富民新产业，农民每年光是参与种羊肚菌的人均收入就有 3 000 元。

大家守护：让“源头水”长流。汉水源村的生态越来越好、收入越来越多，让更多的村民自发投身到汉水源头的生态保护中。通过开展试点垃圾分类回收，设置护林员、巡河员，义务清扫垃圾，维护河道清洁，定期组织志愿者进山捡拾垃圾等，村民保护汉江的意识大大提高。

3．取得成效

近年来，汉水源村依托汉江源头、南水北调水源地保护、汉水源湿地公园核心区的优势，因地制宜，大力发展生态农业。新建无性系良种茶园 516 亩，计划用 3 年时间发展 1 200 亩生态观光茶园，建成集茶叶产业发展、茶文化旅游、汉江源头水资源保护、汉水源头生态旅游观光于一体的美丽乡村。目前，为更好保护汉江源头，街道办已会同文旅局启动了汉江源头保护性开发总体规划，将源头自然形成的三道主题瀑布和沿途景观节点纳入汉江源景区进行整体保护和适度开发。

绿色生态产业加上汉江源景区为汉水源村绿色发展注入强大动能。为扮靓汉江源头，汉源街道办和汉水源村积极争取投入资金 7 200 余万元建成了汉江源头景区大门、8.9 km 旅游道路、近 2 000 m 旅游观光步行道及相关的旅游配套服务设施，每年吸引近万名四川、甘肃等地的游客来此观光、探源、体验农家生活，带动数十户村民致富增收，让当地村民有了更大的动力持续守护好“汉水之源”。

12.3.5 “承绿养金”——百年古村焕新生，碧水青山入画来

1. 案例背景

位于宁强县青木川古镇中心的青木川村，近年来依托保存完整的古建筑群和特色文化资源优势，强力推进城镇建设和景区建设，先后荣获“中国传统村落”“中国最美休闲乡村”“陕西省美丽宜居示范村”“陕西省十大最美乡村”等多项荣誉。“坚持传承保护 促进旅游发展——陕西省汉中市宁强县青木川古镇景区旅游扶贫案例”入选全国乡村旅游扶贫示范案例。

2. 主要做法

注重文化保护。按照“保护为主、聚形显魂”的原则，青木川村精心实施文物古迹、历史建筑、传统民居保护和修复工程，对于核心区域内古建筑群，修缮做到修旧如旧，确保文物古迹原真性；对于核心区以外新建及改扩建建筑，在造型、高度、体量、色彩、风格等方面保持与古镇和谐统一，做到建新如“旧”。

形成特色优势。青木川村集中打造餐饮、娱乐、住宿等特色街区，发展餐饮、住宿、旅游商品等各类经营户 350 余家，外来投资企业 30 余家，建成喜鹊、若言客栈和秦州别院等特色民宿示范点。开发出羌绣、老鹰茶、青木川土蜂蜜、青木川手绘地图、手工老花糖等旅游产品，以及腊肉、香菇、木耳、天麻等传统土特产品，“辅唐宴”“回龙烤鱼”“青木川凉粉”“青木川米豆腐”等特色餐饮品牌成功打响，带动当地 3 500 人就业。

挖掘文化内涵。青木川村深入挖掘近现代史实、历史故事、民间传说，精心打造青木川特色文化旅游项目，开展民俗文化体验活动，推出舞台情景剧《梦回青木川》。景区旅游文化内涵不断提升，古镇旅游实现由“观光型”到“体验型”“寄居型”升级进位。

推动产旅融合。青木川村紧紧围绕“旅游”这个核心做好产业发展文章，发挥好旅游产业延伸、市场带动优势，着力构建“一业为主、多业共兴”产业发展模式，推动“旅游+农业”，不断开辟群众增收致富、脱贫奔小康的新路子。

3. 取得成效

做大做强生态旅游产业，持续推进餐饮、住宿、商贸等服务业发展。景区现有餐馆 187 家、商铺 147 家、酒店 158 家，旅游带动就业人数 700 余人。许多土生土长的农民摇身一变成了老板，附近广坪、安乐河等镇及四川、甘肃客商纷纷来此投资兴业，开办餐饮、住宿相关产业超过 50 家。

做好“旅游+农业”文章，围绕“3+2”农业产业布局和“一村一品”发展目标，大力发展养殖、种植产业，户均增收 3 000 余元。目前，全村面向旅游市场开办酒店、餐馆、商铺 490 余家，直接吸纳全镇及周边地区贫困户务工人员共计 415 户 909 人，户均增收 4 000 元；通过政府购买绿化、环卫等旅游公共服务，每年可带动全村 90 余名群众就业，人均增收 5 000 元左右。

12.3.6 “羌绿增金”——“羌文化+”赋能“绿水青山就是金山银山”转化

1. 案例背景

宁强县是古代氐羌民族的居住地之一，取“羌地永宁”之意，古名“宁羌”。千百年来，羌文化在这里绵延发展，留下了众多非物质文化遗产，宁强县因此被誉为“汉江之源、羌族故里”。近年来，宁强县以羌族民俗文化展示为基础，以羌文化项目建设为抓手，把羌文化元素融入城市肌理，打造有味道、有记忆、有传承的特色县城。

2. 主要做法

一是实施青木川省级文化旅游名镇、宁强县羌族文化产业博览园等省、市、县级文化旅游产业重点项目 30 余个，策划包装有地方特色、有辐射带动效应文化产业招商项目 60 余个。

二是通过羌历年、龙舟赛等文化活动和长篇小说《青木川》、影视剧《一代枭雄》等文艺作品，不断丰富羌文化品牌文化内涵。加大对羌族文化产业园、瞿家大院等文化产业项目扶持，青木川民族风情街被认定为省级文化产业示范基地。

三是推进“游山水+品名茶+赏奇石”“跳羌舞+看傩戏+绣羌绣”“田园风+农家菜+土特产”等串珠式布局，不断深化文化旅游产业与生态、农业、科技的融合，如羌州绣娘文化有限公司形成了“公司+学校+合作社+基地+绣娘”模式，千山文化公司瞿家大院将博物馆、民宿、餐饮、茶园融合发展，形成多业态模式。

四是建立文化企业税费优惠政策台账，落实小规模纳税人免征增值税，自用土地、房产免缴城镇土地使用税、房产税等优惠政策，协调金融机构和县属羌州控股集团为文化企业注资、贷款 1.8 亿元，加快推进青木川古镇、羌族文化产业博览园等重点项目建设。

五是加强与专业机构的合作，成立中央民族大学宁强羌绣研究基地暨专家团队工作站，指导绣娘、羌编等企业开发系列手工艺文创产品。推动电影《青木川》创作、拍摄，推动旅游业的长足发展和经济的繁荣。

3. 取得成效

建成宁强县羌族文化博览园，青木川、汉江源景区羌族傩艺表演团队不断壮大，宁强羌族刺绣被列入省级非遗名录，羌文化特色县城建设初见成效。为实现羌文化保护传承，宁强县建设县非遗传习中心、传习所和羌文化数据库，推进非遗项目申报工作，加强羌文化理论研究及宣传工作，深入挖掘羌文化内涵，保护羌编羌绣、羌歌羌舞等文化遗产，积极举办羌族文化旅游节、羌族美食节、羌族文化论坛等大型活动。活动展示的羌编手工艺品、羌族茶艺、羌舞、羌族咂酒歌等引来众多网友“围观”，带动了旅游消费，提升了宁强羌文化品牌影响力。

通过“公司+学校+基地+合作社+绣娘”的模式，组建了 10 个羌绣传习基地，开办了 3 家社区工厂，研发了 300 余种羌绣产品，带动留守妇女灵活就业 1 000 余人。在保护传承非遗文化的同时，积极发展文化产业，壮大传承人队伍，让非遗文化融入现代生活，在发展中传承，在传承中发展。

宁强县依托羌族聚集地、羌文化等优势资源，抓好文化旅游项目建设，壮大以羌绣等为代表的文化产业，保护羌文化遗产和手工艺人，做好传承发展，构筑羌文化产业生态圈，为少数民族地区“绿水青山就是金山银山”转化提供了可复制的“宁强经验”。

12.4 重点任务

12.4.1 加强自然生态空间用途管控，守住“绿水青山”

强化国土空间规划用途分区管控，科学有序地统筹布局生态、农业、城镇等功能空间，落实生态保护红线、永久基本农田、城镇开发边界等空间管控线，健全生态优先、绿色循环发展的体制机制，构建生态保护格局，整合优化自然保护地，打造“三生融合”发展高地。

1. 构建“两屏、两廊、三区”的生态空间格局

提升生态环境保护工作与国土空间规划衔接性，有序开展生态环境保护分区分类精准管制。根据宁强县的地理特征将县域空间划分为已建区、适建区、限建区、禁建区四大类，实现国土空间分级和精细化管控，实行分类发展，促进生产、生活、生态空间的协同优化、有机统一，守住自然生态安全边界。落实生态空间用途管制，科学构建“两屏、两廊、三区”的生态空间格局，以秦岭、巴山为重点筑牢宁强两道生态安全屏障；以构建县域绿色循环、生态健康的流域水生态系统为重点，打造嘉陵江、玉带河生态经济廊道；以青木川国家级自然保护区、汉水源国家级湿地公园、牢固关森林公园 3 个自然保护地为依托，按照分类科学、布局合理、保护有力、管理有效的原则打造县域自然保护地体系，建设县域生态保护重点片区。

2. 落实“三线”约束，推行生态环境准入

以生态环境质量改善为核心，坚持把生态保护红线、环境质量底线、资源利用上线和生态环境准入清单作为生态环境管控的原则和依据。在生态保护红线方面，实现一条红线管控重要生态空间，确保生态功能不降低、面积不减少、性质不改变。在环境质量底线方面，将生态环境质量只能更好、不能变坏作为底线，并在此基础上不断改善，对生态破坏严重、环境质量恶化的区域严肃问责。在资源利用上线方面，把握好自然资源开发利用的度，不突破自然资源承载能力。将生态保护红线、环境质量底线、资源利用上线的约束落实到环境管控单元内，并根据环境管控单元的特征提出针对性的生态环境准入清单。

12.4.2 提高生态产品供给能力，保值增值自然资本

围绕“推动生态环境质量持续好转”的要求，把生态保护摆在突出位置，持续深入推

进大气污染、水污染、土壤污染治理，着力打好污染防治攻坚战，提升区域生态环境安全水平，稳步改善县域生态环境质量，为实现绿色高质量发展提供生态环境保障。

1．持之以恒有效保护秦巴生态环境

把生态环保作为底线任务，推进秦岭、巴山地区生态环境保护。执行《陕西省秦岭生态环境保护条例》《汉中市秦岭生态环境保护规划》《宁强县秦岭生态环境保护实施方案》，建立健全常态化长效化保护体制机制。严格环境准入，加强源头管控，淘汰高污染、高环境风险的工艺、设备。持续开展秦岭巴山区域“五乱”问题常态化整治，清理整顿违法违规建设项目。加大秦巴区域森林植被、水资源、土壤资源及生物多样性保护力度，全面推行林（山）长制，健全秦巴区域网格化监管体系。建立完善野生动物资源保护、监测科研管理网络和疫源疫病监测体系；加强湿地公园、保护区、森林公园保护，维护自然保护地生态特性和基本功能。持续推进秦巴区域污染防治，重点关注矿产资源开发、旅游开发、城镇建设、交通建设及乡村环境污染防治。加大生态破坏和环境污染的修复治理力度，加快损毁矿山生态恢复和治理，实施矿区植被恢复与生态治理工程，开展小水电整治、地质灾害防治和尾矿库治理，改善秦巴生态环境。建立秦巴生态保护协调联动机制，依法依规对各类开发建设活动实行强制性、全过程监管，当好秦巴生态卫士。

2．稳步提升水环境质量

坚持系统思维，“三水统筹”推进水生态环境治理。以水生态环境质量改善为核心，全面落实河（湖）长制，统筹水资源利用、水生态保护和水环境治理，协同推进地表水与地下水、陆域与河流保护与治理，促进水环境管理从污染防治为主逐步向污染防治与生态保护并重转变。加强流域污染治理。统筹推进流域内工业污染、农业面源、城乡生活污染防治。持续推进工业污染治理，持续提高水污染防治水平。完善城乡污水处理系统，继续推进城镇污水处理设施建设与改造，优化运营管理机制。因地制宜实施农村生活污水治理，加强污水治理与改厕有机衔接，有效减少农村污水直排现象。强化县级以上城市饮用水水源地及农村“万人千吨”饮用水水源地规范化建设，切实保障饮用水水质安全。建立水源安全保障、水污染严格控制、治水管理一体化的保护与防控体系，力争“十四五”期间水环境质量持续稳定，水生态系统功能更加完善，水资源、水生态、水环境统筹推进格局基本形成。

3．持续改善大气环境

发挥法律、经济、行政等抓手作用，强化污染源头治理，坚持“减煤、控车、抑尘、治源、禁烧、增绿”六措并举，全面实施工业废气、燃煤烟气、汽车尾气、扬尘灰气、油烟废气“五气”共治，持续改善大气环境质量。进一步优化调整产业结构、能源结构、运输结构、用地结构，突出 $PM_{2.5}$ 和 O_3 协同控制，切实抓好 VOCs 和 NO_x 协同减排。持续推进工业污染源减排，完成重点行业超低排放改造，规范金属矿采选、非金属矿物制品等行业颗粒物排放管理。大力推进重点行业低 VOCs 含量原辅材料替代，持续开展化工、工业涂装、包装印刷、家具等重点行业企业 VOCs 无组织排放整治。积极推进散煤削减和清洁能源替代。重点管控移动源污染排放，严格管控高排放机动车污染排放，全面实施第六阶段机动车污染物排放标准。继续加大餐饮油烟治理力度。到 2025 年，全县 NO_x、VOCs、COD、NH_3-N 浓度持续下降；县域环境空气质量达到国家二级标准，县城区空气质量优良天数稳定达到 335 天以上，空气质量优良率达 92%。

4．扎实保障土壤环境安全

以严守农产品质量安全和人居环境安全为底线，加强土壤污染防治，优化和完善土壤污染防治监管体系，严控新增土壤污染。实行土壤污染源头管控，严格农用地土壤污染源头管控和安全利用，推进疑似污染地块风险管控和治理修复，切实保障土壤环境安全。强化土壤安全整治，实施化肥农药施用量“零增长”行动，推进化肥农药减量增效。加强畜禽粪污资源化利用，推进废旧地膜和包装废弃物等回收处理。积极推进工矿区土壤污染治理修复，排查整治历史遗留涉重金属问题企业和历史遗留污染源。规范工业危险废物和医疗废物集中收集处置，加快推进生活垃圾源头减量和垃圾分类。到“十四五”末期，基本实现固体废物减量化、资源化、无害化目标。

5．统筹山水林田湖草系统治理

森林生态系统保护与修复。以保护和恢复森林植被为核心，按照自然恢复为主、人工修复为辅的原则，大力开展封山禁牧行动，扎实推进天然林保护、长江防护林二期、退耕还林、水土保持等工程建设，确保森林面积逐步增长，质量稳步提高，构筑县域绿色生态安全屏障。

流域综合治理。以改善水质为主要目标，深入实施汉江、嘉陵江等综合整治及生态修复工程，确保河道安全和水质达标。持续开展规模以上入河排污口、饮用水水源地和黑臭水体专项整治，加强南水北调中线水源涵养地保护。健全河（湖）长制，切实做好宁强县长江流域禁捕、退捕工作。

生物多样性保护。立足县域生物物种资源保护管理及生态安全保障需求，全面开展生物多样性调查，加强完善生物多样性监测系统建设。加快生态湿地、森林保护，保护生物多样性。

水土流失治理。巩固提升丹江口库区及上游水土保持一、二期工程治理成果，积极推进将县域项目区纳入丹江口库区及上游水土保持项目实施范围。重点实施坡耕地水土流失综合治理工程、国家水土保持重点建设工程和省级水土保持补偿费使用项目，重点创建生态清洁型小流域。严格落实《陕西省湿地保护条例》，切实加强玉带河、嘉陵江湿地保护与修复，打造一批小微湿地公园，持续改善水土环境质量，提升湿地生态系统功能。

矿山修复治理。严格排查矿区生态系统破坏现状，进行发散式修复，将区域内各矿山节点进行连接形成覆盖整个区域的修复网络。

12.4.3　推进绿色高质量发展，推动“金山银山”转化

坚持以绿色循环发展为引领，以延链、补链、强链为主攻方向，以园区为承载，以全面对接“四个在汉中”为核心，全力推动四大绿色循环工业发展集群化、优势产业高端化、新兴产业规模化、生态资源产业化、服务业现代化，构建以生态产业化和产业生态化为主的生态经济体系。

1．做强四大绿色循环工业集群

壮大绿色食品产业集群。立足县域高品质农、林特产资源，持续壮大特色农产品、有机食品、功能食品等深加工产业集群，提升产业竞争力。打造“汉源”绿色生态品牌，扶持绿梦食品、秦川大厨、千山茶业等现有企业精细化、高端化、品牌化发展，着力优化企业生产保障。到 2024 年，绿色食品产业产值达到 30 亿元以上。

——做精茶叶产业链。加大创新研发技术投入，做深茶多酚、茶氨酸等成分提取综合利用技术，丰富绿茶、红茶、砖茶、茶饮、茶食产品结构，不断延伸茶叶产业链。扶持壮大一批茶叶研发、加工、销售专业化、一体化龙头企业，不断提升产业链附加值，扩大宁强茶叶品牌影响力和竞争力。

——做强农副产品价值链。推动宁强县食用菌、山野菜、高山蔬菜向精、深、新加工链条延伸。加快功能营养、休闲食品加工，生物活性物质提取加工开发，生产副产物综合利用加工技术研发，形成以食、饮为主要品类，保鲜食品、脱水烘干制品、罐头制品、腌制品、速泡汤饮等形态丰富、绿色生态的宁强特色农副产品集群，不断提升产业附加值。积极培育一批销售型、市场性龙头企业，推动农副产品全产业链向中高端、高附加值转型升级。

——做优酒水产业链。以市场为导向，针对不同层次消费群体调整优化产品体系，围绕品质提升、品牌打造，推动酒类产品创新发展，开发一批适应不同消费需求的系列产品。加大宣传营销力度，积极支持本地白酒消费，通过商超、电子商务、东西部协作等多种方式和渠道，不断提高产品知名度和市场占有率。丰富“汉水源”“羌”品牌文化内涵，探索酒文旅融合之路，增强企业做大做强，培育县域财源增长极。

——做特生态美食产业链。重点发展以药食同源为特色的林果、林菌、林药、林蜂、花粉等绿色食品、有机食品和保健食品，充分挖掘麻辣鸡、核桃馍、土蜂蜜等宁强传统休闲食品品牌内涵，提升传统加工工艺。大力推广绿色生态种植、养殖技术，做精源头食材供应，科学布局建设规范化社区工厂、生产车间，打造形成涵盖食材供应、标准化加工、线上线下销售的完整产业链。

提升生物医药产业集群。最大限度地发挥宁强丰富的中药材和中医资源优势，鼓励支持本地医药企业加快新产品研发、培育引进一批生物医药“链主”企业，充分发掘食药同源市场价值，打造天麻、淫羊藿、银杏、华细辛等为主导的生物医药产业链，推动生物医

药全产业链发展。

——培育壮大现代中药。进一步加快道地药材、药源基地建设，加速中药材产业化进程。支持发展提取分离技术，活性物质筛选技术，重点开发天麻、淫羊藿、银杏、重楼、丹参、细辛、葛根等相关药茶、药酒、药膳及功能性保健品。

——引进发展生化制药。以循环经济产业园区为载体，加快建立生物制药产业集聚区，引进具有自主知识产权和广阔市场前景的生物药物生产企业，重点发展新型疫苗、诊断试剂、氨基酸营养品、生物医药中间体、生物制剂、医疗耗材等产业。支持引进消化和仿制市场潜力巨大的国外非专利药，鼓励研制具有自主知识产权的新型化学药物。围绕国内外市场需求，扩大医药中间体及化学原料药的生产规模。推动中间产品生产企业加快新产品开发速度、改进生产工艺，逐步向生产成品药方向转变。

拓展天然气综合利用产业集群。围绕年 16 亿 m^3 管道供气量，加快布局天然气综合利用产业链项目，积极发展“城市燃气、工业燃料、天然气供热”三大领域，培育壮大天然气综合利用产业集群。加快“气化宁强”步伐，重点推进 LNG 液化工厂，LNG、CNG 加气站，地下储气库建成投用进度，大力推广“以气代柴”“以气代油”，全面提高清洁能源使用率；积极推动引导企业燃料结构换代升级，保障现有工业企业用足天然气，促进企业燃料结构调整；加快天然气调峰电站等天然气发电项目，优化县域电力能源供给结构，提高天然气利用经济效益。到 2024 年，天然气产业集群实现产值超 30 亿元。稳步推进光能、风能、水能等清洁能源开发利用，加快形成多元化清洁能源产业发展格局。

转型升级现代材料产业集群。以培育产业集群、优化产业结构、完善产业链为方向，采用新技术、新工艺、新装备，进一步提升现代材料技术装备水平、资源和能源利用效率。到 2024 年，现代材料产业集群产值超 20 亿元。

——在金属合金新材料方面，积极引进以尾矿综合治理、修复生态环境为基础，以金、铜、锌等有色金属和锰、铁等黑色金属及非金属尾矿废渣综合利用为主的绿色矿业企业。大力扶持盛发钢管等金属加工龙头企业，扩大生产规模、丰富产品种类，发展一批相关配套中小企业，带动整个产业链发展。

——在现代复合材料方面，依托沃格尔玻璃纤维复合材料企业，带动建立纤维增强复合水泥板、塑料板等相关产业发展。积极发展塑料管件、管件生产加工产业，以及耐热聚乙烯管材、PP-R 管道系统、PVC 管道系统等产品。通过招商引资，培育低辐射镀膜玻璃、高端复合防火玻璃、真空玻璃、太阳能发电玻璃等绿色建筑玻璃产业。

——在生物基新型材料方面，依托宁强丰富的生物质资源，积极引进高新技术，鼓励发展生物基础材料，重点发展淀粉基生物降解高分子材料、包装用生物降解材料、农用生物降解材料及其他生物降解材料，努力打造区域性生物基新型材料产业基地。

2. 构建特色现代农业产业体系

大力发展“3+2”特色农业产业。围绕“道地药园、生态茶园、特色菌园、精品果园、放心菜园”建设，鼓励镇村因地制宜发展特色产业，做强中药材、茶叶、食用菌三大主导产业，做优畜禽、干果、蔬菜、烟叶、猕猴桃、中蜂等特色产业，加快发展花卉苗木、林下种养、水产养殖、田园观光等产业，促进产业融合发展。到 2025 年，全县中药材种植 15 万亩以上，建成全国有影响力的道地中药材示范基地；茶园总面积稳定在 16.5 万亩，食用菌稳定提升到年发展 8 000 万袋，全县蔬菜复种面积稳定在 5 万亩以上，果业总面积达到 20 万亩以上；年养殖中蜂 3 万箱，生态土鸡 100 万只。

建设现代农业示范园区（基地）。围绕中药材、茶叶、食用菌等优势产业，加快建设现代农业高新技术产业示范基地。以农产品绿色化为方向，推进标准化生产，加快农村一二三产业融合示范园建设，建设一批农业标准化示范园、畜禽标准化示范场和水产健康养殖示范场。完善农业对外开放格局，培育壮大高品质农产品供给基地。

强化农业科技支撑。支持发展和推广应用智能农机具，提高农业装备水平。提升农业良种化水平，扩大育种示范基地。积极创建乡村振兴科普示范基地，健全动植物防疫和农作物病虫害防治体系，大力推动 5G、物联网技术运用，加快智慧农业实施步伐。开展农产品质量安全示范县创建，推动农产品可追溯体系建设。

3．打造“一二四”文旅产业布局

持续推进全域旅游示范县建设，按照“核心板块引领、产城融合推进、资源价值释放”思路，制定完善的文化旅游产业市场主体培育、重点项目建设、特色品牌打造工作规划，加快构建“一城两区四带多园”文旅产业布局。

一座“最美汉源羌城”。将县城作为精品旅游景区整体打造，全面整合县城及周边文化旅游资源，统筹推进羌族文化产业博览园、汉江源景区、玉皇观茶园、梦回羌寨、九台山风景区、宁强矮马风情园等建设，打造集羌文化体验、避暑度假、生态休闲、户外运动等功能于一体的“大汉源景区”。

两大“最美旅游片区”。重点推进青木川和巴山两大片区的突破性发展，促进两大旅游区的差异化、特色化、集聚化发展，形成主题鲜明、功能互补的发展格局。将青木川景区作为宁强旅游集散副中心，以乡绅文化和民国风情为依托打造最美传奇文化情景式体验目的地。巴山片区旅游以草川子为核心，整合高山草甸、龙脊石林、峡谷瀑布、挂壁公路、地河天窗等资源，打造最美生态旅游新标杆。

四条“最美风景带”。以县城为中心，按照东、西、南、北 4 个方向打造玉带河美丽田园风景带、宁青山水画廊风景带、大巴山云顶花园风景带、金牛峡秦蜀古道走廊骑行风景带 4 条覆盖全县、各具特色的最美风景带，丰富“汉水文化寻根之旅”“蜀道文化之旅”“大九寨国际黄金旅游圈”精品旅游线路承载。

多个“最美文旅园区”。依托生态文化资源优势、特色，加强与高校、科研机构、知名文旅企业合作，推进文旅、农旅深度融合，与科技、信息有机结合，依托羌文化产业博览园、羌绣产业园、玉皇观茶园观光休闲景区等项目，打造一批文创产业园区、特色研学园、观光体验园，不断丰富文化旅游产业业态。

12.4.4 打造“绿水青山就是金山银山”文化品牌，推动绿色惠民富民

1. 做强“汉江之源，羌族故里”核心品牌

“最美汉江之源”。持续提升汉江源景区4A级景区品质，推进新汉源、古汉源两大源头生态保护和文化景观打造。校地共建“陕西理工大学汉源文化研究传播中心”，加强合作交流，策划举办“中国·宁强汉源文化保护与产业发展高峰论坛”“汉水源龙舟大赛”等文化活动，进一步彰显“汉江之源”文旅品牌唯一性、独特性，大力开发汉江溯源人文旅游。

“中国历史文化名镇”。推进青木川古镇5A级景区创建和省级文化旅游名镇建设，加快青木川古镇旅游中心建设，依托金溪河滨水休闲旅游带、“韩家垭——玉泉坝”乡村休闲旅游避暑度假带，将全镇各村纳入“古镇+乡村”旅游发展体系。借助“陕西省中小学生研学旅行实践教育基地”大力发展研学游，与艺术院校、文化机构（社团）共建实践实习基地、采风创作基地，持续讲好“青木川故事”。

“最美乡村旅游目的地”。加快玉皇观、草川子、禅家岩最美天坑地质公园等景点建设步伐，大力宣传“中国天然氧吧”等“国字号”文旅品牌。按照“环境绿、产业特、景观美、民风淳”的原则，在保持村容村貌的基础上建设一批富含文化内涵的景观节点，提升乡村旅游从业人员素质水平和乡村旅游服务质量。

2. 推进羌文化资源保护开发

加大羌文化产业资源保护开发。推进“羌文化生态保护试验区”建设，巩固“中国羌族傩文化之乡”保护成果，举办羌文化研讨会、文化旅游节等活动，加强羌文化研究与文创产品开发基地（专家工作站）建设，依托羌族文化产业博览园、羌绣文化产业园等园区基地，推进羌族傩艺歌舞表演、羌绣羌编手工艺生产向产业化、品牌化发展。

推进羌文化产业体系构建。加大羌文化产业重点企业重点项目扶持力度，加快羌族主题景区（园区）、演艺、手工艺等文旅产品与现代科技和时代元素融合，扶持演艺企业编排演出体现中华优秀文化、展示宁强特色文化的精品演出（剧目），支持民间特色饮食、传统美食的挖掘提升，推动羌博园等特色景区（园区）创新管理经营模式，增加文旅产品文化内涵和附加值，不断创新产业业态。

3. 坚持城旅融合，产城一体

坚持城旅融合。以县城为中心，辐射带动汉江源、羌族文化产业园、玉皇观茶园、九台山、矮马场、汉水源头、梦回羌寨等景区，开发度假游、民俗游、康养游、研学游等特色体验产品，刺激多样化旅游需求，加快形成县城半小时休闲旅游圈。

坚持产城一体。以循环经济产业园区为龙头，对东城新区土地资源进行规划整合，留足备优产业空间，吸引外部生产要素流入，不断招引生态要求达标、劳动密集较大、税收

创造明显的企业落地，做大产业规模和总量，吸引人口就业和聚集，提升经济发展活力，形成“社区+产业”组团发展模式。围绕羌南新城、九龙湾国际商住旅游社区、佳和时代广场、羌城春天、玉河阳光等亮点工程，优化业态布局，提升商业水平，吸引消费群体，逐步形成县城最具活力的“商业区”。针对筒车河安置点、建业·飞鹿新城等大型社区，因地制宜建设扶持工厂、扶贫车间、便民摊点，努力创造就业和经营机会，丰富产业发展业态。

4．涵养生态宜居，建设幸福之城

加快玉带河沿线滨河公园建设，做好湿地整治、建筑整修、景观打造，形成开放式亲水空间和连接“一心两翼”的生态景观长廊，提升美化城市界面。深入开展城市环境综合整治，实施街边、路边、河边、山边、村边净化工程和县城山体、公园广场增绿造绿着色工程，县城绿化覆盖率达到 40.3%，建设一批健身步道、生态绿道、文化廊道等市民郊游休闲好去处。注重古建民居、传统民俗、文化遗产的保护传承、科学利用，延续城市文脉。强化精细管理，打造智慧城市管理平台，积极开发利用大数据、物联网，普及信息化、智能化手段，提升城市管理效能。强化综合执法，加大环卫保洁力度，持续开展“十乱”整治。建立健全县城安全运行管理机制，强化应急防控能力建设，梳理应急防控清单，推进源头管控、过程监测、预报预警、应急处置和系统治理。

12.4.5　深化生态环境领域改革，探索长效保障机制

1．保护机制：保护“两山两江”，守好生态家底

推进山水林田湖草沙系统保护修复，实施综合管理。坚持山水林田湖草沙一体化保护，全面落实林（山）长制，持续开展秦巴“五乱”问题整治，抓好尾矿库综合治理、矿山生态修复，加强天然林资源、生物多样性保护和病虫害防治，从严落实十年禁渔措施，促进人与自然和谐共生。严守“三线一单”，依法依规对各类开发建设活动实行强制性、全过程监管。常态化开展联合执法检查，以零容忍态度严厉打击环境违法行为，坚决守护好“绿水青山”生态本底。

深入打好污染防治攻坚战，着力解决突出环境问题。围绕大气环境指标提升改善，扎实做好燃煤检查和监管，定期对“禁燃区”开展“回头望”，做好清洁能源推广，深入实施“煤改电”“煤改气”工程；持续强化工业源治理和移动源监管，推进非道路移动机械污染防治、高污染高排放机动车的监管；聚焦国控、省控断面达标，精准治污、科学治污。督促相关部门、镇办加快完善污水处理厂管网建设，提升污水收集率。加强对排污单位日常监管和证后执法监管，逐步推进排污许可证执法检查常态化。完善跨界流域水污染防治联防联控机制，确保水环境安全；加强对存在污染风险企业的管控工作，开展重点企业周边土壤和地下水的监测分析。加大农业面源污染治理力度，继续推进秸秆还田综合利用，畜禽粪污资源化利用等工作。

2．转化机制：打通“绿水青山”向“金山银山”转化的通道

立足秦巴生态优势发展生态经济，实现绿色财富、绿色富民。对生态环境本底较好的乡镇，提高生态产品产出效率，使“绿水青山”创造更多的具有经济价值的生态服务功能，如高品质饮用水、天麻、淫羊藿等原材料食品。探索“生态+”模式，发展以生态农林牧渔业、生态修复及采掘恢复等为主的绿色农业，以绿色旅游业、绿色餐饮业、绿色文化产业等为主的绿色服务业推进农业和服务业转型升级。

发挥环保作用，促进供给侧结构性改革，引导培育绿色发展新动能。通过以环境保护优化经济发展、引导产业布局、“倒逼”结构转型，强化环境硬约束推动去除落后和过剩产能，严格环保能耗要求促进企业加快升级改造，把创新驱动作为发展基点，提升传统产业的绿色化水平。推动绿色低碳环保产业发展，推进绿色化与各领域创新深度融合发展。加快培育新技术、新产业、新业态，促进绿色制造和绿色产品供给，把绿色生态优势转化为新经济发展优势和吸引高端产业、人才的竞争力。

3．核算机制：建立生态资产核算体系

建立生态资产核算体系。编制自然资源资产负债表，评估一个宁强当期自然资源资产实物量和价值的变化，摸清某一时点上自然资源资产的“家底”，准确把握经济主体对自然资源资产的占有、使用、消耗恢复和增值活动情况，全面反映经济发展的资源环境代价和生态效益，从而为有效保护和永续利用自然资源提供信息基础、监测预警和决策支持，为环境与发展综合决策、领导干部自然资源资产离任审计、政府政绩评估考核、生态环境补偿等提供重要依据。

4．反哺机制：构建“金山银山”对“绿水青山”的反哺机制

加快建立体现生态价值、代际补偿的资源有偿使用制度。自然资源资产有偿使用在促进自然资源保护和合理利用、维护所有者权益方面能够发挥积极作用。要树立尊重自然、顺应自然、保护自然的理念，完善国有土地资源、水资源、矿产资源、国有森林资源等有偿使用制度，充分发挥市场配置资源的决定性作用和政府的服务监管作用，实现自然资源开发利用和保护的生态、经济、社会效益相统一。

健全生态补偿制度。生态补偿是“绿水青山”保护者与“金山银山”受益者之间的利益调配机制。建议中央、省、市加大对宁强的转移支付力度，合理提高补偿标准，推进有关转移支付分配与生态保护成效挂钩，探索资金、政策、产业及技术等多元互补方式。

建立推动“绿水青山就是金山银山”转化的绿色金融体系。设立财政引导为辅、社会资本投入为主、市场化运作的“绿水青山就是金山银山”绿色发展基金，重点支持生态保护、污染治理、绿色产业发展等绿色发展领域的项目。创新绿色信贷模式，鼓励各类金融机构加大绿色信贷的发放力度。推动银行间绿色债券市场发展，为生态环境保护提供更为充足的资金保障。完善绿色保险制度，鼓励保险机构为加强环境风险监管提供支持。

第 13 章

武陵山区“绿水青山就是金山银山”实践创新

根据《全国生态功能区划》（修编版），武陵山区生物多样性保护与水源涵养重要区（以下简称武陵山区）地跨湖北、湖南、贵州、重庆、广西 5 个省（自治区、直辖市），范围主要涉及湖南省湘西、怀化、张家界、常德、邵阳、娄底、益阳，湖北省恩施、宜昌，重庆市黔江、酉阳、秀山、彭水、石柱，贵州省铜仁、黔东南、黔南，广西壮族自治区桂林、柳州，主要生态问题包括森林资源不合理开发利用带来生态功能退化问题较为突出等。湖南省靖州苗族侗族自治县（以下简称靖州县）是国家重点生态功能区，在《全国生态功能区划》中属于武陵山区。靖州县是林业大县，林业用地面积 269.6 万亩，森林覆盖率 74.93%，森林蓄积量 1 103.53 万 m^3，人均拥有量位居全省第一，20 世纪 90 年代创造了湖南省小城镇发展的成功典范，被誉为“靖州现象”。近年来，靖州县突出“国家重点生态功能区”定位，勇当“绿水青山就是金山银山”理念的践行者和先行者，抢抓中共中央办公厅、国务院办公厅《关于推进以县城为重要载体的城镇化建设的意见》政策机遇，探索实践“加工园区+种植基地+科研中心+现代物流+文化旅游”五位一体的产业发展新业态，推动一二三产业深度融合，形成了“研发在靖州、转化在企业、总部在园区、基地在乡镇、园区即景区”的产城融合模式，努力再创“靖州现象”新辉煌。本章选择靖州县作为武陵山区的典型县域进行“绿水青山就是金山银山”实践创新研究，全面对照生态环境部关于推进“绿水青山就是金山银山”实践创新基地建设的相关要求，总结凝练“绿水青山就是金山银山”转化模式与典型案例，研究提出以林果、林药、林竹、林游、林治为代表的“五林”生态经济体系，以期为推进武陵山区生态产品价值实现和让优良生态环境成为靖州人民的“幸福不动产、绿色提款机”提供参考依据。

13.1 区域概况

13.1.1 区位特征

1. 地理位置

靖州县位于云贵高原东部斜坡边缘、雪峰山脉西南端、沅水上游之渠江流域，地跨109°16′4″～109°56′36″E，26°15′25″～26°47′35″N，面积2 207.97 km^2，隶属湖南省怀化市，地处湘黔桂三省接边区域，东接邵阳市绥宁县，西邻贵州省黔东南苗族侗族自治州，北连会同县，南抵通道侗族自治县，素有“荆楚锁钥”“楚南要冲”之称谓，“八邦会靖”之繁荣。属亚热带季风湿润区，气候温和，多年平均气温16.7℃，年降水量1 071.7～1 857 mm。热量丰富，生长季节长，年活动积温为4 976.1～6 165.8℃，历年平均日照时数1 462.7小时，无霜期290天，年平均相对湿度为79%～83%。

2. 行政区划

靖州县现辖6个镇和5个乡，分别是渠阳镇、甘棠镇、大堡子镇、坳上镇、新厂镇、平茶镇，太阳坪乡、三锹乡、文溪乡、寨牙乡、藕团乡（表13-1）。2020年，全县共有124个行政村，年末总户数8.9万户，总人口27.55万人，常住人口23.36万人，其中城镇人口12.07万人，乡村人口11.29万人，城镇化率51.69%。靖州县有苗、侗、汉等25个民族，其中苗族、侗族人口占74.4%。

表13-1 靖州县行政区划一览（乡镇）

名称	面积/km^2	人口/人	社区/行政村
渠阳镇	673.59	120 361	9个社区，43个行政村
甘棠镇	137.56	23 495	1个社区，12个行政村
大堡子镇	182.19	21 476	1个社区，12个行政村
坳上镇	188.57	20 120	1个社区，7个行政村
新厂镇	199.94	23 020	1个社区，10个行政村
平茶镇	150.77	11 671	1个社区，7个行政村
太阳坪乡	90.84	14 552	8个行政村
三锹乡	175.05	6 973	5个行政村
文溪乡	115.26	11 022	8个行政村
寨牙乡	143.55	8 307	5个行政村
藕团乡	150.56	14 541	7个行政村

3. 交通运输

靖州县距离怀化市130 km，距长沙市470 km，距桂林市210 km，基本形成以高速公路为主轴，以国、省干线公路为主框架，以县乡道为脉络的公路交通网络。航空方面，距离黎平机场 76 km，通过 G356 即可直达；铁路方面，焦柳铁路穿过全县，并设靖州站，且焦柳铁路电气化改造靖州段已全面开工建设；公路方面，G209、G356、S243、S344、S262、S261 贯穿县境，已建成怀通高速靖州段长 47.7 km，在建的武靖高速、靖黎高速、响星公路届时将与 G209、贵州省高速相接，形成公路铁路十字交叉的交通格局。另外，全县 11 个乡镇全部通水泥路或沥青公路，124 个行政村通畅率达 100%，25 户或 100 人以上自然村组全部实现通畅，行政村通客车率达 100%。

4．发展定位

一是现代产业融合发展示范区。依托茯苓、杨梅、山核桃等特色资源优势，充分挖掘茯苓祛湿、杨梅健脾、核桃益智三大天然属性，加大药品、保健品、食品开发力度，形成具有靖州特色的绿色健康产品体系，大力推进茯苓、杨梅、山核桃与二三产业深度融合，打造现代产业融合发展示范区。

二是全国生态文化旅游目的地。充分挖掘靖州生态文化和旅游康养资源，打造以“苗侗文化”“红色文化”“康养文化”为主题的三大特色旅游品牌。强化生态环境保护、城乡风貌美化、生态服务品质提升，建设与张家界、桂林、黔东南山水相依、差异互补的知名旅游目的地。

三是三省接边区域医疗康养基地。依托茯苓、杨梅等健康产业发展的基础优势、山清水秀的自然生态优势、良好的区位交通优势及医疗卫生资源的业态聚集优势，推进中医医药与文化事业、旅游产业、绿色农业融合创新，形成“中医药+医养结合+智慧养老特色”的康养产业体系，逐步形成区域性医疗康养基地。

四是特色小镇承载乡村振兴新样板。发挥国家现代农业产业园、国家农村产业融合发展示范园、茯苓小镇、杨梅小镇等平台优势，全力打造坳上、渠阳镇等经济特色突出乡镇，以点带面，在全省率先走出一条产镇融合、产城融合、以特色小镇建设推动乡村振兴的新路径。

五是湘西南现代商贸物流中心。积极融入怀化市建设“商贸服务型国家物流枢纽承载城市、国家骨干冷链物流基地”战略，以建设怀化西南部物流的关键节点、湘西南现代商贸物流中心为目标，同时以对接桂林、黔东南和东南亚地区的桥头堡和重要节点城市及怀化重点区域性商贸物流次中心为目标，突出区域性大宗工业物资集散、区域性中药材综合批发、区域性商贸消费三大功能支撑，打造湘西南现代商贸物流中心。

13.1.2 自然资源状况

1．地形地貌

靖州县地处云贵高原东源斜坡的山丘地带，既多崇山峻岭，又有丘陵、盆地交错，地貌多样，地层缺失志留系、泥盆系和第三系，其余自板群系至第四系均有出露，震旦系布露最广，板溪群次之。县域内东、西、南部三面地势高峻，北部低缓，中部为狭长山间盆地，整个地势由南向北倾斜，呈“V”形展布。海拔为278～1 178 m，地势比降为29.3%，地表起伏较大。山地面积占全县总面积的80%，溪河密布，河流下切和风化作用对地表的塑造显著，切割强烈，侵蚀和堆积地貌发育。

2．土地资源

根据国土资源三调数据（2020年）统计结果，靖州县总面积2 207.97 km^2。其中，农用地2 067.51 km^2，占国土面积的93.64%；建设用地74.43 km^2，占国土面积的3.37%；其他土地66.03 km^2，占国土面积的2.99%。主要用地类型为林地，占国土面积的81.9%；其次是耕地，占国土面积的8.22%（表13-2）。

表13-2　靖州县国土资源三调数据分类统计

土地类别	面积/km^2	占比/%
耕地	181.47	8.22
园地	74.8	3.39
林地	1 808.31	81.90
其他农用地	2.93	0.13
城乡建设用地	50.92	2.31
交通水利及其他建设用	23.51	1.06
水域	45.64	2.07
其他土地	20.39	0.92
总计	2 207.97	100

3．水文水系

靖州县属沅水流域，区域内最大河流渠江（水）是沅江的一级支流，溪河密布，积水面积50 km^2以上的河流有13条。河流多发源于东西两侧的山地，向中部汇入渠江，再往北汇入沅水，整个水系呈不对称的树枝状分布，构成境内六大水系。全县共有中小型水库49座，其中中型水库1座、小（Ⅰ）型水库15座，小（Ⅱ）型水库33座（表13-3）。

表13-3　靖州县主要水库一览

名称	所在地	坝型	坝高/m	库容/万 m^3
金麦水库	铺口乡	心墙	40.0	2 750.0
飞山水库	飞山管委会	心墙	24.0	668.0
地灵水库	甘棠镇	均匀	33.0	466.4
地央冲水库	横江桥乡	均匀	19.0	360.0
水塔坳水库	甘棠镇	均匀	25.4	205.0
长杆冲水库	坳上镇	心墙	28.0	105.0
木溪水库	铺口乡	均匀	5.42	160.0
宗冲水库	甘棠镇	均匀	1.4	104.0

名称	所在地	坝型	坝高/m	库容/万 m^3
湖瓢水水库	横江桥乡	心墙	1.8	105.0
炭冲水库	甘棠镇	均匀	3.99	101.6
信冲水库	江东管委会	心墙	1.73	119.6
地理冲水库	藕团乡	心墙	7.33	159.6
大油冲水库	艮山口管委会	心墙	1.85	106.0
丁洞水库库	新厂镇	均匀	6.13	100.0

靖州县水资源总量约 33.09 亿 m^3/a。其中，当地水资源总量 24.40 亿 m^3/a，占全县水资源总量的 73.74%；外来客水量 8.69 亿 m^3/a，占全县水资源总量的 26.26%；地表水水量 21.99 亿 m^3/a，占总水量的 90.12%；地下水 2.41 亿 m^3/a，占总水量的 9.88%。水能理论蕴藏量 83 110 kW，可开发量为 47 070 kW，占理论蕴藏量的 56.6%。

4．生物资源

靖州县生物多样性丰富，垂直分带明显，形成多样化的植被类型。拥有维管束植物 145 科 324 属 704 种，其中蕨类植物 15 科 20 属 22 种，裸子植物 3 科 4 属 4 种，种子植物 127 科 300 属 678 种。主要用材树种有杉木、马尾松，经济树种有油茶、油桐、杨梅、板栗、山核桃、柑橘，绿化树种有樟树、桂花、雪松等。药用植物有 193 科 1 224 种，大宗中药材有松茯苓、天麻、五倍子、黄柏、黄栀子、钩藤、杜仲、厚朴等。

靖州县野生动物资源丰富，拥有脊椎动物共有 5 纲 26 目 71 科 179 种，其中鱼纲 5 目 14 科 42 种，两栖纲 1 目 4 科 11 种，爬行纲 3 目 8 科 19 种，鸟纲 12 目 34 科 93 种，哺乳纲 5 目 11 科 14 种，属国家一级保护野生动物的有林麝、穿山甲、大灵猫、小灵猫、白鹳，属国家二级保护野生动物的有猕猴、金猫、斑羚、黄嘴白鹭、白琵鹭、白额雁、鸳鸯、老鹰、隼、白鹇、锦鸡、鹦鹉、虎纹蛙等 17 种。

靖州县森林资源丰富，根据林业二调数据统计（表 13-4），全县林业用地面积 179 699 hm^2，其中有林地面积占比 91.10%，未成林地面积占比 3.74%。森林资源主要分布在渠阳镇、三锹乡、新厂镇、大堡子镇和坳上镇（表 13-5）。

表 13-4　靖州县林业二调数据分类统计

类别	面积/hm^2	占比/%
有林地	163 703.20	91.10
疏林地	—	—
灌木林	5 037.41	2.80
未成林	6 725.97	3.74
苗圃地	9.65	0.01
无立木林	4 182.90	2.33
宜林地	18.89	0.01
辅助生产地	21.06	0.01
总计	179 699.08	100

表 13-5 靖州县各类林地面积统计

乡镇	林业用地面积/hm²							
	总计	有林地	灌木林地	未成林地	苗圃地	无立木林地	宜林地	辅助生产地
渠阳镇	45 962.03	41 635.13	1 972.82	1 083.83	0.72	1 258.69	1.69	9.15
甘棠镇	9 540.07	8 613.37	146.39	431.62	—	345.52	2.83	0.34
大堡子镇	15 657.92	14 250.67	241.04	801.47	—	363.58	0.10	1.06
坳上镇	15 070.60	13 072.93	656.01	1 049.32	0.09	291.54	0.71	—
新厂镇	15 909.22	14 237.93	578.32	613.73	6.66	459.64	11.33	1.61
平茶镇	13 540.58	12 610.37	149.65	477.40	0.15	303.01	—	—
太阳坪乡	6 398.00	5 471.01	688.14	202.18	—	36.67	—	—
三锹乡	16 166.20	15 422.01	71.66	489.44	—	179.51	1.43	2.15
文溪乡	10 026.70	9 136.05	216.44	436.93	—	237.28	—	—
寨牙乡	12 978.22	12 243.35	63.94	467.03	2.03	200.68	—	1.19
藕团乡	12 427.65	11 685.86	189.51	392.80	—	157.28	0.80	1.40
排牙山林场	6 021.89	5 324.52	63.49	280.22	—	349.50	—	4.16
合计	179 699.08	163 703.20	5 037.41	6 725.97	9.65	4 182.90	18.89	21.06

5. 矿产资源

靖州县的金属矿类有金、铁、锰、钒、铅、铜、铀等 10 种，非金属矿有煤、高铝耐火黏土、重晶石、石煤、水泥用石灰岩等 11 种。据初步勘探，有煤 220 万 t、锰 6.64 万 t、石灰石 2 亿 t、铁 90 万 t、铝土 31.13 万 t 及大量的黄金、矾、耐火黏土、水晶、钴、铀、铜、金刚石、磷、陶土等，还有可作建筑材料的片石、石料和河沙等资源。

6. 旅游资源

靖州县有排牙山国家森林公园、五龙潭国家湿地公园，主要风景名胜区有文峰塔景区、被誉为“楚南第一峰”的飞山 4A 级景区、洞中有洞的铺口龙涎洞、五老峰、九龙山等。少数民族风情浓郁，鼓楼、吊脚楼、风雨桥风格各异，彰显特色；侗锦、苗帕、刺绣、剪纸、雕刻等民族民间手工艺品种繁多，技艺精湛；民族民俗饮食文化风格独特，被誉为“天籁之音”的多声部苗族歌鼟（tēng）、侗族芦笙舞等民族民间表演艺术独放异彩。此外，还有桃花会、乌饭节、歌场、庙会、芦笙节等民族节庆（图 13-1）。

藕团苗侗芦笙节

塘保苗寨花桥

地笋苗寨

文峰塔景区

图 13-1 靖州县部分旅游资源

13.1.3 社会经济状况

1. 地区生产总值

2017—2021 年，靖州县地区生产总值年均增长 3.87%。2021 年，靖州县生产总值 92.33 亿元，占怀化市生产总值的 5.08%，全省排名第 10 位，人均地区生产总值 3.95 万元，高于怀化市（3.44 万元）和湖南省（3.20 万元）平均水平（图 13-2）。

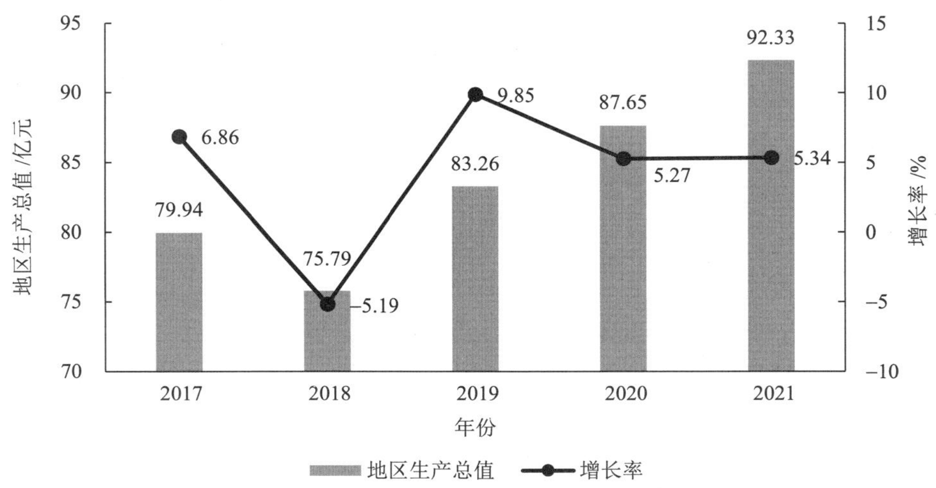

图 13-2 靖州县地区生产总值及增长率

2. 居民可支配收入

2017—2021 年，靖州县人口自然增长率下降了 40.13%，常住人口增加了 5.93%，并趋于稳定（图 13-3）。2021 年，全县总人口 27.5 万人，自然增长率 0.91‰。2020 年年底，全县 11 561 户 44 087 名建档立卡贫困人口全部脱贫，60 个贫困村全部出列，贫困发生率由20.45%下降到0，脱贫攻坚圆满收官，在2020年度湖南省脱贫攻坚成效实地考核中获得满分，财政扶贫专项资金绩效考核排名全省第一，高质量通过国家脱贫攻坚普查，圆满完成派驻普查工作任务，太阳坪乡获评全国脱贫攻坚先进集体。2021年，全县居民人均可支配收入19 591元，同比增长9.2%。其中，城镇居民人均可支配收入27 175元，同比增长7.8%；农村居民人均可支配收入13 275元，同比增长11%（图13-4）。

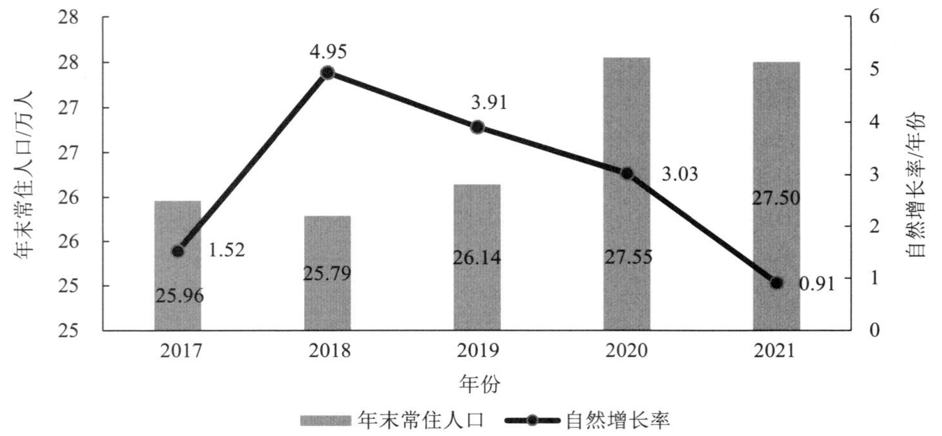

图13-3 靖州县常住人口及自然增长率

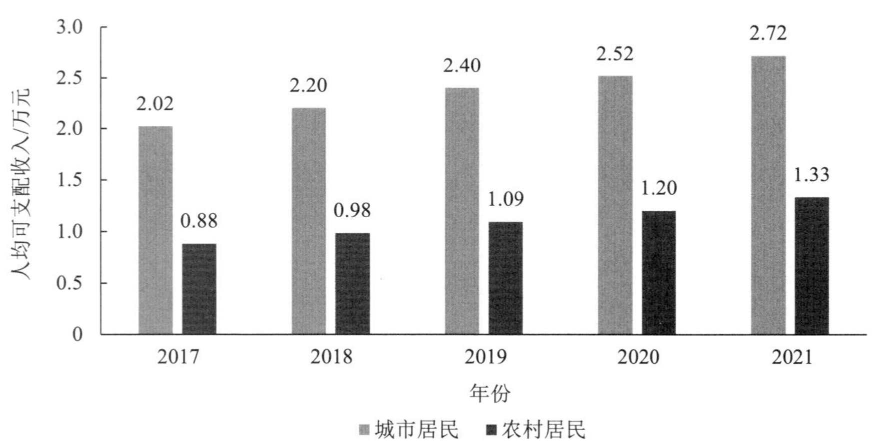

图13-4 靖州县城乡居民人均可支配收入

3．产业结构

2017—2021年，靖州县积极推进产业结构调整，三产结构持续优化。2021年，第一产业增加值18.12亿元，增长10%；第二产业增加值25.15亿元，增长8.1%；第三产业增加值49.07亿元，增长8.2%。第一产业增加值占地区生产总值的比重为19.62%，第二产业增加值的比重为27.24%，第三产业增加值的比重为53.14%（图13-5）。

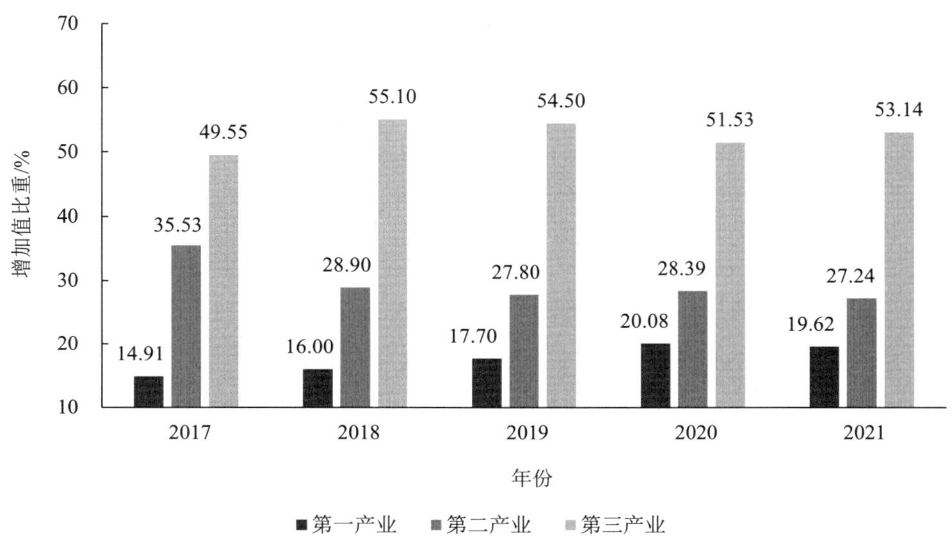

图 13-5　靖州县三产增加值比重变化趋势

4. 产业发展

2017 年以来，靖州县现代农业快速发展、工业经济快速提升、商贸物流稳步发展、文旅产业逐步兴盛，形成了以茯苓、杨梅与山核桃（“靖州三宝”）“一特两辅”主导特色产业发展格局，全县以茯苓为主的中药材产业种植面积 7.0 万亩，中药材产业实现总产值 18.7 亿元。2021 年，靖州县杨梅基地面积达 10.2 万亩，产业总产值 15.6 亿元；山核桃基地面积达 6.3 万亩，实现总产值 4.5 亿元；依托茯苓科技产业园形成了茯苓产业化开发，上中下游全产业链带动当地 5.7 万人就业，全产业链综合产值达 31.8 亿元，占全县地区生产总值的三成以上。

13.1.4　生态环境状况

1. 水环境

靖州县共有一处国控、两处省控地表水考核断面，分别是流坪断面、靖州县自来水厂断面和桐油岭断面。2017—2021 年，两处省控断面按《地表水环境质量标准》（GB 3838—2002）Ⅲ级标准评价，无水质超标现象，地表水水质达标率为 100%；饮用水水源监测为县自来水厂取水口断面，采取每月采样，所有检测项目按《地表水环境质量标准》（GB 3838—2002）Ⅱ级标准评价，饮用水水质达标率为 100%，水环境质量均良好。

靖州县工农业生产和饮用以地表水为主，地下水资源开发利用不多。县内无省控地下水监测点，尚未开展地下水水质常规监测，无土壤污染重点监控单位，未发生地下水环境污染事件（表 13-6）。

表 13-6 2017—2021 年靖州县省、市断面水质达标情况

断面名称（属性）	2017 年	2018 年	2019 年	2020 年	2021 年
流坪（国控）	Ⅱ类	Ⅱ类	Ⅱ类	Ⅱ类	Ⅱ类
靖州县水厂（省控、饮用水）	Ⅱ类	Ⅱ类	Ⅱ类	Ⅱ类	Ⅱ类
桐油岭（省控）	Ⅱ类	Ⅱ类	Ⅱ类	Ⅱ类	Ⅱ类

2. 大气环境

2017—2021 年，靖州县大气环境质量总体稳定（图 13-6）。监测数据显示，目前靖州县空气质量优良率保持在 95%以上，各项空气指标均达到国家环境空气质量二级标准。2021 年，靖州县空气质量一直处于良好状态，空气优良天数达 357 天，有 8 天轻微超标，环境空气质量优良天数比例达 97.8%，$PM_{2.5}$ 浓度为 0.028 mg/m^3，PM_{10} 浓度为 0.045 mg/m^3，SO_2 浓度为 0.01 mg/m^3，NO_2 浓度为 0.009 mg/m^3，CO 浓度为 1.1 mg/m^3，O_3 浓度为 0.102 mg/m^3（图 13-7 至图 13-9）。

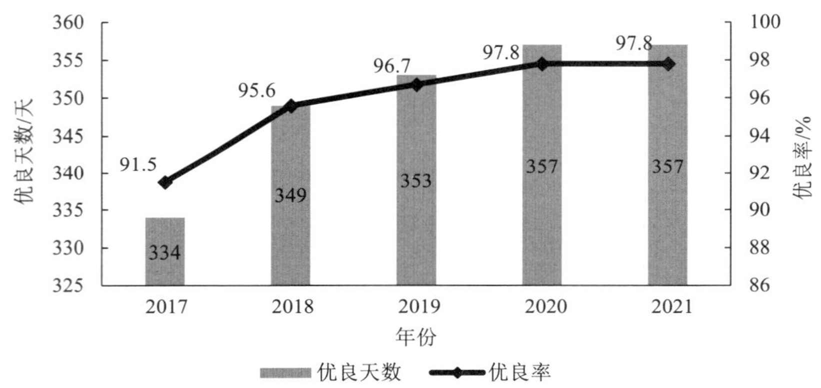

图 13-6 2017—2021 年靖州县空气质量变化

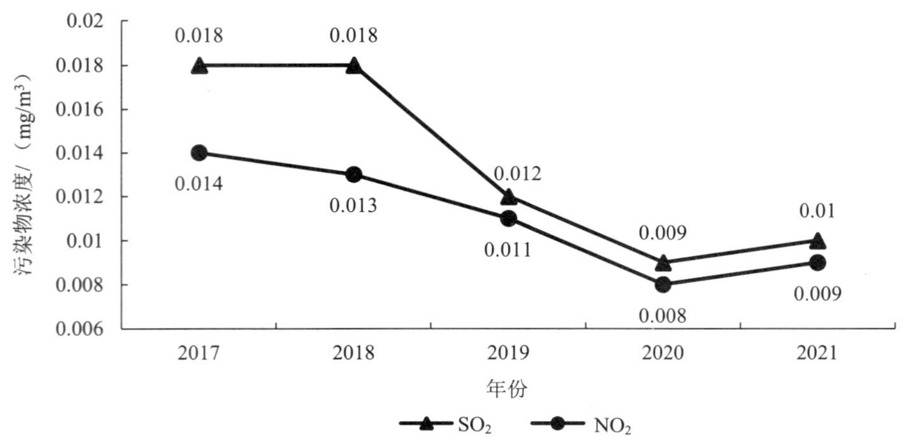

图 13-7 2017—2021 年靖州县 SO_2 和 NO_2 浓度变化

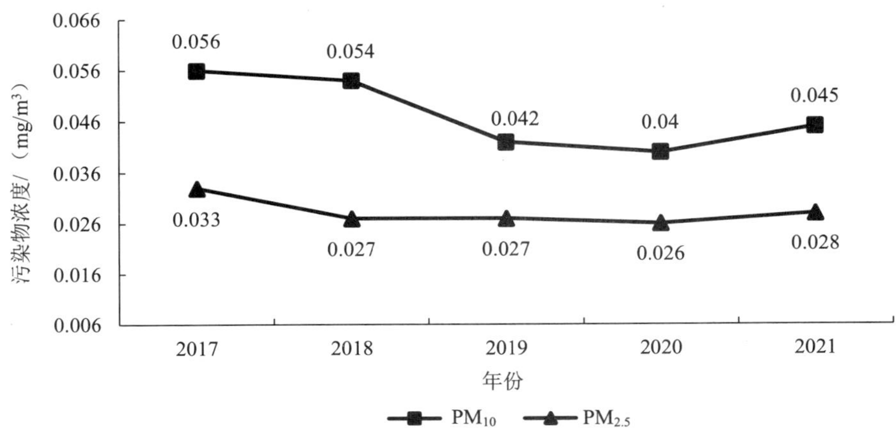

图 13-8　2017—2021 年靖州县 PM_{10} 和 $PM_{2.5}$ 浓度变化

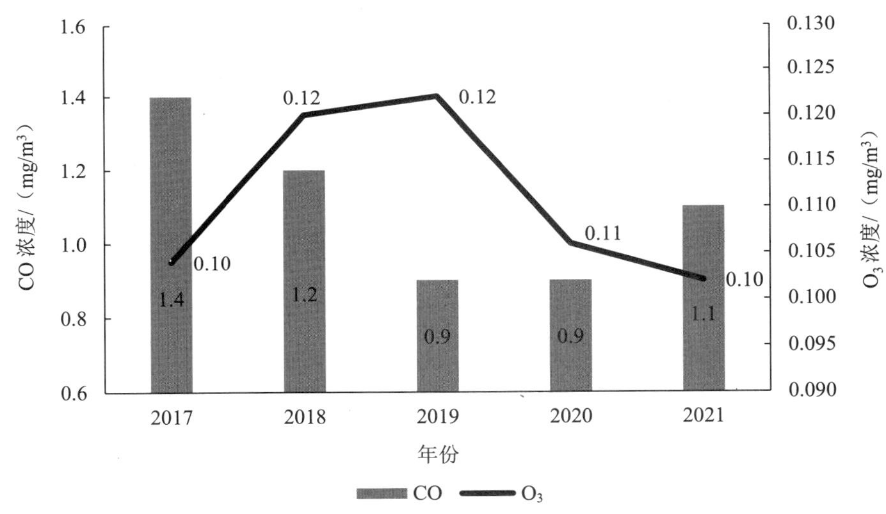

图 13-9　2017—2021 年靖州县 CO 和 O_3 浓度变化

3. 土壤环境

2017—2021 年，靖州县农用地土壤环境质量总体保持稳定，全县受污染耕地安全利用率为 91%，未发生因耕地土壤污染导致农产品超标的情况，未发生因疑似污染地块或污染地块再开发利用不当的情况，全县无污染地块，污染地块安全利用率为 100%。近年来，该县以农用地和建设用地为重点深入开展土壤污染防治，耕地土壤环境质量达标率超过 65%。在土壤污染状况详查方面，共确定了 7 个工业污染源，均为重金属元素超标，主要为 Cd、Mn、Pb、As 等元素超标，属于无机物污染，污染企业已关闭。2020 年 12 月，轻中度污染耕地安全利用已完成 1 195 亩，其中种植水稻 851.94 亩，种植结构调整 264.22 亩，休耕 6.84 亩，征用 72 亩。农用地分类管控方面，2021 年受污染耕地治理任务数为 3 600 亩，其中安全利用类面积 3 000 亩，严格管控类面积 600 亩。

4．生态质量

靖州县是国家重点生态功能区，在《全国生态功能区划》中属于武陵山区生物多样性保护与水源涵养重要生态功能区，在《湖南省生态功能区划》中属于雪峰山生物多样性保护与土壤保持功能区。靖州县生态保护红线面积 694.74 km^2，其中生物多样性维护类型面积为 377.41 km^2，水土保持类型面积为 302.44 km^2，水土流失类型面积为 1.67 km^2，水源涵养类型面积为 13.22 km^2。靖州县自然保护地总面积达 22 712.8 hm^2，包括 1 个国家级森林公园、1 个国家级湿地公园、1 个省级风景名胜区、1 个省级水产种质资源保护区和 2 个县级自然保护区（表 13-7）。2017—2020 年，生态环境状况指数（EI）为 86.02～88.28，平均值为 86.76。

表 13-7　靖州县自然保护地统计汇总（2021 年）

名称	成立时间	面积/hm^2
靖州青靛山县级自然保护区	2014	9 571.0
五龙潭国家湿地公园	2014	1 005.6
渠水靖州段埋头鲤省级水产种质资源保护区	2014	1 123
飞山—苗乡侗寨风景名胜区	2015	3 543
排牙山国家森林公园	2015	4 301.4

13.2 必要性与存在的问题

13.2.1 必要性

一是深学笃行习近平总书记叮嘱湖南要牢固树立“绿水青山就是金山银山”理念的实践载体。习近平总书记几次到湖南考察，都对湖南生态环境给予很高的关注。2013 年，习近平总书记嘱托湖南“要把生态系统的一山一水、一草一木保护好”。2018 年，习近平总书记考察湖南岳阳时，嘱托湖南要“守护好一江碧水”。2020 年考察时，习近平总书记又指出，湖南在国家生态文明建设中具有重要地位，叮嘱湖南要牢固树立“绿水青山就是金山银山”的理念，在生态文明建设上展现新作为。靖州县是全国唯一的苗族侗族自治县，县委、县政府全面贯彻党的十九大和十九届历次全会精神，深入贯彻习近平生态文明思想，牢固树立和落实“绿水青山就是金山银山”理念，大力推进“绿水青山就是金山银山”理念实践创新，更高水平统筹谋划以生态环境保护促进经济绿色转型发展，探索具有靖州地方特色的“绿水青山”和“金山银山”双向转化路径，实现生态环境保护和可持续发展的“双赢”。

二是推进“粮头食尾”和“农头工尾”高质量发展的客观要求。党的十九大、中央农村工作会议精神和习近平总书记关于做好“五头五尾”的重要指示均要求抓好“粮头食尾”“农头工尾”工作。习近平总书记提出“悠悠万事，吃饭为大。只要粮食不出大问题，中国的事就稳得住”“在吃饭问题上不能得健忘症，不能好了伤疤忘了疼”。1969 年夏，黔阳地区安江农校迁至靖州二凉亭，袁隆平曾在靖州县工作和生活多年。1976 年，靖州县试种杂交稻成功。2014 年，靖州县成为全国 25 个“超级稻亩产 1 000 公斤攻关”县之一，取得了百亩超级稻高产攻关首战告捷。国务院办公厅印发的《关于加快推进农业供给侧结构性改革大力发展粮食产业经济的意见》（国办发〔2017〕78 号）明确了发展粮食产业经济的思路目标和政策措施。靖州县是杂交水稻三系配套研究成功纪念地，先后荣获全国杂交水稻高产攻关县、全国粮食生产先进县、湖南省粮食生产标兵县等荣誉。通过“绿水青山就是金山银山”基地建设，以靖州地方特色农副产品加工业发展为重点，调整农业种植结构，壮大绿色食品产业，加快发展现代农业，依托骨干农产品加工和食品企业立足全产业链高质量发展，发挥特色农林资源优势，是落实总书记关于“五头五尾”重要指示的具体体现。

三是构建以产业生态化和生态产业化为主体的生态经济体系的重要抓手。习近平总书记指出，要加快建立健全“以产业生态化和生态产业化为主体的生态经济体系”。“十四五”时期，靖州县积极融入湖南省怀化市建设五省边区生态文明中心城市的定位，着力建设“湘黔桂三省接边区域中心”，持续实施“生态立县、工业强县、商贸兴县、旅游活县”，让生态优势变成经济优势，形成一种浑然一体、和谐统一的关系。由于社会经济欠发达，如何深挖自然资源、少数民族文化、生态产品价值等特色资源优势，发挥“四两拨千斤”（“四两”包括两山，即排牙山与飞山；两镇，即茯苓小镇与杨梅小镇；两园，即茯苓科技产业园与长征国家文化公园；两寨，即岩脚侗寨与地笋苗寨）生态经济效益，并在经济发展过程中增强生态环境承载能力，已成为区域绿色转型发展的迫切需求。通过“绿水青山就是金山银山”基地建设，打造以产业生态化和生态产业化为主体的生态经济体系，打通“绿水青山”和“金山银山”双向转化通道，是提升“美丽靖州”生态经济水平的重要抓手。

四是巩固拓展脱贫攻坚成果同乡村生态振兴有效衔接的迫切需求。靖州县位于武陵山区集中连片特殊困难地区，坚持把脱贫攻坚作为“最大的政治任务、最大的民生工程、最大的发展机遇”，“十三五”期间共投入产业发展资金 1.88 亿元，着力发展杨梅、茯苓、山核桃、竹木、生猪、制种、乡村旅游七大特色产业，2020 年年底脱贫攻坚圆满收官。同时，靖州县位于武陵山区生物多样性与水土保持生态功能区，2016 年被纳入国家重点生态功能区。“十四五”时期，靖州县正按照党中央决策部署和省委工作要求，保持脱贫攻坚主要政策 5 年基本稳定，巩固拓展脱贫攻坚成果同乡村振兴有效衔接，梯次推进全县乡村振兴。通过“绿水青山就是金山银山”基地建设，靖州县按照主体功能区定位谋划经济社会发展，大力扶持发展“一颗杨梅、一窖茯苓、一个核桃、一根竹子、一头生猪、一粒种子”和中药材“6+1”优势特色产业，保持并提高生态产品供给能力，深入推行“企业+村集体+贫困户”“合作社+村集体+贫困户”模式，推进巩固拓展脱贫攻坚成果同乡村生态振兴的有效衔接，有助于复制和推广脱贫攻坚的“靖州路子”。

13.2.2 存在的问题

一是“绿水青山就是金山银山”转化通道和生态经济体系尚不健全。尽管靖州县已形成林果、林药、林竹、林游等多个绿色产业链条，但生态经济体系仍存在不足。首先，生态产品家底不清。需要开展生态资产资本化研究，综合运用大数据技术和智慧管理理念，建立相应的资本账户和负债表，构建动态管理平台，开展日常生态流量监测。其次，产业生态化和生态产业化程度不高。突出表现在经济粗放发展特征比较明显，资源利用效率偏低；高效现代农业尚未完全建立，蔬菜、生态林业、中药材等优势农产品基地有待规范化建设，生态农业商品化处理水平有待提高。最后，农村产业融合与新型城镇化联动发展不紧密。特色农副产品深加工产品未能有效融入苗侗少数民族文化，生态文化融合发展水平不高；乡村旅游发展缓慢，观光康养旅游发展尚不充分。

二是生态环境治理能力和环境基础设施有待提升。靖州县生态环境质量良好，空气质量优良天数比例维持在 97%左右，县域地表水、集中式饮用水水源地水质达标率 100%，但仍存在一些问题。例如：低丘缓坡的开发和利用强度大，茯苓等中药材及杨梅种植导致林下水土流失加剧，亟待从源头上减少农业面源污染；生态环境治理体系尚未完全构建，生态环境治理工作还是以政府主导作用为主，企业主体作用未能完全发挥，社会组织和公众共同参与的社会氛围尚未形成；生态环境治理能力有待增强，生态环境监管信息化建设进度缓慢，环境基础设施有待提升，守护“绿水青山”任务重。

三是“绿水青山”和“金山银山”双向转化的政策制度体系不够完备。靖州县不断探索“绿水青山就是金山银山”实践创新，全力推进生态文明建设，颁布施行《靖州苗族侗族自治县生态环境保护条例》，创新建立靖州县城乡发展事务中心，统筹解决小流域和城乡治理突出问题，以体制机制改革创新为核心，推进生态产业化和产业生态化，环境治理制度、生态保护机制等多项措施不断建立完善。但是，仍缺少生态资产资本化、生态产品价值实现与评价管理体系等相关制度，在政府主导、企业和社会各界参与、市场化运作、可持续的生态产品价值实现路径探索方面仍然不足，在环境污染治理、生态空间管控等方面需制定更加科学合理的技术政策，坚持把发展和富民作为打通“绿水青山就是金山银山”双向转化通道的根本落脚点，使绿色产业发展更具地域特色和长远成效。

13.2.3 机遇

一是习近平总书记对湖南提出的“一带一部”战略定位为靖州绿色协同发展指明方向。

党的十九大报告明确提出大力推进生态文明建设，“绿水青山就是金山银山”理念深入人心，建设美丽中国成为我国建设社会主义现代化强国的奋斗目标与重要任务，优美生态环境成为人民群众的普遍追求，优质生态产品和生态价值的功能越发凸显。习近平总书记在湖南考察时，首次提出湖南位于“东部沿海地区和中西部地区过渡带、长江开放经济带和沿海开放经济带接合部”的战略定位。“一带一部”崭新定位令内陆湖南的区位优势凸显，为湖南新时期开放发展指明了坐标。靖州县牢固树立和落实“绿水青山就是金山银山”理念，立足建设“湘黔桂三省接边区域中心”，积极融入怀化市建设湖南对接西部陆海新通道战略的门户城市、建设五省边区生态文明中心城市、建设武陵山片区高质量发展示范区发展定位，贯彻落实《湘南湘西承接产业转移示范区发展规划》，依托自然生态、苗侗文化、特色农业等资源优势，加快构建现代文旅产业体系，科学制定产业发展规划，通过规划引领，推动基础设施不断完善，发展优势日益凸显，与沿海及周边发达地区的协同联动发展机遇不断加大。

二是巩固拓展脱贫攻坚成果和乡村振兴战略为“绿水青山就是金山银山”实践创新基地建设提供持续动力。靖州县位于武陵山区集中连片特殊困难地区和武陵山区生物多样性与水土保持生态功能区，2020 年年底，脱贫攻坚圆满收官。精准脱贫攻坚和乡村振兴都是为实现“两个一百年”奋斗目标确定的国家战略。前者立足全面建成小康社会的第一个百年奋斗目标，后者着眼到 21 世纪中叶把我国建成社会主义现代化强国的第二个百年奋斗目标，而实施乡村振兴战略是使脱贫攻坚成果得到巩固和提升的最佳手段。2020 年 6 月 9 日，生态环境部办公厅、农业农村部办公厅、国务院扶贫办综合司联合发布《关于以生态振兴巩固脱贫攻坚成果进一步推进乡村振兴的指导意见（2020—2022 年）》（环办科财〔2020〕12 号），切实践行“绿水青山就是金山银山”的理念被纳入指导思想。靖州县是典型的少数民族边远山区贫困县，比照省扶贫工作重点县、比照西部大开发政策范围县和革命老区县，享有特殊的政策优势。靖州县还是武陵山片区区域发展与脱贫攻坚战略发展片区，在国家武陵山片区和湖南省武陵山片区区域发展与脱贫攻坚规划的统筹、协调、指导下，培育壮大一批特色优势产业，加快生态建设和环境保护，为促进靖州杨梅、茯苓等特色优势产业发展提供了重要机遇。

三是建立健全生态产品价值实现机制赋能“绿水青山”和“金山银山”双向转化。2021 年，中共中央办公厅、国务院办公厅印发的《关于建立健全生态产品价值实现机制的意见》要求，立足新发展阶段、贯彻新发展理念、构建新发展格局，坚持“绿水青山就是金山银山”理念，坚持保护生态环境就是保护生产力、改善生态环境就是发展生产力，以体制机制改革创新为核心，推进生态产业化和产业生态化，加快完善政府主导、企业和社会各界参与、市场化运作、可持续的生态产品价值实现路径，着力构建“绿水青山”转化为“金山银山”的政策制度体系，推动形成具有中国特色的生态文明建设新模式。靖州县因地制宜探索生态产品价值实现路径，利用生态环境优势发展特色产业，通过改革创新进一步盘活土地、劳动力、资产、自然风光等要素价值，创新政府行为和市场机制，推进生态优势转化为经济优势，畅通“绿水青山”和“金山银山”双向转化通道，将“绿水青山”蕴含的生态产品价值转化为“金山银山”，让“绿水青山”颜值更高、“金山银山”成色更足。

13.3 转化模式与案例

近年来，靖州县聚焦“四两拨千斤”和“靖州三宝”生态经济发展，持续推进优质生态资产资本化，创新健全体制机制，积极探索“绿水青山就是金山银山”转化路径，逐渐形成了以林果、林药、林竹、林游、林治为代表的“五林”生态经济模式，打造了多条绿色产业链。

13.3.1 林果——靖州《杨梅红了》，打造乡村振兴样板

1. 案例背景

靖州是“中国杨梅之乡”，杨梅种植历史超过 2 000 年，是全国四大杨梅主产区之一。靖州杨梅有“江南第一梅”之称（图 13-10）。1969—1973 年，袁隆平在靖州研究探索杂交水稻，对靖州杨梅情有独钟，不仅亲自上山采摘杨梅，甚至连到外地出差、出国坐飞机都要带上几瓶杨梅罐头。靖州县委、县政府高度重视，把杨梅产业作为特色主导产业来抓，全县杨梅基地由 2013 年的 5 万亩增长到 2021 年 10.3 万亩，杨梅产业逐渐壮大，全县有合作社 31 家、种植大户 330 个，培育了湖南佰诺酒业、靖州湘百仕酒业、一品东方 3 家省级龙头企业，主要加工产品有杨梅酒、饮料、蜜饯、杨梅黄酮（花青素）、护肤品等，已初步形成集“产供销、贸工农、三产融合”于一体的独具区域特色的县域经济特色支柱产业，为脱贫攻坚、实施乡村振兴战略、全面建成小康社会发挥了重要作用。

《杨梅红了》歌词

演唱：春雷

我站在门前的小河旁	酸酸的乡愁淡淡的伤
远处的银铃儿轻轻唱	甜甜的初恋像酒一样
想起了阿妹 我心里慌	我情愿醉倒在风雨桥旁
撒落了一地的香	杨梅红遍山岗
六月的细雨密又长	酸酸的乡愁淡淡的伤
采下了木洞杨梅儿香	甜甜的思念像酒一样
问一声阿妹你在何方	当杨梅红了的时候
童年的歌儿在唱	做我的做我的新娘。

图 13-10 《杨梅红了》歌词

坳上镇位于靖州县西北部，距县城 12 km，面积 191.15 km^2。镇内森林资源丰富，森林覆盖率达 70%以上。坳上镇是“中国杨梅之乡”的核心产区，也是被誉为“色冠群梅，味甲江南”的木洞杨梅原产地。全镇杨梅种植面积 3.6 万亩，杨梅品种资源样本基地 200 亩，有杨梅资源样本 56 个，有 2 个高标准的县级杨梅良种苗木基地。苗侗文化保存完整，占总人口的 84.39%。

2．主要做法

做好政策扶持。成立县产业发展委员会，由县委、县政府主要领导负总责，分管领导牵头抓，做到力量向产业集中、政策向产业倾斜、要素向产业配套，促进全产业链共融发展。按照“一区一园一带多基地”布局，形成核心带动、板块联动的发展格局，推进现代农业产业集群发展。“一区”，即以杨梅产业集中的 6 个村形成的产业区域为核心区；“一园”，即农产品加工物流园；“一带”，即 209 国道沿线杨梅生态休闲农业风情体验带；“多基地”，即发展多个高水平杨梅标准化产业基地。以产业带动农户，以基地带动整体，辐射湘黔桂三省接边区域，以坳上杨梅小镇为典型代表。靖州杨梅是国家现代农业产业园主导产业，也是脱贫攻坚“一县一特”特色产业，已形成“研发在靖州、转化在企业、总部在园区、基地在乡镇、园区即景区”的产业融合模式，强化产业链延伸。

加强人居环境整治。坳上镇严格落实《怀化市村庄规划和村民建房管理条例》《怀化市传统村落保护条例》，对全镇所有村庄进行分类，如木洞村、九龙村以传统村落传承为主题，响水、大开等村以“人居环境改善”为主题。围绕美丽乡村全域创建行动，将属村原则与驻村原则相结合，每季度对辖区内 7 个行政村进行卫生检查评比，纳入年底各村绩效评比内容，推动农村人居环境改善。借助杨梅种植，响水村、木洞村杨梅基地已建成 3 万余亩。2020 年，坳上镇荣获省级美丽乡村建设示范镇、市级（县级）河长制工作“先进乡镇”。荣获湖南省“平安农机”创建“示范乡镇”。

打造特色产业。坳上镇按照“加工园区+种植基地+科研中心+现代物流+文化旅游”的五位一体新型产业模式，坚持“把种植基地做成景区，把苗侗团寨做成客栈，把杨梅酒厂做成酒庄，把杨梅销售做成电商，把种植加工技术做成标准，把杨梅物产做成文化”这一发展思路，全力发展杨梅产业，建设杨梅精品小镇。重点实施“125611”目标，建设 1 个杨梅生态产业园、20 家杨梅冷链物流企业、5 个杨梅产业基地（包括 1 个杨梅产业开发基地、1 个杨梅品种园基地、1 个 10 万亩杨梅种植基地、1 个万亩杨梅绿化苗木基地、1 个千亩杨梅良种苗繁育基地）、6 个杨梅酒庄、10 个杨梅特色村寨、100 个杨梅农家客栈。利用建设国家现代农业产业园契机，通过“龙头企业+合作社+村集体+农户”模式，流转杨梅林 500 余亩，建设集杨梅标准化生产、大棚栽培、茯苓杨梅套种于一体的杨梅种植示范园。按照“山上建基地，山下办企业，山外拓营销”要求，全力打造杨梅产业发展链条，已初步建成占地 3 万余亩的木洞、响水 2 个杨梅特色产业核心基地。引进总投资近 3 亿元的杨梅加工木洞庄园建设，建成一品东方、佰诺酒业、湖南红、湘佰仕等知名企业。通过大力发展“互联网+”，杨梅销售企业已有 20 余家，线上销售量占销售总量的 80%以上，通过网络销售方式，新鲜的靖州杨梅很快进入北、上、广、深等大城市。此外，坳上镇遵循“产业富镇、项目活镇、旅游兴镇”工作思路，大力培育杨梅、黄牛、高山葡萄、中药材、花卉苗木、青钱柳六大特色产业，基本形成“一村一亮点、一村一特色”的经济新模式。

推进产旅融合。根据《靖州现代农业发展规划（2013—2025）》《靖州杨梅特色产业发展规划（2013—2025）》等，坳上镇依托国家现代农业产业园建设，大力发展生态旅游。按照“产业、文化、旅游和村庄”四大功能，紧扣产业定位融合发展要求，大力实施杨梅生态博物馆、杨梅酒庄、杨梅系列饮料生产线和特色村寨建设等工作，先后完成景区民族鼓楼、环山路、步行道、杨梅特色村寨、采摘园观光道及观景台建设，建成 2 218 亩的杨梅展示园、采摘体验园。目前，已初步建成杨梅生态产业园，并成功申报国家农业产业示范园。坳上镇充分注重杨梅文化底蕴挖掘提升，为展示神话杨梅、历史杨梅、现代杨梅等，每年举办杨梅文化节，吸引全国各地游客近 10 万人，年均旅游收入达 6 500 万元。“园区变景区、企业变酒庄、产品变文化”的农旅一体发展模式初具雏形。2020 年，坳上镇荣获怀化市实施乡村振兴战略“先进乡镇”。

3. 主要成效

经济成效。近年来，靖州杨梅产销稳步向好，年均鲜果产量 6.9 万～7 万 t，综合产值 14.5 亿元左右。其中，销售杨梅鲜果 2.7 万余 t，销售额 6.7 亿元，电商销售 490 万件（0.92 万 t）、销售收入 6.1 亿元；年杨梅加工量 2.1 万余 t，产值 6.3 亿元；带动 70 万人来靖旅游，收入 1.5 亿元。

品牌效应。2007 年，靖州杨梅被中国特产之乡组委会授予“中国杨梅之乡”，2011 年被认证为农产品地理标志产品，2017 年被评为“湖南省十大农业区域公用品牌”，2020 年被评为全国名特优新产品（图 13-11）。坳上镇先后荣获“全国一村一品示范乡镇”“湖南省第一批产镇融合示范镇”“湖南省美丽乡村建设示范镇”“湖南省首批十大特色农业小镇”“湖南省美丽乡村建设示范镇”“怀化市实施乡村振兴战略先进乡镇”及市（县）两级“文明乡镇”等称号。

中国杨梅之乡

农产品地理标志产品

图 13-11 靖州杨梅品牌

助农增收。以坳上杨梅为典型，靖州杨梅已成为全县脱贫攻坚主导特色产业，在实现贫困户稳定增收脱贫、贫困县脱贫摘帽中发挥了重要作用。带动全县 9 300 户 4.36 万人增收致富，其中脱贫人口 1.13 万人，人均增收 3 600 元。

13.3.2　林药——靖州版“百草园”，打造绿色产业链

1．案例背景

靖州县及与之毗连的十多个县（市）是我国南方主要林区之一，土壤、气候等条件很适合林木及中药材生长。靖州县药材有 1 240 种，面积近 10 万亩，以茯苓、天麻、黄柏、五倍子为主。丰富的中药材品种资源、深厚肥沃的土壤、温和的气候、良好的生态环境，为打造独具特色的靖州版“百草园”提供了坚实的基础，其中尤以靖州茯苓最为知名。作为全国最大的茯苓集散地和著名茯苓生产区，靖州县 11 个乡镇均有茯苓种植。茯苓产量占全国的 13.3%，外贸出口量占全国的 70%。当前，靖州茯苓已形成集“产供销、贸工农、三产融合”于一体的独具区域特色的县域经济特色支柱产业。

中国茯苓之乡

茯苓是一种药食两用真菌，为传统中药材，自古被誉为“四时神药”，民间素有“一两茯苓一两金”的说法，又称“松蔸上崛起的产业”，为多孔菌科真菌茯苓的干燥菌核，有利水渗湿、健脾和胃、宁心安神之功效，是中华“九大仙草”“中药八珍”“四君八珍”之一。现代药理研究表明，茯苓具有多种药理活性，包括抗肿瘤、免疫调节、抗炎、抗氧化、抗衰老、增强记忆力、调节泌尿系统、降血糖、降血脂、镇静、催眠、保肝、调节胃肠道功能等，对人体健康发挥着至关重要的作用。据统计，茯苓临床用量排在前 4 位，是国家新冠疫情防控保障物资 23 种中药材中唯一的真菌类药材。

靖州栽培茯苓历史悠久，享有“靖州茯苓甲天下”的美誉，素有“中国茯苓之乡”之称。靖州茯苓人工栽培始于 20 世纪 60 年代末，主要是从野生茯苓菌核组织分离、纯化、选育茯苓菌种。靖州科技人员选育的茯苓菌种于 1974 年经中国科学院微生物研究所鉴定定名为“5.78”菌种，并在茯苓产区推广。靖州开创了菌种培植茯苓的先河，被誉为现代茯苓种植技术的发源地。近年来，靖州依托茯苓科技产业园，形成了涵盖茯苓产业化开发全过程的产业链，带动当地 5.7 万人就业和 1.2 万人脱贫，还形成产学研用一体化联盟，发明“袋料栽培”、茯苓多糖液相不振荡提取等先进技术，培育了补天药业、智美茯苓等高新技术企业，研发生产了茯苓多糖口服液等一系列茯苓深加工产品。茯苓产业的快速发展，有效带动了贵州、广西、四川、云南等地超 10 万人从事茯苓生产、加工、销售。靖州已成为全国茯苓最大的集散地，是驰名中外的茯苓之乡。

2．主要做法

政府长期扶持。靖州茯苓产业始于20世纪50年代末，70年代靖州药材公司与中国科学院微生物研究所合作，成功从野生茯苓中分离出茯苓纯菌丝种，从此茯苓栽培进入茯苓菌丝栽培时代。近年来，靖州县围绕“一园区、两中心、三基地”定位，积极开展菌种研发、产品研发、企业培育和人才培养等，大力扶持靖州县茯苓专业协会、合作社发展。目前，靖州已成为全国最大的茯苓研发中心、茯苓交易中心、茯苓加工及出口基地，是茯苓产业链最为完整的区域。初步形成了以茯苓为主的中药材生产基地，包括马园中药材种苗繁育暨林下经济示范基地中药材林下种植推广基地等，建成了茯苓科技产业园，成为国内外有一定影响力的以茯苓为主的中药材集散地。以茯苓为代表的中药材种植面积 4.1 万亩，2020年产中药材鲜品2.265万t，从事中药材种植加工专业户和农户5 680余户。

不断增强研发能力。建设培育省级产业化龙头企业、省级中药材生产技术研发中心、中国茯苓大市场、茯苓加工贸易中心和定价中心等一批从事中药材产业研究机构。多年来，针对茯苓菌种、栽培与产品加工持续开展科技研发。在菌种方面，重点实施茯苓菌种选育、茯苓种植GAP基地认证、茯苓GMP规范性生产等科研项目，研发成功茯苓纯菌丝种“湘靖 28 号”，“大宗道地药材茯苓栽培与加工关键技术研究及产业化”获湖南省科技进步一等奖。在栽培方面，研发出利用松树根、蔸、枝条和加工后的边条、锯木屑为主要培养料的茯苓袋料栽培技术，最大限度地利用松树资源。靖州茯苓生产系列标准是全国第一套茯苓地方标准，并参与制定茯苓商品规格等级行业标准。

做强茯苓精深加工产品。湖南补天药业股份有限公司成立了第一个省级茯苓研究平台“湖南省茯苓工程技术研究中心”，智美健康科技有限责任公司首创了茯苓全天候低温仿生干燥技术。除了茯苓平片、卷筒、方块、丁、冰片、茯苓灵芝茶、温炙纯艾等中药材干制品的粗加工产品，还形成了包括茯苓多糖原粉、茯苓多糖口服液、茯苓多糖注射液、茯苓面膜等美容护肤产品、茯苓葛根酒等酒类、茯苓糕点等食品、复方银杏通脉口服液等在内的茯苓深加工产品，补天胶囊、茯苓多糖原饮、茯苓益生菌颗粒等以茯苓为主的保健养生食品、化妆品已开发上市。目前，建有全国最大的茯苓药品GMP生产基地，生产全国唯一用于肿瘤防治的国家准字号茯苓单方药品茯苓多糖口服液。靖州已成为全国最大的茯苓精深加工基地和高端产品制造基地。

创新管理体制。靖州县现代农业产业园实行独立的园区财政管理机制，从 2018 年起每年从财政预算中安排5 000万元资金支持园区建设，连续3年将园区企业税收产生的县级分成全额投入园区。将园区范围内的土地经营净收益、林地报批等非税收入返还园区，建立财权与事权相匹配的收支管理方式，赋予园区贷款、投入、收益、人事等方面的权限，并积极与农发行开展合作融资，激发园区发展活力。

3．主要成效

靖州茯苓经过多年发展，已形成菌种选（繁）育、种植、初加工、交易、机具制造、新产品研发、高附加值产品生产与销售、技术推广与健康服务的完整产业链。2020 年，全县中药材全产业链实现产值 18.7 亿元，其中，一产中药材种植业 3.6 亿元、二产加工业 12.5 亿元、三产服务业 2.6 亿元。全县从事中药材产业的约 2.3 万户 4.6 万人，农民人均增收 2 100 余元。企业（专业户、大户和农户除外）实现产值 4.66 亿元、利润 4 439.2 万元，上缴税金 3 290 万元。

靖州县是中国茯苓之乡、国家生态原产地保护示范区和国家出口茯苓质量安全示范区，“靖州茯苓”已获国家地理标志证明商标、国家农产品地理标志认证、国家生态原产地保护产品，被纳入第三批全国名特优新农产品名录。靖州茯苓产业发展，吸引贫困劳动力到企业就业，实现企业和贫困户携手共赢，为靖州县脱贫攻坚、实施乡村振兴战略、全面建成小康社会发挥了重要作用。充分发挥涉农企业、合作社、家庭农场以“传帮带”的方式帮助贫困户发展生产，靖州茯苓入选红网“2018 精准扶贫品推公益行动”计划。采用“市场+龙头企业+合作社+基地+贫困户”的产业帮扶模式，使贫困户参与茯苓菌种生产、种植、初加工、市场交易等各环节。通过产业帮扶，带动全县 1.2 万余名贫困人员稳定增收脱贫。

13.3.3　林竹——竹海变金山，打造林竹生态经济带

1．案例背景

竹产业横跨一二三产业，是国家鼓励和推动的绿色富民产业。靖州县现有竹林面积 21.1 万亩，占全县林地面积的 7.83%，竹林总株数 5 600.2 万株。靖州周边的会同、通道、绥宁、锦屏、黎平、天柱、洪江市、洪江区八县（市、区）共拥有竹林 203.7 万亩，竹材年采伐量 112.8 万 t，年加工量达 112.8 万 t，为靖州县竹产业发展提供了强有力的竹资源支撑。靖州县通过楠竹资源的深度开发，延长竹产业链条，扩宽竹贸易市场，提升产品附加值，有利于巩固拓展脱贫攻坚成果同乡村生态振兴有效衔接。同时，竹子作为绿色、低碳、速生的材料，储碳能力远高于其他乔木，发展楠竹产业有利于实现碳达峰、碳中和目标。

2．主要做法

吸引扶持龙头企业。得益于靖州县丰富的楠竹资源、便捷的铁路物流及辐射周边的区位优势，2018 年，总部位于江西省赣州市的康尔国际控股有限公司（以下简称康尔国际）将生产线整体搬迁至靖州县，落户甘棠镇甘太工业园区，与靖州县靖成经济建设投资集团有限公司合作投资兴建靖州康尔竹业。以康尔竹业这一竹木产业龙头企业为典型，靖州县推动全县竹产业集约化、科学化、规模化经营，发展林上、林下、生态旅游全产业链，形成产业发展新的增长点，实现竹木资源产业化发展，推动楠竹资源向制造资源的转化。

打造楠竹产业链条。目前，靖州康尔竹业已形成竹资源培育（碳中和示范基地）、竹产业研发与竹业制造、炭汽电一体化、林下经济开发和竹业康养文旅产业链条。建成竹瓷

化新材料、竹家具、装配式竹建筑、竹生物科技、炭汽电一体化5条生产线，主要产品囊括竹地板、竹板材、竹家私、装配式竹建筑、竹食品和竹餐具等，行销欧洲、美国、加拿大及东南亚等国家。

推进林地经营权流转。金鑫村为湖南省乡村振兴重点帮扶村，依托集体林地“三权”分置，完成2万亩楠竹林地经营权流转，实现林农租金收益377.8万元；积极探索生态价值转换模式，推进以2万亩毛竹林经营碳汇为代表的林业碳汇开发项目，推动更多生态产品落地；与建行、人保公司合作，积极探索“林权抵押+商业保险”贷款模式。将竹林等对接资本市场，实现生态资产资本化，走一条资产变股权、资产证券化的新路径，为加快平台公司市场化转型带来了新机遇，实现从楠竹资源向资本资源的转变。

创新合作开发模式。靖州康尔竹业采用股份合作开发模式，推进国家资本与民间资本结合，以资源股权化、资产证券化为目标，依托生态资源优势，优化各种所有制资本，促进企业资产、技术、人才等各种要素资源有效配置。在靖州康尔竹业股份中，康尔国际占70%，以资金、市场运营、研发设计、品牌专利入股投入；靖州靖成经济建设投资集团有限公司占30%，以产业发展资金、林权入股投入。通过股份合作开发模式，实现楠竹资源优势转化为资金优势。

探索林下经济与生态旅游融合发展。将闲置、低效的楠竹资源产业化，依托“共享经济、分享经济”商业模式和“推动二产、反哺一产、带动三产”的融合发展思路，推进“绿水青山”和“金山银山”双向转化，积极发展林下经济。作为楠竹基地之一，渠阳镇金鑫村黄家界有上千亩楠竹林，竹林人家已成为黄家界一道独特的风景线，吸引游客到此观赏游玩，实现经济、社会与生态价值创新的新形态，实现楠竹资源向旅游资源的转化。

3. 主要成效

筑巢引凤。靖州周边县市有竹资源面积200余万亩，康尔国际落户甘棠镇甘太工业园区，建设竹制品加工、竹食品开发、竹生态旅游三大板块，总投资约5亿元，打造了竹林生态经济带。近年来，依托靖州丰富的楠竹资源，开展楠竹精深加工，生产的竹瓷化新材料、装配式竹建筑等产品出口欧盟、美国、加拿大，实现销售收入过亿元。

增收脱贫。靖州县通过“楠竹资源+精深加工+生态旅游”模式，拓宽了农民增收途径，实现竹产业与乡村振兴深度融合，林农以林地租金、物流、劳务及林下经济开发获取稳定收益。近年来，项目流转竹林3.5万亩，带动农户6万余人，年户均增收6 000余元，村集体经济实现年收益10万元，实现楠竹资源向富民资源的转化。

固碳增汇。竹林碳汇是中国核证自愿减排量（CCER）下林业碳汇项目之一。根据竹子的生长特性，从竹笋到成竹1年就可以完成，在生长过程中CO_2吸附能力高于乔木林，竹林碳汇CCER项目开发性价比高。目前，康尔竹业正在开展碳中和示范基地建设，随着国家层面的CCER项目再次重启，靖州竹林的固碳增汇效益将会进一步释放。

13.3.4　林游——“东侗西苗”，发展少数民族康养旅游经济

1. 案例背景

靖州县是全国唯一苗族侗族自治县，近年来在东部的寨牙乡和西部的三锹乡分别打造了岩脚侗寨与地笋苗寨，是集历史文化之美、民俗风情之美、自然生态之美于一体的 3A 级旅游景区、湖南省少数民族特色村寨（图 13-12）。其中，地笋苗寨占地面积 0.96 km^2，是国家级非物质文化遗产苗族歌鼟发源地之一。团寨中，苗族风情吊脚楼民居建筑特色鲜明，古迹文化保存完整，民俗文化传承较好，除了有被誉为“原生态多声部民族音乐活化石”的苗族歌鼟，还有极具民族风情的玩山会友、茶棚相亲、抢亲等习俗，地笋村已成为湖南省第二批乡村旅游重点村、第四批中国传统村落。岩脚侗寨占地面积 33.39 km^2，始建于宋朝，有神秘悠久的母系文化、质朴厚重的驿站历史、浓郁独特的人文民俗，是通道侗寨申报世界文化遗产名录的组成部分，是首批国家乡村旅游扶贫重点村、全国少数民族特色村寨、湖南省历史文化名村、全国第四批传统村落和湖南省历史文化名村。此外，排牙山国家森林公园（靖州国家森林公园）的森林覆盖率达 87.2%，有靖州县唯一保存完整的原始次生植物群落，现为省级生态旅游示范区、森林公园，同时也是湖南省第二批森林康养基地。

寨牙乡岩脚侗寨

三锹乡地笋苗寨

排牙山国家森林公园

苗族歌鼟

图 13-12　特色村寨

2. 主要做法

打造精品特色村寨。依托已有的旅游品牌和市场基础，构建以岩脚侗寨和地笋苗寨少数民族文化旅游为主的多种类型旅游产品体系，重点打造了岩脚侗寨与地笋苗寨，开发利用两个村寨的民族文化、建筑文化、农耕文化及美食文化等，突出差异性和独特性。开发体验式、参与式的旅游产品，形成以苗侗少数民族的民风民俗为特色的旅游环境。其中，寨牙乡开展侗文化展示中心、侗寨宾馆建设，大力整治旅游环境，大力开发周末游项目，成功创建怀化市研学旅游基地，组织开展侗家传统“四八姑娘节”，吸引更多外来游客及媒体前来，提升岩脚侗寨知名度。

保护少数民族村寨。致力苗寨、侗寨的环境基础设施建设，积极修缮建设苗族特色建筑，提质改造升级地笋客栈，实施团寨道路硬化，鱼塘、侗寨房屋改造工程。林源古寨背倚排牙山国家森林公园，始建于明朝中期，是一个保存较完整、独具西南侗苗少数民族特色、规模较大的古团寨。其中，林源寨门是我国苗侗地区罕见且独具特色、规模最大的代表性寨门建筑，是研究我国少数民族建筑文化的优秀载体。依托排牙山国家森林公园及金秋梨种植，林源古寨成为“中国传统村落”“国家乡村旅游扶贫重点村”“湖南省旅游扶贫试点村”“大湘西旅游精品线路景点村”等，初步形成文化观光、特色乡村和休闲度假三大旅游产业体系。

打造森林康养基地。飞山景区坐落于靖州县城城西，2021 年成功获批为国家 4A 级旅游景区，是集“祈福朝圣、生态休闲、养生度假”功能于一体的城市后花园。水杉林森林康养基地位于排牙山国家森林公园排牙山片区水杉林景点，面积 22 hm^2，其中森林康养中心 2 hm^2、游憩林 12 hm^2、疗养林 8 hm^2。该基地以丰富的森林景观、沁人心脾的森林空气环境、健康安全的森林食品、内涵浓郁的生态文化等为主要资源依托，配备相应的养生休闲及医疗、康复服务设施，是集森林游憩、度假、疗养、保健、养老于一体的网红基地。靖州县以森林康养基地建设为龙头，以森林康养人家建设为抓手，以森林食品开发利用为重点，助推森林康养产业高质量发展。

开展多种生态经营。按照“林上搞管护、林下搞开发”的工作思路，倡导各森林旅游景点依托优质生态资源发展多种经营。寨牙乡积极发展种养殖业，如瓜蒌、生猪、禾花鱼、红提等，充分利用“村播带货”平台，实现有销路、有利润。三锹乡发挥高海拔、无污染、绿生态的地理资源优势，发展三锹高山冷水米、禾花鱼、中药材特色种养产业。排牙山国有林场的鸡、鸭养殖和中药材种植已初具规模，林源村和相邻的红旗村、排牙山国有林场形成了近万亩的金秋梨主产区。积极打造森林旅游景点的第三产业链，逐步彰显林区特色经济亮点，建设花苗文化广场，开发房车营地、玉秀溪峡谷栈道等旅游项目，建成横江桥青龙界、飞山绿源、三锹苗家大院、太阳坪向阳农庄等湖南省五星级乡村旅游服务点，组织开展“四八姑娘节”“苗年节”等苗族传统特色节日活动。

重点产业扶持。靖州县将森林生态旅游作为重点产业扶持，纳入国民经济发展规划，打造少数民族康养旅游品牌，相继出台了《旅游资源保护和开发管理的规定（试行）》、《关于加快发展旅游产业的决定》和《关于设立县旅游产业发展专项引导资金管理办法》等政策文件，筑牢了少数民族康养旅游的政策基础。

3．主要成效

靖州县森林旅游与少数民族风情游的融合发展有效调整了康养旅游产业结构，实现了生态产品价值转化，拉动了经济增长。2021 年，靖州县森林旅游接待游客 35 万人次，旅游收入 7 000 余万元，打造出旅游精准扶贫的“靖州模式”。飞山景区年接待游客 80.5 万人次，创旅游经济 6.2 亿元，村集体和村民在景区的旅游收入约 83 万元；全村采摘园、赏花园和农家游玩接待年营业额达 50 余万元。岩脚村接待游客 15 万人次，创旅游经济 0.75 亿元，村集体经济收入达 10 万元。排牙山国家森林公园附近的金秋梨果农达 1 000 多户，每亩纯收入超过 3 000 元，金秋梨已成为当地村民的“致富果”、乡村振兴的“新引擎”。同时，自森林康养基地运营以来，每年平均接待游客量在 15 万人次左右，实现直接旅游收入达 800 万元，村民因林而富、乡村因林而兴，初步实现了将“绿水青山”转化为“金山银山”。

13.3.5　林治——创新体制机制，山水林田湖草一体化保护和综合治理

1．案例背景

靖州县在“绿水青山”保护机制及打通“绿水青山就是金山银山”转化路径的道路上积极探索，2016 年颁布湖南省第一部地方性生态环境保护条例《靖州苗族侗族自治县生态环境保护条例》，2019 年成立靖州县城乡发展事务中心，负责城市建设管理、农村人居环境、生态环境保护等工作的协调服务，建立了围绕“绿水青山”的有效联动保障机制。此外，靖州县自 2016 年以来未新建一座矿山，积极开展矿山生态修复和渠江水生态环境治理工作，使渠江两岸成为水清、景美的网红打卡地。

2．主要做法

（1）城乡发展事务中心统筹“绿水青山”保护的有效联动

理顺城乡环境治理工作机制。依法依规协调解决部门职责不清的问题，理顺了城区噪声污染、油烟污染、背街小巷交通秩序等推诿扯皮问题。通过巡查发现、群众举报、河长办美乡办转办等途径，城乡发展事务中心将收到的城乡治理相关问题按照案件类型，明确主管单位、处置部门、处理时限、办结时限、结案标准，建立起规范高效的“立案、处置、结案”工作运行流程。对职责不明的案件进行统筹协调，召开联席会议，以重点件交办，有效解决了城乡治理工作各成员单位推诿扯皮的问题。

统筹开展城乡人居环境整治。通过实行定期评比、示范引领和奖惩倒逼等方式，重点整治乡镇集镇、村庄的环境卫生和村容村貌，每季度评比出好或差的乡镇、行政村，年底评比出“三佳三差集镇”、“二十佳村十差村”和“二佳一差社区”。按照“一拆二改三清

四化”及“六无一全”的要求，扎实开展治垃圾、治水、治厕、治房、治风“五治”行动，全域推进农村人居环境整治行动。对群众反映突出的环城路沿线环境卫生较差、城市规划区建筑材料经营管理不规范、城市规划区 7 条道路管理权限不明等问题进行梳理整改。在全县范围开展农村人居环境“1+3”集中整治，实现全县 17 个乡镇机关院落、村级综合服务平台环境卫生水平显著提升。

（2）矿山生态修复让“青山”常绿

按照绿色开发、环境保护和生态恢复“三位一体”的绿色矿业发展思路，探索了“企业为主、试点先行、面上连片”的点、线、面三级共建工作机制，形成了政府强力主导、部门通力协作、企业主体主建的多级联动推进效应。2021 年，靖州灯塔砂石材料厂成功创建省级绿色矿山，其典型做法得到省、市领导的好评。

矿容矿貌景观修复。认真落实边开采边治理责任，从 2019 年春开始投入 100 余万元对矿区边坡、老旧堆土区、回填区共 2.3 hm^2 面积实施全面绿化，栽种银微、白杨、桂花、五倍子等成年树 2 万余株，播撒狗牙草、葛根藤等常绿草本藤蔓植物，成活率 95%以上，对矿山可绿化区域实行全部绿化。消除地质灾害隐患，治理水土流失问题，实行采矿区与生产区分离，阻挡矿区泥石外流，在生产区至农田道路边缘修建高 15 m、厚 7 m、长 170 m 的堡坎浆砌块石挡墙，修建截排水沟 400 m，排水站 1 座。拓宽上山道路 700 m、硬化道路 400 m，购置吸尘 115 型覆盖式风压钻机 2 套、爆破烟尘喷淋系统 1 套，这两项工作投入 1 100 余万元。对于多年沉积的渣土，在高速公路施工区域购置堆土区将渣土外运至堆土区回填。

数字化智能矿山建设。2021 年 5 月，投入 150 万元对全矿区实时视频监控系统全面更新换代，淘汰老旧电子产品，装置进厂车辆自助识别防作弊门禁系统及电子磅系统各一套，装置 32 个点面的视频监控及 360°旋转无死角视频球（厂房建好后会增加到 100 个面）、总控室、会议室、值班室“三合一”全面监控，并与县局省厅对接，时刻接受主管部门的监督和指导帮助。

（3）绿水绕山城、碧波揽星空——渠江（靖州段）

靖州的母亲河——渠江发源于贵州省黎平县和湖南省城步县，流经靖州 5 个乡镇，由地脚溪、四乡河、老鸭溪等 48 条溪流汇合而成，全长 1 021 km。整个水系由东西两部山地汇入，呈不对称树枝状，于洪江市托口镇注入沅水，成为沅江的第一条一级支流。

健全体制机制。近年来，靖州县深入贯彻习近平生态文明思想，牢记“守护好一江碧水”的殷殷嘱托，坚持“生态立县”发展战略，县委、县政府围绕绿色渠江多次召开会议研究水源地保护、五龙潭湿地公园建设、渠江两岸综合整治等水生态环境保护重点工作。成立了以县长为组长、相关单位负责人为成员的工作领导小组，形成齐抓共管格局。

全面实施河道整治。全面落实“河长制”，依法关停河道砂场 5 家，取缔拆除吊台、吊塔 54 处；依法拆除网箱、围网、拦网、笼网等养殖和捕捞设施 542 口，涉及面积 2.2 万 m^2，对改善渠江生态环境保护及提高该县饮用水水源水质起到了重要作用；清理河道的 50 艘“僵尸船”，全部取缔渠江上游的采砂船。经过河道整治工作，渠江生态环境已得到有效保护。

优化沿江自然生态。五年来对渠江沿河两岸的水土保持林、火烧林迹地和裸露山体植被进行修复，共 2 000 亩，确保渠江自然生态依然山清水秀、生态良好。实施鱼类人工增殖放流累计 1 200 万尾，有效增加了天然水域的渔业资源总量。

推进黑臭水体治理。异溪河、后山溪、龙望溪是渠江支流，近 3 年县财政投入 6 000 万元治理黑臭水体，新建维修截污管道 10.6 km，对河道清淤 31 200 m^3、岸线绿化 4 500 m^2，有效消除黑臭现象。每年安排专项资金用于河道保洁工作及河道垃圾打捞，对河道垃圾实行面上处置和集中打捞转运，基本做到河面无漂浮废弃物，逐步实现全县河道“水清、河畅、岸绿、景美”的保洁目标。

3．主要成效

机制“活了”。靖州县城乡发展事务中心较好地完成“统筹、协调、指导、服务、监督、考核”职责，理顺了城乡环境治理机制，有效改善了城乡环境。2019 年，开展联合大整治行动后，市场环境秩序焕然一新，在“红网靖州”微信公众号发起的投票中近 4 000 名百姓表示称赞，支持率达 98%。

矿山“绿了”。不负“绿水青山”，方得“金山银山”。近年来，靖州认真贯彻落实习近平生态文明思想，构建了“点、线、面”立体式绿色矿山发展新格局。自 2020 年以来，靖州共注销关闭“小、乱、差”砂石土矿山 15 家，限期退出矿山 3 家，整合提升矿山 6 家。坚持日常巡查和统一行动相结合、广撒网与定点打击相结合、一般对象监管与重点执法相结合，开展打击非法开采专项行动 2 次，立案调查 2 起。

渠水“清了”。渠江沿岸峰峦竞秀，古树青藤茂密，飞鸟盘旋嬉闹，江水碧绿清澈，主体水质达到Ⅱ类水质标准，集中式饮用水水质达标率 100%，水功能区水质达标率 100%。在“绿水青山就是金山银山”理念的指引下，渠江的山、渠江的水、渠江的空气不仅成为靖州民众的生态旅游、徒步健身等活动场所，更是靖州好山、好水、好空气的代名词、新名片，让靖州民众幸福指数连连攀升。

13.4　重点任务

13.4.1　加强生态环境分区管控，守卫“绿水青山”家业

1．严格国土开发空间管控

全面落实湖南省主体功能区划及湖南省环境功能区划，推进落实主体功能，分类执行相关标准。完善并严守生态保护红线，在生态公益林、海拔 800 m 以上区域、“十山七线”范围等现有生态保护红线基础上，根据新的要求加快生态保护红线的完善并实行严格保护

和管控。严守基本农田保护红线，从严管控非农建设占用永久基本农田，加强永久基本农田质量建设，结合县域实际开展永久基本农田整备区建设。优化城镇开发边界线，确定城镇开发边界规模要求，避让生态保护红线与永久基本农田，统筹考虑城镇发展现状与发展要求，优化城镇开发边界范围。推行土地利用规划、产业规划、生态规划等“多规合一”，科学布局乡村生产、生活、生态空间，实现村庄规划全覆盖。实施乡村山水林田湖草沙一体化保护和综合治理，促进乡村人居适宜性显著提升。

2. 严守自然生态安全边界

加强自然保护地体系建设。强化重要生态功能区保护和管理，维护区域生态安全，构建“健康稳定、优质高效”的生态系统。开展自然保护地优化整合，设立专门管理机构，完善管理制度，强化管护措施，形成分类科学、布局合理、保护有力、管理有效的自然保护地体系。严格按生态保护红线管理要求加强管控，强化各相关部门联动，以保护森林和湿地生态系统为目标，着重对县域内“十山七线”、饮用水水源保护区、生态公益林、天然林、排牙山国家森林公园及排牙山林场、五龙潭国家湿地公园等重点生态功能区域的保护。

加强生物多样性保护。积极开展野生动植物保护宣传，严格野生动植物利用审批，严控种源合法来源。强化水生态保护，认真落实《靖州县关于进一步做好禁捕退捕工作的十三条措施》。切实做好县内各类保护区保护基础设施建设和封山育林、植树绿化等工作，保存和发展中亚热带绿阔叶林带典型地带植被及国家保护野生植物。全面清查和打击非法猎捕、运输和经营野生动物的违法犯罪行为，坚持以宣传促打击，有效提升居民保护野生动物的意识，切实保护野生动物。

3. 落实“三线一单”生态环境分区管控

依据《怀化市“三线一单”生态环境管控基本要求暨环境管控单元（省级以上产业园区除外）生态环境准入清单》及湖南省产业园区生态环境准入清单，以县（区）、开发区、乡镇等单位为区块单元，在优先保护区域，禁止矿山开采等对生态环境有严重污染或对身体健康有严重危害的活动，优先开展生态保护修复活动，提升生态系统服务功能；在重点管控区，按照“靖州县产业准入负面清单”的有关规定引进企业，禁止引进高水耗、高能耗、高污染产业，有针对性地加强污染物排放控制和风险防控，强化“三线一单”在生态、水、大气、土壤等要素环境管理中的应用。强化“三线一单”生态环境分区管控体系与国土空间规划的衔接，将“三线一单”生态环境分区管控要求作为重要依据，加强协调性分析，不断强化“三线一单”生态环境分区管控的硬约束和政策引领作用。

13.4.2 提高生态产品供给能力，保值增值自然资本

1. 加强生态系统保护与修复

开展小流域水土流失综合治理。在水土流失强度较大的区域，针对不同土地利用类型、不同坡度、不同地区水土流失的特点，因地制宜，因害设防，着力开展广坪河、四乡河等

生态清洁小流域建设，科学配置各项水土流失防治措施，实行工程措施、植物措施与耕作措施相结合，山水林田路统一规划、综合治理，采用封禁补植、山塘整修、居民厕所改造等措施。

提升森林生态系统服务功能。统筹推进国土绿化，通过点、线、面同推进，扩绿、增量、提质相结合，进一步优化提升森林质量。完成森林网络与森林健康等建设，进一步完善五龙潭国家湿地公园和排牙山国家森林公园基础设施建设，持续推进森林生态系统提质增效。

推进矿山生态修复。组织开展城区周边采石场地质环境保护和生态修复工作专项整治；开展涉镉等重金属污染源排查，对重点矿山开展污染治理、安全管控及跟踪监管。强化工业污染场地治理，开展土壤污染疑似地块评估及治理修复试点。

统筹推进国土绿化。继续推进“一江五河”两岸造林绿化，实施“百万亩封山育林”等工程，优化提升靖州县森林生态系统布局，加强生态安全屏障保护与建设，适当增加生活空间、生态用地，保护和扩大绿地、水域、湿地等生态空间，完善森林生态系统网络。

2. 推进美丽宜居乡村建设

持续深入开展农村环境综合整治。按照“清洁水源、清洁家园、清洁田园、清洁能源”的农村环境保护目标要求，开展农村环境连片整治。坚持治“脏”：清理生活垃圾、建筑垃圾和非正规垃圾堆放点，开展柴堆、粪堆、土堆、石堆、建筑垃圾堆“五堆”清理，完善“户分类一村收集一村清运一村处理”的垃圾处理模式；提质改造集镇和村级垃圾中转站，进一步完善乡镇定点收集、定点倾倒、定时清运、集中处理系统。坚持治“乱”：集中整治县城郊区及乡镇乱搭乱建，规范治理乡镇集镇沿路商店。坚持治“破”：修缮整理乡镇农村残墙断壁、“空心房”、农村危房、“零散房”、主干道路、公共场所、路面墙面，加强对古村落与历史建筑的修复保护。坚持治“污”：加大农村生活污水治理与利用，开展农村污水横流问题整治；保护农村饮用水水源地，优化农村供水总体布局；有效控制畜禽养殖业环境污染，推动畜禽粪污和农作物秸秆资源化利用；推进农村废旧农膜和农药包装废弃物回收。坚持治“差”：开展道路硬化、墙面美化、修复排水沟等基础设施建设；强化农田生态保护。

推进乡村绿化美化。按照“美丽乡村、幸福家园”建设的总体要求，积极开展村庄规划，统筹考虑全县乡村绿化工作。以集镇所在地、重要景区为重点，结合靖州县民族传统村落建设，以自然村庄为单位，持续开展村庄绿化工作，在通村路、沿沟、沿河及村头巷边、房前屋后、田间道路植树造林，见缝插绿，引导村民植绿护绿，进一步美化农村人居环境。创建一批美丽乡村、秀美屋场、五美庭院。

稳步推进秸秆综合利用。根据靖州县机械化收割水平较高的特点，大力推广秸秆机械粉碎还田技术，进一步推广秸秆机械化还田。积极完善秸秆收储体系建设，大力实施多种形式收储利用。大力招引秸秆利用量大的企业入驻，同时重点扶持本地秸秆利用企业，加大秸秆利用企业培育力度，以形成有龙头企业带动、中小企业参与，集收储、销售与利用并举的秸秆综合利用网络，积极推广“镇村+企业”的运作模式，实现农作物秸秆的就地消化和利用。扎实推进秸秆肥料化、饲料化、基料化、能源化和原料化利用，大力发展秸秆固化成型能源化利用，重点推广利用农作物秸秆生产有机肥技术，大力推广秸秆氨化、青贮、微贮、膨化等技术，大力发展以秸秆为主要基料的食用菌生产及广泛吸引社会资本投资兴建秸秆工业化利用项目。

推进农村信息化与物流配送体系建设。以完善全县农村信息化综合服务平台体系、人才培养体系、农产品质量提升与溯源体系、产品包装提升四大工程建设为重点，逐步实现农产品标准化、商品化、品牌化，解决好农产品上线销售的前置障碍。加速推动 5G、移动互联网、物联网等新技术在农业生产经营领域的示范应用，依托现代农业园区利用移动视频监控、二维码、物联网等技术，推动农产品标准化生产。完善乡村物流配送体系，引入“大平台”解决产品对外销售产业化，打通农产品销售的“最后一公里”。

3．提升生态产品供给能力

抓好特色产业基地建设。按照“因地制宜、适地适树、相对集中”和“高产、优质、高效、生态、安全”的原则进行科学规划、合理布局，构建合理的特色林产品种植格局。开展杨梅、楠竹、油茶、山核桃及楠竹低质低效林改造。开展标准化栽培，进行规范化管理，建设栽培示范点，到 2025 年新建和巩固科技示范基地 40 个，其中丰产栽培基地 23 个，提质改造基地 15 个，育苗基地 2 个。加强良种选育与优质苗繁育，选择最适合靖州栽培的树种和品种。加大培训力度，强化科技支撑，完善和壮大杨梅栽培管理专业学会，并成立山核桃栽培管理专业学会。

发展林下经济。选择适宜的品种和模式加以推广，实施黄精、七叶一枝花、天麻等中药材林下种植基地建设，每年建 1 000～2 000 亩中药材示范基地。扶持专业合作组织，培育龙头企业，引导林农加入专业合作组织联合经营，实现规模化经营。推广“龙头企业+专业合作社+基地+农户”的产业化发展模式，鼓励种植户、养殖户搞深加工，延伸产业链条，形成生产、加工、销售一体化产业格局。积极搭建企业、林农与高校、科研院所、技术推广单位之间的合作平台，积极引进和推广新品种、新技术、新模式，提高林下经济产品的科技含量，强化市场竞争力，不断壮大林下经济。

推进生态资产价值转化。推进楠竹、杨梅、茯苓、山核桃等生态资源流转、整合、产权确认、交易等，将生态资源转化为休闲资源、资本资源、制造资源，推动二产、反哺一产、带动三产的全产业链融合。对接产业发展的运营体系、龙头企业，实现生态资源要素的高效配置，为生态资源向生态经济的融合转化奠定基础，实现资源的全域化整合。

13.4.3　夯实“绿水青山就是金山银山”转化特色基础，推动“金山银山”转化

1. 夯实生态农业

打造现代农业发展布局。以国家农村产业融合发展示范园和国家现代农业产业园为核心，打造“一带二镇三园四区”全县现代农业发展布局，进一步提升示范园的集聚、辐射、带动能力。围绕 209 国道沿线重点打造农业融合发展示范带，加快茯苓科技产业园、杨梅小镇的打造并初步建成。高效推动茯苓科技产业园、木洞杨梅产业园、飞山现代农业产业园生态化、品牌化、科技化发展。推动围绕杨梅、茯苓、山核桃、生猪、楠竹等特色优势产业的农业基地项目建设。

推进杨梅种植基地建设。以杨梅老产区坳上镇为核心区，科学划定杨梅栽培基地，重点建设标准化生产示范基地和杨梅文化观光基地。到 2024 年，杨梅基地维持到 10 万亩，在原有种植规模的基础上，杨梅设施栽培面积达到 2 万亩；高速公路、209 国道、省道和渠江两岸沿线 10 个重点乡镇基地发展杨梅设施栽 1.5 万亩；其他产区杨梅发展 0.5 万亩。以点带面，促进杨梅产业供给侧结构性改革，水果品种、品质得到明显改良，产业结构和布局进一步优化，果品产量和精品果园占比显著提高，逐步形成水果生产区域化、良种化、标准化的新格局。

加大杨梅栽培科技投入。以本地科研骨干力量为基础，与大专院校、科研院所合作，鼓励企业自主创新，继续开展科研攻关。选育出特早熟、特晚熟品种，解决杨梅成熟期过于集中的问题；选育出一些口味独特、性状优良具有地方特色的品种，以进一步提升靖州杨梅的品质和市场竞争力。开展杨梅良种繁育，建立杨梅种质资源圃、采穗圃和苗圃，丰富种质资源，确保苗木纯度和质量。研究、示范和推广杨梅矮化整形修剪、肥水管理、花果调控、病虫害综合防治、绿色无公害、丰产、稳产的规范化栽培技术，着力研究解决杨梅大小年结果和采前防止落果技术，提高杨梅标准化栽培的技术含量。

推进山核桃种植基地建设。按照“因地制宜、适地适树、相对集中”和“高产、优质、高效、生态、安全”的原则，合理规划山核桃种植基地，提升山核桃生产基地的规模和效益。

发展绿色种养循环农业。严格实施畜禽养殖分区，严格按照畜禽养殖禁养区、限养区和适养区发展畜禽养殖，在限养区内严格限定畜禽养殖数量，禁止新建、扩建规模化畜禽养殖场。严格做好畜禽养殖备案等级管理、动物防疫条件审核和监督、病死畜禽无害化处理等工作。根据靖州县畜禽养殖分布特点和农作物生产布局，统筹考虑现代化养殖基地、优质粮油基地、蔬菜基地、林果基地和生态循环农业基地建设，开展粪肥还田示范区建设。推广粪污集中处理模式和粪污就近处理模式，开展粪肥产品质量抽查与应用效果评价。建立粪肥还田可追溯台账，以追溯粪肥来源与数量、收集处理组织与方式、应用作物与数量等信息。开展畜禽粪便无害化处理技术、沼肥生产技术、堆肥生产技术、商品有机肥生产

技术及粪肥还田技术的宣传与技术培训。

提升中药材生产科技水平。深入开展中药材野生资源保护、优良品种选育、生态种植等基础研究，保障野生资源永续利用和药材的优质生产。推进育种创新，保护利用中药材种质资源，组织科研单位与企业开展联合攻关，推进特色品种提纯复壮，加快选育一批道地性强、药效明显、质量稳定的新品种。加快建设一批标准高、规模大、质量优的中药材种子种苗繁育基地，提高中药材供种供苗能力。加强种子（苗）质量监管，贯彻新修订的《中华人民共和国种子法》，将中药材品种列入《中华人民共和国农业植物新品种保护名录》，申请地理标志，实施品种登记制度，强化品种保护和监管。推进集成创新，促进农机农艺融合，集成组装适宜不同区域、不同品种的中药材绿色高质高效技术模式，加快推广应用，示范带动更大范围节本增效、提质增效。

提升中药材标准化生产水平。推进按标生产，依托龙头企业、农民合作社等新型经营主体，构建“龙头企业+合作社+基地”的生产经营模式，带动农民按标生产、规范管理，推进中药材全程标准化生产。加强基础设施建设，配套水肥一体化设施，建成能排能灌、土质良好、通行便利、抗灾能力较强的高标准中药材生产基地。推进优质优价，以道地性和临床疗效为主要评价依据，制定完善中药材商品规格等级标准。突出中药材特色和产品特性，与特色农产品优势区建设规划衔接，打造一批种植规模化、设施现代化、生产标准化的中药材特色生产基地。

2. 壮大生态工业

优化工业发展布局。以靖州县产业开发区为载体，按照“一区两园”空间布局，围绕“乡村振兴样板区、生态文明示范区、特色产业集聚区、产城融合先导区、经济发展带动区”发展目标，做强茯苓科技产业园，建成全国最大规模、最具特色的专业化科技产业园区。围绕“湘桂黔三省区域新材料产业集聚区、循环经济示范区”发展目标，突出抓好甘太综合加工园高新技术企业培育和新材料新兴产业的引进，推进园区集约化、专业化、特色化发展。

开展杨梅加工产业化建设。加强龙头企业建设，加大招商引资力度，优化经济发展环境，加强引导和政策扶持。整合资源，加强宏观调控和引导，优化资源配置，鼓励强强联手，组建企业集团，重点扶持。加大产品宣传力度和市场开拓力度，做好产品市场定位和营销。要加大科研经费投入，不断开拓创新，研发新产品，做好项目贮备和产品换代工作。加快杨梅品牌建设，扩大农产品质量安全认证范围，加强农产品质量安全认证体系建设，全面开展无公害食品、绿色食品和有机食品认证，加强杨梅地理标志原产地保护。改进产品包装，联合进行品牌标识的策划。利用各类媒体和节会大力宣传，强势推出以杨梅果酒为主、其他加工产品为辅的综合品牌。开展杨梅系列产品质量标准建设，建立鲜果、加工产品的生产技术标准、产品质量标准和标识系统及调控体系，大力推广标准化生产、规范化栽培，全面提升产品质量。

大力拓展杨梅市场。以产地交易市场建设和省内外市场拓展为内容，建立棚架式杨梅产地交易市场；拓展周边省、区、市及大中城市市场，组织杨梅鲜果外销，特别是要延续广东、广西杨梅产后销售空隙，在广州、深圳、南宁和桂林等地设立直销点，达到一定的市场份额，组织出口参与国际市场竞争。规范和完善杨梅专业协会，鼓励和支持杨梅重点产区成立杨梅合作社，并申创省级示范协会和合作社，建设杨梅营销组织。长远规划建设杨梅冷藏保鲜系统，按产区布局和企业需求规划建设若干个大、中、小型冷藏保鲜库。2023年，杨梅各重点产区、加工企业建设各类冷库，积极筹建大型冷藏保鲜中心，选购冷藏运输车，开展杨梅鲜果远距离运输、配送、销售试点示范工作。进一步研发抑制呼吸强度、酶活性和有害微生物繁衍的低温、气调、原子能应用等全天然保鲜储运技术，改进包装、抗震等硬件设施，延长保鲜期和运输距离，研发杨梅储运技术。

培育以农副产品加工产业链。加速智能冷链仓储物流园建设，促进靖州蔬菜等生鲜农产品的仓储、保鲜和运输物流业发展，打造湘西南区域骨干冷链物流基地。以佰诺酒业、一品东方、智美茯苓、金茶油、四通粮油、异溪食品等企业为龙头，依托特色农林产品资源，提升食品加工技术水平，完善产品品类，促进种植与加工的良性循环，形成完整的产业链条，逐步成为粤港澳大湾区等外部市场绿色生态、优质安全、供需稳定的“菜篮子”基地和绿色食品加工基地。

发展林产工业。重点发展松、杉、杂人造板，杉细木工板，松、杉指接板，竹重组材、竹塑板材、竹地板、竹胶合板等产品生产。引导和促进小企业的联合与重组，培育一批人造板骨干企业，形成协调发展的产业集群。发展各类锯材、杉装饰条加工。发展以活性炭为代表的林化产品加工，开发新型林化产品，积极发展竹材化学加工，形成区域特色。大力发展楠竹加工，鼓励开发食用笋产品，切实抓好竹餐具、竹凉席、竹胶板、竹地板等传统产品的提质升级，突出竹瓷化新材料、竹家私、竹装配式建筑、竹纤维、竹叶黄酮等新型终端产品和高附加值产品的发展，提高竹产品的市场占有率。

提升中药材产业化水平。加强现代化加工基地建设，重点开展中药材产地加工，鼓励中药企业在产地建设加工基地，鼓励入园发展，加强采收、净选、切制、干燥、分级、保鲜、包装、储存等设施建设，配套现代化加工装备，实现清洁化、连续化、自动化、标准化加工。开发多元茯苓产品体系，以补天药业、智美健康科技、异溪食品等龙头企业为核心，围绕国内外市场需求，积极开发适销对路、多元化、高附加值的药品、饮品、食品、保健品等产品，形成茯苓产品体系。集成中药材特色采收加工技术模式，制定中药材产地加工技术规范，重点推广应用低温冷冻干燥、节能干燥、无硫处理、气调储存等新技术，加强综合利用，减少药效损失，提高产品档次。创建地域特色突出、产品特性鲜明的中药材区域公用品牌，鼓励企业通过技术创新和工艺改进，塑造品牌核心价值。加快构建中药材流通网络，采取现代化物流、信息化技术、标准化控制等运营方式，大力发展中药材流通新业态、新模式，构建完善的中药材流通网络。

提升中药材质量安全水平。推广绿色生产技术，鼓励按照中药材生产质量管理规范，推广有机肥替代化肥、绿色防控替代化学防治等关键技术，减少化肥、农药用量。改善产地环境，用最适宜的土壤生产最优质的中药材。加快中药材适用农药的试验示范和推广应用，解决中药材生产无专用药的问题。加强质量追溯体系建设，建立生产档案记录制度，构建覆盖种养、加工、收购、储存、运输、销售等各环节的质量追溯体系。在加快标准化生产的基础上，提升中药材的质量安全水平，确保道地中药材产品符合国家相关标准要求。

3. 做优生态服务

培育森林康养新业态。依托飞山—苗乡侗寨风景名胜区、五龙潭国家湿地公园、排牙山国家森林公园、青靛山省级森林公园等景区生态环境良好、森林覆盖率高、自然风景优美的优势，将森林康养和森林旅游、健康服务有机结合起来，抓好规划建设，完善基础服务设施，打造成为高标准的森林康养示范基地。

培育中医药康养产业。依托茯苓、杨梅等健康产业发展的基础优势及优越的自然生态优势，发挥中医药特色与优势，加速中医药与文化事业、旅游产业、绿色农业融合创新，大力推进中医传统疗法与现代养生保健融合发展，形成中医药+医养结合+智慧养老特色的康养产业体系，发展中医养生、营养饮食、慢病预防、体重管理、睡眠健康、特殊疾病等特色医疗、护理、保健服务等。不断培育壮大旅游+康养消费群体，重点围绕养老客群（老年人群）、养生保健客群（中青年人群）、医疗康复客群（疾病人群）、美容康体客群（健康人群）4 类群体开展特色营销，不断培育壮大康养消费群体，形成现代中医药康养及养生保健服务品牌，推动康养旅游产业规模化、标准化、特色化发展。

大力发展“生态+”旅游。优化农业产业布局，合理规划区域性农业发展布局，有计划地发展壮大杨梅、茯苓、灵芝等特色产业连片种植规模，形成特色产业风光带、采摘体验园；加快发展设施农业、创意农业和高效农业，把农业示范田园打造成集观光、游览、品尝、采摘、休闲、度假于一体的“农旅融合”新业态，实现“种植、观赏”并举、“经济、生态”双赢。培育发展观光工业园，依托医药健康、绿色食品、竹木森工等优势产业链，延伸开发多元化的旅游体验性项目、完善服务品质。引导加工企业向产业核心区、产业园区和加工基地聚集，打造杨梅小镇、茯苓科技产业园等特色产业小镇。通过体验性产业链延伸，把机械的现代工业生产流程提升为富有情趣的旅游体验过程，丰富旅游产品，为工业企业培育新的经济增长点。

推进物流产业建设。升级培育茯苓加工贸易中心等物流园区，加速建设智能冷链仓储物流园区，不断完善物流设施配套建设，加强物流配送体系建设。培育一批为专业市场和城乡经济服务的运输、仓储、转运、加工配送型的第三方物流企业落户园区，提高物资配送能力和辐射能力，提升物流服务水平。大力发展大宗工农业物资交通运输、物流配送、货物集散和仓储等功能，积极发展基于互联网的现代物流业态，提升物流专业服务水平和服务功能。加快提升物流行业在新技术应用、新业态培育及网络化、平台化、智慧化、集聚化水平。鼓励步步高、佳惠等大型超市对接生鲜农产品基地，实现农产品直采、直销、直配。加快建设智能冷链物流仓储中心，鼓励和扶持绿之嘉、顺丰等物流龙头企业的进一步壮大发展，引进一批规模大、质量高、有影响力、能够承接大枢纽大平台运营能力的龙头骨干物流企业，为农产品生产、流通企业上下游延伸对接，为对接粤港澳大湾区、长株潭"菜篮子"生产基地和优质有机绿色蔬菜供应基地、杨梅鲜果销售提供安全、快捷的物流通道。

推动少数民族文旅产业发展。以苗侗民俗文化为核心资源，挖掘特色苗侗生态文化，打造苗侗民俗文化休闲区。继续对接通道侗寨申遗，重点突出建设苗侗寨村落民族风情景观建设，充分保护苗侗文化村落传统风貌特征，形成"看山、看水、看风情"的靖州特色民俗文化旅游格局。开展文旅产业带建设，以文塑旅、以旅彰文，推动文化和旅游业融合发展。推进文旅与现代农业等行业高水平、深层次、宽领域融合发展，培育一批网络文化、文创产品开发、艺术品经营等领域文化业态。健全现代文化产业体系，促进红色文化、民族文化、农耕文化与休闲农业、特色产业、生态资源深入融合，积极培育新业态、新产品。

4．推进一二三产融合

推动乡村建设与文化和旅游业融合发展。结合金星溶洞、四乡歌、八亚水库的乡村建设，努力抓好红军长征国家文化公园项目建设，打造通道—靖州—黎平转兵西进集中展示带，推动三省周边旅游产业打包升级、联动发展。抓好精品乡村旅游扶贫项目建设，结合杨梅生产基地、杂交水稻研发基地、飞山文化、鹤山书院，打造环靖州研学旅游、杨梅观光旅游环线，带动贫困乡村道路提质、"厕所革命"、通信等基础设施建设水平。加快建设智慧旅游县城、智慧旅游乡村、智慧旅游景区、智慧旅游企业，构建智慧旅游公共服务网络平台，以数字化推动乡村开发建设与文化旅游融合发展。

加快生态文化示范基地建设。建设并完善排牙山国家森林公园、五龙潭国家湿地公园、太阳岛农林复合生态系统天敌繁育基地等生态文化基础设施和传播平台，将其打造成繁荣生态文化的重要载体及靖州县森林康养、森林旅游、健康服务的胜地，以生态文化基地形式融合一二三产。

加快构建特色营销服务体系。依托茯苓、杨梅、山核桃等有基础、有潜力的优势资源，引导企业多元化开发具有较高市场美誉度的地理标志商标和知名品牌产品。开展茯苓加工贸易中心等专业市场、电子商务物流园区、农产品冷链物流等现代物流工程建设，形成具有区域辐射效应的特色化、品牌化商贸网络，加速靖州特色农副产品市场消费。依托智慧超市，智慧餐厅等新零售业态，通过平台直播、"旅游+带货"、"互联网+生活性服务"、线上销售、线下体验等形式推动特色农副产品消费线上与线下的融合。

建设区域性物流中心。发挥茯苓加工贸易中心规模、标准、品牌效应，拓展工艺流程研学体验项目，形成工厂景区化、园区即景区的融合发展模式，吸引和聚集周边三省接边区域的中药材、农副产品到靖州集散流通和旅游消费，积极建设区域性综合批发中心。集中布局特色餐饮、特色住宿、文化娱乐业，构建区域性消费中心，实现一二三产融合发展。

13.4.4 构建清洁能源体系，坚持减污降碳扩绿协同推进

1. 构建清洁能源体系

优化能源结构调整。积极推进风能、太阳能、生物质等新能源的高效开发和利用，形成以水电为核心，风电、光伏等多元化能源供给体系。提高清洁能源使用率，加快推行清洁生产，实现绿色循环低碳发展。开展小水电绿色改造，着力开展生态水电建设和绿色水电创建，推动小水电转型升级，努力谋求小水电的可持续发展。

推进新能源高效开发利用。积极推进交通运输结构调整，制订年度节能与新能源汽车推广使用工作计划，加快电动汽车充电基础设施建设，引导城区公共交通逐步实现清洁能源代替。

2. 减污降碳扩绿协同推进

加强减污降碳协同治理。统筹处理好减污降碳与能源安全、产业链供应链安全、粮食安全、群众正常生活的关系，实施工业、建筑、交通等重点行业领域减污降碳行动，编制靖州县碳达峰行动方案和碳中和路径规划。确保 PM_{10}、$PM_{2.5}$ 指标在正常水平，全年大气环境质量优良率保持在 97%以上，环境空气质量达到国家二级达标城市标准。

培育绿色低碳产业。加快培育绿色产业特质，释放产业集聚效能，努力构建生态型现代工业体系。促进全县工业产业向绿色生态工业转型，形成农副产品加工、医药健康、竹木加工、新材料制造和电子信息五大产业，成为县域经济发展中比重最高、结构最优、活力最强、贡献最大的经济增长群体。

开发竹林碳汇经营。充分利用竹林碳汇储量巨大，探索森林碳汇林业建设的有效模式，为林业碳汇交易奠定坚实基础。深化和创新“互联网+林业”的发展模式，开发竹林碳汇经营项目，搭建起全县森林资源资产网上交易服务平台，创新林权交易新业态，将“资源优势”转化为“经济优势”。

13.4.5 打造少数民族文化品牌，推动绿色惠民富民

1. 提升农产品和乡村旅游品牌

打造有影响力的绿色有机品牌。全面开展无公害食品、绿色食品和有机食品认证。在取得“绿色食品”标志的基础上，鼓励企业申报“有机食品”，提升山核桃“绿色”品牌。申报登记靖州茯苓、杨梅、山核桃地理标志产品，实现原产地保护。鼓励茯苓、杨梅、山核桃加工企业，茯苓、杨梅、山核桃合作经济组织改进产品包装，联合进行品牌标识的策划。利用各类媒体和节会，大力宣传、强势推出以茯苓、杨梅、山核桃加工产品为主，其

他加工产品为辅的综合品牌，培育"山核桃""茯苓""靖州杨梅""金秋梨""雕花蜜饯""农家腊肉"等品牌土特农产品。创建地域特色突出、产品特性鲜明的中药材区域公用品牌，鼓励企业通过技术创新和工艺改进，塑造品牌核心价值，创建一批品质好、叫得响、占有率高的中药材知名品牌。

扩大特色农产品知名度。积极融入粤港澳大湾区、长江经济带、湖南自贸试验区建设等国家区域发展战略，瞄准对茯苓、杨梅、山核桃等优势特色资源产品有较大需求的区域，加快优势产品和优质原料的输出，加速融入贸易、生产、流通、消费体系，为产业发展和经济的转型升级拓展新空间。积极参加广交会、农博会、旅游产业博览会等合作交流重大展会活动，举办茯苓产业高峰论坛、楠竹产业发展高峰论坛，巩固产业优势基础地位，提升靖州特色农副产品品牌。

提升乡村生态旅游品牌。以农业为根本，以乡村为载体，充分利用靖州县现有历史文化名村、传统古村落、少数民族特色村寨、美丽乡村等各类乡村的不同特点，立足乡村资源和民俗风情，科学发展特色农业、特色文化产业、文化旅游产业、休闲体育产业、农业体验观光产业等，延伸产业链，辅以互联网营销平台推广，形成农业品牌形象，构筑乡村旅游吸引力。结合杨梅生产基地、杂交水稻研发基地、飞山文化、鹤山书院历史背景，打造环靖州研学旅游、杨梅观光旅游环线及乡村旅游扶贫品牌。

打造生态旅游新名片。依托靖州丰富原始次森林资源、湿地资源，重点围绕排牙山国家森林公园、五龙潭湿地公园、靖州飞山等项目建设与升级，重点实施渠阳镇森林与湿地生态旅游基地建设、森林康养基地建设、水杉生态公园建设、生态休闲基地建设、生态旅游示范区建设，打造森林观光、森林度假、徒步穿越、森林康养等旅游产品。

2. 强化少数民族民俗文化品牌

实施少数民族文化品牌战略。依托"中国苗族歌鼟之乡""中国民间文化艺术之乡""中国杨梅之乡""中国最佳民俗风情旅游名县"等特色，推进文化与科技、商贸、金融、服务、教育、现代农业等行业高水平、深层次、宽领域融合发展，培育一批具有靖州特色的文创产品、艺术品经营等领域文化业态。持续推动全域旅游示范县建设，推进生态与田园、康养、文化、旅游、互联网等产业深度融合，大力发展生态体验、生态科技、生态康养、生态旅游等。

构建特色民俗文化旅游格局。以苗侗民俗文化为核心资源，深入挖掘靖州民俗文化、特色苗侗生态文化，打造苗侗民俗文化休闲区。继续对接通道侗寨申遗，打造具有感召力的特色文化旅游区域。重点突出建设苗侗寨村落民族风情景观建设，充分保护苗侗文化村落传统风貌特征，打造飞山—苗乡侗寨旅游精品路线建设项目，继续开展地笋苗寨、排牙山国家森林公园的国家 4A 级旅游景区创建工作，形成"看山、看水、看风情"的靖州特色民俗文化旅游格局。

打造民俗生态文化品牌。将少数民族文化遗产、非物质文化遗产转化形成文化旅游产品融合于自然风光带中，推进文旅商品市场开发，建设文旅商品街、体验区、服务区、保护区。扶持文化旅游商品生产企业，凸显少数民族民俗生态文化品牌，培育形成一批发展潜力大、前景广阔和龙头企业。

3．深入挖掘生态文化资源

加强文化载体保护与利用。保护新厂战斗指挥部旧址，并将其列入长征国家文化公园项目，建成全省红色旅游和爱国主义教育基地。加强非遗传承保护，在三锹地笋等 20 余个村建设苗族歌鼟、苗侗芦笙节、雕花蜜饯、侗族琵琶等传习场所或研学考察基地等。重建靖州鹤山书院、建设杨再思纪念馆展厅、打造袁隆平杂交水稻三系配套成功纪念园等，挖掘历史典故，讲好名人故事、红色故事。

深入挖掘生态文化资源。依托良好的区位优势、悠长的历史文化及富饶的物产资源，将靖州县别具一格的生态文化与风情浓郁的苗侗文化、南方独有的杨梅文化、极具历史底蕴的飞山文化加以融合，充分挖掘渠阳古城、新厂战斗遗址、苗侗古村落等文化内涵。系统规划包括飞山景区、红军长征新厂战斗旧址群、杨梅生态博物馆、地笋苗寨、渠阳古城与林源古寨等优良生态环境地点及特色生态文化在内的全域生态文化布局。构建集红色教育、观光休闲、民俗体验、户外运动、康体养生、旅居度假、自然教育等功能于一体的生态文化旅游融合产业。依托靖州县文化特色，将靖州县少数民族文化遗产、非物质文化遗产转化形成文化旅游产品融合于自然风光带中，推进生态文化旅游产业发展。

打造赛事文化节会。打造“重走长征路”“五一登飞山”“骑行穿越万亩梅林”“户外帐篷节”等户外体育休闲活动，形成具有靖州特色的品牌赛事，乡村、体育、旅游有机融合，以体育带动乡村旅游发展。办好“中国•靖州•杨梅节”“中国•飞山文化旅游节”“四八姑娘节”“苗侗芦笙节”等品牌文化节会，以节会搭台，推动乡村文旅体产业发展，助力乡村振兴。

13.4.6 建立健全长效机制，全力保障“绿水青山就是金山银山”转化

1．深化保护机制

施行“多规合一”和“三线一单”制度。根据划定的生产空间、生活空间、生态空间，明确城镇建设区、工业区、农村居民点等的开发边界，以及耕地、林地、河流、湖泊、湿地等的保护边界；强化产业空间布局、污染物减排、环境风险防控及资源利用管控。

建立生态系统生产总值（GEP）动态核算体系。以维护县域生态系统原真性和完整性为导向，合理确定核算指标、核算因子、定价方法、核算方法，建立一套具有靖州特色、科学合理、可操作性的生态产品价值核算评估体系；探索建立绿色 GEP 信息发布制度，定期公布 GEP 核算结果及生态系统要素的变化量。

健全生态保护补偿机制。严格落实国家、省（市）关于生态补偿的相关政策，加快探索多元化的生态保护补偿机制；突出流域、森林生态保护补偿，不属于生态公益林和天然

商品林补偿范围的生态保护红线和自然保护地尚未开展生态补偿，制定实施生态保护补偿方案或办法；完善生态保护成效与资金分配挂钩的激励约束机制；推动建立水生态环境保护建设区域协作机制和流域上下游不同区域生态补偿协商机制，探索水生态补偿机制实现方式及协商机制；制定和落实与水有关的生态环境保护收费制度，对矿产资源开发等涉水经济活动征收水生态补偿费用，用于已破坏的河湖生态系统及地下水治理修复。建立健全水土保持、建设项目占用水利设施和水域等补偿制度，建立对饮用水水源保护区及河、湖、库上游地区的补偿机制。

健全自然资源资产产权制度。将自然资源资产所有权与使用权分离，加快构建分类科学的自然资源资产产权体系，处理好自然资源资产所有权与使用权的关系，创新自然资源资产全民所有权和集体所有权的实现形式。形成归属清晰、权责明确、监管有效的自然资源资产产权制度，明确产权主体权利，研究建立自然资源资产所有权的资源清单和管理体制，实现自然资源确权登记全覆盖，清晰各类自然资源资产的产权主体，完善自然资源资产收益管理制度；落实承包土地所有权、承包权、经营权“三权”分置。健全自然资源资产有偿使用制度。完善土地资源有偿使用制度，扩大土地有偿使用范围，进一步规范经营性土地有偿使用。

强化生态环境保护考核奖惩。完善分类考核制度，科学合理设置综合考核指标体系；完善领导干部生态责任审计制度，加强审计结果运用；试行环境污染损害问责和赔偿制度，对造成重大生态环境破坏事件的，依法追究相关单位和人员责任，加大追责和追偿力度。

推动公众参与履行“绿水青山”守护。加强公众参与，建立有效渠道和合理机制，鼓励公众对政府环保工作、企业排污行为进行监督。扩大信息公开，完善环境公益诉讼；健全公众舆论监督机制，引导新闻媒体，提升舆情引导能力。

2．建立转化机制

探索农村资源价值实现机制。探索农村资源价值实现机制。开展生态资产和生态产品确权工作，对农地、林地实行“三权”分置，有序推进茯苓、杨梅、山核桃、楠竹、中药材等经济作物经营权颁证，完善流转机制，盘活闲置资源资产。

健全城乡环境治理机制。健全城乡环境整治财政投入机制和管理机制，建立农村环境综合整治政府购买服务试点。健全“绿水青山”监管执法机制，持续深化靖州县城乡发展事务中心职能，统一实行生态环境保护行政执法，强化督察、交办、巡查、约谈、专项督查等环境执法手段。

建立“总部经济”税源培植机制。以推进茯苓初加工集团化运营、促进杨梅加工企业销售环节税收回流、聚集周边区域大宗工业物资交易集散为目标，出台政策激励，实现资源在靖州集散、产品由靖州供给、税收在靖州缴纳，培植税源，促进财税增长，实现强县与富民的有机统一。

建立服务生态产品开发的金融服务配套体系。鼓励金融机构创新金融产品，引入证券化、股权投资、抵质押贷款、保险等金融创新，推动生态资本转化为金融资本，进一步促进生态产业化运作，提升生态资源经营效益。坚持优势支柱产业和骨干企业优先发展的导向，运用好担保平台的征信增贷作用，提升“五大优势产业链”金融供给水平和质量保障。对潜力较大且市场成熟的企业遇到周转性资金瓶颈时，采取担保、质押等方式，培育产业发展新动能。引导金融机构创新金融产品，对符合产业发展方向的民营企业实施“定制化”产品。健全农村金融服务体系，引导金融机构不断加大乡村振兴资金投入，有序推进农村承包土地经营权、农民住房财产权抵押贷款试点，推广林权、大型农机具、畜禽活体、保险保单等抵（质）押贷款业务。推广农业农村普惠保险业务，加快发展地方特色农业保险。

构建合理的收益分配机制。加快推进生态资源产权制度改革，加速推进“三权”分置、推深做实林长制，开展好资源调查、确权、登记、交易、监管等工作。改变以征收、租赁为主的生态资源流转形式，推广租赁、合股、托管等形式组合的资源流转方式，通过“基本收益+股权分红+劳务参与+林下开发”实现回报机制多元化，形成资源开发效益的合理分配格局。

3. 探索反哺机制

建立健全生态产品价值实现机制。坚持以保障自然生态系统休养生息为基础，增值自然资本，厚植生态产品价值，建立保护生态环境的利益导向机制，将生态优势转化为经济优势的能力。充分发挥市场在资源配置中的决定性作用，将茯苓、杨梅、山核桃、楠竹等生态资源转化为旅游资源、资本资源、经济资源，推动生态产品价值有效转化，有效解决生态产品“难度量、难抵押、难交易、难变现”等问题。开展生态环境导向的开发（EOD）模式探索，通过生态环境治理与产业开发项目肥瘦搭配，组合开发，统筹推进，以产业盈利反哺生态环境治理，实现项目整体收益与融资自求平衡；通过改善生态环境质量，提升发展品质，将生态产品价值释放到片区开发、生态农业、文旅康养等关联产业，畅通生态产品价值实现的重要渠道。

建立吸引社会资本投入生态环境保护的市场化机制。建立健全用水权、排污权、碳排放权交易制度，探索形成森林、湿地等生态修复工程参与碳汇交易的有效途径，促进实现清洁空气、水土、能源等生态价值。

实施以“引智”为重点的科技创新人才队伍建设。围绕绿色产业链条打造和生态经济体系构建，建立“卡脖子”技术人才需求清单和靶向引才、专家荐才等机制，加强引才营智环境建设，实现创新型人才规模质量同步提升。探索以知识、技术、专利、成果等要素参与收益分配的“股权化”机制，打造引才、育才、用才新优势。加大科技研发、学术交流及技能培训等支持力度，满足人才发展需求。实施人才安居工程，创造合理适度的配套安置条件，吸引优秀创新创业人才，为靖州“绿水青山就是金山银山”实践创新基地注入新活力。

第四篇

绿色低碳转型与生态经济

第 14 章

城市减污降碳与主城区碳达峰

近年来，我国城市化、工业化不断加速，城市发展同时面临应对气候变化、生态环境保护和经济增长的多重压力。城市地区所排放的CO_2占总量的75%左右，而中国城市总体占比在80%左右，主要源于城市经济、城市建筑和城市交通等领域的人类活动（Chen et al.，2017）。同时，城市也是各类污染物集中排放的地区，随着中国城市人口占比已达到65.22%，中国城市环境空气质量问题越来越受到关注（Dong et al.，2019）。研究表明（Jiang et al.，2020），温室气体与环境污染物排放具有同根同源同过程的特点，如煤炭等化石燃料在燃烧过程中会排放颗粒物、SO_2等空气污染物，也会排放CO_2、黑碳等温室气体。因此，利用此特点，通过采取手段同时减少污染物排放（以下简称减污）和降低温室气体排放（以下简称降碳）是一种高效的环境管理策略，然而减污降碳环境管理策略在城市尺度的应用效果缺乏评价手段，同时探究城市群尺度减污降碳时空驱动特征及其演变特征有助于更好地理解城市化与环境的互动关系，可服务于城市可持续发展。

IPCC 第五次评估报告认为，传统化石能源消费产生的CO_2等温室气体是造成全球温室效应的主要原因（王雅晴等，2020）。城市碳达峰受到国内外学者和政策制定者的广泛关注，城市作为人类经济社会活动集中分布区域，是重要的碳排放源，也是实现“双碳”目标的主战场，随着城市化进程的推进，城市CO_2排放量会进一步增加（郭芳等，2021）。IPCC 第五次评估报告显示，城市能源消耗量约占全球能耗总量的 67%～76%，由此产生的CO_2排放量占全球CO_2排放总量的71%～76%，是温室气体排放的最主要来源，因此城市也成为受气候变化影响最大的地区之一。城市地区的生产、生活活动（如制造业生产、商业、交通等）是全球人为碳排放的主要驱动因素。同时，城市更易普及清洁能源技术和实施碳减排策略，因此也成为减缓社会经济系统对全球气候变化影响、推进低碳转型可持续发展的重要研究对象和突破口。

14.1 城市群减污降碳

在城市群碳排放方面，城市的空间、人口和经济聚集特征对碳排放有确定性的影响，城市化与碳排放之间存在倒“U”形曲线，且城市空间集聚在一定程度上有助于碳减排（Wang et al.，2019；Xu et al.，2018）。研究显示，整体上人口、地区生产总值和 NDVI 对全国城市 CO_2 排放量均为正驱动力，但温度和降水量有负面影响（Wang et al.，2018）。在污染物驱动方面，同样表现出稳定的空间集聚特征，城市化地区的各项特征与污染物排放水平呈显著相关特征，如 $PM_{2.5}$ 与土地利用和经济产业结构均有显著的联系，但不同经济发展阶段的特征存在差异（Wang et al.，2019；Wang et al.，2020）。在减污降碳协同分析方面，协同效应量化方法可以提供更为有效的减污降碳技术路径（Liu et al.，2017；高庆先等，2021），但是减污降碳的驱动力剖析案例仍然较少，对其驱动机制的内在分析不足（Qin et al.，2019；Cui et al.，2020）。同时，在政策制定层面，减污降碳已纳入新时期深入打好污染防治攻坚战的指导思想，减污降碳协同增效成为我国“十四五”时期深入打好污染防治攻坚战的总抓手。但现阶段，城市群水平的减污降碳缺乏测度指标，无法支撑区域减污降碳一体谋划、部署和考核。因此，为探究减污降碳评估方法，并剖析其驱动机制，本章以长三角城市群为研究对象，基于碳排放水平和污染物排放数据构建了减污降碳强度指标，并通过时空地理加权回归（geographically and temporally weighted regression，GTWR）方法和随机森林（RF）方法分析经济发展、产业结构、土地利用结构、人口及气候变化对减污降碳强度指标的时空驱动特征及驱动因素的重要性变迁特征，以期为全国城市水平减污降碳政策制定提供参考。

14.1.1 材料与方法

1．研究区概况

长三角城市群位于长江入海之前的冲积平原，根据《长江三角洲区域一体化发展规划纲要》《长江三角洲城市群发展规划》，包括上海，江苏省的南京、无锡、常州、苏州、南通、盐城、扬州、镇江、泰州，浙江省的杭州、宁波、温州、嘉兴、湖州、绍兴、金华、舟山、台州，安徽省的合肥、芜湖、马鞍山、铜陵、安庆、滁州、池州、宣城，共 27 市，面积 22.4 万 km^2。长三角城市群是长三角一体化发展中心区，具有辐射带动长三角地区高质量发展的重要功能。据测算，2017 年长三角城市群的 CO_2 排放量达到 1 220 亿 t，其中以上海市排放量最高，为 193 亿 t，占长三角总排放量的 15.74%。

2．数据来源

（1）减污降碳强度指标

为表征城市水平减污降碳整体效能，本研究构建了减污降碳强度指标（intensity of

pollution reduction and carbon reduction，IPCR），将多种污染物排放效率与温室气体排放效率纳入 1 个指标，计算公式如下：

$$IPCR = \sum_{i=1}^{4} E_i \times q_i \qquad (14\text{-}1)$$

式中：IPCR 为城市减污降碳强度指标，无量纲单位，取值范围是 0～1，越接近 0 则表示减污降碳的效果越显著，同时也表明经济发展的清洁程度更高；E_i 为该城市减污降碳细分项指标，采用 0～1 归一化方法以消除极值影响，同时可随研究区特征条件而作出调整；q_i 为细分项指标所对应的权重，权重和为 1，权重确定方法为专家打分法。

综合考虑数据的可获取性及减污降碳各细分领域代表性指标，细分项指标选择工业废水排放效率、工业 SO_2 排放效率、工业烟（粉）排放效率及 CO_2 排放强度，见表 14-1。考虑到当前减污和降碳工作的重要性均非常突出，专家建议将二者权重均设为 0.5；在细分项指标中目前仅考虑长三角城市群水污染和大气污染，由于颗粒物对空气环境质量的影响受到外来输入影响，因此专家建议对工业烟（粉）排放效率指标设置权重为 0.12，与工业废水排放效率相同，同时对工业 SO_2 排放效率权重设置为 0.14。工业废水排放效率、工业 SO_2 排放效率、工业烟（粉）排放效率细分项指标数据主要源于《中国城市统计年鉴》（2004—2018 年）；CO_2 排放强度细分项指标中的碳排放数据源于中国县级 CO_2 排放量数据集，地级市总的排放量通过县区级求和得到，经检验该数据集对 CO_2 排放的拟合精度达到了 R^2=0.998。地区生产总值数据源于《中国城市统计年鉴》（2004—2018 年）。

表 14-1　减污降碳指标及数据来源

指标类型	细分项指标	计算公式	单位	权重	数据来源
减污指标	工业废水排放效率	工业废水排放量/地区生产总值	t/万元	0.12	《中国城市统计年鉴》（2004—2018 年）
	工业 SO_2 排放效率	工业 SO_2 排放量/地区生产总值	t/万元	0.14	
	工业烟（粉）排放效率	工业烟（粉）排放量/地区生产总值	t/万元	0.12	
降碳指标	CO_2 排放强度	CO_2 排放量/地区生产总值	t/万元	0.50	Chen et al.，2020

（2）驱动因素

为揭示长三角城市群减污降碳强度的时空驱动特征，本研究选择经济发展水平、产业结构、人口、土地利用结构、能源消费水平和气候变化影响 6 个方面共 11 项具体指标作为解释变量。经济发展水平选择地区生产总值和人均地区生产总值表征（均为不变价单位），地区产业结构用第二产业增加值占地区生产总值的比例和第二产业增加值占地区生产总值的比例表征，人口选择人口密度和常住人口数量表征，土地利用结构用建设用地面积和园林绿地面积表征，能源消费水平选择能源消费总量表征，气候变化影响采用年均气温和年降雨量表征。其中，经济发展水平、地区产业结构、人口、土地利用结构的具体指标数据源于《中国城市统计年鉴》（2004—2018 年），能源消费总量通过将城市能源消费相关指标换算为吨标准煤求和得到，气候变化影响数据源于城市气象观测站数据（表 14-2）。

表 14-2 减污降碳驱动力因素及数据来源

指标类型	具体指标	数据来源
经济发展水平	地区生产总值/万元、人均地区生产总值/（元/人）	《中国城市统计年鉴》（2004—2018 年）
地区产业结构	第二产业增加值占地区生产总值的比例/%、第三产业增加值占地区生产总值的比例/%	
人口	人口密度/（人/km^2）、常住人口数量/万人	
土地利用结构	建设用地面积/km^2、园林绿地面积/km^2	
能源消费水平	能源消费总量/万 t 标准煤	
气候变化影响	年均气温/℃、年降水量/mm	气象观测站数据

3．研究方法

回归分析被广泛应用到驱动分析研究中，但传统的多元线性回归不能比较影响因素的重要性，该研究拟采用 RF（Breiman，2001）以克服传统方法的不足。同时，与局部空间回归相比，全局空间回归假设所有参数在空间中都是平稳的或结构稳定的，这并不符合现实情况。因此，为了能够获得准确的估计结果，解释影响因素的时空非平稳性，本研究拟采用 GTWR，其允许不同影响因素的回归系数变化，并对每个研究单元进行显著性检验（Huang et al.，2010）。

（1）时空地理加权回归

GTWR 方法在地理加权回归的基础上引入时间因子，既解决了截面数据样本数量有限性的问题，又考虑了时间与空间的非平稳性，能有效估计因子参数。模型计算公式如下（Fotheringham et al.，2003；Huang et al.，2010）：

$$Y_i=\beta_0(\mu_i,v_i,t_i)+\sum_k\beta_k(\mu_i,v_i,t_i)X_{it}+\varepsilon_i \tag{14-2}$$

式中：(μ_i,v_i,t_i) 为长三角城市群第 i 个城市的时空坐标；μ_i,v_i,t_i 分别为第 i 个城市的经度、纬度和时间；$\beta_0(\mu_i,v_i,t_i)$ 为第 i 个城市的回归常数，即模型中的常数项；ε_i 为残差；$\beta_k(\mu_i,v_i,t_i)$ 为第 i 个城市的第 k 个回归参数，估计方法如下：

$$\hat{\beta}\left(\mu_i,v_i,t_i\right)=\left[X^tW\left(\mu_i,v_i,t_i\right)X\right]^{-1}X^tW\left(\mu_i,v_i,t_i\right)Y \tag{14-3}$$

式中：$\hat{\beta}(\mu_i,v_i,t_i)$ 为 $\beta_k(\mu_i,v_i,t_i)$ 的估计值；X 为自变量构成的矩阵；X^t 为矩阵的转置；Y 为样本中构成的矩阵，是时间尺度下长三角城市群减污降碳强度测度指标；$W(\mu_i,v_i,t_i)$ 为时空权重矩阵。选择高斯距离函数，利用 bi-square 空间权重函数得到时空权重矩阵，样本

i 和样本 j 之间的时空距离为

$$d_{ij} = \sqrt{\delta\left[(u_i - u_j)^2 + (v_i - v_j)^2 + \mu(t_i - t_j)^2\right]} \tag{14-4}$$

式中：δ 为带宽。本研究中减污降碳强度 GTWR 模型的实现主要基于 ArcGIS10.5 软件，采用 Huang 等（2010）制作的 GTWR 插件，带宽采用 AICc 优化设置，时空距离参数比值为 1。

（2）随机森林

RF 是一种集成学习方法，它由使用数据集的自举（bootstrap）样本独立构造的树组成，该方法对过拟合具有鲁棒性，且能充分探测变量对解释变量的贡献程度（Breiman，2001；Breiman et al.，2017）。RF 在构建每棵树时通过引入随机信息，有效降低了各个基学习器的相关度，提高了 RF 模型的预测精度。训练一个 RF 的本质是训练多个分类与回归树（classification and regression trees，CART）。CART 是一个二叉树模型，其核心是切割变量和切割点的选择。在 RF 中，单棵 CART 首先遍历一部分变量和变量数据，然后根据切割后节点的不纯度，确定最佳切割变量和切割点，综合所有树的结果得到最终模型。该研究选择 RF 回归方法，节点不纯度的具体计算公式为

$$G(x,y) = \frac{1}{N_s}\left(\sum_{y_i \in X_{left}} (y_i - \overline{y}_{left})^2 + \sum_{y_i \in X_{rigjt}} (y_i - \overline{y}_{right})^2\right) \tag{14-5}$$

式中：x 为一个分切变量；y 为 x 的分切值；N_s 为所有训练样本的数量；X_{left} 为由 $y_i(y_i<y)$ 组成的数据集；X_{rigjt} 为由 $y_i(y_i>y)$ 组成的数据集；$\overline{y}_{left}$ 和 $\overline{y}_{right}$ 分别为 X_{left} 和 X_{rigjt} 的平均值。虽然降低了单个 CART 在其对应的训练数据集上的表现，但是它能够降低所构建的不同树之间的相关性，从而能够降低最终多个决策树平均后的模型方差。

同时，通过 RF 可定量测度变量的重要性，可通过不同时间点变量重要性的变迁解释变量的时间效应，提高减污降碳时空效应的解释能力。RF 通过袋外误差（out-of-bag error，OOB）样本来估计变量的重要性。具体公式如下：

$$IMp(var_i) = \frac{\sum_{j=1}^{n}(errOOB2_{ij} - errOOB1_{ij})}{n} \tag{14-6}$$

式中：$IMp(var_i)$ 为变量 i 的重要性；$errOOB1_{ij}$ 为根据 $CART_j$ 中变量 i 出袋数据计算的误差；$errOOB2_{ij}$ 为根据 $CART_j$ 中变量 i 出袋数据加上噪声干扰计算的误差，n 为 CART 数量。本研究中，RF 回归模型采用 R 软件包“randomforest”和 R 编程语言实现，其中 80%数据集随机被选为训练集，其余 20%数据集被选为测试集。本研究通过设置固定随机值，可保证 RF 结果可复现，同时采用 10 次结果均值作为最终模型结果。

14.1.2 减污降碳强度

1. 时间变化

由图 14-1 可知，2003—2017 年，长三角城市群整体减污降碳强度呈下降趋势，这表明长三角城市群整体呈清洁发展趋势。27 个城市平均减污降碳强度由 2003 年的 0.23 下降到 2017 年的 0.05，但江苏省 9 个城市、浙江省 9 个城市和安徽省 8 个城市减污降碳的最低点是 2016 年，分别为 0.04、0.03 和 0.07。从减污降碳强度下降绝对值来看，安徽省 8 个城市最大（0.26），上海市次之（0.17），浙江省 9 个城市下降最少（0.13）。从减污降碳强度变化率绝对值来看，安徽省 8 个城市最大，为 0.019 9；浙江省 9 个城市最小，为 0.010 7。2003 年，浙江省城市和上海市减污降碳强度总体接近，在 0.18 附近，但浙江省 9 个城市在 2005 年有小幅上升之后才保持下降。整体来看，2003—2017 年长三角城市群减污降碳效果非常显著。

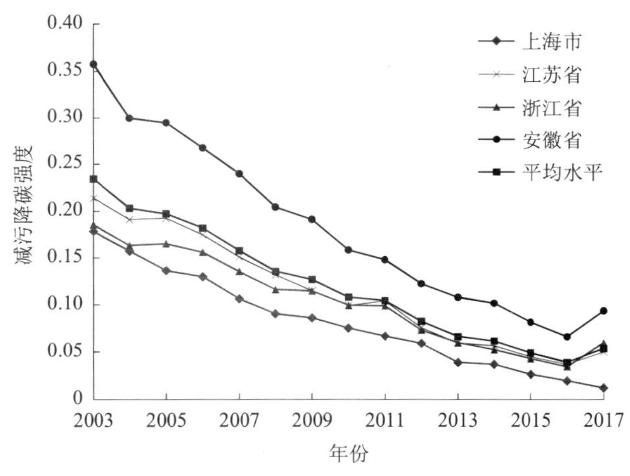

图 14-1 长三角城市群减污降碳强度变化

2. 空间变化

虽然每个城市整体上在 2003—2017 年减污降碳强度呈下降趋势，但在重要节点的年份可以观测出不同城市减污降碳强度水平的差异特征。2003—2017 年，上海市、无锡市、温州市和合肥市的减污降碳强度总体上均保持较好的下降趋势，其中上海市和杭州市在 2003 年减污降碳强度处于中等较高水平的情况下，在之后的 2008 年、2013 年和 2017 年均保持较好的下降势头。滁州市在 2003 年减污降碳强度并不高，但在 2008 年、2013 年和 2017 年的横向比较中，其减污降碳强度始终处于同时期较高的水平，在 2003—2017 年平均减污降碳强度方面仍处于较高的梯队，且其减污降碳强度变幅为 18.62%。与滁州市情况类似的还有宣城市、池州市和马鞍山市。从 2003—2017 年减污降碳强度变化幅度来看，上海市、杭州市、合肥市、南京市和常州市的下降幅度均超过 91%，其清洁发展趋势较好。

3．空间自相关

由表 14-3 可知，长三角城市群在 2003—2017 年的 Morans's I 指数为 0.320 7，且 P-value 通过显著性检验、Z-score 得分大于 1.96，这表明长三角城市群减污降碳强度有较强的空间聚集模式。具体来看，2003—2007 年和 2008—2012 年减污降碳强度的空间聚集水平要高于 2013—2017 年的聚集水平，这表明空间聚集模式呈下降趋势。

表 14-3　长三角城市群减污降碳强度全局 Moran's I 指数

时期	Moran's I	Vaiance	Z-score	P-value
2003—2007 年	0.751 3	0.003 5	12.795 6	0.000 0***
2008—2012 年	0.780 5	0.003 5	13.293 0	0.000 0***
2013—2017 年	0.356 4	0.003 2	6.424 0	0.000 0***
2003—2017 年	0.320 7	0.000 3	17.581 8	0.000 0***

注：***表示 1%显著性。

14.1.3　驱动因素

1．数据检验和精度评价

在做 GTWR 模型前，需对所有变量进行标准化处理，为避免在回归时出现伪回归现象，应对标准化后的所有变量进行多重共线性检验，结果表明 11 项指标的方差膨胀因子均小于 10，但地区生产总值和园林绿地面积的膨胀系数较高，分别为 9.16 和 9.38。表 14-4 统计了回归模型精度评价结果，可以看出在考虑时间效应后，GTWR 模型 R^2 与 Adjusted R^2 均高于 0.95，相比 GWR 模型的拟合精度和优度提升较大，R^2 提升 0.193 1，残差下降 0.649 3，且 AICc 下降了 398.24。可见，GTWR 回归模型能够较好地拟合 11 项具体驱动指标对减污降碳强度因变量的线性关系。

表 14-4　减污降碳驱动模型精度评价

模型	Bandwidth	Sigma	Residual	AICc	R^2	Adjusted R^2
GWR	0.205 9	0.043 7	0.774 5	−1 273.86	0.769 7	0.762 6
GTWR	0.125 0	0.017 6	0.125 2	−1 672.10	0.962 8	0.961 6

2. 回归系数

地区生产总值对盐城市和金华市减污降碳强度呈显著负相关；而安庆市、滁州市则受到人均地区生产总值影响最为显著，人均地区生产总值越高则减污降碳强度越小。从产业结构来看，上海市、嘉兴市、宁波市、绍兴市、舟山市、台州市和温州市受第二产业增加值占地区生产总值比例的正向驱动显著，而滁州市、扬州市、南京市、马鞍山市和常州市受第三产业增加值占地区生产总值比例负向驱动更为显著。从土地利用结构来看，上海市、苏州市和浙江省的 9 个城市受园林绿地面积的负向驱动，即其园林绿地面积的增加驱动减污降碳强度的下降；滁州市、合肥市、马鞍山市、芜湖市、铜陵市和池州市受建设用地面积的负向驱动。从人口角度来看，滁州市、合肥市和安庆市的人口密度对减污降碳强度的负向驱动显著；结合常住人口数量来看，安庆市、池州市和温州市的减污降碳强度也为负向驱动，但盐城市、南通市、上海市、苏州市、无锡市和嘉兴市的减污降碳强度则受常住人口数量的正向驱动。安庆市、池州市、铜陵市和合肥市减污降碳强度受能源消费总量的负向驱动显著，而浙江省绍兴市、台州市、金华市和温州市减污降碳强度则受能源消费总量的正向驱动。从气候变化响应来看，南部地区城市的减污降碳强度受年均气温和年降水量的负向驱动较为显著。

3. 驱动因素的重要性

如表 14-5 所示，2003—2007 年、2008—2012 年和 2013—2017 年 3 个时期 RF 模型的方差解释度分别为 75.86%、79.95%和 78.61%，均超过 70%。这意味着该模型具有良好的拟合效果，对各个时期均有较好的解释能力；模型的精度也很高，因为所有的均方误差小于 0.008。

表 14-5 长三角城市群不同时期减污降碳强度 RF 模型精度评价

指标	2003—2007 年	2008—2012 年	2013—2017 年
Var 解释程度/%	75.86	79.95	78.61
RMSE/$\times 10^{-4}$	7.36	6.89	4.23

重要度的评价标准为 IMp 。RF 模型对变量重要性的测度消除了其他变量的间接影响。如表 14-6 所示，能源消费总量在 2003—2007 年、2008—2012 年和 2013—2017 年 3 个时期的重要性均为第一；第三产业增加值占地区生产总值的比例在 2003—2007 年、2008—2012 年比较稳定是其保持第二重要性的影响因素，在 2013—2017 年下降到第三重要性；园林绿地面积从 2003—2017 年的第五重要性逐渐上升到 2013—2017 年的第二重要性，说明园林面积增加对降碳和污染物净化的效用在逐渐提升；建设用地面积的重要性也在不断提升；人均地区生产总值在 2003—2007 年和 2008—2012 年的重要性分别为第三和第四，但在 2013—2017 年下降到第八；地区生产总值的重要性也呈下降趋势；

人口密度和人口总量的重要性虽然排名靠后，但总体上呈上升趋势；在气候变化响应方面，年均气温、年降水量始终是排名最靠后的影响因素，这说明气候变化对减污降碳的影响因素并不显著。

表 14-6 减污降碳强度驱动因素的重要性

变量	2003—2007 年	2008—2012 年	2013—2017 年
地区生产总值	16.40（7）	18.55（5）	16.80（6）
人均地区生产总值	25.53（3）	19.43（4）	13.21（8）
第二产业增加值占地区生产总值的比例	22.29（4）	13.93（9）	10.69（9）
第三产业增加值占地区生产总值的比例	26.01（2）	26.67（2）	26.84（3）
园林绿地面积	20.24（5）	23.65（3）	29.30（2）
建设用地面积	15.63（8）	17.55（7）	21.43（4）
人口密度	17.43（6）	18.02（6）	20.70（5）
人口总量	15.47（9）	15.7（8）	15.55（7）
能源消费总量	29.86（1）	28.57（1）	29.67（1）
年均气温	9.23（10）	8.54（10）	9.89（10）
年降水量	7.81（11）	6.98（11）	8.50（11）

注：（ ）内为重要性排序。

14.1.4 讨论与结论

1. 讨论

本研究基于碳排放水平和污染物排放数据通过权重组合构建了减污降碳强度指标，并通过 GTWR 和 RF 分析了经济发展、产业结构、土地利用结构、人口及气候变化对减污降碳强度指标的时空驱动特征和驱动因素重要性变迁特征，尝试探究长三角城市群减污降碳的驱动机制和空间模式。

如表 14-6 所示，建设用地面积和园林绿地面积的重要性不断上升，这与 Han 等（2017）发现长三角城市群建设用地的空间净碳强度显示出显著的跳跃、碳排放的增长速度快于城市土地扩张等结论相吻合。由此说明，土地利用结构对于减污降碳强度的影响力在迅速上升，一方面建设用地中污染物排放强度在不断增加，另一方面园林绿地在碳汇和污染物净化方面的功能效用更加显著。本研究发现，长三角城市群 2003—2017 年在不同时期减污降碳强度方面存在空间聚集性（表 14-3），同时人均地区生产总值和人口密度对减污降碳强度有负向驱动作用，这些均与 Qin 等（2019）的发现相吻合；上海市、嘉兴市、宁波市、台州市、绍兴市、舟山市和温州市减污降碳强度随着第二产业增加值的增加而增加，这与

Qin 等（2019）全国尺度第二产业的比例与 CO_2 排放量呈正相关的认识并不完全吻合，这可能源于减污降碳强度是一个综合碳减排和污染物排放效率指标，上述城市在污染物排放效率层面与其他城市有不同的轨迹。从污染物排放驱动来看，Wang 等（2019）认为在省级尺度上人均地区生产总值、技术、城市化和人口对环境污染有显著的影响，这与本研究的发现相吻合，人均地区生产总值和人口对减污降碳强度的重要性贡献确实存在（表 14-6），但本研究进一步发现在不同时期这种重要性在发生变化，如人均地区生产总值的驱动重要性呈下降趋势，即驱动因素的重要性在发生时空变迁，这与研究尺度也相关，在更细分的尺度上可以捕捉更为细节的减污降碳驱动特征。无锡市与滁州市等减污降碳强度处于同一梯度，但通过统计资料可知，2003 年无锡市和滁州市的工业增加值分别为 992.74 亿元和 105.5 亿元，二者的工业发展差距较大，因此减污降碳强度值相对较低不一定完全是经济清洁发展的结果，也有可能是经济发展水平低、工业化程度较低造成的。

技术进步不仅能够提高经济发展效率，也对减少碳排放和降低污染物排放有较大的促进作用（Kang et al.，2018），而长三角地区的进出口贸易非常发达，其中隐含了一定程度的碳排放和污染物转移（Lu et al.，2020），这些在本章均还未能有效测度，后期应逐渐完善。另外，为了更好地做好碳中和工作，减污降碳强度指标在后期应考虑纳入其他污染物排放效率及其他温室排放强度指标。

2．结论

一是 2003—2017 年 27 个城市平均减污降碳强度由 0.23（2003 年）降到 0.05（2017 年），表明长三角城市群减污降碳整体呈向好趋势。长三角城市群减污降碳强度存在较强的空间聚集特征，在考虑时间效应后 GTWR 模型对减污降碳强度的拟合能力迅速提升，减污降碳强度指标的时空效应显著。

二是人均地区生产总值、园林绿地面积、人口密度、常住人口数量的 GTWR 模型回归系数整体呈负值，其不断增加可使减污降碳强度降低。建议长三角城市群在减污降碳工作中注重人均地区生产总值、园林绿地面积和人口因素的协同提升。

三是能源消费总量始终是减污降碳强度最重要的影响因素，同时产业结构和土地利用结构影响因素的重要性不可忽视。建议长三角城市群提升能源利用效率，加大力度发展第三产业，优化土地利用结构。

14.2 主城区碳达峰预测

城市碳排放核算的是一个城市经济、社会、环境体系在一段时间内温室气体的总排放量。然而，现有碳排放模型主要应用于宏观层面的国家地区及微观层面的企业，如何在一个中观层面，即城市/园区开展碳排放核算是当前研究的重点和难点。目前，在碳排放核算方面，由于采用的计算方法不同，容易导致碳排放量被人为高估或低估（杨顺顺，2017）。同时，现有研究更多强调历史排放分析，对未来发展趋势的研究相对偏少。日本学者 Kaya 提出的 Kaya 恒等式首次将 CO_2 排放与人类活动联系起来（邓宣凯等，2014），由此产生的 Kaya 分解法被广泛用于碳排放峰值预测研究。长期能源替代规划系统（long range energy alternatives planning，LEAP）模型由斯德哥尔摩环境研究所（Stockholm Environment Institute，SEI）开发，已广泛用于产业结构优化与碳减排（李莉等，2020）、碳排放情景预测、碳捕集等研究领域。Dietz 和 Rosa（1997）则将 IPAT 模型改进为随机形式，即 STIRPAT 模型，人口规模和收入水平是 STIRPAT 模型中的核心驱动因素。从已有的研究来看（Shi A 等，2003），人口和收入对 CO_2 排放量变化的影响显著。

长三角区域是中国经济发展水平最高的区域，其城市群是世界级城市群之一，但是在 CO_2 排放方面，由于能源结构不够清洁，大部分城市的产业结构还是以高耗能行业为主，导致长三角地区 CO_2 排放量一直处于全国前列，占中国总排放量的 1/5 以上，“十三五”期间年均增速为 2.4%。南京市是长三角城市群以服务业为主的代表性城市，其主城区缺乏独立的能源、电力等统计数据，未来新增开发空间有限，重大工业项目少，服务业已占据绝对主导地位，在高质量发展方面具备较好基础，但也面临能源消费和碳排放水平较高等问题，亟待以“双碳”目标为引领，推进产业结构和能源结构的绿色低碳转型发展。因此，本研究以南京市玄武区为例，基于 Kaya 碳排放恒等式和 LEAP 模型，通过情景分析方法，分析其在基准、低排放和技术突破这 3 种情景下的碳排放变化趋势，预测碳达峰时间，探究碳排放量的主要影响因素，以期为城市和城市群相似地区的主城区碳达峰路径制定提供参考依据。

14.2.1　材料与方法

1. 研究区概况

研究区总面积 75.46 km^2，属北亚热带湿润气候，年均降水量约为 1 106 mm，年平均温度约为 15.4℃，区域内地貌类型多样，低山、丘陵、岗地和平原交错分布。紫金山、湖泊面积占全区面积的近 50%，绿化覆盖率达 62.99%。该区是国家重要的科研、文化、商务中心，也是华东地区现代服务业基地。目前，全区下辖 7 个街道（图 14-3）。2020 年，全区常住人口 53.78 万人，相比 2015 年减少了 11.46 万人。“十三五”期间地区生产总值由 708.36 亿元增至 1 108.66 亿元。自 2019 年后，地区生产总值稳定在千亿元以上，年均增速超 9%。研究区地表水体主要包括四大湖泊，即玄武湖、紫霞湖、前湖、琵琶湖；5 座水库，即水榭水库、灵谷寺前水库、友谊水库和上、下黄马水库；20 条城市河流，即玉带河、唐家山沟、蒋王庙沟、王家湾沟、紫金山内秦淮河北段、内秦淮河东段、香林寺沟、南十里长沟玄武段、友谊河、孝陵卫东沟、孝陵卫西沟、余粮西沟、余粮东沟、西北护城河、百水河、珍珠河、清溪河、运粮河、百水河、仙居雅苑铁路旁沟。

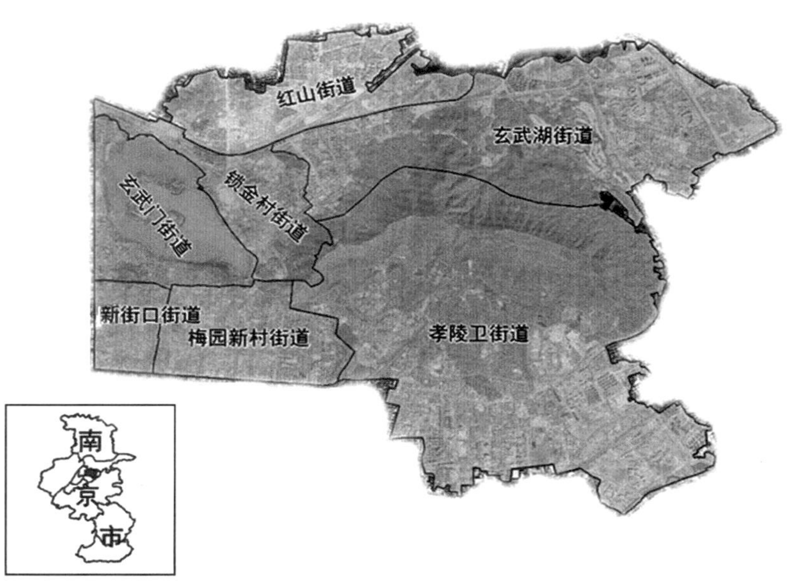

图 14-3 研究区行政区划

研究区重要湖泊

玄武湖：北至龙蟠路，东至情侣园，南、西两面紧邻明城墙。周长 10 km，总面积 4.44 km^2。湖水不能直通长江，仅靠大树根闸与金川河相通。

紫霞湖：水面约 4.7 hm^2，并建有钢筋混凝土水闸一座，高约 17 m，闸内装置闸门 10 只。系人工开发的湖面，与紫霞洞毗邻。

前湖：面积 19.6 hm^2，汇水面积 3.38 km^2，年来水量 256 万 m^3，容水量 74 万 m^3。湖底标高 14 m，容许水位 19.2 m，保持水位 17 m。汛期对城区威胁较大，是防洪重点之一。

琵琶湖：汇集龙脖子一带山水，汇水面积 0.78 km^2，年来水量约 30 万 m^3，湖面不足 6 hm^2。

（1）常住人口持续减少

截至 2021 年，全区常住人口为 53.73 万人，与 2010 年第六次全国人口普查的 65.19 万人相比 10 年共减少 11.41 万人，下降 17.51%，年平均下降率为 1.91%（图 14-4）。男性人口为 26.83 万人，占 49.90%；女性人口为 26.95 万人，占 50.10%。0～14 岁人口为 6 万人，占 11.15%；15～59 岁人口为 36.88 万人，占 68.56%；60 岁及以上人口为 10.91 万人，占 20.28%。拥有大学（指大专及以上）文化程度的人口为 27.67 万人，占 51.45%。

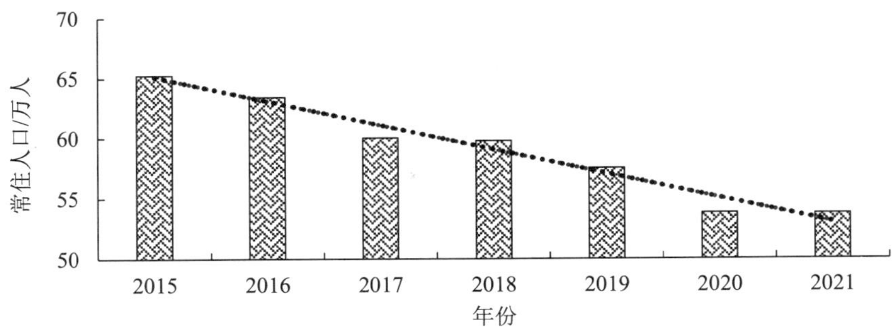

图 14-4 研究区常住人口数量（2015—2021 年）

（2）经济总体保持稳定增长

2015—2021 年，地区生产总值由 708.36 亿元增至 1 205.94 亿元，自 2019 年后稳定在千亿元以上，年均增速超 9%（图 14-5）。2020 年，居民人均可支配收入达到 7.48 万元，同比增长 8.4%，位列全市首位（图 14-6）。一般公共预算收入 93.03 亿元，同比增长 4.9%，全社会固定资产投资达到 152.28 亿元。

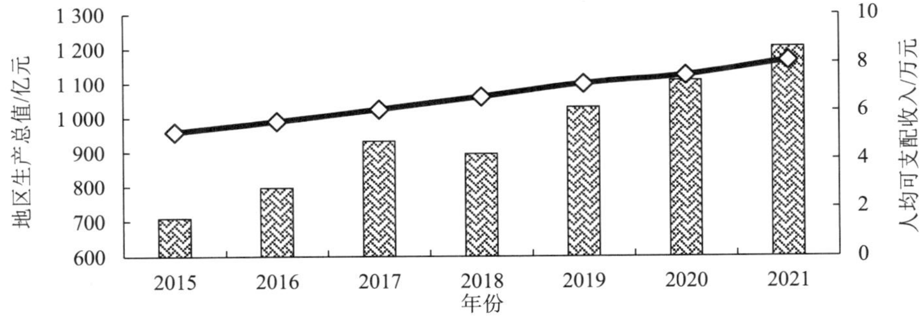

图 14-5 研究区经济发展趋势（2015—2021 年）

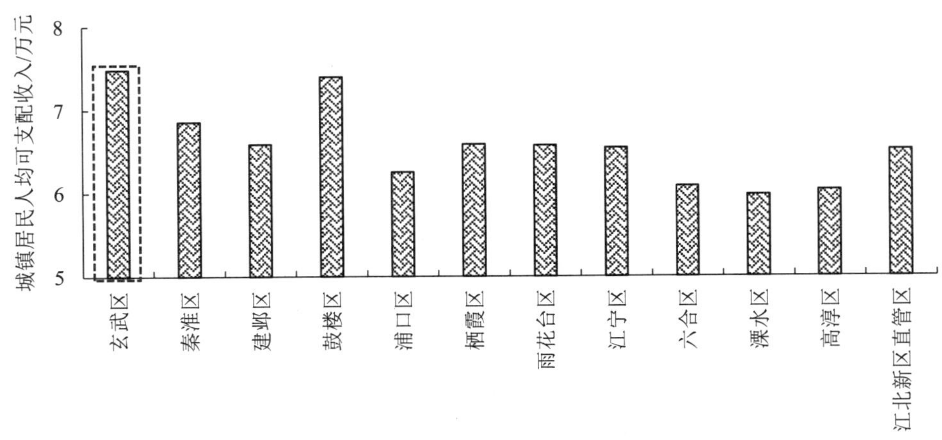

图 14-6 南京市各区城镇居民人均可支配收入情况（2020 年）

（3）以第三产业为主

全区以第三产业为主，第二产业为辅，无第一产业。2021 年，第二产业生产总值与第三产业生产总值分别为 21.94 亿元与 1 184 亿元，分别占地区生产总值的 1.8%与 98.2%。目前，全区共拥有规上工业企业 18 家。软件信息产业、生命健康产业营业收入增速分别达 6%、10%。高新技术企业数达 79 家，位居主城区第一。重点企业主要分布在紫金山东麓的南京高新区（玄武园）。

2．研究方法

（1）数据来源

研究数据主要包括该区能源消费、土地利用、人口和生产总值等。社会经济和各部门能源消耗数据主要来自南京市和该区近 10 年公开发布的统计数据、行业标准、政策文件、发展规划、研究报告等资料，包括《中国能源统计年鉴 2019》《南京市统计年鉴 2010—2021》《江苏省生态环境厅 2021 年推动碳达峰、碳中和工作计划》《2006 年 IPCC 国家温室气体排放清单指南》《省级温室气体清单编制指南》等。对于一些具体行业和重点企业，如酒店、学校、医院、大型综合商业建筑等，则直接采用调研问卷的方式，以确保数据的科学性与准确性。通过比较、综合分析和梳理相关数据资料，对尚不确定的数据资料进行分类并进一步开展统计折算以获取数据。

（2）CO_2 排放量测算方法

根据《2006 年 IPCC 国家温室气体清单指南》中第 2 卷“能源”部分和《省级二氧化碳排放达峰行动方案编制指南》建立了 CO_2 排放量的估算公式。CO_2 排放总量由能源活动直接产生的 CO_2 排放量与电力调入蕴含的间接 CO_2 排放量相加得到，即

$$CO_2=CO_{2\text{直接}}+CO_{2\text{间接}} \tag{14-7}$$

式中：能源活动的直接 CO_2 排放量可以根据不同种类能源的消费量和排放因子计算得到，即

$$CO_{2\text{直接}}=\sum A_i\times \mathrm{EF}_i \tag{14-8}$$

式中：A_i 为不同种类能源（包括煤炭、石油、天然气）的消费量，t，各能源折标准煤参考系数参照各年度《中国能源统计年鉴》；EF_i 为不同种类能源的排放因子，排放因子数据采用最新国家温室气体清单排放因子数据。

电力调入蕴含的间接 CO_2 排放量可以利用各辖区内电力调入电量和省级电力排放因子计算得到，即

$$CO_{2\text{间接}}=\sum A_e\times \mathrm{EF}e \tag{14-9}$$

式中：Ae 为地区电力调入量；$\mathrm{EF}e$ 为省级电力排放因子，具体见表 14-7。

表 14-7　各种能源的 CO_2 排放因子

能源种类	CO_2 排放因子/（tCO_2/t 标准煤）	能源种类	CO_2 排放因子/［$kgCO_2$/（kW·h）］
煤炭	2.66	2016 年华东区域电网平均 CO_2 排放因子	0.682 9
石油	1.73		
天然气	1.56		

注：表中电网碳排放系数源于中国区域电网基准线排放因子的公告；天然气碳排放系数与液化石油气碳排放系数源于《城市温室气体清单研究》。

（3）碳排放影响因素识别

采用可拓展的随机性的环境影响评估（stochastic impacts by regression on population，affluence，and technology，STIRPAT）模型分析研究区碳排放的影响因素。STIRPAT 模型最早于 2003 年提出，用于研究环境的影响因素，它是由 IPAT 模型演变而来的，该模型的优点在于避免了同比例变动问题的影响（龚利等，2018），能表达出各个影响因素变动对应的环境变化，因此在温室气体预测研究中被广泛应用。

根据相关学者构建的扩展的 STIRPAT 模型对城市碳排放影响因素进行分解，引入民用交通（人均拥有汽车数量）指标研究城市民用交通建设对碳排放的影响程度。结合中国典型城市发展状况，选取人均收入水平、能源强度、城市人口、产业结构、民用交通指标，扩展了 STIRPAT 模型，构建城市碳排放与其影响因素间的计量模型，其表达式为

$$\mathrm{CE} = c \times \mathrm{PGDP}^{b1} \times \mathrm{EI}^{b2} \times P^{b3} \times \mathrm{IS}^{b4} \times \mathrm{PT}^{b5} \times u \tag{14-10}$$

式中：CE 为城市碳排放量，万 t；PGDP、EI、P、IS、PT 分别代表人均收入水平（万元）、能源强度（t 标准煤/万元）、城市人口（万人）、产业结构及民用交通（辆/人）；b1、b2、b3、b4、b5 分别为 PGDP、EI、P、IS、PT 的弹性系数，表示当相应因子变化 1%时引起碳排放量 CE 的变化率；u 为模型随机干扰项。其中，由于地区支柱产业由服务业占主导，环境质量将呈现优化趋势，产业结构以第三产业产值占地区生产总值的比重表示。为确定有关参数，对上式两边取对数，得

$$\ln \mathrm{CE} = \ln c + b1 \ln \mathrm{PGDP} + b2 \ln \mathrm{EI} + b3 \ln P + b4 \ln \mathrm{IS} + b5 \ln \mathrm{PT} + \ln u \tag{14-11}$$

为消除非平稳时间序列出现“伪回归”现象，本研究先利用 Eviews 8 对各变量进行 ADF 单位根检验。在经过二阶差分后序列平稳，可得到各变量的零阶单整序列。然后，构建主城区碳排放与影响因素的回归模型，为降低时间自相关性与变量内生性的影响，采用固定效应的自回归移动平均模型。控制自回归项并考虑固定效应后，其能够在一定程度上降低模型存在的时间自相关性并降低自变量的内生性，实证结果表明研究区的回归模型拟合度较好，且均通过 D.W.检验。

（4）碳排放预测方法

①LEAP 模型

LEAP 模型是由瑞典斯德哥尔摩环境研究所开发的用于能源-环境和温室气体排放的情景分析软件。它是一种自下而上的集成结构模型，涵盖了能源转换部门和能源终端使用部门的能源消费活动。模型假定各部门的能源消费可以由活动水平和能源强度表示，各部门的 CO_2 排放量根据其能源消费量、能源结构、能源的 CO_2 排放因子计算得到，公式如下：

$$能源消费量=活动水平\times能源强度 \tag{14-12}$$

$$CO_2\ 排放量=\sum 能源消费量_i \times CO_2\ 排放因子_i \tag{14-13}$$

式中：活动水平可以用物理指标（如产品产量）衡量，也可以用经济指标（如工业增加值）衡量；能源强度为单位活动或产出所需的能源消费量，如单位地区生产总值能耗、吨钢生产综合能耗、汽车的百公里行驶油耗等，在一定程度上反映能源利用的效率；由于不同能源品种的 CO_2 排放因子差异较大，能源消费量需根据能源消费结构进一步细化，式中的能源消费量 i 即为第 i 种能源的消费量，CO_2 排放因子 i 即为第 i 种能源的 CO_2 排放因子。

②Kaya 恒等式

Kaya 恒等式是由日本学者 Yoichi Kaya 于 1989 年在联合国政府气候变化专门委员会举办的研讨会上提出的。Kaya 恒等式通过一个简单的数学公式，自上而下将 CO_2 排放量分解成与人类生产活动相关的 4 个要素，具有数学形式简单、分解无残差、对碳排放变化推动因素解释力强等优点，在定量研究 CO_2 排放量领域被广泛使用。Kaya 恒等式的数学表达式为

$$CO_2=\frac{CO_2}{PE}\times\frac{PE}{GDP}\times\frac{GDP}{POP}\times POP \tag{14-14}$$

式中：PE 为能源消费量，t 标准煤；GDP 为国内生产总值，亿元；POP 为人口，万人；$\frac{CO_2}{PE}$ 为单位能源消费产生的 CO_2 排放；$\frac{PE}{GDP}$ 为生产单位地区生产总值需要的能源消耗；$\frac{GDP}{POP}$ 为人均地区生产总值。通过对 Kaya 恒等式的分析可以看出，碳排放量的变化是人口变化、经济发展和能源消费结构共同作用的结果。

本研究基于研究区在 2011—2020 年资源禀赋、经济社会发展、产业结构变化及 CO_2 排放趋势，考虑相关模型所需数据的可得性，选择自上而下分析模型中的 Kaya 模型作为 CO_2 排放峰值研究的第一种预测模型。根据《省级二氧化碳排放达峰行动方案编制指南》

（征求意见稿）要求，为全面落实江苏省能源管控目标，为研究区 CO_2 排放和长期能源规划目标提供更有参考价值的依据，选择自下而上分析模型中的LEAP模型作为研究区 CO_2 排放峰值研究的第二种预测模型。以两种分析模型相结合的分析方式综合确定 CO_2 排放达峰目标。

14.2.2 CO_2 排放变化与能源结构

2011—2020 年，研究区由能源消费产生的 CO_2 排放总量从 205.1 万 t 增长至 373.8 万 t（图 14-7）。由表 14-8 可知，碳排放强度相关指标均呈逐年下降趋势：2011—2020 年，单位地区生产总值碳排放强度从 0.610 t/万元下降为 0.337 t/万元，工业碳排放强度从 1.42 t/万元下降为 0.65 t/万元；第三产业碳排放强度在 2011—2019 年稳定下降，2020 年为 0.28 t/万元，略有上升。根据《南京市“十四五”低碳发展规划》，2020 年南京市单位地区生产总值碳排放强度为 0.75 t/万元，研究区远低于南京市平均水平。从不同能源消费类型来看（图 14-8），研究区碳排放主要来自电力消费；从不同产业来看（图 14-9），第三产业碳排放量占主导地位且持续增加，第二产业占比较少。从不同发展阶段来看，“十三五”阶段碳排放增长明显高于“十二五”阶段。从不同能源类型碳排放变化趋势来看，2011—2020 年研究区煤品碳排放逐渐减少，电力碳排放持续增加。

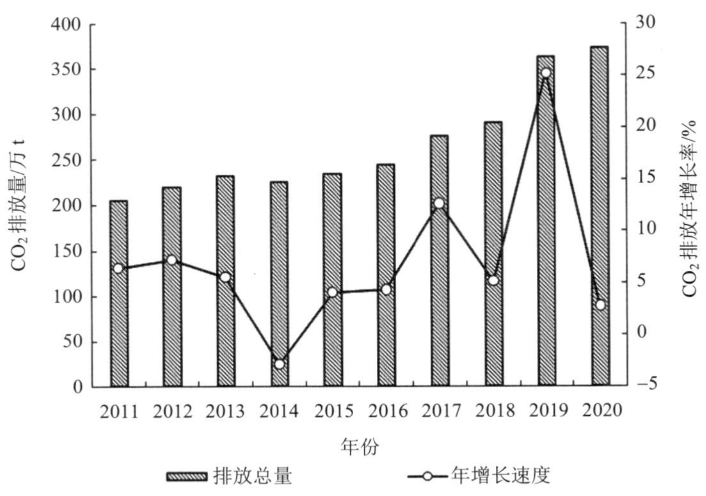

图 14-7 研究区 2011—2020 年 CO_2 排放量及年增长率

表 14-8 2011—2020 年研究区碳排放强度统计

年份	单位地区生产总值碳排放强度/（tCO_2/万元）	碳排放强度下降率/%	工业碳排放强度/（tCO_2/万元）	第三产业碳排放强度/（tCO_2/万元）
2011	0.610	9.822	1.423	0.414
2012	0.530	13.100	1.258	0.369

年份	单位地区生产总值碳排放强度/（tCO_2/万元）	碳排放强度下降率/%	工业碳排放强度/（tCO_2/万元）	第三产业碳排放强度/（tCO_2/万元）
2013	0.499	5.975	1.173	0.351
2014	0.467	6.257	0.808	0.306
2015	0.435	6.954	0.810	0.283
2016	0.415	4.538	0.887	0.271
2017	0.371	10.761	0.875	0.273
2018	0.357	3.756	0.725	0.268
2019	0.353	1.045	0.669	0.273
2020	0.337	4.459	0.653	0.284

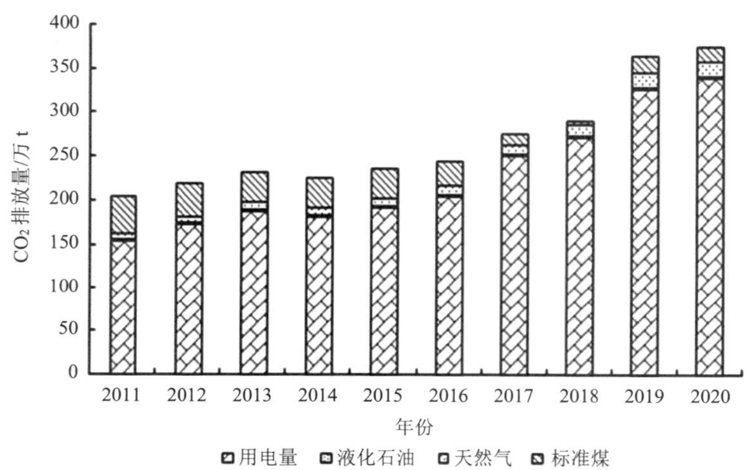

图 14-8 2011—2020 年研究区不同能源 CO_2 排放量

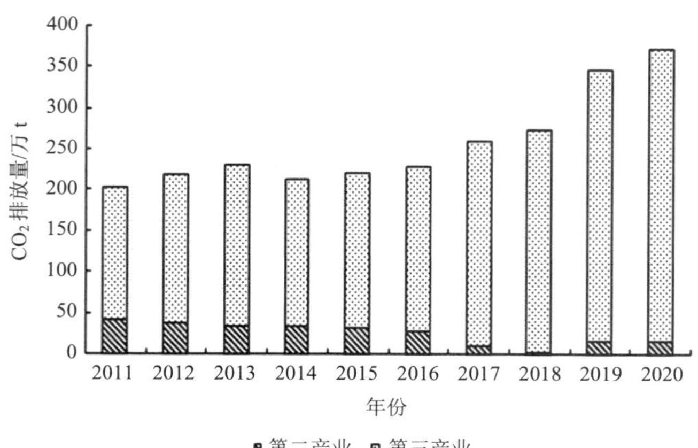

图 14-9 2011—2020 年研究区不同产业 CO_2 排放量

由图 14-10 可知，该区的能源消费仍呈持续增长的趋势，且增加幅度逐年提升，能源消费总量从 2016 年 84.6 万 t 标准煤增长至 2020 年的 132 万 t 标准煤，2019 年和 2020 年增长速度最快，累计增幅为 55.9%，2020 年受疫情影响，能耗总量略有下降。由表 14-9 可知，2011—2020 年能源消耗强度逐年减少，2020 年略有上升；单位工业增加值能耗持续下降，由 2011 年的 1.421 t 标准煤/万元下降为 2020 年的 0.844 t 标准煤/万元。同时，能源结构不断优化，2020 年电力消费占比约为 89%，较 2011 年上升了 15%以上；天然气占比约为 6%，煤品消费下降，能源消费结构逐渐向清洁低碳加速转变。

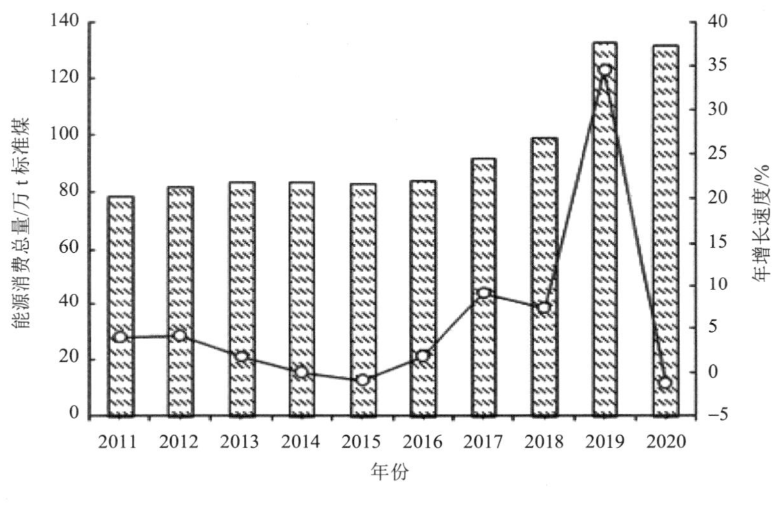

图 14-10 2011—2020 年研究区能源消费情况

表 14-9 2011—2020 年研究区能源强度变化

年份	地区生产总值能耗强度/（t 标准煤/万元）	地区生产总值能耗强度下降率/%	工业能耗强度/（t 标准煤/万元）	单位工业能耗强度下降率/%	第三产业能耗强度/（t 标准煤/万元）
2011	0.324	10.223	1.421	9.25	0.235
2012	0.285	12.107	1.258	11.493	0.209
2013	0.271	4.909	1.173	6.757	0.200
2014	0.254	6.315	1.162	0.893	0.189
2015	0.237	6.609	1.081	6.969	0.175
2016	0.229	3.647	1.067	1.300	0.169
2017	0.209	8.496	0.982	7.970	0.167
2018	0.204	2.600	0.944	3.909	0.164
2019	0.199	2.347	0.925	1.999	0.165
2020	0.200	−0.688	0.844	8.790	0.165

14.2.3 城市碳排放影响因素

为探析以研究区为代表的城市中心碳排放响因素，采用 SPIRPAT 模型将城市碳排放影响因素分解为人均收入水平（PGDP）、能源强度（EI）、城市人口（P）、产业结构（IS）、人均交通（PT）。为降低时间自相关性与变量内生性的影响，利用 Eviews 9.0 软件，运用协整检验与自回归移动平均模型（ARMA）进行分析。结合 2011—2020 年相关数据，采用 Eviews 9.0 软件的回归结果如表 14-10 所示。

表 14-10 研究区碳排放影响因素相关性

影响因素	In PGDP	In EI	In *P*	In IS	In PT	AR（1）
相关性	0.988**	0.798**	0.963*	−0.727*	0.856*	−0.317

注：**表示在 0.01 水平上（双侧）显著相关，*表示在 0.05 水平上（双侧）显著相关。

由表 14-10 可知，人均收入水平和能源强度是影响城市碳排放最重要的两个因素，随着城市经济增长与居民生活水平的提高，其碳排放也日益增加，该区目前仍处于经济增长的快速上升期，其生产方式和绿色技术创新效率还有待进一步提升，当前的碳排放仍处于快速推进阶段。人口因素作为 STIRPAT 模型中影响城市碳排放的传统要素，表现出正向效果，即人口的增长带来碳排放增加；产业结构变量与碳排放呈负相关，说明第三产业占比提升时碳排放量减少；交通方面，人均汽车拥有量与碳排放量之间呈正相关，即人均汽车拥有量增加时碳排放量也呈增加趋势。

14.2.4 CO_2 排放预测

1. 基于 LEAP 模型

采用情景分析方法，探讨不同影响因素对研究区未来能源需求及碳排放的影响，根据基于未来经济社会发展、能源发展、技术发展及消费方式变化等主要因素，在既定的经济社会发展目标下，根据研究区能源消费总量、能源效率和能源结构，参考《南京市推进碳达峰碳中和工作方案》《南京市“十四五”低碳发展规划》，设计了 3 种能源消费需求的碳排放情景：情景 1 为现状延续情景，情景 2 为“加大减排力度+不新增能源项目”情景，情景 3 为“现状+清洁能源+节能减排行动”情景，分析研究区实现碳达峰时间、峰值和路径（表 14-11）。

表 14-11 不同情景下碳排放参数设置汇总

指标	情景 1	情景 2	情景 3
单位化石能源的碳排放系数	2021—2035 年设定为3%匀速减少	2021—2025 年减少速率为 4%，2026—2030 年减少速率为 3%，2031—2035 年减少速率为 5%	2021—2025 年 7%匀速减少，2026—2030 年 5%匀速减少，2031—2035 年 6%匀速减少

指标	情景 1	情景 2	情景 3
能源消费总量	2021—2025 年为 8%增长，2026—2035 年设定为 5%增长	2021—2025 年增长速率为 7%，2026—2030 年增长速率为 5%，2031—2035 年增长速率为 2%	2021—2035 年 5%匀速增长
非化石能源占比	2021—2035 年匀速增长 2%	2021—2025 年增长速率为 3%，2026—2030 年增长速率为 5%，2031—2035 年增长速率为 2%	到 2025 年比重为 13%，2030 年比重为 17.67%，2035 年比重为 23.5%

利用不同情景参数数据可计算 2016—2035 年各年份碳排放总量，结果如图 14-11 所示。2021—2025 年，3 种情景下研究区碳排放量均呈增加趋势。情景 1 预测结果表明，碳排放量持续增加，2021—2025 年增长速度最快，随后增速减慢，但总量持续上升，2030 年无法实现达峰。情景 2 预测结果表明，2021—2030 年研究区碳排放量呈上升趋势，2030 年出现拐点，达峰时碳排放量为 433.911 万 t，达峰后碳排放量逐步降低。情景 3 由于采取了强制性的碳减排措施，达峰时间明显提前，2024 年可实现达峰，此后碳排放大幅下降。

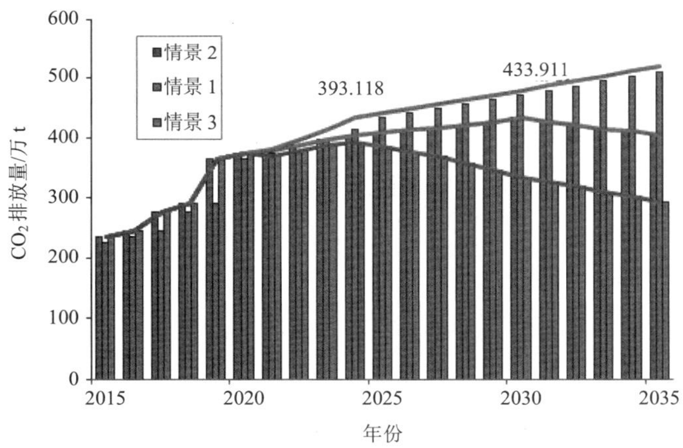

图 14-11　基于 LEAP 模型的研究区 CO_2 排放情景预测

2. 基于 Kaya 恒等式

依据 Kaya 模型计算所需参数，对常住人口、地区生产总值、能源强度、单位能源碳排放下降率 4 个参数进行设置，通过分析国家、省（市）低碳发展规划中碳排放总量控制目标及分解落实机制相关要求，并结合该区相关部门“十四五”规划任务目标，综合研判各参数在 2021—2035 年的变化趋势，具体设定如表 14-12 所示。

预测结果如图 14-12 所示，以 2020 年为基准年，在低碳情景下研究区 CO_2 排放量在 2021—2030 年稳定增加，2030 年达到峰值，峰值排放量为 396.74 万 t，之后逐渐下降。2021—2035 年能源强度持续稳定下降，2035 年万元地区生产总值所需消费的标准煤下降到 0.15 t。

表 14-12 2021—2035 年 Kaya 模型低碳情景参数设置

指标	2021—2025 年	2026—2030 年	2031—2035 年
能源强度降低率/%	3	2.5	2
单位能源碳排放下降率/%	2	1.5	3
常住人口增速/%	−1.5	−2	−2
地区生产总值年均增速/%	4.6	5	4.6

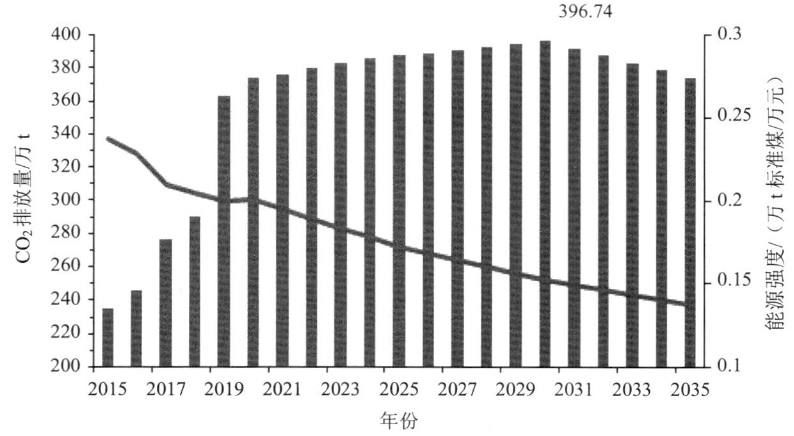

图 14-12 Kaya 模型下 CO_2 排放情景预测

3．两种模型预测结果比较

综合 2 种不同模型预测的研究成果分析，基于对未来 5～15 年区域低碳发展政策和人均能源消费强度的预测，研究区有望在 2030 年实现碳达峰。在 LEAP 模型的模拟情景下还存在一种强制情况，即若采取强制性的碳减排措施，研究区可在 2024 年提前达峰。

14.2.5 讨论与结论

1．讨论

目前，国内、外学者预测中国碳排放峰值的主流方法有 EKC 曲线、IPAT 模型、STIRPAT 模型、LMDI 分解法、LEAP 模型、灰色预测法和神经网络模型等。预测模型大多使用情景分析法预测峰值，但情景种类较少，容易导致碳达峰影响因素考虑不全面，对实现碳达峰目标的指导作用较弱。基于 LEAP 模型，笔者设置了 3 种计算情景，因条件限制，无法对交通运输、居民建筑、公共建筑、工业企业等分行业、分部门进行活动水平和能源强度预测，情景设置中化石能源占比均呈下降趋势，下降的时间节点也大致相同，这取决于参考的政策文件管控目标及基于现有能源消耗趋势预测的未来区域能源发展水平，对技术的发展与政策的持续性、协调性的预估判断具有局限性，可能会造成碳排放量预测值与实际值存在较大偏差，需要结合国际上的前沿技术发展和政府未来应对气候变化的目标任务来判断。

能源绿色低碳转型和控制能源消费总量将是未来落实碳中和目标的战略重点，部分省份提出了量化的阶段目标和相应的任务措施。研究区作为典型的城市中心主城区，尚不能发布独立的碳达峰行动方案，碳达峰时间受上级政府政策制定及任务目标具体落实情况等影响。研究区目前所承载的城市功能主要为居民生活服务和公共服务，对南京市能源使用类型及效率的集中管控、能源消费结构改善等宏观政策调整只能进行同步协调，但在绿色交通、绿色建筑、绿色低碳社区等微观层次，研究区可着力促进其绿色发展水平的提升。

人口分布情况对包容性绿色发展较低及较高水平城市的影响力度较大，这可能是由于经济增长初期人口分布对经济增长具有集聚效应（溢出效应），随着时间推移会产生人口对经济增长的拥挤效应（负外部性）（李宇等，2013）。研究区常住人口目前呈逐年减少的趋势，主要与其中心城市功能减弱、居住环境适宜性和企业活力竞争力相较南京其他区域下降、人口老龄化、生育率降低等有关。人口因素与碳排放呈正相关，增强经济发展活力需要维持一定的人口数量，优化城市规划与功能性协调是研究区低碳绿色发展需要考虑的问题。

研究区碳排放量处于持续提升的阶段，应注重实施绿色低碳发展路径，释放经济发展红利，通过低碳技术进行能源消费结构优化，降低能源强度对碳排放的杠杆效应。研究区整体对电力供应需求量大，由于本地可支撑用电量相对有限，全区的电力消费需求将持续依赖外购电，这一供电结构将成为影响研究区 CO_2 排放达峰的重要因素。城市层面对外购电结构的决定权较小，因此外购电的调配往往在国家或者省级层面统筹协调，但考虑到未来绿色电力将得到大力推广，外购电能源清洁化水平不断提升，地区碳达峰目标实现将加快。

需要说明的是，由于数据获取受限，研究使用的研究区能源消费统计数据未能从统计年鉴等资料直接获取，而是根据南京市的能源消费量间接估算得到的，计算过程中用电量采用产业增加值比例乘以系数的方式换算，天然气供气量以人口比例乘以系数的方式换算，可能会对研究结果造成一定影响，由于研究区内无发电厂、化工企业等用能大户，其实际能耗强度应低于南京市平均水平。此外，受多重共线性等统计问题影响，反映行业类别碳排放量的相关指标，如分行业能源消费总量、不同种类化石能源分行业消费量等无法加入模型当中，与碳排放相关的指标较为有限，这也限制了模型变量的选择。

2. 结论

本研究从碳排放影响因素和终端能源消费计算两方面出发，通过 IPCC 碳核算方法开展了主城区碳排放量核算研究，运用 LEAP 和 Kaya 模型预测碳达峰时间，通过 STIRPAT 模型进行碳排放影响因素识别，分析了研究区能源消耗及碳排放时间变化趋势及其影响因素，主要得出以下结论：研究区碳排放强度相关指标呈逐年下降趋势，2020 年碳排放强度为 0.337 t/万元，南京市碳排放强度为 0.75 t/万元，研究区远低于南京市平均水平。在能源消费结构上，化石燃料使用占比逐渐减少，电力消费不断增加。分析结果表明，人均收入水平和能源强度是影响城市碳排放最重要的两个因素。研究区仍处于经济增长期，从碳达峰预测结果来看，达峰时间具有不确定性，但依托各级低碳发展策略、能源及产业结构调整、节能减排、产业清洁化改造等措施，2030 年前有望实现碳达峰。

14.3 玄武区低碳发展对策

14.3.1 低碳发展水平

1. 评价指标

（1）构建原则

科学性。首先，对指标的建立和选取都应遵循城市发展的规律，包括经济发展、社会发展和居民生活习惯等，选择数据和计算数据必须以真实为依据，且不能以一年的数据为准选择评价指标，也不是越多的数据就越有准确性，因此需要以科学的方法和态度选取评价指标，保证指标的有效性和真实性。

系统性。低碳城市评价指标的构建需要有系统性，即在整个评价框架内从上而下、从左到右都应存在相关性，通过对系统内的各要素进行相关性的分析和研究，以获取整个系统和要素、要素和要素、系统和环境之间相互作用的规律，由此构建出一套有逻辑、有相关性和整体性的评价体系。

客观性。评价的指标数据必须来源可靠，需要计算得出的数据应该有统一标准的计算方式，不能主观定义数据的计算方法，在分析指标的过程中，指标的数据理应客观，并且在评价的过程中必须明确评价目标，对系统内各要素充分整合，不能根据单一的要素进行独立分析，需要从整体的角度对指标进行多参数的综合客观分析。

（2）指标体系

根据数据的可获取性及玄武区发展现状，构建以低碳发展为核心、经济发展为手段的低碳城市评价指标体系，分为低碳经济发展指标、低碳能源发展指标和低碳环境发展指标 3 个一级指标，每个一级指标下又包含若干子指标，总共 13 项指标（表 14-13）。

表 14-13 玄武区低碳城市评价指标体系

一级指标	二级指标	属性	指标定义
经济指标	地区生产总值	+	指一个地区内特定时期生产的最终产品和服务按市场价格计算的总价值与该地区常住人口相比得到的数值。该指标数值越大，反映该地区的经济发展状况越良好
	人均可支配收入	+	人均可支配收入与生活水平成正比，即人均可支配收入越高，生活水平则越高

一级指标	二级指标	属性	指标定义
经济指标	人均地区生产总值	+	地区在核算时间所实现的生产总值与所属范围内的常住人口的比值
	第二产业比重	–	占总产业比重。该指标数值越高说明碳排放强度越高
	第三产业比重	+	占总产业比重。该指标数值越高说明碳排放强度越高
能源指标	一次能源生产折标准煤	–	未经加工转换的能量资源折标量
	单位地区生产总值能耗	–	反映能源消费水平和节能降耗状况的主要指标，一次能源供应总量与国内生产总值（GDP）的比率
	单位地区生产总值电耗	–	指一定时期内，一个国家或地区每生产一个单位的国内生产总值所消耗的电力
	单位地区生产总值碳排放量	–	即一个地区碳排放总量和国内生产总值的比率
生活环境指标	建成区绿化覆盖面积	+	在城镇中，属于城市建成区内的常年植被覆盖地面，但不包括建筑物顶层补种的植被
	森林覆盖率	+	指森林面积占土地总面积的比率
	工业固体废物综合利用率	+	指工业固体废物综合利用量占工业固体废物产生量的百分率
	生活垃圾无害化处理	+	指在处理生活垃圾过程中采用措施降低垃圾及其衍生物对环境的影响，减少废物排放，做到资源回收利用的过程

通过借鉴相关方法并结合运用熵权法进行指标权重的确定。熵权法相对于主观赋值法精度较高、客观性更强，能够更好地解释所得到的结果，可以用于需要确定权重的过程，根据各评价对象的指标值来确定指标权重，反映了指标间的相互比较关系，具体步骤如下：

将实际的指标数据标准化处理后，计算第 j 个指标下的第 i 个指标值的比重 P_{ij}：

$$P_{ij}=\frac{x_{ij}}{\sum_{i=1}^{m}x_{ij}} \tag{14-15}$$

计算第 j 个指标熵值 e_j：

$$e_j=-k\sum_{i=1}^{m}P_{ij}\times \text{In}P_{ij} \tag{14-16}$$

式中：k=1/lmn。

计算第 j 个指标熵权 w_j：

$$w_j=\frac{1-e_j}{\sum_{i=1}^{n}(1-e_j)} \tag{14-17}$$

m 是指一级评价指标，n 是指二级评价指标，设定为 13 个二级指标依据上述步骤测算得出玄武区低碳城市发展评价指标体系的权重（表 14-14）。

表 14-14 评价指标的权重

一级指标	二级指标	属性	权重
经济指标	地区生产总值	+	0.056 3
	人均可支配收入	+	0.053 5
	人均地区生产总值	+	0.078 0
	第二产业比重	–	0.119 8
	第三产业比重	+	0.125 5
能源指标	一次能源生产折标准煤	–	0.113 1
	单位地区生产总值能耗	–	0.058 9
	单位地区生产总值电耗	–	0.077 8
	单位地区生产总值碳排放量	–	0.057 5
生活环境指标	建成区绿化覆盖面积	+	0.056 1
	森林覆盖率	+	0.074 3
	工业固体废物综合利用率	+	0.074 0
	生活垃圾无害化处理	+	0.055 1

（3）低碳城市评价

采用综合指数法对一级和二级指标进行分析，首先在数据标准化处理的基础上利用各指标权重数据计算加权算数平均数，计算公式如下：

$$X_i = \sum_{j=1}^{n} X_{ij} \times w_j \tag{14-18}$$

式中：X_i 为第 i 年的综合评价结果；w_j 为 j 项指标的权重值；n 为指标数量；运用公式得到玄武区 2015—2020 年低碳城市发展水平综合评价分数（表 14-15、图 14-13）。

表 14-15 玄武区低碳城市评价

指标	2015 年	2016 年	2017 年	2018 年	2019 年	2020 年
经济指标	0.144	0.213	0.297	0.352	0.421	0.455
能源指标	0.225	0.273	0.352	0.373	0.391	0.407
生活环境指标	0.321	0.344	0.364	0.397	0.407	0.421
综合评价	0.427	0.488 9	0.523 6	0.578	0.611	0.643

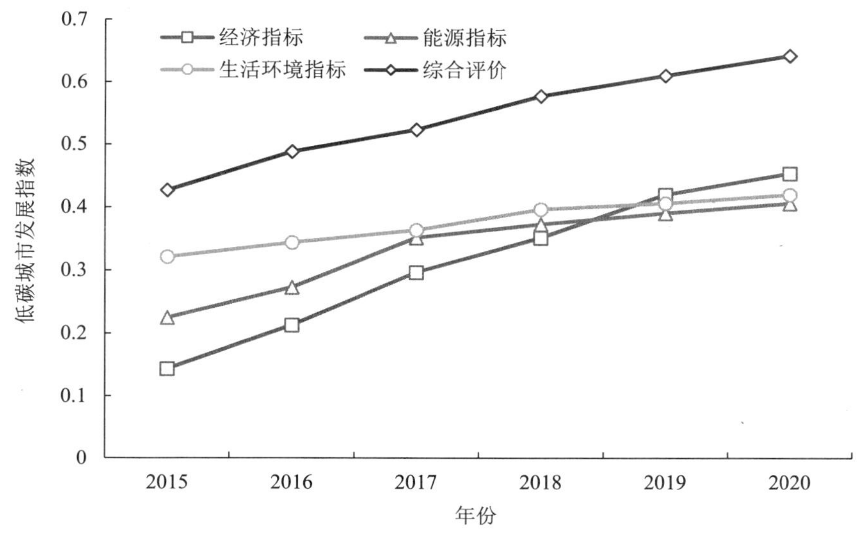

图 14-13　玄武区低碳城市评价

从评价结果来看，玄武区的经济发展、能源消耗、生活环境状况均呈逐年上升的趋势，其中经济指标增幅最大（215.9%），其次为能源指标（81%），生态环境指标增幅最小（31%）。总体来看，玄武区的低碳城市发展水平在不断上升，低碳城市发展指数从 2015 年的 0.427 增长至 2020 年的 0.643，低碳发展水平增幅超 50%。

2. SWOT 分析

SWOT 分析法是指通过对分析对象的优势、劣势、机会和威胁 4 个方面进行系统分析，进而分析出相应的整体结果。其中，优势、劣势是被分析对象的内部因素，而机会和威胁是被分析对象的外部因素。SWOT 分析法是目前学者为评价城市建设使用较多的分析方法，它的分析特点是较客观、较全面地对系统内各部分进行分析评价，以便为以后的研究提供有针对性的结论依据。

（1）优势与劣势

优势上，玄武区作为南京市主城八区之一，是国家重要的科研、文化、商务中心，自身具备良好的经济基础，即使在新冠疫情的冲击下地区生产总值也超千亿元，并保持增长势头。玄武区作为华东地区现代服务业基地，第三产业比重超 98%，高新技术企业 79 家，产业碳排放强度偏低。同时，常住人口数量逐年降低，在一定程度上也降低了能源消耗。

劣势上，一是由于玄武区产业偏轻，碳减排空间与减排潜力有限；二是随着社会经济的发展、居民人均可支配收入的增加，居民的生活水平与消费能力也在不断提升，居民生活能源消耗成为玄武区低碳发展的一项重要内容。

（2）机会与挑战

机会上，中国政府在 2015 年“巴黎气候峰会”上正式承诺到 2030 年实现碳排放峰值目标。在 2020 年 9 月召开的联合国气候雄心大会上，中国再次承诺将采取更加有力的政策和措施，争取于 2030 年前达到碳排放峰值，努力争取 2060 年前实现碳中和。相应地，“十四五”规划提出，“落实 2030 年应对气候变化国家自主贡献目标，制定 2030 年前碳排放达峰行动方案……努力争取 2060 年前实现碳中和，采取更加有力的政策和措施。”同时，2021 年 3 月 15 日，习近平总书记在中央财经委员会第九次会议上发表重要讲话强调，要把碳达峰、碳中和纳入生态文明建设整体布局。国家、省、市相关政策的制定也在逐渐完善，在此背景下，玄武区碳达峰的实现具有很好的政策优势。

挑战上，玄武区目前低碳技术依然不成熟，在人才引进方面和技术保护发展方面与发达地区尚有差距，导致该区的能源利用成本和消耗成本高，同时也受到区域发展空间不足的限制。南京市尚未制定相对完善的低碳行业标准，因此不能良好地规范行业行为和推动低碳行业发展，许多企业在探索低碳转型的过程中有较大的盲目性，不利于健康转型。缺少低碳城市建设发展规划，低碳工作基本依附在产业结构调整、限制交通出行、降低煤炭消耗等方面，没有形成完整的低碳建设系统。

14.3.2 重点任务

1. 构建清洁低碳安全高效的能源体系

编制玄武区“十四五”低碳发展规划，制订《玄武区绿色低碳循环发展三年行动计划》，积极争取区外清洁电力配额，努力构建清洁低碳安全高效的能源体系，聚焦交通运输、建筑领域等重点行业，制订碳达峰、碳中和行动计划；加强能源转型与产业升级协同，加强区域发展协同，实现经济增长与碳减排“双赢”。

构建低碳能源结构新体系。有序稳定油品消费规模。按照油品升级与减量替代相结合的思路，稳定总量、优化存量，加快油品设施资源整合，提升清洁油品供应能力；进一步优化调整加油站布局，保障市民出行和货运需求。

支持发展以电为中心的区域综合能源服务站，支持发展楼宇型天然气、光储充一体化分布式能源系统，集成优化公共设施、医疗机构、数据中心、商业设施等综合供能系统和用能设施，鼓励多种能源协同互补发展。

逐步拓宽燃气使用范围。持续扩大天然气替代规模应用领域，提升天然气在一次能源消费中的比例；扩大天然气分布式能源在医院、酒店、写字楼、办公楼等公共建筑领域的应用，实现多能协同供应和能源综合梯级利用。

多元化推动太阳能利用。积极推进整区屋顶分布式光伏开发试点，在公共机构、公共交通场站等可利用屋顶面积充裕的区域，重点发展分布式光伏发电；推动分布式光伏与储能、微电网等融合发展，推广“光伏+充电桩”“光伏+路灯/信号灯”“光伏+建筑”等推广和利用；支持新建住宅及商场、宾馆、医院、体育场馆等公共建筑采用光热利用技术，引导光热利用与新型城镇化融合发展。

推动能源智慧绿色转型。建立以电为核心的综合能源系统，实现地区之间、不同能源种类之间及供能设备之间互联互济，降低用能成本。加快能源科技创新步伐，积极推动能源互联网示范应用，推进储能技术示范项目建设，支持有条件的工商业用户、配售电公司配置本质安全、经济适用的储能系统。以氢能源应用场景为重点，探索加氢站建设及氢能在物流运输、交通客运等领域的发展应用。加快电动汽车、天然气车船推广应用，实现油品减量替代。制订 5G 和数据中心等新型信息基础设施建设领域碳达峰、碳中和行动计划，制定并实施各板块碳达峰行动方案。

制定能源保障供应与应急方案，制定有序用能，加强跨地区、跨行业和跨部门的协调调度。

2. 培育绿色低碳循环新业态

积极发展低碳生产性服务业。围绕低碳技术推广应用、低碳经济资金需求开展低碳技术研发、产权保护、交易机制、技术转化应用、增值服务等全流程服务，培育碳托管、碳代理、碳回购、碳质押、碳资产开发等金融服务，探索绿色贷款、绿色担保、碳保险等服务，发展低碳规划咨询、教育培训、低碳管理等服务业，以提升低碳管理水平。开展碳排放与环评管理的统筹融合试点。强化规划环评引领作用，将碳评纳入环评，严控新上高能耗、高污染项目。

3. 打造智慧绿色交通

推进交通领域碳达峰专项行动方案。研究建立运营车准入和退出机制，加快淘汰高排放车辆，大力推广低碳零碳车辆，制定社会车辆购置促进政策，提升新能源车占比。

提高绿色交通发展水平，推动新能源和清洁能源车辆在公交、城市配送等领域的应用，加快建设新能源汽车充电桩设施。提升交通运输本质安全，强化交通应急管理体系和能力建设。制订实施新能源汽车推广计划和配套充电基础设施规划，提高新能源和清洁能源车辆应用比例，加速淘汰高能耗、高排放车辆，限制非新能源车辆进入交通敏感区域，逐步实现“零排放”。

提升公共交通分担率。全面推进和深化公交都市建设，结合实际构建多样化公共交通服务体系。加快推进通勤主导方向上的公共交通服务供给；加强公众出行规律和客流特征分析研究，加大公交专用道建设力度，优化调整城市公交线网和站点布局，减少乘客出行换乘距离；将公交线路主干网向全域及南京都市圈城市（镇）延伸，并推进公交智能化，电子站牌、移动终端等信息化设施产品。

促进共享交通新业态发展。鼓励运输企业和互联网企业整合线上线下资源，为公众提供多样化、高品质出行服务；引导巡游车通过电信、互联网等方式提供电召服务，减少车辆空驶；加快推进网约车平台、车辆及驾驶员规范化进程；鼓励汽车租赁业网络化、规模化发展，依托机场、车站等客运枢纽发展“落地租车”服务，促进分时租赁创新规范发展。

加快交通基础设施绿色化。加快构建便利高效、适度超前的充电网络体系建设，重点推进城市公交枢纽、停车场、首末站充电设施设备的规划与建设；转变对充电基础设施的补贴方式，将新能源汽车补贴资金由前端购置环节逐步转向充电设施建设运营环节，推广落实各种形式的充电优惠政策。加强智慧停车系统建设。加强交通出行信息引导，高密度布设交通出行动态信息板等可视化智能引导标识，建设多元化、全方位的综合交通枢纽、进出城市交通、停车、充电设施等信息引导系统；合理规划建设停车设施，推广实施分区域、分时段、分标准的差别化停车收费政策；推动“互联网+”智慧停车系统建设，探索推进共享停车服务。

优化城市道路网络化配置。树立“窄路密网”的城市道路布局理念，加强支路街巷路建设改造，畅通道路微循环；打通各类断头路，盘活闲置路网资源，形成完整网络；不断优化公共交通、自行车和步行等绿色交通路权分配，均衡道路交通资源；构建安全、连续、舒适、布局合理的城市慢行交通体系，加大非机动车道和绿道的建设力度，保障非机动车和行人的合理通行空间。

实施精细化交通管理。加强对交通出行、道路人流状况的实时监测、分析和预判，鼓励在有条件的道路设置单行道、可变车道、潮汐车道、合乘车道等设施，提高城市道路交通信号灯配时智能化水平，提高城市道路通行效率。

4. 打造智慧绿色城建

编制建筑领域碳达峰专项行动方案。贯彻落实《省住房城乡建设厅关于推进碳达峰目标下绿色城乡建设的指导意见》《江苏省超低能耗居住建筑技术导则（试行）》及新版《绿色建筑设计标准》《住宅设计标准》《居住建筑热环境和节能设计标准》，实施绿色建筑全产业链发展计划，推行绿色施工方式，推广节能绿色建材、装配式建筑，加强新建建筑生命周期全过程管理。对党政机关、学校、医院等新建公共建筑，出台强制性安装光伏政策及相应标准。

稳步提升绿色建筑质量品质。以绿色建筑高品质发展为目标，进一步减少不可再生资源消耗，基本形成符合生态发展的良性循环，新建居住建筑提升到75%节能标准；提高建筑寿命期内的总体绿色性能，实施绿色建造和运维。努力建成一批高品质绿色建筑示范项目，创建一批节能低碳、智慧宜居、新颖美观的绿色建筑示范区。

推动既有建筑开展节能改造。以政府机关办公建筑和大型公共建筑节能改造为重点，深入开展机关办公建筑和大型公共建筑能源统计、审计和公示工作；结合老城改造、小区出新等同步推动既有建筑节能改造、绿色化改造；分类制定公共建筑用能限额管理标准，探索实施基于限额指标的公共建筑用能管理制度，对公共机构建筑实施绿色节能改造，提升建筑能效。

推进老城环境改造提升。将绿色、低碳等理念贯穿城镇老城区改造和美丽宜居住区建设全过程。积极运用海绵城市建设理念和方法，选用经济适用、绿色环保的工艺和材料，推广应用节能照明、节水器具、透水沥青等产品；充分整合增设的零零星星的绿化场地、口袋公园，加强便民式绿地公园建设，提升既有住区生态效应；鼓励引入专业化物业管理服务，加强节能减排运营管理。

打造"零碳"建筑样板。积极开展南京市"零碳"示范创建工作，建立联席机制，探索开展"零碳"社区改造试点，推动具备条件的公共建筑实施节能建筑技术改造试点，建设一批"零碳建筑"。形成点、线、面串联，城区乡结合的示范试点体系，加快形成符合城市建设和发展的综合"零碳"示范项目。

提升市政设施绿色效能。加大城市绿色照明普及力度，全面应用高效光源，通过光伏换装等手段加快现有低效高耗照明设施节能改造；积极推广多级联控智慧照明控制技术，加快智慧灯杆应用；推进节水型城市建设，加强城镇尾水生态湿地建设和污水资源化利用，改造城市老旧供水管网和雨污分流，推进智慧化分区计量管理；在市政道路建设中，大力推广应用建筑垃圾、道路废弃物等再生材料。

大力实施城市更新行动。实施城市生态修复，有序推进城市受损山体、河湖湿地生态修复，恢复和保持河湖水系的自然连通和流动性；加强城市特色风貌塑造，通过精心设计、精益建造、精细养护，提升城市更新品质，减少未来不必要的改造。

加快生态园林城市建设。加强城市园林绿化建设，注重绿地开放空间的系统性、完整性和生态性；广植乡土适生树种，推进复层绿化和自然群落式种植，推动垂直绿化，鼓励开展屋顶绿化，提高城市空间三维绿量；优化公园绿地布局，提升景观艺术水平，建设高品质九大"城市绿色客厅"；完善林荫系统，建设城市绿道，有机串联绿地、居住区、公共服务设施、交通和慢行系统。

5. 提高绿色低碳生活方式

引导全社会自觉践行节约适度、绿色低碳、文明健康的生活方式及消费模式。开展绿色出行创建行动，实施公交换乘优惠，构建便捷的公共交通网络体系。提倡绿色居住和绿色办公，合理控制夏季空调和冬季取暖室内温度，推行"无纸化办公"，率先推动政府办公建筑节能监管体系建设，实行能耗统计与能源审计制度。推行绿色消费，出台快递业、共享经济等新业态的规范标准。全面开展生活垃圾分类，建设分类投放、分类收集、分类运输、分类处理的生活垃圾分类处理系统；推动废旧物品回收和资源化利用工作，集中分拣可回收资源，围绕废旧衣物、废纸、废塑料、旧家电、报废汽车，扶持建设一批具备集中处置能力的企业回收体系，拓展再生产品应用场景和渠道。厉行节约，鼓励居民循环使用生活耐用品，继续推广高效节能电机、高效照明产品等节能产品，稳步提升能效标识 2 级以上的节能家电的市场占有率；支持社区建设以服务居民为主的旧货、闲置跳蚤市场，扶持在线二手交易平台，逐步形成二手及租赁的文化氛围。

提高全民低碳绿色文明素养。培育塑造适应现代化要求的城市精神，倡导科学人文精神，弘扬创新文化，提高居民认同感和归属感。深入实施公民道德建设工程，大力推进社会公德、职业道德、家庭美德、个人品德建设。构建多层次、常态化先进典型选树机制，持续在科技创新、教育卫生、基层治理等领域广泛开展“最美人物”评选。充分发挥新时代文明实践中心阵地作用，积极开展理论宣讲、科技科普、健康促进等活动，提高市民思想道德素质、科学文化素质和身心健康素质。

开展绿色创建活动。探索“零碳”小区示范建设，按照“零碳”要求完善试点社区建设规划方案，倡导功能混合的土地利用模式与紧凑的空间布局形态，优化社区土地使用空间、功能布局和社区生活圈，形成低碳高效的空间开发模式；将社区碳排放指标纳入社区规划和建设指标体系，对新开发小区建设方案和既有社区改造方案开展低碳专项评审，促进社区生活方式、运营管理、楼宇建筑、基础设施、生态环境等各方面的绿色低碳化；落实《住房城乡建设部等部门关于印发绿色社区创建行动方案的通知》要求，推动绿色发展理念贯穿社区设计、建设、管理和服务等全过程，以简约适度、绿色低碳、舒适美观的方式推进社区人居环境建设和整治；深入开展节约型机关、绿色家庭、绿色学校、绿色社区、绿色出行、绿色商场、绿色建筑等绿色低碳、近零排放示范创建活动。

6. 挖掘降碳固碳汇碳潜能

优化完善生态空间和安全屏障。加强区域内森林公园、湿地等重点生态地区空间管控，守住自然生态安全边界。推进“绿色银行”行动，以全域生态大贯通促进城市空间与生态空间融合共生。加强生态空间管控。整体保护紫金山、玄武湖的生态环境资源，保持生态系统原真性。加强公园内部与周边区域的融合发展，建设城市郊野公园、社区公园，构建蓝绿交织、自然和谐的全域公园体系。

增强林地碳汇功能。持续深化城市森林建设，实施森林抚育，改造低效林；优化造林模式，提高乡土树种和混交林比例，合理配置造林树种和造林密度，培育健康森林，增强森林自然生态系统固碳能力。

提升湿地碳汇潜力。加强高捕碳固碳植物种类筛选，实施植物品种替代，研发生物质炭土壤固碳技术，提高土壤有机质含量；加强湿地用途管制，落实自然湿地保护目标责任；优化湿地生态系统结构，维护湿地生态系统碳平衡，增强湿地生态系统固碳能力。

优化内部交通组织。建设紫金山—玄武湖中心公园风景道路系统，避免交通拥堵，规划建设集观光车道、生态骑行车道、休闲人行步道于一体的高品质旅游风景道，形成串联紫金山—玄武湖文化生态旅游资源的旅游交通环线，增加休闲游憩、餐饮购物、停车换乘、游览车、自行车租赁等服务功能，构建路域环境生态美、金陵风情展现美、附属设施服务美的旅游风景道路系统。

优化外部交通组织。加快推动旅游线路组织充分融入城市交通体系的建设，依托玄武大道、绕城公路、沪宁高速连接线、龙蟠路、中央路、内环东线、内环北线等交通环线疏解省外游客、省内自驾游客、市内家庭偕老托幼游客；通过优化紫金山—玄武湖城市中心公园与地铁 1 号线（鼓楼站、玄武门站、新模范马路站、南京站）、2 号线（苜蓿园站、下马坊站、孝陵卫站、钟灵街站、马群站）、3 号线（鸡鸣寺站、南京林业大学•新庄站）和

4 号线（鸡鸣寺站、九华山站、岗子村站、蒋王庙站、王家湾站、聚宝山站）间的线路联系，增设市政公交线路及站点，缓解人群聚集压力。

优化停车布局，引导停车分布。整合现有停车资源，按照不同需求合理配置停车场，按截流停车场和中转停车场合理配置紫金山—玄武湖中心公园停车场。增设出入口，限制旅游大巴、社会车辆进入核心景区；合理布局观光车停靠点；在旅游高峰时段，合理利用景区道路资源，安排临时停车场地。在玄武湖片区的休闲游憩环线旁建立多个风情体验游船码头，优化码头布局，便于游船停靠和手划船、脚踏船、水上自行车等水上交通工具的停放，并加强玄武湖东岸旅游码头与龙蟠路地下通道串联。

协调内外部交通关系。处理好紫金山—玄武湖城市中心公园内部交通与外部交通的关系，形成良好交通接驳，形成双环（环山、环湖）游览交通体系。建设太岗路地下过街通道南段及北安门街上跨连接桥（或下穿隧道），连接紫金山—玄武湖蓝绿空间。

7. 构建低碳发展保障体系

（1）低碳科研

加快低碳科技研发。依托玄武区内雄厚的科研基础，联合高校及科研院所，加速低碳前沿技术攻关与产业化；建立玄武区生态系统生产总值核算框架和指标；面向碳达峰、碳中和研发低碳关键核心技术，能源领域聚焦在智能电网技术，建筑领域聚焦在净零和产能建筑技术，交通领域聚焦在新能源汽车与能源提升技术，推进生态固碳增汇技术研发，制定重点领域减排技术发展路线图；推动创新成果共享应用，构建从技术研发、转化应用到产业化的完整链条，建立以市场化机制为核心的成果转移扩散机制，拓展技术成果向相关行业领域渗透应用的渠道，努力形成面向全行业可复制、可推广的低碳产业创新。

（2）人才培养

培育低碳人才队伍。加大国际国内低碳领军人才引进力度，构建以高端人才为引领、各类专业人才为支撑的人才队伍体系。支持联合创办研发中心、实验室等创新平台，吸纳顶尖人才，联合开展重大技术研发，深度融合全球创新资源；依托重大科研项目、重点工程和重大建设项目，发现和选拔拔尖创新人才；鼓励产教融合、校企合作、协同育人，培养一批低碳产业专业技术人才。

（3）宣传教育

制定绿色低碳发展教育体系建设方案。加强低碳教育，开展低碳知识进课堂活动，针对不同学龄阶段开展相应的知识讲习与实践活动；引导广大青少年做绿色低碳生活方式的倡导者、践行者，将绿色低碳发展理念融入义务教育，开展以绿色低碳生活为主题的浸入式、互动式教育，使生态文明理念深植于青少年心中。

开展领导干部碳达峰、碳中和培训。开展低碳知识进机关活动，在全区各级党政领导干部培训中加入碳达峰、碳中和相关课程，邀请专业机构开展碳达峰、碳交易、低碳试点示范等系列培训，培训党政领导干部理解低碳理念、掌握低碳知识、了解低碳方法，加强领导干部对碳排放相关知识的学习。

开展低碳科普教育。深入开展六五环境日、低碳日、节能周等专题宣传活动，通过邀请权威专家专题解读、开展社区科普活动、召开新闻发布会等形式开展碳达峰宣传；鼓励引导新闻媒体开展应对气候变化宣传、教育和科学知识普及工作；充分利用广播、电视、报刊、网络等新媒体平台，提高公众低碳意识，提供直观可感的低碳生活体验，在全社会推动形成绿色低碳的生活方式。

（4）碳排放监测

按照国家、省、市统一部署，建立玄武区碳达峰、碳中和统计核算制度，加强对重点能源消费领域碳排放统计监测。开展温室气体监测调研，开展 CO_2、CH_4 浓度水平及其变化规律调研，完善玄武区碳监测能力，进一步提升碳监测水平；建立健全碳排放统计体系，在环境统计工作中协同开展温室气体排放相关调查，完善应对气候变化统计报告制度，开展温室气体清单编制；全面评估玄武区生态系统固碳潜力与速率；开展全市协同减排和融合管控专项试点，探索温室气体排放与污染防治监管体系的有效衔接路径；推进企事业单位污染物和温室气体排放相关数据的统一采集、相互补充、交叉校核；将全区碳排放纳入南京市“碳云”平台进行统一管理。

（5）机制体制建设

制定“双碳”目标任务落实专项督查方案。建立工作协调机制，定期调度落实进展，加强跟踪评估和督促检查，推动形成良好的工作格局和工作合力；严格监督问责，跟踪环境违法问题整改，加强生态环境司法力量建设，完善环境行政执法监督机制；将碳达峰、碳中和纳入“三线一单”成果实施应用，严守生态保护红线、环境质量底线、资源利用上线，建立生态环境准入清单管控体系；加强对碳达峰目标完成情况评估、考核，明确各领域、行业主管机构的责任清单；实行碳达峰行动目标责任评价考核制度，持续推动达峰相关政策落实。

构建碳交易基础支撑。组建碳排放交易专业机构，全面开展和监管全市碳排放交易工作；建立多方面、多层次、可持续的能力建设长效机制，提升各级政府部门、重点排放单位、第三方核查机构的业务能力；培育碳交易咨询、碳资产管理、碳金融服务等碳交易配套服务机构，推动碳市场服务业健康发展。

制定支持绿色低碳产业发展投资政策举措。完善绿色低碳产业发展的支持政策、具体举措。大力发展非化石能源，积极推进新能源替代，重点支持碳捕集、氢能、储能等重大技术突破及相关产业发展，引导和推动以市场为导向的绿色低碳产业发展。

制定绿色低碳金融财税政策。加大重点领域金融支持力度，制定完善有利于玄武区碳达峰、碳中和及绿色低碳发展的财政、金融政策，落实相关税收优惠政策；整合调整加大市财政专项资金支持碳达峰、碳中和力度，市新兴产业发展基金支持低碳发展；探索建立以绿色信贷、绿色债券、绿色发展基金、绿色保险、碳金融等金融工具为支撑的绿色金融体系，建立有约束力的绿色信息披露机制，完善绿色金融激励机制，促进绿色金融市场全面发展。

（6）制度建设

加强对碳达峰目标完成情况评估、考核，明确各领域、行业主管机构的责任清单。将提出和落实碳达峰目标纳入年度考核，持续推动碳达峰相关政策落实。实行碳达峰行动目标责任评价考核制度，并建立年度重点工作进展报告制度、中期跟踪评估机制，将碳达峰行动年度报告、中期评估和考核结果作为对重点行业主管单位领导班子综合考核评价的重要依据。增强对非能源基础设施投资、重大项目监测评价，提高重大风险和不确定性的预测预警能力。加强全社会协同共治，加强宣传普及，通过广泛开展专题培训、专业教育等活动，全面提升社会公众对碳达峰的认知度、参与度，增强全社会碳达峰行动合力。

第 15 章

工业园区碳达峰预测与碳中和

当前，全球变暖已成为威胁人类生存和可持续发展的重要挑战之一。《巴黎协定》明确表明要将全球平均气温较工业化之前的升幅控制在 2℃之内，并努力控制在 1.5℃之内。为实现该温控目标，全球需在 21 世纪下半叶实现温室气体的人为排放与汇之间的平衡，即实现“碳中和”。中国作为世界第二大经济体和第一大碳排放国，在应对碳排放带来的气候变化中责任重大。近年来，国家层面出台了一系列政策文件，开展了绿色低碳转型发展的顶层设计，实现碳中和目标已成为中国重大战略。2021 年 3 月 15 日，中央财经委员会第九次会议强调，实现碳达峰、碳中和是一场广泛而深刻的经济社会系统性变革，要把碳达峰、碳中和纳入生态文明建设整体布局。

工业园区是建设环境友好型生产体系和实施制造业强国战略中的重要载体，是中国双循环发展格局的重要源动力，也是落实碳减排的重点领域。工业园区在为中国带来巨大经济效益的同时，也产生了能源资源过度消耗、环境污染加剧和大量的碳排放问题，成为碳排放的一大主体（Liu et al.，2018；Wang et al.，2019）。近年来，工业企业入园率逐步提升，至 2022 年许多地区的化工企业入园率已达到 80%，未来工业园区的碳排放贡献率还将持续升高。2021 年 8 月 27 日发布的《关于推进国家生态工业示范园区碳达峰碳中和相关工作的通知》指出，“将碳达峰、碳中和作为示范园区建设的重要内容，通过践行绿色低碳理念、强化减污降碳协同增效、培育低碳新业态、提升绿色影响力等措施，以产业优化、技术创新、平台建设、宣传推广、项目示范为抓手，在‘一园一特色，一园一主题’的基础上，形成碳达峰碳中和工作方案及实施路径，分阶段、有步骤地推动示范园区先于全社会在 2030 年前实现碳达峰，2060 年前实现碳中和。”工业园区实现碳中和，既是园区高质量发展的内在要求，也是减缓气候变化、落实全球温升控制的关键效能，本章通过辨析区域一体化和碳达峰、碳中和相关概念，梳理了国家层面、江苏省和地方有关碳达峰、碳中和的要求，结合工业园区与碳排放计算及预测方法，开展了钢铁类工业园区碳达峰预测与碳中和路径案例研究，提出了重点任务。

15.1 碳达峰、碳中和有关要求

15.1.1 概念辨析

1. 区域一体化

根据《城乡规划学名词》(2021)，区域（region）可以有两种定义：①用某项指标或某几个特定指标的结合在地球表面划分出的连续空间范围；②地球表面上占有一定空间、以不同的物质与非物质要素所组成的地域范围。区域一体化（regional integration）是指为了获得更多的竞争优势，区域内各成员在比较优势的基础上相互合作建立相应组织结构的过程。《地理学名词（第二版）》(2006）指出，城乡一体化（rural-urban integration）是指以城市为中心、小城镇为纽带、乡村为基础，城乡依托、互利互惠、相互促进、协调发展、共同繁荣的新型城乡关系。根据《经济学名词》(2020)，区域经济一体化（regional economic integration）是指在市场经济条件下，毗连的城市或地区充分发挥经济发展方向的同一性、产业结构互补性的特点，促进生产要素（劳动力、资本、技术、信息等）自由流动，加速产业的整合与重组，实行地区经济联合与协作，从而以整体优势参与对外竞争，产生市场一体化的过程。

区域一体化实践最早可追溯至 1921 年的比荷卢经济联盟，其理论阐述相对滞后。1954 年荷兰经济学家 Tinbergen 最早提出了区域经济一体化，即破除有碍于经济运行的人为因素而产生的国际经济结构，包括积极一体化和消极一体化两方面。1961 年，美国经济学家 Balassa 进一步将区域经济一体化界定为政府允许产品、要素的流动，不施加任何束缚或轻视，并认为区域一体化既是一个过程，又是一种状态。20 世纪末，我国区域一体化迎来发展高潮，主要形式是以中心城市为依托的城市群、都市圈或地理相邻城市、地区的区域经济合作（李娜等，2023）。目前，我国的区域一体化合作主要包括长三角、京津冀等地区。

2. 碳达峰、碳中和

1992 年 6 月 4 日，在巴西里约热内卢举行的联合国环境发展大会上通过了《联合国气候变化框架公约》(以下简称《公约》)，这是第一个全面控制 CO_2 等温室气体排放的国际公约。1997 年，在日本京都召开的《公约》第三次缔约方大会上通过了《京都议定书》(*Kyoto Protocol*)，旨在限制发达国家温室气体排放量以抑制全球变暖。《京都议定书》首次以国际性法规的形式限制温室气体排放，须由占 1990 年全球温室气体排放量 55%以上且至少 55 个国家和地区批准之后才能具有法律约束力。《京都议定书》于 2005 年 2 月生效，其目标是在 2008—2012 年的第一承诺期将主要工业发达国家的 CO_2 等 6 种温室气体排放量在 1990 年的基础上平均减少 5.2%。减排的温室气体包括 CO_2、甲烷（CH_4）、氧化亚氮（N_2O）、氢氟碳化物（HFCs）、全氟化碳（PFCs）、六氟化硫（SF_6）。所谓碳达峰（carbon emission peak）是指 CO_2 排放量达到历史峰值，然后经过平台期继而进入持续下降的过程，是 CO_2 排放由增加向减少转变的历史拐点，标志着碳排放与经济发展脱钩，即经济增长不再以增加碳排放为代价。2015 年 12 月，各缔约方在法国巴黎又达成了《巴黎协定》，提出了全球实现碳中和目标。根据 IPCC 定义，碳中和（carbon neutrality）又被称为“CO_2 净零排放”（net-zero CO_2 emissions），是指在一定时期内人为移除的 CO_2 在全球范围内可以抵消人为 CO_2 排放。2020 年 9 月 22 日，中国政府在第 75 届联合国大会一般性辩论上提出，中国将提高国家自主贡献力度，采取更加有力的政策和措施，CO_2 排放力争于 2030 年前达到峰值，2060 年前实现碳中和。

2018 年 10 月，IPCC 发布的《全球升温 1.5℃特别报告》指出，与将全球升温限制在 2℃相比，限制在 1.5℃对人类和自然生态系统有明显的益处，同时还可确保社会更加可持续和公平；若要将升温限制在 1.5℃，全球碳排放须在 2030 年前减半，并在 21 世纪中叶达到净零。气候中和（climate neutrality）是指当一个组织的活动对气候系统没有产生净影响，除了尽可能实现各种温室气体的净零排放，还必须考虑区域或局部的地球物理效应。

基于上述区域一体化与碳中和的内涵，区域一体化碳中和可理解为直辖市、地级行政区、县级行政区或工业园区在一定时期内采取一定新技术措施人为移除 CO_2，或通过碳交易活动抵消管辖区域的人为 CO_2 排放，以实现某一管理单元的碳中和。

区域碳中和实施是一项复杂的工程，各地区普遍面临巨大压力。中国信息通信研究院、中国科学院大气物理研究所碳中和研究中心于 2023 年 1 月发布了《区域碳达峰碳中和发展白皮书》（以下简称《白皮书》），开创性地提出了“‘三驾马车’战略体系”，即区域“碳治理-碳减排-碳增值”体系（图 15-1），服务于省、市、区（县）、园区“双碳”工作的落实，为各地区、各部门制定“双碳”政策与实施路径提供战略切入点。其中，碳治理体系是基础，需要政府承担主体治理职责，主要任务包括摸清地区碳排放底数、掌握监管辖区内减排成效和问题、引导碳减排资金投入、培育碳增值生态碳汇相关产业，旨在明确区域碳排放底数并制定科学“双碳”决策。碳减排体系是区域低碳转型的核心，需要政企协同分工合作，主要任务包括向碳治理体系反馈减污降碳取得的成效和存在的问题，向碳增值提出产业低碳转型对绿色技术、产业创新应用的需求，旨在提高地区能源供给效率、降低能源消费、减少生产生活碳排放，分路径实现数字化低碳转型。碳增值体系是经济增长的核心，需要发挥市场主导作用，通过碳资源评估、碳交易完成资源资产化，碳金融完成资产资本化的路径，由资本积累结合碳治理、碳减排需求驱动地区整体绿色产业规模化发展，旨在做优碳资产等新增量，形成绿色产业规模化。

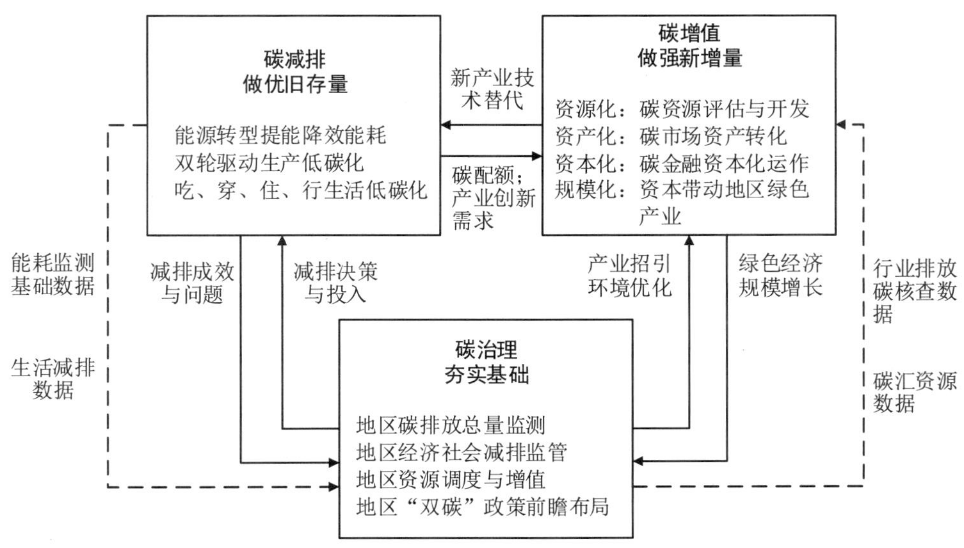

图 15-1 区域“双碳”“三驾马车”战略体系关联关系

（来源：中国信息通信研究院）

在碳达峰、碳中和形势下，近零碳城市、园区、社区是一种绿色低碳、可持续、高质量发展的新模式。根据 2023 年 7 月 6 日山东省生态环境厅《关于印发山东省近零碳城市、近零碳园区、近零碳社区示范创建实施方案的通知》（鲁环发〔2023〕16 号），近零碳城市、园区、社区建设是指在城市、园区、社区范围内，以近零排放为发展目标，在碳达峰阶段，通过统筹规划，综合运用低碳管理机制，推进能源、产业、建筑、交通等领域低碳发展，积极推广使用节能技术，倡导低碳生活，重点围绕经济发展摆脱高碳投入束缚，探索绿色低碳转型发展经验，协同推进社会经济高质量发展和生态环境高水平保护。

3. 碳交易

1997 年，《京都协议书》把 CO_2 为代表的一些温室气体的排放权变成了商品，形成了温室气体排放权的交易，即碳交易。碳市场主要参与者包括政府、控排企业、减排企业。《京都协议书》构建的全球碳交易市场制度体系为世界各国建立国家级碳交易市场制度体系奠定了基础，欧盟以此建立了全球最早且发展最成熟完善的碳交易市场。我国碳交易市场从 2013 年启动区域性试点，在 7 个省（市）建立了碳交易市场体系，积累了丰富经验。2021 年 7 月，全国碳交易市场正式启动，该年碳排放配额交易规模达 1.79 亿 t，成为全球最大的碳交易市场。

目前，我国碳交易市场有两类基础产品，一类为政府分配给企业的碳排放配额，另一类为国家核证自愿减排量（Chinese certified emission reduction，CCER）。2020 年 12 月，生态环境部发布《碳排放权交易管理办法（试行）》（部令 第 19 号），适用于全国碳排放权交易及相关活动，包括碳排放配额分配和清缴，碳排放权登记、交易、结算，温室气体排放报告与核查等活动，以及对前述活动的监督管理。该项文件指出，CCER 是指“对我国境内可再生能源、林业碳汇、甲烷利用等项目的温室气体减排效果进行量化核证，并在国家温室气体自愿减排交易注册登记系统中登记的温室气体减排量”。CCER 提出至今，经历了起步、建设、暂停、整改、重启等过程（表 15-1）。2023 年 7 月，生态环境部应对气候变化司公开征求《温室气体自愿减排交易管理办法（试行）》意见，9 月 15 日生态环境部召开部务会议审议并原则通过《温室气体自愿减排交易管理办法（试行）》（以下简称《管理办法》），碳交易市场重启有序推进。《管理办法》是规定自愿减排交易市场（CCER 市场）基本框架的统领性文件，对碳市场启动和运行具有重要意义。根据《管理办法》，全国温室气体自愿减排交易市场的交易产品为核证自愿减排量，温室气体自愿减排项目应当来自可再生能源、林业碳汇、甲烷减排、节能增效等有利于减碳增汇的领域，能够避免、减少温室气体排放，或实现温室气体的清除。《管理办法》印发后，要求抓紧完善自愿减排交易市场制度体系，及时发布项目设计与实施规范、项目审定与核查规则、注册登记及交易规则等配套管理制度。

表 15-1　碳交易机制建设进程

进程	时间	成果
起步	2012 年	国家发展和改革委员会印发《温室气体自愿减排交易管理暂行办法》（发改气候〔2012〕1668 号）和《温室气体自愿减排项目审定与核证指南》，建立了 CCER 交易机制与项目流程
建设	2015 年	国家发展和改革委员会上线 CCER 交易平台
暂停	2017 年	国家发展和改革委员会发布了“暂缓受理”公告，由于温室气体自愿减排交易量小、个别项目不够规范等问题，暂缓受理备案申请，但不影响已备案的 CCER 参与交易
整改	2018 年	国家发展和改革委员会将温室气体减排工作转交给生态环境部
重启	2022 年 12 月	国际金融论坛（IFF）全球年会上，生态环境部应对气候变化司司长李高表示，中国还要不断完善全国碳交易市场，同时争取尽早重启中国 CCER 市场
	2023 年 3 月	生态环境部向全社会公开征集温室气体自愿减排项目方法学建议
	2023 年 6 月	生态环境部新闻发言人在 6 月例会上表示力争当年年内尽早启动全国温室气体自愿减排交易市场。为进一步规范全国温室气体自愿减排碳交易及相关活动，推动实现“双碳”目标，生态环境部联合市场监管总局对《温室气体自愿减排交易管理暂行办法》进行了修订，编制形成了《温室气体自愿减排交易管理办法（试行）》
	2023 年 7 月	生态环境部发布《温室气体自愿减排交易管理办法（试行）》征求意见稿
	2023 年 9 月	生态环境部召开部务会议审议并原则通过《温室气体自愿减排交易管理办法（试行）》，碳交易市场重启有序推进

相较于 2012 年国家发展和改革委员会发布的《温室气体自愿减排交易管理暂行办法》（发改气候〔2012〕1668 号），《管理办法》对温室气体范围、交易主体、交易机构、审定与核查机构等多方面做了进一步优化（表 15-2）；同时，对参与温室气体自愿减排交易的

项目类型与时间方面也作出明确规定。在项目类型方面，温室气体自愿减排项目应来自可再生能源、林业碳汇、甲烷减排、节能增效等有利于减碳增汇的领域，旨在尽可能避免和减少温室气体排放；在项目时间方面，要求项目必须在 2012 年 6 月 13 日之后开工，申请的项目减排量应产生于我国提出“双碳”目标（2020 年 9 月 22 日）之后，且在项目申请登记之日前 5 年以内。

表 15-2　新、旧版本温室气体自愿减排交易管理办法对比

要点	《温室气体自愿减排交易管理暂行办法》	《温室气体自愿减排交易管理办法（试行）》
温室气体范围	CO_2、CH_4、N_2O、HFCs、PFCs、SF_6	CO_2、CH_4、N_2O、HFCs、PFCs、SF_6、NF_3
登记机构	国家主管部门建立并管理国家自愿减排交易登记簿	生态环境部按照国家有关规定，组织建立统一的全国温室气体自愿减排注册登记机构
交易主体	国内外机构、企业、团体和个人均可参与温室气体自愿减排量交易	中华人民共和国境内登记的法人和其他组织可以依据该办法开展温室气体自愿减排活动，申请温室气体自愿减排项目及减排量的登记；符合国家有关规定的法人、其他组织及个人可以依据该办法开展温室气体自愿减排交易活动
交易机构	通过备案形式确定多家交易机构分散交易，国家共备案了 7 个交易机构	生态环境部按照国家有关规定，组织建立统一的全国温室气体自愿减排交易机构，开展集中统一交易
审定与核查机构	通过备案方式确定第三方审定与核证机构，国家发展和改革委员会共发布了 6 批共 12 家机构，每家机构备案了特定的审定与核证领域	由市场监督管理总局会同生态环境部按照《认证认可条例》规定，对审定与核查机构进行市场准入的行政审批
方法学	来自 CDM 机制或方法学开发者申请，由国家主管部门委托专家进行评估，对适合自愿减排交易项目的方法学予以备案	动态更新，生态环境部将持续统一征集遴选发布，项目方法学应根据经济社会发展、产业结构调整、行业发展阶段等因素进行及时修订
项目登记流程	方法学—审定—备案—评估—登记	设计—公示—审定—登记—可注销
项目时间限制	2005 年 2 月 16 日之后开工建设	2012 年 6 月 13 日之后开工建设，仅登记 2020 年 9 月 22 日之后产生的，并且在项目申请登记之日前 5 年以内产生的减排量
项目原则	真实性、可测量性和额外性	真实性、唯一性和额外性
项目和减排量登记	由国家主管部门进行备案	由项目业主和第三方审定与核查机构对相关项目及减排量真实性、合规性“双承诺”，政府进行监督检查
增加规范制度	—	增加对机构的行为规范、报告制度等要求并设立审定与核查技术委员会
增加监督管理部分内容	—	增加“双随机、一公开”原则、共同监管、检查措施、禁止性规定、注册登记和交易机构监管、信息披露及公众见度 7 项监管内容
增加法律责任内容	—	增加法律监管与处罚力度

4．碳普惠

根据《广东省碳普惠制试点工作实施方案》（粤发改气候〔2015〕408 号），碳普惠制是指为小微企业、社区家庭和个人的节能减碳行为进行具体量化及赋予一定价值，并建立起以商业激励、政策鼓励和核证减排量交易相结合的正向引导机制。《广东省碳普惠制试点建设指南》以社区（小区）、公共交通、旅游景区、节能低碳产品为例，介绍了碳普惠制试点的建设指南。①以社区（小区）为试点建设碳普惠制：以每户居民为普惠对象，根据数据可获取情况，可选择节约用电、节约用水、节约用气、减少私家车出行、垃圾分类回收等为低碳行为试点，制定各低碳行为减碳量核算规则，并制定相关激励政策。试点成熟后可在其他社区进行推广，并统计试点社区的居民减碳总量，探索社区整体碳减排量与碳交易进行对接。②以公共交通为试点建设碳普惠制：以公交出行的市民为普惠对象，根据地市实际情况，以先易后难为原则选择快速公交系统、公共自行车、用清洁能源的公交（液化天然气、液化石油气、混合动力等）、轨道交通等作为低碳交通试点，确定乘坐各类低碳出行行为的减碳量核算规则，并制定相关激励政策。试点成熟后可逐步扩大低碳交通范围。③以旅游景区为试点建设碳普惠制：以游客为普惠对象，根据景区实际情况，可选择乘坐环保车（船）、购买非一次性门票等为低碳行为试点，确定各行为的减碳量核算规则，并制定相关激励政策。试点成熟后可在其他旅游景区进行推广。④以推行节能低碳产品为试点建设碳普惠制：以低碳产品消费者为普惠对象，根据当地实际情况，低碳行为可选择购买节能冰箱、节能空调等节能电器或购买低碳认证产品，试行“碳币+现金=产品+返碳币”的模式。确定购买各类节能产品、低碳认证产品的减碳量核算规则，并制定相关激励政策。试点成熟后可扩大产品范围。

碳普惠作为我国多层次碳市场体系的重要补充，是一种面向企业实施的中小型减排项目和市民节能减碳行为的激励机制，对推动社会绿色低碳发展具有重要意义。近年来，多地在积极开展碳普惠体系建设工作。2021 年 5 月，长三角三省一市签署《长三角区域碳普惠机制联动建设工作备忘录》。2021 年 11 月，深圳市人民政府办公厅印发《深圳碳普惠体系建设工作方案》（深府办函〔2021〕92 号），主要任务是建立科学高效的组织管理体系、公正规范的制度标准体系、广泛覆盖的低碳场景体系、持续发展的市场交易体系、高效完善的信息服务体系。2022 年 4 月，江苏省发布《“十四五”应对气候变化规划》，提出推动建设覆盖全省的碳普惠体系。2022 年 12 月，天津市生态环境局联合天津市发展和改革委员会等印发《天津市碳普惠体系建设方案》（津环气候〔2022〕117 号）。2022 年 12 月，苏州工业园区管理委员会发布《苏州工业园区关于建设碳普惠体系的实施意见（试行）》（苏园管〔2022〕51 号），着力构建碳普惠减排场景，建立碳普惠减排量认证、交易与核销的闭环机制，加强与长三角区域碳普惠协同对接，将碳普惠体系建设打造成为园区持续践行绿色发展理念的新名片。全国首个市场化碳普惠交易体系在苏州工业园区正式启用，为园区内的中小微企业提供家门口的碳减排量认证和交易服务，推动绿色低碳生产方式转型。

5. 碳足迹

碳足迹源于 1992 年加拿大生态学家 Rees 提出的生态足迹理论，在气候变化过程中责任承担方面扮演着重要角色。由于碳的范围、来源、边界及单位方面尚未达成一致，碳足迹的定义一直缺乏统一、明确的界定，翟超颖和龚晨（2022）对碳足迹定义进行了综述研究（表 15-3）。一般来说，碳足迹是指人类在生产生活中直接或间接排放 CO_2 和其他温室气体的总量，源于生态足迹概念，计算的是一件产品在原料、制造、运输、销售、使用、废弃及回收等全生命周期中所产生的碳排放，这不仅包括产品本身，也包括其产业链、供应链等关联范围的碳排放。碳足迹可分为第一碳足迹和第二碳足迹。其中，第一碳足迹是在生产生活中直接使用化石能源造成的碳排放量，如乘飞机、发电等；第二碳足迹是购买和使用商品，如消费一瓶瓶装水时，因为生产、运输、销售、回收等过程间接产生的碳排放量。碳足迹还可从个人、产品、企业、国家四个层次来理解。对于个人，碳足迹可以是开车上下班等日常行为产生的碳排放；对于产品，碳足迹可反映一件产品的环境友好程度，碳足迹越少，意味着与它相关的碳排放越少，对环境也就越友好；对于企业，碳足迹可发掘企业减排潜力，提升竞争力；对于国家，碳足迹意味着各行业碳排放量总和。

表 15-3　碳足迹定义

文献	定义
Parliamentary Office of Science and Technology（POST）（2006）	从生命周期理论出发，碳足迹为某产品或活动全流程范围内排放的包含 CO_2 在内的温室气体总量
British Petroleum（BP）（2007）	碳足迹为人类在日常生产、生活过程中排放的 CO_2 总量
Energetics（2007）	碳足迹是在经济活动中人类所排放的包括直接和间接排放的 CO_2 总量
ETAP（2007）	碳足迹用以衡量人类互动对地球环境生态的影响，具体指人类在生活、生产过程中所排放的 CO_2 的量
Hammond（2007）	碳足迹是人类生活中释放的碳重量
The world Resources Institute（WRI）和 World Business Council for Sustainable Development（WBCSD）（2008）	碳足迹要从三个层面理解。第一层面，强调部门自己单独的直接碳排放；第二层面，涵盖为第一层供能的能源产业的直接碳排放；第三层面，则是全覆盖、涵盖整个供应链的全生命周期流程（包括直接和间接）的碳排放
Carbon Trust（2007）	侧重对产品碳足迹的探索，强调产品全生命周期，包括但不限于原材料开发、原料加工、废弃物处理等过程，即碳足迹是产品从无到有再到废物处理等全流程中所排放的温室气体。在计算时，所有温室气体的量均应换算成 CO_2 等价物
Wiedman 和 Minx（2007）	从产品的角度，碳足迹是产品或服务在全生命周期过程中所排放的 CO_2 总量。从活动的角度，碳足迹是在活动主体（如个人、机构、政府、工业部门等）全过程、全流程中直接和间接排放的 CO_2 总量
Global Footprint Network（GFN）（2007）	更强调燃料燃烧所释放的 CO_2。作为生态足迹的一种，碳足迹是生态系统通过光合作用消化化石燃料燃烧释放的 CO_2 的生物承载力需求

文献	定义
British Standards Institution（BSI）（2008）	碳足迹用以描述活动或实体的温室气体排放量。产品碳足迹是从全生命周期理论出发，用以评价产品在从原材料到生产再到运输、销售、使用及处理等全过程中所排放的温室气体
Brownea，O'Regan 和 Moles（2009）	从产品消费角度探讨了碳足迹。他们认为碳足迹作为生态足迹的一种，应使用吸收对应量温室气体的土地面积表示
International Organization for Standardization（ISO）（2012）	更侧重产品碳足迹，即在产品生产消费全流程中直接和间接排放的温室气体总量

15.1.2 国家层面

2020 年 9 月 22 日，国家主席习近平在第 75 届联合国大会一般性辩论上的讲话指出，中国将提高国家自主贡献力度，采取更加有力的政策和措施，CO_2 排放力争于 2030 年前达到峰值，努力争取 2060 年前实现碳中和。

2020 年 10 月 29 日，中国共产党第十九届中央委员会第五次全体会议审议通过《中共中央关于制定国民经济和社会发展第十四五个五年规划和二〇三五年远景目标的建议》，将“碳排放达峰后稳中有降，生态环境根本好转，美丽中国建设目标基本实现”纳入 2035 年基本实现社会主义现代化远景目标。

2020 年 12 月 16 日，中央经济工作会议将“做好碳达峰、碳中和工作”列为 2021 年八项重点任务之一。中国 CO_2 排放力争 2030 年前达到峰值，力争 2060 年前实现碳中和。要抓紧制定 2030 年前碳排放达峰行动方案，支持有条件的地方率先达峰。要加快调整优化产业结构、能源结构，推动煤炭消费尽早达峰，大力发展新能源，加快建设全国用能权、碳排放权交易市场，完善能源消费“双控”制度。要继续打好污染防治攻坚战，实现减污降碳协同效应。要开展大规模国土绿化行动，提升生态系统碳汇能力。

2021 年 1 月 11 日，《关于统筹和加强应对气候变化与生态环境保护相关工作的指导意见》（环综合〔2021〕4 号）指出，“抓紧制定 2030 年前二氧化碳排放达峰行动方案，综合运用相关政策工具和手段措施，持续推动实施。各地要结合实际提出积极明确的达峰目标，制定达峰实施方案和配套措施。鼓励能源、工业、交通、建筑等重点领域制定达峰专项方案。推动钢铁、建材、有色、化工、石化、电力、煤炭等重点行业提出明确的达峰目标并制定达峰行动方案。加快全国碳排放权交易市场制度建设、系统建设和基础能力建设，以发电行业为突破口率先在全国上线交易，逐步扩大市场覆盖范围，推动区域碳排放权交易试点向全国碳市场过渡，充分利用市场机制控制和减少温室气体排放。”

2021 年 3 月 5 日，“双碳”被首次写进 2021 年全国两会政府工作报告，2021 年被称为“碳中和元年”，要求“扎实做好碳达峰、碳中和各项工作。制定 2030 年前碳排放达峰行动方案”。

2021 年 3 月 15 日，习近平总书记主持召开中央财经委员会第九次会议，指出“实现碳达峰、碳中和是一场广泛而深刻的经济社会系统性变革，要把碳达峰、碳中和纳入生态文明建设整体布局，拿出抓铁有痕的劲头，如期实现 2030 年前碳达峰、2060 年前碳中和的目标”，要重点做好“构建清洁低碳安全高效的能源体系、实施重点行业领域减污降碳行动、推动绿色低碳技术实现重大突破、完善绿色低碳政策和市场体系、倡导绿色低碳生活、提升生态碳汇能力”等工作。

2021 年 10 月 24 日，中共中央、国务院先后发布《关于完整准确全面贯彻新发展理念做好碳达峰碳中和工作的意见》及《2030 年前碳达峰行动方案》，“共同构建了中国碳达峰、碳中和政策体系的顶层设计”，为碳达峰、碳中和这项重大工作进行系统谋划、总体部署，提出了 2025 年、2030 年乃至 2060 年分阶段的目标要求。

2021 年 11 月 2 日，中共中央、国务院发布《关于深入打好污染防治攻坚战的意见》，包括聚焦国家重大战略、打造绿色发展高地、推动能源清洁低碳转型、坚决遏制高耗能高排放项目盲目发展、推进清洁生产和能源资源节约高效利用、加强生态环境分区管控、加快形成绿色低碳生活方式。

2022 年 5 月 25 日，财政部印发《财政支持做好碳达峰碳中和工作的意见》（财资环〔2022〕53 号），重点方向和领域包括支持构建清洁低碳安全高效的能源体系、支持重点行业领域绿色低碳转型、支持绿色低碳科技创新和基础能力建设、支持绿色低碳生活和资源节约利用、支持碳汇能力巩固提升、支持完善绿色低碳市场体系。

2022 年 6 月 13 日，生态环境部、国家发展和改革委员会等联合印发《减污降碳协同增效实施方案》，重点领域包括推动能源绿色低碳转型、推进工业领域协同增效、推进交通运输协同增效、推进城乡建设协同增效、推进农业领域协同增效、推进生态建设协同增效、推进大气污染防治协同控制、开展区域减污降碳协同创新、开展城市减污降碳协同创新、开展产业园区减污降碳协同创新、开展企业减污降碳协同创新等。其中，开展区域减污降碳协同创新包括“基于深入打好污染防治攻坚战和碳达峰目标要求，在国家重大战略区域、大气污染防治重点区域、重点海湾、重点城市群，加快探索减污降碳协同增效的有效模式，优化区域产业结构、能源结构、交通运输结构，培育绿色低碳生活方式，加强技术创新及体制机制创新，助力实现区域绿色低碳发展目标”；开展城市减污降碳协同创新包括“统筹污染治理、生态保护及温室气体减排要求，在国家环境保护模范城市、‘无废城市’建设中强化减污降碳协同增效要求，探索不同类型城市减污降碳推进机制，在城市建设、生产生活各领域中加强减污降碳协同增效，加快实现城市绿色低碳发展”；开展产业园区减污降碳协同创新包括“鼓励各类产业园区根据自身主导产业和污染物、碳排放水平，积极探索推进减污降碳协同增效，优化园区空间布局，大力推广使用新能源，促进园区能源系统优化和梯级利用、水资源集约节约高效循环利用、废物综合利用，升级改造污水处理设施和垃圾焚烧设施，提升基础设施绿色低碳发展水平”。

2023年7月19日，全国生态环境保护大会在北京召开，习近平总书记指出"'双碳'承诺和自主行动的关系，我们承诺的'双碳'目标是确定不移的，但达到这一目标的路径和方式、节奏和力度则应该而且必须由我们自己做主，决不受他人左右""落实好碳达峰碳中和'1+N'政策体系，构建清洁低碳安全高效的能源体系"和"要加强科技支撑，推进绿色低碳科技自立自强，把应对气候变化、新污染物治理等作为国家基础研究和科技创新重点领域，狠抓关键核心技术攻关，实施生态环境科技创新重大行动，培养造就一支高水平生态环境科技人才队伍，深化人工智能等数字技术应用，构建美丽中国数字化治理体系，建设绿色智慧的数字生态文明"。

2023年10月10—11日，生态环境部在重庆市召开生态环境科技工作会议，黄润秋部长强调，"提升美丽中国建设科技支撑能力，加强重点领域基础科学研究，推进关键技术攻关，强化数字化治理科技支撑，实施系列重大科技行动。"其中，"把降碳作为源头治理的'牛鼻子'，强化污染物与温室气体协同控制，推动形成有利于减污降碳的产业结构、生产方式和生活方式""加强山水林田湖草沙一体化保护和系统修复、多物种入侵协同防控、生态修复与环境污染协同治理等研究，研发生态系统多样性及服务功能提升技术，强化自然恢复和人工修复下生态系统固碳增汇过程机制、调控技术等研究，持续提升生态系统质量和稳定性"等是关键技术攻关的重要内容。

1."1+N"政策体系

《中共中央 国务院关于完整准确全面贯彻新发展理念做好碳达峰碳中和工作的意见》和《2030年前碳达峰行动方案》明确了碳达峰、碳中和工作的时间表、路线图、施工图（图15-2）。"1"是中国实现碳达峰、碳中和的指导思想和顶层设计；"N"是重点领域、重点行业实施方案及相关支撑保障方案，包括能源、工业、交通运输、城乡建设、农业农村、减污降碳等重点领域实施方案，煤炭、石油天然气、钢铁、有色金属、石化化工、建材等重点行业实施方案，以及科技支撑、财政支持、统计核算等支撑保障方案。同时，各省（自治区、直辖市）均已制定了本地区碳达峰实施方案。

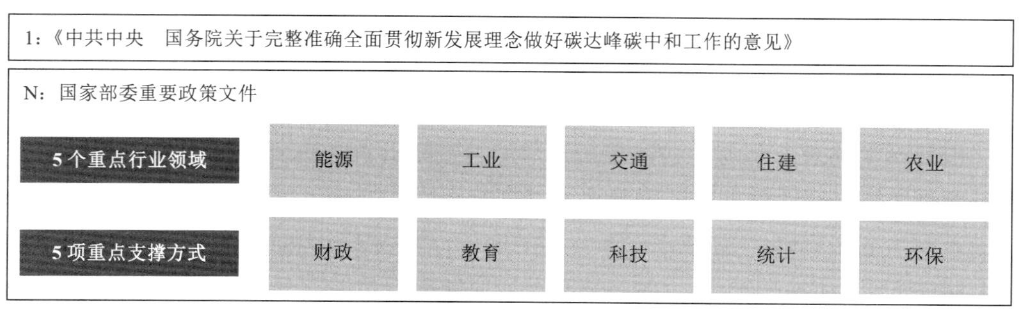

图15-2 碳达峰、碳中和"1+N"政策体系构成

（图片来源：相关国家部委网站、中国信息通信研究院）

“1+N”政策体系为各地区“双碳”规划发展提供了方向指引。一是持续优化区域内能源结构与产业结构。国家发展和改革委员会、工业和信息化部、国家能源局等部门密集出台能源和工业领域政策文件，重点聚焦构建以清洁低碳能源为主体的能源供应体系及产业结构低碳绿色转型。二是试点先行，打造减污降碳及能源转型样板示范。在碳排放交易、减污新技术应用、传统新能源应用等领域开展试点建设，探索区域碳达峰、碳中和发展的多种路径。三是深化区域协作，推动跨领域、跨行业、跨区域协同发展。围绕环境、能源、产业、经济等领域，实现信息及资源在各省（市）间的充分流动与共享。

2．不同领域碳达峰方案与政策

目前，国家针对一些重点行业领域发布了相应的碳达峰政策方案，具体如表 15-4 所示。

表 15-4　不同领域碳达峰方案

领域	时间	方案
石化化工	2021 年 10 月 18 日	《石化化工重点行业严格能效约束推动节能降碳行动方案（2021—2025 年）》
农业	2022 年 5 月 7 日	《农业农村减排固碳实施方案》
交通	2022 年 6 月 24 日	《交通运输部 国家铁路局 中国民用航空局 国家邮政局贯彻落实〈中共中央　国务院关于完整准确全面贯彻新发展理念做好碳达峰碳中和工作的意见〉的实施意见》
城乡建设	2022 年 6 月 30 日	《城乡建设领域碳达峰实施方案》
工业	2022 年 7 月 7 日	《工业领域碳达峰实施方案》
能源	2022 年 10 月 9 日	《能源碳达峰碳中和标准化提升行动计划》
建材	2022 年 11 月 8 日	《建材行业碳达峰实施方案》
有色金属	2022 年 11 月 10 日	《有色金属行业碳达峰实施方案》

15.1.3　江苏省

2021 年 5 月，《江苏省生态环境厅 2021 年推动碳达峰、碳中和工作计划》（苏环办〔2021〕168 号）发布，提出要加强碳达峰工作顶层设计，推动制定全省碳达峰行动方案，分解落实碳达峰年度目标任务；推动重点领域碳达峰工作，开展“碳中和”试点，协同推进减碳与大气污染防治，大力发展可再生能源，对重点行业、企业进行低碳化改造；建立碳减排监测统计考核体系，开展温室气体排放监测，建立健全碳排放统计体系；加强碳达峰法规、政策、技术研究及碳达峰工作组织保障等措施。

2021 年 9 月 28 日，《江苏省人民政府办公厅关于印发江苏省“十四五”生态环境保护规划的通知》（苏政办发〔2021〕84 号）发布，提出“十四五”时期，全省生态文明建设进入了以降碳为重点战略方向、推动减污降碳协同增效、促进经济社会发展全面绿色转型、实现生态环境质量改善由量变到质变的关键时期，要着眼“双碳”目标，编制实施 CO_2

达峰行动方案，加快建立绿色低碳循环发展经济体系，严把“两高”项目准入关口，推进能源资源节约高效利用，培育绿色低碳新动能，增强应对气候变化能力，推动经济社会发展全面绿色转型。

2022 年 2 月 25 日，《省政府关于实施与减污降碳成效挂钩财政政策的通知》（苏政发〔2022〕31 号）发布，指出“2021 年度起，将各市、县（市）年二氧化碳排放强度与全省平均强度的比值作为基础统筹金额的调节系数。单位地区生产总值二氧化碳排放下降率五项指标达到目标任务的市、县（市），各按收取该市、县（市）统筹资金总额的 10%进行返还。下降率每比目标任务改善 0.1 个百分点的按收取该市、县（市）统筹资金总额的 1%进行奖励，奖励上限为 10%”。

2022 年 3 月 18 日，江苏省生态环境厅印发《省生态环境厅 2022 年推动碳达峰碳中和工作计划》，从加强碳达峰工作顶层设计、推动重点领域碳达峰工作、建立碳减排监测统计考核体系、加强碳达峰法规、政策技术研究、加强碳达峰工作组织保障 5 个方面提出了 22 项具体推进任务。

15.1.4 无锡市

2021 年 6 月，无锡市工信局印发《无锡市绿色工厂创建工作实施方案》，以企业为主体，以清洁生产技术改造为主要途径，抢抓“碳达峰、碳中和”绿色发展机遇，加快促进企业转型升级，壮大绿色低碳循环经济，推动全市企业以全新姿态奋力跑好“争当表率、争做示范、走在前列”新征程，建立一批清洁高效、低碳发展的引领者、推动者，为打造碳达峰、碳中和先行示范区奠定坚实基础。

2021 年 11 月，《无锡市人民政府关于印发无锡市生态文明建设规划（2021—2025 年）的通知》（锡政发〔2021〕22 号）发布，明确提出“编制无锡碳达峰碳中和实施意见和碳达峰总体方案，力争全市二氧化碳排放在 2028 年达峰。有效推动电力、钢铁、水泥等高耗能行业在‘十四五’期间率先达峰。鼓励大型企业，特别是大型国有企业制定二氧化碳达峰行动方案。推动省级开发区（园区）率先达峰，到 2025 年，50%以上省级开发区（园区）实现碳排放达峰。实施碳排放总量和强度‘双控’，加强达峰目标过程管理，2025 年二氧化碳排放总量控制在 1.1 亿 t 左右”。

2022 年 4 月，无锡市发展和改革委员会在《无锡市 2022 年国民经济和社会发展计划》中明确要求，“协同推进减污降碳，全面建设‘美丽无锡’。”“加快推进绿色低碳发展，实施碳达峰碳中和实施意见和行动方案，争创国家碳达峰试点城市。全面推进‘两高’项目清单化、动态化管理，加大落后产能淘汰和过剩产能压减力度。”

《江阴市国民经济和社会发展第十四个五年规划和二〇三五年远景目标纲要（澄政发〔2021〕46 号）》明确要求，“构建绿色低碳循环体系，开展降低碳排放专项行动，提升绿色发展水平。”

15.2　碳中和路径研究

15.2.1　开发区与工业园区

开发区是指由国务院和省（自治区、直辖市）人民政府批准在城市规划区内设立的经济技术开发区、保税区、高新技术产业开发区、国家旅游度假区等实行国家特定优惠政策的各类开发区。1984 年，国家批准兴建了大连、秦皇岛等 14 个经济技术开发区，标志着中国开发区的正式诞生。1985 年 7 月，中国科学院与深圳市政府联合创办了中国第一个高新技术开发区——深圳科技工业园区，拉开了创办高新技术开发区的序幕。自 1984 年设立首批国家级经济技术开发区以来，我国各类开发区发展迅速，成为推动我国工业化、城镇化快速发展和对外开放的重要平台，对促进体制改革、改善投资环境、引导产业集聚、发展开放型经济发挥了不可替代的作用。1988 年，国务院部门及省一级地方政府开始批准设立地方开发区，地方各级政府或部门为了吸引外资、发展工业、促进当地经济发展，擅自批准设立了名目繁多的各类开发区。2003 年，国务院下发《国务院办公厅关于暂停审批各类开发区的紧急通知》（国办发明电〔2003〕30 号），在全国开展“开发区清理整顿”工作。2007 年 3 月，国家发展和改革委员会、国土资源部、建设部发布《中国开发区审核公告目录》（2006 年版）。该项文件不仅对开发区数量进行了清理整顿，也对开发区名称进行了严格规范。例如，规定“经济技术开发区”和“高新技术产业开发区”只能是国家级开发区可以使用的名称，省级开发区全部改为“经济开发区”和“高新技术产业园区”，或直接改成“工业园区”，且要在名称开头注明省份。2018 年 2 月，国家发展和改革委员会、科学技术部、国土资源部、住房和城乡建设部、商务部、海关总署印发《中国开发区审核公告目录》（2018 年版），包括 2 543 家开发区，其中国家级开发区 552 家、省级开发区 1 991 家。与 2006 年版相比，2018 年版增加了 975 家开发区，其中国家级和省级开发区分别增加了 330 家和 645 家（表 15-5）。我国开发区主要分布在长三角、珠三角、长江经济带、环渤海一带，其中山东省工业园区数量最多（174 家），其次是江苏省（170 家），见图 15-3。

表 15-5　2006 年和 2018 年我国开发区数量

年份	开发区总数/家	国家级开发区/家	省级开发区/家
2006	1 568	222	1 346
2018	2 543	552	1 991

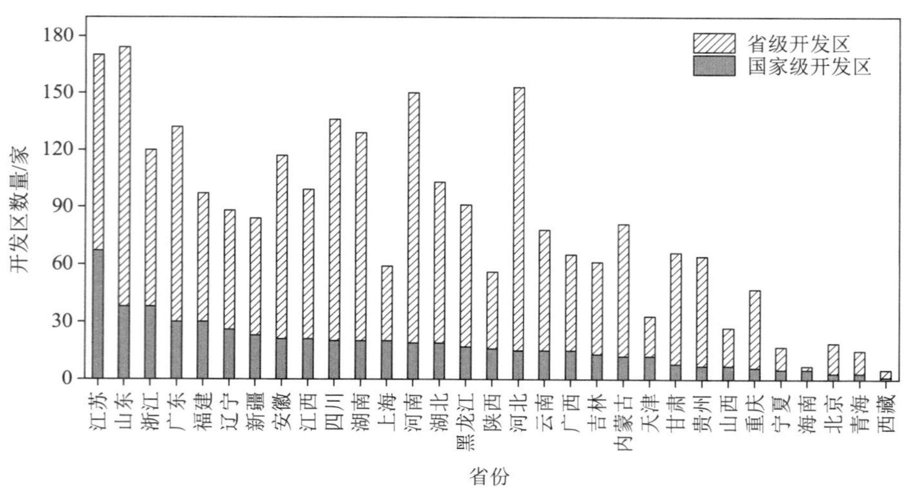

图 15-3 2018 年我国开发区数量

15.2.2 碳排放与碳中和路径

目前，我国还没有规范且公开的工业园区碳排放数据库。清华大学陈吕军教授团队曾对 213 家国家经济技术开发区进行过一次综合调研，据估算，工业园区的 CO_2 排放约占全国总排放量的 31%。此外，该团队还运用环境影响核算方法，统计得到全国 1 604 个工业园区能源基础设施存量的总年碳排放为 2.35 Gt CO_2 当量，约占全国碳排放的 18%。其中，大部分碳排放来自沿海地区高度发达的工业园区，如辽宁、河北、山东、江苏和广东等省，这些省份的碳排放量占总排放量的 51%。工业园区的碳排放通常源于能源消耗、工业生产过程、土地利用变化及废弃物处理等过程。其中，能源消耗是工业园区碳排放的重要来源。例如，在北京、苏州和沈阳工业园区开展的研究表明，其能源消费的碳排放量分别占总排放量的 97%、94%和 62%。在能源结构方面，主要以化石燃料为主，其中煤炭消费量占比较高，约占能源总消费量的 74%（Guo et al.，2018）。而煤炭的碳排放量显著高于其他能源种类，相同热值煤炭的碳排放量是石油的 1.3 倍，是天然气的 1.6 倍。因此，燃煤产生的碳排放是工业园区碳排放的主要来源。除煤炭外，工业园区内的工业固体废物、生活垃圾、余热、煤矸石及生物质等非常规能源也有一定程度的利用，但其总份额较低，仅为 2%左右（Guo et al.，2018），园区的低碳能源发展还有很大的提升空间。

基于国家碳中和战略目标，工业园区在全面执行低碳发展政策、行动部署的同时，亟须积极探索绿色低碳行动路径（图 15-4）。

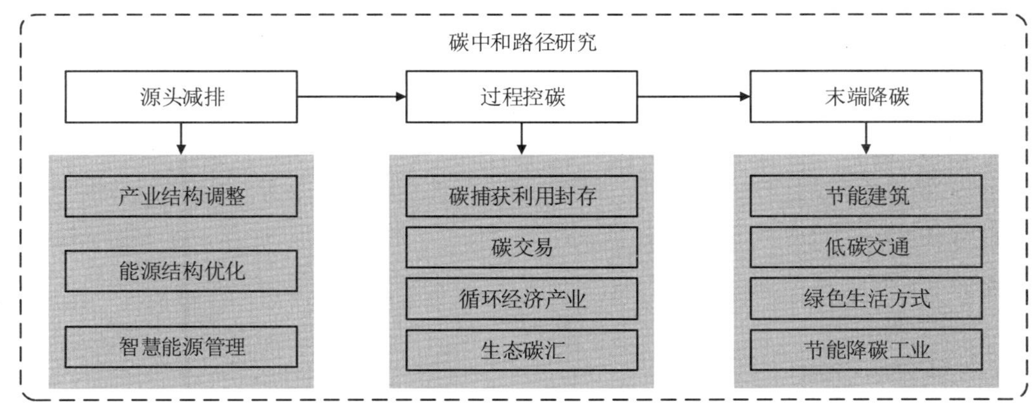

图 15-4 工业园区碳中和实施路径

1. 源头减碳

产业结构调整。一是遏制“两高”项目盲目发展。深入贯彻落实国家、省、市政策要求，严格禁止不符合要求的高耗能企业入园，并对园区内高耗能、高排放项目进行严格管理、分类处置及动态监控。全面排查在建和拟建项目，对于产能已饱和的行业，实施能耗置换方案压减产能；对于能耗量较大的新兴产业，支持企业引进应用绿色低碳技术，加快产业低碳升级转型。二是培育绿色低碳新产业。聚焦新一代电子信息产业、高端装备制造产业、新能源、人工智能等重点领域，积极引入以低耗能、低排放为主要特点的清洁节能低碳环保产业，重点推进高效节能装备产业发展，构建低碳高效绿色产业体系。

能源结构优化。一是推动化石能源消费转型升级。有序实施煤炭削减计划，加快煤炭减量步伐，持续推动热电节能循环改造，实现煤炭高效清洁利用。大力实施终端电能替代，有序推进电带油和电带气工作，推广工业电气化技术应用，加快油品利用场景向电能转变。二是积极发展清洁可再生能源。重点开发风力、太阳能、氢能等清洁能源，加强可再生能源开发利用。加大光伏、光热开发应用，有序推进生物质能开发利用，持续提高非化石能源比重，推进建设园区多元化清洁能源供应体系。三是建立能源综合系统。利用大数据等先进的物理信息技术和创新管理模式，整合园区内多种能源资源，加强光、电、热、冷、气等能源生产耦合集成和互补利用，在满足系统内多元化用能需求的同时有效提升能源利用效率，实现源网荷储一体化，促进能源可持续发展。

智慧能源管理。一是构建绿色供应链管理体系。利用物联网、大数据、区块链等信息化技术，构建数据支撑、网络共享、智能协作的园区绿色供应链管理体系，实时获取园区内各企业大气环境、水污染排放、固体废物产量等数据，提高园区碳排放的透明度，实现污染物与温室气体监测数据自由流动、便捷交互。二是完善碳中和管理平台。在园区现有管理平台的基础上，利用大数据和智慧化技术完善工业园区碳中和管理功能，并结合实时的观测数据建立碳排放综合分析应用模块，以更加精细、动态的方式实现工业园区降碳管理业务的信息化、现代化、专业化。

2．过程控碳

节能建筑。一是采用绿色低碳建筑材料。推广绿色建材的应用，加大绿色建材产品和关键技术研发投入，鼓励发展性能优良的预制构件及部品部件，提高新建建筑中绿色建材应用比例，推广新兴功能环保建材产品与配套应用技术。全面推广使用节能型新技术和新设备，选择绿色低碳建筑材料，推动建筑材料循环利用，并与建筑一体化进行设计、施工。以可再生清洁能源材料代替传统化石能源，减少建筑电力消耗产生的碳排放。二是严格执行建筑节能管理程序。将建筑节能监管工作纳入工程基本建设管理程序中，严格执行建筑节能设计标准。支持和引导商业综合体、公共建筑等开展节能诊断、综合能源节能管理咨询服务。三是推广超低能耗、近零能耗建筑。深度挖掘制冷、照明等系统节能改造，推动建筑用能低碳化，提高新能源、余热余压等在建筑汇中的应用比例，探索零碳建筑。

低碳交通。一是加强交通碳排放控制。有序淘汰高耗能、高排放交通工具，积极推广清洁能源车船，持续推进公共交通、市政环卫、城市物流配送车辆实现电动化和新能源化。加强移动源污染防治，对重点车辆排放检验数据加强跟踪调查。二是推动绿色交通基础设施建设。逐步推进“油气氢电服”综合加能站建设，加快构建便利高效、适度超前的充换电网络体系，推动物流园区、公交场站等区域充换电设施建设。加快绿色低碳能源在交通领域的应用发展。进一步完善园区慢行交通系统，提升新能源公交车辆和公共自行车服务供给能力，优化便民低碳出行环境。三是构建低碳、高效的交通模式。以提高交通运输效率为目标，构建以轨道交通为骨架，常规公交为主体，步行、非机动车及小汽车等各类交通方式协调发展的综合交通运输体系。同时，优化提升园区智能交通管理体系，利用大数据、人工智能等先进技术科学实现交通低碳发展的网络化、有序化和高效化。

节能降碳工业。工业方面应以完善绿色低碳技术创新体系和突破核心技术“瓶颈”为重点，强化区域低碳技术自主研发，推进前沿基础研究、关键技术研发、成果转化应用，推进工业生产过程的节能降碳进程。围绕绿色低碳技术创新需求，引进、培育一批掌握核心技术、带动绿色低碳产业高端化发展的科技领军人才和高水平创新团队。聚焦电子信息、生命健康、能源环境等领域，开展前沿性新材料研发。增强低碳科技自主研发能力，重点突破可再生能源、储能、新材料等领域关键技术，加强低碳技术在工业领域中的应用，完善工业绿色低碳创新体系。

绿色生活方式。一是促进绿色消费转型升级。充分发挥政府采购的导向支持作用，鼓励特色行业建立绿色低碳物资采购目录和供应链协同采购机制，在全社会范围内积极宣传政府绿色采购绩效，引导居民消费转型。二是加强“双碳”科普教育。将碳达峰、碳中和纳入各级各类教育教学体系，积极开展绿色校园创建、低碳环保行动、绿色环保使者等实践活动，让广大学生增强低碳生活意识，从小养成爱护环境、倡导低碳生活的好习惯。开展绿色低碳社区创建行动，推广衣、食、住、行、游低碳生活行动，鼓励居民使用环保和绿色设计产品，减少一次性消费品消耗，增强全民节约、环保和生态意识，把建设美丽中国转化为全体人民自觉行动，营造绿色低碳的居住环境。

3．末端降碳

碳捕集利用与封存技术。碳捕集、利用与封存（carbon capture utilization and storage，CCUS）技术包括碳捕集、运输、利用与封存 4 个环节，是将生产过程中排放的 CO_2 进行捕集提纯，再投入新的生产过程中加以循环利用或封存的一种技术。研究表明，CCUS 可以捕获 90%以上生产过程排放的 CO_2，减排潜力巨大。CCUS 技术被认为是应对全球气候变化最重要的工具之一，是实现化石能源净零排放的必要技术选择，也是实现“双碳”目标的深层保障。但是，目前国内 CCUS 项目发展还不成熟，在关键环节中仍存在安全性、技术性和经济性等难题。因此，未来应增强 CCUS 技术的自主研发能力，解决制约 UUCS 发展的关键因素，扩大 CCUS 的应用范围，实现工业园区减碳增值效果。

碳交易。一是建立排放大数据硬件支撑。摸清企业“家底”是参与碳交易、实现碳中和的重要前提。工业园区应提前布局，组织企业建立收集、梳理及监控自身碳排放数据的智能化系统，依靠信息化手段，提升碳排放数据的测量、追踪能力，确保数据的准确性和可靠性，为企业参与碳交易的战略决策和业务发展提供数据支持。二是构建企业碳交易服务平台。园区的运营管理相对集中，应结合自身能源资源禀赋，发挥集群产业链优势，在政府相关部门和企业间搭建桥梁，使市场化手段和政策性指导在低碳领域深度结合，为企业搭建碳交易服务平台。三是制定统一的碳交易标准。设定碳排放权配额发放总量，积极推动碳配额分配方式改革，在生产环节中构建主体多元的竞价体系，在消费环节中构建减排与收益挂钩的激励机制，在配置环节构建“统一市场、统一运作”的交易模式。四是完善碳排放权交易市场监管体系。充分发挥碳市场与碳税的各自优势与互动互补作用，探索推动以碳市场为主体、以碳税为补充的混合式碳定价机制，形成责任明确、分工合理、相互配合的管理体系。

循环经济产业。一是污水循环利用。研发操作简单、处理费用低、可广泛使用的处理技术，对工业园区废水进行处理，再使用臭氧氧化法、活性炭吸附剂反渗透法等深度处理技术对废水进行再次处理，实现园区废水循环利用。二是废气循环利用。积极采用先进适用的废气处理技术，同时加快工业园区废气处理新技术、新工艺的开发及应用，加强工业园区废气处理技术的智慧化管理水平和资源循环利用。三是固体废物循环利用。大力推进工业固体废物、建筑垃圾、危险废物、生活垃圾等减量化和资源化，加快构建覆盖全区的生活垃圾收集转运处理体系，健全固体废物资源安全处置和再生利用体系，推进固体废物资源分类高效循环利用。四是建设生态工业园区。生态工业园区依据循环经济、工业生态学和产业集群等理论，模拟自然生态系统，在工业园区中构建循环经济产业链网络，不同企业间共享资源和互换副产品，物质和能源在区域系统内实现闭路再循环，力求废物产生最小化、资源及能源利用效率最高化、产业集群效益最大化。

生态碳汇。一是提高绿色植被覆盖面积。重视微观绿地空间利用，逐步推动工业园区建筑屋顶、建筑立面、社区空地等绿化水平，提高工业园区内的绿色覆盖面积和碳吸收能力，增强工业园区生态系统服务功能。二是构建生态保护格局。坚持基于自然的解决方案构建生态保护格局，划定并严守生态红线。统筹山水林田湖草沙系统治理和空间协调保护，严格落实“三线一单”生态环境分区管控体系，强化生态系统自我调节能力，增加生态系统碳汇。

15.3 碳排放计算及预测方法

15.3.1 计算方法

工业园区碳排放计算总体上遵循《IPCC 2006 年国家温室气体清单指南 2019 修订版》的基本方法，并参考国家发展和改革委员会办公厅 2011 年 5 月印发的《省级温室气体清单编制指南（试行）》等相关标准和文件（如下）建议的计算方法体系，其中排放源包括能源消耗、工业生产过程、电力/热力输入输出、废弃物处理，并将工业园区碳汇纳入核算体系。考虑到生物质燃料生产与消费的总体平衡，其燃烧所产生的 CO_2 与生长过程中光合作用所吸收的碳两者基本抵消，生物燃料燃烧产生的碳不纳入核算。

- 《温室气体排放核算与报告要求第 5 部分：钢铁生产企业》（GB/T 32151.05—2015）；
- 《企业温室气体排放核算方法与报告指南 发电设施》（2021 年）；
- 《建筑碳排放计算标准》（GB/T 1366—2019）；
- 《工业企业温室气体排放核算和报告通则》（GB/T 32150—2015）；
- 《中国化工生产企业温室气体排放核算方法与报告指南（试行）》（2013 年）；
- 《中国钢铁生产企业温室气体核算方法与报告指南（试行）》（2014 年）；
- 《工业行业企业温室气体排放核算方法与报告指南（试行）》（2015 年）；
- 《公共建筑运营企业温室气体排放核算方法和报告指南（试行）》（2015 年）；
- 《陆上交通运输企业温室气体排放核算方法与报告指南（试行）》（2015 年）；
- 《工业行业企业温室气体排放核算方法与报告指南（试行）》（2015 年）；
- 《IPCC 国家温室气体清单指南》（2019 修订版）；
- 《温室气体核算体系：企业核算与报告标准》（2011 年修订）；
- GHG Protocol，ISO 14064 等体系文件。

1．能源活动

主要包括化石燃料燃烧活动产生的 CO_2、CH_4 和 N_2O 排放；生物质燃料燃烧活动产生的 CH_4 和 N_2O 排放；煤矿和矿后活动产生的 CH_4 逃逸排放及石油和天然气系统产生的 CH_4 逃逸排放。

能量活动碳排放量指的是化石燃料燃烧 CO_2 排放、动力或热力供应的化石燃料燃烧

过程产生的 CO_2 排放。计算公式如下：

$$E_{能源}=E_{燃烧}+E_{电力}+E_{热力} \tag{15-1}$$

2. 化石燃料

根据能源消费中主要排放 CO_2 的化石能源，煤炭、石油及天然气的消费量，利用不同化石能源的低位热值、碳排放因子和碳氧化比率估算高新区燃料燃烧产生的 CO_2 排放量。

企业边界内化石燃料燃烧产生的 CO_2 排放计算公式如下：

$$E_{燃烧}=\sum_{i=1}^{n}\left[(\mathrm{NCV}_i\times\mathrm{FC}_i)\times\left(\mathrm{CC}_i\times\mathrm{OF}_i\times\frac{44}{12}\right)\right] \tag{15-2}$$

企业净购入电力产生的 CO_2 排放计算公式如下：

$$E_{电力}=\mathrm{AD}_{电力}\times\mathrm{EF}_{电力} \tag{15-3}$$

企业净购入热力产生的 CO_2 排放计算公式如下：

$$E_{热力}=\mathrm{AD}_{热力}\times\mathrm{EF}_{热力} \tag{15-4}$$

$$E_{能源}=\sum_{i=1}^{n}\left[(\mathrm{NCV}_i\times\mathrm{FC}_i)\times\left(\mathrm{CC}_i\times\mathrm{OF}_i\times\frac{44}{12}\right)\right]+\mathrm{AD}_{电力}\times\mathrm{EF}_{电力}+\mathrm{AD}_{热力}\times\mathrm{EF}_{热力} \tag{15-5}$$

式中：$E_{能源}$为能源活动产生的 CO_2 排放量，tCO_2；FC_i 为第 i 种化石燃料的净消耗量，t 或万 Nm^3；NCV_i 为第 i 种化石燃料的平均低位发热量，GJ/t 或 GJ/万 Nm^3；CC_i 为第 i 种化石燃料的单位热值含碳量，tC/GJ；OF_i 为第 i 种化石燃料的碳氧化率，%；$AD_{电力}$为净购入电量，MW·h；$EF_{电力}$为区域电力排放因子，tCO_2/MW·h，江苏省取值 0.718 2；$AD_{热力}$为净购入热力量（如蒸汽量），GJ；$EF_{热力}$为热力的排放因子，tCO_2/GJ，推荐值为 0.11。

根据《中国能源统计年鉴 2019》，各种能源的折标准煤系数、常用能源的平均低位发热量、单位热值含碳量、碳氧化率等数据见表 15-6 和表 15-7。

表 15-6 各种能源折算标准煤系数

能源种类	折标准煤系数/t 标准煤	能源种类	折标准煤系数/t 标准煤
原煤/t	0.714 3	液化石油气/t	1.714 3
焦炭/t	0.971 4	焦炉煤气/万 m^3	6.143 0
其他焦化产品/t	1.300 0	炼厂干气/t	1.571 4
原油/t	1.428 6	其他煤气/万 m^3	3.570 1
汽油/t	1.471 4	其他石油制品/t	1.200 0
煤油/t	1.471 4	天然气/万 m^3	13.300
柴油/t	1.457 1	热力/百万 kJ	0.034 1
燃料油/t	1.428 6	电力/万 kW·h	1.229（当量值）

表 15-7 化石燃料燃烧碳排放因子

系数	行业	无烟煤	一般烟煤	褐煤	洗精煤（用于炼焦）	其他洗煤	焦炭	焦炉煤气	天然气	液化天然气	原油	汽油	煤油	柴油	液化石油气	润滑油	其他石油制品
低位发热量系数/（TJ/万 t）	其他行业	228.67	229.79	144.45	263.44	153.73	284.46	1 738.54	3 893.1	514.98	426.2	448	447.5	433.3	473.1	402	402
	化工行业	245.15	232.04	144.49	263.44	153.73	284.46	1 738.54	3 893.1	514.98	426.2	448	447.5	433.3	473.1	402	402
	电力行业	223.09	203.67	131.38	263.44	153.73	284.46	1 738.54	3 893.1	514.98	426.2	448	447.5	433.3	473.1	402	402
含碳量/（t 碳/TJ）	其他行业	27.4	25.77	28	25.41	25.41	29.5	13.58	15.3	15.3	20.10	18.9	19.6	20.2	17.2	20	20
	化工行业	27.65	25.77	28.15	25.41	25.41	29.5	13.58	15.3	15.3	20.10	18.9	19.6	20.2	17.2	20	20
	电力行业	27.49	26.18	27.97	25.41	25.41	29.5	13.58	15.3	15.3	20.10	18.9	19.6	20.2	17.2	20	20
碳氧化率	其他行业	0.861	0.863	0.893	0.893	0.893	0.863	0.99	0.99	0.99	0.98	0.98	0.98	0.98	0.98	0.98	0.98
	化工行业	0.861	0.863	0.9	0.9	0.9	0.878	0.99	0.99	0.99	0.98	0.98	0.98	0.98	0.98	0.98	0.98
	电力行业	0.95	0.987	0.98	0.98	0.98	0.98	0.99	0.99	0.99	0.98	0.98	0.98	0.98	0.98	0.98	0.98

3. 生态碳汇

碳汇能力建设是工业园区实现碳中和目标的重要内容。根据《省级温室气体清单编制指南（试行）》，森林及其他木质生物质生物量碳贮量的变化包括乔木林（林分）生长生物量碳吸收、散生木、四旁树、疏林生长生物量碳吸收；竹林、经济林、灌木林生物量碳贮量变化，以及活立木消耗碳排放。具体计算方法如下：

$$\Delta C_{生物量} = \Delta C_{乔} + \Delta C_{散四疏} + \Delta C_{竹/经/灌} - \Delta C_{消耗} \tag{15-6}$$

式中：$\Delta C_{生物量}$为森林和其他木质生物质生物量碳贮量变化，tCO_2；$\Delta C_{乔}$为乔木林（林分）生物量生长碳吸收，tCO_2；$\Delta C_{散四疏}$为散生木、四旁树、疏林生物量生长碳吸收，tCO_2；$\Delta C_{竹/经/灌}$为竹林（经济林、灌木林）生物量碳贮量变化，tCO_2；$\Delta C_{消耗}$为活立木消耗生物量碳排放，tCO_2。

乔木林生长碳吸收计算公式如下：

$$\Delta C_{乔} = V_{乔} \times \mathrm{GR} \times \overline{\mathrm{BEF}} \times \overline{\mathrm{SVD}} \times 0.5 \tag{15-7}$$

$$\overline{\mathrm{BEF}} = \sum_{i=1}^{n} \left(\mathrm{BEF}_i \cdot \frac{V_i}{V_{乔}} \right) \tag{15-8}$$

$$\overline{\mathrm{SVD}} = \sum_{i=1}^{n} \left(\mathrm{SVD}_i \cdot \frac{V_i}{V_{乔}} \right) \tag{15-9}$$

式中：$V_{乔}$为乔木林总蓄积量，m^3；V_i为乔木林第 i 树种（组）蓄积量，m^3；GR 为活立木蓄积量年生长率，取 13.19%；BEF_i为乔木林第 i 树种（组）的生物量转换系数，即全林生物量与树干生物量的比值，无量纲；$\overline{\mathrm{BEF}}$为乔木林 BEF 加权平均值，常绿乔木参考成熟桉树，为 1.263，落叶乔木参考阔叶混，为 1.514；SVD_i为乔木林第 i 树种（组）的基本木材密度，t/m^3；$\overline{\mathrm{SVD}}$为乔木林 SVD 加权平均值，常绿乔木参考桉树，为 0.578，落叶乔木参考阔叶混，为 0.482；0.5 为生物碳含碳率。

散生木、四旁树、疏林生长碳吸收计算公式如下：

$$\Delta C_{散四疏} = V_{散四疏} \times \mathrm{GR} \times \overline{\mathrm{BEF}} \times \overline{\mathrm{SVD}} \times 0.5 \tag{15-10}$$

$$\overline{\mathrm{BEF}} = \sum_{i=1}^{n} \left(\mathrm{BEF}_i \cdot \frac{V_i}{V_{散四疏}} \right) \tag{15-11}$$

$$\overline{\mathrm{SVD}} = \sum_{i=1}^{n} \left(\mathrm{SVD}_i \cdot \frac{V_i}{V_{散四疏}} \right) \tag{15-12}$$

竹林、经济林、灌木林生物量碳贮量变化计算公式如下：

$$\Delta C_{竹/经/灌} = \Delta A_{竹/经/灌} \times B_{竹/经/灌} \times 0.5 \tag{15-13}$$

式中：$\Delta C_{竹/经/灌}$为竹林（经济林、灌木林）生物量碳贮量变化，tCO_2；$\Delta A_{竹/经/灌}$为竹林（经济林、灌木林）面积年变化，hm^2；$\Delta B_{竹/经/灌}$为竹林（经济林、灌木林）平均单位面积生物量，t 干物质，取 17.99。

活立木消耗生物量碳排放计算公式如下：

$$\Delta C_{消耗} = V_{活立木} \times \mathrm{CR} \times \overline{\mathrm{BEF}} \times \overline{\mathrm{SVD}} \times 0.5 \tag{15-14}$$

式中：CR 取 10.16。

4．废弃物、生活污水和工业废水处理

此项包括固体废物（主要是指生活垃圾）填埋处理产生的 CH_4 排放量和焚烧处理产生的 CO_2 排放量，生活污水和工业废水处理产生的 CH_4 和 N_2O 排放量。

（1）废弃物处理

废弃物处理包括固体废物和液体废弃物在可控的焚化设施中焚烧产生的 CO_2 排放。根据《省级温室气体清单编制指南（试行)》要求，只有废弃物中的矿物碳（如塑料、某些纺织物、橡胶、液体溶剂和废油）在焚化期间氧化过程产生的 CO_2 排放被视为净排放，应纳入清单总量中；废弃物中所含的生物质材料（如纸张、食品和木材废弃物）燃烧产生的 CO_2 排放是生物成因的排放，不应纳入清单总量中。废弃物焚烧处理的 CO_2 排放计算公式如下：

$$E_{\mathrm{CO_2}} = \sum\left(\mathrm{IW}_i \times \mathrm{CCW}_i \times \mathrm{FCF}_i \times \mathrm{EF}_i \times \frac{44}{12}\right) \tag{15-15}$$

式中：$E_{\mathrm{CO_2}}$ 为废弃物焚烧处理的 CO_2 排放量，万 t/a；i 分别为城市固体废物、危险废物、污泥；IW_i 为第 i 种类型废弃物的焚烧量，万 t/a；CCW_i 为第 i 种类型废弃物中的碳含量比例；FCF_i 为第 i 种类型废弃物中矿物碳在碳总量中比例；EF_i 为第 i 种类型废弃物焚烧炉的燃烧效率；44/12 为碳转换成 CO_2 的转换系数。

（2）生活污水和工业废水处理

废水厌氧处理 CH_4 排放主要是厌氧工艺自身产生或外来的废水导致的 CH_4 排放，计算公式如下：

$$\mathrm{TOW} = W \times (\mathrm{COD}_{in} - \mathrm{COD}_{out}) \tag{15-16}$$

$$\mathrm{EF}_{\mathrm{CH_4}\text{-废水}} = B_0 \times \mathrm{MCF} \tag{15-17}$$

$$E_{\mathrm{CH_4}\text{-废水}} = (\mathrm{TOW} - S) \times \mathrm{EF}_{\mathrm{CH_4}\text{-废水}} \times 10^{-3} \tag{15-18}$$

式中：TOW 为废水中可降解有机物的总量，以 COD 为计量指标，kgCOD；W 为厌氧处理的废水量，m^3 废水/a；$\mathrm{COD_{in}}$ 为进入厌氧处理系统的废水平均 COD 浓度，kgCOD/m^3 废水；$\mathrm{COD_{out}}$ 为从厌氧处理系统出口排出的废水平均 COD 浓度，kgCOD/m^3 废水；$\mathrm{EF}_{\mathrm{CH_4}\text{-废水}}$ 为工业废水厌氧处理的 CH_4 排放因子，kgCH_4/kgCOD；B_0 为工业废水厌氧处理系统的甲烷最大生产能力，$kgCH_4/kgCOD$，取 0.25；MCF 为甲烷修正因子，表示不同处理系统或排放途径达到甲烷最大产生能力（B_0）的程度，也反映了处理系统的厌氧程度，取 0.2；$E_{CH_4\text{-废水}}$ 为工业废水厌氧处理的 CH_4 排放量，t；S 为以污泥方式清除掉的有机物总量，以 COD 为计量指标，kgCOD。

5. 工业生产过程

工业生产过程是指工业生产中能源活动温室气体排放之外的其他化学反应过程或物理变化过程的 CO_2 排放。根据《省级温室气体清单编制指南（试行）》，工业生产过程温室气体清单范围包括水泥生产过程 CO_2 排放，石灰生产过程 CO_2 排放，钢铁生产过程 CO_2 排放，电石生产过程 CO_2 排放，己二酸生产过程 N_2O 排放，硝酸生产过程 N_2O 排放，一氯二氟甲烷（HCFC-22）生产过程三氟甲烷（HFC-23）排放，铝生产过程全氟化碳排放，镁生产过程 SF_6 排放，电力设备生产过程 SF_6 排放，半导体生产过程氢氟烃、全氟化碳和 SF_6 排放，以及氢氟烃生产过程的氢氟烃排放。其他生产过程或其他温室气体暂不考虑。

6. 电力电热

工业企业电力调入量主要为工业企业耗电量，电力调出量为发电企业电力输出量。根据《关于做好 2022 年企业温室气体排放报告管理相关重点工作的通知》（环办气候函〔2022〕111 号），全国电网排放因子由 0.610 1 tCO_2/（MW·h）调整为 0.581 0 tCO_2/（MW·h），因此现状 CO_2 排放因子取 0.581 0 tCO_2/（MW·h），热力供应的 CO_2 排放因子暂按 0.11 tCO_2/GJ 计。

净购入的生产用电力、热力隐含产生的碳排放量按如下公式计算：

$$E_{电} = \mathrm{AD}_{电} \times \mathrm{EF}_{电} \tag{15-19}$$

$$E_{热} = \mathrm{AD}_{热} \times \mathrm{EF}_{热} \tag{15-20}$$

式中：$E_{电}$为净购入生产用电力隐含产生的碳排放量，t；$\mathrm{AD}_{电}$为净购入电量（购入—外销），MW·h；$\mathrm{AD}_{热}$为净购入热力（购入—外销），GJ；$\mathrm{EF}_{电}$为区域电网供电平均碳排放因子，tCO_2/（MW·h）；$\mathrm{EF}_{热}$为区域热力供应碳排放因子，tCO_2/GJ。

15.3.2 预测模型

目前，国内外研究机构和学者相继开发出各类能源、经济及环境模型，为解决国内外能源环境问题提供了科学支撑，现对能源需求及碳排放分析预测模型主要分为自上而下和自下而上两种（林大荣等，2018）。CO_2 排放总量主要由能源排放、能源转换及非能源排放三大部分组成，在计算能源活动产生的 CO_2 时主要由能源平衡表中的终端消费和能源生产与加工转换两大部分组成，为对各部门、各领域碳排放达峰及减排潜力进行具体分析，建立由下至上的预测分析模型。本章采用长期能源替代规划系统（LEAP）模型，对 2021—2035 年的能源需求和 CO_2 排放进行模拟和预测分析，LEAP 模型是由瑞典斯德哥尔摩环境研究所及美国波士顿 Tellus 研究所一起开发研究的计量经济学模型，是一个基于能源与环境的情景分析类型模型，从中长期对空气污染物和温室气体排放在进行供需能量分析、循环及能耗间的平衡过程中进行分析研究，用于确定资源的开发服务、生产和能源消费间的经济发展（杜涵蓓等，2022）。

LEAP 模型可以根据研究对象的要求自由选择适应的模型和数据框架，包括能量供给、能量转换和最终能源需求 3 个方面，几乎将所有的能源需要、加工、运输、配送和终端的运用都包含其中，它能模拟现有的应用和最终的能耗技术。LEAP 模型应用的第一步是对研究对象的过去状态进行回望性分析；第二步是对过去的状态特征进行分析，然后提出相对应的未来可能性状况的假设；第三步是对未来的经济趋势、技术水平等进行预判；第四步是在前三步的基础上设置相关模型，最后得出分析结果。根据工业园区分行业能源结构组成、发展现状、产业结构、各领域能耗强度、节能减排技术等建立工业园区 CO_2 排放-LEAP 预测模型。其中，活动水平是一个广义概念，如对于钢铁生产，可以用物理指标（如粗钢产量）衡量活动水平，也可以用经济指标（如工业增加值）来衡量活动水平，其选择并没有统一的原则，但一般要求能够充分反映建模对象的动态变化，并与能源消费有直接相关，且便于度量或估计；能源强度通常定义为单位活动或产出所需的能源消费量，如单位国内生产总值能耗、单位工业产品生产综合能耗、人均能耗等。能源强度在一定程度上可以反映能源利用的效率，是能源经济中一个非常重要的指标。

基于 LEAP 的框架建立 4 级活动水平，如下：

- 活动水平 1（部门），即工业总产值（万元）；
- 活动水平 2（子部门），即不同行业总产值占园区工业总产值的比重；
- 活动水平 3（行业），即不同行业的能源强度；
- 活动水平 4（能源），即低碳或清洁能源消耗占能源消耗总量的比重。

其中，能源依赖性行业按 2020 年行业能源消耗强度（能源消耗量/工业总产值）大于 0.01 t 标准煤/万元计，包括非金属矿采选业、食品制造业、酒/饮料和精制茶制造业、印刷和记录媒介复制业、化学原料和化学制品制造业、医药制造业、化学纤维制造业、橡胶和塑料制造业、非金属矿物制造业、有色金属冶炼和压延加工业、废弃资源综合利用业和电力、热力生产和供应业 12 个行业；低碳或清洁能源指天然气、电力、生物燃料。

碳排放量预测模型计算公式如下：

$$C \equiv \sum_{i=1}^{n}\sum_{k=1}^{m} I \times P_i \times E_i \times U_{k,i} \times f_k \tag{15-21}$$

式中：C 为碳排放总量，t；i 为工业行业；n 为工业行业个数；k 为能源类别；m 为能源类别个数；I 为工业总产值，万元；P 为各行业总产值占工业总产值比重，%；E_i 为行业 i 的能源强度，t 标准煤/万元；$U_{k,i}$ 为行业 i 中 k 能源的消耗量占能源消耗总量的比例，%；f_k 为能源 k 的碳排放系数。

15.4　钢铁类工业园区

15.4.1　案例背景

1. 园区概况

无锡市江阴某工业园区为国家生态工业示范园区，面积 2 391 hm^2，其中建设用地 2 261.6 hm^2，占比 94.59%，未利用地 129.53 hm^2。交通便利，配套设施完备，变电所、污水处理厂、自来水厂等配套设施全部到位，形成了高标准立体式的基础设施配套体系。有热电厂 1 座，热力供给能力为 4 800 t/d，压力＞0.5 MPa，温度为 296℃。热电厂自行设计铺设管道，利用区内纺织企业的碱性印染水进行脱硫，年节省石灰等药剂数万吨，形成了企业废物利用的局部利用链。有 2 座 220 kV 变电厂为主供电源，装机容量为（2×120）MVA+（1×180）MVA 和（2×180）MVA。燃气气源为天然气和液化石油气。天然气主要供应公建用户和工业用户，由中压管道输气；居民用气以瓶装液化石油气供给为主，气化率 100%。已建高高压和高中压调压站各 1 座。依靠区域供水工程向区内供水，同时拥有污水处理厂 3 座，现状处理规模分别为 10 万 t/d、2.5 万 t/d 和 4 万 t/d。污水排放首先由企业进行预处理，达到工业园区污水处理接入标准 COD＜500 mg/L，然后集中输至区内污水处理厂进行处理。区内已建垃圾转运站 2 座，危险废物主要由园区内特钢企业产生，主要包括废酸、蚀刻废液、废活性炭、废包装材料等，委托有资质的危险废物处置单位进行安全处置。

2. 主导产业

主导产业方向包括特钢新材料及制品、新能源汽车及关键零部件。特钢新材料及制品产业优势明显、链条完整、特色鲜明，获批国家创新型产业集群试点，国家火炬特钢新材料及其制品特色产业基地。微电子和集成电路产业快速发展，已初步形成了集成电路设计、芯片制造、封装及测试产业链。在服务业方面，该片区主导产业方向为电子商务、医疗康养等高端产业业态的现代服务业项目。从片区定位和主导产业特点来看，在第二产业中，人工智能应用、新一代信息技术产业等物耗、产排污相对较小，绿色智能汽车、智能制造装备、微电子集成电路等产业已部分完成企业清洁生产水平升级改造。“十三五”期间已完成部分产业结构升级和企业清洁生产水平提升。“十四五”期间正在积极推进数字化转型，加速微电子产业向产业链上下游延伸；“从无到有”构建起新能源产业链。同时，积极引育现代服务业，聚力招引高端生产性服务业和优质生活性服务业项目。

3. 发展定位

一是奋力打造实力一流的新兴产业集聚高地。以高端化、智能化、绿色化、服务化为引领，加快打造以特钢新材料及制品为特色，集成电路、现代中药和生物医药、智能装备为主导，新能源汽车及关键零部件为战略的“1+3+1”先进制造业体系，加快完备生产性服务业与生活性服务业发展体系，推动未来产业茁壮成长，引育更多技术优势明显的龙头企业和爆发力强的成长型企业，在超百亿重特大项目上实现实质性突破，让产业更高端。

二是奋力打造活力一流的科技驱动创新高地。紧抓数字经济和新型基础设施建设机遇，深入开展创新提质行动，着力提升企业自主创新能力，充分挖掘高端人才创业潜力，全面激发创新体制机制活力，大力提升科技成果转化贡献力和创新创业生态吸引力，把工业园区打造成为高质量科创企业、高层次科创平台、高水平科创人才集聚的科技驱动创新高地，让创新更澎湃。

三是奋力打造魅力一流的产城融合宜居高地。坚持把园区建设和生态优化作为高质量发展的关键之举。牢固树立绿色发展理念，加快推动工业园区环境实现根本性转变，加快实现“园在绿中、绿在景中、景在城中、人在画中”的美丽图景，让园区更美丽。同步优化生产、生活、生态布局，加快推进以产兴城、以城聚产、产城联动，打造宜居宜业宜商的产业之城、科技之城、现代之城和幸福之城，让人民更幸福。

4．存在的问题

一是资源能源约束对实现碳达峰形成压力。工业园区所在片区以国内一流的创新型国际化园区作为区域功能定位，经济、社会发展保持着持续增长的态势，但是区内资源、能源需求基本靠外部供给，现有资源、环境和生态系统已难以承载传统的发展方式。另外，经过多年的发展，园区工业用地已达 8.75 km^2，目前可用的建设用地仅剩 3.63 km^2，土地资源的日益紧缺在一定程度上制约了工业园区的发展。根据《江阴市工业园区升级改造大会战三年行动实施方案》和园区总体发展规划（2020—2035 年），工业园区范围内除自然水域外，均规划为允许建设用地，以居住、科教、工业用地为主，仅依靠工业园区内的绿地、生态红线区（包括国家级生态红线区、江苏省生态空间管控区）的碳汇无法覆盖工业园区碳排放总量。

二是生态工业链网需进一步完善。工业园区工业产品多数处生产链条的上、中游环节，企业间、产业间关联度较低，生态链条尚未形成全覆盖，部分产业链条还存在补链潜力，应对其上下游产业链开展精细化研究，尤其是废弃物（包括水、大气、固体废物）的综合循环化利用，以防造成区域资源和能源的浪费。缺乏以龙头企业为主导的产业链低碳技术联盟，应加快技术共享，形成区域内低碳示范典型加以推广，区域内产业间废物循环利用和余热利用效率不高。园区经济发展的质量还有较大提升空间，产业发展仍存在着“大而不强”“结构不优”“发展粗放”等问题，打造具有国际竞争力的现代化制造业基地任重道远。园区产业层次以传统产业为主、产业结构以重化工业为主、产品结构以原材料加工为主的“三为主”问题依旧明显。为此，下一步开发区将坚持招商选资，注重引进资源消耗低、环境污染少、产业关联度大、有长远效益的项目，尤其结合园区产业基础，延伸生态工业链条，补齐生态工业链条中的缺环、断环，搭建区域性生态工业链网。

三是主要排放源能效水平待提高。龙头产业能耗较高，亟须协同绿色发展。2020 年，特钢企业综合消耗能源占工业园区能源总消耗 86%。目前，特钢、机械、纺织、化工等产业占全区工业产值的比重达 70%左右，资源消耗型产业仍占据主导地位，规模以上综合能耗远远超过周边园区。由此可见，工业园区要想实现碳达峰，龙头产业尤其是特钢产业必须率先达峰，在特钢新材料及制品、集成电路等领域，选择一批企业进行经济适用型节能低碳化技术改造，鼓励使用高效环保制冷技术等。在工业园区高耗能、高排放行业，普遍推广应用光储一体化、备电储能服务、高效供热系统等节能减碳系统。此外，工业园区缺乏绿色低碳行业专家、专业化经理人、管理人员，无法实现区域内能源、资源、技术统筹。

15.4.2　目标预测

1. 碳达峰目标

“十四五”期间，产业结构和能源结构调整优化取得明显进展，重点行业能源利用效率大幅提升，煤炭消费增长严格控制，新型电力系统加快构建，绿色低碳技术研发和推广应用取得新进展，绿色生产生活方式得到普遍推行。到 2025 年，绿色低碳循环发展的经济体系基本形成，重点领域低碳发展模式基本建立，单位生产总值能耗下降率完成上级下达目标任务，煤炭占能源消费比重下降到 75%以下，可再生能源比例提升至 10%，光伏发电装机容量超过 25 MW，绿化覆盖率达到 35.98%，工业园区 CO_2 排放达到峰值。到 2050 年，工业园区绿色低碳循环发展的经济体系和清洁低碳安全高效的能源体系全面建立，能源利用效率达到国际先进水平，近零排放建筑得到全面推广普及，顺利实现区域碳中和目标，开创人与自然和谐共生新境界。

结合《江阴工业园区绿色发展五年行动方案（2021—2025 年）》，到 2025 年，工业园区绿色产业发展水平显著提升，产业链耦合共生、资源能源高效利用的绿色低碳循环产业体系初步建立，绿色产业发展的体制机制逐步完善，基本形成绿色产业发展的生产生活方式，绿色产业发展水平走在全省前列。方案中的低碳指标见表 15-8。

表 15-8　低碳指标体系及目标值

一级指标	二级指标		单位	现状值	2021 年	2022 年	2023 年	2024 年	2025 年
低碳经济	1	高新技术产业增加值占地区生产总值比例	%	56.16	57.20	58.32	58.80	59.29	60.0
	2	单位工业增加值 CO_2 排放量年均削减率	%	5.27	5.25	5.18	5.11	5.03	4.95
	3	绿色金融投资额占比	%	—	2.50	3.40	4.69	5.85	6.50
能源利用	4	可再生能源比例	%	9.00	9.21	9.45	9.65	9.86	10.00
	5	综合能耗弹性系数	—	0.57	0.54	0.52	0.49	0.45	0.41
低碳管理	6	新建建筑中绿色建筑的比例	%	80	95	100	100	100	100
	7	绿化覆盖率	%	35.02	35.23	35.54	35.75	35.91	3

2. 碳达峰情景预测

（1）碳达峰年限

以 2021 年为基准年，根据《江阴工业园区碳达峰碳中和行动方案》，“十四五”期间将启动碳峰值管理与碳中和发展研究，围绕工业园区“新兴产业集聚高地、科技驱动创新高地、产城融合宜居高地”的发展定位，加快构建绿色低碳产业体系，合力营造低碳生态生活风尚，以确保 2030 年前碳达峰、2050 年碳中和目标的顺利实现，让绿色低碳成为工业园区打造国内一流的创新型国际化园区的鲜明底色。

（2）预测情景设定

运用情景分析法，依据工业园区历年的工业总产值、能源消耗强度、能源消费结构等趋势，在现状分析的基础上，参照现有的宏观规划及政策措施，综合考虑各种影响因素，以可持续发展和低碳经济作为情景设定的核心，以技术进步、产业结构调整的力度及规划、政策执行力的强弱为主要划分依据，设置基准情景、节能情景、节能减排情景、强化减排情景 4 种情景模式。参数设定水平见表 15-9。

表 15-9 4 种情景模式下的参数设定

参数类别	2021 年基准值	增长率			
		基准情景	节能情景	节能减排情景	强化减排情景
工业总产值	1 155.2 亿元	年均增长 10%*	年均增长 10%	2021—2025 年参照节能模式，2026—2035 年参照强化减排模式	年均增长 5%
工业部门能源结构调整	煤炭	年均减少 2%	年均减少 5%		年均减少 10%
	天然气	年均增长 5%	年均增长 10%		年均增长 15%
	热力	年均增长 2%	年均增长 3%		年均增长 5%
	电力	年均增长 5%	年均增长 10%		年均增长 15%
	原油	年均减少 3%	年均减少 5%		年均减少 7%
	可再生能源	年均增长 2%	年均增长 3%		年均增长 5%
建筑节能	居民	年均增长 5%	年均减少 2%		年均减少 5%
	公共	年均增长 5%	年均减少 2%		年均减少 5%
人口		109 623 人	年均增长 1%		年均增长 1%
碳排放强度		2.347 t/万元	年均下降 3%		年均下降 5%**
林业碳汇	绿化用地	1 494 m^3	0.5%		0.5%
废弃物处置	COD 削减率	10%	10%		10%

注：* 数据来源：《江阴工业园区“十四五”期间经济社会高质量发展规划》。

** 数据来源：《江阴高新技术产业开发区绿色发展五年行动方案（2021—2025 年）》。

基准情景：以 2021 年为基准年，不考虑技术进步和结构调整，经济发展参照省、市及江阴工业园区“十四五”规划等进行参数设置。

节能情景：以实行节能减排后的工业产值变化、能源强度、能源结构水平为基础，强化能耗强度降低约束性指标管理，提高能源利用效率，推广节能技术的应用，可以反映节能情景下的经济发展、能源消耗及碳排放状态。具体表现为能源强度降低、能效水平提高，工业产值的增加速度与产业结构状态及基准情景基本相同。

节能减排情景：在节能减排政策的基础上，大力推行低碳经济，工业产值变化、能源强度、能源结构水平的设定初始阶段参照节能情景，逐步推行低碳经济的发展，进一步推广清洁能源的使用，转变经济增长方式，大力发展低耗能、高附加值的产业。具体表现为工业产值增速放缓，工业各行业的能源强度与节能情景基本相同，但是清洁能源在终端能源消耗中所占比例在节能情景基础上进一步提高。

强化排放情景：为全面实现经济与环境的可持续发展，加快技术进步和产业结构的调整，提高新能源和可再生能源的使用占比，进一步调整经济增长方式。具体表现为工业部门各行业能源强度持续下降，能效水平进一步提高；能源结构进一步调整，清洁能源占比基本稳定在较高的水平。

根据以上 4 种情形模式参数值的设定，不同情景下 2021—2035 年碳排放总量见图 15-5。

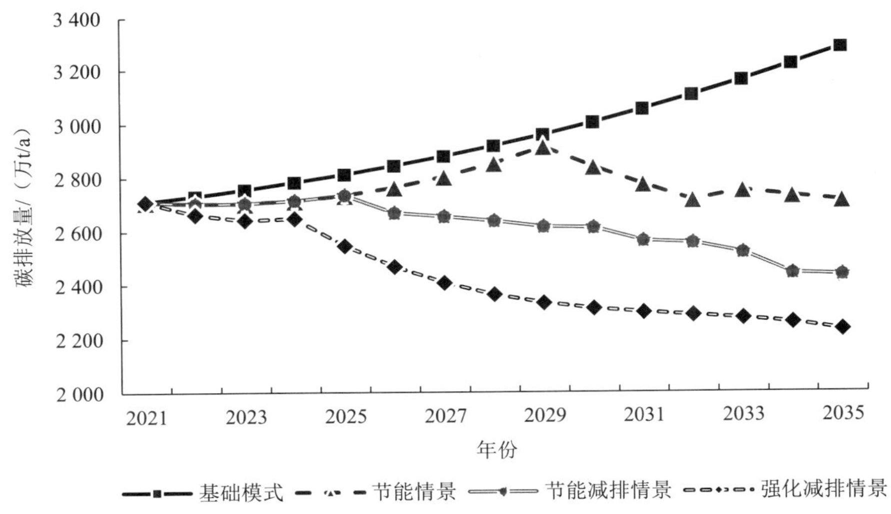

图 15-5　4 种情形下工业园区碳排放情况

（3）土地利用预测

按照“空间集聚、产业集群、产城融合”的总体布局，科学谋划工业园区生产、生活、生态空间，明确产城用地边线，调整工业园区城市建设用地和产业用地比例。2021 年，全年完成拆迁签约面积约 80 万 m^2，拆除面积约 35 万 m^2。盘活存量土地 1 344.6 亩，完成年度任务的 114.9%，有效保障项目用地，推进土地集约利用、提高土地利用效率。加快清理全区工业用地，有序腾退低效用地，盘活存量用地。

3. 碳排放强度

单位 GDP CO_2 排放强度是指一个地区某年度产出一个单位的地区生产总值所排放的

CO_2排放总量，计算公式如下：

$$EI = \frac{E_{总}}{GDP} \tag{15-22}$$

式中：EI 为CO_2排放强度，tCO_2/万元；$E_{总}$为本地区某年度产生的CO_2排放量，万 t；GDP 为本地区同一年度的地区生产总值，亿元。

2021 年，工业园区地区生产总值为 1 155.2 亿元，根据《江阴工业园区"十四五"期间经济社会高质量发展规划》，地区生产总值年均增长率为 10.1%，工业园区 2025 年（碳达峰）、2028 年（中远期）及 2035 年（远期）的碳排放强度预测如表 15-10 所示。

表 15-10 工业园区碳排放强度及削减率

年份	CO_2排放量/万 t	地区生产总值/亿元	CO_2排放强度/（tCO_2/万元）	碳排放强度削减率/%
2021	2 063.77	1 155.2	1.79	—
2025	2 734.3	1 270.72	2.15	8.12
2028	2 638.87	1 397.79	1.89	12.09
2035	2 435.175	1 537.57	1.58	16.40

15.4.3 重点任务

1. 高耗能行业率先达峰

（1）科学优化生产力布局

聚焦产业高端发展、城市面貌现代、生态环境优美，加快用地集约、产业集聚、人口集中、功能最优化配置。坚持科创引领、产业集聚、产城融合、空间拓展、做强做优的原则，加快布局科技服务、产业发展等支撑平台、服务平台及保障平台，打造科技创新大走廊。以规划的轨道 2 号线串联起主要居住区和产业园区，形成联通工业园区东西向轴线，打造产城融合发展带。结合工业园区围绕"1+3+1"先进制造业和未来产业定位，以及各领域龙头企业现有区位，以科技创新大走廊和产城融合发展带为轴线。

（2）严禁新增产能

严格执行产能置换办法，加大长流程减量置换的比例，继续严格执行禁止新增钢铁产能有关规定。坚决遏制"两高"项目盲目发展。严格落实新建、扩建钢铁等高耗能、高排放项目，严格实施产能等量或减量置换。提升"两高"项目能耗准入标准，加强生态环境准入管理，严格控制新上"两高"项目。实施"两高"项目清单化、动态化管理及用能预警，建立健全遏制"两高"项目盲目发展长效机制。大力实施重点行业领域减污降碳行动，推进高耗能行业绿色制造和清洁生产，对能源消耗占比高的钢铁等重点行业和数据中心组织实施节能降碳工作，坚决淘汰落后产能、落后工艺、落后产品，大幅提升行业整体能效水平。

（3）加大绿色物流

厂外物流优先选用铁路、水陆、新能源汽车、管道或管状带式运输机等清洁运输方式，使用国六及以上排放标准的汽车，鼓励采用集装箱多式联运；厂内物流最大限度地减少汽车运输量和非道路移动机械使用量。

（4）推广全生命周期绿色产品

开展全生命周期绿色评价和诊断工作，搭建低碳节能绿色产品生产体系。以全生命周期为评判标准，大力发展高强高韧、轻量化、长寿命、耐腐耐磨、耐疲劳、耐候等钢材产品，实现产品绿色化发展。

（5）节能及能效提升

推广先进适用节能低碳技术。推广《国家工业节能技术应用指南与案例（2021）》——钢铁行业节能提效技术，如转臂式液密封环冷机、DP 系列废钢预热连续加料输送成套设备、高温工业窑炉红外节能涂料技术等，提升特钢行业整体低碳发展水平。

提高余热余能自发电率。重视钢铁能源转换功能，促进高能效转化工艺、装备、管理技术创新开发，提高煤气发电、高炉煤气干式余压发电 TRT（含 BPRT）、干熄焦发电、烧结等余热发电等设施发电效率。

数字化、智能化技术应用。进一步推广实施能源管控中心，开展碳排放信息管控平台建设，利用数字化、智能化技术实现生产装备智能化管控等。加快工业互联网建设，开展工业互联网集成应用，形成一批省级以上工业互联网标杆工厂、工业互联网平台和省星级上云企业。实施“人工智能+”专项行动，引导制造业企业与机器人智能制造服务商对接，帮助企业“机器换人”，建设一批智能车间、智能工厂。

2. 优化用能及流程结构

（1）原燃料结构优化

采取精料方针，稳定原料质量，优化配煤配矿，提高炼铁炉料球团矿配比，生产设备先进化、大型化，强化精细化管理和操作等，实现固体燃料消耗进一步降低，降低化石能源消耗产生的碳排放。以调整工艺结构、优化原料结构、改变能源结构为重点，通过增加电炉钢占比、降低燃料比、提高废钢比和球团比、提高二次能源利用占比和可再生能源占比等途径，逐步减少特钢在生产过程中的煤炭消耗，降低煤炭占比。依托氢能冶金、绿氢制备等技术，稳步推进冶金工艺流程变革，改变煤炭在特钢在生产过程中的不可替代性。力争到 2025 年，绿色特钢产业基地实现吨钢污染物排放量最低、清洁生产水平最高，绿色特钢产业基地吨钢耗能指标优于国内大型钢铁企业吨钢指标。

（2）鼓励短流程电炉钢发展

鼓励企业进行高能效转化工艺和装备的创新开发及应用，以创新驱动低碳发展。钢铁行业 CO_2 排放主要来自生产过程，长流程炼钢 CO_2 的排放主要来自用焦炭还原铁矿石炼制铁水的过程，短流程炼钢 CO_2 排放主要来自对火电的消耗。当前，工业园区特钢企业以长流程炼钢工艺为主导，特钢的低碳发展要求炼钢工艺的创新发展。应改变传统工艺的原材料配比，发展低成本的废钢利用技术，通过改变原材料结构实现减排。短流程下，废钢不需要经高炉还原为铁水，作为铁元素载体，可以投入电炉或转炉炼钢，减少煤炭能源的投入，从而降低碳排放。

（3）提高新能源及可再生能源利用

加快发展非化石能源，提高新能源和可再生能源的利用，积极推进清洁能源替代，实现多能互补，是推动低碳发展的必要补充手段。

3．构建循环经济产业链

（1）区域能源、资源整合

充分发挥特钢生产能源加工转化功能，构建以特钢生产为核心的能源产业链，与周边相关产业实现煤气、蒸汽、氧氮氯气、水等能源及资源互供，替代区域内落实供应设施，实现区域能源、环境资源协同优化。

（2）固体废物资源化利用

以减量化、资源化和再利用为主要原则，降低固体废物产生量，提升固体废物资源综合利用规模，提升资源化利用水平、产品附加值，优化固体废物资源综合利用管理工作。加大废钢资源的分类回收利用、鼓励先进电炉钢技术的推广应用，提高电炉短流程钢生产效率和转炉废钢比是降低工业园区特钢行业碳排放的重要途径。

（3）应用突破性低碳技术

特钢行业实现深度脱碳的途径主要包括氢能冶炼、电解还原、氧气高炉及非离炉冶炼、生物质能利用、CCS/CCUS。现阶段，生物质能不具备大规模利用的条件，电解技术仍处于实验基础研究阶段。因此，氢能冶炼、氧气高炉及非高炉冶炼、CCS/CCUS 是特钢行业降碳重要的潜在应用技术。

4．推动减污降碳扩绿协同增效

（1）打好生态环境保卫战

开展新一轮“310”综合整治。聚焦环境质量改善，深入推进重点行业、“散乱污”等专项整治行动，进一步为工业园区产业发展腾出环境容量，2021—2023 年每年关停整治“散乱污”企业 100 家。持续推行“1+12”网格化监管，构建频次密、范围广、专业强的监管体系，打通监管体系的“最后一公里”。加快生态环境综合监管信息化平台建设，构建“一个云、一张图、三个智慧”服务模式，促进环境信息化与环保业务充分融合，显著提升生态环境监管工作效率及服务能力。

打造无废示范工业园区。强化园区固体废物综合利用和监管，加快建设“六点一中心”，加快建设固体废物集中治理“绿岛”，实现固体废物收集、分类、贮存、综合利用等“全链条”集中治理，打造“无废园区”。强化生活垃圾资源化、减量化处理能力，重点建设环卫所垃圾分类服务工程项目，强化科学管理，加快实现党政机关、公共机构、企业、公共场所生活垃圾分类全覆盖。

打好长江保护攻坚战。全面整理工业园区长江岸线资源，加快堤岸整治复绿，真正实现还岸于绿、还岸于景、还岸于民。持续实施江河碧空行动，强化长江沿线码头、作业平台改造升级，推进入江排口专项调查。持续开展长江水域船舶专项整治，加大无证渔船、货船清理，切实抓好长效管理。严格按照“三线一单”具体要求，框住空间利用、控制开发强度、规范开发行为，确保长江工业园区段总量不增、存量优化，真正呵护工业园区发展“生命线”。

（2）打赢污染防治攻坚战

深入打好“碧水”攻坚战。深入推进“河长制”“断面长制”“一河一策”管理机制，全面开展河道疏浚、河湖“两违三乱”整治。深入实施“清三河”行动，全面提升河道水体质量，推进污水处理厂管网建设，加大污泥处理处置和资源化利用。推进环保工程项目建设，为水污染防治、水环境整治、水生态修复提供有力支撑，全力把水环境综合整治工程打造成示范工程、标杆工程。到2025年，工业园区生活污水处理厂污泥无害化处置率达到100%，地表水断面水质Ⅲ类以上比例达到上级考核要求，黑臭河道整治率达到100%。

深入打好“蓝天”攻坚战。科学制定夏、秋、冬季大气管控方案，严格落实“点位长”制度，加快推进大气源解析，加大对各类污染源的智能监管。强化工业污染全过程控制，推进企业超低排放工程、减排工程和VOCs深度治理工程，加强建筑工地、道路扬尘、汽车尾气、餐饮油烟污染防治，抓好夏、秋季秸秆禁烧和综合利用，实现$PM_{2.5}$和O_3浓度“双控双减”，确保空气质量优良天数比率持续上升。到2025年，工业园区$PM_{2.5}$平均浓度稳定在35 μg/m^{3}以下，空气优良天数比率达到85%以上。

深入打好“净土”攻坚战。实施土壤污染防治行动计划，加强白色污染治理，提升环境工程消纳及废弃资源无害化利用水平。扎实推进土壤污染调查和修复，强化土壤污染源头预防、调查评估与风险管控，组织开展重点地区和重点地块土壤污染修复。加强一般固体废物环境污染及监督管理，加强推进减量化、资源化、无害化利用处置，促进资源集约利用。到2025年，受污染耕地、污染地块安全利用率稳定在90%以上。

（3）实现减污降碳协同增效

开展工业园区减污降碳协同创新。工业园区要根据自身主导产业和污染物、碳排放水平，积极探索推进减污降碳协同增效，优化工业园区空间布局，大力推广使用新能源，促进工业园区能源系统优化和梯级利用、水资源集约节约高效循环利用、废物综合利用，升级改造污水处理设施和垃圾焚烧设施，提升基础设施绿色低碳发展水平。

开展企业减污降碳协同创新。通过政策激励、提升标准、鼓励先进等手段，推动重点行业企业开展减污降碳试点工作。鼓励企业采取工艺改进、能源替代、节能提效、综合治理等措施，实现生产过程中大气、水和固体废物等多种污染物及温室气体大幅减排，显著提升环境治理绩效，实现污染物和碳排放均达到行业先进水平，“十四五”期间力争推动一批企业开展减污降碳协同创新行动；支持企业进一步探索深度减污降碳路径，打造“双近零”排放标杆企业。

5. 推动形成“管委会+企业”的绿色合作模式

（1）管委会层面

园区管委会是工业园区的建设运营主体，也是工业园区的管理机构，工业园区的绿色化发展离不开园区管委会自上而下的绿色管理及绿色服务。

① 制定工业园区低碳发展规划

切实强化低碳发展规划导向。将“双碳”目标要求全面融入工业园区经济社会发展中长期规划，全面调整优化能源、产业、交通运输、空间结构，强化与无锡市发展规划、国土空间规划、专项规划、区域规划和“三线一单”分区管控体系的支撑保障。系统掌握工业园区碳排放特征及变化趋势，摸清“家底”。联合高校共建碳中和研究院，开展碳中和政策、技术产品研究，促进碳中和技术成果转化推广应用，为企业提供绿色转型的解决方案，并将低碳发展理念融入工业园区总体规划及工业园区土地利用、产业发展等专项规划中，形成严密完善的规划体系，为后续工业园区的绿色发展提供重要指导。

② 不断完善绿色基础设施

基础设施绿色化水平对整个工业园区的低碳发展至关重要。要加强工业园区基础设施改造，不断完善基础设施，提升基础设施的绿色化水平。基础设施主要包括能源资源设施、公共建筑、交通设施、资源综合利用设施、环境设施、生态设施等，主要是为工业园区内企业提供能源资源供应、办公场所、交通出行、污染物处理、环境优化等各种公共服务。

能源资源基础设施是工业园区实现绿色发展的重要抓手，主要包括工业园区配电中心、输配电网、供热中心、供热管网、气源、输气管道、输水管道及分布式能源站等，为工业园区企业提供电、热、气、水等能源资源。在能源基础设施建设过程中，加大清洁能源的使用，包括天然气、焦炉煤气、炼厂干气、液化石油气等清洁燃气，低硫轻柴油等清洁燃油，太阳能发电、风力发电等可再生电力及生物质能等。通过采用清洁能源，优化能源消费结构，降低污染物排放水平。

随着民众对室内环境要求的不断提高，建筑内用能用水设施逐渐增加，工业园区建筑日益成为重要能源资源消耗领域。着力提高公共建筑的绿色化水平，工业园区要以国家绿色建筑标准为标杆，要求工业园区内的公共建筑充分应用绿色建筑相关技术，最大限度地实现节能、节水、节材、环保等，将公共建筑的能源资源消费量控制在相对合理的水平，提升建筑的能源资源利用效率，减少建筑物带来的环境污染。公共建筑应用的绿色技术主要包括节能技术、节水技术、节材技术及可再生能源技术等。

交通设施是工业园区主要的能源资源消耗领域与污染物排放领域，主要包括各类交通工具、道路照明设施及其他配套设施。积极构建绿色交通体系，在工业园区内不断完善以公共交通为主、其他交通方式为辅的出行系统，并设置适量的自行车库，鼓励使用自行车作为交通工具，减少交通领域用能。为进一步减少交通设施的污染物排放，加大投入电动公交车和出租车等新能源交通工具，并配套建设完备的充换电设施，减少传统燃油车带来的环境污染。此外，可采用 LED 路灯或太阳能路灯作为道路照明设施，减少路灯用电量。

资源综合利用主要包括水资源综合利用、工业废渣综合利用、建筑垃圾综合利用及其他废弃物的综合利用。一是积极推进水资源综合利用工作，通过引进再生水项目生产再生水，为工业园区提供一定品质的水资源，替代大量新鲜水，有效节约水资源。二是根据工业园区固体废物的特点和规模，引进建筑材料公司，采用粉煤灰等工业废渣及废弃砖瓦等建筑垃圾，生产再生建筑材料，重新应用到工业建筑或公共建筑的建设中，节约建筑材料的使用。三是根据企业产生废水的特点，引入废水资源化利用项目和污泥干化处置项目，处理工业废水及污泥，产出清洁能源和回收部分水资源，实现废水的资源化，提高工业园区绿色化水平。

③ 提高入园企业准入门槛

通过综合考虑国家产业政策，结合行业标准，系统梳理工业园区准入条件，提高企业准入门槛，把粗放式、低端型、高耗能、高污染的产业项目挡在工业园区外，优先考虑产业带动强、科技含量高、资源能源消耗少、环境污染小的项目，以优质项目促进工业园区绿色发展。严禁引入淘汰类项目，对限制类项目采取提高土地使用成本、强化资源环境约束、严格控制新扩建等措施，倒逼企业转型升级。根据行业能效标准对入园项目进行严格筛选，同时严格执行固定资产投资项目节能审查管理制度，要求建设单位在做节能评估之前提交所需材料，对材料不齐全的项目坚决不予审查；对节能登记表项目数据认真进行核算，并对节能评估报告书和节能评估报告表等需要评审的项目，委托具备资质的中介机构组织专家严格对项目进行评审。根据所在区域的环境承载力、资源能源禀赋、产业基础等条件，按照环境风险全过程管理工作思路，制定企业入园的环境准入政策和标准，对新建、扩建和改建项目一律按照环保标准要求进入工业园区。比如，可设置污水处理率、工业固体废物综合利用率、工业重复用水率等各种环境指标来考核拟入园企业，从中挑选出经济效益高、耦合性较强且环境污染小、低碳型的企业入园，将一些不合格的企业阻挡在外。

④ 加强园区绿色管理

制定园区约束性标准。加强对已入园企业的管理，结合国家标准，不断完善工业园区能源资源利用、污染物排放等方面的标准与政策，逐步提高对工业园区企业的要求，推动工业园区绿色化水平持续提高。对不符合标准的企业，工业园区管委会要求企业在一定期限内进行相应整改，实施相应的节能环保改造。

加强对重点企业管理。重点用能/水企业、重点排污企业是工业园区提高绿色化水平的关键，要求重点企业承担相应的节能减排任务，并对企业运行情况加强监管，对任务落实情况加强考核。同时，将重点用能企业或排污企业纳入强制清洁生产审核名单，或对重点用能企业进行能源审计，帮助企业提高用能管理能力，加强对重点企业的管理。

完善工业园区退出机制。在工业园区运行过程中，随着国家产业政策的调整及各项标准的提升，不断调整并完善工业园区退出机制，迁出或关停不合格企业，优化土地、能源等各种资源的配置。粗放式、高耗能、低产出的落后产业造成了各项资源的严重浪费，对此类企业加快退出步伐。

适当运用激励政策。为了提高企业提高能源资源利用效率、减少污染物排放的积极性，工业园区可以根据自身的财政状况与经济实力，在国家及地方政策的基础上制定多方面的激励政策，鼓励企业充分利用可再生能源，主动开展绿色化改造。激励政策包括财政奖补政策、税收优惠政策、土地优惠政策、绿色金融政策等。

合理运用惩罚措施。在运用激励政策的基础上，制定一定的处罚措施，对未完成节能考核、环保监管不达标、未能通过清洁生产审核的企业给予一定惩罚，充分发挥“大棒”的作用。对工业园区内的重点企业，如果节能目标或能源消费总量控制目标的考核结果为未完成，可以取消其当年申报各级节能补贴、奖励及荣誉称号的资格。对排放量不达标或未能通过清洁生产审核的企业可以给予环保罚款或停产断电等惩罚措施，督促企业限时整改，确保不发生重大环境污染事故。

⑤ 充分利用智慧管理平台提升监管能力

深入推进覆盖全区的“环保智慧云平台”建设，利用新一代信息技术、物联网、云计算、大数据、自动化控制、现代通信、智能化、软硬件集成等技术，将工业园区能源资源监控、环境管理、应急预警等多个系统整合到统一的平台，逐步构建起项目审批、“三同时”管理等数据库。实现多个系统的信息交互、信息共享、参数关联、联动互动。智慧管理平台的开发应用，不仅可以在一定程度上实现工业园区绿色发展，及时发现并处理能耗、水耗超标与环境污染事件，同时还有助于工业园区绿色管理工作的有序开展，提升工业园区绿色化管理水平，为工业园区管理提供基本的数据支撑，促进管理决策的科学化。

⑥ 做好绿色服务

管委会需要为企业提供培训、交流、政策解读等各种各样的绿色服务，如组织开展减污降碳协同增效业务培训，提升相关部门、地方政府、企业管理人员能力水平。加强宣传引导，选树减污降碳先进典型，发挥榜样示范和价值引领作用，利用六五环境日、全国低碳日、全国节能宣传周等广泛开展宣传教育活动。开展生态环境保护和应对气候变化科普活动。加大信息公开力度，完善公众监督和举报反馈机制，提高环境决策公众参与水平。

（2）企业层面

① 强化能源环境管理

在工业园区管委会的指导下，企业从内部管理的角度不断完善能源环境管理体系，强化企业能源环境管理，提升能源环境管理能力。制定企业节能环保相关规划，确定短期或中长期节能环保目标，以及实现目标的主要措施与途径。企业专门设立能源资源管理岗位，指定专人负责能源和水资源的统计工作，并定期对能源资源管理岗位的员工开展培训。企业对重点用能设备、用水设备、环保设备的操作人员实施先培训后上岗，员工通过正式培训后才能上岗，提升员工对重点设备的操作水平。不断健全能源与环境管理体系，并积极开展能源审计与清洁生产审核，提高能源与环境管理能力。

② 加强绿色低碳化改造

充分利用可再生能源。在厂房房顶建设屋顶光伏或太阳能集热器，在厂区建设风光互补路灯，利用热泵技术为企业提供供热或制冷，有效减少化石能源的利用，提高非化石能源消费比重，降低化石能源消耗对环境的影响。

广泛采用节能技术。企业借鉴国家各部委发布的节能技术目录，积极实施节能改造，不断改进生产工艺，提高重点设备的能源利用效率及生产系统的信息化水平，并充分将余热余压回收利用，降低产品单位能耗，提高了企业整体的能源利用效率。

水资源节约。高耗水企业采用节水工艺、技术和装备，节约水资源，通过水资源再生技术，提高水的重复利用率，减少新鲜水消耗量。其中，节水工艺主要是用水少或不用水的新工艺，企业通过采用新工艺替代原有高耗水生产工艺，可以有效减少用水量；节水技术主要是指工业高效用水技术，包括减量用水技术、替代用水技术、高效循环用水技术、工业废水再生回用技术、废水零排放技术、海水利用技术、海水淡化技术、非常规水利用技术、管网检漏技术、节水监测技术，以及高效工业水处理技术和高效工业节水管理技术等，企业采用节水技术可以有效提高水资源利用效率。

资源综合利用。园区企业结合自身的生产流程、自身及周边企业产生的各类废弃物资源的特点与规模，采用工业和信息化部发布的《再生资源综合利用先进适用技术目录》等相关目录中列出的资源综合利用技术，使废弃电器电子产品、废旧金属、废纺织品、建筑废弃物等各种废弃物资源能够再生利用，降低自身的资源成本，提高各类废弃物的综合利用率。

6．推动碳达峰、碳中和保障支撑体系建设

（1）培育绿色低碳生活方式

引导工业园区自觉践行节约适度、绿色低碳、文明健康的生活方式、办公方式和消费模式。建立和完善生活垃圾分类的综合考核制度，推进垃圾分类由倡导性向义务性转变。实施绿色办公，机关、企事业单位及社会团体优先采购可以循环利用、资源化利用的办公用品，逐步推行“无纸化办公”、视频会议等电子政务。深入实施政府绿色采购制度，发挥政府绿色采购的带动与示范作用。加强对企业和居民采购绿色产品的引导，采取补贴、积分奖励等方式促进绿色消费。实施噪声污染防治行动，加强对城市交通干线等交通运输噪声、夜间施工及文化娱乐商业经营中社会噪声热点问题的防控和治理，营造宁静的生活环境。

（2）夯实低碳技术基础支撑

大力支持低碳技术创新和减排模式创新，加强对低碳技术及产品集成攻关，重点建设“光伏+”、微电网应用、氢储能及加氢站试点、便捷充换电池基础设施推广、近零排放、CO_2 大规模捕集和高值化利用试点、低碳服务业管理等示范工程。培育碳交易咨询、碳资产管理、碳金融服务等碳交易服务机构，推动碳市场服务业发展，确保高水平参与碳排放权交易市场。

（3）完善工业领域绿色能源消费支持政策

引导工业企业开展清洁能源替代，降低单位产品碳排放，鼓励具备条件的企业率先形成低碳、零碳能源消费模式。鼓励建设绿色用能产业和企业，发展工业绿色微电网，支持在自有场所开发利用清洁低碳能源，建设分布式清洁能源和智慧能源系统，对余热余压余气等综合利用发电减免交叉补贴和系统备用费，完善支持自发自用分布式清洁能源发电的价格政策。在符合电力规划布局和电网安全运行条件的前提下，鼓励通过创新电力输送及运行方式实现可再生能源电力项目就近向企业供电，鼓励企业通过电力市场购买绿色电力。鼓励新兴重点用能领域以绿色能源为主满足用能需求，并对余热余压余气等进行充分利用。

（4）健全生态环境多元治理体系

健全领导责任体系。严格落实“党政同责、一岗双责”，落实江阴市生态环境保护责任清单，明确相关部门生态环境保护责任。完善落实“河长制”、“断面长制”和空气质量“点位长制”，建立直通“两长”工作机制，提高“断面长”“点位长”履职成效。完善落实以改善生态环境质量为目标的考核评价体系，调整优化生态环境在高质量发展考核中的指标设置和权重，强化考核结果应用。落实党政领导干部自然资源资产离任审计和生态环境损害责任终身追究制度。严格落实《江苏省生态环境保护督察工作规定》，做好中央、省级各项例行督察和专项督察的衔接保障，推动落实督察反馈问题整改。落实警示约谈机制，制度化推进“蜗牛警示牌”预警和认定，对环境质量未达考核目标的按照《关于对污染防治攻坚不力的责任单位实施严格惩戒措施的有关办法》（澄委办〔2021〕100 号）的相关规定执行。

健全企业主体责任体系。贯彻落实《排污许可管理条例》，推动排污许可与环境执法、环境监测、总量控制、排污权交易等环境管理制度的有机衔接，推行企业排污许可证分级分色积分式信任码管理。推进企业依法披露环境信息，督促排污单位严格执行环境保护法律法规、排放标准和环境管理要求，及时公布监测数据、污染排放数据、污染防治设施建设运行情况、重污染天气应对措施等信息。在确保安全的前提下，定期向社会公众开放环保治理设施。以污染物减排为导向，指导督促企业制定环境管理清单，改进及提升污染治理设施，加强设施运行维护，确保规范运行和稳定达标排放。推行企业污染治理设施第三方运维。

健全全民行动体系。充分发挥“12345”政府公共服务热线和“12369”环保举报热线作用，畅通环保监督渠道。持续办好“污染防治在攻坚 · 263 在行动”电视曝光专栏，完善有奖举报机制，加大社会监督力度。发挥各类社会团体作用，鼓励引导环保公益组织和志愿者队伍规范健康发展。制定出台工业园区生态文明公约，加大节约型机关和绿色学校、绿色家庭、绿色社区、绿色商场创建力度，加大国家生态环境科普基地创建和奖励力度，引导公众履行生态环境保护责任、践行绿色生活方式和消费模式。

第 16 章

“绿水青山就是金山银山”转化模式与案例

“绿水青山就是金山银山”转化模式具有先进性、代表性和可复制性。有学者认为，“绿水青山”即生态环境，“金山银山”即经济发展，“绿水青山就是金山银山”强调经济发展与生态环境保护具有协调性及统一性，“绿水青山”经过人类实践活动能够为人类生存和发展提供生态产品，满足人民日益增长的美好生活需要，这一理念更新了生态环境无价或低价的传统认识（武建奇，2015；黄祖辉等，2017；吴舜泽，2020）。“绿水青山就是金山银山”理念蕴含生态与经济的辩证关系，释放“绿水青山就是金山银山”转化效益既可以推进欠发达地区生态产品价值实现，也可以赋能快速城市化地区高质量发展，促进人与自然和谐共生。

2021 年 4 月，中共中央办公厅、国务院办公厅印发的《关于建立健全生态产品价值实现机制的意见》要求，以体制机制改革创新为核心，推进生态产业化和产业生态化，加快完善政府主导、企业和社会各界参与、市场化运作、可持续的生态产品价值实现路径，着力构建“绿水青山”转化为“金山银山”的政策制度体系，推动形成具有中国特色的生态文明建设新模式。本章结合《全国生态功能区划》（修编版），在武陵山区生物多样性保护与水源涵养重要区选择湖南省怀化市麻阳苗族自治县，在罗霄山脉水源涵养与生物多样性保护重要区选择湖南省郴州市桂东县，在秦岭—大巴山生物多样性保护与水源涵养重要区选择陕西省汉中市西乡县、城固县和宝鸡市陇县，在黔北山原中山土壤保持功能区选择贵州省遵义市湄潭县，在长三角大都市群选择上海市马桥镇、罗泾镇和江苏省扬州市方巷镇、常州市郑陆镇为研究对象，结合主导生态功能和产业发展需要，研究提出了 6 个县域尺度和 4 个乡镇尺度的“绿水青山就是金山银山”转化模式，并分析了案例背景、主要做法和主要成效，以期为城乡生态经济体系构建及绿色转型发展提供决策支撑。

16.1 怀化市麻阳苗族自治县

湖南省怀化市麻阳苗族自治县（以下简称麻阳县）地处怀化、铜仁、吉首3个地级城市的中心点上，生态环境优势明显、交通便利，素有“湘黔门户”“武陵码头”之称。作为全国5个单列苗族自治县之一，拥有“世界长寿乡”“中国冰糖橙之都”“中国民间文化艺术之乡”“中国最美养生栖居地”“全国生态示范县”的美誉。多年来，麻阳县以“处处绿水青山，家家金山银山，人人寿比南山”为绿色发展主线，积极探索以乡镇、村或小流域为基本单元的“绿水青山就是金山银山”转化模式，推进生态产业化和生态产品价值实践，着力打造长寿之乡文化品牌，壮大“三水五色”生态产业（图16-1）。

“世界长寿乡”证书

山水资源

苗药谷

中药材基地

图16-1 长寿的秘密

16.1.1 守护世界长寿之乡——神秘苗乡·解码长寿基因

1. 案例背景

文昌阁乡是麻阳县著名的粮仓和森林宝库，有着麻阳的“大兴安岭”之称。该乡依托西晃山地质地貌和丰富的森林资源优势，孕育了世界长寿乡的长寿因子——中药材（图16-2）。

文昌阁乡总面积 69 km^2，地处武陵山脉中段的西晃山北麓，植被茂密，森林覆盖率高达 73%，其雨水充足、气温适中的气候条件和肥沃富硒的土壤条件造就了“麻阳粮仓”和“省级生态乡镇”。文昌阁乡立足丰富的森林资源，有序发展林下经济，引导林下种养大户做大做强，目前有中药材种植户 110 余户，打造了 2 个高标准千亩黄精种植示范基地，建成了 1 个 200 亩金樱子种植示范基地，黄精验收面积 2 400 亩，排名全县第一。结合中药材产业发展优势和西晃山生态环境优势，积极探索第一、第三产业融合发展，打造了苗药谷森林休闲康养基地。

图 16-2 天下第一寿山——西晃山

2. 主要做法

加强政策扶持。出台了《麻阳县中药材产业发展方案》《麻阳县民宿旅游开发方案》《麻阳县油茶产业发展三年行动方案》等鼓励性文件，明确由县级林长分片区带头巡林，指导产业发展，解决林业工作中的堵点、难点等“肠梗阻”。2021 年，湖南省怀化市率先成立了中药材产业发展工作专班，紧紧围绕地域和资源优势，高标准、规模化发展藏红花、五倍子、黄精、酸橙、金樱子、白及、钩藤、吴茱萸、黄柏等中药材。加强中药材生态种植技术指导，与怀化学院、湖南省农业科学院药用植物研究中心等加强技术交流合作，不断提升精细化种植方式和管理水平，通过专家指导、种植大户培训农户、农户带动农户等方式科学有序地扩大种植面积，确保中药材产业实现质的有效提升及量的合理增长。

守护绿水青山。文昌阁乡常态化推进林长制、河长制等工作，坚持开展不定期巡河、巡林工作，严格林地、河流管控，严防非法占用林地、乱砍滥伐等行为。坚决防治水体污染，强化野生动植物保护等。通过间伐改善、提高林分质量，营造和管护好 4 万亩商品材，建设绿色银行，守护好绿水青山。持续开展耕地抛荒和非粮化治理，严格落实耕地保护制度，加强耕地保护宣传，高效开展耕地恢复整改工作。发挥“麻阳粮仓”土壤富含硒的优势，着力打造富硒优质稻基地，推广稻油轮作模式，落实高产油菜播种面积 8 000 亩。

打通中药材全产业链条。立足黄精、酸橙、五倍子三大重点品种，推动湖南利农五倍子产业发展有限公司、麻阳归臻堂实业有限公司、麻阳寿康药业有限责任公司等重点企业及“利农”商标等品牌发展，建设好中药材产业基地。结合五倍子种植，发展林下套种黄精和开展中蜂养殖。以酸橙幼果、次果为枳壳及枳实生产原料，逐步形成特色优势子产业。大力发展药膳、药泡药养项目，推动中药材种植户由单一种植向“林、药、蜂、旅”康养立体多元化方向发展。推动中药材产品初加工发展，加快产业升级。积极培育中药材生产经营龙头企业、专业合作社、家庭农场和职业经理人，提高中药材产业组织化程度。全面形成由中药材种苗抚育种植、产品初加工、产品开发和销售构成的全产业链体系，并大力向医药康养领域拓展。

推动苗医药传承创新发展。建设县苗药标本园、科普馆、苗族医药传统文化展示馆。加强与高校、科研机构合作对民间苗药进行保护研究，明确基源，制定完善标准，规范临床应用。按照国家发展民族医药的相关政策，麻阳县卫健等部门加强了对当地苗医的摸底、考核、颁证等管理。加强民间苗药精深加工，研发培育养生保健产品，加快科研成果转化。对民间偏方、验方进行挖掘与整理，利用县人民医院现有的制剂室开展苗医药制剂的研发。加强苗医药产业融合发展，大力建设全国苗医药康养基地。创建苗医药康养小镇，打造苗医药康养谷，规划建设苗医药一条街，集中麻阳县苗医开展特色诊疗。积极与优质医疗机构合作，开发面向旅居养生养老市场的特色康复保健、中医养生体验、中药健康服务等健康养生产品。

3. 主要成效

2022 年，麻阳县新增中药材种植面积 2 万亩（黄精 7 000 多亩、枳壳（酸橙）1 500 多亩、五倍子 5 000 多亩，黄柏、广东紫珠等其他中药材 6 500 多亩），总面积达 4.824 万亩，总产值达 40 999 万元，其中文昌阁乡新增种植中药材 5 000 余亩。形成了以湖南利农五倍子产业发展有限公司、麻阳归臻堂实业有限公司、麻阳寿康药业有限责任公司为龙头的三大中药材加工企业。五倍子产业 2022 年实现总产值 4.39 亿元，2 100 人从事其种植、生产、加工、销售，人均增收 7 128 元。2013 年，“麻阳苗医药”被列入《怀化市第四批非物质文化遗产代表性名录》。因出色的成就，滕建甲被怀化市政府评为怀化市级非遗传承人。麻阳文旅康养产业发展迅速，2022 年接待游客 146.9 万人次，收入 32 803 万元，接待游客同比增长 10.1%，收入同比增长 21.2%。

16.1.2 创出苗乡长寿之果——中国冰糖橙·助力乡村振兴

1. 案例背景

麻阳是“中国冰糖橙之都”，麻阳冰糖橙历史悠久，该县从 20 世纪 60 年代末开始冰糖橙的试种探索，到 90 年代迅速发展为"中国冰糖橙生产第一县"，再到 21 世纪成为"中国冰糖橙之乡""中国冰糖橙之都"。冰糖橙已演变成麻阳独特的文化符号，更是苗乡人民不可磨灭的乡愁，麻阳冰糖橙成为麻阳规模最大、品质最优、效益最好、群众最满意的乡村振兴支柱产业。袁隆平曾赴麻阳参加第二届冰糖橙采摘节，并两次为麻阳冰糖橙题词——"中国冰糖橙之最——湖南麻阳""麻阳冰糖橙、苗乡长寿果""长寿麻阳、常来长寿"。1984 年，时任中共中央总书记的胡耀邦到麻阳县考察工作时郑重嘱咐麻阳当地要着眼长远，认真搞好规划，将冰糖橙做成全县人民的"致富果"。2014 年 8 月，时任湖南省委副书记的孙金龙到麻阳橙香园柑橘产业基地调研麻阳柑橘产业发展情况时指出，做大做强柑橘产业是推动麻阳产业发展、促进群众增收致富的一个重要途径，希望麻阳进一步加大产业引导扶持力度，大力宣传麻阳柑橘产业，打响麻阳柑橘品牌，做大做强麻阳柑橘产业经济。

袁隆平院士为麻阳代言（节选）——胡佳武

袁隆平是从怀化走出去的著名的农业科学家，被誉为"杂交水稻之父"，在以农业为支柱产业的麻阳县，深受老百姓的喜爱，崇拜他的粉丝不少。随着袁隆平院士激昂的声音"现在，我宣布：2014 麻阳冰糖橙采摘节开幕"，活动推进到了高潮。

麻阳柑橘发展有着悠久历史和传统，著名文学家沈从文先生曾在他的小说《长河》中写道："记称洞庭多橘柚，橘柚生产地方，实在洞庭湖西南，沅水流域上游各支流，尤以辰河中部最多最好。"这个辰河中部，即今天的麻阳锦江流域，麻阳柑橘早在 20 世纪三四十年代，在大湘西就有名气。……在当年秋天橙子熟了的时候，中央办公厅的同志又到县里来采购了一批冰糖橙。冰糖橙是 20 世纪 60 年代洪江市选育的优良品种，70 年代被敢想敢干的麻阳人引种过来。得到中央领导的指示和支持，大大增强了干部群众发展特色水果的信心，他们正好借助世界银行发放的扶贫贷款，大搞山地开发，冰糖橙产业由此蓬勃发展起来。

发展冰糖橙产业是全县上下的共识、苗乡儿女的追求，更是县委、县政府的工作重点。早在 2010 年县里的同志就专门拜访过袁院士，请求老人家题词，题写诸如"中国冰糖橙之乡"之类的语句，推荐家乡特产，袁院士爽快答应了县里领导的请求，略加思考，题写了"中国冰糖橙之最——湖南麻阳"。之所以这样题，袁院士也有所考虑，是因为最早生产并成规模的地方在洪江市，袁院士在这里生活了 37 年之久，他把"中国冰糖橙之乡"的肯定留给了这里。给麻阳题写"中国冰糖橙之最"，其实也很有深意，面积最多、产量最高、品质最好，今后还有影响最大的潜力和空间。从这一点不难看出，科学家的作风是非常严谨务实的。

2011 年 5 月，……袁院士和蔼可亲，对农业非常支持，应我们的邀请又为我们题写了"麻阳冰糖橙、苗乡长寿果""长寿麻阳、常来长寿"，为麻阳代言和宣传。

12 月 5 日，已是初冬时节，袁院士不畏严寒，不辞辛劳如约来到麻阳，他们坐着还是试运行的高铁，……在几个公司的展台前，袁院士饶有兴致地品尝起切好的冰糖橙，连连发出“好吃、好吃”“沁甜的”赞美之声，当厂家和群众要求合影留念时，老人家摆正身姿、面对镜头，尽量给予满足。这里还有一个小细节，麻阳电视台的记者是这样记录的：袁院士来到锦江泉酒业台前，被一排排包装精美的展品所吸引，回忆起往日的趣事时说：“锦江泉酒可以呢！我记得是在 60 年代的时候，与人家打赌，我输了，就喝锦江酒。”

……

隆家堡乡地处麻阳县西南部的锦江河畔，距县城 15 km，面积 68 km^2，全乡林地面积 7.2 万亩，森林覆盖率达 73%，森林蓄积量 5.8 万 m^3。隆家堡乡是“中国冰糖橙之都”、柑橘种植大乡，全乡柑橘种植面积 3.58 万亩，有柑橘产业示范园 4 个、柑橘品改示范园 1 个、柑橘专业合作社 14 个，年产量约 1 亿斤①，年产值约 1 亿元，柑橘产业已成为该乡的主导产业。

2. 主要做法

做好政策助力。制定出台了《麻阳苗族自治县柑橘产业发展条例》，特别是 2022 年下发的《中共麻阳苗族自治县委关于加快“一县三地”建设推进三水五色产业高质量发展的决定》，进一步明确了以柑橘为主的特色产业发展政策，细化了各项奖补措施。成立了麻阳柑橘协会，发展会员 21 000 余人，乡镇分会达 11 家。设立了柑橘产业化办公室，负责麻阳县的柑橘产业规划及科研和推广的工作，同时大力实施“品种、品质、品牌”精品战略及标准化建设，推进柑橘产业供给侧结构性改革，逐步形成集约化、规模化和现代化的柑橘产业发展模式。持续加大品种培优、品质提升、品牌打造及标准化生产力度，采取老果园提质增效、果园重植和高接换种等形式，集中连片对麻阳县低产低效果园分批改造，集中力量打造一批标准化、高品质果园，示范带动麻阳县柑橘产业提质增效；加强柑橘栽培技术指导，与国家柑橘品种改良中心长沙分中心、湖南省农科院等签订合作协议，建立专家服务团队，积极遴选、培育乡土人才，并按照《麻阳柑橘栽培技术规范》制定了《冰糖橙高标准示范园建设实施细则》《冰糖橙生产示范园建设实施细则》《柑橘品改示范园实施细则》，柑橘生产水平不断提高，品质持续改善；培育和扶持了一大批柑橘企业、专业合作社、家庭农场、种养大户等农业新型经营主体。

加强农村人居环境治理。隆家堡乡对标对表省、市、县要求和“六无一全”标准，继续大力实施打造“美丽清爽家园”行动，改善乡村面貌，提升人民生活质量。将“厕所革命”作为助推乡村振兴战略、落实美丽乡村建设和生态文明建设的重点工作，2022 年完成农村改厕 49 户，新建垃圾池 40 余个，垃圾围栏 12 个，垃圾焚烧炉 11 个，配备垃圾桶

① 1 斤=0.5 kg。

2 000 余个。加强渣土、建筑材料运输管理；严格禁止露天焚烧秸秆、杂草、垃圾及其他产生有毒有害烟尘和恶臭气体的物质；严格控制烟花爆竹燃放；严格控制餐饮油烟污染，有力确保空气质量。全力打好畜禽养殖污染治理组合拳，针对全乡所有家禽养殖户、散养户，细化责任分工，采取“清”“关”“治”多措并举，干净整洁配套设施齐全。隆家堡乡汇聚巾帼力量，依托“妇联执委+农户”结对帮扶机制，选出了 9 支强有力的执委队伍，每位执委需协助 4～5 户农户开展卫生整治与家风建设，定期开展“美家美妇示范户”评比表彰活动，加快人居环境整治提质增效，有力助推美丽乡村建设。2014 年，隆家堡乡获“省级生态乡镇”称号，该乡勾坳村被评为“省级生态村”。

打造特色产业。隆家堡乡坚持生产基地化、规模化、标准化，集中力量建设冰糖橙标准产业园。建设柑橘品改示范园，对不适宜种植区域，布局优质脐橙、塔罗科血橙等品种，逐步形成“一乡一品”“一村一品”。打造隆家堡优势品牌，利用“柑橘协会+龙头企业+村集体经济组织+专业合作社+农户”的发展模式，“三社合一”结合“互联网+电商平台”，切实增强柑橘销售活力。加强柑橘无病毒苗圃的技术改造和提质升级，扎实推进柑橘品改，着力抓好园区灌溉、交通等配套基础设施建设，打造全国冰糖橙科技产业示范园。依托国家级、省级农产品品牌评选等活动，加强与中央、省市主流媒体合作。组织农业企业参加中国国际农交会、中国农博会、全国绿博会等知名展会，举办麻阳冰糖橙采摘节、丰收节等节会，加大宣传力度，不断提升麻阳农产品品牌的知名度、影响力。将品牌打造与特色农产品基地建设、绿色食品和有机食品认证紧密结合，构建形成以两个“三品一标”农产品为基础、企业品牌为主体、公共品牌为龙头的农产品品牌体系。通过自媒体平台、官方网站加大宣传力度，擦亮“隆家堡冰糖橙”这一金字招牌。

推进产旅融合。根据《麻阳县休闲农业与乡村旅游产业发展总体规划（2014—2025）》《麻阳苗族自治县农业产业“十四五”规划（2021—2025）》《麻阳苗族自治县一特两辅主导特色产业发展规划（2021—2025）》等要求，隆家堡乡立足生态长寿特色优势，积极探索实施“农旅+冰糖橙智慧果园”的产业发展模式。加快田园综合体、现代农业产业园建设和新型经营主体的培育工作。大力发展农村电商服务业，培育壮大辖区内的龙头企业，依托霞飞云果园、步云坪村温泉等着力发展乡村旅游、特色观光等新型业态，不断培育壮大村级集体经济。大力发展冰糖橙、纽荷尔脐橙、红心猕猴桃等特色优势产业，重点提升产业核心竞争力，抓好冰糖橙品牌和柑橘产业园建设，打造隆家堡优势品牌，利用“三社合一”结合“互联网+电商平台”，切实增强柑橘销售活力。

3．主要成效

经济成效。近年来，麻阳冰糖橙产销稳步向好，年均鲜果产量 52 万 t，同比增长 11%，总产值达 22.09 亿元，冰糖橙面积和产量均居全国首位。现有从事柑橘生产的龙头企业、专业合作组织等新型经营主体 971 家，其中省级龙头企业（柑橘）6 家，市级龙头企业（柑橘）9 家，商品化处理生产线 41 条，年商品化处理柑橘量 20 万 t。

品牌效应。麻阳冰糖橙先后荣获“中国地理标志证明商标”“中国驰名商标”“湖南省著名农产品商标”。“麻阳柑橘”区域公用品牌使用比例达到80%以上，麻阳冰糖橙品牌价值达22.5亿元，为助推乡村振兴、助力县域经济高质量发展贡献力量。霞飞云果园被评为“湖南省五星级休闲农庄”“全国3A级景区”“湖南省森林康养基地”“怀化市研学基地”，在脱贫攻坚中还被评为“省级扶贫龙头企业”“湖南省巾帼脱贫示范基地”。

助农增收。麻阳柑橘已成为全乡“一特两辅”主导特色产业，在实现贫困户稳定增收脱贫、贫困县脱贫“摘帽”中发挥了重要作用。2022年，带动全县68 000户，年人均收入5 180元，其中贫困户8 900户，年均增收2 176元。

16.1.3 激活麻阳长寿之液——苞茅御酿·传承苗家技艺

1. 案例背景

“锦江泉”酒，又称“麻阳水”，因其酿制多取自麻阳山泉或锦江河畔地下水而成，加之以江水寓意量多，故有此俗名。“锦江泉”酒传统酿造技艺历史悠久，肇始于远古帝喾盘瓠南蛮时代，沉淀于大禹三苗时期，完善于春秋战国楚境，后历经数千年发展，麻阳锦江河畔酿酒分布若繁星璀璨。20世纪50年代，在原苗王和土司八家专属传统苞茅酒手工作坊的基础上，成立了国营锦江泉酒厂。“锦江泉”酒沿袭了苗乡先民千年的苞茅酒独特传统酿造工艺，完整继承了麻阳苗家数千年的传承技艺，古法制曲、手工酿酒、传统贮酒，形成了完善的工艺体系，依托麻阳独特的自然地理环境和地域文化资源，以富硒高粱、大米、糯米、玉米、小麦为原料，用天然弱碱小分子团活性富硒水精酿而成，独创具有自身特殊风格的浓酱兼香型白酒，具有“无色透明、芳香优雅、醇厚绵甜、酒体净爽、诸味协调”的特点，且富含对人体有益的硒、铁、锌等元素，堪称湘酒典范，以“酒液清亮、窖香浓郁、绵甜爽口、回味悠长”的独特风格而深受广大消费者的喜爱。

2. 主要做法

“粮头工尾”保质保量。酿酒所需粮食大部分产自本地各乡镇，在麻阳县政协、供销合作社、农业农村局的牵线搭桥下，企业与合作社、种粮大户签订收购协议，开辟粮食订单式销售新模式，由公司统一提供种子、农药、化肥，以及全套标准化的种植技术，收获时按照签订的保底价格+市场溢价模式收购粮食，平均价格比市场高出约15%，在保障酿酒原材料粮食源头供应和质量的前提下，有效帮助合作社、种粮大户规避市场风险，让合作社、种粮大户无后顾之忧，实现双赢。

激活品牌文脉。重新审视与定位“锦江泉”品牌，系统性提升和满足“锦江泉”酒产品的双重价值（文化价值与产品价值）塑造，确定了“锦江泉”酒围绕“文化+品质”为主线的定位模式，形成在腰部市场（次高端和中端）与一线品牌的子品牌或大单品进行营销与竞争。从“地域文化”入手深度挖掘围绕“五溪文化”的寻根溯源为“锦江泉”酒进行品牌赋能，形成以“五溪文化”为源头的品牌文脉，使“五溪文化”不仅成为怀化人文之源、湖湘精神之源，更成为“锦江泉”酒的品牌价值之源。

挖掘核心特色。针对源自麻阳苗族传统酿造技艺，制曲、酿酒、贮酒皆对传统手工技艺进行了深度提炼与总结，以“锦江河畔弱碱性深井地下水”和“非物质文化遗产传统酿造技艺”作为“锦江泉”酒产品品质内核的两大核心特色，深化提炼出并建立了以“非传统酿造工艺”为核心的产品定位，为“锦江泉”酒的品质重新正名。挖掘“水”质本身的价值，好水酿好酒，围绕麻阳水的独特性与稀缺性将其塑造成为“锦江泉”酒的核心品质之一。聘请中国科学院专家、行业品鉴专家、白酒酿造专家等亲自讲授为什么只有麻阳的“好水”才能酿出“锦江泉”酒的“好酒”，从科学层面与技术层面使“锦江泉”酒的优良品质得以落地。与“湖南老酒协会”共同携手，牵头成立“怀化老酒协会”白酒协会，打造“湘派浓香型白酒传承研发基地”，树立“锦江泉”成为湖南市场白酒品牌的标杆旗帜。

实施品牌复兴行动。锦江泉酒业以地域文化作为切入点，用 3 年时间全力推进以“531”工程为核心内容的“锦江泉品牌复兴行动”（打造“五高产品”——高质量、高效益、高知名度、高美誉度、高市场份额；打造并依托其支撑“锦江泉”酒未来的“三个支柱”——品牌、质量、营销；塑造并依靠其引领“锦江泉”酒发展的“一个核心”——德才兼备的优秀企业家团队），将“锦江泉”打造成品质好、管理精、效益高的“湘酒”第一阵营品牌，产品覆盖全省并走向全国，实现“锦江美酒、国人共享”的美好愿景。

3．主要成效

经济效益。锦江泉酒厂现有员工 200 多人，拥有 5 个酿酒车间（800 个窖池）、自动化包装车间、3 栋大型酒库和先进的技术检测中心，年产基酒 1 000 t。2022 年，实现总产值 5.75 亿元，1.4 万人从事原材料种植、加工、销售，人均增收 7 654 元。

品牌效益。锦江泉酒香飘三湘四水，曾得到多位国家领导人和海外行家的赞誉，产品畅销湖南、北京、广州等 20 多个省（市），并被外交部驻外机构供应处选定为我国驻加拿大、美国等 28 个国家的大使馆宴请用酒之一，还远销日本、马来西亚、新加坡等地。1979 年，“锦江泉”酒被评为“湖南四大地方名酒”；1982 年、1986 年荣获“湖南省优质产品奖”；1988 年，获“湖南省优质食品奖”；1990 年，被外交部指定为驻外使、领馆外事用酒；1991 年，走进人民大会堂，成为国宴用酒；1993 年 7 月，获得第二届中国专利新技术新产品博览会“金奖”；1994 年，荣获“第五届亚太国际贸易博览会金奖”“中国食品博览会金奖”；2017 年，荣获“湖南省著名商标”称号；2022 年，“锦江泉酒传统酿造技艺”成功申报为“湖南省非物质文化遗产代表性项目”。

助农增收。“锦江泉”酒助推和平溪、黄桑、吕家坪、大桥江等乡镇发展高粱种植基地约 3 000 亩，文昌阁、尧市、谭家寨等乡镇发展水稻种植基地约 2 000 亩，通过订单农业模式解决了抛荒土地的问题，增加了合作社和种粮大户的收入，提高了产品附加值。

16.1.4 传承湘西长寿之魂——苗乡文化·赋能“绿水青山就是金山银山”转化

1. 案例背景

麻阳县是苗族的聚集地，是全国五个单列苗族自治县之一，具有独特的异域文化。麻阳是唯一完整地保留了原始的盘瓠文化承载空间的地方，区域内方圆不足百里的锦江流域就有 18 处保存较完好的盘瓠遗迹。千百年来，盘瓠文化在这里传承与保护，留下了众多非物质文化遗产。麻阳独特的异域文化、传统服饰、风俗民情，造就了当地独特的民间绘画体系，发展了集歌、舞、乐于一体的综合性戏曲——“麻阳花灯戏”。同时，麻阳县还是新中国第一任铁道部部长滕代远、老一辈无产阶级革命家陈佑魁的故乡，红色文化资源丰富，拥有滕代远纪念馆、滕代远故居、中共麻阳特别支部旧址和烈士陵园等多个爱国主义教育基地。近年来，麻阳县以苗族民俗文化展示为基础，以苗乡文化项目建设为抓手，把神秘苗乡盘瓠文化元素、红色文化融入城市肌理，打造有味道、有记忆、有传承的特色县城（图 16-3）。

盘瓠神庙

民间绘画《苗汉酒醉图》

滕代远纪念馆

滕代远故居

图 16-3 苗乡民俗文化和红色教育基地

2. 主要做法

加强苗乡文化传承保护。实施麻阳县现代民间绘画馆、“麻阳花灯戏”展演剧场等省、市、县级文化旅游产业重点项目建设，策划包装有地方特色、有辐射带动效应的文化产业招商项目。通过节庆搭台、举办广场民俗文化展演等形式，使民间歌舞文化、民间艺术文化融入、参合、渗透到多姿多样的节日文化园林，走上独具神韵的节日文化舞台。加大滕代远故居保护力度，成立了滕代远故居事务中心，开展文物保护单位的修缮工作。

实施盘瓠文化解码行动。依托盘瓠文化实物，丰富了“麻阳盘瓠祭”形式，进而形成独特的传统文化盛宴。成立了湖南省唯一专门从事地域性苗族民间绘画创作、民间绘画研究、对外文化艺术交流的公益性文化事业单位——麻阳县民间绘画院，坚持“走出去”策略，放眼世界，把优秀作品推向民间、推向收藏市场。

深挖苗乡文化品牌价值。以“县城盘瓠文庙、鸳鸯岛盘瓠文化体验”为依托，深入挖掘以盘瓠文化为核心的特色文化内涵，开发文化研学、文化体验、文化养心、文化演艺等文旅产品，培育盘瓠苗乡、花灯戏文化、长寿文化等文旅 IP 和金名片。加快品牌标识建设及系列创意衍生产品开发。依托“中国民间文化艺术之乡”优势，突出抓好蜡染、剪纸、雕花、泥塑、挑花、刺绣、绘画等传统艺术传承，推动形成更多、更好、更优的文化产品。鼓励“麻阳花灯戏”作品创作和形式创新，让更多作品进入市场，走进千家万户。顺应新一代科技革命和产业变革趋势，加快发展网络文学、数字阅读、网络影视、动漫游戏、数字音乐、数字教育等新兴文化业态。

强化红色文化价值引领。以滕代远纪念馆及故居为主体，连接其他红色资源，精心设计一批红色旅游线路，研发一系列红色旅游商品，拉长红色旅游链条，提升红色品牌经济价值，让红色旅游成为引爆麻阳旅游的突破口。加强红色旅游活动形式和内容创新，开展红色教育活动。深入挖掘，创新宣传推广形式，以书籍《中国共产党湖南省怀化市麻阳县历史（1924—1978）》、专题片《滕代远临终的遗嘱》及小说《西晃山游击队》等作品的编写制作为契机，通过当地官方媒体、自媒体等平台，全方位呈现本土红色文化资源，让身边“红”人来吸引麻阳县人民参与党史学习中来。策划“追寻麻阳红色印记”系列新媒体作品，让党史学习教育更有“鲜味”。

3．主要成效

麻阳盘瓠神庙被湖南省苗学会确定为“盘瓠文化研究基地”，“麻阳盘瓠祭”被列为《湖南省第一批非物质文化遗产名录》。民间绘画有 350 余幅作品在国内外参展，16 幅作品在联合国教科文组织的出版物上发表，26 幅作品被中国美术馆、中国民间美术博物馆收藏。1988 年，麻阳县被文化部授予“中国现代民间绘画画乡”称号。“麻阳花灯戏”作为湖南省地方保留小剧种之一，1990 年被收录于《湖南地方剧种志》，2009 年入选“湖南省第二批非物质文化遗产名录”。324 个民间文艺团体举办龙舟节、四月八、六月六、回奉节、饱冬节等自发性民间文艺活动，成功打造了“春节民俗文化广场大家乐”、饱冬节、回奉节等节日文化品牌。

滕代远纪念馆为国家 3A 级景区，被列入湖南省红色旅游 13530 精品工程，获评怀化市清廉文化教育基地，成功申报为湖南省第六批爱国主义教育基地、铁路爱国主义教育基地。每年到麻阳县爱国主义教育基地参观学习、接受教育及观光旅游的内外地人员超过16万人次。以红色文化旅游为主的红色产业在2022年实现旅游总收入2.12亿元，有0.68万人从事旅游服务，人均增收1 200元。

16.1.5 筑牢寿比南山之治——县特色办·创新机制体制

1. 案例背景

麻阳在“守护绿水青山”和打通“绿水青山就是金山银山”转化路径的道路上积极探索。从制度层面和顶层设计上为实施“生态立县”提供了政策依据和法制保障。针对特色产业发展，麻阳县人民政府成立了特色农业产业发展领导小组、文化旅游和长寿康养产业高质量发展领导小组及中药材产业发展领导小组，下设特色产业办、柑橘产业化办、县长寿办、县中药材办等多个下级机构，有效推动麻阳县各项特色产业的有序发展。

县特色办简介

特色农业产业发展领导小组：负责领导统筹全县特色农业产业发展。下设办公室：①县特色产业办，负责日常工作，制定相关实施细则，参照重点项目管理办法进行管理，各乡镇参照执行，乡镇、村（社区）两级组建3～5人工作专班，形成全县上下“一盘棋”、纵向贯通、横向联动的工作体系；②柑橘产业化办，负责制定麻阳县柑橘规划及品种改造，统筹麻阳县柑橘标准化生产，柑橘新品种的引进及选育，制定及规范柑橘栽培技术及其推广，柑橘品牌建设等其他的系列工作。

文化旅游和长寿康养产业高质量发展领导小组：由县委、县政府主要领导牵头，相关部门主要负责人为成员。主要完善组织协调机制，抓好规划实施、政策执行、工作保障。充分发挥领导小组统筹协调作用，切实加强对全县生态文化旅游产业工作的指导、统筹，确保各项工作任务落细落地。下设长寿办，负责研究拟订全县长寿工作发展的战略目标和方针政策，编制并组织实施长寿工作及产业发展的中长期规划和年度计划；负责对全县从事长寿相关产业经营的业主进行行业规范管理；研究全县长寿经济的开发战略，组织协调发展长寿产业；组织开展长寿文化理论研究及学术交流活动；负责百岁老人健康服务；负责寿星申报审核工作；承办县委、县政府和中国老年学会及上级相关部门交办的其他事项等。

中药材产业发展领导小组：负责中药材产业发展相关会议方案、政策文件、考核办法和奖补办法的拟订并组织实施。各部门、各乡镇组建专门工作机构并明确一名专抓领导，形成全县上下“一盘棋”、纵向贯通、横向联动的工作体系，确保中药材产业发展各项工作落实。下设中药材办，负责中药材全产业链发展综合协调，从事中药材种质资源保护与发掘、中药材产品创新研发、产品加工与交易、招商引资及苗医药文化挖掘等系列工作，着力做好中药材良种繁育、基地建设、产品研发、成果转化及品牌打造。

2．主要做法

生态制度体系建立健全。先后出台了《麻阳苗族自治县饮用水水源保护条例》《麻阳苗族自治县锦江河 2017—2020 年生态环境综合整治实施方案》《麻阳苗族自治环境污染风险监管责任人》《麻阳苗族自治县一般生态环境问题（事件）责任追究办法》，从制度层面和顶层设计上为麻阳县实施生态立县提供政策依据和法制保障。不断改进和加强环境监管执法及环境管理与保护改革创新，重点构建生态环境保护责任体系，形成党委、政府统一领导下各级各部门社会各方面齐抓共管的工作格局。组建综合执法巡查组，严厉打击破坏生态环境违法行为。

协调推动特色产业发展。县委、县政府成立领导小组，下设办公室，各乡镇、村（社区）两级组建 3～5 人工作专班，形成麻阳县上下“一盘棋”、纵向贯通、横向联动的工作体系。将特色农业产业发展工作纳入绩效考核，作为干部选拔任用和评价考核的重要依据。强化督查，对工作成效突出的予以表彰，对工作推进不力的通报批评，情节严重的按规定追责问责。整合相关部门项目资金支持特色农业产业发展，重点支持基础设施建设。鼓励和引导商业银行、融资担保公司、保险公司开发“特色农业信贷”金融产品、担保产品及保险产品，创新融资担保、保险机制，降低融资成本，提高特色农业产业抗风险能力。创新模式发展村级集体经济，除中央、省级财政扶持村级集体经济发展试点项目资金外，全年整合涉农项目资金 1 270 万元，通过优化金融服务，支持了一批集体经济项目建设。

着力培养挖掘本土人才。一大批“土专家”“田秀才”脱颖而出。遴选、培育柑橘、黄桃、猕猴桃等 40 名乡土人才，采取“会议培训、实地会诊、技术交流”等形式开展技术培训，共交流培训 680 余次、3.5 万余人次。麻阳县组建社会化服务组织 33 个，服务果农 2 152 户，开展修剪、施肥、疏果、病虫防治等环节技术服务，服务面积 6.3 万余亩，效果明显。

3．主要成效

截至 2022 年，已有 237 个农民专业合作社建立“支部+合作社+农户+村集体”利益联结机制，带动村民发展黄桃、猕猴桃、柑橘、中药材等优势产业。创办柑橘产业技术社会化服务企业 2 个。建立市级党建创业示范基地 10 个，县级党建创业示范生产基地 63 个。2022 年，冰糖橙、黄桃销售价格分别增长 40%、50%，果农收入大幅增长，强有力的技术支撑推进麻阳特色农业产业不断发展壮大，帮助当地群众增收致富，为乡村振兴助力。同时，特色产业发展提高了人民生活水平，生活生产环境逐渐优化，贫富差距与城乡差距均逐步缩小，有利于安定、公正、和谐社会的建设，也有利于实现人与环境的互利共生协调。2022 年，新增城镇就业人数 2 610 人、农村劳动力转移 3 021 人。

16.2 郴州市桂东县

桂东县隶属湖南省郴州市，位于湖南省最东面，地处湘赣边界、罗霄山脉腹地，面积 1 451.57 km^2，总人口 23 万人，是井冈山革命根据地的重要组成部分，属一类革命老区，是远近闻名的“养生天堂、避暑胜地、世界氧吧”。近年来，桂东县依托丰富的森林资源、良好的特色农林产业基础及独有的气候优势，全力做好护绿、增绿、用绿，以“绿水青山养眼、负氧离子养神、中药健康养生、万亩茶园养胃、红色文化养心、绿色食品养身”为核心，推动“红”“绿”深度融合发展，坚持以红色文化为魂、以绿色经济为依托，打造当地特有的“养经济”，推进绿色崛起高质量发展。

16.2.1 负氧离子养生——发展康“氧”民宿产业，打造“凉经济”

1. 案例背景

桂东县平均海拔为 890 m，位于北纬 25°44′～26°13′，是最宜人宜居的纬度。经大世界基尼斯总部测定，桂东县全域负氧离子含量平均高达 4.6 万个/cm^3，最高瞬时值更是突破 15 万个/cm^3，被认定为世界第一，空气质量达到国家一级标准，是湖南省唯一的县。先后荣获“中国最佳生态旅游示范县”“中国最佳消夏避暑旅游名县”“中国深呼吸小城百佳县”“湖南最佳避暑胜地”等荣誉称号。近年来，桂东坚持突出优势抓发展，大力发展康“氧”休闲旅游产业，创响“中国氧都·凉快桂东”旅游品牌，打造“全域康养山城”。桂东以特色优势发展康“氧”民宿，从 2015 年起逐步探索旅游民宿产业，2018 年逐渐兴起，2021 年以来实现蓬勃发展，“凉资源”真正变成了“热产业”。

2. 主要做法

突出高位推动，促进民宿产业后劲增强。桂东成立了由县委书记任顾问、县长任组长的桂东县精品民宿经济发展和建设协调高规格领导小组，设立了县民宿办，具体负责组织全县精品民宿的推进工作。先后出台了《关于促进乡村康养住宿业发展的实施意见》《加快民宿重点村提质建设工作方案》，规范民宿产业管理，拉动民宿业主及市场主体对民宿提质升级，为桂东民宿旅游发展注入动力源泉。

突出规划引领，促进民宿产业规范有序。坚持高点规划、高端定位、突出特色，桂东县充分挖掘整合人文历史、生态环境、地理条件、特色产业等资源，按照“打造精品、示范引领，强化功能、一村一品”的发展思路，编制完成了《桂东县旅游发展总体规划（2017—2030）》《桂东县全域旅游发展总体规划（2017—2030）》《湖南八面山国家级自然保护区旅游发展总体规划》《普乐温泉小镇旅游开发建设详细规划》等 10 项有关康“氧”旅游和民宿产业发展的规划。加紧编制梅林民宿专项规划和金洞民宿专项规划，启动金洞、青竹、秋里、水湾、东洛及西水村等重点村的民宿规划和民宿示范点设计方案编制工作，力求民宿发展与乡村振兴建设、优势农业产业互融共进。

突出整体联动，促进民宿产业集群发展。一是做精旅游特色村。坚持旅游和新农村建设融合发展的思路，着力打造乡村旅游示范村，建成了大洞红豆杉村、角塘新村、东坡农耕文化村、青竹旅游休闲避暑村等 8 个亦农亦游的特色村。打造了四都溶洞群、仙缘桥、江背龙潭、青娥山、万洋山等一批旅游景点，形成了“景区景点聚人气、民宿酒店做接待”的良性旅游模式。二是做强旅游配套设施。在狠抓山水林田湖草沙综合治理的同时，做好乡村旅游基础设施配套文章。目前，青竹乡村旅游基础设施配套建设工程已基本完成。三是做美城乡环境。结合文明创建和环境治理推进文旅融合，全面提升县城品质，建成了一批建筑特色鲜明、公共设施齐全的现代化新型城镇。

突出特色优势，促进民宿产业全域承载。桂东县充分认识到“精品民宿就是小型住宿设施，是农家乐的 3.0 版（1.0 版是农家乐、2.0 版是休闲避暑点、3.0 版是精品民宿），是乡村振兴、农耕再造、农旅融合、城乡统筹发展的重要载体”。2019 年，出台了《桂东县精品民宿管理办法（试行）》，全力推进精品民宿建设。另外，突出特色，精心打造，要求民宿在过去休闲避暑点“五有五好”的基础上进行全面升级，重点把沤江镇青竹村、金洞村的民宿打造成为生态民宿，把寨前镇水湾村沁园春项目及周边的民宿打造成为养生养老的康“氧”旅游项目和旅游民宿，把全域旅游重点项目打造成主题为红色文化的旅游民宿，把沤江镇禾坪村民宿群打造成为农耕主题的旅游民宿。

突出品牌宣传，促进民宿产业品牌提升。通过现场推介、图片宣展、视频展播等方式全方位宣传“桂东山水氧天下”品牌，宣传推广桂东康“氧”旅游和民宿，有力提升了品牌形象。在长沙黄花机场、武广高铁、平汝高速及县内公路干线、公交候车亭灯箱、出租车投放广告宣传，在湖南卫视等投放桂东旅游宣传广告——“来桂东我‘氧’你”“桂东夏季旅游避暑目的地”。通过桂东发布、桂东视界、桂东文旅等宣传推广活动，整合推出了 12 条精品旅游线路，进一步展现桂东康“氧”旅游、民宿及乡村旅游的魅力。2019 年，通过中国气象网、湖南卫视等媒体推介，成功打响了中国（湖南）气候旅游胜地——“夏季避暑旅游目的地”品牌，桂东避暑旅游从湖南走向了全国。

突出管理服务，促进民宿产业服务升级。一是做好旅游民宿验收评定工作，实行分类管理。2020 年 4 月，按照《桂东县旅游民宿验收评分细则》，从高分到低分评定出了 30 家桂东旅游民宿，分别授予“桂东 3A 级旅游民宿”“桂东 4A 级旅游民宿”标牌。2020 年 6 月，由县民宿办委托第三方评价机构（郴州市城市规划设计院）评选出了畔山溪谷、至臻生态农庄、三石小筑等桂东县精品民宿共 10 家（金宿 5 家、银宿 5 家）。2022 年，评定 18 家精品民宿。2020 年 7 月，“康氧桂东”旅游 App 正式上线，进一步推进了智慧旅游平台建设。二是强化行业培训，提高从业人员的素质。2020 年以来，组织民宿业主到省、市参加培训 4 批次 50 人。2021 年 6 月，由县民宿办牵头，举办桂东县中式烹调师初级（桂东土菜烹饪专班）职业技能培训班，培训人员 50 人。2021 年 7 月，由县民宿办牵头，分批次举办桂东县民宿业主安全生产培训班，第一批次培训人员 150 余人。2022 年 11 月、12 月分批次在龙溪村、水湾村、青竹村举办桂东县民宿从业人员职业技能培训班，培训人员 200 余人。三是成立县旅游民宿协会，加强行业自律。县旅游民宿协会现有会员 300 余家，颁布了《桂东县旅游民宿入住公约》，实行最低指导价，充分发挥了自我管理、自我服务、自我提升的作用，成为首家郴州市县（市、区）级民宿行业协会。

3．主要成效

带动了相关产业发展。桂东民宿也“氧化”出新动能，形成了产业“大 IP”，一业旺百业兴。全县建成了寨前万亩花卉苗木观光园、清泉桥头 10 万亩玲珑王茶叶观光园、10 万亩铁山特色中药材观光园等旅游产业基地，实现了优势农业与乡村旅游的有效结合、互动发展；带动了餐饮娱乐、交通运输、种养殖业、农副产品加工业的快速发展，实现一二三产业融合发展。

促进了群众增收致富。通过发展民宿，一大批农民不用外出务工，在家里就可以开餐饮、办民宿、出售自家种养的农产品，实现自主增收。近 3 年，全县旅游民宿产值平均每年达 1.38 亿元，旅游带动贫困户直接脱贫达到 1.8 万人，直接带动贫困人口人均增收 800 元以上，间接推动贫困户每户每年增收 5 000 元以上。

推动了城乡统筹融合。在民宿产业的带动下，乡村振兴步伐加快推进，农村基础设施、公共服务设施得到了明显改善，生态保护项目、环境整治项目得到了全面推进，农村环境卫生、村容村貌焕然一新，发展民宿产业成为桂东县实施乡村振兴战略的重要载体。

16.2.2 万亩茶园养胃——以茶赋能，做优生态品牌强势助力乡村振兴

1．案例背景

桂东县土壤土层深厚，有机质含量高，富含氮、磷、钾等，自然土壤多为弱酸性，大多数土壤 pH 为 4.5～6.4，十分适合发展茶叶产业。茶叶是桂东县的支柱产业之一，全县茶园面积达 15 万亩，拥有茶企 13 家、茶叶合作社 47 家，年产干茶 4 700 t，年总产值 4.5 亿元，加工产值 3.21 亿元。《中国茶经》记载：玲珑佳茗，产于湘南桂东群山之腰，藏玲珑茶之园也。由桂东本地人作词、作曲、演唱的本土歌曲《茶梦恋歌》，在当地广为传唱。当地盛产的“玲珑茶”口感醇厚甘爽，曾多次摘得“湘茶杯”金奖、国际农博会金奖等，并成功创建“国家地理标志产品”。清泉镇铜锣村玲珑组是湘赣红品牌“玲珑茶”的原产地，由此及彼，“玲珑茶”种植基地不断扩大，现在覆盖了全县清泉、桥头、大塘等多个乡镇。2021 年，桂东县清泉镇成功申报省级农业产业强镇项目，茶叶产业已成为桂东县巩固拓展脱贫攻坚成果与乡村振兴有效衔接的重要支柱产业之一。

《茶梦恋歌》

谁家阿妹采下一叶芬芳，传承阿爹阿娘的匠心和善良
云雾漫漫氤氲了村庄，溪水潺潺滋润了家乡
高山绿茶回味悠长，古树红茶甘醇蕴花香
一杯洗去浮华，千杯万杯声名远扬
一片叶，一杯茶，一个梦
追梦的人，勤劳淳朴向上
一片叶，一杯茶，一个梦
追梦的人，青春年华荡漾
万洋山下茶飘香，情也满三湘
谁家阿妹采茶满园飘香，一曲茶歌回荡在桂花城上
淡香生风轻抚了沤江，岁月悠悠温暖了时光
高山绿茶回味悠长，古树红茶甘醇蕴花香
一杯洗去浮华，千杯万杯声名远扬
一片叶，一杯茶，一个梦
追梦的人儿，勤劳淳朴向上
一片叶，一杯茶，一个梦啊
追梦的人，青春年华荡漾
万洋山下茶飘香，情也满三湘
万洋山下茶飘香，茶飘香

2. 主要做法

规模发展，卓有成效。清泉镇建设的集中连片茶叶基地规模集聚，标准化程度高，构建了茶园综合管理体系，打造了“万亩玲珑茶叶观光园”。为进一步提高清泉茶叶生产技术水平，促进茶叶产业提质增效，提升广大茶农种养技术，清泉镇镇、村两级就茶树育种技术、栽培管理、病虫害防治、修剪原理、生产加工等技术问题开展茶叶技能专题培训，切实提高茶叶品质与质量，确保茶农能有更好的收益。整合当地部分茶园及作坊，以“公司+合作社+农户”的形式向茶农提供优质茶叶品种和生产技术指导。全县逐渐形成清泉镇桥头乡 2 个茶叶专业乡镇，14 个茶叶专业村。

优化服务，打造“绿通道”。清泉镇在茶叶交易市场设立党员志愿服务岗，组织镇党员干部联合镇派出所民警、村务员等每天上午、下午分两班人员在茶叶交易市场开展交通安全劝导志愿服务活动，引导来往车辆规范行驶，劝导商贩、茶农有序、整齐地将车辆停到停车场，指引茶农和茶商到茶叶交易市场有效开展交易。交通安全劝导志愿服务活动既保

证了全镇茶叶的有序销售，又保障了茶农、茶商的安全、便利，更树立起一面为人民服务的鲜红旗帜，为广大群众营造了遵守交规、安全出行的良好氛围。同时，运用“互联网+”思维，通过与珠海又禾文化传媒公司合作，以直播带货等新形式提高茶叶末端销售的附加值。

金融活水，润泽茶乡沃土。针对茶叶种植产业投入大、周期长、缺抵押等特点，清泉镇量身推出“茶叶贷”“乡村振兴贷”“农担贷”等一系列特色产品，打通申贷渠道，降低贷款利率，延长贷款期限，采取“定期结息、分期还本”的还款方式，帮助农户更好地经营周转，进一步降低农户资金压力。截至目前，该行茶叶产业贷款客户 109 户，金额 2.16 亿元。针对清泉、桥头两个茶叶主要种植区组建专业化营销团队，推行“网格化管理”“清单式营销”，建立“总行、小微贷中心、支行、客户经理”四级绿色服务通道，对茶叶种植贷款办理落实“全方位精细制”服务原则，优化信贷流程，缩减办贷手续。

三产融合，培育特色文化。全力做好茶旅融合文章，依托万亩茶叶观光园大力发展生态观光农业和生态旅游，大力推动一二三产业融合发展。清泉镇打造万亩茶叶观光园，集茶叶种植、采摘体验、生态旅游于一体的现代农业产业园建成了茶文化墙、观光亭、采茶道等基础设施，形成了集茶叶种植、观光旅游、生态休闲为一体的综合景区。聘请湖南省茶叶协会和湖南农业大学的专家学者为清泉的传统产业“把脉”献策，将茶叶产业与生态旅游有机结合，有效推动清泉融入大湘东旅游圈和大井冈旅游圈（图 16-4）。作为客家人聚居地和少数民族畲族群众聚居地，客家文化和畲族文化源远流长，特别是“采茶节”“茶王赛”“六月六”“湘赣民歌会”等文化独具特色。清泉“玲珑茶”手工茶制作技艺被列为国家级、省级非物质文化遗产。

图 16-4 清泉镇茶旅融合发展

3. 主要成效

茶叶产业规模不断扩大。全镇茶叶面积达 3.5 万亩，实现茶叶产值 1.05 亿元，积极培育本土茶企，先后成立或引进了玲珑王、清桥茶果、蓝老爹、一叶神、江师傅等上规模的茶叶精深加工企业，成立了 15 家茶叶专业合作社，按照平均水平，茶农每亩茶园年收入可以达到 3 000～8 000 元。

全产业链实现惠民利民。以“农户+合作社+公司”的形式建立起“种植—加工—销售”茶叶全产业链发展新模式，涵盖 2 个乡镇，茶叶种植面积 1 000 多亩，拥有社员 150 户，辐射农户 500 户，为每户社员平均增收 6 000 余元，涉茶总产值达 2 亿余元，解决剩余劳动力 1 万余人。

培育自主品牌。桂东被评为“2015 年度全国重点产茶县”。“玲珑茶”荣获国家地理标志保护产品，成功创建中国驰名商标，成为桂东县最大的茶企。有 23 个茶叶系列产品获有机食品认证，并荣获首批“湘赣红”授权企业。桂东县被评为国家茶叶产业技术体系建设示范县，拥有全省规模最大、技术最先进的茶叶生产线“玲珑王”茶业有限公司、富有畲族风情的蓝老爹茶叶开发有限公司、湘赣合作的一叶神茶叶开发公司、江秋桂茶叶手工制作技艺馆。传统加工工艺和桂东采茶调列入湖南省非物质文化遗产名录，玲珑茶“军规红”荣获中国湖南国际农博会金奖，市场覆盖湖南、广东、山东、陕西、河北等区域。

创新产业融合循环发展模式。以红色旅游、茶旅融合、美丽生态乡村旅游为点，以清泉万亩玲珑茶叶观光园、中国中铁桂东乡村振兴非遗茶史馆、中坑畲族红色美丽村庄为面，构建了“一片叶、一杯茶、一个梦”旅游新格局。建立“资源→产品→绿色→再生资源→生态环境持续优化”循环发展模式。目前，清泉镇已建设茶园生态休闲农庄 1 座，建设集茶文化展示、制茶体验于一体的茶史馆 1 座，省级农业产业强镇、自来水厂、污水处理厂、茶叶特色小镇、镇级服务平台提质、村组道路防护改造六大项目已落地实施，清泉镇正逐步构建以人为本、以文为魂、以精为美、以业为基的现代化城镇。

16.2.3　绿水青山养眼——“靠山吃山”变“护山养山”，打鸟坳变护鸟林

1．案例背景

“千年鸟道”处于湖南桂东县、炎陵县、江西遂川县等地被南风面、齐云山、八面山等海拔超过 2 000 m 高山环抱形成的隘口中，是具有地理辨识性的高山通道，位于湘赣边生态走廊核心区，生态良好，环境优美，是我国中部路线南迁候鸟必经之地、全国第二大候鸟迁徙通道。10 年前，这条深山鸟道上危险重重，猎鸟疯狂，候鸟保护的法规并不健全，食鸟陋习的存在及法律的不健全使鸟类保护措施曾经一度乏力，导致这一带捕鸟、打鸟、食用鸟的现象长期存在；10 年后，桂东县大力推进人与自然和谐共生，强化生物多样性保护措施，迁徙之路重回生机之路。保护“千年鸟道”是湘赣边区域合作的一个组成部分，要正确处理人与自然和谐共生的关系，既要“金山银山”，又要“绿水青山”。擦亮这张生态名片，扩大外延，打造全国知名的湘赣边区域红色旅游品牌。

2. 主要做法

党建引领，湘赣合作成立“红色护鸟联盟”。“千年鸟道”延绵几十千米，涉及周边两省三地几百万亩山林，管理难度极大，需要各方发力、久久为功。为此，在湘赣两省三地党委、政府的积极推动下，红色护鸟联盟应运而生，成为“千年鸟道”保护的一股中坚力量。2020 年 6 月，湖南桂东县、炎陵县和江西遂川县以党建为引领，共同倡议成立湘赣两省“千年鸟道”红色护鸟联盟，由遂川县营盘圩乡、桂东县沤江镇和炎陵县下村乡共同具体实施，通过签订共建协议，依托党组织和党员志愿者，围绕“护鸟组织联建、护鸟执法联管、生态教育联手、生态经济联谋”四项重点措施，充分发挥两省三县三乡在推进候鸟保护及生态文明建设、打造“千年鸟道”区域品牌方面的联动作用。在护鸟联盟内设立临时党支部，成员由湘赣两省三县交界村庄的党支部负责人、护鸟队员和志愿者中的党员等组成，共同开展候鸟保护、联盟党建等工作，严厉打击猎捕候鸟行为（图 16-5）。2022 年，对候鸟迁徙重要区域内的鸟类栖息繁衍地、8 个农贸市场和 127 家宾馆、酒店、民宿等场所进行彻底清查，查获候鸟活体 13 只（已放归自然）、死体 10 只（已无害化处理），严厉打击了滥捕滥猎、交易食用候鸟的违法犯罪行为。

打鸟人的鸟堂

工作人员拆除鸟堂

图 16-5 桂东县昔日打鸟坳

加强宣传，捕鸟人变为保护者。随着“绿水青山就是金山银山”理念深入人心，越来越多的人从利用者转为保护者，吃上了“生态保护饭”，当上了野保员、林保员。桂东县有专职护鸟员 20 名，分布在 5 个监测站，守护着桂东境内涉及 50 万亩山林的“千年鸟道”。同时，更多的捕鸟人已经转行，借助脱贫攻坚政策扶持种植茶叶、黄桃、南竹。近年来，桂东县定期开展候鸟保护科普、法治教育与生态文明教育等系列宣教活动，并取得明显成效，同时通过曝光非法猎捕、经营、食用候鸟等野生动物的典型案例，引导企业、公益组织和普通公民开展爱鸟护鸟、环境整治等志愿服务，营造了浓厚的社会氛围（图 16-6）。

南岭自然科普馆

护鸟站

图 16-6 桂东县候鸟保护措施

点“绿”成“金”，创新发展模式实现和谐共生。随着打鸟坳的复绿，村民吃上了“生态饭”。“千年鸟道”华丽转身，成为粤港澳游客观赏候鸟的“打卡地”。现在的桂东，过境候鸟有 206 种，包括黄腹角雉、白颈长尾雉 20 多种国家一级、二级保护鸟类。桂东县在创新发展模式、打好生态牌、绿化荒山的同时，发展林下经济。推动生态休闲游提质升级，依托区域内众多知名景区、特色村落、生态休闲、田园观光等，建设一批乡村旅游精品景区、研学旅游基地、民宿客栈聚集区、自驾车营地等旅游综合体（图 16-7）。“千年鸟道”成了观鸟景点。桂东县还建起一座野生动植物自然科普基地，以及候鸟监测点、鸟类观测台，加大生物多样性保护宣传。

图 16-7 桂东县观鸟民宿旅游综合体

3. 主要成效

形成区域特色文化。在候鸟保护过程中，红色护鸟联盟中涌现出来一批优秀的爱鸟护鸟党员志愿者，越来越多的党员群众自愿加入爱鸟护鸟、保护生态、保护资源的队伍中来，以红色文化和候鸟文化为核心的“千年鸟道”区域特色文化基本形成。2022 年，国家林业和草原局发函在全国推广湖南省桂东县、炎陵县和江西省遂川县组建的两省“千年鸟道”

红色护鸟联盟的经验做法。

创新候鸟保护机制。桂东县建立健全了政府领导、林业牵头、上下联动、区域联防、部门协作、社会参与的候鸟保护工作机制，坚持“疏堵结合”的原则，形成了群策群防、联防联治、齐抓共管的工作格局。牵头建立湘赣边界“两省三县”候鸟保护联防联保工作机制，于2021年5月由国家林业局发函提出在全国推广，于2021年10月12日在云南省昆明市举办的生物多样性缔约方大会中推介宣传。

擦亮合作生态名片。湘赣两省携手打造的“千年鸟道”红色护鸟联盟及一系列配套措施共同构建了“党建+生态保护”的绿色发展格局，推动人与自然和谐共生，已成为湘赣边区域合作一张生态名片。在做实边界候鸟保护工作的同时，两省三县依托红色护鸟联盟合作框架，深化定期互访机制，充分发挥三县各自在候鸟展演、生态旅游、农业开发等方面的优势，实现优势互补和资源共享，使候鸟保护工作与县域经济建设相互促进、共同发展。通过发展候鸟观赏、避暑旅游、乡村农家乐等生态产业，建设鸟类博物馆、开展国际性科普文化交流等，提升区域经济发展质量，借助“千年鸟道”开辟当地群众致富新路子。

候鸟保护工作被媒体多次宣传报道。2022年，《郴州新闻网》《郴州日报》专版刊登《“两山论”护航下的“千年鸟道”——湘赣两省携手保护候鸟迁徙通道推动绿色发展的启示和思考》。2022年8月25日，《湖南日报》、新湖南客户端刊登《“靠山吃山”变“护山养山”，“鸟之殇”变“鸟天堂”——湘赣边携手守护“千年鸟道”》。10月14日，在湖南电台“献礼二十大《在消失中看见》”栏目中以《打鸟坳变护鸟林》为题对桂东县近十年候鸟保护工作进行了专题报道。

16.2.4 绿色食品养身——聚焦中药材特色产业，全产业链打造致富“绿色银行”

1．案例背景

桂东生态环境优良，负氧离子含量高，空气、水、土壤无污染，昼夜温差达10℃以上，十分适宜道地药材生长，有野生药用植物1 083种，是天然的中药材种质资源库。经检测，桂东所产岗梅、厚朴、杜仲、黄柏、黄精等道地药材药性好、品质好，主要药效成分含量达到国家药典指标要求的2倍以上。近年来，桂东高度重视中药材产业发展，把中药材作为主要产业来打造，先后获评“全省中药材种植基地示范县”“省级优质农副产品供应示范基地（中药材示范片）”，桂东中药材产业成功列入“湖南省主导特色产业发展指导目录（一县一特）”。凭借其得天独厚的优势，桂东县以国家可持续发展议程创新示范区建设为契机，大力发展中药材产业，推动绿色转型发展，将“绿水青山”变为“金山银山”，中药材产业已成为带动越来越多群众致富的“绿色银行”。

2．主要做法

生态优势释放产业优势。桂东县平均海拔高、气温低，一年只能种植一季中稻，这为一季水稻一季药材的“稻药轮作”模式提供了空间。该模式既充分利用了土地资源，又极大提高了经济效益，一地双收，一举两得。先后引进人参、云木香、白芷等 20 多个药材品种，提升种植效益。同时，积极推广岗梅、白及、草珊瑚、七叶一枝花、黄花倒水莲等林下套种，坪水、堡下、白竹、槐村等示范村发展林下中药材 2.5 万亩。

龙头企业带动集群蓄能。桂东县致力于构建中医药健康服务体系，打造中药材全产业链，精心编制了《桂东县中药材产业发展规划》《桂东县中药材产业发展奖励扶持方案》，明确一系列关于加快中药材产业发展的政策举措，采取以奖代投方式，每年整合资金 2 000 万元以上，重点扶持新型中药材生产经营主体和种植大户。经过多年培育，桂东县“公司+合作社+基地+农户”“合作社+基地+农户”“家庭农场+农户”等中药材产业经营模式初步成形。湖南广玉农业综合开发有限公司带动合作社、种植大户、农户等药稻轮作及林下种植 10 万余亩，现完成自建基地种植 1.8 万亩，项目建成后稳定就业 2 万余人。同时，公司还建设了 GMP 中药饮片（含口服饮片、颗粒饮片）、SC 保健品、中药提取生产线与原料库、冷库、恒温库等，总投资约 10 亿元。

链条完善实现全面发展。桂东县依托特色资源优势，融合“药”“林”“养”经济，加强学研合作、创新发展模式，统筹中药种植、加工贸易、医疗健康、中医药旅游等业态，推动桂东中药材产业实现高质量发展。通过传承和发展本土中医文化，大力发展中医“治未病”和药浴、药膳、康复理疗等传统养生保健服务，推进“中药+康养”“中药+旅游”“中药+科普”，建设一批中药材文化休闲旅游基地、科普基地，做好中医药健康产业（图 16-8）。

图 16-8 桂东县中药材科普基地

品牌建设增添发展动能。紧扣全省“打造千亿级中药材产业”发展目标，桂东县大力发展中药材和林下经济相结合的优势产业，着力把中药材打造成为“一县一特”主导产业。桂东坚持“搭建一个园区、建设一个基地、创办一个工厂、打造一个品牌”的发展思路，围绕“一主一特”（农林产品加工为主、中药材加工为特）建设“五好”园区，积极推进厚朴、岗梅、黄柏、罗汉果、皇菊、黄精、重楼、玉竹、黄花倒水莲、淡叶竹等本地优势中药材生产，大力开展原产地认证、地理标志证明商标登记。同时，帮助龙头中药材企业集中发展、做大做强 1～2 个中药材品种，着力打造桂东道地药材品牌。鼓励和支持中药材企业创建国省级龙头企业、林下经济示范基地、科技研发平台。

3．主要成效

品牌效应逐渐增强。目前，桂东“一县一特”中药材已纳入“湘九味中药材”区域公用品牌，桂东县珍源现代农业发展有限公司“珍源”七叶一枝花（重楼）、黄精和湖南省盛源药业股份有限公司“湘盛源”罗汉果荣获首批“湘赣红”授权企业品牌及产品，“桂东罗汉果”“桂东黄精”荣获国家地理标志证明商标。一株株好药材真正变成致富新良方。

脱贫增收成效显著。目前，桂东全县共有中药材种植企业 14 家，农民专业合作社 38 家，中药材经营大户 560 余户，带动群众就业 5.84 万人。中药材种植面积达 24 万亩，中药材品种 50 余个，年产量 2.4 万 t，产值 10.6 亿元。药材变“药财”，“绿水青山”真正变为“金山银山”。

产业链条逐渐完善。桂东县落实中药材种植奖补，积极参加国家、省、市各类对接会、博览会、商会等活动，宣传桂东中药资源优势、营商环境，极大地补齐了中药材精深加工方面的短板。2020 年，湖南广玉综合开发建设项目、中药材仓储加工建设项目正式落地桂东，让当地中药材产业由初级切片向饮片、有效成分提取、成药制造等全产业链条拓展延伸，帮助中药材产业实现了质的飞跃。

16.2.5 红色文化养心——激活红色文化“惠民基因”，打造“红旅”品牌

1．案例背景

桂东是一类革命老区、一块“红土地”，也是“红色传承”的桥头堡。作为湖南省第一个解放的县，有“三大纪律·六项注意”颁布旧址、工农红军在桂东革命活动纪念馆、红军长征先遣队寨前誓师西征旧址、邓力群同志故居、红四军普乐活动旧址群等红色景点景区，拥有不可移动红色资源（含遗址、遗迹）上百处、经确认的主要红色文化资源 32 处，其中国家级文物保护单位 1 处、省级文物保护单位 11 处。成功创建了全国爱国主义教育基地、全国红色旅游经典景区、国家国防教育示范基地、湖南省廉政文化教育基地，红色资源丰富多彩，红色文化光辉灿烂。近年来，桂东县发挥红色资源优异、地理区位优越、社会环境优良等优势，大力传承红色基因、打造红色精品，全面点燃“红色引擎”（图 16-9）。

图 16-9 桂东县“红廉”文化品牌

2. 主要做法

提升风貌，守护“红色根脉”。一方面，深挖本土红色故事。组织专门调研，召开专题会议，明确桂东重大历史事件的规范性表述、红色历史故事改编、红色文化项目包装等方面的工作。充分挖掘“第一军规”“红六军团西征”等发生在桂东的党史事件及陈奇、方维夏等在桂东开展过革命活动的人物的深远影响，进一步收集整理红色标语、红色故事、文献资料等，将散落珍珠状态的红色故事串成完整的项链，以专刊读物形式呈现。另一方面，加强红色资源保护。实施开展《桂东县不可移动革命文物保护利用工程三年行动计划》，加强桂东县上百处不可移动红色文化资源的保护修缮，确保红色遗址、革命文物的历史真实性、风貌完整性和文化延续性。按照分级分类原则，对红四军前委扩大会议旧址、“三大纪律·六项注意”颁布旧址群等 23 处中、省、市、县级文物保护单位实施名录管理。组织人员对散落在民间的革命历史资源进行排查调研，核实保存现状和历史事实，实现全县各级革命文物保护全覆盖，确保红色遗址、革命文物的历史真实性、风貌完整性及文化延续性。

党建引领，践行“红色信仰”。把党史学习纳入各级党委（党组）理论学习中心组、基层党员培训、文明实践、干部教育、“书香桂东”建设等重要内容，充分发挥爱国主义教育基地和党性教育基地作用，将第一军规教育中心申报成为全省第一批党教培训现场教学点。积极推动与井冈山干部学院、韶山干部学院、郴州市委党校沙洲分校等协同合作，促进红色资源共建共享、红色教育互联互通。结合党的二十大精神宣讲工作，在红四军前委扩大会议旧址、“三大纪律·六项注意”颁布旧址等红色景点开设“党史微党课”“板凳党课”，引导广大党员以实地参观、实景学习、实践体验、实施研讨等方式上党课、学党史，提升党性修养和红色信仰。

用情“育人”，讲好“红色故事”。收集整理老一辈革命家在桂东访贫问苦、艰苦奋斗、服务群众的事迹，编制红色书籍。把红色旅游、产业发展、乡村振兴等工作有效衔接起来，切实把红色资源转化为生产力，推进文旅项目建设，充分发挥红色旅游助推产业发展、加快乡村振兴的助力器作用，串联“沙洲—沙田—青竹”精品旅游线路，吸引大批游客前来参观学习。抓好全县中小学校红色教育，深入开展“扣好人生第一粒扣子”主题教育实践、“传承红色基因”系列教育活动，拓展和延伸沙田镇第一完全小学“军规小学”校园文化内涵，辐射和带动全县中小学校传承红色基因、创建“红色校园”。丰富文艺创作，征集一批反映“三大纪律·六项注意”“红六军团誓师西征”等本土党史故事的文学、音乐、美术、摄影等文艺作品，打磨提升情景舞蹈剧《第一军规》、方璇事迹舞台剧《大山的女儿》等原创本土红色优秀剧目。

用智融合，推动“红色旅游”。坚持统一规划和全景设计，科学编制《桂东县旅游产业发展规划》《桂东县全域旅游发展总体规划》，实行“多规合一”，将红色资源转变为“金山银山”。积极推进长征国家文化公园桂东段建设，结合《长征国家文化公园（郴州）建设保护规划》，逐步建设好桂东“红六军团西征誓师”重点展示园、桂东至临武集中展示带等涉桂项目。利用地域特色标识牌、路灯广告牌、红色故事手绘墙等形式营造红色文化宣传氛围，稳步推进普乐镇东水村和沙田镇万寿宫社区全国首批红色美丽村庄试点村建设，积极打造沙田、寨前、普乐等“红色乡镇”，在县城主干道、小游园或花圃以桂东革命先烈、红色故事为主题设置塑像、展牌等，一路一主题，建设“红色县城”。多元融合抓旅游。完善和推广县内红色旅游精品线路，结合桂东得天独厚的气候和生态优势，组织游客开展讲红军故事、唱红军歌、吃红军饭、走红军路、听红色党课等群众性文化活动，增加重温红色革命文化的参与感、体验感。同时，结合“康养桂东·感恩游客”送文化进乡村活动、“非遗+旅游”等文旅项目，充分发挥“六月六”桂东禾苗节民俗活动、桂东玲珑茶手工艺制作等省级非物质文化遗产项目内容丰富、参与度高、观赏性强的特点，整合“桂东十大碗”的地方美食特色，融合农耕文化和红色文化，让游客在桂东有所乐、有所学、有所悟，沉浸式体验红绿文化，以红色旅游助力县域高质量发展。

3. 主要成效

桂东县红色文化旅游有效调整了产业结构，实现了生态产品价值转化，推动红色旅游产业带动其他产业发展，促进人民增收的良好局面。打造形成“第一军规”红色旅游品牌；同时，做好结合文章，做大康养旅游产业，让游客“沉浸式”体验“军规”养心、“生态”养身。围绕红色文化、农耕文化、特色农业资源，桂东县投资 6 000 万元打造以“沙田军规红”文化为灵魂，以自然山水、田园风光为依托，集文化体验、农业生产、农业旅游、科普研学、产品销售等功能于一体的沙田军规红色农旅产业园。沙田镇入选“湖南省首批经典文化村镇”和“湖南省第五批省级历史文化名镇”。

16.3 汉中市城固县

城固县地处陕南汉中盆地中心地带，北依秦岭、南屏巴山，“一江五河”纵横交错，生态环境优越，享有“柑橘之乡”“大鲵之乡”“天然药库”“西北小江南”之誉。近年来，城固县围绕建设汉中现代化区域中心城市核心承载区，谋深做实产业发展、城镇建设、乡村振兴“三篇文章”，探索形成“数字赋能、产业跃升、产城融合、农文旅 IP、司法守卫”5 条具有创新性、代表性、可推广性的“绿水青山就是金山银山”转化路径，有力推动了当地经济的高质量发展，实现了质的有效提升和量的合理增长。

16.3.1　数字赋能——龙头镇智慧化稻渔综合种养助推农业现代化

龙头镇智慧化稻渔综合种养模式可充分释放“增渔增收、节地节水、循环高效、绿色生态”叠加效应，对拓展水产养殖空间、促进农业提质增效、推进乡村振兴具有重要现实意义，是践行“稳粮促渔、生态优先、产业化发展”、推动一二三产有机融合的生动实践，已经成为城乡融合共同富裕新样板，走出了数字智慧助力农业现代化新路子，是数字生态文明背景下“绿水青山就是金山银山”转化的典型范例。

1．案例背景

城固县地处汉中盆地腹部，常年水稻面积 24.3 万亩，水资源丰富，发展稻渔综合种养产业有较好的基础。2020 年以前，均为企业零星发展，面积小，影响力较弱。2020 年 6 月后，城固县将稻渔产业作为突破发展的产业，在短短 2 年时间内，已累计建成稻渔综合种养基地 1.8 万余亩，产业主要分布在龙头、莲花、原公等 12 个镇办 36 个村（社区），其中以龙头镇面积最大，占全县总面积的 50%左右。本节以龙头镇为案例介绍智慧化稻渔综合种养典型经验做法。

龙头镇位于城固县以西 6 km 处，东临西城高客站，西临汉中机场，城熊路、龙沙路穿境而过，辖 13 个行政村 1 个社区，面积 44 km^2，总人口 3.3 万人。全镇耕地面积 27 510 亩，其中水田 25 284 亩。近年来，龙头镇结合辖区肥沃土壤、丰富水资源等优势，大力开展智慧化稻渔综合生产“四化”（规模化、标准化、品牌化、链条化）建设，实现“亩产千斤粮，亩收百斤鱼，亩均过万元”，实现稳粮增收和生态环保双丰收。龙头镇六一村建成数字稻渔综合种养基地，由稻渔数字化管理中心、工厂化育秧中心、稻渔综合种养区和农旅融合示范区组成，是汉中市首家智慧化稻渔生产基地，基地核心面积 3 500 亩，是陕西省数字赋能农业生产撬动乡村振兴的典型代表，受到人民日报、CCTV、陕西省主要领导和国家乡村振兴局的报道和点赞。

2．主要做法

精准谋划布局，因地制宜稳步推进。聘请专业规划公司对全县计划发展面积进行摸底、测绘，高标准设计产业配套设施，完成稻渔产业“十四五”发展规划编制和城固稻渔产业三产融合规划，聚焦稻渔产业“强”、环境“美”、产品“优”、主体“富”的发展目标，坚持全产业链谋划，以工业化理念抓农业生产，以大基地、大龙头、大品牌为依托，重点发展 6 种种养模式，充分考虑平川、山区的差异和实际，因地制宜规划种养模式、适度发展产业规模，找准水稻种植和水产养殖的平衡点，避免同质化竞争。制定有针对性的金融扶持政策，开展担保公司与商业银行合作的“稻渔贷”等担保服务和饲料公司反担保的新型合作模式，坚定经营主体的发展信心。

加强基础设施，加快数字智慧赋能。坚持稻田标准化改造、规模化开发、集约化经营理念，利用高标准农田项目和乡村振兴整合资金，积极实施了一批产业路、产业渠等基础设施项目建设。以大数据、物联网、云计算、人工智能技术为手段，在龙头镇等稻渔主产区，实现高标准农田全覆盖，龙头镇 3 500 亩数字稻渔示范基地的农业产业生产基地路、渠、井、电等基础设施建设全部改造提升，实现了渠相连、路相通、旱能灌、涝能排、农机行的标准化农业产业生产基地。龙头镇六一村数字稻渔综合种养基地可提供高温、暴雨、干旱、冰雹等的精准预报和推送，集水质监控、水位感知于一体的精细化种养管理，智慧分析某种作物发生某种虫害或病害的趋势；利用 5G 技术搭建的数字化管理系统，亩均产值比传统稻田亩均产值提高了 3～5 倍，实现了从“靠天吃饭”到“知天而作”的转变，大幅降低成本，提升稻鱼产量与品质，最终实现稻渔综合种养协同增效。

强化技术指导，提升科技成果转化。与陕西水产总站、西北农林科技大学、浙江水产研究所等机构开展产学研用合作，成立渔业专家工作站和专家服务团，编印稻渔综合种养工程标准及技术规范，定期开展技术培训，累计培育本土专家 130 余名，打通技术服务“最后一公里”。采取驻镇包片、基地巡回等方式，从基地选择、田间工程建设、水稻种植、水肥管理、病害综合防控等方面进行现场指导，全程跟踪服务，推动农户和经营主体快速掌握稻渔综合种养关键技术。同时，探索引进一批适合城固县稻渔综合种养的水稻和水产品种，加强稻渔综合种养的生态机制及生产模式的优化、熟化和创新研究，集成适宜城固的稻鱼、稻虾、稻鳖、稻鳅、稻蟹等高效综合种养技术规范。通过公司、合作社、家庭农场等社会组织提供技术服务，如天汉蟹业水产技术服务有限公司等水产养殖企业为农场农户提供全程技术服务指导。

延长产业链条，增强服务保障能力。鼓励引导社会资本发展苗种繁育和供应、水稻全程机械化、产品加工和营销服务等产前、产中、产后全过程社会化服务体系。在龙头镇六一村总投资 940 万元，建成水稻育秧中心，建设育秧温室大棚 1 栋 1 800 m^2，建成购置育秧流水线 6 条、插秧机 10 台、拖拉机 3 台、无人机 2 架等相关设备，并配套建设附属设施。育秧中心的建成为实现粮食安全、水稻生产全程机械化和农事服务提供了有力保障，实现了从育秧、插秧、田间管理再到收割全流程的现代化农业。育秧中心通过工厂化育秧，全年可为周边农户按时按质提供秧苗，年插秧超 5 000 亩，大大提高土地利用率、降低育秧成本（亩均节约 300 元），有效解决脱贫人口劳动力就业增收问题。

实施品牌战略，加快打造特色品牌。大力挖掘稻渔综合种养生态价值，按照绿色、有机食品的要求组织稻田产品的生产，建立专业化种养、产业化运作、品牌化销售的运行机制，打造一批具有地方特色、优质绿色水产品和稻鸭米、稻鱼米、稻田渔等生态健康品牌。打造出了福旺公司、谷裕公司、天丰公司的“鸭田米”“鱼田米”等一批高档优质米品牌，明博公司、天汉蟹业公司的“稻田蟹”“稻田虾”等一批优质水产品牌，畅销市场，品牌价值不断提升。

3．主要成效

实现了稳量增收。稻渔综合种养以稳粮增收为前提，坚持“不与人争粮、不与粮争地”，通过“以渔促稻”，保证了水稻播种面积，从而稳定了稻谷产量，提升了稻谷价值，实现每亩“百斤鱼、千斤粮、万元钱”，亩均增收 2 000～5 000 元。智慧化稻渔综合种养的优势主要表现在两方面：一是实现节本增效，通过数字化监测、管理，平均节约成本约 500 元/亩，其中人工投入减少 80%、生产资料投入减少 40%，5 种综合种养模式下具体产值收益见表 16-1；二是降低产业风险，数字化精准监测预警对产业发展中的风险因子进行主动预防，使灾害风险极大降低，确保产出预期稳定。

表 16-1　城固县龙头镇六一村智慧化稻渔综合种养模式产值收益

综合种养模式	成本投入	产值	纯利润/（元/亩）
稻鱼	每亩投入鱼（鲫鱼）苗约 500 尾，成本为水稻 1 300 元、鱼苗 500 元、饲料人工 1 700 元	年净产量 350 斤，出塘市价每斤 12 元，每亩稻鲫产值 5 810 元	2 310
稻鸭	每亩放养 30 只（可放两茬），养殖 4 个月，成本为水稻 1 300 元、一周龄鸭苗 90 元、饲料人工 810 元	每斤 10 元，每亩稻鸭产值 3 410 元	1 210
稻蟹	每亩放养蟹苗 1 000 只，成本为水稻 1 300 元、蟹苗 1 000 元、饲料人工 4 000 元	平均亩产可达 200 斤，每斤 50 元，亩产值可达 11 610 元	5 310
稻虾	每亩放养虾苗 5 000 尾，成本为水稻 1 300 元、虾苗 750 元、饲料人工 1 250 元	平均亩产 225 斤，每斤 20 元，亩产值 6 110 元	2 810
稻鳅	每亩放养 1.8 万尾，成本为水稻 1 300 元、鳅苗 3 300 元、饲料人工 3 460 元	平均亩产 960 斤，每斤 10 元，亩产值 11 210 元	3 150
亩产水稻超 1 000 斤，订单高出市场价 15%，亩水稻产值 1 610 元（随着品牌扩大，潜在价值空间巨大）			

壮大了村级经济。实行“企业+村级合作组织+农户+产品”的发展模式，通过土地入股、股权转让、合同保障、股权认购等形式，促进了村级经济组织发展稻渔产业的集约化、规模化经营，解决了农田荒废、土地资源闲置浪费等问题，提升了土地资源利用率，也为农村经济的健康稳定发展提供了重要保障。目前，全县有 36 个村级经济合作组织参与稻渔产业发展，累计实现盈利 400 余万元。六一村 2019 年、2020 年、2021 年、2022 年村集体稻渔种养分别盈利 5.7 万元、11 万元、20 万元、21 万元，增长率高达 268%；新华村 2019 年、2020 年、2021 年、2022 年村集体纯盈利分别达 11 万元、13 万元、18 万元、24 万元。

促进了产业融合。城固县稻渔综合种养的发展注重一二三产融合发展，已初步形成集种植养殖、农渔产品加工、农渔产品销售、稻田垂钓观赏、餐饮旅游于一体的新型业态。以龙头镇为样板，打造了稻渔三产融合基地，建成了凉亭、休闲步道、乡村特产销售区等农旅融合观光区，通过举办“荷韵城固”大型广场舞比赛、文艺汇演、水上莲蓬和水下游鱼等赛事活动，进一步推动了种养业与乡村旅游的融合发展。2022 年以来，共吸引游客 150 万余人次，提供务工岗位 350 余个。

4．可复制性和可推广性

受龙头镇智慧稻渔综合种养成功的影响，毗邻乡镇已经建成原种猪智慧云养殖、优质猕猴桃数字化农业示范园、莲花街道循环水+高位池新型工厂化数字养殖等数字智慧农业项目，其中数字养殖项目开创了渔业转型升级的新模式，较传统养殖可节约土地 90%、综合收益增加 200%，村民通过土地流转得租金、入园务工得薪金、入股分红得股金，村集体、村民和企业实现三方共赢。目前，城固县正研究制定《城固农业全产业链数字化平台建设方案》，开展全县基本农田土壤、水质、病虫害、气象环境等农业基本数据的实时监测，探索建立涵盖生产、加工、仓储、销售全产业链过程的农业作业标准数据要素库，建立对经营主体及其经济金融活动的数字画像系统和数字服务体系，为政府、经营主体、金融机构提供上下游对接、信息共享、金融服务等数据支持，实现农业全产业链经营主体管理服务及经济金融服务的数字化。

2023 年 3 月，“2023 西部智慧农业发展论坛”在汉中市城固县举办，城固县龙头镇智慧化稻渔综合种养是大会的重要宣传案例，与会代表赴现场开展观摩学习和交流。城固县数字智慧助力农业现代化发展迅速受到重视，数字化、智慧化推动农业现代化经验不断被推广和创新，如略阳天麻大数据可视化、镇巴县数字药园、留坝县食用菌产业数字化智慧管理等。随着城固在智慧农业全链条发展、体制机制保障、经验模式创新等方面不断健全完善，必将在汉中乃至西部地区掀起数字智慧助力“绿水青山就是金山银山”和农业现代化建设的热潮。

16.3.2 产业跃升——董家营镇做优元胡产业提升绿色食药产业链韧性

董家营镇把元胡产业作为促进农业增效、农民增收、乡村振兴的一项主导产业来抓，依托生态资源优势，统筹整合土地、人力、技术、资金等要素，全面推行标准化种植，大力推广“稻—药”水旱轮作亩产千斤粮、产值超万元的粮经轮作高效栽培模式，积极引进行业龙头企业投资兴业，不断延链、补链、稳链、强链，从起初单一种植中药材到不断拓展绿色食药产业链，提升产业链韧性水平，全力推动绿色食药循环产业规模化发展，助推董家营镇域经济高质量发展，为推进城固乡村产业振兴注入强劲动力。

1．案例背景

元胡是一种临床中药材，因适用范围广、药用价值高，其经济收益可观。城固县地质气候条件适宜元胡生长，使其不仅质硬而脆、蜡泽饱满，而且元胡素含量高，品质在国内属上乘，受到各地药商广泛青睐。元胡产业是《陕西省中药产业发展规划（2020—2030）》的重要内容，是陕西省农业中最具发展潜力和市场竞争力的农业特色产业之一。

城固县自 1972 年从浙江引进元胡试种以来，经过 50 年的种植和相关试验示范，逐步形成了一套完整的栽培技术体系（图 16-10）。“水稻+元胡”的水旱轮作种植模式提升了产品质量，取得了元胡、水稻的双丰收，亩均收益达 5 000 元以上，最高达 10 000 元以上，与同一生长期种植的小麦、油菜相比，经济效益增长显著。“水稻+元胡“轮作模式在城固县快速发展，形成了汉江以南董家营、三合、上元观、五堵等镇的种植主产区，并辐射带动全县及周边县（区）发展。2023 年，全县元胡种植近 11 万亩，城固元胡面积占全国的 65%。据估计，其产量超过全国总产量 70%。城固已成为全国最大的元胡生产基地，是名副其实的“中国元胡之乡”。

标准化建设基地

丰收晾晒

图 16-10　元胡种植

董家营镇位于城固县中南部，北临汉江，南依巴山，镇政府驻地距县城 11 km。全镇下辖 17 个村（社区）103 个村民小组，总人口 9 434 户 30 048 人。镇域总面积 70.65 km^2，总耕地 30 876 亩，丰厚的土地资源奠定了良好的农业基础。县内有南沙河四季长流，有南沙湖、七里沟水库等大小塘库 214 座，万亩以上的水域面积造就了广阔的优质平原沙土地。冬无严寒、夏无酷暑，早春寒流不易侵入，使当地成为元胡的最佳适生区。同时，城固县也是“天然药库”，现有野生药材 10 类 530 多种，常年收购的约 230 种，自种药材近百种。基于此，董家营镇在延伸产业链条、提高产品附加值方面做引导、下功夫，依托三合循环经济工业园区绿色食药园，发展修正、天谷、宇辰、白云等中草药种植加工企业，建立开放式元胡植物提取实验室 5 个和中试车间 1.2 万 m^2、国家 GMP 认证中药饮片生产线 3 条，研发自主知识产权中药新药品 5 个，显著提升了城固县绿色食药产业链的韧性和发展规模。

2．主要做法

强化政策支持。一是按照“产业协同、链条延伸、特色突出、循环发展”的思路，成立中药材产业发展办公室，出台《元胡产业发展规划》《生物医药产业链“链长制”工作方案》等支持政策，编制《稻渔、蔬菜、茶业、中药材（元胡）产业发展规划》。二是规范种植标准。组建高水平专家团队推广标准化种植，牵头制定《陕西省元胡地方标准》，建成 2 个万亩、4 个千亩标准化种植基地，实施省级农业标准化元胡良种繁育试点项目，示范推广“稻—药”水旱轮作等高效栽培新技术。

提高原药品质。董家营镇元胡产业化数字云平台采用统一标准、统一植保、统一加工、统一检测、统一认证、统一溯源、统一包装、集中仓储、集中供应的 9S 管理模式，实现包括生产基地水土检测、土地整理、种苗等级及来源、施肥、灌溉、除草、采收、产地初加工、药材质量检测、分级色选、仓储、流通等在内的生产全流程操作留痕。通过实时监控基地内空气质量、水质、温度、湿度、土壤酸碱度等指标，严格按照汉中市元胡地方标准进行农事操作，实现元胡标准化、无虫害、无农残、无重金属种植，确保培育出优质的元胡初级产品。

节本增效。通过数字化技术，董家营镇元胡产业实现了生产过程的自动化和智能化，减少了人力成本和能源消耗。在水稻收获后，及时采土测肥，根据不同田块的养分含量结合元胡需肥要求，制定不同的施肥方案，改变药农以往凭经验过量施肥的习惯，亩平均减少用肥 10～20 kg。通过远程技术监测，在元胡霜霉病和菌核病高发期进行无人机喷药防治，每亩节省人工 3～5 个人，平均亩节本增效达 200 元。2023 年，城固县元胡鲜品采挖刚开始价格约 36 元/kg，后期稍有下跌，但基地内元胡目前一直稳定在 30 元/kg，每亩纯收入可达 1 万元，增收明显。

提升种植水平。董家营镇元胡产业化数字云平台系统可以将前端一系列数据经过处理后发送到相关人员的手机上，通过在手机上安装手机客户端，管理人员和农户可以实时查看现场视频及各种传感器传回的数据，实时监测预警事件的发生，根据系统提示的环境变化量适时开展相关生产活动。在元胡出苗到采收这 3 个月内，可以针对不同田块的预警和提示信息及时进行追肥、灌水、病虫害防治等，而且可以随时联系平台内的农业技术专家进行种植方面的咨询。2022 年，共培训中药材种植农户 5 000 多人次，发放技术资料 9 000 余份，发放生物有机肥、复合肥共计 30 余 t，配送良种 1 万余斤。相关农业监管服务部门也会在元胡整个生长期内实时了解元胡种植区域气候变化情况，可将预警信息及时下发给农事管理网格员，提醒其采取相关农事管理措施，真正实现了“以前种药靠经验，现在全靠高科技”。

品牌建设成效显著。2016 年 12 月，“城固元胡”跻身国家地理标志。2020 年，通过国家地理标志产品认证。2016 年 9 月，“城固元胡”国家地理标志证明商标成功注册，目前正在申报国家地理标志保护产品。积极开展“城固元胡”网络域名注册保护，“城固元胡.com”“城固元胡.cn”已在国际顶级域名数据库中记录。通过注册“城固元胡”商标及网络域名保护，提高了城固元胡知名度和市场竞争力。元胡产业发展论坛、元胡产销对接现场会等活动的举办进一步提升了“城固元胡”品牌价值和影响力。

提升城固元胡市场竞争力。2020 版新《药典》的颁布，对中药材质量提出了更高的要求。越来越多的制药企业和药材市场要求供应商提供药材的质量追溯信息。城固县元胡数字化云平台通过与省农产“一品一码”平台对接，实现“两码融合”，可追溯城固元胡生产全链条、全过程。同时，该平台采用区块链技术赋予“已上链”标志，将城固元胡全链条过程溯源信息进行上链，提升城固元胡溯源数据的可信度。通过溯源防伪标签，平台做到了种植源头、交易混批、再生产加工的全链条溯源，每个流程都清晰呈现。通过数字化技术，可以实现产品信息的全面展示和推广，进一步提高城固元胡的知名度和美誉度，助力城固元胡在药材市场上提高竞争力。

拓展城固元胡市场。董家营镇元胡产业化数字云平台连接了全国较大的药材市场和医药企业，建立了从原产地到医药市场的全流程质控、追溯，实现了联采、议价、交易、支付、结算和监管的一体化在线服务，让多样化的采购需求得到精准信息匹配，促进了“优质”对应“优价”。同时，城固县支持天谷药业配套建设大型仓储物流中心及原产地云仓，打造陕南中药材交易中心，实现产业供需调配和精准对接，促进上下游、产供销协同联动，保障产业链、供应链稳定，实现城固元胡“买全国、卖全国”。

撬动绿色食药循环经济迅猛发展。成功培育元胡类省级现代农业园区 1 个、农民专业合作社 40 个、龙头企业 7 家、加工企业 4 家（元胡中成药加工企业 1 家、元胡加工提取企业 3 家）。元胡经纪人逐渐增多，推动城固县元胡销往河北、安徽等大型药材市场和全国 260 多家大中型药企。2021 年，招引群利康中药材公司入驻三合循环园区绿色食药园，引进先进设备、工艺，实现元胡清洗、蒸煮、烘干、储存等环节全自动化，2022 年加工元胡 1 200 t。以天谷药业、群利中药材合作社、信亿仁元胡种植专业合作社、丰兴中药材种植专业合作社、乡源中药材专业合作社、丝路康珍中药材专业合作社等为代表的大型加工主体能占当地元胡加工一半以上。成功引进修正、天谷、宇辰、白云等中草药龙头种植加工企业，并进一步辐射城固及周边县域中药材种植和加工制造，依托城固县独特的交通区位优势，以元胡为代表的循环经济产业正在引领陕南绿色食药经济高速发展（图 16-11）。

天然谷系列保健产品

绿色食药代表性产品

图 16-11　绿色食药循环经济相关组图

3．主要成效

2021 年，董家营镇生产总值 10.78 亿元，其中元胡产业链年生产总值达 3.2 亿元，占比约 29.7%。2022 年，城固县元胡平均亩产 481 kg，亩效益创历史新高，总产值约 9 亿元，同比增长 3.6 亿元，带动群众增收 6 万余人。作为城固县两个“万亩元胡标准化种植基地”之一，凭借着优质高产的元胡产品，董家营镇早在 2012 年就被陕西省农业农村厅认定为陕西省“一村一品”示范镇。2023 年，董家营镇（元胡）入选全国“一村一品”示范镇。

4．可复制性和可推广性

城固县董家营镇以元胡产业撬动绿色食药循环产业发展的“绿水青山就是金山银山”转化案例，体现了从单一的中药材种植到中药材深加工提升附加值的过程，不断健全产业链发展，提升了整个绿色食药产业链的韧性水平，对毗邻乡镇商品大鲵繁育和羊肚菌产业同样具有启发意义。

商品大鲵繁育和深加工产业。充分利用大鲵（俗称娃娃鱼）原生地和优生区等大鲵繁衍栖息得天独厚的资源优势，秉承发展与保护并重的原则，通过加强野生大鲵保护、仿生态驯养繁育，建成全国最大商品大鲵繁育基地，现有大鲵繁育场 87 个，人工养殖大鲵 700 万尾，其中投放种鲵 9 000 余尾，年苗种繁育量可达 70 万尾以上。依托“企业+高校+互联网+农户”模式不断拓宽大鲵产业链，提升商品大鲵从繁育到深加工的产业经济价值，在提取分析大鲵营养成分的基础上研发大鲵系列化妆品、保健品。“鲵颜堂”护肤品、“鲵青源”肽粉、大鲵切片速冻肉品等系列深加工产品深受市场欢迎，农户直接增收 2 万余元。

城固县羊肚菌产业。2022 年，全国羊肚菌种植面积约 22 万亩，城固县面积为 1.4 万亩，总产量 2 800 t，产值 2.8 亿元。城固已成为陕西第一个、全国第五个羊肚菌栽培过万亩的生产大县。通过不断推进标准化建设、精细化管理、培育品牌、创新营销模式和强化产业链建设，城固县建立了秦巴羊肚菌研发中心及专业交易市场，目前菌种培育研发、示范种植、市场销售链条完善，特别是菌种销售产业环节上已辐射汉中及周边省（市），“城固羊肚菌”产业产销两旺势头良好。

16.3.3 产城融合——江湾产业帮扶园区打造生态移民的帮扶样板

近年来，城固县江湾产业帮扶园区深入贯彻落实习近平总书记关于“三农”工作的重要论述，围绕秦巴山区和周边县域生态移民安置工作，按照“搬得出、稳得住、能致富”要求，持续改善搬迁群众生产生活条件，开展产业帮扶，探索走出了一条“生态移民+产业帮扶+产城融合”的“绿水青山就是金山银山”转化发展新路子，既通过生态移民、生态保护守卫了秦巴山水，又通过产城融合促进了汉中现代化区域中心城市核心区的建设发展。

1．案例背景

针对秦巴山区、滑坡泥石流易发区、省级以上自然保护区和生态环境脆弱区内对生态环境影响较大的农村贫困人口，按照陕西省和汉中市统一组织开展生态移民搬迁。在这个过程中，城固县因地处平原承担了更多的移民安置工作。城固把移民搬迁与推动新型城镇化、培育职业农民和发展现代农业、建设美丽乡村、加快二三产业发展等相结合，综合考虑搬迁安置、基础配套、综合服务、产业发展、上学就医、文化娱乐多个方面，实现搬迁与脱贫衔接、生态与生活生产协调、安居与乐业统筹。本节以城固江湾产业帮扶园区为例介绍“生态移民+产业帮扶+产城融合”的“绿水青山就是金山银山”实践创新新路子。

江湾产业帮扶园区位于城固县城西郊，南临 108 国道，西距汉中城固机场 2 km，距西汉、十天高速公路入口约 5 km，地理位置优越，交通十分便利。项目占地共 550 亩，总建筑面积 61.43 万 m^2，计划总投资 7.9 亿元，建成后可安置群众 5 000 户，约 2 万人。分三期建设，已建成一期、二期，并达到入住标准 3 094 户；三期已完成征地占地 204 亩，可安置移民 2 000 户。建成后将进一步拉大县城框架，拓宽城区面积 2 km^2，成为城固县乃至汉中市最大的移民搬迁上楼安置示范区。目前，社区集中安置 3 222 户 1.2 万人，江湾产业帮扶园区配建有社区服务中心、物业管理、商贸市场、幼儿园、休闲广场，绿化、亮化、卫生室、公交站等配套设施，一应俱全。

2．主要做法

坚持城乡融合，一体发展建社区。围绕“搬得出”，聚焦搬迁群众幸福生活和长远生计，在紧靠县城的江湾村，按照城区标准规划建设占地 400 亩的移民安置社区，一并考虑群众出行、看病、上学、就业等问题，水电路气讯等与县城管网一体建设。配套了社区服务中心、物业管理中心、商场超市、音乐广场等公共设施，新建扩建幼儿园、小学、卫生室，满足群众日常生活需求。目前，社区集中安置 3 222 户 1.2 万人，与江湾村原有的 6 900 人相互融入，形成了 2 万人的城市社区。

坚持产城融合，市场理念建园区。为确保搬迁群众“稳得住”，在江湾社区规划了占地 770 亩的产业帮扶园区，作为在三合循环经济产业园区“一区五园”中的一园，重点发展轻工外贸产业和三产文创服务业，园区分三期建设，一期占地 160 亩，已建成标准化厂房 12 栋 10 万 m^2。装修改造 2 万 m^2 商业用房，作为中小微企业孵化器，全力打造江湾文创产业园。将小高层楼房改造成 100 套人才公寓和职工宿舍，同步成立招商中心、培训中心和劳务招聘中心，为园区发展提供配套服务。

强化服务保障，“筑巢引凤”招企业。抢抓国家东西部协作和中东部地区产业转移机遇，运用市场理念和投行思维，从江苏、广东、上海等地成功招引克莱德服饰、哈瓦娜乐器、锐杰电子等 19 家制造业企业，以及蚕豆国际、创客中心、凿空者传媒等 16 家三产服务业企业，新发展 150 余户个体工商户。从招商引资、落地到生产全程提供“保姆式”服务，2022 年 35 户企业实现产值近 10 亿元。初步形成了以劳密型轻工业、文化创意服务业为主，小手工、小零售为辅的产业业态。

强化技能培训，扩大就业促增收。围绕搬迁群众“能致富”，强化就业创业、职业技能和实用技术培训，多渠道开发就业岗位，常态化发布就业信息，确保每户家庭至少有1人稳定就业。目前，园区企业已吸纳3 800多人就地就近就业，入园务工人员年均收入3.5万元以上。同时，社区还有5 100多人在县外务工，2 800多人在县内务工，600多人在周边从事个体经营，群众收入稳步增长，逐步从普通农民向产业工人、城市居民转变。

数字经济助力园区发展的“江湾模式”。一是园区组织人员赴威海、西安、山东等地开展小分队招商活动，接待到城固考察客商60余次，挖掘梳理重点招商线索87条。截至2022年年底，泰博智能制造、顺安物联、合创建筑、固立威电子、汉中植圆食品等智能智造企业已入驻园区并投产。二是为投资客商量身提供“标准厂房+私人定制”“企业孵化+创业办公+特色商业”“移民安置社区工厂”等多种投资方案，出台“免租+简装”创业优惠政策，激励跨境电商、数字经济、智能工厂等新业态企业入驻园区、创业发展。三是不断完善硬件条件和营商环境。提升园区承载力和吸引力。倾力打造江湾众创基地，使其真正成为数字经济创业的乐土。目前，园区已形成基地孵化区、文创产业园、数字经济三大创业孵化功能区，凿空者文化传媒、白浪影视文化、创客空间孵化基地、蚕豆国际数字运营中心等10余个数字经济创新创业项目纷至沓来。

3．主要成效

打造产城融合试验区、劳动密集型企业聚集区、东西部协作承载区、三生融合示范区，让群众住得稳、过得安、有奔头。江湾外贸轻工业产业园现已入驻台资哈瓦娜乐器、中日台资克莱德服饰等多家企业，2022年完成产值近10亿元，提供就业岗位5 000余个。加大招商引资力度，已与江苏南通佳可服饰公司、福建都豪唛服饰公司、汉中瑞杰电子公司等多家企业签订协议，开办社区工厂，可为贫困户提供就业岗位3 000余个，搬迁群众户均年增收2万元以上。

4．可复制性和可推广性

江湾园区打造生态移民产业帮扶样板案例的转化核心在于生态移民的产业帮扶，江湾园区创造性地系统处理了生态保护、产业发展、产城融合的复合问题，实现产城融合发展与生态移民群众增收双赢。随着园区借助“苏陕协作”“汉商返乡”等机遇承接东部地区产业梯度转移，打造市级外贸轻工产业孵化示范试验区和苏陕协作创业就业示范基地成效不断显著，后期生态移民产业帮扶案例的典范意义将进一步提升，必将对我国生态移民地区的“绿水青山就是金山银山”转化建设产生积极示范意义。

16.3.4 农文旅IP——产业融合提升“张骞故里神奇橘乡”品牌价值

“只有全面深入了解中华文明的历史，才能有力地推进中国特色社会主义文化建设，建设中华民族现代文明。”近年来，城固县大力发展旅游全域化，紧抓数字元宇宙时代以文载道、以文化人的新模式，积极尝试用数字化文创赋能张骞IP更大生命力，协同推进农文旅产业融合，注重引领城固中华传统文化创造性转化、创新性发展，真正让文化“动”

起来、让文化空间“活”起来、让生态资源不断升值、让产业旺起来。

1．打造张骞文化 IP，文旅融合发展

（1）案例背景

张骞（约公元前 164—公元前 114 年），汉中城固人（陈寿《益部耆旧传》记载），其事迹在《史记·大宛列传》和《汉书·张骞传》中有详尽介绍。张骞一生两次出使西域，开拓了举世闻名的丝绸之路，为中国西北疆域的确定和多民族国家的形成作出了不朽的贡献。鉴于张骞在中国历史上的伟大功绩，张骞墓历朝历代得到地方政府和张氏后裔的保护，墓葬形制保持较为完好。1983 年，城固县人民政府成立了专门的保护机构——张骞纪念馆。2006 年，张骞墓被国务院公布为第六批全国重点文物保护单位。

张骞敢为天下先的开拓精神、忠心为国的爱国精神、矢志不渝的顽强毅力、勇于进取的优秀品格和重信守义的人格魅力，是中华儿女不忘初心、圆梦小康，实现中华民族伟大复兴的宝贵精神财富。张骞与丝绸之路所凝聚的促进国与国之间、民族与民族之间的相互交融、相互交流，构建人类命运共同体的精神在当代具有很重要的现实意义。新时代将张骞文化传承与数字化深度融合，为年轻受众打开了一扇了解丝路历史、张骞文化的数字之门，在数字经济和实体产业相互赋能的同时促进了文旅融合，使文化创新和新型经济业态协同发展。

（2）主要做法

结合汉代建筑风格，打造身临其境的文化参观纪念馆。全馆整体采用仿汉建筑风格，由我国古建大师张锦秋设计。该设计在对张骞墓有效保护的基础上，把纪念馆的建筑布局分为东西两区。东区以仿汉风格为基调，由接待、展览、陵园三部分组成，又以连廊相接形成了风格统一、层次分明、功能明确的建筑特点。馆区建筑规模宏大，气势磅礴，庑殿式大门、仿汉阙式门楼、重檐庑殿式大殿、歇山式配殿，以及馆内连绵不断的连廊等主体建筑格局清晰、流线顺畅、古朴大方，给人一种沧桑而厚重的历史感。郁郁葱葱的松柏、幽香浮动的桂花、灵动奇异的盆栽给人回归大自然、平静而舒适的全新体验。馆内现有基本陈列展示为东西配殿的“张骞生平伟绩展”，利用绘画、照片、图片资料、文字说明等全方位、多角度展示了张骞两次出使西域的重大历史事件和其不平凡的一生。

以张骞历史文化 IP 为依托，打造备受欢迎的动漫数字平台。张骞墓景区还推出了以张骞卡通形象为主体的文创产品，如明信片、帆布包、文具套装等，张骞 IP 是张骞纪念馆量身订造的官方动漫形象，该 IP 以更活泼、更时尚、更国潮、更能与时俱进的形象讲述彪炳史册的伟大外交家、探险家的故事，表达着丝路文化的传承。2022 年 9 月 15 日，张骞动漫 IP 数字化 3D 文创藏品登录稀元数字平台，积极尝试用数字化赋能张骞 IP 更大的生命力。

（3）主要成效

成功申请世界文化遗产和 4A 级景区，强化了景区吸引力。2014 年 6 月 22 日，丝绸之路申遗成功，张骞墓正式入选《世界文化遗产名录》，成为陕南第一处世界文化遗产，同年被评为国家3A级旅游景区。为做好世界文化遗产保护利用，城固县累计投入资金3 000余万元，加强景区相关配套设施建设，提高旅游接待能力和服务水平。2022年2月16日，被公布为国家4A级旅游景区，吸引着越来越多的国内外游客到城固“拜谒先贤张骞，畅游丝绸之路”。

与数字化深度融合，登记版权IP，助力乡村振兴。2021年11月，张骞IP形象荣获2021“新光奖”中国西安第九届国际原创动漫大赛最佳形象及表情提名奖。2021年11月，张骞IP形象作品依法在国家版权局登记，受法律保护。2022年，依托稀元数藏平台，推出张骞系列数字藏品4幅，作为张骞纪念馆文化传承与数字化深度融合、创新发展的有益尝试，为年轻受众打开了一扇了解丝路历史、张骞文化的数字之门，在数字经济和实体产业相互赋能的同时，促进文旅融合，助力乡村振兴。城固以深厚情怀穿越时空，与历史对话，与张骞精神碰撞，让丝路世界之链延续，让张骞精神之虹大放异彩，让丝路文化世界名片熠熠生辉。

2．万亩生态橘园，推动三产融合发展

（1）案例背景

城固县已有2 000余年的柑橘栽植历史，是世界唯一的“酸甜型”柑橘生产区。20世纪90年代中期，城固县委、县政府依托气候、生态、资源优势，把柑橘产业作为调整农业产业结构的首选目标强力推进；近年来又按照“稳面积、提质效”的思路，加快推进产业转型升级及现代化步伐，不断引进先进技术并全面推广，加快特早熟品种、地方特色品种的调整，柑橘品质特征更为凸显，市场优势更加突出。城固柑橘以其独特品质赢得了北方消费者的青睐，畅销西北、东北、华北等区域的国内大中城市，出口吉尔吉斯斯坦、哈萨克斯坦、俄罗斯等国。

近年来，城固县桔园镇结合“一人得道，鸡犬升天”成语典故的发源地和生态橘园等优势大力发展农文旅融合发展，建成国家3A级旅游景区，全国农业旅游示范点，被誉为“中国柑橘生态观光第一园”。2014年被确定为全国重点镇，先后被命名为全国“一村一品”示范镇、全国农业旅游示范点、陕西省特色旅游名镇、汉中市十大最美村镇、汉中市级重点镇，刘家营村被命名为“全国文明村”；柑橘产业园内橘颂长廊、升仙大道、览胜台、会仙阁、升仙台、唐仙观、魁星园等美景交相辉映，柑橘采摘、橘林休闲等参与性项目妙趣横生，停车场、农家乐、采摘园等配套项目一应俱全，是集农事体验、生态观光、休闲度假于一体的生态休闲观光旅游胜地，也是汉中秋季景色最美、人气最旺的旅游目的地。目前，城固县桔园镇已初步形成“生产+销售+旅游”一体化经营体系，全面推动柑橘产业向现代果业转型。城固柑橘IP效应日益彰显，现已成为中国北缘地区面积最大、产量最高、效益最好的优质柑橘生产基地，城固县被国家林业局命名为“中国柑橘之乡”（图16-12）。

柑橘旅游文化节

桔园旅游景区 IP

橘园镇升仙村

橘园山水

图 16-12　桔园镇农文旅融合发展组图

（2）主要做法

提升组织化程度。将橘农、家庭农场纳入柑橘产业专业合作社，并规范运行、发展壮大，鼓励组织和服务橘农开展标准化生产。鼓励合作社、企业组建区域性柑橘专业合作联社，整合柑橘产业资源，提高柑橘生产的集约化和组织化程度。组建城固县柑橘产业联盟，提升整体竞争力，推进城固柑橘产业的转型升级和高质高效发展。

提高标准化生产水平。加强与高等院校、科研单位合作，开发新技术、新品种、新模式，推广新型栽培技术和经营模式，加快转型升级。以老化果园改造示范园为抓手，推广老化果园改造技术，培育适宜本地发展的优良新品种并加以推广，加强投入品监管，推广病虫害防控技术，建立果品质量监测体系和质量追溯体系确保果品质量安全。

系统谋划橘园农文旅融合发展。编制印发《汉中市城固橘园旅游度假区总体规划（2021—2030）》，制定创建 4A 级景区实施方案。以秦岭生态保护的要求为基础，依托度假区内我国地理界线最北的最大柑橘生产基地的柑橘资源、世界灌溉遗址五门堰资源和城固北秦岭丰富的自然生态资源，围绕全域旅游发展要素组合，面向省会城市——西安及周边城市休闲度假人群，以“神奇橘乡，仙居橘园”为主题。

充分挖掘度假资源。整体划分“柑橘种植采摘区、五门堰遗产探秘区、橘园民俗文化体验区、柑橘文创体验区、升仙圣境、乡野田园康养”六大旅游度假功能片区，开展生态观光主题游（新桥水库、军民湖，湑水湿地公园、水车风情园湑、水河生态景观带、万亩橘园）、历史文化主题旅游［磐山摩崖题刻、滴水崖遗址（滴水崖栈桥遗址、滴水崖）、五门堰遗址（五门堰古渠、观音阁、龙门寺）、唐仙观、魁星阁］、水上运动主题游（太极漂流）和休闲度假主题游（伏牛山休闲山庄、柑橘研究所、湑水苑、橘园创意休闲庄园、湑水仿古文化街、升仙台、升仙大道、遏仙阁）。打造集生态度假、康体养生、运动健身、休闲娱乐等于一体的秦岭橘园生态旅游度假区，构筑城固县全域旅游发展新高地。

改善产业设施条件。加大政策扶持力度，围绕道路、用电、用水等改善橘园基础设施建设，打通从原公镇经橘园镇到老庄镇大橘园环线，做好节水灌溉（或集雨窖）布局建设，推进智慧果园建设，在山地轨道运输线建设、农用机械购置等方面给予支持，提升柑橘产业现代化水平。

提高产业化经营能力。充分发挥企业（合作社）的主体作用，推进柑橘全产业链发展，加大对果品出口企业的扶持力度，做好品牌发展战略规划，扩大品牌影响力，依托柑橘产业资源，加快打造休闲观光、农事体验等为一体的果游结合示范园区，实现三产融合发展。

增强产业风险防控意识。重视自然灾害风险、果园管理粗放和橘农老龄化导致的果品品质下降风险，以及柑橘销售市场波动较大的风险等因素，将柑橘产业风险防控贯穿工作始终。提高灾害性气象和病虫害监测预警水平，推进政策性柑橘灾害保险工作，规范并指导果园管理技术标准制定和果农培训。

（3）主要成效

柑橘成为城固县农业支柱产业。2022 年，柑橘种植总面积达 23 万亩，产量 30 万 t，产值 7.2 亿元，综合效益达 12 亿多元。城固县有 10 个镇 200 多个村、2.82 万多农户 6.6 万农民从事柑橘生产，主产区柑橘收入占农民人均纯收入的 70%以上，是陕西省果业强县。10 万亩柑橘获得国家绿色食品认证，3 000 亩柑橘获得欧盟良好农业操作规范认证，2 000 亩柑橘获得国家有机柑橘生产基地认证。

城固柑橘品牌建设初具成效。成功注册“城固柑橘”“城固蜜橘”地理标志证明商标，获得“中国驰名商标”等荣誉。通过连续多年的品牌推介，城固柑橘品牌效应日益彰显，品牌估值达到 25.82 亿元。城固柑橘因品质优良、酸甜适度、颜色鲜艳及运输成本低等优势，主销西北、东北等区域大中城市，出口吉尔吉斯斯坦、哈萨克斯坦、俄罗斯等国，年出口量达 5 万 t。

生态橘园农旅融合打造产业增长新引擎。完成橘园观光线路、橘颂长廊、升仙台、魁星园、柑橘采摘园等项目建设，提升了旅游配套服务，丰富了游览体验项目，每年金秋时节举办陕西·汉中柑橘旅游文化节暨农民丰收节系列活动，“张骞故里，神奇橘乡”旅游品牌的对外知名度和影响力持续提升。橘园景区每年接待游客约 100 万人，实现旅游综合收入 5 000 余万元。

16.3.5　司法守卫——汉中三堰司法保护基地守护“一泓清水北上”

建立陕西省首个世界灌溉工程遗产司法保护基地——汉中三堰司法保护基地，是积极践行“绿水青山就是金山银山”理念的生动实践，及时依法、及时审理环境资源纠纷类案件，积极守卫世界文化遗产，强化南水北调中线工程水源地保护，以司法之力守护“一泓清水永续北上”，通过环境资源案件审判可积极引导人民群众和社会组织树立“绿水青山就是金山银山”理念，促进人与自然和谐共生，推动绿色低碳循环可持续发展。

1．案例背景

汉中自古是关中通往巴蜀的“咽喉”，是中国历史上南方和北方割据政权长期争夺的古战场。汉中盆地的农业灌溉和收成曾经是决定战争双方胜败的战略资源，因此汉中的堰渠、农田往往有官、军、民共同管理的特点。汉中三堰（五门堰、山河堰、杨填堰）位于陕西省汉中市（五门堰和杨填堰均在城固县），自创建距今已有 2 000 多年的历史，经过历朝历代修缮保护至今仍在发挥着灌溉、防洪、抗旱、旅游等综合效益，是中国古代汉中灌溉农田的一项伟大水利工程，2017 年成功申报世界灌溉工程遗产并授牌。

五门堰位于城固县城北 15 km 处的湑水河右岸，因渠首横列五洞进水故名五门堰。据五门堰龙门寺所藏碑刻记载，宋之前从渠首引水至斗山归河，仅灌田数百亩。南宋绍兴年间，县令鲁宗道、薛可光等“相斗峰形势”“搭木槽渡引”，将水引至斗山以南，灌田 3 000 亩。至清代曾不断加固改造，灌溉管理逐步加强，灌溉面积达 50 000 余亩。目前，五门堰仍然灌溉农田 11 000 亩，惠泽 36 600 人。

杨填堰位于湑水河左岸、城固县原公镇夭庄村附近，宋代以前称张良渠。宋乾道五年杨从仪墓志铭载：知洋州时，葺筑杨填堰，大兴水利，溉洋州、城固农田五千顷。明万历二十三年，大改建，灌城固田 7 000 亩、洋县田 18 000 亩。1952 年，因湑惠渠灌溉面积不断扩大，供水不足，城洋二县联合从旧堰引水，灌马畅以西田地。目前，杨填堰依然发挥作用，灌溉面积仍达 11 500 亩。

汉中三堰是城固积极践行可持续发展治水思路，大力发展民生水利，科学治水、依法管水，不断夯实农田水利基础，守护“绿水青山”的基础和保障，是古人天人合一思想实践和可持续发展的智慧。

2．主要做法

2023 年 6 月 5 日，在第 52 个“世界环境日”，陕西首个世界灌溉工程遗产司法保护基地——汉中三堰司法保护基地在城固县五门堰揭牌成立。汉中三堰司法保护基地由汉中市中级人民法院、汉台区人民法院、城固县人民法院共同设立。该基地的建立是深入贯彻习近平总书记来陕考察重要讲话精神、践行新时代环境资源审判理念、落实陕西省法院提出的“1281”工作思路的重要举措。

强化司法保护。认真审理涉生态环境保护和自然、人文遗迹、水利设施、水污染、文物保护等环境资源保护类案件，成立“环境资源类案件专门合议庭”，运用“三合一”审判模式，集中审理涉水污染、水利设施等刑事、民事、非诉行政执行案件。助力非诉涉生态环境保护和自然、人文遗迹的消除危险、排除妨害、恢复原状及财产损害赔偿等矛盾纠纷化解，积极参与涉生态环境保护矛盾纠纷前端治理、多元化解，对人民调解组织进行业务指导，开展司法确认。推动生态环境保护和自然、人文遗迹保护教育进校园，举办生态环境和文化遗产保护“法治课堂”“夏令营”等。

依法严厉打击文物和环境污染犯罪活动。充分发挥刑事司法审判职能，保持对打击文物和环境污染犯罪活动的高压态势。依法审理民事行政案件，依法妥善审理涉及生态环境保护和自然、人文遗迹案件，强化对行政审判与非诉执行审查工作的有效衔接。开展涉及“汉中三堰”司法保护典型案例发布工作，加强对涉生态环境保护和自然、人文遗迹保护与利用典型案例的收集、整理、研究、发布工作。

探索环境资源保护联动模式。环境资源保护法庭在履行审判职能过程中要注重加强与相关职能部门之间的沟通与联系，积极与文旅、水利、环保、自然资源等部门互通信息、同频共振、协调联动，有针对性地向相关部门提出环境保护工作的司法建议。发挥法检配合协作功能，与检察机关定期召开联席工作会议，探索建立环境公益诉讼联动机制，妥善审理环境公益诉讼案件。

3．主要成效

设立汉中三堰世界灌溉工程遗产司法保护基地是完整准确全面贯彻新发展理念和积极践行“绿水青山就是金山银山”理念，充分发挥司法审判职能，可及时依法、及时审理环境资源纠纷类案件，最大限度地维护人民群众环境资源权益，强化南水北调中线工程水源地保护，以司法之力守护“一泓清水永续北上”，为城固县生态文明建设和绿色循环发展提供有力的司法保障。为汉中生态环境保护和自然、人文遗迹保护提供标准化、规范化、便利化服务，在保护秦巴生态上实现政治、法律、社会、生态效果相统一。

4．可复制性与可推广性

汉中三堰世界灌溉工程遗产司法保护基地的核心制度创新是将司法保护“绿水青山”工作前置，用司法正义守卫“绿水青山”可持续利用。几乎在同时（2023 年 5 月），城固法院在双溪镇成立了秦岭生态环境保护法官工作站，在城固秦岭生态环境司法保护领域与汉中三堰司法保护基地工作交相辉映。保护好秦岭生态环境，对确保中华民族长盛不衰、实现可持续发展具有十分重大而深远的意义。秦岭生态环境保护法官工作站的设立可积极推动建立与秦岭生态环境保护行政执法部门之间的联动工作机制，形成秦岭生态保护强大合力。通过公开审判、以案说法、旁听审理等形式，宣传环境资源保护法律法规，发挥司法裁判的规范、评价、教育、引领等功能，营造全民保护秦岭的良好氛围，认真履行秦岭生态卫士职责，为秦岭美景永驻、青山常在、绿水长流贡献司法智慧和力量。

16.4　汉中市西乡县

西乡县地处陕西省南部，汉中市东大门，东邻安康市，南接四川省通江县，北依秦岭，南屏巴山，总面积 3 240 km^2，辖 17 个镇（街道）215 个村（社区），总人口 41 万人，素有秦岭南麓小江南之美誉，被联合国官员誉为“最适合人类居住的地方之一”。近年来，西乡县立足传统产业优势和茶果菌药水镇 6 项生态资源，构建了“以生态保护为基础，茶产业主导，林果业支撑，食用菌补充，中药材助力，古镇游增辉”六项创新转化路径（荒山变新景、古茶谱新篇、绿水引新客、菌菇萌新丝、古镇增新景、中药赋新能），撑起乡村振兴“新优势”，形成了秦巴地区“绿水青山就是金山银山”转化的西乡样板。

16.4.1　荒山变新景——樱桃沟农旅融合推动城乡互动发展

1．案例背景

樱桃是西乡县重要的地方特色产业，种植历史悠久，距今已有 200 多年的历史，盛产“玛瑙”樱桃，其果实黄中透红、色泽鲜艳、粒大肉厚、入口甘甜，故而享有盛名。

樱桃沟位于西乡县城北余家山村，实际上是从沟峪向秦岭深处延伸的数条子峪，沟内农户于房前屋后散种樱桃，被驴友发现，因而得名。20 世纪 90 年代，西乡县支持余家山村大樱桃农民专业合作社、金樱家庭农场、佳樱生态果园、誉樱祥大樱桃农场等投资建设千亩樱桃产业化项目，通过流转荒山进行樱桃种植，自此樱桃产业开始稳步发展。通过多年的精心管护，昔日的荒山不仅披上了绿装，也成为西北地区最大的樱桃生产基地。目前，樱桃沟景区规划总面积 15 km^2，年产樱桃 4 500 t，其他经济林果 2 000 亩，水域面积 80 亩。每年 3 月初为樱桃树开花季节，4 月下旬至 5 月上旬为果实成熟期，花期、挂果期较长（图 16-13），再加上气候适宜，樱桃沟成为陕西省内休闲旅游的最佳去处，是远近闻名的“网红村”、生态游“打卡”胜地。

盛花期

大樱桃

图 16-13　西乡县周边的樱桃沟和大樱桃

2. 主要做法

规划引导，政策扶持。持续出台特色产业发展政策，进一步将樱桃产业做大做强，制定了樱桃产业发展规划，积极推广樱桃标准化种植，通过项目奖补、品牌打造、樱桃全产业链建设等措施大力扶持樱桃产业发展。

延伸产业链，做强鲜果精加工。探索“基地+企业+农户”的产业发展模式，由种植户投资建成樱桃酿酒生产线，由企业负责提供果苗、技术指导，果子由公司包收购，形成了“佳樱”樱桃酒品牌。这样既有效解决了樱桃上市周期短、保存时间短、销售难的问题，又延伸了产业链，填补了当地樱桃深加工方面的空白，提高了樱桃的附加值，解决了剩余劳动力就业难的短板。未来，将以高品质的樱桃酒、樱桃果汁饮料、果脯、果干等系列产品开发为目标，大力引进樱桃分选、冷藏、仓储等设施设备，延伸鲜果销售周期，提高产品附加值，把樱桃产品推向更高端的市场，把地方品牌推向全国，为樱桃产业的可持续发展闯出一条新途径。

科技助力樱桃产业发展。西乡县与西北农林科技大学蔡宇良教授、国际樱桃协会主席匈牙利布达佩斯考维尼斯大学卡若利教授合作，引进匈牙利新品种“欧洲甜樱桃”。余家山村樱桃合作社和佳樱酒业有限公司合作，申请办理 QS 全国生产许可证，并将产品推广到“农高会”“苏陕协作”等平台上，解决了销路问题。樱桃沟被确定为“陕西省现代樱桃产业技术体系试验示范站”“西北农林科技大学园艺学院樱桃课题组教学实训基地”“西乡县大樱桃科技示范基地”，通过新品种、新技术的引进示范，推进西乡县大樱桃特色产业的转型升级和高质量发展，助力乡村振兴。

樱桃搭台，文旅推动。积极依托便捷的城郊交通和邻近主城区的区位优势，大力发展休闲农业与乡村旅游产业。2000 年以来每年举办樱桃节，举办“相约樱桃花海”等各类踏青采风活动来宣传樱桃沟，让更多的游客和市民走进樱桃沟自行采摘，彻底改变了以往老套的销售模式。每年“五一”前后都会吸引众多省内外的游客到此观光游览。从过去的提篮沿街叫卖，到大批市民及游客进园自己采摘，当地农民将“市场”真正搬到了田间地头，这不仅为当地农民开通了销售“快速通道”，也破解了果蔬销售的难题。开发出观景平台、生肖园、文化长廊等十多个特色景点，使景区基础设施和服务水平得到了很大提升，形成了集观赏樱花、采摘鲜果、休闲度假、体验农家风情为一体的休闲度假旅游区，实现了景区淡季不淡、旺季更旺。

3. 主要成效

富民增收效果明显。余家山村近八成农户种植樱桃，家家户户的产业都与樱桃有关。目前，全村有各类示范园 6 个，产业示范户 12 户，解决剩余劳动力 400 余人。全村樱桃种植挂果面积 2 000 余亩，樱桃产值达到 2 000 万元，果农人均收入达 1.77 万元，樱桃是村民的主要收入来源之一。每年到了管护和采摘的时候，樱桃沟可为当地群众务工创收达 1.5 万余元。景区周边已形成标准农家乐 69 户，为农民创收带来新渠道。

对城乡融合发展进行了有益探索。2022 年，习近平总书记撰文强调，做好乡村振兴战略这篇大文章，必须走城乡融合发展之路。西乡县通过统一规划，挖掘樱桃沟自然生态资源，吸引周边市民休闲游玩，以城带乡，以乡促城，对城乡融合发展作出了有益的探索。

品牌越来越响。樱桃沟被陕西省旅游博览会评为“最受欢迎的景区”、国家农业旅游示范点，在第六届中国绿色生态农业发展论坛上也获得“中国绿色生态樱桃十强县”“中国美丽田园”的称号。2022 年，“西乡樱桃”荣获第三批全国名优特新农产品。

16.4.2　古茶谱新篇——茶叶串联起一二三产业

1．案例背景

峡口镇位于西乡县西南部，镇域面积 280.9 km^2，辖 11 个村 2 个社区，共有 7 708 户 21 896 人，峡河穿镇而过，自东向西流入牧马河，并最终汇入汉江，当地是南水北调中线工程水源涵养区。峡口镇以江塝村为标杆，坚持用第一产业打基础，做优茶文章，第二产业增效益，创新转型发展，延长茶产业链，第三产业弯道超车，打造茶旅融合美丽乡村，一二三产业有机联动，互相融合发展，培育了集茶乡风情展示、茶文化推介、乡村生活体验、户外拓展训练、茶叶种植加工为一体的现代美丽乡村旅游观光目的地——江塝茗园。

江塝茗园覆盖 6 个村，有集中连片茶园 3.7 万亩，人均 3.6 亩茶，培育茶叶加工企业 40 家，园区茶叶年产量超过 1 800 t，年产值 1.8 亿元。位于核心区的江塝村还被评为“全国一村一品示范村”“中国美丽田园”。

2．主要做法

生态引领，护美青山绿水。坚持“绿色就是产业，生态就是财富”的理念，深入推进生态环境综合整治。按照移民搬迁“三靠”原则，近年来接收移民安置 411 户逾 1 500 人，占全镇总人口的 30%，不仅提升了群众的生活质量，也保护了陕南的生物多样性和生态主体功能，确保“一泓清水入库、一江清水永续北上”。大力开发保洁员、护林员等公益性岗位，选聘保洁员 95 名、护林员 132 名，通过人岗匹配划分区域持续做好道路卫生清洁和生态林的巡逻与管护。同时，加强基础设施配置，改善人居环境。

茶叶链成为带动农户致富的链条。将生态资源优势转变为绿色经济发展优势，紧盯茶产业链条，做大做强茶产业，带领群众因茶致富、因茶兴业。茶产业已成为峡口镇惠及面最广、产业化程度最高、稳定性最好的富民产业。全镇 13 个村（社区）以“企业+村集体+合作社+农户”的利益联结模式引导农户从原先的零星自主变为抱团集中发展，将农户紧密镶嵌在茶产业发展链条上。

延伸产业链条打造品牌。大力引进茶叶加工企业，建立合作社，全镇发展茶叶加工企业 73 家、清洁化生产企业 3 家、专业合作社 8 个，年产茶超过 2 200 t，其中绿茶超过 700 t，红茶 200 t，茯茶超过 1 100 t，产值 2.27 亿元。通过深加工开发茶多酚、茶粉、花茶等多个系列，涌现了白岩高山绿茶、江榜茗品等茶中名品。

文产旅一体化融合。江坊茗园以生态观光、休闲度假、茶事体验、康体养生为建设理念，以生态旅游、农民增收和美丽乡村建设为重点，将茶产业发展与生态观光旅游有机结合，建成景点10余处，发展农家乐10家，建成18 km的茶园观光道路及旅游公厕、停车场、标识标牌、观光步道等一大批旅游服务配套设施。依托独特的生态茶园资源、宽阔的水域资源、优质的人居环境和良好的区位优势，峡口镇于2019年建成集休闲养生、茶文化体验、乡村旅游于一体的峡口茶叶特色小镇，特色小镇与江塝茗园隔水相望，配套建设生态观光茶园、自驾游营地及商贸区、水上乐园等设施，使游客能在茶园观光、茶叶采摘、炒制体验中领略茶文化的独特魅力（图16-14）。

江塝茗园

特色小镇

图16-14 江塝茗园和特色小镇

3. 主要成效

助力脱贫征收。峡口镇通过土地流转、鲜叶销售、入园务工、入企上班等方式，带动1.2万余人从事茶产业，人均增收6 000元以上，占人均纯收入的70%以上，1 520户贫困户因种植茶叶实现脱贫。

峡口镇江塝村被农业农村部评为“全国一村一品示范村”、“中国美丽田园”、汉中市十大最美村镇、省级生态示范村。江塝茗园先后被评为汉中市首批现代农业示范园区、省级知名园区。2021年，峡口镇共计接待游客近30万人次，实现旅游综合收入2 600余万元。

16.4.3 绿水引新客——牧马河湿地生态修复促进人与自然和谐共处

1. 案例背景

西乡县内河流纵横，以牧马河、泾洋河、汉江为骨架，形成了大量的湿地、湖泊、河流等水资源和水景。全县建成涉水风景区2处，水文化特色示范区1处，树立“魅力西乡、秦巴水城”水文化品牌，打造出了山、水、城融合的美丽宜居环境。

牧马河是汉江的一级支流，是国家南水北调中线工程和陕西省引汉济渭工程的主要水源之一，在西乡县内干流全长110 km，流经骆家坝镇、峡口镇、柳树镇、沙河镇、城北街道、城南街道、白龙塘镇、堰口镇、子午镇 9 个镇（街道）。牧马河是西乡县赖以发展的母亲河，从新石器时代当地先民就在此从事农牧业生产，依山傍水，捕鱼狩猎，耕田纺纱，形成了独特的湿地与农耕文化。

牧马河也是秦巴山区山地河流湿地的典型代表，生境类型特殊，湿地动植物多样，水质优良，所在区域是《全国生态功能区划》中划定的 50 个具有国家战略意义的秦巴山区水源涵养及生物多样性保护重要功能区，牧马河的生态保护关系到下游汉江及南水北调的水质安全和秦巴山区生物多样性。

西乡县持续多年通过截污纳管、污水处理、河道治理等工程，全力恢复河道生态缓冲功能，实施湿地植被修复、增殖放流、退耕还林、人工造林和封山育林等措施，使牧马河湿地功能不断恢复，生态环境稳步好转，包括朱鹮、黑鹳、斑头雁等珍稀鸟类的数量明显提升。

2．主要做法

建设国家湿地公园。2018 年，集河流湿地、塘库湿地和沼泽湿地于一体的陕西牧马河国家湿地公园得到命名，该湿地为典型的汉江谷底河流湿地，面积 1 744 hm^2，其中湿地面积 1 071 hm^2，占湿地公园总面积的 61.4%。湿地公园内共有动植物 59 科 201 种，其中国家二级保护植物野生大豆一种；陆生脊椎动物 58 纲 26 目 60 科 255 种，包括鱼类、两栖爬行类、鸟类和哺乳类等多种；国家一级保护动物 4 种，占全省国家一级保护动物总数的 25%，国家二级保护动物 16 种，如大天鹅、鸳鸯、灰鹤、大鲵等。2008 年，该湿地公园被陕西省人民政府列入《陕西省重要湿地名录》，是全国第一、第二次湿地调查的重点区域。

积极恢复湿地生态。自牧马河国家湿地公园命名以来，恢复湿地植被面积 1 348.2 亩，牧马河沿岸实施退耕还林、人工造林和封山育林，完成造林面积 23.52 万亩，全面促进区域植被恢复，稳固区域生态系统。自 2012 年开始，陆续开展渔业资源增殖流放活动，累计投放鱼种 114.9 万尾。

“六水联治”打造“水清岸绿”。2021 年，实施启动以“治污水、防洪水、排涝水、保供水、抓节水”+“智慧治水”的“5+1”治水建设幸福河湖三年行动。2021—2023 年，“5+1”治水三年行动计划共计 62 项治水任务，总投资约 13.18 亿元，涵盖水资源管理、水生态修复、水环境治理等内容。实施牧马河、小杨河、茶镇渔坝河流域水生态保护修复项目，开展截污纳管、污水处理、河道治理等工程，全力恢复河道生态缓冲功能，净化水质，进一步改善流域水生态环境。在农村污水治理方面，编制印发了《西乡县农村生活污水治理专项规划（2020—2030）》，有序规范地推进农村生活污水治理工作。实施了秦岭区域农村生活污水治理项目，因地制宜对全县秦岭区域生活污水进行有效整治，扩展延伸收集管网。稳步推进污水处理设施建设，沿河重点镇子午镇、茶镇污水处理设施建成运行；推广测土配方施肥技术 38 万亩、覆盖率 92.6%，化肥利用率 41%。建立化肥减量增效示范区 5 个 2 000 亩。争取中央资金 4 500 万元开展畜禽粪污资源化利用整县推进项目及农业生态循环项目，对 21 个规模养殖场的粪污等进行资源化利用。先后实施了牧马河北岸西段截污管道及雨污分流改造工程，彻底解决了保护区内居民生活污水直排和雨污混流问题。发布《西乡县人民政府关于实行长江流域重点水域禁捕管理的通告》，将牧马河全段纳入禁捕范围。大力实施农村环境综合整治和县城污水处理厂提标改造等项目，实现了工业废水和城镇垃圾污水集中处理全覆盖。稳步推进水土流失治理，2021 年完成坡改梯 1 700 亩，治理水土流失 5.5 km^2。

完善河流管理。完成了牧马河岸线保护利用规划编制工作，严格水域岸线分区管理和用途管制，实现岸线资源节约集约利用。科学编制牧马河“一河一策”，实现“河（湖）长+河（湖）警长+河（湖）检察长”体系，共同改善水环境。

3. 主要成效

生态意义重大。牧马河湿地保护在全面保护牧马河、泾洋河区域湿地生态系统，充分发挥湿地的多种效益和功能，促进周边社区经济结构调整和区域经济发展，提升湿地的社会与科学价值，提高城市品位和群众生活质量，确保南水北调水质安全等方面发挥了不可替代的作用。

水环境质量持续向好。牧马河水质稳定达到国家类水质标准Ⅱ类，牧马河骆家坝段被评为汉中市十大“最美河湖”。

生态保护效果展现。湿地生态系统逐渐恢复。经过几年来的保护治理，牧马河国家湿地水草茂盛、鱼类资源丰富，生态环境稳步好转，包括朱鹮、黑鹳、斑头雁等珍稀鸟类的数量明显提升（图 16-15）。

东方宝石——朱鹮

鸟中大熊猫——黑鹳

图 16-15 牧马河的朱鹮和黑鹳

16.4.4 菌菇萌新丝——袋料黑木耳成为乡村振兴主导产业

1. 案例背景

西乡县食用菌生产历史悠久，是我国食用菌老产区。1975 年，西乡县老百姓伐木截椴、砍口接粉，把深山老林的“砍花法”移植到家门口管理。

桑园镇因其优质的自然生态环境，食用菌产业的发展由来已久。过去，桑园镇的黑木耳多采用传统工艺，虽然销路不愁，但产量低、规模小、种植面积分散，综合效益一直上不去。2018 年，桑园镇决定打造“生态菌乡”，建设优质生态农产品供给示范镇，发展以袋料黑木耳为重点的食用菌产业。通过几年建设，目前有食用菌产业基地 97 个，总建设标准化食用菌加工厂 6 个、小型作坊 100 余个，打造黑木耳、香菇等食用菌品牌 6 个。

2．主要做法

因地制宜，发展环保食用菌生产技术。桑园镇传统黑木耳生产为椴木黑木耳，一般在 1.2 m 左右的椴木树段点上菌种生长而成，由于菌丝在椴木里面生长时间比较长，相应管护成本高，无法大规模生产。随着秦巴地区生态环境要求不断提高，椴木法大量消耗林木资源，已不适合在西乡大规模发展。为此，桑园镇引入投入更少、周期更短、效益更高、更加生态友好的袋料黑木耳生产技术，对黑木耳产业进行了全面升级。

培育龙头企业，带动产业发展。出台培育和扶持新型经营主体管理办法，培育龙头企业、农民专业合作社、家庭农场 184 个。培育了午子、金西、春森等一批具有鲜明地域特征的企业品牌、产品品牌。构建了食用菌现代农业产业体系，推行“龙头企业+专业合作社+基地+农户”发展模式，带动农户发展产业，提高产业组织化程度。引进前升菌业有限公司建立了集菌种培育、生产、种植、加工和销售于一体的黑木耳菌包生产线，年产 220 万袋黑木耳菌包。

搭上数字快车道，提高产业质量。运用“互联网+”思维和经营模式，兴办农村电子商务企业、农村物流企业，开展食用菌生产销售和初加工。推动菌种企业开展全链条数字化改造，打造出数字工厂、数字车间，全温控的产菌、生菌厂房不但提高了菌包的成功率，而且大大增强了菌包的品质。

科技助力，高质量发展。建立 2 家食用菌研究所，开展黑木耳、香菇等菌株选育、品种试验、技术推广等工作及全产业链开发。与西北农林科技大学、陕西理工大学、华中农业大学等高校合作建设“产学研”基地，开展人才培育、培训和孵化工作。

3．主要成效

食用菌产业成为全县富民产业。在桑园镇的带动下，目前，西乡有 3 万户 7 万多人从事食用菌生产与经营活动，食用菌种植面积稳定在 1 万亩以上，销售食用菌、黑木耳等农特产品 1 万多 t，外销到日本、新加坡等国家，产值达 4.5 亿元。全县有食用菌龙头企业 5 家，专业合作社 150 余家。

种植规模不断扩大。在桑园镇的统一组织生产、统一技术指导、统一产品销售下，全镇标准化的种植规模越来越大，全镇黑木耳产量以年均 10%的增速稳定增加。

发展成效被充分认可。桑园镇被评为省级食用菌产业示范镇，桑园镇火地沟村在 2021 年荣获“全国文明村”，西乡县也被中国食用菌协会授予“全国食用菌行业先进县”。

16.4.5 古镇增新韵——红色游、绿色游、古镇游打造文旅融合新业态

1．案例背景

骆家坝镇位于西乡西南部，地处米仓山国家级自然保护区缓冲带、汉江最大支流牧马河源头，自然山势形成了睡美人、金家洞溶洞群、回龙大峡谷、细辛坝高山草甸和奇山险峰。集镇建成区面积达 3.2 km^2，常住人口 4 300 人。骆家坝古镇沿牧马河而建，始建于明末清初，是自陕入川的重要集镇，保留有明清古街道，佛教、道教遗迹众多，有清代三圣宫、唐代大兴寺、四方碑、明大巴关、李坪悬棺等民俗文化资源。1932 年 10 月，老一辈革命家徐向前率领的红四方面军曾在钟家沟玄天观召开了团以上干部会议，作出了入川的重大决定。

骆家坝镇被誉为陕南最美十大古镇之一，优美的生态环境、悠久的人文历史、厚重的红色文化是骆家坝的三张名片。骆家坝坚持走 “红色为基、绿色固本、产旅兴镇”的发展之路，构建文旅融合新业态。通过近几年的古镇建设和发展，全镇基础设施条件明显改善，旅游特色名镇建设快速推进，镇域面貌发生了巨大变化，形成了一个集生态休闲、观光旅游、城镇化、产业化深度融合的特色旅游小镇，成功创建为省级生态镇、省级旅游特色名镇、省级文化旅游名镇，现已逐渐成为陕南旅游的一颗明珠。

2．主要做法

持续改善生态环境。大力实施植树造林和天然林保护工程，加快推进旅游环线景观绿化建设，5 年累计新增造林绿化面积 3.85 万亩，全镇森林覆盖率达 87.5%，全镇空气中负氧离子常年高达 5 000 个/m^3，是名副其实的“天然氧吧”。

发挥项目带动作用。引入陕西汇洲实业集团有限公司投资 3 500 万元实施骆家坝牧马河水域旅游综合开发，投资 6 000 万元实施牛背梁旅游观光山地综合开发。引入南通市亲家公生态农业发展有限公司投入 5 000 万元在骆家坝建设高端民宿园区。发挥乡村振兴专项资金撬动作用，通过镇社区非物质文化遗产展销街区建设项目，新建十八间研学复古作坊，发展壮大新型农村集体经济，盘活农村闲置资源资产。同时，以入股、保底分红等方式注入资金，保障集体经济收益。

深挖历史底蕴，改造提升古镇面貌。以“情景体验+非遗文化产业”为载体，高质量建设非遗十八坊，不断培育核心街区商业业态。骆家坝的两坡房、四合小院、深的天井，以木架作为主骨架之一，现有保存完好的古街道，非常具有陕南及巴山居民特色，老街呈弯曲形的穿斗式的结构，户与户之间以风火墙相隔，门头及窗雕刻精美，整体建筑科学合理、布局独具，卵石砌筑的河堤形成 3 个不同的等高面，使河边的景观变得生动而丰富，具有古镇景色。

融入红色基调。通过钟家沟村革命老街综合保护修缮，让钟家沟红色文化底色更浓。通过复原老街房屋 3 座、加固翻修房屋 20 间、复原老街道路 600 m 等对钟家沟革命老街进行总体规划设计，高质量建设汉中市党性教育教学基地。2022 年以来，累计培训机关单

位 252 批次 7 560 人次，接待旅行社 150 批次 6 750 人次。

构建文旅融合新业态。把景区连点成线、串珠成面，构建钟家沟、回龙“一核两翼”精品旅游路线，辅建牛背梁高端民宿、古镇特色小吃一条街、制茶体验馆等，打造集乡土文化、特色街巷、风味民宿等于一体的文旅新业态，兴“业态”、留“客人”、带“消费”，把村民培养成旅游产业链上的讲解员、保洁员、农特产品销售员等。

3. 主要成效

骆家坝镇通过挖掘古镇历史文化（图 16-16），乡村经济重现活力。2022 年，骆家坝镇接待 54 万人次，研学旅行社 321 批次 11 445 人，实现旅游入 6 000 万元。2023 年，钟家沟村入选中国传统村落名录。2016 年 6 月被命名为省级文化旅游名镇，2021 年被授予国家 4A 级景区。2021 年入选陕西省乡村振兴示范镇。

图 16-16 骆家坝古镇

16.4.6 科技赋新能——推陈出新，从种天麻到卖菌种

1. 案例背景

陕西省中药资源丰富，素有“秦地无闲草”之称，其中 65%分布于陕南的秦岭和巴山山区，汉中素有“生物资源宝库”“天然物种基因库”“天然药库”的美誉。西乡县动植物中草药约有 156 科 1 300 多种，常见中药材 230 种，在国家确定的 34 种贵重药材中，西乡有牛黄、麝香、杜仲等 15 种。在全省收购的二类药材 74 种中，西乡有乌药、元胡、天麻、香橼、大黄等 32 种。目前，人工栽培的中药材共有乌药、元胡、天麻、香橼、大黄等 30 余种。中药材生产，是西乡县的重要传统种植产业之一，也是增加农民收入、引导农业产业化发展的一个新的经济增长点。

汉中是我国名贵中药材天麻的三大主产区，以汉中天麻为代表的陕西天麻 2021 年产量占中国天麻产量的 37.77%。沙河镇位于西乡县城以西 30 km 处，浅山丘陵地区，平均海拔 600 m，森林覆盖率 77%，曾是西乡县天麻主要产区。不同于一般的作物，天麻的生长过程中需要蜜环菌和萌发菌的作用才能正常生长，天麻两菌的质量是整个天麻人工种植过程的关键环节，左右着成麻品质的优劣。随着全国人工天麻产业迅速发展，对菌种的需求急剧增加，但菌种质量差异较大，直接影响天麻合格率。西乡县围绕天麻产业延链补链强链，对菌种的生产进行了管理指导，逐渐形成了西乡食用菌研究所等一批高水准的菌种生产厂家，在沙河镇就集聚了 10 多家菌种厂，形成了食用菌菌种产业集群。西乡县的天麻两菌供应量占据了全国天麻产区两菌用量的 1/3 以上，西乡县也逐渐从天麻种植区转变为国内主要的天麻菌种输出地。

2．主要做法

建立专门管理机构。2021 年，西乡县成立“西乡县食用菌产业发展领导小组”，具体负责全县食用菌产业生产发展。按种子条例有关规定，对生产、经营许可证严格审批程序，联合相关部门定期进行市场检查，打击伪劣菌种在市场的流通，培育良好市场环境。积极组织全县相关菌种企业参加国家省级菌种管理、检验员培训，提升菌种生产管理水平。

加强科技创新。1995 年，扶持建立西乡县食用菌研究所，不断开发适宜秦巴地区种植的新产品的选育和推广工作，从只生产食用菌栽培种发展到生产原种与母种，被认证为一级菌种生产单位，建立 4 个菌种厂、1 个天麻品种试验场，年生产销售各类一级种（母种）5 万支、二级种（原种）20 万瓶（袋）、三级种（栽培种）260 万袋，年产值 1 000 余万元，已累计推广黑木耳、香菇、平菇、天麻萌发菌、天麻蜜环菌、灵芝、茯苓等 16 个种类 200 多个优良品种。2018 年，该所在萌发菌、蜜环菌等菌种生产中使用液体菌种接种成功，打破了传统菌种生产技术。与西北农林科技大学合作，在西乡县建立校企合作基地“西乡县中药材试验站”，开展中药材良种繁育。成立以国内著名天麻菌种专家王绍柏教授为首席专家的专家工作站，共同攻关，着力解决生产中蜜环菌菌种退化严重、种源不清，蜜环菌和萌发菌生产感染较多、正品率不高、生产周期较长等问题。

广泛合作交流。1994 年，邀请中国食用菌协会专家韩省华到西乡任职农业局副局长，大力发展菌种产业，并在西乡组织召开了中国西北地区食用菌研讨会。与中国科学院微生物研究所、中国医学科学院药用植物研究所、中国菌物学会等国内天麻菌种科研机构建立联系，提升天麻菌种生产科技水平。

3．主要成效

培育国内天麻菌种龙头。西乡县天麻研究所成为中国菌物学会天麻产业分会常务副会长单位，在 2020 年中国天麻产业网络大会上被评为 2019 年最具网络影响力天麻企业之一。西乡县成为国内天麻菌种主要产地。西乡县的天麻伴生菌母种、原种销往全国 20 多个省 300 多个县（市）1 500 多家菌种厂和种植大户，为众多菌种生产单位和栽培户提供了优质的产品和满意的消费体验，在行业中具有良好的口碑和影响。西乡县年产菌种 1 万袋/瓶的生产厂家近百家。

品牌影响力不断提升。2022 年 9 月 14 日，西乡县天麻研究所研制的天麻萌发菌、蜜环菌菌种被中国菌物学会授予“推荐产品”，被汉中市工商行政管理局认定为汉中市著名商标。获奖名单公布，陕西春森菌业有限公司“春森牌菌种”被第二十九届中国杨凌农业高新科技成果博览会授予“后稷奖”称号。

16.5 宝鸡市陇县

陇县古称陇州，位于陕西省宝鸡市西北部。其历史厚重，秦襄公在此建都，素有“秦都汉关”之称，是古丝绸之路上西出长安第一雄关。近年来，陇县以“打造‘一美五宝’绿色产业、壮大‘关山千水’生态经济”为主线，逐渐形成了以“大美关山好生态、绿水青山好羊乳、百花精华好蜂蜜、有机创汇好苹果、绿色富硒好核桃、山珍之王好香菇”为特色的生态经济模式，打造了多条绿色产业链。

16.5.1 大美关山好生态——关山生态旅游带动多模态全域旅游产业

1. 案例背景

关山草原景区位于陇县西南部、西邻甘肃省天水市张家川回族自治县马鹿乡，距宝鸡市区 134 km、西安市 300 km，是中国西北内陆地区唯一的以高山草甸为主体的具有欧式风情的省级风景名胜区，国家 4A 级旅游景区。区域内有 104 万亩的森林和 35 万亩的草地，森林、草原、河流、山峦、峡谷等自然景观荟萃，被称为“小天山”。秦非子在此牧马，汉武帝北击匈奴时取马关山，这里是丝绸之路西行第一雄关，也是游牧文明和农耕文明的分水岭，生态奇观和民情风俗自成特色，素有“皇家牧场”“中国立体草原”“东方爱蒙塔尔”之美誉。

近年来，关山草原坚定不移地贯彻“绿水青山就是金山银山”理念，始终坚持“保护性开发”，积极探索“生态+”发展模式，探索出了一条既要绿水青山又要金山银山的生态旅游发展之路，既留住了“风吹草低见牛羊”的美，又遏制住了草原的过度开发。关山草原持续位居宝鸡热门旅游目的地榜首。2022 年，关山草原风景名胜区入选由陕西省林业局、陕西日报社群众新闻网联合开展的“寻找陕西最美生态空间”（图 16-17）。

图 16-17 关山草原

2. 主要做法

加强保护，坚决守好草原生态底色。一是加强组织保障。成立控牧工作领导小组，统筹推进景区草原生态保护。编制了《宝鸡陇县关山草原生态修复项目规划》《关山草原旅游风景区边坡生态修复项目规划方案》，对草原裸露和滑坡区域补植草皮，圈禁草地生态薄弱区域面积 30 km^2。二是责任落实到位。建立和推行网格化管理制度，将草原生态保护任务网格化，建立有效的激励约束机制，出现了“每片草地有人管，出现问题能问责，干出成绩有表彰”的生动局面。三是执法力度到位。陇县人民政府下发了《陇县关山地区草地生态保护修复方案的通知》等指导性文件，合理载畜量的核定，禁牧区、轮牧区的划分，建立了一支能力过硬、爱岗敬业、作风优良的高素质执法队伍，制定了《关山林草地保护工作方案》，与县林业局、县畜产局、天成镇联合行动，全年常态化开展草原生态执法，严厉打击违规放牧、破坏草原生态等违法行为。对景区内新建项目进行严格的环境影响评估，实施了一批生态环境保护项目，坚决守住了草原生态保护红线。四是推动草原生态保护修复。邀请陕西省林业设计院对林草地保护修复项目进行了初勘，对围栏、界桩、草原修复等项目进行系统规划，积极配合县林业局推进实施 900 万元的生态保护修复项目。共计修复水毁路段 4 km，挡墙 10 000 m^3，清理塌方 13 000 m^3，新修木平台及木步道 2 000 m^2，对原木护栏及步道进行修缮油漆，完成草地修复 5 000 m^2。关山草原实现了天更蓝、水更清、草更绿、生态更好。

基础建设，打造中国西部最诗意的草原度假综合体。关山草原围绕打造“国际关山·爱蒙塔尔”国际品牌。景区始终坚持生态优先，着力打造高质量旅游 IP。先后投资 10 多亿元建成了游客服务中心、风情小镇、蒙古部落、古帐营、八旗烧烤园等一大批重点项目。旅游项目的开发为游客提供了全方位的独特体验。完成了景区导游标识系统和马场叫号系统等基础设施建设，全面贯通观光环线；完成了以古帐营、八旗烧烤园美化亮化为重点的特色商铺提升改造；新建日处理 10 t 的垃圾处理站 1 座，购置安装生活垃圾低温热解处理设备 2 套。流转土地 300 亩，建设秋菊花田项目；开展水环境污染治理，污水处理厂项目新建集中式污水处理设施 1 套，配套水系环境提升附属工程。同时，不断挖掘潜力，拓展开发治安管理、景区保洁、餐饮服务、交通运输、旅游服务、景区管理等各类就业岗位 2 000 余个，为山区贫困人口充分就业作出了积极贡献。

文旅融合，实现关山草原铸魂赋能。文化丰富旅游内涵、提升旅游品位。陇县深度挖掘关山草原的历史文化，在县城和景区建设中彰显出秦文化元素和特色，让全域旅游有“颜值”，更有气质。以文化促进旅游产业发展，用旅游带动文化传播、彰显文化魅力、促进文化繁荣。以文塑旅，以旅彰文，是这 10 年关山草原探索出的一条高质量发展的新路。“浪漫七夕·情定关山”集体婚礼的成功举办、《大秦关山》实景马战演艺的持续火爆、关山雪泉纯净水的成功案例，进一步彰显了陇县文旅融合产业发展的潜力。深厚的秦文化、草原文化、马文化，让人们在旅游过程中感受到了文化魅力、陶冶了情操、增强了文化自信，文旅融合为关山草原高质量发展提供了源源不断的动力，央视《新闻联播》《乡村大世界》《乡约》等栏目多次走进关山草原。

创新机制，五大路径助力脱贫攻坚。陇县鼓励山区贫困群众自主创业，通过产业带动、债券分红、土地流转、入股分红、就业务工五大途径，发展畜牧养殖、旅游骑乘、餐饮服务活动，周边 316 户群众成功创业，带动就业 644 人。同时，拓展就业岗位，安置贫困群众就业。依托景区旅游，开发治安管理、环境保洁、商品零售服务就业岗位，安置贫困劳动力 564 名。投资 5 000 万元建成了具有异域风情的蒙古部落并租赁给景区群众，提供就业岗位 110 个，安置贫困户 38 人，人均年收入 1.8 万元，让群众在家门口创业致富。实行资金入股，帮助群众脱贫。积极动员关山、八龙潭两个村 120 户贫困户筹集股金 60 万元入股关山古帐营，入股群众年底直接领取收入分红。实施秋菊花田工程，租赁秋菊山庄周边 25 户贫困户流转土地 300 亩，并全部参与花田维护等临时工作，实现了群众在家门口打工挣钱。

龙头带动，引领推进全域旅游发展。陇县坚持全域化布局、特色化发展，以关山草原为引领，发挥龙头景区带动作用，做强大景区，联结小景点，创新促融合，带动全产业，推动全域旅游提质增效。全面实施“旅游+”发展模式，先后出台《创建国家全域旅游示范县推进旅游扶贫工作实施意见》《推动民宿高质量发展实施意见》等“一揽子”文件，制定“旅游+文化”“旅游+农业”等“1+10”支持政策，培育旅游业新型业态，推动产旅融合健康发展。

3. 主要成效

生态功能日益完善。建立了严格的保护制度，保护草地的生态景观，通过恢复退化草地功能等措施，强化水土保持、涵养水源，不断改善草地的生态功能。通过草原的保护修复和监督管理，有效促进关山草原景区旅游生态环境质量的持续改善。2022 年，关山草原林草覆盖率达 98.7%，空气质量全年保持在一级，成为名副其实的“天然大空调”。

产业规模逐渐扩大。关山草原积极打通“绿水青山就是金山银山”转化通道，着力将生态优势转化为经济优势。年接待游客突破 120 万人，实现旅游综合收入 7.6 亿元。得益于关山草原优美的生态环境，关山草原景区对县域经济的带动作用显著。周边群众开办的农家乐已增至 130 余家，户均年收入 12 万元。2022 年，陇县关山村被命名为陕西省乡村旅游示范村。

农牧民实现脱贫致富。依托景区旅游资源，大力实施“旅游+”扶贫战略，通过产业带动、债券分红、土地流转、入股分红、就业务工五大途径，多渠道促进贫困劳动力创业就业，已累计带动贫困群众 652 户 3 705 人脱贫致富，取得了显著效果。关山草原先后被授予“省级就业扶贫基地”“宝鸡市创业孵化基地”“陇县创业孵化基地”“陇县双百示范基地”“助推脱贫攻坚优秀企业”等称号，成为助推县域经济发展的新引擎。

带动全域旅游发展。通过关山草原等龙头带动，以雷音山、“西武当”为代表的山水田园游持续升温，以和氏乳业为代表的工业旅游从无到有，以蒲峪花田、温水坪头农业园为代表的农事体验游别具特色，以白家滩写生基地、观唐厚朴为代表的民宿康养游备受追捧，形成了“一心、一环、两线、五区”全域旅游总体格局，成功打造了“大美关山、神奇龙门、寻根秦源、社火之乡”四大品牌，全域旅游已成为推动陇县乡村振兴、促进经济发展的“朝阳产业”。

4. 可复制性和可推广性

陇县以关山草原为龙头，依托良好的自然生态环境和独特的人文生态系统，以可持续发展为理念，以保护生态环境为前提，以推进人与自然和谐共生为目标，按照以保护促旅游、以旅游促发展、以发展促保护的思路，通过采取生态友好方式，开展生态体验、生态教育和生态认知活动，创新打造生态旅游新模式，塑造特色生态旅游品牌，通过文化和旅游的深度融合，实现第三产业内部相互融合、相互促进、相互加持。充分发挥生态旅游的拉动力及催化集成作用，带动全县形成全域旅游格局，助力区域内经济社会协调发展，实现旅游产业与生态环境保护共赢。关山草原的做法为生态本底优良地区开展“绿水青山就是金山银山”实践提供了重要参考，具有代表性和可推广性。

16.5.2 绿水青山好羊乳——科技赋能奶山羊特色全产业链韧性发展

1. 案例背景

陇县地处北纬 35°黄金奶带，是奶山羊最佳适生区。奶山羊产业是陇县的传统优势产业，过去很长一段时间内陇县奶山羊以传统散养和庭院式养殖为主，老百姓对奶山羊产业有感情、有经验、有基础。如何实现奶山羊产业链提质升级，将全县老百姓镶嵌在一条更为长远的产业链上，成为摆在陇县面前的一道难题。2014 年以来，陇县按照陕西省“3+X”特色产业布局，把奶山羊作为乡村振兴的主导产业，大力发展“领头羊”经济，聚力打造百亿生态乳都。近年来，陇县立足羊乳产业高质量发展，按照“科技引领、全链打造、规模养殖、智能加工、园区承载、体系支撑”的发展思路，推动壮大产业链、提升价值链、开拓创新链、完善利益链。加速培育奶山羊产业集群，打造“陇县奶山羊公共品牌”，奶山羊全链发展的格局初步形成，实现了从战略突破到加速崛起的转变。羊乳产业正成为引领县域经济高质量发展、促进人民群众共同富裕和乡村振兴的“领头羊”。

2. 主要做法

规划引领，系统谋划。2014 年，陇县县委、县政府作出全产业链发展奶山羊产业、聚力打造“百亿生态乳都”的发展战略，把奶山羊产业作为全县首位产业来抓。从成立奶山羊全产业链发展领导小组、修订完善《百万只奶山羊发展规划》、编制《国家奶山羊产业融合发展示范区创建规划》到制定奶山羊全产业链发展 10 条政策和“散升规”等一系列扶持奖补措施等，陇县县委、县政府的一系列科学谋划让陇县奶山羊养殖规模迅速壮大。自 2014 年以来，全县已建成规模羊场 216 个，奶山羊存栏数从最初的不足 6 万只增长到 57.2 万只。陇县坚持全产业链打造、全产业链融合，新修订形成《2022 年陇县支持奶山羊全产业链高质量十条措施》，大力实施“双倍增”计划。2023 年 3 月 7 日，县委、县政府发布了《关于大力发展“领头羊”经济 加快奶山羊产业高质量发展的实施意见》，加快推动“百亿生态乳都”建设步伐。

规模养殖，全链发展。陇县从牧草种植到羊乳制品生产销售再到畜禽粪污综合利用，做到“羊不出县”就能实现价值最大化，打造形成集良种培育—鲜奶生产—乳品研发—旅游观光于一体的现代化养殖场。和氏乳业作为国家农业产业化重点龙头企业，建成智能化婴幼儿羊奶粉生产线，和氏高寒川牧业获评全国休闲观光牧场。2022 年，和氏总投资 5 亿元、年产值 20 亿元的和氏特殊医学用途配方羊奶粉生产线建成投产，进一步拓宽了企业产品领域，助推企业高质量发展。在下游配套产业方面，陇县还引进了宝鸡大地农业科技有限公司、陇县畜禽废弃物微生物处理加工厂等重点项目，延伸出“羊屎蛋”产业，将畜禽粪便、作物秸秆、农副产品进行深加工，形成新型有机复合肥，全县仅“羊屎蛋”产业一项可增收 2 亿元。2023 年提出开展奶源建设攻坚，持续壮大奶源基地，建立链长制，形成以养殖为基点，前连饲草种植，后连加工、包材和粪污利用的全产业链发展新格局，让奶山羊产业越走越“活”。

龙头带动，科技赋能。一是搭建奶山羊服务体系。陇县以和氏乳业和飞鹤两大龙头企业为带动，与科研院所合作，积极搭建奶山羊技术服务体系，以科技助力产业发展。聚力科技攻关，持续加强与西北农林科技大学、兰州兽研所等高校和科研院所合作，建成陕西关中奶山羊产业研究院、陕西省羊乳粉工程技术研究中心、西北农林科技大学奶山羊试验站，真正实现了把科技转化为现实生产力。二是技术支撑保障奶源安全。针对奶源安全，成立了陕西省唯一的羊乳产品质量监督检验中心，配备了奶源质量安全流动监测车，建立了 168 个机械化挤奶站；针对良种繁育，从澳大利亚、新西兰引进阿尔卑斯、莎能、吐根堡等多个品种的奶山羊 6 879 只，同时建成 1 个国家级、4 个省级核心良种繁育场。三是科技创新推动产品提质。为满足市场个性化需求，在政府的支持下陇县和氏乳业集团投资 2.7 亿元建成了和氏特殊医学配方羊奶粉生产线，科技含量和科研水平走在全国前列，更好地满足了乳糖不耐受、牛奶蛋白过敏等特定和特殊人群的需求。在陇县，科技正在改变着传统的养殖业。和氏乳业被认定为省级企业技术中心、高新技术企业、智能制造示范企业，飞鹤陕西乳品生产工艺达到国际先进水平。

3. 主要成效

乡村振兴产业兴旺。全产业链发展羊乳产业以来，陇县不断强化奶源基础性地位，实施百万只奶羊发展计划，形成了以 4 个万只羊场为引领、40 个千只羊场为示范、140 个适度规模场和家庭牧场为主体、2 200 多户分户扩群户为依托的发展格局。带动 5 200 余户养羊种草、持续增收，蹚出了一条赶着羊群发“羊财”的致富新路子。奶山羊产业真正成为富民增收和乡村振兴的支柱产业。2023 年，“奶山羊产业作为‘领头羊’，助力乡村振兴”产业典型案例荣获全国 20 个产业振兴典型案例，也是陕西省唯一入选的产业典型案例。

品牌效应不断增强。陇县借助和氏乳业、飞鹤、关山尚品的品牌优势、渠道把控能力及全产业链布局能力，获得了羊奶粉领域系统性更强的产业集群效应，打出了具有示范性标杆效果的产业合作案例。发布了秦源关山生态奶公共品牌，两户乳企 9 个系列 27 个配方羊奶粉产品畅销全国 300 多个地市，斩获“中国羊奶十大品牌”多项殊荣（图 16-18）。

图 16-18 奶山羊乳业相关荣誉品牌

实现全产业链发展。奶山羊产业现已形成涵盖规模养殖、饲草种植、有机肥生产、乳制品加工、包装材料、仓储物流、电子商务、观光体验等多元业态的全产业链，2022 年产值达到 72.4 亿元。2022 年 12 月，陕西省农业农村厅公布了首批省级现代农业全产业链典型县名单，陇县被列为乳制品产业链典型县。

4．可复制性和可推广性

陇县以资源循环利用和生态环境保护为重要前提，以科技赋能推动奶山羊循环化、特色化、规模化、高端化，已初步形成了以奶山羊养殖繁育、羊乳加工为核心，涵盖饲草种植、包材制作、畜肥利用等于一体的全产业链发展格局，将产业发展串成链条并不断进行延伸，持之以恒扩规模、延链条、育品牌、提效益，实现一二三产业有机融合。“筑巢引凤”与“引凤筑巢”双轮驱动，“秦源关山生态奶”已成为陕西省乃至中国奶山羊产业的金字招牌，真正将奶山羊产业变为富民强县的有力抓手，推动实现共同富裕。该模式适用于以农业为主导功能的地区，通过实行产业转型升级、科技赋能和绿色化改造，推动农业数字化、品牌化转型升级，延伸特色农业链条，提升农业生态产品价值，实现生态与农业、农村、农民效益的统一。

16.5.3 百花精华好蜂蜜——八渡镇农旅融合助推“蜂蜜+”高质量发展

1．案例背景

八渡镇位于陇县南部，距县城 30 km，辖区总面积 273.3 km^2，共有 5 个行政村，拥有全国文明村镇、省级旅游特色名镇、宝鸡市最具魅力乡镇等多项殊荣。八渡镇依偎普洛河，背靠有“西武当”之称的牛心山，山水风光旖旎。“八水护田将绿绕、两山排闼送青来”是八渡好山好水好风光的真实写照。唐代诗人杜甫曾在路过陇县八渡镇时，题写了一首《青阳峡》，用“冈峦相经亘，云水气参错。林迴硖角来，天窄壁面削”来赞叹此处的壮阔山河。八渡镇山花、五倍子、五味子、漆树、椴树、党参、黄芪等蜜源植物多、分布范围广，拥有中华蜜蜂得天独厚的资源优势，是其生长和繁衍的天然蜜场。当地群众有养中华蜜蜂的传统，培育出了“领头雁”陇县丰田蜂业合作社，通过集中托养、技术指导、产品销售服务等吸引全镇 5 个村的群众加入“甜蜜产业”。陇县丰田蜂业合作社研发的“老帐人”牌蜂蜜获得欧盟出口认证和 4 项国家金奖，合作社带头人杨金荣被授予首批国家林草专家和“全国优秀蜂农”，开发出 40 多种蜂产品，部分产品出口国外。“山水田园、蜂富八渡”正成为乡村振兴的主要路径。

2．主要做法

生态优先，推进人居环境改善。八渡镇立足资源禀赋，坚持生态优先、绿色发展的思路，扎实开展农村人居环境整治提升行动，对照整治要求、细化整治内容、明确整治范围、严格整治标准，突出山水特色，营造“林在山中、山中有村、村内有水、水绕村行”的自然淳朴乡村风貌，把八渡镇打造成为生态美、街道美、村庄美、庭院美、生活美的“五美”乡镇。做美乡村“绿”化田园山水。突出乡村旅游特色，以绿治乱，高标准、高质量抓好主干路段和责任区域绿化工程，全面改善提升镇区人居环境。2022 年，八渡镇新增造林面积 600 亩，全镇森林覆盖率达到 73%以上，生态环境基础建设为八渡镇蜜蜂产业发展和通过农旅结合推动乡村振兴打下了坚实的基础。

产业振兴，打造“蜜蜂小镇”。借助得天独厚的自然环境，八渡镇大力发展中华蜜蜂养殖产业。2011 年 3 月，成立陇县丰田蜂业专业合作社，是集蜜蜂繁育、饲养、蜂产品开发、购销于一体的蜜蜂养殖专业合作社。引领和带动蜂农“增加蜂群扩规模、创新技术提水平、提高质量创品牌，延伸链条增效益”，积极为做大做强当地蜂产业贡献力量。充分发挥科技引领、示范带动作用，立足中华蜜蜂标准化生产基地建设，坚持“传一技，精一业，富一方”的发展理念，以“企业+基地+群众+全程服务”为产业模式，建立利益共同体，签订产业帮扶协议、蜂产品收购协议，采取优质良种、标准化技术、高校联建、产品联销等有效措施，建立了完善的线上线下销售平台，实现中华蜜蜂种质资源保护、产品提质增效，增加群众收入。截至 2022 年，带动周边 655 户群众饲养蜂群 15 000 箱，年销售蜂蜜 568 t、蜂王浆 1.2 t、蜂花粉 0.5 t，可实现销售收入达 1 613 万余元。同时，组织群众参加线上线下中华蜜蜂养殖培训班，不断提升蜂农养殖水平，已累计培训蜂农 1 500 余人次，蜂农队伍逐渐壮大。

农旅融合，打造蜜蜂文化。八渡镇打造了以蜂产品和蜂文化为主线，集农业、旅游、招商、服务多个业态于一体的“蜜蜂小镇”、“康养小镇”和“体育小镇”，注重产业带动群众增收致富。建成了蜜蜂文化科普馆、蜜蜂体验馆，采用展示、体验互动等多种形式传播“勤劳、协作、求实、自律、奉献”的小蜜蜂精神，建成面积约 1 500 m^2，展示面积约 2 100 m^2。在镇域内通过建设蜜蜂主题文化墙、宣传版面、蜂文化展示厅及新建路灯、标志牌等展现蜜蜂元素，让游客通过参观体验蜜蜂文化，弘扬蜜蜂精神，让小蜜蜂酿造出群众的甜蜜生活，将旅游业与产业发展完美融合。八渡镇投资 2 000 万元，打造“一心一馆四庄四园”生态田园旅游格局，水上乐园、百亩花海、健康步道、山地骑行环线成为宝鸡周边假日游“网红打卡地”，量身定做亲子种植、旅游休闲、生态观光、美食品鉴、健康养生“五位一体”旅游套餐，吸引带动农户发展民宿，初步形成以蜂蜜产业带动当地旅游、以休闲旅游推动蜂蜜产业的良好局面（图 16-19）。

蜜蜂文化科普馆

蜜蜂文化宣传活动

图 16-19 八渡镇蜜蜂产业文化

研学并举，打造蜜蜂文化品牌。八渡镇以绿色优质产品为基础，积极探索品牌化发展道路。2014 年，注册了“老帐人”蜂产品商标品牌；2017 年，合作社的蜂产品取得了欧盟认证；2019 年，获得“宝鸡蜂蜜”农产品地理标志认定证书授权书；2020 年，中国质量认证中心颁发了“HACCP”体系认证证书、ISO 9001 质量管理体系认证证书；2022 年，获得绿色食品认证证书，通过精心策划和持续不断的宣传，蜂王浆、蜂花粉、蜂王浆冻干粉、蜂胶 4 个系列 15 个品种的蜂产品知名度不断提高，得到了消费者和市场的一致认可，并与省内外 10 余家商家、制药厂及商场建立了稳定的销售关系，还通过外贸代理商远销欧洲、日本等地，在蜂产品行业中享有良好的口碑。

3. 主要成效

生态产业持续壮大。八渡镇在保护好绿水青山的前提下，依托丰富多样的生态资源，聚焦品牌打造、产业链延伸，提高蜂蜜精深加工水平，不断提升蜂产品质量，聚力打造区域公共品牌，引领蜂产业快速发展，探索发展出“蜜蜂+”的新路径，推动农旅融合产业发展，走出一条质量更高、效益更好、结构更优的绿色可持续发展之路。全镇中华蜜蜂存栏 1.5 万箱，年产值 1 600 万元，真正把“小蜜蜂”做成了群众增收致富的“大产业”，2022 年旅游综合收入突破 1 000 万元。山水田园、蜂富八渡，八渡镇以“蜜蜂小镇”助推全镇产业发展齐头并进，让“小蜜蜂”酿出青山绿水、酿出蜂农的幸福生活、酿出游客的甜蜜之旅。

品牌效应不断提升。目前，八渡镇已打造中华蜂蜜民族品牌，建成集参观、研学、亲子互动于一体的蜜蜂文化科普馆和桃园蜂谷体验区，承办了 2022 年世界蜜蜂日（5·20）全国分会和 2023 年世界蜜蜂日（5·20）西北地区主会场。2023 年，陇县八渡镇乡村旅游被《陕西新闻联播》关注点赞。八渡镇申报的“共建‘蜜蜂小镇’”、“蜜蜂文化基地”和“成熟蜜基地示范试点”经中国养蜂学会讨论投票通过。

4．可复制性和可推广性

八渡镇以蜜蜂产业作为切入口，做大做强特色“蜜蜂小镇”品牌，延伸出特色蜜蜂文化，积极探索生态优先、绿色发展的文旅融合新路径，全力打造桃园村等多个村庄为核心区的“蜜蜂小镇”，提升基础设施，调优产业布局，丰富业态集群。该模式依托当地特色的传统产业，通过农文旅融合推动农业农村现代化发展，真正做到了乡村振兴，实现了“绿水青山就是金山银山”的转化。

16.5.4 有机创汇好苹果——天成镇激活品牌价值，红苹果插上“金翅膀”

1．案例背景

陇县是全省 30 个优质苹果基地县之一，位于陕西矮砧苹果优势主产区，海拔 800 m 以上，生态资源和立地条件得天独厚。近年来，天成镇坚持“绿水青山就是金山银山”的发展理念，坚持高点谋划、精心布局，实行“联村抱团+龙头企业+农户”的发展模式，致力于打造宝鸡市首家现代化农旅结合的有机苹果示范基地，突出红色苹果这一全镇的首位产业，以“一心两园（社会化服务中心、南北两园区）”为布局，坚持“龙头引领、基地承载、科技示范、品牌带动、机制联结”的工作思路，建成高标准万亩矮砧苹果栽培现代化种植园和苹果仓储加工产业园。两园区于 2019 年建成，已成为天成镇特色产业的重要支撑。经过基地建设、品牌培育、技术创新、出口创汇、补链强链等一系列措施，陇县已成为宝鸡市外贸苹果强县，2020 年实现苹果出口 1 万 t，占全市份额的 92%以上，以苹果为主的果业已成为陇县农民增收的主导产业。

2．主要做法

高质量推动苹果产业基地建设。陇县苹果产业发展以推进果业供给侧结构性改革为引领，以南部台塬板块推进为抓手，推动全县苹果产业结构调整，优化要素配置、扩大有效供给，促进全县苹果产业高质量发展。天成镇谋划实施水肥一体化滴灌设施、高标准农田、千吨冷库、防雹网、冷拣分选线等 10 余个项目，完善园区设施，建强果业基地。目前天成镇苹果种植面积达 1.1 万亩，通过标准化种植、水肥一体栽培管理等，苹果的品质和口感不断提升。2016—2020 年，全县新栽矮砧苹果 5.79 万亩，创建果业产业“双百”基地 35 个。

天成镇王马咀村：百亩红苹果　奏响“致富曲”

天成镇王马咀村位于县城以西 8 km 处，全村现辖 4 个村民小组 485 户 1 820 人，耕地 2 230 亩、林地 1 920 亩。王马咀村股份经济合作社敢为人先、勇挑重担、守正创新，主动返包陕果承建的 200 亩果园作为壮大村级集体经济的“根据地”，发展形成“村级合作社牵头，县果业服务中心技术支持，村级合作社社员出工”的运行模式，以村集体经济合作社为依托，立足乡村振兴、产业兴旺、农民富裕，不断完善果园基础设施，引进优质苹果品种，推动果园发展规模化、精细化，将支部建在产业链，让群众富在产业链。2022 年，村级果业发展收入 40 万元，带动村级务工 1 500 人次，成为全县唯一一家村级股份经济合作社管理运行的苹果产业合作社，为全县果业走出困境“摸出了一个方向”。

一是党建引领促发展。由村支部牵头，村级股份经济合作社具体运行，组织村组干部参与果园管理。村干部负责日常果园务工招聘、组织技术培训、项目争取和营销等工作，成为果园发展的主力军。在村支部的带领下，2022 年村级果园果树套袋 65 万袋，年产苹果 32.5 万斤，年收入 70 万元，净收益 40 万元，一跃成为镇域内集体经济收入强村。

二是项目支撑打基础。该区域果园共投资 374 万元，建成烟富 8 号、10 号，瑞雪、瑞阳等多品种的现代化矮砧有机苹果园 200 亩，建成果园观光旅游环线 4 km，配套各类机械 10 余台，建成水肥一体滴管设施，成为果园规模化发展的前提。

三是联农带农促增收。2022 年，王马咀村聘请长期务工人员 15 人，年用工 2 500 人次，动用机械 160 次，发放劳务费用 16 万元，成为村内群众就近务工的好去处。

培育龙头经营主体，带动全县发展。陇县县委、县政府出台了《扶持果业产业全产业链发展十条政策》等文件，积极培育经营主体，目前全县拥有市级果业龙头企业 2 家，其中陇县盛源果品有限责任公司建设形成“双百”示范基地面积 2 048 亩，配套冷库 2 座，库容 1.5 万 t，年贮苹果 2.0 万 t，年出口量超过 1.5 万 t，是陕西省最大的果品出口公司之一，被评为陕西省产业化重点龙头企业、陕西省省级现代农业园区，成功带动了全县苹果产业的飞速发展。

打造苹果有机品牌，实现转型升级。为提升苹果品质，陇县坚持发展山地有机苹果种植。从产品的培育源头、培育过程、采摘销售到产品售后等多方位严格管控，对产品培育过程的用药、用肥、浇灌、除草及周边 500 m 以内的环境、空气、土壤实现层层管控。目前，2 家龙头企业均已通过有机认证，其中陇县盛源果品有限责任公司已建设有机苹果园区总面积 30.67 hm^2，同时取得环境管理体系认证证书，推动了苹果品牌价值的提升。

以技术支持提升果品品质，增强基础。为提升苹果品质、增加苹果的出口效益，2016 年陇县成立了集示范推广、试验研究、新品种引进、农民培训于一体的苹果试验示范基地，引进瑞雪、瑞阳、瑞香红等国内外新品种数十种，推广生草覆盖、穴贮肥水、水肥一体化、自根砧苗木繁育、化学疏果、无袋栽培等先进技术，繁育苹果自根砧苗木 40 万株，推动苹果品质提升。与此同时，建成了万吨果蔬深加工车间，迈出了果业转型升级的步伐，开发形成更多的苹果产品，增加苹果产业发展的附加值。

探索出口贸易，拓宽销售渠道。为了提高销售量，陇县探索苹果产品出口贸易渠道，给企业搭建销售平台，推进外贸和内贸融合。着重推广瑞雪、瑞阳等高端品种，将市场对准国内一线城市及国外，并畅通苹果直接出口渠道，提高冷链物流的服务水平，提高苹果出口龙头企业的知名度，形成有市场竞争力的品牌效应。2008—2017 年，累计出口果品达 210 万 t，出口创汇 7 000 万美元，出口量占宝鸡市的 90%以上。

以农旅融合提升产业附加值。在做强苹果产业的同时，陇县将苹果产业发展和旅游观光相结合，修建马曲至关山游客服务中心道路、王马咀山间环道，打造苹果采摘和观赏环线。一方面，同游乐体验相结合，马曲村、铁塬村、范家营村等产业基地周边配套柴火鸡、娱乐设施等，提升产业附加值；另一方面，同人居环境整治相结合，沿线栽植玉兰、红玫瑰等花卉和黄芪、芍药等观赏性药材，打造人居环境新亮点。

3．主要成效

有机产业逐渐壮大。经过有机品牌的建设，不断提升陇县苹果产业链的组织水平，目前现有市级龙头企业 5 个、苹果专业合作社 9 个、家庭农场 5 个，组建产业化服务组织 1 个，注册商标 7 个，开发苹果产品 10 个，有机基地认证 2 300 亩，绿色基地认证 1 000 亩。

惠民富民。通过建立苹果产业带贫益贫机制，探索“企业+合作社+农户”的模式，群众获得分红、务工、土地流转费 3 份收入，为群众增收增添新动能，天成镇产业振兴带动乡村全面振兴，因地制宜发展苹果产业，苹果现代农业示范区带动 2 000 余户群众土地流转入股分红 174 万元，13 500 人次进园务工增收 108 万元。全县苹果产业覆盖涉及农户 8 130 户 29 050 人，带动果农户户均增收 4 800 元。

出口强县。以出口销售为渠道，盛源果品鲜果出口金额位居全省前三，2021 年盛源果品获得全省唯一被农业农村部命名的“国际贸易高质量发展基地”殊荣，天成镇成功创建为全国苹果产业强镇，彻底解决了陇县及周边地区产品销售困难的问题。

4．可复制性和可推广性

天成镇有机苹果产业种植依赖独特的自然生态资源，通过不断地优化机制，加强基地建设，稳规模、提品质，打响生态品牌，提升品牌价值，创新利益链接机制，大力发展有机产业，搭上首位产业发展快车，聚焦特色产业板块，打通发展出口贸易渠道，不断推动全县生态经济高质量发展。该模式适用于生态本底较好、以农业作为主产业且可以实现规模化发展的地区，通过发展生态产业推动“绿水青山就是金山银山”转化。

16.5.5 绿色富硒好核桃——东风镇园区经济引领核桃产业升级提质

1. 案例背景

核桃是陇县传统优势林特产之一，在中国核桃的十大产区中，陇县地处陕西渭北、秦巴山地、甘肃天水和甘肃陇南四大产区的中间地带，属于核桃的核心优生区。陇县核桃个大、壳薄、隔少、仁饱、涩淡、富硒、味香，硒含量 0.072 8 mg/kg，品质上乘。陇县栽种核桃历史悠久，2002 年开始连片栽植核桃，被命名为“中国核桃之乡”。近年来，陇县全面推行区域布局规模化、生产加工标准化、品牌经营市场化、配套服务社会化，形成核桃产业规模化、标准化及可持续发展的“一村一品”格局，助力核桃产业高质量发展。

2. 主要做法

打造园区经济，带动核桃产业规模化发展。陇县立足特色优势，调结构、转方式，扩总量、提质量，积极发展现代农业，努力打造高效现代核桃园区，构建了特色鲜明的产业新体系。该核桃园区位于陇县北部浅山优质核桃产业带东风镇，规模 5 600 亩，布局规划突出“一心一线六区”：“一心”即园区建设管理服务中心；“一线”即核桃休闲观光采摘旅游线；“六区”即新技术、新品种展示区，标准管理示范区，农耕体验果园认领区，储藏、脱皮、烘干加工区，休闲食品生产区和信息发布及质量检测区。园区主要进行核桃新品种、新技术展示和产业化示范，建设形成了具有较强辐射带动功能的现代农业示范园区。该园区连片建园规模大、带动能力强。园区建设主体为陇县龙湖农牧专业合作社，是陇县农业专业合作社牵头建园面积最大的果业园区。目前，全县在“一村一品”的特色农业模式助推下，核桃产业已实现适宜区全覆盖，种植核桃面积 56 万亩（其中良种核桃 26 万亩），年均产量 2.0 万 t，产值 3.0 亿元。

创新管理机制，助力农民脱贫增收。园区按照“公司+合作社+农户”模式管理，由合作社开拓市场、提出规划方案、统一管理，联结农户建设核桃基地。园区管理打破传统的小农经营模式，用管理工业的理念管理农业，把现代企业管理机制引入高效核桃园区的建设和经营，实行“运行公司制、投资业主制、科技承包制、联结农户合同制”，形成“公司+合作社+农户”的运行模式。陇县以山核桃林优势资源为依托，实行规模化生产、集约化经营、社会化服务，核桃产业成为陇县种植面积最大、受益人口最多的农特产业。

依靠科技力量，促进核桃产业标准化发展。陇县汇聚了西北农林科技大学、北京林业大学生物学院、山西林科院、杨凌职业技术学院等科研院所产业技术体系首席科学家和 1/3 的功能研究室岗位专家，建立了核桃省力化栽培标准化技术体系和果品质量安全追溯体系，成立陇县核桃实验示范基地。依托西北农林科技大学核桃试验示范站，建设形成核桃良种繁育、核桃生产、核桃加工、核桃集散四大基地，按照“专家教授+技术骨干+果农（脱贫户）”的服务模式组建技术团队，全力以赴做好产业助农技术服务工作。大力推进园区建设，突出抓好核桃标准化示范区建设。全县建成万亩核桃标准化示范区 1 个，千亩以上

39 个，有效提升了全县果业标准化管理水平，有力推动了核桃产业的现代化发展进程。通过实施核桃标准化生产，打造质量水平高、影响力大、风险可追溯的核桃知名品牌。

实施产业融合，做优做强核桃产业链。大力推进农工结合，做强核桃产业。在产业链接上实现突破，由单一原料基地向产品基地延伸。通过招商引资等措施提升核桃精深加工率，延伸产业链条，提升附加值。引导鼓励核桃经营权流转，逐步实现规模经营、规范管理、标准生产。推进农旅结合，做大乡村旅游业。抓好融合联动，积极做好“核桃+旅游”，鼓励发展核桃民俗旅游、扶持建设核桃文化体验中心、核桃文化公园等，做好休闲农业、采摘体验与旅游联动发展。同时，挖掘地方特色文化、民俗传说，促进旅游文化深度融合。依托网络创新形式宣传造势，推进农商结合，提升产品附加值，推进农产品转变为旅游商品。

3. 主要成效

产业实现提质升级。通过规范化园区建设和技术力量支撑，全县现有核桃良种苗木繁育基地 600 亩、良种核桃采穗圃 200 亩，千亩示范园 15 个、500 亩村 32 个，核桃加工企业 5 个、核桃专业合作社 45 个，优质核桃科技示范园区 23 个，国家级农民合作社示范社 1 个、省级农民专业合作社示范社 1 个、省级核桃示范基地 1 个、市级核桃示范园 5 个。陇县已发展成为全省核桃大县和西北地区具有一定影响力的核桃集散地，先后被认定为“中国核桃之乡”“国家绿色核桃栽培标准化示范区”“陕西省核桃经济林十强县”“陕西省重点林木良种基地”“巩固退耕还林成果后续产业项目重点县”。

打响了生态品牌。“陇州”“颗颗伴”“安宁”“金脑袋”企业商标相继注册，其中陕西关山尚品生态农业综合开发有限责任公司建立金脑袋核桃乳品牌，打造形成了地方特产名片。2016 年，陇县核桃获农产品地理标志品牌认证，2022 年，被认定为全国名特优新农产品。“陇州”牌被评为“陕西省知名商标”，“陇州核桃”评选为 100 个“2017 年最受消费者喜爱的中国农产品区域公用品牌”。2011 年，陇县“香玲”核桃获首届中国核桃节金奖。2017 年，“陇州核桃”获国家农产品地理标志认证。2021 年，陇州核桃成功入选“首批陕西省特色农产品优势区”名单。

持续带动农民增收致富。通过园区经济建设和“公司+合作社+农户”模式，形成了大力发展农业联合体、专业合作社、家庭农场等新型经营主体，充分发挥新型农业经营主体示范带动作用，成为巩固拓展脱贫攻坚成果和实施乡村振兴有效衔接的有力抓手。全县核桃生产涉及农户 4 万户 15 万人，占全县农户的 63%，带动农户年均增收 6 500 元。其中，已脱贫户参与核桃产业 9 162 户 29 687 人，占脱贫户人口的 60%。带动已脱贫户年均增收 3 272 元。目前，近千人从事核桃加工、营销，年加工营销核桃 1.2 万～1.5 万 t，加工率达到 50%以上，实现年销售收入突破 4 亿元。

4. 可复制性和可推广性

陇县栽培历史悠久、地域宽广，在山区已成为农民增收致富的主导产业，以打造园区经济为抓手推动核桃产业标准化、规模化发展，示范带动全县核桃特色产业综合发展。推动产业发展与美丽乡村建设，形成园村一体、产村融合的特色农林主导产业体系。依托核桃产业打好有机生态牌，持续护美“绿水青山”、做大“金山银山”，共享“绿水青山就是金山银山”转化成果，初步探索出了一条生态美、产业兴、百姓富的可持续发展路子，让群众有了更多的获得感和幸福感。

16.5.6 山珍之王好香菇——温水镇创新“借袋还菇”模式，助力乡村振兴

1．案例背景

温水镇位于陇县中北部，与甘肃省接壤。因陇州八景之一“温溪不冻”而得名，由于特殊的气候条件和地理位置，日照时间长，空气质量好，水质无污染，温水镇生产的香菇菇形圆整，花纹自然，口感鲜香，风味独特。近年来，温水镇围绕打造中国西部食用菌之乡，把香菇产业作为乡村振兴和推进共同富裕的特色产业，大力推广“借袋还菇”扶贫合作模式，调结构、扩规模、创品牌、促升级，投资 1.3 亿元建设特色香菇小镇，成功蹚出一条食用菌特色产业助力乡村振兴新路子。

2．主要做法

生态农业，特色农产品种出“金果实”。温水镇创新发展模式、带动机制、收入机制，改变了以往资金项目的“输血”式带动，为产业发展注入新动能。2021 年 9 月，温水镇建设现代农业产业园，创新推出“菌+菇+菜+棒+种”五产联销新模式，聚力打造集全市“农产品种植销售、现代农业观光、菌棒菌种研发”于一体的现代农业产业园区。在稳定发展香菇的同时，大力发展羊肚菌、平菇、灵芝等菌种，实现了“一菇独秀”转型为“多菌齐放”。为实现农业绿色发展，依托万吨有机肥厂，将废弃菌棒制作成肥料、燃料，变废为宝，循环利用。推广规模化生产、标准化栽培技术，实施菌种研发与培育项目，加快补齐菌种生产关键环节，全力支持温水镇羊肚菌科技示范园建设。

科技支撑，提升生态产品价值。坚持科技支撑，深化与西北农林科技大学、西安职业技术学院等院校合作，先后建立了西北农林科技大学香菇试验站、西安职业技术学院“双百工程”产学研基地，在技术指导、技能培训、产品研发等方面得到大力支持。规范生产标准，香菇从生长、采摘、烘干、包装到出货，严格把控每一个生产环节，确保生产过程全程无农药、绿色健康，宏盛农牧获陕西省食用菌标准化生产基地。

创新模式，助力惠民富民致富增收。在抓好食用菌产业的同时，找准与脱贫攻坚的结合点，探索创新食用菌“嵌入式”扶贫模式，通过“借袋还菇”、入股分红、土地流转、园区务工、创业孵化利益联结机制带动贫困户 4 068 户，户均增收 1 万元以上。陇县食用菌推动乡村振兴核心是“借袋还菇”，具体是“三免一借两保障”（“三免”即基地为贫困户免费提供生产菌棚、免费供水供电、免费技术培训，“一借”即借给贫困户每棚 8 000 个菌袋，“两保障”即基地以每斤 3 元的保底价回收香菇，每季每棚保底收入 8 000 元，每年

两季收入 1.6 万元），企业管两头、贫困户嵌中间，既解决了企业用工难、效率低的问题，促进了基地发展壮大，又让贫困户“零成本”“零距离”就业增收，提高了产业扶贫的组织化程度，有效实现了企业与贫困户“双赢”。

3. 主要成效

打造形成香菇特色产业小镇。温水镇被命名为陕西省香菇特色产业小镇，建设成为集科研、育种、栽培、加工、销售、休闲观光于一体的国家级食用菌产业聚集高地。目前，全县建成食用菌种植基地 17 个，食用菌大棚 3 000 座，年产量 3 万 t，年全产业链 5.0 亿元。荣获农业部认定的“绿色农产品”“无公害农产品”“全国农产品 500 强品牌”，是“陕西省驰名商标”，取得了 ISO 9001 质量体系认证，2019 年被收入第三批全国名特优新农产品名录，多次荣获中国杨凌农高会后稷金奖。

创新扶贫模式。“借袋还菇”被中国食用菌协会确定为“全国食用菌产业精准扶贫十大模式”之一在全国推广，《人民日报》《新华社内参》均作了报道。“借袋还菇”经验和模式在陇县复制推广，带动全县 7 个镇 16 个村组织发展食用菌产业，建成 3 100 万袋种植基地，食用菌产业跃升为陇县的县域特色“拳头”产业。

4. 可复制性和可推广性

以香菇产业为依托，结合乡村振兴的需要，创新“借袋还菇”产业模式，助推全县产业提质增效，持续带动群众稳定增收。大力推进农业科技支撑力度，围绕香菇特色产业，开展“百名人才联乡村促振兴”行动，组建了“香菇保姆”产业服务队，真正把“土专家”“田秀才”等嵌入到产业链上，实现了特色产业的转型升级，有力推进了陇县乡村振兴步伐。随着陇县在特色农业、模式创新、科技助农等方面的不断发展，必将推动陇县农业现代化建设再上新台阶。

16.6 遵义市湄潭县

湄潭县位于贵州省北部，因水得名，因茶闻名，被誉为“贵州高原上的一颗明珠”和“云贵小江南”。湄潭县以镇、小流域为基本单元，深入践行“绿水青山就是金山银山”理念，坚持“围绕茶、做足茶、突破茶”，使茶产业成为其首位产业，实现了“荒山变茶山、茶山变金山、茶区变景区”的沧桑巨变，探索出“绿水青山就是金山银山”转化的 6 个典型模式。

16.6.1 荒山变茶山——盘活资源孕育乡村振兴“致富芽”

1. 核桃坝村：实现“贫困村”到“小康村”的华丽转身

（1）案例背景

“核桃坝几大湾，十年就有九年干；顿顿红苕苞谷饭，吃水要翻几匹山，不少男的往外走，姑娘不愿嫁进山……”这几句民歌说的正是 20 世纪 70 年代的核桃坝村。在 80 年代初期，核桃坝村属于名副其实的“穷山沟”。1981 年，核桃坝村因地制宜选产业开始进行茶树种植，核桃坝成为湄潭率先崛起的茶叶第一村。1988 年，《求是》杂志发表署名文章《中国的地表开发起始于核桃坝》。随着茶产业的不断发展，核桃坝村现有茶农 868 户，茶园面积 12 000 亩，户均茶园面积 13 余亩、人均 3.27 亩，茶叶综合产值 2.3 亿元。因核桃坝村有着全国很多茶区没有看到的林茶相间的生态环境，被誉为“中国西部生态茶叶第一村”，为湄潭县茶产业发展乃至全省的茶产业发展起到了积极的示范作用。致富带头人老支书何殿伦曾受毛泽东、邓小平、江泽民三代党和国家领导人接见。近年来，核桃坝村先后获得“全国先进基层党组织”“全国农业旅游示范点”“全国先进文明村镇”“全省小康村”称号，成为全国农业旅游示范点、4A 级旅游景区——茶海生态园景区核心区域。2021 年，核桃坝村入选贵州第三批省级乡村旅游重点村。

（2）主要做法

困则思变，实现家家有茶园。为打破贫困“魔咒”，十一届三中全会以后，老支书何殿伦认准了茶这棵“摇钱树”，带领广大村民大面积种植茶树，茶园从全村最初的 5.5 亩发展到 12 000 亩，做到“户户有茶叶，集体搞工厂”，并提出“培养万元户，消除困难户，家家农工商，致富奔小康”的发展思路。核桃坝村人依托省茶叶科学研究所“育、种、管、摘、加工”的技术培训，实现了家家有茶园、户户有技术。1997 年，茶叶被确定为湄潭农业支柱产业，开始重点发展茶叶产业。核桃坝村农民种茶的成功点燃了湄潭农民向荒山要地的希望，在全县引发“星火燎原”之势，开启了 40 年来全县广为发展茶产业的起点。小小的一片绿叶子，成了百姓致富的“金叶子”。

多主体联动，推动产业升级增效益。核桃坝村充分依托良好的生态环境和茶产业优势，通过土地流转、规模化经营，提升了茶产业经济效益；同时，推进茶产业与旅游产业融合发展，大大拓宽了村集体经济的发展路径。积极争取外资投入，先后引进和组建资产均在 2 000 万元以上的四品君茶业公司、芸香茶业公司等 4 家大型企业，着力建设茶海公园，形成“吃、住、行、游、购、娱”的完整产业链，“农户+村集体+企业”的多主体、多主体利益链接格局逐渐完善，延长扩宽了茶产业为主的产业链发展。核桃坝村坚持以市场为导向，以帮助农民增收为目的，积极促进茶产业转型升级，目前已实现欧标茶园全覆盖。

盘活资源，深化产权改革活要素。核桃坝村在全县率先开展农村集体产权制度改革试点，完成确员、确权、确股、确管、建产权交易平台的“四确一建”改革任务。清理资源性资产、经营性资产约 9 000 万元，包括集体茶园、山、水、林、田、湖、茶青市场、公租房、饮水工程、卫生院、文化广场等，这些资产分别按资产来源、形成时间的原生产队、原生产大队、现建制村确定权属，已确认登记造册，县不动产登记中心将颁发不动产权证；组建了注册资金 1 500 万元的村股份经济合作社，通过市场运营盘活农村集体资产，实现集体资产的增值保值，增加农民的财产性收入。

农旅融合，卖茶走向卖风景。核桃坝村以“四在农家”为载体，以打造乡村旅游为突破口，充分挖掘茶文化，大力推进以“千壶园”为主体格调的村庄集镇化示范点建设。核桃坝村结合特色建筑——小青瓦、坡面屋、穿斗枋、转角楼、雕花窗，体现着传统与现代的结合，独具地域特色与传统民间文化特征，村庄与茶园紧密相连，“望得见山、看得见水、记得住乡愁”。依靠茶产业，核桃坝村又搞起了“生态农业+旅游业”，开始向城里人“卖茶园风景和清新的空气”，以观茶、采茶、制茶、品茶和茶艺表演为主的茶文化发展模式逐步形成（图 16-20）。据统计，核桃坝村每月接待游客超过 5 万人，旅游收入每年达到千万元。

图 16-20　核桃坝村茶园风光

推广经验，做大培训研学产业。核桃坝村依托全国农村实用人才培训基地、贵州省村干部培训基地和新时代大讲堂等，推广本村茶产业发展思路、创新做法和成功经验。通过组织学员参观学习茶产业发展模式，拓宽发展思路，引导学员借鉴核桃坝村的成功经验，结合自己家乡产业实际，扩大产业规模、延伸产业链条、增加产业收益。截至目前共开展“农村实用人才培训”120 期，培训学员 9 956 人次，同时还开展研学拓展培训 371 期，共 34 209 人次，覆盖全省内中小学。

（3）主要成效

推动了茶产业规模化发展和转型升级。通过土地流转，实现了茶叶连片种植和规模化经营，提高了产量和品质。目前，辖区有茶业龙头企业 5 家、微型企业和小型茶叶加工企业 62 家，年产名优干茶 100 余万斤。逐步实现了集中大户种茶、专业制茶、统一茶青交易、统一品牌销售的科学分工，茶叶已成为核桃坝村的主导产业和致富产业。同时，受益于土地流转，村里茶叶加工、乡村旅游等二三产业飞速发展，使农民得以进城务工或从事商业经营，或就地发展乡村旅游业，走茶旅一体化路子。

夯实了村级集体经济发展实力。核桃坝村成立了股份经济合作社和茶叶专业协会，通过“支部+公司+协会+基地”的模式，整合茶叶、旅游、集体资产资源等，积极发展茶叶加工、休闲观光农业，增加村集体经济收入。目前，全村现有注册资金 2 000 万元以上的茶叶企业 4 家。2021 年，全村茶叶综合产值 2.3 亿元，村级集体经济累计达 500 万余元。

增加了农民财产收入水平。通过集体产权制度改革，核桃村形成了农村“资源变资产、资金变股金、农民变股东”的三变改革模式，实现了村民“家家是股东、户户能分红”的目标。目前，群众通过资源入股取得收益，同时将部分资源性资产入股旅投公司，通过开展水上养殖和游乐产生收益，每年能够产生 5 万元以上的分红收益。还将农民承包的土地、山林、茶园入股合作社，发动群众出资入股，聚集农村分散资源和农村闲散资金，开展经营管理，释放改革红利，增加农民分红收入。

2．永兴镇：一脉相承打造“中国万亩茶海”

（1）案例背景

“中国茶海”位于湄潭县永兴镇、复兴镇内，前身是贵州省农业厅直属国营湄潭茶场永兴分场，于 1955 年启动开垦茶园，占地面积 6 万余亩，是目前为止世界上连片面积最大的茶园，被誉为“万亩茶海”（图 16-21）。如今，永兴万亩茶海景区纵深 24 km、宽约 3 km，连片茶园面积 43 000 亩，是全国最大的连片茶园。这里茶园加工企业有 100 余家，产量 1 500 万斤，产值 1.54 亿元。已基本形成了以“茶海”为中心的专业乡镇，茶叶产业已成为带动当地农民增收、企业增盈、生态增效、财政增长和当地社会主义新农村建设的主要产业。1986 年，时任贵州省委书记的胡锦涛同志在湄潭考察时称之为“万亩茶海”。2010 年，茶园获得“贵州十大魅力旅游景区”称号。2014 年，茶园被列为贵州省“100 个旅游景区”建设项目，并被列为全省 100 个重点旅游景区。

图 16-21　“中国茶海”景区

（2）主要做法

踔厉奋发，不断探索茶产业发展路线。1939 年，民国政府拟建中央实验茶场，为使茶叶这一中国传统优势产业在西南地区得以发展，建立后方抗战经济，需要在西南建立农业基地，农业部便选址在贵州省的湄潭县建立“中央农业实验所湄潭实验茶场”（以下简称中央实验茶场）。中央实验茶场在湄潭创建，给湄潭带来了先进的茶叶栽培技术和炒茶工艺，同时也为湄潭这个古老茶区注入了新的活力，奠定了湄潭在中国现代茶业和贵州当代茶业发展史上的历史性和基础性地位。至今，坐落在湄江河畔的茶工业博物馆里还保存着原貌完整、全国唯一、世界罕见的全套木质红碎茶精制生产线。中央实验茶场为人们留下了宝贵的茶文化遗产。新中国成立以后，中央实验茶场更名为“贵州省湄潭茶场”，并且直属贵州省农业厅管理。无论是中央实验茶场，还是贵州省湄潭茶场，始终都朝着推动中国茶业科技、茶产业发展的方向不断作出时代贡献。

品牌兴茶，规范化管理打造“黔茶”豪华阵容。浙大农学院将杭州龙井茶的制作工艺引入湄潭，试制出优质龙井茶，还培育出新品种“湄红”，并成功将“湄红”并入“川红”出口，为抗战换取了大量的军用及民用物资。1953 年，湄潭龙井茶更名为湄江茶，“湄红”正式更名为“黔红”。2009 年，“黔红”再次更名为“遵义红”，“遵义红”不仅彰显了地域文化的特色，更是对中国革命胜利的缅怀。20 世纪 90 年代中期，湄潭茶场以福鼎大白茶和湄潭苔茶为原料在湄江翠片的基础上进行研制，命名产品为湄潭翠芽。2003 年，湄潭县人民政府为打造茶叶著名品牌，选定“湄潭翠芽”为公共品牌并由县委、县政府统一命名，向国家工商总局申报“湄潭翠芽”的注册商标。2005 年 6 月 14 日，贵州省质量技术监督局发布贵州省地方标准《湄潭翠芽茶》（DB 52/T 478—2005）。“湄潭翠芽”“遵义红”是湄潭县茶业协会分别于 2007 年、2011 年注册的茶叶公用品牌，被列为贵州省“三绿一红”重点品牌，是国家农产品地理标志保护产品。

绿波荡漾，打造最美茶海风景区。2013 年，通过招商引资进行景区建设，以“中国茶海”为核心，融合茶文化、旅生活，打造集自然风光、运动拓展、文化研学、休闲度假、养生养老于一体的现代文化旅游目的地。在 4.3 万亩茶海风光中，能最大限度地感受茶在自然中的魅力。2013 年 9 月，遵义市第二届旅游产业发展大会在湄潭召开，主会场就设在“中国茶海”。大力推进健康旅游，2015—2019 年“遵义・中国茶海山地自行车赛”连续 10 年在此举行。通过从第一产业到一二三产业的深度融合，茶海走出了一条“产业兴、村寨美、村民富”的茶旅一体化新路子。杭瑞高速和 326 国道都从“中国茶海”穿过，当汽车在路上跑出高速度，湄潭发展也进入了快车道，真正实现了茶区变景区，茶树变成“摇钱树”。

（3）主要成效

茶叶品牌价值不断彰显。“中国茶海”景区作为我国现代历史上第一个国家级的茶叶科研基地，不仅见证了我国当代茶业的发展历程，而且还推动了我国茶产业的产业化、规模化、多元化发展。永兴茶海所产“湄潭翠芽”“遵义红”“贵州针”“湄江翠片”“遵义毛峰”“兰馨雀舌”等品牌茶叶享誉全国。

茶旅发展能力显著提升。“中国茶海”打造成为国家 4A 级景区，也是湄潭县彰显“生态中国茶海・休闲养生湄潭”重点打造的茶旅一体化旅游景区。湄潭县茶产业发展带动文化旅游发展，已形成“茶区变景区、茶园变公园”的格局。2020 年，湄潭县茶旅一体化实现综合收入 37 亿余元。

脱贫致富效应逐渐凸显。在“中国茶海”的影响下，周边区域的茶业发展也被带动起来，相邻的凤冈县、余庆县都登上了中国百强产茶县的榜单。作为永兴镇重要的经济作物，茶叶的经济收入是其他农作物的数倍甚至是数十倍，人民依靠种植茶叶而脱贫致富，过上了小康生活。全县茶园分布在 15 个镇（街道），茶产业效益惠及 8.8 万农户 35.1 万余人。不仅如此，众多茶叶企业的创办为全县提供了各类就业岗位，每年实现就业人数 2 万余人，仅以茶旅一体为重点的旅游从业贫困人口就达 965 人。

16.6.2 茶山变金山——园区经济延伸拓展农业产业链

1. 案例背景

2017 年年初，湄潭县紧抓机遇、积聚力量申建国家现代农业产业园，竭力打造茶产业发展完整生态扶贫链。2020 年 10 月，以建设“全国山地现代农业示范区”“全国茶产业转型升级引领区”为发展定位的贵州湄潭国家现代农业产业园正式获得认定授牌。产业园涉及湄江街道、永兴镇、兴隆镇 3 个镇（街）12 个村，农业人口 11.2 万人。通过不断深化农村产权制度改革，优化企业营商环境，竭力为经营主体服务，已基本形成以茶旅一体为主要形式、以中心茶区为重要节点、以农民专业合作社为中间纽带、以扣紧利益联结为有力举措的一二三产业深度融合发展的“湄潭模式”。2019 年 12 月，贵州湄潭国家现代农业产业园获得授牌，正式跻身第二批国家现代农业产业园行列。

2. 主要做法

添活力，经营主体推动现代农业发展。扎牢群众“致富网”，产业园积极探索“农商联盟”“龙头融入”等发展模式，将农村闲散资金、茶园和民居等资产入股新型经营主体统一规划运营。鼓励和培育茶叶大户通过“自种、自管、自采、自加工、自销售”经营模式实现茶叶“接二连三”深度融合，逐步盘活农村沉睡资源和闲散资金，推动企业和农户持续稳定增收。突出重点企业示范引领，产业园下设两大国有公司，重点建设了以贵州遵义茶叶交易中心、贵州茶叶精制中心和贵州茶树良种繁育中心为代表的引领性茶全产业链发展工程。园内国有企业贵州湄潭祥农现代农业发展有限责任公司规划建设了贵州茶树良种繁育中心，包括引种园、品比园、母本园和繁育场，引种、品比的全国良种达 100 个以上，年出苗 2 亿株，可辐射、带动周边良种育苗面积 5 000 多亩。突出技术创新，产业园打造的智慧茶业科技示范园推进智能大棚快速繁育茶苗创新技术、茶园物联网种植技术、茶园监测技术，促进新技术集成应用，创新了智慧农业、生物农业、“互联网+现代农业”等新型业态。已建成的茶业物联网技术中心覆盖茶园 10 万余亩，实现了病虫害实时监控和茶园 24 小时在线监测。

强支持，服务政策推动茶产业高质量发展。加大金融政策支持，产业园依托金融机构搭建流动资金平台、茶产业创新孵化服务平台等服务机构，为各类经营主体提供政策性金融支持，有效缓解经营主体贷款难、融资贵等问题。提供公共服务平台，产业园建设了物联网公共平台，为园区经营主体提供数据存储、接入、查询、分析等服务。目前，产业园已建成中国茶城西部 T3 国家级众创空间、兰馨茶业国家级星创天地等创新平台，打造孵化基地 19 个、孵化企业 123 家。

兴业态，产业集聚实现产业链条升级。围绕生态种植，产业园强力推进老旧茶园改造提升和高标准茶园建设。依托湄江街道 3.3 万亩、永兴镇 8 万亩、兴隆镇 8.7 万亩的茶园，以企业、合作社和种植大户为主体，规模流转农户茶园。目前已建成 20 万亩高标准茶园，茶叶年产量可达 3 万 t，另外还建成了 20 个规模化绿色茶叶基地，推进茶树良种繁育和科技推广示范、茶叶全程机械化示范，打造出了西南山区绿色生态农业的典型模式。围绕加工贸易，产业园重点推进了茶产业加工园和茶产业商贸园的建设。茶产业加工园以湄潭绿色食品产业园为建设载体，沿茶城大道南北两侧打造了加工核心园，形成以茶加工、茶食饮品制造、茶保健品制造、茶农资四大板块为主导的茶产业加工体系。茶产业商贸园以湄潭中国茶城为空间依托，沿茶城大道南侧打造产业园的商贸核心园，发展成辐射西南地区的茶产业交易与展示中心。围绕茶旅融合，产业园依托园区内 4A 级景区、农旅一体化园区、“四在农家”美丽乡村等优势旅游资源，将散落的茶文化旅游景点串点成环。兴隆镇龙凤村坪上生态茶园里，兰馨庄园坐落其间。“您是我的茶园主，我是您的茶管家”，“茶园定制”受到了欢迎。湄潭兰馨茶业有限公司打造的兰馨庄园是贵州首个集茶园定制与管理、茶文化体验与交流、吃住玩游购娱于一体，一二三产业融合的乡村茶园综合体，每年实现综合收入千万余元，并有效带动当地群众就业增收。

3. 主要成效

产业兴旺。目前，产业园已累计投入资金 30 亿元，实现规模化加工企业 107 家、茶叶流通企业 11 家、各类经营主体达到 1 066 家。其中，国家级龙头企业 4 家，省级龙头企业 19 家，农民茶叶专业合作社 76 家。产业园依托园区内 4A 级景区、农旅一体化园区、“四在农家”美丽乡村等优势旅游资源，沿国道 G326、省道 S204 和百里茶桂长廊，将散落的茶文化旅游景点串点成环。近两年，茶旅人次突破 400 万人次/年，实现茶旅综合收入 30 亿元。

人民富裕。在新型农业经营主体的带动下，园内 11 万名茶农充分发挥产业园主体作用，积极参与茶叶全产业链建设，12 个村均成立了股份经济合作社，以茶园、山林、住宅、山塘等集体资产及资产使用权入股合作社，茶农入社率达 100%。2019 年，园区农民可支配收入达 30 065 元，高出全县平均水平 125%以上，产业园贫困户全部脱贫。

发展格局逐渐形成。通过高速推进茶产业融合发展，产业园已初步建成茶叶精制加工集群，园内贵州茶叶精制中心单个项目年加工能力 2 000 t，园内茶叶精制加工能力 2.2 万 t。大力开发含茶的饮品、食品、保健品、化妆品等高附加值产品。同时，现代茶叶交易体系初步成形，依托 16 个茶青交易市场和西南地区最大的茶叶交易市场中国茶城，建成基于“互联网+”的贵州遵义茶叶交易中心。另外，产业园还初步形成茶旅一体融合发展大格局，在产业园内精心打造了翠芽 27°、“中国茶海”2 个 4A 级景区，建设提升了田家沟、七彩部落、核桃坝乡村旅游休闲聚集区，已建成精品茶庄园 10 个、微茶庄园 112 个。

16.6.3 茶区变景区——茶文旅融合推动茶文化保护传承

1. 龙凤村："党建+"模式，激活乡村振兴红色引擎

（1）案例背景

龙凤村依山傍水、生态良好、环境优美、交通便利，是湄潭县第一个"全国新农村建设示范点"，是花灯戏《十谢共产党》的发源地，以新农村建设为引领，大力推动实施乡村振兴战略，在取得脱贫攻坚战伟大胜利的同时，推进农业全面升级、农村全面进步、农民全面发展，铺就了乡村振兴的亮眼底色。山上茶园与森林镶嵌，山下竹园与湖水交相辉映，再加上新式的黔北民居、整洁的乡村道路和优雅自然的廊桥水榭景观使龙凤村成为生态休闲绿色之旅的养生地，形成了游、购、娱、吃、住、行于一体的全域旅游示范带。该村现有茶园面积 7 000 亩，户均 7.8 亩，茶叶加工厂 28 家。2019 年，龙凤村入选贵州第一批省级乡村旅游重点村，先后荣获了"全国乡村旅游示范点""全国文明村镇"等称号。

（2）主要做法

抓党建文化激活乡村振兴。2011 年，龙凤村田家沟农民自编自演的花灯戏《十谢共产党》登上了《人民日报》、《新华每日电讯》、中央电视台新闻联播、东方时空、焦点访谈、生活 567 等主流媒体栏目，迅速传遍了神州大地。中共中央总书记习近平同志于 2011 年 3 月在中央党校省部级领导培训班上对《十谢共产党》进行了全文引用；2021 年 7 月，《农民日报》刊发文章《村民唱响"十谢共产党"》，富裕起来的田家沟村民自编花灯戏，唱出《十谢共产党》，从翻身、吃饭、穿衣、住房、走路、照明、上学、看病、致富、养老 10 个方面的今昔对比客观反映农民生活的真实变化，道出了农民群众切身感受和对党的感恩之情。龙凤村作为是《十谢共产党》的发源地，党建文化和田园风光融合，"十谢亭""幸福桥""感恩井"等景观体现了文化内涵，党建文化真正激活了乡村振兴（图 16-22）。

图 16-22 田家村党建引领乡村振兴建设

抓村庄整治让家园美起来。2007 年年初，湄潭县以“四在农家”为载体，以“村庄整治”为重点、以黔北民居新村建设为标志的新农村建设全面推进，激发了广大群众的热情。在各级党委、政府、相关部门的大力支持下，富裕起来的龙凤村村民出资出力，修新居，改环境。几年来，在新（改）建民居的基础上，完善配套道路、供水、通信、电力等基础设施建设，全面推进村庄整治。全村共新（改）建民居黔北民居 600 多户，新（改）建率达 95%以上，基本实现了户户通水泥路、家家通电话，沼气普及率达 95%、农电网改造率达 100%，打造出了田家沟等新农村建设精品示范点。同时，实施了 600 亩高新农业综合开发项目建设。基础设施的建设，村容村貌的打造，切实改善了农村生产条件，提高了群众生产水平和生活质量。村里建立了 5 个垃圾中转站，在村民集中的村寨中实施了农村清洁工程和雨污分离系统，制定了“环境卫生公约”，家家门前实行三包，道路清扫实行了分段管理，将集中整治与长效管理结合起来。

抓产业发展让村民富起来。龙凤村以调整农村产业结构、发展农村经济为中心，以增加农民收入为目标，加速新农村建设。依托本村实际，大力发展茶叶产业，通过免费发放茶苗和实施退耕还茶补助等措施，茶园建设发展到 6 700 亩，户均达到 7.4 亩，人均近 2.27 亩，家家户户因茶致富；随着茶产业的巩固和发展，龙凤村群众的生活日渐富裕，综合素质和民主意识不断增强，群众更新观念、解放思想，乡村旅游乘势发展。通过抓好村庄治理、招商引资和盘活集体资产等工作，开发乡村旅游等二三产业，组建龙凤村乡村旅游合作社，得到“全国农业旅游示范点”的命名，乡村旅游产业的发展为群众增收致富拓宽了渠道。目前，全村已开办农家乐 5 家，户均年收入达 7.4 万元。如今，龙凤村农民人均纯收入从 2002 年的不足 1 000 元提高到 21 000 元。

（3）主要成效

党建引领乡村振兴之路越走越宽。龙凤村聚焦组织建设、为民服务、产业发展，始终将群众的所需所盼放在心上，始终把党组织建设抓在手上，始终把产业发展和村集体经济增收落实在行动上。以高质量党建绘出了乡村全面振兴新图景。

环境因茶而美。从“四在农家”开展到美丽乡村“10+N”行动计划，坚持项目化，坚持标准化，推进农村人居环境改善工作，群众的生产生活环境不断优化美化，图书室、文化广场、农家书屋、智慧广播、消防站等公共设施建设不断完善。龙凤村以茶为媒，全面实现收入多元化、生活时尚化、居住庭院化、管理民主化的转变，持续描绘出一幅生态宜居的魅丽画卷。

群众因茶而富。2022 年，龙凤村已有生态茶园 6 700 余亩，茶叶产值、销售额分别达到 4 100 万元、15 010 万元，一系列喜人的成效推动了农民增收和村级集体经济发展，为乡村振兴打下了良好根基。通过茶产业带动了二三产业的发展，也带动了乡村旅游的发展。2022 年，龙凤村人均可支配收入达 21 900 元，家庭轿车户拥有率达 91%，真正实现了共同富裕。

2. 七彩部落：以茶增色，绘就七彩

（1）案例背景

七彩部落位于湄潭县东北部，属湄潭县湄江街道金花村大清沟组，地处田家沟和核桃坝村乡村旅游公路之间，交通便利（图 16-23）。全组共有 73 户人家 274 人，生态茶园 600 余亩、稻田 500 亩、山林 2 000 余亩。金花村大清沟原本就处在湄潭翠芽 27°景区的中间地带，金花村通过“资源变资产、资金变股金、农民变股东”的三变改革开启抱团发展行动，走上了茶旅一体化的发展道路，实现了大清沟村民人人是股东、户户可分红。

图 16-23　七彩部落

（2）主要做法

完善基础设施，提升旅游服务功能。2015 年 3 月，湄江街道抓住湄潭县列入全国第二批农村改革试验区的机遇，以大青沟组为“试验田”推进建设新农村向经营新农村转型升级，全面完善道路硬化、卫生净化、环境美化、村寨亮化等基础设施。完成了 58 栋黔北民居的 3D 绘图和简易旅游设施的修建工作。多彩的房屋建筑与青山绿水形成了强烈反差，既相映成趣又让人耳目一新，推出的新景区也成功地吸引了许多游客前来。村里的“部落之家”还聚集了一批融合手工制茶体验、茶文化传播为一体的小微企业，均由合作社统一规划、统一管理。

创新运行机制，村民人人是股东。七彩部落采取“合作社+公司”模式，两块牌子、一套人马运作，积极探索建立了“村民主体、股份合作、公司运作、利益共享、政府扶持”的建设运行机制，模式的创新让乡村旅游和新农村建设完美结合。金花村通过“资源变资产、资金变股金、农民变股东”的三变改革开始抱团发展行动，走上了茶旅一体化的发展道路。

创意引领加特色产业，走出茶旅融合新路子。金花村以“浪漫七彩·时尚部落”为主题，建设特色景观，举办采制茶大赛、篝火晚会、特色餐饮等游乐活动，凸显美轮美奂的童话世界和乡村文化，形成富有特色、独具魅力的乡村文化旅游亮点和爆点，走出了一条

“产业兴、村寨美、村民富”的茶旅一体新路子。远眺处，青山作景，五颜六色的民居和伞阵错落有致地建在道路两侧，像天上彩虹一般沿着崭新的马路延伸到外面的世界；俯身处，采茶人穿梭在一道道茶田间，无穷碧叶掩映出人在草木间的诗意真谛；童话般的民居风格、满山飘香的茶海吸引着来自全国各地的游客。

（3）主要成效

自 2015 年 5 月七彩部落开放以来，2016 年该村民组人均年收入即达 32 000 元，成为湄潭乡村旅游的一个“引爆点”，旅游综合收入达 5 000 余万元，占该村民组总收入的 85% 以上，平均每天吸引游客上千人。2018 年，全村旅游综合收入达 3 600 余万元，村集体经济盈利 310 万元，实现了“茶区变景区、茶园变公园、茶山变金山”。村民通过茶叶和特色旅游实现了脱贫致富，在七彩部落观景台上一眼可以望到茶园里竖着一个醒目的标语牌——“我是一个幸福的农民”（图 16-24）。

图 16-24 “我是一个幸福的农民”标语牌

16.6.4 创新体制机制——多措并举助推茶产业高质量发展

1. 政府市场合作共赢：打造从茶园到茶杯的监管全链条

（1）案例背景

要走好湄潭茶产业高品质发展的道路，政府和市场在其中发挥着不同的作用。湄潭发展茶园面积已达 60 万亩，茶叶质量安全管控迫在眉睫。因此，为了保障湄潭茶叶安全，提升湄潭茶叶品质，湄潭政府首先带头，制定质量安全标准，并打造规范示例，起到示范和监督的作用；市场紧随其后，对产业链各个环节进行调整，从上游的农药和化肥到种植端的茶园，再到下游的加工厂和销售商，自发形成了互利共赢的利益联结整体。湄潭县因地制宜，科学规划，形成了 6 条茶叶产业带、7 个茶叶专业镇、一批茶叶专业村和专业户，实现集约化、标准化、规模化经营。

（2）主要做法

政府久久为功，要素保障助远航。湄潭县基于自身的地理优势、生态优势和历史优势，于 2002 年将茶产业确定为主导产业。于 2001 年在全省率先成立正科级行政机构——湄潭茶叶事业局（现更名为茶产业发展中心）。“十三五”期间，成立了县茶产业发展联席委员会、县茶产业发展革命工作专班、县茶叶出口贸易工作专班，强化组织保障，创新突破产业发展。制定茶产业 5 年发展规划，指导湄潭县加快茶产业全面转型升级。20 年来，历届县委、县政府因势利导、顺势而为、乘势而上，始终将茶产业作为“一把手”工程，抢抓省市加快茶产业发展的利好政策和“东茶西移”的重大机遇，以“咬定青山不放松”的干劲、“一张蓝图绘到底”的定力，一届接着一届干，一步一脚印踏，推动湄潭茶产业成为全市乃至全省农村产业发展的典范。

“龙头企业+合作社+农户”模式，企业增效茶农增收。湄潭坚持以市场运作为主、政府补贴为辅，以“公司+合作社+农户”为运营模式，茶农以茶园、土地、房屋入股等方式参与茶产业发展实现分红。“龙头企业+合作社+农户”组织方式是符合湄潭实际、行之有效的现代农业发展模式，既发挥了龙头企业连接大市场的作用，又发挥了合作社组织农民、管理农民的优势，同时还壮大了农村集体经济，充分调动了企业、合作社、农民的积极性，形成“1+1+1＞3”的聚合增益效应，为按时高质量打赢脱贫攻坚战提供了有力的产业支撑。目前，茶园分布在 15 个镇，茶产业效益惠集 8.8 万农户 35.1 万余人。

确权颁证新思路，开辟融资新路径。抢抓湄潭县农村改革试验区大好机遇，制定《湄潭县 2019—2020 年茶产业发展推进工作方案》，提出推进茶园确权颁证，出台《湄潭县深化农村集体林权制度改革指导意见》，创新“林权+”抵押模式，正式实施茶园确权颁证，用于担保抵押贷款，实现资源变资产、资产变资金，探索解决茶叶企业担保抵押物少及融资难、融资贵的问题。全县 60.74 万亩茶园按评估值的 50%担保抵押，每年可融资 15 亿元以上。

加工大户予颁证，实现生产规范化。湄潭县有加工大户 400 余家，承担着全县茶叶加工量的 80%以上。为推进茶叶清洁化、标准化生产加工，提高茶叶质量，2020 年制定了《湄潭县茶叶加工厂（大户）登记颁证管理办法（试行）》和《湄潭县茶叶加工厂（大户）规范生产手册（试行）》，落实颁证管理 318 家，引导全县加工厂（大户）向规范化发展。

茶园建设按欧标，保质增效新飞跃。按照政府主导、国企引领、科技驱动、多方参与、金融助力的模式，国有企业茗城农商旅投集团耕田公司瞄准英国、意大利等欧洲及其他消费发达市场，对湄潭 7 个村共 6 万多亩茶园整体按照欧盟市场标准推进建设。同时，把茶园变资产进行担保融资，加大产业投入，建立利益链接机制，镇、村、茶农分享红利，调动各方积极性。国企牵头规模化建设欧标茶园，对提升湄潭茶园管理、推进产品出口起到了示范引领作用，在全省乃至全国影响巨大。

（3）主要成效

茶园基地规模效应凸显。“十三五”期间，新建高标准茶园 11.243 万亩，全县茶园总面积达到 60.74 万亩，茶园面积在县（市、区）排名位居全国第一，为产业兴旺奠定了坚实基础。

茶园标准化建设取得新业绩。目前全县建成标准化生态茶园 60 万亩，位居全国第一。建成的标准化茶园中，欧标茶园 8 万亩、雨林联盟认证茶园 4.4 万亩，成功创建“国家级出口茶叶质量安全示范区”，实现了湄潭茶叶集好生态和高品质于一体，也实现了茶叶基地从零散化到规模化、生态化的重大突破。

茶园规范管理取得新突破。“企业（合作社）+农户+基地”的茶园管理模式示范效应明显，茶园清洁化、规范化管理扎实推进，茶园生态健康管理暨茶园病虫害绿色防控技术全面启动，茶园机械化采收模式已逐渐获得茶农的认可。企业规模逐渐扩增，“十三五”期间全县茶叶注册企业 781 家，新增 413 家，增长 112.23%，其中市级以上龙头企业 54 家，新增 19 家，增长 54.29%。

2．强化公用品牌管理：提升“湄潭翠芽”“遵义红”品牌效益

（1）案例背景

“湄潭翠芽”“遵义红”是 2007 年、2011 年注册的地理标志证明商标，2017 年获地理标志产品保护，是贵州省茶产业“三绿一红”重要品牌。因品牌使用管理不当，市面上“湄潭翠芽”“遵义红”包装各式各样、五花八门，好的坏的产品全都含在公用品牌价值下面，人人可用，无人维护，没有体现品牌价值。这对区域品牌的发展明显不利，同时企业自身也难做大。为保障茶叶质量安全，发挥品牌效应，提升品牌价值，促进茶产业高质量发展，针对茶叶“有产品没价格、有价格无品牌”困境，湄潭县不断强化“湄潭翠芽”“遵义红”茶叶公用品牌使用管理，提升“湄潭翠芽”“遵义红”品牌效益。

（2）主要做法

规范品牌标准，做优质量增底气。进一步制定和完善“湄潭翠芽”“遵义红”生产、加工、销售环节标准，着力提升茶叶公用品牌质量。成立茶叶协会，建立“湄潭翠芽”商标有偿使用机制及管理办法，制定产品生产和星级质量评定“两个标准”，严把品牌质量安全和使用授权关，实现色、香、味、形和包装五个统一，增强品牌底气。制定了《湄潭翠芽　加工技术规程》（DB52/T 1002—2015）茶品牌相关标准 4 项，县茶业协会于 2018 年修订了“湄潭翠芽”“遵义红”省级地方标准（DB52/T 478—2018、DB52/T 1000—2018）。2022 年 3 月，湄潭县正式实施《湄潭县茶叶区域公用品牌管理办法（试行）》，从制度层面进一步维护湄潭茶叶公用品牌形象，保障湄潭茶叶公用品牌的品质和质量安全，充分发挥品牌效应，提升品牌价值，规范品牌市场，进一步促进湄潭茶产业高质量发展。

维护品牌形象，专项整治增效益。市场监管局会同综合行政执法局对茶叶生产经营企业、个体工商户主体资格，是否授权使用“湄潭翠芽”“遵义红”公用品牌，是否规范使用注册商标和地理标志等标志标识，产品包装上是否标有产品名称、生产日期、净含量、执行标准及生产者的名称、地址等，经营中是否存在以次充好、掺杂使假、短斤少两、价格欺诈、互联网虚假销售和广告宣传违法违规等行为进行严格监管，查处茶叶生产经营中的违法行为，规范茶叶市场经营秩序，确保茶叶质量安全。人民法院等 8 家部门重拳出击，严查茶叶在生产过程中农药残留、重金属超标等不符合质量标准的违法行为，进一步加大行政处罚力度。探索建立企业质量信用评价和分级分类管理制度，制定茶叶质量安全举报奖励办法，围绕生产、加工、包装和销售全环节、全过程开展品牌乱象专项整治行动，通过曝光一批、查处一批、取缔一批，严厉整治假冒伪劣产品和生产企业，维护品牌形象。目前，检查企业 132 家次，发现并整改问题 69 个。

提升品牌价值，加大宣传增名气。强化授权使用。对于茶叶生产、加工、销售企业和个体工商户，按照“统一商标使用、统一生产技术、统一质量标准、统一产品包装、统一指导价格、统一品牌宣传”的要求，由茶叶协会授权使用“湄潭翠芽”“遵义红”公用品牌。在符合授权的产品上设置防伪码，实现可追溯、可查询真伪，逐步完善对“湄潭翠芽”“遵义红”的品牌管理。2022 年，公布了“湄潭翠芽”“遵义红”公用品牌（第一批）授权使用企业，其中符合使用“遵义红”公用品牌企业 56 家，符合使用“湄潭翠芽”公用品牌 83 家，第一批公用品牌星级（五星级）标识使用企业 13 家。实施农产品地理标志保护工程，积极申报“湄潭翠芽”农产品地理标志区域品牌价值评价和中国茶叶区域公用品牌价值评估。通过与中粮集团实施品牌合作，每年承办贵州茶博会和参加各类茶博会、茶酒会，成立电子商务产业协会，深入开展“线下+线上”宣传推介，进一步提高品牌名气。

（3）主要成效

“湄潭翠芽”品牌效益显著提升。2022 年，“湄潭翠芽”品牌价值达 114.97 亿元，品牌强度达 830。截至 2022 年，全县茶叶产量达 6.9 万 t，产值达 64.74 亿元。“湄潭翠芽”“遵义红”已成为国家农产品地理标志保护产品，在全国 20 多个省（自治区、直辖市）地级以上城市设立品牌专卖店、旗舰店及茶叶批发部 1 100 余家，在天猫、京东、苏宁易购等国内主流电商平台开设网店 400 余家。在“2022 中国品牌价值评价信息”区域品牌〈地理标志〉100 强榜单中，“湄潭翠芽”排名茶叶类第 8 位，遵义红首次进入榜单排名第 9 位。“湄潭翠芽”进入 2022 中国绿茶区域公用品牌价值二十强。“遵义红”成为党的二十大会议用茶。

3. 开发茶园碳票：推动生态产品价值实现

（1）案例背景

画好山水画，做好山水田文章。湄潭拥有优越的自然生态环境与丰富的绿色资源，茶产业在助推碳达峰、碳中和上有着天然的优势。茶产业作为湄潭的首位产业，也是富民产业、绿色产业。湄潭县是全国最大的茶产业县，茶园生物量多。生态茶园茶叶生产过程中的低碳减排和生态种植构成了茶业碳汇的一大部分。因此，该县把茶园碳票项目开发作为林业碳汇项目开发的补充项目重点开展并超前启动。

（2）主要做法

政策引领，摸出新路子。2022 年 9 月 5 日，湄潭县出台了《湄潭县人民政府办公室关于印发〈湄潭县茶园碳票项目开发工作实施方案〉的通知》，明确了湄潭县茶园碳票开发的工作任务及具体措施，先行试点颁发湄潭茶场茶园碳票，再在全县铺开颁发湄潭县集体茶园碳票；县政府批准了《湄潭县茶园碳票碳减排量计量监测核算方法（试行）》，为下步茶园碳票项目开发的计量监测提供了技术依据；县政府批准县林业局印发了《湄潭县茶园碳票管理办法（试行）》《湄潭县茶园碳票制发登记工作流程（试行）》两个文件，明确了颁发茶园碳票和管理茶园碳票的详细要求，规范了茶园碳票的使用途径及范围。

启动试点，“卖茶叶”也能“卖空气”。湄潭对全县可开发利用的茶园进行梳理分类，建立基础数据库，为全县茶园碳票总体开发奠定基础支撑。同时，把贵州省湄潭茶场农垦集团有限公司茶园作为试点项目率先启动，为项目整体推进积累经验。进行茶园流转，以贵州茗城农商旅发展投资集团有限公司为全县茶园碳票开发主体，统一流转全县茶园碳票经营权，力争成为全国最大（面积和碳减排量）的茶园碳票开发项目。

（3）主要成效

2022 年 12 月 26 日，遵义市首张茶园碳票在湄潭县发行，该张碳票由贵州茗城农商旅发展投资集团有限公司获得，这标志着湄潭林业资源的生态功能走向资产化，农民不仅能“卖茶叶”也能“卖空气”。本次发行的茶园碳票，是目前全国颁发面积最大的一张茶园碳票，由湄潭县林业局签发，涉及 8 004.465 亩茶园，核定碳减排量 6 043.75 tCO_2。湄潭县茶园碳票将为全县人民创造更多的经济收益，真正形成生态、经济、社会高效茶园全产业链。

16.6.5 聚焦科技赋能——模式创新赋能绿色致富新“稻”路

1. 茅坝村：“优质稻+N”模式打造生态粮仓

（1）案例背景

茅坝村位于湄江河上游河畔的永兴镇，是一个典型的传统农业村。全村 1 109 户 4 158 人，以优质稻为主导产业，得天独厚的自然条件让茅坝村的优质稻产业不断壮大。茅坝村于 2012 年 12 月成为农业部颁发的“全国一村一品”示范村，并先后获得了“贵州大学生命科学院研究教学基地”和“贵州省农科院水稻研究所成果转换示范基地”称号。《湄潭县志》记载，嘉庆年间，巡抚朱隆鼎将茅坝生产的“野谷子”作为贡品进献朝廷，嘉庆皇帝吃了“茅坝贡米”后赞不绝口，下旨钦赐“湄潭永兴茅坝米为宫中御膳之米”，从此使“茅坝贡米”名扬天下。近年来，以贡米文化为依托，大力发展优质稻产业，加快农业产业化进程。“茅坝贡米”早在清朝嘉庆年间就曾将贡米进奉朝廷，悠久的贡米种植文化积累了丰富的优质稻种植经验，为优质稻产业的发展壮大奠定了基础。茅坝村民于2010年3月成立了湄潭茅坝农产品专业合作社，合作社核心区现有成员668户。2010年6月29日，在合作社之下成立了贵州湄潭茅坝龙脉皇米有限公司，公司以“为耕者谋利、为食者造福、为农业探路、为农村圆梦”为核心价值，以“合作社+公司+基地+农户”为产业化经营模式，带动全村村民增收致富。

（2）主要做法

突破技术“瓶颈”，大力发展地方特色高端优质米。茅坝村优质稻产业起步早、发展快，其中最具代表性的品种是“大粒香”。该品种米质特优，但稻瘟病抗性极差，通过多年的不断摸索，开展了稻瘟病等病虫害防控相关试验研究及推广，种植户逐步掌握了种植该品种的关键技术，规模化、专业化水平不断提高，“大粒香”种植大户数量和规模不断扩大。湄潭茅坝龙脉皇米公司等稻米加工企业在茅坝村建立了“大粒香”种植核心示范基地，形成了规模化、标准化、产业化的“大粒香”黄金产业带，辐射带动其他地区发展。农户种植特色高端优质稻增收效果明显，“大粒香”稻谷收购价在每千克7元以上。2021年，贵州省农业农村厅基层农业技术推广体系改革与建设项目——优质稻科技试验示范基地建设落地茅坝村，推动了遵义市水稻产业技术的发展。

发展稻田生态种养，提高稻田综合效益。茅坝村优质稻种植地区生态条件好、水资源丰富，近年来随着种植大户、种养企业的发展壮大，优质稻适度规模种植扩大，为稻田综合种养创造了条件，湄潭茅坝龙脉皇米公司因地制宜发展“优质稻+N”模式，将“绿色”植入粮食生产全过程，探索出“优质稻+鱼”“优质稻+鸭”“优质稻+虾”“优质稻+蛙”“优质稻+蟹”等综合种养模式，打造了永兴镇茅坝村2 000余亩“稻+鸭”共生示范基地，技术模式不断成熟、应用规模不断扩大（图16-25）。

图16-25 稻鱼、稻鸭共生养殖基地

创新土地流转推动适度规模经营，培育壮大龙头企业。为提高优质稻的产业化、规模化水平，茅坝村积极推进稻田流转，注重培育种植大户、家庭农场等农业新型经营主体，发展优质稻适度规模种植。在推进土地流转中，针对优质稻种植大户资金不足、种植规模偏小等实际，为扩大种植大户种植规模，同时降低种植成本和风险，创新土地流转模式。目前，贵州湄潭茅坝龙脉皇米公司在茅坝村采用该模式 2 000 余亩，全面采用“公司+基地+农户”的模式，建立了农户与企业利益共享、风险共担的发展机制。在发展优质稻种植的同时，积极培育壮大优质稻种植、加工企业，健全了优质稻种植、加工、销售体系。

因地制宜创新产销模式，提高产品附加值。贵州湄潭茅坝龙脉皇米公司首创田园直购模式。茅坝村充分利用贡米文化资源，采用原产地田园直购的营销方式，客户认购皇田并签订原产地优质米直购协议，建立农产品质量追溯体系，严格按绿色、有机方式种植皇田优质米，茅坝米包装盒内附“茅坝米原产地田园直购证书”，确保其产地的真实性，通过这种模式大幅提高了优质米的附加值，每亩稻田产值超万元。

以休闲农业为抓手，打造特色农旅康养胜地。充分利用当地特有的“茅坝贡米”文化和肥沃的土壤等资源优势，不断推进农旅一体化发展，打造贡米文化节，推广贡米品牌，发展地方经济，以此为契机，带动本地群众脱贫致富。在“茅坝贡米”这一特色产业的带动下茅坝村走出一条以优质稻为主、融合推进一二三产发展的格局、以观光体验为突破口的农旅一体化发展之路。由一个默默无闻的小山村蜕变成了宜居、宜游、宜业的“贡米之乡”美丽乡村，是集人文、科学、科普、康养、观光、体验于一体的稻香田园综合体。

（3）主要成效

打造优质米知名品牌。茅坝村通过合作经营深挖“米潜力”和“米文化”，进一步推动茅坝米走向市场、走向全国，使其成为当地农户增收致富的主渠道。其中，高端米产品“茅坝米”多次参加全国粮油博览会并荣获金奖，2017 年更获得了“中国好粮油”品牌称号。贵州湄潭茅坝龙脉皇米公司的优质米 2016 年获得中国质量认证中心“有机食品认证”，2017 年以来获“中国好粮油”“贵州省十大优质特色粮油产品”等荣誉，曾多次在国际粮油精品展示交易会上斩获金奖荣誉；由湄潭县农业技术推广站申报的“湄潭茅坝米”获国家地理标志保护产品认证。

村企抱团发展实现共同富裕。茅坝村按照党建引领、资源整合、村企合作、抱团发展、共同富裕的发展思路，以“支部+合作社+公司+农户+基地”的发展模式，通过土地经营权流转委托，村民将土地经营权委托到村股份经济合作社，股份经济合作社集中出租给企业。合作社成立以来，茅坝村产业从一产发展到三产，一二三产业融合，茅坝村老百姓的人均纯收入从 2009 年的 6 000 多元发展到 2019 年的 19 200 元。2019 年年底，村集体积累达 100 万元，农户除流转土地可收益 750 元/亩外，每年为贫困户、低保户每户增收上千元，最高增收可达 2 万元/户，实现了共同富裕。

16.6.6 念好“治水经”——打造绕城玉带实现惠民富民

1. 案例背景

湄潭县河流众多，素有“云贵小江南”之称，河流总长 513.3 km，都属于长江流域乌江水系。涓江是湘江中下游左岸最大的一级支流，从涓潭县城穿流而过，涓江流域面积 2 437 km^2，干流全长 120 km，河口多年平均流量 42.7 m^3/s。2012 年以前的涓江河岸，到处都是钓鱼棚，毒鱼、电鱼等违法事件频频发生，野生动物遭受捕杀，河道生态受到严重破坏，到了非治不可的关头，在此基础上河长制工作执法队应运而生。近年来，涓潭多领域开展涓江河水质改善工作，渔民取箱上岸、源头治污治水、深入推进河长制、打击非法捕捞，一系列显著的生态治理成效在涓江河持续向好的水域环境中得以展现。2021 年，为把涓江建设成为让人民群众满意的幸福河，涓潭县启动涓江（涓潭县境内河段）美丽河流建设，如今的涓江河一派生机盎然的景象，水清、岸绿、景如画，像一条弯环的玉带将涓潭县城搂在怀里。

2．主要做法

持续开展河道整治工作。对涓江河河道及流域进行综合治理，联合开展河库违法行为严打、河岸绿化美化、人工增殖放流、养殖场排污整治等十大专项整治活动，抓细抓实河道生态保护和野生渔业资源管理。引导全民“治河”。建立奖励举报机制，引导全民剑指非法捕鱼、乱砍滥伐护岸竹木、偷排直排污水等突出问题，从严打击破坏河道生态行为，举报奖金最高达 3 万元。围绕可持续发展目标，大力实施百里涓江退耕护河工程，县财政投入 1 300 万元实施涓江河沿岸 4 m 范围内耕地全部进行退耕植树植绿，同时每年财政预算 36 万余元用于后期持续巩固。这一重要决策为涓江河成功打造了一道坚实的生态屏障。

持续落实制度保障。2018 年，为持续加大对河道污染和破坏打击力度，涓潭县大胆探索试验实施生态修复，由检察院、法院、公安、环保、农牧、河长办 6 个部门联合出台《破坏水资源及生存环境案件处理办法》，进一步强化了涓江河整治的“法律武器”。2021 年，为落实省、市河长制工作部署要求，涓潭县进一步完善相关制度体系，制定印发了《涓潭县河长述职制度》《河长制投诉举报制度》等相关配备制度并抓好落实。涓潭县配合完善了涓江“一河一档”基础信息，并及时对其动态信息进行更新完善。

持续实施管理保护。建立河道执法队伍，快速有力打击非法捕鱼等违法行为。2012 年，率先成立全国第一个河道生态管理综合执法队。2014—2020 年，执法队共查处河道生态案件 1 327 件。为持续巩固涓江管护成效，在 2012 年执法队基础上抽调公安、环保、水利、林业、农牧、交通等涉水管理执法部门业务骨干脱产办公，进一步充实河道生态综合监管队伍，全面落实“一河一策”管理。2021 年，涓潭县进一步加大涓江水质、流量监测工作，一年来通过对重要水源地及重要断面的水质监测，涓江各水质断面均达到目标水质，并保持在Ⅲ类及以上水质；同时，在完成全县 12 座小水电清理整改工作基础上，制定生态流量下放指标，进一步加大对涓江保留类的 11 座小水电实行生态流量在线实时监管，保证了小水电泄放最低生态流量。

以水为媒，宣传厚重水文化。通过对涓江河水域沿岸的景观保护与开发利用，深耕“水旅”文化资源，推进休闲康养项目孵化，培育水旅融合发展，丰富人文水文景观。2022 年，投资 2.8 亿元实施了水系连通及水美乡村试点建设项目，将湄江河的鱼泉河支流、湄水河支流提档升级，在巩固原有水生态的基础上，深度融入“山水生态、茶文农旅、康养度假”三大主体，将进一步提高河道的防洪能力，改善水生态环境，促进乡村旅游和农业产业发展，带动项目区周边土地增值，让优良的水生态环境成为当地村民的普惠福利。

3. 主要成效

社会效益。湄江河的生态修复有效地改善了水域环境状况，同时因势适时耦合湄潭县的水文化，结合自然景观，满足了市民亲水需求，贯穿人水和谐的理念，县城及相关城镇的滨河步道、沿河景观交相辉映，为市民提供了具有优美环境的休闲漫步、锻炼健身的空间场所。“游鱼细石，直视无碍”，河滨成为人民休闲首选去处。湄潭被国务院办公厅评为 2022 年全国 13 个河长制、湖长制工作推进力度大、成效明显的县（市、区）并被通报表扬。

经济效益。显著提升了湄潭县城市防洪排涝等安全保障级别和水环境总体状况，降低了湄潭县的洪涝灾害、水污染事件及可能造成的相关社会事件影响所带来的资金损失和风险成本。湄江河水环境的改善促进了湄潭县土地、智力资源及投资环境的升级。水环境条件和健康家居环境的改善带动了湄潭县城市土地资源价值的提升，有力吸引了对区域高效高清洁度发展具有重大贡献的优质智力资源，极大地提高了在湄潭县创业、安家的期望，进一步扩展和增强了区域未来发展潜力和总体发展愿景，形成了巨大的潜在经济效益。

生态效益。湄江美丽河流建设的实施有效地推动了湄江流域水生态环境质量的整体改善。通过水源涵养和水土保持生态建设、节水减排和控源减负、河流保护与治理修复等一系列行动，湄潭县水生态系统的健康状况得到了进一步改善，水生态系统的功能完整性得到了有效恢复。2022 年，湄江监测断面水质稳定保持在Ⅲ类水质，入河排污口整治达率 100%。重点河流新建和改造护岸的生态化比例达到了 95%，绝迹 20 余年的世界红色濒危食鱼鸟“蓝翡翠”重回湄江。

16.7　上海市马桥镇

马桥镇，隶属上海市闵行区，相传镇上有 4 座石桥在地面上的分布形态似马，故名马桥。清初称马桥市，乾隆年间称马桥镇。该镇地处闵行区境西南部，东临竹冈河，与江川街道、颛桥镇毗邻，南濒黄浦江，与奉贤区相望，西隔女儿泾、西蒲泾，与松江区相望，北与顺桥镇、松江区新桥镇为邻，行政区域总面积为 37.5 km^2。马桥镇被誉为上海的“龙脊”，马桥文化被誉为“上海之本”。近年来，马桥镇坚定践行“绿水青山就是金山银山”理念，着力打造“天蓝、地绿、水清”的马桥风貌，积极融入文体旅产业、生态农业产业发展，多业态发力、多元化推动，大力发展智能制造产业，全面推动产业绿色转型，可持续发展能力持续增强。

16.7.1 守护上海之“源”——水源地“生态+”促产业融合发展

1. 案例背景

闵行区水源保护区总面积为79.1 km^2，皆为黄浦江上游松浦大桥取水口保护区。马桥镇地处黄浦江上游北岸，辖区内涉及一级、二级饮用水水源保护区，饮用水水源保护缓冲区（图16-26）。马桥镇通过分级管控、信息技术、无人机等措施，切实做好精细化水源地生态环境保护与风险源管理，并依托水源保护区、黄浦江涵养林带等自然资源挖掘本地历史遗迹和人文精神，打造集采摘、观光、文化体验于一体的全域田园文旅项目，推动生态农业和休闲观光融合发展。

图 16-26 马桥镇水源地保护

2. 主要做法

持续做好水源保护区精细化管理。一是做好对水源地风险企业的监管，对高风险企业每月检查1次，中低风险企业按“双随机”原则做到每年至少检查1次并做好书面记录。二是细化一级、二级水源保护区管理。2016年年底，完成一级保护区围栏建设，进行封闭式管理，制定马桥镇黄浦江一级水源保护区管理要求，登记进出人员信息并禁止无关车辆、人员进出。三是开展每月巡查，做好绿化养护保洁等工作。将二级水源保护区纳入日常网格化管理，由所在村开展每月巡查，二级水源保护区企业关闭清拆基本完成，先后关闭清拆20家企业。四是强化对饮用水水源保护区的实时监管。2019年，安装12个摄像头并将信号接入马桥镇大联动平台，实现实时监管，每月对水源地及周边区域开展无人机巡飞检查，并确保长效。

围绕“生态+”加速产业融合发展。依托水源保护区良好的生态基底，充分利用黄浦江涵养林带、韩湘水博园、农耕文化园、河道湖泊等自然资源，提升美化田园风光，打造集采摘、观光、文化体验于一体的“韩湘园生态旅游区”。依托荷巷桥老街、金氏宗祠、大外交家金庆章故居、近代教育家顾言故居等丰富的人文资源，充分利用规划的产业发展空间，打造集人文景观、特色风味、休闲娱乐于一体的小桥流水、枕水而居的特色小镇。建设荷巷桥老街文旅发展带，打造融农耕、农趣、农味于一体的沉浸式农旅体验区。充分利用马桥镇林业资源，因地制宜对现有林地进行统一设计打造，在不破坏原有林业生态的基础上引进社会资金，打造林下生态休闲旅游（亲子营地、露营公园、垂钓、养殖等），为助力都市休闲旅游产业发展创造有利条件。

3．主要成效

“水清、岸绿、河畅、景美”。新增生态廊道面积 93.94 亩，资源造林 357.48 亩，新增城市绿地 163.95 亩，并在常态化疫情防控中加强河湖管理，加快推进河湖治理体系和治理能力建设，将河长制工作做实做细，推动河湖面貌持续好转，跑出治水“加速度”，持续建设亲水空间，群众满意度逐年上升，成功创建全市首批河长制标准化街镇。

“富民、增收、引企、护源”。马桥镇生态环境质量和群众幸福感持续提升，随着“绿水青山”得到有效保护，宜居的环境吸引了近 370 家人工智能类企业及安缦酒店等相继落户，累计新增就业岗位 7 189 个，就业困难人员安置率 100%，全镇区级地方收入预计累计实现 114.4 亿元，环比增长 16.8%，固定资产投资预计累计完成 276.5 亿元，年均增长 5.6%，也为每年近 2 000 万元的环保投资奠定资金基础，形成稳定的“金山银山”反哺“绿水青山”路径。

16.7.2　引领上海“体育产业”——旗忠森林“体育+”模式

1．案例背景

近年来，马桥镇以满足人民日益增长的美好生活需要为出发点和落脚点，认真贯彻党的十九大“广泛开展全民健身活动，加快推进体育强国建设”要求，以创建国家体育产业示范基地为契机，以推进体育供给侧改革为抓手，以完善设施、举办赛事、开展群体、融合产业、培育人才为着力点，系统谋划、统筹布局、以点带面，着力完善现代体育产业体系，有力推动集聚化、融合化、品牌化，有效增强吸引力、创新力、竞争力，有序推进体育产业的全面发展。2019 年，马桥镇被命名为“马桥国家体育产业示范基地”。

2．主要做法

倾力支撑，全力打造大型赛事“品牌+”。为支持上海旗忠森林体育城，特别是旗忠网球中心发展，2002 年闵行区政府特批建立旗忠经济园区以支撑旗忠网球中心的日常运营。秉承“合作、互利、共赢”理念，充分发挥市场配置资源的决定性作用，积极推动政府和社会力量合作模式，初步构建了政府引导、市场投入相结合的多元化投融资体制。无论是 ATP 1000 大师赛、别克 LPGA 锦标赛，还是国际半程马拉松赛，都制定详细的服务保障工作方案，明确赛事概况、赛事安排、组织领导机构、职能部门任务、工作要求，确保工作任务、标准要求、责任主体、完成时限的“四落实”。

培育市场，打好衔接配套“组合拳”。多渠道宣传，扩大品牌影响力。充分利用广播、电视、报刊、网络等媒体，全方位、立体式开展宣传推介，放大重大体育赛事的品牌效应，拉近体育、健身与市民的距离，提高马桥特色运动项目的关注度，吸引更多人投身到体育健身活动中，有效拓展了体育消费主体。开展全民健身，挖掘消费潜力。为丰富民众体育活动，积极组织太极拳、门球、足球、飞镖、中国象棋、趣味农耕赛等群众性体育项目，每年都在 45 项以上，参与人数累计超过 15 700 人次/年，经常参加体育锻炼的人数比例超过 45%。全力提供支撑，助推持续发展。一是加强体育设施及运动场地建设。现有健身点 105 个、健身器材 1 141 件、农村家园 18 个、健身步道 6 条、健身绿道 2 条、体育场 1 个、公共运动场 2 个，场地面积 121.2 万 m^2。二是严格落实学校体育设施向社会免费开放政策。目前，有马桥强恕学校、马桥实验小学、马桥文来外国语学校向社会免费开放。三是积极培育体育人才，每年组织社会体育指导员业务培训，现有 320 名体育指导员，国家级 5 名，其中一级指导员 24 名、二级 77 名、三级 214 名，较好地解决了群众性体育活动的示范引领、带教督导问题。镇属学校注重因地制宜，强化体育后备人才培养，加快网球、象棋等特色体育项目教学建设，既带动了学校特色发展及学生综合素养的提高，又激活了体育运动蓬勃开展的源头活水。

借机发力，智慧助力体育产业高速前行。抢占前沿，全力发展人工智能体育产业。按照马桥镇整体发展规划，将建设上海马桥人工智能创新示范区，与周边地区形成错位发展、协同创新、优势互补。马桥镇紧抓上海马桥人工智能创新示范区建设的宝贵契机，注重放大“人工智能+”的溢出效应，不断深化人工智能对体育产业的融合渗透，全力发展基于人工智能技术的运动赛事、智能场馆、健康管理、数据服务产业。夯实底部，大力强化体育设施建设。以马桥大居建设为契机，着眼百姓对公共体育设施的需求，强统筹、破“瓶颈”、补短板，通过新建、改建、扩建等方式提升体育设施建设的功能性、均衡化、普惠度。稳扎稳打，落细落实三年计划。为满足群众对体育健身的强烈需求，经深入调研、系统规划、反复论证，精心制订了马桥镇体育发展三年计划，着力优化体育健身环境，着力提升市民健康水平，着力培养终身运动的人生理念。

3. 主要成效

经济效益。“绿水青山”转化为“金山银山”，品牌赛事带动体育产业快速发展。以举办重大品牌赛事为契机，积极引进器材供应商、体育俱乐部、体育经纪公司、广告服务商、演出公司，以及体育赛事的策划、组织、实施等配套服务企业，既保障了赛事顺利进行，又催生出显著的经济效益。“体育+”模式催生产业联动发展。依托重大品牌赛事，推动体育与文化、旅游、传媒、会展、康体等业态深度融合，实现体育产业的多元化发展。体育产业推动区域集聚发展。良好的投资环境吸引了一大批开发商、酒店、商场、国际学校等企业加盟，带动服饰鞋帽、运动器材等与体育相关的专业设备的研发，推动了全镇体育商贸行业的快速、繁荣发展。

社会效益。体育健民、惠民。推广复制赛事模式，通过上海网球大师赛摸索总结组织国际大赛的成熟模式，为全国提供了可学习、可借鉴、可复制的成功经验，推动了国家层面网球赛事的蓬勃开展。特色学校的发掘培育。充分发挥区域独特的资源优势，催生一批镇属学校大力开展网球教育教学，特色学校到处发芽、遍地生根。

16.7.3　留住上海“乡愁”——乡村振兴“马桥模式”守望乡愁

1．案例背景

2013 年 12 月，习近平总书记在中央城镇化工作会议上发出号召：要依托现有山水脉络等独特风光，让城市融入大自然，让居民望得见山、看得见水、记得住乡愁。马桥镇是闵行三大农业镇之一。根据《马桥镇郊野单元（村庄）规划》，非集中建设区共有 10.42 km^2，其中郊野单元的核心区域 5.63 km^2，包括 3 个保留保护村——同心、民主和彭渡村（西河泾以西），这是马桥镇实施乡村振兴战略的主战场。马桥镇牢牢抓住发展机遇期，以建设“美丽家园、绿色田园、幸福乐园”为切入口，并积极推进“农、商、文、旅、教”融合发展，打造乡村振兴示范片区。

2．主要做法

（1）聚焦三村一体化发展，促产业振兴

3 个村统一编制郊野单元（村庄）规划。按照新的规划，积极响应实施工业用地减量化和宅基地减量，计划引入教育科研、商业服务等新产业，推动一二三产业融合发展。剩余的用地指标可为城市建设提供宝贵发展空间，真正实现了农民集中居住、产业集中布局、农田集中连片。

坚持规划引领，发展绿色生态农业。调整农业产业布局，因地制宜进行种植业结构调整，开展精品水果种植。把握好独特的科技优势，做都市型现代农业。引入专业企业，开展水稻创新示范园建设，探索开展无人机施肥、喷药，远程灌溉等水稻种植新方式，搭建智慧农业大数据管理平台，提升农业科技化、数字化水平。促进三产融合，以水稻种植为基底，发展涵盖土壤改良、水稻育种制种、水稻生产、机械化作业服务、粮食烘干、粮食储存、大米销售等产业链企业和合作社。同时，将农业产业和农业教育相结合，打造产教融合体验空间，形成以产促教、以教促产的发展新模式。

盘活集体经济，培育壮大创新产业。一是盘活存量资源。彭渡村整合村委会与集体企业办公点，将原村委会腾出租赁给农业企业创收。同心村与企业合作开展老仓库厂房改造，引入馨香臣寓、又冉研发中心等项目，获得长期稳定租金收入。二是做实支柱产业。民主村坚持走生态化、可持续墓园经济发展道路，对标嘉定区松鹤墓园，积极开辟壁葬、节地葬等形式，盘活土地存量，提高亩产效益。三是培育楼宇经济。旗忠村、民主村合力购置虹桥富力商务楼，采取“整体出租+平台招商”模式引入优质企业和商户，共享虹桥国际开放枢纽国家战略溢出效应。

（2）打造高颜值乡村，促进生态振兴

统筹谋划，改善村民居住条件。农户集中居住签约，相对集中居住（图 16-27）。三村共有 780 户村民到马桥大居上楼居住，111 户村民平移集中居住，签约率在 97%以上。平移农居点建设方面，同心村一期 41 户民房建设已全部完成并交房入住，民主村 55 户民房建设已全部完成。安置房建设方面，上楼安置基地已全部封顶，外立面工程全部完成，2022 年年底竣工。

图 16-27 平移集中居住

全面协调，提高公共服务标准。在乡村示范村建设过程中，秉承以民为本的宗旨，大力提高农村公共基础建设和配套服务，提升人居环境。高标准建设市政基础设施，改造标准化公厕 1 座，铺设供气、供水、污水管网 5 000 多 m，新改建道路 3.9 km、桥梁 3 座，整治河道 3 条，新建停车位 124 个。高质量完善公共服务配套，同心村改建村委会，修缮金氏宗祠，新建村民之家，改建网格站警务室。民主村改建村民文体中心，新建网格站，健康步道等。高水平提供社区综合服务，依托智慧安防和人房信息管理等系统平台提升村庄精细化智能化管理水平，实施村委班子下楼集中办公，提升社区综合服务能力，各村自主开发“社区综合服务平台”手机版，实现服务事项在线申请、一网通办、一次办好。

3. 主要成效

百姓富了。立足水源保护区和韩湘水博园发展生态文旅项目，释放生态效益（图 16-28）。民主村加大产业惠民利民力度，拓宽就业渠道，仙鹤墓园吸纳本村劳动力 180 人，年人均收入 5 万余元，促进村民实现家门口就业和增收。

图 16-28　释放生态效益

生态好了。马桥镇有着独特的地理位置及优美淳朴的人文环境，近年来，大力提升农村人居环境，新增绿化林地 6 万多 m^2，景观小区 17 处。开展环保宣传，让老百姓参与到水源保护体系中，修复具有生物多样性的乡村自然生态。

2019 年，旗忠村被评为上海市美丽乡村示范村；2020 年，俞塘村被评为闵行区美丽乡村示范村。同心村、民主村相继成功创建 2019 年度、2020 年度市级乡村振兴示范村，乡村环境面貌焕然一新，农民生活品质大幅提升，乡村发展优势不断积聚。

16.7.4　打造上海之“本”——创新生态循环农业新模式

1. 案例背景

马桥镇水稻种植历史悠久，以规模化、全程机械化开展水稻种植，农田耕作土壤是黏性土质，水源充沛，享有水稻种植农业领先的美誉。马桥镇地处水源保护区、永久基本农田保护区和粮食功能区，农田集中连片，基础设施完善。马桥镇现有 9 个建制村，6 个涉农村，其中 3 个保留村。全镇耕地面积 8 671 亩，饮用水水源保护区面积 24.3 km^2，划定为永久基本农田面积 4 281 亩，农业产业园规划粮食功能区面积 2 500 亩左右。现有 2 家粮食（水稻种植）农业企业（漫田、沁泓）种植水稻面积 3 217 亩，2 家蔬果合作社（韩湘、闵川）种植面积 498 亩。

2. 主要做法

产业融合。结合同心村、民主村乡村振兴示范村创建，通过对集中居住农户宅基地复垦和农田片区化整理，调整农业产业布局，进一步优化了农业产业结构。2020 年，完成了马桥镇水稻产业园建设规划编制，并逐步改造了稻田水利设施生态化，建成稻田尾水处理装置 10 套，大幅提升了农业绿色生产能力，有效降低了农田面源污染。大部分农田位于黄浦江水源保护区，已做到全面禁止养殖业。全镇以水稻种植为基底，涵盖土壤改良、水稻育种制种、水稻生产、机械化作业服务、粮食烘干、粮食储存、大米销售等产业链企业和合作社，为创建智慧创新型水稻产业园打下了坚实基础。全镇 2021 年规模化土地流转 3 562 亩，现有农业企业（合作社）7 家，其中粮食类 2 家、复合类 3 家、经作类 2 家。农业组织化率已达 90%以上（图 16-29）。

开展无人机施肥、喷药

智慧数据采集箱

图 16-29 马桥镇农业科技

生产清洁。持续开展全镇农田土壤检测，通过对养分含量、酸碱度、重金属含量等的监测，充分了解土壤成分，及时调整种植方案，采取修复措施，提升耕地质量，确保种植过程对环境友好、产品安全。全镇以水稻绿色生态种植为基础，在减少灌溉水排放对取水河道产生的污染，在确保水源安全的前提下形成水稻生态种植良性循环。利用化肥、化学农药替代技术，2021 年购买有机肥 1 100 t，平均亩用量 0.4 t，购买优质菜饼肥 48.8 t、测土配方肥 62 t、缓释肥 17 t、微生物菌肥 25 t。主导产业病虫害绿色防控技术引用率达 80%以上。

资源循环。完善秸秆机械化还田技术路线，加强农机农艺配合，按照示范点种植结构和种植品种加大对秸秆机械化还田机具的引进配置，实施秸秆废弃物资源化利用（综合利用率达 100%），提高还田质量，改良土壤理化性质，并确保全年无秸秆焚烧现象。

产品绿色。马桥镇有 2 家粮食企业（漫田农业科技有限公司、上海沁弘种业有限公司）、1 家蔬菜合作社（上海韩湘蔬菜专业合作社）通过绿色食品认证，认证面积达 1 514 亩，并全面执行上海市农产品绿色生产基地建设管理规范，绿色食品认证率达已达 40%以上。引进的上海又延农业专业合作社在绿色生产的基础上结合水稻土壤改良剂应用，科学种植水稻，进一步提升绿色食品认证水平，认证面积约 1 400 亩。全部建立田间档案制度，主要农产品质量安全可追溯。

提质增效。推进农业企业由“卖稻谷”向“卖大米”转变，镇相关农业企业（合作社）采取企业认种、团购，淘宝、微信公众号网络销售，产地活动直销等方式加强产销对接，提高农产品附加值，企业平均利润率达 20%。积极推进品牌化建设，注册“漫农 • 语侬”“伊沁香”等大米品牌，开展农产品销售，品牌化销售率达 90%以上，下一步争取对接闵行区大米、蔬菜产业联盟，帮助企业更好开拓市场。加大绿色生态农产品品牌宣传力度，扩大品牌影响力。

3. 主要成效

形成了“政+院+企+村”合作新模式。政府是平台搭建、资源配套、产业决策和公共服务者，学院是人才培育、项目咨询辅导、科研成果整合者，企业是平台运营、资源整合和产业落定者，村委是基础资源提供和村民利益维护者，村委、村民除了可以享受到基本收益，还可以享受到企业增量收益的股份分成，实现企业与村委村民利益共享，有助于促进农民长效增收。

形成“农业+教育、科技、金融、健康、文旅、生态”的“1+6”综合发展模式。通过科技创新、文化赋能、产业拓展等模式，深度挖掘有“上海之本”之称的马桥历史文化内涵，结合稻米主题文化创意 IP 和沉浸式体验互动场景，围绕“漫稻源产教融合中心”“稻米产业创新示范中心”“绿领新农生活中心”3 个中心，打造集优质稻米产业创新研发、文化创意 IP 衍生产品、田园空间休闲艺术景观、智慧农业众创交互体验、自然童伴农事研学实践于一体的闵行马桥乡村振兴产教融合文化创意体验示范区——“漫稻源”项目。

16.7.5　创新上海之“治”——探索精细化生态环境治理新路子

1. 案例背景

近年来，马桥镇经济文化发展步伐不断加快，群众对美好生活的向往日趋强烈，完善城市科学化、信息化、智能化综合管理体系和基本公共服务体系是马桥镇党委、政府工作的重要内容。按照城市管理要像绣花一样精细的要求，以往的思路和方法难以为继，必须引入智能化手段，借助现代科技，做强“大脑”，激活“神经末梢”。马桥镇通过推行信息化技术手段、智能化管理理念及智慧城市发展思路，以解决实际问题和满足群众需求为导向、以标准化设定和项目化推进为手段、以信息化智能化技术为支撑，推进智慧社区的建设。此外，马桥镇还积极推进“绿色共建联盟”建设，目前已经吸纳 127 家成员单位，涉及政府、企业、社区、学校等多个领域。通过一系列内容丰富、形式多样的主题活动，从法律法规、宣传教育等各方面互通有无，推动成员单位积极投身到环境保护的行动中，共守环保法律法规、共商环保管理重点、共治环境污染问题、共享绿色发展成果。

2．主要做法

（1）精细化管理“智”理有方

建设水质监测平台。马桥镇将人工智能、互联网等技术融入河湖管理工作中，建立了水质监测平台，包括智能水质监测系统和河长管理系统，对河道进行水陆空立体监管，实现河道长效管理。智能水质监测系统包含马桥镇的所有河道 GIS 地图、水质监测点位等信息，能实现水质动态报警、河道视频监控、历史数据查询等功能，具有智能无人值守的特点。可对水温、PH、ORP、氨氧、溶解氧等水质信息做实时连续监测，相比实验室监测做到大幅降低监测费用和人力成本。可第一时间将水质变化发送到相关责任人手机上，结合预警内容、风险点详情、现场实时视频及时采取措施，做到实时预警、快速反应。管理人员通过水质 48 小时变化曲线查看水质变化趋势，进行水质数据同比环比分析，了解河道水质实时变化，同时宏观分析水环境状况。

加强垃圾分类管理。马桥马尚分类智能化管理平台对垃圾分类工作中的数据做到有统计、可监管、可追溯、有出路，提高了生活垃圾源头分类成效，促进了资源循环再利用。以夏朵园为例，小区到点刷卡投放的人次从一开始的 300 多次到现在的 2 300 多次。扣除重复投放，每天投放的户数超过 90%，大部分垃圾已经进行过干湿分类，湿垃圾纯净较高。小区未实行定时定点分类投放前，小区每天垃圾总量为 120 桶，其中湿垃圾 3 桶，其余 117 桶全部作为干垃圾进行清运。自小区实行定时定点分类投放后，小区每天湿垃圾量增至 25～30 桶，分拣出的湿垃圾量占总垃圾量的比重从原来的 2.5%增至 26%；干垃圾量降至每天 85 桶，较原来减量 26%；可回收垃圾每天产生 17 桶，较原来增加 15%。现在，夏朵园大部分常住居民已养成到点位上投放的习惯，小区内随地乱扔垃圾的现象明显改善。

（2）“绿色共建联盟”赋能“绿水青山”

构建“1+2+X”环保共商共治新模式。搭建区生态环境局、属地政府、园区、企业“四位一体”的绿色共同体，强化党建引领，绿色共治，构建起以政府为主导、企业为主体、社会组织和公众共同参与的马桥镇环保社会共治新格局。重点围绕“六个绿”（绿家园、绿园区、绿效益、绿规范、绿能源、绿责任），开展党建联交流、环境污染防治、企业环保贯标、资源循环利用、环境综合整治、环境宣传教育、环保公益活动、环保公众参与 8 个领域的项目内容。

建设试点，探索实践可复制、可推广的共治新模式。通过 127 家成员单位、70 余项绿色共建项目的实施，深入推进园区企业绿色生产和转型升级，有效促进马桥镇“绿水青山就是金山银山”实践创新基地建设。通过签订党建战略合作协议书，融合组织优势和资源优势，把党建引领贯穿环保共治的各个领域、各个方面、各个环节，探索实践党建引领、绿色共治新路子，建立马桥环保共治党建特色品牌（表 16-2）。

表 16-2 2021 年马桥镇绿色共建联盟主要项目清单

项目类别	项目内容	完成时间
党建联学交流	“让森林走进城市，让城市拥抱森林”植树活动	3 月
党建联学交流	“建设生态清洁小流域，创造高品质生活”巡河活动	3 月
党建联学交流	城市环境清洁日行动	7 月
党建联学交流	保护母亲河志愿服务活动	10 月
党建联学交流	“马桥有 AI”党群服务站，感受智能新成就	11 月
环境污染防治	VOCs 排放治理	持续推进
环境污染防治	非道路移动机械污染控制	持续推进
环境污染防治	一般固体废物和危险废物处置	持续推进
环境污染防治	黄浦江水源保护区	持续推进
环境宣传教育	“3·5”学雷锋志愿者服务日	3 月
环境宣传教育	排污许可制度和证后管理要点培训	4 月
环境宣传教育	新《中华人民共和国固体废物污染环境防治法》专题培训	5 月
环境宣传教育	世界环境日宣传活动	6 月
环境宣传教育	低碳日主题宣传活动	6 月
环境综合整治	加强建筑工地扬尘控制与文明施工联合执法	持续推进
环境综合整治	河道综合整治工程	持续推进
绿化生态建设	马桥人工智能体育公园二期	持续推进
绿化生态建设	立体绿化建设	持续推进
绿化生态建设	街心花园建设	持续推进
企业环保贯标	全面推行餐饮油烟在线监控和第三方治理	持续推进
企业环保贯标	推进清洁生产	持续推进
企业环保贯标	推进产业结构调整	持续推进
企业环保贯标	推进绿色工厂创建	持续推进
企业环保贯标	推进生态循环农业	持续推进

上下联动，推动形成多元共治新格局。政府主导，搭建平台。制定绿色共治实施方案，建设绿色共同体平台，实施环保共治共建项目，引导和规范企业、公众和社会组织共同参与马桥镇生态环境保护，推动形成绿色共治新格局。企业自律，履行责任。企业认真履行绿色共同体“绿色公约”，积极实施环保共治共建项目，通过加强污染治理、资源循环利用、严守环保法规、加大信息公开等措施转变生产经营方式，自觉履行企业主体责任。公众参与，形成合力。聘请专家、政协委员、人大代表、环保志愿者担任生态环保监督员，组织企业举办公众开放日活动，在全镇开展生态文明宣讲、环保“大培训”、绿色创建等活动，支持绿色组织、环保志愿者开展各类环保公益活动。

3. 取得成效

条块联动，打好水、大气、土壤污染治理攻坚战。第六轮、第七轮环保三年行动计划全面完成，“三个美丽”建设圆满收官，国家卫生镇创建得到巩固，大气治理成效显著。新增绿化 469.98 hm^2、林地 49.67 hm^2，绿化覆盖率、森林覆盖率分别达到 30.53%、18.34%。完成 13 条段重污染河道整治，基本消除劣Ⅴ类水体，市考断面水质全部达标，成功创建上海市河长制标准化街镇。

齐头并进，服务经济高质量发展。强化源头污染防控，加强监测、监察、监管“三监联动”，深化“放管服”、推进“一网通办”，积极为企业引入第三方“环保管家”服务，不断提升环境管理水平。

强化引领，推动形成绿色生产生活方式。强化环保体制机制建设、落实党政同责、一岗双责，构建资源节约、环境友好、低碳高效的绿色发展模式，深化污染源分级管理制度，共同推进绿色发展。

16.8 上海市罗泾镇

罗泾镇隶属上海市宝山区，地处宝山区西北部，东临长江，与崇明岛隔江相望，南接月浦镇、罗店镇，西与嘉定区徐行镇、华亭镇相连，北与江苏省太仓市浏河镇交界，行政区域总面积 48 km^2。围绕生态产品价值实现和生态为民、生态利民、生态富民的目标，罗泾镇作为科创中心主阵地的特色承载区，主动融入北转型大局，通过乡村振兴善总结、谋定位、促发展，用好林地、耕地、河道等生态资源禀赋，理顺绿色生态肌理，发挥五村联动优势，积极探索“绿水青山就是金山银山”转化路径，努力实现“美丽生态罗泾”的绿色崛起，建好绿色低碳转型样板区，打造“长江口特色小镇”。

16.8.1 守护生命之源——建设清洁小流域，书写美丽水乡

1. 案例背景

陈行饮用水水源保护区（图 16-30）是上海市 4 个水源保护地之一，位于宝山区罗泾镇行政区域内，涉及海星、花红、新陆、陈行、塘湾 5 个村，总面积约 14.9 km^2，其中一级饮用水水源保护区面积 6.9 km^2、二级饮用水水源保护区面积 8.4 km^2。保护区内共有农户近 1 000 户，居住人口近 5 000 人。罗泾镇通过开展水源保护区内工业企业关闭清拆、乡村环境基础设施建设、环境综合整治、水生态修复及水质提升、水源涵养林建设、近零碳社区创建等工作，以优美生态环境带动乡村振兴发展为初心，打造水源地环境精品，推动生态清洁小流域示范单元建设，从而带动区域更高质量发展，最终提升百姓对美好生态环境和饮用水安全的获得感。

陈行饮用水水源保护区

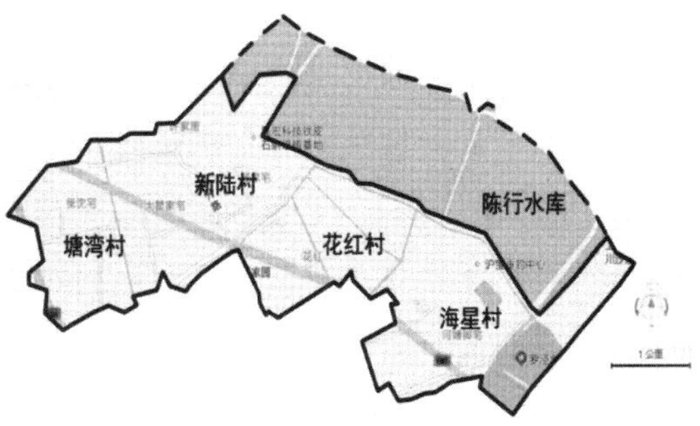

近“零碳”社区建设范围

水源涵养林

水源涵养林

图 16-30 饮用水水源保护地

2. 主要做法

加大水源地保护力度。一是严格落实水污染防治制度。严格遵循《宝山区生态环境保护工作责任规定（试行）》，将水污染防治纳入环保工作的重要内容，常抓不懈。制定罗泾镇水污染防治管理制度。建立健全党组班子领导总体抓、分管领导全面抓、相关站所全面监督、各村具体抓、相关部门全面参与的水污染防治“齐抓共管”工作机制，全面落实水污染防治工作负责制，制定水污染防治工作方案和饮用水污染事故应急预案，将饮用水环境保护工作作为环境保护工作的一项重要内容，定期督促检查，严格考核，形成层层负责、群策群力、齐抓共管的水源保护工作格局。二是区、镇、村三级联动，保护区污染源从风险管控到关闭拆除。按照“五违四必”的工作要求，2020 年水源保护区内环境专项整治已基本完成；加大对水源保护区的日常巡查监管，采用遥感技术加人工识别，全面了解水源地及周边保护区范围内的水生态安全和风险源存在、变化情况，及时掌握和排除水源地排污风险，实现对水源地保护区的风险源快速、客观的监测，进一步提升水源地环境管理的综合监管水平。

推动农业农村综合整治。开展农业面源污染治理，一方面，实施化肥农药减量化工程，持续推广有机肥替代化肥、测土配方施肥、缓释肥、侧深施肥、病虫害绿色防控等技术，巩固蔬菜绿色防控示范区；另一方面，利用“引排水沟、自然水塘”，建设生态缓冲带、生态沟渠、地表径流积蓄与再利用设施，防控农业面源污染物入河。推进农村垃圾污染治理，落实农村生活垃圾全收集全处置。健全生活垃圾分类工作长效管理机制，提高垃圾分类减量化、资源化管理水平；加大精神文明建设宣传力度，开展“优美庭院、花园单位、特色楼道、美亮村宅”等创评活动。实施雨污混接改造、雨水泵站改造、农村生活污水提标改造及深度净化等控源截污工程，同时开展农田排水沟生态改造、道路初期雨水排放改造和林地改造工程，有效控制入河污染负荷。开展水源地内农村生活污水全面截污纳管，彻底消除水源保护区内河道水系生活污水污染的风险。已实施完成 28 座农村生活污水提标改造、17 座农村公厕修缮及纳管和 4 km 河道轮疏工程。

坚持系统治理水生态环境。编制《罗泾镇新川沙河以北河网水系水质提升与生态修复方案》，按照环境营造、增加水动力、水质净化、水景观营造、水生态构建等思路，从水生植被恢复、食物链结构完善、水体微动力提升、水生态系统长效管理等方面进行生态治理，降低水体氮磷、COD 含量，去除和稳固内源污染，提高水体透明度，提升河道的纳污能力，达到水质净化的目的，建立良性、健康的水域生态系统，打造区域化河网生态水系。结合河道治理项目，实施生态护岸、岸坡绿化与生态防护等建设，提高河道的水土流失防护能力。对部分整治河道实施底泥生态疏浚，并对疏浚底泥科学分类还田、还林处置。

深入推进绿色近零碳社区创建。建设包括海星、花红、新陆、塘湾 4 个村庄在内的多元联动水源地绿色低碳乡村社区。一是实施建筑节能改造。积极开展多项建筑节能改造行动，在社区四村内部采用多种低碳环保技术，包括安装建造屋顶光伏、安装太阳能路灯、采用节能照明系统和雨水收集利用系统等。二是实施清洁能源利用。发展社区产业，华能光伏在新陆村建立了华能罗泾灰场光伏电站。整个光伏电站采用分块发电、集中并网方案，单日发电量最高可达 12 万 kW·h，每年可节省燃煤 6 505 t，减少 CO_2、SO_2 等各类排放物总计 20 000 t 以上，对国家节能减排、促进产业结构升级具有较大意义。三是资源节约与循环利用。社区内农膜和农药瓶等农业废弃物回收已实现全覆盖。在农业技术方面，新陆村采用喷灌技术，开发石斛林下经济，有效节约水资源，同时在华能光伏电站的光伏板下开展渔业养殖，充分利用土地资源，形成产业特色。四是开展碳增汇行动。社区大力开展水源涵养林建设，海星村、花红村、新陆村和塘湾村目前的林地绿地规模分别达到 1 102 亩、393 亩、498.5 亩和 1 160 亩。另外，新陆村开展了化工厂清拆改造行动，后续将建设为水源涵养林。

全民参与固长效。充分发挥河长制平台，以河道属地为主体，农委、乡村振兴办、水务所等多部门联动，共同发力落实各项措施。健全常态化管护制度，落实管护责任、明确责任主体和管护内容与标准，加强河道生态维护及监测管理，定期对罗泾镇村内河道水生态系统进行连续监测，根据调研结果评价系统所处状态并进行相应调整，协调生态系统结构与功能。开展宣传引导教育，增强村民科学生态种植理念，发挥村民自治能力，引导村民共同监督，提升生态小流域建设的积极性和程度。

3. 主要成效

河道整治效果显著。完成 10 条河道集中整治、3 条河道综合整治、20 条河道水生态提升工程。其中，三仙沟、陶家河分别在 2018 年、2019 年荣获上海市最美河道，涵养林在 2020 年荣获上海市最佳整治成效称号。共构建生态涵养林 244.98 亩，建造生态沟拦截净化系统 63 套，敷设污水管（农村生活污水）2 008.30 m，建设前置浅滩生态湿地 3 360 m^2、水下森林净化系统 60 562 m^2、滨水廊道净化系统 5 399 m^2。完成 75 kg/hm^2 化肥减施增效及 760 亩循环自净河蟹养殖场建设工程。生态清洁小流域建设案例获上海市生态环境局推荐参与生态环境部美丽河湖优秀案例评选。

人居环境改善效果显著。累计拆除各类违法建筑 27 420 m^2，取缔 3 家严重影响环境的废品堆放点，塘湾村成功创建无违建先进村居。至 2021 年，处理养护 3 672 户农户生活污水，提标改造 24 座农村生活污水站，提档升级 78 座农村公厕、13 处农村垃圾收集设施。有序引导农房翻建规模形态，农民房屋已基本完成房屋翻建，同时村庄归并和集中居住基本实现。合建村、塘湾村和花红村被先后评为全国文明村，塘湾村、海星村、花红村、洋桥村及新陆村先后获得“上海市美丽乡村示范村”称号。罗泾镇实现上海市文明镇“六连冠”，并成功创建首批全国乡村旅游重点镇、全国特色小镇、国家卫生镇、中国最美村镇，筑牢了罗泾镇“绿水青山”的深厚根基。

节能减碳成效显著。社区四村内部安装太阳能路灯数量超过 180 盏，花红村和海星村基本实现了太阳能路灯覆盖。花红村村委会建设了屋顶太阳能，用于村委会供电，有效提高了社区的能源利用效率，优化了能源结构。塘湾村建立了雨水收集回用装置，助力水资源的节约与循环利用，村内公厕冲水的部分用水为雨水，减少了传统水源的使用。2021 年，社区建筑耗电、汽油消耗和生活垃圾处理共产生碳排放量 4 038.81 tCO_2，通过建设的林绿地的碳汇功能削减了 3 048.34 tCO_2，占比达到 75.48%。

16.8.2 解锁乡村振兴——五村联动，构建一体化发展新格局

1. 案例背景

罗泾镇是宝山区实施乡村振兴战略的主战场，镇域内塘湾、海星、花红、新陆、洋桥五村先后分 3 批入围市乡村振兴示范村，是全市少有的集中连片打造乡村振兴的示范区域。五村位于罗泾北部，沿江分布，首尾相连，状似弯弓，占地 12.86 km^2，现有 44 个村民小组，总户数 2 055 户，户籍人口 6 570 人。五村生态优良，村域内田成块、林成网、水成系、路成环、宅成景，拥有 6 400 亩耕地、3 000 多亩林地和 30 km 生态健身步道，是宝山特色优质农产品“宝农 34”的主场地。近年来，罗泾镇抓住乡村振兴的战略机遇，坚持系统谋划、整体推进，创新运营管理模式，建立以“乡遇塘湾、蟹逅海星、寻米花红、蔬香新陆、芋见洋桥”为特色的“五村联动”乡村振兴示范片区，为建设乡村振兴示范镇做好探索。

2．主要做法

罗泾镇结合北部五村的区位、资源、环境等优势，连点成线、连线成片，规划先行，以五村联动为战略主轴，形成“大生态、大健康、泛教育”的乡村振兴示范片区，将五村打造成为具有品牌效益的上海市农旅融合示范区。

（1）强化举措、久久为功，“五村联动”齐振兴

加强组织联建，发挥“党建引领”。制定出台《罗泾镇农村精细化管理实施意见》，实施党建引领“六治三理”工作法，推动村级治理上新水平。加固党建联建治理新格局，推进网格化党建，加快各村“红帆港”党建（党群）服务站点、“一站式”便民服务站等阵地建设。加强基层队伍建设，开展乡村人才“育鹰行动”，五村 11 人纳入培育计划。创新五村党建联建模式，探索跨越行政边界的网络型关系，科学组建联村党委机构，设第一书记 1 名，建立联席会议制度和决策共商机制，先后召开多次联席会议，形成 12 份决议。

注重基础联通，促进“邻里共享”。加快建设“四好农村路”，实施村级道路路面拓宽及翻新，推动各村道路串联，形成了因地制宜结合生态涵养林、黄金水稻田等设置的多段高颜值乡村风情道路——“颜值之路”。立足五村联动路线，打通了 5 条断头路、修缮了 8.9 km 农村道路，串联了域内 38 个资源点。加强依托互联网的大数据平台建设，拓展信息平台功能，涵盖基层党建、网格化管理、民生服务等信息，实现了主要路口高清探头全覆盖，共计安装制高点 AR 鹰眼实景系统 3 套，基本形成了五村信息平台联网、综治工作联动的智慧管理模式，同时形成了统筹大数据、大旅游，通过扫二维码即可获得旅游信息、景点承载信息、周边农产品信息的“智慧之路”。

（2）跨村协同发展，打破村域壁垒，形成特色组团

“点上出彩”打造乡村新特色。五村因地制宜，明确彰显原水效应且相互耦合的发展方向，同时注重差异发展和个性培育，一村一品，打造大生态、大健康、泛教育。

彰显五个“一”，做强一村一特色

“乡遇塘湾”，做强“一朵花”，打造母婴康养村。塘湾村以千亩林地为依托、母婴康养为特色、萱草产业为辅助，以大生态为基底、大健康为产业发展方向、大智慧为手段，打造“养生塘、生态湾、智慧村”。与盛大集团旗下馨月汇母婴专护服务（上海）有限公司合作，打造中国首个母婴康养村；与上海应用技术大学张志国教授合作，打造中国首个以萱草文化为主题的专类园。

上海市首批乡村振兴示范村，母婴康养村

“蟹逅海星”，做强“一对蟹”，打造长江口渔村。海星村以千亩蟹塘为依托、渔事体验为特色、“运动康养+科普亲子”为辅助，依托现有资源，促进产业、生态、人居互促互融，打造长江口生态循环水产养殖示范基地和上海市近郊休闲新去处，建成集采摘、垂钓、体锻、观景于一体的绿色生态田园综合体。

“寻米花红”，做强“一袋米”，打造耕织传家村。花红村以千亩良田为依托、农耕体验为特色、“休闲农业+科普亲子”为辅助，立足水源地千亩粮田和“罗泾十字挑花”两大核心特色，将乡村自然资源、历史文化、特色产业等在空间上进行集聚，进一步激发乡村的发展活力，以“花红稻乡·耕织传家”为主题发展高效农业，再现耕织文化，提升花红整体形象，打造上海耕织主题休闲农业示范村。

“蔬香新陆”，做强“一篮菜”，打造研学营地村。新陆村以千亩蔬菜为依托、研学拓展为特色、“多元蔬艺产业+森林体验”为辅助，依托 628 亩高标准蔬菜基地，引进市级农业龙头企业上海景瑞农业科技发展有限公司，计划建成集农耕教育和休闲观光于一体的农业体验园。

“芋见洋桥”，做强“一蒸糕”，打造芋香田园村。洋桥村以省界原乡为依托、农庄休闲为特色、“芋艿产业+第三学习空间”为辅助，依托连片菜园和当季乡肴，重点打造“芋见田园”项目，让游客既能体验农事乐趣，又能吃到放心的农产品。

“串点成线”推动产业组团式发展。一是以塘湾村母婴产业为核心驱动，依托千亩林地、570 亩稻田、宅田水林共生环境，打造“慈孝育乡·母婴康养村”；二是以海星村、花红村农旅产业为核心驱动，依托千亩鱼塘、千亩粮田、千户人家、千亩涵养林，打造“鱼米之乡·渔耕休闲村”；三是以新陆村、洋桥村自然教育产业（农耕教育、森林教育）为核心驱动，依托千亩连片规划林、千亩蔬菜、省界原乡村，打造“江海原乡·自然教育村”。同时，促进农旅融合，依托母婴庄园为起点，形成串联起母亲花文化园、沪苏厅堂、森林教育基地、千亩稻田、垂钓园、星空营地、蔬艺园等景点的康养主题游线。依托第三学习空间、山海泾自然学堂、汉孚学院，形成涵盖森林幼儿园、森林教育基地、千亩涵养林、江上湿地等自然景观的研学主题游线。

3. 主要成效

振兴示范引领效果显著。2019—2021 年，五村先后成功创建上海市乡村振兴示范村，五村联动逐步建成在长三角具有影响力的乡村振兴示范片区。同时，实现了非集建区内美丽乡村全覆盖及水资源、基本农田保护区内市级美丽乡村全覆盖，美丽乡村示范村实现全域化。塘湾村、海星村入选第二批全国乡村旅游重点村，海星村被评为第十批全国“一村一品”示范村。2022 年，全镇吸引旅游人数达 42.7 万人次，旅游收入达到 2 779 万元。

农业产业提质增效。深入推进农业供给侧结构性改革，农业基础设施和农业现代化水平全面提升，高水平粮田、菜田占全镇耕地面积 65%以上，小麦、水稻产量不断创新高，2020 年，粮食总产量达 6 680 t，2020 年，农场职工收入达 4.5 万元，较“十二五”末增长 50%；新罗泾“虾稻米”实现宝山区农产品绿色认证零的突破，全镇粮食、蔬菜、林果无公害认证率 100%，绿色大米、绿色蔬菜认证率分别达 85.7%、10%；沪宝水产养殖基地成功创建国家级水产健康养殖示范场，长江口大闸蟹连续九年荣获“王宝和”杯全国河蟹大赛金蟹奖，“宝农 34”大米连续 6 届荣获上海市优质稻米金奖，新罗泾牌虾稻米获第十九届、第二十一届绿博会金奖，2020 年宝锦农业科技公司销售额达 8 500 万元。乡村旅游活力激发。成功举办首届“中国农民丰收节”，连续举办宝山湖长江蟹品鲜节、小龙虾垂钓节、萱草文化节等特色活动，通过电视台、抖音、大众点评等各类平台推广，成功承办央视《“听党话 感党恩 跟党走”携手奔小康》节目、2020 年上海市文化科技卫生“三下乡”启动仪式暨“文化育农”“科技惠农”“卫生健康”集中示范等活动，节假日日均吸引游客从数百人上升至 2 000 余人，2020 年累计接待各级调研参观团队 321 批 10 781 人次，形成稳定的“金山银山”反哺“绿水青山”的通道。

16.8.3 钢铁锈带“智”变——科技赋能，加速“绿色+智慧”转型

1. 案例背景

“数智宝地”罗泾园地处宝山区罗泾镇，位于长三角沿江沿海发展带上沪苏对接的门户节点，该园区用地面积 144 122 m^2，总建筑面积 126 589 m^2，其中标准厂房面积 65 500 m^2，11 栋工业曼哈顿面积 48 965 m^2，配套服务面积 12 014 m^2，于 2023 年投入使用。周边既有规划中的 S7、S16、S22、沪通铁路，又与上海第三大港罗泾港近在咫尺，具备了支撑上海北部地区产业发展、协同长三角区域经济发展的基础。水上运输优势明显，具有发展临港装备及智能制造的天然优势。

罗泾园原为宝钢股份罗泾项目厂址，厂区内具有熔融还原炉、150 t 转炉、精炼设施及配套设施等钢铁生产设备，该钢铁厂于 2012 年停产搬迁。近年来，宝地资产基于存量不动产资源和城市钢厂转型释放的土地资源，于 2021 年 4 月成立的智慧制造园区事业部，是宝地资产新一轮跨越式发展战略中“两核”业务之一，成为智慧制造类产业园区开发与运营主体。

2. 主要做法

腾笼换鸟，盘活扩展发展空间。2020 年，中冶宝钢响应“绿色环保”的理念，采用先进的拆除工艺对罗泾原炼铁煤压块区域进行环保拆除施工，舍弃了以往使用的工程爆破、炮头机、挖掘机拆除等陈旧手段，取而代之的是液压剪、金刚锯、水压刀、破拆机器人、移动破碎机等高科技手段，使现场扬尘降到最低（图 16-31）。2022 年，以落地企业“一企一档”为基础开展专项整治，完成了货运堆场综合整治 4 家，低端劣势企业整治 21 户，盘活闲置厂房资源 2.9 万 m^2，有效突破了土地要素“瓶颈”制约难题。依托大数据等优势产业溢出效应，借力宝信、宝武等，宝地资产打造出了“互联宝地”“友间公寓”等品牌，首次尝试大规模工业性质土地的开发盘活。

过去的宝钢集团

现在的数智宝地

图 16-31 过去和现在的罗泾园

“筑巢引凤”，谋融合发展。提高招商队伍专业化能力，设立科创子基金，完善产业园区配套，吸引更多大项目、好项目来罗泾“筑巢”。罗泾镇着眼对区域、资源、产业等要素进行分析，探索两地合作，谋求双向发展，与吉林省通化市共同开展“两江（吴淞江、鸭绿江）理论”课题，进一步推进两地资源和市场的深度融合，与通化企业集体签约，建立合作共赢的联合招商新模式，与上海宝地长江口创智产城发展有限公司及上海思尔腾科技集团有限公司签订合作协议。进一步加强与重点税源企业、成长性较好企业的沟通交流，加强与区职能部门的联动，全力协调解决企业用地需求、交通出行、人才落户等难题，帮助企业发展壮大。进一步加强对人才、金融等方面的政策宣传，组织开展有针对性的专项政策解读培训会，着力释放更强的政策效应。充分发挥高新技术企业配套扶持政策优势，引入更多高科技优质企业和潜力企业。

创新驱动发展，培育增长动能。重点围绕新材料、高端制造开展产业链招商，目前罗泾园区内已经入驻了“宝之云”和“宝金刚”等具有相当产业规模的骨干企业，新能源汽车传感器制造、汽车动力总成智能测试技术开发、硅钢及钛合金深加工等一批高端制造型和专精特新企业纷至沓来。园区新能源汽车零部件加工、高端钢材深加工等产业链初具雏形，以它为产业链上重要节点所形成的辐射和牵引作用亦初见成效。宝之云 IDC 罗泾基地一期至四期项目已投产运营，大数据及产业互联网集群初具规模。

定位“智慧+绿色”园区，打造低碳产业示范区。依托大数据、云计算、互联网等技术，园区提供生活设施、能源配套、商业配套、物业管家等集成服务、产业空间“一揽子”解决方案。逐步建立集中控制平台，园区内所有的智能设备系统的控制管理集成在一个管理界面上，实现对园区内公共区域、各建筑物电气设备的自动控制和管理。将自动化、大数据、AI 等技术融入物业管理、安全监控、能源管理、招商营销、数据分析等工作流程，提高响应能力和灵活性，园区实现数智化运营。围绕“双碳”目标，奉行绿色发展理念，绿电使用、绿色建材、绿色交通等充分体现在园区的建设运营中。在一期项目建设中，园区统筹考虑光伏一体化，所有建筑屋顶均敷设太阳能光伏面板，年发电量约 1 200 万 kW·h。加大园区绿电使用比例，积极采用装配式建筑等新技术，在降低建筑能耗的同时提高企业入驻后的能源使用效率和舒适度。另外，园区招商还设置了绿色门槛，自动剔除高能耗企业。

3. 主要成效

转型升级提质增效。新产业、新业态的支撑、引领作用凸显，主力发展临港高端装备、大数据互联网、智能制造三大产业，经济指标迅速攀升。宝地资产与宝山区、罗泾镇进行了全方位的深度合作，将发展重点放在工业智造新能级提升，强势推进“智能制造、海洋高端装备、大数据互联网”等相关产业协同。在实现产业层级和能级跃升的同时，进一步拉动地方经济水平，不断提高园区相关不动产的存量价值，提升园区整体的盈利能力。

社会经济效益可观。近 3 年来，罗泾镇新增高新技术企业 60 余户，新增科技型中小企业 100 余户，战略性新兴产业产值占规上工业总产值比重达 27.1%，累计新增注册企业 2 540 户，注册资本 200 亿元，带动了约 6 560 人就业。罗泾园建成达产后可引入规模企业约 20 家，预计增加固定资产投资 12.97 亿元，产值每年 25.08 亿元、税收贡献每年 2.1 亿元，新增就业岗位约 300 个，导入人员近千人，助力宝山“北转型科创主阵地”及罗泾镇新一轮产业规划的实施。

16.8.4　焕发文化魅力——传承非遗，让文旅融合“活”起来

1．案例背景

罗泾镇是非遗文化“十字挑花”的创造地，是申曲到沪剧的传承地，也是沪剧名家丁婉娥、漫画名家沈同衡的孕育地。现有“十字挑花”、“四喜风糕”和“萧泾寺传说”被列为非物质文化遗产，“婉娥沪剧”崭露头角，新创作品深受广大百姓喜爱，“同衡漫画”紧跟时代步伐探索漫画特色教育之路，不断彰显活力、影响力和认知度。同时，罗泾农家风情馆被打造成罗泾文化发展的新地标，“古韵泾彩”民间文化节激发全民艺术创造新活力，已经连续两次荣获“上海民间文化艺术之乡”称号。罗泾镇以特色小镇建设契机，以乡村振兴建设为载体传承历史文化，打造特色文化，将文化建设与美丽乡村建设深度融合，助力乡村振兴。

2．主要做法

提高文化硬件水平，壮大文体队伍。实施镇社区文化活动分中心整修改造及文化中心围墙外立面改建。新建 1 条 5.5 km 水岸步道（陶家河两侧、荻泾河两侧），新建 46 个健身苑点，更新 47 个健身苑点，人均体育场地面积达 2.3 m^2，超过全区人均水平。开展“四好农村路”建设，建成集出行、景观、文化、休闲于一体的农村公路。组建社区文体辅导员队伍，定期开展专业培训，负责组织、指导社区文体活动，增强社区文体建设的生机与活力。完善“罗泾草根文化人才信息库”，加大对各类文化人才的培养力度，通过举办文化人才培训班、在职进修及选派到区内文艺团体实习或工作等多种途径，培养基层需要、留得住的“常驻”人才，加大外来文艺人才的引进力度，吸引更多的文艺专才来罗泾工作，鼓励区级文艺团体开展送戏下乡，加大对罗泾文艺团队的结对帮扶力度，提升罗泾文艺团队表演水平。现有以社区居民为主力的文化团队有 84 个，文化指导员 18 人；体育健身团队有 71 个，体育指导员 112 人。

多措并举，丰富群众文化生活。组织开展覆盖全镇每年一度的“古韵泾彩”民间文化节及全民体育运动节。举办诸如戏曲大赛、书法美术大赛、“迎七一”红歌大赛、“迎国庆”广场舞大赛、十字挑花技艺大赛、罗泾镇摄影大赛、优秀节目展评展演、乒乓球比赛、游泳比赛、射飞镖比赛、钓鱼比赛、老物件展览、纳凉晚会、摄影美术作品展等活动，吸引广大罗泾镇市民参加。自 2015 年以来，开展了罗泾镇 27 个村（居）“乡村大舞台”演出，至 2021 合计共举办 131 场，参与演出人次达到 7 000 人次，服务人次达到 10 万人次。做好各类公共文化资源配送。2016—2021 年，上海市公共文化资源配送平均每年分配配送场次为 20 场，平均每年服务人次达到 5 000 人次，宝山区公共文化资源配送平均每年分配配送场次为 20～25 场，平均每年服务人次达到 10 000 人次。自 2018 年起，宝山区第四级文化资源文化配送力度不断加大，2018 年涉及罗泾镇 26 个村（居）共 80 场次文化配送，2019 年涉及 20 个村（居）共 100 场配送，2020 年涉及 22 个村（居）共 110 场配送，2021 年涉及 19 个村（居）共 95 场配送，服务人次达到 30 000 人次。

挖掘乡村文化特色，打造乡村文化品牌。在 27 个村（居）建立综合文化活动室，各类文化载体、文化团队围绕罗泾丰富的人文历史底蕴，以“情景化、体验化、专题化”的设计思路，突出历史记忆和乡愁特色，推动漫画、沪剧、挑花、农民篮球等本土文化进农村、进校园。打造“罗泾十字挑花”工坊、农家书场、戏剧大舞台、爱国主义教育基地等项目，赋予传统文化、乡土文化以“时代内涵”和“大众味道”。以十字挑花（市级非遗）、萧泾寺传说（市级非遗）、四喜风糕（区级非遗）、婉蛾沪剧社和同衡漫画社五大品牌为抓手，传承和打造“活态”文化品牌，“十字挑花”不断推陈出新，开发出有生命力的延伸产业，“非遗”项目的自身活力显现；“婉娥沪剧”崭露头角，新创作品深受广大百姓喜爱；“同衡漫画”紧跟时代步伐探索漫画特色教育之路，不断彰显活力、影响力和认知度；“萧泾寺传说”新作落地，非遗项目的保护传承途径进一步拓展；“四喜风糕”承载记忆，特色的产品被赋予了追求美好的象征意义；“古韵泾彩”民间文化节激发全民艺术创造新活力。

文化品牌及特色文体活动

“罗泾十字挑花”技艺。6 年来，“罗泾十字挑花”技艺工作室成员从原来的 10 人增至 17 人，增补了郑晓蓉、杨海燕为该项目区级代表性传承人，成立“罗泾十字挑花”艺术沙龙及“泾绣娘”粉丝群。创新研发香囊、杯垫、钥匙包、手链、发夹、口金包、枕套、抱枕、仙人挑担床帘、龙凤呈祥被面等产品。2019 年，制作庆祝中华人民共和国成立 70 周年主题作品；2020 年，设计制作“沪鄂同饮一江水，抗击疫情同舟共济”作品，入选市委宣传部 9 月在上海展览中心举办的“众志成城上海抗疫展”，与宝山区体育局合作设计制作宝山区全民健身赛事活动品牌启动仪式相关作品，首次尝试文体结合；2021 年，为庆祝中国共产党成立 100 周年研制了红色系列文创作品，如“建党百年，记录百年”笔记本、笔袋两件套、“‘泾’绣辉煌”绣品、“‘泾’绣百年颂党恩”绣品等。自 2016 年开展“非遗进校园”项目以来，培养了近 300 位学生，共计服务 8 千余人次，获得 2 019 全国第六届中小学生艺术展演上海市活动学生艺术实践工作坊项目奖、2019 年非遗进校园创意作品征集评选二等奖等荣誉。2019 年起推进与东华大学、上海商学院、上海戏剧学院等高校的项目合作，2021 年 4 月与上海商学院艺术设计学院签约成立产学研合作基地，同月于上海戏剧学院举办“转 • 传承——罗泾十字挑花转媒体设计展”，在项目品牌宣传推广、团队建设、活动策划、设计制作等方面进行深入合作。每年举办“罗泾十字挑花”技艺大赛及相关培训，年均服务 500 余人次，形成以洋桥、塘湾和新陆 3 个区级授牌传习点为中心，花红村和海星村活动室传习点为延伸，覆盖整个罗泾镇的技艺传承体系。2019 年，“罗泾十字挑花”技艺被纳入宝山区人社局职业培训补贴项目目录，不仅有助于项目推广，而且切实实现帮助农民增收，截至目前，已开设了 100 个课时，50 多位村民从中获益。2019 年，“罗泾十字挑花”艺术工坊在塘湾村落地，集展示、教学、休闲于一体，占地面积 170 m^2，每周开展村居体验专场，接待参观共计 38 场，体验活动服务人次不下千余人。随着品牌建设的深入，“罗泾十字挑花”奖项不断，荣获2017年五星级老年型学习团队、2017年上海市巾帼文明岗、2018年宝山区三八红旗集体、2018年宝山区百姓终身学习品牌项目、2019年第五届NERC杯全国社区教育优秀微课程评选二等奖、2019年上海市百姓终身学习品牌项目，自2017年起连续3年获得宝山区优秀自主发展基地称号，2019年宝山区总工会授牌郑晓蓉巾帼创新工作室，2020年传承人郑晓蓉被评为“全国能工巧匠”，2020年荣获“老凤祥杯”第十五届上海旅游商品设计大赛商品类优秀纪念商品三等奖，还多次亮相“学习强国”上海平台，罗泾镇凭借“十字挑花”连续6年3次被评为民间艺术之乡。此外，“罗泾十字挑花”技艺不断受邀参加各类节目、展会，向社会集中展示了技艺成果，参加了涉及文化、教育、旅游等各个领域的百余场的活动，《澎湃新闻》《上观新闻》《解放日报》等媒体多次予以报道。

萧泾寺传说。通过举办“萧泾寺传说”演讲比赛及制作故事展板，提高其知晓度、传播度。为了探索非遗保护传承新途径，2017年启动《萧泾寺传说》连环画编绘工作，画册于2019年5月正式出版。聘请作家创作萧泾寺传说二维动画文稿，并进行拍摄，于2019年年底完成，并在宝山民间艺术博览馆内展示播放。2021年启动《萧泾寺传说》长卷挑制工作。

四喜风糕坊。2019年，罗泾四喜风糕坊在塘湾村落地，用于日常培训及体验。近年来，在传统造型及花式的基础上，针对目前潮流及本土特色，提升行盘糕、满囤糕、定胜糕、寿桃糕4种糕类造型与内涵，创新了多种新造型新样式。多次参与市、区组织的各类民俗展览，如2018年5月参加“花开四季，幸福宝山”中央电视台“群英汇”节目宝山区专场展示、宝山区非物质文化遗产日非遗展示、第十届宝山区国际民间艺术节非遗展示等活动。日常共接待参观体验百余场，服务人次超3 000人次，被评为2019年度罗泾镇“优秀志愿者服务项目”。

婉娥之乡沪剧社。该社团从30多名成员发展到60多名成员，并成立少儿沪剧班，成员50人左右，2018年社团列入宝山区文化资源第四级配送项目名单。2017年，编排的沪剧折子戏《芦荡火种》选段《智斗》获得2017年宝山星舞台优秀节目展评展演“璀璨之星”二等奖，原创沪剧小戏《买房》获得2018年宝山区星舞台优秀节目展评展演“闪耀之星”二等奖，社团领队王国珍2015年、2016年分别获得上海市浦江之星沪剧节“乡音和曲”沪剧邀请赛两次金奖，少儿沪剧班编排的沪剧表演唱《芦荡火种》选段《办喜事》获得2018年宝山区学生艺术单项比赛中荣获戏曲（小学组）铜奖、2018年上海市“乡音和曲”沪剧邀请赛少儿组名段传唱奖、2019年上海市“乡音和曲”沪剧邀请赛少儿组新苗奖、2020年沪剧小戏《村官的爱情》获宝山区群文新人新作原创节目“新作奖”等。

“古韵泾彩”民间文化节。2023年4月8日，随着第十届上海市民文化节正式启动，陪伴市民10年的罗泾镇“古韵泾彩”民间艺术节“乡村大舞台——解放村专场”、“今天你是魔术师——魔术互动体验”及“我们这十年——上海市民文化节十周年特展”也同步拉开了序幕。2013年以来，罗泾镇以“古韵泾彩”民间艺术节为主题，坚持挖掘本土文艺达人，培育“草根”文化，打造村居星级文艺团队，在市民文化节平台架构下，通过村居乡村大舞台和市、区文化配送资源，积极繁荣和丰富乡村文化，为村居群众和属地企事业单位职工提供优质文化产品和服务。通过上海市民文化节，罗泾特色文化品牌逐步凸显，传统沪剧、非遗文化得到展示和弘扬，各路本土文艺达人展示出自己的才艺，更好地满足了人民日益增长的精神文化需求，文艺之花开满乡村振兴的舞台。

罗泾篮球特色小镇。每年开展“泾光闪闪”罗泾镇农民篮球联赛、举办篮球嘉年华，为罗泾篮球爱好者搭建交流展示平台，2018 年成立宝山区篮球协会罗泾镇分会，2018 年罗泾镇被授予“篮球小镇”称号。2018 年，启动“篮球进校园”项目，分别在罗泾第二幼儿园及罗泾中心校开设篮球课程，其中在罗泾中心校成立校队及球操队，校队参加 2019 年中国小篮球联赛并顺利打入上海赛区总决赛，获优胜奖，球操队荣获“宝中杯”篮球操比赛第一名，罗泾镇“泾光闪闪”篮球队荣获上海市第三届市民运动会“战 FUN 宝山”2020 年宝山区业余篮球联赛冠军。

“泾彩同行”上海罗泾美丽乡村徒步赛。自 2016 年起举办首届徒步赛以来，参与人数从 3 000 人上涨至近万人，赛事融合体育、文化、旅游、美丽乡村建设等资源，同时结合艺术主题、艺术装置、村落、堤坝涂画墙、市集、个性化路线任务等，汇聚多“彩”多“艺”，将运动与艺术相融，打造了一个真正属于市民群众的乡村体育嘉年华，展示了宝山乡村振兴建设的风貌。成功举办四届“泾彩同行”美丽乡村徒步赛，累计参赛人数突破 1.2 万人，火热开展“一鸣惊人”“泾光闪闪”农民篮球联赛，开赛近 200 场，辐射人群 3 万余人次。

3. 主要成效

文化品牌效益凸显。“罗泾十字挑花”“萧泾寺传说”成功入选上海市级非物质文化遗产，“四喜风糕”成功申报宝山区非遗项目。建成“罗泾十字挑花”艺术工坊、沪剧大舞台、“四喜风糕”课堂、众文空间、罗泾民俗馆多个文化承载体，并举办“乡村大舞台”活动 127 场，连续开展 10 届“古韵泾彩”民间文化节，配送市、区文化资源近 400 场，参与演出 6 000 人次，服务群众 20 万人次。“罗泾十字挑花”非遗品牌内涵不断深化，成功研发海派十字挑花作品，“罗泾十字挑花”工作室荣获“上海市巾帼文明岗”“上海市百姓终身学习品牌项目”，罗泾镇连续 3 届被评为“上海民间文化艺术之乡”。组织开展“罗泾十字挑花”、母婴护理项目等培训，成功扶持农村特色创业 165 人，罗泾镇获评上海市“市星级”充分就业社区、宝山区优秀创业型社区。

体育健民惠民社会效益凸显。罗泾镇立足增强群众身体素质、提高人民生活质量的目标，紧紧围绕聚焦均衡优质、多元融合、全民共享、农村特色、亮点打造的五大理念，多年来，将美丽乡村、全民健身和全民健康的理念深度融合，把农村体育健身设施建设作为构建城乡体育公共服务均等化的重要一环。建成“农民体育工程”项目 11 个、健身步道近 20 km、新农村健身苑点 75 个，升级 3 个美丽乡村灯光篮球场等，力求满足罗泾群众的多元化需求，全力打造全民健身设施圈。

生态效益凸显。以“四好农村路”建设为抓手，建成了以沪新路和河塘路为代表的集出行、景观、文化、休闲于一体的农村公路，增加了绿化种植，营造景观小品，道路环境不断提升，为成功举办品鲜节、垂钓节、徒步赛等活动奠定了重要基础。沿线的千亩涵养林吸引了越来越多的市民前来休闲娱乐，带起了周边村民种植业，村民幸福指数不断增强。罗泾镇也因此成为上海市首批“四好农村路”示范镇，沪新路荣膺“2020 年上海十大最美乡村路”称号。

16.8.5 创新体制机制——泾彩积分制，引领乡村治理新风尚

1．案例背景

罗泾镇户籍人口 3.2 万人，常住人口 7.5 万人，下辖 21 个行政村，其中 9 个村村民已全部动迁上楼。根据《关于组织开展乡村治理积分制示范基地申报的通知》（沪农委〔2021〕5 号）文件精神，立足镇域实情，在“六治三理”工作法的基础上，积极试点探索乡村治理积分制管理模式，具体在塘湾、海星、花红、新陆、洋桥、潘桥、陈行、合建、肖泾 9 个形态完整、乡村风貌浓郁的行政村试点推广积分制。2022 年，9 个村共计 2 863 户本地常住户籍家庭，已有 2 777 户上线积分制管理系统平台，主动上线参与率超 97%，1 家镇级、4 家村级积分兑换超市投入运行，初步建立具有宝山特色的“积分制”管理模式。

2．主要做法

（1）健全机制、夯实基础，推动积分制试点高效开展

健全机制强力推进。镇层面，成立镇党委书记、镇长担任双组长，党委、政府分管领导任副组长，组织、宣传、农业农村、建设等镇职能部门负责人和相关村支部书记为成员的积分制示范基地创建工作领导小组。领导小组统筹全局，强化压力传导，为积分制试点工作提供组织保障。领导小组下设办公室（乡村治理办公室），统筹协调创建工作开展。村层面，各村成立以村书记为组长，支部委员、条线干部、选调生、村民小组长、村民代表、乡贤等组成的积分制自治小组，组建党员领头的积分制管理志愿者团队，负责积分制工作的推进落实。同时，各村建立了村经办人、村负责人、村积分自治小组联动审核机制，确保积分评价、结果运用等各环节公平、公正。

广泛宣传深入人心。一是广发倡议。面向村民发出倡议，号召广大村民以“共议事、护平安、讲文明、美村宅”的实际行动换取积分，共创“泾”彩乡村。二是集中宣传。利用社区通、“网罗泾彩”公众号、宣传栏、宣传册等形式线上线下宣传积分制，营造浓厚的积分制试点推行氛围，引导村民支持积分、踊跃参与。三是入户培训。组织志愿者上门入户，挨家挨户把为何积分、如何积分、有何奖惩等问题说清楚、讲明白，手把手教老年村民登录积分平台，参与积分申领、兑换。

（2）聚焦分值、精细设置，实现积分制试点规范运行

因地制宜确定积分内容。罗泾镇全面梳理乡村治理中的重难点问题，对 10 个镇职能

部门涉及的治理事项进行再梳理、再分类，确定了村民议事、平安建设、文明新风、美亮村宅 4 个方面的积分内容，归纳整理出村民议事、房屋租赁、消防安全、移风易俗、志愿服务、垃圾分类、人居环境等 13 类积分事项，涵盖了几乎乡村治理的所有重点内容。

奖罚分明设置积分标准。坚决打破农村地区“做好做坏一个样，做多做少一个样”的大锅饭形式，罗泾镇对 13 类事项进行再细化、再分解，设置加减分结合的积分标准，形成了《罗泾镇积分制管理分值指导标准》，以家庭为单位参与积分，以年为周期计分，积分事项每年每户基础分满分 630 分，村民积分情况定期通过村务公开栏等进行公示。积分标准设置以加分为主，突出正向引导，如对宅前屋后及“小三园”保持整洁的每月加 20 分，对参加志愿服务的每人每小时加 5 分，对村民房屋租赁做到及时登销信息的每年加 10 分，对农村自建房内配置消防器材的每年加 20 分，对遵守红白喜事约定的每次加 60 分，激励村民爱护家园、崇德向善。同时，标准设置体现负面约束，对涉黑、涉恶、黄赌毒等违法行为每人次减 100 分，对新增违法建筑每处减 100 分，为村民行为划出底线，提醒村民不踩红线。

依托“社区通”智慧管理。为顺应基层治理数字化转型趋势，宝山区依托“社区通”平台，开发了“宝善治”乡村治理积分系统，村民通过手机登录社区通“乡村积分”板块，可在线查看积分规则、积分加减明细、村内排名和可兑换积分并申领积分；村工作人员可通过手机端和电脑端进行积分管理，对村民申报的审核类事项积分，根据村民个人上传的相关证明材料和实际情况予以加减分，同时可查看各家庭积分明细、排名等，分析各村民小组参与程度；镇级观察端可查看各村积分制参与率、积分排名和全镇家庭积分榜等内容，直观了解全镇积分制推进总体情况。利用群众基础强大的“社区通”平台，“宝善治”系统成功实现村民、工作人员告别积分申领、审核、兑换及档案管理等烦琐环节，使积分管理更加便捷、高效和可持续。

（3）多元保障、强化运用，确保积分制试点落地见效

多方筹措保障资金。罗泾镇按照“镇政府补贴为主、村集体经济组织补充、社会组织捐赠支撑”的工作理念，落实积分制工作经费保障，累计筹措资金 275.79 万元。在统筹整合人居环境优化工程考核奖励、村庄长效管理考核奖补等资金的基础上，专门设立积分制专项预算，按照平均每户每年 630 元的标准对积分兑换进行补贴，预计每年新增投入财政资金 126 万元。除政府补贴外，各村集体经济组织安排资金，在筹备积分超市、兑换物资等方面提供保障。同时，积极动员镇域内相关单位参与乡村治理，支持积分制试点工作，如农商行罗泾支行对镇积分榜年排名前 50 位的家庭给予一次性礼品奖励，塘湾村餐饮公司品膳坊为塘湾村所有参与积分户提供每户 100 分的积分券奖励。

灵活兑换超市物品。罗泾镇依托现有小卖部、村集体闲置用房和党群服务站点等建设积分兑换超市，开设镇级积分超市 1 家，可为全镇积分用户兑换物品，1 积分对应 1 元，可以积累使用，限兑换米面油、牙膏肥皂等 17 项实物商品；开设村级积分超市 3 家，采

用“17+X ”特色兑换方式，如花红村增设了书籍和运动器材的兑换，塘湾村在炎炎夏日准备了冰激凌和冰饮料供村民兑换，海星村则与“星海”艺术工作室合作，提供了艺术课程的兑换。截至目前，4 家积分兑换超市皆已进入常态化运营阶段，镇级积分超市联合农商行开展了集中兑换活动，对各村积分排名前 10 位的村户予以每户 100 元的实物奖励。此外，疫情封控期间，在物资购买不便的时段，3 个村级兑换点将原先为村民积分兑换储备的物品以成本价出售给村民，化解了村民的燃眉之急。

积分联动金融授信。为强化积分成果运用，罗泾镇率先试点将乡村治理与信用建设相结合，与上海农村商业银行达成合作意向，建立“宝善治”积分授信白名单，白名单按年更新，将每年全镇积分排名前 50 位的家庭纳入白名单，白名单内村民可在宝山区任一农商行网点享受业务办理优先叫号，享受优先授信、突破年龄限制授信等优待，而且个人消费信用贷款利率比普通信用贷优惠 8%以上。

3. 主要成效

罗泾镇自试点推行积分制以来，通过将各类项目和指标转化为具体分值，将乡村治理方式由“任务型”转为“激励型”，乡村治理从无形变有形，使软约束有了硬抓手。积分制将村级事务与村民利益联系起来，让村民的行为有镜子可照、有尺子可量、有标杆可比，村民向上向善的内生动力也得以充分激发。积分制管理赋予原先无形的“村规民约”看得见、摸得着的内生价值。通过有效整合，镇域资源得到了最充分、最有效的利用，迅速在全镇建立起了有效的积分激励机制，激发了村民的主人翁意识，增强了村民的获得感。

16.9 扬州市方巷镇

方巷镇位于扬州主城北郊中心，地处邵伯湖西岸，镇域内近一半面积为生态保护红线区域。方巷镇坚持深入学习贯彻习近平新时代中国特色社会主义思想，围绕全镇发展目标，狠抓落实全镇生态环境工作，先后被命名为扬州市文明乡镇、省级耕地保护激励单位、绿色优质水稻基地、江苏省美丽家园省级示范点，镇内的沿湖村、裔家村等先后获得国家级最美渔村、中国生态文化村、江苏省文明村镇等荣誉。近年来，方巷镇全力推动生态产业化和生态经济发展，突出全域生态综合体建设，将生态资源优势转化为产业经济优势，创新探索属于当地的绿色转型路径，争取成为后发地区赶超跨越、高质量发展和示范样本。

16.9.1 水美方巷——擦亮邵伯湖生态底色，百年渔村焕新颜

1. 案例背景

沿湖村地处渔业资源丰富的邵伯湖西岸，位于邵伯湖生态红线种质保护区域内，是扬州市唯一纯渔民居住的渔业行政村，水域面积 61.5 km^2，陆域面积仅 0.8 km^2，渔民世代依

靠在邵伯湖上捕鱼捞虾维持生计，“一条破船挂破网，祖孙三代共一舱”就是他们生活的生动写照。沿湖村从2000年开始推进渔民上岸，发展湖区养殖，最高峰养殖面积1.3万亩，湖区网围养殖曾一度对渔民传统捕捞产品转型发挥了积极作用，为村集体组织增收作出了贡献，但养殖效益普遍较低，且对生态环境保护造成压力（图16-32左）。2016年，随着江淮生态大走廊建设、邵伯湖退渔还湖政策的推进，沿湖村以习近平生态文明思想为指引，坚持绿色发展理念，认真落实“263”环境整治、长江十年禁捕等重点生态保护政策，实施12 900亩湖区退养和257户渔民退捕工程，开展邵伯湖生态红线区域保护工作，全面改善邵伯湖生态条件。同时，以“渔业+”模式发展乡村旅游产业，推动渔业转型、渔村转变、渔民致富，从远近闻名的“穷渔花子村”到“全国最美渔村”，沿湖村的“蝶变”也是邗江区乡村振兴探索的一个缩影。

20世纪末渔民生活

沿湖村现状

图16-32 沿湖村渔民上岸变身最美乡村

2. 主要做法

坚持政策为先。邗江区相继开展“263”环境整治、退养还湖、禁捕退捕等重点生态保护工作，沿湖村坚持政策引领，2017—2020年累计退养渔民156户，退养面积12 900亩，退捕渔民257户，4年退养、退捕任务超前、高标准完成。在此基础上，全力推动渔民上岸定居和渔民传统渔业转型工作，实现300多户渔民上岸居住，发展乡村旅游产业，带动1 000多人转产就业，发展辐射周边3个行政村，2020年接待参观团队320多个。2015年，“乡村旅游直通车”政策为沿湖村的转型发展带来了新的动力和契机，沿湖村积极开发渔文化和渔村特色旅游项目，激发内生动力，逐步形成了一条集餐饮、住宿、交通、休闲娱乐于一体的渔家特色旅游产业链。

坚持党建引领。在乡村旅游发展过程中，沿湖村坚持党建引领，村组织始终把渔民群众对新时期美好生活的向往作为努力的方向，坚持把渔民期盼的过上好日子作为工作目标，克服村内无可用土地、渔民长期以船为家、发展产业单一等历史性发展困难，通过实施填塘整地、建设渔民上岸定居工程、传统渔业转型发展三步走的有效推动，乡村旅游产业从“0”起点向年收入近 3 000 万元快速发展。围绕党建引领主线，沿湖村逐步从经济贫困村发展成为乡村振兴发展的典范，同时涌现了“全国劳动模范”“全国优秀党务工作者”“中国乡村旅游致富带头人”村书记刘德宝，党员致富带头人马明斌、刘德文、沈常来等一批沿湖村乡村振兴发展的先进典型，通过基层党建引领，帮助沿湖村实现脱贫攻坚、产业发展转型。

坚持规划优先。坚持乡村振兴战略目标，结合特色田园乡村和美丽乡村建设，以沿湖村行政辖区为规划范围，围绕住宅分区、产业分区、功能分区、农民增收等重点领域，组织编制了《扬州市邗江区方巷镇沿湖村土地利用规划（2016—2035 年）》《江苏省沿湖特色田园乡村建设行动计划》《沿湖村特色田园乡村生态保护实施方案》《邵伯湖生态红线保护实施方案》《渔文化乡村旅游产业规划》等规划方案，同时以沿湖村 0.8 km^2 为核心区域在产业、生态等领域进行突破，辐射周边区域 3 个村，共约 3 km^2，助力乡村振兴发展。

坚持生物多样性保护。按照“绿水青山就是金山银山”理念的要求，始终突出生态优先的理念，严格落实生态保护措施，加强环境污染治理，以绿色发展的理念加大对生态，尤其是野生动物的保护力度。结合江淮生态大走廊和市、区“263”整治工程的不断推进，沿湖村实施了邵伯湖 64 km^2 水上垃圾收集工程和外来水生植物治理工程，以退养还湖为抓手，着力保护野生动物、修复生态湿地、提升自然生态系统自我循环功能。2022 年 1 月，邗江区生物多样性本底调查启动仪式在沿湖村举行，同时建立了扬州大学生物多样性教学实验基地，连续开展了陆生维管植物、陆生脊椎动物调查，通过创建微信公众号的方式，不定期地宣传保护野生动物、维护生态环境相关内容，组织排演有关生态保护的节目，通过表演的形式故事化宣传生物多样性保护。

坚持项目建设。沿湖村依托渔民上岸定居工程，统筹规划、同步实施路网、水网、管网、绿网、信息网等基础设施。推出了网箱养殖示范工程，并按面积给予养殖户一定的资金补贴。网箱养殖的好处有 3 点：①活水流通，渔业品质接近野生；②产权明晰，谁家的网箱谁负责，不吃“大锅饭”；③捕捞方便，网箱一收，鱼就到家了。新建 S611 省道至沿湖村连接线 1.5 km、提升 1.7 km 村内沥青路面，同步实施绿化、亮化等配套设施，打造 260 亩景观水系，提升渔文化路、沿湖路 3.2 km，打造节点景观 13 个。配套渔文化博览馆、旅游厕所、公共停车场、旅游标识标牌、通信网络、垃圾污水处理等基础设施，以及在乡村精品民宿打造、乡村人文景观构建、乡村旅游产品供给等方面着力打造“形态、业态、文态、生态”四态合一的美丽沿湖。

坚持产业发展。沿湖村瞄准“渔、隐”主题，2016 年打造“渔家学堂”。2018 年启动省级特色田园乡村建设，融合渔业产业、渔家乐餐饮、渔文化展示、乡村旅游等项目于一体。2019 年，与扬州市图书馆结对打造渔家书房，充分发挥“渔三代”创新创意，使渔家非遗面食与邵伯湖龙虾完美融合，体验龙虾仁披萨制作，开展手工编织鱼篓、渔家绣花布鞋制作、顺心顺意莲蓬车挂件等文化创意产品体验。沿湖村围绕“深休闲、微度假、慢文化、细体验”的特色旅游，投资打造桥港渔场、渔业科创园、湖心岛露营项目 11 个旅游项目，并成立了 2 家渔文化旅游公司和 2 家专业合作社，开发了“渔家三宝”、渔家布鞋、顺心顺意莲蓬车挂等 20 多种旅游产品和手撕甲鱼、锅盖歌鱼等 36 道渔家船菜，注册了“印象邵伯湖”18 个大项 150 个小项的系列商标，在发展过程中逐步实现了从传统一产到一三产融合、从捕鱼卖鱼到“卖旅游”的转变，孵化渔家乐、民宿、农村电商、休闲渔业等 30 家，2022 年旅游收入达 3 000 万元，村集体收入达 270 多万元，渔民人均收入从 10 年前的不足 6 000 元增加到 3.5 万元，渔民经营的旅游项目有 10 家年收入达到 30 万元以上，带动了 400 多名渔民就业。

强化渔民培育。与江苏开放大学、扬州开放大学和方巷镇社教中心结对，创办“新渔民学习苑”，建成渔民上岸定居创业转型培训基地，不仅是渔民学习的阵地，还是渔业生产科普教育的园地（图 16-33）。针对渔民上岸，渔业转型服务业，邀请专家和教授开设讲座、服务技能培训课、电子商务课、专业知识学习课，并带渔民走出去。同时，以合作社为平台，组织村民团结合作共赢，实现显著的富民效果。

沿湖村渔民上岸定居转型培训基地

扬州渔文化博览馆

图 16-33 渔民培训

强化品牌打造。沿湖村通过定期举办形式多样、内容丰富的渔事渔节活动，强化渔文化的传承和保护，推广沿湖渔村旅游品牌。以“政府搭台，村委主导，村民参与”的方式，自 2011 年起先后举办“邵伯湖渔民文化美食节”“迎端午 • 庆开渔民俗风情节”“邵伯湖冬捕杀围节”“金秋品蟹节”“中秋祭祀”“丰收节”“奋进新时代 • 追梦渔家人”等富有渔文化特色的活动。为进一步推广沿湖乡村旅游品牌，提升沿湖渔村旅游的知名度和美誉度，以更形象、更直观、更便捷的方式向国内外游客传达沿湖渔村丰富的旅游资源及独特的人文底蕴，开展“浮生岁月 • 遇见沿湖”沿湖渔村旅游宣传口号和形象标识征集活动，并最终确定沿湖渔村口号为“千年渔光曲　船说沿湖村”，使渔村乡村游产品深入人心。2023 年 5 月，扬州市邗江区方巷镇首届乡村文化旅游节在沿湖渔民大舞台盛大开幕，推出了一系列精品文旅线路及产品，激发了乡村旅游多元新韵味。

3. 主要成效

经济效益和社会效益显著。从最初渔家乐的星星点火、艰难起步到如今的近300多家渔民上岸创业、集聚发展、各具特色，从最初水产品、土特产路边摊扯着嗓子吆喝到开发成旅游产品、注册品牌、在微信和淘宝开馆热卖，从曾经的美食“一招鲜、吃遍天”到推出“玩在湖中，吃在渔家，宿在湖畔”乡村度假经典产品，一房难求、一桌难订成常态，从成立“湖上人家”生态渔业观光专业合作社，到公司化运作，从多名党员带头撸起袖子创业、年轻大学生毕业返乡投身乡村旅游发展到吸引社会资本参与旅游开发和运营，沿湖乡村游产品品质持续升级，产业发展空间不断拓展，在发展过程中实现了从捕鱼卖鱼到“卖旅游”的转变，打响了“渔妈妈”“沿湖小马哥”“渔家三宝”“俏渔娘”“印象邵伯湖”品牌商标，孵化了农家乐、民宿、农村电商、休闲渔业，将其打造成为扬州首家以渔文化、渔民体验等多种形式结合的田园综合体。“吃住游乐购”产业链催生旅游“创业链”，更多渔民投身旅游富民事业，通过合伙制、合作制、资产托管等形式参与集体旅游资源开发，抱团加快奔康致富。2022年，旅游收入达3 000万元，村集体收入达270万元，渔民经营的旅游项目年纯收入达到了30万元以上，带动本村就业400多人。

生态效益突出。沿湖村在开发利用邵伯湖生态资源的同时，坚持“绿水青山就是金山银山”理念，严格落实生态保护措施，加强环境污染治理。结合江淮生态大走廊和市、区“263”整治工程的不断推进，实施邵伯湖64 km^2水上垃圾收集工程、外来水生植物治理工程、村庄环境整治工程；以退养还湖和渔民上岸工程为抓手，建设污水净化处理设施，减少生活污水排放，减轻环境污染，改善生态环境，生物多样性显著提升，形成白鹭成群、水雉回归、人与自然和谐共生的画面；围绕美丽乡村建设，着力保护、修复、提升乡村自然环境，有效挖掘和充分彰显田园景观，打造260亩景观水系、13个景观节点，形成自我循环的乡村自然生态系统。2020年7月6日，《人民日报》发表《绿色铺就小康底色》一文报道沿湖生态。

塑造一批品牌。沿湖村通过治水、护绿、添彩行动使村庄呈现出鱼翔浅底、百鸟争鸣、繁星闪烁的最美生态，走上了高质量绿色发展新道路，先后获得“国家级最美渔村”“全国乡村旅游重点村”“中国美丽休闲乡村”“全国生态文化村”“中国特色村”“全国乡村治理示范村”“全国休闲农业与乡村旅游四星级园区”“江苏省最美乡村”“江苏省乡村振兴旅游富民先进村”等荣誉。2022年，沿湖村作为扬州唯一上榜乡村获得“水韵江苏•网红打卡地”网红美丽乡村称号。

示范带动作用凸显。通过举办渔事渔节活动、夯实基础设施、投身村庄经营，沿湖村已大大提高了公众关注度，国内外游客络绎不绝，党政考察团更是对沿湖村的发展赞赏有加，沿湖村生态富民举措的经验和做法也相继亮相“学习强国”、央视《新闻联播》、《人民日报》等国内主流媒体。2018年，英国《卫报》刊登了一张沿湖村渔民撒旋网的照片，向世界展示了中国古老的捕鱼技艺。

16.9.2 韵美方巷——擦亮红色名片，弘扬红色文化

1．案例背景

方巷镇有着深厚的历史底蕴和人文资源，依托现有资源，抢抓发展机遇，立足乡村振兴大背景，继续深耕红色土壤，盘活红色资源，传承红色基因，将“红色”的光芒洒向乡田，为乡村振兴按下“快进键”。打造“一体化”红色教育初心实景课堂，成为全市党员干部热门“打卡地”；2020年，积极打造“四个课堂”，即红色基因传承课堂、革命传统体验课堂、党风廉政教育课堂、乡村振兴实践课堂，以串点连线成片的方式编织一张辐射全域的党建标识图；2021年，围绕建党100周年，方巷镇凝心聚力打造全市红色研学游基地，按照“红色+旅游+产业”的发展模式，以红色党建资源激发旅游潜力，以旅游产业反哺农业产业，进一步擦亮红色名片，推动乡村振兴。

2．主要做法

还原红色场景，营造沉浸式氛围。打造裔家村红色文化园（内含房叔亭纪念馆），新建吴奇烈士革命文化馆（吴奇家风文化馆）；对张爱萍将军在方巷史料陈列馆、北山党史馆、北山农耕文化园、焦循家风家训展览馆等红色场馆中的展厅改造升级和维护修缮，向村民收集老物件，赋予文化原真性元素，借用历史之实还时代之魂，新修葺的场馆将以油画、照片、实物、展柜、视频等多种形式让参观者身临其境、丰富阅历、回顾历史。为每个场馆配备专职红色讲解员，创新讲解方式，挖掘鲜为人知的历史人物和事件，突出不同的红色精神主题：参观张爱萍纪念馆，感知党“为了谁”；参观北山党史馆，明白党“依靠谁”，展现组织的力量、人民的力量、信仰的力量，让历史“生动”起来。

深挖红色富矿，延伸红色产业链。单一的红色文化资源难以支撑起文旅经济，必须与党性教育、企事业单位团建、绿水青山、党建扶贫相融合，走出一条党建致富之路。一方面，立足于沿湖干部培训学校，设计开发“张爱萍精神的理论内涵与当代价值”“渔民的宝”等精品党课，拍摄“红色档案”微纪录片，开展红色教育培训。整合黄居艺术团、渔家欢艺术团资源，以建党100周年为契机，开展红色经典诵读、百年党史手绘、百米画卷绘制等活动，利用音、诗、画等形式增强红色文化的吸引力和感染力。另一方面，立足于优化文创产业，助推方巷“党建与产业特色”相互融合。依托沿湖二期商业综合体，加快招商引资，设计并售卖焦循书签、沿湖敲拓帆布包等文创产品，以打开需求市场，充分发挥其教育效益、纪念效益和社会效益。

投资红色项目，实现市场化运营。投资“红日照方巷惠民文化”项目，采取“投资主体公司+村级经济组织（合作社）”的投资方式合力打造。该项目以红色培训、讲解服务、特色餐饮、精品民宿、美食包装、旅游纪念品为重点，带动文旅经济与现代服务业的发展。推出“精品一日游”，即以张爱萍在方巷史料陈列馆、北山党史馆、焦循家风家训展览馆为载体的红色热血游，以沿湖村、北湖湿地公园为载体的绿色生态游，以黄珏老鹅、裔家

牛肉、利民稻田鸭、渔家味为载体的金色美食游，以生态采摘为主的观光体验游，以方居健康大讲堂、裔家宪法馆、渔文化博览馆、沿湖民宿为载体的科普养生游等。在旅游旺季、节日节点推出应时应季的礼盒，内含渔家湖鲜、裔家牛肉、黄珏老鹅、有机鲜蔬等。该文化项目让游客在置身“天然氧吧”、品尝当地特色的同时，接受红色文化熏陶，助推方巷“红色与产业特色”相互融合，从而激发乡村振兴的内生动力。

3．主要成效

通过传承红色文脉，方巷镇打造出一条融历史、党史教育、本土文化三位一体的“党建文化学习路径”，接纳党史研学团队近 12 万人次，挂牌 1 个市级现场教学点。

全域摘得国字、省字金牌。2022 年以来，方巷镇沿湖村创成全国乡村旅游重点村、全国乡村治理示范村、全国民主法治示范村，裔家村创成省级特色田园乡村，刘德宝获评全国优秀党务工作者。

按照“阵地+队伍+产业”的发展模式，直播带货悄然兴起，特色餐饮、住宿落地生根，一批致富能手脱颖而出。

16.9.3　味美方巷——舌尖上的“非遗”，打造特色乡村经济

1．案例背景

裔家村位于扬州市方巷镇西北部，毗邻北湖、邵伯湖，因有裔姓村民而得名，制作牛肉已有近 400 年历史，拥有“裔家牛肉制作技艺”非遗美食。由于牛在历史上是用来耕作的，不得随意宰杀，裔家牛肉制作的工艺也曾用于宰杀制作驴肉。裔家村人通过各种渠道，逐渐停止驴肉制作，专门从事牛肉制作，现在是扬州牛肉重要集散地，制作的五香牛肉占全市销售市场的 70%～80%，每年产值近 1.6 亿元。村集体结合自身产业优势，注册“方巷衣加”牛肉商标，组建裔家牛肉专业合作社。裔家村地处邵伯湖环湖养鹅带，在长期烹调扬州盐水鹅的过程中，经营户逐步调配出了特制秘方，相传清代地方官员用黄珏老鹅上贡下江南过扬州的乾隆皇帝，乾隆尝后赞曰：“走遍江南寻风流，此鹅只应黄珏有。”现“黄珏老鹅”已形成品牌，年销售额达 1 200 万元。2022 年 2 月，央视财经频道《经济半小时》“舌尖上的产业地图”栏目深度解码扬州老鹅，了解这片区域历史悠久的“鹅文化”和蓬勃发展的“鹅经济”。“两味”产业多次在人民网、《新华日报》、央视《一城一味》纪录片等媒体平台中亮相，品牌号召力和产业影响力不断提升。在此基础上，裔家村依托毗邻北湖、邵伯湖的地理优势和独具特色的地方文化，开发“观赏湿地风光、品尝牛肉风味、体验地方风俗”旅游项目，打响“北湖老集 · 至味裔家”特色品牌。2021 年，方巷镇裔家村成功入选江苏省特色田园乡村。

2．主要做法

坚持规范技术提升品质。为保证美食的品质，市食安委办、市市场监管局联合印发了《2020—2022 年全市食品小作坊整治提优工程实施方案》，对食品小作坊登记管理、信用建

设、日常监管、监督抽检、培优升级5个方面提出具体要求，保证质量安全。另出台详细的《扬州盐水鹅食品安全操作指南》，从盐水鹅采购、加工制作、成品运输、销售卫生、从业人员健康管理5个方面作出规范。2021年，扬州老鹅被评为“江苏省名特优小作坊”。方巷镇被认定为江苏省地标美食黄珏老鹅原产地。

坚持产业链延伸促发展。奝家牛肉和黄珏老鹅在发展中组建专业合作社，注册商标，引导小作坊抱团发展，形成“产、加、销”完整产业链。目前，全村共有牛肉店铺30余家，从业人员近500人，扬州近百家农贸市场都有营业摊点，拥有专业合作社2家、家庭农场8家、专业大户9家，在村集体的统一管理下，规模经营比重达61%，充分带动小农户共同发展。同时，依托特色奝家牛肉和黄珏老鹅主导产业，充分挖掘农业农村的多元功能和价值，采取“生态+”“互联网+”等方式，有效延伸产业链，促进一二三产业融合发展。借力微博、抖音、微信公众号等网络自媒体平台，探索“生态+特色农产品发展”“互联网+农产品销售”模式，形成了以经济粮食作物为主的现代农业，以奝家牛肉、黄珏老鹅为主的农产品加工业，以田园观光采摘为主的乡村旅游业协同发展模式，实现了从一产到一二三产业融合发展的转变。通过线上线下牛肉加工作坊拓宽致富渠道，400多名“烹牛人”一年销售额达1.6亿元。黄珏老鹅作为市级非遗，一年约加工2 200万只，带来相关收入4.4亿元，促进了乡村振兴。方巷镇借着电商东风将美食远销全国，年销售额数亿元，带动了镇里农民致富。

坚持文化引领塑造品牌。方巷镇在做强做大美食产业的基础上，做好“美食+”文章，积极孵化生态农场、风情民宿、桃园微湿地、益佳牛文创中心、牛文化展示馆、黄珏老鹅文化馆等文旅项目，通过创建省级特色田园乡村、省级绿美村庄和老街打造等项目提升农旅产业基础设施，发挥毗邻北湖湿地公园南门的地理优势，依托独特的“牛”文化、“鹅”文化、老集文化，大力开发“观赏湿地风光、品尝牛肉风味、体验地方风俗”的乡村游项目，举办文化美食节，走“生态+文化+旅游”的特色发展模式，全力推动乡村振兴集聚发展。方巷镇依托日益响亮的“美食名片”，一条可持续发展的乡村美食文旅之路日渐明朗。奝家老街在保留和延续周边建筑风格的基础上，恢复了老街的历史风貌，同时改造了房叔亭烈士故居，注入了红色文化元素，丰富和提升了奝家乡村旅游业态。2022年6月，以扬州鹅文化为主题的“黄珏老鹅文化展示馆”在方巷镇联合村东元组落成开馆，这让久负盛名的“黄珏老鹅”有了自己的传承基地，也为世界美食之都扬州新添一张文旅新名片和非遗文化打卡点。

3. 主要成效

村庄美了。田园乡村既要有美食，更要有美景生态，这才相得益彰。奝家村大力实施土地综合整治、环境整治、生态修复等战略，重点推进村旁、宅旁、水旁、路旁等公共空间的长效管护。百年老街奝家街着力保护、修复、提升乡村自然环境，有效挖掘和充分彰显田园景观，形成自我循环的乡村系统，实现“山水田林人居”和谐共生。

产业特了。裔家村大力发展以裔家牛肉和黄珏老鹅为主的特色美食产业，不断打响生态品牌，裔家牛肉远销国内外，成为村里的支柱产业。“黄珏老鹅”入选省级百道乡土地标菜，正在积极申创“黄珏老鹅”国家级地理标志。2008 年，黄珏老鹅制作技艺被列入第一批扬州市非物质文化遗产名录；2021 年，扬州·黄珏（黄珏老鹅）被认定为江苏省地标美食原产地。

农民富了。裔家村借助农业农技部门、扬州里下河农科所等资源，组织开展新型职业农民培训，成功孵化牛肉馆、桃园、生态农场、风情民宿 9 家。精耕美食产业，让裔家人实现大翻身，扬州市场上近八成的牛肉由裔家村供应，2022 年实现第三产业总产值 2.5 亿元，集体经济收入达 155 万元，农民人均纯收入达 3.8 万元，增长幅度高于邗江区平均水平。

人才旺了。吸引合作组织带头人、高校毕业生、城镇企业主、农业科技人员等各类人才下乡创业，吸引外出务工人员返乡就业、创业，致富带动效应明显。丰富的自然资源和独特的人文资源吸引了一大批外出务工人员返乡就业、创业，乡村旅游发展带动周边 20 户村民转型发展休闲观光农业、餐饮业，最具代表性的就是大型民宿客栈浩兴园，吸纳本土就业 15 人，年均收入达 200 多万元。

16.9.4　农美方巷——聚焦特色生态农业，激活乡村振兴

1. 案例背景

方巷镇作为农业大镇，土地有 59 190 亩，主要农作物有小麦、水稻。辖区内涵盖 18 个村、2 个社区，有 17 个村资源贫瘠、基础薄弱，村集体收入多年低于 70 万元。脱贫攻坚靠实干，兴旺致富靠产业。方巷镇政府“苦练内功、勤修外功”，立足本地资源禀赋，公开征求群众建议，有机结合市场需求，确立了“特色产业+龙头企业+特色乡村”的脱贫发展模式。花城村兴建家庭农场，稻虾共作养殖模式不断深入人心，村集体经济年收入达 110 余万元；兴湾村水陆资源丰富，统筹调整村民土地池塘，大力发展螃蟹规模养殖，每天到兴湾村订购蟹苗的商贩络绎不绝；利民村重点实施北山党史馆周围环境提升和北山农耕文化园的项目打造，串点成线、连线成片，丰富旅游业态。目前“特色产业+龙头企业+特色乡村”的产业模式在方巷已初见成效。

2. 主要做法

发展村集体经济，“绿色福利”转化“绿色财富”。利民村大力开展生态建设，实现一步一景、移步换景。近年来，大力发展村集体经济，科学开展农产品种植，绿色环境种出的绿色粮食与蔬菜品质好、销路宽，让村民多了一条致富路。2014 年年底，率先注册了方巷镇村级集体第一家家庭农场，流转出农户手中闲置农田和缺乏劳动力家庭的农田，带动农户经济收入、村级集体经济收入的增加。2016 年起，利民村开展经营花卉苗木基地，通过土地流转打造了 1 300 多亩花卉苗木基地。2018 年，利民村转变思路，拓展经营方式，在农田里养鸭子，进行稻鸭共作（图 16-34），不断拓宽致富路，整合了 4 个农民合作社、

2 家农业企业（煜熙农业园、惠民生态园），成立北山农耕文化园，立足现有花木基地资源重点发展观光、采摘、垂钓等休闲观光业，在解决好吃、住、行之外，还在游、购、娱多方面下功夫，通过“观—学—养—乐”这种参与性强、“养成式”的游憩方式达到更好的效果。项目实施后极大增加了村级集体收入，为村民增收致富开拓了新渠道。

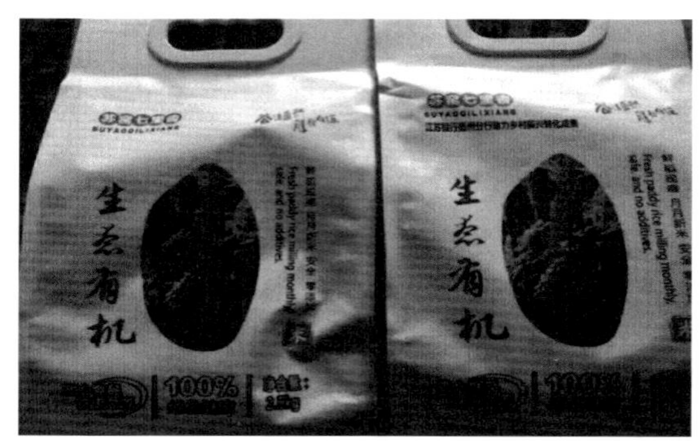

图 16-34　利民村有机稻米和稻鸭共作模式

“党建+兴湾大米”，传统农业变身高效农业。兴湾村将基层党建与发展特色农业相结合，积极探索特色党建工作，充分发挥党支部和党员队伍在农村经济发展中的核心和引领作用。首先，确定了“党建+兴湾大米种植示范基地”，将特色农业示范基地建设作为党支部的一项重要工作来抓。打造品牌“兴湾大米”，按照“一组一业”的发展思路，依托农民合作社和特色农产品示范基地，大力推广高效优质品种。积极转变经营思路，利用互联网和农村电商，加大“兴湾大米”品牌宣传力度，持续促进兴湾大米的销量，利用其辐射作用带动其他农副产品的销售。结合自然条件发展城郊休闲农业和精品采摘，加快由传统农业向新型高效农业的转型步伐，大力实现群众增收。

农田建起“生态湿地”，肥水不流外人田。随着工业化的发展，化肥的使用越来越普遍，在化肥使粮食增产的同时，农田退水这股“肥水”携带着大量营养物质直接入河，既带来经济损失，又造成环境污染。2021 年，方巷镇受扬州市邗江生态环境局委托，联合江苏美景时代环保科技有限公司开展了农田退水污染治理项目研究。方巷镇庙头村将农田沟渠改造为 1.5 m 宽的生态拦截渠，并在农田排水末端建设经济作物湿地净化区、藕塘净化区、河塘生态治理区三级阶梯式面源生态净化区域，形成小型的“生态湿地”。农田退水在生态拦截渠中滞留 1～3 天后，进入三级阶梯式面源生态净化区域充分停留，通过种植的水生植物拦截、吸收、降解后排入水体。

“专家下田+无人机上阵”，有效实现农业质量并重。为了引导农户科学应对田间问题，方巷镇成立了 3 个农技专家组深入田间地头“把脉问诊”，农技专家仔细察看稻田排水、水稻生长和病虫害，因地制宜给农户“开药方”，指导农户做好田间管理。除了深入田间地头，方巷镇还实行“线上问诊”“线上教学”，建立“方巷镇种田大户群”，开启问题回复，进行科学指导。与此同时，推进智能化操作，广泛使用植保无人机开展施肥撒药，不仅大大节省了施药时间，还直接将农药喷洒到水稻根部，药效渗透性更好，保障农业生产有序进行。

3. 主要成效

农业基础不断夯实。2021年，全镇完成粮食播种面积6.44万亩，小麦平均亩产390 kg，水稻平均亩产580 kg，设施农业种植面积约300亩，全年绿色蔬菜产值2 400万元；建成江苏省绿色优质水稻基地3.53万亩，完成养殖池塘生态化改造1 170亩。花城村、方巷村5 000亩农业综合开发高标准农田项目通过验收。

促进农民增收致富。解决结构性就业矛盾，形成平等竞争、规范有序、城乡统一的人力资源市场。激发农民创业致富活力，完善创业担保贷款政策，引导有意愿的低收入农户通过创业实现脱贫。

建成高素质农民队伍。围绕种植业、养殖业、农产品加工、农村物流、电子商务、农业职业经理人等，培育一批爱农业、懂农技、善经营的现代农业经营者队伍。指导农业科技示范户70户、渔业科技示范户75户，辐射带动种养殖农户近4 000人。配合区级开展种养殖培训6场次，惠及种养殖户120余人。

16.9.5 景美方巷——城郊看北湖，演绎大运河保护与可持续发展

1. 案例背景

城里瘦西湖，城郊看北湖。北湖湿地公园位于方巷镇的西北角，是南水北调东线工程江苏段的源头区——邵伯湖的西岸，是江淮生态大走廊入江区域重要的过水性湖泊，通过地表径流汇集成河，经公道河后汇入邵伯湖、高邮湖等大型湖泊，直接影响着南水北调东线工程一江清水向北送的水质安全。扬州学派代表人物焦循所著《北湖小志》记载，明清年间北湖“绵亘百余里”，境内河网交织、湖荡密布。然而历经百年沧桑，昔日的河滩湖沼消亡殆尽，百里湖荡仅留下零星散布的小鱼塘与邵伯湖、大运河一脉相连、互通互汇，一直是水网密集、环境优良的生态福地。

2. 主要做法

修复与治理，建造生态大走廊“碳库”。2016年，邗江区抓住江淮生态大走廊建设契机，结合江淮生态大走廊战略工程，打造下游高宝邵伯湖群清水廊道及水生态安全的生态屏障，决定恢复与保护北湖生态，传承与弘扬北湖文化，启动了邵伯湖西湿地生态修复项目，以及北湖湿地公园的规划建设。成立北湖湿地管委会，将湿地保护、生态修复作为首要任务。北湖湿地公园被划分为保育区、修复重建区及合理利用区，基于自然生态修复与人文景观重建、保护与利用并重的基本原则，建成总面积约 399 hm^2，通过退渔还湖、植被重建、水系连通，累计修复生态湿地280.79 hm^2，湿地率达78.2%，最终构建了生态岛、导流潜坝、浅滩洼地、生态滞留塘等一系列湿地单元（图16-35）。近6年，已陆续投入

7 亿元用于湿地生态保护修复治理及配套工程建设，公园规划总面积达到 11.3 km^2，体量相当于 3.5 个瘦西湖，并于 2021 年顺利通过国家级湿地公园评估，成功晋升“国家队”，成为扬州人自己建造的又一座水库、“钱库”、“碳库”。

图 16-35　北湖湿地公园自然景观

传承与发展，打造扬州文化旅游新亮点。北湖不仅生态美，还有着悠久的历史底蕴和文化资源，是扬州文化重要的起源，尤其以“隐居”文化为代表。北湖片区作为扬州学派的发源地，生态融人文，是扬州生态文明建设的又一张亮丽名片。北湖湿地公园以“扬州乡下、人文北湖”为形象定位，参考焦循《北湖小志》，重点打造“三十二西湖”“柳湖”“荒湖”三大核心板块 16 个景观分区，内设百处人文、湿地小景点，如游燕双桥、木兰冢、晓帆古渡、桃源童乐、避风水苑、白马闸、柳岸花汀、采菱轩等，将文化与景观相融合。此外，方巷镇还推动沿湖村与畜家村“梦幻联动”、北湖与邵伯湖“交相辉映”，按照《北湖湿地公园第二圈层概念总体规划》，以“湿地+”理念把沿湖、畜家等特色乡村串点成线，撬动邗江田园经济发展，以产业兴旺实现乡村全面振兴，使北湖湿地公园不仅成为江淮生态大走廊上的一颗璀璨明珠，更成为扬州文化旅游新亮点，实现了“让湿地公园成为人民群众共享的绿色空间”。

转型与升级，建设北山地区发展的“新宝地”。扬州北山地区虽是工业重镇，但经济发展相对缓慢，转型迫在眉睫。践行“绿水青山就是金山银山”理念，使“生态与发展齐飞，绿水共金山一色”成为邗江区委、区政府的突破口。方巷镇依托北湖湿地公园，谋划“圈层经济”，促进整体发展。“圈层经济”为方巷镇提供了“湿地+文化”“湿地+旅游”等发展方式，通过做足“湿地”文章，培育高端服务业经济圈。集观景、休闲、旅游等功能于一体的北湖湿地公园成为扬州一道亮丽的风景线。

3．主要成效

稳定生态环境质量。北湖湿地公园在削减区域洪峰、调蓄和净化水资源、维持生态多样性等方面发挥了重要的生态屏障作用。经过监测，目前北湖水质常年维持在Ⅲ类，部分指标达到Ⅱ类标准。湿地植被覆盖率超过 40%。从北湖湿地公园已建成的水文、大气、鸟类等 12 个监测站点监测数据结果来看，目前共记录有高等植物 73 科 161 属 201 种，包括国家Ⅱ级保护植物野大豆、野菱、莲；脊椎动物 29 目 69 科 170 种，其中鸟类 17 目 43 科 111 种。生态好不好，小鸟用脚来投票。越来越多的野生鸟类选择在这里栖息安家，正是北湖生态环境转好最有说服力的证明。目前，北湖自然湿地的生态属性凸显，其湿地生态系统结构及动植物资源在高宝邵伯湖沿线均具有典型性和代表性。2023 年 4 月，成为首批“中国山水工程”湖网地区湿地生态修复典型案例之一。

激发经济发展潜力。北湖丰富的河湖、日照等条件，以及打造江淮走廊“碳库”的理念，吸引全省最大的储能电站项目之一、总投资 8 亿元的中国电力 100 MW 光伏发电及储能电站项目正式开工，成功带动地区生产总值增长并解决劳动力就业问题。北湖湿地公园的建设也促进了周边文旅、康养等产业，丰富了方巷镇的产业结构。提供了“湿地+文化”“湿地+旅游”等发展方式，通过做足“湿地”文章，培育高端服务业经济圈。结合北湖特色开展旅游营销、品牌推广，把沿湖、脊家、长塘等特色乡村串点成线，撬动邗江田园经济发展，以产业兴旺实现乡村全面振兴。

提高人民生活水平。北湖湿地公园以其优美野趣的湿地环境、自然怡人的滨水空间、淳厚朴实的乡野文化成为扬州北郊最为重要的生态人文空间、扬州的“后花园”、扬州市民家门口的“大氧吧”，显著带动了扬州北郊的生态转型和高质量发展，是扬州推进生态文明建设的重大项目，也是邗江区“五园一城”新平台建设的重要板块和乡村振兴战略的重要抓手，旨在打造北山崛起的新引擎、富民增收的新平台。2022 年，扬州北湖湿地公园登上央视《新闻联播》，一展美景美色。

16.10　常州市郑陆镇

常州市天宁区是主城区，2022 年被命名为省级生态文明建设示范区，实现了一区一镇六街道省级生态文明建设工作授牌全覆盖。郑陆镇作为天宁区的唯一乡镇，是天宁区的“东大门”，有天宁区后花园之美誉。郑陆镇以打造“生态科技绿镇、乡村振兴样板”为目标，以“全域一体，文旅兴镇”为指引，东依季子文化、舜山廊道、焦溪古镇，中托黄天荡生态湿地、寺墩遗址、丰北水乡，东靠现代化智慧城市，正在向打造现代化经济和生态经济相融合的新业态前行。

16.10.1　生态修复模式——查家湾村在生态修复中发展产业

1．案例背景

查家湾位于常州市东北角，毗邻无锡江阴市，依山傍水，环抱于舜山与舜溪河之间。河流与村庄形成枕河人家与水乡圩村的特色。全村自然环境优美，山水资源丰富，田园风光宜人，人文历史厚重，自然形成一山一水一湾十三村的独有景观及良好的生态格局。查家村呈山湾地貌，故称查家湾，有 13 个自然村，水网密布，水系环通，每个自然村被水体天然分割，每段水体又可以串联成网，最终形成几乎家家门前有水过的典型水体格局。因而，查家村自然而然成为实现天宁区“水+生态”空间战略意图的重要承载空间。查家村历史悠久，文化底蕴丰厚，舜帝巡狩江南驻址舜山、季子躬耕舜山的“一村二圣”文化源远流长。

2017 年以来，查家湾作为天宁区唯一入选常州市级 7 个美丽乡村示范点之一的村，基于美丽乡村建设，布局“一山一环两网四片八大景点”，将其打造成体现苏南特色的“山水田园画廊、森林康养胜地”（图 16-36）。“一山”为舜山，“一环”为生态旅游环，“两网”为水网+路网，舜山片区、滨河片区、乡村景观片区、山麓景观片区构成“四片”，舜池开月、舜过遗风、至德书院、星空露营、七彩花田、芦笛蒹葭、水巷邻里、渔舟唱晚成为查家湾“八景”。全村“一山一环二片四水新八景”的布局将代表常州新农村的典范及水平，完美体现了苏南当地文化特色的“山水田园画廊”。2018 年，查家村获评中国最美村镇生态宜居奖。查家湾创成中国最美村镇 50 强、江苏省水利风景区、省级特色田园乡村，全面扮靓乡村美丽本色。

图 16-36　查家湾美丽乡村示范点

2．主要做法

矿山变青山，舜山生态修复入选首届省级“最美生态修复案例”（图 16-37）。在天宁区郑陆镇查家湾村，有一座远近闻名的“舜山”。“舜山”又名“舜过山”“舜耕山”，因舜曾路过并亲耕于此而得名。早在 20 世纪七八十年代，查家湾村为了促进经济发展、增加财政收入，对舜山山体的北侧进行了挖掘和开采。村里一时间内因山而兴、因矿而富，但是长期的开采使舜山面目全非，造成了千疮百孔的生态创伤，山体的资源也在逐渐枯竭。

查家湾村通过实施生态修复和综合开发工程，把“矿山”变成“青山”，把“危山”变成“金山银山”，因地制宜利用采石宕口、废弃鱼塘等，实施场地整理绿化和水系改造沟通，打造了舜池开月、花千谷、芦荻蒹葭等景点，形成开阔水域、成片花田、芦苇摇曳等自然美景，彻底改善了当地生态环境，带动了休闲旅游产业，成为美丽乡村建设中一张亮丽的生态名片。

舜山生态修复前景象

舜山生态修复后

图 16-37 舜山生态修复前后对比

郑陆镇坚持规划先行，将地质灾害治理与生态修复及美丽乡村建设结合起来，由区政府牵头，“一盘棋”统筹推进，坚持“修复环境、改造环境、治理环境、再造环境”的理念，加快补齐生态环境欠账，持续推进破损山体修复，推动矿山变青山、矿区变景区，实现生态变亮。2018 年，天宁区先后投入 1 亿元国家资金，通过实施 12 类 68 个具体工程项目，成功将查家村打造为拥有“一山一环两网四片十大景点”的市级美丽乡村。截至 2019 年年底，舜山修复工程恢复了被损毁山体近 4 万 m^2，增加绿化植被面积近 8 万 m^2。2020 年，由江苏九洲集团投资的查家湾舜山小镇项目正式启动建设，依托查家湾舜山舜水，通过企村资源共享、优势互补，打造 40 亩产业乡村、260 亩田园乡村和 200 亩康养社区，共推一二三产融合发展。为推进长三角区域城乡融合发展作出探索，为全省乃至全国生态产品价值实现提供郑陆样本。

深入挖掘历史文化，修复农村文化延续的断层。在美丽乡村建设中，查家湾尤为注重对历史文化的传承，对历史文化、历史名人、古迹、民谣农谚、农民艺术、传统手工、民俗活动样板、农事礼仪、文化遗产等进行深入挖掘、溯源与整理，修复农村文化延续的断层，达到查家湾美丽田园风光、淳厚历史文化、传统农事民俗、优秀名人效应与现代农业生产的融合发展，如以道德文化为核心的舜文化，以卧龙伏虎墩为代表的新石器时代文化遗址，因季子晚年隐居于此而发扬的季子文化……除了旖旎的自然山水风光，查家湾因其深厚的历史文化积淀而多了一份内涵之美。查家湾突出品质追求，积极打造如舜风驿、季子轩、舜过遗风点将台等历史文化景观，融入传说故事，提升景观传唱度和知名度。

提升农产品的知晓度，打造生态农业旅游路线。查家湾在修复生态的基础上，做大做强焦溪翠冠梨特色产业，并通过建设水巷邻里、百果园等旅游商业街区，丰富村庄旅游服务业态。除了成立查家湾美丽乡村建设领导小组和指挥部，积极引导村集体、村民参与美丽乡村建设，先后成立了查家湾林果合作社、稻米合作社、民宿合作社、查家湾百果园、休闲观光园等一批合作组织和乡村旅游企业。充分考虑产业与本土“品牌”、“业态”及“文化”的融合，促进实现产业强农富农。合作社为村民进一步拓宽销售渠道，提高查家湾品牌知晓度和美誉度，为美丽乡村建设贡献力量；同时，鼓励当地村民利用闲置房屋开展特色农家乐、民宿，发展生态农业旅游，带动村民就业增收。

3. 主要成效

“绿水青山”颜值重现，生态效益显著。随着舜山环境整治和生态修复工作的推进，“城市伤疤”逐渐修复成为“森林公园”和“城市客厅”。推动矿山变青山、矿区变景区，实现生态变靓。舜山森林公园建成市级森林公园，目前已成为常州乃至长三角的生态景观网红打卡地。近年来，舜山生物资源越发丰富，直接体现了生态保护和修复工作的成效。目前，查家湾村水质达到Ⅱ类水标准，全村绿化面积达 85%以上。2021 年，常州市查家湾片区生态修复入选江苏省首届“最美生态修复案例”。《人民日报》长篇报道查家村在生态修复中发展产业、在产业升级中改善生态的生动实践。

地区资源价值提升，经济效益显现。利用环境美的优势，查家村将自然生态与美丽乡村完美结合，真正把生态环境优势变为经济优势，以共筑产业之基，走生态之路。自 2018 年 5 月查家湾美丽乡村建成开园以来，现已成为常州市及周边地区游客近郊游、乡村游的必选之地，每年接待游客数万人。从“吃山”到“护山”，查家湾美丽乡村生态底色愈加浓郁，也进一步吸引了社会资本投入。2020 年 10 月，省重大项目“舜山文旅小镇”落地，打造集乡村生活、餐饮美食、民俗体验等于一体的“城市近郊乡村休闲度假旅游目的地”，推进文旅一体化发展，助力乡村振兴。舜山文旅小镇项目以“乡村美好生活集群”为总定位，以乡村美好生活打造、乡村地方创生、一二三产业联动发展、城乡社区营造为主要核心，打造以农为本、文旅结合、产业集聚的乡村田园综合体，将成为常州、江阴、无锡小三角并覆盖沪宁线的“城市近郊乡村休闲度假旅游目的地”。查家湾片区生态产品价值实现案例得到江苏省自然资源厅的高度认可。

好生态造就好产品，带动产业兴旺。随着查家湾村生态修复成效的显现，查家湾村蜜梨种植面积增加到 600 多亩，村里直接从事梨果产供销的人数占比 70%，从事与之相关产业的人数占比超过 90%，仅林果经纪人就有 35 名。从蜜梨品种中打磨出了“焦溪翠冠梨”品牌，2021 年获得了地理标志证明商标。

“绿水青山就是金山银山”利民效益得到放大，社会效益凸显。修复后的舜山森林公园免费向市民及游客开放，市民和游客可以随时随地走进森林氧吧。同时，查家村开发了一批观田园风光、品农家美食、赏秋季花卉、住特色民宿及亲子采摘、休闲垂钓、民俗体验等丰富多彩的旅游活动，为强村富民打下了坚实的基础，将乡村振兴引向深入。

生态经济效益逐渐显现。翠冠梨成为查家湾村招商引资的招牌，2002 年，查家湾村村民人均年收入不到 8 000 元，村集体收入仅几万元；2021 年，村民人均年收入超过 3.8 万元，村集体收入达到 600 万元；2021 年全村出梨 200 余万斤、产值 1 200 多万元。在查家湾村的带动下，全镇梨果产业年产值已超过 1 亿元，梨果业已发展为郑陆镇乃至天宁区的重要特色产业之一。

16.10.2 三产融合模式——“大美牟家”三产融合打造精品田园综合体

1. 案例背景

牟家村，位于常州市天宁区郑陆镇，全村总面积 2.1 km^2，常住人口 5 000 余人，2021 年农民人均年收入达 4.5 万元。改革开放 40 年来，牟家村人敢于探索、勇于实践。20 世纪 70 年代，牟家村是一个农业为主、工业落后、生活贫困的农业村；20 世纪 80 年代，牟家村办起了第一家村级工业企业，开始涉足工业领域；20 世纪 90 年代，牟家村工农业快速发展，跃升“亿元村”；21 世纪初，牟家村完成了集体企业统一改制，成立了全省首家“以土地为中心”的股份经济合作社，更为牟家村的跨越式发展奠定了不可或缺的经济保障。从一穷二白的小村庄发展为远近闻名的综合实力强村，从杂乱无章的原始村落发展为赏心悦目的新型田园都市，从平淡无趣的农村生活发展为丰富多彩的现代生活，将原先的穷村打造成了综合实力强村，被誉为“常州第一村”，先后获得中国现代化示范村、国家级生态村、全国文明村、中国美丽休闲乡村等荣誉。

作为常州市第二批美丽乡村示范点，牟家村规划以山水人居、良渚文化为主题，重点建设“一环一轴三块九点”，着力打造美丽乡村升级版。牟家村始终坚持以党建引领为核心，以美丽乡村建设为抓手，以强村富民为目标，创新“牟+”模式，助推高质量发展，奋力谱写新时代乡村振兴的新篇章。

2. 主要做法

创新发展之路。科学规划一以贯之。2005 年，党中央作出了全面建设社会主义新农村的战略部署，牟家村敏锐把握时代脉搏，立足村情谋发展，与时俱进闯新路，统筹规划了 600 亩观光休闲农业区、300 亩居民生活区和 600 亩工业集中区，并一以贯之加以实施。率先启动集中居住。牟家村从 1997 年起全面停办农户自建房，按照“规划先行、科学布局、长期建设、集中居住”的原则，构建以“户有宜居”为特色的集中居住区，目前全村集中居住率已超 75%。创新发展产业融合。牟家村积极推进乡村振兴战略，充分挖掘农村产业发展潜力，推动一产与二产、三产融合，将高效农业、新型工业与乡村旅游有机结合，做好“大农业”文章；推动低端农产品向高端农产品转变，积极抢占高端市场；推动内部市场向外部市场转变，放眼国内外积极寻找发展共同体，拓展牟家发展空间。从紧紧抓住改革开放历史机遇跻身“亿元村”到建设“院内有花园、出门进公园”的美丽乡村样板，牟家村始终紧扣时代脉搏。

可持续发展之路。围绕建设“又富又美”新牟家的目标，牟家村在发展经济的同时，更着力打造“大美牟家”。一是发展之美。工业发展是牟家新农村建设的加速引擎，目前现有工业企业40余家，其中亿元企业7家，主要涉及机械制造、医疗设备和新材料等领域，2021年实现工业总产值19.8亿元。宾馆、酒店、商业街的成功入驻拉动了服务业和旅游业的发展。二是生态之美。深入实施生态环境整治工程，立足乡土特征、地域特点，大手笔改善基础设施、治美治绿生态环境。开挖生态景观河，贯通全村河道，实现全村污水管网化，垃圾处理一体化，展现牟家村“最靓颜值”，被评为国家级生态村、中国最美村镇。三是人文之美。文化是乡村振兴的灵魂。在牟家村，各种文化元素比比皆是：雕梁画栋的牌楼、沉重古朴的村石、古色古香的群艺楼等。村史馆、荣誉馆、农博馆、全省首家村级博物馆、全省首个大型农村“法治文化公园”建成开放，成功创建全国文明村、全国民主法治示范村。

和谐发展之路。牟家村两委始终坚持初心为民，不断保障改善民生，让民生福祉的果实惠及百姓，让牟家村幸福树根深叶茂。筑牢保障底线。村委全额承担了村民的失地农民保险、农村合作医疗保险、意外伤害险，成立了村级慈善基金，按需帮扶特困户和重病户，实现政策兜底和保障兜底，增强村民的安全感。优化公共服务。投入3 000万元建成牟家综合服务中心、牟家文体公园、“一家亲”志愿服务站等阵地，提供优质的农村公共服务；开放全市首家高标准的牟家村颐养园，提高农村老年人的生活质量，增强村民的“获得感”。丰富幸福内涵。不定期举办篮球赛、送戏下乡、锡剧表演等活动，为每家每户订阅《常州日报》，培育特色文化品牌，丰富群众文化生活，增强村民的“幸福感”。

3．主要成效

改革创新，实现三产融合发展，绿色惠民富民成效显著。步入新世纪，牟家村开展股份合作制改革试点，组建了江苏省第一家以耕地和经营性集体资产为总资本的村级股份合作社。2009年，牟家村便制定开发建设规划，将二三产业联动，把高效农业、新农村文化与乡村旅游有机结合，走出具有本底特色的富民之路。牟家村充分挖掘农村产业发展潜力，推动一二三产业融合发展，促进现代制造、高效农业、旅游经济的有机结合，2022年牟家村一产产值280万元，二产产值19.8亿元，三产产值3 500万元。村民人均纯收入4.5万元。通过打造融合民宿民居、高效农业、户外拓展、旅游经济为一体的新型美丽乡村建设示范点，牟家村月吸引游客已突破10万人次。

建设高品质宜居环境，人民幸福感、获得感显著增强。牟家村深入实施生态环境整治工程，先后投资1 300万元完成村主干道白改黑工程、绿化工程和亮化工程等，展现牟家村“最亮颜值”，将牟家村打造成“都市里的村庄”和“田野里的城市”。“走出家门，踏进公园”，是牟家村人最贴切的生活感受。投入3 000万元建成牟家综合服务中心、牟家文体公园、“一家亲”志愿服务站等阵地，开放全市首家高标准农村颐养园；培育特色文化品牌，不断丰富群众文化生活，增强村民的幸福感。

党建工作与美丽乡村建设有机结合，打造美丽乡村升级版。牟家村党委创新理念，整合现有的基础设施和生态环境，把党建文化与生态休闲相结合，打造了牟家村党建生态园，实现了牟家村党员教育由室内向室外延伸、由封闭向开放转型、由党员向群众普及的突破，引领牟家村走向高质量发展快车道。澄西抗日民主政府旧址完成修缮，牟家村入选江苏省乡村旅游重点村名录、全省红色地名名录。

16.10.3　"生态+"模式——擦亮丰北"水美底色"

1．案例背景

丰北村位于郑陆镇南部，十里黄家浜穿村而过，全村水域面积达到了35%以上。区域面积 3.85 km^2，人口 3 128 人，村内水系纵横交错，江南水乡特色明显。2018 年 10 月，作为黄天荡片区的一部分，丰北村被纳入全市第二批美丽乡村建设示范区建设。近年来，丰北村立足水文化和"云帆舟影、原味江南"的总体定位，政府投资 1 500 万元并带动民间资本 5 000 多万元投入建设，目前全新亮相，成为江南水乡一张亮丽的名片。2022 年，丰北村被命名为第四批省级生态文明建设示范村。

2．主要做法

全域环境综合整治，打造江南水乡好风景。近年来，丰北村依托水乡特色，紧紧抓住机遇，通过"国资与民资同行、建设与运营同步、产业与生态同生"的理念，积极进行人居环境整治。规划建设"一带、二环、四片、八点"的景观结构，以黄家浜为一带主线，其间设置步行系统环、水上游览环 2 个乡村景观游览环线，打造水生花卉、艺术乡土、水天一色、渔歌唱晚 4 个乡村景观体验片区，最终实现规划愿景——"水网纵横、鱼米丰盈"的江南水乡。自 2017 年起，丰北村积极进行人居环境整治，通过治水清淤、疏浚河道、铺排栈道，同时经过黄家浜河道综合整治、黄家浜沿线连片改造和村容村貌改造提升，将原先易淹易涝的低洼农田改造成荷塘，打造了"接天莲叶无穷碧，映日荷花别样红"的乡村美景，悄然呈现了"云帆舟影、原味水乡"的美好景致。

产业植入，打通丰北村美丽乡村气脉（图 16-38）。丰北强化"国资与民资同行、建设与运营同步、产业与生态同生"的理念，积极发挥水资源、渔业资源优势，在进行生态环境整治和基础设施建设的基础上，进行产业植入，成功引入总投资 2 700 万元的水上运动中心项目和智能水产育苗项目，打造了"老高的鱼庄"、丰北鱼学院、皮划艇基地。其中，"老高的鱼庄"旅游项目开发有垂钓中心、露营基地、生态采摘、水产养殖基地、摄影基地等产业系统，项目发展中产生的工作岗位优先向村民倾斜，增加村民创收渠道，以实际行动投身美丽乡村建设，助力丰北乡村振兴。丰北鱼学院由常州市技丰良种繁育场投资建设，是一家集引种繁育水产新品种、特种优质鱼苗和繁育四大家鱼技术培训、技术转让、技术信息咨询服务，销售多品种优质鱼苗的综合性良种繁育场，占地 350 亩，总投入 1 200 万元，主要建设科研区、繁育区，是国内自动化育苗的先驱，重点繁育长吻鮠、胭脂鱼、沙塘鳢、赤眼鳟、斑鳜等特色珍稀品种，所产鱼苗优质，销售往全国各地，并出口至中东、欧洲、美洲等国家和地区。近年来，被评为省级良种繁育场、农业部健康养殖示范场。同时，与苏州大学、扬州大学、南京师范大学、上海海洋大学及江苏淡水研究院等科研院所开展合作，建立产学研合作基地，积极开展技术研究与实验示范，实现每立方米产卵存活量 4 倍增长，预计每年可实现销售收入 3 000 万元。皮划艇基地则依托原生态的十里黄家浜，以赛艇、皮划艇、滑板运动为特色和切入点，融合多元化体育元素，打造具有功能型、教育型、赛事型、沉浸活动型等全方位体育运动，依托丰北水乡泽国的天然地理优势，探索“美丽乡村+水上运动”的发展模式，使丰北成为全省首创。丰北村在做好环境提升、引入优质产业的同时，成立运营管理公司及水生蔬菜、生态渔业专业合作社，发动村民参与生产、参与管理、参与运营，加快实现村强民富、景美人和的目标。

图 16-38 丰北村产业植入

农业调优，农业更“绿”更高效。丰北村在美丽乡村建设过程中，对农业产业结构进行了调整，形成“党支部+合作社+龙头企业+农户”的发展模式，推出莲藕、鸡头米、斑鳜丰北三宝，成立了 3 个专业合作社，其中莲藕亩均产值达 2.4 万元，鸡头米亩均产值达 1.5 万元；丰北村凭借良好的自然资源孕育了被评为国家地理标志商标的黄天荡清水蟹。黄天荡片区水质优良清澈见底、常年水草丰茂，且水域中螺蛳等水生物种充沛，为大闸蟹生长提供了良好的环境。底面泥土质地坚硬光滑，使该水域生长的清水蟹蟹腿健壮有力，肉质紧密更具弹性，具有“青背”“白肚”“黄毛”“金爪”四大特点，曾被乾隆皇帝御赐“金爪玉脐”的美称。村党委组织村民党员骨干试点，成功一个项目就全村推广一个项目，实现了从农业的“低洼地”到“生态聚宝盆”的转变，是“农村组织有力量，农民口袋多余粮”的生动实践。

党建赋能，跑出文旅融合发展“加速度”。丰北村紧紧抓住强化基层党建这个“牛鼻子”，在党建引领下大力实施乡村振兴战略，探索一条“文旅兴农”融合发展的路子。党建引领，丰北村将年久失修的民宅复建成百年水龙局、初心学堂，同时打造丰北传承馆，作为丰北村三大文化载体，点亮精神地标，为村民提供暑假托管、阅读、组织活动等服务，建设党建引领美丽乡村新样板。结合丰北村深厚的历史底蕴，村里的古树银杏历经 118 年风雨，打造“杏”会初心打卡点；村里的老式水龙源自光绪年间，见证了古人理水智慧；村里的明代古桥拥有 500 多年历史，为传承古村文脉、丰富村民精神文化生活，丰北村通过改造闲置农房，重修水龙局，建设初心学堂，打造 “杏”会初心打卡点、水美汇客厅，让乡村的发展既有来路，又有归途。

3．主要成效

生态环境更好。丰北村通过治水清淤、疏浚河道、铺排栈道、广种莲花，打造了“接天莲叶无穷碧，映日荷花别样红”的美景，实现了“丰”景这边独好。丰北村布局“一环十美景”，打造形成了“湖荡人家、梦里江南”的画卷。2022 年，丰北蔡岐村入选省级特色田园乡村。

产业发展更优。丰北村调整产业发展结构和发展方向，积极发展环境友好型产业，以特色农业为抓手，促进村民创收致富。发展农业旅游、体育旅游，建设产学研基地，推进一二三产深度融合，为乡村振兴带来“流量”和“能量”。2021 年，中央广播电视总台大型直播特别节目《丰收中国》和《走进乡村看小康》均讲述报道了丰北村的丰收故事，展现乡村振兴的美好画卷。2022 年，央视《我的美丽乡村》栏目走进丰北，“蜗牛时光”都市慢生活基地建成开放，皮划艇基地、星空民宿火爆“出圈”。

人民生活更富。丰北村依靠自身生态资源优势，努力形成具有较强竞争能力和地方特色的经济结构和经济增长格局，不断增强村级综合服务功能，完善社会保障制度，继续提高人民生活水平，加强精神文明建设，提高村民素质和乡村文明程度，逐步建设成为综合经济实力强、人民生活富裕、社会文明进步的现代化新农村。

16.10.4 文旅融合模式——打造江南古镇文化品牌

1．案例背景

焦溪古镇位于大运河常州天宁段，是一座拥有 700 多年历史的文明古镇，也是常州目前保留江南风貌最好的古镇。焦溪古镇具有“一望三县”的独特位置，地处原武进、无锡、江阴交界，是郡城东北地区重要的交通商贸重镇。拥有不可多得的山峦环抱、水浜纵横的地缘优势和南地北风、包吴纳楚的文化禀赋。焦溪古镇保留了 1 200 多年前的江南水乡风貌，形成了“一河、四桥、七街、两巷、十三弄、多圈门”的空间格局，拥有“中国历史文化名村”和“中国传统村落”双重头衔，是常州地区民风淳朴、人文厚重的古镇翘楚，被称为江南的“清明上河图”。

2．主要做法

立法保护焦溪古镇，打造江南古镇文化品牌。焦溪古镇完整保留了 1 200 余年前的江南古村风貌，被列入第六批中国历史文化名村，入选第三批中国传统村落名录。常州市制定出台《常州市焦溪古镇保护条例（草案)》，为焦溪古镇保护提供了法治保障。2019 年

12月，为落实市委、市政府关于焦溪古镇参加江南水乡古镇联合申遗工作的要求，天宁区委区政府启动焦溪古镇保护利用项目，总面积41.5万m^2，计划总投入30亿元，按照“保护为主，活化利用，完善配套，全力申遗”的原则，重点实施古镇风貌恢复、生态环境整治、文保建筑修缮、景观景点建设及基础设施改造等，还原江南水乡古镇历史风貌。2021年，焦溪古镇保护与利用工程被确定为江苏省美丽宜居城市建设专项类试点项目。整体提升焦溪古镇形象风貌，承越故居、鹤峰书院等8处院落完成修缮，核心区“十”字水系恢复到位。举行《江苏名村·焦溪村志》首发仪式，启动“乡土江苏·焦溪”影像志拍摄。

做优山水人文环境，文旅融合带动生态经济。焦溪古镇在实施保护与申遗工作的同时，积极融入常州市“532发展战略”，对缓冲区实施基础设施升级、环境整治优化、交通网络改造，在确保与保护区风貌一致的前提下，做优山水人文环境，推进文旅融合，拓展文创产业，最终打造成文化深厚、环境优美、产业先进、安居乐业的特色古镇。郑陆镇完成焦溪古镇南街南下塘风貌提升和承弼故居、小是家院等8个历史院落的保护修缮，江南古典水乡风貌重现。尽可能地延续古镇原有的类型性功能，更好地保护和开发地方传统文化、传统工艺、传统美食等。加强统筹利用，整合古镇资源，强化文旅融合，提升公共服务水平，打造具有鲜明特色的焦溪古镇文化旅游品牌。

做好传承提升文章，打造特色品牌。焦溪保存完整的明清建筑达几百处之多，“一河、四桥、五街、十三弄”也依旧完好，不断做好保护、传承、提升三大文章，让传统文化重焕生机。做大优质生态产品，打造特色生态品牌，推动生态产品价值实现，“焦溪翠冠梨”创成国家地理标志证明商标，焦溪二花脸猪合作社获评国家农民合作社示范社，在美食界备受褒奖的“焦溪羊肉”、“糟扣肉”和“脚踏糕”也是古镇的“金字招牌”，其制作传人仍使用流传下来的工艺和配料，将原汁原味的美食呈现给每位客人。

3. 主要成效

“兰陵古郡，焦里名区”，这片在古人眼中“一水襟前，群峰屏后”的土地，秀美绝丽、人文荟萃。通过对焦溪古镇的保护与利用、传承与发展，同时推动文旅产业向“纵”“深”发展，实现乡村振兴的高质量发展。焦溪古镇入选第六批中国历史文化名村、第三批中国传统村落名录。

16.10.5 生态品牌模式——翠冠梨变身“致富果”

1. 案例背景

1997年，在时任焦溪镇人大主席冯顺政的带领下，焦溪镇多种经营办公室经赴苏州、无锡及浙江慈溪等地进行调研、论证，最终决定引进浙江慈溪周巷的黄花梨并进行改良，引导焦溪当地农民培育种植取得成功，1999年将其定名为“焦溪翠冠梨”。翠冠梨具有皮薄、核小、肉嫩、味香、无石细胞的特定品质。经过多年的发展，常州市天宁区翠冠梨面积已达7 000亩，年产量约1.3万t。翠冠梨落户郑陆镇已有20多年，如今它在常州的“发展”甚至比在“老家”浙江慈溪还要好。2020 年，“焦溪翠冠梨”获评江苏省第二届优质早熟梨银奖。2021 年 2 月，“焦溪翠冠梨”获得国家地理标志证明商标。作为常州天宁区农业的“金字招牌”，郑陆镇致力于将“焦溪翠冠梨”打造成天宁区特色农产品区域商标品牌，让“焦溪翠冠梨”品牌更响、市场更广，要走出常州、走出国门。

2. 主要做法

青山与碧水，守护焦溪翠冠梨良好品质。郑陆翠冠梨种植面积已达 7 500 亩。翠冠梨的主要产地查家湾位于风景秀丽、环境优美的舜山山麓，三面环山、一面临水，树林郁郁葱葱，山泉清澈甘甜，是一方远离现代都市的世外桃源。从这方山清水秀的净土孕育出的焦溪翠冠梨，单果平均重 250 g，“梨王”甚至可达 500 g。焦溪翠冠梨皮呈黄褐色，果肉白色，果质上等，肉脆汁多，味浓鲜嫩，气味芳香，含多种营养成分。美味的翠冠梨还有药用价值，《本草纲目》记载，翠冠梨具有清热润肺、止咳化痰、降压减肥、生津消渴多种功效，不仅好吃，还能治病，深受市民喜爱。同时，积极引进苏翠一号、玉露香等早、中、晚不同时段成熟的 8 个新品种梨，集中种植面积达 35 亩，打造以“焦溪翠冠梨”国家地理标志证明商标为依托、新品种梨为拓展、多种梨产品为补充、梨元素文创产品为升级的线下翠冠梨示范基地。

电商与合作社，构建产业销售生态圈。自 2014 年起，常州邮政与当地合作社共同开发焦溪翠冠梨项目，运作经验成熟，服务品质有保证。种植翠冠梨是焦溪农民的主要致富途径。常州邮政积极响应政府号召，大力推进农产品进城项目，加快建设综合服务平台、创新业务发展线上模式，与郑陆镇政府签订“邮滋味——焦溪翠冠梨”战略合作协议，通过“邮乐网常州馆”建设，合力构建“购物、销售、生活、金融、创业五不出村”的农村电商服务生态圈。建立合作社，全镇现有翠冠梨专业合作社 10 家。2010 年，成立查家村林果专业技术合作社。2021 年，林果种植面积 830 余亩，合作社成员 106 人，种植户 358 户，带动周边林果种植农户 1 500 多户，种植面积 3 000 多亩。2018 年，获评“国家农民合作社示范社”。借助京东云等平台，赋能常州水果产业，做大做强“天宁特产”翠冠梨，借助多渠道手段，推动传统农业与电子商务深度融合，助力产业富农，打造常州果业“互联网+新经济”发展的新动能。

品牌与文化，拓宽致富增收多渠道。注重品牌打造，着力提升农产品价值，注册的“查家湾”品牌被认定为江苏省著名商标，全力打造“焦溪翠冠梨”国家地理标志证明商标，建成常州市天宁区焦溪（翠冠梨）现代农业产业园，连续举办 3 届梨花节，同时借力农村电商，促进梨农增收 20%。持续打响翠冠梨品牌，2021 年，天宁区人民政府在澳门主办“共享天宁”常州市天宁区农产品供澳经贸合作启动仪式暨焦溪翠冠梨供澳合作新闻发布会，不断扩大焦溪翠冠梨品牌影响力。2018 年，郑陆镇农业服务中心制定“焦溪翠冠梨”地理标志证明商标使用管理规则，维护和提高“焦溪翠冠梨”在国内外市场的声誉，保障焦溪翠冠梨的质量。为拓展村民持续致富增收的多元化渠道，鼓励村民开办农家乐，平均每户可增收

5 000 元。将闲置资源与民宿挂钩，组建常州市首家民宿专业合作社，通过“公司+合作社+农户”的方式主推美宿、美食、农产品销售等业态，形成合力、统一经营，不断提高村民生活水平。郑陆镇挖掘果业地域文化，延伸旅游农产品产业链，提升焦溪翠冠梨的品牌价值。

3. 主要成效

打响了生态品牌。郑陆镇以“焦溪翠冠梨”品牌建设为抓手，将所有果园打造成为绿色食品生产基地和示范基地，由最开始的集中在焦溪片种植辐射到全镇范围，逐渐打响生态品牌，同时借助梨花节等特色活动实现了美丽乡村建设再升级。2006 年，在江苏省水果评比中，“焦溪翠冠梨”一举摘得“水果之王”的美名。

提升了综合效益。漫山遍野梨花胜雪，给郑陆增添无限美丽。在贡献了观赏价值之后，这些梨树继续贡献经济效益，翠冠梨等特色农产品价格逐年攀升，每亩净收益从 7 000 元提升至 1 万元，实现了民众的致富增收，真正实现了“绿水青山就是金山银山”。

16.10.6 生态工业模式——打造长三角生态科技绿镇

1. 案例背景

郑陆是苏南乡镇工业发源地之一，工业基础扎实，民营经济活跃。近年来，随着新一轮产业革命的蓬勃兴起，郑陆顺势而为、靶向转型，以武澄工业园为依托，积极筹建江苏省天宁高新技术产业开发区（以下简称天宁高新区），涵盖了除武城、东青、花园、和平和青松 5 个行政村以外的郑陆镇辖区，规划面积 69.37 km^2，是创新创业的聚集地、区域经济发展的增长极，是贯彻落实创新驱动发展战略的主阵地。核心区域东至新沟河，南至舜平路，西至河横路，北至舜山路，面积为 3.25 km^2。天宁高新区推动域内企业跟紧创新驱动产业升级的时代背景，以引进和培育智能制造、核心功能部件、新材料、新基建等项目为重点，实现了省重大项目突破，逐渐成为天宁高新区重要的经济增长极和重大项目的承载地，承载起长三角一体化协同发展的功能。天宁高新区锚定创建省级高新区，2 年蓄势强基础、3 年起势出成效、5 年成势争一流，力争打造为“锡常协同发展高地、现代生态科技新区”。

2. 主要做法

打造新兴产业集群。郑陆镇围绕“一核两带三园”的空间布局，着力建设现代化“生态创新园区，高端智造高地”。“一核”即天宁高新区的核心区，面积为 10 km^2；“两带”即北塘河生态文旅发展带和新沟河生态文旅发展带，串联 3 个集镇区、美丽乡村、历史文化资源，实现更高质量的产城农文旅融合发展。“三园”即打造医疗器械、干燥设备、不锈钢管产业园，对现有产业集群转型升级，推动三大支柱产业向“高端”攀升。目前，天宁高新区已初步形成新材料、新一代信息技术、高端装备、生命健康与医药产业集群。在大力推进科技策源、科技孵化、科技赋能的同时，围绕“沿河、沿路、沿保留村庄”等重要节点，深入推进新一轮环境整治，打造横沟 2 000 亩连片生态廊道，进一步刷新高新区的“门面”颜值。

推动工业园传统产业升级。推动中缮工业园产业升级，打造超 300 亩现代医疗器械产业集聚区；针对干燥设备企业布局分散、生产集中度不高等特点，将建设干燥设备特色专业园区，积极推进企业向园区集聚；将坚持以招商的集中攻势实现 30 亿元、50 亿元重大项目新突破，努力带动天宁高新区产业裂变扩张、升级蝶变。在新材料领域，集聚了武进不锈、强力先端、华鑫合金等一批知名企业，产业涵盖了高性能金属材料、电子信息材料、新型高分子材料、先进能源材料等领域。其中，PCB、LCD 和半导体领域光刻胶专用材料打破国外企业的垄断，占据市场优势地位。

加快打造高能级创新载体。天宁高新区实施产学研合作项目 6 个，引进高端人才 5 名，落地“龙城英才计划”创业项目 5 个、众创项目 30 个。武进不锈与省产研院共建联合创新中心，强力先端与上海交大共建研究中心，宇通干燥、一步干燥通过省专精特新产品认定，佳尔科仿真器材通过省专精特新“小巨人”企业（制造类）认定，一步干燥、钢筋型钢分别通过省、市企业技术中心认定，华立液压建成市级工业设计中心。创成市“两业”融合标杆企业 1 家，市服务型制造示范企业 2 家。科创载体日益丰富，现有国家级博士后工作站 1 个，省级企业联合创新中心 1 个，建成常州武澄科技企业孵化器、常州强力先端众创空间和中南高科 • 常州天宁科创智谷（一期）等载体 6.5 万 m^2，累计省级以上研发机构 18 家。

3. 主要成效

四大传统产业动能显著提升。不锈钢管、干燥设备、医疗器械、机械制造作为全镇四大主导产业均在扩展规模。其中，江苏武进不锈股份有限公司已成为国家高端不锈钢管领军企业。在高端装备制造领域，干燥设备企业数量全国第一，并且产品也占据了全国 40% 的市场。在生命健康与医药领域，形成了以佳尔科、康华医疗、康进医疗、振兴医疗等骨干企业为代表的医疗器械和制药产业，产品包括灵芝孢子粉、输液器、注射器、活体取样钳等，销售遍及全国各地，出口远销东南亚、中东、南美 60 多个国家和地区，现有企业已达 2 400 多家，其中工业企业 1 900 多家，工业总产值达 230 亿元。

科创动能不断积蓄。郑陆镇完成 34 家高企认定，新增发明专利 62 件，每万人当年发明专利授权数达 38.9 件，位列全区第一梯队。与中国（常州）知识产权保护中心签订合作协议，建设知识产权协同保护机制，拓宽知识产权大保护工作格局。

参考文献

安树伟，闫程莉．京津冀与世界级城市群的差距及发展策略[J]．河北学刊，2016，36（6）：143-149.

蔡绍洪，谷城，张再杰．西部经济与生态环境协调发展的时空特征研究——基于高质量发展视角[J]．生态经济，2022，38（11）：176-183.

曹帅，金晓斌，杨绪红，等．耦合 MOP 与 GeoSOS-FLUS 模型的县级土地利用结构与布局复合优化[J]．自然资源学报，2019，34（6）：1171-1185.

常定坤，王钦军，杨静怡，等．海南岛 GDP 与夜间灯光指数之间的关系模型研究[J]．测绘通报，2022，（S2）：156-161.

陈爱莲，朱博勤，陈利顶，等．双台河口湿地景观及生态干扰度的动态变化[J]．应用生态学报，2010，21（5）：1120-1128.

陈炳，曾刚，曹贤忠，等．长三角城市群生态文明建设与城市化耦合协调发展研究[J]．长江流域资源与环境，2019，28（3）：530-541.

陈乃玲，聂影．南京城市森林生态价值经济分析[J]．南京林业大学学报（自然科学版），2007，31（5）：129-134.

陈万旭，刘志玲，李江风，等．长江中游城市群生态系统服务和城镇化之间的空间关系研究[J]．生态学报，2020，40（15）：537-5150.

陈万旭，李江风，朱丽君．长江中游地区生态系统服务价值空间分异及敏感性分析[J]．自然资源学报，2019，34（2）：325-337.

陈新微，魏子上，刘红梅，等．云南菊科入侵物种与本地共生物种光合特性比较[J]．环境科学研究，2016，29（4）：538-546.

陈勇，孙冰，廖绍波，等．深圳市主要植被群落类型划分及物种多样性研究[J]．林业科学研究，2013，（5）：636.

城市生物多样性保护评价技术规范，T/JSSES30—2023[S].

崔海山，姜莹，林媚珍，等．广州白云山风景区森林自然度评价[J]．亚热带资源与环境学报，2015，10（1）：18-26.

崔书红．生态文明示范创建实践与启示[J]．环境保护，2021，49（12）：34-38.

崔书红．我国首批国家级生态示范区命名[J]．生态农业研究，2000，（2）：48.

达良俊，田志慧，陈晓双．生态城市发展与建设模式[J]．现代城市研究，2009，24（7）：11-17.

戴尔阜，王晓莉，朱建佳，等．生态系统服务权衡/协同研究进展与趋势展望[J]．地球科学进展，2015，30（11）：1250-1259.

单菁菁，李红玉，武占云，等．城市蓝皮书：中国城市发展报告[M]．北京：社会科学文献出版社，2020.

党晋华，贾彩霞，徐涛，等．山西省煤炭开采环境损失的经济核算[J]．环境科学研究，2007，20（4）：155-160.

邓伟，张继飞，时振钦，等．山区国土空间解析及其优化概念模型与理论框架[J]．山地学报，2017，35（2）：121-128.

邓宣凯，喻艳华，刘艳芳．“十二五”各省区 CO_2 排放控制及减排压力评价[J]．经济地理，2014，34（5）：7.

邓元杰，姚顺波，侯孟阳，等．退耕还林还草工程对生态系统碳储存服务的影响——以黄土高原丘陵沟壑区子长县为例[J]．自然资源学报，2020，35（4）：826-844.

丁晖，石碧清，徐海根．外来物种风险评估指标体系和评估方法[J]．生态与农村环境学报，2006，22（2）：92-96.

董翠芳，梁国付，丁圣彦，等．不同干扰背景下景观指数与物种多样性的多尺度效应——以巩义市为例[J]．生态学报，2014，34（12）：3444-3451.

董嘉薇，陈海，白晓娟，等．陕北黄土高原乡村振兴战略对生态系统服务的影响及原因研究——以陕西省米脂县为例[J]．西北大学学报（自然科学版），2022，52（4）：643-655.

杜涵蓓，赵立君，刘臣炜，等．基于 LEAP 模型和 KAYA 模型的主城区碳达峰预测及不确定性分析[J]．生态与农村环境学报，2022，38（8）：983-991.

段学军，邹辉，陈维肖，等．岸线资源评估、空间管控分区的理论与方法——以长江岸线资源为例[J]．自然资源学报，2019，34（10）：2209-2222.

樊杰．我国主体功能区划的科学基础[J]．地理学报，2007，62（4）：339-350.

樊杰．资源环境承载力和国土空间开发适宜性评价方法指南[M]．北京：科学出版社，2018.

方创琳，王少剑，王洋．中国低碳生态新城新区：现状、问题及对策[J]．地理研究，2016，35（9）：1601-1614.

方迎波，占文凤，黄帆，等．长三角城市群表面城市热岛日内逐时变化规律[J]．地球科学进展，2017，32（2）：187-198.

冯建孟，董晓东，徐成东．中国外来入侵植物物种多样性的空间分布格局及与本土植物之间的关系[J]．西南大学学报（自然科学版），2010，32（6）：50-57.

冯一凡，冯君明，李翅．生态韧性视角下绿色空间时空演变及优化研究进展[J]．生态学报，2023，43（14）：5648-5661.

付瑜，赵红颖，赵帅阳，等．2002—2018 年北京市通州区城市热岛（冷岛）效应时空分异规律及其影响因素[J]．科学技术与工程，2020，20（23）：9509-9520.

高吉喜．区域生态学基本理论探索[J]．中国环境科学，2013，33（7）：1252-1262.

高吉喜．区域生态学核心理论探究[J]．科学通报，2018，63（8）：693-700.

高庆先，高文欧，马占云，等．大气污染物与温室气体减排协同效应评估方法及应用[J]．气候变化研究进展，2021，17（3）：268-278.

高鑫．资源环境约束下贵州经济绿色转型路径研究[D]．贵阳：贵州财经大学，2019.

顾岚，高甲荣，刘瑛，等．北京郊区河流自然性评价：以汤河为例[J]．水土保持通报，2012，32（1）：165-170.

郭芳，王灿，张诗卉．中国城市碳达峰趋势的聚类分析[J]．中国环境管理，2021，13（1）：40-48.

国家环境保护总局．《生态县，生态市，生态省建设指标（修订稿）》（环发〔2007〕195 号）. [OL][2007-12-26]. https://www.mee.gov.cn/gkml/zj/wj/200910/t20091022_172492.htm.

国家统计局能源统计司．中国能源统计年鉴[M]．北京：中国统计出版社，2019.

国务院新闻办公室．《中国的生物多样性保护》白皮书[N/OL].（2021-10-8）. https://www.gov.cn/zhengce/2021-10/08/content_5641289.htm.

韩博，金晓斌，项晓敏，等．基于“要素—景观—系统”框架的江苏省长江沿线生态修复格局分析与对策[J]．自然资源学报，2020，35（1）：141-161.

韩逸，郭熙，江叶枫，等．南方丘陵区耕地景观生态安全影响因素及其空间差异．生态学报，2019，39（17）：6522-6533.

何念鹏，徐丽，何洪林．生态系统质量评估方法：理想参照系和关键指标[J]．生态学报，2020，40（6）：1877-1886.

胡楠林，任志彬，董禹麟，等．中国城市群热岛效应时空演变及其影响因素分析[J]．地理科学，2022，42（9）：1534-1545.

胡亚萍，周旭，葛晓敏，等．从管理角度辨析外来入侵物种的概念和内涵[J]．生态与农村环境学报，2020，36（1）：11-17.

环境保护部，中国科学院．《全国生态功能区划（修编版）》（公告 2015 年第 61 号）[EB/OL]．北京：生态环境部，2015-11-13[2015-11-23]. https://www.mee.gov.cn/gkml/hbb/bgg/201511/t20151126_317777.htm.

环境保护部办公厅．《关于命名浙江省安吉县等 13 个地区为第一批“绿水青山就是金山银山”实践创新基地的通知》（环办生态〔2017〕75 号）. [EB/OL][2017-9-18][2017-9-15]. https://www.mee.gov.cn/gkml/hbb/bgt/201709/t20170925_422227.htm?keywords%3D.

黄甘霖，姜亚琼，刘志锋，等．邬建国．人类福祉研究进展——基于可持续科学视角[J]．生态学报，2016，36（23）：7519-7527.

黄金川，方创琳．城市化与生态环境交互耦合机制与规律性分析[J]．地理研究，2003，22（2）：211-220.

黄金川，林浩曦，漆潇潇．面向国土空间优化的三生空间研究进展[J]．地理科学进展，2017，36（3）：378-391.

黄经南，敖宁谦，谢雨航，等．基于 DPSIR 框架的生态城市建设观测指标体系构建研究[J]．城市与区域规划研究，2021，13（1）：156-167.

黄林楠，张伟新，姜翠玲，等．水资源生态足迹计算方法[J]．生态学报，2008，（3）：1279-1286.

黄木易，岳文泽，方斌，等．1970—2015 年大别山区生态服务价值尺度响应特征及地理探测机制[J]．地理学报，2019，74（9）：1904-1920.

黄肇义，杨东援．国内外生态城市理论研究综述[J]．城市规划，2001，（1）：59-66.

贾克敬，何鸿飞，张辉，等．基于“双评价”的国土空间格局优化[J]．中国土地科学，2020，34（5）：43-51.

贾彦龙，王秋凤，朱剑兴，等．1996—2015 年中国大气无机氮湿沉降时空格局数据集[J]．中国科学数据（中英文网络版），2019，4（01）：8-17.

贾彦龙，王秋凤，朱剑兴，等．2006—2015 年中国大气无机氮干沉降时空格局数据集[J]．中国科学数据（中英文网络版），2021，6（2）：213-221.

姜霞，王坤，郑朔方，胡小贞，等．山水林田湖草生态保护修复的系统思想——践行“绿水青山就是金山银山”[J]．环境工程技术学报，2019，9（5）：475-481.

姜子璇．城市内部生态用地与生态韧性时空关联研究[D]．武汉：华中农业大学，2022.

焦宇靖．黄河流域省区生态-经济-社会耦合协调度研究[D]．西安：西北大学，2022.

金其铭．聚落地理[M]．南京：南师大出版社，1984.

孔凡斌，杨文才，徐彩瑶．环杭州湾城市群生态环境与社会经济耦合协调关系及其影响因素[J]．生态学报，2023，43（6）：2287-2297.

雷勋平，邱广华．基于熵权 TOPSIS 模型的区域资源环境承载力评价实证研究[J]．环境科学学报，2016，（1）：314-323.

李锋，王如松，赵丹．基于生态系统服务的城市生态基础设施：现状、问题与展望[J]．生态学报，2014，34（1）：190-200.

李锋，叶亚平，宋博文，等．城市生态用地的空间结构及其生态系统服务动态演变：以常州市为例[J]．生态学报，2011，31（19）：5623-5631.

李付杰，孙倩莹，王世曦，等．2000—2015 年三江源区生态系统服务评估[J]．环境工程技术学报，2020，10（5）：786-797.

李果，吴晓莆，罗遵兰，等．构建我国生物多样性评价的指标体系[J]．生物多样性，2011，19（5）：497-504.

李海东，马伟波，张龙江，等．美丽城市生态环境协同治理：基于生态韧性与协同增效的考察[J]．生态与农村环境学报，2023，39（8）：1096-1102

李海东，马伟波，高媛赟，等．生态环保扶贫减损增益和“绿水青山就是金山银山”转化研究[J]．环境科学研究，2020，33（12）：2761-2770.

李海宏，吴吉东．2007—2016 年上海市暴雨特征及其与内涝灾情关系分析[J]．自然资源学报，2018，33（12）：2136-2148.

李嘉译，匡鸿海，谭超，等．长江经济带城市扩张的时空特征与生态响应[J]．长江流域资源与环境，2018，27（10）：2153-2161.

李进涛，刘彦随，杨园园，等．1985—2015 年京津冀地区城市建设用地时空演变特征及驱动因素研究[J]．地理研究，2018，37（1）：37-52.

李莉，董棒棒，敬盼．环境规制背景下新疆能源碳排放峰值预测与情景模拟研究[J]．生态与农村环境学报，2020，36（11）：9.

李娜，张岩，夏文．区域一体化机理及评价研究——以长江三角洲为例[J]．上海城市管理，2023，32（5）：2-13.

李双成，赵志强，王仰麟．中国城市化过程及其资源与生态环境效应机制[J]．地理科学进展，2009，28（1）：63-70.

李宇，王喆，王菲，等．城市碳排放的评估方法——影响要素和过程研究[J]．自然资源学报，2013，28（9）：12.

李祖政，尤海梅，王梓懿．徐州城市景观格局对绿地植物多样性的多尺度影响[J]．应用生态学报，2018，29（6）：1813-1821.

廖迎娣，张欢，侯利军，等．江苏长江岸线生态修复评价指标体系研究[J]．生态学报，2021，41（10）：3910-3916.

刘迪，陈海，马羽赫，等．乡村振兴视角下农户生态系统服务依赖度及多层次影响因素[J]．生态学报，2023，43（8）：3079-3089.

刘冠生．城市、城镇、农村、乡村概念的理解与使用问题[J]．山东理工大学学报（社会科学版），2005，32（1）：54-57.

刘光旭，王小军，相爱存，等．赣江中上游地区土地利用变化空间分异与驱动因素[J]．应用生态学报，2021，32（7）：2545-2554.

刘海猛，方创琳，李咏红．城镇化与生态环境“耦合魔方”的基本概念及框架[J]．地理学报，2019，74（8）：1489-1507.

刘惠良，肖华茂，刘红峰．基于绿色发展的乡村振兴水平测度及其驱动因素[J]．中南林业科技大学学报，2023，43（8）：202-210.

刘继来，刘彦随，李裕瑞．中国“三生空间”分类评价与时空格局分析[J]．地理学报，2017，72（7）：1290-1304.

刘孟浩，席建超，陈思宏．多类型保护地生态承载力核算模型及应用[J]．生态学报，2020，40（14）：4794-4802.

刘淼．长江经济带城镇化建设对城市生态效率的影响研究[D]．南昌：江西财经大学，2021.

刘某承，李文华，谢高地．基于净初级生产力的中国生态足迹产量因子测算[J]．生态学杂志，2010，29（3）：592-597.

刘世梁，朱家蘅，许经纬，等．城市化对区域生态足迹的影响及其耦合关系[J]．生态学报，2018，38（24）：227-239.

刘世梁，董玉红，孙永秀，等．基于生态系统服务提升的山水林田湖草优先区分析：以贵州省为例[J]．生态学报，2019，39（23）：8957-8965.

刘欣，赵艳霞，冯晓淼，等．基于 CLUE-S 模型的多目标土地利用格局模拟与优化：以河北省廊坊市北三县为例[J]．地理与地理信息科学，2018，34（5）：92-98.

刘晏冰，韩宝龙，刘晶茹，等．我国城市人与自然耦合系统的协调度[J]．生态学报，2021，41（14）：5578-5585.

刘洋，毕军，吕建树．生态系统服务权衡与协同关系及驱动力：以江苏省太湖流域为例[J]．生态学报，2019，39（19）：7067-7078.

刘煜杰．深入理解“两山”管理规程积极推进实践创新基地建设[J]．中国生态文明，2019，（5）：19-21.

刘运伟，赵亚玲，廖仕梅．基于生态足迹理论的欠发达民族山区生态安全动态研究：以四川凉山彝族自治州为例[J]．生态科学，2015，34（1）：142-147.

刘章生，祝水武，刘桂海．国内生态资本文献计量研究[J]．生态学报，2021，41（4）：1680-1691.

娄彩荣，王英利，游珍，等．江苏省南通市城镇土地利用结构空间差异[J]．国土资源科技管理，2013，30（5）：7-13.

鲁敏，王仁卿，李英杰．生态城市建设模式与策略[J]．中国生态农业学报，2007（6）：182-184.

鹿瑶，李效顺，蒋冬梅等．区域生态足迹盈亏测算及其空间特征——以江苏省为例[J]．生态学报，2018，38（23）：8574-8583.

罗勇，田大伦，项文化，等．在 CO_2 浓度加富条件下马尾松针叶的生理生态响应[J]．中南林学院学报，2004，（1）：10-13.

马金双．中国外来入侵植物名录[M]．北京：高等教育出版社，2018.

马世骏，王如松．社会-经济-自然复合生态系统[J]．生态学报，1984，(1)：1-9.

马伟波，杨帆，王楠，等．长三角城市群地区生态系统服务价值时空演变及驱动因素研究[J]．生态与农村环境学报，2022，38（11）：1365-1376.

马伟波，赵立君，邹凤丽，等．基于微地貌约束的山区型特色小镇“三生”空间布局优化[J]．环境科学研究，2020，33（12）：2724-2733.

毛齐正，马克明，邬建国，等．城市生物多样性分布格局研究进展[J]．生态学报，2013，33（004）：1051-1064.

米志付，张浩然．IPCCAR6WGIII 报告解读：城市系统减缓气候变化[J]．气候变化研究进展，2023，19（2）：139-150.

那鲲鹏，李迅．低碳生态城市规划要点[J]．建设科技，2013（16）：28-30.

欧阳晓，朱翔，贺清云．城市化与生态系统服务的空间交互关系研究——以长株潭城市群为例[J]．生态学报，2019，39（20）：7502-7513.

欧阳志云，王如松，赵景柱．生态系统服务功能及其生态经济价值评价[J]．应用生态报，1999，10（5）：635-640.

潘家华，庄贵阳，等．中国生态建设与环境保护[M]．北京：社会科学文献出版社，2018.

潘丹，余异．乡村多功能性视角下的生态产品价值实现与乡村振兴协同[J]．环境保护，2022，50（16）：12-17.

潘翔，吴娜，徐中民，等．精准扶贫视角下生态系统服务与多维贫困耦合协调差异：以甘肃秦巴山贫困核心区为例[J]．生态与农村环境学报，2020，36（7）：879-889.

祁新华，叶士琳，程煜，等．生态脆弱区贫困与生态环境的博弈分析[J]．生态学报，2013，33（19）：6411-6417.

钱易，何建坤，卢风．生态文明理念与实践[M]．北京：清华大学出版社，2018.

钱易，李金惠．生态文明建设理论研究[M]．北京：科学出版社，2020.

钱易，温宗国．新时代生态文明建设总论[M]．北京：中国环境出版集团，2021.

秦艳丽，时鹏，何文虹，等．西安市城市化对景观格局及生态系统服务价值的影响[J]．生态学报，2020，40（22）：8239-8250.

邱陈澜，王彩侠，章瑞，等．京津冀城市群生态空间固碳服务功能及其与景观格局的关系特征[J]．生态学报，2022，42（23）：9590-9603.

仇宽彪，张慧，高吉喜，等．上海城市林地斑块冷岛效应的城乡梯度变化[J]．生态学杂志，2021，40（5）：1409-1418.

仇保兴．“共生”理念与生态城市[J]．城市规划，2013，37（9）：9-16，50.

仇雅倩．基于夜光遥感影像的长江中游城市群时空格局演变分析[D]．武汉：武汉大学，2019.

全国科学技术名词审定委员会．城乡规划学名词[M]．北京：科学出版社，2021.

全国科学技术名词审定委员会．地理学名词（第二版）[M]．北京：科学出版社，2006.

全国科学技术名词审定委员会．经济学名词[M]．北京：科学出版社，2020.

任颖，何萍，徐杰，等．滦河流域河岸带入侵植物分布特征及其与环境的关系[J]．应用生态学报，2017，28（6）：1843-1850.

陕永杰，魏绍康，原卫利，等．长江三角洲城市群“三生”功能耦合协调时空分异及其影响因素[J]．生态学报，2022，42（16）：6644-6655.

邵明，董宇翔，林辰松．基于 GWR 模型的成渝城市群生态系统服务时空演变及驱动因素研究[J]．北京林业大学学报，2020，42（11）：118-129.

生态环境部.《“绿水青山就是金山银山”实践创新基地：2017—2020》[M]. 北京：中国环境出版集团，2021.

史芳宁，刘世梁，安毅，等. 城市化背景下景观破碎化及连接度动态变化研究——以昆明市为例[J]. 生态学报，2020，40（10）3303-3314.

寿飞云，李卓飞，黄璐，等. 基于生态系统服务供求评价的空间分异特征与生态格局划分——以长三角城市群为例[J]. 生态学报，2020，40（9）：2813-2826.

税伟，杜勇，王亚楠，等. 闽三角城市群生态系统服务权衡的时空动态与情景模拟[J]. 生态学报，2019，39（14）：5188-5197.

宋永昌. 迈向21世纪建设生态城市[J]. 上海建设科技，1994，（4）：13-14.

苏常红，王亚璐. 汾河上游流域生态系统服务变化及驱动因素[J]. 生态学报，2018，38（22）：7886-7898.

苏荣菲，陈睿山，郭晓娜. 城市社区更新中生物多样性的保护策略：以上海市长宁区生境花园为例[J]. 生物多样性，2023，31（7）：23118.

孙宝娣，崔丽娟，李伟，等. 湿地生态系统服务价值评估的空间尺度转换研究进展[J]. 生态学报，2018，38（8）：2607-2615.

孙崇洋，程翠云，段显明，等. “两山”实践成效评价指标体系构建与测算[J]. 环境科学研究，2020，33（9）：2202-2209.

唐小平. 国家公园体制引领生物多样性主流化[J]. 林业资源管理，2021，（4）：1-8.

万媛媛，苏海洋，刘娟. 生态文明建设和经济高质量发展的区域协调评价[J]. 统计与决策，2020，36（22）：66-70.

汪东川，龙慧，王康健，等. 京津冀城市群城市化强度与生态韧性的耦合协调分析[J]. 生态学报，2023，43（15）：6321-6331.

王兵，任晓旭，胡文. 中国森林生态系统服务功能及其价值评估[J]. 林业科学，2011，44（7）：145-153.

王成，唐宁. 重庆市乡村三生空间功能耦合协调的时空特征与格局演化[J]. 地理研究，2018，37（6）：1100-1114

王淳一，赵明月，赵运成，等. 气候变化对农业生态系统服务的影响及适应对策[J]. 生态学杂志，2023，42（5）：1214-1224.

王桂新. 城市化基本理论与中国城市化的问题及对策[J]. 人口研究，2013（6）：43-51.

王国玉. 河岸带自然度评价与近自然恢复模式研究：以大连市河岸带为例[D]. 北京：北京林业大学，2009.

王宏亮，高艺宁，吴健生，等. 高度城市化地区建设用地扩展及其驱动力分析——以深圳市为例[J]. 北京大学学报（自然科学版），2021，57（4）：707-715.

王开运，邹春静，张桂莲. 生态承载力复合模型系统与应用[M]. 北京：中国科学出版社，2007.

王锴，朴世龙，何悦，等. 中国陆地生态系统碳汇稳定性的空间分布特征及驱动机制[J]. 中国科学：地球科学，2023，53（2）：216-226.

王坤，张丽君，张超，等. 基于CiteSpace的生态城市发展研究动态分析[J]. 生态学报，2021，41（5）：2097-2105.

王楠，李海东，唐力，等. 城市生态观测：质量控制对象、体系和规范编制[J]. 生态学报，2021，41（22）：8807-8819.

王蓉，赵雪雁，刘江华，等．重点生态功能区农户生计对环境资源的依赖性——以甘南高原为例[J]．应用生态学报．2020，31（2）：554-562.

王如松，欧阳志云．社会-经济-自然复合生态系统与可持续发展[J]．中国科学院院刊，2012，27（3）：254，337-345，403-404.

王如松．生态安全·生态经济·生态城市[J]．学术月刊，2007，（7）：5-11.

王若思，潘洪义，刘翊涵，等．基于动态当量的乐山市生态系统服务价值时空演变及驱动力研究[J]．生态学报，2022，42（1）：76-90.

王少剑，方创琳，王洋．京津冀地区城市化与生态环境交互耦合关系定量测度[J]．生态学报，2015，35（7）：2244-2254.

王苏铭，张楠，于琳倩，等．北京地区外来入侵植物分布特征及其影响因素[J]．生态学报，2012，32（15）：4618-4629.

王祥荣．论生态城市建设的理论，途径与措施——以上海为例[J]．复旦学报（自然科学版），2001，（4）：349-354.

王效科，欧阳志云，任玉芬，等．城市生态系统长期研究展望[J]．地球科学进展，2009，（8）：928-935.

王效科，欧阳志云，任玉芬，等．中美城市生态系统长期监测的内容和方法[J]．地球科学进展，2014，29（5）：617-623.

王效科，苏跃波，任玉芬，等．城市生态系统：Ⅰ．人与自然复合[J]．生态学报，2020，（15）：1-10.

王雅晴，谭德明，张佳田，等．我国城市发展与能源碳排放关系的面板数据分析[J]．生态学报，2020，40（21）：11.

王艳慧，段福洲，赵文吉，等．中国贫困地区生态环境脆弱性与经济贫困的耦合关系——基于连片特困区714个贫困县的实证分析[J]．应用生态学报，2016，27（8）：2614-2622.

王昭，刘建红，李同昇，等．秦巴特困区生态脆弱性与经济贫困的耦合关系—以陕西省山阳县为例[J]．生态学报，2019，39（11）：3908-3917.

王正，贾公旭，张清凌，等．COVID-19疫情背景下2020年第一季度广东省二、三产业GDP空间分布变化分析[J]．自然资源遥感，2021，33（3）：184-193.

文博，朱高立，夏敏，等．基于景观安全格局理论的宜兴市生态用地分类保护[J]．生态学报，2017，37（11）：3881-3891.

文志，郑华，欧阳志云．生物多样性与生态系统服务关系研究进展[J]．应用生态学报，2020，32（2）：340-348.

闻熠，高峻，姚扬，林章林．基于改进参数的长三角城市群生态足迹时空动态及驱动因子分析[J]．环境工程技术学报，2020，10（1）：133-141.

吴晓雯，罗晶，陈家宽，等．中国外来入侵植物的分布格局及其与环境因子和人类活动的关系[J]．植物生态学报，2006，30（4）：576-584.

吴岩，王忠杰，束晨阳，等．“公园城市”的理念内涵和实践路径研究[J]．中国园林，2018，34（10）：30-33.

吴远征，张智光．我国生态城市研究的演进脉络与热点分析[J]．金陵科技学院学报（社会科学版），2021，35（3）：55-62，75.

夏光．中国环境污染损失的经济计量与研究[M]．北京：中国环境科学出版社，1998.

向书坚，柴士改．生态足迹若干不足、修正与完善以及应用拓展[J]．资源科学，2013，35（5）：1051-1058.
肖翠，解雪峰，吴涛，等．浙江西门岛湿地景观格局与人为干扰度动态变化[J]．应用生态学报，2014，25（11）：3255-3262.
谢高地，张彩霞，张雷明，等．基于单位面积价值当量因子的生态系统服务价值化方法改进[J]．自然资源学报，2015，30（8）：1243-1254.
谢花林，姚干，何亚芬，等．基于 GIS 的关键性生态空间辨识：以鄱阳湖生态经济区为例[J]．生态学报，2018，38（16）：5926-5937.
徐涵秋．城市遥感生态指数的创建及其应用[J]．生态学报，2013，33（24）：7853-7862.
徐嵩龄．中国生态资源破坏的经济损失：1985 年与 1993 年[J]．生态经济，1997，（4）：1-12.
徐耀阳，李刚，崔胜辉，等．韧性科学的回顾与展望：从生态理论到城市实践[J]．生态学报，2018，38（15）：5297-5304.
徐宗学，程涛．城市水管理与海绵城市建设之理论基础——城市水文学研究进展[J]．水利学报，2019，50（1）：53-61.
闫小玲，寿海洋，马金双．中国外来入侵植物研究现状及存在的问题[J]．植物分类与资源学报，2012，34（3）：287-313.
杨保军，董珂．生态城市规划的理念与实践——以中新天津生态城总体规划为例[J]．城市规划，2008，（8）：10-14，97.
杨亮洁，秦丽双，杨永春，等．城市群地区城市高质量发展与生态环境的交互协同作用——以成渝城市群为例[J]．生态学报，2023，43（17）：7035-7046.
杨亮洁，张小鸿，潘竟虎，等．成渝城市群城镇化与生态环境耦合协调及交互影响[J]．应用生态学报，2021，32（3）：993-1004.
杨顺顺．基于 LEAP 模型的长江经济带分区域碳排放核算及情景分析[J]．生态经济，2017，33（9）：26-30.
杨廷锋．西南岩溶石山地区生态承载力的演变及动力机制：以贵州省为例[J]．中国岩溶，2016，35（3）：332-339.
杨彤，王能民，朱幼林．生态城市的内涵及其研究进展[J]．经济管理，2006，（14）：90-96.
杨元合，石岳，孙文娟，等．中国及全球陆地生态系统碳源汇特征及其对碳中和的贡献[J]．中国科学：生命科学，2022，52（4）：534-574.
杨悦，员学锋，马超群，等．秦巴山区农户生计与乡村发展耦合协调分析：以陕西省洛南县为例[J]．生态与农村环境学报，2021，37（4）：448-455.
于贵瑞，朱剑兴，徐丽，等．中国生态系统碳汇功能提升的技术途径：基于自然解决方案[J]．中国科学院院刊，2022，37（4）：490-501.
喻阳华，李光容，皮发剑，等．赤水河上游主要森林类型水源涵养功能评价[J]．水土保持学报，2015，29（2）：150-156.
袁艺，周立志．城市化背景下小微湿地景观动态变化及其驱动因素[J]．生态学报，2022，42（17）：7028-7042.
臧玉珠，刘彦随，杨园园．山区县域土地利用格局变化及其地形梯度效应：以井冈山市为例[J]．自然资源学报，2019，34（7）：1391-1404.
张冰，李阳兵，夏春华，等．土地利用转型背景下社会经济—生态环境耦合协调研究：以长江沿岸城市为例[J]．生态与农村环境学报，2023，39（4）：436-449.

张彩霞，杨勤科，李锐．基于 DEM 的地形湿度指数及其应用研究进展[J]．地理科学进展，2005，24（6）：116-123.

张超正，陈丹玲，杨钢桥，等．生计资本对农户生态系统服务依赖度的影响[J]．西南大学学报（自然科学版），2021，43（1）：142-152.

张富刚，刘彦随．中国区域农村发展动力机制及其发展模式[J]．地理学报，2008，（2）：115-122.

张红旗，许尔琪，朱会义．中国“三生用地”分类及其空间格局[J]．资源科学，2015，37（7）：1332-1338.

张建春，彭补拙．河岸带研究及其退化生态系统的恢复与重建[J]．生态学报，2003，23（1）：56-63.

张丽丽，卓玛．日喀则定结县陈塘镇夏尔巴人特色产业发展路径研究[J]．经贸实践，2018，（9）：16-17.

张莉华．城市发展的新触点：生态城市建设[J]．改革与开放，2002，（6）：28-29.

张龙江，纪荣婷，李辉，等．基于主导生态功能保护的美丽宜居村镇生态建设模式研究[J]．生态与农村环境学报，2021，37（7）：827-833.

张明斗，莫冬燕．城市土地利用效益与城市化的耦合协调性分析——以东北三省 34 个地级市为例[J]．资源科学，2014，36（1）：8-16.

张娜，张会霞，李艾琴．基于夜间灯光影像的太原市城市扩张特征及驱动力分析[J]．测绘通报，2022，548（11）：79-83，105.

张强．国家生态文明建设示范市县的建设要义[J]．中国生态文明，2019，（5）：16-18.

张庆彩，黄志斌，董茜．论我国生态城市建设的思路、原则与对策[J]．合肥工业大学学报（社会科学版），2003（1）：83-87.

张淑怡，尤怡靖，朱泓恺，等．长三角地区植被覆盖演变城乡差异及原因解析[J]．生态学报，2023，（14）：1-14.

张伟，张宏业，王丽娟，等．生态城市建设评价指标体系构建的新方法——组合式动态评价法[J]．生态学报，2014，34（16）：4766-4774.

张媛媛，袁奋强，刘东皇，等．产业生态化水平的测度及其影响因素研究[J]．长江流域资源与环境，2019，28（10）：2331-2339.

张月，张飞，王娟，等．近 40 年艾比湖湿地自然保护区生态干扰度时空动态及景观格局变化[J]．生态学报，2017，37（21）：7082-7097.

赵东升，郭彩贇，郑度，等．生态承载力研究进展[J]．生态学报，2019，39（2）：399-410.

赵海霞，王淑芬，孟菲，等．绿色空间格局变化及其驱动机理——以南京都市区为例[J]．生态学报，2020，40（21）：7861-7872.

赵立君，李海东，马伟波，等．生态城市建设观测指标：基于人与自然和谐共生的考察[J]．生态与农村环境学报，2022，38（8）：953-962.

赵文昌．空气污染对城市居民的健康风险与经济损失的研究[D]．上海：上海交通大学，2012.

赵先贵，马彩虹，高利峰，等．基于生态压力指数的不同尺度区域生态安全评价[J]．中国生态农业学报，2007，（6）：135-138.

赵鑫霈．长三角城市群核心区域资源环境承载力研究[D]．北京：中国地质大学，2011.

郑伯红，王志远，汪华．基于 DMSP/OLS 数据的长株潭城市群建成区演变特征研究[J]．国土资源遥感，2020，32（4）：175-184.

郑子豪，吴志峰，陈颖彪，等．基于 Google Earth Engine 的长三角城市群生态环境变化与城市化特征分析[J]. 生态学报，2021，41（2）：717-729.

中共中央　国务院关于打赢脱贫攻坚战三年行动的指导意见[N]. 北京：人民日报，2018-08-20.

中国城市规划设计研究院. 2023 年中国主要城市建成环境密度报告[R]. 2023：6.

中国绿色生态城市指标体系研究报告[J]. 领导决策信息，2019（24）：14-19.

周李磊，官冬杰，袁兴中. 精准扶贫视角下生态系统服务与贫困人口生计耦合关联分析[J]. 生态学报，2018，38（18）：6391-6401.

周伟奇，田韫钰. 城市三维空间形态的热环境效应研究进展[J]. 生态学报，2020，40（2）：416-427.

周伟奇，王坤，虞文娟，等. 城市与区域生态关联研究进展[J]. 生态学报，2017，37（15）：5238-5245.

周伟奇，朱家蓠. 城市内涝与基于自然的解决方案研究综述[J]. 生态学报，2022，42（13）：5137-5151.

朱康文，雷波，李月臣，等. 生态红线保护下的两江新区土地利用/覆盖情景模拟及生态价值评估[J]. 环境科学研究，2017，30（11）：1801-1812.

朱治州，钟业喜. 长江三角洲城市群土地利用及其生态系统服务价值时空演变研究[J]. 长江流域资源与环境，2019，28（7）：1520-1530.

住房和城乡建设部，国家发展和改革委员会. 关于印发“十四五”全国城市基础设施建设规划的通知（建城〔2022〕57 号）[EB/OL].（2022-07-7）[2023-2-25]. https://www.gov.cn/zhengce/zhengceku/2022-07/31/content_5703690.htm

住房和城乡建设部. 中国城市建设统计年鉴（2021 年版）[M]. 北京：中国统计出版社，2022.

Ahern J. From fail-safe to safe-to-fail：Sustainability and resilience in the new urban world[J]. Landscape and Urban Planning，2011，100（4）：341-343.

Alain G，Océane C，Liên B，et al. The decline of plant mineral nutrition under rising CO2：Physiological and molecular aspects of a bad deal[J]，Trends in Plant Science，2023，28（2）：185-198.

Allan J R，Possingham H P，Atkinson S C，et al. The minimum land area requiring conservation attention to safeguard biodiversity[J]. Science，2022，376（6597）：1094-1101.

Alofs K M，Gonzólez，Ana V，et al. Local native plant diversity responds to habitat loss and fragmentation over different time spans and spatial scales[J]. Plant Ecology，2014，215（10）：1139-1151.

Anderegg W R L，Trugman A T，Badgley G，et al. Climate-driven risks to the climate mitigation potential of forests[J]. Science，2020，368（6497）：eaaz7005.

Antrop M. Landscape change and the urbanization process in Europe[J]. Landscape and Urban Planning，2004，67（1）：9-26.

Arnold J，Kleemann J，Furst C. A differentiated spatial assessment of urban ecosystem services based on land use data in Halle，Germany[J]. Land，2018，7（3）：101.

Balland P A，Jara-Figueroa C，Petralia S G，et al. Complex economic activities concentrate in large cities[J]. Nature Human Behaviour，2020，4（3）：1-7.

Battisti C，Fanelli G，Pavel D，et al. Assessing habitat-related disturbance in bird communities：applying Hemeroby and Generalism as indicators[J]. Community Ecology，2017，18（2）：215-223.

Battisti C，Fanelli G. Applying indicators of disturbance from plant ecology to vertebrates：The Hemeroby of bird species [J]. Ecological Indicators，2016，61：799-805.

Borgström S，Lindborg R，Elmqvist T. Nature conservation for what? Analyses of urban and rural nature reserves in southern Sweden 1909 - 2006[J]. Landscape and Urban Planning，2013，117：66-80.

Breiman L，Friedman J H，Olshen R A，et al. Classification and regression trees[M]. Routledge，2017.

Breiman L. Random forests[J]. Machine Learning，2001，45（1）：5-32.

Carbon Trust. Carbon footprint measurement methodology[R]. Version 1.1，2007.

Chaffin B C，Scown M. Social-ecological resilience and geomorphic systems[J]. Geomorphology，2018，305：221-230.

Chen J，Gao M，Cheng S，et al. County-level CO_2 emissions and sequestration in China during 1997 - 2017[J]. Scientific Data，2020，7（1）：1-12.

Chen Q，Cai B，Dhakal S，et al. CO_2 emission data for Chinese cities[J]. Resources，Conservation and Recycling，2017，126：198-208.

Chen Y，Feng X，Tian H，et al. Accelerated increase in vegetation carbon sequestration in China after 2010：A turning point resulting from climate and human interaction[J]. Global Change Biology，2021，27（22）：5848-5864.

Chen Z，Yu B，Yang C，et al. An extended time series（2000 - 2018） of global NPP-VIIRS-like nighttime light data from a cross-sensor calibration[J]. Earth System Science Data，2021，13（3）：889-906.

Costanza R，D'Arge R，de Groot R，et al. The value of the world's ecosystem services and natural capital[J]. Nature，1997，387（6630）：253-260.

Costanza R，de Groot R，Sutton P，et al. Changes in the global value of ecosystem services[J]. Global Environmental Change，2014，26：152-158.

Cui C，Cai B，Bin G，et al. Decennary spatial pattern changes and scaling effects of CO_2 emissions of urban agglomerations in China[J]. Cities，2020，105：102818.

Cui F Q，Hamdi R，Yuan XL，et al. Quantifying the response of surface urban heat island to urban greening in global north megacities[J]. Science of the Total Environment，2021. 801：149553.

Daily G C，Söderqvist T，Aniyar S，et al. The value of nature and the nature of value[J]. Science，2000，289（5478）：395-396.

Deng C，Liu J，Liu Y，et al. Spatiotemporal dislocation of urbanization and ecological construction increased the ecosystem service supply and demand imbalance[J]. Journal of Environmental Management，2021，288：112478.

Des Roches S，Brans K I，Lambert M R，et al. Socio-eco-evolutionary dynamics in cities[J]. Evolutionary Applications，2021，14（1）：248-267.

Dong C，Yan Y，Guo J，et al. Drought-vulnerable vegetation increases exposure of disadvantaged populations to heatwaves under global warming：a case study from Los Angeles[J]. Sustainable Cities and Society，2023，93：104488.

Dong F，Yu B，Pan Y. Examining the synergistic effect of CO_2 emissions on $PM_{2.5}$ emissions reduction：Evidence from China[J]. Journal of Cleaner Production，2019，223：759-771.

Fan M，Wang Q，Mi K，et al. Scale-dependent effects of landscape pattern on plant diversity in Hunshandak Sandland[J]. Biodiversity & Conservation，2017，26（5）：2169-2185.

Fang C L，Yang J Y，Fang J W，et al. Optimization transmission theory and technical pathways that describe multiscale urban agglomeration spaces[J]. Chinese Geographical Science，2018，28（4）：543-554.

Fotheringham A S，Brunsdon C，Charlton M. Geographically weighted regression：the analysis of spatially varying relationships[M]. John Wiley & Sons，2003.

Friedlingstein P，O'sullivan M，Jones M W，et al. Global carbon budget 2022[J]. Earth System Science Data，2022，14（11）：4811-4900.

Gao J，Gong J，Yang J X，et al. Measuring spatial connectivity between patches of the heat source and sink（SCSS）：A new index to quantify the heterogeneity impacts of landscape patterns on land surface temperature[J]. Landscape and Urban Planning，2022. 217：104260.

Gocic M，Trajkovic S. Analysis of changes in meteorological variables using Mann-Kendall and Sen's slope estimator statistical tests in Serbia[J]. Global and Planetary Change，2013，100：172-182.

Alain G，Océane C，Liên B，Laurence L，Antoine M，et al. The decline of plant mineral nutrition under rising CO_2：Physiological and molecular aspects of a bad deal[J]，Trends in Plant Science，2023，28（2）：185-198.

Goodwin S，Olazabal M，Castro A J，et al. Global mapping of urban nature-based solutions for climate change adaptation[J]. Nature Sustainability，2023，6：1-12.

Grohmann C H，Riccomini C. Comparison of roving-window and search-window techniques for characterizing landscape morphometry [J]. Computers & Geosciences，2009，35（10）：2164-2169.

Guo Y，Tian J P，Zang N，et al. The Role of Industrial Parks in Mitigating Greenhouse Gas Emissions from China[J]. Environmental Science & Technology，2018，52（14）：7754-7762.

Gurmesa G A，Wang A，Li S，et al. Retention of deposited ammonium and nitrate and its impact on the global forest carbon sink[J]. Nature Communications，2022，13（1）：880.

Haase D，Nuissl H. Does urban sprawl drive changes in the water balance and policy?：The case of Leipzig（Germany） 1870-2003[J]. Landscape and Urban Planning，2007，80：1-13.

Hammond G. Time to give due weight to the ‘carbon footprint’ issue[J]. Nature，2007，445（7125）：256.

Han J，Meng X，Zhou X，et al. A long-term analysis of urbanization process，landscape change，and carbon sources and sinks：A case study in China's Yangtze River Delta Region[J]. Journal of Cleaner Production，2017，141：1040-1050.

Helmut Haberl，Mathis Wackemagel，Fridolin Krausmann，et a1. Ecological footprints and human appropriation of net primary production：a comparison[J]. Land Use Policy，2004，21：279-288.

Holling C. S. Engineering resilience versus ecological resilience[M]. Washington D C：National Academy Press，1996.

Huang B，Lu F，Wang X，et al. Ecological restoration and rising CO_2 enhance the carbon sink，counteracting climate change in northeastern China[J]. Environmental Research Letters，2021，17（1）：014002.

Huang B，Wu B，Barry M. Geographically and temporally weighted regression for modeling spatio-temporal variation in house prices[J]. International Journal of Geographical Information Science，2010，24（3）：383-401.

Huang H，Yun Y，Xu J，et al. Scale and attenuation of water bodies on urban heat islands[J]. Open House International，2017，42（3）：108-111.

Hutchins M G，Fletcher D，Hagen-Zanker A，et al. Why scale is vital to plan optimal nature-based solutions for resilient cities[J]. Environmental Research Letters，2021，16（4）：044008.

Jacobsen R M，Burne R R C，Olsen S L，et al. Near-natural forests harbor richer saproxylic beetle communities than those in intensively managed forests[J]. Forest Ecology and Management，2020，466：118124.

Jiang P，Khishgee S，Alimujiang A，et al. Cost-effective approaches for reducing carbon and air pollution emissions in the power industry in China[J]. Journal of Environmental Management，2020，264：110452.

Jianying W，Qi S，Lilin Z. Spatial-temporal evolution and driving mechanism of rural production-living-ecological space in Pingtan islands，China[J]. Habitat International，2023，137：102833.

Jing X，Sanders N J，Shi Y，et al. The links between ecosystem multifunctionality and above-and belowground biodiversity are mediated by climate[J]. Nature Communications，2015，6（1）：1-8.

Kang N，Hou L，Huang J，et al. Ecosystem services valuation in China：A meta-analysis[J]. Science of the Total Environment，2022，809：151122.

Kang Z Y，Li K，Qu J. The path of technological progress for China's low-carbon development：Evidence from three urban agglomerations[J]. Journal of Cleaner Production，2018，178：644-654.

Konapala G，Mishra A K，Wada Y，et al. Climate change will affect global water availability through compounding changes in seasonal precipitation and evaporation[J]. Nature Communications，2020，11（1）：1-10.

Levine J M，D'Antonio C M. Forecasting biological invasions with increasing international trade[J]. Conservation Biology，2010，17（1）：322-326.

Li Huanhuan，Song Wei. Pattern of spatial evolution of rural settlements in the Jizhou District of China during 1962-2030[J]. Applied Geography，2020，122（9）：102247.

Li W，Wang L，Yang X，et al. Interactive influences of meteorological and socioeconomic factors on ecosystem service values in a river basin with different geomorphic features[J]. Science of the Total Environment，2022，829：154595.

Li Y F，Li Y，Zhou Y，et al. Investigation of a coupling model of coordination between urbanization and the environment[J]. Journal of Environmental Management，2012，98：127-133.

Li Y R，Zhang X C，Cao Z，et al. Towards the progress of ecological restoration and economic development in China's Loess Plateau and strategy for more sustainable development[J]. Science of the Total Environment，2021，756：143676.

Lian X，Jiao L，Zhong J，et al. Artificial light pollution inhibits plant phenology advance induced by climate warming[J]. Environmental Pollution，2021，291：118110.

Liu Z，Adams M，Cote P R，et al. Comparative study on the pathways of industrial parks towards sustainable development between China and Canada[J]. Resources，Conservation & Recycling，2018，128：417-425.

Liu Z，Liu S，Jin H，et al. Rural population change in China：Spatial differences，driving forces and policy implications[J]. Journal of Rural Studies，2017，51（4）：189-197.

Lu Q，Fang K，Heijungs R，et al. Imbalance and drivers of carbon emissions embodied in trade along the Belt and Road Initiative[J]. Applied Energy，2020，280：115934.

Luo Q，Zhou J，Li Z，et al. Spatial differences of ecosystem services and their driving factors：a comparation analysis among three urban agglomerations in China's Yangtze River Economic Belt[J]. Science of the Total Environment，2020，725：138452.

Maes J，Paracchini M L，Zulian G，et al. Synergies and trade-offs between ecosystem service supply，biodiversity，and habitat conservation status in Europe[J]. Biological Conservation，2012，155：1-12.

Millennium ecosystem assessment（MEA）. Ecosystems and human well-being[M]. Washington，DC：Island Press，2005.

Mitchard E T A. The tropical forest carbon cycle and climate change[J]. Nature，2018，559（7715）：527-534.

Ouyang Z Y，Zheng H，Xiao Y，et al. Improvements in ecosystem services from investments in natural capital[J]. Science，2016，352（6292）：1455-1459.

Parliamentary Office of Science and Technology（POST）. Carbon footprint of electricity generation[R]. London：Parliamentary Office of Science and Technology，2006.

Piao S，Liu Q，Chen A，et al. Plant phenology and global climate change：Current progresses and challenges[J]. Global Change Biology，2019，25（6）：1922-1940.

Pimm S L. The complexity and stability of ecosystems[J]. Nature，1984，307（5949）：321-326.

Pires A P F，Soto C R，Scarano F R. Strategies to reach global sustainability should take better account of ecosystem services[J]. Ecosystem Services，2021，49：101292.

Qin H，Huang Q，Zhang Z，et al. Carbon dioxide emission driving factors analysis and policy implications of Chinese cities：Combining geographically weighted regression with two-step cluster[J]. Science of the Total Environment，2019，684：413-424.

Qiu L，Pan Y，Zhu J，et al. Integrated analysis of urbanization-triggered land use change trajectory and implications for ecological land management：A case study in Fuyang，China[J]. Science of the Total Environment，2019，660：209-217.

Reay D S，Dentener F，Smith P，et al. Global nitrogen deposition and carbon sinks[J]. Nature Geoscience，2008，1（7）：430-437.

Schuster Z T，Potter K W，Liebl D S. Assessing the effects of climate change on precipitation and flood damage in Wisconsin[J]. Journal of Hydrologic Engineering，2012，17（8）：888-894.

Sha Z，Bai Y，Li R，et al. The global carbon sink potential of terrestrial vegetation can be increased substantially by optimal land management[J]. Communications Earth & Environment，2022，3（1）：8.

Shi A. The impact of population pressure on global carbon dioxide emissions，1975-1996：Evidence from pooled cross-country data[J]. Ecological Economics，2003，44：29-42.

Sun W，Li D，Wang X，et al. Exploring the scale effects，trade-offs and driving forces of the mismatch of ecosystem services[J]. Ecological Indicators，2019，103：617-629.

Tilman，David，May，et al. Habitat destruction and the extinction debt[J]. Nature，1994，371（6492）：65-65.

Tingley R，Vallinoto M，Sequeira F，et al. Realized niche shift during a global biological invasion[J]. Proceedings of the National Academy of Sciences of the United States of America，2014，111（28）：10233-10238.

Tong X，Brandt M，Yue Y，et al. Forest management in southern China generates short term extensive carbon sequestration[J]. Nature Communications，2020，11（1）：1-10.

Tscharntke T，Grass I，Wanger T C，et al. Beyond organic farming－harnessing biodiversity-friendly landscapes[J]. Trends in Ecology & Evolution，2021，36（10）：919-930.

Valdés A，Lenoir J，De Frenne P，et al. High ecosystem service delivery potential of small woodlands in agricultural landscapes[J]. Journal of Applied Ecology，2020，57（1）：4-16.

Walker A P，De Kauwe M G，Bastos A，et al. Integrating the evidence for a terrestrial carbon sink caused by increasing atmospheric CO2[J]. New Phytologist，2021，229（5）：2413-2445.

Wang S J，Ma HT，Zhao Y B. Exploring the relationship between urbanization and the eco-environment：A case study of Beijing-Tianjin-Hebei region[J]. Ecological Indicators，2014，45：171-183.

Wang S，Huang Y，Zhou Y. Spatial spillover effect and driving forces of carbon emission intensity at the city level in China[J]. Journal of Geographical Sciences，2019，29（2）：231-252.

Wang X，D Zhou. Spatial agglomeration and driving factors of environmental pollution：A spatial analysis[J]. Journal of Cleaner Production，2020：123839.

Wang Y，Li X，Zhang Q，et al. Projections of future land use changes：Multiple scenarios-based impacts analysis on ecosystem services for Wuhan city，China[J]. Ecological Indicators，2018，94：430-445.

Wang Z，Yang L，Yin J，et al. Assessment and prediction of environmental sustainability in China based on a modified ecological footprint model[J]. Resources，Conservation and Recycling，2017：301-313.

Weber E，Li Bo. Plant invasions in China：What is to be expected in the wake of economic development? [J]. BioScience，2008，58（5）：437-444.

Weiss A. Topographic position and landforms analysis [R]. San Diego，CA：ESRI Users Conference，2001.

Winters. Forest Naturalness assessment as a component of biodiversity monitoring and conservation management[J]. Forestry：An International Journal of Forest Research，2012，85（2）：293-304.

Wong J S Y，Soh M C K，Low B W，et al. Tropical bird communities benefit from regular-shaped and naturalised urban green spaces with water bodies[J]. Landscape and Urban Planning，2023，231，104644.

Xi Y，Peng S，Liu G，et al. Trade-off between tree planting and wetland conservation in China[J]. Nature Communications，2022，13（1）：1-11.

Xiao Y，Murray J，Lenzen M. International trade linked with disease burden from airborne particulate pollution[J]. Resources，Conservation and Recycling，2018，129：1-11.

Xie S，Mo X，Hu S，et al. Contributions of climate change，elevated atmospheric CO_2 and human activities to ET and GPP trends in the Three-North Region of China[J]. Agricultural and Forest Meteorology，2020，295：108183.

Xu Q，Dong Y，Yang R. Urbanization impact on carbon emissions in the Pearl River Delta region：Kuznets curve relationships[J]. Journal of Cleaner Production，2018，180：514-523.

Yang L，Shen F，Zhang L，et al. Quantifying influences of natural and anthropogenic factors on vegetation changes using structural equation modeling：A case study in Jiangsu Province，China[J]. Journal of Cleaner Production，2021，280：124330.

Yang Y，Shi Y，Sun W，et al. Terrestrial carbon sinks in China and around the world and their contribution to carbon neutrality[J]. Science China Life Sciences，2022：1-35.

Yao L，Li T，Xu M，et al. How the landscape features of urban green space impact seasonal land surface temperatures at a city-block-scale：An urban heat island study in Beijing，China[J]. Urban Forestry & Urban Greening，2020，52：126704.

Yu G，Jia Y，He N，et al. Stabilization of atmospheric nitrogen deposition in China over the past decade[J]. Nature Geoscience，2019，12（6）：424-429.

Yu Q，Feng C C，Shi Y，et al. Spatiotemporal interaction between ecosystem services and urbanization in China：Incorporating the scarcity effects[J]. Journal of Cleaner Production，2021，317：128392.

Yue C，Ciais P，Houghton R A，et al. Contribution of land use to the interannual variability of the land carbon cycle[J]. Nature Communications，2020，11（1）：1-11.

Zhang Q，Singh V P，Li J，et al. Spatio-temporal variations of precipitation extremes in Xinjiang，China[J]. Journal of Hydrology，2012，434：7-18.

Zhang X A，Liu L Y，Zhao T T，et al. GISD30：Global 30 m impervious-surface dynamic dataset from 1985 to 2020 using time-series Landsat imagery on the Google Earth Engine Platform[J]. Earth System Science Data，2022，14（4）：1831-1856.

Zhu F，Zhang F，Ke X. Rural industrial restructuring in China’s metropolitan suburbs：evidence from the land use transition of rural enterprises in suburban Beijing[J]. Land Use Policy，2018，74（5）：121-129.

Zhuang Q，Shao Z，Gong J，et al. Modeling carbon storage in urban vegetation：Progress，challenges，and opportunities[J]. International Journal of Applied Earth Observation and Geoinformation，2022，114：103058.